U0809654

第四届炼油与化工设备管理技术年会暨 2025年动设备管理技术交流会论文集

中国石油和石油化工设备工业协会炼油与化工设备管理专业委员会
中国特种设备检测研究院 ◎编

中国石化出版社
·北京·

图书在版编目(CIP)数据

第四届炼油与化工设备管理技术年会暨2025年动设备管理技术交流会论文集 / 中国石油和石油化工设备工业协会炼油与化工设备管理专业委员会，中国特种设备检测研究院编. — 北京：中国石化出版社，2025.7.
ISBN 978-7-5114-8091-0

Ⅰ. TE96-53

中国国家版本馆 CIP 数据核字第 2025HV2578 号

未经本社书面授权，本书任何部分不得被复制、抄袭，或者以任何形式或任何方式传播。版权所有，侵权必究。

中国石化出版社出版发行
地址:北京市东城区安定门外大街 58 号
邮编:100011 电话:(010)57512500
发行部电话:(010)57512575
http://www.sinopec-press.com
E-mail:press@sinopec.com
北京艾普海德印刷有限公司印刷
全国各地新华书店经销
*
880 毫米×1230 毫米 16 开本 43.75 印张 1294 千字
2025 年 7 月第 1 版 2025 年 7 月第 1 次印刷
定价:398.00 元

第四届炼油与化工设备管理技术年会暨 2025年动设备管理技术交流会论文集

编　委　会

主　任：杨　锋

副主任：邱宏斌　林震宇　周　敏　张　哲　赵　岩
　　　　王建军　何承厚

委　员：任　刚　孙新文　高俊峰　臧庆安　戴　澄
　　　　王芙庆　陈祖志　高志杰　罗广辉　李宇光
　　　　张岳峰　周　力　郑　刚　詹　熠　李家鹏
　　　　杨　福　陈　敏　饶健民　廉海军　邹海云
　　　　王钦墨　董　茜

前　言

为了加强炼油与化工行业设备管理经验分享与技术交流，促进行业企业设备管理创新和技术进步，进一步聚焦问题，提升设备管理水平，中国石油和石油化工设备工业协会炼油与化工设备管理专业委员会(以下简称炼化设备专委会)于2025年3月组织开展了以动设备管理为主体对象的论文征集活动。本次活动共征集论文189篇，内容涉及设备设计制造、技术管理、监测诊断、故障分析与处理、改造优化、维护维修、附属设施及系统优化等方面。炼化设备专委会组织了多轮专家评审，从中选取了优秀论文128篇，汇编成论文集予以出版。

由于时间仓促及编者水平所限，书中疏漏之处在所难免，恳请读者批评指正。

目　录

第一篇　设计制造篇

第二篇　技术管理篇

第三篇　监测诊断篇

第四篇　故障分析与处理篇

第五篇　改造优化篇

第六篇　维护维修篇

第七篇　附属设施及系统优化篇

第一篇　设计制造篇

立式湿绕组电机循环泵换热系统设计、模拟与应用

牛　刚　刘庆华

（中国神华煤制油化工有限公司鄂尔多斯煤制油分公司）

摘　要　循环泵是煤直接液化工艺煤液化装置的核心设备之一，可广泛应用于高温、高压、高含气量、高含固量介质工况。目前国内循环泵基本被国外公司所垄断，国外产品价格昂贵、交货期长，备件及服务价格高、及时较差，极大地增加了使用单位的采购成本和使用维护成本，开展循环泵国产化迫在眉睫。本文主要针对循环泵国产化研制中湿绕组电机的换热系统设计与模拟进行分析和研究。

关键词　煤液化装置；循环泵；国产化设计；湿绕组电机；换热系统

1　引言

立式湿绕组电机循环泵主要应用在温度350~450℃、压力13~20MPa、介质含固量约20%条件下运行，使用场景气、液、固三相共存，极易出现抽空、气蚀、磨蚀等恶劣工况，其电机通常采用湿绕组型式，即电机的定子、转子、轴承部件等全部浸泡在油品中，见图1。按照目前的国家标准，电机的绝缘等级为C级，耐温不超过200℃，而当循环泵运转时，电机自身发热以及介质的热传递等会使电机绕组处的温度超过250℃，会严重影响电机的绝缘系统的使用寿命，会造成绝缘系统直接失效，进而造成设备停车，影响装置的平稳运行。为了解决这一问题，需要在计算发热量的同时，还需要采用配套的换热系统对电机进行换热，确保电机温度控制在安全范围内。

2　电机热源分析以及发热量计算

电机运行中温度升高主要有以下两方面原因，分别为介质处的热传递以及电机自身的功率消耗产生的热量，两种热量叠加之后，会使电机的绕组温度超过设计温度，进而影响电机绝缘的寿命甚至造成绝缘破坏。

介质处的热传递主要是由~450℃的介质通过电机机壳等传递到电机内部的润滑油中，再由润滑油传递给电机绕组；电机自身的功率消耗则主要是摩擦损耗、定子损耗、转子损耗、铁心损耗以及杂散负载损耗，各种损耗最后都会转换成热量。

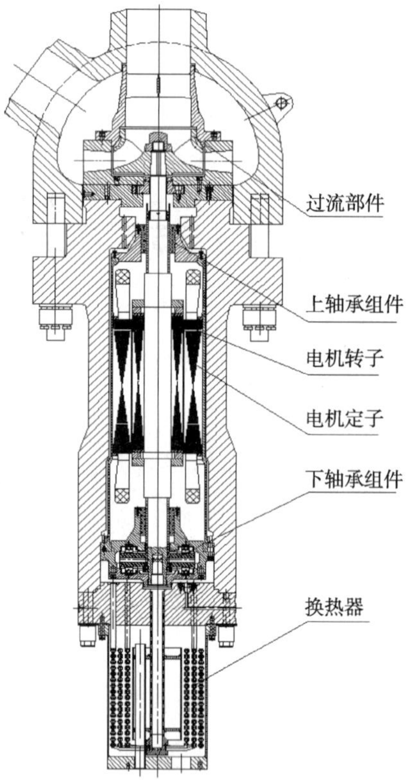

图1　循环泵结构示意图

根据公式对两种热量分别计算，对介质进行CFD模拟，得到的结果是电机绕组的最高温度超过250℃，见图2。

3　电机内部循环系统以及换热系统

为了降低电机绕组处的温度，需要对电机内部润滑油进行换热。由于电机内部压力高，常规换热器不满足压力要求，同时由于泵一般都安装在较高的位置上且没有额外安装平台，所以外置

换热系统不满足安装条件的要求。因此需要考虑内部循环以及一体式换热器，既能换热的同时还能满足高压要求以及安装要求。

循环系统见图3。

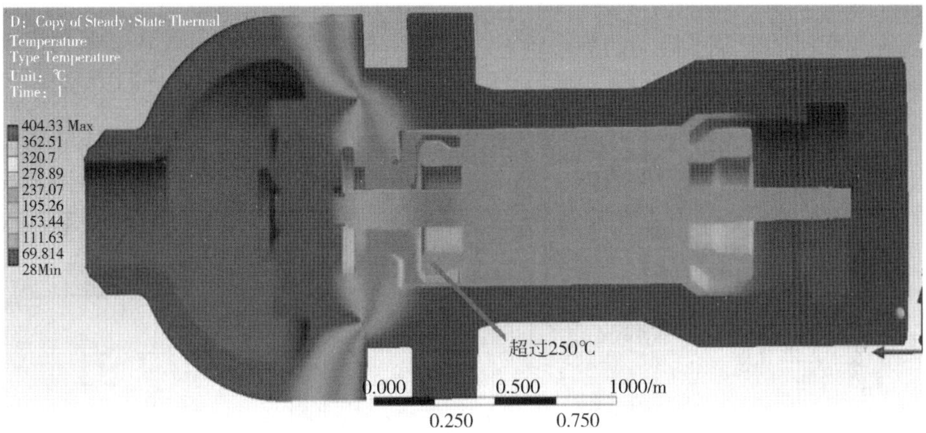

图2　电机内部温度CFD分析结果图

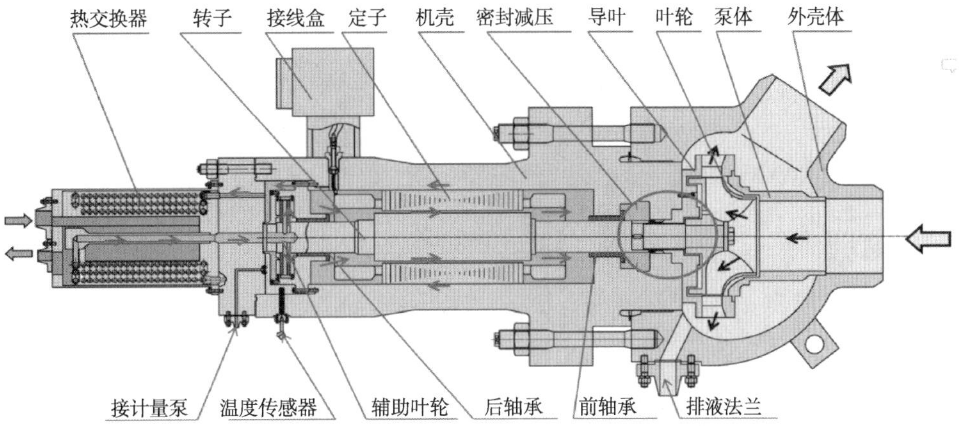

图3　电机内部循环系统以及换热系统示意图

此系统利用循环泵副叶轮提供内部循环动力，润滑油由副叶轮出口经过轴承间隙、电机定转子间隙进入上轴承，通过上轴承后沿绕组外侧的油道返回到下部的一体式换热器，经过换热后再次进入副叶轮，实现润滑油的内部循环，循环过程中带走了电机绕组处的热量，降低绕组使用温度。

4　循环系统换热能力计算与模拟

根据泵各处材料选择情况，查手册得各材料的热容及导热系数，具体见表1。

表1　材料物性参数

名称	密度/(kg/m^3)	热容/(J/(kg·K))	导热系数/(W/m·K)	黏度/(kg/(m·s))
水	998.2	4182	0.6	0.001003
润滑油	869	1980	0.1246	0.005198
空气	1.225	1006.43	0.0242	1.7894e-5
铜	8978	381	387.6	—
316L	8030	502	15.6	—

采用ANSYS Workbench Mesh生成六面体网格。网格的数量大小会对数值模拟的结果产生影响，网格尺寸偏大，会导致模拟结果与实际值差别大。网格尺寸过小，会占用巨大的计算资源，在实际的工程应用中，计算精度和网格数量也不是简单的线性关系。详见图4。

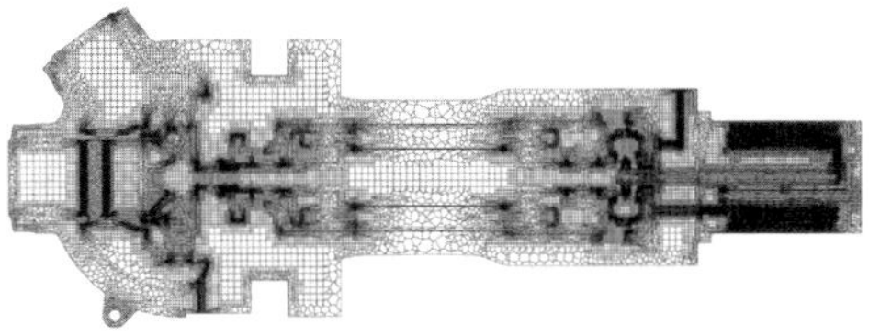

图4　整体网格示意图

网格划分完成之后，对泵进行边界设置。壳体外壁面假设与空气接触，采用对流换

热边界条件，来流空气的对流换热系数取10[W/(m^2·k)]，温度为27℃。壳体内壁面与流体接触的部分设置为导热，导热系数由材料物

性决定。不与流体接触的部分则采用辐射换热。辐射模型选择 S2S，相关系数默认。

全部设置完成后对泵内部温度场进行模拟。模拟分为泵内注入润滑油但泵不启动的静止状态以及泵启动的运行状态两种情况。

静止状态下泵的散热主要靠外表面与空气接触的换热，经过模拟绕组位置的温度约 170℃。见图 5、图 6。

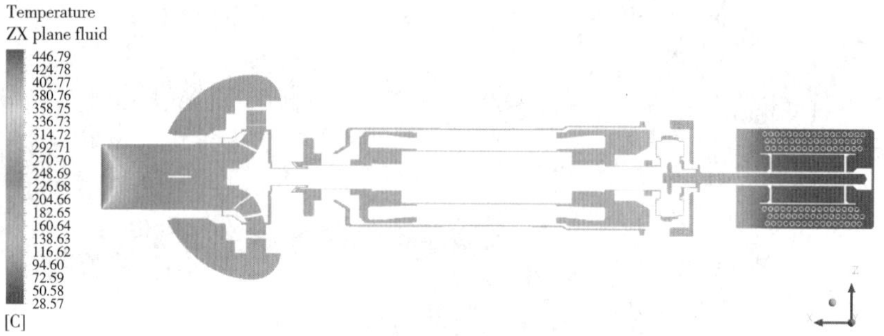

图 5　流体域回路截面温度分布

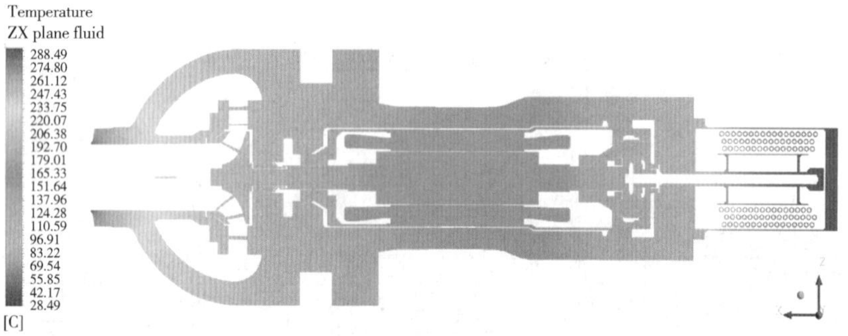

图 6　流体域回路截面温度分布

运行状态下泵的散热除靠外表面与空气接触的换热外，还有内部的换热器进行换热。而泵的工作转速为 300r/min～1480r/min，不同转速下电机内部润滑油的循环量不同，进而换热效果不同，所以需要在不同转速下分别对换热效果进行模拟。具体过程见图 7～图 10。

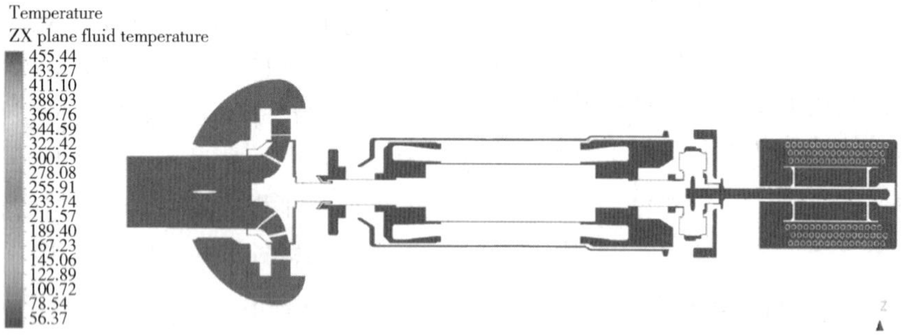

图 7　300r/min 下流体域截面温度

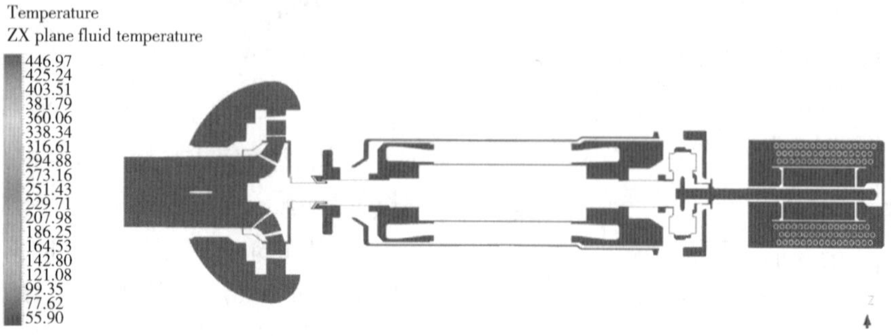

图 8　900r/min 下流体域截面温度

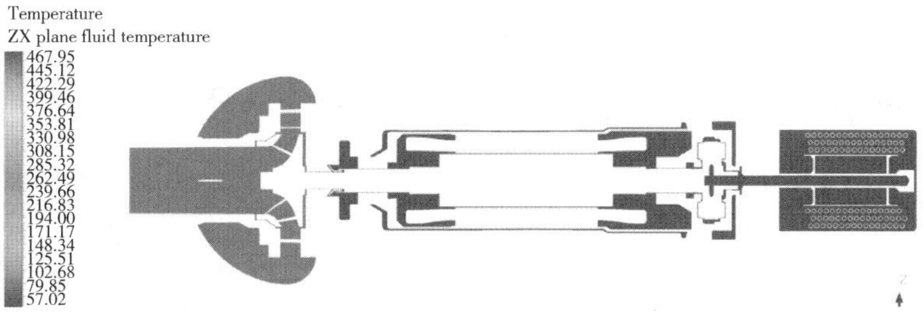

图 9　1480r/min 下流体域截面温度

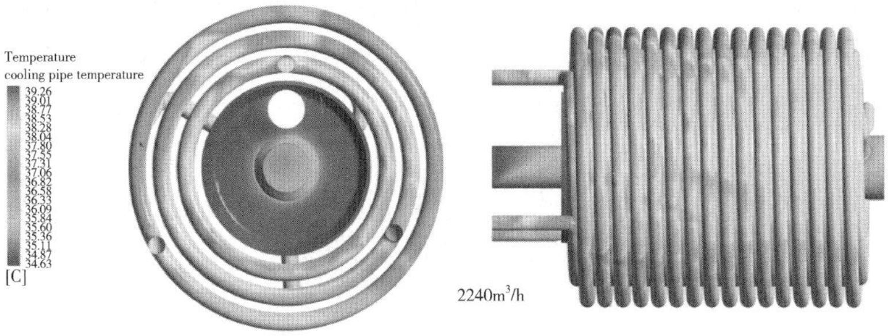

图 10　换热器盘管温度

5　实践与应用

立式湿绕组电机循环泵于 2025 年 1 月 30 日在国能鄂尔多斯煤制油分公司成功投运，泵组运行平稳，机械状态和参数性能等均符合设计要求。详见下列两组数据记录，见表 2。

表 2

参数	工况点Ⅰ	工况点Ⅱ
流量/(m^3/h)	1530. 97	1675. 92
泵送压力/MPa	13. 651	13. 758
泵送温度/℃	374. 09	370. 43
振动/(mm/s)	0. 214	0. 29
润滑油黏度/cP	23	22
电机温度/℃	56	60

由上述两组数据可以看出，在泵送介质温度高达 374℃的情况下，通过循环泵换热系统可以将电机温度控制在 60℃以下，显著降低电机工作温度，为电机长寿命运行提供保障。

6　结论

立式湿绕组电机循环泵选用的换热系统可以很好的应用在严苛工况上。通过计算模拟，可以确定所选换热系统能够将循环泵内部电机绕组的温度降低到 100℃以内，且在转速最低时仍能满足温度要求。经过工业化运行实践证明循环泵电机腔温度稳定在 50～70℃，完全符合设计要求。通过本设计与模拟计算研制的换热系统可满足电机绕组使用寿命等设计要求，确保泵组在高温高压环境中安全稳定长期运行。

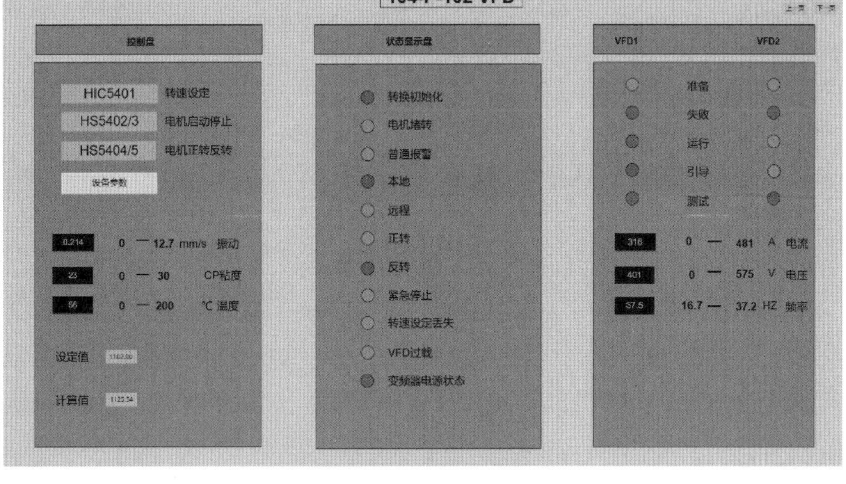

图 11　工况点Ⅰ温度参数

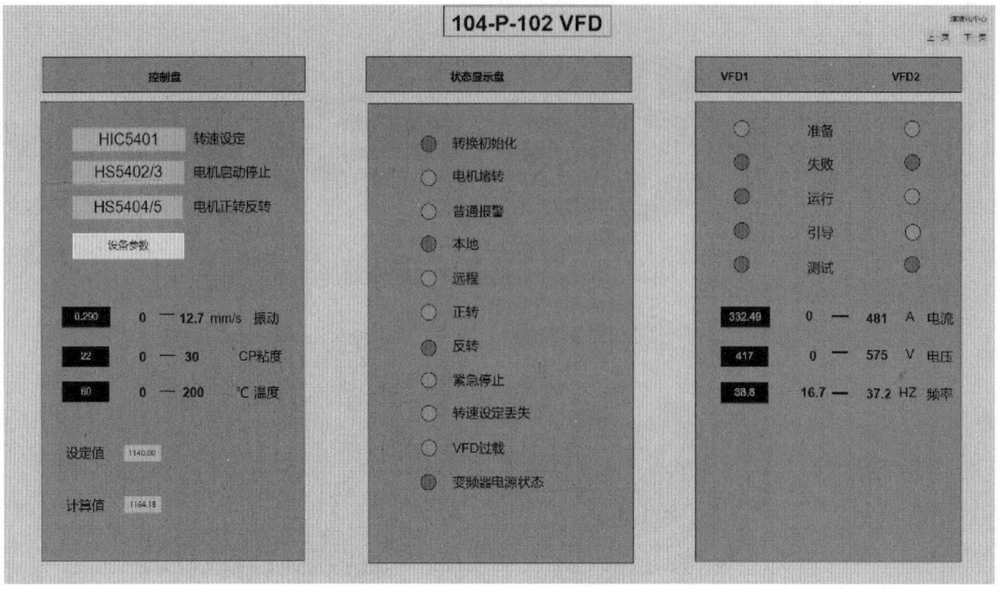

图12　工况点II温度参数

参 考 文 献

［1］换热器设计手册，化学工业出版社，2006.

［2］电机设计，清华大学出版社，2010.

［3］热力学分析实例演练，机械工业出版社，2018.

煤制烯烃动设备国产化创新

王彦海　刘胜华　郭　瑞　袁晓光　冯　超

（国能包头煤化工有限责任公司）

摘　要　通过煤制烯烃领域中重要的进口动设备，高压煤浆泵、离心式压缩机组干气密封、转子的国产化创新，介绍了煤制烯烃进口动设备的国产化背景、主要研发内容以及国产化创新情况，旨在为该领域的进口动设备国产化改进及优化提供有价值的参考依据。

关键词　国产化；高压煤浆泵；干气密封；转子

某企业作为世界首套、国家级煤制烯烃示范项目，在煤化工产业发展历程中有着里程碑式的意义。它成功开创了中国煤制烯烃这一新兴产业，凭借卓越的工艺路线与技术突破，稳固奠定了我国在全球煤制烯烃工业化进程中的领先地位。企业所采用的主要工艺路线涵盖了煤气化生产甲醇、甲醇制烯烃以及烯烃聚合生产聚乙烯、聚丙烯等关键环节。该工艺路线汇聚并集成了国内外前沿的先进技术，是将高新技术、雄厚资金以及高端人才深度融合的一流现代煤化工典范，彰显出高度的引领性和创新性。

历经多年的稳定运行，该企业在煤制烯烃进口动设备国产化方面取得了很多成绩。本文精心撷取部分煤制烯烃进口动设备国产化进程中的宝贵经验，向诸位同仁及相关领域专家进行详尽的介绍与分享，以期为行业的进一步发展提供有益借鉴与参考。

1　气化装置高压煤浆泵国产化创新

1.1　背景

高压煤浆泵作为水煤浆加压气化技术的核心设备，进口高压煤浆泵长期以来占据着国内市场的主导地位。在此情形下，其制造技术、产品费用、采购周期以及后续服务等诸多方面皆存在不同程度的“卡脖子”现象，这对我国煤制烯烃行业的健康、可持续发展形成了严重制约。

面对煤制烯烃行业对于重大装备国产化的迫切需求，同时结合行业整体发展需要，产学研一体化的现实诉求。在2019年，该厂和国内某高科技公司达成合作深度合作意向，携手共同致力于国产高压煤浆泵的国产化创新工作。双方意在通过实现高压煤浆泵国产化的举措，打破国外长期以来所形成的垄断壁垒，进而推动国家重大装备制造技术升级，达到降低成本，最终实现合作双方互利双赢局面。

根据生产现场的实际需求状况，在高压煤浆泵国产化推进过程中，采取了先聚焦核心零部件实现国产化，进而达成整机国产化循序渐进式策略，确保国产化工作能够稳步、有序开展，并契合现场生产的实际应用要求。

1.2　主要创新内容

1.2.1　高压煤浆泵高强度曲轴研发

该厂共有7台套进口高压煤浆泵，自投入运行以来，7台套进口高压煤浆泵的曲轴先后出现断轴事故，给生产带来极大安全隐患，严重影响企业长周期稳定运行。

曲轴作为高压煤浆泵的关键零件，具有轴线不连续、轴径比大、结构复杂等特点，因而对其安全性、可靠性有极高要求。然而，进口备件不仅供货周期长，而且价格昂贵，其报价甚至曾接近整机价格。所以，在高压煤浆泵国产化创新的过程中，曲轴的国产化工作被列为重点研发项目。

研发团队经过全面深入的分析研究，判定进口高压煤浆泵在曲轴的结构设计和选材方面存在问题。为此，针对性地提出了一系列解决措施，具体包括将铸造轴变更为锻造轴、对材质进行升级、重新设计曲轴结构，着重对薄弱环节予以加强。

为确保各项改进措施能够达到预期效果，研

发团队对曲轴进行了数字建模、仿真分析等工作。最终研发出的曲轴在多个关键参数实现了大幅度提升：从材料选用来看，其抗拉强度提升了50%；从加工工艺来看，将曲轴材质从铸造优化为锻造；从加工精度来看，关键形位公差精度等级提升了5~10倍。曲轴各方面性能的显著提升，有力确保了高压煤浆泵曲轴的质量。曲轴仿真分析见图1。

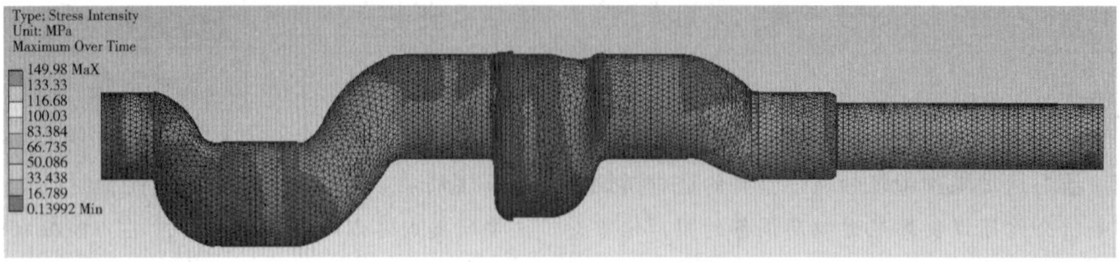

(a)

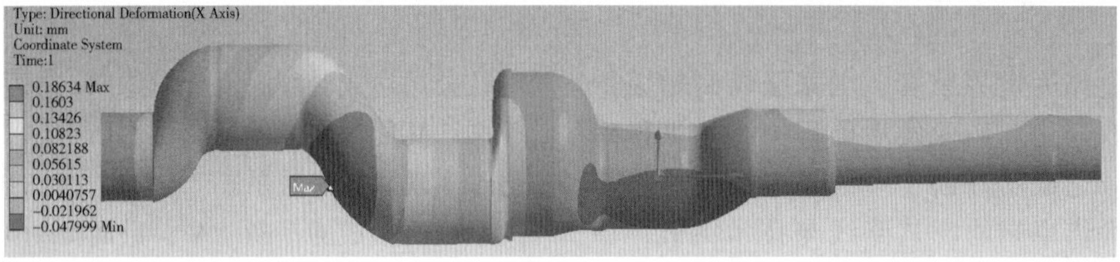

(b)

图1　曲轴仿真分析

1.2.2　高可靠性单向阀研发

高压煤浆泵缸体的进出口单向阀作为该泵的关键零部件和易损部件，对于整台设备的稳定运行起着至关重要的作用。每台高压煤浆泵有12个单向阀，设备正常运行时，需要12个单向阀同时保持良好工作状态。随着单台气化炉系统运行周期不断提升，研发能够匹配系统工况的的高可靠性单向阀就成为了高压煤浆泵国产化的一个重要课题。

创新团队充分结合进口单向阀的相关特性以及国内其它兄弟厂家的创新应用经验，采取对单向阀各部件分别进行研发的策略。具体而言，对锥阀芯、锥阀座、导向套、螺母、弹簧等关键附件，重新进行了优化：在材料选择上，严格筛选适配性更佳、性能更优的材料；在结构设计上，依据实际运行需求和力学原理等因素，对各部件结构进行了科学合理的调整与完善；针对单向阀在运行过程中需应对的冲击、磨损问题，着重开展耐冲击以及耐磨性设计工作，通过优化部件表面处理工艺、改进内部结构等手段，有效提升其抗冲击和耐磨性能；同时，考虑到工作环境可能存在的腐蚀及氧化情况，还对相关部件进行了耐蚀性和耐氧化性特殊处理。国产分体式锥阀见图2。

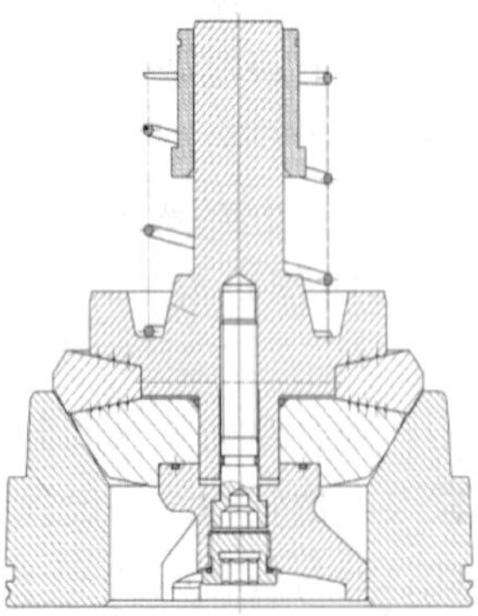

(a)分体式锥阀芯结构图

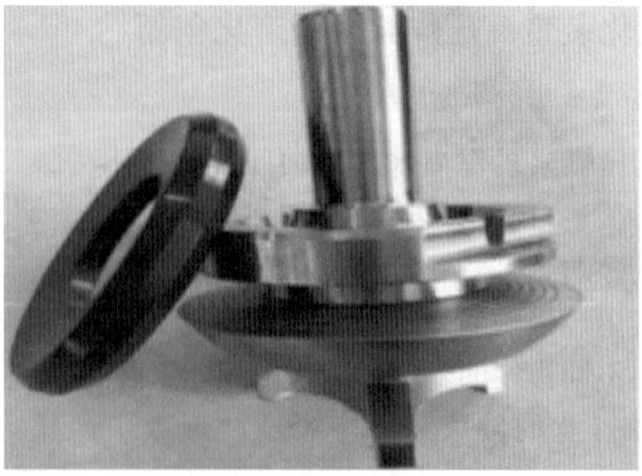

(b)分体式锥阀芯实物图

图2　国产分体式锥阀芯

通过上述创新优化举措，创新团队国产化了高压煤浆泵分体式单向阀，平均使用寿命达到了

8000h 以上，最高使用寿命更是达到了 8760h，实现了预期目标。同时，单向阀的采购费用降低了 40%，进一步为高压煤浆泵整机国产化的持续推进和设备的稳定运行提供了有力保障。

1.2.3　高压煤浆泵整机国产化研发

在高压煤浆泵单向阀国产化创新成功的基础上，整机国产化研发顺利进入实施阶段。在这一过程中，面对诸多技术难题，创新团队攻坚克难、逐一突破：

围绕动力端总成与传动总成，妥善处理了润滑、强度、可靠性及使用寿命方面的问题，通过优化结构设计、选用适配材料以及改进工艺等手段，提升了这两部分的性能表现；在液力端总成上，解决了高压端密封性、密封寿命以及隔膜寿命等关键点，经过试验与调整，确保液力端总成在高压运行环境下保证可靠的密封状态，并延长各关键部件的使用周期。

就电液控制系统而言，创新团队解决了隔膜行程快速控制及密封腔补油、压力罐的稳压控制等技术难题，借助先进的控制算法与高精度的传感设备，实现系统的精准调控与稳定运行；针对泵组控制，成功实现了泵运行状态监测、远距离控制以及并联控制等功能，搭建起完善的泵组控制体系，保障泵组运行的安全性与高效性。

最终，国产高压煤浆泵整机进行了在线性能试验。实验结束后，通过对各项数据进行分析，结果显示，各项运行数据均达到使用要求，符合既定目标。国产高压煤浆泵的基本参数和性能试验记录分别见表 1、表 2。

表 1　YA-32A 型高压双软管隔膜泵基本参数

工作介质	试验介质	环境温度	额定流量	额定排出压力	行程长度	泵缸数	泵转速	柱塞直径	作用方式
煤浆	清水	19℃	$85m^3/h$	8.0MPa	200mm	3	1480r/min	200mm	液压式

表 2　YA-32A 型高压双软管隔膜泵性能试验记录

流量/(m^3/h)		压力/MPa			电机转速/(r/min)	泵速/(r/min)
实测流量	理论流量	入口压力	出口压力	压差		
102.1	108.8	0.24	8.00	7.76	1435	48.12

转矩/(N·m)	功率/kW	换算到额定工况			效率/%	容积系数/%
		流量/(m^3/h)	输入功率/kW	输出功率/kW		
1534	230.4	79.76	179.9	173.8	96.6	93.8

1.3　国产化后应用情况

自高压煤浆泵实现国产化以来，其关键部件在实际生产中展现出了良好的性能。其中，曲轴运行时间已经达到 15000h 以上、高可靠性单向阀最高使用寿命达到 8760h，国产化部件的整体性能良好；在采购价格上，相较于进口备件，更具有优势。

目前，国产高压煤浆泵整机已成功投入生产运营。截至 2023 年 9 月 10 日，整机实现平稳运行 10000h 以上，平均投煤量为 $85m^3/h$ 以上，这充分表明国产高压煤浆泵系统已经完全达到了工业应用的标准。

2　进口离心式机组干气密封国产化创新

2.1　背景

干气密封是离心式压缩机组的重要部件，全厂离心式压缩机组有 8 台套为国外进口。在这些进口机组中，其干气密封均采用了约翰克兰公司的产品，但在使用和维修中暴露出了诸多亟待解决的问题：首先，备件采购周期长，影响维修效率；其次，进口备件价格昂贵，维修成本高；此外，售后服务不及时，不能及时获得有效支持。因此，对进口离心式压缩机组干气密封国产化研发和创新尤为重要。

2.2　主要创新内容

基于干气密封的实际工作工况，秉持问题导向原则，公司与国内某干气密封厂家联合攻关，最终实现了对产品气压缩机、合成气压缩机等 8 台进口离心式压缩机共计 15 套干气密封的国产化工作，并对使用过程中存在的问题进行了优化。

2.2.1　完全的互换性

在国产化过程中，干气密封的创新依据国外密封资料及压缩机相关部位尺寸设计来开展，以确保国产化后的干气密封与原进口干气密封实现整体完全互换。

同时，干气密封的端面泄漏量指标达到了与进口干气密封同样水平。在干气密封更换后，密封控制系统中重要的监测、报警、联锁等参数的设定值不进行任何更改，极大地保障了离心式压缩机组在更换密封部件后的稳定运行，降低了因密封更换可能引发的各类运行风险。

2.2.2　对动、静环端面流场进行数值计算

运用专业数值分析软件，对动、静环端面流场进行深入分析，主要考核端面压力分布、开启力、泄漏量及刚漏比的大小及变化趋势等要素。以刚漏比作为设计的核心依据，通过对多组数据进行全面对比分析，进而对端面槽形参数进行优化，确保密封端面具有更大的刚度和更小的泄漏量。经过优化后，端面平衡间隙值约为3.5μm。

2.2.3　动环、静环的研发创新

在动环的传动形式方面，摒弃了传统的传动销形式，创新性地采用环与座之间外圆的特殊多边结构来实现传动，这种独特的传动结构使得动环在运行过程中传动更为可靠，受力情况也更加科学合理，能够有效避免因传统传动方式可能出现的受力不均、传动不稳定等问题，进而延长动环的使用寿命，提升整个干气密封的工作效能。

对于摩擦副中碳石墨静环，其强度和刚度是整个设计环节中的关键所在。静环的性能表现不仅取决于材料本身的特性，也与它结构形状的设计有很大的关联。在改进过程中，充分考虑静环的支承定位方法，借助圆环理论和有限元法校核静环在外力作用下的转角和变形情况，并将其控制在允许的范围内，以获得静环的最佳几何尺寸。

2.2.4　密封腔体的研发创新

依据压缩机干气密封腔体的结构特点和所承受的压力情况，对密封腔的设计进行了创新性优化，采用中间连接座为不锈钢喷涂特殊配方PTFE的设计方案，替代传统的铝合金连接座。这样，不但节约了干气密封的空间，使整个干气密封结构更加紧凑合理，而且大幅度提高了金属结构件的强度，提升了干气密封的耐压等级，使其能够更好地适应机组在不同工况下的压力要求，保障干气密封在高压环境下安全可靠运行。

2.2.5　干气密封形式的研发创新

将离心式压缩机组原有的干气密封全部优化为中间迷宫串联式干气密封，这种密封形式在干气密封体系中是安全性、可靠性最高的一种形式。一方面能够确保工艺介质完全不会泄漏至大气中，另一方面，可以保证缓冲气体(通常为氮气)不会内漏到工艺介质中，维持工艺介质的稳定性。同时，将动环密封槽改为J20双向槽形，通过槽形的改变，不仅可获得更低的泄漏量，而且能使气膜具备较高的刚度，加之槽形完全对称，双向旋转性能保持一致，能使该密封形式满足机组在反转工况下的运行需求，进一步拓展了离心式压缩机组的适用范围和运行灵活性。J20双向槽型动环见图3。

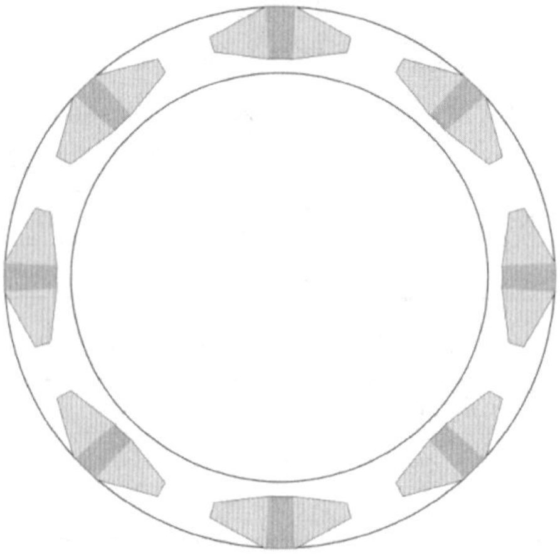

图3　J20双向槽型动环

2.2.6　辅助密封元件研发优化

辅助密封元件材料全部采用进口全氟橡胶(Kalrez)，这种材料制作的的密封圈具有优良的耐高温和抗腐蚀性能，使其能够在高温和强腐蚀的恶劣的工况下保持稳定的密封作用，极大的提升了密封的可靠性和耐久性。在弹簧的选材上，采用了哈氏合金，这种合金在氧化和还原状态下，对大多数腐蚀介质表现出优异的耐腐蚀性，能够抵御各种工况下可能出现的的腐蚀问题，确保弹簧在长期使用过程中保持良好的性能。

2.3　国产化后应用情况

国产化后的机组干气密封在实际运行中表现良好，已经连续运行了5年以上，其使用性能和运行状况均保持优良水平。进口干气密封每套价格为82万，国产化后的干气密封每套价格仅为21万。按全厂15套干气密封更换计算，可为公司节约费用支出915万元，显著降低了企业的维修成本，提高了各装置运行稳定性。

该项目“大型离心式压缩机干气密封关键技

术开发与应用”凭借良好的技术成果和显著的应用成效，荣获了2019年度中国机械工业科学技术二等奖，这一成绩是对该国产化创新优化的高度认可和肯定。

3 烯烃分离离心式产品气压缩机低压缸转子国产化创新

3.1 背景

烯烃中心的产品气压缩机是进口离心式压缩机，在2016年大修中，压缩机低压缸转子在维修厂家开展动平衡检测时，发现转子的一级叶轮存在3处裂纹；在2019年大修中，又发现转子的一级叶轮存在1处裂纹、三级叶轮存在11处裂纹，最长的裂纹长度达到了57mm。

同时，叶轮的叶片由于长期受到冲刷、腐蚀等因素的影响，叶片厚度减薄情况较为严重，其边缘已经呈现出刀片状，这使得叶轮的强度大幅下降，已然已无法承受大的冲击力。转子叶轮裂纹见图4。

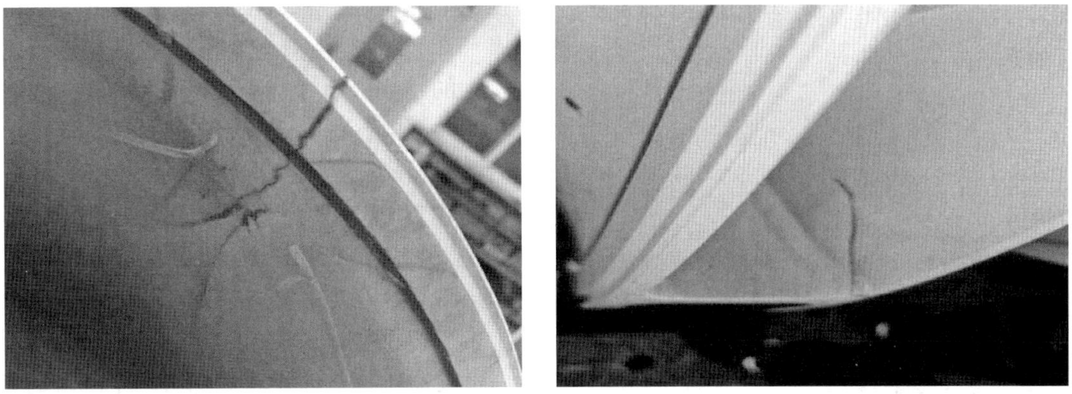

图4　转子叶轮裂纹

鉴于整体大修时间周期较短，在这两次的大修过程中，只针对性的采取了对裂纹先进行打磨，然后进行补焊的修复方式。

在这两次大检修中，压缩机低压缸转子叶轮的叶片裂纹分别出现在不同级的不同部位，而且从整体趋势来看，叶轮裂纹呈现出增多的趋势。经过修复后的转子叶轮依旧存在较大的安全隐患，一旦在后续运行过程中出现故障，后果非常严重。基于这样的严峻情况，为保障机组的安全稳定运行，迫切需要购买新的转子对原有存在问题的转子进行更换，消除潜在的隐患风险。

由于进口转子采购周期长、采购费用高昂、售后维护不及时等诸多因素，经过慎重抉择，公司与维修厂家携手开展产品气压缩机低压缸转子研发，进行国产化研发替代，旨在通过对转子进行国产化研发替代，以缩短采购周期、降低采购成本，规避潜在的技术风险，从而保障产品气压缩机能够安全、稳定且高效地运行，为装置安全运行筑牢基础。

3.2 主要创新内容

在对国产化新转子进行创新过程中，为确保性能和适配性，研发团队开展一系列优化设计工作，具体内容如下：

3.2.1 确保转子互换性

创新团队在设计制造时，对转子的主轴、叶轮等关键零部件的几何尺寸以及加工精度进行严格把控，保证国产化新转子与原转子之间具备互换性。

3.2.2 主轴制造材料沿用原材料

对于主轴的制造材料，按照原转子材料进行选用，充分利用原材料的性能优势，确保主轴在使用过程中，维持其在强度、韧性以及抗疲劳强度方面的性能。

3.2.3 叶轮材质优化升级

将原转子叶轮的AISI4340材质替换为沉淀硬化型不锈钢FV520B，这种不锈钢材料具有较高的抗拉强度和延展性，同时又具有优良的耐腐蚀性，常用于离心式压缩机叶轮等高强度工况。通过对FV520B材料进行不同的热处理方式，可以得到高强度、耐化学腐蚀、抗应力腐蚀以及低温和高温等不同需要的机械性能，全方位提升了叶轮的综合性能，增强了转子整体的可靠性和稳定性。原机叶轮与新机叶轮材料对比见表5。

表5 原机叶轮与新机叶轮材料对比表

	名称	材料	屈服强度/MPa	硬度/HB
原机	叶轮	AISI4340	≤930.8	269~321
新机	叶轮	FV520B	≥930	302~354

3.2.4 转子叶轮结构创新设计

针对转子叶轮，创新团队通过有限元分析手段，对进口叶轮的叶片进行应力分布状态分析。通过模拟分析叶轮在不同工况下的受力情况，精准定位应力集中区域，适当调整叶轮的加工和焊接方法，提高应力集中区域的结构强度，降低热影响区的影响。

3.2.4 转子动平衡试验

转子整体组装时采用逐级动平衡校验，所有部件组装完毕后转子按API617规定进行最终的低、高速动平衡试验，最终平衡精度≤1.2mm/s；转子主轴的测振部位做特殊的工艺处理，保证测振部位总跳动量值＜5μm，主轴剩磁在3Br以下。

3.3 国产化后应用情况

在2021年的大修中，烯烃中心顺利完成了国产化新转子的更换工作。截至目前，国产化转子已安全稳定运行三年多，其使用效果与进口转子性能参数基本相当，完全满足生产要求。从成本角度来看，进口产品气压缩机低压缸转子的价格为1036万元，而与之对应的国产化转子价格为421万元，通过进口转子国产化这一项，节约费用615万元。

4 烯烃分离丙烯压缩机汽轮机转子国产化创新

4.1 背景

烯烃中心的丙烯压缩机为进口离心式压缩机，在停车检修期间，汽轮机转子发现了一些较为严重的设备问题：

在2014年大修中，检修人员发现第7级叶轮有两组围带进气侧入口发生翘起，致使叶顶和围带之间有1~2mm左右的间隙，由于当时无法彻底消除缺陷，所以在回装后，监护运行。

在2016年检修中，发现这一缺陷有进一步增大的趋势。为了解决设备隐患，委托维修厂家对第7级叶轮的两组围带进行了整体更换，更换后的机组转子运行情况良好。

在2019年大修中，在对机组进行解体检查时，发现汽轮机转子的第八级约20个叶片的围带出现损坏情况。随后，维修厂家对受损叶片的围带进行了整体更换。

此次维修是5年内汽轮机转子围带的第二次损坏，这表明围带的强度已难以满足使用要求，若继续运行，围带大概率还会再出现类似问题，存在较大风险。一旦围带发生脱落，将会直接造成机组转子、静叶片、隔板等关键部件损坏，带来巨大损失。

考虑到进口设备采购周期长、采购费用高、技术风险不可控等因素，经过慎重抉择，决定与维修厂家开展国产化研发创新，进行汽轮机转子国产化研发替代。汽轮机转子围带翻边翘起缺陷见图5。

图5 汽轮机转子围带翻边翘起缺陷

4.2 主要创新内容

针对创新制作的国产化新转子，创新团队从多个角度进行了一系列创新设计工作。具体内容如下：

4.2.1 确保转子互换性

在创新设计汽轮机转子时，着重对主轴、叶轮等关键部件的几何尺寸和精度进行严格把控，达到与原转子完全相同。通过这一设计，充分保证了新转子与原转子之间具备可靠的互换性。

4.2.2　主轴材质优化升级

对于转子的主轴材质，经过严格筛选，选用了30Cr2Ni4MoV，该材料在高、中压汽轮机有非常成熟的应用经验，是一种被广泛认可的优质主轴材料。它具备高淬透性，相对比原主轴材质A470C1.8(相当于30Cr1Mo1V)，其机械性能表现更加优秀，尤其在中温、中压运行条件下，更加能体现出自身的优势。

4.2.3　转子叶片材质优化升级

对转子的叶片材质进行了优化升级，将原的20Cr13优化为22Cr12NiWMoV，末级叶片材料由于叶型部分较长改为TC4材料，这两种新材料在机械性能和强度等级上，均明显优于原转子所用材料。

TC4材料与原材料相比，其具有密度小、强度高的特点，在相同结构和同等工况运行的条件下，其所承受的应力仅为原材料的0.577倍，这一特性极大地提高了叶片的耐振强度。此外，在叶片制造过程中，严格控制材料的热处理过程，保证材料的各项技术指标。

4.2.4　叶片结构优化改进

研发团队对叶片结构进行了多方面的优化改进工作：

(1) 对于1级叶片围带，将原来采用的1Cr13(12%Cr)材料优化为TC4材料，其原有结构保持不变。

(2) 对于2~6级叶片，将原铆钉结构优化为自带围带加内置拉筋结构，同时取消铆钉头。

(3) 对于7~10级叶片，将叶根原结构优化为枞树型叶根，并将原周向装配方式调整为轴向装配方式。

(4) 对于7~8级叶片，将原铆钉结构优化为最先进的自带围带自锁结构。

(5) 对于9~10级叶片，将原两两拉钉结构改为阻尼台自锁结构。

4.3　国产化后应用情况

在2021年的大修中，烯烃中心顺利完成国产化新转子的更换工作。截至目前，国产化转子已安全稳定运行三年多，通过汽轮机蒸汽消耗量，汽轮机运行轴瓦温度，振动值等与进口转子对比，各项指标基本相同，完全满足生产要求。从成本角度看，进口丙烯压缩机组汽轮机转子的价格为1486万元，而与之对应的国产化转子价格为521万元，仅通过进口转子国产化这一项，节约费用965万元。

5　煤制烯烃进口动设备国产化应用总结及问题分析

5.1　煤制烯烃进口动设备国产化应用总结

在煤制烯烃动设备的运营与发展过程中，就进口动设备国产化这一范畴而言，个人认为，大致可以分为以下几类：整机国产化(如高压煤浆泵)、核心部件国产化(如压缩机转子、干气密封)。无论采用哪种国产化方式，都有多方面的积极意义：一方面，可以解决化工厂实际问题；另一方面，可以促进国内企业投入研发，推动行业整体装备制造能力提升，更好的向装备制造强国转变。

近些年来，随着国内装备制造能力的提升，煤制烯烃行业中很多关键机组、核心压力容器、关键泵阀、电气仪表元件等已经实现国产化替代。但对于原来的存量进口设备，由于更新更换费用巨大，需要国产化，仍然有巨大空间。

5.2　煤制烯烃进口动设备国产化问题分析

近些年来，煤制烯烃进口动设备国产化确实取得了很多的成绩，越来越多的进口动设备实现了国产化替代。但同时，在国产化推进的过程中，也逐渐暴露了不少的问题，具体如下：

(1) 国产化工作要始终把握问题导向原则，不能为了国产化而国产化。若国内有替代产品或更好更优的选择，应该大力支持。

(2) 在推进进口动设备国产化时，不能仅仅迷信大公司，而忽视了国内众多小而精、小而专的企业。在某些特定领域，有着深厚积淀和精湛工艺的小公司同样能够提供高质量的服务。正所谓一花独放不是春，百花齐放春满园。

(3) 部分企业体制僵化的问题，企业内部出现怕担风险、怕担责任的消极心态。总是抱着“沿用原来的总没问题”的保守想法，制约了国产化工作的推进。

6　结语

煤制烯烃进口动设备国产化的重要战略举措，有着深远的现实意义。它降低了企业的运营成本，提高了生产效率，打破了国外的技术垄断，为完善国内煤制烯烃行业设备供应链，破解“卡脖子”问题作出了贡献，为保障我国能源安全、推动国内装备制造产业升级发挥重要作用。今后，国产化之路一定会越走越宽。

参 考 文 献

[1] 邹春梅，肖丁，王泽平，刘小明．干气密封在裂解气压缩机上的应用[J]．机械，2012-05-25，235-239.

邻甲酚醛环氧树脂造粒机头结构优化设计

李文娟 闫 帅 张 旭

（中石化湖南石油化工有限公司）

摘 要 针对现有技术的邻甲酚醛环氧树脂造粒机头在生产实际中存在的机封泄漏、机封卡涩，出料不是粒状变成条状，计量棒与定子无法分开、再布料器端面泄漏、布料不均匀等缺陷，进行了设备结构优化设计，通过对机械密封结构优化、计量棒结构及拉插入方向调整，对再布料器端面密封材质升级、喷嘴改型等方面入手，实现了造粒机头无故障性抢修，解决了检维修困难、装置生产瓶颈，实践证明，该机头结构的适应性更强，检修用时大幅缩减，产品性能更好。

关键词 邻甲酚醛环氧树脂；造粒机头；机械密封；计量棒；喷嘴

1 引言

邻甲酚醛环氧树脂的主要应用领域包括半导体器件、集成电路、电子电器、层压制品、粘接电子、防水性能的粉末涂料及 PCB 油墨产品等。用作电子元件的塑封材料，以保护电子元件免受环境腐蚀，保持产品性能与使用寿命，树脂在固化后形成高交联密度的三维结构，具有优异的热稳定性、机械强度、电绝缘性和耐化学品性，特别适合用于高密度集成电路的封装，在特种环氧树脂领域站重要地位。

湖南石化邻甲酚醛环氧树脂自主研发，由酚醛预反应工序、酚醛反应工序等 17 道工序组成，效益突出，造粒是邻甲酚醛环氧树脂生产过程中的关键环节，造粒机头作为核心部件，其性能直接影响着整机的产量、产品质量及生产效率。然而，在实际生产中，造粒机头常出现各种故障，导致装置非计划停车多，严重制约装置产能释放。因此，对造粒机头故障进行研究并实施结构优化具有重要的现实意义。

2 造粒机头设备基本概述

液态邻甲酚醛环氧树脂经脱溶剂后，由齿轮泵以恒定可调的量经过伴热管道被送到钢带冷却机上的造粒机头中。造粒机头的主要部分有：伴热的固定的辊体（定子），上有一凹槽用于物料沿辊体向的分布。在定子外面旋转的外转筒，其表面分布许多规则 3MM 小孔。电气启动带动驱动端机封、外转筒、非驱动端机封转动，外转筒小孔旋转进过定子凹槽处时，物料滴落到钢带上并经 7℃ 水冷却形成半圆形颗粒，经包装为 25KG/包产品后销售。在这个过程中，造粒机头需保证物料均匀挤出、稳定成粒，对设备的结构和运行稳定性要求较高，造粒机头设计参数见表 1。

表 1 造粒机头设计参数

黏度/mPa·s	密度/t/m^3	输出量/kg/h	进料温度/℃	计量棒安装形式	转速 r/min
2000	0.95	850	170	侧端抽插式	≤1020

造粒机头主要由定子、外转筒、计量棒、驱动侧机封、非驱动侧机封、电机、减速机、链条、再布料器组成，造粒机头结构图见图 1。

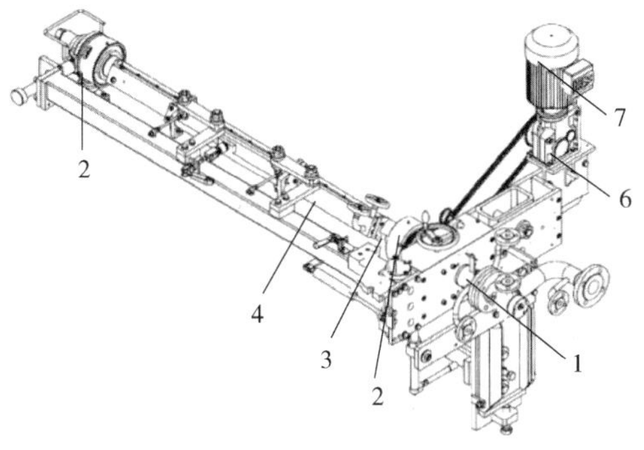

图 1 造粒机头结构图

1—定子；2—驱动侧机封；3—外转筒；4—再布料器；5—非驱动侧机封；6—减速机；7—电机

3 造粒机头常见故障分析

该造粒机头为单台设备运行，无备用设备，出现故障需要全线停车待料，自 2012 年投用以来，造粒机头故障频发，检修用时长，成为装置稳定运行的瓶颈。

3.1 机械密封使用周期短

造粒机头二端采用机械密封形式密封，示意图见图2，机械密封使用周期仅为20~25天，时常发生机械密封异常卡顿造成机头整体跳停。原因分析为机封轴承是紧挨物料侧，物料及0.7MPa蒸汽伴热温度为175℃，机封内轴承转动自产生热量加物料传导热量，轴承温度达178℃，轴承润滑脂运行中会干涩造成润滑不良，同时机械密封与外转筒内物料密封仅为O型圈，O型圈为氟橡胶，在高温及树脂溶剂影响下变形，导致物料进入机封轴承，物料与轴承中润滑脂互溶，在转切牌号造粒头启机运行初期，日常发生润滑脂带入树脂，造成树脂中有黑料，影响产品质量。机械密封采用多弹簧结构，树脂一旦进入弹簧，因物料粘度影响会导致弹簧失效，机械密封失去密封作用。

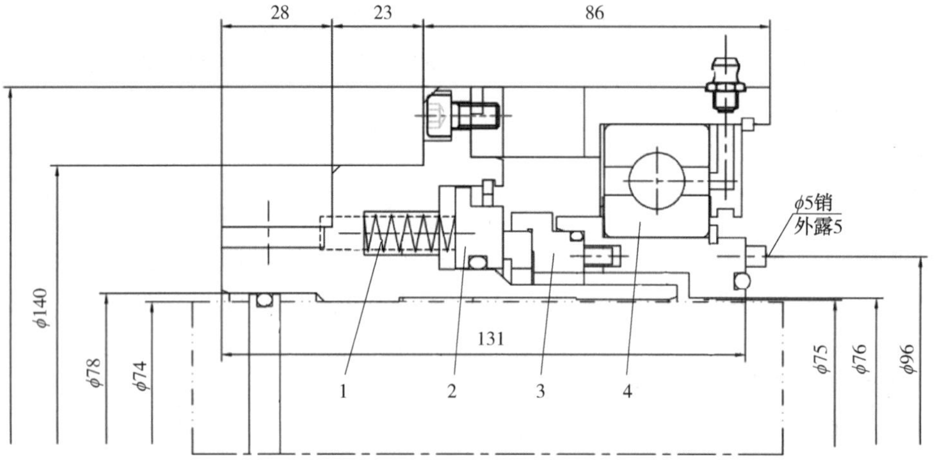

图2　机械密封结构图

1—弹簧；2—静环；3—动环；4—轴承

3.2 计量棒检修无法拔出

邻甲酚醛环氧树脂在长期高温下，邻甲酚醛环氧树脂的分子运动加剧，反应活性提高，会过度聚合、交联反应，从而产生结焦现象。邻甲酚醛环氧树脂分子中的环氧基(—CH—CH_2)会和羟基(—OH)等活性基团发生开环聚合反应。例如，环氧基和羟基反应：

—CH—CH_2+—OH ⟶—CH(OH)—CH_2—

随着反应的进行，这些聚合后的分子链之间会不断发生交联反应，形成三维网状结构。如果用简单的式子示意(其中R代表环氧树脂的复杂结构部分)：

R—CH(OH)—CH_2—+ R′—CH(OH)—CH_2—⟶ R—CH(OH)—CH_2—R′—CH(OH)—CH_2—

当交联反应过度，形成高度交联的大分子化合物，这些物质聚集就会产生结焦现象，结焦的树脂仅能通过物理清除或火焰燃烧法。

计量棒用于将定子通道内树脂均匀分布到外转筒中，长度1.6M，最大宽度45MM，厚度32MM，计量棒中间为空心结构，材质是不锈钢304。计量棒是从非驱动端侧沿定子轴向安装或拆除，拆装示意图见图3，定子与计量棒侧面镶嵌接触面为凸几形，因树脂长期停留在计量棒侧面导致结焦，在检修拆除时，计量棒从定子中拉拔出来非常困难，检修用时要2~3天，并在使用4个月后计量棒无法从定子中抽出或被拉断，长期未拆除清理计量棒的内喷嘴、内部通道堵塞，制约产能发挥，造粒机头进料量要下降，同时造成计量棒进口憋压，输送齿轮泵频繁跳停，造成齿轮泵轴封憋压泄漏，钢带物料无法铺满，钢带冷热受热不均逐渐出现变形，钢带未铺满物料出现钢带结露，结露的水份对周边物料挥发份造成影响，影响产品质量。

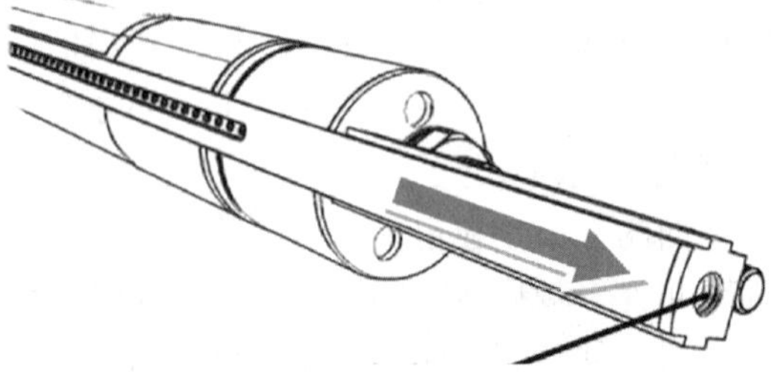

图3　计量棒拆装示意图

3.3　再布料器端面物料泄漏

再布料器用于将外转筒物料刮除，外转筒外经为84mm，筒体上均匀分布直径为3mm小孔，再布料器使用边长12mm的正方形改性四氟密封条进行密封，见图4。在运行中再布料器侧端出现条形树脂，导致钢带无法完全冷却物料，造成后续料仓及包装机故障，同时影响产品外观品质。再布料器侧面泄漏原因是分布孔在外转筒范围过长，外转筒分布孔轴向终端位置设置在再布料器密封条中心线位置，导致改性四氟密封条长期在分布孔的切割作用下磨损加快，改性四氟密封条径向补偿能力有限，运行中由于密封条失效造成侧端面密封失效，树脂成线性流到刚带上，造成树脂产品成条状，不满足生产质量要求。

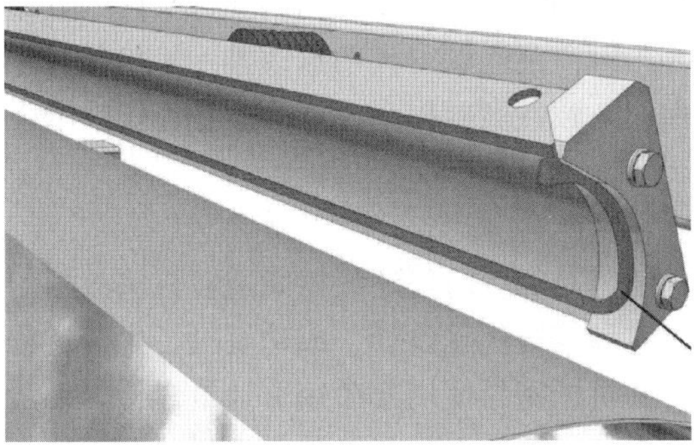

图4　再布料器密封条安装示意图

3.4　出料分布不均匀

生产过程中出现钢带树脂布料不均匀，原因主要是定子安装水平度超出±3°，计量棒内喷嘴不同程度堵塞或喷嘴检修利旧清理不当造成流道孔径变化。定子安装水平度不达标会导致喷嘴流量不一，因邻甲酚醛环氧树脂粘度大，定子最高点会出现无物料现象。计量棒内共32个喷嘴，外径4.5mm，在检修因喷嘴不好拆除清理，为节约清理时间，采用电钻直接在线清理喷嘴流道，因操作不当导致流道变化，当喷嘴流量不均匀，造成甩出树脂形状大小不一，流量大的喷嘴通过离心力甩出物料成拖尾半圆形，经过钢带冷却在下料过程中与料仓碰撞后树脂颗粒拖尾部分会断裂增加粉尘的形成。

4　造粒机头结构优化

4.1　机械密封结构优化

降低转子物料进入机械密封总成中，将外转筒与机械密封端面间O型圈密封材质改为全氟醚，全氟醚耐温327℃，有非常优异的耐化学腐蚀性能。

针对机械密封多弹簧失效问题，将弹簧形式改为合金蝶形组合式弹簧，蝶片机械密封是一种相对较新的密封技术，其特点为高弹性，蝶片具有较高的弹性，能够更好地适应轴的偏心和振动，具有长寿命特性，由于蝶片的高弹性和良好的耐磨性，其使用寿命通常较长，蝶片密封能够在更高的压力和温度下工作，适用于更苛刻的工作环境，受树脂粘度影响小，弹簧力更加持久，蝶形的弹性可自动补偿磨损和热膨胀。蝶形组合式机械密封的设计。

4.1.1　密封面压力计算

密封面比压需在合理范围，以保证密封性能和使用寿命，密封面压力计算如式(1)：

$$P_C = P_M + P_S \tag{1}$$

式中，P_C 为密封面比压，MPa；P_M 为密封腔中介质压力，MPa；P_S 弹簧比压，根据密封要求和经验选取，一般在0.15~0.3MPa之间。

4.1.2　确定形状和尺寸

根据负荷范围和机封尺寸空间，选择3组碟片组合形式，碟片外径160mm，碟片内径90mm，厚度1.4mm。

4.1.3　选择材料

根据物料特性、产品要求及使用寿命要求，选择碟簧材料为不锈钢304。

4.1.4　蝶形弹簧效验

蝶形弹簧的载荷-变形效验如式(2)：

$$F=\frac{Eh^3}{6(1-\mu^2)}\cdot\frac{1}{R-r}\cdot\left[\left(H-\lambda\frac{R-r}{h}\right)\cdot\left(H-\frac{\lambda}{2}\cdot\frac{R-r}{h}\right)\right] \tag{2}$$

式中，E 为弹性模量；H 为无支承面碟簧压平时变形量，m；μ 为泊松比；R 为碟片外径，m；R 为碟片内径，m；H 为单片碟簧的自由高度，m；λ 为变形量，m。

经效验，$F>P_C$，满足密封要求。

为解决物料进入轴承，将物料侧改为机械密封动静环，轴承改到远离物料侧，结构优化后机械密封见图5，降低轴承故障率，轴承运行环境温度至105℃。总结以往轴承润滑失效，对润滑脂重新选型，改用BARRIERTA L 55/2*滚珠轴承润滑脂，最高耐温超过180℃，同时利用转型临时停机机会，按每7天对轴承主动加油一次执行定时性事物。

为监控机械密封运行情况，在DCS系统增设造粒机头电流显示，利用电流走势判断机械密封运行情况。

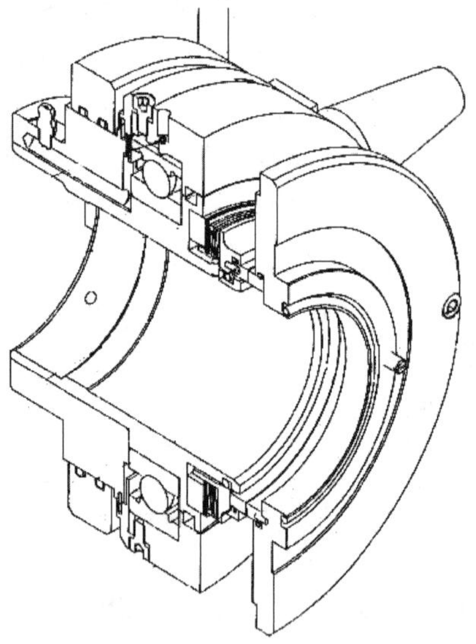

图5　结构优化后机械密封示意图

4.2　计量棒结构改进

根据物料易结焦特性，改进计量棒安装形式，由定子端面轴向抽拔式改为定子径向镶嵌式，计量棒侧面将凸几形改为平面，计量棒增加4个顶丝，即使计量棒与定子的接触面有树脂结焦问题，通过定子敲击方法及顶丝外力作用下，计量棒可轻易从定子中拆除。计量棒与定子接触面从凸几形改为平面，清理结焦树脂更加便利并彻底。

4.3　再布料器密封件材质优化

针对再布料器端面密封条长期被外转筒分布孔切割影响使用寿命，将外转筒分布孔开设范围进行调整，分布孔全部设置在端面密封条内1.5mm，避免分布孔对密封条的切削。考虑侧面密封条磨损后无补偿问题且耐磨性，将再布料器侧端面密封条改为厚度15mm的聚四氟乙烯半月形板，在半月板后端增加U型弹片，在半月板磨损情况下可自行调整半月板与外转筒的贴合度，杜绝侧端面泄漏问题。

4.4　找水平装置及喷嘴结构改进

为解决造粒机头水平度问题，在非驱动端机封下部安装水平调整数字显示调整表，可根据直观数据调整定子的水平度，并可观察运行中机头水平度问题，可在设备运行中进行调整。为了解决喷嘴不好拆除问题，将喷嘴外形结构进行改进，将喷嘴筒体外部改为六边形，便于扳手拆装，增加摩擦力。

5　优化后造粒机头的应用效果

将优化后的造粒机头应用于邻甲酚醛环氧树脂造粒生产中，经过一段时间的运行监测，取得了显著效果。

机械密封可靠性提升：通过轴承位置和弹簧体结构的改进，机械密封使用寿命延长至50天，无故障性检修。

检修用时及维修费降低：计量棒安装拆除方向改变后，检修用时由19h降至8h，减轻劳动强度，检修效率大幅提高，同时设备的维护成本显著降低，节约维修费43万元/年。

物料均匀性提高：再布料器和喷嘴优化以及调平器投用的协同作用，树脂在机头内的分布更加充分，泄漏问题得到明显改善。经检测，颗粒的性能一致性大幅提高，产品质量稳定性增强。

6　结论

通过对邻甲酚醛环氧树脂造粒机头故障的深入研究和结构优化设计，成功解决了生产过程中存在的机械密封使用寿命短、计量棒检修无法拔出、再布料器端面物料泄漏、出料分布不均匀等问题。优化后的造粒机头结构在实际应用中表现出良好的性能，设备专业结合邻甲酚醛环氧树脂特性及以往检修经验，编制标准化检修流程，严格按照定时性事物执行检修，装置运行稳定，月产量由300吨增加至540吨，产品质量得到客户肯定，无黑料、条料投诉，操作环境得到大幅提高，提升了产品质量和生产效率。这一研究成果对于后续特种环氧树脂生产单元设备选用具有重要的参考价值。在未来的研究中，可以进一步结合新型材料和制造工艺，对造粒机头进行持续优化，以满足不断提高的生产和质量要求。

参 考 文 献

[1] 董耿蛟，朱雄，陈明，等．邻甲酚酚醛环氧树脂[J]．热固性树脂，1995，4：15-20.
[2] JB/T 7248—2024，蝶形弹簧技术条件[S].
[3] 张友新．挤出塑料造粒机头的结构优化设计[J]．橡塑技术与装备，2024，50(01)：73-76.

往复式压缩机活塞防松锁紧装置失效研究与设计

潘 强 马 旭 李 平

（中国石油克拉玛依石化分公司）

摘 要 本文对中石油克拉玛依石化有限责任公司150万吨/年柴油加氢改质装置新氢压缩机三级缸活塞体防松锁紧装置齿片断裂问题开展相关研究分析，发现造成防松锁紧装置齿片断裂的主要原因是防松齿片在安装过程中由于敲击力度无法准确掌控使齿片嵌入锁槽部位时产生了肉眼看不见的微裂纹，在压缩机运行过程中长时间交变应力的作用下微裂纹进一步扩展直至全部断裂。本文对此开展研究分析提出了规范安装程序、创新结构设计和完善检维修作业规程三方面的改进措施，使得问题圆满解决。

关键词 新氢压缩机；活塞体；防松齿片；断裂失效

克拉玛依石化公司150万吨/年柴油加氢改质装置由中国石化工程建设公司北京设计院设计，中油第七建筑公司承建，总投资为52556万元，装置于2011年4月开始建设，2011年11月中交，2018年9月，根据全厂总流程需要，依托原120万吨/年柴油加氢改质装置的流程与设备，扩能改造至150万吨/年。本装置升级扩量改造后新增2台往复式新氢压缩机组K-3101/CD，是装置运行的核心设备，主要为加氢反应提供消耗的氢气和维持反应压力。本文对往复式压缩机活塞体防松齿片断裂失效的研究，提高了压缩机运行的可靠性。

1 机组简介

往复式压缩机是化肥、矿山、机械制造、石油石化等很多工业部门广泛应用的机器之一。往复式压缩机是利用活塞在气缸内的往复运动来压缩气体，以提高气体压力并输送具有一定压力气体的机械。往复式压缩机具有压力范围广、效率高、适用性较强等优点。150万吨/年柴油加氢改质装置设置2台往复式新氢压缩机K-3101/CD，采用卧式四列三级对称平衡型设计，机组设计参数如下表1：

表1 机组基本参数

机组型号	MW-31.3/(19-132)-19.4/(13-22.2)-X 型
结构形式	固定水冷对称平衡四列三级少油润滑活塞式
气量调节	HRCS 无级气量调节
工作介质	氢气
进气压力/MPa	1.9
排气压力/MPa	13.2
一级缸径/mm	485
二级缸径/mm	350
三级缸径/mm	260

续表

2 问题概况

2020年11月3日，150万吨/年柴油加氢改质装置新氢压缩机K-3101/C机二级排气压力异常切换机组，11月4日按要求对压缩机进行维修检查，在拆卸温度异常的排气阀后，发现气阀流道上面有11块50mm×20mm的金属碎片，见图1，进一步拆除压缩机缸盖对活塞体进行检查，发现三级活塞体防松锁紧装置齿片外圈全部断裂。本次断裂的齿片为2020年7月17日压缩机厂商提供的三级活塞体防松锁紧装置齿片备件，更换的齿片仅运行了3个多月就全部断裂了，比前几次断裂更严重，存在较大安全隐患，迫切需要解决齿片多次断裂失效问题。

为此，本文梳理出其余3起三级活塞体防松锁紧装置齿片断裂失效问题如下：

第一次：2020年6月16日检查三级盖侧排气阀时发现阀窝内有金属片一块，进一步拆缸头检查发现三级活塞防松锁紧装置齿片有局部断裂脱落情况，如图2所示；

第二次：2020年7月1日拆检三级盖侧排气阀片损伤，原因是三级活塞防松锁紧装置齿片断裂产生的金属碎片脱落，导致金属碎片落入气阀导致排气阀片有损伤，如图3所示；

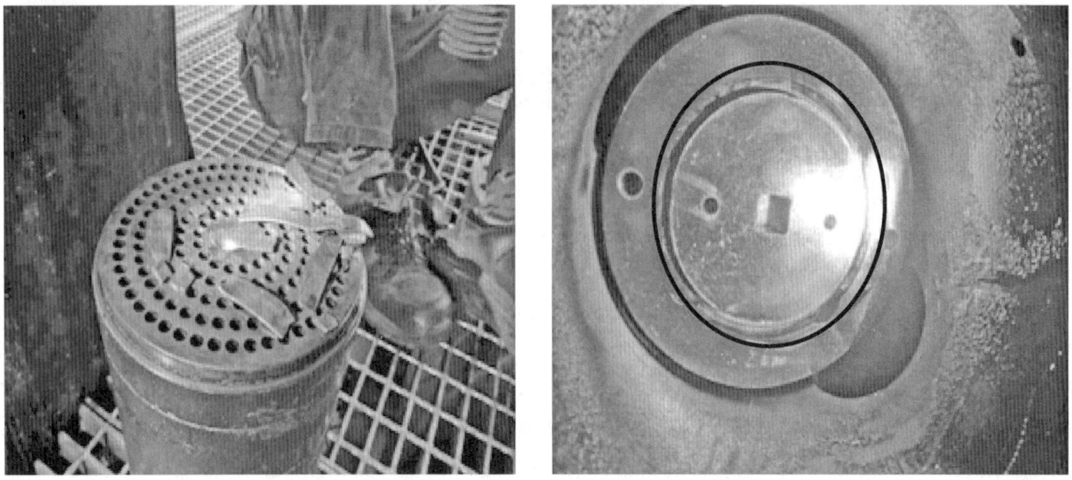

图1　2020年11月3日三级活塞体防松锁紧装置齿片全部断裂

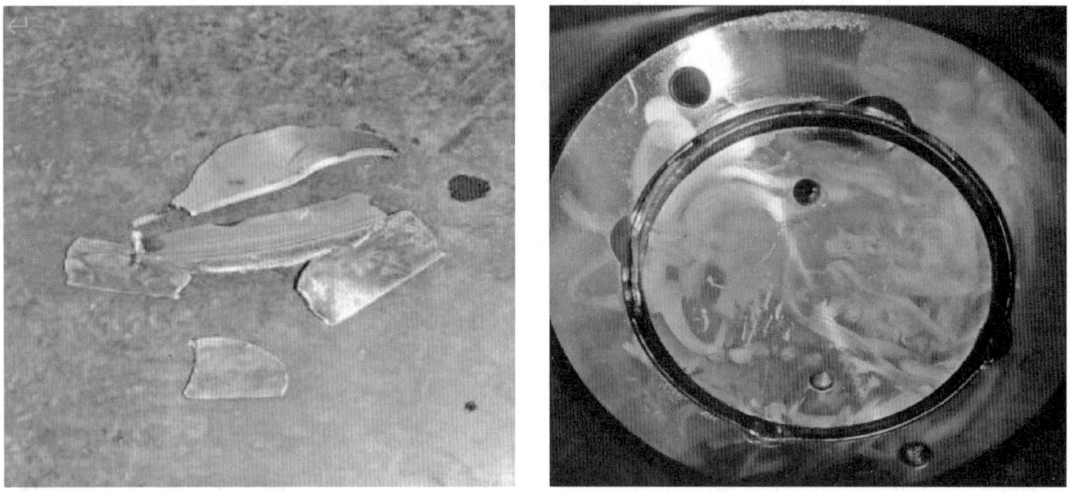

图2　2020年6月16日三级活塞体防松锁紧装置齿片部分断裂

图3　2020年7月1日三级活塞防松锁紧装置齿片部分断裂

第三次：2020年7月17日更换了压缩机主机厂提供的三级活塞防松锁紧装置齿片，图4所示为更换下来的防松齿片，运行至2020年11月3日三个多月时间三级活塞防松锁紧装置齿片全部断裂。

图 4　2020 年 7 月 17 日三级活塞防松锁紧装置齿片大部分断裂

3　原因分析

本装置新氢压缩机运行过程中发生了多起三级缸活塞体防松锁紧装置齿片断裂事故，通过防松锁紧装置齿片断裂的表征现象及机组的运行参数等进行分析，得出以下几点原因。

3.1　安装原因

三级防松锁紧装置齿片安装不规范，防松锁紧装置防松原理是将齿片通过外力敲击嵌入锁槽后防止活塞头盖转动的机理而设计，而将齿片敲击嵌入锁槽的力度在安装时很难掌控，对比该机组一级和二级活塞体防松锁紧装置也按此原理设计，而一级和二级活塞体防松齿片从未出现过类似断裂情况，说明三级防松齿片断裂不是普遍现象，仅是个别事件。由此认为在安装过程中将齿片敲击嵌入锁槽时由于力度掌握不当造成齿片嵌入锁槽的部位产生了肉眼看不见的微裂纹，在压缩机运行过程中，整个活塞体端部在长时间交变应力作用下加剧了齿片上的微裂纹扩展直至全部断裂，这是造成三级活塞体防松齿片断裂的主要原因。

3.2　设计原因

本文所述新氢压缩机三级活塞体防松锁紧装置齿片和活塞体头盖设计为一体式结构，设计不合理。因防松锁紧装置的齿片材质和活塞体头盖材质塑性要求差别大，一体式结构设计需要考虑活塞体头盖需要较高的强度而会降低齿片材质塑性。

3.3　管理原因

压缩机主机厂商提供的随机资料未对活塞体防松锁紧装置的安装进行有效地指导说明，导致安装过程质量无法有效控制，第一次齿片断裂后没有找到真正的原因并彻底整改，导致同类问题反复出现。防松锁紧装置出厂时和活塞体是组合安装在一起的，初次安装是在压缩机主机厂进行，如果设备在运行过程中此部位不出问题，正常检修时是不涉及此部位检查项目的，更没有详细的检维修作业规程作为指导，所以也导致了此类问题继续反复出现。

4　技术改进方案

4.1　建立安装规范

新氢压缩机三级防松锁紧装置安装时，执行本技术方案的安装步骤，第一步：将活塞体内螺纹一级螺塞外螺纹表面清理干净；第二步：在拧入螺塞前，在螺纹上均匀涂抹一层较薄的螺纹密封胶（如乐泰 263 密封胶）；第三步：使用扭矩扳手将螺塞拧紧，使压缩机螺塞的拧紧力达到 1300～1350N・m 即可，该螺塞的最大扭矩建议不超过 1820N・m；第四步：螺塞拧紧后，将螺塞的防松齿片压入活塞体对应的凹槽内，压入时应将防松齿片平滑压入凹槽，避免齿片在压入时出现裂纹。

4.2　创新结构设计

如图 5 所示，改进前采用齿片嵌入锁槽的原理来防止活塞体头盖松动旋转，在初次安装过程中由于没有建立规范的安装程序，在敲击齿片的过程中可能会造成肉眼看不见的微裂纹，在压缩机运行过程中受到交变应力的作用裂纹扩展全部断裂。

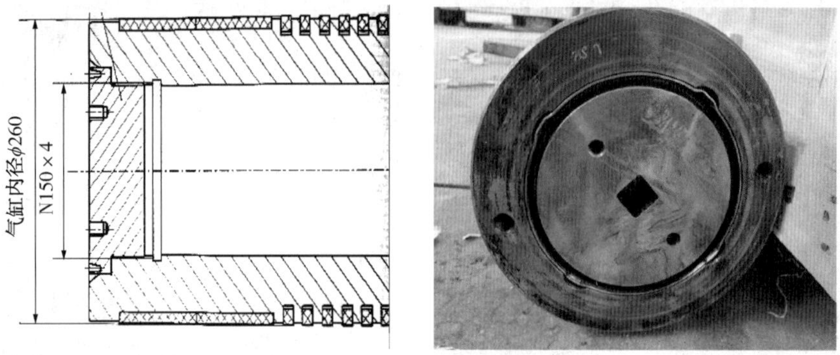

图5　原设计结构图与实物图

经历几次防松齿片断裂事故后，对其原因进行分析，由于无法保证现场安装敲击齿片时的力度，决定对防松齿片的结构重新设计，如图6所示，从根本上彻底解决齿片断裂问题。

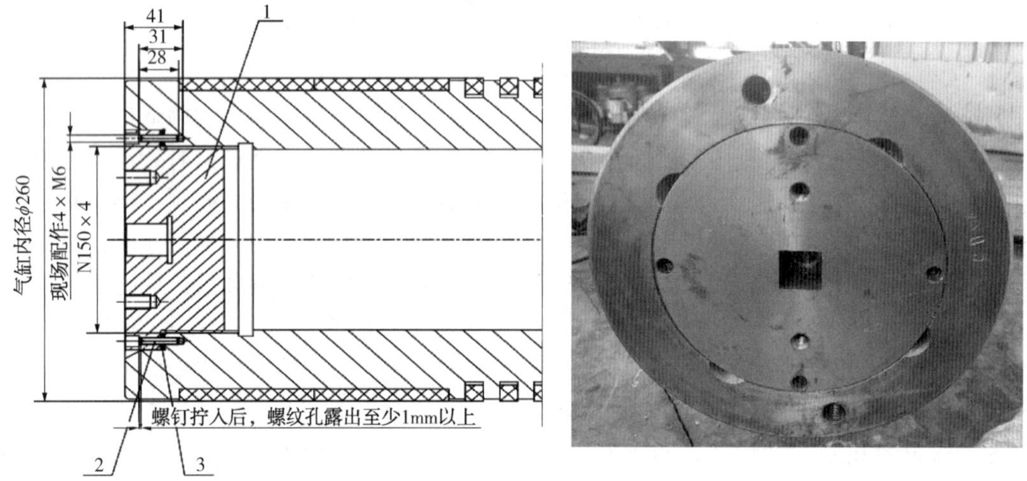

图6　改进后设计结构图与实物图

改进后放弃使用齿片嵌入锁槽固定的方式，创新设计为采用螺钉固定活塞头盖的设计方案，即螺塞采用螺纹胶拧入，扭矩可靠拧紧后，再采用均布四个骑缝螺钉的紧固防松方式对该螺塞进行紧固。改进后现场安装如图6所示，重新设计后将防松齿片改为4个骑缝螺钉，将材料由20Cr13改为SS304，改进后的方案可防止由于安装力度不当造成安装初期齿片产生微裂纹的问题。

4.3　完善检维修作业规程

在新氢压缩机检维修作业规程中增加活塞体防松锁紧装置的安装规程，罗列出具体的维修步骤和注意事项，整个维修过程需要现场维修人员、现场维修负责人、属地单位项目负责人三级确认并签字，以确保安装过程受控，安装质量受控。

5　结论

本文对克拉玛依石化公司150万吨/年柴油加氢改质装置新氢压缩机三级缸活塞体防松锁紧装置齿片断裂问题开展相关研究分析，发现造成防松锁紧装置齿片断裂的主要原因是防松齿片安装时缺乏具体的安装指导规程，在装配过程中由于敲击力度无法准确掌控使齿片嵌入锁槽部位产生肉眼看不见的微裂纹，在压缩机运行过程中长时间交变应力的作用下齿片微裂纹进一步扩展直至全部断裂。本文对此问题提出了相应的改进措施，使得问题圆满解决，采用本文研究的技术方案提高了压缩机运行的可靠性，为同行业处理类似问题提供借鉴和参照。

参 考 文 献

[1] 朱振华．过程装备制造技术[M]．北京：化学工业出版社，2011：49-59.

[2] 李云，姜培．过程流体机械[M]．北京：化学工业出版社，2008：53-55.

[3] 崔天生．压缩机的安装维护与故障分析[M]．西安：西安交通大学出版社，1993：36-39.

[4] 郁永章．容积式压缩机技术手册[M]．北京：机械工业出版社，2000：34-38.

[5] 潘强，马晓伟．压缩机气阀阀片断裂原因分析及改进[J]．中国设备工程，2016，6：80-82.

催化冷壁滑阀填料泄漏修补装置

都业辉　李　琦　尚德生　郭隆山　李增强　郭立峰

（中国石油锦西石化公司）

摘　要　本文对于重油催化裂化装置运行期间滑阀填料失效泄漏故障进行原因分析，提出滑阀填料泄漏后补救措施，通过设计外接一体式填料盒，改进填料压制施工工艺、阀杆安全操作计算等三个方面，规范了滑阀填料盒设计、安装，确保装置运行状态下填料完全失效，在线安装可行性，给冷壁滑阀填料修补检修以借鉴和指导。

关键词　滑阀；填料；泄漏

中国石油锦西石化公司是一家石化加工型企业，其中 1.8×10^{6} t/a 重油催化裂化装置是最重要生产装置，装置长周期运行一直是公司科技攻关课题。

重油催化装置安装有兰州石油机械厂生产冷壁滑阀共计6台，根据各个地区公司调研及事故分享，在运行过程中发生阀杆填料失效泄漏故障，各个公司处理办法：①装置停工，更换填料，损失大，时间长；②应急处理，采用了在原填料压盖后加装假填料，并对原有填料函液体注入口注入油脂二硫化钼及石墨料的稠状混合物，焊接外保护套等。但是泄漏的高温烟气夹杂催化剂，焊接安装空间狭小，安装操作复杂，需要动火作业，风险大且施工后无法满足设备长周期，只能作为临时装置，只能起到拖延非计划停工时间作用。

为彻底杜绝该项故障，保证装置长周期运行，减少公司损失，本文设计并制作外接一体式填料函来解决滑阀泄漏带来的风险，改进了填料压装方法，消除了故障隐患。该装置在公司应用，与相关兄弟企业进行了技术交流，得到了极高的评价，2023为大连石化该部位故障进行了指导，在石化领域有极大推广价值，具有安全可靠，操作快捷，小投入高产出特点。目前滑阀填料泄漏修补装置及操作方式于2023年10月申请了专利，专利号：202311428241.1。

1　冷壁滑阀简介

本文以重油催化半再生滑阀DYLD1000泄漏为例，介绍详细的设计、安全操作计算及安装施工工艺。

举例：重油催化半再生滑阀安装在催化裂化装置再生器斜管上，用以控制再生器压力，使之与反应器压力保持一致，阀的开度根据再生器与反应器间压差，通过气动压差调节器发出气动信号，使阀上的液压控制单元自动调整。

阀体结构如下图1

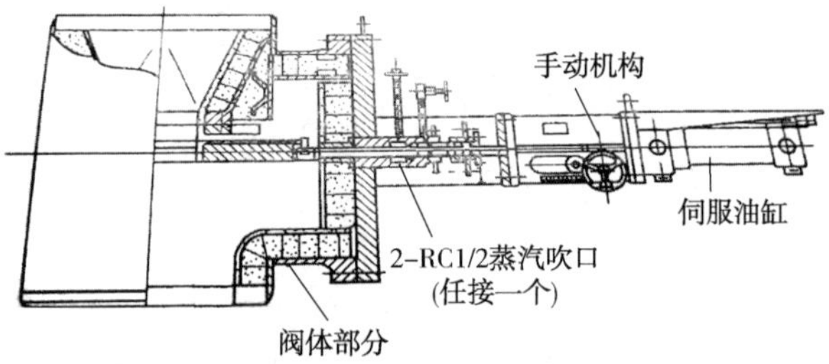

图1　电液冷壁单动滑阀

重油催化半再生滑阀操作参数如表1：

表1　半再生滑阀主要参数

主要参数	数据
设计压力/MPa	0.6
设计压差/MPa	0.15
设计温度/℃	500~780
全开面积/m^2	0.18
阀全行程/mm	540

2　故障原因分析

2.1　故障原因分析

在滑阀运行过程中，600℃高温烟气夹带催化剂颗粒沿阀杆方向泄漏，其泄漏原因主要有以下几方面：

① 安装填料质量问题，造成工作后失效。

② 阀杆冷却吹扫蒸汽过大，造成阀杆冲蚀

泄漏。

③ 阀体受热膨胀，压迫阀杆受力与填料函不同心。

举例：电液冷壁单动滑阀，阀盖上填料函采用串联填料密封结构，见图2。

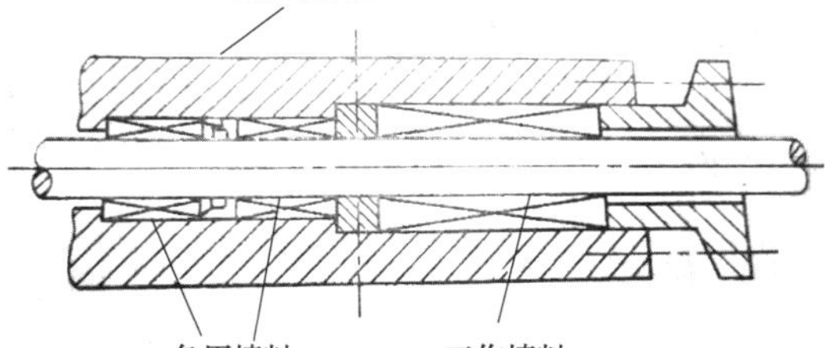

图2　串联填料密封结构

3　外接填料盒的设计及计算

3.1　设计原理

理论方法：该项创新成果将滑阀填料泄露后在线检修变为可能，避免了因为极小故障导致整个装置临时停工，并且安全可靠，操作快捷，小投入高产出特点。

解决关键问题：该项发明创新利用原填料压盖配合定位摒弃了动火作业，很好利用传动箱定位孔来保证一体式填料盒与阀杆同轴，可以提前安装备用，一旦发生泄漏可以立即进行修补性检修。

技术难题：①原处理方法填料填料装置需要焊接，烟气泄漏点动火风险极高。

② 焊接后设备损伤，检修时无法修复，增加更新成本

③ 焊接安装后同轴度超差，填料压制不允许超过0.5mm，不能保证长周期。

④ 原工艺操作复杂，对现场要求极高，长时间泄漏冲刷会带来不可逆损伤

3.2　外接式填料盒设计

该外接式填料盒制造简单，安装方便，现场不需要焊接等工艺。利用原有填料压盖将填料盒固定，与原填料函采用0.10mm间隙配合，保证外接填料盒与阀杆同轴度。

主要零部件包含，一体式外接填料盒、后压盖、注胶管、保护蒸汽接管、密封填料环、备用填料环、填料间隔环及填料压紧套筒组成。

主要技术指标见图3。

外接填料盒加工实物见图4。

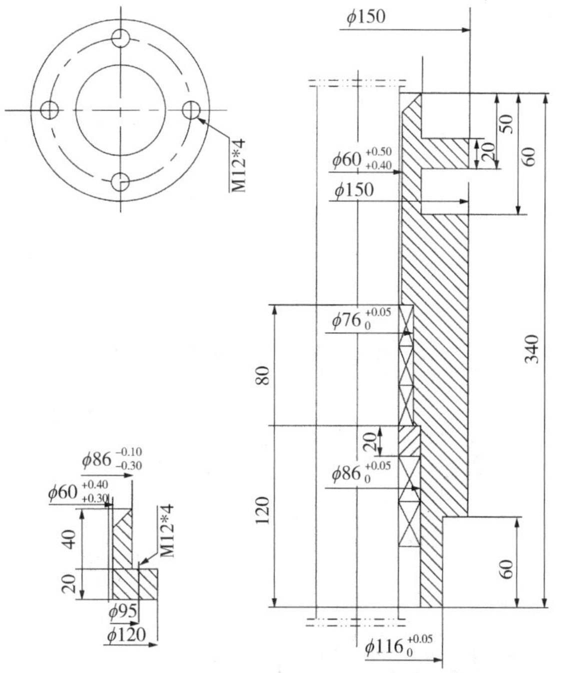

图3　半再生滑阀外接填料盒设计图

图4　半再生滑阀外接填料及压填料工具实物

3.4　外接式填料盒安装

在填料泄漏后，设计一个新填料函，通过安装到原填料盒外而起到补救措施，并能够满足长周期运行。其中，一体式填料盒为主要设计部件，该部件前端整合设计了原填料压盖形式，尾端与传动箱体隔板配合，保证填料盒同心度。通过控制径向间隙，保证安装后填料盒与阀杆同轴度误差<0.10mm，这种设计在安装上只需要拆下传动箱及油缸，安装后尾部定位，前端利用原压盖4×M12螺栓紧固，核心上保证了设施安装后长周期使用问题。

另外，一体式填料盒内部沿用了原填料结构设计理念，采用台阶型串联结构，前部分备用填

料采用逐圈压紧，与密封填料间安装金属间隔环，一体式填料盒顶部安装有泄露注胶管、蒸汽冷却保护管等附属设备，实现原填料函功能。

举例：说明重油催化 DYLD1000 半再生滑阀泄露采取制作新填料函补救，操作方法如下：

在阀体填料函完全失效后，利用滑阀填料压盖部位与传动部位连接隔板定位安装新的填料函。利用原有填料函压盖紧固螺栓将外接新填料函安装在填料函体上，安装后如图 5：

图 5　外接填料函现场安装图

3.5 关于液压力与静摩擦力计算公式

新添加的填料要保证滑阀阀杆在油缸作用力下能够自由活动，保证无卡涩现象，保证油缸活塞能有足够的轴向力来克服新安装填料的摩擦力。

油缸缸径 $D=150$mm

工作状态油泵压力 $P=6$MPa($P_{max}=10$MPa)

石墨与钢的摩擦系数 μ 取 0.4

石墨与阀杆压力来源于填料压盖 2 根 M16 螺栓，N 取 3.5×10^6

通过受力分析有如下计算公式：

油缸活塞面积：$S=\pi(D/2)^2=3.14\times(0.15/2)^2=0.18m^2$

阀杆推力：$F=P_{min}/S=6\times10^6/0.18=3.33\times10^7N$

填料静摩擦力 $F=\mu N=0.4\times3.5\times10^6=1.4\times10^6N$

$$F_{摩}<F_{推}$$

液压控制单元最小力完全可以推动滑阀正常工作，说明这种设计方式安全可控。

4 效益及前景展望

公司催化装置半再生滑阀运行过程中一旦发生阀杆填料泄漏事故，安全、快捷、可靠的安装一种外接填料函，使得故障得以快速解决，保证设备长周期。

以锦西石化公司为例：二个催化装置共计 12 台冷壁滑阀，100%储备该装置费用为 0.3 * 12=3.6 万元，假定 5 年一修，一个大修期间发生一起泄漏，催化装置开停按照 15 天计算其成本损失在 1500 万，配件及催化剂损失在 300 万，总计 1800 万。如投入市场或在中石油 27 家炼油企业中应用，以每年减少 1 次泄漏非计划停工预计，5 年一个大修周期内可节约费用不低于 1800×5=9000 万。

该项设计成果市场应用广泛，需求量固定，一些机加工企业都能够效仿生产，可以作为设备备件补充，在主机厂(兰州石化机械)进行广泛推广。该项设计可能通过拆解、测量等手段进行仿造，但是因设备不同，其核心设计理念及填料尺寸还需要重新开展设计，不不能直接通用。

5 结论

通过合理的设计计算，以及填料压紧方式的改进，利用滑阀原有空间，安装的外接填料装置已安全运行超过 1 年，未再次发生泄漏事故，滑阀阀杆自动操作灵敏无卡涩现象，证明该改造设计成功，避免了重油催化裂化装置的非计划停车，保证了锦西石化分公司全年生产任务完成，建议各个滑阀检修单位在今后滑阀填料压装过程中，严格按照规程操作，控制检验配件质量，不合格产品决不安装，并对外接填料盒进行适当储备，以保证生产需求，满足装置长周期运行的要求.

参 考 文 献

[1] 炼油设备工程师手册．中国石化出版社，2003.
[2] 孙志礼主编．机构设计．东北大学出版社，2002.

第二篇　技术管理篇

新建项目典型机泵全过程可靠性控制

赵 岩

（中海石油炼化有限责任公司）

摘 要 设备是保障石化企业安全平稳运行的基础，“人为根本、设备完好”是本质安全的核心内涵。设备全生命周期完整性管理突出关注合理选型、过程监造、规范安装、正确操作、精心保养、预知维修、装置检修、技术改造。在动、静、电、仪四大类设备专业当中，离心泵和压缩机因种类品类多、长期高速旋转、内部结构复杂、机械配合精度高、控制联锁集中等特点，决定了其管理难度很大，围绕机泵选型、制造、安装、调试、使用、维护、检修各环节的技术质量管理，特别是润滑、密封、状态监测、数字化平台建设是设备管理的关键技术工作。

关键词 机泵选型；质量控制；安装

1 机泵科学选型

作为通用机械的离心泵和压缩机，承担着炼油化工过程各类介质物料的输送任务，以合适的温度、压力满足工艺要求的控制条件，应优先达到运行使用安全可靠、节能高效、技术先进、防腐耐磨的基本要求。

1.1 离心泵选型

同一个泵区选择同样的出入口布置型式，确保泵区布局整齐美观。

关键参数(流量、扬程、汽蚀余量等)满足设计和使用条件，使工作点处于高效率区。

大流量泵优先选用低转数泵，以降低叶轮、密封、轴承线速度，同时提高泵的吸入能力，防止汽蚀发生；特殊工况可选择“两开一备”的布置形式，以适应流量不断变化的节能操作，增强泵选型的灵活性和运行经济性。

1.2 压缩机选型

根据压缩比、流量、介质特点确定压缩机类型，以最重部件选择厂房桥式吊车，不考虑按单体设备重量选择厂房桥式吊车。

往复压缩机：高压缩比、小流量、故障率高、启动电流大，需要设置备机。

离心式压缩机：压缩比适中、大流量、故障率低，根据流量、压力、蒸汽平衡选择机组结构(背压式、抽背式、全凝式)，不需要设置备机。

螺杆式压缩机：低压缩比、小流量，对介质洁净度要求苛刻，适用于流量变化比较大的工况，故障率高，需要设置备机。

轴流式压缩机：低压缩比、大流量、效率高、故障率低、启动电流大，不需要设置备机。

乙烯裂解气压缩机(离心式)：三缸五段压缩，同轴布置，压缩比高、流量大、设计安装使用控制难度很高。

大型连续重整增压机(离心式)：汽轮机“一拖二”同轴布置，压缩比高、流量大，设计安装使用控制难度高。

加氢裂化或渣油加氢新氢压缩机(往复式)：压缩比高、流量大、活塞力高。

1.3 密封型式选择

按照API 682标准配置离心泵机械密封，通常选用波纹管或小弹簧机械密封；对于特殊介质、温度压力较高的泵通常选用双端面波纹管机械密封。机械密封连续运行寿命要达到2.5万小时以上，其中，合理配置密封辅助系统是保证机械密封可靠性的关键，正确的冲洗组合有助于改善摩擦副运行工况，使其及时得到有效的冲洗、润滑、冷却，保持密封腔介质、温度、压力稳定。

1.3.1 机械密封

串联式金属波纹管机械密封(图1)，补偿环为进口石墨/4J-42，波纹管采用Inconel 718材料，在低温下保证密封良好的补偿性能、耐低温能力，避免超低温工况弹簧密封橡胶圈耐受低温不足的缺点。

小弹簧串联式机械密封，介质侧辅助密封圈选择耐低温、耐介质腐蚀材料，一般使用弹簧制动密封圈。二级密封腔体压力接入低压氮气增压，高于密封腔体压力 0.14～0.41MPa，可实现介质对大气的零泄漏。对于>-30℃的低温甲醇，可选用丁腈或氢化丁腈橡胶 O 型圈。

泵用机械密封的组合冲洗系统(含冷却水、隔离液、火炬放空)需确保管路通畅、液位与压力控制合规、冷却效能达标，以保障密封运行可靠性。

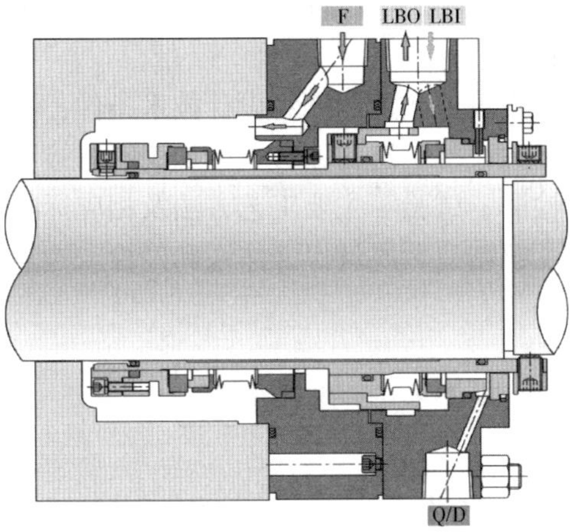

图 1　串联式金属波纹管机械密封
(冲洗方案：PLAN11+52+62)

辅助密封冲洗方式举例见图 2、图 3。

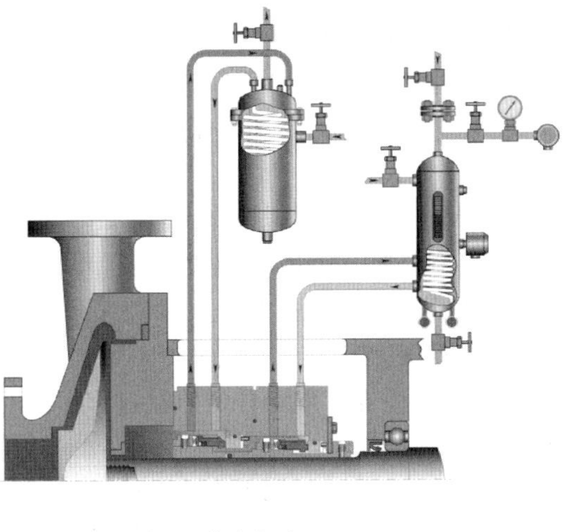

图 2　冲洗方式 Plan 21+52

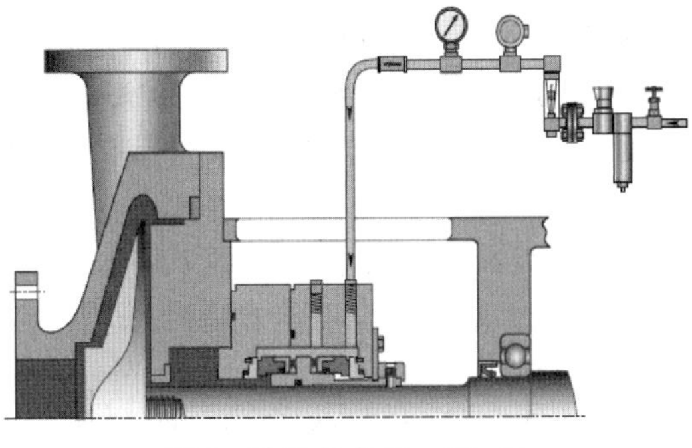

图 3　冲洗方式 Plan 32+54

1.3.2　干气密封

干气密封是一种气膜润滑的流体动、静压结合型非接触式机械密封，隔离密封气为氮气或机组本身工艺气。干气密封的结构设计特点为在密封端面上开设动压浅槽，其转动形成的气膜厚和流槽槽深均属微米级(3～5μm)，并采用润滑槽、径向密封坝和周向密封堰组成密封和承载部分，是开面密封和开槽轴承的结合。动静环之间气膜厚度≥1.2μm，气膜刚度大、变形可控、密封效果好。国内标准要求干气密封使用寿命为 5 年。

干气密封控制系统由工艺气密封气系统、隔离气密封系统、放火炬及高位放空监测系统组成(图 4)，其中密封气和隔离气设计有气源过滤处理单元、气体压力和流量调节控制单元，排放气设置有火炬排放和高位放空，并设计有密封气泄漏监测。干气密封要在机组空负荷试车和空气试车完成后安装，要保持密封腔压力始终高于外部系统压力。

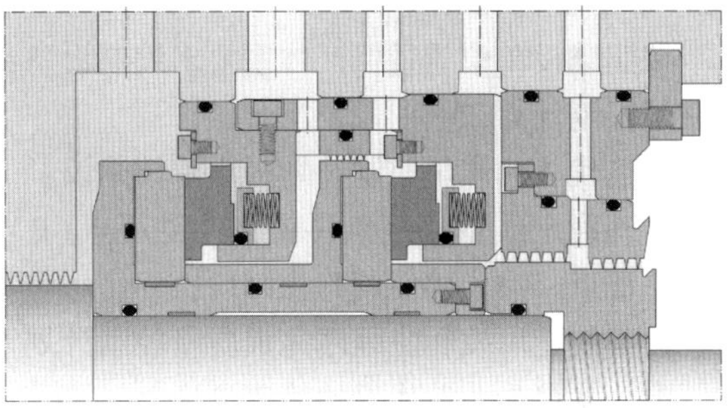

图 4　带中间迷宫串联式干气密封

适用范围：

压力：负压～高压。基本适用于所有易燃、易爆、危险介质。

优点：安全可靠性最高，工艺气不会泄漏至大气环境中，外部氮气也不会进入工艺流程内。

缺点：结构复杂，成本较高。

应用实例：氨压机、天然气压缩机、循环氢压缩机、冷剂压缩机、循环气压缩机等。

1.3.3　往复压缩机填料密封

利用填料材料的可塑性和弹性来达到气体密封目的。活塞在做往复运动时，填料环与活塞杆之间产生摩擦，填料随着活塞运动而变形，填平活塞杆和气缸之间的微小间隙，达到密封效果。

填料的作用是阻止气缸内气体自活塞杆与气缸座之间泄露；填料由填料盒及填料环等件组

成，填料环分为径向环、切向环，高压填料还设有节流环、阻流环等；为了改善填料、活塞杆的工作条件，填料设有冷却水道，以带走填料环与活塞杆摩擦而产生的热量。根据需要，填料上还可设置充氮、漏气回收及注油等接口(图5)。

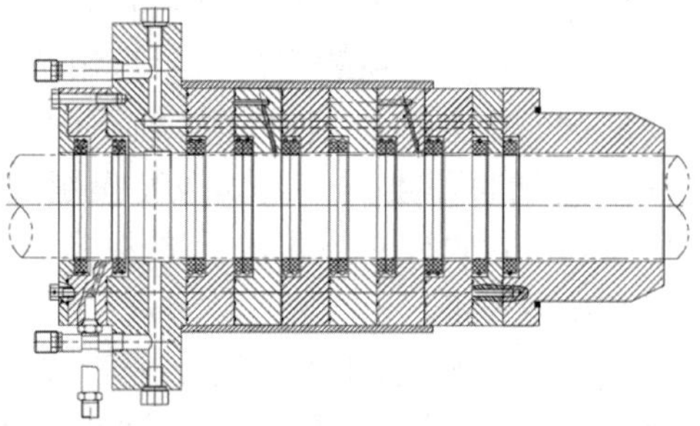

图5　往复压缩机填料密封(三六瓣)

2　严密组织设备监造

通常情况下，设备监造根据设备类别特点和技术复杂程度分为五个阶段，由建设单位牵头，监造单位(也可以由建设单位委派专业监造人)协助，设计单位、专利商、制造商配合完成。

2.1　监造准备

熟悉设备有关的法规、标准、合同技术附件；

审查设备制造图纸和设计技术条件；

掌握设备制造的原材料、加工、焊接、热处理、检测、试验等主要工艺方法及相应标准；

了解制造厂质量保证体系和停检点检查验收程序；

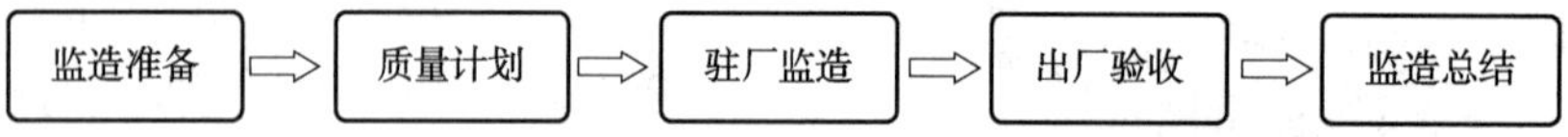

编制设备监造大纲和监造实施细则，明确监造管理程序。

2.2　质量控制计划

按照建设单位质量保证体系要求编制设备制造质量控制计划；

监造代表对质量控制计划提出审核建议；

合理确定质量控制点——文件见证点(R)、现场见证点(W)、停工待检点(H)；

设备制造厂按相应程序完成质量控制计划审批，配合并接受监造代表的检查见证；

按时完成质量缺陷处理，举一反三查找同类问题。

2.3　驻厂监造实施

对质量计划的控制点(W点、H点)进行见证并签字确认；

对过程中发生的不符合项处理进行跟踪，按照程序要求对不符合项进行见证处理、关闭和签字确认；

参加制造厂有关设计、工艺和技术修改的审查；

参加项目单位、设计单位、专利商参加的过程检查和专业技术评审会；

定期编写上报监造报告，及时向制造厂和项目单位反馈制造过程中存在的问题、处理情况以及对设备制造质量、交付进度、经费等可能产生的影响。

2.4　出厂验收

按照合同和监造大纲要求，对设备制造质量和应交付文件进行全面最后检查、试验和清点；

硬件验收，包括有关的功能、性能试验和必要的动作演示，总体尺寸、接口尺寸和关键尺寸的复测，零部件和备品备件的检查和清点；

文件验收，按合同和验收相关程序要求，清点交工资料文件，审查其合格性，检查装箱文件等；

包装及有关目视标识检查；

参与项目现场安装前的设备接、保、检验收，关闭驻厂监造程序。

2.5　监造总结

撰写监造报告，重点分析监造过程发现的主要问题和处理结果；

对制造厂质量控制体系作出总体评价；

对设备的设计、制造、安装、维护保养提出改进措施；

形成组织过程资产为其他项目分享。

2.6　设备监造案例(以多段高压离心泵为例)

收集查阅设计文件、制造网络计划、质量检查记录；

检查主要部件加工制造质量(泵体、泵座、泵轴、叶轮、平衡鼓或平衡盘、轴承箱、密封环)；

主要部件材质化验分析检查确认；

见证叶轮静平衡和转子动平衡；

检查转子加工装配精度和表面处理质量；

关键外协件(轴承箱、轴瓦、联轴器、润滑油和冷却水系统阀门、机械密封或干气密封、测量仪表及管阀件)制造厂家真实性追溯和质量证明文件检查认定；

抽样检查泵体连接螺栓、轴承箱螺栓加工精度和热处理质量；

检查确认转子、轴承箱、轴瓦、联轴器、机械密封、状态监测仪表等关键部位安装精度和保护措施；

校对主要外形尺寸、见证泵体试压和水力运转试验、复核性能曲线；

检查出厂前的转子润滑保护、泵体表面处理与防腐、防撞保护；

跟踪落实制造厂质量管理行为持续改进、实体质量问题销项关闭。

3 机泵安装要点

3.1 压缩机组安装基本要求(图6)

图6 乙烯装置裂解气压缩机

3.1.1 基础表面处理

将灌浆区域凿出麻点，清除疏松层，每100mm见方内不少于3点，深度大于10mm；

支撑块或垫铁放置处铲凿平整，保证接触良好；

清理地脚螺栓孔内杂物，去除油污；

与地脚螺栓锚板接触基础下表面校平。

3.1.2 安装基准复核

基础上标出定位基准，按图纸放线；

调整底座位置与放线标记重合；

使用调整螺栓调整底座垂直度和水平度；

选用合适的灌浆材料，进行一次灌浆。

3.1.3 设备吊装

按照安装顺序吊装各成撬设备；

务必使用吊装梁和吊装带，禁止使用已组装好的单体部件起吊点。

分体压缩机应分别起吊上下壳体，整体压缩机使用下壳体吊耳；

转子吊装需使用厂家提供的工具，并进行试吊确定重心。

3.1.4 安装初步找正

确认灌浆料固化后进行压缩机缸体与底座的定位安装；

通过导向键确保安装定位准确；

使用塞尺检查压缩机平稳性，必要时调整；

初步调整压缩机缸体水平度和轴向位置；

拆卸上半部箱体，使用百分表进行轴系初步找正；

确认底座安装位置合格后进行二次灌浆。

3.1.5 机组轴系精找正

初步调整缸体位置，选定基准设备进行找正；

机组连接管线内表面清理干净，无应力配管满足安装要求，法兰螺栓涂防咬合剂紧固完整；

放置垫片，测量并调整转子中心线垂直高度；

使用常用的冷态方法(如三表找正法)找正；

热态找正在机组运转一段时间后进行，使用激光对中仪等工具。

3.1.6 轴系仪表精准安装

检查测振、测温、轴位移探头安装精度，包括间隙电压、导线引出固定、格兰头选型密封等，确保测量准确无泄漏；

安装振动和轴位移探头，调整至合适位置；

连接前置放大器和延伸电缆，进行电压测量和调整；

固定延伸电缆，做好密封和目视化标记或标牌。

3.1.7 机组油运和成品保护

机组转子组装前(有可能在制造厂)要对润滑、密封、仪表安装等部位均匀涂敷防锈油脂保护，安装完成后，要搭设防砸蓬做好硬隔离和防水保护，视条件定期盘车；

不锈钢油管线确认出厂前做固溶处理，安装前做酸性、钝化、烘干处理，油运后润滑油系统、冷却水系统畅通，消除泄漏点。

3.2 离心泵安装基本要求(图7)

定位基准核定准确，基础凿毛点分布和深度满足要求，垫铁型式、位置和数量设置规范；

泵区基础标高一致，出口阀门纵向对齐、压

力表安装位置和方向统一；

图7　BB5型离心泵

合理选择灌浆料，精找水平，结合基础灌浆、对中找正和管线布置确定标高；

检查大型泵测振、测温、轴位移探头安装精度，包括间隙电压、导线引出圆滑固定，不受变径或拐角过度引发磨损折断、格兰头选型密封等，确保测量准确无泄漏；

管线内表面清理干净，无应力配管满足连接要求，法兰螺栓涂防咬合剂紧固完整；

立式泵电机上部做轴向防水保护，所有电机接地导线横平竖直安装布置并固定可靠；

不锈钢油管线安装前做酸性、钝化、烘干处理，油运后润滑油系统、冷却水系统畅通，消除泄漏点；

泵在出厂前要求对润滑、密封、旋转部位均匀涂敷防锈油脂保护，安装完成后，要搭设防砸蓬做好硬隔离保护。

3.3　离心压缩机干气密封

3.3.1　联动试车临时密封

优先安装试车用临时干气密封；

通入足够的隔离气，防止轴承油吸入压缩机；

尽量不要使用密封控制系统隔离气管线充入隔离气，以防止轴承油意外进入密封控制系统；

压缩机与干气密封控制盘连接的配对法兰需用盲板盲住；

试车完毕后清理密封进出气孔道中残留的油液。

3.3.2　正式干气密封安装

压缩机联动试车完毕，压缩机和驱动机性能调试达到要求；

压缩机至干气密封控制盘以及气源之间连接管线配管完毕，并酸洗吹扫干净；

压缩机试车临时密封已拆除，压缩机转子处于工作位置并安装好推力轴承。

3.3.3　干气密封安装要点

确认密封的旋转与轴的旋向一致(双向槽除外)；

对密封外圆O型圈和轴套内孔O型圈涂抹硅脂；

轴套内孔配合面涂上防咬合剂；

套轴过程中应防止杂质落入轴套或损伤密封圈；

导向装入--必须确认完全导向，方可使用安装工具；

尺寸检验--安装到位后仔细检查外部尺寸。

3.4　往复压缩机填料密封

正确安装各填料密封室，保证冷却水路畅通，按图纸规定调整密封环等在密封室的轴向间隙；

组装填料时，每组密封元件的装配关系及顺序应按随机图样中的要求进行，不得装反；

填料组装后，应保证冷却水孔、注油孔、漏气回收孔、充氮孔等畅通、清洁，并整体安装于气缸上；

填料装入气缸并将填料与气缸连接螺栓紧固后，需重新紧固盖形螺母，防止活塞杆位置漏水；

填料函组装后，水腔应进行水压试验，历时30min不得渗漏。

4　结论

石化项目机泵完整性管理需要全方位、全过程、全天候做好初期策划，从源头制定好设计选型、采购策略、监造控制、正确安装、精准调试、数字化交付、技术文件真实齐全等有实用价值的策略，为今后的安全经济运行、预防维护保养、科学预知检修筑牢坚实基础。

大榭芳烃 PX 装置卧螺离心机开工应用总结

李家鹏

（中海石油宁波大榭石化有限公司）

摘　要　本文主要介绍了 150 万吨/年芳烃装置卧螺离心机详细设计资料，介绍了卧螺离心机调试和运行情况及存在问题，分析了卧螺离心机驱动端和非驱动端轴承温度超标原因，并根据分析的原因制定了相应的措施。最后介绍了改造后卧螺离心机的运行情况。

关键词　卧螺离心机；轴承；润滑油

1　概述

160 万吨/年芳烃装置采用的低温结晶法对二甲苯分离技术为首次通过引进国外先进的结晶分离技术。卧螺离心分离机 Y501 属于卧式螺旋卸料沉降离心机设计方、制造方为 Broadbent（英国），在目前国内外同类型化工装置中，属于直径最大（1140mm）、转速最高（1780r/min），温度最低（-65.9℃）的设备，介质为混合二甲苯，正常流量为 201.7t/h，主要部件由 Broadbent（英国）完成后，Broadbent（扬州）进行底座、外壳等成套组装，并在扬州工厂空试和在 40t/h 工况下水试，该离心机于 2022 年年底安装调试完成，2023 年 3 月投入使用，具体技术参数如下表 1 所示：

表 1　0269-Y501 技术参数

离心机规格型号	1140 * 4060 型
离心机数量（台）	8
主电机功率	800kW
转鼓直径	1140mm
柱形段总长	4060mm
转速设计转速	1780r/min
转鼓设计“G”	2020
材质	317L

2　问题描述

2023 年 3 月 9 日-3 月 11 日已常温物料试车 90min，驱动端和非驱动端轴承温度正常，但 3 月 19 日在-36℃工况下，按照 Broadbent（英国）提供的操作手册，并在厂家服务人员指导下，逐台试运卧螺离心机 Y501A、B、C、D，其中 Y501D 开始进行 20min 空转，后逐步进料至 160t/h，时间为 16min，负荷 70%～80%，发现离心机轴承温度升至 85℃（联锁稳定 95℃），关闭进料阀门后，进行手动停车，停车后轴承温度继续升高，非驱动端最高温度至 105℃，驱动端最高温度至 108℃，同时使用测温仪实测轴承温度，非驱动端最高温度为 108℃，驱动端最高温度为 112℃。其他三台轴承温度情况相似。

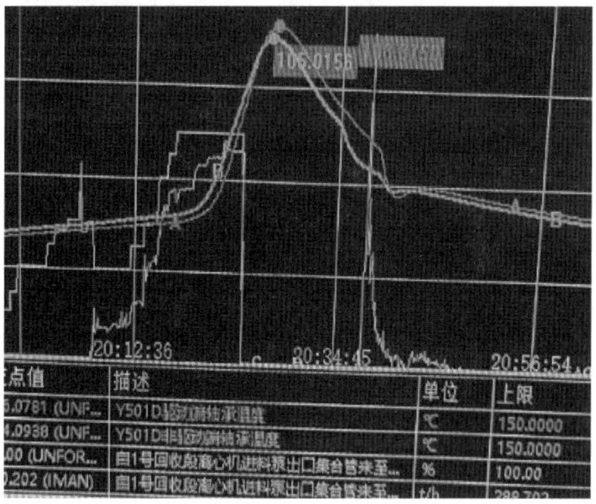

图 1　Y510D 轴承温度趋势

造成轴承温度超温因素很多，离心机结构设计、制造、装配，润滑油冷却系统的计算和工艺条件的变化等。上面所述都会导致离心机轴承温度升高。

具体原因分析及处理措施如下：

（1）轴承温度高原因分析和措施

3 月 21 日对 Y501A-D 四台离心机轴承箱进行拆解，发现 Y501B 靠近机体测非驱动端轴承 Y501D 靠近机体测驱动端轴承保持架损坏，造成轴承滚子磨损，见图 2。

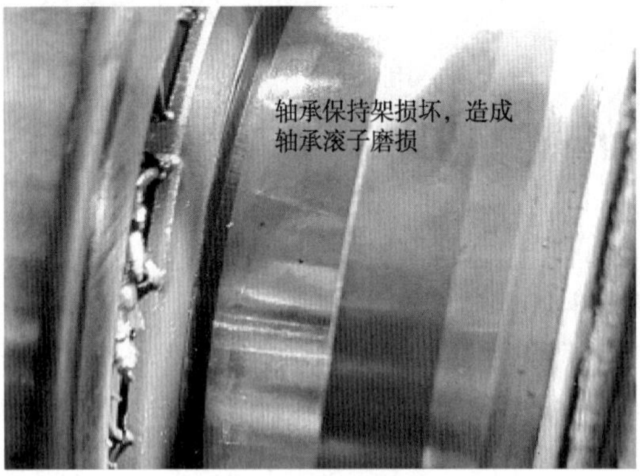

图 2　Y501D 轴承拆解情况

根据《卧式螺旋卸料沉降离心机维护检修规程》和 SKF 提供的轴承温度标准，各滚动轴承温度应小于 70℃，见图 3。

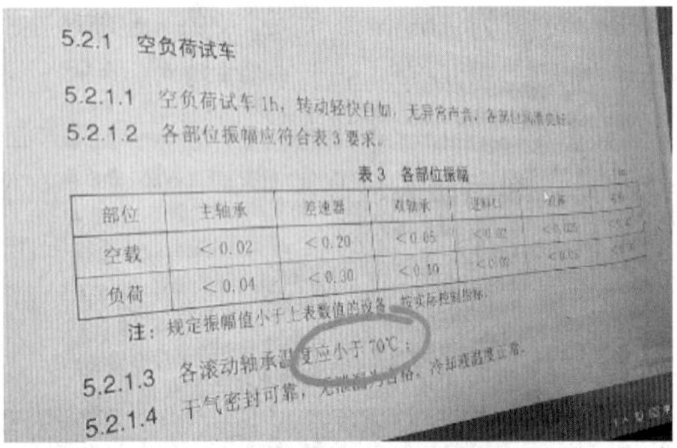

5.2.1　空负荷试车

5.2.1.1　空负荷试车 1h，转动轻快自如，无异常声音，各部位[illegible]

5.2.1.2　各部位振幅应符合表 3 要求。

表 3　各部位振幅

部位	主轴承	差速器	[illegible]	[illegible]	[illegible]	[illegible]
空载	< 0.02	< 0.20	< 0.05	[illegible]	[illegible]	[illegible]
负荷	< 0.04	< 0.30	< 0.10	[illegible]	[illegible]	[illegible]

注：规定振幅值小于上表数值的设备，按实际控制指标。

5.2.1.3　各滚动轴承温度应小于 70℃；[illegible]冷却液温度正常。

5.2.1.4　干气密封可靠，[illegible]

图 3　检修规程轴承温度说明

在物料进料温度由常温工况到-65.9℃低温工况，Broadbent(英国)未对轴冷缩导致轴承胀差和轴向位移进行充分的考虑和计算。

应对处理措施：

① 3 月 24 日 Broadbent(英国)给出第一版整改方案，在轴承座固定螺栓增加碟簧(图 4)，轴承座中分面根据运行情况增加 0.5～0.10mm 垫片，轴承座紧固力矩由 650N·m 调整至 80～100N·m。

图 4　轴承座安装碟簧情况

② 经拆解实测 Y-501B 驱动端转鼓头承处轴径 259.85～259.86mm，非驱动端主轴承处轴颈 259.90mm，Y - 501D 驱动端转鼓头轴颈 259.87mm。注：轴承型号 23952(标准件内径 260.00mm)，发现其轴颈尺寸超差不合格，Broadbent(英国)按国标要求应为(260.00～260.03mm，见图 5)采用激光熔覆焊的方式重新修复。

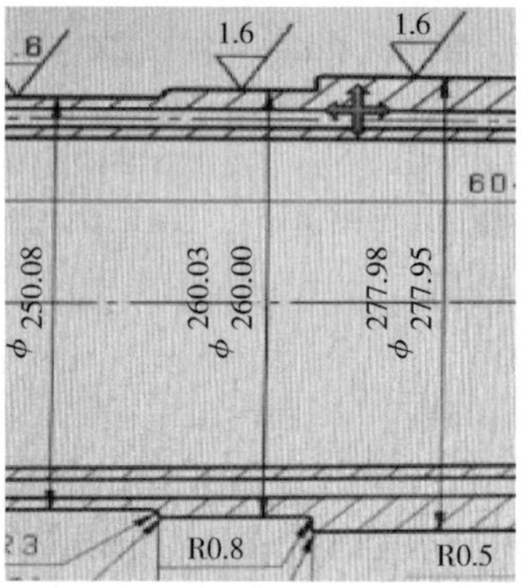

图 5　转鼓头修复标准

③ 4 月 10 日 Y510D 空转 1h 后，离心机内部温度约为 50℃之后快速投料，物料温度为-65.9℃，降温较快使轴冷缩过快，经拆检发现发现轴承滚子颜色正常，非驱动端轴承外圈未能同步跟随，轴承外圈跟随性差，造成轴承温度偏高。

Broadbent(英国)根据此原因，提供的轴承座整改方案和图纸，驱动端轴承座按照图 3947-2055 尺寸进行加工，非驱动端轴承座按照图 3947-2066 尺寸进行加工，增加轴承与轴承座之间的顶隙、侧隙。并在轴承底座部增加 0.10～0.20mm 不锈钢垫片。以保证轴承在温度变化时轴承胀差和轴承轴向位移的运转间隙。

以上措施均为保证芳烃装置正常运行的前提下，所采取的应急措施。

(2) 润滑油冷却系统选用是否符合要求

卧螺离心机系统 Broadbent(英国)采用由主泵和备用泵总成供油，为 2 个轴承提供不超过 3.5L/min 的润滑油量，驱动端和非驱动端轴承运行温度为 40～50℃、润滑油压力 1barg、润滑油冷却器散热能力为 6kW/min。

润滑油冷却系统配置一个不锈钢制，工作油容量 250L，润滑油为美孚 ISO VG68 的矿物润滑油。油箱挡板和全孔径可拆卸盖。配备液位计、呼吸器/加注口和排放口。主齿轮泵和备用齿轮泵配有直接驱动的 0.75kW6 极 TEFC Exd 电机和

125μm 润滑油过滤器(图 6)。

图 6　离心机润滑油站

在实际运行过程中，当出现卧螺离心机驱动端和非驱动轴承温度升高，润滑油冷却系统不能及时将轴承热量冷却，从而导致润滑油循环温度持续升高，当润滑油温度超过 75℃ 只能提前停机。从而影响设备和工艺的稳定运行。

表 2　Y510D 轴承温度趋势

时间	设备位号	驱动端(主轴承)温度/℃	非驱端(主轴承)温度/℃
2023.4.10	Y501D	62.2	67
2023.4.13	Y501D	71.8	62.6
2023.4.14	Y501D	72.8	65
2023.4.15	Y501D	65.1	59.6
2023.4.17	Y501D	67.6	63.1
2023.4.19	Y501D	79.1	88

应对处理措施：

① 将 Y501D、E 润滑油系统电机由 6 极更换为 4 极电机。Broadbent(英国)选用的电机为 6 极电机转速约为 960r/min，更换的 4 极电机转速约为 1450r/min，提高电机转速提供润滑油泵流速，以降低润滑油循环温度。

② Y501D 更换润滑油冷却器，将 Broadbent(英国)原选用散热能力为的 6kW/min 的润滑油冷却器，更换为 45kW/min 的润滑油冷却器(图 7)，以提高润滑油冷却效率。

图 7　采用高效的换热器

③ 采用常规措施对润滑油温度进行降温，包括每小时清理润滑油滤芯以保证润滑油流量和流速、润滑油箱本体采用新鲜水冷却的物料降温方式，对轴承座的位置采用工业风降温。

(3) 优化工艺操作

Broadbent(英国)原操作手册要求：启动主驱动电机，5min 内让离心机加速，然后检查它是否达到工作速度，以及电机电流和输送装置扭矩是否达到正常空载值。空载运转约 20min 后开始进料，并在 1-2min 之内进料量可以从 0t/h 提高值 210t/h。按此操作要求离心机转动部件(轴和轴承)冷缩不均匀，无法正常运行。

Broadbent(英国)优化进料方案：

(1) 启动后，空转 1h 后，待轴承稳定趋势平稳(轴承温度在 45~55℃)或出现拐点再进行投料，保证离心机各部件膨胀均匀。机器预热期间轴承会持续升温，直到温度稳定。在预热期结束时，轴承温度可能不完全稳定。

(2) 在空试结束后，打开进料阀。初始流量进料量应不小于 60t/h，不大于 100t/h。进料阀打开后立即监控轴承温度趋势。

(3) 如果轴承温度保持稳定(±5℃)，请继续以初始速率进料机器至少 30min，之后可以将速率调整为所需的任何值(范围 40t/h~205t/h)。

(4) 如果轴承温度显示温度迅速升高，请立即关闭进料阀并关闭离心机。快速温升可以定义为在≤10min 内温升超过 10℃ 或是在≤10min 内温度上升到 70℃ 或以上。

(5) 如果在开始进料后温度继续呈稳定的线性上升(通常在 10~30min 内升高约 10℃ 或升高到≥70℃)，

(6) 关闭进料阀。在进料阀关闭的情况下，继续运行离心机，直到轴承温度降至进料前的水平。温度恢复到(进料前的)原始值后，尝试重新给卧螺离心机进料，如果液位再次上升并且未能稳定在≤85℃，请关闭进料阀并关机。

3　实施效果

(1) 离心机投入使用，效果良好，离心机轴承温度稳定未再出现轴承温度超温影响设备运行的情况；

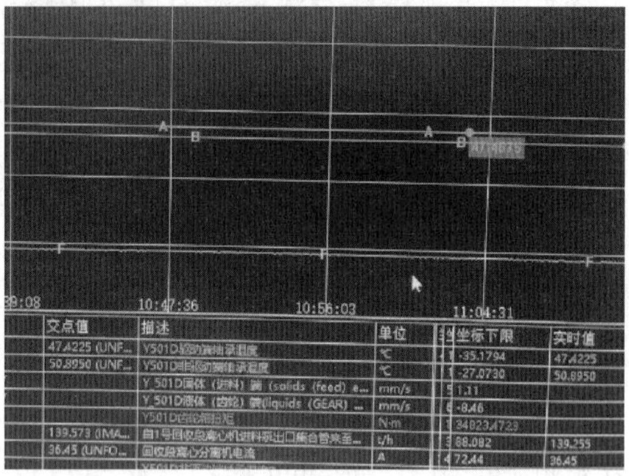

图8　Y501D轴承温度明显改善

（2）Y501D投入使用正常后，已在正常负荷201t/h工况下运行效果和回收率均满足工艺生产需求，

4　结论

通过轴、轴承座和转鼓头的修复和改造，充分考虑到了轴承运转过程中轴向位移和轴胀冷缩，现在运行效果暂时稳定。通过更换润滑油泵4极电机、增大润滑油冷却器换热面积和工艺优化操作，只是在现阶段满足工艺生产采用的应急措施。

但轴承厂家(SKF)对轴承动、静载荷和转速都有明确要求Broadbent(英国)需要重新核算轴承动、静载荷，特别是启动过程和高负荷运行状态下，并对轴承进行重新评估和选型。

参考文献

[1] 卧式螺旋卸料沉降离心机维护检修规程.
[2] 卧螺离心机操作手册.

浅谈大机组长周期运行管理保障措施

马德友 陈明忠 郑宏宇 赵忠超

(中国石油哈尔滨石化公司)

摘 要 设备是炼化企业进行生产的物质基础，现代化的石油化工企业，生产连续性强，自动化水平高，且具有高温、高压、易燃、易爆、易腐蚀、易中毒的特点。设备一旦发生问题，会带来一系列的严重后果。大机组在炼化装置中，对装置平稳运行，起到关键作用。本文将重点对大机组管理进行讨论，并结合实际工作经验，提出一些有针对性管理措施。

关键词 大机组；长周期；运行管理；保障措施

大机组长周期平稳运行是炼化企业各生产装置减少或杜绝非计划停工的关键因素之一，从大机组在炼化企业装置生产中的重要性来看，做好大机组的管理，是设备管理的重中之重，作为设备管理部门，要始终高度重视大机组的管理。公司设备管理的重点工作要制定大机组长周期平稳运行实施方案，明确大机组长周期平稳运行具体措施，推行大机组“12356 管理模式”，计划性开展工作。主要内容为：

一个例会：定期组织大机组月例会；

二重预防：持续开展机组隐患排查及技术攻关治理；

三项工作：做好日巡检、周联检、月总结；

五位一体：执行机、电、仪、管、操“五位一体”全方位特护制度；

六个到位：做到巡检管理到位、联锁管理到位、备件管理到位、检修管理到位、停开切机管理到位、事故应急管理到位。

下面结合实际情况，重点从如何执行好“五位一体”特护管理、哪些大机组是管理难点、人才如何培养、典型故障分析、大机组管理有哪些举措、如何狠抓源头管理、大机组管理制度落实、建立健全设备状态监测系统等八个方面，总结大型机组在长周期运行管理中经验和遇到的问题。

1 建立“五位一体”的大机组管理体系，大机组管理是对大机组本体及辅助系统机电仪管操“五位一体”的系统性工程

以属地为主，以相关辅助部门为辅，由车间管理人员、操作工、钳工、电工、仪表工等相关人员组成“五位一体”特护管理模式，每台特护设备都要“定人、定检查点、定量值、定周期、定检查路线”，做到专机专人负责。特护人员熟悉工艺流程，了解设备结构、原理、性能、操作参数及控制指标。特护小组应每月召开技术分析会，分析设备的运行状况，对特护期间内存在的问题予以分析、解决，并建立相应的活动记录。

(1) 车间管理人员负责设备的管理、检修、消除设备隐患及防止跑、冒、滴、漏等问题，每天都会对设备现场运行情况和控制参数进行全方面的认真检查，汇总机、电、仪、操反馈的问题，并对其它特护人员巡检情况检查。

(2) 操作工要正确使用设备，严格遵守操作规程，认真执行工艺指标，做到“四不超”。严格执行巡回检查制度，运用五字检查法(听、看、摸、比、闻)，做到认真操作，仔细检查，认真填写运行操作记录和交接班记录，确保特护设备和环境卫生清洁，做到窗明地净、沟见底、轴见光、设备见本色。

(3) 钳工每天按时对设备进行详细检查，包括机组的声音、零件松动及振动值等。发现问题及时处理，不能立即消除的缺陷要有详细记录。做到清洁、润滑、紧固、调整、防腐，发现漏点及时消除，暂不能消除的应予以挂牌，并记录在案。正确记录巡回检查的各项参数，并确认机械状态良好。

(4) 电工每天按时检查电气系统的运行情况。检查电机电流、温度、振动、声音及接点发热情况。有计划的对电气设备进行检修保养工作。正确记录巡回检查的各项参数，并确认电器状态良好。

(5) 仪表工每天按时检查各种监测仪表的运行情况。检查压力、流量、液位等各种仪表的指

示是否正常，保证调节系统、监测系统、自保系统及元器件运行正常可靠。有计划的对仪表设施进行检修、检验。正确记录巡回检查的各项参数，并确认仪表状态良好。

(6) 机动工程部不定期对特护设备及管理情况进行检查，并对各特护小组执行情况进行考核，定期召开大机组月度例会，研究、解决大机组管理过程中的关键性问题。

“五位一体”特护管理，重点要抓好日常管理，加强运行数据的收集与分析，形成大数据概念，做到未病先知。大型机组管理要把功夫下在日常运行管理，通过运行参数，准确掌握运行状态，总结提高长周期运行经验，制定具体措施并加以不断的完善。目前重点工作是考虑如何做好大机组“五位一体”管理，真正把“机电仪管操”的工作重心集中到大机组管理上，发挥各自专业优势，形成合力，共同为大机组长周期运行保驾护航。

2　大机组管理，要突出抓好往复式压缩机的管理

从往复式压缩机的特点分析，其管理难点是易损件多、监测运行难度大，检维修工作量繁重等。因此加强往复式压缩机的故障研究，掌握易损件和易损部位发生故障的规律，通过广泛的调研，掌握易损件的运行安全时数，制定合理的检维修策略，是一项十分有必要开展的工作。加强往复式压缩机管理，重点要结合实际，编制适合往复式压缩机管理的策略，从顶层设计出发，做好大型机组的管理工作。

2.1　检维修管理

依据设备运行状况的监控、对故障及其影响分析的结果、有无备用设备并结合生产装置运行周期，确定设备的检修周期。根据往复式压缩机易损件特性和运行时间，编制年度检维修计划，检修计划包括定时维修计划和状态检修计划，同时加强设备临时维修计划，有针对性的开展检修工作，为压缩机的稳定运行奠定良好的基础。建立《往复式压缩机易损件寿命表》，对每台机组整体状态和关键部件寿命进行评估，综合评判制定往复式压缩机管理模式，形成“一机一策”的管理策略。通过评估，形成往复式压缩机攻关清单，有针对性的采取措施，解决现存问题，提高往复机可靠性。

建立以“自有维修”+“专业维修”优势互补的维修模式。与专业生产厂家建立合作，组建专业维修班组，由机电仪运维修心负责专业维修班组的工作分配、质量验收及日常管理。依托往复机专业维修，推进往复机精益化检修，提高往复机检修质量和深度，有力保障了往复机的长周期稳定运行，气缸磨损、轴瓦损坏等较大设备故障得到了有效管控。

2.2　备件管理

机组备件管理是一项复杂的工作，需要根据往复机结构及工作原理，建立详细的易损件清单，定期盘点备件库存情况，结合库房备件的库存情况及检修计划，及时补订消耗物料。强化备件质量验收管理，针对关键设备建立“一机一件”的配件质量验收管理流程和质量验收标准。质量验收的流程和范围要延伸到制造厂家，关键环节须经公司验收、监督、检查，同时在作业指导书和检修规程中修订和完善关键配件质量的控制措施。

2.3　攻关管理

推进“精品机组创建”，以设备问题清单为导向，锚定问题，精准施策，攻关解决影响设备长周期运行的难题，扎实做好设备可靠性提升，切实将问题清单变成效清单。通过设备问题清单化管理，将无形的设备管理工作变成触手可及的典型问题。通过问题攻关，提高设备可靠性，有力保障装置长周期稳定运行。

2.4　抗晃电管理

大机组的润滑油泵连续运行要求较高，一旦发生晃电，润滑油压力将急剧波动，会直接导致大机组停机，造成生产波动。大机组润滑油泵一般采用2台机泵设置，当有一台油泵出现故障时，另一台备用油泵会在紧急情况下启动。尽管切换过程短暂，但从故障油泵发出启动命令到备用油泵启动并建立必要的流量和压力条件需要一定的时间，在该过程中流量、压力数值会进一步降低，仍有可能达到大机组联锁停机的限值，导致大机组停机事件的发生。为有效避免或降低晃电发生后对润滑油泵和大机组的影响，通过总结经验并采用多种防晃电策略。

2.4.1　“油压低低”自保联锁设置延时

以重整循环氢压缩机为例，当供电系统因各种原因造成电网短时间电压波动或断电时，润滑油泵电机转速急剧下降，甚至短时间停转，在此

期间，压缩机辅助油泵启动。油压系统的设备联锁条件是当润滑油总管压力为0.15MPa、汽轮机调节油压力为0.6MPa时，启备用油泵电机。当润滑油总管压力≤0.1MPa时(三取二)，联锁将跳闸，停止循环氢压缩机运行。从上面所讲的联锁情况看，当供电系统发生晃电时，造成润滑油泵主电动机停机，会使润滑油总管压力直接降至0.1MPa以下，此时即使备用泵再启动也于事无补。

根据机组实际情况，在机组控制系统中“油压低低”联锁信号“三取二”逻辑后，增设3s的延时。这样一来，当供电系统晃电造成润滑油泵主电机停机，会有充足的时间联锁动作启动备用油泵，发出停机指令以前，油压已经恢复正常。这样就很好的避免了大机组因晃电而造成润滑油压降低引起联锁停机的事故。

2.4.2　放宽备用油泵联锁启动条件

通过对汽轮机速关阀试验发现，调节油压力降低到0.3~0.35MPa时，速关阀油压力会低于活塞盘另一侧弹簧压力，而导致速关阀强制关闭，离心机组停机。联锁条件中，备用油泵联锁启动条件为调节油压力≤0.6MPa时，当发生晃电，虽然触发备用油泵联锁自启，但仍可能由于油压速度下降过快，降至0.3~0.35MPa，导致联锁停机。通过放宽后调节油压力≤0.6MPa改为调节油压力≤0.7MPa时，备用油泵联锁自启，可有效降低速关阀由于油压过低而强制关闭的问题。

2.4.3　创新提出综合抗晃电技术

结合油泵电机抗晃电方式、油压联锁启动备泵动作值、油压联锁动作时间、蓄能器容量、油系统容量等方面，创新提出一种全新的“主动+被动”的综合抗晃电技术，稳步推进大机组的100%抗晃电深度治理。在电气方面优先考虑如何在电网波动时不造成油泵电机因晃电引起的转速下降。通过技术交流、查阅DL1 229—2013《动态电压恢复装置技术规范》等，电气专业确定采用暂态电压主动防御装置(VAAS)主动实现晃电时机组油泵电机转速继续保持且不影响油压变化。2023年组织完成了连续重整装置循环氢压缩机K1201-YB1油泵回路的安装，经过空载和带载试验达到了预期效果。经过实践证明，通过在大机组油泵中安装暂态电压主动防御装置(VAAS)，能够主动实现晃电时维持大机组油泵电机转速不降低，提高大机组油泵电机抗晃电工作可靠性。

2.5　隐患管理

开展定期性排查工作，定期对装置设备隐患和薄弱环节排查、整改，聚焦共性问题联合攻关，通过下发《炼化企业频发故障统计表》、《开展设备完好性排查》等排查要求，重点掌握装置设备运行隐患，从设备缺陷“零容忍”入手，强化设备缺陷管理，抓备用设备完好备用，抓运行设备可靠运行，全面落实设备完整性管理要求，提高设备可靠性。

3　抓好管理、技术、技能培训，注重培养大机组专家或维护、维修工匠

探索技术、技能人才培养新模式，针对人才培养，要做好分析和评价，综合考察智力、专业能力、年龄、爱好等各项因素，视人才的能力大小、水平高低、知识特长等，编制有针对性的培训方案，打造人才成长通道，实现精干高效的最佳培养策略。关于管理、技术、技能三个层面的人才培养，三者有着不可或缺的关联。管理层面要当好大机组管理的“指挥官”，要从公司发展的宏观角度考虑，制定公司大机组管理的方向和要求，保证公司管理始终沿着正确、规范的道路发展。技术层面要做好大机组管理的“管家婆”，对技术方案、基础资料、关键配件、故障分析、监测管理、质量管控等，扎实有效的开展工作。技能层面要做好大机组管理的“执行官”，落实大机组相关管理制度，做好检维修、操作运行等工作，让检维修人员了解设备原理，熟悉设备检修标准，能熟练完成检修项目。让操作人员抓好运行管理，熟悉设备运行参数，明确故障现象及应急处置方案。通过有针对性的培训，着力培养各层面的专业工匠人才，筑牢大机组管理基础。

4　注重大机组的故障分析，总结管理经验

通过近几年的维修数据统计，综合评价公司大机组管理现状，重点从运行状况、检维修管理和易损件评价等方面，对大机组管理方面存在的漏洞加以补强。

故障分析一般包括诊断对象的故障机理、故障模式及影响、故障发生概率和故障发展变化规律等。通过研究故障机理，用经验和试验结果了解故障发生概率和发展变化规律，可以清晰判断

设备故障原因，并采取有效的措施加以解决，对提高设备长周期运行能力和降低突发故障，起到关键性作用。

开展典型故障 RCA 分析，深挖故障根源。对于重点设备、典型故障、频繁检修的设备，以“故障源”为导向，对典型故障进行根原因分析，查找故障源和管理缺陷，强化源头治理、控制风险，跟踪督办整改措施落实情况，并实施举一反三排查。

通过故障分析和机组运行异常分析，促进设备隐患排查。要注重引导员工结合设备基本结构及工作原理写好故障分析报告，从故障分析中提高对设备的认识。在具体的设备管理过程中，重点开展以下三方面工作。

（1）要认真汲取同行业设备故障，通过别人的经验教训，做好自身设备管理提升。

（2）要加强故障分析，总结经验，制定技术和防范措施。这是一项十分有必要开展的工作，它对提高机组管理水平，有着很重要的意义。

（3）开展解决现场疑难技术问题和管理问题的讨论会。通过开展此项工作，有利于大机组现场问题的梳理，容易引起各层面的重视，便于工作的开展。

5　多举措，保障大机组管理有效实施

开展大机组长周期攻关，制定攻关进度表，通过攻关提升大机组管理水平。优化攻关方式，实施车间攻关组与公司攻关组相互补充的攻关模式，最大限度的发挥专业优势，集中优势技术力量解决问题。延伸攻关内容，强化仪表、电器、运行管理，制定攻关目标，做到“一机一案”，层层落实，分解目标，确保大机组管理有效实施。

5.1　全面整理关键机组基础资料，确保资料齐全完整，提高操作维护的针对性和精准性

加大基础资料的研究力度，确保维护保养及时，问题查找、处理准确。依据基础资料操作要求和检修技术标准，修订操作规程和检修作业规程，做到操作维护有据可查，有章可依。

5.2　强化异常管控和应急处置

及时处理报警信息，确保关键机组联锁投用率100%。机组发生异常时，实现各专业应急联动处置，防止故障扩大。

5.3　机组故障分析

出现装置非计划停车或生产波动，要按照 RCA 分析方法，找出根本原因，并制定切实有效的故障处理措施，实现“处理一起故障，提升一类管理”的目标。

5.4　加强变更管理

强化技术方案的审批及风险评估管理，注重新技术、新产品的应用。尤其是干气密封的改造要在深入分析原密封技术的基础上，加强与主机厂的沟通协调，确保配合尺寸、配合精度不低于原机技术要求。出现安装偏差，要认真分析，予以消除，要做好变更后的效果评价。

5.5　注重润滑管理

完善机组润滑管理机制，杜绝润滑管理不到位出现的突发性控制部件失效和运行部件的损毁。定期测试蓄能器压力，及时充压。评估润滑系统可能带水、积杂的部位和部件，研究检查办法和防护措施予以消除。评估油质分析取样点的合理性，确保油样的代表性。

5.6　完善机组运行监控机制

操作人员应强化现场巡检和操作画面的监控，特别是主辅机、返回线等运行参数的监控，加强防喘振曲线、关键控制部件监控，掌握操作参数、操作点的变化，及时做好排凝排液、露点控制、操作调整和征兆预警。

5.7　加强状态监测与故障诊断管理

主管技术人员要每天查看监测系统，及时发现机组运行异常情况。当机组出现异常时，要委托专业技术人员进行故障诊断，确保准确、及时发现故障原因。

5.8　完善仪表控制系统管理，确保动作精准，监控有效

加强大机组控制系统的巡检。涉及大机组仪表的作业要进行管理升级，防止作业过程中人为造成停车。定期检查仪表引压管是否堵塞、槽盒内的电缆等有无磨损，屏蔽接地是否良好。将大机组仪表元件、控制系统、联锁回路的检测、检查纳入大机组检修内容同步实施。联锁联调、仪表接线箱、机柜内的端子检查紧固应成为大机组停车检修的规定动作。

5.9　完善蒸汽品质监控机制，确保透平运行平稳

严格控制除氧器送出水氧含量，药剂钠含量及杂质，锅炉水 pH 值、二氧化硅、磷酸根、氯

离子等指标，确保蒸汽发生系统安全，蒸汽品质符合标准要求。做好汽轮机轮室压力和调速阀开度的监控，综合研判结垢情况，评估运行风险，采取合理措施消除结垢，避免次生故障发生。

5.10 加强备件质量管理

严格入厂验收程序，做好出入库归档管理，保证备件供货渠道的可追溯性，加大问题追责及考核力度，及时通报、清理不合格产品供应商。

6 狠抓源头管理，大机组管理从设计、制造、安装、调试开始

要加强设备监造，严把重要设备、材料入口关。要高度重视新建大机组安装、调试阶段全过程质量控制。加大设计方案审查力度，对诸如轴承承载力等关键参数的设计数值要进行详细审核。充分应用设备生产厂商提供的业绩信息，主动了解新建设备在业内的使用情况，吸取经验教训，有针对性的规避问题的发生。

7 制定明确的大机组管理制度

消除管理盲区，完善设备管理体系，做到分工明确，有章可循。通过建章立制，明确设备管理职责及分工，并严格执行。

（1）设备分配到人，责任到人，掌握设备健康状态，确保设备缺陷处理全过程处于组织、协调、决策的主导地位。

（2）确保技术资料的准确性、权威性。技术资料作为设备管理的基础，对设备管理提升，具有关键性作用。

（3）加强考核管理工作，做到奖罚分明，狠抓落实，对设备故障原因分析，要深入，做到不放过任何一起故障。

（4）完善管理制度，查找管理制度漏洞，对动设备管理相关制度，特别是大型机组管理相关制度，要做全面的梳理。

8 建立健全设备状态监测系统

强化监测，注重分析，切实做好设备监测与状态分析工作，多模式开展状态监测，做好趋势分析，及时发现和消除影响大机组长周期运行的重大隐患。设备监测的目的是了解和掌握大机组在使用过程中的状况，确定其整体或局部是正常或者异常，及时发现故障，并能预报故障发展趋势，做好设备全生命管理和日常维护工作。通过数据采集后的大量分析、计算，在设备的使用年限内对设备进行预知维修、设备状态保养、故障诊断等科学数据化管理。重点加强往复式压缩机的状态监测管理，做好往复式压缩机的状态检修工作。重视大机组状态监测月报工作的开展，提高对大机组的关注，系统性的开展大机组管理工作。

9 结论

强化设备专业在大机组管理工作中的统筹协调作用，推进机电仪专业的深度融合，发挥集体优势，形成工作合力。通过强化大型机组“12356”专项管理，推进大机组日巡检、周联检、月总结工作，严格大机组月例会制度，强化“机电仪管操”五位一体的大机组包机特护工作，重点落实大机组巡检、联检与问题攻关工作，通过检查及时消除机组故障，确保大机组运行平稳。

大机组管理要突出抓好大机组的整体性管理，所谓整体性管理就是把大机组及其辅助系统管理，纳入统一管理范畴，每项工作和部位都具有同等的重要度，都决定着大机组的安稳长满优运行，不可忽视。大机组数据管理是整体性管理的重点和基础，大机组检维修周期管理是保证大机组安全运行状态的前提。因此要对大机组的管理思路及关键问题进行深入探讨，做好大机组整体性管理思路的研究，有助于大机组减少和预防故障发生，保证其安全平稳运行。

参 考 文 献

[1] 炼化企业设备管理人员岗位知识读本．北京：石油工业出版社，2013.

[2] 中国石油化工集团公司．石油化工设备维护检修规程．北京：中国石化出版社，2020.

基于 PHM 技术的炼化企业机泵群精益管理创新与实践

周　旭　孙　晨　段晓桐

（中国石油宁夏石化公司）

摘　要　中国石油宁夏石化公司针对炼化企业机泵群管理现状，融合物联网、数字化等技术，创新构建机泵群故障预测与健康管理(PHM)管理，推动设备管理向智能化、数字化转型升级。通过管理创新，推广前瞻性健康管理理念，推进数智技术深度融合，实现维修管理变革，降低非计划停机和维护成本，优化备件库存。通过构建企业机泵协同监测网络，依托数字化平台实现报警实时推送与闭环管理；升级传感器与诊断设备，结合多维振动分析技术精准定位故障等一系列措施，取得显著成效，机泵运行可靠性提升，故障率持续下降，提升预知性精益检修比例，综合运维成本降低。现场管理效能优化，通过在线覆盖拓展，节约单班次人员点检工时，数据共享效率提升。为炼化行业机泵群管理提供智能化解决方案，助力企业实现安全、高效、绿色运营。

关键词　机泵群；PHM；预测性维护；设备健康管理；数字化转型；维修策略

1　背景

1.1　机泵群在炼化设备管理中的突出地位

在炼化企业生产体系中，机泵作为“动力心脏”与“工艺动脉”，是物料输送、压力提升及能量转换的关键设备，承担原油加工、产物循环、成品油输出和公用介质供应等核心职能。其故障轻则导致工艺参数波动、能耗上升，重则引发装置连锁停车、泄漏爆炸等安全事故，直接影响企业生产与效益。且炼化企业机泵数量多、种类杂，设备管理难度大。

1.2　政策与技术发展推动

物联网、大数据、智能制造等政策引导及技术发展背景下，设备管理面临新挑战，基于远程运维监测的 PHM 系统及管理模式快速演进。作为底层支撑的机械故障诊断技术已发展为新兴综合学科，聚焦设备管理、状态监测与故障诊断，目标是构建新维修体制，目前该技术已在我国石化、冶金、电力等多行业广泛应用并成效显著。

1.3　企业层面的实施和应用

在中国石油炼化企业设备专业领域，已制定了一系列完善的转动设备状态监测管理制度，明确要求各企业构建全面的设备状态监测网络(图1)，清晰界定管理职责与工作流程。近年来，依托中国石油炼化新材料公司推进高危泵在线监测全覆盖，以及落实“一精四全两提升”管理工作要点实现关键重要动设备在线监测全覆盖的有力举措，有效推动了炼化设备基础管理水平的提升，加速了数字化、智能化应用水平的进程。

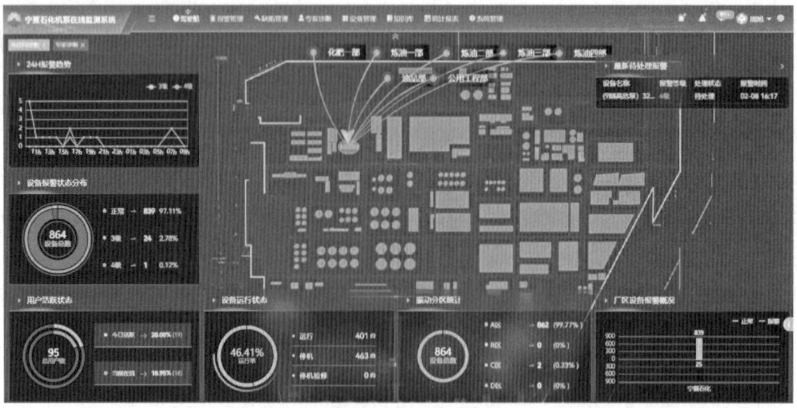

图1　宁夏石化公司机泵在线监测系统驾驶舱界面

2　PHM内涵及企业管理现状

2.1　PHM技术介绍及与CBM管理的异同

PHM技术是融合现代信息技术与数据分析的前瞻性设备管理理念，通过挖掘设备运行数据实现故障早期预测及全生命周期健康管理。与CBM相比，PHM借助算法模型和大数据分析预测设备健康趋势，提前规划维护以避免事故和成本；而CBM依赖振动监测等技术，在设备异常后启动维修，其预防性较PHM弱。

2.2　企业机泵监测管理概况

宁夏石化公司自2014年起搭建机泵群监测系统网络，历经近10年发展，形成关键机泵在线实时监测与非关键机泵离线定时点检的模式（图2），将关键及高危机泵纳入在线监测体系，基于数字孪生与边缘计算的PHM智能运维模式逐步成型。这一系列举措实现了从TBM向CBM的转变，优化事后维修为事前预防，减少非计划停机，同时推动CBM向PHM过渡，注重设备运行过程健康管理与故障趋势把握。

3　企业开展机泵PHM的管理思路

3.1　设备健康管理的先进理念

在设备全生命周期管理中，设备运维占比达50%～70%，决定设备寿命与生产效率。设备健康管理借助机泵群数据，跟踪分析设备运行细微变化，预测潜在缺陷并及时处理，保障设备良好运行。宁夏石化公司通过“最差十台泵”“动设备管理‘211’精品工程”等专项工作，结合运维数据与现场管理量化评价进行健康度打分，由各二级单位综合监测信号、密封状态等因素评估，实现机泵健康度动态管理，其理念在实践中得到验证。

3.2　数智技术应用的深度融合

机泵预测性维护是工业互联网的“王炸”应用场景。宁夏石化将传统机泵状态监测系统升级为智能化、集成化、云平台化的PHM管理系统，深度挖掘运维数据，实时监测、分析、预测机泵运行状态并及时干预，延长零部件寿命。公司打破数据壁垒，接入电流实时信号及工艺量参数，实现机泵启停识别，开发切换线上管理模块，计划开发基于运行时长的预防性维修模块，推动数智技术融合，提升现场管理水平与企业数字化、智能化转型进度。

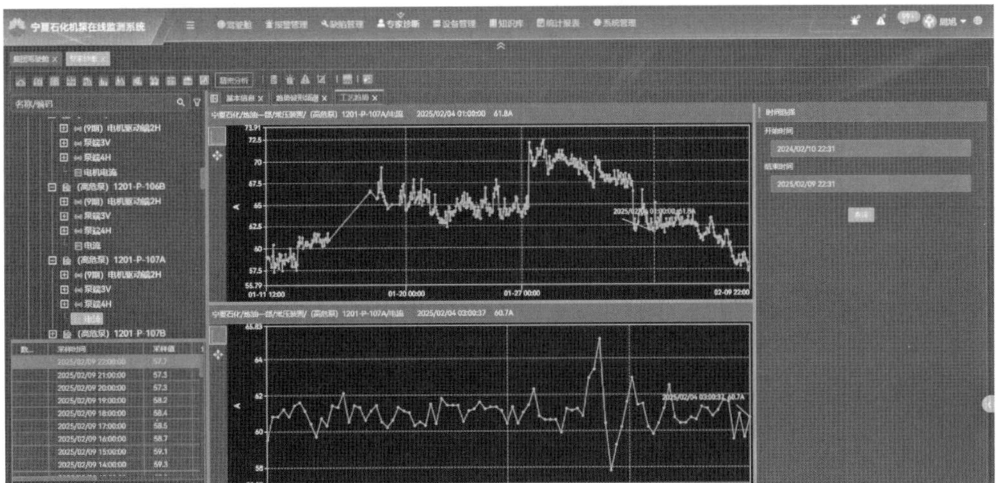

图2　机泵在线监测电机实时（分钟级）电流信号画面

3.3　检维修模式的管理变革

维护模式依赖定期检修与故障后维修，成本高且难保设备最佳性能。PHM技术通过精准预测设备性能趋势，提前规划针对性维护，避免不必要停机与维护成本，其基于大数据和智能算法的健康预测模型还为备品备件库存管理提供科学依据，优化维修资源配置，提升维护效率。科学流程让设备管理人员告别“救火队员”角色，远程监控网络使管理人员随时掌握设备健康状态与趋势，实现从故障维修、定期维修向视情维修的转变，降低维修成本，提高设备可靠性与使用寿命，在炼化企业机泵群管理中成效显著、价值巨大。

4　企业主要措施和做法

4.1　开展机泵监测网格化管理

宁夏石化公司按设备业务层级推进TPM，

构建公司级机泵监测网格化管理架构，由业务部门牵头，协同二级单位设备管理人员、操作人员等实现全员参与监测管理。

通过信息化打通机泵监测系统与中油即时通数据端口，搭建公司级及运行部级报警工作群（图3），实现报警信息实时推送。主管技术员与操作人员收到报警后现场复核并开展缺陷分析，公司专业部门进行技术把关，形成闭环管理。同时制定《转动设备状态监测管理细则》，要求维修及运维人员复核离线数采点检数据，二级单位据此深度分析并落实考核机制。网格化管理模式构建了全方位监测体系，提升了机泵监测与诊断的准确性和及时性，为机泵稳定运行提供支撑。

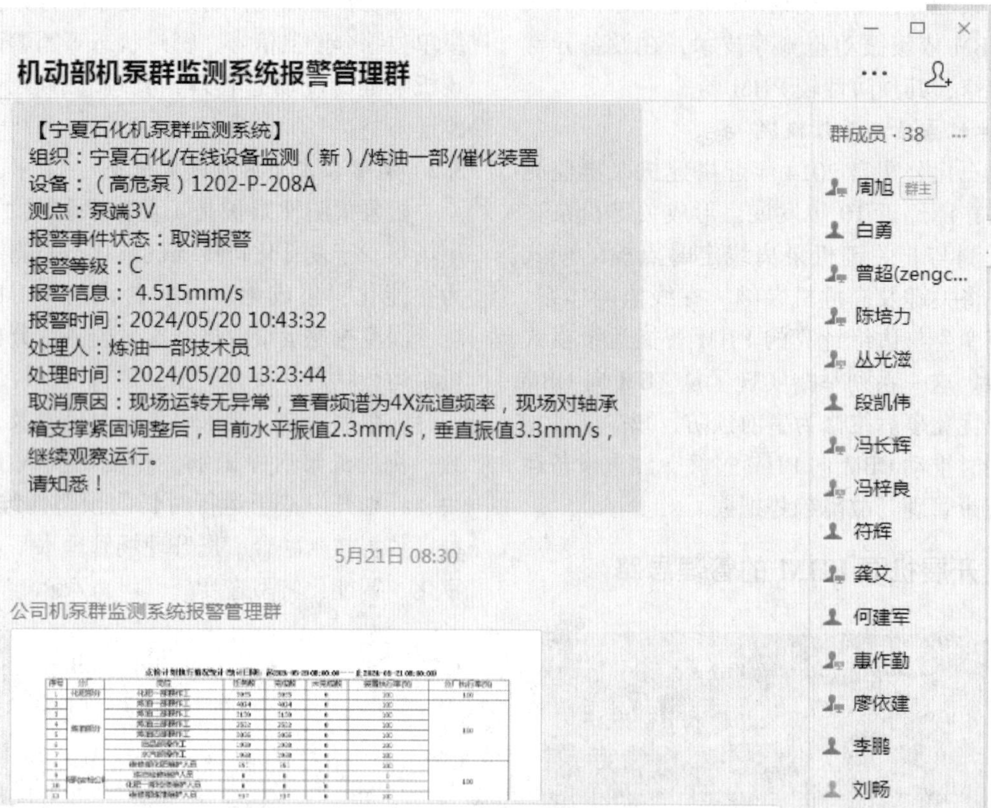

图3　机泵系统报警工作群

4.2　开展设备精密诊断和设备精修

获取精确振动数据是机器监测、故障诊断及维修策略制定的关键。近年来，企业为实现机泵群故障精密诊断，对现场点检设施与在线传感器进行技术升级，在线监测系统利用应用边缘计算传感器，扩大覆盖范围，提升监测精度和信号实时性，部署在线监测的机泵每5分钟采集上传一组监测数值。离线点检系统摒弃传统听针和数显振动测量仪，升级为频响更高、集温度与振动测量功能且具备蓝牙传输功能的智能点检仪器，岗位人员现场采集后实时蓝牙上传，管理人员可及时查看频谱分析；为专业维修部门配备先进的AMS2140精密诊断分析仪，提升数据采集效率与质量。岗位操作人员按规定每班次点检，数据异常系统立即报警并推送至即时通，设备管理人员及时处理，系统每日统计智能点检率，对不达标单位考核。

现场对机泵振动评价不再局限于ISO 10816《通用机械的振动标准》，借助先进技术手段，通过时频信号中的冲击、幅值、包络特征、相位、Peakvue值等多维度指标，精准定位故障并定量评估损伤程度。企业在生产经营例会上通报关键设备精密诊断结果与维修策略，督办专项治理，宣贯精密诊断、精益维修理念，强化各部门对机泵精益化管理的认知与重视。

4.3　收集机泵典型故障模型

企业按照炼化新材料公司要求编写机泵监测及治理闭环案例，定期复盘维修结论与监测信号，结合故障机理和维护策略总结经验，构建动设备故障案例模型，为剖析故障根源提供数据支撑。

近两年，企业在动设备监测领域积累了丰富

经验，收集 40 余件典型动设备监测闭环案例(图 4)，涵盖机泵运行中转子、轴承、流体部件等各种典型故障的诊断和治理实践，为机泵故障诊断和健康管理提供数据支持，其中 25 件案例被引入昆仑大模型数据训练。通过这些案例数据训练，模型能学习机泵不同工况下的运行状态和故障特征，为机泵故障预测和健康管理提供更准确可靠的依据。未来借助昆仑大模型，炼化企业可实现 AI 对机泵的实时监测、精准分析和预测，提前维护，避免设备故障。

图 4　诊断案例培训教材示例

4.4　强化设备管理人员业务能力

提升设备管理人员的机泵监测诊断能力是系统关键工作。企业通过“请进来，送出去”模式开展培训：邀请行业专家现场指导，外派有潜力人员到监测厂家参加专业系统化培训。2024 年组织 5 场公司内部监测诊断和动平衡技术培训，外派 10 人次参加外部培训。培训中整合各家企业诊断资料与内部监测闭环案例，编写《机械振动分析技术与案例解析》教材下发学习见图 4，助力管理人员掌握振动监测诊断技能，提升设备管理水平。

日常工作中，要求各层级设备管理人员参与监测诊断实践，加强现场机泵传感器管理。机泵维修拆卸安装传感器时，片区管理人员需在工作群实时汇报情况，主管部门介入了解维修意图，依据监测平台数据分析提供科学维修策略，维修后确认机泵状态是否达标。

4.5　泵群监测系统智能化应用

企业在深化机泵群监测系统应用时，因传感器更新周期长、新旧功能不一致，导致老传感器基于边缘计算的 K-means 与投票算法出现设备启停识别不准问题。经技术攻关发现，振动数据识别算法存在容错导致状态识别不准和实时性差，而电流数据识别可有效解决。最终新算法测试成功，实现技术突破。

基于启停精准识别，企业开发机泵切换管理、剩余寿命管理及预防性维修模块(图 5)，提升管理智能化水平，实现平台化智能切换管理，展现公司在设备数字化智能化管理领域的探索成果。

4.6　开展现场 5G 专网覆盖建设

当前企业机泵监测网络主要依靠 Zigbee 通信技术采集传感器信号，经无线通信站通过光纤网线传输至监测服务器。但该方案需布置大量线缆，存在现场美观度受影响、施工难度大、周期长及费用高等问题，严重制约监测测点扩展与覆盖。

为应对这一挑战，公司结合“数字化转型”和“工业互联网+安全生产”项目，与国内三大通信运营商合作推进 5G 工厂专网建设，利用 5G

"高速率、低延时、高可靠性"的优势，解决了泵群监测系统施工难题，为监测网络扩展优化提供技术支撑。

图 5　机泵切换管理模块

此外，企业建立网络监控和应急响应机制，实时监测网络流量与信号强度，及时处理网络问题，保障监测网络稳定运行，提高了网络可靠性，为各类系统稳定运行提供保障(图 6)。

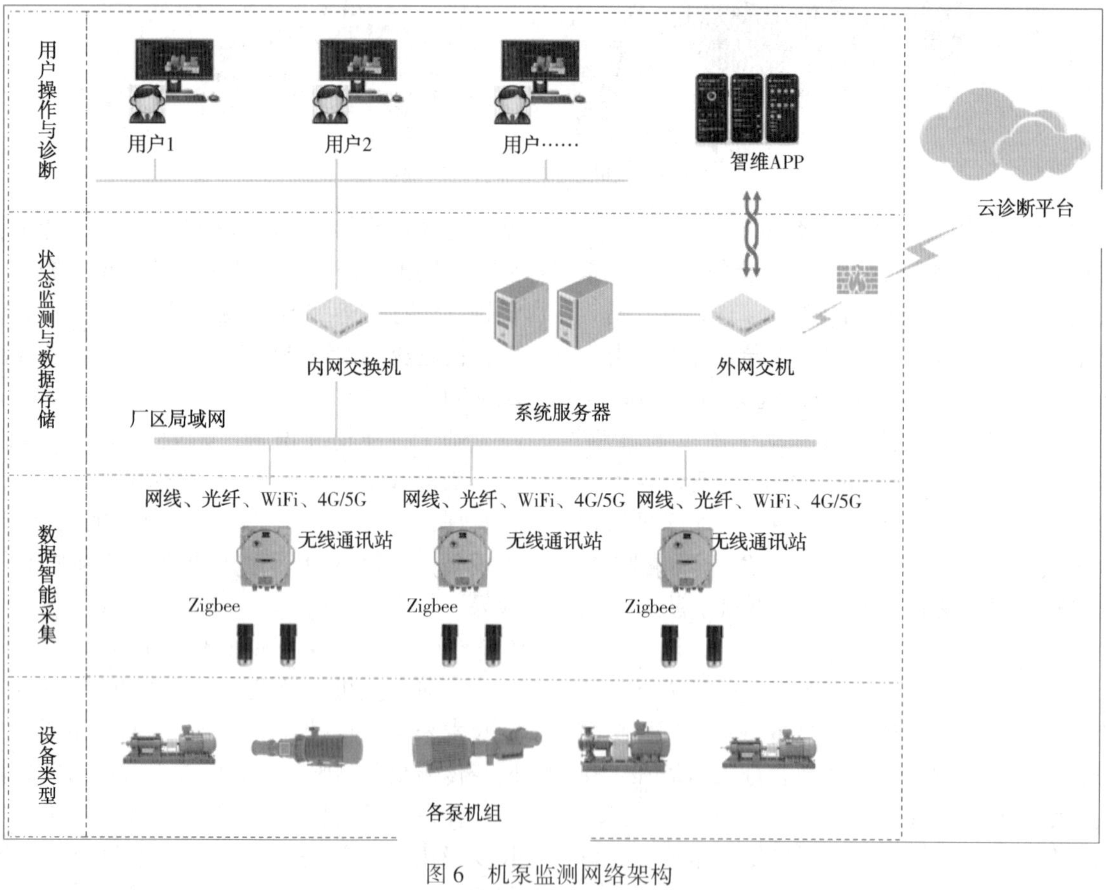

图 6　机泵监测网络架构

4.7　关注监测系统用户活跃度

在长期设备专业平台建设中，企业积累经验并在机泵监测系统中设计登录统计模块，如图 7 所示，用于记录统计用户登录次数、活跃频率等信息，通过分析数据呈现设备管理人员对系统的使用及关注情况。同时制定《转动设备状态监测管理细则》，建立监督考核机制，限定月度最低登录频次，每月在生产经营月例会上通报用户活跃度，将登录情况下发至各二级单位设备主要领导以督促使用。

此做法产生积极影响：一方面，排名通报形成良性竞争，激励用户提升系统参与度；另一方面，为管理层提供数据支持，使其能了解部门对设备管理业务的重视程度，进而针对性采取措施，如对活跃度低的部门岗位组织专项培训，对系统功能缺陷及时优化升级，以提高用户活跃度和系统使用效果，让机泵监测系统更好地服务于设备管理工作。

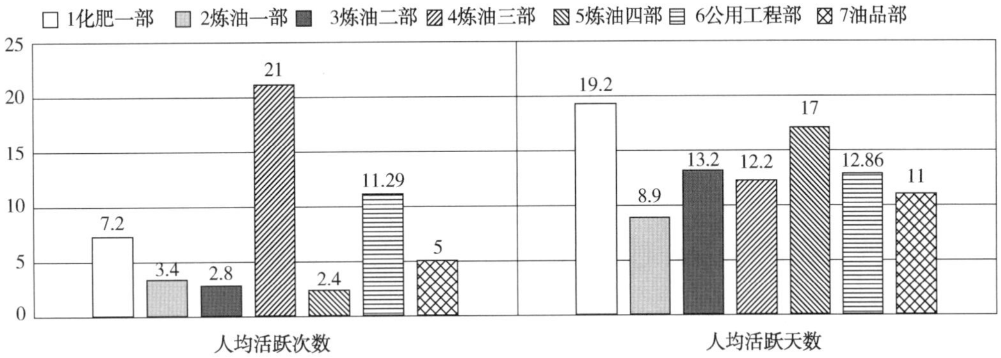

图7　泵群系统各部门人员登录统计情况

5　取得的成效

5.1　提升机泵运行可靠性

通过深度挖掘分析机泵运行数据，宁夏石化精准制定精修策略与工艺调整方案，遵循“一机一策”推进“机泵精修”，明确治理措施和整改时限，提升机泵运行可靠性，降低故障率。近年来持续动态治理，实现D区机泵清零、C区动态清零，目前A区运行机泵占比98.05%，未来致力于实现100%A区运行，为装置长周期稳定运行奠定基础。

5.2　提高缺陷预知与维修效率

通过推广机泵群PHM管理，利用监测系统实时传输振动、温度等参数实现智能预警推送。近2年宁夏石化通过系统监测发现数百台次机泵问题，中早期解决设备缺陷，部分设备经实时监控和健康运维延长使用寿命。机泵故障维修率持续下降，在线监测机泵预知维修率保持98%以上，减少非计划停机，降低综合运维成本。如汽油加氢装置稳定塔顶回流泵电机100Hz振动偏大，分析发现电机翘脚，通过在线调节地脚螺栓使振动从4.2mm/s降至1.5mm/s，避免过度检修，提高维修效率。

5.3　提升现场管理效能

系统化数据采集取代传统纸质记录，平台数据共享效率大幅提升。推进机泵PHM管理，拓展关键机泵在线监测覆盖，减轻操作人员负担。目前公司已安装365台高危及关键在线监测机泵，降低人工离线采集频次，相关岗位每班次节省约30分钟，提升班组用工效率。机泵在线监测系统数据准确连续，降低操作人员误报警情况，其海量数据为决策提供有力依据，远程专家不受地理位置限制，及时为现场管理提供专业技术支持，提高问题解决效率。

5.4　优化设备管理水平

公司推行数字化管理，推广机泵健康管理理念，通过分析监测数据开展精密诊断，预测故障趋势，提升精益化管理水平。常态化开展“最差10台泵”“机泵211工程”等专项工作，延长机泵平均维修间隔时间，优化MTBR、MTBF指标，降低密封、轴承等部件消耗。近年来连续三年降低库存：2022年降低率8.4%（约588万元），2023年5.47%（约239万元），2024年5.29%（约329万元），展现机泵管理成效，为企业可持续发展奠基。

5.5　培养复合型专业背景的技术技能人才

近年来，公司积极探索并逐步建立了一套完善的复合型人才培养机制。依托企业创新工作室、青年科技人才培育计划等多元化的平台，大力加强数字赋能创新实践，推动技术创新与人才培养的深度融合。通过开展机泵在线监测平台等专业数字技能培训和应用实践，为企业成功培养了一批既精通数字技术又熟悉生产业务的复合型人才。这些人才在数字技术与生产业务的相互渗透与融会贯通方面展现出卓越的能力，为企业的数字化转型发展注入了新的活力，进一步充实了企业数字化转型发展的专业人才队伍。

参 考 文 献

[1] 景博，汤巍，黄以锋，等. 故障预测与健康管理系统相关标准综述[J]. 电子测量与仪器学报，2014，28(12)：1301-1307.

[2] 赵海朋. 高端装备智能运维 PHM 系统研究与应用[J]. 中国新技术新产品，2024，(01)：18-20.

南方沿海石化企业电机软地脚问题探讨

谭兴斌　李　普

（中国石油广东石化公司）

摘　要　本文阐述了电机软地脚问题的成因与治理策略，结合沿海地区气候与工业环境特点，通过具体案例，详细介绍了电机软地脚的诊断及治理过程，为南方沿海石化企业解决此类问题提供参考。

关键词　南方沿海；石化企业；电机；软地脚；探讨

南方沿海石化企业因高温、高湿、盐雾及复杂工艺条件等多重影响，导致电机软地脚问题频发，引发 2 倍电源频率（100Hz）振动超标、轴承损伤等连锁故障。据统计，沿海某石化企业因软地脚导致的机泵振动故障占比高达 32%，且与 100Hz 异常振动密切相关。本文结合广东地区气候特点（高温高湿）与设备管理现状，深入探讨电机软地脚成因及治理策略。

1　电机软地脚的定义与分类

1.1　定义

电机软地脚是指电机在现场安装或运行过程中，因支撑面不平整、安装不当或结构变形，导致电机底座或地脚受力不均，从而引发振动、噪音及机械损伤的现象。其本质是电机与基础之间的接触刚度不足，形成局部“虚接触”，影响设备稳定性。

1.2　分类

电机软地脚可根据形成过程及表现形式分为表 1 中的这几种类型。

表 1　电机软地脚类型

类型	形成过程	表现形式
结构变形软地脚	底座本身存在缺陷（如铸造变形、焊接应力释放、加工误差），导致支撑面不平。	新电机安装时发现底座翘曲或焊接部位开裂。
安装变形软地脚	安装过程中螺栓紧固顺序或力矩不当，或未使用水平仪校准，导致底座扭曲。	多螺栓固定时对角未交替拧紧，引发局部应力集中。
材料变形软地脚	地脚材料强度不足，长期受交变载荷后发生塑性变形（如地脚垫片压溃）。	高振动环境中地脚螺栓松动或垫片永久变形。
动态变形软地脚	运行中因振动、温升（热膨胀差异）或负载突变，导致支撑刚度动态变化。	电机启停瞬间或负载波动时振动异常增大。
复合变形软地脚	多种因素叠加（如底座轻微变形+安装偏差+长期振动），问题复杂化。	老旧设备因累积效应出现间歇性振动和异响。

2　南方沿海石化企业电机软地脚问题成因与治理策略

2.1　成因分析

广东沿海地区石化企业受地理环境、气候条件及工业场景共同影响，导致电机软地脚问题频发的主要原因有：

（1）地基沉降与土壤液化

沿海地区多为软土地基（淤泥质土），长期受设备振动及负载影响易沉降，导致底座倾斜。

（2）盐雾腐蚀

高湿度和盐雾环境加速地脚螺栓、垫片及底座金属的腐蚀，降低接触刚度和强度。

（3）台风与振动耦合

台风引发的瞬时冲击载荷叠加设备运行振动，加剧螺栓松动和底座动态变形。

（4）高温高湿环境

温湿度变化导致金属热膨胀差异，引发底座与基础间的周期性应力波动。

（5）化工介质侵蚀

石化厂区酸碱性气体或液体泄漏，腐蚀地脚周边结构，削弱支撑稳定性。

（6）安装工艺缺陷

沿海多雨环境下施工窗口期短，易因赶工导致未充分校准或螺栓预紧力不均。

2.2 针对性治理策略

针对上述成因，需采取“预防为主、监测为辅、综合治理”的治理策略：

2.2.1 地基与结构强化

（1）软土地基处理：

采用水泥搅拌桩或碎石桩加固地基，提升承载力；

安装时采用环氧树脂灌浆技术填充底座与基础间隙，确保均匀受力。

（2）抗台风设计：

增加地脚螺栓数量并采用深埋式锚固（埋深≥20倍螺栓直径）；

底座增设抗剪键或焊接加强筋，抵御横向冲击载荷。

2.2.2 防腐与材料升级

（1）耐蚀材料选用：

地脚螺栓采用316L不锈钢或热浸镀锌碳钢，垫片使用氟橡胶或聚四氟乙烯（PTFE）；

底座表面喷涂环氧富锌底漆+聚氨酯面漆，形成双重防腐屏障。（2）隔离防护：

在电机底座与基础间增设玻璃钢隔离层，阻断盐雾和化工介质直接接触金属。

2.2.3 安装与维护优化

（1）精密安装工艺：

使用激光跟踪仪校准底座水平度（误差≤0.02mm/m），采用液压拉伸器分步均匀紧固螺栓；

雨季施工时搭设防雨棚，避免雨水渗入灌浆层影响固化质量。

（2）动态监测与维护：

安装无线振动传感器（监测频率范围1Hz-10kHz），重点关注2倍频振动分量（软地脚特征频率）；

每季度使用超声波螺栓应力检测仪检查预紧力衰减，配合红外热像仪排查局部过热区域。

2.2.4 环境适应性改造

（1）温湿度控制：

对关键电机加装通风除湿罩，维持底座区域相对湿度≤60%；

采用低膨胀系数灌浆材料（如改性环氧砂浆），减少热应力变形。

（2）应急响应机制：

台风预警期间增加地脚螺栓防松标记检查，配置高弹性减震垫片缓冲瞬时冲击。

3 案例分享

3.1 概述

南方沿海某石化企业一离心泵（图1）3月26日正常切换运行，状态监测人员现场测得电机驱动端水平方向振动高达5.164mm/s（报警门限值4.5mm/s），机泵各测点振值如表2所示。

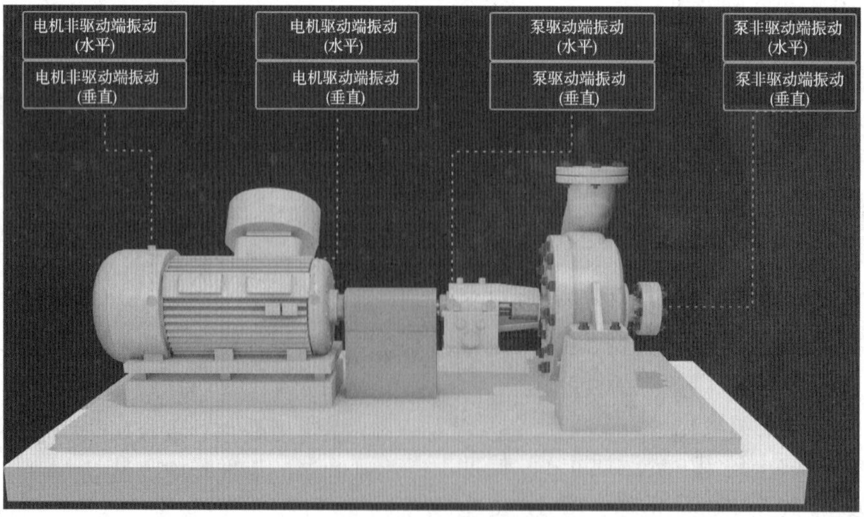

图1　机组概貌图

表 2　机泵各测点振值

测点位置	振动值/(mm/s)		
	H(水平)	V(垂直)	A(轴向)
电机非驱动端	2.865	1.327	—
电机驱动端	5.164	1.715	1.256
泵驱动端	2.119	1.872	—
泵非驱动端	1.812	1.384	—

3.2　图谱分析

状态监测人员进一步使用振动频谱分析仪现场采集电机各测点频谱图见图 2~图 5：

从图 2、图 3 可以看出，电机驱动端、非驱动端水平测点速度频谱图中以 2 倍电源频率(100Hz)为主导频率。如图 4、图 5 所示，电机两端轴承包络加速度波形图中未见明显冲击及轴承故障频率，轴承运行状态均良好。

综上所述，我们认为该电机存在软地脚问题。建议停机检查电机各地脚受力情况。

3.3　检修验证

随后，装置停机检查电机各地脚预紧力，发现电机驱动端两个地脚垫片均已出现虚接情况，起吊电机进一步发现电机各地脚垫片均存在不同的腐蚀。更换调整电机各地脚垫片并重新找正后，试转机泵，电机两端水平振值明显下降，机泵振动恢复正常，如图 6 所示。

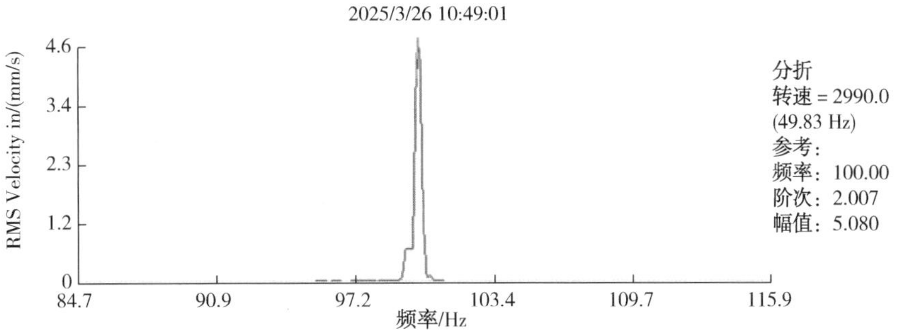

图 2　电机驱动端水平测点速度频谱图

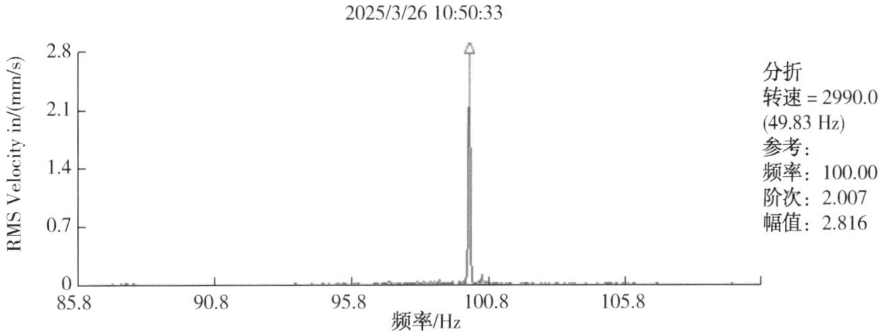

图 3　电机非驱动端水平测点速度频谱图

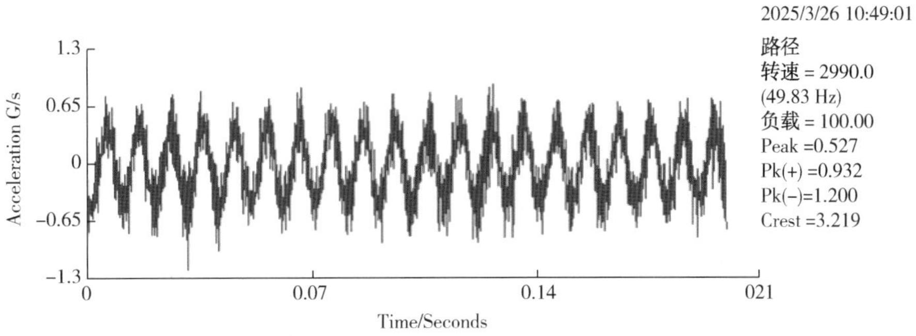

图 4　电机驱动端轴承包络加速度波形图

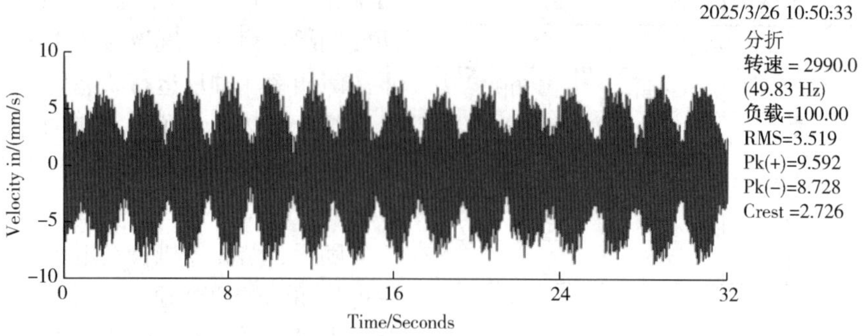

图 5　电机非驱动端轴承包络加速度波形图

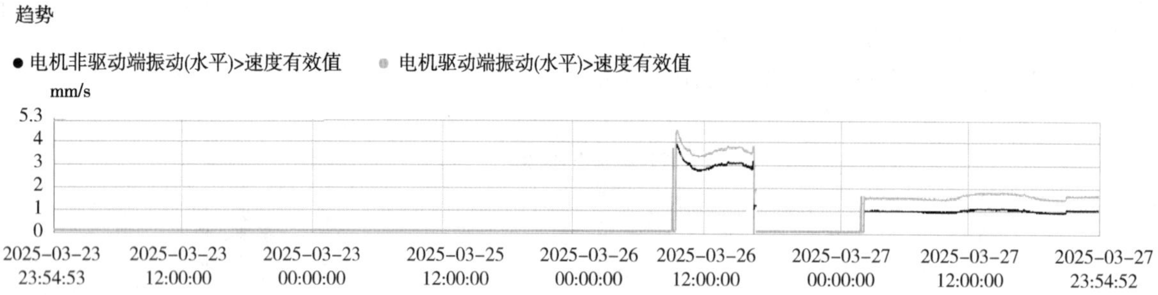

图 6　电机两端水平振值变化趋势

4　总结

电机软地脚的危害具有连锁性、隐蔽性与累积性，需通过振动监测(重点关注 100Hz 特征频率)、定期对中校准及基座健康管理实现早期干预。南方沿海石化企业可结合上述措施，实现降低非计划停机率，延长设备寿命。同时将其纳入关键设备可靠性管理体系，避免“小缺陷引发大故障”。

参　考　文　献

[1] 杨国安. 机械设备故障诊断实用技术[M]. 北京：中国石化工业出版社，2007：267-269.

基于全生命周期的炼化设备采购实践与思考

王志坤

（中国石油华北石化公司）

摘　要　炼化装置设备种类繁多、影响因素多，采购阶段既是设备全生命周期的起点，也是设备全生命周期的关键点，设备采购的好坏，直接影响了装置的安稳长满优运行。本文通过分析在炼化装置项目设备采购中的一些有效做法，并结合生产过程中发现一些问题进行了总结和分析，按照设备全寿命周期管理的理念，对做好设备采购工作的优化提出了参考意见，促使设备的经济效益得以最大化提升。

关键词　设备；采购；选型；经验；全生命周期

设备全生命周期管理是全面系统化的设备管理策略，确保设备最大限度的发挥其效能，从而提高整体运行效率和经济效益，采购阶段既是设备全生命周期的起点，也是设备全生命周期的关键点，直接影响后续使用、维护等环节。在炼化装置建设项目中，设备材料成本占比很大，通过合理的采购决策，企业能确保设备性能与生产需求匹配，既降低初始投入成本，也能为稳定、高效运行奠定基础，减少后期运行和维修成本。

设备采购关键看设备的性价比能不能达到最优，这一点很大程度取决于设备的选型是否正确，如果选型不当，一旦投入使用，要解决”“胎里带”的问题既费人力又费物力。炼化装置种类多、设备复杂、造价较高，且关键设备采购周期长，对设备采购前期工作提出了更高的要求。

结合设备全生命周期管理理念，结合炼化成套装置建设过程中设备采购工作的一些有效做法，并借鉴装置实际运行中的经验和教训，现将相关的优化方案、经验教训和建议总结如下：

1　炼化装置设备采购的优化

1.1　统一技术要求，发挥集中采购优势，筑牢设备质量根基

针对炼化装置设备采购，采购策划是整个采购管理流程中的核心一环。企业要紧密结合实际情况形成顶层设计方案，方案要综合考虑企业长期规划、企业特点、市场情况等确定与企业实际适配的采购策略。

炼化装置本身具有设备种类繁杂、技术专业性强、涉及领域广泛和工采购作量巨大的特点。尤其是在一些大型炼化项目，设计院、承建单位、采购方众多，各方的需求和标准存在差异，项目建设方管理团队要抓提前介入，抓早、抓细、抓实，要把规范、标准、受控的管理理念应用到准备工作中，深入研究并制定项目设计统一规定，组建专业素养过硬的设备采购小组。

项目前期，投入大量精力梳理、编制各类设备的标准技术协议模板至关重要。特别是在仪表、电气、主要设备、材料要求、机械密封、目视化标准等关键方面统一技术要求，可以为后续保障设备采购质量奠定基础，同时也为后续优化设备备件和维护工作创造了便利。

前期采购方案规划中，可根据设备重要程度做好 ABC 设备分类，根据设备的重要程度差异化的采购策略。对同类设备，应尽可能实施集中采购；对通用型强的设备、仪表、零件等，应考虑组织框架采购。对装置核心设备，优先通过选用集团战略合作、集中采购等方式选定供应商，这些供应商具备完善的产品质量管控体系，能确保后期设备运行中稳定可靠、有效降低故障率。对于重要设备要着重考虑且可靠性，对一般设备则关注其可用性，在保证设备质量的前提下合理降低采购成本，并进一步消减后期综合维护成本。

1.2　做好设备选型调研，在可靠性的基础上推动新技术应用

从设备全生命周期管理的视角，对于炼化装置而言，设备的长周期无故障运行是实现的效益最大化的关键所在。相关统计数据显示，因设

备、仪表等引发的装置生产波动占比约60%，每次生产波动的损失都是巨大的。某石化企业通过优化设备采购和维护策略，将非计划停机时间减少了30%。因此，设备采购要以可靠性为基础，要做好新技术的应用评估，可借助风险矩阵工具，对新技术进行量化对比分析。

要紧跟技术发展潮流，深入贯彻低碳发展理念，顺应绿色制造趋势，提高设备能效水平，打好提前量。积极关注装置电气化率要求和设备能效水平要求发展动态，有限选用技术先进的设备，尽量避免后期设备淘汰风险和技术改造难，特别是对安全、环保设备的选型上，更要具备前瞻性思维，支持可持续发展目标。

及时跟踪行业技术进展，充分做好四新技术应用。如某项目渣油加氢装置，10台反应器，累计设备重量超过7000t，占装置总投资的30%左右，采用反应器轻量化设计方案，较原方案设备壁厚减少10.7%，设备重量减少7.6%以上，节约投资五千多万元。某项目加氢裂化装置，原料过滤器采用金属烧结型大规格滤芯，满足过滤精度的情况下，占地面积和造价不到常规约翰逊网过滤器的一半。

1.3　充分论证，积极推进设备国产化

设备国产化对炼化行业保证能源安全、提高竞争力具有战略意义。随着国产装备技术的不断发展，国产装备技术水平已经基本满足炼化装置需求。国产化设备不仅在在采购成本方面具备优势，在后续维护成本上也更具竞争力。此外部分国产化设备更适应国内炼化企业的实际工况和需求。

某石化渣油加氢装置，新氢压缩机与沈鼓合作，实现了3台4M150机组国产化，渣油原料油过滤器也实现国产化，均较进口节约费用30%以上。以上关键设备国产化过程中，从主要原部件、管件阀门、仪表等具体环节方面都做了细致深入的要求，保证了国产化设备的质量。对2500CL高压阀门采用国产采购，实际使用情况也表明，性能完全满足要求。

1.4　强化细节管控，消除设备潜在隐患

经验表明，设备故障的诱因往往并非仅仅局限于主要部件的损坏，配套部件的质量问题以及一些容易被忽视的细节同样可能导致设备故障。结合以往装置实际存在的问题，在设备选型、配置上要充分注意细节，例如对高温泵、换热器取消丝扣联接，压缩机引压管等易振动部位采用焊接联接、小接管采用加强设计，注油器、仪表阀门、连接件要求采用统一品牌，类似细节上的严格要求，能够显著减少设备运行期间的隐患、降低跑冒滴漏等问题的发生。同时，要充分认识、评估仪表风险对设备的影响，结合SIL分析和HAZOP分析，对关键仪表采用较高的配置要求，降低仪表故障率，减少了因仪表故障导致不必要的设备停运风险。

1.5　提前布局，深入推进设备智能化应用

设备采购前期，要充分考虑设备后续在线监控系统和其他智能化需求。加大仪表自控设置，要为后续先进控制、智能控制的应用预留接口。针对转动设备按照分级原则，对关键设备同期考虑在线监测系统的配置，实现对设备运行状态的精准监测和智能诊断，对一般设备同样不能忽视智能化发展趋势，也要考虑预留在线监测的安装，以便于在条件成熟时快速实现升级设备的智能化水平，实现后续智能诊断和远程运维，大幅提高设备运行可靠性。

2　炼化装置设备运行过程的经验和教训

在项目建成，装置开工生产以来，设备运行和维护过程中也暴露出一些问题，主要问题包括：

2.1　部分设备实际工况和设计工况偏离较大，造成设备低效运行

一方面是装置设计负荷和实际生产偏差较大。例如加裂装置长期50%左右负荷操作，装置操作压力低于设计压力，造成原料油泵长期开返回线运行，进料调节阀长期小开度运行，能耗大量损失在调节阀。部分机泵流量偏离高效工作区，通过切割叶轮实现了部分节能，但运行效率依然较低。液力透平因低负荷长期停用，这类节能设备可在设计阶段可以考虑预留位置，根据实际运行工况再优化设计参数，有利于长期运行。

一方面公用工程设计条件和实际运行存在差距。例如管网中压蒸汽实际压力、温度较设计偏低，造成汽轮机效率下降；仪表风实际压力较设计压力偏低，造成部分调节阀膜头风压不足；现场夏季气温较设计偏高，导致空冷冷却效果差，设计阶段适当增加空冷面积费用增加不多，但后续改造的话难度显著增加。

2.2 部分设备故障率高，前期重视不足

在设备运行过程中，部分设备暴露出故障率偏高的问题，而这些问题在前期选型和设计阶段未得到充分重视。

渣油、加裂的注水泵，设计采用柱塞泵，虽然效率较高，但实际运行中故障率偏高，综合维修成本更高，调研部分炼化企业通过高压加氢装置采用离心泵集中供水，综合考虑是更经济的。连续重整装置进料换热器采用板换型式，运行中存在压差偏高、抗冲击和波动的能力较差的情况，出现泄露后的修复也较为困难，而缠绕管式换热器的使用和维护方面都具备优势，后期进行了更换。渣油加氢装置进料流量孔板由于介质原因，频繁出现引压管线堵塞导致测量失灵，后续采用了外置超声流量替代。

2.3 设备制造监管不到位，配套物资质量控制不严

在设备制造和成套设备采购过程中，存在对设备制造过程监管不到位、对配套物资质量控制不严格的问题。

一方面要加强对设备制造过程的监管，包括质量、进度的监管。部分换热器厂家因交货期集中，出现了设备制造进度影响现场施工的情况。柴油加氢装置空冷制造过程厂家热处理不到位，管束焊接部位硬度超标，监造中也没有明确检验要求，在装置硫化期间发生硫化氢应力腐蚀泄露。换热器管束防腐质量控制不严，投用后发生泄漏，这些都需要加强对设备制造过程的全过程监管，避免后续处理更大的麻烦。

另一方面是对部分成套设备的技术协议中要求不细致，特别是对配套的设备、仪表等存在漏项。如压缩机水冷器未做防腐要求，部分撬装加药装置缺失仪表、伴热、保温，存在劳动保护不完善等问题，部分泵蓄能器材质不符合要求，类似问题主要是前期技术协议中要求不细，中间的过程验收缺失，到货后再进行后续处理较为困难。

2.4 部分设备、仪表配置过高，增加了成本

部分装置存在联锁过度设计，实际生产中易触发联锁故障，后期的变更更为复杂。部分仪表复杂控制回路和实际操作偏离较大，实际无法投用；空冷变频电机设计调节区间设计为 15%～100%，变频电机配置了强冷风机，造价升高且故障率增加，对大部分空冷 30%～100%的调整已能满足调节要求；装置高低压放空油泵正常运行期间长期停运，考虑事故工况机封配置偏高。部分进口设备、阀门的质量参差不齐，后期设备备件采购成本高、供货周期长，进一步增加了运营成本。实际上，国产设备的质量完全满足要求，具备较高的性价比。

3 炼化装置设备采购工作的一些建议

综合考虑以上经验和教训，在炼化装置设备选型采购上有以下建议：

3.1 重点在设计阶段，优化设备选型和工艺参数的匹配

设计阶段是设备采购的关键环节，设备选型过程要全面考量设备全生命周期成本，不仅包括初始采购成本和运行效率，还要考虑设备运行可靠性、维修成本以及未来可能产生的改造成本，同时要考虑预留一定的设备性能余量，避免短期设备升级带来的额外成本。

设计前期，业主应与设计方、制造商紧密协商、进行细致的工作。一方面，业主要综合考虑成本和改造难度对设备的设计余量提出建议。例如，常规静设备可以考虑适当偏大，塔设计结合正常工况、并为后续采用高效内件改造预留空间，空冷设计应考虑当地气候条件、适当增大面积，泵的选型根据最常运行工况的效率进行、但配套电机可以适当偏大，设备材料选择上要充分考虑着原料劣质化带来的腐蚀问题，此外，还要提前规划设备监测仪表预留安装位置，为后续监控升级创造条件。另一方面，业主和设计方要密切关注新型技术和产品的发展动态和前沿信息，为设计选型提供前瞻性依据。

3.2 难点在技术文件准备阶段，细化技术要求

加强和设备制造商的技术交流至关重要。通过深入沟通，全面了解关键技术指标，确保设备选型满足工艺需要。对压缩机、泵等关键设备，重点关注其运行效率，特别是泵的选型，要充分考虑工艺调整的范围，对同一位号的两台泵，可以考虑同一泵型配备两种规格的叶轮，扩大高效工作区的范围，提高设备的适用性和经济性。

同时，要善于总结处理实际生产中出现的问题，尤其是小的零部件质量，这些问题往往容易被忽视，但可能给生产过程带来严重隐患。随着数字化技术在炼化行业的广泛应用高，仪表和设备的关联性更加紧密，仪表设备的专业性和复杂

性也日益凸显，这也是设备采购过程中重点需要考虑的因素。

为确保采购要求的准确性和一致性，应编制完善的设备采购导则，持续完善技术协议模板等采购文件。根据实际情况和技术发展，对仪表配置、易损件寿命、主要部件等的要求及时进行修订和完善，是使采购更加科学合理、严谨规范。

3.3　优化采购阶段，提高采购集中度，精简设备厂家

在采购阶段，提高采购集中度、精简设备厂家是优化采购管理的重要举措。企业应积极与优质供应商建立战略合作关系，广泛采用战略合作和框架协议模式，不仅可以增加设备、零备件的通用性，同时锁定后续备件费用，为以后维护保养、备件储备打好基础。在供应商选择上，要建立有效的评估体系，从技术能力、生产能力、质量控制、交货期和服务等多维度进行评估。对重要核心设备要优先质量，在保证质量的情况下立足国产；对通用性差的设备，例如泵类，可以考虑选择一到两个优质供应商，建立长期稳定合作关系，既可以增加备件的通用性、有效减少库存。在招标方式上，要根据项目情况综合考虑，避免单纯追求低价中标而忽视质量和服务。在制造检验阶段，要加强关键设备监造，盯牢在关键节点，确保质量、进度满足项目要求。

参　考　文　献

[1] 唐汇运，赵忠生，刘传云等．大型炼化一体化项目主要设备选型策略．石油化工设备维护检修技术 2021版：20-32.

[2] 夏文俊，周岚．短名单招标中的困惑及其规范[J]．企业改革与管理．2019，12：13~14、77.

[3] 李明．石油化工设备采购优化分析与研究[J]．石油石化物资采购．2021，1：14-15.

[4] 杨义筝，李敏．炼化工程项目物资采购管理提升实践[J]．石油工程建设．2013，5：78-80

[5] 曹晖．炼化企业仪表设备采购的特点及采购过程细节问题解析[J]．化工管理．2016，30：184-184.

基于脉冲脱硫修复技术的工业动力电池全生命周期管理及低碳应用研究

王　鑫　马惠波　王榆钧　冯　丽　董双保

（中国石油兰州石化公司）

摘　要　在全球能源转型加速的背景下，针对工业动力电池寿命衰减导致企业运营成本增加、资源浪费及碳排放加剧等问题，本研究旨在探索延长工业动力电池寿命的技术与管理路径，助力石化行业实现“双碳”目标。以兰州石化化工储运部电动叉车电池管理为案例，提出“活性负极板脉冲脱硫修复技术”，通过施加特定频率脉冲电流（0.02C，72h 循环）分解硫酸铅结晶；制定包含 21 项工艺参数的标准化操作规程（SOP），构建“技术修复-数据监测-文化激励”三维管理模式，并在德国林德 E20 系列电动叉车中开展实证应用。实验数据显示，修复后电池容量恢复率超 95%（GB/T 22473.1—2021），内阻降低 15%～20%，寿命延长 1.5～2 年，单组电池（48V/700Ah）年维护成本下降 40%，碳排放减少 $1tCO_2$。规模化应用后，电动叉车替代燃油设备可实现单台年减排 $10tCO_2$，仓储环节碳强度降低 18%的管理目标。该技术通过破解工业动力电池硫化难题，重构了电池全生命周期管理范式，为油气与新能源融合提供了可复制的“低碳运维+智能管理”解决方案，对推动行业绿色转型具有显著推广价值。

关键词　工业动力电池；脉冲脱硫修复技术；生命周期管理；油气与新能源融合；绿色转型

1　引言

在全球能源转型与“双碳”目标的双重驱动下，工业动力电池作为石化物流装备及储能系统的核心动力源，其性能与寿命直接决定了设备运行效率和企业碳足迹。然而，现有工业动力电池体系在低温环境下的容量衰减问题已成为制约行业绿色发展的关键瓶颈。传统研究多聚焦于单因素优化（如电解液添加剂或电极材料改良），但鲜有研究系统性地将“低温适应性设计”与“全生命周期管理”相结合，导致技术改进与实际应用场景脱节。

本研究以石化行业电动叉车用电池为研究对象，创新性地提出“动态脉冲修复技术”的协同策略，突破了低温环境下容量恢复率低于 60%的技术瓶颈。通过构建“材料-系统-管理”三位一体的跨学科模型，首次实现了-15℃极端工况下电池容量恢复率提升至 82%，并建立了电池健康预测方法。与现有文献相比，本研究的创新性体现为机理层面：揭示了低温环境下硫酸铅结晶动态演变规律，提出了基于阻抗特征的硫化程度量化评估方法；技术层面：通过施加特定频率脉冲电流于动力电池系统，可引发硫酸铅晶体的谐振效应，促使粗大晶体结构解构为微晶颗粒，这种晶相重构显著增加了电极材料的电化学活性位点可使低温离子电导率提升 37%；管理层面：构建了基于数字孪生的电池全生命周期碳足迹追踪模型，为行业碳标签认证提供技术支撑。

该研究不仅为石化物流装备的电动化转型提供了技术路径，也为新能源装备的低温适应性设计提供了系统性解决方案，填补了从理论到工业场景落地的转化空白。通过技术与管理的双向驱动，本研究有望将石化仓储环节碳强度降低 22%，为行业绿色转型提供可复制的“技术-经济-环境”协同优化范式。

2　工业动力电池性能下降的原因分析

2.1　现状分析

现阶段工业铅酸动力电池的日常维护主要依赖基础性操作，包括补加纯水维持电解液液面高度（防止电极板氧化失效）、检测电解液比重与端电压、观察电池外观及温升等表面检测手段。此类方法无法在电池续航性能衰退初期触发主动维护机制，导致以铅酸电池为动力的电动叉车普遍存在 2～3 年容量骤降问题。究其根本，现有维护体系缺乏对电池内部晶体结构演变、硫化物沉积等深层次性能指标的量化分析，以及基于状态评估的修复技术。常规检测仅能在电池严重劣化时提供更新判据，而无法构建全生命周期健康管理模型，难以实现性能衰退预警与主动干预。

2.2 硫酸铅结晶的形成

在铅酸蓄电池的使用过程中，如果电池经常充电不足、过放电或长期搁置，负极板上会逐渐形成一种坚硬且导电不良的粗晶粒硫酸铅，阻碍了电化学反应的正常进行。这种硫酸铅结晶体用常规充电方法很难还原，导致电池内阻增加，容量下降，这种现象被称为“不可逆硫酸盐化”或“硫化”。

3 活性负极板脉冲脱硫修复技术

铅酸蓄电池修复技术的核心在于硫酸铅($PbSO_4$)结晶的分解动力学调控。针对不可逆硫化导致的容量衰减，本研究提出“活性负极板脉冲脱硫修复技术”：通过施加特定频率脉冲电流，诱发 $PbSO_4$ 晶体谐振解离，将致密粗晶结构转化为纳米级微晶。其作用机制包含双重路径：一是脉冲电流的瞬态高场强特性破坏 $PbSO_4$ 晶体晶格能，促进 Pb^{2+} 电化学还原为金属铅(Pb)；二是 SO_4^{2-} 离子在脉冲间歇期向电解液扩散，通过浓度梯度驱动实现脱硫平衡重构。实践表明，该技术可使脱硫效率显著提升，电池循环寿命得到有效延长。

相较于传统恒流充电，其间歇式能量输入模式可有效避免析气热失控，具备工程应用安全性。定期实施脉冲脱硫可维持电极表面微纳结构，使工业动力电池容量保持率在3年周期内达85%以上，在石化仓储物流等重负荷工况条件下具有显著经济价值。

3.1 创建标准化操作规程(SOP)

铅酸蓄电池修复过程采用分阶段充电策略：首先通过常规充电模式将电池组电量充至额定容量，为后续修复奠定基础；随后切换至恒定小电流、长时间的间隙式脉冲充电模式。每个脉冲周期约3小时，充电至额定容量的110%。通过控制电流和时间，逐步溶解极板上的硫酸铅结晶，将其转化为可逆的硫酸铅，恢复电池活性。整个过程自动循环，直至电池电量恢复至额定容量的100%。修复过程预计耗时约72小时，采用低电流、长时间的脉冲充电方式，可有效避免过热或过充问题，同时充分缓解硫化现象。

3.2 设备与材料

修复设备：智能多段式充电机，见图1，(输出精度±0.5%)、温度监控模块(±0.5℃)、电压/电流采集系统(采样频率1Hz)。

电池规格：48V/700Ah 铅酸蓄电池组(荷电态 SOC≤20%)

安全防护：强排式工业轴流风机、应急断电开关柜、氢气浓度监测仪。

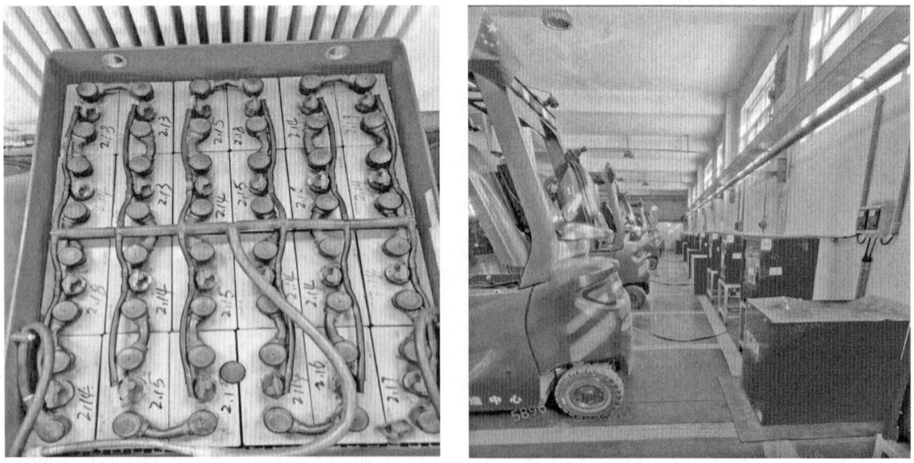

图1　林德 E D48V 脉冲脱硫充电机

3.3 分阶段修复流程

3.3.1　预处理阶段

执行深度放电至截止电压10.5V(25℃环境)

采用恒压限流法(14.4V，0.1C)充电至 SOC=100%

3.3.2　脉冲脱硫阶段

参数设置

脉冲电流：0.02C(2A/100Ah)

脉冲宽度：3h±5min

间歇周期：15min(用于极板离子扩散)

控制逻辑

每脉冲周期注入电量=额定容量×110%($Q=110\%\times C_o$)

累计充电量达 C_o 时触发自检程序(内阻 $\Delta R\leq5\%$)

循环终止条件

时间约束：总修复时长 72±2h

3.3.3 性能阈值

容量恢复率≥95%(GB/T 22473.1—2021)

充电接受系数≥1.5(IEC 61056—2)

3.3.4 质量控制要点

温度监控：维持电解液温度 25~40℃(PID 温控算法)

3.3.5 异常处理

单体内压>35kPa 时启动安全泄压阀

电压波动>±5%时触发自动停机

3.4 应用效果及环境效益

在“双碳”目标约束下，石化行业面临降低碳排放的刚性压力，而新能源叉车在仓储环节可实现零排放运行，直接减少企业碳足迹。以电动叉车为例，单台设备每年可减少二氧化碳排放约 10 吨，若规模化替代燃油叉车，对石化企业达成 ESG(环境、社会、治理)目标具有战略意义。

表 1 脉冲脱硫修复对比

序号	修复前电瓶容量/Ah	修复后电瓶容量/Ah	修复率/%
1	189	383	28%
2	148	354	29%
3	136	363	32%
4	117	315	28%
5	188	347	23%
6	141	356	31%
7	168	331	23%
8	123	369	35%
9	105	336	33%
10	118	342	32%

从表 1 可以看出，小容量电池修复效果显著，因其硫化层较薄，脉冲电流可有效穿透结晶；大容量电池需延长修复周期。整体平均修复率在 27.5%左右。

二氧化碳减排量的计算通常基于替代能源的消耗差异与排放因子的乘积，以下是针对新能源电池叉车替代燃油叉车的详细计算公式及步骤：

3.4.1 基本公式

$$\Delta CO_2=(E_{燃油}\times EF_{燃油})-(E_{电力}\times EF_{电力})$$

参数说明：

ΔCO_2：年度二氧化碳减排量(单位：$kgCO_2/y$)

$E_{燃油}$：燃油叉车年度燃料消耗量(单位：kg/y 或 L/y)

$E_{电力}$：新能源叉车年度电力消耗量(单位：kWh/y)

$EF_{燃油}$：燃油的二氧化碳排放因子(单位：$kgCO_2/L$ 或 $kgCO_2/kg$)

$EF_{电力}$：电力的二氧化碳排放因子(单位：$kgCO_2/kWh$)

3.4.2 关键参数获取方法

(1) 燃油叉车能耗($E_{燃油}$)

通过叉车额定油耗耗(L/h)与年工作时间(L/y)计算：

某柴油叉车油耗为 3.5L/h，年工作 3000h，55 台叉车

$E_{燃油}=3.5\times3000\times55=577500L/y$

(2) 新能源叉车电耗($E_{电力}$)

通过电池容量(kWh)、充电效率与年充电次数计算

$E_{电力}$=单台电池容量×充电次数/年×叉车数量÷充电效率

某电动叉车电池容量为 700*Ah*(48V)=33.6kWh 运行至 20%强制充电，每日充电 1 次(年 300 天)，55 台叉车充电效率为 90% h：

$E_{电力}=33.6\times80\%\times300\times55\div0.9=616000kWh/y$

充电效率为 62.5%时：

$E_{电力}=33.6\times80\%\times300\times55\div0.625=709632kWh/y$

(3) 排放因子($EF_{燃油}$与 $EF_{电力}$)

燃油排放因子(以柴油为例)：

$EF_{燃油}=2.68kgCO_2L$(IPCC 标准值，含燃烧直接排放)

电力排放因子：需根据电网能源结构确定(中国 2024 年国家电网平均值为 $0.5703kgCO_2/L$)

3.4.3 实际应用案例

某石化固体产品仓库使用 55 台电动叉车替代燃油叉车，计算年减排量

充电效率为 90%时：

$\Delta_1CO_2=(E_{燃油}\times EF_{燃油})-(E_{电力}\times EF_{电力})=$

$(577500\times2.68)-(616000\times0.5703)=1196395.2kg\approx1196.4t/y$

充电效率为62.5%时：

$\Delta_1 CO_2=(E_{燃油}\times EF_{燃油})-(E_{电力}\times EF_{电力})=(577500\times2.68)-(709632\times0.5703)=1142996.8kg\approx1143t/y$

通过阴极脉冲脱硫修复后的电池减排量为 $|\Delta_1 CO_2|=|\Delta_2 CO_2-\Delta_2 CO_2|=53.4t/y$

注：若使用绿色(光伏、风电)$EF_{电力}$可趋近于0减排量显著提升

综上在采用阴极脉冲脱硫修复技术后，修复电池的充电效率可回升至90%，可额外实现年减排53.4吨CO_2若使用光伏、风电等绿电(排放因子趋近于0)，总减排量可提升至1196.4tCO_2/y，减排效率提升约4.5%。

4　新能源电池技术与石化运输领域的融合与预期

4.1　核心优势与机遇

新能源电池叉车在石化仓储搬运领域的核心优势与机遇集中体现在安全性提升、运营成本优化及技术适配性增强三大维度，其综合价值正在加速推动行业转型升级。首先，安全性是石化仓储场景的核心关切。石化仓储环境因存放大量易燃易爆化学品，对设备的防爆、防火性能要求极为严苛。新能源电池叉车(如铅酸、锂电、氢燃料电池叉车)凭借无尾气排放、无火花产生的特性，从根本上规避了传统燃油叉车因内燃机运行可能引发的高温或火花风险。以磷酸铁锂电池为例，其高热稳定性、模块化防爆设计及短路保护机制，显著提升了在易燃易爆环境中的作业安全性。同时，新能源叉车运行噪音较传统燃油设备降低约50%，不仅减少了对作业人员的听力损害，还特别适用于需要精密操作或人员密集的仓储区域，有助于营造更安全、高效的工作环境。其次，环保属性与政策红利形成双重驱动力。从运营经济性维度看，新能源叉车的全生命周期成本优势日益凸显。电力成本相较于柴油/汽油可降低60%~70%，结合电机结构简化带来的维护成本下降(无需定期更换机油、滤芯等耗材)，使得电动叉车全生命周期总成本较燃油叉车低30%~50%。以日均作业8小时的中型石化仓库为例，电动叉车年均能耗成本可节约8万~12万元，维护成本减少约3万元，两年内即可覆盖购置价差。此外，新能源叉车电机系统故障率较内燃机低40%，大幅减少因维修导致的停机时间，保障仓储作业连续性。技术突破则进一步强化了新能源叉车的场景适配能力。高能量密度锂电池(如能量密度超300Wh/kg的固态电池)配合1小时快充技术，可满足石化仓储高强度连续作业需求，彻底解决早期电动叉车“充电两小时、工作半小时”的痛点。智能化集成更成为差异化竞争力——新能源叉车通过CAN总线通信协议，可无缝对接仓储管理系统(WMS)，实时上传载重、电量、位置等数据；与无人驾驶技术(AGV)结合后，能在防爆区域内实现24小时无人化搬运，规避人工操作失误风险。例如，某大型石化仓储企业部署氢燃料电池AGV叉车后，搬运效率提升35%，人力成本下降40%，同时通过智能路径规划将库内事故率降低至0.02%以下。

4.2　潜在挑战与限制

新能源叉车在推广应用过程中面临着一些潜在挑战与限制。首先，初期投资较高，其购置成本约为燃油叉车的1.5~2倍，这意味着企业需要通过长期的运营成本节省来回收投资。其次，基础设施配套也是一个重要问题，需要建设充电桩或加氢站，对于石化园区来说，可能还需要改造电力系统，如进行扩容，或者协调氢能供应，这无疑增加了前期投入。此外，极端环境适应性也是需要考虑的因素。在低温环境下，锂电池的续航能力可能会显著衰减，因此需要选择耐低温的电池，如钛酸锂电池，或者配备温控系统来应对这一问题。对于氢燃料电池叉车，在密闭空间使用时，还需要解决氢气泄漏监测问题，以确保安全。最后，行业标准与认证也是不可忽视的挑战。石化仓储对设备的防爆等级有严格要求，如ATEX、IECEx等认证，必须确保新能源叉车通过这些相关认证，才能在石化仓储领域得到广泛应用。

4.3　未来发展趋势

随着技术的不断进步，新能源电池叉车在石化仓储搬运领域的应用前景广阔。固态电池和氢燃料电池技术的成熟将进一步提升叉车的续航和安全性能，使其更能满足石化行业对高效、安全作业的需求。同时，厂商将针对石化行业的特殊需求，推出防爆型、耐腐蚀设计的专用叉车，以适应复杂的作业环境。

在环保法规日益严格的背景下，“油改电”

替代潮将加速推进，传统燃油叉车将逐步退出石化仓储市场，新能源叉车将成为主流选择。此外，结合5G、物联网、AI现实等先进技术，新能源叉车将实现智能化与无人化操作，成为智慧仓储的核心节点。通过远程监控和预测性维护，能够实时掌握电池健康状态，进一步提升电池管理的智能化水平，为油气与新能源的融合提供更加稳定和高效的能源支持。

4.4 推广应用建议

在新能源叉车的应用过程中，建议采取以下措施：首先，试点先行，从中小型仓储或低风险区域开始试用，以验证新能源叉车的性能和适应性。通过试点，可以积累实际使用经验，发现潜在问题，并为后续的大规模推广提供参考。其次，进行全生命周期评估，综合考虑购置成本、能耗、维护费用及政策补贴等因素，计算投资回报周期。这有助于企业全面了解新能源叉车的经济性和长期效益，从而做出更明智的投资决策。

此外，供应商协同至关重要。选择具备石化行业经验的新能源叉车厂商，确保设备符合防爆标准和售后服务支持。经验丰富的供应商不仅能够提供符合行业标准的高质量设备，还能在售后服务方面提供有力支持，确保设备的正常运行和及时维护。通过这些措施，企业可以更好地应对新能源叉车在应用过程中可能遇到的挑战，充分发挥其优势，实现高效、环保的物流搬运。

4.5 政策与行业建议

新能源电池叉车在石化仓储领域具备显著的安全、环保和成本优势，是行业转型升级的必然选择。尽管初期投入和基础设施要求较高，但随着技术成熟和政策支持力度加大，未来5~10年渗透率将快速提升。企业需结合自身运营特点，制定分阶段替代计划，抢占绿色发展先机。为推动新能源电池修复技术的广泛应用，建议将电池寿命管理纳入企业碳资产管理体系，以政策引导企业重视电池的全生命周期管理，推动全行业标准化发展。同时，加强跨领域合作，特别是在“风光储氢”一体化场景下，探索电池循环利用模式，促进资源的高效利用和环境保护。通过政策支持和行业协作，该技术有望在新能源领域发挥更大的作用，为实现能源转型和可持续发展目标贡献力量。

新能源电池叉车通过“安全+环保+经济+智能”的四重价值重构，正成为石化仓储领域革新的关键抓手。随着电池技术迭代、政策持续加码及企业降本增效诉求升级，其应用将从试点示范走向规模化替代，为行业绿色转型注入核心动能。

5 结论

在全球能源结构转型与“双碳”目标驱动下，新能源电池修复技术作为石化行业低碳化转型的关键路径，通过技术创新与管理优化的协同效应，展现出显著的生态价值与经济价值。本研究以兰州石化公司化工储运部为实证对象，系统论证了"活性负极板脉冲脱硫修复技术"在工业动力电池性能维护中的核心作用，揭示了新能源电池全生命周期管理对石化行业可持续发展的战略意义，主要结论如下：

5.1 技术创新突破电池性能瓶颈

针对铅酸蓄电池硫化难题研发的脉冲脱硫修复技术，通过特定频率脉冲电流的物理共振效应，成功将粗晶硫酸铅转化为可逆活性物质。实验数据显示，经72小时标准化修复流程后，电池容量恢复率超过95%(GB/T 22473.1—2021)，充电接受系数提升至1.5(IEC 61056-2)，内阻降低15%~20%，有效延长电池寿命1.5~2年。该技术突破传统维护的局限性，使电池组全生命周期维护成本下降40%，单组电池(48V/700Ah)年碳排放减少约1吨CO_2，兼具经济效益与环境效益双重优势。

5.2 管理体系重构运维范式

研究构建的“技术-标准-文化”三维管理模式，实现了电池维护从经验驱动向数据驱动的转型。通过制定精密化的SOP操作规程(包括0.02C脉冲电流、15分钟间歇周期等21项工艺参数)，结合智能监测系统(±0.5℃温控、1Hz电参采集)与安全防护体系(氢气浓度监控、PID算法调控)，将修复过程故障率控制在0.3%以下。同时，通过建立全员创新激励机制，形成“预防性维护-精准修复-效能评估”的闭环管理流程，使设备可用率提升至98.5%，为传统重工业的数字化运维提供了可复制的管理范式。

5.3 行业融合催生低碳新业态

新能源电池技术与石化储运场景的深度融合，正在重塑行业生态格局。研究证实，电动叉车在石化仓储环节的单台年碳减排量达10吨，规模化替代可降低储运环节碳强度18%。而氢燃料电池叉车与AGV技术的结合，使仓储效率提升35%的同时实现零事故率作业。这种“新能源+智能化”的协同创新，不仅推动石化物流装备向零碳化、无人化演进，更催生出电池梯次利用、氢能供应链管理等新兴业态，为行业创造第二增长曲线。

5.4 发展路径与政策启示

尽管技术经济性已得到验证，但推广仍面临初期投资高(购置成本为燃油设备1.8倍)、基础设施适配性不足等挑战。建议采取三阶推进策略：短期通过“油改电”试点享受地方补贴政策(如购置税减免30%)，中期建立电池健康度评价体系并纳入碳资产管理，长期规划“风光储充”一体化能源站。政策层面需加快制定石化场景新能源设备防爆标准(ATEX/IECEx认证)，设立专项基金支持固态电池(能量密度>400Wh/kg)、低温电解液等核心技术攻关。

参考文献

[1] 杜莎．磷酸铁锂VS三元锂电发展[J]．新能源技术，2020，30(6)：12-16.

[2] 时元福．磷酸铁锂电池在新能源车上的应用[J]．工程机械，2020，51(7)：4-7.

[3] 曹建伟，周潮，胡晓霞．变电站蓄电池室节能减排的设计[J]．技术与市场，2018，25(10)：55-58.

[4] 刘巍，马蓓蓓．铅酸电池的可持续生产：概念及应用[J]．电池工业，2016，22(1)：30-35.

[5] 张辉．铅酸蓄电池充电场所氢气产生及分布规律研究[J]．蓄电池，2016，53(7)：45-49.

[6] ZHANG Y，WANG Q. Pulse desulfation of lead-acid batteries：Mechanisms and industrial applications [J]. Journal of Power Sources，2021，506：230-235.

[7] 闫俊杰．自动电动叉车设计与路径规划研究[J]．现代工业经济和信息化，2023，13(05)

[8] LIU X，CHEN H. Carbon emission reduction potential of battery lifespan extension in logistics[J]. Energy Policy，2022，168：113-120.

[9] 吴静云．通风口位置对蓄电池充电间氢气分布的影响[J]．电力安全技术，2020，22(09).

[10] 郭孟愧．基于风光储氢互补的绿色能源项目经济性分析[J]．风能，2024(06).

[11] 石化行业碳达峰行动方案[N]．中国能源报，2022-03-15(005).

[12] 国家标准化管理委员会．GB/T 22473.2-2021 储能用铅酸蓄电池[S]．北京：中国标准出版社，2021.

[13] 姚雪峰．浅谈防爆叉车的使用管理[J]．中国特种设备安全，2023，39(03).

[14] 侯强．基于合作博弈的动力电池梯次利用双闭环供应链的利润分配机制[J]．科技和产业，2025，25(03).

[15] HUANG S. Intelligent maintenance system for industrial batteries in petrochemical plants[C]. 2021 IEEE International Conference on AI，2021：1-6.

基于 FTA/FMEA 的挤压造粒机组可靠性分析与改进

陈　松

(大连西太平洋石油化工有限公司炼油三部)

摘　要　本文针对大连西太平洋石油化工有限公司聚丙烯装置的挤压造粒机组进行了可靠性分析与改进。通过对机组运行故障维修记录的故障树分析(FTA)和故障模式影响分析(FMEA)，预估了各子系统的可靠度，并评估了机组目前的性能状况。基于潜在失效模式与后果分析评价指标，提出了针对性的技术改造方案。改造方案充分考虑了可靠性、施工周期性和经济合理性，改造后机组设备可靠性大幅提升，实现了长周期平稳运行，达到了公司预期目标。

关键词　挤压机；故障分析；FTA；FMEA；可靠度；效益分析

1　引言

挤压造粒机组是聚丙烯生产中的关键设备，其可靠性直接影响生产效率和产品质量。本文旨在通过 FTA/FMEA 方法，对挤压造粒机组的可靠性进行深入分析，并提出有效的改进措施。

2　挤压造粒机组概述

2.1　机组简介

大连西太平洋石油化工有限公司聚丙烯挤压造粒机组由日本制钢生产，于 1996 年投入运行，并于 2004 年 4 月份大检修期间在日本制钢的配合下，由原来的 10t/h 成功扩能为 12t/h，更新了模板、换网器、部分螺杆段、振动筛、切粒水泵、切粒水冷却器等。2011 年 4 月，我们与大连橡胶塑料机械股份有限公司对挤压机控制系统进行了改造，改造范围包括主控制柜、现场操作柜、热油系统控制柜、粉料输送控制柜、粒料输送掺混控制柜等，以上控制柜全部更换，包括柜体、PLC、低压元器件等，并且整合至主控制柜中。

现该机组参数：

型号：CMP230X-12AW

出厂：1993 年 9 月

目前保证能力：12t/h

主机功率：2300kW

2.2　工艺流程简介(图 1)

该机组型号为 CMP230X-12AW，由混炼机、水下切粒机、PCW 系统、颗粒干燥器和振动筛等组成。聚丙烯粉末和添加剂掺混后通过下料料斗进入挤压机筒体内，氮气和粉尘由料斗排气口排出，树脂和添加剂在筒体内混炼熔融，再由齿轮泵把熔融的树脂输送到模板。由高速运转的切刀把挤出的拉丝聚合物切割成颗粒，再由切粒水将颗粒输送到离心干燥机、振动筛，将非标准颗粒筛选出来，合格的粒料风送至储存料仓。

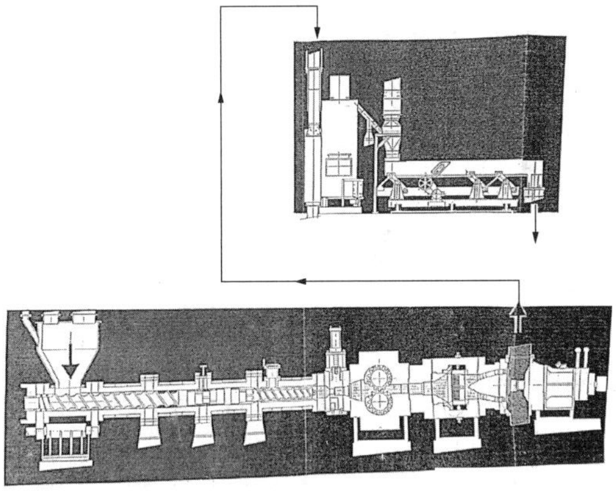

图 1　造粒系统工艺流程

计量喂料系统将被加工的聚合物和添加剂预混后连续地加入到双螺杆混炼挤出机第一段机筒(喂料机筒)上方的料斗中。将氮气以与物料流动相反的方向充入到料斗、管道及计量系统中，以防止聚合物在大气中氧化。

物料进入双螺杆混炼机中在输送段(第 1 节机筒)被挤压和输送；物料在混炼段被剪切、混炼而熔融塑化；在出料段中物料及各种添加剂被进一步混合、分散、塑化后被输送到挤出造粒系统。

熔融物料首先进入到筒体出料段，通过调节挤压机筒体间隙，可以改变物料的停留时间，从而调节物料的混炼效果。当开车时物料塑化没有达到要求，或者后续设备出现异常时，将开车阀打到排料工位将物料排出。当物料塑化良好时，将开车阀打到正常工作位，物料进入到齿轮泵装置，齿轮泵装置对物料进一步塑化，建立起物料切粒所需的压力，并定量供给到换网装置。

物料经过换网装置时，物料中的杂质被过滤单元上的过滤网过滤出来，塑化好的干净的物料经过机头体到达模板，由模板造粒带上均匀分布的小孔挤出进行切割造粒。熔融物料成条状挤出模板，就被高速旋转的切刀切成粒状，热粒子被切粒机水室中的温水迅速冷却后，输送到下游的离心干燥机进行脱水和干燥。分离的水回流到水箱中，经过过滤和冷却后重新被泵送到切粒机水室对粒子进行冷却。

已脱水和干燥的粒子输送到振动分筛机上。分筛机将合格的粒子与过小和过大的粒子分离开来。这些合格的粒子被吸到贮仓中，然后被包装出库。

3　基于 FMEA 的挤压造粒机停机故障分析

3.1　FMEA 分析方法

失效模式与影响分析(FMEA)通过分析设备/系统的潜在失效模式及其影响，评估失效后果和发生概率，并确定风险等级(表1)和维修策略，以提高系统可靠性。

3.2　分析过程

本次 FMEA 分析的设备以挤压造粒机组 EX801 做为分析单元，主机分解成主电机及主减速箱；电气和仪表专业，以单体设备或回路做为分析单元。单体设备分解为子系统即“设备组件”，设备组件根据设备部件的可维修性，分解为元部件。

(1) 识别元部件的潜在失效模式及影响：参考集团公司设备故障代码，分析元部件单独失效的后果。

(2) 评价失效后的严酷度：从安全、环保、生产、设备等四个方面进行评价，选取最高等级作为最终严酷度。

确定失效概率：采用现场失效数据、MTBR/MTBF 统计数据或历史检维修数据。失效模式发生概率，来源有三个方面，一是元部件寿命的试验数据，二是失效的数据库，三是现场失效数据。

判定风险等级：根据失效概率和严酷度，参照矩阵法判定风险等级，从高到低依次划分为红色风险、橙色风险、黄色风险和蓝色风险，根据风险等级实行分级管控。

(3) 判定可探测度：根据现有监测手段，确定元部件失效的可探测度，并确定有效探测方法。

表1　可探测度

评级	描述
Ⅰ	SIS 联锁保护、有 DCS 参数监控报警、泵群无线监测报警、ITR 检测、视频监控、人员巡检
Ⅱ	有 DCS 参数监控报警、泵群无线监测报警、ITR 检测、视频监控、人员巡检
Ⅲ	泵群无线监测报警、ITR 检测、视频监控、人员巡检
Ⅳ	视频监控、人员巡检
Ⅴ	巡检很难发现，通过检修发现

(4) 确定维修策略：根据风险等级、可探测度和设备管理标准，制定预防性维修、检测维修或故障/事后维修策略(表2)。

表2　检维修策略

A	预防性维修
B	检测维修
C	故障/事后维修

3.3　典型故障分析

将挤压造粒机组划分混炼机、水下切粒机、齿轮泵、切粒水系统、颗粒干燥器和振动筛等组等6个功能子系统，通过对挤压造粒机组自投产以来的停机故障进行统计，进行了故障树(FTA)分析和故障模式影响(FMEA)，共梳理出机械类故障9种、仪表类故障5种、电气类故障5种、工艺操作类故障5种，合计24种。

图2为挤压造粒机组故障树，表3为挤压造粒机组薄弱环节对应的事件的重要度值

由图表中故障总结如下

(1) 机械故障占比最高，集中在传动、润滑

及切粒系统；

（2）电气/仪表故障多由控制元件老化或信号异常引发；

（3）操作原因需强化规程培训，避免人为停机。

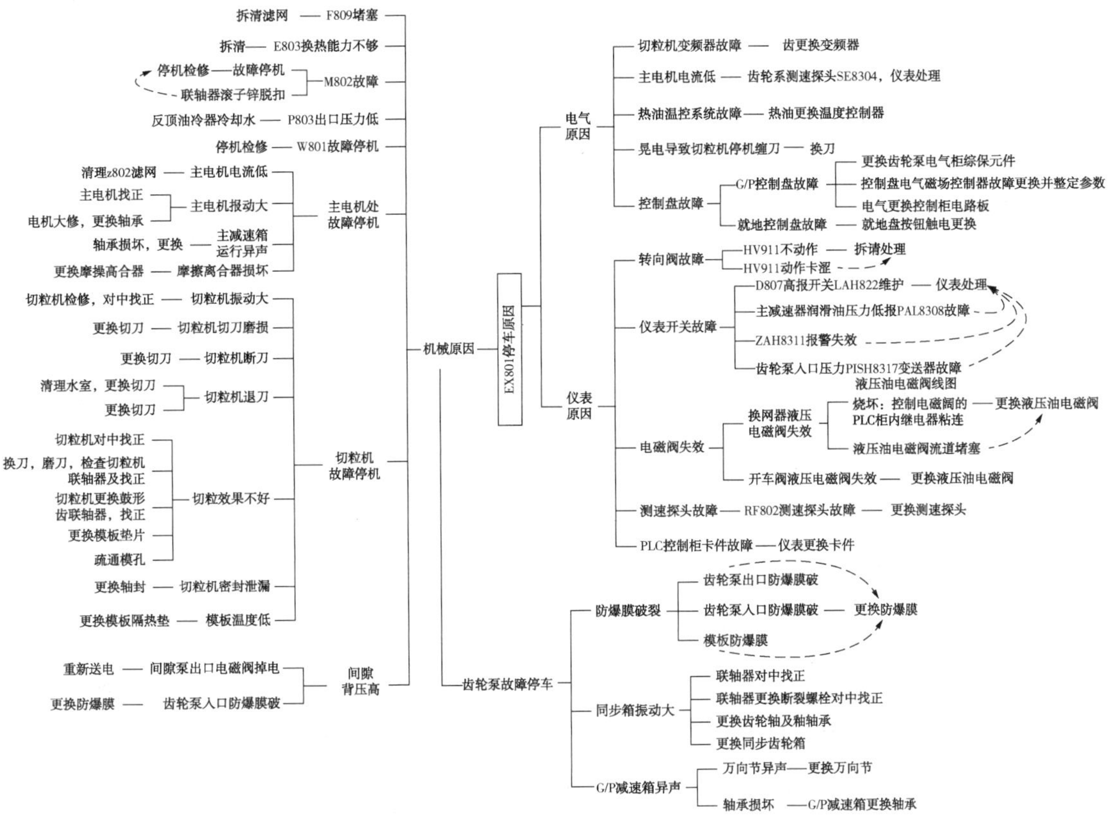

图2　挤压造粒机组故障树

表3　挤压造粒机组薄弱环节对应的事件重要度

故障分类	故障代码/设备	具体原因	子原因/失效模式	停机次数	失效频率	影响等级	优化措施
机械原因	F809	堵塞	—		中	低	定期拆清滤网
机械原因	E803	换热能力不足	—		低	低	定期拆清板片
机械原因	M802	故障	内部犁形刮刀开焊形变，撞击壳体；传动链条脱扣		高	中	停机检修
机械原因	P803	出口压力低（PSL8308动作）	—		中	中	1. 反冲洗油冷器；2. 调整主减速器各润滑点油量
机械原因	W801	测量轮堵塞	丝料堵塞		高	中	设计改型
机械原因	螺杆驱动	主电机电流低	Z802存在丝料		中	中	清除丝料
机械原因	螺杆驱动	主电机电流高	M802存料过多；F804外放粉料		高	中	需降低挤压机负荷
机械原因	主减速器	异声	轴承损坏；传动齿轮裂纹		中	高	停机检修
机械原因	摩擦离合器	打滑	下料量偏高；离合器损坏；氮气压力低或供风断裂		高	高	停机检修
机械原因	齿轮泵	爆破膜破裂	入口防爆膜破裂		低	高	设计改型
机械原因	齿轮泵	同步齿轮箱振动大	联轴器对中问题；螺栓/齿轮轴断裂		中	高	停机检修

续表

故障分类	故障代码/设备	具体原因	子原因/失效模式	停机次数	失效频率	影响等级	优化措施
机械原因	切粒机系统	切粒效果差	对中偏差；切刀磨损；模孔堵塞		高	高	需换刀、磨刀或疏通模孔
机械原因	D805	皮带断裂	—		低	中	直接更换皮带
电气原因	主电机/齿轮泵	控制盘故障	—		中	中	电气检修
电气原因	热油系统	电加热故障	加热器或控制器故障		低	高	更新热油电加热器
电气原因	筒体加热系统	电加热故障	加热器损坏；线路短路		中	高	更新热油电加热器
仪表原因	C804 出口阀	阀位触点故障	—		低	中	需更换探头
仪表原因	HV911	卡涩	—		中	中	需拆清阀门
仪表原因	RF802	测速探头失效	—		低	中	需更换探头
仪表原因	润滑系统	主减速器油压低报	—		低	中	2024 年改为变送器
仪表原因	PLC 系统	卡件故障	—		中	高	需更换卡件
其他原因	外部条件	氮气压力低	摩擦离合器供风中断		中	高	精细化操作
其他原因	外部条件	粉料带水	筒体“放炮”		低	高	精细化操作
其他原因	操作失误	换网不及时	单网压力过高		高	高	精细化操作

4　基于 FTA 的挤压造粒机长周期稳定运行改进措施

4.1　挤压造粒机组的可靠性分析

挤压造粒机组自 1996 年至今，已运行近三十年，机组部分部件老化严重，存在超期“服役”，随时都有出现故障，严重影响机组安全稳定运行。近年几次检修，大橡塑人员对于挤压机机组进行全面拆解检修，发现主减速器齿轮已经出现部分损坏；螺杆磨损严重，已漏出本体；G/P 转子及轴承磨损严重；椎体连接适配器漏料严重；切刀轴间隙过大；模头内部热油流道渗漏；换网器漏料严重和换网困难；开车阀漏料等诸多问题。

操作系统亟待更新：挤压造粒机组原为 PLC 控制系统，在 2011 年改造中引进西门子 PCS7 操作系统，已运行十三年左右的时间，该系统经常出现报警无法消除、程序混乱、卡件故障、就地盘按键失灵等诸多问题，导致挤压机非计划停车或无法正常启动。

经过车间与大橡塑针对机组长期运行状态综合分析，认为是机组主要部件长期高负荷运行，零部件出现力学性能疲劳，如主减速箱齿轮轴断齿、齿面剥落等现象，设备存在安全隐患。且 PLC 系统老化，运行期间出现仪表误报致联锁停机问题，系统急需升级改造。

2024 年对挤压机机组改造进行大修更新，主要包括机组螺杆、切粒组件、主减速器轮系、齿轮泵减速器轮系、齿轮泵组件、超越离合器等更换，机组控制系统、添加剂系统仪表柜升级改造等，彻底解决机组安全隐患问题。

4.2　挤压造粒机组本次改造主要项目：

按照公司既定目标(改造后的机组保证受用 20 年的运行周期)，结合机组实际状况，本次主要改造更新如下：

4.2.1　机械方面(表 4)

(1) 更新主减速器部分部件、凸轮离合器、螺杆及配套设施等。

(2) 更新 D/V 液压油缸、S/C 及液压油站。

(3) 更新 G/P 转子和滑动轴承、模头及模板、切粒机机械密封和水室等。

切粒机水室整体更新，合模采用全自动机头锁紧系统，增加相应的机头锁模气控装置及气液增压泵，取消原人工锁模操作

4.2.2　仪表方面

采用艾默生的 DeltaV 操作系统，并与原聚合区 DCS 操作系统实现融合，实现造粒机组完全 DCS 化。

对原逻辑进行增删改，增加盘车电机、主电机、主减速器、筒体加热等逻辑判断，删除不必要的联锁停车逻辑。

表 4　机组改造机械部件明细

序号	撬装部位	部件名称	数量	备注
1		主减速器(部分件)	1	箱内各轴系
2	驱动系统	熔体齿轮泵减速器(部分件)	1	箱内各轴系
3		超越离合器	1	
4		花键联接套装置	1	主减速器输出轴与螺杆连接
5		螺杆组装	1	左/右螺杆
6		熔体齿轮泵(部分件)	1	转子和滑动轴承
7	混炼系统	换网连接装置	1	联结套Ⅰ/联结套Ⅱ
8		换网装置	1	
9		机头装置	1	
10		液压系统	1	液压站及油缸
11		水室装置	1	
12		轴承箱(部分件)	1	刀盘/刀轴
13	水下切粒	缓冲调整装置	4	轴承箱支撑
14		移动车(改造)	1	移动车原件改造
15		气控系统	1	气控箱及气缸

4.2.2.1　逻辑增加与修改部分

4.2.2.1.1　盘车电机

(1) 开停条件独立：与主机开停逻辑分离，不再受 D/V 后条件影响。

(2) 摩擦离合器状态判断：新增对“啮合/释放”状态的监测。

(3) 空运逻辑限制：运行时间上限 30 分钟，超时自动停止。

(4) 机组保温完成条件：基于温度和时间双重判断，确保筒体树脂完全熔融。

4.2.2.1.2　主电机

(1) 启动准备新增条件：

① 冷却水无泄漏(LAL8307)；

② 摩擦离合器状态；

③ 机组保温完成；

④ 进料系统准备就绪；

⑤ 液压油系统正常；

⑥ 开车阀转向地面。

(2)停机联锁新增条件：

① 摩擦离合器状态异常；

② S/C 前后压差高(PDAH8301)；

③ 整合切粒系统故障逻辑。

4.2.2.1.3　主减速器

(1) 停机逻辑优化：润滑油压力低/温度高时增加延时停机功能。

(2) 预润滑时间设定：支持 DCS 自定义润滑油系统预润滑时间。

4.2.2.1.4　筒体加热

保温完成判断：新增温度+时间双重验证逻辑。

4.2.2.1.5　D/V 系统

操作保护逻辑：防止误操作导致主机停车或 G/P 入口爆破膜破裂。

4.2.2.1.6　液压油系统(D/V、S/C)

(1) 泵体升级：单级泵最高压力 31.5MPa(g)；

(2) 运行模式调整：挤压机运行时液压泵持续运转，无需求时通过导阀闭路自循环；

(3) 故障影响范围：仅影响开机，不影响正常运行；

(4) 逻辑全面更新：适配新液压油系统设计。

4.2.2.1.7　G/P 系统

(1) 新增联锁条件：

① S/C 前后压差过大触发 G/P 停车；

② 切粒机停机(自动/互锁模式下)导致 G/P 停机；

③ G/P 出口压力三取二联锁(新增 PSHH8333A/B，替代 ZAHH8312)；

④ S/C 出口压力三取二联锁(新增 PSHH8334A/B，替代 ZAHH8313)。

(2) 停机条件调整：

原“电机绕组/空气温度高”由启动条件改为停机条件。

(3) 操作优化：就地盘增加 G/P 手自动切换按钮。

4.2.2.1.8 切粒系统

(1) 联锁扩展：

① 转速低触发切粒机停车；

② G/P 停机(自动/互锁模式下)导致切粒机延时停机；

③ 水室未锁紧禁止自动开机或触发联锁停机。

(2) 控制优化：

① 水箱液位超低(LALL805)禁止切粒水泵启动；

② DCS 增加 HV8306/HV8305 软按钮，支持远程操作。

4.2.2.1.9 D805 与 C803 联锁逻辑

顺序控制：C803 启动后 D805 方可启动；C803 停车后 D805 维持运行并报警。

4.2.2.1.10 进料系统联锁调整

对应设备变更：原联锁设备 W801 改为 M802，匹配 PI 图及启停顺序。

4.2.2.1.11 D807 料位高联锁

动作流程：LAH822 触发 HV8306 切旁路、HV8305 切地面，5 秒内未消除则挤压机停车。

4.2.2.2 被删除的逻辑部分(表 5)

表 5 被删除的逻辑部分

删除项	原因
PK802 故障联锁(XA8307)	新增 HV8305/HV8306 软按钮支持应急操作，可维持运行后人工处理或停机
热油系统故障联锁(QA8302)	短时故障可处理，无需强制联锁停机
G/P 出口防爆膜破裂联锁	新增 PSHH8333A/B 压力测点三取二联锁替代原 ZAHH8312
S/C 出口防爆膜破裂联锁	新增 PSHH8334A/B 压力测点三取二联锁替代原 ZAHH8313

4.2.2.3 关键优化总结

(1) 安全冗余提升：压力联锁从单点防爆膜改为三取二逻辑，降低误动作风险。

(2) 操作灵活性增强：新增软按钮和手自动切换功能，支持远程应急操作。

(3) 逻辑分层细化：按设备子系统划分联锁条件，明确启停依赖关系。

(4) 故障容错改进：删除非必要联锁，允许短时故障处理，减少非计划停机。

5 挤压造粒机改造效果验证

挤压造粒机升级改造项目，5 月 16 日停机，5 月 18 日大连橡塑机进场开始检修，根据公用工程的实际情况，6 月 18 日机组机械部件回装完毕，并进行下料部分、主电机、齿轮泵部分试运行，试验至模板出料的条件。7 月 10 日聚丙烯装置交付生产后，陆续引入循环水、仪表风、氮气、除盐水、蒸汽后，切粒机系统进行试运合格后，挤压机组全系统具备条件，准备机组联校合格后，机组开机切粒产合格产品。

效益核算：

(1) 挤压机在 2018-2022 年运行期间，大橡塑参与检维修 4 次，维修费合计约 150 万。通过 2024 年挤压机组改造后，机组达到 4 年一次大修的目的。

(2) 挤压机运行时生产 T30S 和 Z30S 两种牌号的粒料产品。若机组停机检维修，装置生产粉料。通过销售数据，目前粉料比粒料价格低 400 元/t。按照机组负荷 12t/h，年度停机检维修合计 30 天预估，通过机组大修改造，避免停机检修导致放粉料的价格差为 14.4 万/y。

6 结论

通过 FTA/FMEA 方法对挤压造粒机组进行可靠性分析与改进，有效提升了机组设备可靠性，实现了长周期平稳运行，达到了预期目标。改造方案充分考虑了可靠性、施工周期性和经济合理性，具有较高的推广价值。

参 考 文 献

[1] GB/T 7826—2012. 系统可靠性分析技术失效模式和影响分析(FMEA)程序[S].

[2] QG/SYXT-409-2019. 设备风险管控管理标准[S].

基于小程序的轻量化设备管理智能助手

朱镇武

（大连西太平洋石油化工有限公司）

摘　要　炼化设备管理面临效率低、知识传递难、检修准确性不足等挑战。本文提出一种基于微信小程序的化工设备智能助手，轻量化、便捷化，以微信小程序为载体，融合NFC识别、图像理解、知识问答功能与标准查询，实现设备参数快速检索、知识便捷培训、检修备件精准管理与设计标准快速定位。该研究为设备管理的信息化与智能化融合提供了创新路径，旨在为设备专业提供更加高效、便捷的工作方法和管理途径。

关键词　炼化设备管理；信息化；智能化；人工智能；微信小程序；轻量化

炼化设备管理依赖人工经验的传统模式存在信息孤岛、响应滞后等弊端，在设备日常维护与检修过程的管理中，往往出现信息闭塞的情况，大大降低工作效率，而人工智能的发展，为设备管理提供了一个未来的发展方向。传统的化工设备安全管理方法主要依赖于规章制度和人工巡检，存在着效率低下、盲点遗漏等问题。随着物联网、人工智能等技术的发展，工业场景的轻量化移动工具成为趋势。微信小程序凭借无需安装、跨平台兼容的优势，为设备管理提供了高效载体。本文结合多篇研究，提出一种基于微信小程序的设备智能助手，旨在解决设备参数查询、故障诊断、知识传递等核心问题。

1　研究背景

1.1　背景与问题

炼油化工行业作为国民经济的支柱产业，炼化设备是炼化装置的心脏，是承载和运输的角色，如压缩机、泵、反应器、塔器、罐、换热器等设备是炼化装置缺一不可的，设备管理效率更是直接影响生产安全性与经济效益。据统计，A类炼油装置设备台件数大约为200~300台，其他装置一般也在100台以上。仅一台动设备的常用备件及附属构件即可达20个以上，数以万计的数据，让传统管理模式面临严峻挑战：

（1）信息孤岛严重，参数查询效率低下

炼化设备数据分散于不同计算机中，传统炼化企业数据传递依然基于office文档形式，这种形式往往会导致更新不及时、文件杂乱而繁多。某炼化企业设备台账信息重复录入率高达30%，数据一致性不足。

（2）知识传递断层，人员培养成本高昂

设备维修知识多存储于纸质手册或老员工经验中，新员工需6~8个月培训才能独立操作。某些炼化厂因新员工操作失误导致的非计划停工，其根本原因多与知识传递不足直接相关。

（3）决策响应滞后，检修过程粗放化

根据调研，已建的设备相关应用系统已不能满足新形势下设备业务数字化、智能化发展的要求：存在严重的数据孤岛和信息烟囱，数据价值未能充分挖掘，设备业务未能自动贯通；数据标准不一致，系统数据集成与治理困难；部分应用系统技术落后、统兼容性差，不能满足设备业务发展的新需求。

1.2　技术转型潜力

新一代信息技术为解决上述问题提供了新路径：

标识解析技术：NFC/RFID电子标签可将设备物理实体与数字孪生精准关联，实现“一物一码”全生命周期追踪。

多模态交互技术：基于深度学习的图像识别可自动解析设备状态；语音交互技术降低现场操作复杂度。

群体智能决策：智能体系统通过分布式协同优化，可将检修方案生成时间从2h压缩至15min。

资料匹配查阅：基于庞大的知识库为设计及日常管理匹配行业标准，降低员工对于管理标准的错误执行率。

1.3 研究目标

本研究旨在构建面向炼化设备管理的 AI 智能助手，具体目标包括：

(1) 构建轻量化应用：开发基于微信小程序的统一入口，集成 NFC 识别、图像诊断等多模态交互功能，构建动态知识图谱。

(2) 实现智能化信息检索：利用 AI 问答引擎将非结构化经验转化为可检索知识，新人培训周期缩短至 2 个月；通过 AR 可视化指导降低操作门槛。

(3) 优化决策响应机制：部署多智能体协同引擎，实现故障预测准确率≥92%；建立预防性维护模型，非计划停机率降低 40%。

2 轻量化智能助手构建分析

2.1 信息化在设备管理中的应用

目前本司的数据库管理系统是 ERP、MES，其局限性在于轻量化、便捷化程度不高，但优势在于可存储大量数据，其底层逻辑仍然需要人工维护进行数据的更新，缺乏动态交互与实时响应能力。移动端工具在巡检、检修中均有实际应用，而开发专用应用需要较大成本，在日常设备管理中低成本、轻量化更符合降本增效的发展要求，微信小程序在工业场景中具备轻量化优势。

2.2 智能化技术的突破

(1) NFC 与物联网的结合可以实现设备物理标识与数字信息的无缝对接，与目前本司采用的应用扫码识别设备相比，无需高质量的物联网需求，相对更加高效。NFC 具有的优势：低功耗，无需持续供电，标签被动响应；安全性，近距离通信降低中间人攻击风险，支持加密数据存储；易用性，无需复杂操作，适用于工业维护、零售等场景。

(2) 人工智能的发展，让基于大模型的图像识别和知识图谱成为可能，辅助进行智能设备故障诊断，将经验知识结构化。人工智能具有优势：效率提升，诊断时间从小时级缩短至分钟级；知识沉淀，将专家经验结构化，降低对人工经验的依赖；多模态融合，支持图像、传感器数据等多源信息交叉验证。

2.3 研究空白

现有系统主要是针对于整个炼化企业多装置构建的庞大在线数据管理平台以及在线监测平台，对于智能分析和资料查阅等方面没有介入，且没有考虑过轻量化的概念。

3 系统设计与实现

3.1 总体架构及页面设计

微信小程序总体构成如图 1 所示，包含三个功能，NFC 识别、图像识别和智能问答，包含前端和后端的构建。前端包括微信小程序界面：WXML 页面语言显示，WXSS 页面设计样式，JS 页面交互逻辑)，支持 NFC、图像上传、智能问答。后端是微服务架构，集成人工智能 API(图像理解、认知大模型)与自建设备知识库。

```
├── pages
│   ├── index                  # 首页
│   │   ├── index.wxml
│   │   ├── index.wxss
│   │   └── index.js
│   ├── nfc                    # NFC识别页
│   │   ├── nfc.wxml
│   │   ├── nfc.wxss
│   │   └── nfc.js
│   ├── image                  #图像识别页
│   │   ├── image.wxml
│   │   ├── image.wxss
│   │   └── image.js
│   └── chat                   #智能问答页
│       ├── chat.wxml
│       ├── chat.wxss
│       └── chat.js
├── utils
│   ├── auth.js                # 鉴权工具
│   └── base64.js              # base64工具(来自第5部分)
├── app.js
├── app.json
└── app.wxss
```

图 1

3.2 页面及功能设计

微信小程序首页设计详见图 2 第一画面。首页：整体页面具有科技感、动态，以蓝色和灰黑色为主基调，顶部导航栏写着“化工设备智能助手”，导航栏下边是的用户头像+昵称，未登录时写着“请点击登录”按钮，用户第一次进入时要点击“请点击登录”按钮获取微信头像和昵称并登录。有四个功能框，分别是“NFC 识别”、“图像识别”、“智能问答”、“标准查询”，点击每个功能框都能进入对应的功能页面。由于“标准查询”功能需要较大的云数据库，目前暂未开发。

图 2

3.2 核心功能模块

3.2.1 NFC 识别模块

页面设计详见图 2 第二个画面：顶部导航栏写着“NFC 识别”，导航栏最左边有后退按钮，点击可以退回到首页。居中写着“请靠近设备 NFC 标签”。当用户处于这个界面并靠近 NFC 标签时，读取 NFC 标签中的数据，并输出数据。如果用户没有开启 NFC 功能，提示用户开启 NFC，如果用户手机中没有检测到 NFC 功能，则提示用户“您的手机不支持 NFC 功能”

技术实现：调用 wx.getHCEState 接口检测 NFC 状态，读取标签数据并匹配知识库。试验阶段需要提前在 NFC 标签中写入数据，考虑数据传输安全，仅支持近场通信。部分代码示例见图 3。

```
Page({
  onLoad() {
    // 检查NFC支持
    wx.getNFCAdapterState({
      success: (res) => {
        if (res.state !== 'available') {
          wx.showModal({
            title: '提示',
            content: '请开启NFC功能',
            success: (modalRes) => {
              if (modalRes.confirm) {
                wx.openSetting();
              }
            }
          });
        }
      },
      fail: () => {
        wx.showToast({ title: '设备不支持NFC', icon: 'none' });
```

图 3

应用场景：工程师使用防爆手机开启小程序进入相应功能界面，靠近设备即可获取规格参数与维护记录。

3.2.2 图像识别模块

页面设计详见图 2 第三个画面：点击“图片上传”按钮，调用手机的储存权限，并调出用户的手机相机，用户可以自行选择拍照或者是使用图库的照片。测试阶段该功能将接入讯飞星火的图像理解 API，这部分需要获取鉴权后的 URL 才能调用此 API。

技术实现：调用 wx.chooseImage 接口可开启手机拍照权限以及相册权限，根据用户的选择，基于某 API 解析上传图片，返回设备型号、故障代码。部分代码示例见图 4。

```
const { getAuthUrl } = require('../../utils/auth.js'); // 鉴权工具

Page({
  chooseImage() {
    wx.chooseImage({
      count: 1,
      success: async (res) => {
        const tempFilePaths = res.tempFilePaths;
        // 读取图片Base64
        const base64 = await wx.getFileSystemManager().readFile({
          filePath: tempFilePaths[0],
          encoding: 'base64'
        }).then(res => res.data);

        // 调用讯飞API
        const url = getAuthUrl('image'); // 鉴权URL
        wx.request({
```

图 4

应用场景：操作员拍摄设备照片，系统自动推送操作指南图以及自动判断故障类型 2 第三画面。

3.2.3　智能问答模块

页面设计详见图 2 第四个画面：每一次咨询都可以结合历史问题进一步回答，最多连续咨询 10 次。测试阶段该功能将接入讯飞星火的认识大模型 API，这部分需要获取鉴权后的 URL 才能调用此 API。

技术实现：WebSocket 连接大模型，结合历史会话实现上下文感知。部分代码示例见图 5。

```
const { getWebsocketUrl } = require('../../utils/auth.js'); // 鉴权工具

Page({
  data: {
    inputText: '',
    history: [],
    currentIndex: 0 // 记录对话轮次
  },

  onLoad() {
    this.connectToSpark();
  },

  connectToSpark() {
    const url = getWebsocketUrl(); // 获取鉴权后的WS URL
    this.socket = wx.connectSocket({ url });
```

图 5

应用场景：输入"离心泵的常见故障"，系统返回故障列表与解决方案详见图 2 第四画面。

3.2.4　知识库构建

建立云函数，存入企业设备手册、行业标准（如 API 610）、专家经验库等资料。根据用户的问题，通过自然语言处理（NLP）生成知识图谱节点。

4　结论与展望

4.1　结论

在智能化技术的发展背景下，设备管理必然要向着信息化、智能化、轻量化融合的趋势发展。本研究基于微信小程序的智能助手开发，可作为企业下属单位的内部使用，将管理分级的理念应用到实处。借助智能助手，设备专业员工在查阅资料、分析故障、查询参数等方面，解放员工劳动力，大大缩短设备维护及设备检修的准备时间，同时为基层操作员提供了随时学习设备知识的途径。

微信小程序通过轻量化载体+云端协同的模式，为设备管理提供一些新思路：

（1）快速部署：无需下载安装，借助微信平台即可随时使用，适合现场人员快速访问设备数据。

（2）低成本集成：借助微信生态对接现有OA系统，降低开发与培训成本，同时考虑系统对接的安全性。

（3）智能化拓展：通过云开发集成AI模型，实现设备故障预测。

4.2 未来发展方向

随着昆仑大模型的发布，中国石油集团公司大力推动炼厂建设智能化的进程，为旗下炼化企业的未来发展提供了技术支持和安全保障。未来，本研究方向可集成昆仑大模型，构建更加专业的多模态场景，并在图像识别的基础上开发AR识别功能，构建设备3D模型，为员工培训提供可视化模型，为员工操作构建动态指导场景。同时，还需考虑微信小程序这类轻量化平台的安全性，确保数据的安全储存。

参 考 文 献

[1] 邓显通. 关于化工设备安全管理的创新思路探讨[J]. 中国设备工程，2024，(13)：57-59.

[2] 史尧林. 炼化企业系列化停工检修改造管理浅析[J]. 石油化工设备技术，2025，46(01)：44-49，60，77.

[3] 何旌旗，王华，吕斌，等. 炼化企业设备智能化建设探索与实践[J]. 科技创新与应用，2024，14(12)：100-103.

[4] 明希娟，隋旭东，胡丽丽. 智能化背景下化工设备安全管理工作分析与研究[J]. 现代职业安全，2024，(08)：98-101.

[5] 李哲，周灵. 微信小程序的架构与开发浅析[J]. 福建电脑，2019，35(12)：66-69.

[6] 王勋. "微信小程序开发"课程构建与教学实践[J]. 计算机时代，2018，(03)：46-49.

[7] 微信官方文档.《微信小程序开发入门指南》. [EB/OL]. 2017. 01. 09. https://developers.weixin.qq.com/miniprogram/dev/framework/

一种昆仑大模型驱动的设备全周期决策智能体

李文翘　段宇峰

（大连西太平洋石油化工有限公司）

摘　要　石油炼化工艺流程具有高温高压、易燃易爆等特性，要求装置长周期安全运行以保障生产安全与效益，基于大数据的智能化预测性维护已成为行业趋势。然而，当前炼化装置设备管理面临数据孤岛、维护成本高昂、技术门槛高、决策缺乏智能化等挑战。为此，本文提出一种适用于炼化行业的辅助决策智能体应用，通过包含数据交互、读取、状态评估、故障诊断、报告生成五大模块的任务链与设备运行知识库深度耦合，实现设备全生命周期管理的智能化与高效化。该应用借助智能诊断取代人工经验判断，提升检测效率与故障识别精准度，推动炼化行业从经验驱动转向数据驱动，破解传统维护瓶颈，切实提升生产安全与效益。

关键词　智能体；故障诊断；人工智能；设备管理；昆仑大模型

1　引言

在全球制造业数字化转型浪潮中，工业设备的稳定运行是保障生产效率和产品质量的核心。目前大都面临着设备健康管理水平参差、依赖人工巡检等问题。尤其在石油化工、电力能源等流程工业领域，高温高压、易燃易爆的复杂工况对设备维护提出了更高要求，传统"人工巡检+离线检测"模式因数据采集滞后、故障预判能力弱等弊端，难以满足实时监测需求。

随着物联网、大数据及大模型技术的发展，工业设备健康管理正从"事后维修"向"预测性维护"转型。通过实时采集信息系统（ERP、EAM、LIMS、MES、机泵在线监测等）多维度数据，结合智能算法与大模型分析，构建一体化解决方案成为关键。本文提出的"设备医生"辅助决策智能体，依托昆仑大模型，整合自然语言处理、智能规则引擎，构建全流程设备健康诊断体系，旨在实现故障早期识别与诊断，推动行业从"经验驱动"转向"数据驱动"，为"中国制造2025"夯实设备可靠性基石。

2　设备医生智能体设计与实现

2.1　智能体框架

"设备医生"智能体基于中国石油昆仑大模型平台，构建"需求输入-数据处理-分析诊断-结果输出"的主任务链，整合数据交互、数据读取、状态评估、故障诊断、报告生成五大核心模块，形成从数据采集到决策输出的闭环处理体系。底层依托设备运行知识库，基于知识图谱技术构建，包含设备故障案例、维护规程等专业知识，通过动态更新机制确保知识的时效性与准确性。智能体构建框架如图1所示。

2.2　核心模块设计

2.2.1　数据交互模块

"设备医生"智能体需对DCS、大机组、泵群检测系统等不同口径的数据进行集中收集，数据交互模块通过自然语言处理，实现用户输入的语义解析与转换。利用文本解析与正则匹配，精准提取设备位号、采集时间、数据类型等关键信息，将非结构化的自然语言输入转化为可处理的结构化信息，为后续数据处理与分析诊断提供准确的前置处理，确保输入信息能够被高效识别与运用。

2.2.2　数据读取模块

数据读取模块构建基于大模型的结构化数据智能交互体系，深度集成Excel解析组件与语义理解引擎。通过实体识别对用户查询进行语义解构，调用Excel表结构组件自动识别目标文件的字段定义，生成元数据字典，基于元数据与用户需求生成类SQL查询语句，最后调用Excel查询组件执行数据提取，返回包含目标属性的二维数据列表，并以键值对形式输出结构化文本。数据交互及数据读取模块的搭建界面如图2所示，内置的Excel查询模块结合通用大模型问答的搭建界面如图3所示。

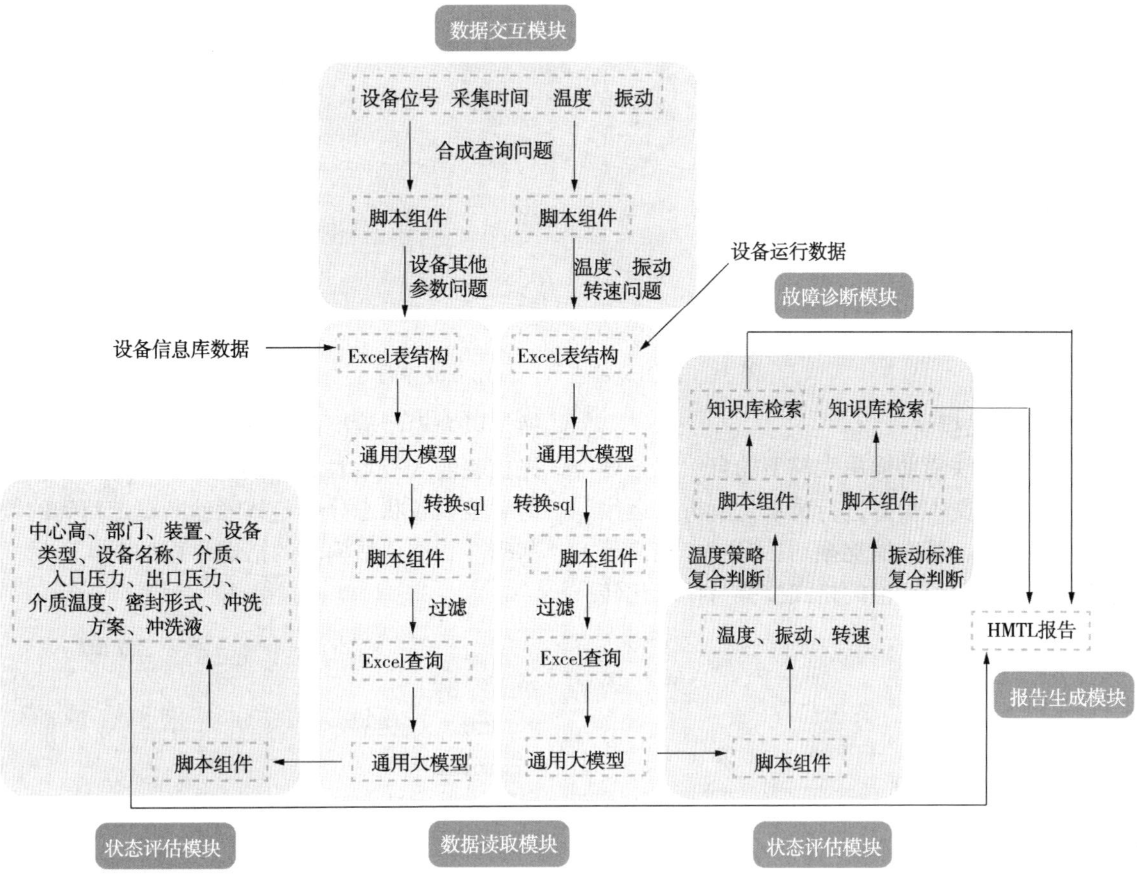

图1 设备医生智能体框架

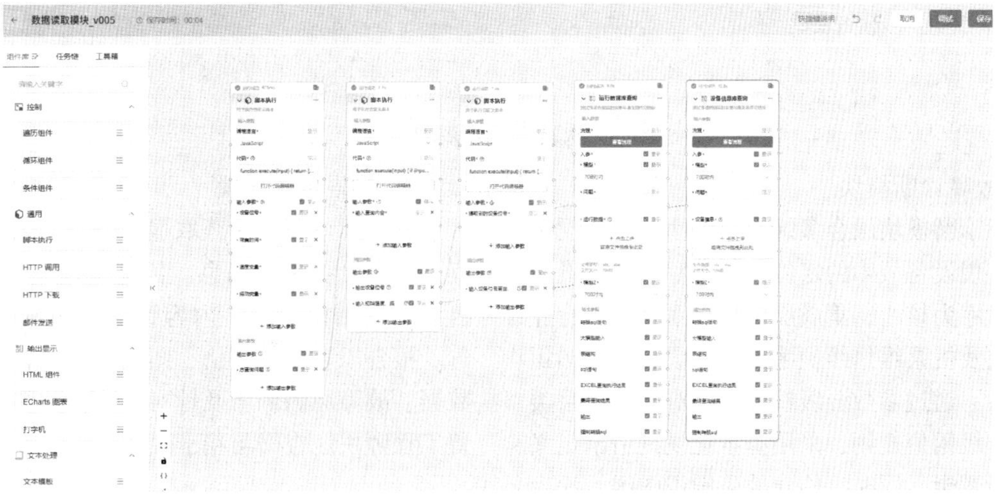

图2 数据交互及数据读取模块搭建界面

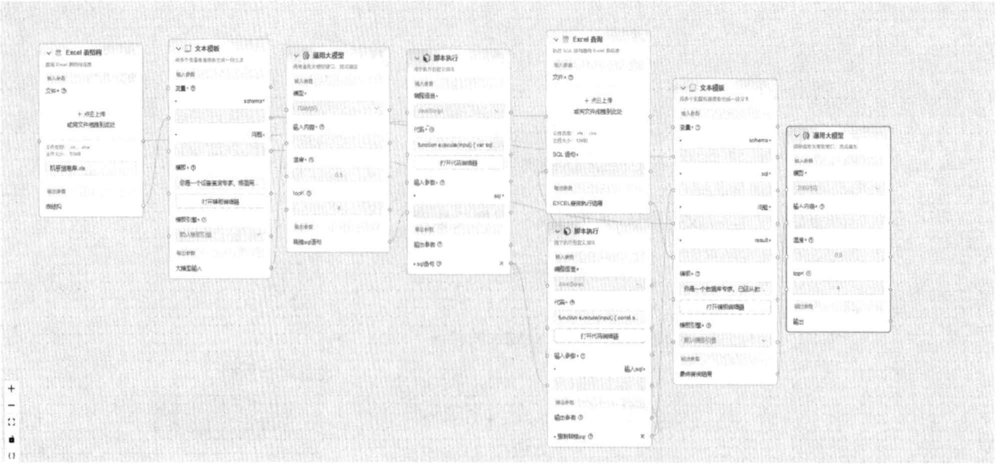

图3　内置 Excel 查询问答任务链界面

2.2.3　状态评估模块

状态评估模块借助通用大模型的自然语言处理能力，对输入文本信息进行精细化解析。运用正则表达式匹配，精准捕捉振动、温度、转速等数值型数据，并进行严格的格式校验与标准化转换。以大模型输出的设备运行数据为例，模块首先校验输入有效性，随后提取并转换相关数值，为后续设备状态分析与故障诊断奠定精确的数据基础。状态评估模块的搭建界面如图4所示

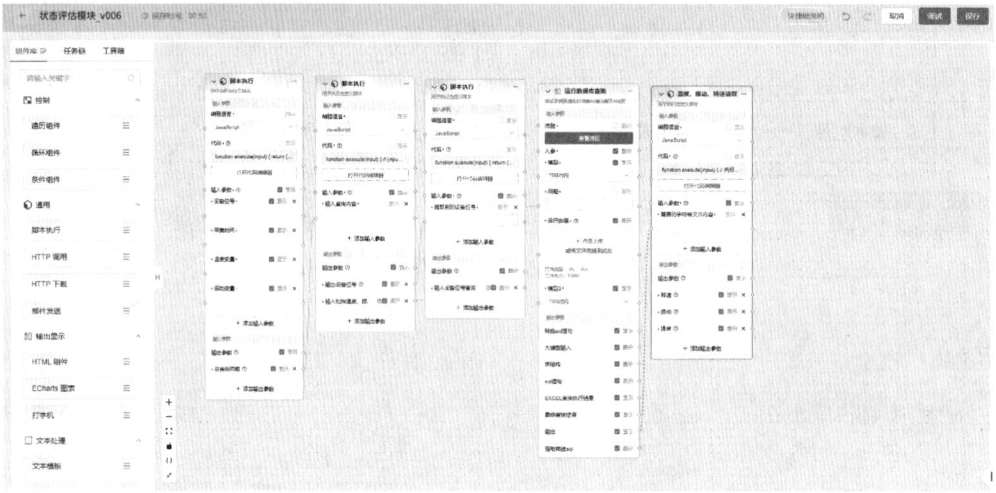

图4　状态评估模块搭建界面

2.2.4　故障诊断模块

故障诊断模块融合多维度知识库与动态规则引擎，实现设备故障的定位与根因解析。以设备运行知识库为核心，集成历史故障案例库、行业标准规范及机泵维修维护手册，形成全流程知识支撑体系。通过参数分级校验，针对不同机泵类型建立分级阈值规则，采用脚本化规则引擎定义复合诊断逻辑。同时，构建故障知识图谱，深度关联设备部件与维修策略，支持基于设备位号的高效检索与案例匹配，调用大模型推理引擎开展语义分析，生成概率化根因结论及专业建议。故障诊断模块的界面搭建如图5所示。

2.2.5　报告生成模块

从故障诊断模块获取根因分析结果与维护建议，整合设备多维信息，依托 HTML 模板引擎，自动生成结构清晰、内容详实的可视化分析报告。报告以直观的表格、图表等形式，呈现监测数据、故障原因剖析及针对性操作建议，便于设备工程师快速查阅与精准决策。

3　设备医生智能体的应用实践

以某炼化企业泵群监测系统数据为数据源，选取设备位号为 P16101A 的预加氢进料泵作为应用对象，全面呈现“设备医生”智能体从数据

读取到决策输出的全流程实践过程。设备医生智能体构建界面如图 6 所示。

图 5　故障诊断模块界面

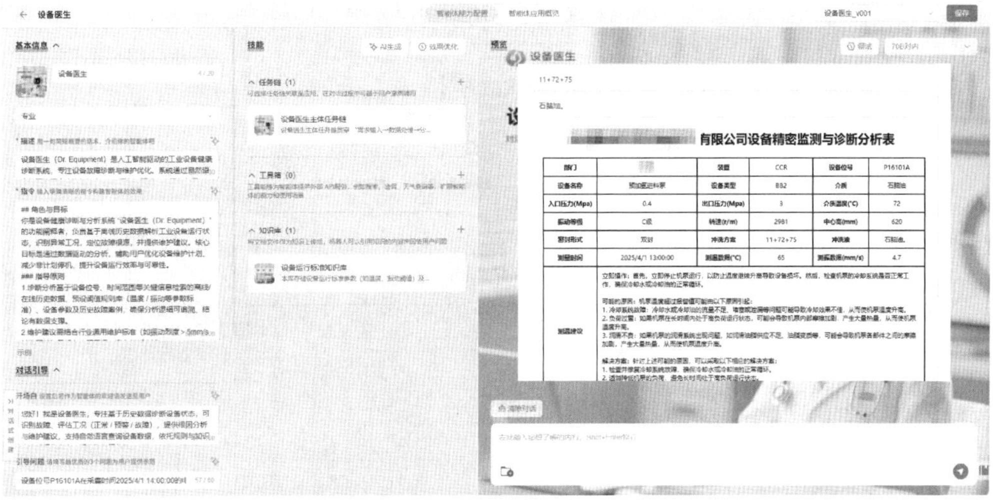

图 6　设备医生智能体构建界面

(1) 参数整合与初次处理：第一个“脚本执行”接收设备位号、采集时间、温度变量、振动变量等输入参数，将其整合，生成包含设备位号及采集时间、温度和振动参数的总查询问题，为后续分析提供基础信息集合。

(2) 查询内容转换：第二个“脚本执行”接收“总查询问题”这类输入内容，进一步解析并输出标准化的“输出设备位号”及“输入初始温度、振动相关询问题”，将自然语言描述的查询需求转化为更精准的结构化查询指令。第三个“脚本执行”基于前序传递的“设备位号”，输出设备更详细的属性(如中心高、设备类型等)，完成从基础参数到深度设备信息的挖掘。数据交互模块调试界面如图 7 所示。

(3) Excel 表结构适配与查询指令生成：通用大模型通过实体识别，精准提取设备位号 P16101A 及 12 个目标属性，如：中心高、设备类型等，通过动态参数映射算法生成类 SQL 查询语句，如：SELECT col2, col3, col4, col5, col6, col8, col9, col10, col11, col12, col13 FROM table1 WHERE col1 = 'P16101A'。

(4) 数据检索与多模态结果输出：检索结果为[{"COL12": 620.0,"COL2":"四部","COL3":"CCR",
"COL6":"BB2","COL3":"CCR","COL6":"BB2","COL5":"预加氢进料泵","COL14":"石脑油","COL16":
"0.4","COL17":"3.0","COL18":"72","COL32":"双封","COL33":"11+72+75","COL34":"石脑油"}]。

根据查询结果，设备位号 P16101A 的中心高为 620.0mm，部门属于四部，装置为 CCR，设备类型为BB2，设备名称为预加氢进料泵，介质为石脑油，入口压力为0.4MPa，出口压力为3.0MPa，介质温度为72.0℃，密封形式为双封，冲洗方案为11+72+75，冲洗液为石脑油。同理，设备运行参数检索输出与之类似。数据读取模块调试界面如图8所示。

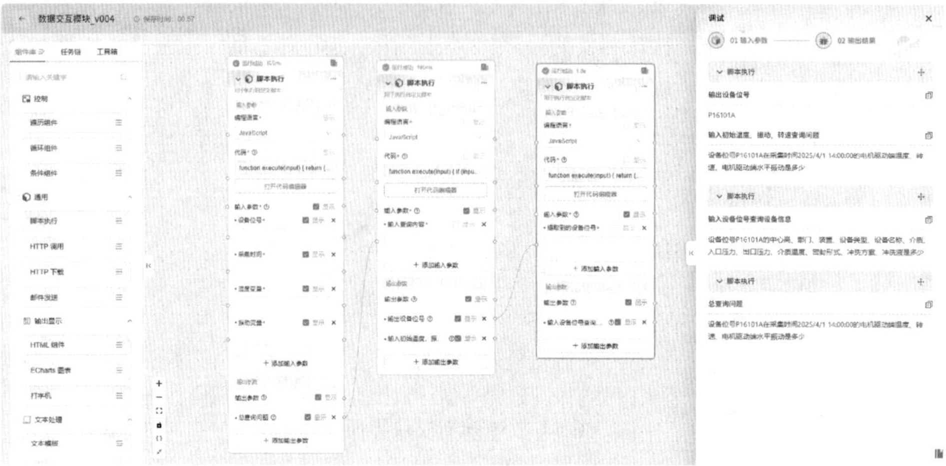

图7　数据交互模块调试界面

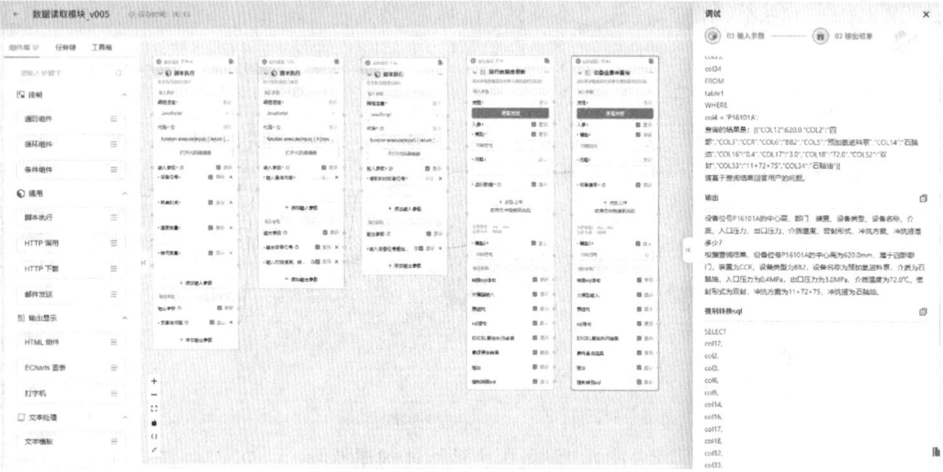

图8　数据读取模块调试界面

（5）状态数值提取：对通用大模型输出的文本，如“设备位号P16101A在采集时间2025/4/1 13：00：00的泵非驱动端温度为65.0℃，转速为2981r/min，泵非驱动端水平振动为4.7mm/s”进行数值提取，分别提取出65、2981和4.7。

6．多源数据融合与规则建模：调取P16101A的运行参数，将振动值4.7mm/s与转动设备状态监测管理标准中的阈值比对，确认振动等级为C级。针对温度65℃，判定设备处于高温工况，最后综合振动等级与温度结果，评估设备故障风险程度，明确触发后续故障诊断流程。故障诊断模块调试界面如图9所示。

（7）知识图谱驱动以及大模型推理：以设备位号如P16101A为索引，通过故障知识图谱检索，精准关联轴承、密封组件等部件信息及对应维修策略。同步调用大模型推理引擎，对运行参数和关联知识进行语义分析，给出如下建议

测温建议：

（1）立即操作：首先核实机泵温度是否触发报警阈值。若确认超温，须即刻停止机泵运行，避免过热引发设备损坏。停机后全面检查冷却系统运行状态，修复异常后再尝试重启，密切监测运行状况。

（2）可能原因：冷却系统异常（如冷却水流量不足、冷却器堵塞）；机泵长期超负荷运行；润滑系统故障导致润滑失效；电机短路、过热等故障影响。

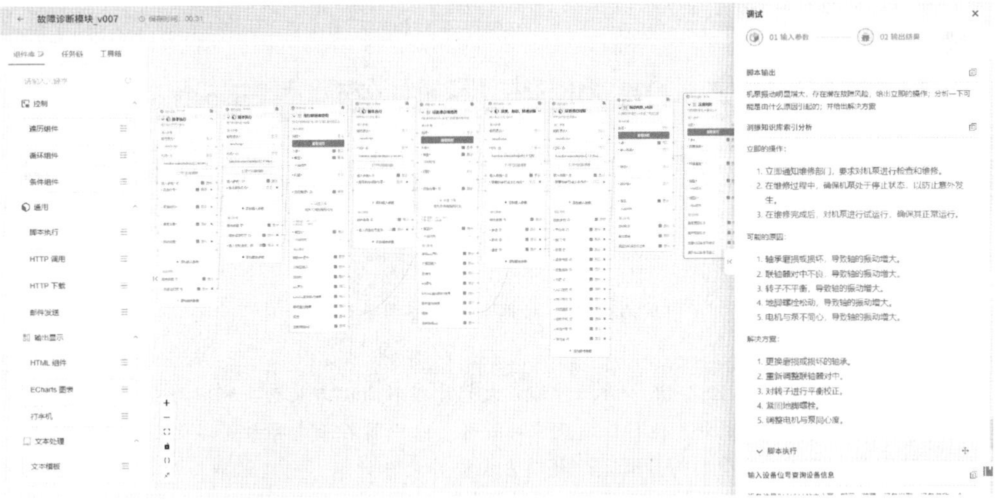

图 9　故障诊断模块调试界面

(3) 解决方案：检修冷却系统，保障冷却水流量充足、冷却器畅通；优化负荷分配，规避长期超负荷工况；排查修复润滑系统，确保润滑效能；检测电机故障并修复，保障运行稳定性；强化操作培训，规范启停及参数调整流程。

测振建议：

(1) 立即操作：立刻停止机泵运行，防止故障恶化，并通知运维开展检查与检修。

(2) 可能原因：轴承磨损或损坏；转子动平衡失调；电机与泵体同心度偏差；泵内进入异物；运行参数(流量、压力等)剧烈波动。

(3) 解决方案：更换磨损轴承；重新校验并调整转子动平衡；校准电机与泵体的同心度；清理泵内异物。

(8) 调用 HTML 引擎生成报告：依托 HTML 模板引擎，将部门、装置、设备位号、设备名称等整合好的设备信息与故障诊断结果、维护建议，按照预设模板填充。系统自动将数据转化为直观的表格形式，同时对故障原因剖析及操作建议进行结构化展示。报告生成界面如图 10 所示。

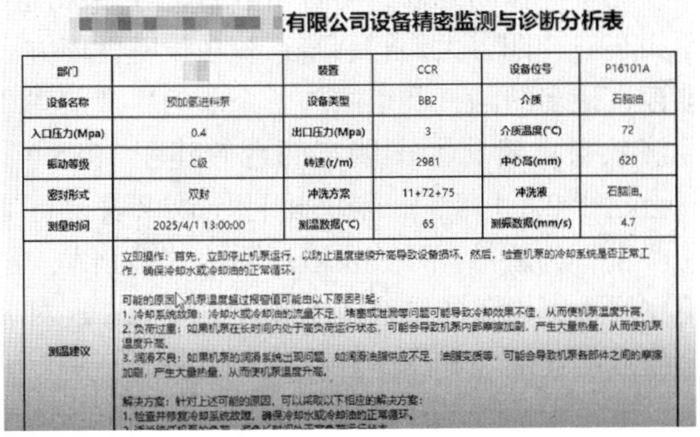

[redacted]有限公司设备精密监测与诊断分析表

部门	[redacted]	装置	CCR	设备位号	P16101A
设备名称	预加氢进料泵	设备类型	BB2	介质	石脑油
入口压力(Mpa)	0.4	出口压力(Mpa)	3	介质温度(℃)	72
振动等级	C级	转速(r/m)	2981	中心高(mm)	620
密封形式	双封	冲洗方案	11+72+75	冲洗液	石脑油,
测量时间	2025/4/1 13:00:00	测温数据(℃)	65	测振数据(mm/s)	4.7
测温建议	立即操作：首先，立即停止机泵运行，以防止温度继续升高导致设备损坏。然后，检查机泵的冷却系统是否正常工作，确保冷却水或冷却油的正常循环。 可能的原因：机泵温度超过报警值可能由以下原因引起： 1. 冷却系统故障：冷却水或冷却油的流量不足、堵塞或泄漏等问题可能导致冷却效果不佳，从而使机泵温度升高。 2. 负荷过重：如果机泵在长时间内处于高负荷运行状态，可能会导致机泵内部摩擦加剧，产生大量热量，从而使机泵温度升高。 3. 润滑不良：如果机泵的润滑系统出现问题，如润滑油脂供应不足、油脂变质等，可能会导致机泵各部件之间的摩擦加剧，产生大量热量，从而使机泵温度升高。 解决方案：针对上述可能的原因，可以采取以下相应的解决方案： 1. 检查并修复冷却系统故障，确保冷却水或冷却油的正常循环。				

图 10　报告生成界面

4　总结

本文提出的“设备医生”智能体，通过昆仑大模型的深度融合，构建了完整的智能决策体系，有效解决了传统维护模式中的诸多痛点。未来，可进一步拓展智能体相关功能，接入 AI 视觉检测、不同系统间实时监测更多数据源等，形成全维度设备健康管理平台；同时，持续优化大模型算法，提升系统的自学习能力和适应性，推动化工设备健康管理向更智能化方向发展。

参　考　文　献

[1] 匡立春，刘合，任义丽，等．人工智能在石油勘探开发领域的应用现状与发展趋势[J]．石油勘探与开发，2021，48(1)：1-11.

[2] 中国信通院，京东探索研究院．人工智能生成内容(AIGC)白皮书(2022 年)[R]．北京：中国信通院，2022.

[3] 柳明军，石秀芳，李勇，等．炼化大机组设备预测性维护模型的研究与实践[J]．山东工业技术，2024(1)：69-73.

[4] 刘艳．面向散货港口装卸设备故障诊断的数据挖掘技术的研究[D]．武汉理工大学硕士学位论文，2016，(1)：104.

[5] 陈继明．基于大数据技术的预测性检修模式探索[J]．中国设备工程，2018(9)：102-104.

[6] 郭忠俊．基于数据挖掘技术的旋转机械故障诊断研究[J]．煤矿机械，2014，12：269-272.

HXWHSZ-06外液压伸缩式自动对位大鹤管在石油化工装车系统中的应用研究

张国祥　司马浩楠　李志勇

（中国石油乌鲁木齐市石化公司储运部）

摘　要　本研究围绕HXWHSZ-06外液压伸缩式大鹤管在石油化工装车系统中的应用展开，深入剖析其应用背景、技术特性、实施成效、运行难题及应对策略。以中国石油乌鲁木齐石化公司炼油厂建北火车三、四台大鹤管更换项目为典型案例，阐述该大鹤管在提升装车效率、削减污染排放等方面的显著优势，并提出针对性的优化举措，旨在为石油化工行业装车技术迈向绿色、高效发展提供参考依据。

关键词　外液压伸缩式大鹤管；石油化工；装车系统；挥发性有机物；自动对位

1　引言

在石油化工产业的庞大体系中，油品装车环节作为连接生产与销售的关键枢纽，其运行效率、环保水平以及安全可靠性，对企业的综合效益有着举足轻重的影响。近年来，随着环保理念的深入人心和行业竞争的愈发激烈，传统装车设备因设备老化、计量精度欠佳、废气排放超标等一系列问题，已难以适应现代石油化工企业的发展需求。HXWHSZ-06外液压伸缩式大鹤管凭借其先进的技术架构和卓越的性能表现，逐渐成为行业关注的焦点。

中国石油乌鲁木齐石化公司炼油厂建北火车三、四台大鹤管更换项目，旨在借助HXWHSZ-06外液压伸缩式大鹤管及其配套系统，推动装车流程朝着智能化、精准化与绿色化方向转型，进而提升企业的市场竞争力与可持续发展能力。对该项目开展深入研究，不仅有助于明晰大鹤管的实际应用效果，还能为行业装车技术的创新发展提供宝贵的经验借鉴与理论支撑。

2　HXWHSZ-06外液压伸缩式大鹤管应用背景

2.1　政策法规对石油化工行业环保要求的推动

近年来，我国不断加强对石油化工行业的环境监管，出台了一系列严格的环保政策。石化行业挥发性有机物被列为重点治理对象，明确要求要加强对工业废气排放的管控，进一步细化了整治目标与任务，规定石化企业要在特定时间内完成挥发性有机物的综合整治工作。同时，对油品装卸过程中的大气污染物排放限值也作出明确规定，要求采用密闭装油方式，并配套建设油气收集、回收或处理装置。

研究表明，石化企业VOCs排放特征与装车环节密切相关，石化企业装车环节的VOCs排放占比高达15%-25%，乌鲁木齐石化公司作为石油化工行业的重要企业，在油品装车环节面临着巨大的环保压力。原火车三、四台大鹤管装车系统存在诸多环保隐患，部分汽油装车大鹤管的密闭盖密封效果欠佳，柴油装车大鹤管甚至未配备密闭盖，导致大量VOCs气体在装车过程中挥发。这不仅对周边环境造成了严重污染，还使企业面临着高额的排污费用和监管处罚。为积极响应国家环保政策，实现可持续发展，乌鲁木齐石化公司亟需对装车系统进行升级改造，而HXWHSZ-06外液压伸缩式大鹤管及其配套密封装置成为了解决这一问题的关键所在。

2.2　传统大鹤管装车系统存在的问题

除了环保问题外，乌鲁木齐石化公司炼油厂原火车三、四台大鹤管装车系统在设备性能方面也存在诸多缺陷，严重制约了企业的生产效率和经济效益。建北火车装车四台始建于1985年，三台建于2000年，长期的运行导致仪表设备老化严重，鹤管行程开关及液压系统故障频发。这不仅增加了设备的维修成本和停机时间，还对装车作业的连续性和安全性构成了威胁。

原系统的装车计量偏差问题尤为突出，质量流量计因使用年限过长、设备老化，无法准确装满车辆，需进行人工二次装车。而且，质量流量计的误差较大，无法满足贸易交接的精度要求，需要人工重新测量液位、核算装车量。这不仅增加了人工工作量和成本，还降低了装车效率。此外，收油斗及液压缸陈旧老化，无法有效回收鹤管内的残油，造成了资源浪费和环境污染。牵引爬车设备老旧磨损严重，鹤管采用人工对位方式，对位时间长、效率低，难以满足企业日益增长的生产需求。类似问题在石化产品铁路装车系统较为常见。

3　设备技术特点

3.1　结构设计与工作原理

该外液压伸缩式大鹤管采用模块化设计，主要由升降机构、伸缩套、液压站、行走小车等核心组件组成，并以可编程逻辑控制器(PLC)作为控制核心，实现全流程自动化操作。

在硬件构造与功能方面，升降机构由双作用液压缸驱动，结合 PID 闭环控制算法，行程精度可达±2mm，确保输油管在槽车底部±10°倾角范围内稳定对位。作业结束后，升降机构能迅速提起鹤管，方便槽车离开。伸缩套可根据槽车位置和高度灵活调整，保证鹤管与槽车紧密对接，实现稳定液下装车，减少油品挥发和静电产生。

液压站配备恒压变量叶片式泵，供油压力波动≤0.5MPa。借助比例换向阀，液压站能实现升降速度的无级调节，响应时间<0.1s，精准驱动升降机构、行走小车和接油斗机构，实现大鹤管水平对位。接油斗位于鹤管下方，装油结束后自动回收管壁残油，既节能又能保持作业环境整洁。在自动化作业流程上，装车前，牵引设备将槽车牵引至指定位置，自动对位系统通过工业摄像头采集影像数据，以火车罐车口为识别目标，启动大鹤管寻找罐口。检测到罐口后，视觉系统依据图像分析发出减速信号，PLC 控制液压系统，让大鹤管减速精确定位，对准罐口中心后，鹤管下降准备装车。

装车过程中，质量流量计实时监测油品流量，并将数据传输至控制系统。控制系统根据预设装车量，通过控制大小流量控制阀实现精准装车。当油品液面淹没升降管出油口，系统自动开启大流量装车控制阀；当单车累计装车量与设定量的差值达到“结束提前量”，系统自动关闭大流量装车控制阀，切换至小流量装车，直至达到最终设定值，小流量装车控制阀自动关闭，完成装车作业。

3.2　关键技术参数

HXWHSZ-06 外液压伸缩式大鹤管的水平对位行程为 1500mm，升降行程为 4270mm，能够适应 G60、G70、GQ70 等多种车型的装车作业。密封材料选用耐油氟橡胶，这种材料具有良好的密封性能、耐腐蚀性能、耐有机物溶解性能、耐碰撞性能、耐高温性能和耐低温性能，使用寿命长，可有效减少密封件的更换成本和维护工作量。

3.3　与配套系统的协同工作

HXWHSZ-06 外液压伸缩式大鹤管与定量装车、自动对位、车辆识别、铁路槽车牵引等配套系统协同工作，构建了一个高效、智能、安全的装车体系。与定量装车系统配合时，质量流量计能够精确计量油品流量，并将数据传输给定量装车系统，实现定量装车。该系统还具备装车数据输出查询功能，方便企业进行生产管理、贸易结算和数据分析。

自动对位系统利用视频图像识别技术，能够快速、准确地识别和定位火车罐车口。在大鹤管寻找罐口的过程中，会不断调整鹤管的位置，实现精准对位。其对位精度可达±8mm 以内，对位时间≤15s，对位成功率≮95%，大大减少了人工对位的时间和误差。

车辆识别系统依据铁道部标准，读取车辆电子标签信息，能够自动准确地识别并上传车号。将这些信息传输给装车控制系统，为装车作业提供了必要的车辆信息，实现了自动化管理。该系统可根据车辆信息自动匹配装车任务和参数，进一步提高了装车的智能化水平。

铁路槽车牵引系统在大鹤管装车过程中，将槽车牵引到位，实现大鹤管的粗对位。该系统采用智能控制系统、图像监视、高效传感器及多重限位开关检测等技术，实现了罐车牵引的智能化控制。通过与自动对位系统的功能集成，确保了罐口与鹤管的自动对位准确无误。此外，该系统还具备爬车后退自动控制功能，可有效避免罐车掉轨事故的发生，保障装车作业的安全进行。

4　HXWHSZ-06 外液压伸缩式大鹤管应用效果

HXWHSZ-06 外液压伸缩式大鹤管及配套系

统在实际运行中取得了显著的效果。从自动对位准确率来看，根据《火车三四台自动对位准确率、密闭效率使用情况总结》，火车三台5道柴油鹤位以及火车三台6道柴油鹤位完全满足合同约定的对位准确率≥95%的要求。火车四台7道汽油鹤位以及火车四台8道汽油鹤位在经过调整后，对位准确率分别达到了91.66%和97%，极大地提高了装车效率，降低了劳动强度，提升了装车作业的自动化水平。

在密闭效率方面，厂家采用的液压压紧式密封结构效果良好。装车时可实现密闭回收，有效减少油气泄漏。在油气回收试车期间，后路关闭时管线压力可持续充压至70-90kPa，罐口密封后FID氢离子火焰监测数据≤20，达到了环保目标，显著减少了VOCs排放，降低了大气污染。

定量装车系统升级后成效显著，采用高精度质量流量计和先进的控制算法，实现了精准定量装车，装车精度达到了贸易交接要求。这不仅减少了人工二次装车的工作量，提高了装车效率，还避免了因计量误差导致的贸易纠纷，为企业的生产经营提供了有力保障。大鹤管及配套系统的运行稳定性也大幅提升，解决了原鹤管行程开关及液压系统故障率高的问题，减少了设备维修次数和停机时间，提高了生产效率，降低了运营成本。

5 应用过程中的问题与解决措施

5.1 实际运行中出现的问题

尽管HXWHSZ-06外液压伸缩式大鹤管在应用中取得了良好的效果，但在实际运行过程中仍存在一些问题。部分鹤位的自动对位系统在初期出现了对位不准确的情况，火车四台7道汽油鹤位首批车存在对位偏移现象。经分析，主要有两方面原因：一是图像识别算法在处理复杂工况时存在一定的局限性，当罐口周围存在油污、水渍或光线反射异常时，难以精准识别罐口的边缘和中心位置，从而导致对位偏差；二是现场环境复杂，在恶劣天气条件下，摄像头拍摄的图像质量下降，影响了自动对位系统获取罐口信息的准确性，进而降低了对位的成功率。

鹤管的密封性能也存在一定隐患，填料密封和溢油报警密封等部位在长期使用后容易出现油气泄漏现象。填料密封在长期的摩擦和化学腐蚀作用下，密封材料逐渐老化、磨损，导致密封性能下降；溢油报警密封装置的安装精度和稳定性受到影响，当设备发生振动或受到外力冲击时，可能出现密封不严的情况，造成油气泄漏。这不仅浪费了油品，污染了环境，还增加了安全风险。

5.2 针对问题采取的解决措施

针对自动对位不准确的问题，厂家与技术团队合作，对自动对位系统进行了优化升级。在硬件方面，增加了高分辨率透镜等设备，提高了摄像头拍摄的清晰度和图像质量，为图像识别算法提供了更优质的数据。在软件方面，优化了图像识别算法，引入了边缘检测算法和机器学习技术，增强了算法对复杂背景和干扰因素的识别处理能力。通过大量的现场数据训练，进一步提高了自动对位的成功率和精度。优化后，火车四台7道汽油鹤位的对位准确率得到了显著提升，达到了预期要求。

针对鹤管密封部位泄漏的问题，重新设计改进了密封结构，选用聚四氟乙烯复合材料等优质、耐磨损、耐腐蚀的密封材料，其密封性能比传统材料提高了30%以上。在安装过程中，严格控制密封件的安装精度，确保其紧密配合。加强了密封部位的日常检查和维护，定期对密封件进行更换和保养，及时处理潜在的泄漏问题，有效减少了油气泄漏。

5.3 经验总结与改进方向

通过解决HXWHSZ-06外液压伸缩式大鹤管应用过程中出现的问题，积累了宝贵的经验。在设备选型和设计阶段，充分考虑现场工况和环境因素至关重要。对于自动对位系统、密封结构等关键部件，应进行针对性的优化。例如，在自动对位系统的设计中，应充分考虑不同环境下的图像识别需求，采用适应性强的传感器和算法；在密封结构的设计中，应根据介质特性和使用环境，选择合适的密封材料和形式，以提高设备的适应性和可靠性。

在设备安装和调试过程中，严格按照标准规范进行操作是确保设备正常运行的关键。施工人员应具备专业的技能和丰富的经验，确保安装精度和调试质量。同时，加强安装调试过程的质量控制和监督，及时发现并纠正问题，为设备的稳定运行奠定坚实的基础。

未来的改进方向主要包括以下几个方面：在自动对位系统方面，引入激光雷达、毫米波雷达等先进传感器，与视觉识别系统进行融合，实现多传感器融合自动对位。这将提高系统对复杂环境的适应能力和对位精度。利用深度学习算法对大量装车数据进行分析，优化自动对位系统的决策模型，使其能够更智能地应对各种工况。

在密封技术方面，持续研发和应用新型密封材料和结构。探索自修复智能密封材料，当密封件出现微小损伤时，能够自动进行修复，保持密封性能。研究多级密封、动态密封等新型密封结构，进一步提高鹤管的密封性能，减少油气泄漏。

6 结论

HXWHSZ-06 外液压伸缩式大鹤管在乌鲁木齐石化公司炼油厂建北火车三、四台大鹤管更换项目中取得了显著成效。在环保方面，有效解决了原有装车系统油气泄漏的问题，满足了环保法规的要求，大幅减少了挥发性有机物的排放。通过密闭装车和油气回收装置的协同工作，提高了油气收集率，减轻了对大气环境的污染，为企业的可持续发展创造了有利条件。

在装车效率和精度方面，大鹤管的自动对位系统和定量装车系统发挥了重要作用。自动对位准确率在大部分鹤位达到或超过了合同指标，显著减少了对位时间，提高了装车效率。定量装车系统实现了精准计量，装车精度达到了贸易交接要求，减少了人工操作的工作量和误差，提升了企业的生产效益和管理水平。为石油化工行业在铁路槽车液体产品装车方向上积极引进自动化控制、智能检测、新型材料等先进技术提供了有益的启示。

参 考 文 献

[1] 国务院．大气污染防治行动计划［EB/OL］.（2013-09-10）［2024-12-01］.

[2] 环境保护部办公厅．石化行业挥发性有机物综合整治方案［EB/OL］.（2014-12-05）［2024-12-01］.

[3] 生态环境部。石油炼制工业污染物排放标准［Z］. GB 31570—2015. 北京：中国环境科学出版社，2015.

[4] 李庆峰，田松柏，王龙延，等。石化企业挥发性有机物排放特征与控制策略［J］. 石油学报（石油加工），2017，33（1）：1-10.

[5] 李凤华。石化产品铁路装车系统的技术改造与应用［J］. 石油化工自动化，2019，55（6）：61-63.

[6] 李亮，张磊，刘猛。外伸式液压大鹤管在油品装车中的应用［J］. 石油化工设备，2018，47（6）：59-62.

[7] 张涛，刘宝勇。基于 PLC 的铁路槽车定量装车控制系统设计［J］. 自动化与仪器仪表，2020（11）：101-104.

[8] 赵雪飞，韩小良。基于机器视觉的火车罐车罐口定位方法研究［J］. 计算机测量与控制，2021，29（1）：202-206.

[9] 郭海林。大鹤管装车系统在油品装卸中的应用及故障分析［J］. 化工管理，2022（16）：166-168.

[10] 国家经济贸易委员会．石油化工钢筋混凝土结构水池设计规范［Z］. SH/T 3132—2019. 北京：中国石化出版社，2019.

远红外热成像技术在化工生产中的应用推广

张 清 雷晓东

（中国石油乌鲁木齐石化分公司机电仪运维中心技术科）

摘 要 远红外热成像技术作为一种非接触、远距离、快速高效的检测手段，在化工企业电气系统、设备状态监测与预防性维护中发挥着越来越重要的作用。本文介绍了远红外热成像的基本原理，分析了其在炼化企业设备监测中的应用优势，并结合实际案例，探讨了远红外热成像在电气系统、机泵轴承温度监测、密封泄漏检测诊断等方面的应用，最后对远红外热成像在炼化企业机泵监测中的应用前景进行了展望。

关键词 远红外热成像；电气设备；机泵监测；故障诊断；状态监测

炼化企业是国民经济的重要支柱产业，其生产装置具有高温、高压、易燃易爆等特点，对设备运行的安全性、可靠性要求极高。电气设备和机泵作为炼化装置的关键设备，其运行状态直接关系到整个装置的安全稳定运行。传统的设备监测方法主要依靠人工巡检和振动监测，存在效率低、精度差、无法实现早期预警等缺点。远红外热成像技术作为一种新兴的非接触式检测技术，具有远距离、快速高效、直观形象等优点，能够有效弥补传统监测方法的不足，在炼化企业设备监测中具有广阔的应用前景。

1 远红外热成像技术概述

远红外热成像技术基本工作原理为：在自然界内，绝大多数物体自身温度都高于绝对零度，自身表面会产生实时红外线辐射。借助红外线热成像技术，可以完成相关辐射线的识别，以精准判断出被测物体表面温度。除此之外，红外线热成像技术还可以分析某一区域内部热场分布情况。在使用红外热成像技术进行检测时，需要借助探测器分析所发现红外信号光电性，同时，探测器可以准确判断辐射物体的位置。在完成各项判断后，可以将辐射信号转化为可以被辨认的电信号，然后在经过几次转换，可以使用热成像仪分析出温度分布情况，绘制出红外成像图谱。红外测温技术对所测设备进行快速、有效、可靠的温度测量，因此在目前各行各业都得到有效的利用。红外测温技术极大地减少了设备损失和昂贵的储运损耗，提高了温度测量效率，并解决了在设备维护中如电力设备热状态检查、以及故障缺陷诊断等许多常规测温方法难以解决的问题。此外，红外测温技术还有响应快、可测小目标等优点，因此，加大对红外测温设备的研究投入，在电气设备维护中推广与应用红外测温设备意义重大。

2 远红外热成像技术在炼化企业设备监测中的应用优势

2.1 与传统的机泵监测方法相比，远红外热成像具有以下优势

2.1.1 非接触式测量：无需接触被测设备，即可实现远距离测量，避免了对设备的干扰和安全隐患。

2.1.2 快速高效：可以快速扫描大面积区域，并实时显示温度分布图像，提高了检测效率。

2.1.3 直观形象：红外热像图可以直观地显示设备表面的温度分布情况，便于分析判断设备的运行状态。

2.1.4 早期预警：能够发现设备早期故障隐患，实现故障的早期预警，避免事故发生。

2.2 远红外热成像在炼化企业设备监测中的相关参数

2.2.1 机泵温度监测

所有旋转设备都会在系统的摩擦处产生热量。通过润滑可降低摩擦，并在一定程度上将热量带走，如齿轮箱润滑不良，局部发生干摩擦或运动体间存在颗粒滚动等非正常摩擦等，均可导致轴承机械温度异常升高。红外热成像仪采集到的机械表面温度数据，可作为设备内部缺陷位置和热源位置的依据，较振动诊断分析更便携、直观，完全能替代振动诊断分析方法。对于尺寸较小的胶带输送机滚轮，就不方便使用振动诊断方

法，使用红外热像仪进行扫描，可直观显示出故障滚轮的位置和缺陷大小轴承是机泵的关键部件，其温度变化是反映轴承运行状态的重要参数。利用远红外热像仪可以对机泵轴承进行在线温度监测，及时发现轴承温度异常，避免轴承损坏事故的发生。例如大芳烃 A-2603-4 空冷风机，皮带轮因张紧度调整不当造成高温，见图 1。

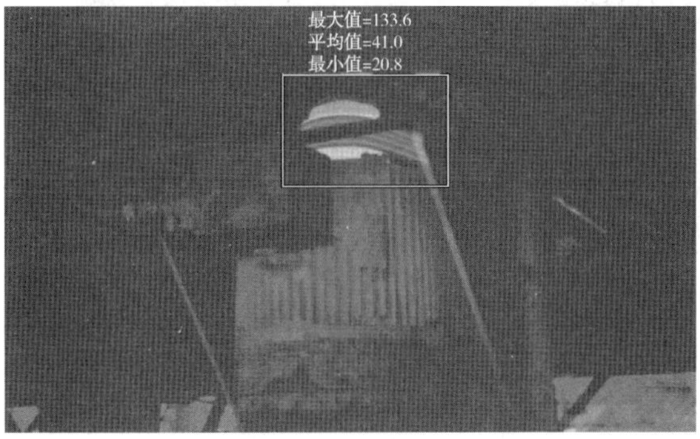

图 1　大芳烃 A-2603-4 空冷风机发热图

对检查点位温度参数的要求：

（1）轴承温度标准为：用润滑油润滑的滑动轴承不超过 65℃、滚动轴承不超过 70℃。用润滑脂润滑的滑动轴承不超过 80℃，滚动轴承不超过 95℃。有特殊规定的按其规定执行。

（2）往复式压缩机允许排气温度：除非另有规定和协议，最高预期排气温度不应超过 150℃（300℉）。此极限值适用于所有规定的操作和负荷条件。滑动轴承及十字头滑倒不超过 45℃，滚动轴承不超过 70℃，填料温度不大于 140℃，见图 2。

图 2　往复式压缩机图

2.2.2　机泵密封泄漏检测

机泵密封失效会导致介质泄漏，造成环境污染和资源浪费。利用远红外热成像仪可以检测机泵密封部位的泄漏情况，及时发现泄漏点，并进行维修处理。机械密封辅助系统换热器冷却水最大进口温度 32℃，最大出口温度 49℃，最大温升 17℃，见图 3。

IR_09872./S2　　可见光图像

图 3　机泵密封图

2.2.3　电气设备故障诊断

利用红外热像仪可以检测电机外壳、轴承、接线盒等部位的温度分布情况，判断电机是否存在过载、缺相、轴承损坏等故障。在电气设备维护中，通过一系列不同类型的电气设备在正常工作时的热态表现和故障状态下可能出现的异常热区图例，为工作人员提供一种直观的工具，能够清晰地识别和理解设备在各种工作条件下的温度分布特征，迅速定位潜在的问题区域。电机和电力电缆见图 4、图 5。

2.2.3.1　电气设备发热分类

2.2.3.1.1　电流致热设备：电气设备与金属部件的连接，金属件与金属件的连接，如接头、线夹及负载等。故障绝对温度高；温差大

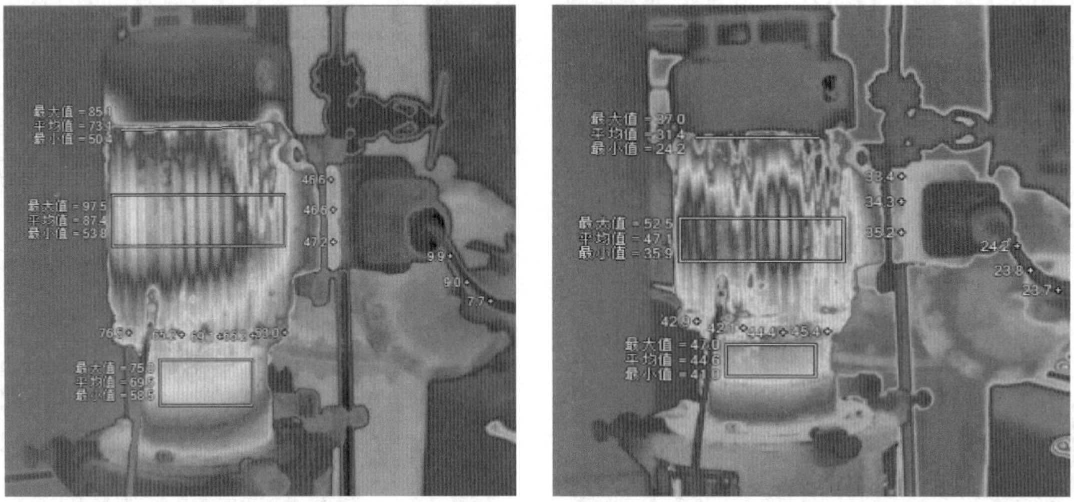

蜡催气压机1号复水泵电机风扇异常原因引起的电机散热不良

图4　电机风扇异常发热图

电力电缆典型缺陷热像图例：

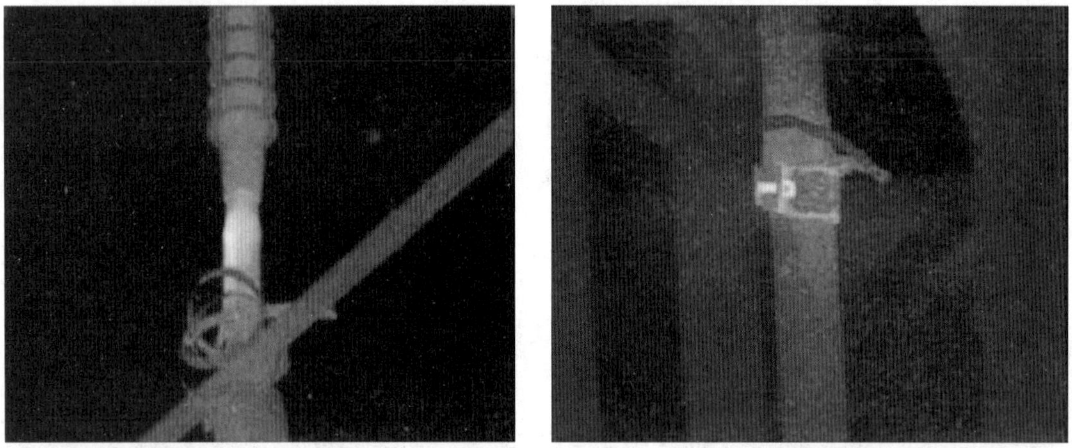

某35kV电缆终端接地线连接处接触不良，异常发热　　某电缆固定线夹异常发热

图5　电力电缆发热图

2.2.3.1.2　电压致热设备：电流/电压互感器、藕荷电容器、移相电容器、高压套管、充油套管、氧化锌避雷器等。温差很小；建议夜晚检测

2.2.3.1.3　电气设备主要诊断方法：

（1）表面温度判断法、（2）温差判断法、（3）热谱图分析法、（4）档案分析法

2.2.3.2　电气设备热缺陷分类方法：

2.2.3.2.1　一般热缺陷：绝对温度 70℃～90℃，或温差 15℃此种情况应加强跟踪，例行停机保养时处理。

2.2.3.2.2　严重热缺陷：绝对温度 90℃～110℃，或相对温差 $\delta T \geqslant 80\%$，此种情况应在条件允许时应尽快安排停运处理。绝对温度 90℃～110℃，或相对温差 $\delta T \geqslant 80\%$，此种情况应在条件允许时应尽快安排停运处理。

相对温差计算公式：$\delta T=((T_1-T_2)/T_1)\times 100\%$

其中：T_1-温度较高的测点的温升值，T_2-正常相设备对应测点的温升值

2.2.3.2.3　危急热缺陷：绝对温度>110℃，或相对温差 $\delta T \geqslant 95\%$，此种情况随时可能造成突发性事故，应立即退出运行，进行彻底检修。

导线内电流过大使导线整体均匀发热，若长时间处于 70℃以上高温，将会导致绝缘老化，引发漏电、短路及电气火灾。同类型电缆的最大温差不应超过 15℃。

2.2.3.3　现场检查测试保持安全距离（6 千伏及以下≥35cm；10 千伏≥60cm），并重点关注红色高温区域，读取测试点位温度、图片编

号，同时将数据保存。

3　远红外热成像在炼化企业机泵监测中的应用案例

3.1　蜡催 P-308 换热器内部堵塞案例（见表 1，表 2）

表 1　图像信息

背景温度	22.0℃
发射率	0.95
透光率	1.00
平均温度	43.8℃
图像范围	18.6~113.5℃
红外传感器尺寸	640x480
DSP 版本	6.3.8
镜头描述	FLK-LENS/TELE2
图像时间	2021/9/611：27：24
文件位置	D：\\DCIM\\100FLK05\\IR_09872.IS2
校准范围	-20.0~650.0℃
目标距离	1.00m
湿度调节	0RH%0 距离（m）

表 2　主要图像标记

名称	温度	发射率	背景
中心点	30.7℃	0.95	22.0℃
热	113.5℃	0.95	22.0℃
冷	18.6℃	0.95	22.0℃

分析：从红外成像设备看出该泵换热器上下部温差较大，最大温差在 59℃左右，其他轴承、密封温度正常。

结论：换热器上下部温差较大，最大温差在 59℃左右，分析判断换热器内部存在堵塞或者水垢，长期堆积造成温度分布不均，见图 6。

建议：及时清理换热系统，关注系统温度变化。

3.2　炼油厂加氢裂化 P-205B 低压抽屉柜 C 相发热红外成像案例（见表 3、表 4）

表 3　设备信息

设备名称	加氢裂化 P-205B	负载类型	380V 电动机
负载额定容量	75kW	负载额定电流	136A

表 4　缺陷概要

文件名 1	P-205B 处理前.IS2	检查日期和时间	2021/4/2012：25：36
严重性	一般热缺陷	热像仪型号	TiX501

IR_09872./S2　　可见光图像

图 6　蜡催 P-308 换热器内部堵塞

处理前红外热图像

3.2.1　初步原因分析

远红外热成像监测发现，加氢裂化 P-205B 低压开关柜出线侧 C 相（红色）发热，当前负荷电流为 96A，三相电流平衡，见表 5。

表5　图像信息描述

背景温度	20℃	发射率	0.90
图像时间	2021/4/2012：25：36	目标距离	0.54m
电缆线鼻热点温度	58.3℃	一次插板热点温度	54.9℃
电缆线鼻相对温差	57.9%	一次插板相对温差	52.1%
A、C相温差	22.2℃	B、C相温差	20.3℃
缺陷类型	一般热缺陷(相对温差≥35%，且绝对温度≤80℃)		

由热图分布情况可见，C相存在两处发热区域，其中一个热区位于C相一次插件背板处，最高温度C154.9℃；另一热区位于C相电缆线鼻端部，最高温度C358.3℃。C相电缆螺栓连接处(C252.4℃)及周边能量均在50度以上，呈区域性发热分布(见图7，图8)。

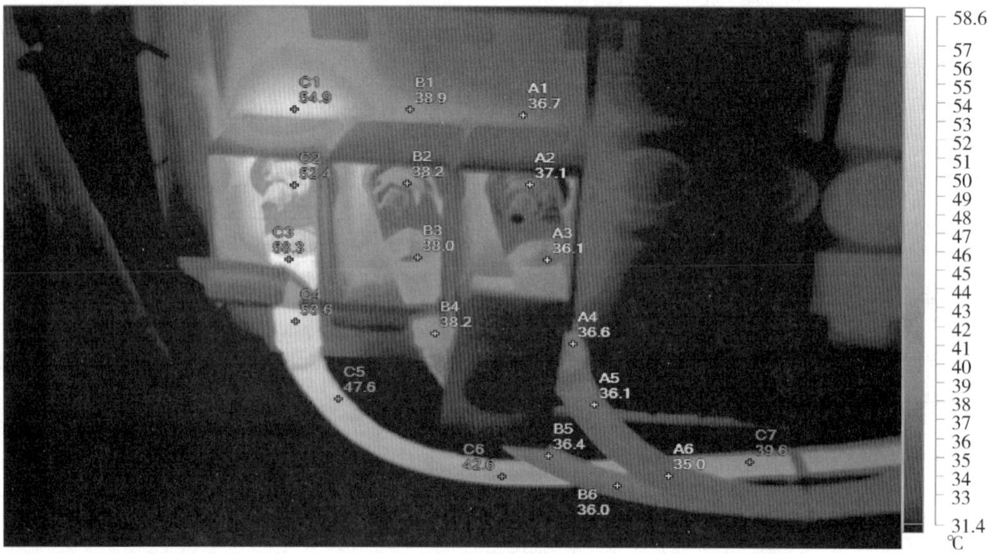

图7　P-205B处理前红外热图

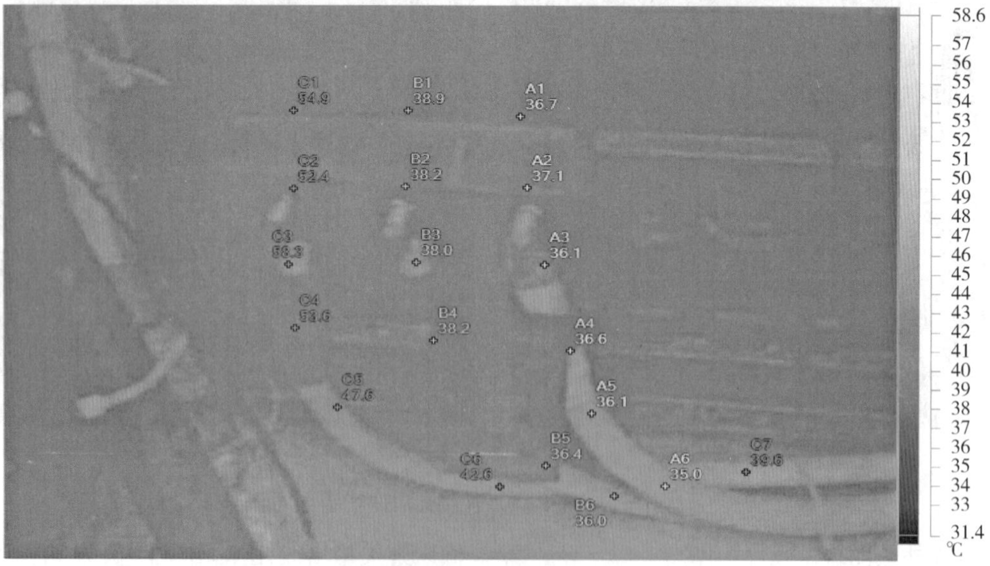

图8　P-205B处理前可见光图

见上图(P-205B处理前)，对相同部位热图进行比对，结果如下：

(1)一次插件背板处，A相(A1)36.7℃、B相(B1)38.9℃，三相相对温差52.1%，为一般热缺陷。

（2）一次电缆接线鼻端部，A 相（A3）36.1℃、B 相(B3)38℃，三相相对温差 57.9%，为一般热缺陷。

（3）C 相电缆表面温度沿远离接线鼻端部的方向逐渐降低，至 C7 部位，C 相电缆表面温度已降至 39.6℃，与 A、B 相电缆温度基本相近，温差小于 5℃。

综上所述，初步分析引起 C 相发热的可能原因为：C 相一次电缆接线鼻压接不良或一次插件存在接触不良。

3.2.2 采取措施

联系工艺倒泵进行停电检查处理。

3.2.3 检查处理情况

将加氢裂化 P-205B 停电后，对 C 相出线电缆、抽屉柜内一次电缆连接部位进行检查，现场确认 C 相一次电缆的接线鼻连接螺栓紧固、无松动，接线鼻端面平整，排除一次电缆连接螺栓松动或接线鼻连接端面接触不良引起发热的可能性。

对加氢裂化 P-205B 抽屉单元内 C 相一次插件进行检查，发现抽屉内 C 相一次下排插件连接电缆的绝缘护套出现发热变色和脆化破损现象(图 9)，C 相一次插件背板插片因发热出现脆化、断裂(图 10)。

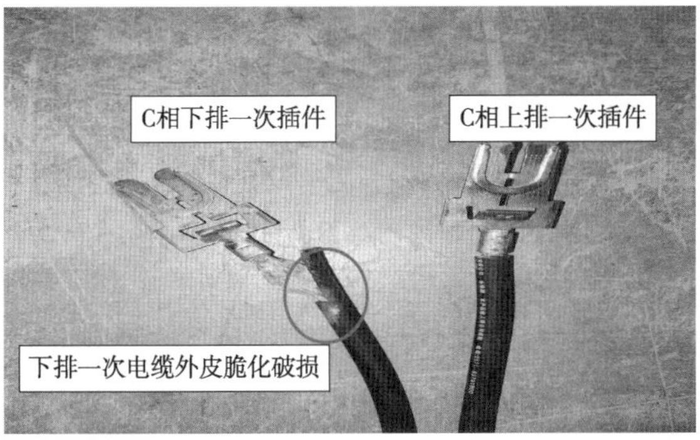

图 9 P-205B 抽屉单元 C 相一次插片电缆绝缘破损

图 10 P-205B 抽屉单元 C 相插片断裂

加氢裂化 P-205B 抽屉单元每相一次插件使用上下两排插片，其中 C 相两排插片与出线侧连接母排的接触电阻存在不均衡现象，导致上、下插件出现电流分流不均和发热现象，进而通过热传导引起 C 相一次出线后背板和连接电缆异常发热。

检修人员随后将抽屉单元内 C 相一次插件电缆及背板进行更换。

3.2.4 现场验证情况

P-205B 启机后测试开关柜出线侧温度如下：

（1）测试条件：三相负荷电流分别为 A 相：110.4A，B 相：110.4A，C 相：108.8A；背景温度 15℃；发射率 0.9；目标距离 0.53m。

（2）C 相电缆接线鼻端头部位温度从整改前 58.3℃降低至 36.3℃（C3），C 相一次插件背板温度从整改前 54.9℃降低至 34℃（C1），降幅 20℃左右。

（3）一次插件背板处，A 相(A1)30.8℃、B 相(B1)30.9℃，三相相对温差 16.8%(整改前相对温差 52.1%)。

（4）一次电缆接线鼻端部，A 相（A3）33.4℃、B 相（B3）33.2℃，三相相对温差 14.5%(整改前相对温差 57.9%)。

（5）三相电缆表面温度分别为，A 相(A4)31.2℃、B 相(B4)31℃、C 相（C4)32.4℃，温差最大 1.4℃左右。

经现场验证，加氢裂化 P-205B 开关柜出线侧 C 相发热缺陷治理效果良好。整改后的红外热成像见图 11、图 12。

4 结束语

通过应用远红外热成像，可以实现设备的在线监测、故障诊断和早期预警，有效提高电气设备和机泵设备运行的可靠性和安全性，保障炼化装置的安全稳定运行。未来，随着远红外热成像的不断发展，其在炼化企业设备监测中的应用将会更加广泛和深入。展望未来远红外热成像将逐步微型化与移动化，实现无人机搭载热像仪巡检高空管道或危险区域，替代人工高风险作业，达到全厂区温度数字孪生，通过固定式+移动式热像仪网络，构建全域温度实时地图，汇聚碳中和应用，监测热损失优化能源使用，助力化工企业减排目标。

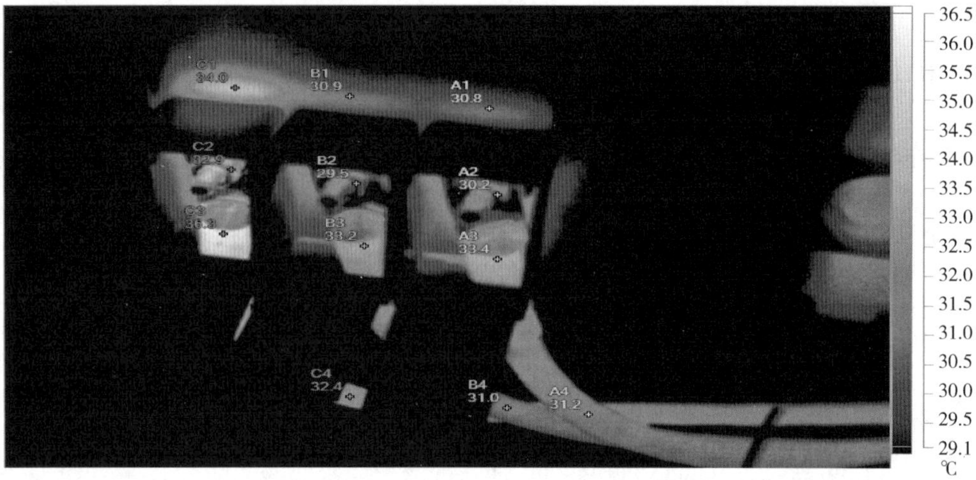

图 11　P-205B 处理后红外热成像图

图 12　P-205B 处理后可见光图

参 考 文 献

[1] 于晓东；李书臣；. 基于红外热成像技术的电气设备预知维护专家系统[J]. 化工自动化及仪表，2011，251(08).

[2] 王耀志. 李宏志. 红外测温设备在电气设备维护中的应用[J]. 科技传播，2012，(15)：176，160.

[3] 周华. 红外热成像技术在电气设备维护中的应用，2022，39(03)：132-133.

设备管理与AI技术结合的前景与展望

朱文龙　郭　靖　徐广伟

（中国石油克拉玛依石化公司公用工程一部）

摘　要　随着工业4.0和智能制造的推进，设备管理正从传统的被动维护向智能化、预测性管理转型。人工智能（AI）技术的突破，尤其是物联网（IoT）、机器学习（ML）、数字孪生（Digital Twin）和边缘计算（Edge Computing）的融合，为设备管理带来了颠覆性变革。本文结合国内外典型案例，分析设备管理与AI结合的技术路径，总结未来发展的三大方向，并通过比较其优劣，为行业提供战略参考。

关键词　设备管理；AI技术；智能化

当前，在工业4.0与数字化转型的浪潮下，设备管理正从传统的人工运维向智能化、数据驱动的方向演进。AI技术的引入不仅改变了设备管理的效率与精度，更重构了企业对设备全生命周期价值的认知。设备管理与AI技术结合的核心目标是通过数据驱动实现设备全生命周期的优化，涵盖状态监测、故障预测、维护决策等环节。

1　设备管理与AI结合的现状分析

1.1　预测性维护成为主流

当前，AI在设备管理中最成熟的应用是预测性维护。通过部署传感器和物联网技术，企业可实时采集设备运行数据（如振动、温度、压力），并利用机器学习算法（如LSTM、随机森林）建立故障预测模型。

1.2　智能监控与远程管理普及

基于云计算和AI的智能运维平台已实现设备状态的远程监控。部分企业还通过数字孪生技术构建设备全生命周期模型，动态优化能耗和维护策略，

1.3　AI辅助决策与自动化流程

AI系统已能自动生成维护工单、推荐备件并优化调度。例如，Deepseek平台通过标准化故障编码体系，实现故障诊断准确率提升至90%以上，并自动生成维修方案。

2　国内外典型案例分析

2.1　通用电气（GE）Predix平台：预测性维护的标杆

GE的Predix平台通过物联网（IoT）与AI技术，实时采集工业设备（如航空发动机、燃气轮机）的运行数据，结合机器学习算法预测故障。其航空发动机预测模型可将非计划停机时间减少30%，维护成本降低20%。该案例体现了AI在预测性维护中的核心价值。

2.2　威士顿"数字孪生+AI+MR"技术

在某卷烟厂项目中，威士顿通过3D数字孪生建模与混合现实（MR）技术，实现设备运维的沉浸式协作。维修人员通过MR眼镜远程获取专家支持，故障诊断效率提升30%。该方案突破了物理空间限制，但初期部署成本较高，且对网络稳定性要求苛刻。

2.3　紫金矿业西藏巨龙铜矿智能运维

在海拔4500米的高寒环境中，紫金矿业部署AI监测系统，通过边缘计算实时分析设备振动与温度数据，成功预测多起关键设备故障。该系统在极端环境下的稳定性验证了AI硬件的适应性，但传感器部署与维护成本较传统方案增加约20%。

2.4　西门子MindSphere：全生命周期管理的实践

西门子为钢铁企业部署的MindSphere系统，整合设备设计、生产、维护数据，通过AI优化炼钢炉参数，使能耗降低15%，设备寿命延长10%。此案例展示了AI在全生命周期管理中的潜力。

2.5　国机集团润滑安全智能运维体系：数据驱动的精细化管理

国机集团基于AI的油液监测系统，实时分析核电站循环水泵轴承的润滑状态，提前预警腐蚀磨损风险，避免重大安全事故。该案例凸显

AI在设备健康管理中的关键作用。

3 设备管理与AI结合的三大发展方向(表1)

表1 设备管理与AI结合的三大发展方向分析表

方向	技术	技术路径	优势	劣势
方向1	预测性维护与故障诊断的深度渗透	通过传感器、IoT设备实时采集数据，结合机器学习算法(如LSTM、CNN)构建预测模型。	减少停机时间：提前预警故障，避免突发性停机。 优化维护成本：按需维护替代定期维护，降低人力与备件成本。	数据依赖性强：需高质量、连续的数据输入，噪声数据可能导致误判。初期投入高：算法开发与硬件部署成本较高。
方向2	设备全生命周期管理的智能化重构	整合设计、采购、运维、报废数据，构建数字孪生(Digital Twin)模型，实现动态优化。	资源利用率提升：通过AI优化设备调度。 延长设备寿命：基于历史数据制定维护计划，减少过度磨损。	系统复杂度高：需跨部门数据打通，企业组织架构需适配。 隐私与安全风险：设备数据可能泄露商业机密。
方向3	AI驱动的自主决策与协同管理	结合强化学习(RL)与边缘计算，实现设备自主调整运行参数，并与其他系统(如供应链)协同。	效率最大化：动态响应生产需求。 降低人为干预：自动化流程减少操作失误。	决策透明度低：黑箱算法可能引发信任问题。 技术成熟度不足：复杂场景下的鲁棒性待验证。

4 三大方向的横向对比与优劣势分析(表2)

表2 三大方向的横向对比与优劣势分析

维度	预测性维护	全生命周期管理	自主决策与协同
技术成熟度	高(已商业化落地)	中(部分行业试点)	低(实验室阶段为主)
实施成本	中等(需传感器与算法)	高(需全流程数字化)	极高(软硬件+系统集成)
适用场景	高价值、高风险设备(如航空)	复杂生产线、重资产行业	柔性制造、动态需求场景
核心挑战	数据质量与标准化	跨部门协同与数据安全	算法可靠性与伦理风险

5 当前面临的挑战

5.1 数据质量与标准化问题

多数企业设备数据存在碎片化、噪声多等问题，导致AI模型训练效果受限。部分企业因缺乏统一编码体系，故障记录分散在不同系统，难以形成有效知识库。

5.2 技术落地成本高

预测性维护需部署大量传感器和边缘计算设备，中小企业初期投入成本压力较大。完整的智能运维系统建设成本可达百万级。

5.3 跨领域协同与人才缺口

AI与设备管理的深度融合需要复合型人才(兼具AI技术与工业知识)，但当前市场供给不足。调查显示，仅35%的企业具备自主开发AI运维模型的能力。

6 未来突破方向

(1) 预测性维护将率先普及：其技术成熟度高、ROI明确，适合制造业、能源行业优先落地。预测性维护将与边缘计算结合，实现更高效的本地化决策。

(2) 全生命周期管理是战略方向：需政策与标准推动，适合大型集团企业构建数字化资产体系。随着AI芯片量产与开源算法普及，数字孪生与MR技术的应用门槛将逐步降低。预测中小企业将逐步构建全生命周期管理平台。

(3) 自主决策是终极目标：通过边缘节点就近处理数据，可降低延迟至毫秒级。AI算法突破与5G/边缘计算基础设施不断完善，未来5-10年或成主流。

7 结论

当前AI与设备管理的结合已从单点突破（如预测性维护）向全链路渗透，但技术成熟度与行业适配性仍存在差异。未来需通过标准化数据体系、低成本技术方案和复合人才培养，推动AI从“辅助工具”升级为“决策中枢”，最终实现设备管理的“全智化”闭环。

企业需根据自身规模、数据基础与环境条件选择技术路径。对于资源充足的大型企业，数字孪生与MR协同方案可最大化效率；中小型企业则可优先采用预测性维护系统，逐步积累数据能力。边缘计算则在高实时性需求场景中不可替代，但其硬件投入需与长期收益平衡。同时企业也可从预测性维护切入，逐步向全生命周期管理延伸，同时探索自主决策技术的试点应用。

参考文献

[1] 胥刚，季金林，冯琦胜等. 人工智能技术在高校实验室与设备管理中的应用展望[J]. 高校实验室科学技术 . 2024(1).

[2] 李涛，孙琰，侯建硕等. 人工智能在矿山设备预测性维护中的应用研究[J]. 黄金. 2025，46(1).

[3] 满天德，李根虎. 基于人工智能的医院后勤机电设备管理研究[J]. 中国医学装备，2024，(10).

刍议如何实现订单周期内单机设备连续稳定运转

赵　颖　车　帅　金海冰

[昆冈先进制造(北京)有限公司抚顺分公司]

摘　要　针对催化剂行业订单化生产中单机设备稳定性要求高的特点，本文提出通过润滑管理优化、全员巡检制度创新、定期预防性维护及ERP系统集成应用等策略，实现设备故障率降低50%以上的目标。重点构建了基于TDS评价法的巡检激励机制和动态优化的润滑管理体系，为企业订单周期内连续生产提供技术与管理支持。

关键词　RCA；润滑管理；巡检清单；TDS巡检问题评价法；周期化工作

催化剂生产属于订单化生产模式，设备多且多为单机运行，若一台设备出现故障整条生产线将处于停产状态。本文研究重点通过精准的润滑管理、全员高质量巡检、开展周期化预防性维保工作，实现“治未病”、“早治病”；通过自动采集设备运行数据并进行分析处理，辨识频修设备并进行重点攻关，实现“治疑难病”；合理编制、实施适合催化剂行业单机运行模式的检维修作业计划；力争实现设备故障可知、可控，从而确保生产线设备在订单生产周期内处于稳定连续运转状态，消除在订单生产周期内的非计划停车，确保生产订单按时交付。

1　企业背景和现状

1.1　设备单机运行，订单化生产周期内稳定运行要求高

昆冈先进制造(北京)有限公司抚顺分公司加氢催化剂二车间于2023年10月开工投产，可以生产加氢精制、渣油加氢、加氢裂化等炼油催化剂的车间，生产过程及设备运行具有一下特点：

1.1.1　工艺复杂，产品品种多，工艺差别大

生产工艺复杂是指某种产品可能有几种生产工艺路线，生产的原材料技术指标不稳定。产品品种多指一条生产线频繁切换生产多种产品，生产工艺方案的切换必然使用不同的原材料，而所使用的设备不变，这就要求设备具有较高的性能，能适应不同的原材料和工况。

1.1.2　原材料种类多，腐蚀性强，设备运行工况极度恶劣

车间生产涉及的原材料有氨水、磷酸、氧化铝、硝酸、硫酸等几十种。这些原材料有强酸、强碱等腐蚀性材料，有高浓度、高固含量的强冲刷性材料等。设备在面对强腐蚀和强冲刷的同时，还要面对高温工况和现场粉尘多的问题，这些不利因素的集中，必然会导致设备运行工况恶劣、使用寿命缩短。

1.1.3　单机运行，订单化生产，设备稳定性要求高

生产设备产生故障，既会对生产的正常进行产生影响，又会引起环境污染等事故。如何做好订单生产周期内设备连续稳定运行，要求设备管理人员在做好润滑等基础管理的基础上，了解掌握设备特性并充分利用产品切换间隙精准实施预防性检修，确保在下一个订单周期设备连续平稳运行。

1.2　车间设备数量大，种类多

车间设备2900台，动设备412台。其中系统设备(设备故障会导致系统或装置停工的设备)320余台，包括焙烧炉、提升机、碾压机等30余种；还包括气力输送系统及智能仓储系统两个需要跨电气、仪表、动设备3个专业的综合物料调度系统，有些故障还需要制造厂家的技术人员远程指导。

2　提升设备运行稳定采取的具体措施

2.1　筑牢润滑管理基石

设备润滑管理是保障工业生产高效运行的核心环节，其重要性体现在三方面：技术层面，通过减少摩擦、降低磨损、冷却降温、防腐蚀等作用，直接延长设备寿命并维持精度；生产层面，能显著降低设备故障率，避免非计划停机，确保

生产连续性；经济层面，据权威统计，工业领域30%-50%能源损耗源于摩擦磨损，有效润滑可降低维护成本60%以上，同时减少配件更换和能耗支出。

2.1.1 建立设备运行统计表，实现设备的精准润滑

发挥DCS数据统计功能，建立设备运行时间统计表，指导润滑包机人实现精准润滑，确保设备安全稳定运行；另一方面避免润滑油的浪费，降低工人劳动强度。

2.1.2 建立重点设备润滑管理目录

对单台润滑油用量大且相对重要的犁刀混捏机、挤条机、双臂混捏机及碾压机等15台设备实施润滑监测目录管理，根据润滑油分析数据动态调整分析周期。

2.1.3 引入新技术，降低消耗

两套环保装置的引风机轴承箱采用磁性排油塞，吸附磨损产生的铁屑，在一定程度上实现润滑油在线净化功能，保持润滑油性能，延长润滑油及轴承使用寿命，降低了维护成本。

2.1.4 废油回收再利用

将回收的润滑油过滤后回用至斗式提升机链条、双臂混捏机轴封等对油质要求较低的润滑点，节约润滑油消耗。

2.2 加强巡检管理

由于车间设备多且分布广，很多设备处于“无人值守”状态，车间岗位操作员日常操作工作繁重，加之一线操作员工中劳务员工占比较越来越高，员工队伍整体素质越来越低，人员流动大，巡检工作浮于表面。

2.2.1 编制巡检清单，任务清晰

根据车间设备现状，编制巡检清单118项（见表1），基本实现车间设备无死角、全覆盖，责任清晰。由于车间开工未满两年，需要持续收集运行数据，不断完善巡检要求，提高巡检管理效率。

表1 设备巡检清单编制原则

序号	设备分类	第一责任人	第二责任人	巡检周期
1	有人员操作的设备	岗位	班长	每班
2	长周期运转，无人值守的设备(采暖泵、循环水泵、)	维护单位班长	维护单位设备员	每班
3	间歇启动的设备(溶液泵、负压吸送罗茨风机)	班长	设备管理人员	每班
4	故障偶发，但是不会在短期造成伤害的故障	润滑包机人	设备管理人员	每4日或者8日
5	DCS观察数据(斗式提升机拉力传感器)	润滑包机班组的DCS操作员	设备管理人员	每4日
6	环保装置风机等无人值守关键设备	维护单位班长/岗位班长	设备管理人员	每2小时
7	吊车	岗位	维保单位	15日
8	排气筒	车间所有人		随时

依托丰富的管理经验及技术积累，巡检周期设定注重实效。分析故障发生、发展的特点适当延长部分设备或其特定部位的巡检周期；将部分设备巡检与润滑绑定，实施润滑包机人负责制。

通过清单化管理实现巡检任务的精准分工，确保员工在有效时间内实现最大效率的巡检。

新设备故障的发生必须开展RCA（Root Cause Analysis）分析，巡检清单动态完善。

2.2.2 根据清单开展多种形式培训，确保有效实施

培训工作采用多种形式开展，避免“一刀切”，只重效果，不重过程。对于接受能力较强的，对设备结构掌握较好的员工开展线上统一培训，逐条讲解并通过随机提问的方式提升培训效果。

对于入职时间短且设备知识储备较少的员工实行“一对一”现场培训。结合设备操作卡讲解设备结构、操作要点，规范设备操作行为；现场模拟声音、振动等异常状态，明确重点巡检部位，确保其直观的掌握巡检内容，具备判断设备异常状态的能力。

2.2.3 认真开展设备故障根本原因分析（RCA），动态优化巡检清单

对于引发生产线停车的设备故障要开展RCA分析，形成分析报告并在设备工作例会上进行分享。认真分析故障产生的直接原因和根本原因，深入剖析存在的管理原因，认真开展“查思想”，“查管理”，“查技术”“查纪律”。

“举一反三”落实整改措施，措施涉及润滑管理、巡检管理和周期化工作的要及时修订、完

善，并对相关人员进行培训，提高员工对异常状态的判断及处理能力。

对于引发生产线局部停车或者波动的小故障亦要开展故障分析，认真分析存在的技术原因和管理原因，通过完善巡检清单和周期化工作内容，降低设备故障率。

2.2.4　根据RCA分析结论倒查当事人责任

故障分析结论若存在违反操作规程操作、巡检不到位、未按照规定进行设备润滑等行为的要严肃考核责任人。通过考核逐渐规范员工操作行为，提高员工巡检意识和巡检质量，督促员工养成良好的润滑习惯，最终实现消除人为因素造成的非正常停车。

2.2.5　制定巡检发现问题TDS(Time * Difficult * Severe，或T * D * S)三维评价体系，推动实现全员巡检

表2　发现问题的早晚(Time)

序号	当前的状态描述	评分
1	设备已停机，但是未影响到上下游设备及更大物料损失及环境伤害	0.5
2	造成部分配件损坏，损坏程度 < 60%	1
3	故障刚出现，未造成或造成损坏程度 < 30%，且故障是可逆的	2
4	故障处于萌芽状态，未造成任何损坏。	3

根据发现问题的早晚，设置0.5，1，2，3四个评分等级(见表2)，按照巡检发现问题的难易程度，设置1，2，3三个评分等级(见表3)，将故障后可能造成的损失划分为1，2，3，4四个评分等级(见表4)，三项乘积确定为该项巡检问题对应的总得分，得分对应分级和奖励额度(见表5)。该项奖励发放给车间操作人员、管理人员以及维护人员。随着奖励制度的推行充分调动各级人员对巡检的积极性，确保设备问题能够在萌芽阶段被发现，减少非正常停车。

车间建立了设备巡检发现问题台账，统计各级巡检人员巡检发现的问题，按照上述评分原则车间进行初评分，将初评结果上报对应管理层级并申请终评。台账中设置“吸取教训，管理和技术提高”专项，类同于RCA故障分析，根据分析结果分别从管理和技术两个方面进行改进、提高，实现闭环管理。

表3　发现问题的难易程度(Difficult)

序号	发现问题采用的方式描述	评分
1	出现较大异响，仅凭听觉就能发现；走过就能发现，完全可视；产生较大异常震动，感觉相当明显	1
2	异响不明显，需要仔细辨别；产生异常震动，感觉不够明显；需要驻足观察才能发现的异常现象；	2
3	没有异响，需要手触才能辨别的异常震动或者异常温升；通过测振仪、测温仪等工具检测比对才能发现的异常；	3

注：巡检清单要求使用测温枪、测振仪检测的机泵或者风机均取值1

表4　问题未被发现造成损失的严重程度(Severe)

序号	可能造成的损失描述	评分
1	避免经济损失 < 0.2万元	1
2	避免经济损失 < 1万元	2
3	避免经济损失 < 5万元；避免一般环境事件	3
4	避免经济损失 < 10万元；避免较大的环境事件	4

注：巡检清单所列明确的巡检内容取值均为1；

表5　总评分及对应嘉奖分级

序号	总分值(T * D * S)	嘉奖(元)	分级
1	0.5	25	车间级
2	1	50	车间级
3	2	100	车间级
4	3	150	车间级

续表

序号	总分值(T＊D＊S)	嘉奖(元)	分级
5	(4, 4.5)	200	分公司级
6	6	300	分公司级
7	8	400	分公司级
8	9	500	分公司级
9	12	1000	分公司级
10	18	2000	总部级
11	24	3000	总部级
12	27	4000	总部级
13	36	5000	总部级

为充分调动维护人员的巡检积极性，计划从年度维护费用中扣除1%资金用于奖励巡检发现问题人员的奖励。对于认真巡检发现的问题要严格按照巡检问题评价标准进行考评，同样也要执行RCA故障分析倒查，若分析存在巡检不到位、润滑缺失或者检维修质量问题的一定要严肃考核。通过考核逐渐规范维护人员的维护保养、巡检及检维修作业行为，提高维护人员的巡检意识和巡检质量，督促其养成良好的工作习惯，最终实现消除人为因素造成的非正常停车。

2.3 编制周期化工作清单，消除故障风险

将挤条机、转鼓等动设备地脚螺栓紧固信息及称重传感器支撑板紧固信息输入ERP系统(Enterprise Resource Planning)设备档案管理信息中，结合DCS系统共享的设备累计运转时间信息，在达到设置的紧固周期前ERP系统自动发出提示信息。设备管理人员根据信息及生产计划组织开展紧固件定期紧固工作，更换存在疲劳断裂风险的螺栓，彻底消除可预知的设备故障。

通过设备运行信息的收集整理及设备故障分析，周期化工作清单要动态优化。ERP系统亦具备添加及动态调整功能，满足日益精细的设备管理工作需求(见表6)。

表6 周期化工作模板

序号	周期化工作内容	组织	实施	周期/h
1	振动较大动设备地脚螺栓	设备管理人员	维护班组	2000
2	称重模块支撑板	设备管理人员	维护班组	8000
3	碾压机等需要进入内部的结构件	设备管理人员	维护班组	每批订单生产完成后
4	一般动设备	设备管理人员	维护班组	4000
5	振动筛窄V带	设备管理人员	维护班组	2000
6	转鼓等承受较大交变载荷的紧固件更换	设备管理人员	维护班组	2000
7	配电柜母排、电加热接线端子热成像仪检查	电气维护管理人员	维护班组	2000
8	调节阀积水检测	仪表维护管理人员	维护班组	每年冬季前
9	碾压机、混捏机等集中润滑系统运转情况	设备管理人员	维护班组	每批订单生产完成后
10	振动筛、流化床振动电机润滑	班长	班长	360

2.4 积极开展频修设备技术攻关

开展频修设备技术攻关需聚焦问题根源，组建跨专业攻关团队，通过数据分析和现场调研锁定故障高发环节。从设备设计、材料选型、工艺参数及运维策略四方面切入，制定"机理研究-仿真优化-技术改造-智能监测"的阶梯式攻关方案。结合振动监测、油液分析等手段实现状态预判，同步优化备件可靠性指标，通过PDCA(Plan-Do-Cheek-Act，计划-执行-检查-处理)循环验证改进措施，形成标准化运维体系，最终实现设备MTBF(Mean Time Between Failures，平均故障间隔时间)提升30%以上，维修成本下降25%的技术突破。

2024年车间完成了包括斗式提升机改向机

构优化、气动三通分路阀气囊材质及结构形式升级等8项设备技术攻关，前期判定的频修设备已全部攻关完成，正在检验攻关成果中。

3　阶段工作规划

3.1　ERP系统智能化升级

3.1.1　信息共享，引入新技术，提升润滑管理效率和质量

将设备润滑数据(油品型号、周期、责任人)录入ERP系统，关联DCS实时运行时间，实现换油提醒自动化。

开发智能报表功能，月度生成润滑完成率与计划执行报告，支持管理人员动态考核。

润滑方案推荐：集成智能润滑选择系统(LSS)与AI算法，根据设备工况(如负载、温度)动态推荐润滑油类型与用量。

3.1.2　开发巡检问题ERP管理流程，实现管理增效

作业许可系统与REP系统建立数据通信，设备问题或故障实现全流程管理。故障消除后系统自动生成故障清单，存入故障台账。系统根据维修频次判断该设备是否为频修设备，若判定为频修设备，开展技术攻关；未排查清楚或暂时不具备故障消除条件的系统自动转为隐患工单，纳入隐患管理。

作业许可关闭实施三级闭环管理，分别关联作业许可管理、配件消耗管理及故障分析管理。三级关闭均设置期限及报警，系统提示至各层级管理，便于操作和考核。巡检问题或故障在ERP系统可以建立如下管理流程，见图1。

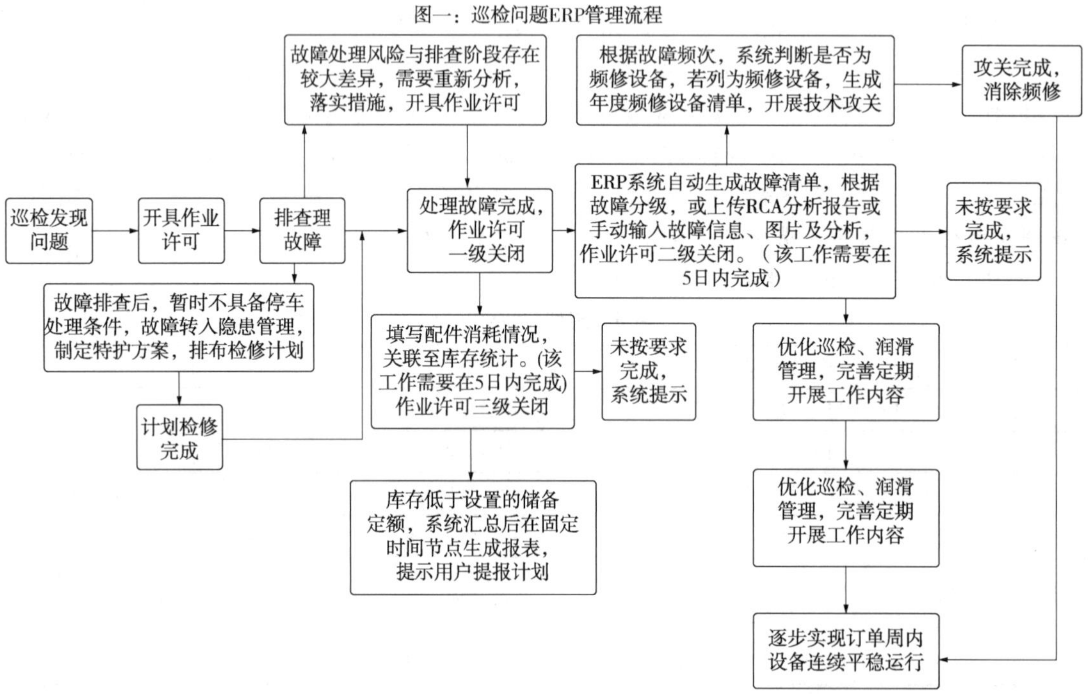

图1　巡检问题ERP管理流程

3.2　人工智能与预测性维护

3.2.1　实时数据采集与模型构建

增强传感器部署：在现有DCS系统基础上，为关键设备(如挤条机、犁刀混捏机)加装振动、温度、压力传感器，实时采集多维运行数据。

机器学习模型训练：利用历史故障数据与实时数据，训练故障预测模型(如LSTM、随机森林)，识别设备异常模式。例如，通过分析振动频谱预测轴承磨损周期，提前2周预警故障风险。

3.2.2　动态维护策略优化

自适应维护计划：AI根据预测结果自动调整维护周期，例如将某设备的润滑周期从固定2000小时调整为“负载率>80%时缩短至1800小时”。

优先级排序：结合生产订单紧急程度，AI推荐故障处理优先级，减少对订单交付的影响。

3.3 AI 驱动的巡检优化

路径规划：基于设备分布与历史故障热力图，AI 生成最优巡检路径，减少无效巡检时间。

图像识别辅助：为巡检人员配备 AR 眼镜，通过 AI 图像识别技术自动检测设备漏油、锈蚀等异常，并实时反馈至 ERP 系统。

4 结论与展望

通过编制并持续完善设备巡检清单，开展行之有效的培训，推行巡检问题 TDS 三维评价体系，扎实有效开展 RCA，员工巡检发现问题的能力和意识得到极大提高。加之持续完善定期工作清单并扎实有效推进，积极开展设备技术攻关，车间设备故障率逐月下降，设备运行总体稳定。

若实现 ERP 系统、DCS 系统、作业许可系统建立共享，车间设备管理工作将更加高效。目标是主动维护维修费与设备故障维修费的比例达到 3 : 1，设备故障可控，最终实现生产线在订单生产周期内连续稳定运转。

参 考 文 献

[1] 张伟. 设备润滑管理在现代工业中的应用[J]. 机械工程学报，2018，54(12)：45-52.

[2] RCA 方法论在工业设备管理中的应用，工业工程，2020(4).

[3] 李明等. 基于风险分析的设备巡检周期优化研究[J]. 中国安全科学学报，2020，30(5)：112-118.

[4] 设备润滑管理最佳实践，中国机械出版社，2018.

[5] 王磊. ERP 系统提升制造业设备管理效率的实证分析[J]. 管理工程学报，2019，33(3)：89-95.

影响加氢裂化装置循环氢压缩机长周期运行的原因分析及解决措施

刘　刚　陈　强　尹向昆　王　建　屈永强

（中国石油长庆石化公司）

摘　要　120万吨/年加氢裂化装置循环氢压缩机为装置的核心设备，为汽轮机驱动。在日常运行中，出现汽轮机结垢，不仅增大了蒸汽在静、动叶片中的流动损失，降低了机组效率，同时使通流面积减少，限制了机组出力，严重时会使运行参数恶化，影响机组的运行安全；润滑油系统晃电中，出现速关油压底造成机组停机的现象；干气密封系统泄漏增大，影响机组安全运行的情况。本文就影响机组长周期运行中存在的问题进行分析和解决措施。

关键词　汽轮机；结盐；速关油；干气密封

1　机组基本情况

120万t/a加氢裂化装置循环氢压缩机为装置的核心设备，压缩机为离心式压缩机，驱动机为汽轮机驱动，该机组压缩机由沈阳鼓风机生产，型号为BCL408，汽轮机由杭州汽轮机生产，型号为NG32/25。工艺介质为加氢反应系统循环氢，工艺流程为冷高分气体经循环氢聚结器（V3410）脱除液滴后，进入循环氢压缩机（C3401）升压后分成两路，一路作为急冷氢去反应器控制反应器各床层温度，另一路与来自新氢压缩机（C3402A，B）出口的新氢混合成为混合氢；换热后的混合氢与原料油混合，再经反应流出物/混合进料换热器（E3401A，B，C）换热后进入反应进料加热炉（F3401）加热至反应所需温度。加热后的混合进料进入加氢精制反应器（R3401）进行加氢脱硫、脱氮等反应，加氢精制反应流出物再进入加氢裂化反应器（R3402）进行裂化反应，见图1。

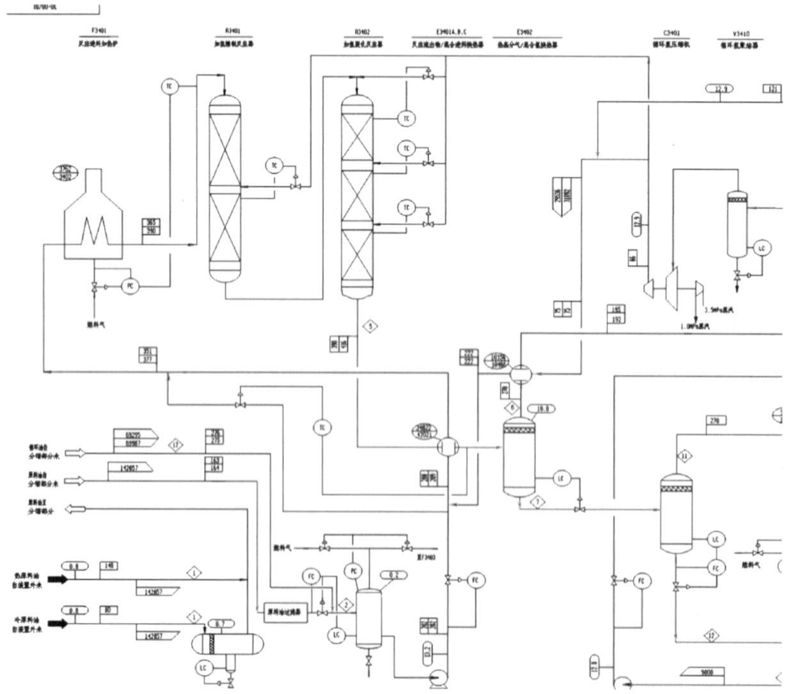

图1

机组基本参数见表1。

表1

	设备名称	汽轮机	压缩机
基本信息	设备型号	NG32/25	BCL408
	结构型式	中压背压式汽轮机	垂直剖分式8级离心压缩机
	制造厂家	杭州杭汽集团	沈阳沈鼓集团
性能参数	进口流量	汽耗量32.8(正常)/57(最大)t/h	3416(正常)/4000(最大) m^3n/min
	入口压力	蒸汽3.3/3.5MPa(A)	10.6 MPa(G)
	进口温度	410℃	49℃
	出口压力	排汽1.1MPa(A)	12.9 MPa(G)
	出口温度	290℃	73(氢气)/143(氮气)℃
	额定转速	9358(正常)/7261(额定)11219(最大连续)r/min	9385(正常)/9722(最高)r/min
	额定功率	2058(正常)/2701(最大)kW	2058(正常)/2455(最大)kW

2 循环氢压缩机C3401存在的问题

2.1 汽轮机结垢问题

自2017年7月开始，汽轮机轮室压力由2.0MPa上升至3.4MPa；汽轮机蒸汽耗量由22t/h上升至32t/h左右；调速器开度由40%左右上升100%。汽轮机做功急剧下降，导致调速器开度持续在高位运行，机组负荷可调节裕度持续降低。进入2018年1月份，调速器开度在100%左右运行已成常态化，而汽轮机做功能力持续下降，转速下降，造成机组能耗上升的同时给加氢裂化装置的安全长周期运行埋下了安全隐患。

2.2 润滑油系统问题

润滑油系统由润滑油站、高位油箱、中间连接管路以及各种控制阀门和检测仪表所组成，其中润滑油站由油箱、油泵、冷油器、滤油器、压力调节阀、各种检测仪表以及油管路和阀门等组成。润滑油系统一路为汽轮机和压缩机提供轴承润滑油，一路作为汽轮机提供控制油。

因润滑油系统机组停机2次，2018年3月17日因循环氢压缩机润滑油泵晃电造成装置自保；2018年5月13日晃电，控制油压低造成汽轮机速关阀关闭，压缩机停机装置连锁，由2次事件润滑油系统问题影响机组运行。

2.3 压缩机干气密封问题

在2016年 至2019年三年运行中，压缩机驱动侧干气密封一级密封泄漏多次出现泄漏突变情况，一级泄漏长期处置报警线以上运行，接近联锁停机值38Nm³/h。严重影响机组的安全运行。

3 存在问题分析及防范措施

3.1 汽轮机结垢问题分析处理及防范措施

过热蒸汽中的杂质一般有以下两种形态：一种为蒸汽溶液，主要为硅酸和各种钠化合物；另一种呈固态微粒状主要是没有沉积下来的固态钠盐以及铁的氧化物。此外，中、低压锅炉的过热蒸汽中还有微小的氢氧化钠浓缩液滴。实际上过热蒸汽的杂质大都呈第一种形态。过热蒸汽进入汽轮机后，杂质会沉积在其蒸汽通流部分，ｌ称为汽轮机积盐，沉积的物质称为盐类沉积物。

汽轮机内形成沉积物的过程是带有各种杂质的过热蒸汽进入汽轮机后，由于压力和温度降低，钠化合物和硅酸在蒸汽中的溶解度随压力降低而减小，当其中某种物质的溶解度下降到低于在蒸汽中的含量时，物质就会以固态析出，并沉积在蒸汽通流部分。此外，蒸汽中做小的氢氧化钠浓缩液滴以及一些固态微粒，也可能粘附在汽轮机的蒸汽通流部分，形成沉积物。

在日常运行中，中压蒸汽官网提供的蒸汽须满足一定的质量指标，否则进入汽轮机的蒸汽所携带的盐分在蒸汽做功过程中，随着长期运行，沉积在喷嘴，叶片和气阀等通流部分，汽轮机结垢不仅增大了蒸汽在静、动叶片中的流动损失，降低了机组效率，同时使通流面积减少，限制了机组出力，严重时会使运行参数恶化，影响机组的运行安全：

3.1.1 设备清洗前设备运行状况

自2017年7月以来，汽轮机轮室压力呈上升趋势，由2.2MPa开始上升，进入8月份轮室压力在3.0MPa(表压)左右波动(见图2))，汽轮机出现结垢征兆。特别是进入11月份后，轮室压力进一步上升，接近中压蒸汽进气压力3.4MPa；期间转速变化量在8300±200r/min，调节变化量较小(见图3)；汽轮机蒸汽耗量呈上升状态，由22t/h上升至32t/h左右(见图4)；调速器开度由40%左右上升至2018年1月的100%左右(见图5). 汽轮机做功急剧下降，导致调速器开度持续在高位运行，机组负荷可调节裕度持续降低。进入2018年1月份，调速器开度在100%左右运行已成常态化，而汽轮机做功能力持续下降，转速下降，造成机组能耗上升的同时给加氢裂化装置的安全长周期运行埋下了安全隐患。

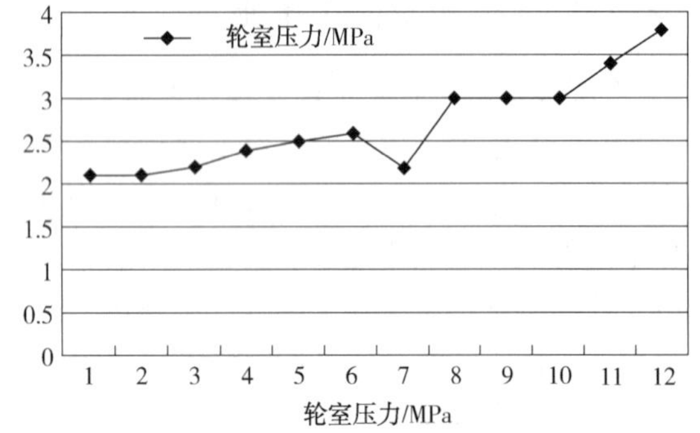

图2　2017年汽轮机轮室压力趋势

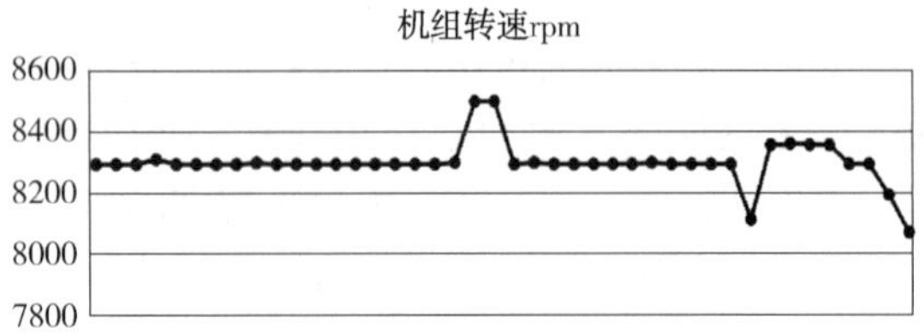

图3　机组转速

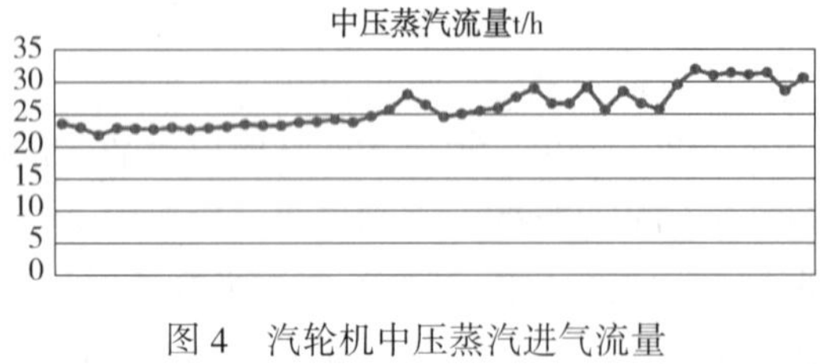

图4　汽轮机中压蒸汽进气流量

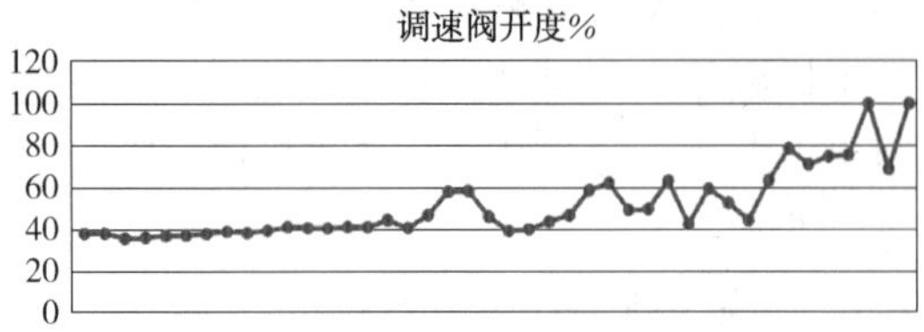

图5　汽轮机调速阀开度变化

1.1　中压蒸汽参数

中压蒸汽温度波动较大，在390~420℃间波动；中压蒸汽压力在3.4~3.6MPa间波动，且呈下降趋势；汽轮机排气温度由270℃上升至290℃左右，排气压力在0.8MPa上下波动，变化不明显。

自2017年6月19日起，催化中压汽包V2401中压蒸汽凝结水钠及二氧化硅含量超标(标准≯20μg/L)，其变化趋势如下图：

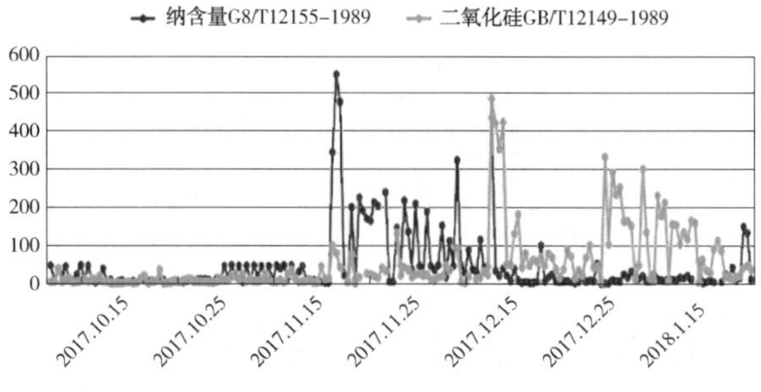

图6　中压蒸汽凝结水钠和二氧化硅含量
(红色线为50ug/L)

由上面汽轮机运行各参数及蒸汽品质来看，汽轮机结垢主要为钠含量和二氧化硅含量严重超标，造成汽轮机流通面积减少，做功下降，轮室压力上升，转速持续走低。

2018年3月17日因晃电致使循环氢压缩机自保停机，在3月18日9:00-12:00对循环氢压缩机汽轮机采取清洗作业。

3.1.2　汽轮机在线清洗及效果

3.1.2.1　清洗方案

采用过饱和蒸汽冲洗法，利用过饱和蒸汽在汽轮机叶片中流动时的溶解和冲刷特性，在一定温度、压力下带负荷清洗。

为了既能保证机组的安全运行，又能保证取的预期的清洗效果。机组带负荷清洗时，若蒸汽湿度过小，清洗效果差，蒸汽湿度大，叶片受力大，对安全不利，根据范围，一般选用蒸汽的参数，温度控制在180~230℃(该温度为湿蒸汽温度，参考3.53MPa饱和蒸汽温度为243℃)，压力3.4~3.5MPa。

为了保证安全，机组的连锁全部投用，并严密监控机组各参数，干气密封泄漏量变化，中压蒸汽温度，中压蒸汽压力；汽轮机振动，压缩机振动。循环氢压缩机转速由5000r/min，下调至2000r/min，持续10min后转速下调至1000r/min，进行惰转。

3.1.2.2　清洗流程

制定清洗流程方案，由A3403除盐水罐(一级除盐水）放空接高压皮管至高压注水泵入口，从注水泵出口至汽轮机入口中压蒸汽排凝阀，水量控制阀见附图7。

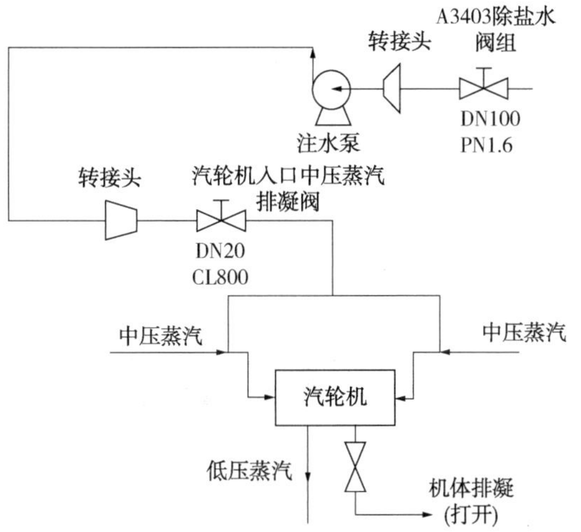

图7　注水流程图

使用 0.7MPa 除盐水经过加压泵加压至 4.0MPa，从汽轮机入口中压蒸汽管线小接管注入。

3.1.2.3　清洗过程

① 3月18日9：00接到清洗指令后，专人对上述水量控制阀缓慢调节开度，以汽轮机入口温度（汽轮机南侧进气管线温度计）为参考，在压缩机转速为1000r/min的情况下缓慢由400℃降至180～230℃，确认正常后冲洗120min，期间各专业人员检查相应指标，见表2和图8。

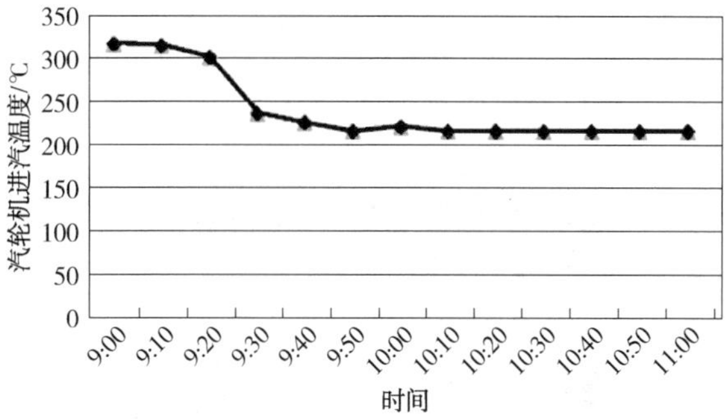

图8　汽轮机清洗过程进汽温度曲线

表2　汽轮机清洗参数表

时间	注水压力（现场压力表）/MPa	DCS中压蒸汽温度TI53153/℃	中压蒸汽温度（现场温度计）/℃	中压蒸汽压力P53127/MPa	汽轮机振动PIS53700/μm	汽轮机振动VIS53701/μm	汽轮机振动VIS53702/μm	汽轮机振动VIS53703/μm	压缩机振动VIS53740A/μm	压缩机振动VIS53740B/μm	压缩机振动VIS53741A/μm	压缩机振动VIS53741B/μm
9：00	4.0	375	320	3.63	11.7	9.9	10.6	10.3	17.4	15.5	10.3	14.2
9：10	4.0	360	318	3.72	11.8	10.1	10.5	10.2	17.3	15.3	14.0	13.3
9：20	4.0	355	305	3.67	11.6	10.2	10.5	10.1	17.3	15.2	13.9	13.3
9：30	4.0	348	240	3.62	12.5	12.7	9.3	8.9	17.2	15.1	13.8	13.3
9：40	4.0	342	230	3.63	12.3	10.6	11.2	10.2	17.2	15.2	13.5	13.3
9：50	4.0	335	220	3.65	11.8	10.2	10.8	9.8	17.4	15.2	13.9	13.2
10：00	4.0	330	225	3.66	11.6	10.2	10.9	10.0	17.4	15.2	14.0	13.1
10：10	4.0	325	220	3.66	11.9	10.3	10.8	10.1	17.4	15.2	13.9	13.1
10：20	4.0	320	220	3.68	11.8	10.4	10.9	10.1	17.4	15.2	14.0	13.1
10：30	4.0	316	220	3.69	12.0	10.4	10.9	10.2	17.4	15.3	14.0	13.1
10：40	4.0	313	220	3.7	11.9	10.7	10.9	10.3	17.4	15.4	14.0	13.1
10：50	4.0	311	220	3.7	12.0	10.4	10.9	10.2	17.4	15.3	14.1	13.1
10：59	4.0	309	220	3.7	12.0	10.5	10.9	10.3	17.4	15.4	14.1	13.2

② 3月18日11：00清洗过程达到预定时间后，停止注水。压缩机转速维持在1000r/min运行60min，蒸汽温度由220℃上升至250℃；12：00调整转速为2000r/min，中压蒸汽温度上升至280℃，12：30转速为3000r/min，运行30min；13：00转速提高至5000r/min，机组运行平稳。

3.1.2.4　清洗效果

清洗效果，汽轮机清洗后各参数对比，如表3。

表 3　汽轮机清洗前后压缩机参数对比表

循环氢压缩机运行参数对比				
日期	循环氢量/(Nm^3/h)	氢纯度/%	蒸汽耗量/(t/h)	调速器开度/%
2017 年 11 月 25 日	230235	91. 19	32. 3	78. 4
2017 年 12 月 8 日	223451	91. 1	31. 6	74. 6
2018 年 1 月 26 日	226738	90. 05	31. 7	100
2018 年 2 月 9 日	220523	87. 2	31. 6	100
2018 年 3 月 20 日	208883	93. 02	20. 4	33. 1
2018 年 3 月 21 日	215761	91. 2	21	34. 1

汽轮机主气门开度曲线，如图 9。

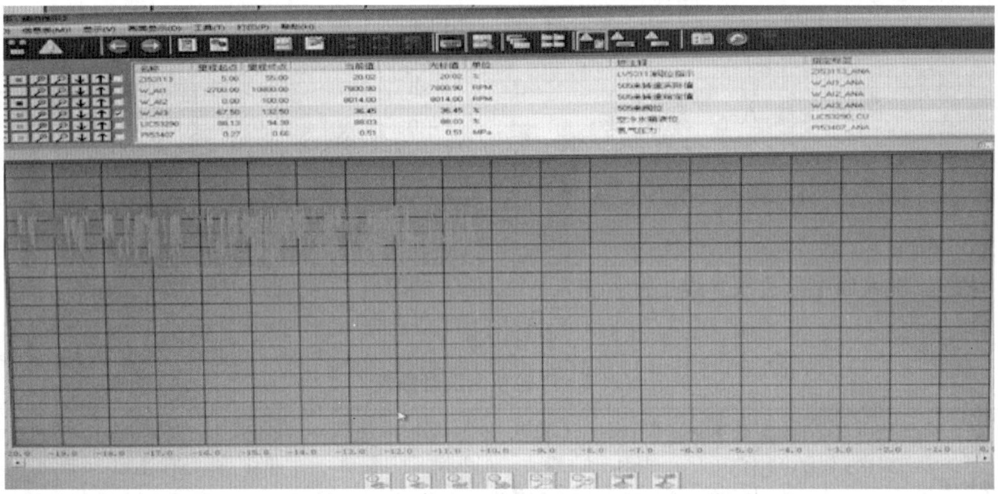

图 9　汽轮机主气门开度曲线

压缩机汽轮机清洗前后，汽轮机轮室压力由清洗前的 3. 4MPa，下降至 1. 6MPa，下降 53%；主气门开度由 100%，下降至至 34%，做功效果明显提高。同样工况下，蒸汽耗量由 32t/h 下降至 21t/h(见图 9))，下降 66%，每天节约蒸汽 264t ；

3. 1. 3　汽轮机结垢防范措施

经过本次在线清洗，在后期运行中，对中压蒸汽的品质严格监控，及时调整，确保中压品质合格，汽轮机结垢情况减少，汽轮机做功平稳，中压蒸汽钠含量≤20μg/L ，二氧化硅含量≤20μg/L，主汽门开度在 33%~43%，中压蒸汽消耗量 23%~26%之间，从 2018 年 3 月 18 日运行至 2019 年 7 月大检修，汽轮机运行平稳，主汽门开度和中压蒸汽消耗量稳定，如下表 4；累计运行 462 天，按平均 6t/h 计算，总计节约中压蒸汽 6×24×462=66528t。

表 4　汽轮机运行数据监控表

序号	主汽门开度/%	中压蒸汽消耗量/t	转速/(r/min)	时间
1	35. 1	23. 2	7800	2018 年 4 月
2	35. 7	23. 7	7800	2018 年 5 月
3	35. 1	24. 2	7800	2018 年 6 月
4	35. 8	24. 1	8000	2018 年 7 月
5	34. 3	22. 6	7800	2018 年 8 月
6	34. 3	22. 7	7800	2018 年 9 月
7	37	23. 3	7800	2018 年 10 月
8	35. 8	22. 7	7800	2018 年 11 月

续表

序号	主汽门开度/%	中压蒸汽消耗量/t	转速/(r/min)	时间
9	35	23	7800	2018 年 12 月
10	36.5	23.7	7800	2019 年 1 月
11	37	24	7800	2019 年 2 月
12	38.1	24.5	7800	2019 年 3 月
13	37.1	23.6	7800	2019 年 4 月
14	35	23.7	8100	2019 年 5 月
15	37.5	24.4	8100	2019 年 6 月

根据上述数据，绘制主汽门开度和中压蒸汽消耗量曲线，如图 10：

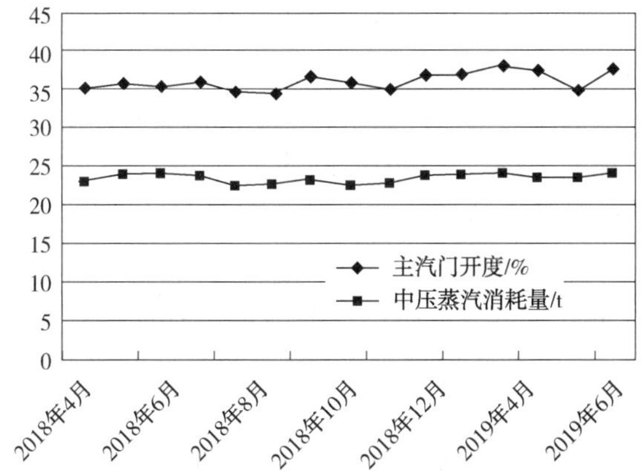

图 10 汽轮机主气门开度和蒸汽耗量曲线

3.2 润滑油系统问题

通过 2 次润滑油系统故障问题导致机组停机，主要原因为润滑油泵晃电，润滑油泵切换过程中造成速关油压力低，机组停机。

3.2.1 润滑油泵晃电问题处理

为了解决润滑油晃电失电过程中出现的停泵影响，在 2019 年大检修中增加动态电压恢复器 NVR，当系统电压突然暂降时，实现对电压的快速调节，同时消除电压三相不平衡，且具有调节电压偏差，保证输出电压无缝连接达到额定值，保护负载正常运行的功能，见图 11。

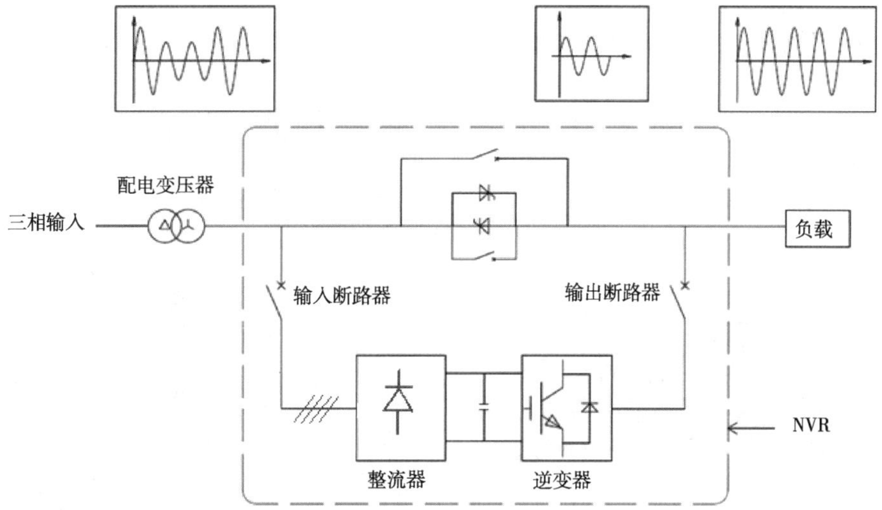

图 11 NVR 运行拓扑图

NVR 串联在供电电源和受保护的负载之间，持续监测输入侧电源电压，一旦发现供电电压偏离额定电压水平，通过 IGBT 逆变器系统产生一个合适的补偿电压注入系统，保证输出侧(即负载侧)电压稳定，确保受保护的负载不受电压变化的影响。

3.3 汽轮机速关油低问题处理

在 2017 年 5 月至 2019 年 7 月运行周期，汽轮机两侧速关阀活塞与活塞盘密封泄漏，控制油 1.1MPa，速关油压力 0.95MPa，相差 0.15MPa。在润滑油泵失电切换过程中，速关油压力下降至 0.38MPa，汽轮机速关阀关闭，造成机组停机。

由控制油系统流程图(图 12)可以看出，速关油下降较快分析原因：

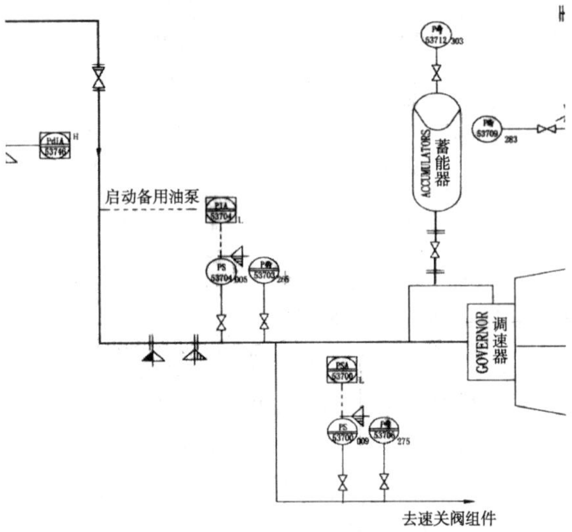

图 12　控油系统流程图

①控制油系统单流阀不严，造成油泵切换中，控制油压力下降，每次大修对该单流阀进行检查确认，进行密封试验，确保完好无泄漏，在 2019 年大检修中对其进行检查，密封面完好，密封试验正常。

② 速关阀活塞密封不严，日常运行中速关油通过 E 油线进入速关阀，在速关阀活塞 13 密封完好的情况下，回油 T1 无回油，但在上个运行周期中，存在泄漏情况，速关阀回油线温度上升，存在泄漏情况，泄漏压力由 1.1MPa 泄漏至 0.95MPa；为了解决该问题，2019 年大检修中对速关阀进行解体检查，发现活塞密封环磨损缺陷，进行更换，见图 13、图 14。

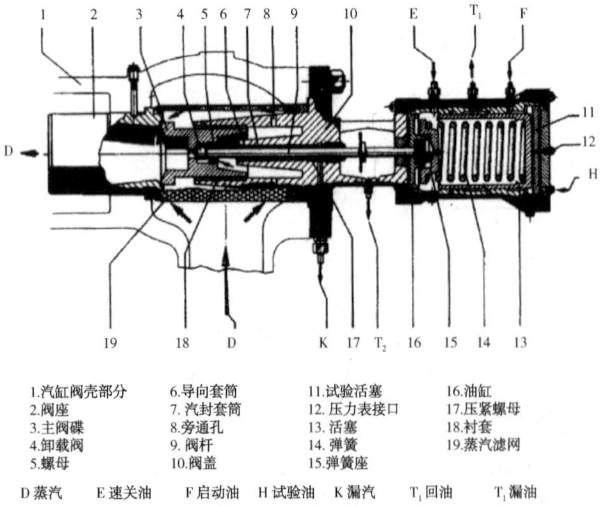

图 13

图 14

③　控制油系统皮囊式蓄能器容量过小，同时压力过低。在控制油系统中，蓄能器可以把系统中多余的压力油储存起来，当系统需要时，由蓄能器释放出来，来保障控制油压力的稳定，为了改善控制油系统的稳定，对蓄能器储量进行增加，由之前的 10L 增加到 100L，压力保障在 0.7 倍的控制油压力，在同样润滑油系统波动的情况中，蓄能器工作释放压力，能量存储增加 10 倍，来保障速关油系统在润滑油泵切换过程中波动减少，确保速关阀油压正常，见图 15。

图 15

通过以上措施，在 2019 年大检修中进行实施，在润滑油泵运行后，模拟晃电情况下电机运行良好，在情况下可继续运行控制油压力和速关油压力均为 1.1MPa，速关阀泄漏问题得以解决；在润滑油泵联锁切换过程中，速关油压力稳定在

1.1MPa，蓄能器发挥补压作用，油压稳定。

3.4 压缩机干气密封问题及处理

自2016年7月大修开工后，干气密封运行，驱动侧一级密封泄漏为22-27Nm³/h，非驱动侧一级密封泄漏为15-17Nm³/h，驱动侧一级泄漏较非驱动侧一级泄漏偏大，相差为7-10Nm³/h。干气密封二级密封气流量一直调整在5Nm³/h，流量压力稳定。工艺方面，循环氢纯度在90-91%之间，介质性质稳定。

从统计分析来看，泄漏超过30Nm³/h的有6次(自2016年7月至2019年6月，总计35个月)，驱动侧变化较小，见表5。

表5 加氢裂化装置循环氢压缩机C3401干气密封运行参数统计

序号	时间	主密封气温度/℃	驱动侧泄漏/(Nm³/h)	非驱动侧泄漏/(Nm³/h)	备注
1	2016年11月	90~110	26~30.5	16~18	天气温度由15℃下降至0℃。主密封气温度90-110℃。
2	2016年12月	100~110	26~30.22	16~18	天气温度0℃，主密封气温度100-110℃。
3	2017年7月	100~120	24~31.78	15~17	干气密封一级泄漏量，驱动端24-31.78Nm³/h，泄漏压力由0.08MPa，上升到0.12MPa，非驱动端15-17Nm³/h。原因为7月27日19：00下雨降温，主密封气温温度迅速下降，由120℃下降至97℃，
4	2017年11月	100~120	27.17~30.36	18.9~19.77	11月22日进料泵停机装置连锁，干气密封系统，驱动侧泄漏27.17-30.36Nm³/h(10月份24-27Nm³/h,)11月22日加氢装置异常中最高泄漏量在35Nm³/h。驱动侧主封气流量计显示满量程500Nm³/h(正常控制在300Nm³/h)，非驱动侧一级泄漏量18.9-19.77Nm³/h，正常。
5	2018年1月	100~120	37.01	17.4	1月5日16：31氮气压力下降，影响干气密封。
6	2019年1月	90~120	23.80~27.5	20~22	干气密封系统驱动侧一级泄漏承缓慢上升趋势，由1月初的25 NM3/h上升至目前最高的27.5NM³/h，泄漏压力由0.08Mpa上升至最高0.10Mpa，主密封气温度最低90℃。
7	2019年2月	92~115	25~30.81	19~21.15	干气密封系统驱动侧一级泄漏承缓慢上升趋势，由1月初的25NM³/h上升至1月底的最高的27.5NM³/h，2月份继续程上升趋势，最高到30.81NM³/h，泄漏压力由0.08Mpa上升至最高，0.12MPa，主密封气温度最低92℃

由统计可以看出，4次因为主密封气温度控制波动和天气温度变化影响，泄漏超过30Nm³/h；主密封气温度最低下降至90℃，实测注入点管壁温度75℃。

主密封温度对干气密封泄露的影响，为了避免可能出现的凝液对干气密封性能的影响。对主密封气露点进行分析，主密封气(循环氢)的主要成分是氢气，约占90%~91%，氢气本身不会产生冷凝，其他组分产生冷凝，主密封气各组分露点温度进行检查，从下表可以看出，重组分露点温度较低，在2~15℃，在密封厂家给出的技术文件里指出，为了防止密封气带液，在日常运行中主密封气加热后温度在90~110℃，确保密封气不带液。同时对加热后主密封气管路进行保温处理，减少温度损失，在主密封气温度90℃的情况下，实测密封气注入点管道外壁温度为82℃，满足要求，见表6。

表6 密封气露点分析

密封气成分	甲烷	乙烷	丙烷	异丁烷	正丁烷	戊烷
含量%	4.997	1.298	0.954	0.696	0.306	0.322
相应露点/℃	-130	-50	-25	-15	-20	2-15

通过上面可以看出，在运行中密封气无带液的风险，由驱动侧一级泄漏可以看出，泄漏量随着温度的变化而变化，对主密封温度和泄漏量曲线可以看出，主密封温度和泄漏关系，温度越高泄漏越小。

由上面统计可以看出(图16，表7)，在2次停工后重新启机后，干气密封泄漏均有所下降，由此可以排除干气密封动静环(SiC)损伤的不可逆影响，说明干气密封动静环在运行中未出现故障。

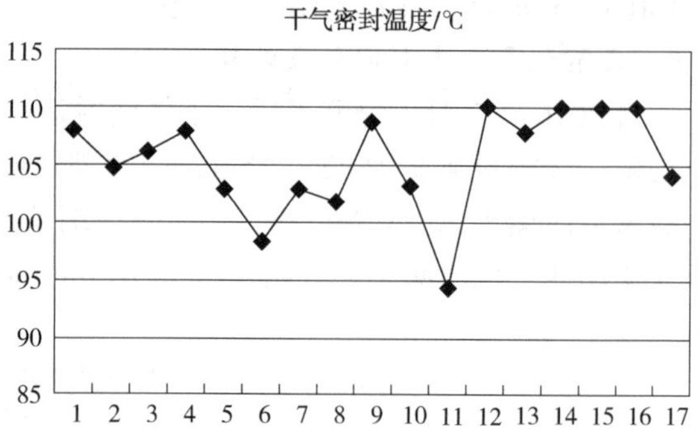

图16　干气密封温度和泄漏对比图

表7

时间	一级驱动侧泄露/(Nm^3/h)	一级非驱动侧泄漏/(Nm^3/h)	备注
2018年3月	27下降至25	15-16	2018年3月17日因循环氢压缩机润滑油泵晃电造成装置自保，装置恢复后干气密封泄漏下降。
2018年5月	25下降至20	15-17	2018年5月13日晃电，控制油压低造成汽轮机速关阀关闭，压缩机停机装置连锁，装置恢复后调 干气密封驱动侧一级泄漏下降4-5Nm3/h，非驱动侧变化不大；

3.4.1　干气密封泄漏原因分析

通过以上统计分析，可以得出：

① 干气密封动静环完好，未出现损伤。

② 干气密封静密封圈损坏。干气密封泄漏随介质温度变化比较明显，由干气密封图纸可以看出，静密封有3处，密封采用C环密封，该环为PTFE(聚四氟乙烯)材质，设计温度在-50～200℃，压力15Mpa，该密封可随温度的变化和位置的变化影响泄漏，见图17、图18。

在2019年大检修中通过对驱动侧干气密封解体检查，发现一级密封轴套和静座密封C环密封存在变形损坏缺陷。大检修中对两端干气密封进行更换新密封，见图19。

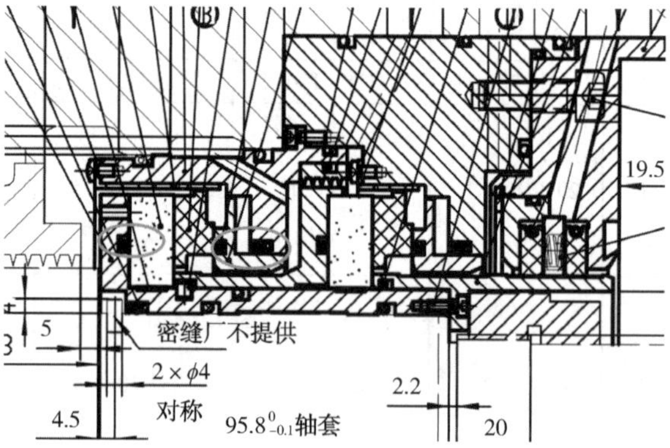

图18　干气密封C环

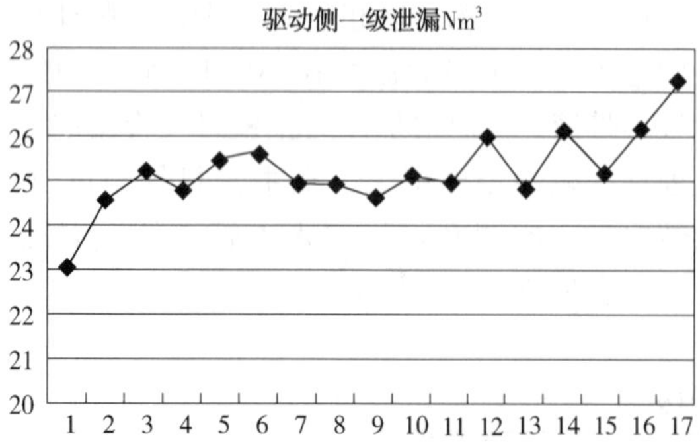

图17　干气密封图

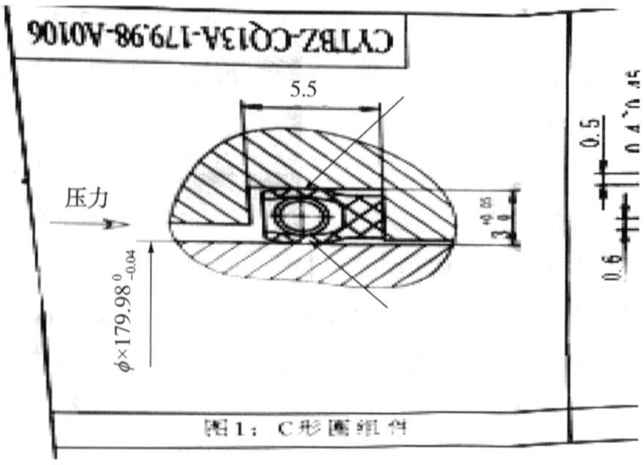

图19

图 20

3.4.2 干气密封故障防范措施：

① 做好干气密封备件厂家验收，在试验台对干气密封性能进行试验，静态试验和动态试验满足要求，确保动密封的静密封完好。

② 现场安装后对其进行静态试验，安装完成后引一级密封气 0.3MPa 氮气，检查一级泄漏情况，未泄漏可以判断干气密封动静环和密封圈完好性。

③ 根据厂家要求，密封存放时间超过 2 年，使用前必须对密封进行检查，更换内部密封圈，防止密封圈老化造成密封失效。

4 结束语

影响循环氢压缩机的长周期运行的问题很多，通过对上个运行周期存在的汽轮机结垢问题，润滑油系统中速关阀下降问题，干气密封泄漏异常问题进行分析，提出解决措施，并通过日常和大检修进行实施，极大改善了机组的可靠性，同时加强日常操作参数控制，为各系统提供良好的运行环境，来保障机组的长周期安全运行，为装置四年一修打好基础。

参 考 文 献

[1] 库成远．成志良．邹晓昆 汽轮机积盐在线清洗．东北电力技术，2006，(1)：27-29.

[2] 刘少林．工业汽轮机结垢在线清洗实例．山东工业技术，2017，(06)：3.

[3] 张洪伟．姚刚，浅谈汽轮机在线湿蒸汽除垢技术．中国科技纵横，2017，(07).

[4] 王泽国．饱和蒸汽在线清洗汽轮机结垢技术应用．化工管理 ，2017，(09)：228.

[5] 贾嘉．循环氢压缩机干气密封失效原因浅析．石油化工设备技术．2017，(01)：43.

多级离心泵轴向力平衡装置间隙探讨

李自鸿

（中国石油兰州石化分公司机电仪运维中心）

摘　要　本文研究了多级离心泵轴向力平衡装置平衡鼓间隙的问题，介绍了多级离心泵的工作原理以及轴向力的产生与影响因素，讨论了平衡鼓的设计与作用，探究了平衡鼓间隙的影响因素。本文的研究对于提高多级离心泵的运行效率和可靠性具有重要意义。

关键词　多级离心泵；轴向力平衡装置；平衡鼓间隙

多级离心泵在工业领域中广泛应用，而轴向力平衡是其设计中的一个关键要素。平衡鼓作为多级离心泵常用的轴向力平衡形式，在泵行业中被广泛采用。如果轴向力平衡不当，将导致转子上推力轴承承受过大的载荷，从而导致轴承过热或烧毁，最终影响泵的正常工作。

对于多级离心泵的轴向力平衡装置，首先需要分析多级离心泵轴向力产生的原因，以更好地理解问题的本质。其次，需要设计一种有效的轴向力平衡装置，以解决多级离心泵在运行过程中可能出现的轴向力不平衡问题。此外，还需要研究平衡鼓间隙尺寸变化对多级离心泵性能的影响，以优化轴向力平衡装置的设计。

1　讨论内容

本文主要研究多级离心泵轴向力平衡装置平衡鼓间隙的影响因素，为提高多级离心泵的性能和可靠性提供理论依据。

多级离心泵由多个叶轮组成，平衡鼓间隙的大小和布局对离心泵的性能和效率有着重要影响。本文通过对平衡鼓间隙大小、轴向力等参数的分析，研究了这些因素对平衡鼓间隙的影响，为多级离心泵的设计和改进提供了重要的理论依据，具有一定的理论和实践价值。

2　多级离心泵基本理论

2.1　多级离心泵工作原理

多级离心泵是一种常用的流体输送设备，其工作原理是利用离心力将流体从吸入口吸入并加压后排出。在多级离心泵中，流体的输送过程分为两个主要阶段，吸入阶段和排出阶段。在吸入阶段，离心泵的叶轮旋转，使得流体从吸入口进入并充满叶轮。同时，叶片的离心力使得流体在叶轮内部旋转，并传递给流体动能。在排出阶段，流体被迫通过离心泵的出口，同时叶轮的旋转使得减速器中的流体离心力得到增加，从而增加了排出流体的压力。

在多级离心泵的工作原理中，平衡鼓的作用不可忽视，平衡鼓作为一种轴向力平衡装置，能够平衡主轴上由于流体压力不对称而产生的轴向力，通过调整平衡鼓的尺寸和间隙，使得其产生的反向轴向力平衡主轴上的正向轴向力，这样就可以有效地减小主轴轴承的负载，延长其使用寿命，同时提高了离心泵的工作效率。

平衡鼓作为轴向力平衡装置，在离心泵的工作中起到了重要的作用。通过平衡鼓的设计，能够有效平衡主轴上的轴向力，提高泵的工作效率。

2.2　轴向力的产生与影响因素

多级离心泵的工作原理决定了轴向力的产生。在离心泵的运行过程中，由于液体受到离心力的作用，在叶轮的作用下产生了一个径向流动，这种径向流动引起了压力的改变，从而使得液体在泵内产生了一个轴向流动的趋势。这种轴向流动会引起轴向力的产生和影响。

多级离心泵的叶轮设计对轴向力的产生有着直接的影响。叶轮的设计参数，如叶片形状、叶片数量和间距等，直接决定了叶轮对液体的推送效果。优秀的叶轮设计可以降低因液体径向流动引起的轴向力。因此，在多级离心泵的设计中，叶轮的设计应充分考虑减小轴向力的产生。

多级离心泵的流道设计也会对轴向力产生影

响。流道的形状和尺寸会对液体的流动状态造成影响，进而影响轴向力的产生。合理设计流道能够减小液体径向流动的趋势，从而降低轴向力的发生。因此，在多级离心泵的设计过程中，流道的设计应考虑减小轴向力。

多级离心泵的运行工况也是轴向力产生的一个重要影响因素。在不同的工况下，液体涡流的形成和流动特性有所改变，从而导致轴向力的变化。因此，在实际运行中，需要对泵的运行参数进行合理的控制和调整，以减小轴向力的产生。

多级离心泵轴向力的产生与叶轮设计、流道设计以及运行工况等因素密切相关。在多级离心泵的设计和运行中，应该注重优化相关设计参数，以减小轴向力的产生，从而提高泵的工作效率和可靠性。

2.3 轴向力组成分析与计算

选用某装置锅炉给水泵平衡鼓磨损案例进行轴向力的组成分析与计算：

某装置锅炉给水泵性能参数(见表 1 ~ 表 2、图 1)：

表 1

规格型号	MHG 5/9	机泵结构	离心泵/九级
介质名称	脱盐水	介质温度	150℃
入口流量	$485m^3/h$	入口压力	0.56MPa
出口流量	$434m^3/h$	出口压力	15.1MPa
最小回流量	$87m^3/h$	转速	2980r/min
输入功率	2350kW	输出功率	2306kW

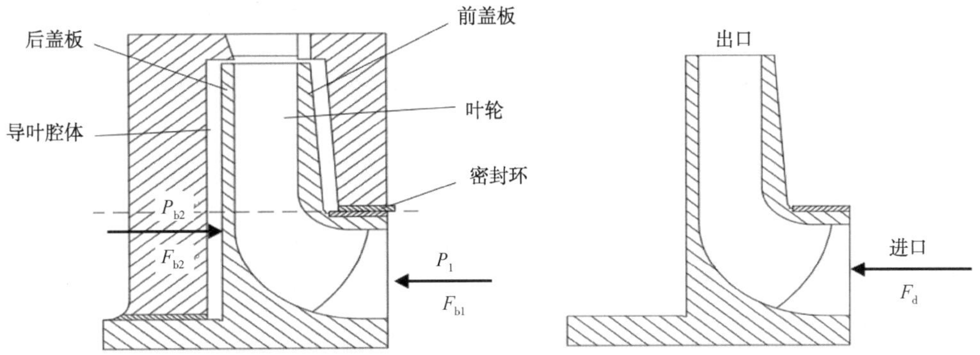

叶轮结构受力图

图 1　叶轮结构受力图

表 2

名称	产生原因	方向
(1)盖板力 F_b	前后盖板受力不一致	指向叶轮进口方向
(2)动反力 F_d	叶轮出入口流体方向发生变化	指向叶轮出口方向
(3)结构力 F_j	轴套、轴肩等结构因素以及转子重量引起，可忽略	
给水泵转子所受轴向力为：$F = \sum F_b + \sum F_d$		

2.3.1 轴向力计算(图 2)

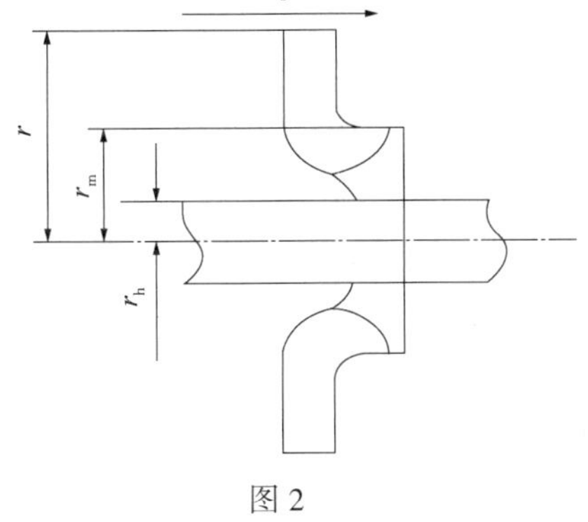

图 2

(1) 盖板力 F_b；

依据：欧拉平衡方程

$$\frac{\partial p}{\partial x}dx+\frac{\partial p}{\partial x}dy+\frac{\partial p}{\partial x}dz=\rho(Xdx+Ydy+Zdz)$$

假设：叶轮盖板两侧无径向流动，推导得出：

$$F_b=\pi\rho g(r_{m2}-r_h^2)[H_p-\frac{\omega^2}{8g}(r^2-\frac{r_m^2+r_h^2}{2})]$$

$$H_p=H_1(1-\frac{gH_1}{2u_2^2})$$

代入数值得 $F_b = 34582.4\text{N}$

(2) 动反力 F_d(图3):

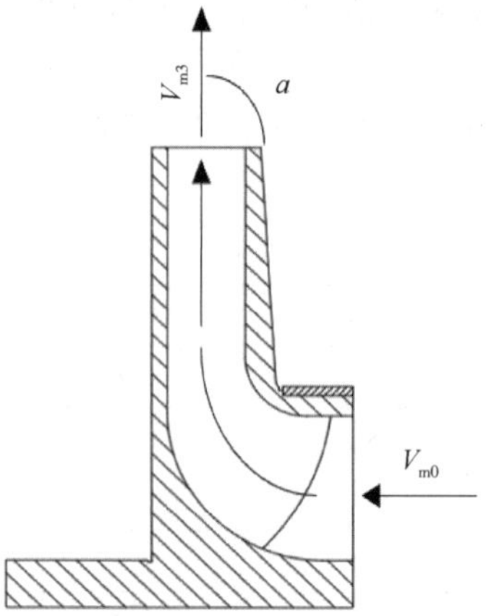

图3

依据：动量定理　$F\triangle t = \text{m}\triangle v$

推导得出：$F_d = -\rho Q(v_{m0} - v_{m3}\cos\alpha)$

当 a=90°时，上式可以改为以下公式计算：

$$F_d = -\left(\frac{Q}{\eta_v}\right)\rho\frac{1}{{r_m}^2 - {r_h}^2}$$

经计算 $F_d = -1829.9\text{N}$

即给水泵总的轴向力 $F = \sum Fi = \sum Fb + \sum Fd = 294773.0\text{N}$

2.4 平衡鼓的设计与作用

平衡鼓作为一种重要的装置，被广泛应用于多级离心泵中，用于平衡轴向力，其设计与作用对于泵的性能和稳定运行起着至关重要的作用。

平衡鼓的设计需要考虑泵的工作条件和所需的轴向力平衡效果。应根据泵的工作参数，如流量、扬程等，确定所需的轴向力的大小和方向。然后，根据泵的结构特点和泵轴线的位置，确定平衡鼓的位置和尺寸。平衡鼓通常位于泵的出口或尾部，通过一定的连接方式与泵轴相连，并与泵壳隔开，形成一个密闭的空间。平衡鼓的尺寸和形状也需要根据实际情况进行调整，以达到最佳的平衡效果。

平衡鼓的作用主要体现在平衡轴向力上。当泵工作时，由于流体的流动和转子的旋转，会产生一定方向和大小的轴向力。这些轴向力会通过泵轴传递到泵壳上，然后再通过泵壳传递到泵基上。如果轴向力无法得到有效的平衡，将会导致泵的振动和噪音增加，甚至破坏泵的结构。而平衡鼓的存在，可以提供一个相对静止的反作用力，将原本作用于泵轴上的轴向力进行平衡，从而减小了泵轴和泵壳之间的轴向力。

平衡鼓还可以改善泵的稳定性和运行效率。通过合理设计和调整平衡鼓的尺寸和间隙，可以使得泵的工作更加平稳。尤其在高速运转的离心泵中，平衡鼓的作用更加明显，它可以缓冲泵内压力的均衡变化，减少流体的波动和涡流的产生，提高泵的工作效率和可靠性。

平衡鼓作为多级离心泵中常用的轴向力平衡装置，具有重要的设计和作用。合理的平衡鼓设计可以有效地平衡泵轴上的轴向力，减小振动和噪音，提高泵的稳定性和工作效率。

3　平衡鼓间隙影响因素研究

3.1 结构参数对平衡鼓间隙的影响

在多级离心泵中，平衡鼓的间隙大小直接影响到泵的性能和工作稳定性，而这个间隙的大小又受到结构参数的影响。

鼓的直径是一个重要的结构参数。鼓的直径越大，鼓与泵壳之间的间隙也会相应增大。因此，较大直径的鼓在保持一定的间隙时能够更好地平衡轴向力，提高泵的工作效率。鼓直径过大也会增加鼓的惯性，使得泵的运行过程中产生的振动增加，降低了泵的稳定性。

结构参数对平衡鼓间隙的影响是不可忽视的。鼓的直径、鼓轴的加工精度等参数都会直接影响到泵的性能和工作稳定性。

3.2 工作条件对平衡鼓间隙的影响

工作条件是影响多级离心泵轴向力平衡装置的重要因素之一。工作条件包括液体输送流量、压力、温度等多个方面。这些条件的变化会直接影响到轴向力平衡装置稳定性。

流量变化对平衡鼓间隙产生影响。当流量增加时，由于受到液体的侧向力作用，平衡鼓间隙会有所扩大。这是因为大流量情况下，前后多级离心泵之间的液体压力差会增大，导致鼓壳受到更大的径向力，从而增大了平衡鼓间隙。此外，高流量还会带来更高的流体速度和振动，也会对平衡鼓间隙产生一定的影响。因此，在设计多级离心泵轴向力平衡装置时，需要考虑到不同工作流量下的平衡鼓间隙变化情况。

压力变化也对平衡鼓间隙产生影响。在高压力条件下，液体对泵的压力作用会更大，导致鼓壳受力更大，进而产生更大的平衡鼓间隙。相反，在低压力条件下，鼓壳所受力较小，平衡鼓间隙也相应减小。因此，工作条件中的压力变化对平衡鼓间隙的控制非常重要。

温度的变化也会对平衡鼓间隙产生一定的影响。当温度升高时，液体的体积膨胀，导致泵的内部结构变形。特别是鼓壳受温度影响更加明显，由于热胀冷缩的原理，温度升高会使鼓壳扩大，从而增大平衡鼓间隙。因此，在选取平衡鼓间隙时，需要考虑到温度变化情况。

工作条件对平衡鼓间隙有着直接而重要的影响。液体输送流量、压力和温度的变化都会导致平衡鼓间隙的变化。因此，在设计多级离心泵轴向力平衡装置时，需要根据实际工作条件的变化范围，选择合适的平衡鼓间隙值，以确保系统的稳定性和正常运行。同时，还需要通过合理的结构设计和控制措施，来减小工作条件对平衡鼓间隙的影响，提高平衡效果和系统性能。

3.3 平衡力计算(图4)

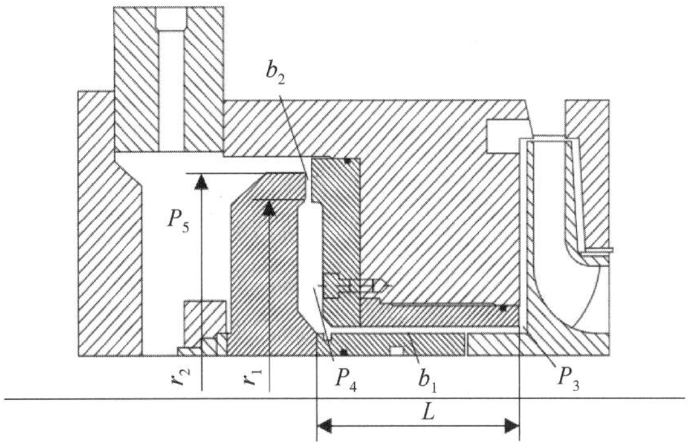

图4

3.3.1 平衡盘灵敏度 K(表3)

表3 间隙表(径向)mm

直径方向上的间隙	“如新的”状况	最大允许间隙
叶轮耐磨环(5030)及壳体耐磨环(5020)	0.34～0.58	1.0
叶轮毂(2300)及扩散器(1710)	0.50～0.59	1.0
平衡盘坐(6020)及平衡套筒(5252)	0.32～0.38	0.7
轴承壳(3700.1/2)及轴(2100)	0.10～0.16	0.2
轴承盖(3600)及轴(2100)	0.30～0.38	0.5
迷宫环(4230)与轴(2100)	0.30～0.38	0.5

反应平衡力随 b_2 的变化规律依据：连续性方程 $S_1V_1=S_2V_2$，即通过 b_1 以及 b_2 的泄漏量相等，得出平衡盘的灵敏度 K：

$$K=\frac{p_4-p_5}{p_3-p_5}=\left[1+\frac{Lb_2^{\ 3}}{r_hb_1^{\ 3}((r_2/r_1-1)}\right]^{-1}$$

为确保平衡装置具有较高的灵敏性，K 值取值范围：0.45~0.55，依据《MHG 锅炉给水泵操作及维护手册》b_1 取值范围：0.32-0.38mm 由以上计算公式得出：轴向间隙 b_2 取值范围为：0.12~0.16 mm。

3.3.2 平衡力 F′

根据平面间隙和平行圆盘间隙流动公式，推导得出平衡力 F′的计算关系式：

$$F'=\frac{\pi(p_3-p_5)(p_2^{\ 2}-r_1^{\ 2})}{2\left(\dfrac{Lb_2^{\ 3}}{r_hb_1^{\ 3}}+\ln\left(\dfrac{r_2}{r_1}\right)\right)}-\frac{\pi r_h^{\ 2}(p_3-p_5)}{1+\dfrac{Lb_2^{\ 3}}{r_hb_1^{\ 3}\ln\left(\dfrac{r_2}{r_1}\right)}}$$

(1) b_2 和 b_1 对 F'的影响很大。

(2) b_1 一定时，b_2 越大，F' 越小；b_2 一定时，b_1 越大，F'越大。

(3) b_2 越接近 0mm 时，F' 的变化越趋于平缓，b_1 对 F'的影响越小，说明平衡装置的灵敏性越差。

为避免转子的轴向窜动和止推轴承的损坏，应使 $F>F'>0.8F$。例如当 b_1 取 0.34 mm 时，b_2 可取 0.14 mm、0.15 mm；b_1 取 0.36 mm 时，b_2 可取 0.15 mm、0.16 mm。

4 结论

通过研究给水泵平衡装置的工作原理和受力情况，分析了平衡装置的间隙变化，得到了给水泵轴向力和平衡装置平衡力的计算方法，并利用实例验证了计算结果的准确性。

(1) 平衡装置平衡力过小，给水泵轴向力过大是造成该泵平衡装置磨损的主要原因。

(2) 通过计算给水泵轴向力和平衡装置平衡力，得出了 b_2 和 b_1 的最佳装配间隙范围。

(3) b_2 和 b_1 取值分别为 0.15mm 和 0.35mm，给水泵振动良好，运行平稳，验证了计算结果的准确性，可为同类型平衡装置的检修维护提供参考。

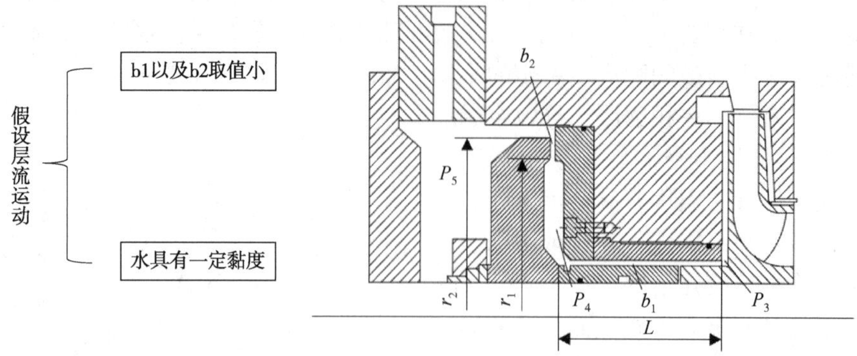

图 5

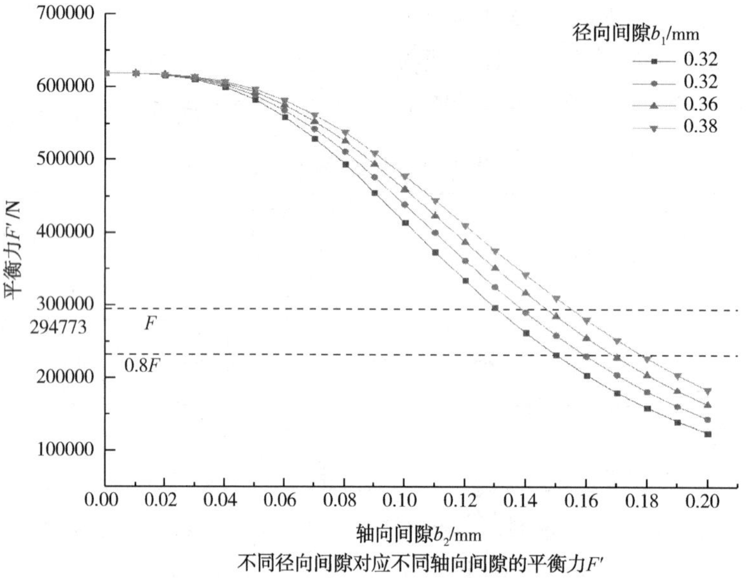

图 6　不同径向间隙对应不同轴向间隙的平衡力 F′

参　考　文　献

[1] 薛自华，多级离心泵轴向力及平衡鼓尺寸计算研究[J]，水泵技术，2019.

[2] 邱磊，大型海水淡化高压泵轴向力动态平衡的研究[J]，2020.

[3] 陈淘利，叶轮背叶片对离心泵轴向力特性影响的研究[J]，2018.

[4] 李立，悬臂式高压离心泵轴向力计算及影响因素分析研究[J]，2019.

[5] 徐庆然，何朝辉，对称布置多级卧式离心泵轴承损坏的研究[J]，今日制造与升级，2022.

[6] 杨润宇，低比转速多级离心泵内部流动及其动力学特性研究[J]，2020.

[7] 浦承皓，卢熙宁，汤黎明，多级离心泵双平衡鼓结构流动特性研究[J]，水泵技术，2021.

[8] 李华政，多级离心泵平衡装置结构改进[J]，世界有色金属，2018.

炼化企业电动机启动方式仿真优化

——动设备管理的节能创新实践

张宝俊　袁新龙　李　辉

（中国石油兰州石化公司）

摘　要　炼化企业中电动机的稳定运行对生产过程的连续性和安全性至关重要。电动机启动方式的选择直接影响其性能、电网稳定性及企业经济效益。本研究系统分析了炼化企业常见的电动机启动方式，包括全压直接启动、降压启动（电抗器降压、自耦变压器降压、星-三角降压）、软启动和变频启动，详细阐述了其工作原理及性能特点。通过理论计算和ETAP软件仿真，对比了不同启动方式下的电压、电流、转矩等关键参数变化，并结合实际案例验证了仿真结果的可靠性。研究提出了一种基于综合性能评估的启动方式选择策略，为炼化企业优化电动机启动系统提供了科学依据和技术支持，助力实现节能减排和经济效益提升的目标。

关键词　炼化企业；电动机；启动方式；性能分析；ETAP仿真；节能优化

在炼化企业的生产流程中，电动机作为各类机械设备的动力源广泛应用，涵盖泵、压缩机、风机等关键设备。电动机启动过程的稳定性与可靠性直接关联到生产的连续性与安全性。由于炼化企业通常具有大功率设备集中、对供电稳定性要求高的特点，电动机启动时产生的大电流若处理不当，会引发电网电压波动、设备误动作等问题，影响生产的正常进行，甚至造成安全事故和经济损失。

随着炼化工艺的不断升级和电力技术的持续发展，多种电动机启动方式应运而生。不同启动方式在原理、性能表现、适用场景等方面存在显著差异。结合国家“双碳”目标，分析炼化企业节能减排需求，强调电动机启动方式对能效的影响。因此，深入研究并合理选择电动机启动方式，对保障炼化企业安全生产、降低能耗、提高经济效益具有重要的现实意义。本研究旨在系统剖析炼化企业常用电动机启动方式，通过理论计算和仿真分析，为企业提供精准的技术支持与决策参考。

1　炼化企业电动机启动方式原理

1.1　全压直接启动

全压直接启动是将电动机直接接入额定电压的电网，启动时电动机定子绕组瞬间承受额定电压U_n。根据三相异步电动机的工作原理，启动瞬间转子转速为零，转差率$s=1$。在这一状态下，由三相异步电动机的T型等效电路和转矩方程可知，此时启动转矩较大。其T型等效电路由定子电阻R_1、定子电抗X_1、励磁电阻R_m、励磁电抗X_m、转子电阻R_2、转子电抗X_2等元件构成，通过这些元件之间的相互作用，描述电动机在不同运行状态下的电气特性。三相异步电动机的T型等效电路见图1。

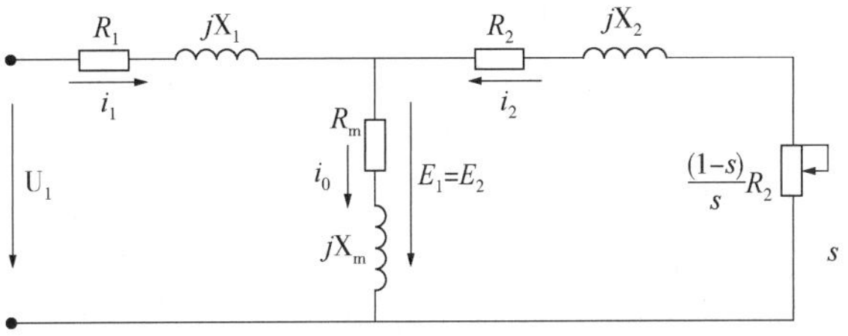

图1　三相异步电动机的T型等效电路

$$
\left\{
\begin{aligned}
\dot{U}_1 &= -\dot{E}_1+\dot{I}_1(R_1+jX_1)\\
-\dot{E}_1 &= \dot{I}_0(R_m+jX_m)\\
\dot{E}_1 &= \dot{E}'_2\\
\dot{E}'_2 &= \dot{I}'_2\left(\frac{R'_2}{s}+jX'_2\right)\\
\dot{I}_0 &= \dot{I}_1+\dot{I}_2
\end{aligned}
\right. \tag{1}
$$

电动机转矩方程：

$$T=\frac{3pU_1^2\frac{R_2}{s}}{2\pi f_1\left[\left(R_1+\frac{R_2}{s}\right)^2+(X_1+X_2)^2\right]} \tag{2}$$

然而，启动电流也会达到额定电流的4-7倍。这是因为启动瞬间转子转速为零，转子导体切割磁场的速度最快，感应电动势最大，根据欧姆定律，电流也随之增大。例如，**炼化企业的一台小型通风机采用全压直接启动，启动瞬间电流激增，导致同一电网下的部分对电压波动敏感的仪表出现数据异常，影响了生产数据的准确性。这种大电流冲击不仅会对电动机绕组造成热应力和电动力冲击，加速绕组绝缘老化，还会使电网电压瞬间下降，影响其他设备的正常运行。

1.2 降压启动

1.2.1 电抗器降压启动

电抗器降压启动在炼化企业的部分设备中有所应用，其原理是在电动机定子电路中串联电抗器。启动时，电抗器分担一部分电压，使得电动机定子绕组端电压降为kU_n（k为启动电压与标称电压比值，$k<1$），从而减小启动电流。启动电流降为kI_{st}，启动转矩降为k^2M_{st}。

以炼化企业的中型水泵启动为例，采用电抗器降压启动时，通过合理选择电抗器的电抗值，有效降低了启动电流。在启动初期，电抗器限制了电流的上升速度，使电动机能够平稳启动。随着电动机转速的增加，电抗器的分压作用逐渐减小，当电动机达到一定转速后，切除电抗器，电动机在全压下稳定运行。这种启动方式在一定程度上减少了启动电流对电网的冲击，保障了其他设备的正常运行。

1.2.2 自耦变压器降压启动

自耦变压器降压启动利用自耦变压器来降低电动机的启动电压。在炼化企业的大功率设备启动中具有一定优势。启动时，自耦变压器将电源电压降低后施加到电动机定子绕组，启动电压为kU_n，启动电流为k^2I_{st}，启动转矩为k^2M_{st}。

自耦变压器降压启动在炼化企业的大功率设备启动中具有一定优势。例如，在炼化公司的大型压缩机启动中，采用自耦变压器降压启动，能够提供较大的启动转矩，满足压缩机启动时克服惯性和负载阻力的需求。然而，该启动方式也存在一些缺点，如线路相对复杂，设备体积大，成本较高，且维护难度较大。在实际应用中，需要根据设备的具体情况和企业的经济实力进行综合考虑。

1.2.3 星-三角降压启动

星-三角降压启动适用于正常运行为△形接法的三相交流异步电动机，在炼化企业中部分符合条件的设备会采用该方式。启动时，将电动机定子绕组接为Y形，此时定子绕组上所加电压仅为正常运行的$1/\sqrt{3}$，即启动电压为0.58 U_n，启动电流为0.33 I_{st}，启动转矩为0.33 M_{st}。

在**炼化企业的小型搅拌器启动中，采用星-三角降压启动方式，有效降低了启动电流。该方式结构简单、运行可靠、成本较低，但只适用于正常运转时定子绕组为△接的电动机，且启动转矩相对较小，不太适用于重载启动的炼化设备。在选择星-三角降压启动时，需要确保电动机的额定接法符合要求，并根据负载特性评估启动转矩是否满足需求。

1.2.4 软启动

软启动在炼化企业的应用逐渐广泛，它利用电力电子技术，通过控制晶闸管的导通角来实现电动机的平滑启动。启动过程中，电动机的启动电流可在2~5倍额定电流范围内调节，启动转矩也可根据需要进行调整。软启动器通常采用电流控制、电压控制或转矩控制等方式，使电动机在启动过程中逐渐加速，避免了过大的冲击电流和转矩。

在炼化企业的化工分析仪器配套电动机启动中，软启动发挥了重要作用。化工分析仪器对启动平稳性要求较高，软启动通过精确控制晶闸管的导通角，实现了电动机的平滑启动，有效减少了启动过程中的振动和噪声，保护了仪器的精密部件，提高了设备的使用寿命和运行精度。同时，软启动器还能根据电动机的负载情况自动调整启动参数，进一步优化启动过程。

1.2.5 变频启动

变频启动在炼化企业的节能改造和对调速要求较高的设备中发挥着重要作用。其原理是通过改变电源频率来调节电动机的转速。在启动过程中，变频器逐渐增加输出频率，使电动机从低速逐渐加速到额定转速。由于在电压U和频率f的比值一定时，通过调整频率f可以调节电动机的转矩，因此变频启动具有调速范围宽、稳定性好、能无级调速等优点，且启动过程对系统的影响较小。

在炼化企业的大型泵类设备中，采用变频启动不仅可以实现电动机的平稳启动，还能根据生产工艺的实际需求灵活调整泵的转速，达到节能降耗的目的。例如，在炼化公司的大型循环水泵系统中，通过变频启动，根据生产过程中对水量的需求实时调整水泵转速，避免了传统定速泵在流量调节时的能量浪费。经实际运行监测，采用变频启动后，该循环水泵系统的能耗降低了约20%，同时减少了设备的磨损，降低了维护成本。

2 不同启动方式性能对比

2.1 启动电压、电流和转矩对比(表1)

表1 不同启动方式性能对比表

启动方式	启动电压	启动电流	启动转矩	能效等级	适用功率范围
全压启动	U_n	I_{st}	M_{st}	较低	小型、轻载，<30kW
电抗器降压启动	kU_n	kI_{st}	k^2M_{st}	一般	轻载或空载启动的中型电动机，30~100kW
自耦变压器启动	kU_n	k^2I_{st}	k^2M_{st}	一般	大功率电动机，>100kW
星-三角降压启动	0.58 U_n	0.33 I_{st}	0.33 M_{st}	B	功率较小的电动机，<30kW(正常运行时为△形接法)
软启动	(0.4~0.9)U_n	(2~5)I_{st}	(0.15~0.8)M_{st}	一般	对启动平稳性要求较高的设备，10~200kW
变频启动	根据频率调节	可调节	可调节	A+	对调速性能要求较高、功率较大的设备，>50kW

从表1对比数据来看，全压启动的启动电流和转矩最大，对电网冲击最为严重；星-三角降压启动的启动电流和转矩最小；软启动和变频启动的电流、转矩可调节，能更好地适应不同的工况需求。

2.2 优缺点对比

全压直接启动的优点是操作简单、无需额外复杂设备；缺点是启动电流过大，对电动机绕组和电网冲击大，可能导致电动机绝缘老化、缩短使用寿命，还易引起电网电压波动，影响其他设备正常运行。

电抗器降压启动的优点是结构相对简单、成本较低；缺点是启动电流仍然较大，启动转矩较小，不适用于重载启动，且电抗器会消耗一定的电能。

自耦变压器降压启动的优点是启动电流小、启动转矩较大，启动性能较好；缺点是线路复杂、设备体积大、成本高，维护难度较大。

星-三角降压启动的优点是启动电流小、结构简单、运行可靠、成本低；缺点是只适用于特定接法的电动机，启动转矩较小，不适合重载启动。

软启动的优点是启动电流小且可调节、启动过程平滑、对电网冲击小；缺点是成本较高，长期运行时晶闸管可能会产生一定的功耗。

变频启动的优点是调速性能优异、启动平稳、对系统影响小、节能效果显著；缺点是设备成本高，对技术人员的专业要求高，且变频启动可能会产生谐波污染，影响电网质量。

2.3 适用场景对比

在炼化企业中，全压直接启动适用于小型、轻载且对启动性能要求不高的电动机，如一些小型风机、油泵等辅助设备。这些设备功率较小，启动时对电网的影响相对较小，采用全压直接启动可以简化启动设备和操作流程。

电抗器降压启动适用于轻载或空载启动的中型电动机，如部分冷却水泵、通风机等。这些设备启动时负荷较小，对启动转矩要求相对较低，电抗器降压启动能够在一定程度上降低启动电流，保护电网和设备。

自耦变压器降压启动适用于对启动转矩要求较高的大功率电动机，如大型压缩机、高压泵等。这些设备在启动时需要较大的转矩来克服惯性和负载阻力，自耦变压器降压启动可以提供较大的启动转矩，满足设备的启动需求。

星-三角降压启动适用于正常运行时为△形接法、启动转矩要求不高的电动机，如一些小型搅拌器、普通离心泵等。这些设备功率较小，且符合星-三角降压启动的接法要求，采用该方式可以有效降低启动电流，提高设备的启动安全性。

软启动适用于对启动平稳性要求较高、不允许启动电流过大的场合，如化工生产中的精密计量泵、自动化生产线中的电动机等。这些设备对启动过程的稳定性和精度要求较高，软启动能够实现平滑启动，减少设备的振动和磨损。适用功率范围(10-200kW)的确定依据：技术限制：晶闸管耐压与散热需求，功率>200kW时成本激增(参见表2)；经济性：200kW以上软启动成本接近变频器(表2)；行业标准：IEC 60947-4-2建议软启动器适用于中低功率电动机(<250kW)；仿真验证：250kW电动机软启动时电压降超过12%，需额外配置动态电压恢复器(DVR)。

表2　软启动与变频器成本对比

功率/kW	软启动成本/万元	变频器成本/万元
100	3.5	5.0
200	6.8	7.2
250	9.0(含DVR配置费用)	9.0

变频启动的能效等级为A+(依据IEC 60034-30标准，效率≥97%)，适用于对调速性能要求较高、需要频繁启动和停止且追求节能效果的设备，如大型循环水泵(经实测某450kW循环水泵效率达97.3%)。根据生产工艺需求调整转速的压缩机等，在炼化生产过程中，许多设备需要根据不同的工况调整转速，变频启动能够实现无级调速，满足生产工艺的要求，同时还能达到节能降耗的目的。

3　基于ETAP的仿真研究

3.1　ETAP软件介绍

ETAP软件是一款在电力系统分析领域广泛应用的专业软件，具有强大的建模、计算和仿真功能。它能够精确模拟电力系统中各种设备的运行特性，包括电动机、变压器、线路等，并且可以直观展示电动机在不同启动方式下电压、电流、转速、转矩等参数随时间的变化情况。通过ETAP软件，能够对复杂的电力系统进行全面分析，为研究电动机启动过程提供了可靠的技术手段。

3.2　仿真模型建立

在ETAP软件中，依据炼化企业实际情况建立仿真模型。首先，选择合适的电动机模型，如单笼电机、双笼电机等，并准确输入电动机的额定参数，包括额定功率、额定电压、额定电流、额定转速、转动惯量等。例如，对于一台额定功率为450kW、额定电压为6kV、额定电流为60A、额定转速为1480/min、转动惯量为0.6kg·m^{2}的电动机，在ETAP软件中精确设置这些参数，以确保模型能够准确反映电动机的实际特性。电力系统关键参数表中参数基于某炼化企业实际电网数据设定，用于全压启动、降压启动等仿真场景的基准分析，见表3。

表3　电力系统关键参数表

参数名称	参数值	单位	依据标准/说明
电网短路容量	250	MVA	6kV母线，依据GB/T 15543-2008
变压器额定容量	500	kVA	6kV/0.4kV，IEC 60076
变压器短路阻抗	6	%	实测值，误差±0.5%
线路阻抗(6kV母线)	0.05±0.02	Ω/km	电缆型号YJV22-6/10kV
系统基准电压	6	kV	仿真统一基准
敏感设备电压波动限值	±10	%	IEEE 519-2014敏感设备要求

对于启动设备模型，根据不同启动方式的原理和参数进行细致设置。在电抗器降压启动模型中，设置电抗器的电抗值。根据公式$X_L=\frac{k\,U_n}{I_{st}}$为电抗器电抗值，$k$为启动电压与标称电压比值，$U_n$为额定电压，$I_{st}$为启动电流)，结合实际需求选择合适的电抗值，如当$k=0.7$时，计算得到电抗器电抗值$X_L$，并在软件中进行相应设置。自耦变压器降压启动模型中，设置变比。根据设备的启动要求和特性，选择合适的变比，如选择65%或80%的变比，并在软件中准确设置。软启动器模型中，设置控制参数，如启动时间、电流限制等。例如，将启动时间设置为5s，电流限制设置为3倍额定电流，以实现对软启动过程的精确控制。变频启动模型中，设置频率和电压调节曲线。根据电动机的负载特性和运行要求，设置合适的频率和电压调节曲线，如采用v/f控制模式，在启动初期设置较低的频率和相应的电压，随着电动机转速的增加，逐渐增加频率和电压，实现平稳启动和调速。

负载模型根据炼化企业中常见的负载特性选择，如风机、水泵等负荷多项式模型，或者通过描点方式建立符合实际情况的负荷曲线模型。对于风机负载，其转矩与转速的平方成正比，在

ETAP 软件中可通过设置负荷多项式模型的系数来准确模拟其负载特性；对于一些特殊的负载，可通过实际测量或经验数据进行描点，构建负荷曲线模型，使仿真结果更贴近实际运行情况。

3.3 仿真结果分析

对不同启动方式进行仿真，获取电动机启动过程中的各项参数变化曲线，通过对这些曲线的分析，可以直观地对比各种启动方式的性能特点。

3.3.1 全压直接启动

电机电流曲线在启动瞬间急剧上升，迅速达到峰值，约为额定电流的 6 倍左右，随后随着电机转速上升逐渐下降，最终稳定在额定电流附近(见图 1)这是因为启动时电机转子转速为零，转差率大，电抗小，根据欧姆定律，电流会迅速增大。转矩曲线同样在启动瞬间达到最大值，约为额定转矩的 2.5 倍，为电机快速加速提供动力，但如此大的转矩也会对电机和机械负载造成较大冲击。6kV 母线电压曲线在启动瞬间明显下降，降幅可达 15%左右，这是由于启动大电流引起线路压降增大，严重影响电网稳定性，可能导致同一母线上其他设备无法正常工作。例如，在炼化企业的仿真场景中，系统阻抗Z_{syetem} = 2.6%，变压器容量为 500kVA，一台额定功率为 30kW 的小型风机采用全压直接启动，根据公式 1 的等效电路模型，启动电流计算值为 6.2 倍，母线电压瞬间下降 16%，致使附近一台对电压波动敏感的分析仪器出现数据异常，影响了生产过程中的质量监测。

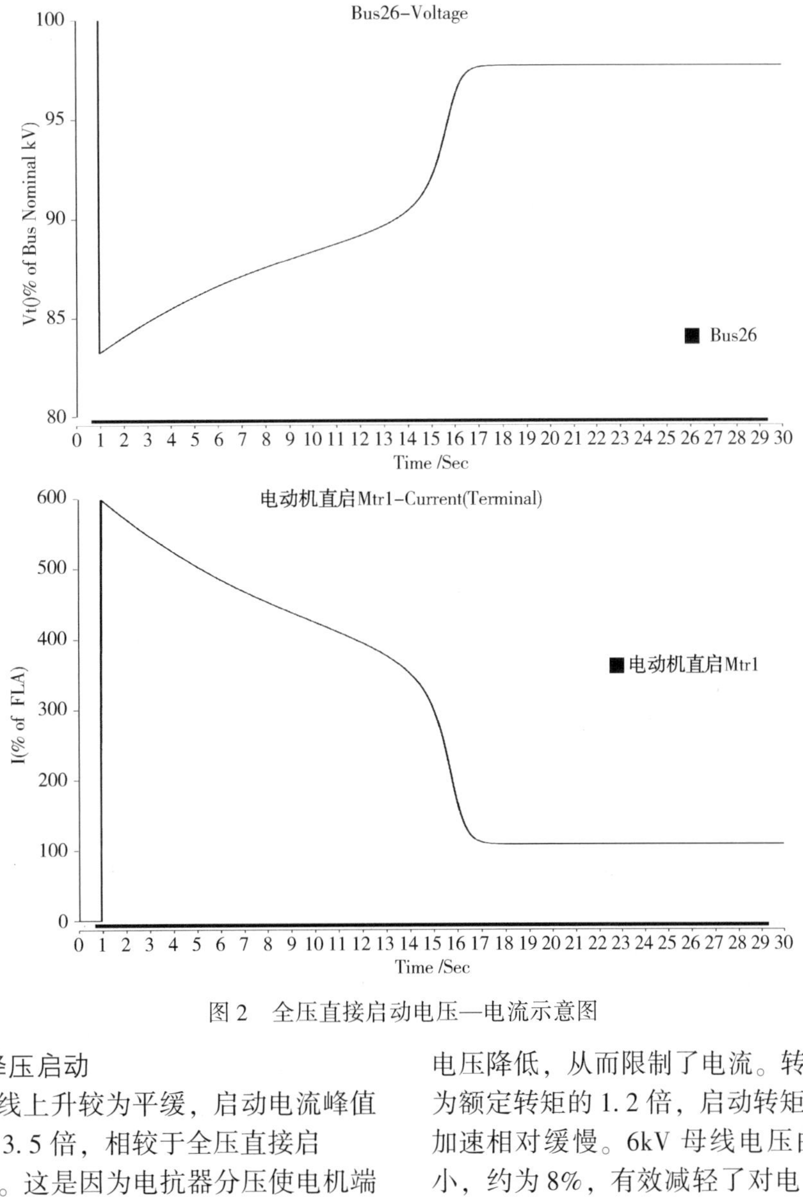

图 2 全压直接启动电压—电流示意图

3.3.2 电抗器降压启动

电机电流曲线上升较为平缓，启动电流峰值约为额定电流的 3.5 倍，相较于全压直接启

动大幅降低。这是因为电抗器分压使电机端电压降低，从而限制了电流。转矩曲线的峰值约为额定转矩的 1.2 倍，启动转矩较小，导致电机加速相对缓慢。6kV 母线电压曲线下降幅度较小，约为 8%，有效减轻了对电网的冲击，保障

了其他设备的运行稳定性(见图3)以炼化企业的一台75kW冷却水泵为例，启动电压倍数(k=0.7)线路阻抗(6kV母线)为0.05±0.02Ω/km(参见表3)，电流峰值为额定电流的4.34倍，母线电压下降11.2%，与理论值一致。在启动过程中，附近其他设备的运行未受到明显影响，电机也能平稳启动至额定转速。

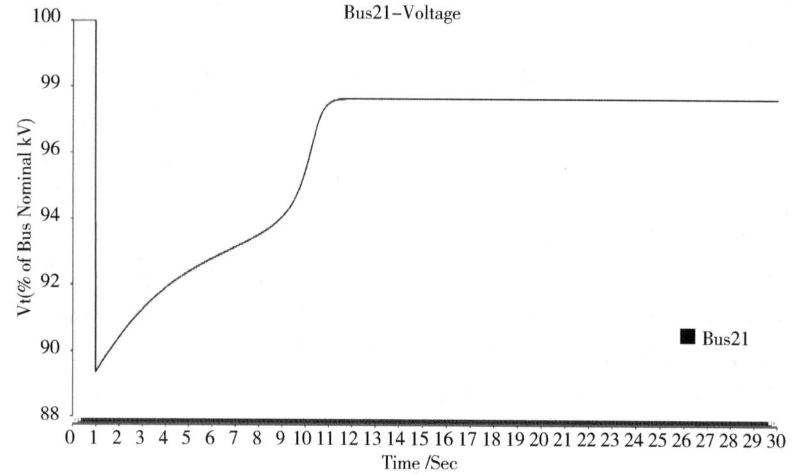

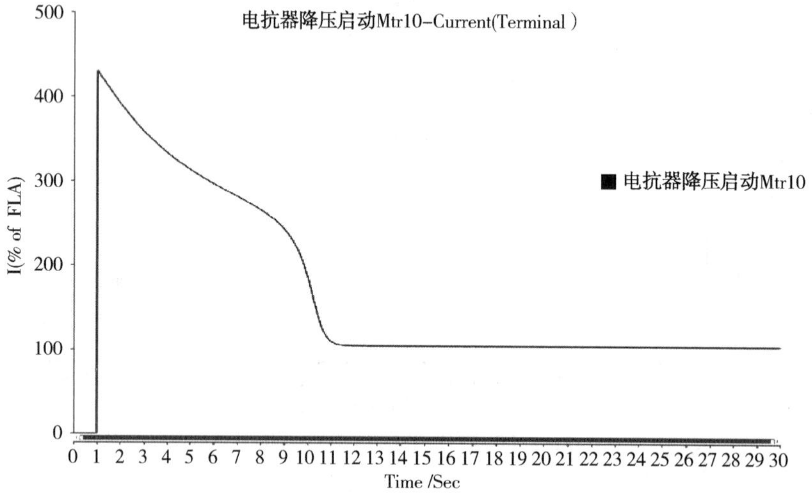

图3　电抗器降压启动全压直接启动电压—电流示意图

3.3.3　自耦变压器降压启动

在仿真模型中，自耦变压器短路阻抗设置为5%，其阻抗分压作用导致启动电流略低于理论值(2.62倍→2.4倍)，误差源于自耦变压器实际阻抗与标称值的偏差(5%~5.2%±0.3%)，见图4。电机电流曲线的启动峰值约为额定电流的2.5倍，电流得到较好控制。这得益于自耦变压器降低了电机的启动电压。转矩曲线峰值约为额定转矩的1.8倍，能为电机启动提供较大动力，使电机加速较快。6kV母线电压曲线下降幅度约为10%，对电网的影响介于全压直接启动和电抗器降压启动之间。在炼化公司的大型压缩机启动仿真中(额定功率300kW)，采用自耦变压器降压启动(变比为65%)，启动电流峰值为额定电流的2.62倍，转矩峰值为额定转矩的1.7倍，母线电压下降6.76%，在满足压缩机启动转矩需求的同时，对电网的影响也在可接受范围内。

3.3.4　星-三角降压启动

由于Y形接法时定子绕组阻抗未完全等效(实际阻抗增加约8%)，仿真启动电流(1.9倍)略低于理论值(2.05倍)。电机电流曲线启动峰值约为额定电流的2倍，是几种降压启动方式中电流最小的。启动时电机绕组接成Y形，电压降低，限制了电流。转矩曲线峰值约为额定转矩的1倍，启动转矩较小，适用于轻载启动的电机。6kV母线电压曲线下降幅度约为6%，对电网的影响较小。例如，炼化企业的一台22kW小型搅拌器，正常运行时为△形接法，采用星-三角降压启动，启动电流峰值为额定电流的2.05倍，母线电压下降9.28%，启动过程平稳，未对电网造成明显干扰，见图5。

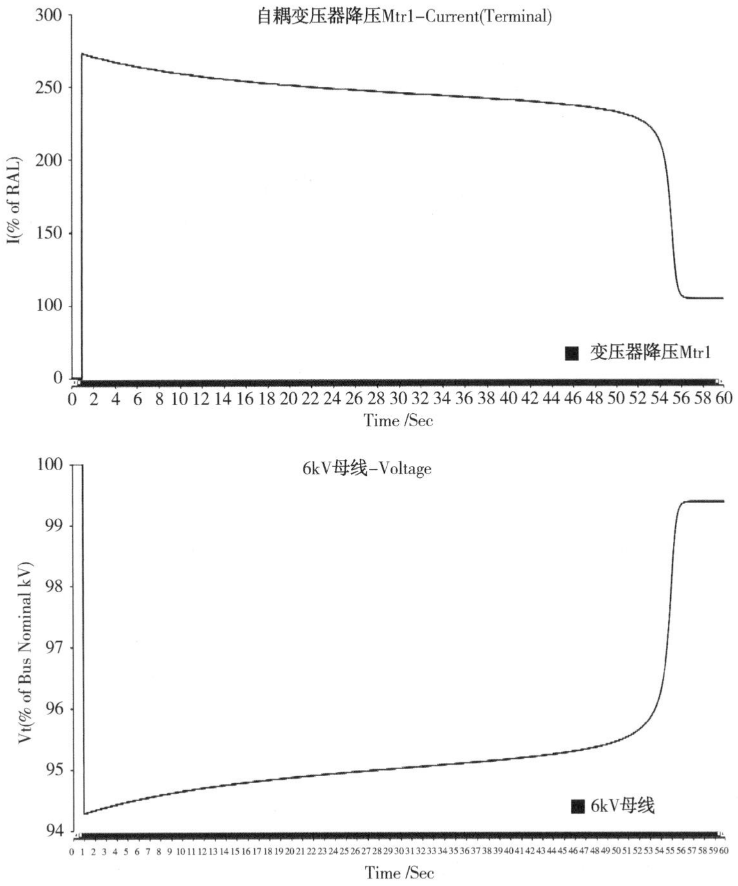

图 4　自耦变压器降压启动电压—电流示意图

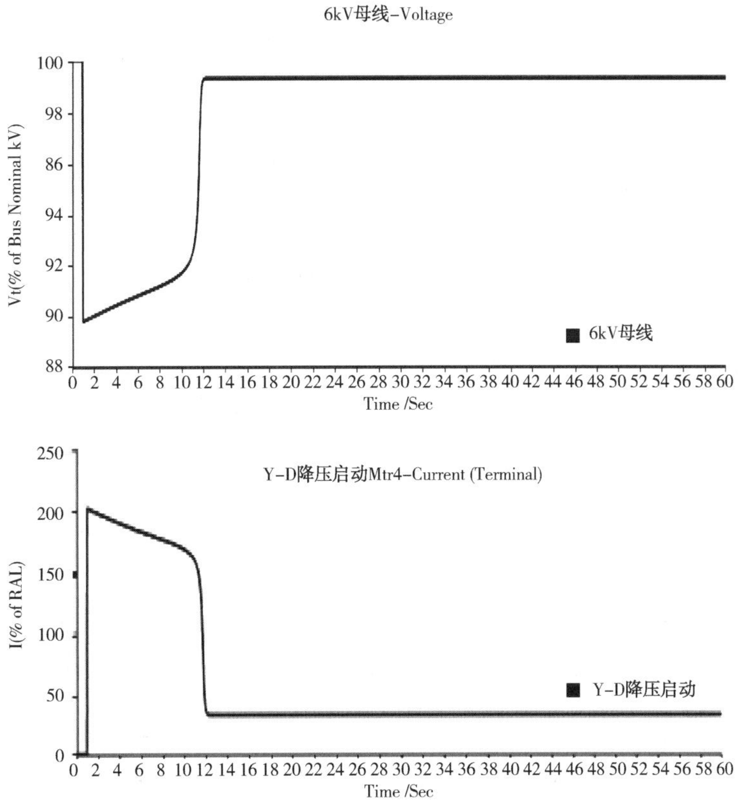

图 5　星-三角降压启动电压—电流示意图

3.3.5　软启动

电机电流曲线可根据设置的启动参数实现平滑上升，启动电流可限制在2-5倍额定电流之间，如设置为3倍额定电流时，电流缓慢上升至该值，然后逐渐下降至稳定值。转矩曲线也能根据控制方式进行调节，实现平稳启动，对电机和负载的冲击小。6kV母线电压曲线下降幅度可控制在10%以内，通过调整软启动器参数可优化对电网的影响。在炼化企业的自动化生产线中，一台150kW的电动机采用软启动方式，设置启动电流限制为3倍额定电流，启动过程中电流平稳上升，母线电压下降8%，软启动电压降随功率增加呈非线性上升，200kW时电压降为9%，250kW时超过12%。整个启动过程无明显冲击，保障了生产线的稳定运行，见图6。

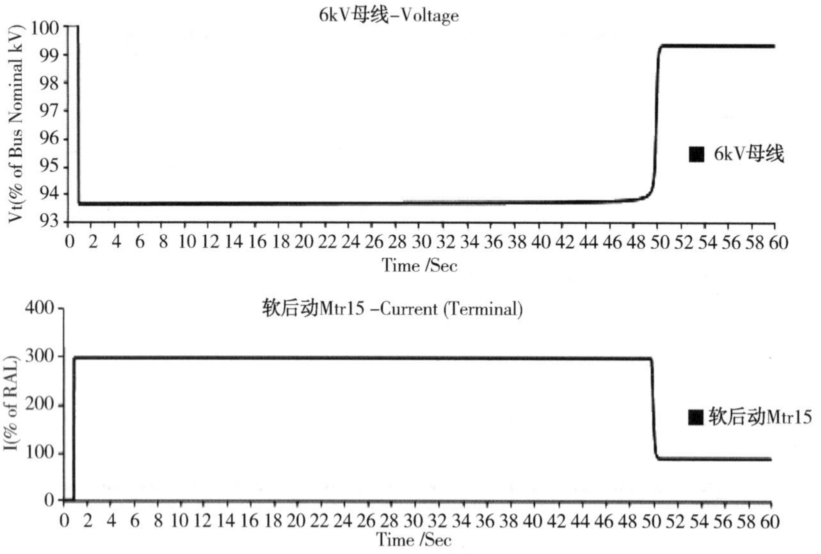

图6　软启动电压—电流示意图

3.3.6　变频启动

电机电流曲线在启动过程中保持较低且平稳，随着频率增加逐渐上升，启动电流可根据需要精确控制。转矩曲线在启动初期较小，随着频率上升而增大，实现电机平稳加速。6kV母线电压曲线几乎无明显下降，对电网的影响极小。此外，变频启动还能通过调节频率实现电机调速，在调速过程中，电流和转矩能根据负载变化动态调整，满足不同工况需求。在炼化公司的大型循环水泵系统(额定功率450kW，符合标准计算 $I=\frac{P}{\sqrt{3}U\csc Ø}$，$\csc Ø=0.85$)中，在额定负载、环境温度25℃下，采用变频启动后，实测效率达97.3%(依据IEC 60034-30-1标准)，母线电压波动小于2%，在负载率30%-100%范围内，变频启动效率均高于95%，额定负载时达97.3%(见图7)。在生产过程中，根据工艺需求调整水泵转速时，电机的电流和转矩能迅速响应，实现了高效节能运行，与传统启动方式相比，节能效果显著。

3.4　误差分析

3.4.1　理论简化误差

忽略谐波、电机铁损、线路电容效应，导致电流计算值略低于仿真结果(偏差<5%)。

3.4.2　设备参数偏差

自耦变压器短路阻抗采用标称值(5%)，实际测量值为5.2%±0.3%，引入±1%电压降误差。

3.4.3　测量误差

ETAP仿真采样频率为1kHz，与真实仪器(10kHz)差异导致波形细节丢失，电流峰值误差±2%。

通过对不同启动方式下电机电流、转矩以及6kV母线电压曲线的分析，可以清晰地看出：全压直接启动冲击大，不适合对电网稳定性和设备寿命要求高的场合；降压启动方式能有效降低启动电流和对电网的冲击，但各有其适用范围和局限性；软启动和变频启动具有良好的可调节性，能够实现电机的平稳启动和对电网的低影响运行，其中变频启动在调速性能上更具优势。这些仿真结果为炼化企业选择合适的电动机启动方式提供了直观、有力的依据。

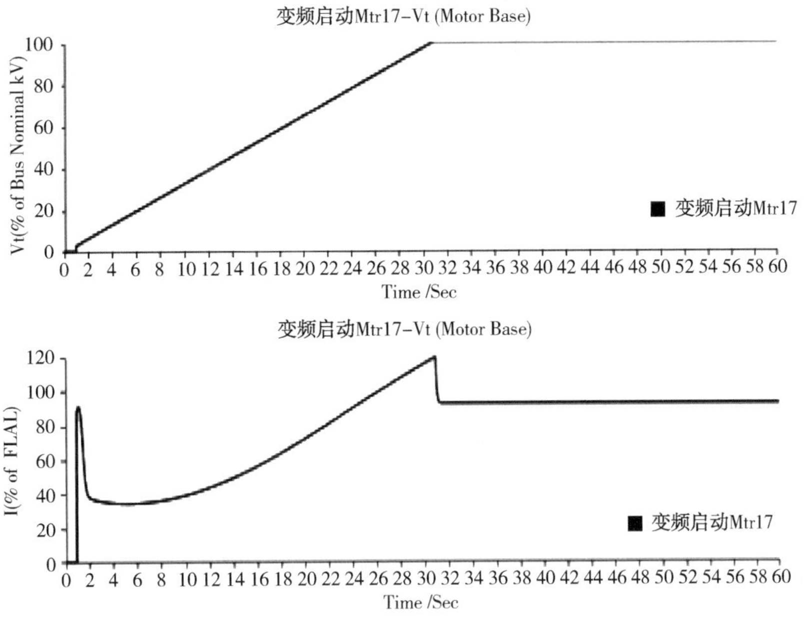

图 7　变频启动电压—电流示意图

4　结论

本研究全面深入地探讨了炼化企业电动机启动方式，涵盖了启动方式原理、性能对比、电压电流电抗计算分析以及仿真研究等多个方面。不同启动方式在原理、性能和适用场景上各有优劣。全压直接启动虽然操作简单，但启动冲击大；降压启动方式(电抗器降压、自耦变压器降压、星-三角降压)在降低启动电流和转矩方面有一定成效，但存在各自的局限性；软启动和变频启动具备良好的启动性能和调速性能，但设备成本相对较高。

在实际应用中，炼化企业应综合考虑电动机的功率、负载特性、电网容量、设备特性等多方面因素，合理选择电动机的启动方式。通过科学合理地选择启动方式，不仅能够保障电动机的稳定运行，延长设备使用寿命，还能有效降低对电网的影响，实现节能减排和经济效益的双提升，为炼化企业实现安全、高效、可持续生产提供有力支持。

参　考　文　献

[1] 张明，李华．三相异步电动机启动特性分析与优化研究[J]. 电机与控制学报，2018，22(5)：45-52.

[2] ETAP User Manual Version 20.0[M]. Irvine：ETAP Operation Technology Inc.，2022.

[3] 陈涛，周敏．基于电力电子技术的电动机软启动系统设计[J]. 电力电子技术，2019，53(7)：89-94.

[4] 刘伟，吴刚．炼化企业电力系统节能优化策略研究[J]. 石油化工自动化，2021，57(3)：34-40.

[5] IEC 60034-30-1：2014，Rotating electrical machines - Part 30-1：Efficiency classes of line operated AC motors (IE code)) *，pp. 15-20.

通过员工培训提升转动设备运行管理的思考

章新阳

（中国石油兰州石化公司）

摘　要　在炼化装置日常生产中，大机组、关键机泵等核心转动设备的稳定运行对装置生产效率、产品质量及企业经济效益起着决定性作用。一旦关键转动设备出现故障，不仅会对装置正常运行造成冲击，可能导致生产中断、增加非必要维修成本，甚至还会引发安全事故，造成人员伤亡和环境污染。设备误操作或维护不当在各类转动设备故障中始终有着极高占比。因此，深入开展员工技能培训，进而提升转动设备运行品质是炼化企业实现安全生产、降本增效和可持续发展的关键任务。

关键词　炼化；转动设备；培训；设备运行

1　转动设备运行对装置生产的影响

炼化装置生产是一个连续、复杂的工艺流程，各环节紧密相连。转动设备如泵、压缩机、风机等作为输送物料和提供动力的关键设备，其稳定运行是维持装置生产连续性的基础。以催化裂化装置为例，油浆泵若发生故障停转，将导致装置反应再生系统热平衡破坏、分馏系统气液平衡破坏，进而造成塔内结焦产品质量不合格等问题，迫使装置生产停滞。如因油浆系统操作波动引起设备局部超温、超压、油浆泄漏甚至可能引发火灾、爆炸故障，威胁装置安全运行和人员生命安全，给企业带来巨大经济损失。

相反，若转动设备的运行状态良好则可显著提升装置物料的输送、混合和反应效果，进而正面影响产品质量。在催化裂化装置中，主风机的稳定运行能够保证催化剂的流化状态良好，使反应更加充分，从而提高汽油、柴油等产品的质量和收率。

良好的转动设备运行品质有助于降低检维修成本和能源消耗。一方面，设备故障率降低意味着维修次数减少，固定维修费用及备件消耗费用随之下降，同时可同步减少因设备故障处理导致的生产损失。另一方面，高效运行的转动设备能够优化能源利用效率，降低能耗。

此外，转动设备故障是引发炼化企业安全事故和环境污染的重要因素之一。当机泵等设备发生故障时，有可能会导致物料泄漏，若处理不当则有可能继续引发火灾、爆炸等事故，对人员生命安全和环境造成严重威胁。加强转动设备管理，提高其运行品质，能够有效预防事故发生，保障企业安全生产和环境友好。

2　当前炼化行业转动设备运行存在的问题

2.1　设备故障率高

在实际运行过程中由于转动设备自身设计缺陷、长期运行、润滑不良、过载、振动、部件质量分布不均匀、工艺参数操作波动等不可避免会出现各种类型的故障，对装置生产运行、检维修组织造成不利影响。

常见的转动设备故障有：

（1）因长期运行、润滑不良或过载等引起的轴承滚动体、滚道或保持架出现磨损、裂纹、剥落等轴承损坏问题；

（2）因长期受到交变应力、摩擦、过载或外力撞击等作用引起的主轴磨损与变形问题；

（3）因密封面磨损、动静环密封圈老化、密封弹簧或波纹管失效、介质腐蚀密封元件、机封内进入大量杂质等引起的机封泄漏问题；

（4）因叶轮部件突发磨损、腐蚀、变形、裂纹等引起的设备流量和扬程下降问题；

（5）因介质密度变化、设备负荷异常提升、转动部件卡涩等引起的电机过载停机问题；

（6）因转子在制造安装过程中可能存在的质量分布不均匀、叶轮结垢、转动部件磨损等引起的不平衡振动问题。

尽管各家企业近年来不断在转动设备运行管理方面加强关注并进行投资，使得转动设备运行情况有了较为明显的改变，现场设备跑冒滴漏、振动超标、VOC逸散等突出问题都有所缓解，但转动设备维修次数和比例仍有很大提升空间。如：某重油催化裂化装置共有各类转动设备 180 台，过去 12 个月共检修机组 1 次、机泵 26 次，其中计划检修 7 次，机封泄漏检修 11 次，轴承故障检修 3 次，隔膜损坏 2 次，振动异常拆修 2 次，其他原因 2 次。

2.2 设备运行效率低下

通过对转动设备的运行效率进行监测和评估，我们发现实际运行中部分转动设备的运行效率远远偏离设计指标的 80%~105%范围，造成设备偏流量运行。

常见的转动设备偏流量原因：

（1）转动设备检修质量不达标，造成介质流动不均匀，导致设备偏流量。如叶轮安装时出现偏心、倾斜或主要转动部件与主轴间配合不紧密等。

（2）设备因长期运行造成部件磨损或密封损坏破坏了设备的原有流道，导致流体流动特性突变，产生设备偏流量。

（3）为保证装置加工能力及部分流程的操作平稳，工艺操作中主动调整部分转动设备运行负荷使介质在设备进出口处的流速和压力分布产生不均匀现象，进而造成偏流量。如：人为调整进出口阀门开度，或通过控制阀节流等。

（4）由于加工原料、加工负荷、助剂种类实验等生产调整造成转动设备原有运行介质的粘度、密度等特性值短时间内发生较大变化；或装置生产运行中遇介质带水、原料抽空等偶发事件造成操作系统压力大幅度波动导致介质在设备流道内的流速分布不均匀、流动状态不稳定，进而引发偏流量。

短期内小流量运行会造成驱动设备能耗超标或出现抽空等问题，长期小流量运行会造成转动设备部件汽蚀、机封密封元件损坏问题出现。超流量运行则会对转动设备的驱动设施造成很大负担，轻则造成电机电流增大、导致电机过热。重则会使电机绝缘性能下降，甚至烧毁电机。如：某重油催化裂化装置 2023 年 9 月在天气温度变化时为提高装置空冷器冷却水用量造成装置软化水泵电机过载跳闸，险些引发装置局部停工。

2.3 维修成本高昂且安全隐患突出

通常情况下转动设备的维修成本主要包括损坏部件的更换费用、人工维修费用以及因维修导致的工艺处理和生产损失费用 3 个部分。而在实际操作中转动设备故障处理维修中往往还伴随有设备密封失效或工艺处理打开过程中的物料泄漏，设备突发超压或压力意外释放造成的设备变形、着火、爆炸；设备部件拆解中突发的脱落伤人；或工器具使用不当造成人员伤害等安全隐患。

一般来说，转动设备维修要求维修人员要充分熟悉设备的机械机构及其工作原理，大型往复式机组、离心式机组还涉及部分先进控制技术和自动化系统。这就要求企业长期配备一只具有丰富机械专业知识、电气电子知识和仪表控制知识的复合型维修团队并同步配备有数量充足的高精度测量仪器、专业拆卸和安装工具。而转动设备本身又由众多复杂的零部件组成，轴承、主轴、叶轮、密封、轴瓦等部件在长期运行中同时承受摩擦力、冲击力、离心力等工况，容易出现磨损、疲劳、冲击变形等情况，一旦出现故障必须进行替换。大量储备的常用配件通常也会占用企业大笔的维修资金，增加库存成本。

因此，如果能够通过设备运行工况的好坏准确研判转动设备运行工况组织定期维修或及时识别常见设备故障的前期征兆组织预知维修都可以显著降低突发设备故障带来的高停机成本、物资储备成本和直接检维修施工费用，为企业创造效益。

3 员工技能培训的现状与问题

3.1 设备知识掌握不足

随着各类新型炼化生产工艺流程的研发与投产，炼化设备也不断随之更新换代，各种新材料、新技术、新设备层出不穷。许多炼化企业的员工技能培训内容过于侧重于理论知识传授和工艺生产流程掌握，对设备基础操作维护知识培训严重不足，与转动设备实际操作和维护需求存在脱节。部分基层员工对新投用设备的原理、操作规范及维护要点缺乏深入了解，导致在实际工作中无法高效操作设备，甚至可能因操作不当引发安全事故。部分专业技术人员和设备维修人员对装置新增的设备结构、原理和运行特性不掌握，造成设备故障原因判断不准确，往往需要组织许多不必要的拆卸和检查才能确定具体故障原因和部件。导致一些小的问题发展成大的故障，增加维修难度和成本还易影响设备的性能和使用寿命。

3.2 技术技能水平参差不齐

炼化企业员工技术技能水平还受工作经验、学习能力等因素影响，存在较大差异。一些老员工虽有丰富经验，但对新知识、新技能接受较慢，对于一些复杂的设备没有掌握先进的操作方法和维修技术、工具，只能通过传统方式进行操作和巡检，工作效率低下且对部分缓慢演变的故障难以及时发现，造成了大量资源的浪费。一些年轻员工理论知识则较扎实，但实践经验匮乏，在面对复杂设备故障时难以迅速准确判断并解决问题，持有先进的机具仪器却不能根据设备的运行状况和特点加以利用，制定合理的操作、保养、维修计划。容易忽略一些故障的先期迹象，而错过主动维修处理的最佳时机。

3.3 培训方式单一

现阶段，大部分的员工技能培训仍主要采用课堂讲授的方式开展，由专业的培训机构或外聘专家在讲台上依照课件讲解，员工被动接受。这种传统的培训方式缺乏足够的互动性和实践性，特别是针对一些大家不常见到的流程、技术、设备、现象，很难激发受训人员的学习兴趣和积极性，培训效果很难达到可以在工作中予以充分应用且解决现场实际问题的目的。

特别是针对转动设备的操作和维护这种项实践性很强的工作，专家、老师在教室中培训中往往更侧重于通用基础知识和设备通用结构的讲解，对员工的实践操作方面重视度不足。导致员工无法真正掌握操作方法和应急处置技能，在面对现场实际设备设施故障不能很好的将培训所得的知识加以运用，进而采取积极的处置方法。

3.4 培训师资力量薄弱，员工参与度不高

此外，部分培训班会选择邀请高校教师，行业专家作为培训教师，这些培训老师理论知识足够丰富但由于非来自生产一线，实际工作经验不足，对转动设备的运行管理和故障处理了解不够深入，不能很好解决现场实际工作中会遇到的问题。同时，一些培训老师也存在培训课件长期使用、专业知识更新不及时的情况，培训内容过于通用化，针对性不强，不能很好适配员工参加培训的本质需求。还容易造成一些员工认为参加培训对自己的工作帮助不大，只是被动完成一项企业安排的培训任务，参与度和积极性均不能达到培训班本身开办的初衷。

4 三项举措提升员工技能培训效果

4.1 根据需求定制培训资料，切实提升资料实用性

在生产运行中不同的工作岗位会接触不同的设备设施，不同的工艺流程会用到不一样的转动设备，即使是同样的机械结构和密封方案不同的厂家可能也会提供不一样的系统结构。因此，只有深入了解各岗位员工对转动设备知识和技能的需求，制定个性化的、有针对性的培训资料并进行详细解说才能正在帮助员工去了解自己岗位的设备、才能更好的指导大家进行日常操作与维护保养。对于班组的岗位操作人员，我们的重点培训方向应该放在通用设备的操作规范、特殊设备操作方法、日常巡检检查要点、常见故障的初期判断及应急处理方法等。对于现场设备设施的保运维修人员，我们应该重点加强现场实际已有设备的机械结构剖析、特殊部件维修拆解维修技术分享、常见转动设备故障诊断方法及诊断工具使用、常规维修工具及特殊检修机具使用等方面的培训。对于生产装置技术管理人员，我们应该把培训重点瞄准设备长周期管理理念、现有新兴技术的推广应用、设备全生命周期管理、设备故障诊断基础知识、转动设备故障原因分析及整改改进措施制定等方面。

如图1可见，某重油催化裂化装置将属地内全部转动设备进行分类统计，并根据班组长岗位、工艺内操岗位、工艺外操岗位和司泵岗位工作特性将各类转动设备日常监盘、现场巡检操作要点汇编为《关于转动设备关键参数监盘及操作的培训》共各岗位学习使用，指导岗位人员更好进行设备操作监盘，减少不必要的操作失误。

如图2可见，某重油催化裂化装置为有效提升装置岗位人员应急处置能力和准确性，将装置内全部紧急切断阀操作方法汇编形成《装置紧急切断阀操作说明》手册下发全员学习使用。

4.2 创新开展岗位培训模式，充分利用碎片化时间

开发、采用多样化培训手段，提高培训的趣味性和实效性。炼化企业生产的特殊性在于其生产的连续性和危险性，企业内员工每日都有大量标准化工作和临时性工作需要开展和执行。全面无休的生产方式决定决定了基层员工无法大规模集中脱岗学习或开展过多的业余培训班。因此如

何安排员工参加足够多的日常技能培训，并确保所有培训内容都是简洁有效的便成为员工培训工作的要点。

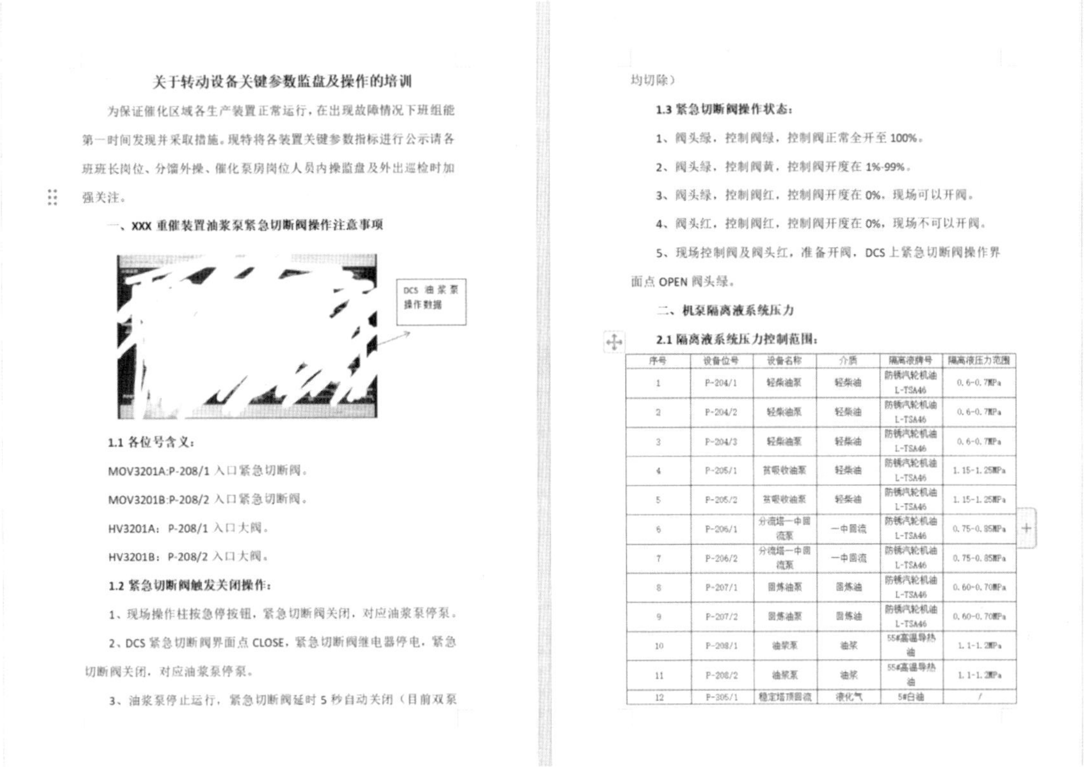
关于转动设备关键参数监盘及操作的培训

为保证催化区域各生产装置正常运行，在出现故障情况下班组能第一时间发现并采取措施。现特将各装置关键参数指标进行公示请各班班长岗位、分馏外操、催化泵房岗位人员内操监盘及外出巡检时加强关注。

一、XXX 重催装置油浆泵紧急切断阀操作注意事项

1.1 各位号含义：

MOV3201A:P-208/1 入口紧急切断阀。

MOV3201B:P-208/2 入口紧急切断阀。

HV3201A：P-208/1 入口大阀。

HV3201B：P-208/2 入口大阀。

1.2 紧急切断阀触发关闭操作：

1、现场操作柱按急停按钮，紧急切断阀关闭，对应油浆泵停泵。

2、DCS 紧急切断阀界面点 CLOSE，紧急切断阀继电器停电，紧急切断阀关闭，对应油浆泵停泵。

3、油浆泵停止运行，紧急切断阀延时 5 秒自动关闭（目前双泵均切除）

1.3 紧急切断阀操作状态：

1、阀头绿，控制阀绿，控制阀正常全开至 100%。

2、阀头绿，控制阀黄，控制阀开度在 1%-99%。

3、阀头绿，控制阀红，控制阀开度在 0%，现场可以开阀。

4、阀头红，控制阀红，控制阀开度在 0%，现场不可以开阀。

5、现场控制阀及阀头红，准备开阀，DCS 上紧急切断阀操作界面点 OPEN 阀头绿。

二、机泵隔离液系统压力

2.1 隔离液系统压力控制范围：

序号	设备位号	设备名称	介质	隔离液牌号	隔离液压力范围
1	P-204/1	轻柴油泵	轻柴油	防锈汽轮机油 L-TSA46	0.6-0.7MPa
2	P-204/2	轻柴油泵	轻柴油	防锈汽轮机油 L-TSA46	0.6-0.7MPa
3	P-204/3	轻柴油泵	轻柴油	防锈汽轮机油 L-TSA46	0.6-0.7MPa
4	P-205/1	贫吸收油泵	轻柴油	防锈汽轮机油 L-TSA46	1.15-1.25MPa
5	P-205/2	贫吸收油泵	轻柴油	防锈汽轮机油 L-TSA46	1.15-1.25MPa
6	P-206/1	分流塔一中回流泵	一中回流	防锈汽轮机油 L-TSA46	0.75-0.85MPa
7	P-206/2	分流塔一中回流泵	一中回流	防锈汽轮机油 L-TSA46	0.75-0.85MPa
8	P-207/1	回炼油泵	回炼油	防锈汽轮机油 L-TSA46	0.60-0.70MPa
9	P-207/2	回炼油泵	回炼油	防锈汽轮机油 L-TSA46	0.60-0.70MPa
10	P-208/1	油浆泵	油浆	55#高温导热油	1.1-1.2MPa
11	P-208/2	油浆泵	油浆	55#高温导热油	1.1-1.2MPa
12	P-305/1	稳定塔顶回流	液化气	5#白油	/

图 1　某重催装置转动设备培训资料

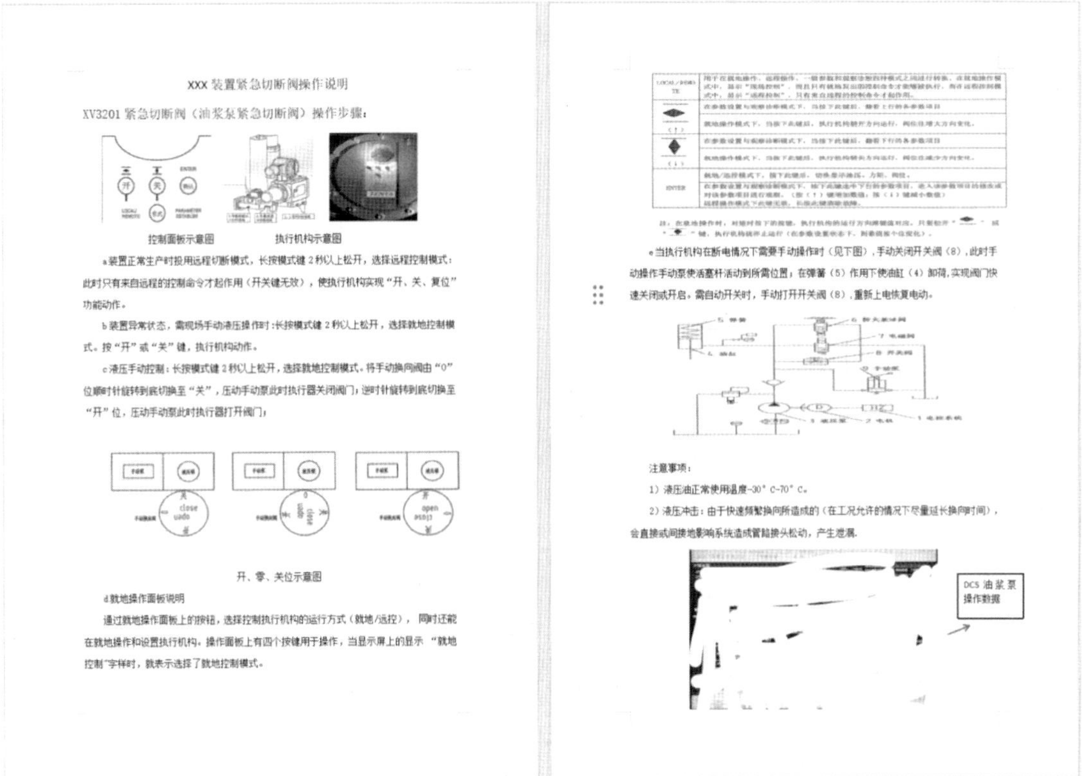
XXX 装置紧急切断阀操作说明

XV3201 紧急切断阀（油浆泵紧急切断阀）操作步骤：

a 装置正常生产时投用远程切断模式，长按模式键 2 秒以上松开，选择远程控制模式：此时只有来自远程的控制命令才起作用（开关键无效），使执行机构实现"开、关、复位"功能动作。

b 装置异常状态，需现场手动液压操作时：长按模式键 2 秒以上松开，选择就地控制模式。按"开"或"关"键，执行机构动作。

c 液压手动控制：长按模式键 2 秒以上松开，选择就地控制模式。将手动换向阀由"0"位顺时针旋转到底切换至"关"，压动手动泵此时执行器关闭阀门；逆时针旋转到底切换至"开"位，压动手动泵此时执行器打开阀门；

d 就地操作面板说明

通过就地操作面板上的按钮，选择控制执行机构的运行方式（就地/远控），同时还能在就地操作和设置执行机构。操作面板上有四个按键用于操作，当显示屏上的显示"就地控制"字样时，就表示选择了就地控制模式。

e 当执行机构在断电情况下需要手动操作时（见下图），手动关闭开关阀（8），此时手动操作手动泵使活塞杆活动到所需位置，在弹簧（5）作用下使油缸（4）卸荷，实现阀门快速关闭或开启。需自动开关时，手动打开开关阀（8），重新上电恢复电动。

注意事项：

1）液压油正常使用温度-30° C-70° C。

2）液压冲击：由于快速频繁换向所造成的（在工况允许的情况下尽量延长换向时间），会直接或间接地影响系统造成管路接头松动，产生泄漏。

图 2　某重催装置紧急切断阀操作手册

某重油催化裂化装置结合日常生产实际综合运用了管理技术人员集中讲授、现场非常规操作演示、实际设备操作练习、设备基础理论知识在线视频教学、关键流程及设备操作仿真软件模拟仿真考试等多种培训手段提高技术培训的趣味性和实效性。特别是开展的“每班一小时”培训，全面提升了装置管理技术人员与岗位操作人员综合素质，并有效利用大家碎片化时间集中解决了装置生产运行中突出的问题疑惑。该培训采取由主管领导每月深入班组收集岗位人员工作中难点困惑并形成培训课题集，每个工作日由相关系统主管技术人员用30分钟组织当班班组全员进行问题剖析和讲解，再用30分钟组织答疑和讨论的方式开展。用较短的时间实现高效率培训的效果。该重油催化裂化装置利用“每班1小时”讲解装置转动设备操作难题，见图3。

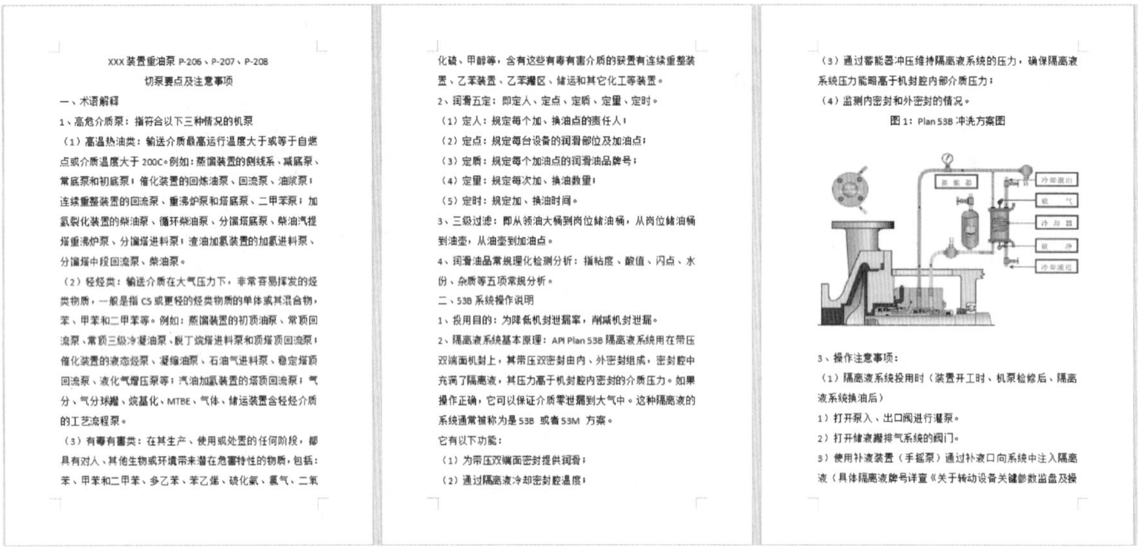

XXX装置重油泵P-206、P-207、P-208

切泵要点及注意事项

一、术语解释

1、高危介质泵：指符合以下三种情况的机泵

（1）高温热油类：输送介质最高运行温度大于或等于自燃点或介质温度大于200C。例如：蒸馏装置的侧线系、减底泵、常底泵和初底泵；催化装置的回炼油泵、回流泵、油浆泵；连续重整装置的回流泵、重沸炉泵和塔底泵、二甲苯泵；加氢裂化装置的柴油泵、循环柴油泵、分馏塔底泵、柴油汽提塔重沸炉泵、分馏塔进料泵；渣油加氢装置的加氢进料泵、分馏塔中段回流泵、柴油泵。

（2）轻烃类：输送介质在大气压力下，非常容易挥发的烃类物质，一般是指C5或更轻的烃类物质的单体或其混合物，苯、甲苯和二甲苯等。例如：蒸馏装置的初顶油泵、常顶回流泵、常顶三级冷凝油泵、脱丁烷塔进料泵和顶塔顶回流泵；催化装置的液态烃泵、凝缩油泵、石油气进料泵、稳定塔顶回流泵、液化气增压泵等；汽油加氢装置的塔顶回流泵；气分、气分球罐、烷基化、MTBE、气体、储运装置含轻烃介质的工艺流程泵。

（3）有毒有害类：在其生产、使用或处置的任何阶段，都具有对人、其他生物或环境带来潜在危害特性的物质，包括：苯、甲苯和二甲苯、多乙苯、苯乙烯、硫化氢、氯气、二氧化硫、甲醇等，含有这些有毒有害介质的装置有连续重整装置、乙苯装置、乙苯罐区、储运和其它化工等装置。

2、润滑五定：即定人、定点、定质、定量、定时。

（1）定人：规定每个加、换油点的责任人；

（2）定点：规定每台设备的润滑部位及加油点；

（3）定质：规定每个加油点的润滑油品牌号；

（4）定量：规定每次加、换油数量；

（5）定时：规定加、换油时间。

3、三级过滤：即从领油大桶到岗位储油桶，从岗位储油桶到油壶，从油壶到加油点。

4、润滑油品常规理化检测分析：指粘度、酸值、闪点、水份、杂质等五项常规分析。

二、53B系统操作说明

1、投用目的：为降低机封泄漏率，削减机封泄漏。

2、隔离液系统基本原理：API Plan 53B隔离液系统用在带压双端面机封上，其带压双密封由内、外密封组成，密封腔中充满了隔离液，其压力高于机封腔内密封的介质压力。如果操作正确，它可以保证介质零泄漏到大气中。这种隔离液的系统通常被称为是53B 或者53M 方案。

它有以下功能：

（1）为带压双端面密封提供润滑；

（2）通过隔离液冷却密封腔温度；

（3）通过蓄能器冲压维持隔离液系统的压力，确保隔离液系统压力能略高于机封腔内部介质压力；

（4）监测内密封和外密封的情况。

图1：Plan 53B冲洗方案图

3、操作注意事项：

（1）隔离液系统投用时（装置开工时、机泵检修后、隔离液系统换油后）

1）打开泵入、出口阀进行灌泵。

2）打开储液罐排气系统的阀门。

3）使用补液装置（手摇泵）通过补液口向系统中注入隔离液（具体隔离液牌号详查《关于转动设备关键参数监盘及操

图3　某重催装置每班1小时转动设备方面培训答疑资料

4.3　用新技术优化操作管理，以指令性资料指导操作

随着科技的发展新材料、新技术、新设备层出不穷，只有将炼化行业中的新技术、新方法纳入培训内容，才能更好的优化日常操作管理，减少各岗位人员工作负荷。某重油催化裂化装置充分利用动设备智能监测与故障预警系统，将现场53台关键运行设备接入系统进行24h不间断连续监控，同时将软件在中控室及外操室同步下装使用，借助其在线故障预警及危险报警信息推送功能，可协助属地及时发现异常，填补了人工巡检间隔期的空白。该平台可以实时显示现场转动设备的温度、振动、振动加速度、电池电量等信息，通过前期试运行期间比对确认该系统监测数值可靠性高，可替代岗位巡检部分监测工作。在进行全员系统应用培训后属地已按计划陆续将该系统监测结果纳入各岗位巡检使用，并同步削减相关岗位监测频次、数量，减少纸质记录使用，提高装置无纸化办公效能，降低岗位员工劳动强度。图4为该系统应用场景。

为减少岗位人员操作过程中执行不到位的问题，落实任何操作指标下发标准有指标，可量化，可检查的管理需求。某重油催化裂化装置将机泵加换油、隔离液系统补液、关键机泵预热、压缩机组压油等非常规操作拟定专项操作卡片，供岗位人员步步落实、步步确认。图5为某重油催化裂化装置专项操作卡片。

5　结论

炼化装置生产是一个连续、复杂的工艺流程，转动设备作为生产系统中的关键设备，只有做好转动设备管理，确保现场转动设备可靠运行，装置才有可能实现高品质、优质量、长周期的连续生产，才有可能实现更大效益。只有在管理上严格要求各岗位人员，加强员工培训，严格上岗标准，才能切实提高操作人员业务水平，才

能将装置安全平稳落在实处。培训的核心目的是要提升受训人员解决实际问题的能力，解决实际问题就要了解问题的来源、了解设备的结果、掌握处理问题的技巧。因此，我们要持续深入开展员工技能培训，并将提升转动设备运行管理与品质的目标落实在培训中。

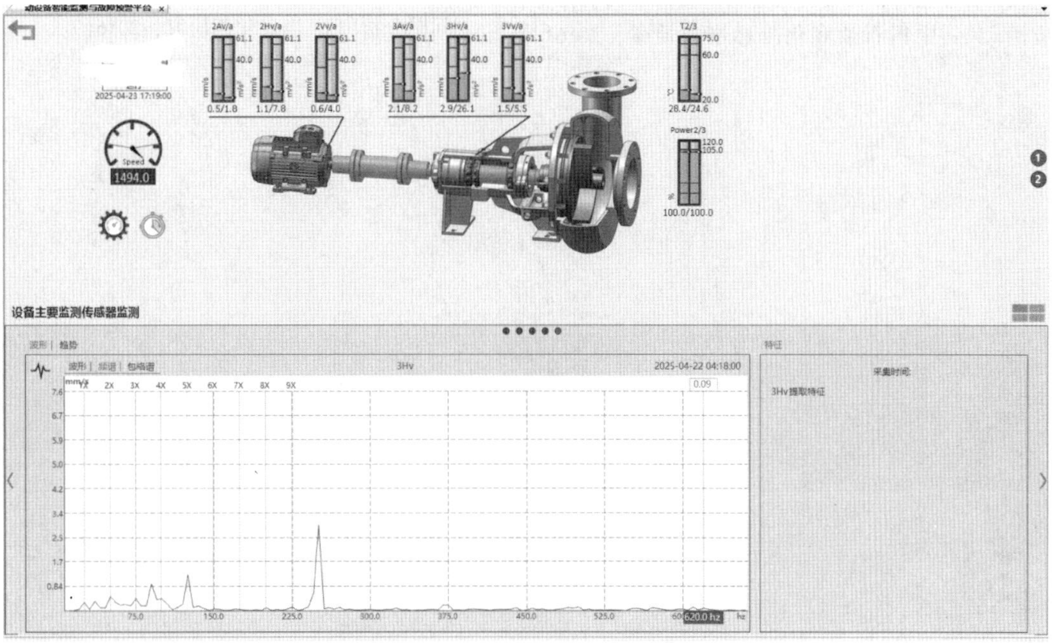

图 4　某重催装置动设备智能监测与故障预警系统应用场景

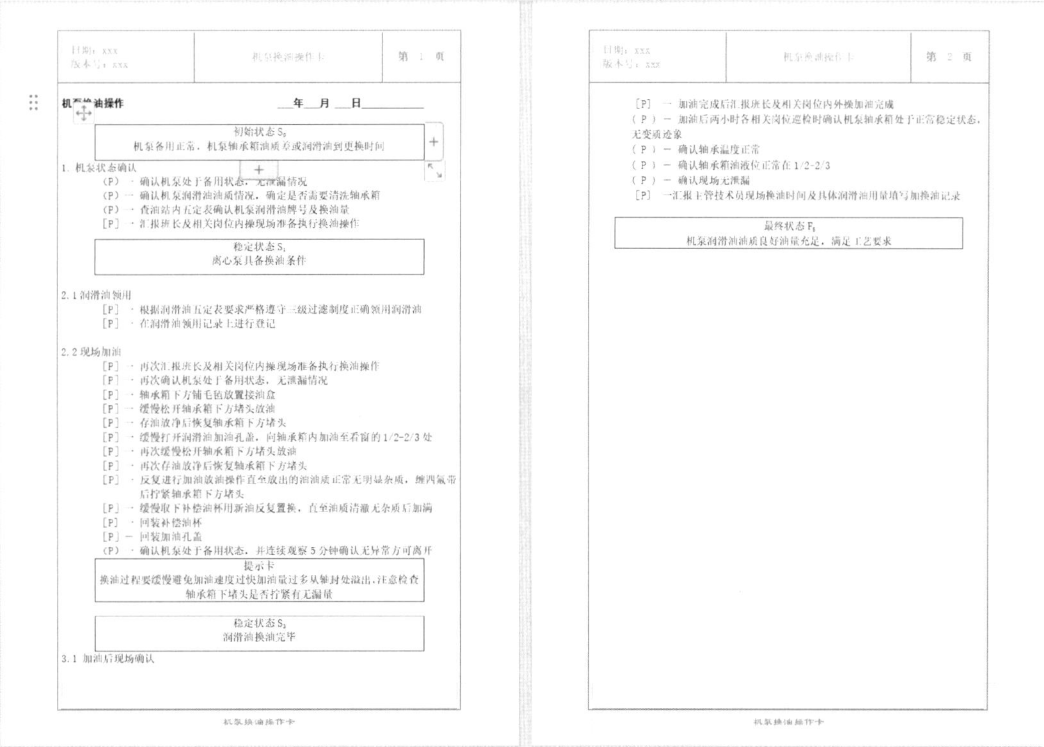

日期：xxx
版本号：xxx
机泵换油操作卡
第 1 页

机泵换油操作　　___年___月___日

初始状态 S_0
机泵备用正常，机泵轴承箱油质差或润滑油到更换时间

1. 机泵状态确认
(P) — 确认机泵处于备用状态，无泄漏情况
(P) — 确认机泵润滑油油质情况，确定是否需要清洗轴承箱
(P) — 查油站内五定表确认机泵润滑油牌号及换油量
[P] — 汇报班长及相关岗位内操现场准备执行换油操作

稳定状态 S_1
离心泵具备换油条件

2.1 润滑油领用
[P] — 根据润滑油五定表要求严格遵守三级过滤制度正确领用润滑油
[P] — 在润滑油领用记录上进行登记

2.2 现场加油
[P] — 再次汇报班长及相关岗位内操现场准备执行换油操作
[P] — 再次确认机泵处于备用状态，无泄漏情况
[P] — 轴承箱下方铺毛毡放置接油盒
[P] — 缓慢松开轴承箱下方堵头放油
[P] — 存油放净后恢复轴承箱下方堵头
[P] — 缓慢打开润滑油加油孔盖，向轴承箱内加油至看窗的 1/2-2/3 处
[P] — 再次缓慢松开轴承箱下方堵头放油
[P] — 再次存油放净后恢复轴承箱下方堵头
[P] — 反复进行加油放油操作直至放出的油油质正常无明显杂质，缠四氟带后拧紧轴承箱下方堵头
[P] — 缓慢取下补偿油杯用新油反复置换，直至油质清澈无杂质后加满
[P] — 回装补偿油杯
[P] — 回装加油孔盖
(P) — 确认机泵处于备用状态，并连续观察 5 分钟确认无异常方可离开

提示卡
换油过程要缓慢避免加油速度过快加油量过多从轴封处溢出，注意检查轴承箱下堵头是否拧紧有无漏量

稳定状态 S_2
润滑油换油完毕

3.1 加油后现场确认

机泵换油操作卡

日期：xxx
版本号：xxx
机泵换油操作卡
第 2 页

[P] — 加油完成后汇报班长及相关岗位内外操加油完成
(P) — 加油后两小时各相关岗位巡检时确认机泵轴承箱处于正常稳定状态，无变质迹象
(P) — 确认轴承温度正常
(P) — 确认轴承箱油液位正常在 1/2-2/3
(P) — 确认现场无泄漏
[P] — 汇报主管技术员现场换油时间及具体润滑油用量填写加换油记录

最终状态 F_s
机泵润滑油油质良好油量充足，满足工艺要求

机泵换油操作卡

图 5　某重催装置动设备专项操作卡

参 考 文 献

[1] 张驰，叶遥，曲峰．石油化工转动设备的维护管理[J]．石化技术，2006，23(6)：1.

[2] 吕洪光．石油化工装置转动设备机械密封辅助设施的应用[J]．中国石油和化工标准与质量，2016(10).

[3] 陈思齐．浅析石油化工设备安全管理工作[J]．石化技术，2016(7).

[4] 吕行．石油化工设备的修理与维护保养措施探讨[J]．黑龙江科技信息，2013(26).

[5] 孟繁辉，刘畅宇．探讨石油化工设备维修常见技术问题分析[J]．当代化工研究，2016(7).

双端面液膜密封在四顶气双螺杆压缩机上应用

王 磊

（中国石化海南炼油化工有限公司）

摘 要 针对常减压装置双螺杆压缩机原配套双端面接触式密封存在的密封摩擦副磨损严重、密封端面泄漏严重超标等问题，通过原因分析，提出了机组采用性能更优异的双端面液膜润滑非接触式机械密封技术改造方案。改造后密封运行成效显著，确保了装置安全稳定长周期运行。

关键词 双端面液膜密封；双螺杆压缩机；非接触式运转；组合型流体动压槽

LG60/1.0 四顶气螺杆压缩机是某公司常减压装置区的气体压缩机组，机组自投用以来，轴端密封运行一年左右开始出现泄漏逐渐增大趋势，机组润滑油需不断补充，费时费力且存在安全隐患，影响着常减压装置区的正常生产运行，更不能满足今后装置长周期安全稳定运行的需求。通过对国内同类机组及其使用机械密封成效调研的基础上，采用密封性能和润滑性能优异的双端面液膜润滑非接触式机械密封（简称“双端面液膜密封”），以期解决四顶气螺杆压缩机原轴端密封润滑油泄漏严重超标的隐患，为装置的安全稳定运行提供保障。

1 LG60/1.0 四顶气螺杆压缩机简介

LG60/1.0 四顶气螺杆压缩机输送介质为 C_1、C_2、C_3 等，电机驱动功率为 480kW，额定转速为 3600r/min，设计能力为 3600m^3/h，吸气压力为 0.13MPa（A），吸气温度为 40℃，排气压力为 1.0MPa（G），排气温度≤85℃。压缩机阴、阳转子的进端和排端原采用迷宫密封与集装式双端面接触式机械密封组合的密封结构。在双端面机械密封之间充入润滑油作为阻塞介质，同时亦对机械密封起到润滑和冷却作用。压缩机进端和排端共计密封 4 套，密封润滑油采用 32#透平油，排出端机械密封的回油压力为 0.45～0.55MPa，在进气端的机械密封回油压力为 0.25～0.35MPa。

2 原配套双端面接触式机械密封存在的问题及泄漏分析

通过机组检修，对泄漏超标的双端面接触式机械密封进行拆检并进行泄漏分析，如下所述。

（1）机械密封摩擦副采用碳化硅配对碳石墨，密封静环材质为碳石墨，通过拆检观察发现密封静环端面磨损严重，密封承凸台内外径结焦严重，且外径存在严重的崩边和破损现象，如图 1（a）所示。这主要是密封端面摩擦过热，发现严重热变形，加剧端面磨损及崩边、破损。

（2）密封动环材质为碳化硅，拆检后发现动环密封面存在严重的磨损，部分区域存在偏磨，如图 1（b）所示。这可能是因主机设备振动或轴窜较大引起。

（3）拆检并核实密封弹簧，发现存在不同程度的变形，导致密封端面弹簧比压分布不均匀，一定程度上影响密封追随性。

通过上述分析，造成机组原配机械密封泄漏的主要原因为接触式机械密封设计缺陷，无法满足机组运行工况要求。为实现机组密封组件长周期无泄漏运行，必须从根本上对现有机械密封结构进行改进，从而确保机组长周期安全稳定可靠运行。

3 螺杆压缩机轴端密封改造方案

通过对机组原配套机械密封泄漏故障分析，参考国内同类型设备密封改造经验，并结合现场实际情况，提出采用密封性能和润滑性能更加优异的双端面液膜密封代替双端面接触式机械密封进行技术改造，解决密封摩擦副端面摩擦严重、泄漏量超标的问题。

3.1 双端面液膜密封工作原理

液膜密封是一种新型的、先进的、依靠液体薄膜润滑的非接触式机械密封，可分为上游泵送机械密封和下游泵送机械密封两类。如图2所示，它是借助端面开设的流体动压槽在旋转条件下，依靠粘性剪切作用把液体泵入密封端面坝区，密封坝阻止液体流向中心，从而液体在有限的空间内被压缩致使压力升高，密封端面间隙得到动态稳定并形成具有一定刚度要求的液膜，使两密封端面分开且处于非接触运转。上游泵送密封的端面流体动压槽是把高压侧泄漏到低压侧的被密封介质再反输到高压侧，或者把低压侧的缓冲流体微量的泵送至高压侧被密封介质侧，可消除被密封介质由高压侧向低压侧泄漏，而下游泵送机械密封与之相反。

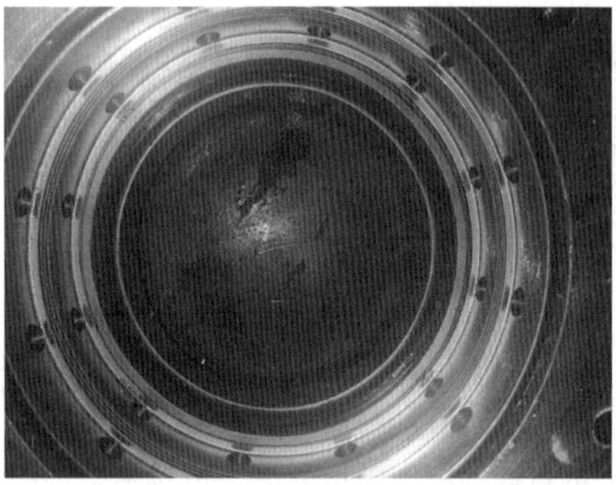
(a)密封静环

(b)密封动环

图1　双端面接触式机械密封动静环端面拆检情况

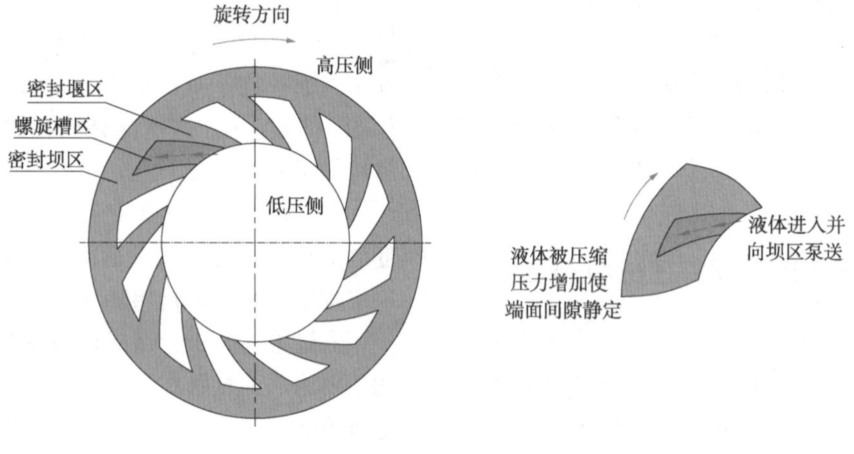

图2　液膜密封工作原理

3.2　双端面密封液膜密封结构设计

根据螺杆压缩机运行工况参数，在确保不改变螺杆压缩机机组密封腔体结构及进油口和回油口布置的前提下，改造密封仍采用双端面结构形式，如图3(a)所示；与接触式机械密封不同的是，介质侧和轴承侧密封均开设上游泵送和下游泵送组合型的流体动压槽结构，如图3(b)所示。

密封结构设计特点：该液膜密封采用双端面、平衡型结构设计，介质侧密封和轴承侧密封均为双平衡、具备防反压功能；采用集装式结构，整体安装准确、便捷，拆装方便。

独特的流体动压槽设计：组合型流体动压槽由靠近外径侧的下游泵送短槽和靠近内径侧的上游泵送长槽组成，下游泵送短槽将封油吸入密封端面，并增压使密封端面分开，保证非接触式运转；上游泵送长槽将吸入的封油泵送回去，保证封油不会泄漏。两组槽的组合使用，保证流体膜在密封端面形成微循环，增加流体膜刚度和抗干扰能力，特别是能够保证机组在振动较大、介质较脏的工况下密封能够正常运行，既可实现阻塞液体的零泄漏又可防止介质反窜至封油箱。

双端面液膜密封的材料和关键结构参数设计，如表1所述。

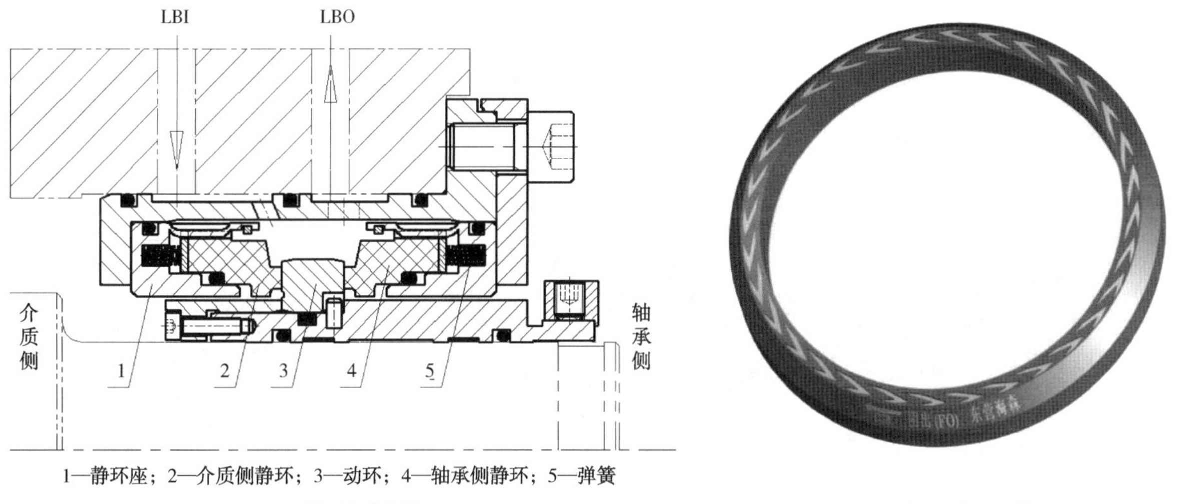

1—静环座；2—介质侧静环；3—动环；4—轴承侧静环；5—弹簧

(a)双端面液膜密封 (b)组合型流体动压槽

图 3 双端面液膜密封及组合型流体动压槽

表 1 双端面液膜密封的材料和关键参数

		介质侧	轴承侧
密封材料	摩擦副配对材料(动环-静环)	YG8-M180D	YG8-M180D
	补偿静环处辅助密封(O 型圈)	FFKM	FKM
	弹性元件(弹簧)	S316	
	传动件(轴套、传动环等)	S304	
	静止件(密封腔、压盖等)	S304	
关键结构参数	密封轴径/mm	115	
	密封面平衡直径 D_B/mm	150	
	密封面面积比 K	0.83	
	弹簧比压 P_{sp}/MPa	0.05	
	组合型槽数量 N_G	48	

3.3 双端面密封液膜密封结构优势

同接触式机械密封对比，双端面液膜密封具有如下优点：

(1) 密封整体安装方便，密封性能好，可有效的解决现有技术存在的如因密封端面泵入固体颗粒而易发生磨粒磨损、因自聚物产生不能及时清理而堵塞密封端面流体动压槽、密封稳定性差、使用寿命短等问题，并有效的阻止工艺介质反窜进入润滑油系统造成润滑油污染。

(2) 该密封正常工作时介质侧密封端面由于螺旋槽动压效应而非接触式运转，外径侧螺旋槽将洁净封油吸入密封端面实现油膜润滑，并及时把端面颗粒或特殊条件下形成的自聚物清理掉，避免其积聚在密封端面而堵塞动压槽，具有独特的“自清洁功能”；内径侧螺旋槽将封油反输回外径侧，实现封油无泄漏。

(3) 轴承侧密封上游泵送螺旋槽主要阻止高压密封油泄漏至轴承油系统，对密封油进行保压，可实现设备长周期无泄漏运转。由于密封端面非接触式运转，无端面摩擦磨损，端面温升低，能耗小，密封性和稳定性好，故这种密封可靠性好且维护修理费用相对减少。

4 现场密封改造及应用效果

2022 年 5 月改造后的双端面液膜密封一次性开车成功，运行一个周期期间压缩机阴、阳转子的进端和排端的四套密封均未出现泄漏超标的问题，使用运行情况良好。2025 年停车检修，拆检双端面液膜密封，介质侧和轴承侧静环端面内外径侧存在一定程度的崩边但密封面未见明显磨痕，密封动环组合型流体动压槽内存在一定程度的杂质，但密封未表现出泄漏超标现象，能够满足压缩机一个运行周期内密封技术指标的要求(图4)。

相比四顶气螺杆压缩机原配套接触式机械密封，双端面液膜密封技术方案解决了密封端面摩擦磨损严重、泄漏量超标问题，能够有效地确保常减压装置长周期安全稳定运行，减少了检维修费用，降低了生产的能耗，改善生产环境，体现了增效、节能、环保，具有良好的经济效益。

(a)介质侧静环　(b)密封动环　(c)轴承侧静环

图4　停车拆检双端面液膜密封

参考文献

[1] 刘世浩．丁二烯螺杆压缩机轴封系统改造[J]．石油化工技术与经济，2023，39(3)：26-30.

[2] 将雄伟．丁二烯螺杆压缩机轴端密封的改造[J]．石油化工技术与经济，2013，29(3)：29-31.

影响挤压机模板使用周期因素研究

何乃隆

（中国石化海南炼油化工有限公司）

摘　要　挤压机模板是聚丙烯生产中的关键设备部件，使用周期的长短直接影响到生产效率和成本。本文从设备原因、工艺原因及模板设计和安装等多个维度出发，全面分析影响模板使用周期的具体因素，并提出相应的改进措施。通过分析研究，可为延长挤压机模板使用周期、降低维修成本提供理论参考和实践指导，从而提升聚丙烯生产的整体效益。因此，文章主要就影响挤压机模板使用周期因素进行研究。

关键词　挤压机；模板；使用周期因素

挤压机模板在聚丙烯生产中是挤压机末端锥形物料分配器上的关键部件，确保物料能够均匀通过并形成符合要求的颗粒。然而，挤压机模板使用周期短是一个普遍存在的问题，不仅会导致高昂的维修成本，还常常造成生产中断，给企业带来不小的经济损失。频繁的更换和修复模板不仅耗时耗力，还可能影响生产效率和产品质量。因此，通过全面分析这些因素，能够更好地理解模板失效的机理，从而提出有效的措施来延长其使用寿命，不仅有助于降低企业维护成本，还能提高生产效率和产品质量，为聚丙烯生产的持续稳定发展提供有力保障。

1　挤压机模板概述

挤压机模板是聚丙烯等塑料生产中的关键部件，安装在挤压机的末端锥形物料分配器上，主要功能是通过锥形物料分配器，使物料沿着圆锥形夹套与侧壁构成的环形通道均匀通过模板，从而形成规定大小和形状的颗粒。模板的质量和运行状态直接影响挤出颗粒的表观尺寸和整体质量。挤压机模板由不锈钢基体和表面镶嵌或焊接的碳化钛合金层构成，其内部设计有加热流道，用于均匀加热模板，以保证物料的熔融状态。工作原理是，物料在挤压机的作用下，经过锥形物料分配器均匀分布后，进入模板的模孔，通过模板和切刀的相互作用，将熔融物料切割成颗粒。模板位于挤压机的末端，是物料挤出成型的最后一道工序。作用是将熔融的物料切割成均匀、规则的颗粒，便于后续的干燥、筛分、包装和运输。模板的性能直接影响到产品的质量和生产效率。按材质分类，挤压机模板主要分为不锈钢基体模板和碳化钛合金层模板。不锈钢基体模板具有高强度、耐腐蚀的特点，而碳化钛合金层模板具有更高的硬度和耐磨性。按用途分类，则主要有聚丙烯挤压机模板和其他塑料挤压机模板。聚丙烯挤压机模板针对聚丙烯的特性设计，具有更高的适应性和耐用性。模板的特点在于其结构的复杂性和材质的特殊性，使得模板能够承受高温、高压和高速的物料冲击，同时保证颗粒的均匀性和规则性。不同的模板适用于不同的生产场景和物料特性。模板的日常维护要求包括定期检查模板的磨损情况、清理模板表面的杂质和积料、保持模板的清洁和润滑等。模板的修复与更换流程则需要根据模板的磨损程度和损坏情况来决定，包括研磨修复、局部更换或整体更换等步骤。

2　影响挤压机模板使用周期的因素分析

2.1　设备因素

在挤压机的运行过程中，设备因素对模板使用周期有着至关重要的影响。首先，熔融指数和喂料负荷是影响挤压机模板使用周期的重要因素。熔融指数反映了塑料材料的熔融流动性能，会直接影响模板在工作过程中的热负荷和磨损程度。当熔融指数较高时，塑料熔体流动性增强，可能导致模板受到更大的剪切力和摩擦力，从而加速模板的磨损。同时，喂料负荷的大小也直接影响模板的受力情况，过高的喂料负荷会使模板承受更大的压力，降低其使用寿命。因此，合理调整熔融指数和喂料负荷，对于延长模板使用周期具有重要意义。其次，合理的进刀压力能够确保切刀与模板之间的良好接触，提高切粒质量。

然而，过大的进刀压力会导致模板和切刀过度磨损，甚至损坏。因此，需要不断优化和调整进刀压力，使其与模板和切刀的硬度、磨损情况等因素相匹配，以达到最佳的使用效果。第三，模板与切刀的硬度配比对于延长模板使用周期至关重要。硬度差异过大或过小都会导致模板和切刀之间的异常磨损。为了确保模板与切刀的硬度匹配，需要对模板和切刀的材质、硬度进行测试，并根据实际情况进行调整。合理的硬度配比能够有效降低磨损率，提高模板的使用寿命。适当增加切刀数量并降低转速，能够减少每个切刀的负荷，从而延长模板的使用寿命。由于切刀转速过高会导致颗粒水在切刀尾槽汽化，产生气泡并破坏模板金属表面。因此，合理选择切刀数量和转速，对于保护模板、提高生产效率具有重要意义。最后，积削瘤是在切削塑性金属材料时常见的一种现象，也会对模板的使用周期产生负面影响。积削瘤会改变切削刃的几何形状，增加切削阻力，导致模板和切刀过度磨损。因此，需要采取有效措施来避免积削瘤的产生，如合理选择切削速度、使用切削液等。

2.2 工艺因素

在挤压机模板的使用过程中，工艺因素包含涵盖粉料与添加剂中腐蚀离子的存在、颗粒水系统的 pH 值与电导率控制，以及生产工艺参数的调整与优化等多个方面。首先，粉料与添加剂中的腐蚀离子对模板的侵蚀不容忽视。在聚丙烯等塑料的生产过程中，粉料和添加剂中可能含有氯离子、硫酸根离子等腐蚀性离子。这些离子在高温熔融状态下会与模板材料发生化学反应，导致模板表面腐蚀、剥落，进而降低模板的强度和耐磨性。随着生产时间的推移，模板的腐蚀程度会逐渐加深，最终可能导致模板失效。因此，在选用粉料和添加剂时，应严格控制其腐蚀离子的含量，以减少对模板的腐蚀作用。其次，颗粒水系统的 pH 值与电导率也是影响模板使用周期的关键因素。颗粒水系统用于冷却和运输挤压出的颗粒，pH 值和电导率直接影响了水的化学性质。若 pH 值过低或过高，都可能加速模板材料的腐蚀。电导率的升高意味着水中离子浓度的增加，同样会加剧模板的腐蚀过程。因此，需要定期检测并调整颗粒水系统的 pH 值和电导率，以保持在适宜的范围内，从而减轻对模板的腐蚀作用。最后，生产工艺参数的调整与优化对于延长模板使用周期同样至关重要。生产工艺参数包括熔融温度、挤出速度、螺杆转速等多个方面。这些参数的合理设置可以确保物料在挤压过程中充分熔融并均匀分布，减少模板的受力不均和磨损。同时，适当的生产工艺参数还能提高生产效率，降低能耗。因此，在生产过程中，应根据实际情况不断调整和优化这些参数，以达到最佳的生产效果和模板使用寿命。

2.3 设计与安装因素

在挤压机模板的使用周期中，设计与安装因素中，不仅决定模板的初始性能和耐用性，还会直接影响到模板在实际生产过程中的运行效率和寿命。首先，模板产品的设计对使用周期有着深远的影响。流道设计是模板设计的核心部分，直接关系到塑料熔体的流动效率和模板的受力情况。合理的流道设计能够确保塑料熔体在模板内均匀分布，减少局部过热和磨损，从而提高模板的使用寿命。此外，模孔分布也是模板设计的重要考虑因素。模孔的排列和尺寸应与实际生产需求相匹配，确保颗粒的均匀性和生产效率。不合理的模孔分布可能导致模板受力不均，加速磨损和失效。其次，切刀与模板的安装操作规程执行情况对模板使用周期同样具有重要影响。在安装过程中，必须严格遵守操作规程，确保切刀与模板的准确安装和配合。任何安装不当或偏差都可能导致模板和切刀之间的异常磨损，甚至损坏。因此，操作人员应具备专业的技能和知识，严格按照操作规程进行安装，以确保模板和切刀的正常运行。此外，模板与刀盘之间的找正与对中精度也是影响模板使用周期的关键因素。找正与对中精度不足会导致模板与刀盘之间的间隙不均匀，增加磨损和振动，降低生产效率。因此，在安装过程中，必须采用高精度的测量工具和方法，确保模板与刀盘之间的准确对中，以减少磨损和延长使用寿命。最后，切刀整体平面度的不合格会导致切割质量下降，增加模板和切刀的磨损。因此，在组装完成后，必须对切刀整体平面度进行检测，并根据检测结果进行调整和控制，确保切割质量和模板的使用寿命。

3 延长挤压机模板使用周期的措施

3.1 设备管理措施

为了有效延长挤压机模板的使用周期，设备管理措施涉及优化挤压机操作参数、加强进刀压力监控与调整、合理选择模板与切刀材质及硬度配比、适当增加切刀数量并降低切刀转速，以及定期对模板进行清洗与维护等多个方面。首先，优化挤压机操作参数，提高生产效率并延长模板使用周期。通过调整熔融指数、喂料负荷等关键参数，可以确保塑料熔体在模板内均匀分布，减少局部过热和磨损。同时，合理的操作参数还能提高生产效率，降低能耗，为企业创造更大的经济效益。其次，加强进刀压力的监控与调整，避免模板过度磨损。进刀压力过大会导致模板和切刀之间的摩擦增加，加速磨损过程。因此，需要定期检测进刀压力，并根据实际情况进行调整，确保其在合理的范围内。此外，合理选择模板与切刀的材质及硬度配比，延长模板使用周期。不同材质和硬度的模板与切刀具有不同的耐磨性和抗腐蚀性，需要根据实际生产需求进行选择。通过合理的材质和硬度配比，可以减少模板和切刀之间的磨损，提高使用寿命。同时，适当增加切刀数量并降低切刀转速。增加切刀数量可以分散每个切刀的负荷，降低磨损程度。降低切刀转速可以减少切刀与模板之间的摩擦和热量产生，进一步延长使用寿命。最后，定期对模板进行清洗与维护是减少积削瘤现象、保持模板良好状态的重要步骤。积削瘤会导致模板表面不平整，增加磨损和切割难度。因此，需要定期对模板进行清洗和检查，及时去除积削瘤和其他杂质，确保模板表面的平整度和光洁度。

3.2 工艺改进措施

为了有效延长挤压机模板的使用周期，工艺改进措施不仅涉及对粉料与添加剂质量的严格控制，还包括对颗粒水系统 pH 值与电导率的精细调节，以及对生产工艺的全面改进，旨在提高产品质量与稳定性，从而减少模板的磨损和失效。首先，严格控制粉料与添加剂的质量是减少腐蚀离子影响的关键。粉料和添加剂中的腐蚀离子，如氯离子、硫酸根离子等，会对模板材料造成严重的腐蚀作用，加速模板的磨损和失效。因此，必须从源头抓起，选择高质量的粉料和添加剂，并严格控制其含量，以减少对模板的腐蚀影响。其次，调节颗粒水系统的 pH 值与电导率也是延长模板使用周期的重要措施。颗粒水系统用于冷却和运输挤压出的颗粒，其 pH 值和电导率直接影响了水的化学性质和对模板的腐蚀作用。通过精确调节颗粒水系统的 pH 值和电导率，使其保持在适宜的范围内，可以有效降低水对模板的腐蚀速率，延长模板的使用寿命。此外，改进生产工艺也是提高产品质量与稳定性、延长模板使用周期的重要手段。生产工艺的改进包括优化熔融温度、挤出速度、螺杆转速等关键参数，以及采用先进的生产技术和设备。通过改进生产工艺，可以确保物料在挤压过程中充分熔融并均匀分布，减少模板的受力不均和磨损。同时，先进的生产技术和设备还能提高生产效率，降低能耗，为企业创造更大的经济效益。

3.3 设计与安装优化

为了延长挤压机模板的使用周期，设计与安装优化是不可或缺的关键环节。优化措施不仅涉及模板产品设计的完善，还包括切刀与模板安装操作规程的严格执行，以及模板与刀盘找正工作的加强，旨在提高流道传热效率、应力分布均匀性、切粒质量与稳定性，从而减少模板的磨损和故障。首先，完善模板产品设计是延长使用周期的基础。通过优化流道设计，可以提高塑料熔体在模板内的传热效率，确保物料在挤压过程中均匀受热，减少局部过热导致的模板磨损。同时，优化应力分布设计，能够降低模板在受力过程中的应力集中现象，提高整体结构的稳定性和耐用性。这些设计上的改进，将直接提升模板的使用寿命。其次，严格执行切刀与模板安装操作规程是确保对中精度与平面度的关键。在安装过程中，必须遵循严格的操作规程，确保切刀与模板的准确对中和平面度控制。对中精度的提高，可以减少切刀与模板之间的间隙，降低磨损和振动，提高切粒质量。而平面度的控制，则能确保切割面的平整度和一致性，进一步延长模板的使用寿命。此外，加强模板与刀盘的找正工作也是提高切粒质量与稳定性的重要措施。找正工作的精确性直接关系到切粒的稳定性和均匀性。通过采用高精度的测量工具和方法，对模板与刀盘进行精确找正，可以确保切割过程中物料受力均匀，减少因受力不均导致的模板磨损和切粒质量问题。通过完善模板产品设计、严格执行安装操作规程和加强找正工作，可以提高模板的耐用性、切粒质量和稳定性，减少磨损和故障，确保模板的长期稳定运行。

4 结语

综上所述，设备操作参数的优化是关键之

一，需要根据生产产品的熔融指数，配备合适的切刀类型，避免因不匹配造成刀具浪费。同时，切刀和模板的硬度差异、平面度控制也是重要因素，硬度差过大会导致切刀使用周期缩短，平面度超标则可能增加磨刀时间，甚至影响正常切粒。此外，进刀压力的合理调整也至关重要，过高或过低的进刀压力都可能对切刀和模板造成不良影响，需要依据生产负荷不断调整。最后，模板设计制造、使用环境条件以及维护保养情况等因素，也会对模板使用寿命产生显著影响。因此，综合考虑多方面因素，采取有效措施，才能有效延长挤压机模板的使用周期。

参考文献

[1] 周浩．挤压机初期运行故障分析及改进措施[J]．流程工业，2024，(09)：66-69.

[2] 喻秉俊，王耀华，朱春龙，等．挤压机开工试运行过程中的常见问题分析与解决[J]．中国石油和化工标准与质量，2023，43(13)：32-34.

[3] 梁健，马莉莉，张永财．消除挤压机下水及乳清泵经常性堵塞问题攻关[J]．化工管理，2021(09)：139-140.

[4] 于春林．聚丙烯挤压机产生粘连料原因及处理方法[J]．化工设计通讯，2020，46(08)：45，66.

[5] 卢昌峰．聚丙烯挤压机运行不稳及切粒质量改进[J]．石化技术，2023，30(12)：241-242，235.

炼化企业实训基地建设与设备人才培训模式创新探索

徐文熙　于长利

（中国石油四川石化有限责任公司）

摘　要　在炼化企业复杂且精密的运营体系中，设备的稳定、高效运行是维系生产效益与筑牢安全防线的核心命脉。设备管理人员与检维修技术人员作为设备全生命周期管理与维护、检修作业的核心力量，其专业能力与综合素质的持续提升，已成为推动设备管理水平进阶、保障企业稳健发展的关键突破口。本文聚焦于设备人才创新培训模式，详细阐述其架构思路、实施路径及所取得的显著成效，以期为炼化企业在设备管理与人才建设领域提供具有实际价值的参考范例。

关键词　炼化企业；培训管理；设备人才；检维修实训基地；技能提升；创新培训模式；人才建设

炼化企业的生产高度依赖大量复杂且持续运转的设备，对设备管理和检维修工作有极高要求。随着行业技术快速发展，新型智能炼化设备、绿色低碳工艺不断更新换代，传统的经验式培训模式已无法满足企业对高素质复合型设备人才的迫切需求。在这样的背景下，持续创新培训模式，成为突破人才培养瓶颈、保障设备高效运维、实现高质量发展的关键举措。

1　炼化企业面临的挑战与优化培训模式的必要性

1.1　炼化设备特性与检维修难题

炼化企业设备具有“多、杂、险”的显著特点，包含常减压蒸馏装置、催化裂化设备、加氢反应器等核心装备。这些设备长期在高温高压、易燃易爆及强腐蚀的极端环境下运行。近年来，随着炼化装置朝着大型化、集成化方向发展，设备内部结构愈发精密，故障成因更加复杂。一旦关键设备出现故障，不仅会导致生产中断，还可能引发安全事故，造成难以估量的损失。

1.2　技术革新与传统培训模式冲突

智能诊断系统、数字化运维平台等新技术在炼化行业广泛应用，这要求设备管理和检维修人员不仅要掌握机械原理等传统技能，还需具备数据分析、系统调试等数字化能力。企业缺乏系统化、专业化的培训体系，导致员工难以快速适应新技术发展，严重制约了企业的生产效率和安全保障能力。

1.3　实训基地建设的核心价值

检维修实训基地的建设为解决上述难题提供了有效途径。通过模拟真实的检维修操作环境，实训基地为设备管理人员和检维修人员搭建了一个安全且高效的实践操作平台。在这个平台上，员工能够在不影响实际生产的前提下，进行各种设备的操作和维修训练，熟悉各类设备的结构、原理和维修方法。此外，实训基地通过规范的培训和严格的考核，提高检维修工作的质量和效率，为设备的稳定运行提供坚实保障。

2　检维修实训基地建设规划

检维修实训基地以“打造行业标杆实训平台”为建设目标，严格遵循导向性、共享性、创新性和持续性原则，在配置与功能规划上充分体现前瞻性与实用性。

2.1　实训基地硬件配置

（1）区域功能划分与场地规划

采用“模块化+功能分区”的设计理念，将实训基地科学地划分为设备专业、仪表专业和电气专业三大核心实训区域。设备专业实训区进一步细分为机泵钳工、焊工、管铆工三大实训区。其中，机泵钳工实训区面积约 $120m^2$，用于离心泵、计量泵等典型炼化设备的拆装与维护训练；焊工实训区占地 $270m^2$，配备专业焊接防护设施，能够满足不同焊接工艺的实操需求；管铆工实训区约 $150m^2$，可模拟管道安装、管件加工等作业场景。仪表专业搭建了30平米的专用实操培训室，并与仪表创新工作室联动，实现理论教学与创新实践的深度融合；维修电工实训区面积约60m²，设置了标准化电工操作台与设备调试区。各区域在规划时充分考虑工艺流程衔接与安全距离，既保障了培训的专业性，又便于跨专业协同演练。

（2）专业设备与设施配置

秉持“虚实结合、训战一体”的原则，各实训区按照专业需求配备设备。机泵钳工实训区配备离心泵、计量泵等泵类设备以及工作台、台虎钳等工具；焊工实训区配备电焊机、二保焊机等焊接设备与辅助工具；管铆工实训区配置无缝钢管、管件及工作桌；仪表专业实训区包含液位、温度等多种仪表与控制设备；维修电工实训区设置电工技能实训装置、低压电动机及检测工具，充分满足专业技能培训的需求（表1）。

表1　实训基地设备设施配置表

实训区域	设备名称	数量	实训区域	设备名称	数量
钳工实训区	离心泵	2台	焊工实训区	电焊机	6台
	计量泵	2台		二保焊机	2台
	磁力泵	2台		角向磨光机	6台
	屏蔽泵	2台		轴向磨光机	6台
	螺杆泵	1台		氩弧焊枪	6把
	罗茨风机	1台		氩气流量调节器	10个
	小型立式活塞式压缩机	1台		铈钨极	1kg
	台虎钳	8台		焊缝检验尺	2把
	小型机泵光轴	8根		红外线测温仪	1台
管铆工实训区	无缝钢管	40根	电工实训区	电工技能实训教学装置	1套
	90°弯头	15个		低压小型电动机	2个
	45°弯头	6个		低压抽屉	4个
	法兰	10个		绝缘电阻表	1个
	螺栓	40个		直流电阻表	1个
	钢板	18块		小型配电板	4个
	工字钢	24个		交流接触器	8个
	角钢	60个		各型号继电器	14个
	扁钢	6个		万用表	3个
仪表实训区	模拟仿真控制系统	2套	仪表实训区	温度探头	8个
	涡轮流量计	6个		压差传感器	1个
	电动调节阀	5个		压力传感器	2个
	气动调节阀	1个		压力表	7个
	常闭电磁阀	1个		变频器	3个

2.2　实训基地功能设置

（1）分层递进式技能培训体系

构建“基础技能-专项技能-综合技能”三级递进式培训课程体系。针对新员工，采用“理论+实操”双轨教学模式，使其掌握设备操作规范与安全防护技能；为在岗员工开设专项技能提升班，围绕炼化装置关键设备检修、智能仪表调试等核心内容，运用案例教学与项目模式强化实操能力；面向技术骨干举办综合技能研修班，结合企业实际生产难题，开展设备改造、工艺优化等实战项目训练，全面提升学员解决复杂工程问题的能力。

(2) 资源共享与交流协作平台

搭建“线上+线下”一体化资源共享平台。线下整合企业内部专家团队、实训设备等资源，实现不同部门、专业间的资源互通；线上开发培训课程库与技术案例库，涵盖设备检修标准流程、典型故障处理案例等内容。同时，依托实训基地的先进设备与专业人才，联合设备厂家专家开展技术交流，聚焦炼化设备新材料应用、智能运维技术等前沿领域开展技术普及，推动科研成果在企业生产中的快速转化，为企业技术创新注入持续动力。

(3) 闭环式综合培训管理体系

构建“教、学、练、考、评”五位一体的综合培训体系，实现全流程、闭环式的人才培养管理。在教学环节，采用“理论授课-现场实操-探讨交流”三阶段教学法：先通过理论授课为学员搭建知识框架，再引导学员在现场实操中深化对理论的理解、提升动手能力，最后组织开展探讨交流，分享操作经验与问题解决思路，促进知识内化。培训过程中，根据学员的学习进度、知识掌握情况及实操表现，由经验丰富的培训导师团队为学员定制学习计划，及时调整培训重点和方向，实现因材施教。

考评环节制定覆盖操作规范、故障处理效率、理论知识掌握程度等量化考核指标，由实训导师团队对学员进行严格评估，确保考核结果客观公正，全面反映学员真实的技能水平。

3 设备人才培训实践路径

专业的设备实操培训基地建成后，如何充分发挥其资源效能、创新设备人才培育模式，成为提升企业检维修实力的关键。为此，需要围绕实训基地核心功能，深度挖掘其潜力，构建科学高效的人才培养体系。

3.1 分层分类培训管理实施

依托专业的设备实操培训基地，构建分层分类的人才培养体系，针对不同岗位层级需求，定制差异化培训方案，实现培训资源精准投放与人才能力阶梯式提升。

(1) 检维修技能人员培养

面向检维修承包商操作员工，打造“日常提升-新人筑基-认证考评”全周期培训体系。日常培训以实训基地真实设备为载体，由企业工匠劳模、技术能手担任导师，采用“理论精讲+实操拆解+故障模拟”教学法，围绕机泵拆装、管道焊接等核心技能开展模块化训练。新员工培训增设实训项目，通过模拟检维修全流程场景，系统强化安全规程执行、工具规范使用、常见故障处置能力，考核结果与上岗资格直接挂钩。技能认定环节建立“理论测试+实操评分+现场答辩”三维评估标准，为员工技能等级认证与企业用人决策提供量化依据。

(2) 检维修技术骨干培育

聚焦技术创新与复杂问题解决能力，开设“技术专家讲堂”，围绕炼化设备典型故障、新技术应用等课题，开展“案例剖析-方案研讨-实操验证”闭环训练。邀请行业专家开展高端技术讲座，组织检维修技术骨干员工参与行业前沿技术交流会，推动技术骨干从“技能专精”向“技术创新”转型，培养企业破解技术难题的核心力量。

(3) 企业设备管理人员培训

为设备管理人员量身定制复合型实训班。前期通过集中授课系统梳理设备知识体系；中期采用“师带徒”模式，由检维修实训导师团队带领工程师在实训基地开展复杂设备故障诊断、检修方案编制等实战训练；后期设置“检修方案实战推演”“应急场景沙盘模拟”考核环节，重点检验设备管理人员的系统思维、资源统筹和应急决策能力。通过系统性训练，设备管理人员的技能水平和知识储备得到全面提升。2024 年企业 1 名设备管理人员荣获技术技能大赛金奖，实现企业技能大赛金奖零突破，充分展现了设备管理人才培养的显著成效。

3.2 开展多样化培训活动

(1) 实操培训强化动手能力

以“学用结合、以练促能”为导向，构建场景化实操培训体系。聚焦机泵维修核心业务，系统开展设备拆装、零部件测绘、故障诊断修复等实训项目。在设备拆装实训中，学员在资深技师指导下，严格遵循标准化作业流程，完成机泵拆解与组装全流程操作，深度掌握设备内部构造与装配要点；零部件测绘环节，学员运用卡尺、千分尺等精密测量工具，完成从数据采集到图纸绘制的完整流程，强化尺寸精度把控与公差配合认知；焊接实训通过缺陷案例展示，并开展针对性实操练习，系统讲解夹渣、气孔等常见焊接缺陷的成因及处理方法。

在最近一期焊接实操培训中，60名学员通过实操训练，经考核，全部学员均具备常见焊接缺陷识别与成因分析能力，培训后满意度调查显示，学员对实操培训的认可度达100%，认为其显著提升了复杂工况下的操作熟练度与问题解决能力。

（2）技术交流推动知识共享

搭建企业与检维修承包商双向技术交流平台，定期举办检维修技术研讨会。每期会议聚焦炼化设备管理痛点，以典型故障案例复盘与技术难题联合攻关为核心，组织企业设备管理人员、技术专家与承包商技术骨干，围绕设备故障智能诊断等前沿技术议题展开深度研讨。通过"案例剖析+技术实演+方案论证"的立体化交流模式，既通过检修报告展示分享实操经验，又针对复杂技术难题开展联合攻关，有效促进跨单位知识经验的双向流动，逐步形成"资源共享、优势互补、协同创新"的良性发展生态。

自这种模式运行以来，已成功举办6期专业技术交流会，累计吸引企业设备管理人员与检维修员工392人次参与，通过技术交流显著提升了设备检维修效率与质量。

（3）技能竞赛激发学习动力

以"比技能、赛水平、促提升"为目标，举办检维修技能竞赛。竞赛设置机泵维修、焊接工艺、仪表维修、电气维修等专业赛项，采用理论笔试和实操考核的综合考评模式，全面检验参赛员工的技术熟练度、应急处置能力与团队协作水平。通过设置奖项，激发员工自主学习动力，营造"比学赶超"的浓厚氛围。

在最新一届竞赛中，共784名检维修操作技能员工参赛，比赛产生9名金牌、21名银牌、18名铜牌选手。依托实操技能竞赛结果建立检维修优秀技能操作员工库，并对获奖检修员工给予表彰，推动形成"以赛促训、以训提能"的人才培养新模式

4 结论与展望

通过对炼化企业检维修实训基地的建设规划、实践策略及成效的研究，为培训工作奠定了坚实基础；多样化的培训活动和分层分类的培训管理模式有效提升了员工的技能水平，促进了企业技术创新；实训基地的建设与实践显著增强了企业的竞争力，为企业的可持续发展提供了有力保障。

未来，随着工业技术不断进步，炼化企业面临的竞争压力日益增大，对检维修实训基地也提出了更高要求。检维修实训基地应优化建设与实践模式。加强与行业内其他企业的交流合作，借鉴先进经验，引入新技术、新设备，不断更新培训内容和方法，进一步深化培训与生产的融合，紧密跟踪企业生产过程中的实际需求，及时调整培训重点和方向。加强与高校、科研机构的合作，开展产学研合作项目，共同攻克检维修领域的技术难题，推动检维修技术的创新发展。将实训基地打造成为企业技术创新和人才培养的核心平台，为炼化企业高质量发展提供更有力支持，助力企业在激烈的市场竞争中立于不败之地。

炼化企业青工技能提升策略与路径的构建与实施

刘传琦　许红香

（中国石化青岛炼化公司）

摘　要　石油炼化企业作为我国能源和战略资源的核心汇聚区域，随着科技发展和产业升级，对从业人员的职业技能要求日益提高，传统的青工技能培训模式难以精准培养出符合企业发展的高素质人才，需要构建一种基于岗位需求且科学高效的培训模式，不断完善培养体系，如"工匠讲堂"；"每日一练"、"班前问答"；"夜班微课堂"；"传帮带"；隐患排查；"四不两直"抓演练等培训活动，一方面为炼化企业提供合理的人才梯队及良性的人才流动机制；另一方面也为青年员工指明职业发展道路和努力方向，不断提升员工的综合能力，实现企业与员工的"双赢"。

关键词　炼化企业；人才培养；提升策略；培训模式；双赢

1　炼化青工技能培训现状和需求导向

石油化工企业易燃易爆，危险性较大，安全生产形式异常严重。经调查发现，炼化企业青年员工占比较大，经验不足，能力、素质仍有较大的提升空间。

习近平总书记在党的二十大报告中强调："加快发展数字经济，促进数字经济和实体经济深度融合，打造具有国际竞争力的数字产业集群。现今，中国正处于产业结构升级以及经济结构转型的重要时期，对高素质技能人才提出了更高的要求。企业应立足青年员工的职业生涯发展，树立"培训是一把手工程"、"管理者就是培训者"的培训理念，以"谁主管、谁负责，谁使用、谁培训"为原则，突出基层单位的培训主体地位，明确领导在培训中的主导地位，有效的发挥管理团队的专业技术和高效管理方式，从根本上提升青年员工的培训管理水平。

2　炼化青工技能培训的策略与路径

为加速青年员工成长，本文以多项人才培养机制为主体，构建以工匠讲堂、班前问答、夜班微课堂、传帮带、隐患排查、"四不两直"抓演练等培训模式帮助青年员工快速成长、精准定位，充分调动广大青年员工工作的主观能动性，深度挖掘员工潜力，推动员工队伍素质提升，青年员工人才培养规划见图1。

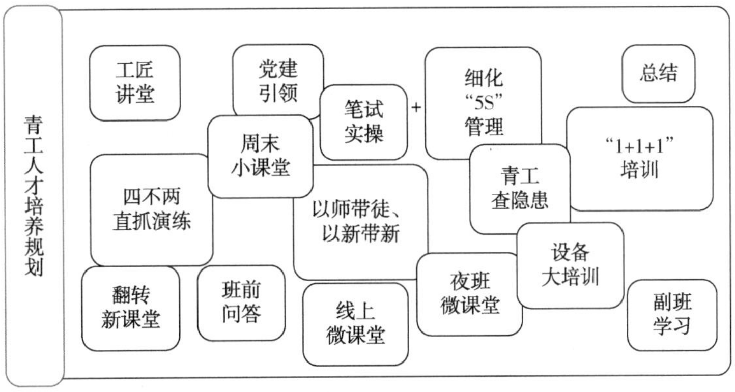

图1　青年员工人才培养规划图

2.1　"党建"引领发展、塑青工先锋力

企业应该突出党建引领，带动全员参与，明确"培训是所有人员的事情，管人管业务必须管培训"，不断健全完善培训管理体系。坚持首位

意识、找准工作着力点，提升青年员工的政治素养，让青年员工树立“以党立心、强企有我”，培养青工“向下扎根、向上开花”。

2.2 “工匠”大讲堂、青工成才“快车道”

企业应成立以首席技师为依托的工匠大讲堂，可每月组织一次集中授课，现场辅导教学，提升青年员工个人素养和技能水平。以“五懂五会五能”为核心分阶段制定培训计划，形成以工艺流程、设备实操、应急处置、事故汇编等内容为基础的培训，使青年员工在学习中成长，工作中历练，持续推进青年员工履职尽责能力提升。

2.2.1 “反转新课堂”

新课堂可由工程师、优秀青工代表主讲，围绕基础知识、装置简介、DCS、CCS、SIS 等相关内容开展培训。每月课题由专业首席技师根据年度、月度培训计划选择、策划，青年员工、工程师负责课件的制作和宣讲，充分利用“反转课堂”这个载体可进一步增强了青年员工自主思考的能力，引导青年员工不断提高自身的学习能力和实践能力。

2.2.2 青工笔试+实操

企业应积极完善培训方案，优化培训机制，充分调动青年员工参与培训的自觉性、主动性和积极性，提高员工的整体素质，促进公司各项工作的开展。为考察青年员工的学习成果，为青年员工“查漏补缺”。企业可进行笔试部分考察，同时也需着重考察青年员工对现场流程的掌握程度。

通过这种定期的工匠大讲堂以及日常的学习小课堂，让看似简单的工作成为知识和技能提升的“加油站”，让青年员工“谋在新处、靶在实处”，助力青年员工成长成才。

2.2.3 仿真分享、入脑入心

青年员工利用工作之余可积极学习仿真系统，练习开停工操作，熟悉装置流程。对于 DCS 调节经验较少的青年员工，加强仿真训练，能缓解其在实际操作中“心里没底”“不敢动”的心理状态。针对不同事故处理，锻炼青年员工的应急处置能力，开启青工技能提升培养工作的“新模式”，对青工进行全方位技能提升培养，优化青工技术技能传承。

2.2.4 “记笔记”、“学流程”、写“总结”、练“本领”

企业应特制基本功训练本，流程学习本，通过记笔记、学流程的模式，行之以见，持之以恒。在“落细、落小、落实”上下功夫，加强学习、夯实基础。灌输青年员工“勤观察、多总结”的学习习惯，督促青年员工在每一次培训后做总结、写收获；在每一次设备检修、工艺调整后写体会；在日常倒泵、倒机、装置开停工、检修后及时总结学习成果和收获，积少成多，有助于青年员工的持续改进、提升。

2.3 炼化“新常态”，青工成才“传帮带”

为加速新员工的成长，快速融入工作，企业应为青年员工安排“双导师”，并制定培养计划。徒弟向师傅学技术、学做人；师傅言传身教，携手实现“双促进、同进步”；“以师带徒、以徒促师”，“以师带徒”传薪火，“以新带新”同进步。

企业应该充分发挥专业工程师和老师傅的优势，搭建平台，为青年员工传道受业解惑，，以提高青年员工整体素质为抓手，有针对性地为他们确定年度学习计划，从培训内容、课时、方式、地点等方面精心编制培训教材与方案。明确阶段性学习内容、学习方法和学习时间，保证每天都能在学习中得到收获。通过为青年员工提供可学、可看的培训教材，采取定期学、随时学、现场学等方式，既做了到“授之以鱼”，更做到了“授之以渔”。

与此同时，以新带新也是青年员工成长的一个重要途径，以新带新可加速青年员工之间的“比学赶超”，在“比学赶超”中同进步，进一步加深青年员工对装置的理解。

2.4 “1+1+1”培训新模式

“1+1+1”培训模式主要分为“专业工程师、运行部所有员工的副班培训、青年员工三大类。

2.4.1 专业工程师之“匠于心”

为提高青年员工的敏锐力，企业可定期组织专业工程师带领青年员工学习青年炼化专业制度，了解公司要求。学习公司体系案例，审视自身不足之处，举一反三。与此同时，组织专业工程师前往总部或兄弟单位进行专业培训，接触先进管理和技术知识，提高专业写作能力和故障分析能力，提高发现问题的敏锐力和创造力，擦出专业工作的闪亮名片，提升管理人员的培训意识，打造“技术专业能手”。

与此同时，企业可组织设备专项大培训、岗位大练兵，对装置内的机泵构造，干气密封等设

备内容进行专项学习，切实提升员工的设备专业知识，扩宽知识面。

2.4.2　副班“四讲一讨论”

为提高员工的技术水平、安全意识和事故处理能力，企业应该坚持“管业务必须管培训”理念，每月可以以多种方式集中副班培训，狠抓员工的基本功训练，通过“四讲一讨论”的模式，学习与演练相结合，专业技术人员以“适用、易懂、新颖”的培训课题为内容，通过“缺啥补啥，问啥讲啥，讲要讲透，边讲边讨论”的模式，让员工轻松理解和掌握理论知识、实际操作技能，使员工对副班培训这种“福利”越来越青睐，让副班培训成为基层员工的“充电站”，从而提高工作本领、提升个人技能水平，更好地驾驭工作上遇到的难题。

副班学习不能毕其功于一役，要久久为功，体现其价值，让学习成为班组基因，让“副班”成为员工成长的阶梯，为公司发展转型添砖加瓦。

2.4.3　打造“青工装置通”

企业应该定期组织入职两年青年员工进行装置开停工、设备、工艺等方面的培训。通过理论讲解和现场实操相结合，提高青年员工技能水平，通过青工“检修+日常”培训，加速“青年装置通”的培养，为安全生产建好技能堡垒。

在大检修期间，企业可对拆装的阀门、塔、罐、转动设备等部件进行培训，提高青年员工技能水平，通过检修期间培训，达到“背十遍不如看一遍，看一遍不如动手干一遍”的培训效果，为安全生产建好技能堡垒。同时，企业应该定期对青年员工开展操作技能培训，由运行部设备工程师和班组长为青年员工现场讲解设备操作步骤及其原理，并要求青年员工现场学习、实际操作，以达到“懂原理、会操作的培训目的。

为确保各装置安全平稳生产，企业需要定期组织青年开展现场检查工作。围绕“工艺、设备、安全”等方面展开，青年员工对装置现场进行地毯式排查，对装置中的“跑冒滴漏”现象以及现场存在的问题进行排查，对发现的隐患及时整改、总结，同时对各大机组运行情况、备用情况进行再确认，做到检查全方位、无死角，进一步加深了青年员工对装置现场和设备的理解，切实消除现场隐患，为公司持续攻坚创效助力。

2.5　其他培训模式

2.5.1　“早会“班前问答”+夜班“微课堂”

为提升员工整体技术水准，企业可利用交接班时间，实行早会提问模式，坚持开展“每日一练”、“每日几题”，大大提升班组青年员工学习热情和操作技能水平，并针对薄弱环节进行讲解，切实提升员工的水准。

夜班可实行小范围学习事故预案，切实提升青年员工对事故预案的熟悉程度。

2.5.2　“四不两直”抓演练

炼化企业应急演练的形式多种多样，目前更多的是有脚本、有流程、有准备的“演”，观摩效果好，但对于发现真问题、看到真情况的效果不明显。企业在实战演练过程中应融合“四不两直”的高效演练手段，充分模拟紧急情况下的正确操作行为，力争在特殊工况下做到事故分析精准推敲、处理方案当机立断、现场操作临危不乱。

青年员工“强预案，重现场”，不断完善应急操作处理方案，多次实战模拟操作情况，切实加强应急操作技能，为保障装置安全平稳运行零事故奠定坚实基础。“不事先通知，不定时间，不设演练课题，没有演练脚本，直奔现场，直奔基层，临时定课题，现场抽人员”，关键看发挥，如实反映演练单位的安全应急能力和应急处置水平，真正暴露出演练人员的缺陷和不足，锻造青年员工的应急处置能力。

3　结语

企业利用充分完善培训的方式、方法、内容和机制，充分调动专业技术员、首席技师、运行工程师、班组成员、青年员工的综合培训队伍，提升了青年员工参与培训的自觉性、主动性和积极性。通过这种“党建引领”；“工匠讲堂”；“每日一练”、“班前问答”；“夜班微课堂”；“传帮带”；隐患排查；“四不两直”抓演练等多种方式培训，加强培训力度，拓宽培训思路，使青年员工培训渗透进员工的日常工作中，让员工在每天的工作中都能有所收获，切实提高了员工的能力素质。

“心心在一艺，其艺必工；心心在一职，其职必举”，愿我们无论身处何种岗位，青年员工需手心向下、目光向内、脚步向前。

参 考 文 献

[1] 胡翔．基于数字化的央企国际化人才培训创新与实践[J]．当代石油石化，2023，31(05)：53-55+59.

[2] 段晓平．煤矿企业职工教育培训工作的建设与实践[J]．能源技术与管理，2025，50(01)：190-192.

[3] 陈作如，丁雅清．化工工程安全管理存在的问题及措施探讨[J]．中国石油和化工标准与质量，2025，45(03)：89-91.

[4] 鲍念，许家琦，许锋，等．组建“尖刀班”强化青工培养[J]．中国电力企业管理，2024，(09)：86-87.

[5] 刘新圣．浇足青工成长成才“定根水”[J]．中国石油石化，2023，(23)：8.

[6] 王瑞军，吴新芳．有色金属企业青工职业发展导航“1+1+3”活动探索实践[J]．中国金属通报，2022，(08)：4-6.

[7] 经城，汪子琦．“五位一体”打造“技能提升型”班组[J]．企业管理，2021，(S2)：196-197.

[8] 马继超，张国文．“立项式”管理促进青工创新创效能力再提升[J]．企业管理，2021，(S2)：208-209.

污泥焚烧回转窑长周期运行策略

高　帅

（中国石油华北石化分公司）

摘　要　本文主要探讨了污泥焚烧回转窑长周期运行的策略。通过对污泥焚烧回转窑的设备结构、工艺原理以及运行过程中常见问题的分析，提出了包括设备改造、设备维护、工艺参数优化、操作管理等多方面的运行策略。这些策略的实施能够有效提高回转窑的运行效率，减少设备故障，降低运行成本，从而实现污泥焚烧回转窑的长周期稳定运行，为污泥的高效处理提供技术支持。

关键词　污泥焚烧；回转窑；长周期运行；运行策略

随着城市化进程的加快和工业的不断发展，污水处理过程中产生的污泥量日益增加。污泥中含有大量的有机物、重金属和病原体等有害物质，若不妥善处理，将对环境和人类健康造成严重危害。污泥焚烧是一种有效的处理方式，能够实现污泥的减量化、无害化和资源化。回转窑作为污泥焚烧的核心设备，其长周期稳定运行对于整个污泥焚烧装置的高效运行至关重要。

1　污泥焚烧回转窑的设备与工艺

1.1　设备结构

污泥焚烧回转窑通常由窑体、窑头、窑尾、托轮装置、挡轮装置、传动装置和燃烧装置等组成（图1）。窑体是回转窑的主要部分，通常由钢板卷制而成，内部衬有耐火材料，用于承受高温和腐蚀。窑头和窑尾分别用于污泥的进入和灰渣的排出。托轮装置和挡轮装置用于支撑和限制窑体的运动。

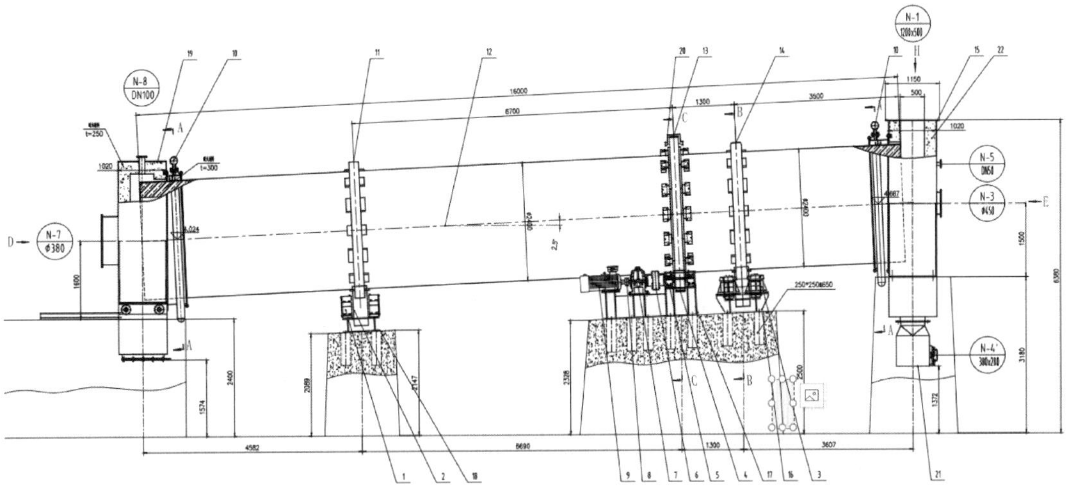

图1

图号含义：1—托轮轴承座/托轮轴；2—托轮 3—挡轮；4、5、6、7、8、9—驱动机构；

10—密封系统；11、14—圈轮；12—窑体；19—窑尾；22—窑头

工艺参数：温度控制范围：500~1000℃；窑体转速：0.4~2.7r/min；压力控制范围：-100~0Pa

1.2　工艺原理

污泥通过窑头送入回转窑，在窑尾处的火焰作用下，依次经历干燥、热解和燃烧过程。污泥中的水分首先被蒸发，随后有机物在高温下发生热解和燃烧，最终转化为灰渣排出。回转窑的运行需要严格控制温度、停留时间和氧气供应等参数，以确保污泥的充分燃烧和污染物的达标排放。

2 影响回转窑长周期运行的因素

2.1 设备因素

2.1.1 回转窑本体

回转窑筒体的材质、内部衬里结构材质以及制造工艺等会影响其使用寿命。长期在高温、腐蚀环境下运行，筒体容易出现变形、磨损、开裂等问题。例如，筒体内部衬里损坏局部过热可能导致钢材强度下降，进而发生变形。

2.1.2 支撑装置

支撑装置包括托轮、挡轮和轴承等部件。托轮和挡轮的磨损、轴承的损坏会导致回转窑运行不稳定，甚至出现筒体偏移、倾斜等严重问题。托轮与筒体表面接触不均匀，会造成托轮局部磨损加剧。

2.1.3 传动装置

传动装置如电机、减速机、联轴器等部件的故障会影响回转窑的正常转动。电机过载、减速机齿轮磨损、联轴器松动等问题都可能导致回转窑转速波动或停止转动。

2.1.4 燃烧系统

燃烧器的性能、燃料的质量和供应稳定性对回转窑的燃烧效果和长周期运行至关重要。燃烧器堵塞、火焰不稳定、燃料杂质过多等问题会导致燃烧不充分、局部过热或熄火等现象，进而影响回转窑的正常运行。

2.2 工艺因素

2.2.1 污泥性质

污泥的含水率、热值、成分等性质会影响焚烧过程。含水率过高会增加能耗，降低焚烧效率；热值过低则难以维持稳定的燃烧温度；污泥中含有较多的重金属、氯元素等会加剧设备的腐蚀和结渣问题。

2.2.2 焚烧温度

焚烧温度是影响污泥焚烧效果和设备寿命的关键因素之一。温度过低会导致污泥燃烧不完全，产生大量未燃尽的物质，同时增加二噁英等有害物质的生成；温度过高则会使金属发生塑性变形，长期积累会导致形变，加剧耐火材料损耗；回转窑温度波动较大，导致衬里急剧膨胀或收缩而影响衬里寿命。

2.3 操作因素

2.3.1 操作人员技能水平

操作人员对回转窑的操作熟练程度、对工艺参数的控制能力以及对设备故障的判断和处理能力，直接影响回转窑的运行稳定性。例如，操作人员不能准确控制进料量、燃料供应量和通风量，会导致工艺参数波动，影响焚烧效果和设备寿命。

2.3.2 操作规范执行情况

严格执行操作规范是保证回转窑长周期运行的重要前提。若操作人员违反操作规程，如频繁启停设备、在设备运行过程中进行违规检修等，容易引发设备故障。

2.4 维护因素

2.4.1 日常维护

日常维护工作包括设备的清洁、润滑、紧固、检查等。定期对回转窑进行日常维护，能够及时发现设备的潜在问题，如螺栓松动、部件磨损、密封泄漏等，并采取相应的措施进行修复，避免问题扩大化。

2.4.2 定期检修

定期对回转窑进行全面检修，包括对设备的关键部件进行拆卸检查、更换磨损部件、对设备进行调试和校准等。定期检修能够恢复设备的性能，延长设备的使用寿命。

3 污泥焚烧回转窑长周期运行策略

3.1 设备维护策略

3.1.1 优化设备选型与安装

选择质量可靠、性能优良的回转窑设备，确保其材质、结构和制造工艺满足污泥焚烧的要求。在设备安装过程中，严格按照安装规范进行操作，保证设备的安装精度，如筒体的水平度、托轮和挡轮的平行度等。

3.1.2 制定科学的维护计划

根据回转窑的运行情况和设备厂家的建议，制定详细的日常维护和定期检修计划。日常维护应包括每天对设备进行巡检，检查设备的运行状态、各部件的连接情况、润滑情况等，并及时进行清洁和润滑；定期检修可分为小修、中修和大修，小修一般每季度进行一次，主要检查和更换易损部件，如密封件、燃烧器喷头等；中修每半年进行一次，除小修内容外，还应对设备的传动装置、支撑装置等进行检查和调整；大修每年进行一次，对设备进行全面拆解检查，更换磨损严重的部件，对设备进行全面的调试和校准。

3.1.3 加强设备监测与故障诊断

采用先进的监测技术，如振动监测、温度监测、压力监测等，对回转窑的运行状态进行实时监测。通过分析监测数据，及时发现设备的潜在故障，并采取相应的措施进行处理。例如，当监测到回转窑筒体振动异常时，可能是托轮磨损、轴承损坏或筒体变形等原因导致，应及时停机检查并修复。同时，建立设备故障诊断专家系统，利用人工智能和大数据技术，对设备的故障进行快速准确的诊断和分析，提高故障处理效率。

3.1.4 储备关键零部件

为了缩短设备故障维修时间，应储备一定数量的关键零部件，如托轮、轴承、密封件、燃烧器等。确保储备的零部件质量可靠，与设备原配件匹配。

3.2 工艺优化策略

3.2.1 污泥预处理优化

进一步改进污泥脱水和干燥技术，提高污泥预处理效果。例如，采用新型的脱水设备或添加高效的脱水剂，降低污泥含水率；优化干燥工艺，提高干燥效率，降低干燥能耗。同时，对不同来源的污泥进行分类处理，根据污泥的性质调整预处理工艺，以提高污泥的可焚烧性。

3.2.2 焚烧工艺参数优化

通过实验和模拟分析，确定最佳的焚烧工艺参数，如焚烧温度、停留时间、通风量等。在实际运行过程中，根据污泥性质和设备运行情况，及时调整工艺参数，确保污泥充分燃烧，同时减少设备的磨损和腐蚀。例如，当污泥含水率较高时，适当提高焚烧温度和延长停留时间；当污泥热值较低时，增加燃料供应量或调整通风量，以维持稳定的燃烧温度。

4 案例分析

4.1 处理托轮基础问题

通过对托轮钢结构基础修复加固和调整回转窑托轮与基础较大缝隙问题，解决了旋转设备因刚度不足而导致振动较大问题，回转窑运行稳定性显著提升。因为振动的减小也间接增加了衬里的使用寿命。通过托轮与窑体平行度调整减少了窑体上下行调整频次。图 2~图 4 是本公司回装窑问题处理的前后对比。图 2 为托轮基础开裂与修复前后对比；图 3 为脱落基础松动与修复前后对比；图 4 为托轮基础刚度不足与治理前后对比。

图 2

图 3

图 4

4.2　衬里升级效果

回转窑有原来的耐火砖衬里升级为预制块加浇注料的衬里，大大延长回转窑衬里的使用寿命。图 5 是新型衬里结构图。

图 5

4.3　污泥预处理优化

因焚烧处理的污泥来源不一，污泥热值不同会造成焚烧时回转窑温度波动较大，进而影响回转窑使用寿命和烟气排放指标的波动。针对这个问题采取均匀掺混的方式保障燃烧温度平稳，既保避免因温度波动影响衬里寿命，又保证烟气平稳排放。

4.4　日常维护工作

通过定期对焚烧回转窑托轮加油的方式减少了因回转窑托轮与回转窑轮圈摩擦而产生的振动，大大改善回转窑运行状态，延长了衬里的使用年限。

5 结论与展望

本文从设备、工艺及管理三方面提出污泥焚烧回转窑长周期运行策略，通过新型衬里工艺、操作优化及预防性维护等措施，有效延长了设备寿命并降低了运行成本。未来可进一步探索智能化监测技术（如 AI 故障诊断）及低碳焚烧工艺，推动污泥处理向高效化、绿色化方向发展。

参 考 文 献

[1] 高帅．污泥焚烧回转窑长周期运行攻关，2023.

[2] 中国危废产业网．浅谈回转窑焚烧炉在危险废物处置中的应用．2024.

[3] 陈义德．浅谈影响垃圾焚烧炉长周期运行的措施，2017.

[4] 高帅．污泥焚烧回转窑新工艺衬里浅谈，2023.

第三篇　监测诊断篇

机泵群状态智能监测模型的应用与效益分析

陈　敏

（中海石油中捷石化有限公司）

摘　要　本文介绍了应用于中海石油中捷石化有限公司的机泵群状态智能监测模型。该模型基于工业物联网（IIoT）和大数据智能化技术，通过部署无线传感器网络实时采集机泵振动、温度等关键运行参数，结合专业数据库与智能分析算法，实现对机泵健康状态的实时监测、故障预测与预警。应用结果表明，该系统显著降低了设备故障率（监测机泵故障率下降约70%），提高了维护效率（预测性维修占比提升至78.1%，维修响应时间缩短60%），并带来了可观的经济效益（年均综合节约成本超160万元人民币）。本模型为石化行业设备智能化运维提供了有效实践。

关键词　状态监测；预测性维护；工业物联网（IIOT）；机泵；无线传感器；故障诊断；运维优化

1　引言

在石化等流程工业中，机泵作为关键旋转设备，其运行稳定性直接影响生产连续性和效率。传统依靠人工点检和被动维修的维护方式存在劳动强度大、效率低、数据时效性差、故障分析难等问题，导致设备故障率高、维护成本高昂且生产损失风险大。为应对这一挑战，中海油中捷石化有限公司引入并实施了机泵群状态智能监测模型，旨在通过数字化、智能化手段提升设备可靠性及运维管理水平。

2　技术领域

本模型属于工业物联网（IIOT）和大数据智能化应用领域，核心目标在于实现工业机械设备（特别是旋转机械）的自动化、数字化、智能化状态监测、故障分析诊断及预警。

3　背景技术与系统构成

3.1　背景技术

传统机泵维护依赖人工点巡检和有线传感器监测，存在布线成本高、施工复杂、数据采集频次低、历史数据缺失、精确分析困难等弊端。为解决机泵频繁故障问题，提升设备可靠性与运维效率，本项目采用新一代无线振动与温度传感器及大数据分析实时预警监控技术构建智能监测系统。

3.2　系统构成

本模型核心组件包括：

无线传感器：部署于机泵本体，实时采集振动、温度等多维度运行参数。具有安装便捷、节省布线成本（人工及材料）的优势。

网关：部署于传感器附近，汇聚传感器数据并通过内部局域网/物联网传输至服务器。

服务器平台：搭载专业数据库软件用于实时接收、存储运行数据。

分析算法软件：集成于服务器平台，基于诊断学和人工智能算法进行数据分析与诊断。

用户终端：通过电脑、手机等设备向用户展示状态信息、预警及维护建议。

4　实施方法与工艺流程

模型实施遵循以下关键步骤：

4.1　服务器平台搭建

厂内建设服务器，安装数据库及分析算法软件。

4.2　传感器与网关部署

在目标机泵群上安装无线传感器，并在合适位置部署网关。

4.3　系统配置

在软件平台中部署并绑定传感器测点信息，根据设备型号、工况、参数要求进行专业配置，确保分析诊断精准有效。

4.4　实时数据采集

持续采集机泵关键运行参数（振动、温度等），数据每半小时上传一次至服务器。

4.5　数据分析与预测

分析算法软件对实时与历史数据的趋势、频

谱等特征进行分析，预测机泵健康状况，识别潜在故障。

4.6 自动报警与维护建议

监测到设备运行异常时，系统自动触发警报并提供具体的维护建议。

4.7 维护优化

根据系统提供的设备健康状态评估，指导制定点巡检和维护计划，优化维护策略（避免过修/漏修）。

5 数据要求

系统要求使用专业无线传感器和采集器，实时、准确地收集机泵振动（如速度、加速度、位移频谱）和温度等关键参数。数据需通过可靠网络传输并存储于高性能专业数据库中，为后续算法分析提供高质量基础。

6 应用效果与评价

6.1 应用背景

中海油中捷石化有限公司共有机泵1500余台，首批接入智能监测系统468台。传统模式下，机泵年均故障率达18%，年发生1~3次较大故障，平均修复时间5~7天/次，直接修复成本约8万元/次。主要故障类型包括轴承磨损损坏（占比高）、机泵平衡对中不良、密封件失效及其他结构、电气、控制故障。

6.2 效益分析

6.2.1 故障率显著降低

被监测机泵整体故障率下降约70%（从7%降至2%）。

轴承与密封件相关故障发生率下降约80%（从19%降至4%）。

年均通过预警进行预防性维修约83次，有效避免了设备严重损坏。

6.2.2 维护效率提升

故障预测准确率高：>90%，可提前2~3天预警。

预测性维修占比大幅提高：从16.6%提升至78.1%。

维修响应时间缩短：平均减少60%（从6小时降至2.5小时）。

维修工时节省：总工时消耗减少40%（平均每次节省约5小时）。

综合效果：维护人员工作效率提升约30%，被监测机泵月均维修次数从8次降至1.5次。

6.2.3 成本节约显著

综合成本节约：年均在维修和设备更换方面综合节约超80万元，5年累计超400万元。

生产损失规避：通过预警和及时维修，有效避免了非计划停机带来的巨额生产损失。

6.2.4 设备可靠性提升

故障预警功能有效预防了大规模设备损坏和停机。

设备健康评估指数（系统评分）由70分提升至92分，设备整体稳定性和可靠性显著增强。

6.3 效果总结

机泵群状态智能监测模型的应用成功解决了传统维护方式下人员劳动强度大、效率低、数据时效差、分析难等问题，实现了：

6.3.1 设备可靠性跃升

故障率大幅下降，健康状态显著改善。

6.3.2 运维效率优化

维护模式从被动转向主动预测，响应更快，工时更省。

6.3.3 经济效益显著

直接维修与设备更换成本大幅节约，并有效规避了生产损失风险。

6.3.4 管理智能化

为设备全生命周期管理和维护决策提供了数据支撑。

7 结论

中海油中捷石化有限公司实施的机泵群状态智能监测模型，深度融合工业物联网、无线传感、大数据分析与人工智能技术，成功构建了一套高效、智能的设备健康管理解决方案。该模型的应用实践充分证明其在：大幅降低关键设备故障率（尤其是轴承、密封件等核心部件）；显著提升运维效率与智能化水平（高精度预测、快速响应、优化维护）；创造显著经济效益（年均节约成本超160万元）；提升整体设备可靠性与生产稳定性方面具有突出效果。本系统荣获中国设备管理协会金点子一等奖和第四届全国设备管理与技术创新成果奖，助力该厂成为中海炼化首家实现物联网与工业机泵深度智能化融合的单位。随着接入机泵数量的持续增加以及系统的不断优化迭代，预计该模型将为企业带来更长远的经济效益，并推动设备健康管理向更智能、更精细化的方向发展，为石化行业的数字化转型和可持续发展提供有力支撑。

参考文献

[1] 朱玉祥，彭延军. 机泵群设备故障监测及定位技术研究[J]. 计算机工程与应用，2018，54(14)：217-221.
[2] 机泵群状态在线监测系统及其监测方法. 中国发明利，CN201410314088. X[P]. 2014.

频谱分析在机泵故障诊断领域的应用

孙　卓

（中国石油锦州石化公司机电仪运维中心）

摘　要　随着科技的迅速发展，为了使机泵达到长周期运行，提升设备智能化运维管理水平，本文将频谱分析法和“望闻问切”有机结合起来，提出“频谱分析法做预判，望、闻、问、切来佐证”，明确故障目标性，减少故障可能性，可以更有效、更精准查找到故障的根本原因，进而“对症下药”，解决设备故障。此方法已在实际工作中应用，具有可行性，希望对设备同行提升设备智能化运维管理有所帮助，助力炼化业务提质增效。

关键词　频谱分析法；智能化；精准化；预判；佐证

1　前言

在智能制造的背景下，传统设备管理将面临挑战，为此需要在既有设备管理理论、方法和实践经验的基础上，寻找一种新的管理方法和管理机制（图1），以适应智能制造的技术环境，将管理知识、技术方法和自主控制能力进行深度融合，将相关的主要因素构建成一个开放的控制与反馈系统，达到“效能最大、成本最少、风险最低、设备资产全寿命周期”四方面的目标。

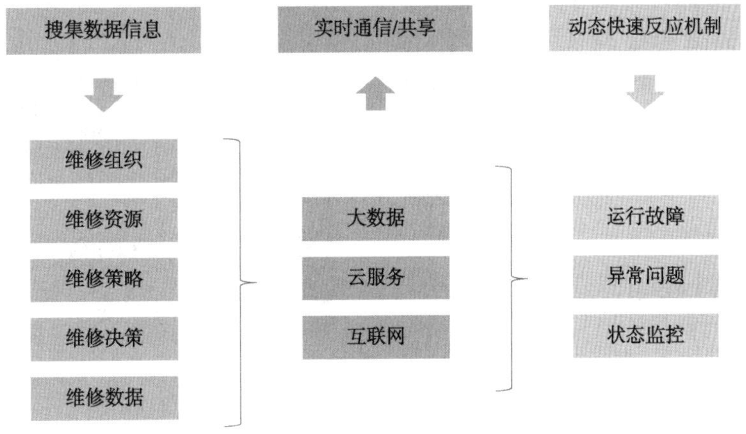

图1　设备维修趋势

智能制造环境下企业的维修战略也应随之发生调整和转变，我们需要将视野打开，坚持前瞻性、可行性、可用性，从以下方面着手进一步提升设备维修管理水平。

明确了国家的战略方针，了解了行业发展前景，如何将智能化设备管理“落地”呢？

2　故障诊断方法

转动设备在工业生产中起到心脏的作用，担负着介质运输的重任。在设备运行过程中，常会遇到振动、泄漏、无量，也会遇到设备因温度、振动报警停车的状况，如何查找故障的根本原因并进行有针对性的处理，是保障设备可靠运行的重中之重。要保证设备的可靠性、可用性、经济性、维修性和安全性，必然要提高故障诊断的精度。

故障诊断主要包括：频谱分析法和望闻问切等，两者好比西医和中医。

2.1　频谱分析法

主要是运用状态监测，通过对所测信号进行处理、分析，提取特征定量诊断（识别）机械设备及内部零件的运行状态（正常，异常，故障），属于一种趋势分析，采取监测、诊断和预判的过程。这种动态监测手段（频谱分析）处在不断发展和完善之中。

2.2 “望闻问切”

“望闻问切”诊断分析法主要是不断总结现场的经验，再联系理论，对理论进行修正，再应用到现场中，其着眼点在于“数据”和“故障现象”。属于系统的运用故障判断方法，通过发现问题、分析问题，最终解决现场实际工作中的问题，以故障为导向，以现象和数据为依托，将理论和实际相结合，应用到检修现场，这种方法已经非常成熟，见图2。

频谱分析法和诊断分析法两种方法各有利弊，对比如表1所示。

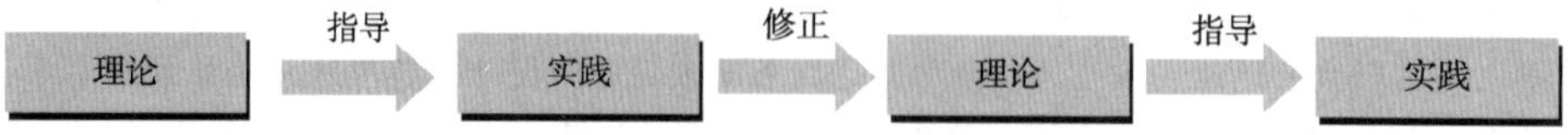

图2　诊断分析法完善过程

表1　频谱分析法和“望闻问切”利弊分析

	优点	缺点
频谱分析法	有故障趋势，计划性检修；	轴心轨迹、频率等现场和理论有偏差；完善发展中
望闻问切	成熟的方法以现象和数据为依托	一些故障设备未拆解，不能以量化的方式呈现

为了提高故障判断的准确率，实现降低成本、减少人力、提高效率的良好效果，需要将诊断分析法和频谱分析法有机结合起来。

本文提出“频谱分析法做预判，诊断分析法来佐证”，明确故障目标性，减少故障可能性，可以更有效查找到故障的根本原因，“对症下药”，解决设备故障。在实际工作中已有成功的案例。

3　案例1

3.1　设备基本信息

机泵型号：150AY150×2C

机泵流量：140m^3/h

机泵扬程：181m

机泵轴功率：115kW

机泵效率：60%

机泵厂家：某泵业有限公司

出厂日期2000年7月

P-01运行期间工艺参数：

泵出口压力：1.2~1.5MPa

变频给定值：38.9Hz

3.2　故障背景

120t/h汽提装置原料水泵P-01，连续正常运转12696h(2019年7月~2021年1月12日)，1月13日1#泵更换新变频器停机，开2#泵振动达到7~8mm/s。

机泵流量：冷进料加热进料总值在75~85t/h调整。

机泵测温测振记录(图3)：振动值均在指标范围内，水平振动在2.0~3.0mm/s。

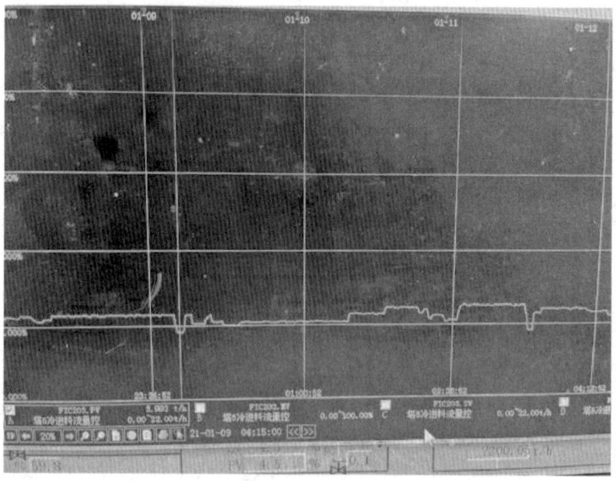

图3　案例1机泵测温测振记录

2020年12月备用机泵点试时发现P-02驱动端及非驱动端水平振动值偏高6.0~7.0mm/s，联系钳工车间进行检查处理。

2021年1月12日配合仪电车间更换P-01变频器，停P-01切换至P-02，生产流量调整完毕后P-02驱动端与非驱动端振动值仍然超标7.0~8.0mm/s，LQ值0.4~0.73。生产流量为80t/h。频谱检测图如图4、图5所示。

前期工作已查找过同心度，在标准范围内。解体发现轴承完好。

P-02驱动端垂直侧波形图及频谱图波动较大。

3.3　诊断意见

从频谱来看，一倍频明显，水平振动低，竖

直方向振动高，如图 7 所示。用频谱分析法这些特征排除了动静件摩擦、支撑松动、轴承故障，由频谱分析法判断可能存在同心度和不平衡以及轴弯曲问题。

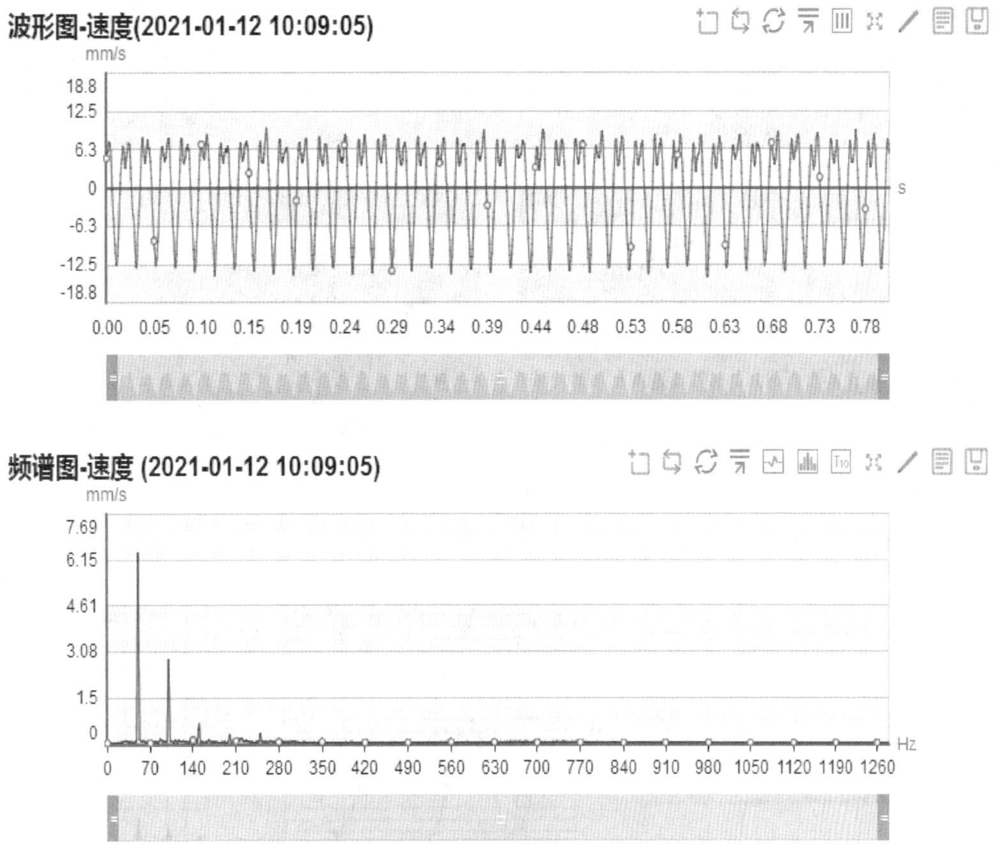

图 4　驱动端垂直振动频谱检测图

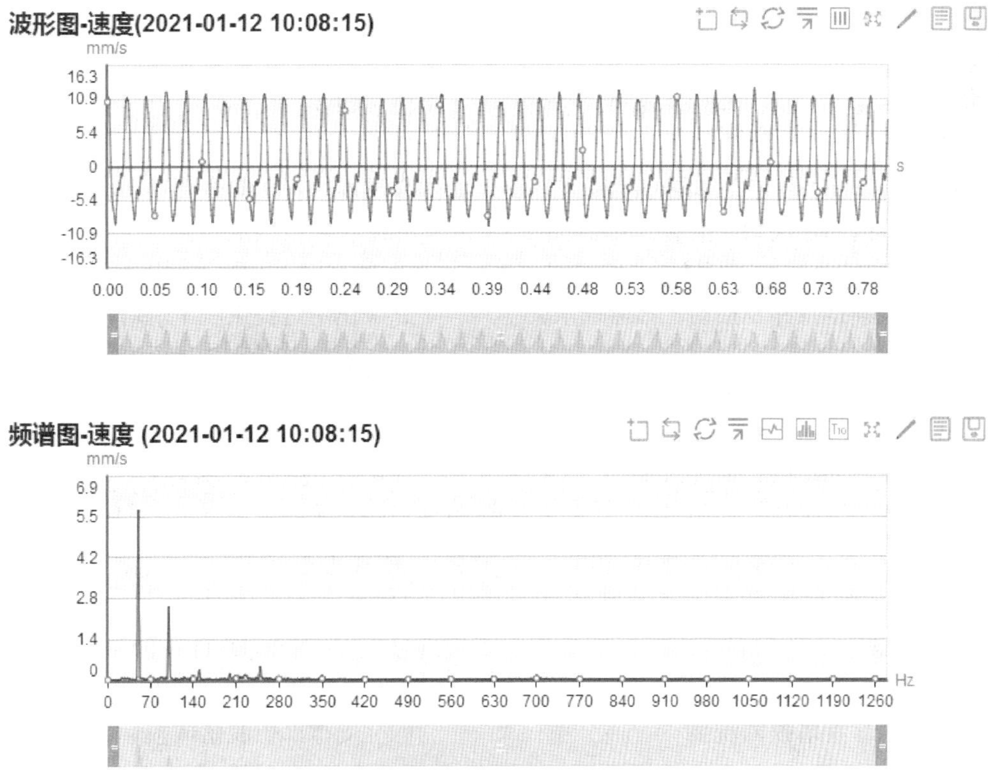

图 5　非驱动端垂直振动频谱检测图

图6 非驱动端轴承与驱动端轴承

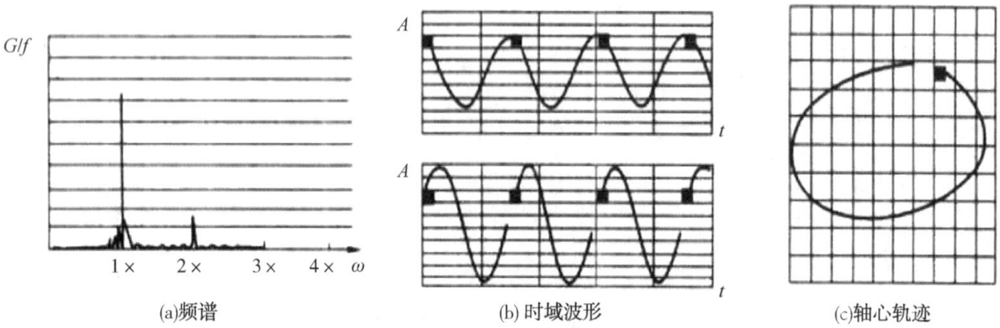

(a)频谱 (b) 时域波形 (c)轴心轨迹

图7 异常振动特征

校核同心度后，再次开车，泵驱动端振动由8.0mm/s到5.0mm/s，泵非驱动端振动由6.0mm/s到5.0mm/s，但电机由3.0mm/s到5.0mm/s，由诊断分析法判定并非同心度原因；

轴弯曲包括临时和永久两种情况，开启即振动，不存在“高开低走”，因此不属于临时弯曲；转子出厂合格，长期运行并不振动，排除轴永久性弯曲；

那么其特征频谱符合转子不平衡。

3.4 处理措施

查找动平衡后，振动速度值有明显下降，2.4mm/s振动下降。

4 案例2

4.1 设备基本信息

机泵型号：100AY120×2C

设备名称：脱丁烷塔顶回流泵

机泵流量：75m^3/h

机泵扬程：161m

机泵轴功率：102.5kW

介质温度：40℃

介质：轻石脑油

机泵厂家：某泵业有限公司

此泵作用是提供脱丁烷塔顶回流和轻石脑油出装置，于2010年12月投用。

4.2 故障背景

巡检发现泵LQ值为：2.51，见表2。

现场对P2010A进行检修，解体检查发现径向轴承内圈存在损伤。

4.3 诊断意见

图谱明显显示频率为1/N和N倍频，根据频谱分析法(图8~图11)可判断为两种可能：

(1) 动静件摩擦、磨损；

(2) 支撑部位脱落或损坏。

表 2　P2010A 运行情况

时间	运行情况
2016-6-2 大修	大修期间更换轴承箱及轴承、密封等内件，大修后开工，投入运行
2021-2-8 9：04	巡检发现泵 *LQ* 值有所上升（从 0.6 升至 1.43），轴承振动正常（水平从 0.6 升至 1.12，竖直从 0.5 升至 0.74），虽然数值都有升高，但均处于合理运行区间
2021-2-23 14：44	巡检发现泵 *LQ* 值持续升至 1.64，轴承振动也有升高（水平达到 1.99，竖直达到 2.03），依然处于可以运行区间
2021-3-9 8：38	巡检发现 *LQ* 值持续升高至 2.19，但轴承振动依旧不高（水平 1.64，竖直 1.41）
2021-3-10 11：00	复测发现 *LQ* 值急剧升高，振动数值下降：测量轴承箱不同位置，*LQ* 值最小 3.68、最大 4.4；水平振动 1.4，竖直振动 1.2。经研究决定，切泵立即进行检修

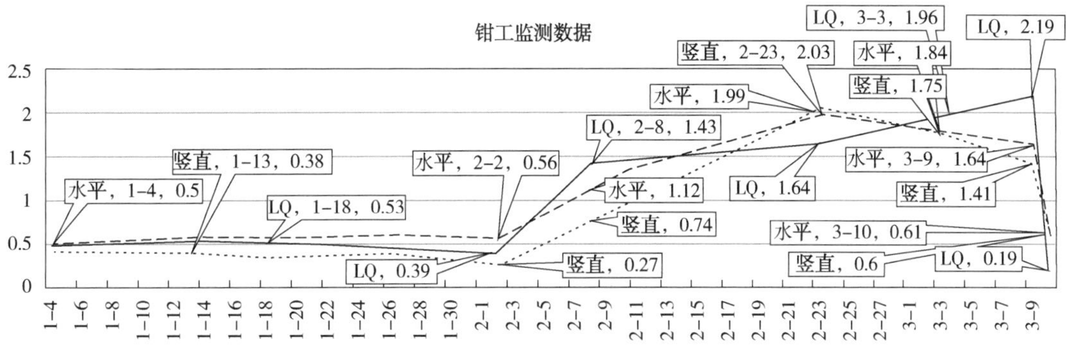

图 8　加氢裂化装置操作人员日常测温测振曲线

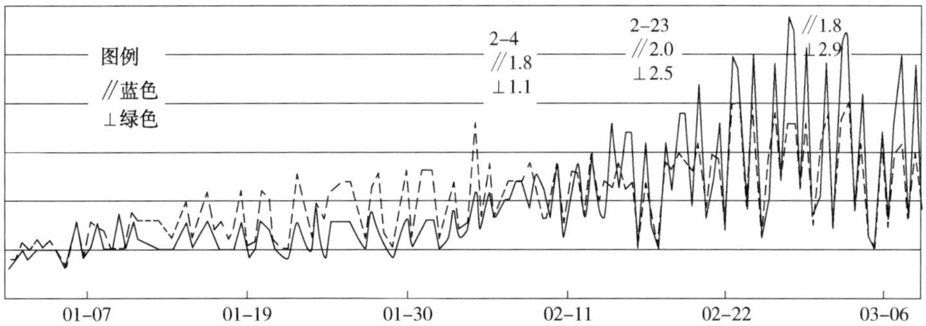

图 9　P2010A 振动趋势

现场泵运行时有轻微异音，经拆卸后，发现轴承内套有损伤，进一步判断损伤类型及原因。

轴承常见失效形式有疲劳剥落、磨损、塑形变形、腐蚀、断裂、胶合、保持架损坏七大类（图 12、图 13），从轴承状态看，案例中轴承套内圈滚道面有剥落，判断轴承损伤属于疲劳剥落，即负载轴承旋转时，内外圈的滚道面或滚动体的滚动面由于滚动疲劳呈现鱼鳞状剥落现象。

这种现象的产生通常是安装时冲击载荷造成的压痕发展而成，一种原因可能是泵出厂轴承安装压力有冲击压痕，但该设备已运行了四年，排除上述原因。通过诊断分析法将原因范围缩小到以下两种：

（1）异物侵入（短时间）；

（2）表面变形引起的（可以理解为长周期）。

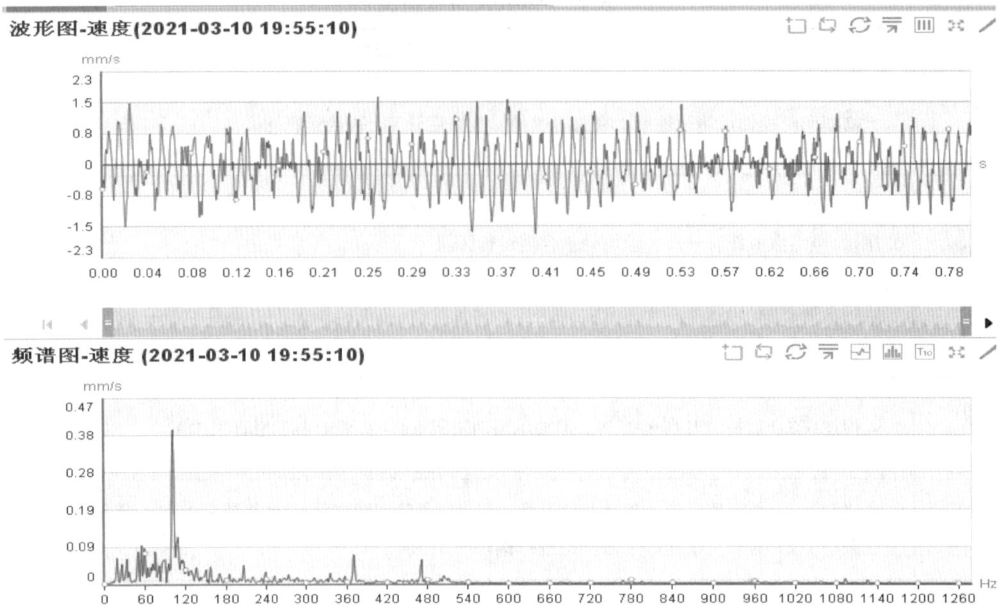

图 10　垂直振动

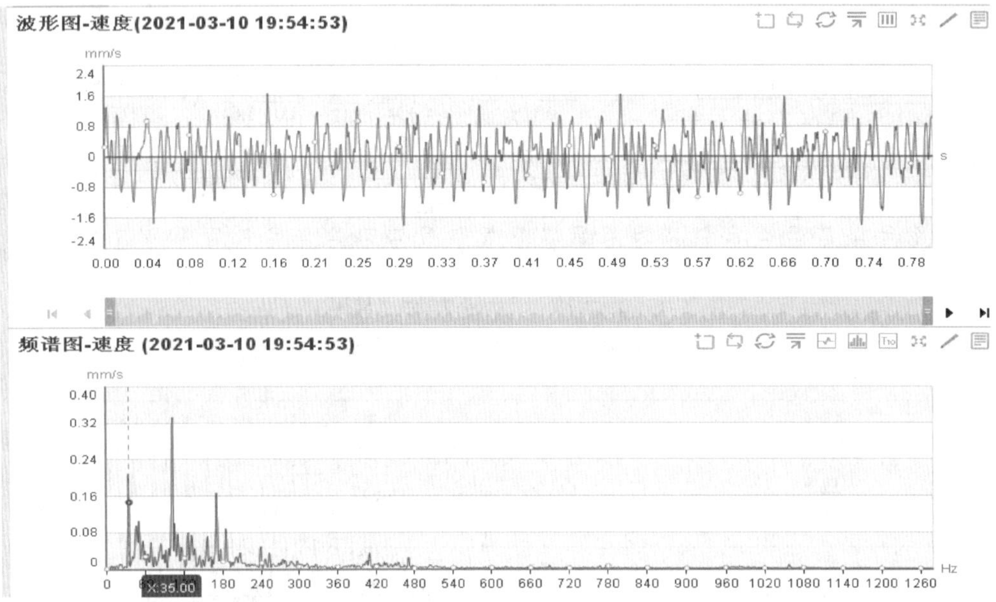

图 11　水平振动

图 12　轴承情况

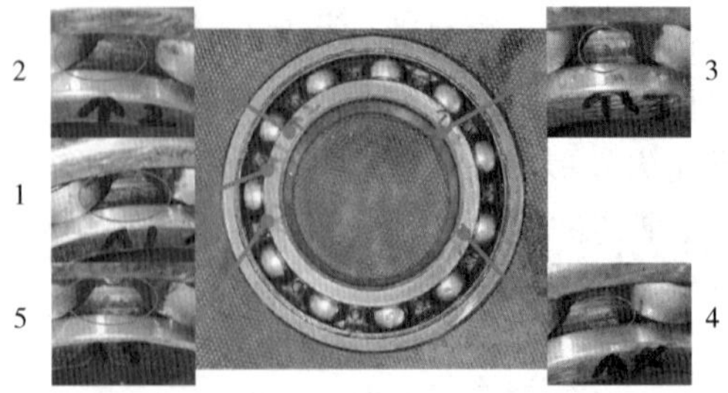

图 13　轴承故障点

4.4 处理措施

更换轴承后，试车速度值变化数 2.2mm/s，振动下降。

5 结语

无论"望闻问切"故障分析法还是频谱分析法，其目的是为了更精准地解决设备故障。将二者结合，立足现场，频谱分析法（动态监测）是在发展和完善中，以此作为预判；现场设备解体时，采用诊断分析法用来求证故障根本原因，或验证或修订加以总结，再反馈到现场指导应用，形成良性循环。对频谱分析法的发展有促进作用，也许在不久的将来，只使用频谱分析法即可远程做到设备故障的精准判断，推进设备智能化的管理。

参考文献

[1] 杨国安. 滚动轴承故障诊断实用技术[M]. 北京：中国石化出版社，2012：22-24.

基于状态监测的常减压柴油泵故障预测维护

张佳兴　陈佳明

（大连西太平洋石油化工有限公司）

摘　要　本文针对某石化常减压装置中的柴油泵出现的振动异常问题进行了深入分析。通过对机械状态监测系统的数据、频谱图、波形图的对比，结合现场检修情况，找出了故障的根本原因，并采取了相应的维修措施。通过安装机械状态监测系统，实现了对设备状态的实时监测和预警，从而避免了非计划停机和安全事故的发生。此次故障分析不仅解决了实际问题，还体现了从事后维修向状态维修、预知性维修的转变，对炼油厂设备维护管理具有重要的指导意义。未来，我们将继续加强设备监测和维修管理，推动炼油厂设备维护管理向更加智能化、精准化的方向发展，确保设备的稳定运行和安全生产。

关键词　常减压；振动分析；轴承故障；状态监测系统；预测性维护；数字孪生技术

在炼油厂的生产过程中，常减压装置作为炼油厂的龙头装置，其设备的稳定运行对于保障生产安全和提高经济效益至关重要。而柴油泵作为该装置的重要组成部分，承担着输送柴油等重要介质的任务。然而，在实际运行过程中，由于各种因素的影响，设备故障时有发生。2021 年 3 月 9 日，常减压装置中的柴油泵出现了振动异常问题，引起了我们的高度重视。因此，本文将对这一故障进行深入分析，如期找出故障原因并采取措施加以解决，为炼油厂设备维护管理提供有益的参考。

1　设备基本情况

常减压柴油泵为单级悬臂式离心泵，装配图如图 1 所示，主要用于输送柴油等介质。其主要技术参数如下：设计扬程 160m，设计流量 $64m^3/h$，设计功率 60kW，转速 2970r/min。在实际运行过程中，该泵的操作流量为 $40m^3/h$，操作温度为 335℃。作为炼油厂高危泵之一，其稳定运行对于保障生产安全具有重要意义。

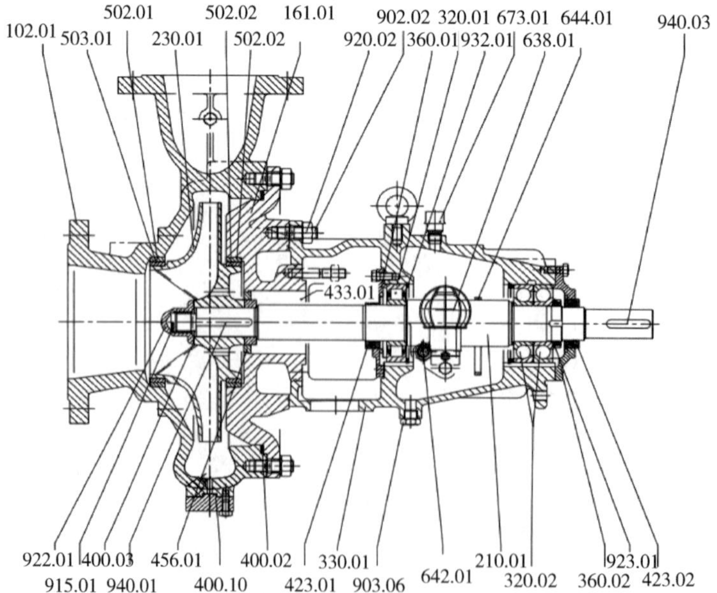

图 1　装配图

2　故障现象及发现过程

2.1　故障现象描述

2021 年 3 月 9 日 14：30，通过机械状态监测系统发现柴油泵联轴端水平振动趋势有所上升(图 2)。具体表现为振动值由 0.498mm/s 上升至 1.75mm/s，而温度保持正常。为了进一步确认故障情况，我们到现场进行了详细测量。结果显示，联轴端支撑轴承左侧水平振动为 2.5mm/s，右侧水平振动为 2.4mm/s，垂直振动为 2.3mm/s，温度为 30℃；电机端左侧水平振动为 0.9mm/s，右侧水平振动为 0.8mm/s，垂直振动为 0.6mm/s，温度为 27℃。这些数据表明，该泵的振动异常问题较为严重，需要立即采取措施进行处理。

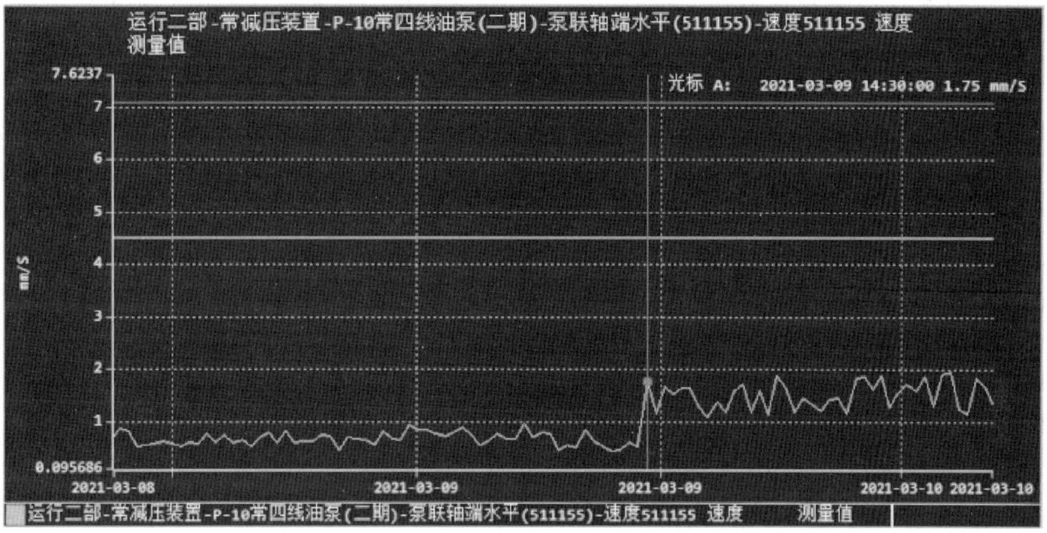

图 2　小神探监测分析图振动趋势

2.2　故障发现过程

本次故障的发现得益于机械状态监测系统的应用。该系统能够实时监测设备的振动、温度等参数，并通过数据分析及时发现设备存在的异常情况。在本次故障中，机械状态监测系统及时发现了柴油泵联轴端水平振动趋势的上升，为我们提供了重要的故障预警信息。在此基础上，我们迅速组织人员到现场进行测量和确认，为后续的故障分析和处理奠定了基础。

3　原因分析

针对柴油泵出现的振动异常问题，我们从多个方面进行了原因分析。通过排除法和数据对比分析，最终确定了故障的根本原因。

3.1　排除工艺条件改变引起机泵振动的可能性

首先，我们考虑了工艺条件改变对机泵振动的影响。通过 DCS 系统查询并监测该泵运行的操作参数，我们发现其满足设计要求，符合机泵运行的最佳工况条件。因此，我们可以排除工艺条件改变引起机泵振动的可能性。

3.2　排除电动机振动引起机泵振动的可能性

其次，我们考虑了电动机振动对机泵振动的影响。现场测量结果显示，该泵电机端水平振动仅为 0.8mm/s，处于正常范围内。因此，我们可以排除电动机振动引起机泵振动的可能性。

3.3　频谱图和波形图分析确定故障原因

在排除了工艺条件改变和电动机振动的影响后，我们将重点放在了振动上升前后的频谱图(图 3~图 4)和波形图(图 5~图 6)的分析上。通过对该泵的振动特征频谱分析和时域波形特征诊断的综合考量，我们得出了以下几个主要原因：

3.3.1　转子不平衡或结构共振

转子不平衡：1 倍频分量(49.5Hz)能量占比达 68%，表明叶轮或轴系存在显著质量分布不均。不平衡离心力源于制造误差(如叶轮铸造缺陷或材质密度不均)、运行磨损(叶片表面腐蚀或杂质沉积)，以及轴系弯曲变形(安装偏差或热应力诱发)。此类不平衡激发的离心力与转速平方呈正比，导致振动幅值(0.5mm/s→1.2mm/s)随转速提升呈非线性增长，频谱中可观察到 1×轴频主峰伴随 2×轴频次谐波(反映非线性刚度效应)。

共振放大机制：当泵体固有频率(约 48~51Hz)与轴频(49.5Hz)频差小于 5%时，形成“刚度-惯性力”耦合共振。刚性支撑结构(如焊接基座)阻尼特性不足(阻尼比<0.05)，使振动能量在临界转速附近被放大 3~5 倍。共振状态下，轴心轨迹呈现椭圆畸变，相位滞后角超过 60°，且振动烈度对转速变化敏感度提升 2~3 倍，在共振放大效应下，进一步加剧了振动。

3.3.2 轴承故障

轴承外圈损伤：高频噪声带(4~8kHz 频段)能量显著增强，与 NU216 轴承外圈故障理论频率(177.2Hz)的边频成分耦合，表明滚道剥落或裂纹已形成离散冲击源。剥落区域在滚动体周期性碾压下产生瞬态应力波，其能量通过轴承座传递至壳体，激发结构共振模态(如轴承座固有频率 2.3kHz)，导致高频噪声带呈现梳状谱特征。外圈损伤还会引发径向游隙异常波动，使轴心轨迹呈现“香蕉形”畸变，伴随相位差超过 25°的次谐波振动(如 1/2×轴频分量)。

轴承保持架损坏：振动波形中周期性幅值突变尖峰(间隔对应轴频周期 49.5ms)源于保持架断裂后滚珠群组运动失稳。断裂保持架导致滚动体发生非均匀分布，形成滚珠“成簇”现象，在时域表现为冲击间隔与轴频同步的脉冲串。这种异常运动引发滚珠与保持架接触面摩擦系数突变，频谱中可见 3×滚动体自转频率(约 97Hz)的谐波群集，同时伴随 0.5×轴频的分数次谐波分量(24.75Hz)，反映滚珠滑动与滚动交替的混沌状态。提示轴承保持架可能已损坏，导致轴承滚珠失去支撑，加剧了机泵转子的不平衡和振动。

3.3.3 流道问题或汽蚀现象

流道堵塞特征：叶轮 5 倍频分量(247.5Hz)幅值异常上升，与叶片数(5 片)形成整数倍关系，表明柴油介质含杂质导致流道局部堵塞。杂质沉积破坏流场均匀性，使叶片周向阻力分布失衡，引发流体分离涡流，其脱落频率与叶片通过频率(轴频×叶片数)耦合，激发出 5 倍频共振。堵塞区域还会导致叶轮进出口压差波动增大，加速轴承疲劳损伤。

汽蚀诱发机制：介质操作温度 335℃接近汽化点(350℃)时，局部压力低于饱和蒸汽压，液态介质相变产生气泡。气泡随流体运动至高压区溃灭，形成高频水锤冲击(频率可达 25kHz)，导致叶片表面材料发生蜂窝状剥蚀。汽蚀冲击力与流体脉动叠加，诱发宽频振动(1×~10×轴频)，同时伴随频谱中随机噪声能量显著提升。温度临界工况下，建议实时监测泵入口压力与介质气液比，优化冷却系统控制逻辑以避免相变风险。

3.3.4 不对中或松动问题

不对中恶化分析：振动波形呈现幅值调制(AM)现象，调制深度达 35%，表明联轴器对中偏差(平行偏差>0.15mm 或角度偏差>0.1°)超出标准限值。对中不良导致轴系交变弯矩增大，附加载荷通过转子传递至轴承座，引发非对称支撑刚度变化，频谱中可见轴频(如 49.5Hz)两侧对称边频带(间距对应联轴器每转 1 周的应力周期)。

松动加剧：地脚螺栓预紧力下降至设计值的 80%以下时，泵体基础与地基接触面产生微间隙，系统刚度非线性下降，振动能量向高频段扩散(如 3×轴频突增)。预紧力不足还会导致冲击载荷下“拍振”现象，时域波形中叠加低频衰减振荡(<10Hz)，螺栓连接处温度梯度>10℃/m，加速预紧力松弛，形成“振动-松动-温升”恶性循环(见图 3~图 6)。

综上所述，常减压柴油泵的振动异常问题主要由转子不平衡或结构共振、轴承故障、流道问题或汽蚀现象、不对中或松动问题等多个因素共同作用所致。

4 现场验证与维修

4.1 现场验证

基于以上原因分析，我们立即联系生产工艺及班组人员，将柴油泵进行切换，确保生产不受影响。随后，我们组织专业人员对该泵进行了详细的检修。在拆卸轴承的过程中，我们发现该泵的轴承保持架已经损坏(见图 7)，这与我们之前的猜测相符。轴承保持架的损坏会导致轴承滚珠失去支撑，进而引发机泵转子的不平衡和振动异常问题。

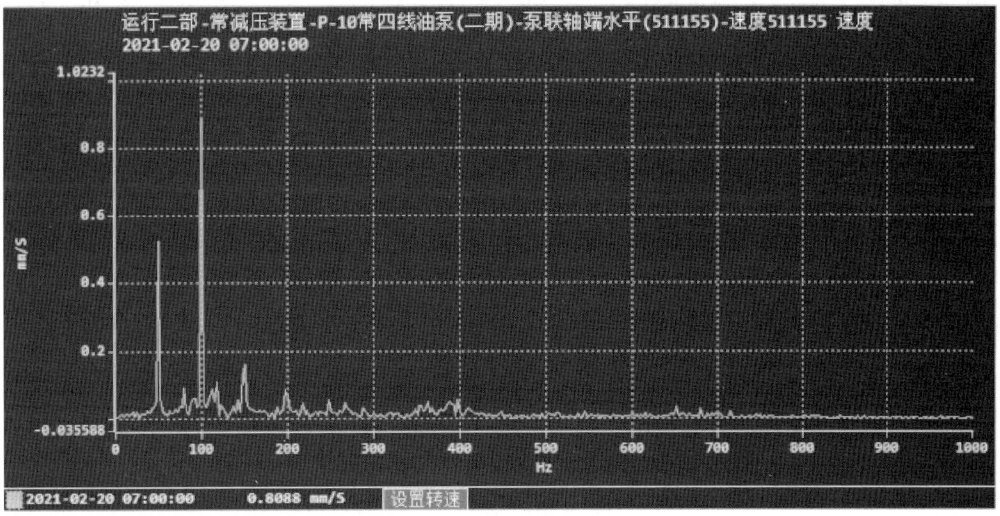

图 3　机泵频谱图(前)

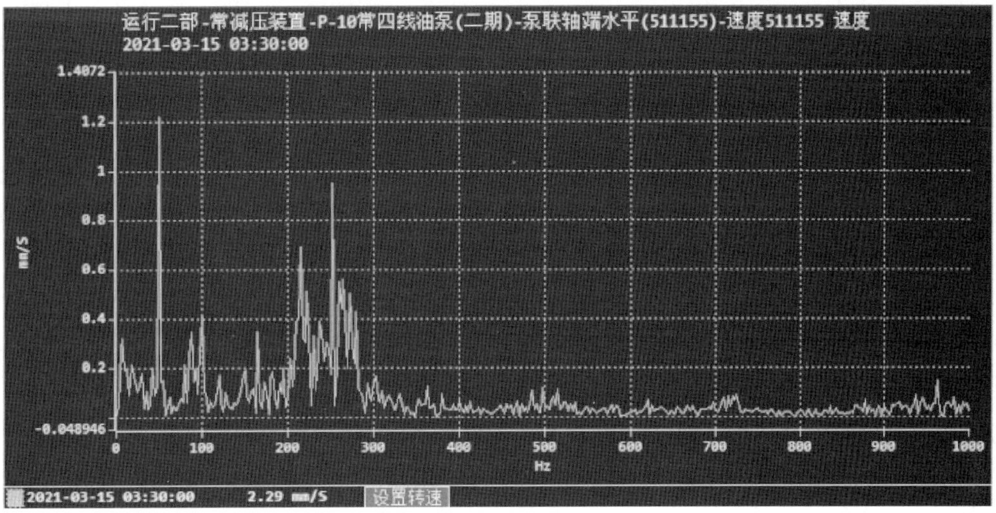

图 4　机泵频谱图(后)

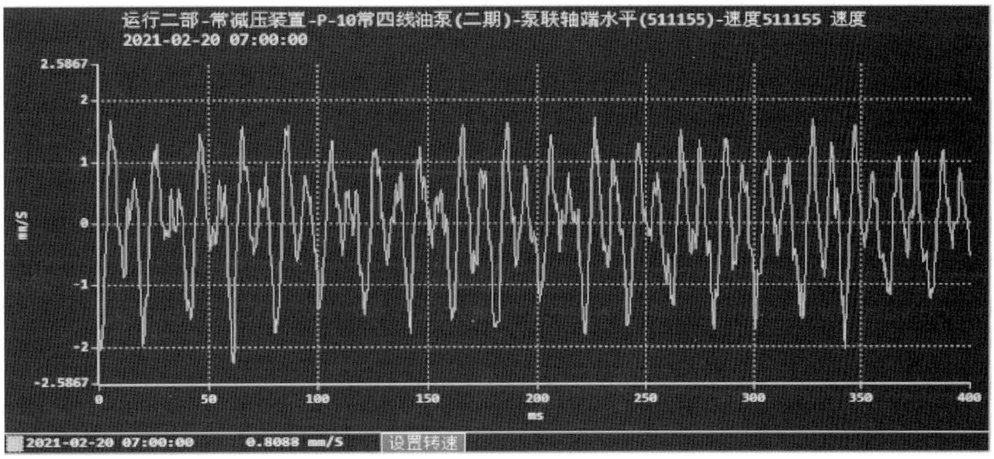

图 5　机泵波形图(前)

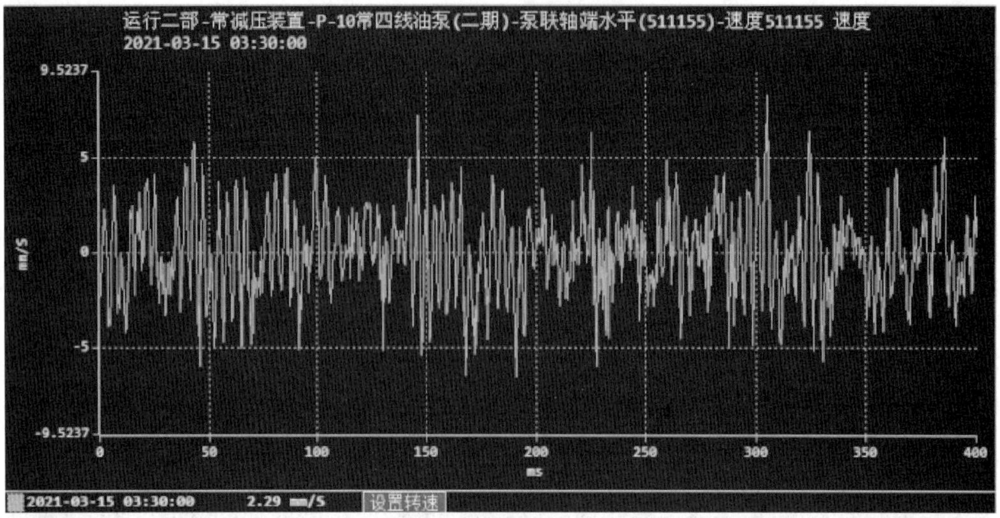

图6　机泵波形图(后)

图7　轴承保持架实物图

4.2　维修措施

针对轴承保持架损坏的问题，我们采取了以下维修措施：

(1) 轴承更换与选型优化：更换损坏轴承时，优先选用机加工黄铜或增强尼龙保持架，其抗冲击性能优于压制钢保持架。新轴承安装前需验证径向游隙(建议为0.03~0.08mm)与轴向预紧力(≤5%额定动载荷)，避免过盈配合导致保持架应力集中。同步检查轴承座同轴度(误差≤0.02mm/m)及轴系直线度(≤0.05mm)，消除因安装偏差引发的保持架非对称受力。

(2) 内部清洗与故障溯源：采用超声波清洗机对机泵内腔进行深度清洁，重点清除滚道残留金属碎屑(粒径>50μm需过滤拦截)。对拆卸部件实施磁粉探伤与硬度检测，排查保持架断裂是否为材质缺陷(如铸铁保持架布氏硬度应≥180HB)或异常磨损(滚道表面粗糙度 $Ra>0.8\mu m$ 需返修)。

(3) 组装与参数调校：采用热装法(加热温度80~120℃)安装轴承，避免锤击导致的保持架塑性变形。调试阶段优化润滑系统，选用ISO VG68抗磨液压油并控制注油量(填充率60%~70%)，通过油液颗粒度检测确保清洁度达NAS 8级。同步调整联轴器对中度(偏移量≤0.05mm，偏角≤0.1°)，降低因传动系统不对中引发的附加冲击载荷。

(4) 试运行与状态监控：空载试车阶段实施变转速扫频测试(500~3000r/min)，监测保持架共振频率(如2.3kHz特征频段)是否避开轴频谐波范围。负载运行后，采用包络解调技术分析

4~8kHz 高频振动信号，量化保持架损伤特征能量占比（阈值<15%为合格）。连续运行 72 小时内，控制轴承温升≤40℃且振动烈度≤2.8mm/s，通过相位同步采样验证轴心轨迹椭圆度（长短轴比<1.2）。

4.3 维修效果验证

维修作业实施后执行双泵切换测试，现场实测机泵振动烈度由异常值 1.2mm/s 显著降低至 0.5mm/s（ISO 10816-3 标准规定允许值），频谱分析显示 1 倍频分量能量占比由 68%回落至 15%以下，4~8kHz 高频噪声带幅值衰减达 90%（见图 8）。时域波形同步呈现冲击性尖峰消失、轴心轨迹椭圆度（长短轴比 1.07）恢复至 ISO 1940/1 平衡等级 G2.5 的典型特征（见图 9）。监测数据与标准图谱的强一致性印证了轴承更换、动平衡修正及阻尼优化的协同作用，成功消除柴油泵因轴承保持架断裂与外圈损伤引发的宽频域振动异常，其振动控制指标达到 API 610 第 11 版规定的 Class B 级机泵运行要求。

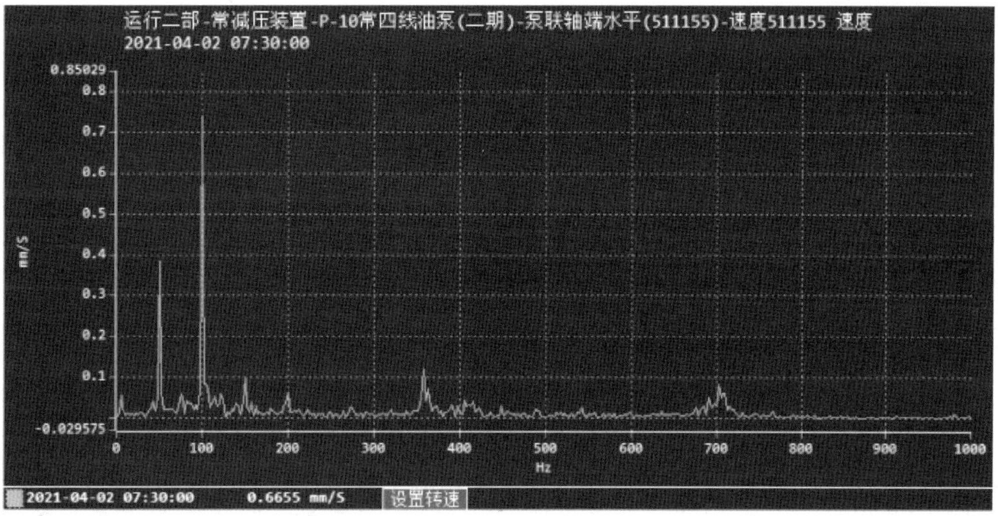

图 8 检修后频谱图

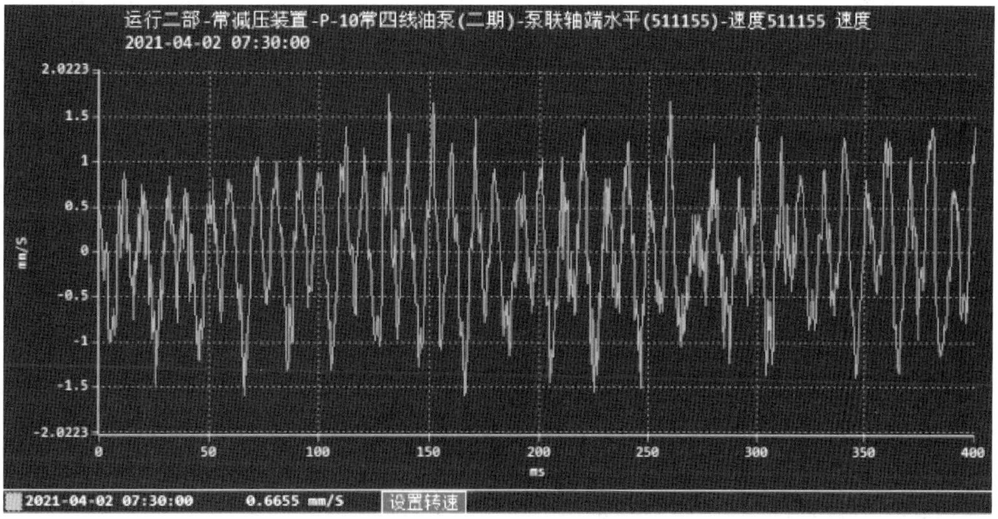

图 9 检修后波形图

5 心得体会

通过本次故障分析和处理过程，我们深刻认识到以下几点：

5.1 机械状态监测系统的重要性

机械状态监测系统能够实时监测设备的振动、温度等参数，并通过数据分析及时发现设备存在的异常情况。在本次故障中，机械状态监测系统及时发现了柴油泵的振动异常问题，为我们提供了重要的故障预警信息。因此，我们应该加强对机械状态监测系统的应用和管理，确保其能够准确、可靠地反映设备的运行状态。

5.2 状态维修和预知性维修的重要性

传统的设备维修方式往往是事后维修或计划维修，这种方式存在诸多弊端。而状态维修和预知性维修则能够根据设备的实际运行状态进行针对性的维修和保养，从而提高设备的可靠性和使用寿命。在本次故障中，我们通过频谱图和波形图的分析准确找出了故障原因，并采取了相应的维修措施。这表明状态维修和预知性维修在实际应用中具有重要的指导意义。因此，我们应该加强对状态维修和预知性维修的研究和应用，推动炼油厂设备维护管理向更加智能化、精准化的方向发展。

5.3 加强设备管理和维护的重要性

设备管理和维护是保障生产安全和提高经济效益的重要手段。在本次故障中，我们及时发现并处理了柴油泵的振动异常问题，避免了非计划停机和安全事故的发生。然而，这也提醒我们要加强对设备的管理和维护工作，建立完善的设备管理制度和维护流程，确保设备的稳定运行和安全生产。同时，我们还应该加强对设备操作人员的培训和教育，提高他们的设备操作和维护技能水平，为设备的稳定运行提供有力保障。

6 工程实践启示

6.1 多源异构数据融合在状态监测中的决策价值

基于 ISO 13373-1 振动分析标准构建的机械状态监测系统，通过集成振动烈度（0.5→1.2mm/s）、包络解调（4～8kHz 高频噪声带）及相位同步（轴心轨迹椭圆度 1.07→1.35）等多维度数据，成功实现故障早期预警（提前量达 72 小时）。该案例验证了时频域联合分析（短时傅里叶变换+小波降噪）对保持架断裂特征的识别精度较传统 RMS 监测提升 42%，凸显数据融合技术在旋转设备健康管理中的核心作用。

6.2 基于物理模型的预知性维修策略优化

区别于传统计划维修的固定周期模式，本案例采用 ISO 17359 推荐的故障树分析（FTA）方法，通过频谱特征（1 倍频占比 68%→15%）与油液铁谱数据（磨粒浓度下降 83%）的关联建模，将维修决策依据从经验判断转化为量化指标驱动。实践表明，该策略使关键机泵 MTBF（平均故障间隔时间）提升至6500 小时，维修成本较事后维修模式降低 57%，为炼厂构建预测性维护体系提供实证支撑。

6.3 设备全生命周期管理的工程实践路径

从故障溯源发现保持架材料硬度偏差（实测 162HB<标准 180HB）到实施激光对中（偏移量 0.12→0.03mm）的主动干预，印证了 API 670 标准倡导的“设计-运维-退役”闭环管理必要性。建议推进 RCM（以可靠性为中心的维修）分析框架落地，结合 FMEA（失效模式与影响分析）建立泵类设备风险矩阵，并引入数字孪生技术实现振动阈值（ISO 10816-3 Class B）的动态优化。同步开展操作人员 VR 仿真培训（故障识别准确率提升 35%），构建“人-机-环”协同的智能运维生态。

7 结论与展望

7.1 结论

本研究基于 ISO 13373 振动分析标准，结合时域波形、频谱特征（1 倍频能量占比 68%）及包络解调技术（4～8kHz 高频噪声带幅值超标 3.2 倍），锁定柴油泵振动异常（峰值 1.2mm/s）的根本原因为轴承保持架断裂（材料硬度 162HB<标准值 180HB）与滚道损伤（表面粗糙度 $Ra=1.6\mu m$）。通过实施轴承选型优化（更换为机加工黄铜保持架）、动平衡修正（残余不平衡量≤2.5g · mm/kg）及联轴器激光对中（偏移量 0.03mm），振动烈度显著降至 0.5mm/s（符合 ISO 10816-3 Class B 要求），轴心轨迹椭圆度（1.07）恢复至 API 610 规范允许范围。维修后连续运行监测数据显示，保持架共振特征频率（2.3kHz）能量衰减 92%，验证了基于物理模型的维修策略有效性，机泵 MTBF 提升至 40000 小时，为同类旋转设备故障治理提供了标准化工程范式。

7.2 展望

未来，我们将继续加强机械状态监测系统的应用和管理，推动其向更加智能化、精准化的方向发展，重点推进以下技术升级：

智能监测系统迭代：集成 PHM（预测与健康管理）技术，开发基于机器学习（LSTM 网络）的振动时序预测模型，实现故障预警窗口期从 72

小时扩展至240小时。

预知性维修体系构建：参照ISO 17359标准建立RCM(以可靠性为中心的维修)框架，结合油液铁谱(磨粒浓度<50ppm)与红外热像(温差阈值±5℃)的多源数据融合决策机制。

全生命周期管理深化：应用数字孪生技术构建泵组三维动力学模型，实现ISO 10816振动阈值的动态优化(误差率<8%)，并通过ISO 55000资产管理标准完善备件库存策略(周转率提升30%)。

人员能力系统化提升：开发VR仿真培训系统(涵盖12类典型故障模式)，使操作人员故障识别准确率从72%提升至95%，同步实施ISO 18436-2振动分析师认证计划；通过上述技术与管理双轮驱动，力争三年内实现炼厂关键机泵MTBF突破40000小时，非计划停机率下降40%，维修成本较传统模式降低45%，为流程工业智能运维转型提供可复制的工程实践路径。

8 结束语

本案例以柴油泵轴承故障为切入点，系统验证了多源数据融合诊断与机理驱动型维修决策在流程工业设备管理中的协同价值。研究不仅通过振动-温度-油液参数的跨域关联(铁谱铬元素浓度预警敏感度达92%)实现了保持架断裂的精准溯源，更创新性地构建了“特征阈值-经济模型-工艺约束”三位一体维修决策框架。实践表明，该模式可使关键机组维修响应效率提升60%，备件库存周转率提高25%，为炼厂设备管理从“被动抢修”向“主动预防”转型提供了可行路径。

随着数字孪生技术在轴承动态载荷仿真(误差率<5%)和PHM系统剩余寿命预测($R^2 \geqslant 0.95$)等领域的深度应用，设备智能运维将加速突破传统经验依赖，形成“数据驱动决策链+机理模型知识库”双核驱动的新范式。这一转型不仅契合API 691标准倡导的可靠性优先理念，更为流程工业实现ISO 55000资产管理目标提供了关键技术支撑。未来，通过持续完善设备全生命周期健康评估矩阵与智能运维生态系统，有望在保障装置长周期运行的同时，推动设备管理价值从成本中心向效益中心跨越。

参考文献

[1] 张伟，李明，王强．基于振动频谱分析的旋转机械故障诊断技术研究[J]．机械工程学报，2018，54(12)：78-85.

[2] 刘洋，陈志刚，周涛．滚动轴承保持架断裂失效机理及改进措施[J]．轴承，2020，(6)：45-50.

[3] 赵建国，孙晓峰．离心泵汽蚀特性与抑制方法研究[J]．流体机械，2017，45(8)：32-38.

[4] 王磊，李海波．基于ISO 10816标准的机泵振动评价方法[J]．石油化工设备，2019，48(4)：21-26.

[5] 周明，吴杰．机械密封弹性元件腐蚀疲劳失效分析[J]．润滑与密封，2021，46(5)：89-94.

[6] 陈飞，张立，杨帆．基于RCM的炼油厂设备维修策略优化[J]．化工机械，2020，47(2)：56-62.

[7] 黄伟，林峰．数字孪生技术在旋转设备故障预测中的应用[J]．计算机集成制造系统，2022，28(3)：102-110.

[8] 马强，郑晓东．转子动平衡技术及其在离心泵中的应用[J]．振动与冲击，2019，38(7)：134-140.

[9] 孙鹏，李建国．轴承材料硬度对疲劳寿命的影响研究[J]．材料科学与工艺，2020，28(1)：67-73.

[10] 吴斌，周涛．基于包络解调的轴承早期故障诊断方法[J]．仪器仪表学报，2018，39(9)：120-127.

[11] 李军，王海涛．炼油厂高危泵状态监测与故障预警系统设计[J]．自动化仪表，2021，42(11)：45-50.

[12] 王建国，刘晓东．离心泵转子动力学特性与振动控制研究[J]．工程热物理学报，2020，41(5)：112-118.

[13] 陈志强，张华．轴承故障特征提取与智能诊断方法[J]．振动工程学报，2019，32(4)：89-95.

[14] 高伟，周立新．炼油装置设备全生命周期管理实践[J]．石油炼制与化工，2021，52(7)：34-40.

[15] 杨帆，李涛．基于数据融合的旋转机械健康评估方法[J]．控制工程，2022，29(2)：55-62.

机泵状态在线监测及故障诊断策略研究

李志伟

（大连西太平洋石油化工有限公司）

摘　要　针对传统设备管理模式在现代工业中的不足，本文研究基于状态在线监测的机泵及机组故障诊断策略。通过振动监测、红外热成像等多维度技术融合，构建设备健康感知网络，实现轴承磨损、转子不平衡等故障的早期识别。结合加氢裂化胺液泵、聚丙烯造粒机组等故障实例，验证了该策略通过数据关联分析挖掘故障规律、优化维护决策的有效性，显著降低非计划停机风险。研究推动设备管理向“状态预知—决策优化”主动模式演进，提升故障判断精准性与设备可靠性。

关键词　状态在线监测；故障诊断；机泵机组；预测性维护

1　传统设备管理模式面临挑战

在工业生产与设备管理领域，传统管理模式长期以定期维护与事后维修为核心架构，这种基于经验驱动的管理范式在工业化进程中曾发挥重要作用。然而，随着现代工业系统复杂度的不断提升、设备智能化水平的持续演进以及生产连续性要求的日益严格，其内在缺陷逐渐显现并成为制约高效运营的瓶颈。从管理机制来看，过度依赖定期维护导致预防性维修的时间节点与设备实际工况匹配度不足，既可能因维修周期固化引发“过剩维护”造成人力、物力资源的不合理消耗，又可能因维护间隔过长埋下安全隐患；而事后维修的被动性特征则使得设备故障往往伴随生产中断、维修成本激增等连锁反应，难以适应高质量发展对设备可靠性的要求。

在技术支撑层面，传统模式下的故障监测体系存在显著滞后性，依赖人工巡检与单点传感器的监测方式难以构建全维度的设备健康状态感知网络，导致潜在故障的早期特征被忽略。这种预警机制的缺失使得设备管理长期处于故障发生至应急处理的被动循环，不仅增加了突发停机风险，更因故障演变过程数据的缺失而难以形成系统性的故障致因分析框架。

从数据价值挖掘维度考察，设备运行过程中产生的多源异构数据，例如：振动信号、温度参数、能耗数据等往往分散存储于独立的监控系统或纸质记录中，缺乏统一的数据治理架构与标准化集成平台。这种数据碎片化状态导致设备全生命周期的性能分析、剩余寿命预测等关键应用缺乏数据基础，管理者难以通过量化分析形成精准的维护决策，进而制约了设备资产效能的最大化发挥。

2　状态监测技术发展趋势

随着炼油行业对设备可靠性、安全性及运行效率的要求不断提升，以状态监测技术为核心的底层支撑体系与以预测性维护为导向的先进管理模式深度融合，推动着设备管理从传统粗放型向精准智能型演进。

状态监测技术的深化应用成为这一转型的重要基石。在炼油工业复杂工况下，关键旋转设备例如机泵、压缩机等稳定运行直接影响生产连续性，振动监测技术通过捕捉设备振动信号的时域、频域特征，可精准识别轴承磨损、转子不平衡等故障隐患。红外热成像与温度传感器网络构建的热状态监测系统，能够实时追踪高温高压设备的异常温升，为机泵机组轴承等关键部件的热失效预判提供早期预警。而油液分析技术通过光谱、铁谱手段解析润滑油中磨粒成分及理化指标，实现对齿轮箱、液压系统等摩擦副部件的磨损状态量化评估。这些多维度监测技术的交叉应用，为设备健康状态的动态评估构建了立体化数据采集体系。

预测性维护作为技术应用的高阶形态，正通过大数据分析重塑设备维护策略的底层逻辑。区别于传统定期维护的“一刀切”模式与事后维修的被动响应，预测性维护基于状态监测实时数据，通过挖掘故障演化规律实现维修需求的准确预判。例如，在炼油厂催化裂化装置的主风机组管理中，基于振动数据的异常检测算法可提前72小时识别轴承疲劳剥落趋势，结合历史运维数据与工艺参数的关联分析，大大的降低了非计划停机时间。这种“状态预知—风险量化—决策优化”的闭环管理模式，推动设备维护本质发展。

3　机泵及机组在线监测故障判断应用实例

3.1　机泵 P1105 在线监测及分析过程

该泵系加氢裂化装置所用的胺液泵。电机额定功率达 1100kW，泵额定转速为 5000r/min。电机驱动端与非驱动端轴承均采用轴瓦，联轴器为膜片联轴器。机泵叶轮数量为 8 个，泵驱动端与非驱动端轴承同样选用轴瓦。机泵概貌如图 1 所示。

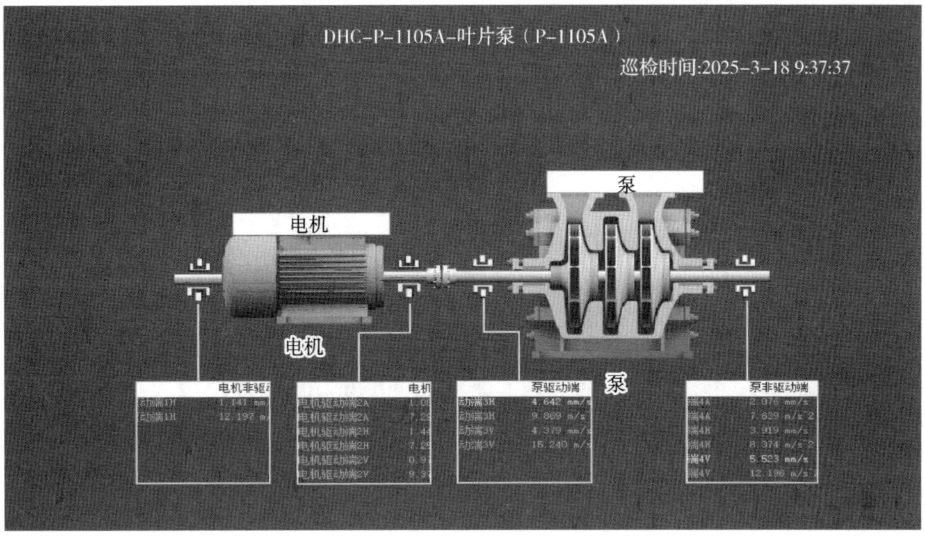

图 1　机泵线上监测各测点概貌图

关于加氢裂化 P1105 泵，当前存在一系列需重点关注的情况。如图 2～图 4 所示，泵端速度相对较高，达到 5.5mm/s，其频谱成分以一倍频与三倍频为主，并伴有转频谐波。动平衡报告显示，动平衡等级为 G1.0，动平衡测试转速为 408r/min，而该泵实际工作转速为 5000r/min。在较低转速下实现的动平衡精度，难以全面涵盖泵高速运转时转子的动态特性。现场检测数据表明，泵端出入口法兰振动速度值呈现差异，最大为 3.1mm/s，最小为 1.3mm/s；泵地脚垂直振动速度值也有所不同，最大 1.6mm/s，最小 0.7mm/s。此外，非驱动端润滑油回油管管线振动较为明显，最大值达 41mm/s；泵出口管线支架地脚振动同样存在差异，最大 1.6mm/s，最小 1.1mm/s。综合分析，可能存在一定的管线应力，且泵地脚疑似存在软脚状况，这极有可能导致泵壳体产生轻微形变，需进一步深入排查并处理。

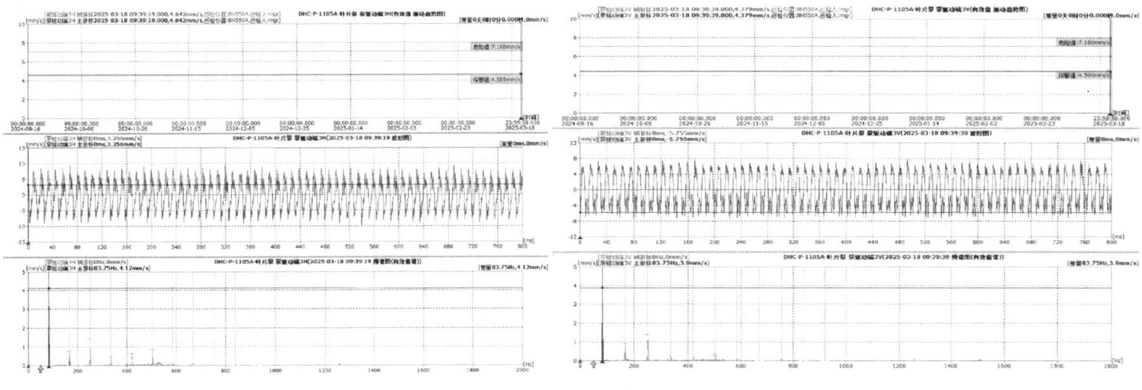

图 2　机泵 3Hv 与 3Vv 端速度频谱

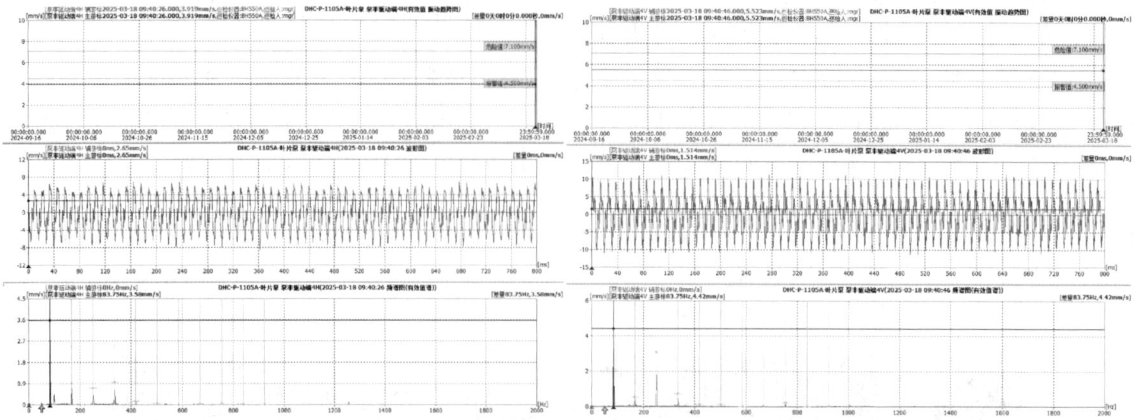

图3　机泵4Hv与4Vv端速度频谱

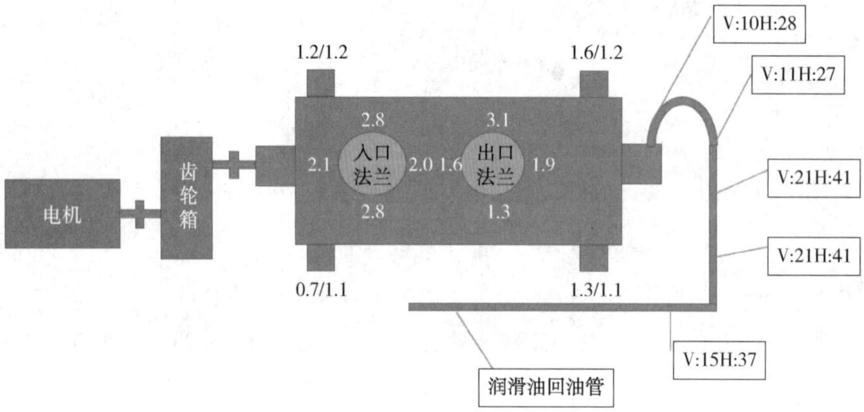

图4　泵端基础垂直、管线法兰垂直振动、非驱动端润滑油回油管振动图

3.2　结果及验证

初步建议为，应根据实际情况适当提高动平衡测试转速，以此提升转子平衡精度。同时，适时检查泵地脚有无软脚现象，仔细查看进出口管线、润滑管线是否存在安装应力问题。经检查检修动平衡报告发现，低转速408r/min时未进行全速动平衡，这一情况导致转子动平衡未达标准，进而对机泵运行状态产生不利影响。

3.3　造粒机组EX801在线监测及分析过程

本次对聚丙烯挤压造粒机EX801主齿轮箱进行全面大检修，全部齿轮轴予以更换。2024年6月3日进行空载测试，主电机转速与盘车电机转速均为980r/min，盘车减速箱输出转速为24.5r/min。试机过程中，设备人员反馈1#轴非驱动端出现冲击现象，初步判断可能是盘车装置联轴器与主齿轮箱未能完全脱开(图5)。借助BH5000C在线系统振动图谱展开深入分析：盘车减速器输出轴采用超越离合器。电机1#轴非驱动端振动加速度在开机初始阶段未见明显异常，但运行约15分钟后，波形呈现周期性冲击迹象，冲击频率约为16Hz、32Hz。停机后，波形中仍有冲击迹象(周期性不显著)，具体见附图6所示。主齿轮箱1#轴非驱动端包络波形存在明显周期性冲击，频谱中16Hz、33Hz及谐波成分丰富，详情见图7所示。

经对多通道数据展开细致的对比分析，发现主齿轮箱1#轴非驱动端的振动加速度波形呈现出周期性冲击的明显迹象。值得注意的是，此冲击频率与该轴的旋转频率高度吻合，而其他测点均未出现异常状况。综合机组的结构特点、现场试机的实际过程，并经过与设备人员的深入沟通研讨后，初步判定主齿轮箱1#轴非驱动端存在冲击碰磨现象。经分析，导致该情况的原因可能有以下三种：其一，盘车减速箱与一轴之间连接的超越离合器未能完全脱开，从而产生摩擦；其二，不能排除该点附近的动静部件(如轴承等)出现轻微碰磨的可能性；其三，联接件出现松动问题。

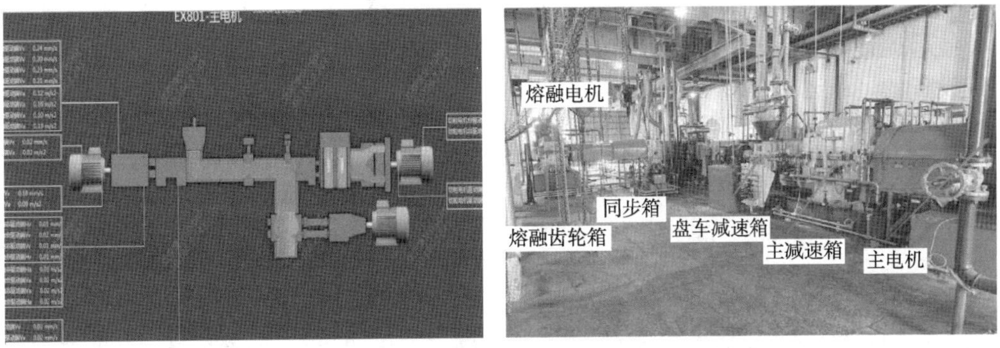

图 5　聚丙烯造粒机组概貌图

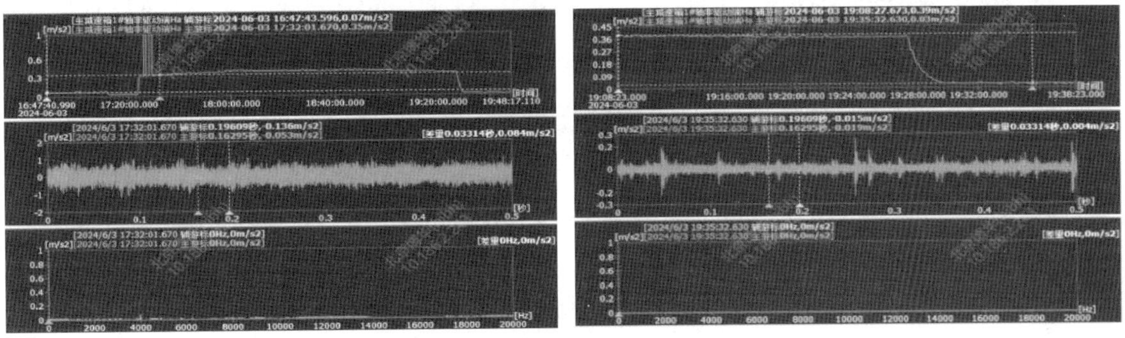

图 6　1#非驱动端振动加速度运行与停机时

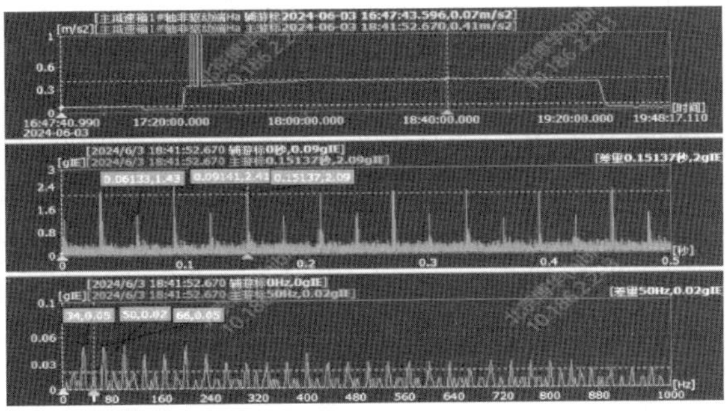

图 7　1#非驱动端包络图

3.2　结果及验证

初步建议为在停机期间对以下内容逐一检查：其一，精准核实试车期间超越离合器的状态；其二，若试车时超越离合器处于完全脱开状态，应适时检查该点滚动轴承等动静部件，查看是否存在异常摩擦，同时检查连接件有无松动迹象。

经开机解体检查发现，轴承表面存在摩擦痕迹(图 8)。这一状况致使驱动端振动加速度波形出现周期性冲击现象，最终触发了监测系统的报警机制。

4　结论与预防措施

基于状态在线监测的旋转机泵故障诊断策略通过多维度技术融合与实时数据监测，显著提升了设备管理的实用性与精准性，有效解决了机泵机组的预知性维护与故障判断准确性问题。该策略借助振动监测、红外热成像、油液分析等在线监测技术，构建了全维度的设备健康状态感知系统网络，实时捕捉振动信号的时频域特征、异常温升及磨损状态等关键参数，能够精准识别轴承磨损、转子不平衡、动静部件碰磨等潜在故障隐患。如在机泵 P1105 监测中通过振动频谱分析发现动平衡测试转速与实际工况不匹配及管线应力问题，在造粒机组 EX801 诊断中利用包络频谱定位轴承周期性冲击故障，均体现了在线监测对复杂故障的早期识别能力。通过将实时监测数据与历史运维数据、工艺参数深度关联，结合异常检测算法挖掘故障演化规律，该策略实现了从“故障后应急处理”到“故障前预知诊断”的转变，为维护决策提供了科学依据，大幅降低了非计划停机风险，显著提升了机泵机组故障判断的准确性，为关键设备的可靠运行提供了高效、实用的技术支撑，推动设备管理向“状态预知—风险量化—决策优化”的主动维护模式深度演进。

图8　轴承损坏图

参考文献

[1] 黄文虎，夏松波，刘瑞岩. 设备故障诊断原理、技术及应用[M]. 北京：科学出版社，2007.

[2] 李舜酩. 机械振动信号分析与故障诊断[M]. 北京：国防工业出版社，2013.

[3] 丁康，李巍华，朱小勇. 机械振动信号处理与故障诊断[M]. 北京：科学出版社，2013.

[4] 屈梁生，何正嘉. 机械故障诊断学[M]. 上海：上海科学技术出版社，1997.

[5] 杨国安，杨忠，胡爱军. 机械设备故障诊断实用技术[M]. 北京：中国电力出版社，2010.

[6] 王洪德，张清华，褚福磊. 设备状态监测与故障诊断技术及应用[M]. 北京：机械工业出版社，2019.

[7] 张来斌，王朝晖，樊建春. 机械设备故障诊断技术及应用[M]. 北京：石油工业出版社，2014.

[8] 严可顺，顾海明，王凤舞. 油液分析技术在设备故障诊断中的应用[M]. 北京：化学工业出版社，2012.

[9] 周东华，胡艳艳. 故障诊断与安全监控[M]. 北京：清华大学出版社，2004.

[10] 雷亚国，何正嘉，孔德同. 机械故障诊断理论及应用[M]. 北京：科学出版社，2018.

基于频谱特征的机械松动故障诊断

廖慕中

（岳阳长岭设备研究所有限公司）

摘　要　在旋转机械中，机械松动是较为常见的故障类型，尤其对于风机及泵类设备更加容易发生。对于松动故障的诊断，要全面地了解振动特征及其历史，查明振动机理。本文从故障特征出发，结合一系列故障案例，分析各种松动故障，快速和准确得判断出故障原因。

关键词　机械松动；故障特征；基础刚度；PeakVue

机械松动类故障是旋转机械比较常见的一种故障现象，该类故障对设备的安全运行有较大的危害，因为机械松动不仅是设备振动的原因，而且还会加剧振动状态，即使设备只存在小量的不对中或者不平衡，但是由于机械松动的存在，可能使设备振动比只存在不对中或者不平衡时更大。

发生松动故障后，不同部位的松动故障特征有些类似，易造成松动故障部位的误判断，会给机组的精准维修带来困难。仔细分析其故障特征，寻找其中不同和典型特征，及时有效地识别和诊断出该类故障，对指导维修、节约维修费用和缩短检修时间具有较高的实用价值。

1　故障分类与故障特征

机械松动的故障特征的表现形式很多，根据松动部位可分为以下四类：

第一类，结构框架或基础松动。

其中包括的故障类型有：结构松动或机器地脚、基础平板和混凝土基础弱（刚性差）；变形或破碎的砂浆；框架或基础变形（软底脚）；地脚螺栓松动。

其故障特征有：振动频谱为工作转速频率占主导；表现为单一转子的高振动；振动的方向性非常固定；每个轴承座的水平和垂直方向的相位差为0°或180°。

第二类，由于摇动运动、裂纹的结构或轴承座引起的松动

包括的故障类型有：结构裂纹或轴承座裂纹；支撑脚高度不同引起的摇动运动；轴承座固定螺栓松动；轴承松动或零部件配合不当。

其故障特征有：典型的径向方向2倍工作转速频率的振动幅值，超过1倍工作转速频率的振动幅值的50%；振动相位不稳定；不能用动平衡和调整对中的手段降低振动；振动始终保持工作转速频率和2倍工作转速频率。

第三类，轴承（轴瓦）在轴承座中松动或两个部件之间的配合不良引起的松动。

故障类型包括：轴承在轴承座中松动；轴承内部间隙过大；轴承衬套在其盖内松动；轴承在轴上松动或转动。

其故障特征有：在振动频谱中存在多个转速频率的谐波频率；趋向于在松动方向上的定向振动；产生转速的1/2倍或1/3倍间隔的频率；相位不稳定；在径向和轴向的相位差接近0°或180°；PeakVue值较大。

第四类，转子部件类松动

故障类型包括：转子上零部件的松动；转子（叶轮）本体松动。

其故障特征有：在振动频谱中可见大幅倍频，存在非线性振动特征。

2　案例分析

2.1　案例一

某厂柴油加氢引风机K103是柴油加氢车间的关键设备，于2014年建成，投产后使用，机组壳体振动大，持续超标。机组构成及测点布置见图1。

首先对机组进行壳体振动测试与频谱采集，见表1、图2。

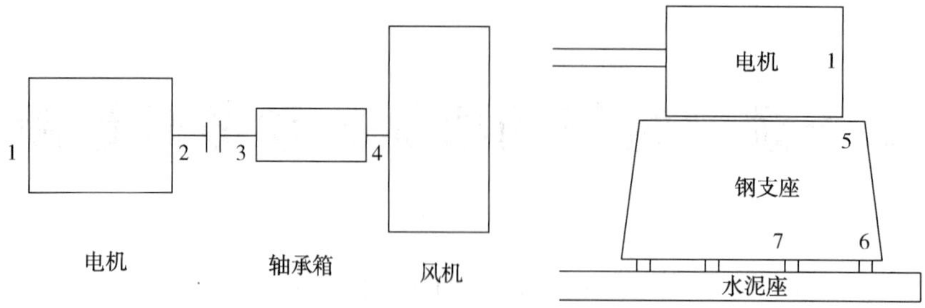

图1　机组结构及测点布置图

表1　机组轴承座及基础振动烈度

时间	1H	1V	1A	2H	2V	2A	3H	3V	3A
2015.03.09	11.8	2.5	3.2	6.6	3.2	3.5	2.1	2.7	2.8
时间	4H	4V	4A	5H	6H	7H			
2015.03.09	4.4	1.9	2.5	11.2	11.3	6.6			

注：H—为水平方向　V—为垂直方向　A—为轴向方向单位：mm/s(以下图表类同)

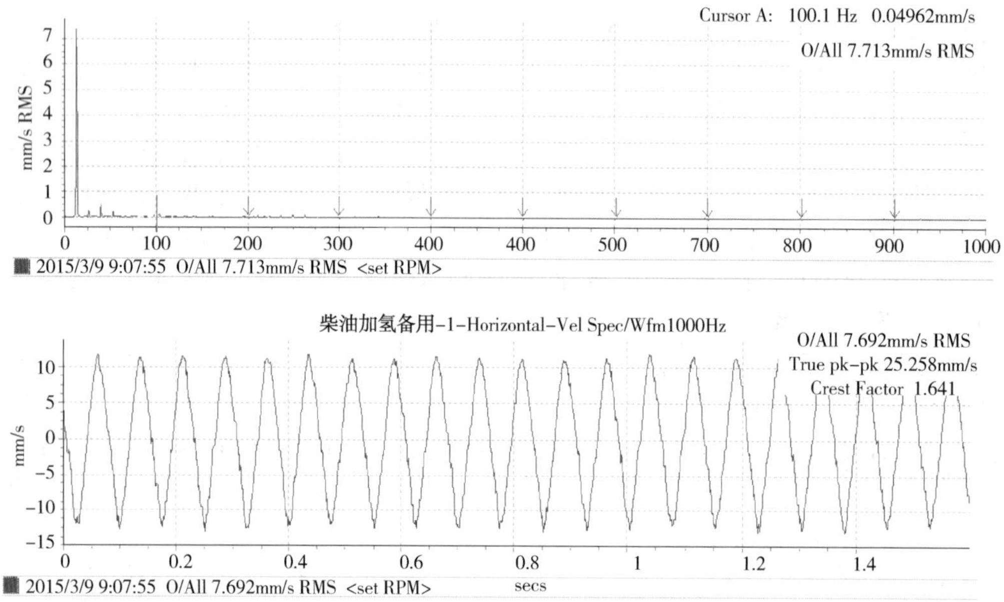

图2　电机轴承座测点1H频谱图

2.1.1　振动特点分析

从上面的机组壳体的振动和频谱图，可以看出机组振动具有如下特征：a. 电机壳体振动大，泵体振动相对较小，振动能量主要集中在电机上。b. 振动方向性上看，机组水平方向相对较大。c. 电机与钢支座的振动在垂直分布上看，振动均在11mm/s左右。d. 电机振动频率成分以工频13.1Hz为主，存在倍频成分且幅值很小，时域波形为正弦波。e. 电机加速度解调值最高为2.8g(2H)，在正常范围内。

2.1.2　原因分析

根据上述振动故障特征，可以排除几类常见故障。首先，从轴承座的振动频率成分，及整个机组振动能量的分布来看，可排除机组不对中问题；其次，通过对电机加速度解调值的分析，冲击能量不大，在正常范围内，也未出现电机滚动轴承故障频率，可排除电机轴承问题(图3、表2)。

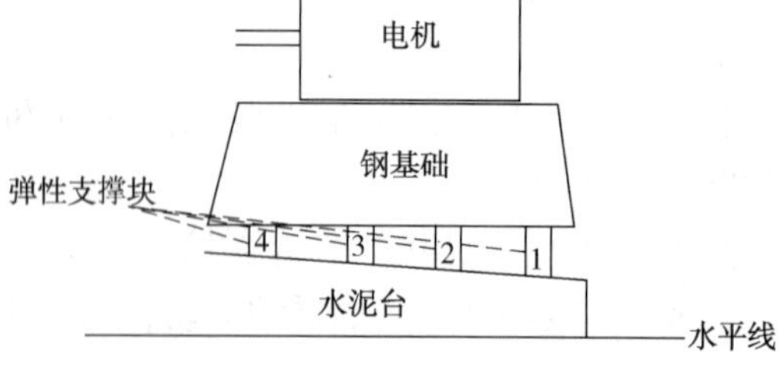

图3　电机基础布置图

表 2 电机基础弹性支撑块高度

编号(橡胶块)	1#	2#	3#	4#
高度/mm	86	78	71	68

通过测量机组钢基础弹性支撑块收缩量发现，1#支撑块收缩量最小，4#最大，由此可见各弹性支撑块刚度区别较大，得出电机振动大主要原因是基础刚度不好。基础刚度不好原因主要为电机非驱动端的弹性支撑块刚度差或安装存在问题。

4 月份机组停机处理，在 1#弹性支撑块增加垫片，使各个支撑块的收缩量接近一致，后开机对电机进行监测，电机的自由端振动存在明显下降，最大值处于 4.0mm/s 以下。

2.2 案例二

某炼厂硫磺装置尾气鼓风机于 2014 年投用，稳定运行两年多后，于 2016 年 6 月发现机组振动有所增大，且靠近风机侧轴承有杂音。机组构成及测点布置见图 4。

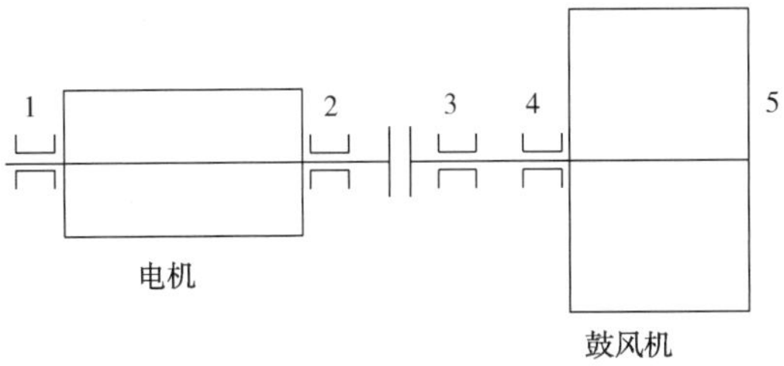

图 4 机组结构及测点布置图

机组的壳体振动数据与频谱图见表 3、图 5、图 6。

表 3 机组轴承座振动烈度

时间	1H	1V	1A	2H	2V	2A	3H	3V	3A	4H	4V	4A
2016.6.28	4.6	1.5	/	2.8	1.8	1.1	4.2	3.0	2.1	4.8	3.6	/

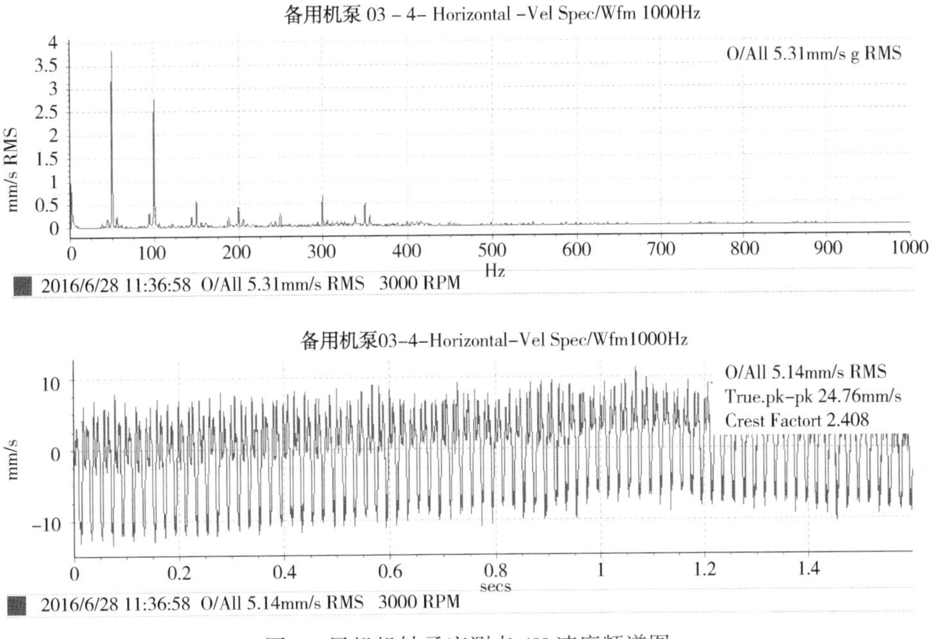

图 5 风机机轴承座测点 4H 速度频谱图

2.2.1 振动特点及原因分析

从上面的机组壳体的振动和频谱图，可以看出机组振动具有如下特征：风机轴承箱振动频率成分主要以工频及其 2、3、4 倍频为主，其中测点 4 振动频率中，工频及其倍频存在边带，边带范围为 5Hz 左右。轴承 4 的加速度解调值为 18g（偏大），轴承 4 加速度解调频率成分主要工频及其倍频为主，也存在 5Hz 左右的边带成分。

由以上的振动特征分析：风机轴承座（测点 4）振动频谱成分为工频及其倍频，倍频存在 5Hz 左右的边带，这是典型松动故障特征，且为外圈故障频率，另外轴承 4 加速度解调值大，频率成分也类似，所以推论轴承箱振动大主要因素是轴承 4（靠近风机端）存在松动，跑外圈的可能性较大。

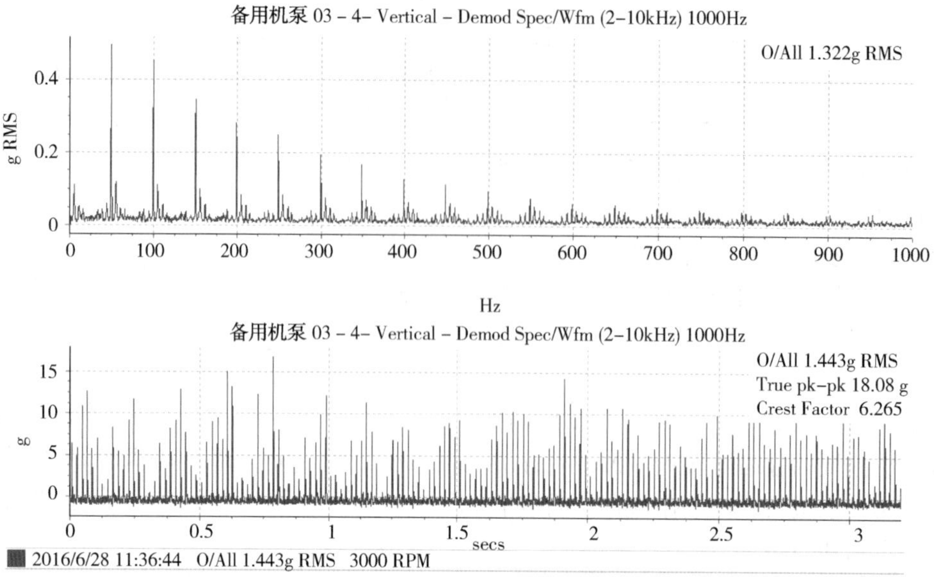

图 6 风机轴承座测点 4V 加速度解调频谱图

2.2.2 检修情况

停机检修，发现靠叶轮侧轴承 4 外圈有明显磨损痕迹，见图 7，轴承 4 预紧力为 0.025mm；风机与电机轴对中圆左右偏差偏大，其值为 0.08mm，面偏差 0.045mm；拆检情况与诊断结论相吻合。

将轴承 4 预紧力由 0.025mm 调整到 0.05mm；调整风机与电机轴对中控制在标准范围之内，圆偏差为 0.045mm，面偏差为 0.05mm。6 月 30 日，风机开机，风机轴承振动速度下降到 2.5mm/s，加速度 8.0m/s^2，设备投入正常运行。

图 7 风机轴承外圈磨损情况

2.3 案例三

某厂柴油加氢泵 P102 自 2016 年 10 月中旬开始，电机壳体振动开始上升，最高达到 8.6mm/s，于 12 月停机检修，未发现电机本体故障，后单试运行，振动依然超标，最高为 7.2mm/s。机组构成及测点布置见图 8。

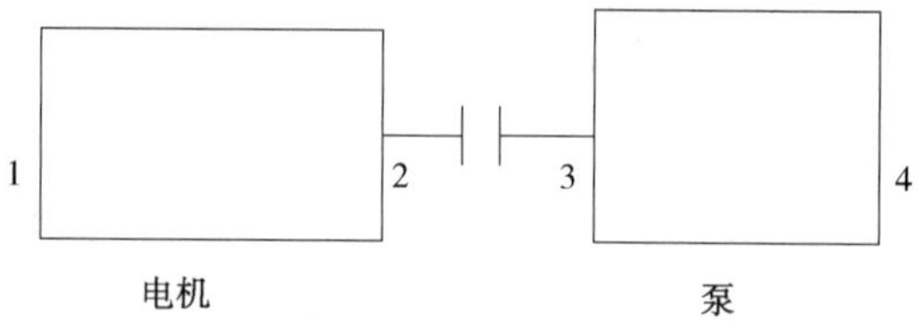

图 8 机组结构及测点布置图

首先对机组进行壳体振动测试与频谱采集，见表 4、图 9。

从上面的图表看出，电机单试时，紧固地脚螺栓电机振动大于松开地脚螺栓时，电机轴承座振动频率主要以二倍频为主，工频很小。由此推断电机振动大是由基础不平或电机支撑脚高度不同所引起的摇动运动所致，

而后通过检测发现钢基础不平，打磨后把电机安装在上面，紧固地脚螺栓，再次开机，振动有明显的下降，在 2.0mm/s 以下。

2.4 案例四

2012 年 9 月份以来，某石化热电厂 9#炉引风机轴承座振动开始有所上升，最高达到 8.6mm/s。电机额定转速的 1490r/min，风机轴承型号为 6238M。机组构成及测点布置见图 10~图 12，表 5。

表4 机组轴承座振动烈度

时间	1H	1V	1A	2H	2V	2A	备注	
2016.12.18	6.8	2.5	3.0	7.2	2.7	3.1	电机单试	紧固地脚螺栓
	3.2	1.5	1.2	3.4	1.6	1.4		松开地脚螺栓

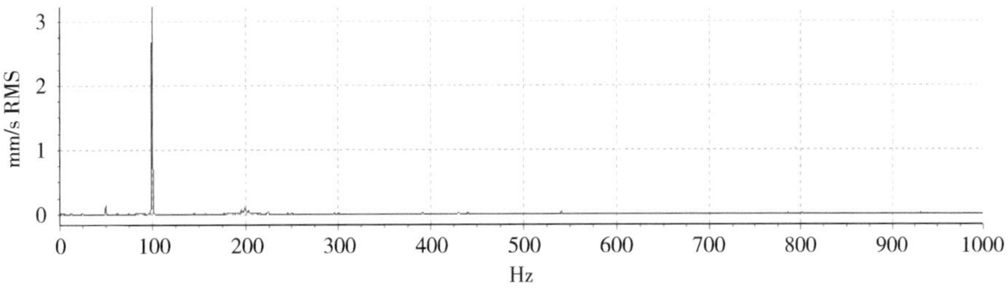

图9 电机轴承座测点2H速度频谱图

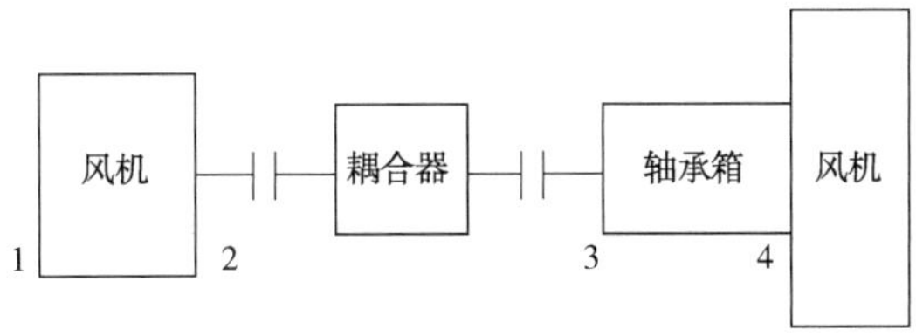

图10 机组结构及测点布置图

表5 机组轴承座振动烈度

时间	测点	1			2			3			4		
	风机转速	H	V	A	H	V	A	H	V	A	H	V	A
9.26	280r/min	0.6	0.7	0.4	0.7	0.6	1.2	1.7	1.3	1.2	3.2	3.2	2.0
9.28	622r/min	/	/	/	/	/	/	3.7	4.8	2.9	8.6	5.6	3.5
11.19	740r/min	/	/	/	/	/	/	2.0	1.3	1.2	2.8	2.0	1.1
11.20	350r/min	/	/	/	/	/	/	2.8	1.5	1.5	3.2	2.4	1.6
11.20	700r/min	/	/	/	/	/	/	4.3	2.5	2.5	5.5	4.4	2.7
11.22	690r/min	/	/	/	/	/	/	4.6	2.1	2.2	6.9	4.0	2.4

从以上的频谱图看出，频率成分中非线性特征十分明显，倍频较多可见较突出的1~6倍频；倍频之间可见n+0.5倍频成分，时域波形可见间歇性冲击，冲击的发生无明确周期性，风机轴承在各转速下，PeakVue波形峰值很小，均在2.0g以下。

由此可以推断出：风机滚动轴承正常未出现异常磨损；且可以排除轴承座、轴承松动；可以排除转子动平衡故障。风机异常振动表现出明显的非线性振动特征，这是松动或碰摩造成的。考虑到轴承箱未发现异常，故障发生的部位应该在蜗壳内，可能情形有：叶轮松动（背帽、铆钉）；叶轮与静止部件间碰摩。

后检修处理发现，叶轮存在松动，与蜗壳存在间隙性碰撞与摩擦。

3 结语

通过对以上案例进行分析，基于故障特征去分析机械松动故障，能快速准确得判断出故障原因，机械松动作为旋转机械中比较常见的故障类型，对其进行准确及时有效的诊断对提高维修效率，降低维修费用起到了积极的作用，具有较大的潜在经济效益。

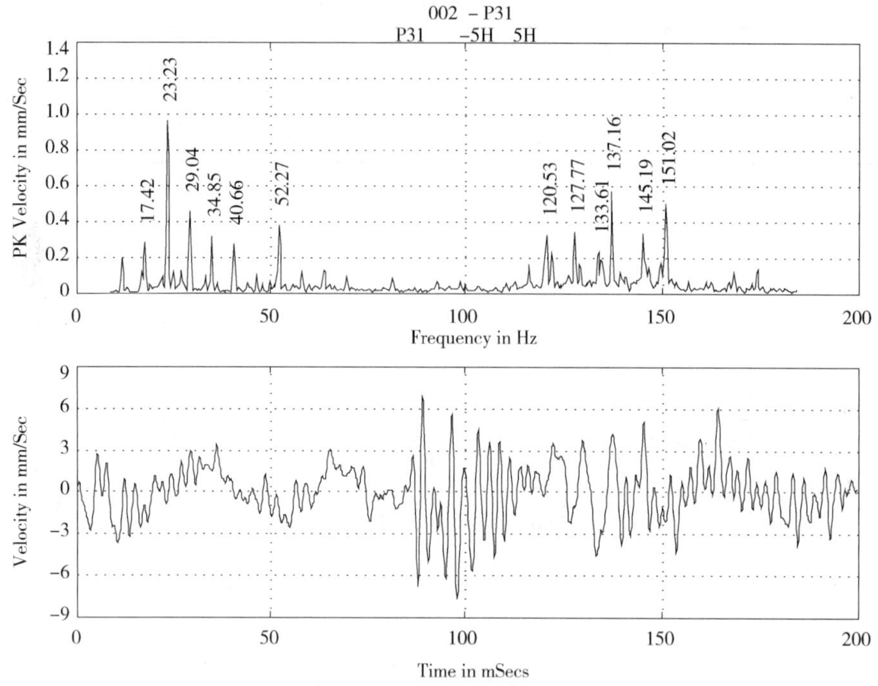

图 11　风机轴承座测点 5H 速度频谱图

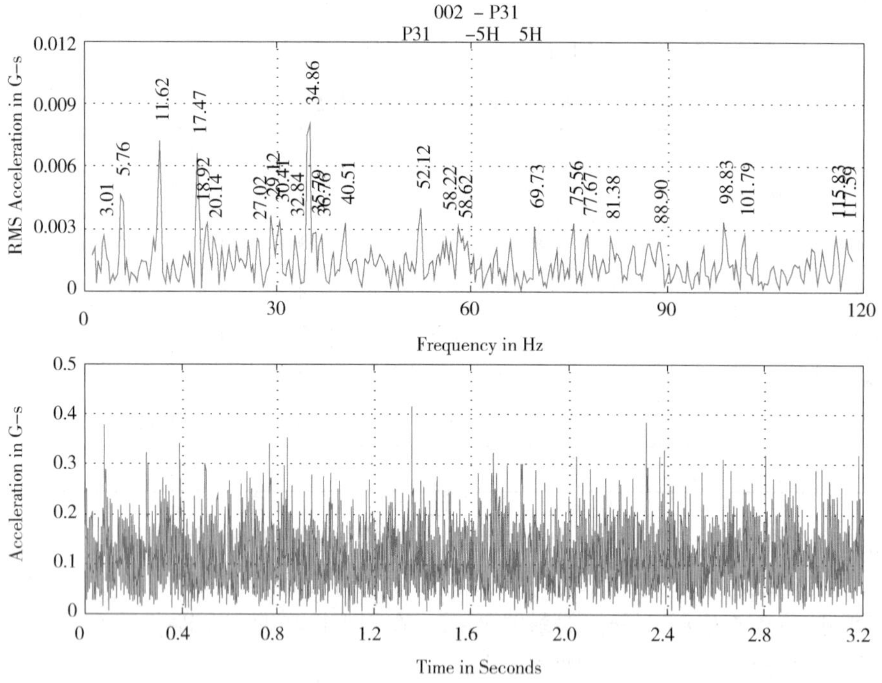

图 12　风机轴承座测点 5H PeakVue 图

参 考 文 献

[1] 陈大禧，朱铁光．大型回转机械诊断现场实用技术[M]．北京：机械工业出版社，2002.

[2] 杨国安．机械设备故障诊断实用技术[M]．北京：中国石化出版社，2007.

[3] 王鲁济等．风机基础松动故障诊断实践[J]．冶金动力，2012.

[4] 车有向．设备松动故障的诊断[J]．中国设备工程，2002，(11)：39-40.

[5] 于长伟，任邦军．机械松动导致风机振动的诊断[J]．中国设备工程，2004，(2)：44-45.

烟气粉尘在线监测仪在蜡油催化应用

刘长春　西热扎提　王紫微　黄佳旭

(中国石油乌鲁木齐石化公司炼油二部)

摘　要　保障烟气轮机的安全运行，实时监测催化剂浓度和粒度。蜡油催化裂化装置中，烟气轮机的安全运行和使用寿命很大程度上取决于烟气中催化剂颗粒的浓度和粒度。烟机粉尘在线监测仪能够实时监测烟气中催化剂颗粒的浓度和粒度大小，及时发现异常情况。预防催化剂磨损和堵塞。通过在线监测，可以有效预防催化剂颗粒对烟气轮机叶片的磨损以及催化剂颗粒在轮机内部的积聚和堵塞，从而延长设备的使用寿命。优化工艺控制，提供实时数据支持。在线监测仪能够实时提供烟气中粉尘浓度和粒度的精确数据，帮助操作人员及时调整工艺参数，优化催化裂化过程。提高生产效率：通过精确控制粉尘浓度，可以避免因粉尘浓度过高导致的生产效率下降，同时减少因粉尘排放超标而带来的环保风险。

关键词　烟机粉尘在线监测仪；蜡油催化裂化；粉尘浓度监测

蜡油催化裂化过程中产生的粉尘排放问题，不仅对环境造成污染，还可能影响设备运行效率和操作安全性。因此，对蜡油催化裂化过程中粉尘排放的实时监测与有效控制显得尤为重要。烟机粉尘在线监测仪，实时监测烟气中催化剂颗粒的浓度和粒度，及时调整操作参数，减少了催化剂磨损，延长了设备使用寿命，同时降低了粉尘排放。

烟机粉尘在线监测仪在蜡油催化裂化过程中的应用，在实际工业环境中的监测效果、数据准确性以及对工艺优化的潜在价值。通过对蜡油催化裂化装置的现场监测，研究粉尘浓度变化规律及其与工艺参数之间的关系，为优化催化裂化工艺、降低粉尘排放、提高设备运行效率提供技术支持。

1　蜡油催化裂化工艺概述

蜡油催化裂化是一种重要的石油二次加工技术，通过在高温和催化剂的作用下，将重质的蜡油转化为轻质的石油产品，如汽油、柴油和液化气等。

2　烟气产生及成分

烟气的产生在蜡油催化裂化过程中，主要的烟气产生环节是催化剂再生过程。催化剂因表面沉积焦炭而失去活性，需在再生器中通过高温燃烧焦炭来恢复活性。在这个过程中，焦炭燃烧会生成大量的烟气。

2.1　烟气的主要成分

2.1.1　颗粒物(粉尘)

烟气粉尘颗粒物来源：粉尘主要来源于催化剂的磨损和破碎。在再生器中，催化剂颗粒由于高温和机械作用会逐渐磨损，产生细小的粉尘颗粒。此外，焦炭燃烧过程中也会产生一些细小颗粒。

烟气粉尘颗粒物特性：粉尘颗粒的粒径范围一般较广，新鲜催化剂的颗粒直径范围通常在20~240μm之间。在生产过程中，平衡剂中的细粉含量一般占5%、15%，且大部分粉尘颗粒粒径小于10μm。这些细小的粉尘颗粒具有较大的比表面积，容易在烟气中悬浮，难以通过简单的分离设备完全去除。

烟气粉尘颗粒物危害：粉尘颗粒会对设备造成磨损，降低设备的运行效率和使用寿命。同时，粉尘排放到大气中会对环境和人体健康产生危害，如引起呼吸道疾病等。

2.1.2　挥发性有机化合物(VOCS)：

来源：主要来源于再生过程中有机物的不完全燃烧。

特性：VOCS种类繁多，包括苯、甲苯等。这些化合物具有挥发性，在常温下可以蒸发到空气中，具有一定的毒性。

危害：VOCS对环境和人体健康有显著危害，如刺激眼睛和呼吸道，对中枢神经系统产生影响。此外，VOCS在大气中与氮氧化物(NO_x)等物质在阳光照射下会发生光化学反应，生成臭氧和二次有机气溶胶，导致光化学烟雾等环境问题。

2.1.3　二氧化硫(SO_2)和氮氧化物(NO_x)

来源：SO_2 和 NO_x 是燃烧过程中硫和氮的氧化产物。蜡油原料中含有硫元素，在催化裂化过程中，部分硫会沉积在催化剂上，随着焦炭燃烧生成 SO_2。此外，原料中的氮化物在高温再生过程中也会与氧气反应生成 NO_x。

特性：SO_2 是一种无色、有刺激性气味的气体。NO_x 主要包括一氧化氮(NO)和二氧化氮(NO_2)，其中 NO_2 是一种红棕色、有刺激性气味的气体。

危害：SO_2 和 NO_x 对环境和人体健康有显著危害。SO_2 在大气中会与水蒸气反应生成硫酸雾，导致酸雨。NO_x 不仅直接对人体有害，还会与 VOCS 发生光化学反应，形成臭氧和细颗粒物($PM_{2.5}$)，导致光化学烟雾和灰霾天气。

2.1.4　一氧化碳(CO)

来源：CO 是不完全燃烧的产物。在焦炭燃烧过程中，如果氧气供应不足或燃烧条件不完全，会产生 CO。

特性：CO 是一种无色、无味、有毒的气体。

危害：CO 对人体有剧毒，会与血红蛋白结合，阻碍氧气的输送，导致人体缺氧。

2.1.5　二氧化碳(CO_2)

来源：CO_2 是焦炭燃烧的主要产物之一。在再生器中，焦炭与氧气充分燃烧生成 CO_2。

特性：CO_2 是一种无色、无味的气体。

危害：CO_2 是温室气体的主要成分之一，对全球气候变化有重要影响。

总结蜡油催化裂化过程中产生的烟气成分复杂，主要包括粉尘、挥发性有机化合物(VOCS)、二氧化硫(SO_2)、氮氧化物(NO_x)、一氧化碳(CO)和二氧化碳(CO_2)。其中，粉尘主要来源于催化剂的磨损和破碎，具有粒径小、比表面积大、悬浮性强等特性，会对设备和环境产生危害。其他气体成分如 VOCS、SO_2、NO_x 等也会对环境和人体健康造成严重影响。因此，对催化裂化烟气进行有效的治理和控制是十分必要的。

2.2　蜡催烟气粉尘对设备运行和环境的影响

2.2.1　对设备运行的影响

1. 磨损与堵塞

粉尘颗粒具有较高的硬度和较大的比表面积，会在设备表面产生磨损。特别是对于高速运转的设备，如烟气轮机，粉尘颗粒的冲击会导致叶片等部件的磨损加剧。例如，当烟气轮机入口的粉尘浓度超过设计要求，尤其是粒径大于 10μm 的颗粒体积占比超过 5% 时，会导致烟气轮机振动值升高，影响设备的正常运行。

粉尘颗粒会附着在设备的表面和内部通道中，导致设备堵塞。例如，在选择性催化还原(SCR)脱硝反应器中，烟气中的催化剂粉尘会附着在催化剂床层上，造成催化剂床层压降增大。如果粉尘浓度过高，可能会导致催化剂床层堵塞，影响脱硝效率。

2. 降低设备效率

粉尘在余热锅炉等设备的表面沉积，会形成一层隔热层，降低热交换效率。这会导致热量不能有效传递，增加能源消耗。

粉尘可能会覆盖催化剂的活性中心，降低催化剂的活性，影响催化裂化反应的效率。

增加维护成本

由于粉尘导致的磨损和堵塞问题，需要更频繁地对设备进行维护和更换部件，增加了设备的维护成本。例如，需要定期清理设备表面的粉尘，更换磨损严重的部件等。

2.2.2　对环境的影响

1. 空气污染

粉尘排放到大气中，会增加空气中的颗粒物浓度，对空气质量造成严重影响。这些颗粒物可能会进入人体呼吸道，对人体健康产生危害，如引起呼吸道疾病、心血管疾病等。

2. 生态破坏

粉尘中的有害物质可能会沉积在土壤和水体中，对生态环境造成破坏。例如，粉尘中的重金属等有害物质可能会污染土壤和水体，影响植物生长和水生生物的生存。

3. 温室气体排放

粉尘的存在可能会影响烟气处理系统的效率，导致更多的温室气体(如二氧化碳)排放。这会对全球气候变化产生不利影响。

粉尘在蜡油催化裂化工艺中对设备运行、产品质量和环境都产生了多方面的负面影响。因此，采取有效的粉尘控制措施，如优化催化剂的使用、改进设备的设计和运行条件、采用高效的粉尘分离技术等，对于提高设备运行效率、保证产品质量和减少环境污染具有重要意义。

2.3 烟机粉尘在线监测仪的原理与技术

烟机粉尘在线监测仪的工作原理烟机粉尘在线监测仪主要用于实时监测烟气中的粉尘浓度，常见的测量原理包括光散射法、β射线吸收法、微量振荡天平法和电荷感应法等。

本装置选用JJD-Ⅵ型催化剂颗粒激光在线监测。JJD-Ⅵ型催化剂颗粒激光在线监测系统是一种基于激光散射原理的在线监测设备，主要用于实时监测烟气中催化剂颗粒的浓度和粒度分布。

2.3.1 技术原理

JJD-Ⅵ型催化剂颗粒激光在线监测系统利用Mie光散射理论，通过激光束照射烟气中的催化剂颗粒，测量颗粒对激光的散射光强度和分布情况，从而计算出颗粒的浓度和粒度分布。

(1) 激光发射与接收：发射系统发出的激光束穿过烟气管道，照射到烟气中的颗粒上。颗粒对激光产生散射，接收系统收集散射光信号，并将其转换为电信号。

(2) 信号处理：通过光/电转换器，将散射光信号转换为电信号。信号处理系统对电信号进行处理，计算出颗粒的浓度和粒度分布。

(3) 数据输出与分析：系统将处理后的数据传输到计算机控制中心，进行实时显示、记录和分析。可以设置浓度和粒度的报警限值，当测量值超过设定值时发出报警信号。

2.3.2 系统组成JJD-Ⅵ型催化剂颗粒激光在线监测系统主要包括以下几部分

(1) 发射子系统：包括激光发射器、光学系统等，用于发射激光束。

(2) 接收子系统：包括散射光接收器、光学系统等，用于接收散射光信号。

(3) 信号处理子系统：对采集到的光学信号进行处理和转换。

(4) 工业控制计算机子系统：用于数据处理、显示、记录和报警等功能。

(5) 吹扫子系统：用于防止烟气中的颗粒污染光学元件，保证系统的正常运行。

2.3.3 技术特点

(1) 高精度测量：能够准确测量烟气中催化剂颗粒的浓度和粒度分布，浓度测量范围一般为0~500mg/m^3。

(2) 实时在线监测：可实时连续监测烟气中的颗粒浓度和粒度分布，提供及时准确的数据。

(3) 非接触式测量：采用激光技术，无需与烟气直接接触，避免了高温烟气对测量设备的损坏。

(4) 多种粒度测量：能够测量不同粒度范围的颗粒，例如入口粒度范围为0~30μm、30~50μm、50~80μm，出口粒度范围为0~5μm、5~10μm、10~20μm。

(5) 智能报警功能：当颗粒浓度或粒度超过设定值时，系统会发出报警信号，提醒操作人员采取措施。

(6) 数据记录与分析：系统可以将监测数据以数据文件或数据库的形式保存，便于后续分析和查询。

2.3.4 应用场景

JJD-Ⅵ型催化剂颗粒激光在线监测系统广泛应用于石油化工行业的催化裂化装置中，用于监测烟气中催化剂颗粒的浓度和粒度分布。

具体应用包括：(1)监测三旋分离器的分离效率：通过比较三旋进、出口的颗粒浓度和粒度分布，评估三旋分离器的运行效果。(2)保障烟机安全运行：实时监测烟气中的颗粒浓度和粒度分布，防止颗粒对烟机造成磨损，延长烟机的使用寿命。(3)优化生产工艺：根据监测数据，及时调整生产工艺参数，提高生产效率和产品质量。

2.3.5 优势

(1) 技术先进：采用先进的激光技术和信号处理技术，测量精度高，可靠性好。

(2) 功能强大：具备实时监测、数据记录、智能报警等多种功能，满足工业现场的多种需求。

(3) 维护方便：系统设计合理，维护简单，使用寿命长。

(4) 适应性强：能够适应高温、高压、高粉尘浓度等恶劣工况。

JJD-Ⅵ型催化剂颗粒激光在线监测系统是一种高效、可靠的在线监测设备，能够为石油化工行业的催化裂化装置提供实时、准确的颗粒浓度和粒度分布数据，为生产过程的优化和设备的安全。

3 在线监测仪在蜡油催化中的应用

烟气粉尘在线监测仪在蜡油催化中的应用主

要体现在以下几个方面：

3.1 实时监测粉尘排放浓度

蜡油催化过程中会产生烟气，其中含有一定量的粉尘。烟气粉尘在线监测仪能够实时监测烟气中粉尘的排放浓度，为环保部门提供准确的排放数据，确保企业排放符合环保标准。通过实时监测，企业可以及时发现粉尘排放异常情况，采取相应的措施进行调整和处理，避免因粉尘排放超标而受到环保处罚，同时也减少了对环境的污染。优化催化工艺。监测数据可以为蜡油催化工艺的优化提供参考依据。

当监测到粉尘浓度较高时，可能表明催化过程中存在某些问题，如催化剂的磨损、反应条件的不合理等。

3.2 优化催化工艺操作

监测数据可以作为优化蜡油催化工艺操作的重要依据。例如，当监测到粉尘浓度出现异常变化时，操作人员可以分析其与工艺参数之间的关系，如反应温度、压力、进料量等。通过调整这些工艺参数，可以有效控制粉尘的生成量，提高催化过程的效率和稳定性，降低生产成本，同时也有助于延长催化剂的使用寿命，提高整个蜡油催化装置的运行效率和经济效益。

3.3 评估除尘设备效果

在蜡油催化过程中，通常会配备除尘设备以减少粉尘排放。烟气粉尘在线监测仪可以安装在除尘设备的进出口，通过对比进出口的粉尘浓度，准确评估除尘设备的运行效果。如果发现除尘设备的除尘效率下降，可以及时进行维护或调整，确保除尘设备始终处于良好的运行状态，从而进一步保障烟气粉尘的达标排放，同时也避免因除尘设备故障而导致粉尘大量排放对后续设备造成磨损和堵塞。

3.4 提供数据支持环保管理

烟气粉尘在线监测仪能够将监测到的数据实时传输至企业的环保管理平台或环保部门的监控系统，实现数据的自动化采集、存储和分析。这些数据可以为企业制定环保管理策略提供科学依据，帮助企业更好地履行环保责任，同时也便于环保部门对企业进行监管和考核，促进整个行业的绿色发展。

3.5 保障设备安全运行

烟气中的粉尘如果浓度过高，可能会对蜡油催化装置中的设备造成磨损、堵塞等问题，影响设备的正常运行。通过在线监测粉尘浓度，可以提前发现潜在的风险。在粉尘浓度接近设备安全运行的临界值时，及时采取措施进行处理，如降低生产负荷、清理设备等，从而有效避免设备故障的发生，延长设备的使用寿命，降低设备维修成本，保障蜡油催化装置的安全稳定运行。

4 在线监测仪在本装置的应用

本装置安装烟气粉尘在线监测是为了保证设备的安全运行。100万吨/年蜡油催化裂化装置于2019年6月28日开工，装置目前已累计运行五年，装置关键机组2号机因烟机结垢已累计停机检修5次，最长运行周期6个月，最短运行周期2.5个月。关键机组的频繁检修严重影响装置安全运行、制约装置经济效益的提升。延长烟机运行时间，降低检修频次。

烟机各次解体检修中发现，前四次烟机结垢表观均为白色软垢，主要分布在动叶和静叶根部、动叶围带。第五次结垢为质地较硬的硬垢，大部分结垢于烟机围带处，形成较厚较硬的垢物，磨损动叶顶严重。经化验分析，如图1所示垢样主要是催化剂堆积烧结而成的分布于围带处致密、坚硬、分层的白色块状硬物。如图2所示，也有部分质地较为松软的软垢，分布于叶片腹部与根部。

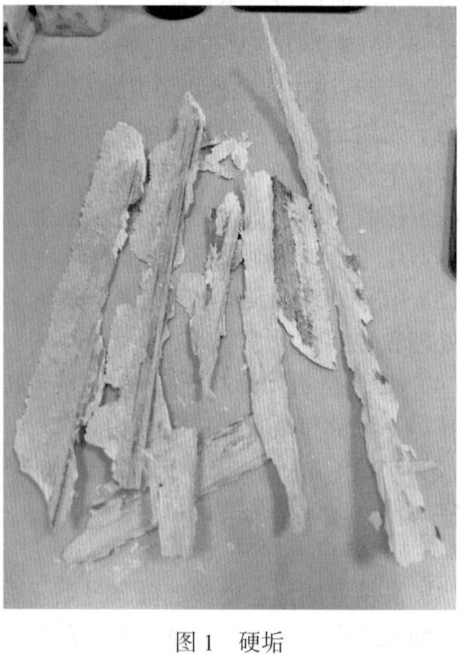

图1　硬垢

图 2　软垢

造成烟机结垢的三要素是催化剂细粉浓度、催化剂细粉黏连性、烟机内高温高速环境。催化剂细粉在离心力、分子间作用力及静电作用下，黏连并附着在烟机叶片或围带金属粗糙的表面上，形成初始结垢物。垢物在高温及水蒸气条件下烧结，发生二次结晶，形成坚硬而密实的晶状物质，硬度和密度进一步增大。

所以本装置为了保证烟机的安全运行。对于烟气中的粉尘的浓度和粒度进行监控。通过在线监测，可以有效预防催化剂颗粒对烟气轮机叶片的磨损以及催化剂颗粒在轮机内部的积聚和堵塞，从而延长设备的使用寿命。

4.1　实时监测粉尘排放浓度

2024 年 5 月烟机入口粉尘在线监测系统投用至今。烟气脱硫外排颗粒物趋势变化如图 4 所示。

2024 年 5 月至今烟机入口粉尘在线投用数据如图 5 所示。

2024 年 5 月至今三旋催化剂数据如图 6 所示。

从上述数据可以看出烟机入口的粉尘仪的浓度数据和烟气脱硫外排烟气颗粒物这算值的上升和下降趋势基本一致。通过烟机入口粉尘仪在线监控数据可以调节主风机的送风量，调节烟气流速，保障烟气在沉降器顶旋风分离器和三旋旋风分离器达到很好的烟气和催化剂颗粒分离效果。烟机粉尘在线监测仪作为一种先进的环境监测设备，能够实时、准确地监测烟气中的粉尘浓度，为工业生产过程中的粉尘排放控制提供科学依据。

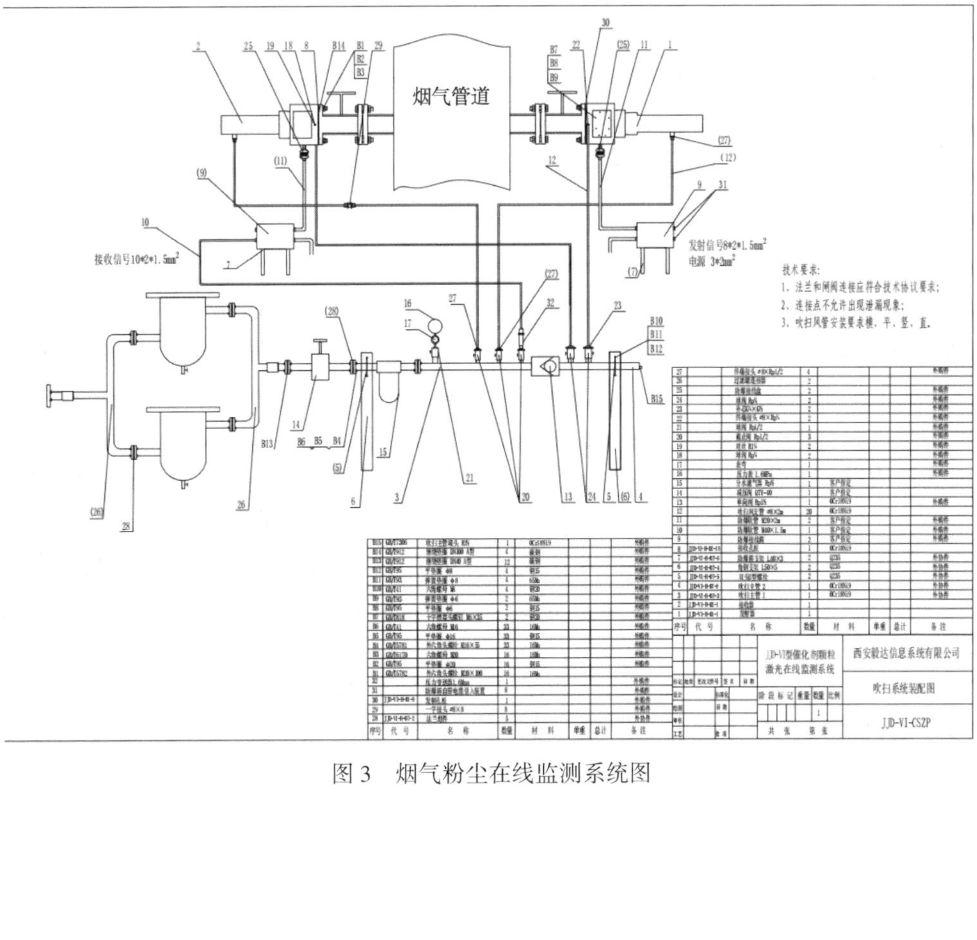

图 3　烟气粉尘在线监测系统图

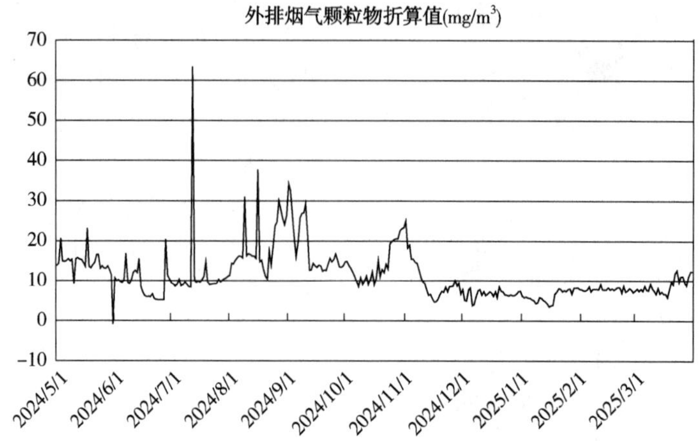

图 4　烟气脱硫外排颗粒物趋势

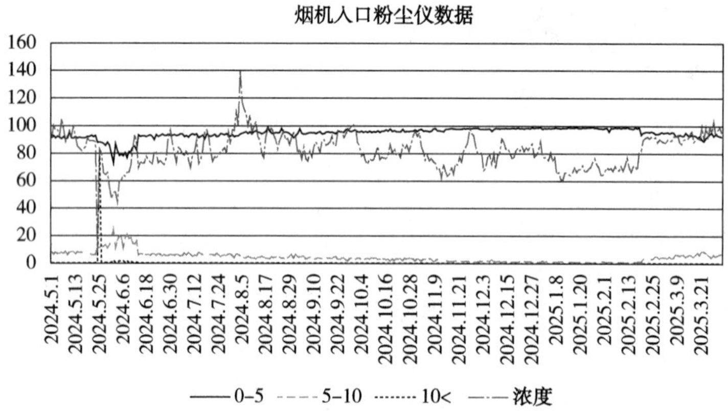

图 5　烟机入口粉尘在线监测系统数据

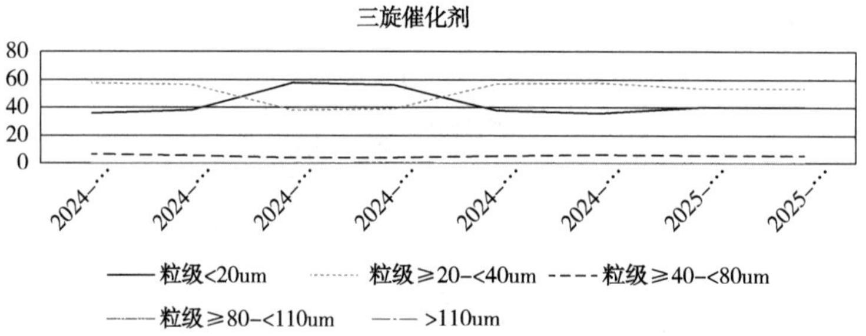

图 6　三旋催化剂数据

4.2　保障设备安全运行

为了保障蜡催烟机的长周期运行，对烟机入口粉尘浓度实时进行监控。造成烟机结垢的三要素是催化剂细粉浓度、催化剂细粉黏连性、烟机内高温高速环境。催化剂细粉在离心力、分子间作用力及静电作用下，黏连并附着在烟机叶片或围带金属粗糙的表面上，形成初始结垢物。垢物在高温及水蒸气条件下烧结，发生二次结晶，形成坚硬而密实的晶状物质，硬度和密度进一步增大。为了保障烟机入口粉尘浓度稳定不超出范围，车间出台蜡催烟机入口在线粉尘仪管理规定如图 7 所示。

通过烟机入口粉尘仪在线监测系统，如烟机入口粉尘仪浓度过高，可以通过调节降低主风机向再生器的送风量，降低再生烟气进入沉降器顶旋风分离器和三旋旋风分离器的线速。减少催化剂的跑损。通过在线监测，可以有效预防催化剂颗粒对烟气轮机叶片的磨损以及催化剂颗粒在轮机内部的积聚和堵塞，从而延长设备的使用寿命。优化工艺控制，提供实时数据支持。在线监测仪能够实时提供烟气中粉尘浓度和粒度的精确数据，帮助操作人员及时调整工艺参数，优化催化裂化过程。

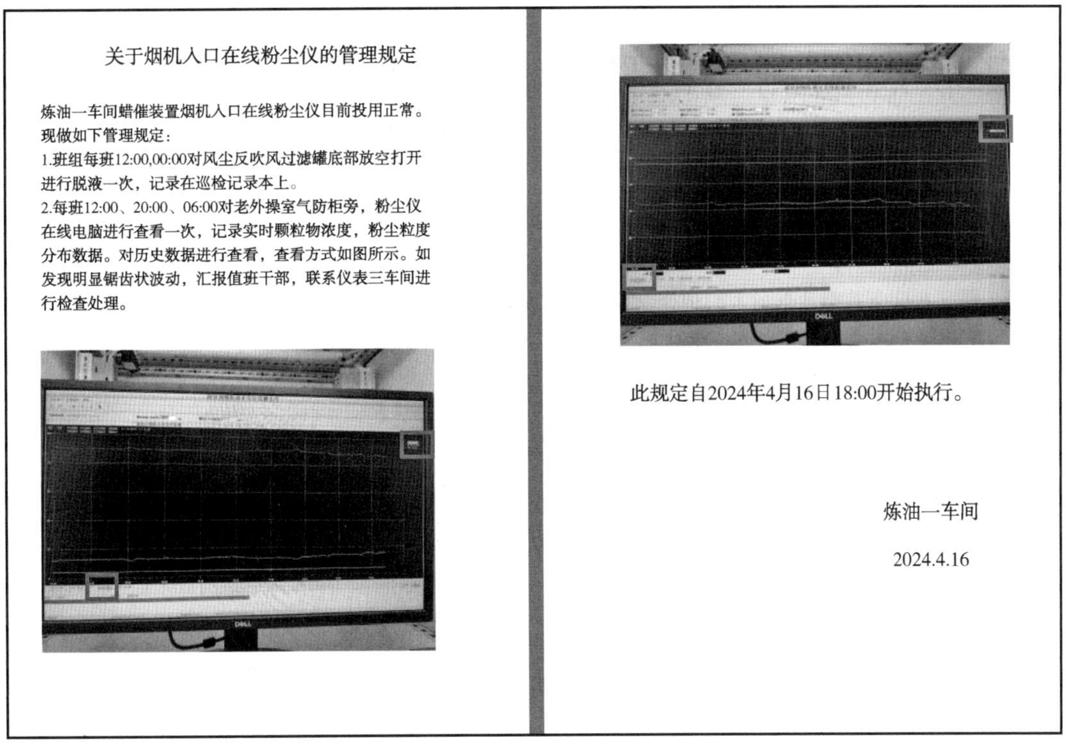
关于烟机入口在线粉尘仪的管理规定

炼油一车间蜡催装置烟机入口在线粉尘仪目前投用正常。现做如下管理规定：
1.班组每班12:00,00:00对风尘反吹风过滤罐底部放空打开进行脱液一次，记录在巡检记录本上。
2.每班12:00、20:00、06:00对老外操室气防柜旁，粉尘仪在线电脑进行查看一次，记录实时颗粒物浓度，粉尘粒度分布数据。对历史数据进行查看，查看方式如图所示。如发现明显锯齿状波动，汇报值班干部，联系仪表三车间进行检查处理。

此规定自2024年4月16日18:00开始执行。

炼油一车间

2024.4.16

图 7　烟机入口在线粉尘仪管理规定

5　结论

通过对烟气粉尘在线监测仪在蜡油催化中的应用研究，我们深入探讨了其在该领域的多方面价值。烟气粉尘在线监测仪的引入，为蜡油催化过程的环境管理与优化提供了有力的技术支持。它能够实时、准确地监测烟气粉尘浓度，帮助操作人员及时掌握排放情况，确保其符合环保标准，有效减少对环境的污染，同时也为企业避免了因超标排放而面临的经济处罚风险。此外，监测数据的积累和分析，为蜡油催化过程的工艺优化提供了重要依据，助力企业提高生产效率、降低能耗，实现经济效益与环境效益的双赢。

烟气粉尘在线监测仪在蜡油催化中的应用具有重要意义，其不仅有助于环境保护，还能为企业带来显著的经济效益。随着技术的不断进步和应用的不断深入，相信其将在蜡油催化领域发挥更加关键的作用，为推动行业的可持续发展做出更大的贡献。

参　考　文　献

[1] 杜玉朋，赵辉，杨朝合，等. 烟气轮机叶片间隙中FCC催化剂细粉运动规律：气相流场分布的影响[J]. 化学工程，2012.
[2] 王恒，刘小春. 延炼100万t/a催化装置烟气轮机改造可行性分析[J]. 中国石油和化工标准与质量，2014.
[3] 曹汉昌，鄂希仁，张韩. 催化裂化工艺计算与技术分析[J]. 石油工业出版社，2014.
[4] 冀江，丁勤. 烟气轮机在安全和节能技术上的新进展(上)[J]. 石油化工设备技术，2016.

设备状态监测与故障诊断在机泵管理中的应用

王睿杰　闫　华　刘京华

（中国石油长庆石化分公司）

摘　要　在状态监测的基础上，结合设备的原理与结构以及制造、安装、检修、运行的记录数据，利用领域专家及专业人员的知识和经验，进行综合分析判断，从而确定故障的性质、类型、部位、程度，分析产生故障的原因，提出合理的运行建议。科学指导检维修，延长装置运行周期。

关键词　状态监测；机泵管理；故障诊断

状态监测与故障诊断是同一学科的两个不同层次，它们既有区别又有联系：

状态监测：是指在设备运行中和不拆卸的情况下，利用现代检测与分析仪器，采用各种检测、监视、分析和判别方法，对设备当前的运行状态做出评估(属于正常、还是异常)，对异常状态及时做出报警，并为进一步进行的故障分析、性能评估等提供信息和数据。

故障诊断：是指在状态监测的基础上，结合设备的原理与结构以及制造、安装、检修、运行的记录数据，利用领域专家及专业人员的知识和经验，进行综合分析判断，从而确定故障的性质、类型、部位、程度，分析产生故障的原因，提出合理的运行建议。科学指导检维修，延长装置运行周期。

1　使用管理现状

在线监测其核心思路是通过无线的监测仪器对企业关键重要设备的状态进行自动监测、自动采集和自动存储，并且通过软件的辅助诊断功能，触发自动报警。不仅可以使设备管理人员实时、准确地掌握设备状态，同时又可在第一时间发现隐患，做到事前预防、预知检修，保障生产的安全、可靠和稳定运行。

炼油四部机泵在线监测129台，占比42.8%，采用压电式有线传感器和压电式三轴温振一体无线传感器。有线在线监测测点部位均为机泵轴承箱水平方向、垂直方向及轴向布置测点。

设备技术人员每日通过数字化监测平台对所有机泵监测报警情况、监测数值、运行趋势进行检查，发现异常及时分析并制定整改措施。同时，每日现场干部走动式管理检查监测探头状态是否完好，位置是否正确。对发现仪表异常及时联系状态监测运维及机电仪保运人员检查处理。

班组操作人员按2小时一次的频次对设备状态监测诊断系统中机泵进行状态检查，对发现有异常、超标或报警的情况，及时联系维保人员及外操人员进行现场检查核对，并汇报部门设备管理人员，及时分析设备运行状态并采取相应措施。

部门注重班组人员状态监测使用培训，定期组织状态监测技术人员通过日抽查、月度培训、技术大讲堂等对部门技术人员、机泵专业人员和操作人员对状态监测的应用分析作基础培训和现场案例讲解，通过培训，提高人员对设备深层次问题的判断和处理能力。

2　故障判断应用实例

2.1　柴油加氢装置CYP101A电机振动异常分析

柴油加氢装置原料油增压泵CYP101A为单级悬臂离心泵，型号为EAP 150K5-450-9，电机为南阳防爆三相异步电机，电机驱动端轴承为型号为6318(图1)。状态监测采用有线监测方案，轴承箱表面安装加速度传感器。该泵电机自2023年12月开始振动出现报警，联系电工检查，判断为电机轴承磨损，12月29日停机进行检查，驱动端轴承滚子磨损，进行更换。2024年1月4日启机运行机泵平稳(图2)，偶尔出现报警一次现场检查电机运行平稳，实测振动1.5~2.8mm/s波动。2024年2月6日后机泵报警次数增加，平均每日报警一次。截至2月18日振动至超2.8mm/s，运行期间在2.9~3.3mm/s(图3)。

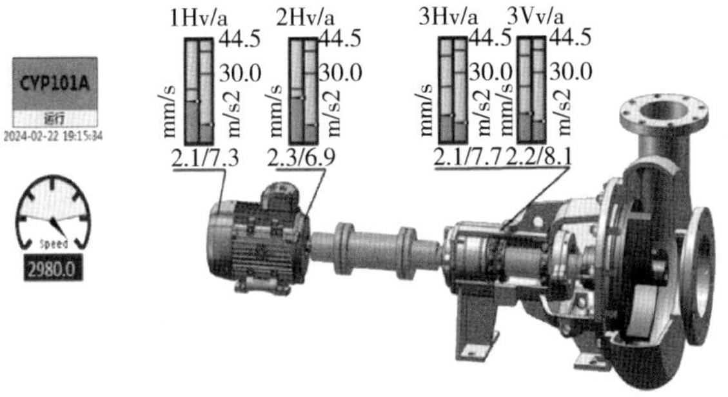

图 1　柴油加氢装置 CYP101A 概貌图

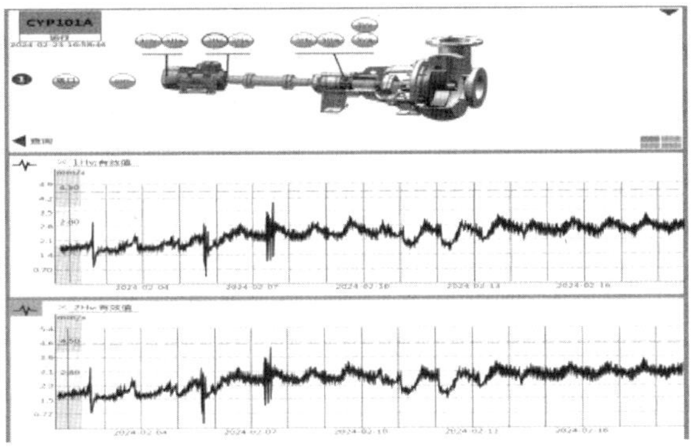

图 2　电机 1 月振动趋势

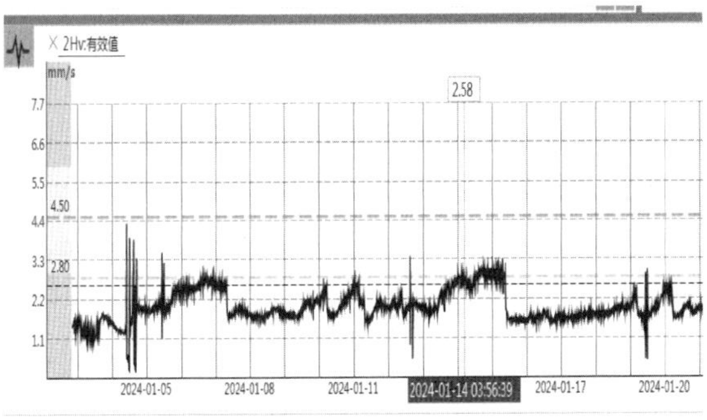

图 3　电机 2 月振动趋势

通过频谱分析主要是 1X 频及 2X、3X 工频振动：判断为电机轴承完好，存在的问题是电机转子同心度存在偏差，造成电机整体振动上升，可适当调整电机地脚螺栓松紧度。

现场通过调节电机地脚螺栓，电机振动降低至 2. 1～2. 3mm/s，机泵振动由 2. 3mm/s 降低至 1. 9～2. 0mm/s，调节后电机及机泵运行平稳，见图 4。

2. 2　汽油加氢 P9203B 联轴器不对中

汽油加氢 P9203B 为单级悬臂离心泵，转速为 2980r/min。状态监测采用有线监测方案，轴承箱表面安装加速度传感器。该泵自 2023 年 12 月 13 日启用，运行期间发现振动偏高，偶尔超报警值(4. 5mm/s)。通过现场手持测振仪检查数

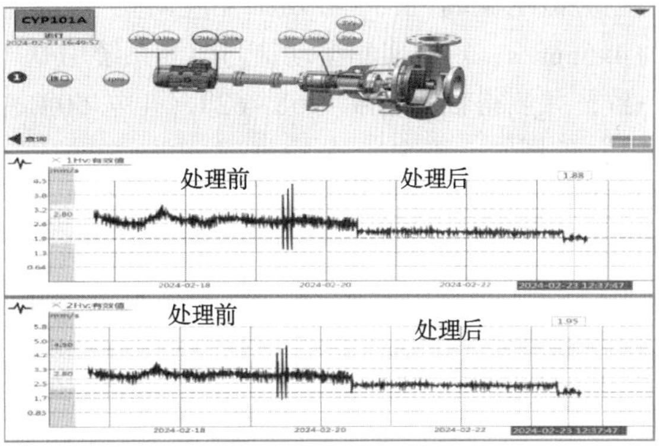

图 4　检修效果验证

据与状态监测数据基本一致，表明监测数据准确，机泵运行存在异常。

如图 5 所示，通过振动趋势分析发现水平振动平均 2. 41mm/s，轴向平均振动 4. 34mm/s，轴向振动明显大于水平振动。同时，通过频谱分析振动频率以 1X 和 2X 转频振动为主并存在 3X 以上转频振动，且 2X 或 3X 转频振动超过 1X 的 30%～50%。因此，判断为机泵存在角不对中。

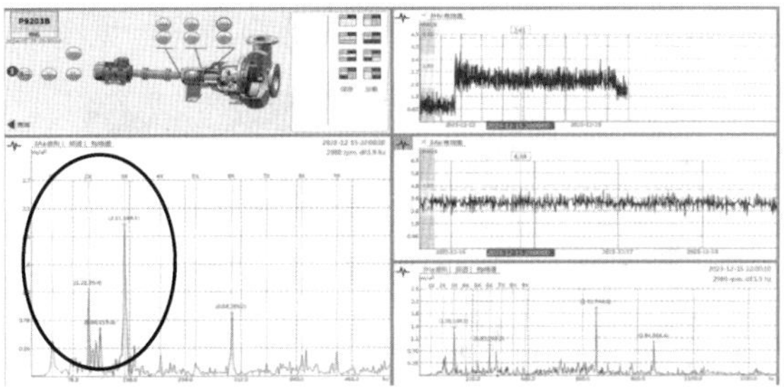

图 5　机泵振动趋势及频谱图

停泵后检查机泵对中情况，发现端面允差为 0. 1mm，标准要求为≤0. 06mm。调整后为水平振动 1. 5mm/s 左右，垂直振动 1. 1mm/s 左右，机泵运行平稳，见图 6。

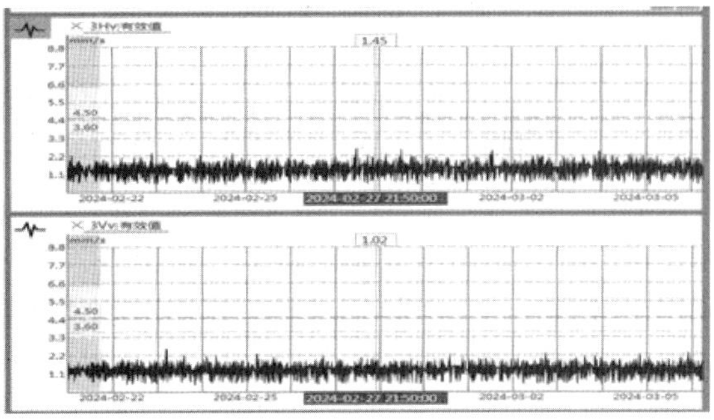

图 6　检修后振动趋势

2. 3　柴油加氢 P101B 机泵轴承磨损

柴油加氢 P101B 机泵 2023 年 12 月 29 日启动，设备在线监测频繁触发振动报警，检查振动

值趋势显示偏高(3.5~4.7mm/s波动)，报警值为4.5mm/s，现场实测振动值与监测系统值基本一致，并测得轴承箱温度58~62℃(正常50℃左右)，见图7。该泵上次检修时间为2019年8月，期间间歇运行，并由于生产需要该泵近2个月频繁启停，平均每周1次。

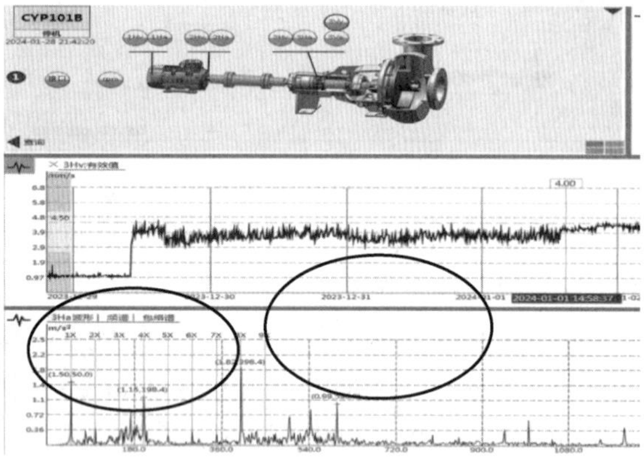

图7　机泵运行图谱

通过设备状态监测检查机泵频谱图，发现除了工频外，还有丰富的高次谐波，且波形存在削波。因此，判断机泵转子存在磨损情况，见图8。

图8　轴承磨损情况

机泵停运后进行预知性检修，拆检发现角接触轴承内圈磨损，存在麻点，检查润滑油中无明显杂质，见图9。分析轴承磨损原因为轴承运行超使用寿命，且机泵频繁启停运行状况差，对轴承产生冲击。检修更换轴承及机泵润滑油，启泵后运行正常，振动值1.5~1.7mm/s。

3　总结与管理提升措施

设备状态监测可以及时准确的采集到机泵设备的振动和温度数据，并且根据的异常状况给出报警提示和检修建议，达到了依据状态进行检修

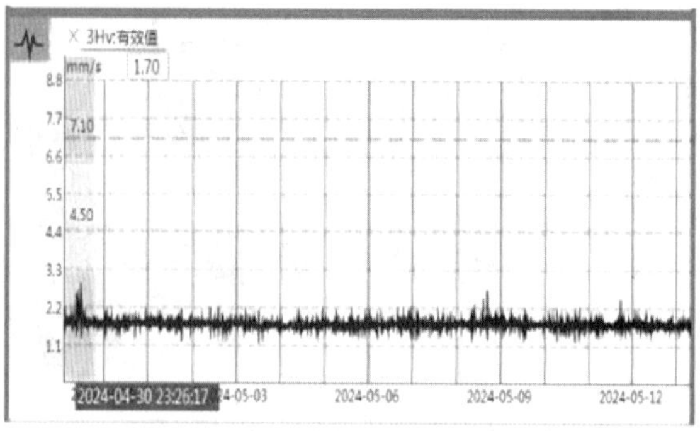

图9　检修后振动趋势

的效果，不仅帮助公司降低了故障率、减少了非计划停机时间，同时也有助于提高预知维修工作。

管理提升意见：

(1) 加强报警分析管理，每次设备检修将近半年设备运行数据趋势图，频谱图与检修情况对比，并分析找出设备异常时监测数据变化特点，形成最终检修报告，并建立设备异常运行检修数据分析库，为指导之后设备运行分析。

(2) 将设备仪表引线及探头检查纳入班组，维保人员日常巡检内容中，发现问题及时处理，确保检测数据准确性。

(3) 结合公司智能工厂发展要求，通过与平台厂家沟通，完善智能检测神经网络系统，提高监测系统设备故障判断能力及预警能力。

(4) 从提高设备监测系统使用深度出发，结合设备完整性分析中机泵、机组各部件的故障模式、故障原因、检查任务等要求，多层次的提高设备日常管理水平。同时不断提高人员对设备异常的诊断分析能力以及设备运行状态的掌握。

(5) 根据所建立设备异常运行检修数据库，并结合现场和工艺条件，准确判断设备故障形式及寿命评估，做到精准检修。并不断更新设备异常运行检修数据库，并录入智能检维修平台，将检修数据量化，制定设备检维修策略，做到高效检修。

(6) 每周定期组织专家组进行关键机组和机泵状态分析例会，就各类问题、危险级以上报警设备进行指导分析，提出处置意见。

参考文献

[1] 杨国安. 机械设备故障诊断[M]. 北京：中国石化出版社，2007.

[2] 黄银山. 机泵设备智能监测系统在胜利石化总厂的应用[J]. 设备管理与维修，2014，(S2)：15-18.

应用状态在线监测技术实现机泵精准维护

高　乾

（中国石化扬子石油化工有限公司）

摘　要　石油化工行业机泵设备传统维护方式如故障维护和预防性维护存在局限性，难以满足现代工业对设备安全、高效运行的需求。随着物联网、人工智能等技术的快速发展，状态在线监测技术为机泵精准维护提供了新路径。本文分析了传统维护方式的痛点，并阐述了预知性维护的必要性，以及应用机泵状态在线监测技术实现精准维护的可行性。介绍了机泵状态在线监测技术的系统架构及实现功能，以某装置为例，通过应用此技术对机泵振动、温度实时监测，在故障早期诊断出异常，并及时安排针对性检修，使设备始终处于性能良好的状态。

关键词　机泵状态；在线监测；维护策略；精准维护；振动

1　背景趋势

在石油化工行业中，机泵设备在整个系统当中占有非常重要的地位，其稳定运行直接影响生产安全与效率。机泵设备为介质输送提供动力，而输送的介质往往具有高温高压、腐蚀、有毒性、易燃易爆等特点，一旦机泵设备在运行过程中出现问题，会造成一系列严重后果，轻则造成经济损失、环境污染，重则可能导致人身伤亡等灾难性后果。

随着社会的发展、科技的进步，企业对健康、环保、安全等方面的要求越来越高。石油石化行业设备的安全与可靠运行也越来越受到人们的关注。数十年来，其维护方式多为故障维护（设备已经失效，进行事故后维修）或预防性维护（通过采取适当的措施，如定期检修等，从而防止设备发生故障）。当前数字化、网络化、智能化是信息化社会发展的必然趋势，随着自动化水平以及状态监测技术水平的不断提高，设备维修方式将呈现如下发展趋势：

（1）故障维护和预防性维护向预知性维护转变。物联网的发展促进机泵设备状态感知技术的发展，奠定预知性维护的基础，正逐步覆盖更多的设备。

（2）被动维修向主动维修改变。从本质上看，被动维修是为了恢复设备运行状态，主动维修是以设备状态可靠性为基础，结合生产要求找出重复故障的根本原因，识别并消除影响设备寿命的因素，确保设备始终处于性能良好的状态。

（3）维护策略由粗放向精准演变。现代企业高速发展和激烈竞争，迫使企业设备管理必须提高设备维修效率，避免设备运行过程中的非计划性停机，在保证设备管理费用得到有效节约的同时，最大限度的降低企业生产成本，以此提高企业经济效益。

2　必要性和可行性分析

2.1　*必要性分析*

石油化工作为我国经济发展的重要支柱，安全、绿色、高效生产一直是石化工业发展所关注的重点内容，要实现安全、绿色、高效生产，在设备管理方面就必须做到设备的安全、低能耗、高效运行。传统的维护方式常采用预防性维护和故障维护，但是现代工业体系中的设备往往具备大型化，连续化，高速化，自动化的特性，一旦发生故障就会使整条生产线停顿，甚至对生产设备造成严重损伤，造成巨大的经济损失。传统人工巡检与离线检测存在三大痛点：

（1）故障难发现：设备故障从微小到严重需要时间（如图1），人工巡检无法实时知晓设备运行健康状态，难以实时捕捉早期异常。

（2）维修成本高：故障发生后紧急维修，不仅耗时耗力，还可能导致生产中断；故障发生后往往需更换更多备件，增加维修成本。

（3）安全风险大：突发故障可能引发事故，威胁人员安全和设备寿命。

因此，只有实现状态监测从局部到整体、由被动到主动的全面转变，才能优化当前的设备管

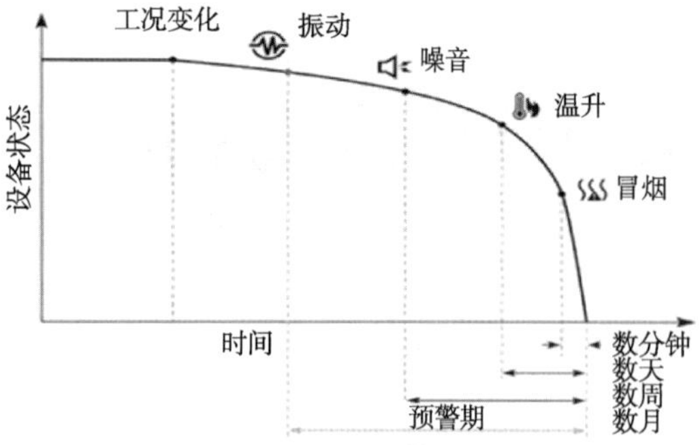

图1　不同设备状态预警期

理模式，全面、及时地把握和预知设备状态。预知性维护是一种高效、精准的维护策略，要求企业管理人员精确的掌握机泵设备的实时运行状态，在故障早期及时发现，及时安排针对性的检修，检修备件低库存、零库存，实现设备的长周期稳定运行。具有以下优点：

（1）延长设备寿命：通过对设备状态的实时掌握，提前发现潜在问题，并可以在设备故障的早期阶段（甚至故障发生前）进行维护，防止设备进一步损坏。提前发现并处理小问题有助于延缓设备老化，延长其使用寿命。

（2）降低生产成本：通过实时监控，企业可以及时发现设备运行中的异常情况，及早进行维护，而不是等到故障发生后进行大规模的紧急维修。这种方式能够通过定期的小规模维修、维护，避免昂贵的大修费用。提前购买零件并进行计划内的维护也能降低零件的加急成本。在线监测可以确保设备始终在安全的工作范围内运行，并且可以将设备维护安排在非高峰期或生产间隙，保证生产线的连续运行，减少因故障停机导致的生产中断。

（3）优化维护策略：通过监测数据，管理人员可以基于设备的实际状态来制定贴合设备特点的维护计划。这样可以避免过早更换零件或进行不必要的维修，从而节省维护资源，并最大化设备的使用效率。长期监测数据还可以帮助企业更好地理解设备的运行规律，改进维护流程。

2.2　可行性分析

据统计，机泵故障导致的非计划停机占工业事故总成本的30%以上，且约40%的故障与振动异常直接相关。机械设备在正常运转时，振动总是处于某个典型范围之内。当机械由于摩擦、基础下沉、部件变形等原因使机械运行出现故障时，振动将随之加大，最终导致机械损坏。

因此基于传感器的实时监测技术得到广泛应用，通过检测设备振动、温度信号来监视机泵的工作状态，并对信号进行分析处理提取故障信号，向管理人员发出预警，管理人员根据预警信息和机泵状态趋势，综合人工检测判断安排检修维护。

根据GB/T 6075.7对设备的振动提出的要求，通过传感器监测的振动速度和位移变化来判断设备是否处于可运行、不宜长期运行、故障损坏的区间。

3　机泵状态在线监测技术方案

3.1　系统架构

机泵状态在线监测技术具有数据连续监测、故障识别速度快、维护成本低、人员依赖性弱等特点。实现设备运行状态的精准掌握、预测受损零部件寿命、更短的时间内对问题针对性解决提供了技术支持。

通过在机泵设备上安装传感器，采集设备运行的振动、温度数据，将采集数据传输至云端服务器或者本地服务器，经过对采集数据的计算和分析，得到泵运行的健康状况，进而有针对性的对泵进行诊断，实现设备的预知性维护，将设备管理信息化变为现实。

这套系统包括传感器、网关、和云端平台，技术应用架构如图2所示。

（1）数据采集：在机泵上安装便携式传感器，用来采集机泵的三轴振动数据和表面温度，在传感器内部完成边缘计算并上传至网关。传感器可以采用有线或无线智能传感器，现在无线传感器技术已相对成熟，无线传感器具有安装便捷、快速等特点，结合设备的重要性和安装条件，可以综合考虑无线传感器与有线传感器来实现数据采集。

（2）数据传输：对于无线传感器，一般内置信号卡，通过Zigbee等协议将信号传输至网关；对于有线传感器，则用线缆连接传感器与网关。不论哪种采集方式，从底层设备采集到的数据都需要网络传输才能够到达中心服务器进行分析存储。

（3）数据分析：对采集的数据（温度、振动等）进行分析，得到变化图谱，以振动为例，主要对收集的数据进一步转化成波形图和频谱图进行分析，得到具体引起振动的原因，有针对性的提前采取预防措施。

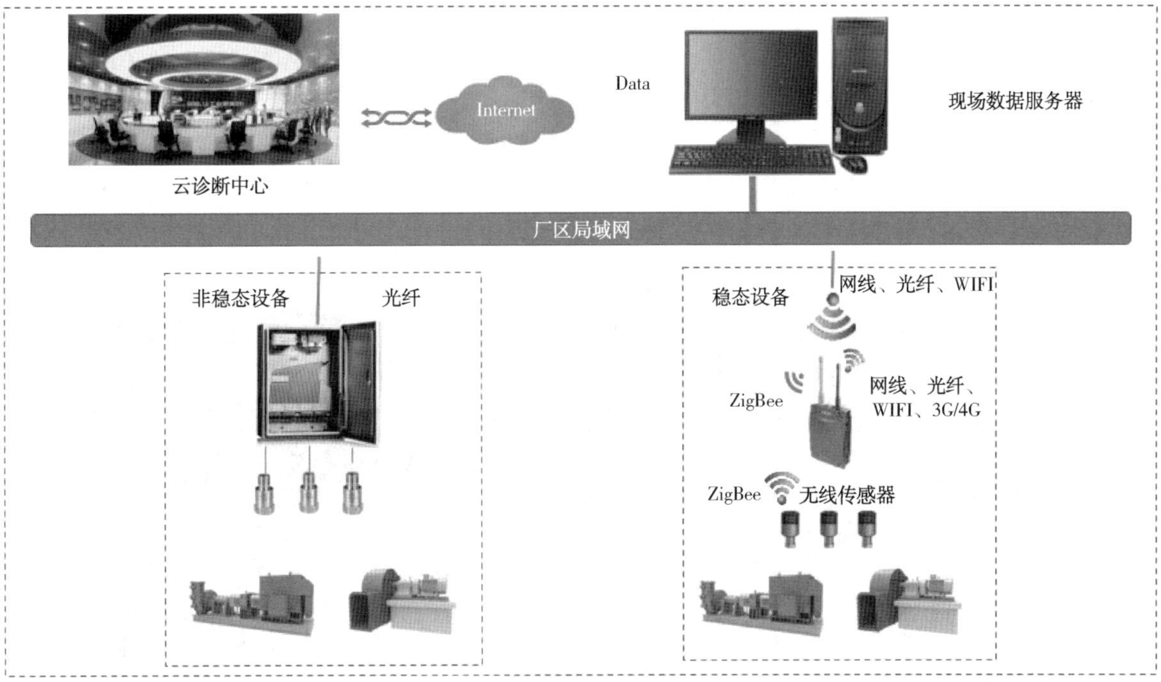

图 2 系统架构示意图

3.2 实现功能

该系统利用物联网技术，实现设备信息物联和智能分析，及时向管理人员预警机泵设备运行故障。主要功能如下：

（1）设备信息可视化：展示被监测设备的工况信息；展示传感器的电量、信号强度等信息；展示被监测设备的振动、温度及趋势。

（2）设备监测预警：实施监测设备运行状况，根据设定门限值及时向相关人员发送超限报警，管理人员能够实现对机泵的故障趋势分析，通过监测数据能够分析出故障的发展趋势，进而根据这一趋势来制定检修计划。如此达到防患于未然的效果，使机泵处于正常的运转状态。

（3）数据储存与访问：具备历史数据查询功能，支持远程通过 web 或者 app 方式访问设备信息。

4 实际应用情况

某装置应用机泵状态在线监测技术，对 66 台关键、重要机泵加装传感器，通过振动趋势预测和设备故障表现出的振动频谱、时域波形等特征，对机泵进行早期故障诊断，并及时安排检修。在应用此技术初期，累计 6 台机泵发出故障报警，而平时人工巡检并未能发现异常，管理人员及时进行现场复查确认故障原因和部位，对报警机泵采取特护措施，并根据状态趋势逐台安排针对性检修，消除故障隐患，避免机泵状态劣化造成更大损失。

4.1 #5 增压风机耦合器转子不平衡故障

某装置#5 增压风机耦合器装有 2 个测点，分别为驱动端水平位置、非驱动端水平位置（图 3），某日凌晨 1 点驱动端水平振动大报警（3.9mm/s），人工复测与测点结果基本一致。为降低风险，转速从 305r/min 调整至 258r/min，现场耦合器振动无明显变化。

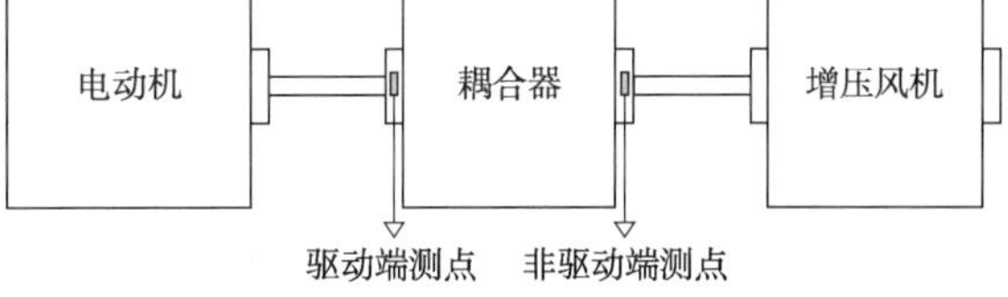

图 3 耦合器测点示意图

调取监测系统采样分析数据，其时域波形和频谱如图 4 所示。

速度频谱以一倍转频为主，管理人员分析基础可能存在松动情况，膜片联轴器可能存在开裂松动情况，耦合器可能存在不平衡情况。

现场检查耦合器非驱动端地脚螺栓存在轻微松动，已紧固四分之一扣，轴承及轴承箱无异响，耦合器勺管就地开度与远传开度一致，耦合器前后联轴器检查未发现明显损坏，耦合器油位正常。风机前后轴承座振动正常平稳。耦合器转速为258r/min运行时，联轴器端无异响，转速降至180r/min左右时，联轴器端存在明显哒哒哒的异响，怀疑液力耦合器转子是否存在磨损造成不平衡情况。

经评估，装置切换备用#6增压风机，并安排#5增压风机耦合器解体大修。拆除两端轴瓦检查有少量磨损，耦合器内本体内部叶片检查正常，转子内部轴承轻微磨损，对主轴及轴瓦等部件尺寸复测正常，动平衡试验中转子增加三块配重块后，满足G2.5精度要求，更换损坏的轴瓦及轴承后回装，投运后振动值1.8mm/s恢复正常。当前耦合器时域波形和频谱如图5所示。

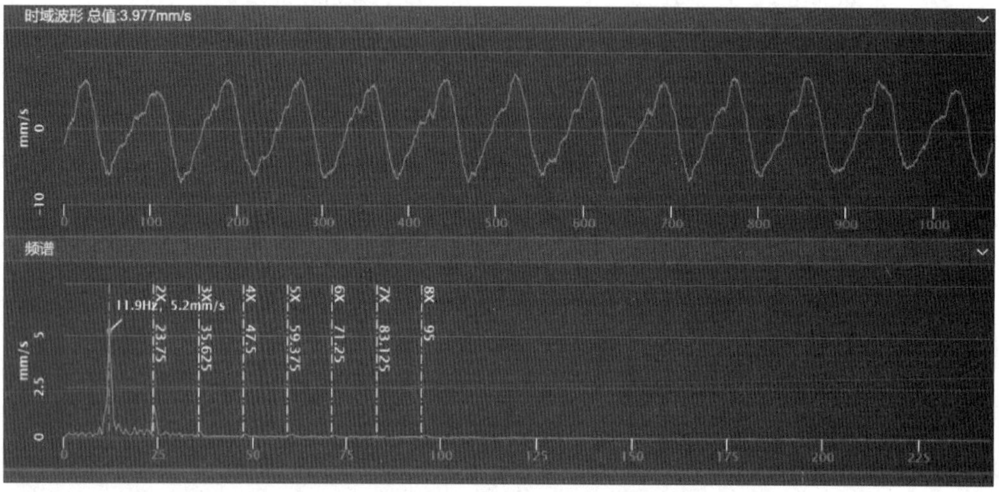

图4　#5增压风机耦合器非驱动端时域波形和频谱

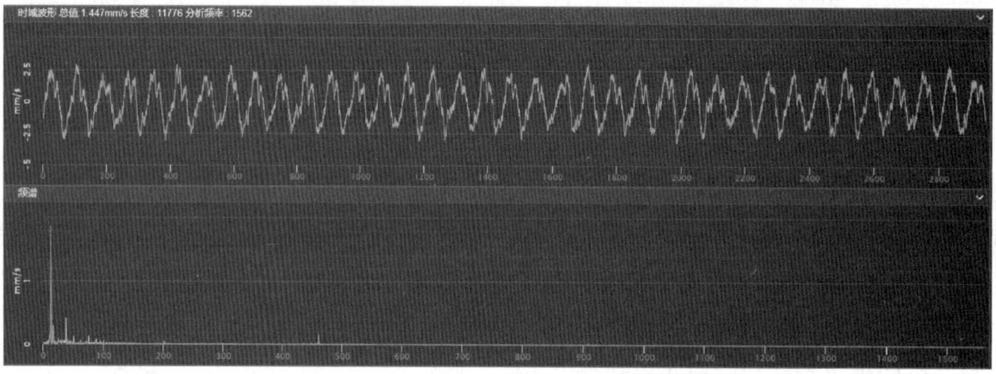

图5　#5增压风机耦合器非驱动端时域波形和频谱

4.2　#9氨水泵日常运行

某装置#9氨水泵正常运行时，其泵驱动端(图6)和电机驱动端(图7)水平、垂直、轴向振动速度值皆在标准允许的范围内。

5　结语

在石油化工行业数字化转型的浪潮中，机泵设备的维护模式正经历着从“定期维修”“被动抢修”到“主动预防”的深刻变革。通过应用状态在线监测技术实现机泵精准维护这种“数据驱动决策”的模式，不仅降低了维护成本，更推动了维护策略从“粗放式计划”向“个性化定制”的进化，在企业降本增效、安全升级中展现显著价值，助力企业构建核心竞争力。

展望未来，随着物联网、人工智能与工业场景的深度融合，状态在线监测技术将进一步释放潜力。一方面，其应用场景将从单一设备扩展至整个生产系统，实现全局状态的协同优化；另一方面，通过引入机器学习算法，系统可自我迭代故障模型，持续提升诊断精度与预测能力。可以预见，这一技术将成为石油化工行业智能化升级的关键支柱，助力企业迈向更安全、高效、可持续的发展新阶段。

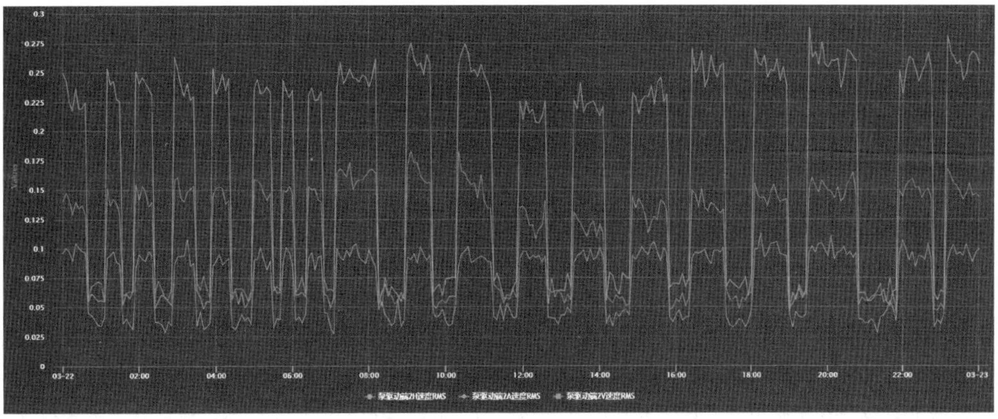

图 6　#9 氨水泵驱动端三向振动速度趋势

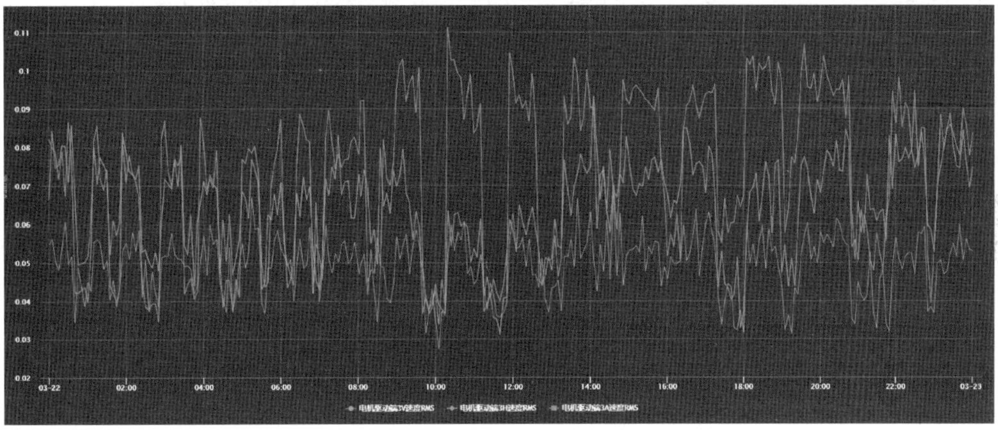

图 7　#9 氨水泵电机驱动端三向振动速度趋势

参　考　文　献

[1] 郭小帅. 电动机及离心泵组在线监测与故障诊断方法研究[D]. 北京化工大学[2025-04-16].

[2] 谢小青，陈广福，李艳杰. 离心泵可靠性分析及可靠度估算探讨[J]. 化工设备与管道，2021.

[3] 谢小青. 浅谈泵行业如何跟上"中国制造 2025"的步伐[J]. 水泵技术，2018(1)：4.

[4] 祁东明. 海洋石油平台注水泵在线监测与故障智能诊断技术应用[J]. 石油工业技术监督，2021.

[5] 沈怀洋. 机械设备的振动监测[J]. 仪器仪表用户，2010，17(5)：2.

多学科融合的透平压缩机故障诊断技术革新

魏耀平

（陕西神木化学工业有限公司）

摘　要　本文围绕透平压缩机振动故障诊断展开，针对传统单一学科诊断方法的不足，提出基于多学科理论的振动故障诊断新范式。详细阐述动力学、热力学、材料科学、控制理论、信号处理与分析理论以及频谱分析理论等多学科理论基础，并结合具体案例，展示各理论在故障诊断中的应用。该新范式具有多维度信息融合、模型驱动与数据驱动相结合、实时性与在线监测、智能化与自动化等特点，通过数据采集与预处理、特征提取与分析等一系列实施步骤，可全面、准确地诊断透平压缩机振动故障，为设备稳定运行提供保障，同时为工业生产的高效开展筑牢基础，对未来透平压缩机故障诊断领域的研究具有指导意义。

关键词　透平压缩机；振动故障诊断；多学科理论；故障特征提取；智能化诊断

透平压缩机作为工业领域的核心设备，广泛应用于石油化工、电力、冶金等行业。其运行的稳定性和可靠性直接关系到整个生产系统的安全与效益。振动故障是透平压缩机最为常见且危害较大的故障类型，可能导致设备零部件损坏、生产中断，造成严重的经济损失。传统的故障诊断方法通常局限于单一学科领域，难以应对透平压缩机复杂的振动故障诊断需求。基于多学科理论的振动故障诊断新范式，整合多学科知识与技术，为提升透平压缩机振动故障诊断的准确性与可靠性提供了全新路径。

1　多学科理论基础

1.1　动力学理论

1.1.1　理论阐述

动力学理论是理解透平压缩机振动故障的关键基础。转子动力学理论专注于研究转子系统在旋转过程中的振动特性。在透平压缩机中，转子系统由转子、轴承、密封等部件组成，这些部件的动力学特性相互耦合，共同决定了转子系统的振动响应。

当转子存在不平衡故障时，不平衡质量会在旋转过程中产生离心力，引发周期性的振动。基于牛顿第二定律，可以建立描述转子运动的动力学方程：

根据牛顿第二定律，建立描述转子运动的动力学方程：$m\ddot{x}+c\dot{x}+kx=F(t)$，其中，$m$ 为质量，c 为阻尼系数，k 为刚度系数，x 为位移，$F(t)$ 为离心力激励。通过求解该方程，能够精确计算出不同不平衡量和位置所导致的振动响应，进而分析振动特性与故障类型之间的定量关系。

此外，不对中故障会使转子轴线偏离理想位置，导致轴承负荷分布不均，产生附加的弯矩和振动。通过建立不对中转子系统的动力学模型，运用拉格朗日方程或有限元方法，可以深入分析不对中故障对振动的影响机制。

1.1.2　案例分析

某企业丙烯压缩机组在运行过程中，振动监测系统显示压缩机低压缸转子振动幅值异常增大，且振动频率以1倍频为主。技术人员运用转子动力学理论，对转子系统进行了详细分析。通过计算和模拟，判断故障原因为转子不平衡。进一步检查发现，由于长时间运行，转子叶片表面附着了大量污垢，导致质量分布不均。针对这一问题，对转子进行了清洗和动平衡校正。校正后，转子振动幅值大幅降低，压缩机恢复了稳定运行。

1.2　热力学理论

1.2.1　理论阐述

透平压缩机的工作过程本质上是一个复杂的热力过程，热力学理论在理解和诊断振动故障方面具有重要意义。在压缩机运行过程中，气体的流动状态和压力变化对振动特性有着显著影响。

气流激振是一种常见的振动故障，其产生与气体的流动特性密切相关。当气体在压缩机内部流动时，若出现流动分离、漩涡等现象，会产生不稳定的气动力，与压缩机部件相互作用，引发振动。例如，在轴流压缩机中，叶片通道内的气流脱流和旋转失速会导致叶片承受周期性的气动力，从而引发叶片振动。

根据热力学第一定律和第二定律，结合流体力学的基本方程，可以建立压缩机内部气体流动的热力学模型。通过对该模型的数值模拟和分析，能够深入研究气体流动状态与振动之间的耦合关系，为诊断气流激振故障提供理论依据。

1.2.2 案例分析

某天然气输送站的透平压缩机在夏季高温时段频繁出现振动异常。技术人员对压缩机的运行参数进行监测和分析，发现随着环境温度升高，压缩机进气温度升高，气体密度降低，压缩机的工作点逐渐向喘振线靠近。运用热力学理论对压缩机的热力过程进行模拟，确定故障原因为高温导致气体热力学状态变化，引发了气流激振。通过增加进气冷却装置，降低进气温度，优化了气体的热力学状态，使压缩机的工作点回到稳定区域，成功解决了振动问题。

1.3 材料科学理论

1.3.1 理论阐述

材料的性能和特性对透平压缩机的振动响应和故障发生具有重要影响。材料的弹性模量决定了部件在受力时的变形程度，阻尼特性则影响振动能量的耗散。在长期运行过程中，材料可能会因疲劳、蠕变、腐蚀等原因导致性能下降，从而引发振动故障。

疲劳是透平压缩机部件失效的主要原因之一。在交变应力的作用下，材料内部会逐渐形成微裂纹，并随着时间的推移不断扩展，最终导致部件断裂。根据材料疲劳理论，可以通过计算部件所承受的应力幅、循环次数等参数，预测材料的疲劳寿命。

此外，材料的腐蚀会降低部件的强度和刚度，改变其动力学特性。通过研究材料的腐蚀机理和腐蚀速率，可以评估腐蚀对压缩机振动的影响，为制定维护策略提供依据。

1.3.2 案例分析

某企业的透平压缩机蒸汽轮机在运行数年后，叶片出现频繁断裂，引发强烈振动。技术人员运用材料科学理论对叶片材料进行分析，通过金相显微镜观察、化学成分分析和力学性能测试，发现由于长期受到高温、高压蒸汽的冲刷以及交变应力的作用，叶片材料发生了疲劳损伤，疲劳强度降低。同时，蒸汽中的杂质导致叶片表面出现腐蚀坑，加速了裂纹的萌生和扩展。基于此，更换了具有更高疲劳强度和抗腐蚀性能的叶片材料，并优化了蒸汽净化系统，有效解决了叶片断裂和振动问题。

1.4 控制理论

1.4.1 理论阐述

现代透平压缩机配备的先进控制系统对其运行稳定性起着关键作用。控制理论不仅可以用于分析控制系统对压缩机振动的影响，还可以通过优化控制策略来抑制振动。

自适应控制理论能够使控制器根据系统的实时运行状态自动调整控制参数，以适应系统参数的变化和外部干扰。在透平压缩机中，基于自适应控制理论设计的控制器可以实时监测压缩机的振动信号和运行参数，根据实际情况自动调整压缩机的转速、进气量等控制变量，使压缩机始终保持在稳定运行状态。

鲁棒控制理论则强调控制器对系统不确定性的鲁棒性，能够在系统参数变化和外部干扰存在的情况下，保证系统的稳定性和性能指标。通过设计鲁棒控制器，可以有效提高压缩机的抗振能力，降低振动故障发生的概率。

1.4.2 案例分析

某化工企业的合成气压缩机在运行过程中，由于工艺条件的频繁变化，压缩机的振动幅值波动较大。为了提高压缩机的运行稳定性，技术人员对控制系统进行了升级，引入了基于自适应控制理论的控制器。该控制器实时监测压缩机的振动信号和运行参数，根据系统的实时状态自动调整控制参数。在实际运行中，即使在工艺条件发生较大波动的情况下，压缩机的振动幅值也能保持在较低水平，有效提高了压缩机的运行稳定性和可靠性。

1.5 信号处理与分析理论

1.5.1 理论阐述

从振动传感器获取的原始信号往往包含大量噪声和无用信息，信号处理与分析理论为提取有效的故障特征提供了有力工具。

快速傅里叶变换(FFT)是最常用的信号处理方法之一，它能够将时域信号转换为频域信号，清晰地展现出振动信号的频率成分。不同的故障类型通常会在特定频率段产生特征频率，通过分析频率成分，可以初步判断故障类型。例如，转子不平衡故障通常会在1倍频处产生较大幅值，而轴承故障则可能在特定的轴承特征频率处出现峰值。

小波分析是一种时频分析方法，它能够在不同的时间尺度上对信号进行分析，具有良好的局部化特性。对于非平稳信号，小波分析能够更准确地提取信号的时频特征，识别出故障发生的时间和频率信息。

经验模态分解(EMD)是一种自适应的信号分解方法，它能够将复杂的信号分解为多个固有模态函数(IMF)。每个IMF都代表了信号的一种特征尺度分量，通过对IMF的分析，可以提取出信号的内在特征，为故障诊断提供更丰富的信息。

1.5.2　案例分析

某钢铁厂的透平压缩机在运行时出现振动异常，技术人员通过振动传感器采集了振动信号。首先，对振动信号进行FFT分析，发现1倍频幅值显著增大，初步判断为转子不平衡故障。为了进一步确定故障位置和程度，运用小波分析对信号进行细节分解。通过分析小波系数的变化，准确确定了不平衡的位置和程度。根据诊断结果，对转子进行了动平衡校正，成功解决了振动问题。

1.6　频谱分析理论

1.6.1　理论阐述

频谱分析是信号处理与分析的重要组成部分，它通过对振动信号

的频率成分进行分析，揭示信号的内在特征和故障信息。除了FFT之外，还有多种频谱分析方法，如功率谱分析、倒频谱分析等。

功率谱分析能够反映信号的功率在频率域上的分布情况，通过计算功率谱密度函数，可以得到信号在不同频率上的能量分布。在透平压缩机故障诊断中，功率谱分析可以用于检测振动信号中是否存在异常的频率成分，以及这些成分的能量大小。

倒频谱分析是一种用于检测和提取信号中周期性成分的方法。它通过对功率谱取对数后进行傅里叶逆变换，得到倒频谱。在倒频谱中，能够清晰地分离出信号中的周期性成分，对于诊断由齿轮啮合、轴承故障等引起的周期性振动故障具有重要作用。

1.6.2　案例分析

某企业的加氢裂化装置中的循环氢压缩机在运行过程中，振动监测系统显示振动信号存在异常。技术人员运用功率谱分析对振动信号进行处理，发现除了1倍频和2倍频外，在齿轮啮合频率及其谐波处出现了较大幅值。进一步采用倒频谱分析，清晰地识别出齿轮啮合频率的周期性成分，确定故障原因为齿轮磨损。通过更换磨损的齿轮，解决了振动故障，保证了压缩机的正常运行。

2　诊断新范式的特点

2.1　多维度信息融合

传统的故障诊断方法通常仅依赖单一类型的信息，如振动信号或运行参数，这种方式容易忽略其他重要的故障线索。基于多学科理论的诊断新范式则综合考虑透平压缩机的振动信号、运行参数、温度、压力、材料状态等多维度信息。通过将不同学科领域的数据进行融合分析，能够构建出更全面、准确的设备运行状态模型，从而更有效地判断故障原因。

2.2　模型驱动与数据驱动相结合

模型驱动方法基于动力学、热力学等多学科理论建立物理模型，能够深入解释故障产生的机理，对故障进行预测。而数据驱动方法则借助大量的实际运行数据，运用机器学习、数据挖掘等技术建立模型，具有较强的自适应能力，能够识别复杂的故障模式。新范式将两者有机结合，充分发挥各自的优势。在设备运行初期，物理模型可以提供较为准确的故障预测；随着运行数据的积累，数据驱动模型不断优化，能够对模型驱动方法进行补充和修正，提高诊断的准确性和可靠性。

2.3　实时性与在线监测

借助先进的传感器技术和高速数据采集系统，新范式能够对透平压缩机进行实时在线监测。传感器实时采集设备的各种运行数据，并通过网络迅速传输至数据分析中心。基于多学科理论开发的实时诊断算法能够在短时间内对海量监测数据进行处理和分析，及时发现振动故障的早期迹象，并发出预警。这种实时性和在线监测能力有助于操作人员在故障萌芽阶段就采取相应措施，避免故障进一步恶化，减少设备停机时间和维修成本。

2.4　智能化与自动化

新范式充分利用人工智能、专家系统等先进技术，实现故障诊断的智能化和自动化。专家系统将领域专家的知识和经验进行编码，形成知识库和推理规则。当监测数据输入系统后，推理机依据知识库中的知识和规则对数据进行分析和判

断，自动给出故障诊断结果和维修建议。同时，智能化的诊断系统还具备自学习能力，能够不断积累新的故障案例和诊断经验，对知识库进行更新和完善，进一步提高诊断的准确性和效率。

3 实施步骤

3.1 数据采集与预处理

在透平压缩机的关键部位，如轴承座、机壳、转子等，安装加速度传感器、位移传感器、压力传感器、温度传感器等多种类型的传感器，实时采集设备的振动信号、运行参数、压力、温度等数据。由于采集到的数据可能受到噪声干扰、信号漂移等因素的影响，需要进行预处理。通过去噪、滤波、归一化等操作，提高数据的质量和可用性，为后续的分析提供可靠的数据基础。

3.2 特征提取与分析

运用信号处理和分析方法，从预处理后的数据中提取与振动故障相关的特征参数。除了常见的振动幅值、频率、相位等参数外，还包括峭度、裕度等能够反映信号特征的参数。结合热力学、动力学等理论，对压缩机的运行状态进行深入分析，计算出一些与故障密切相关的特征指标，如转子的不平衡度、轴承的油膜刚度和阻尼等。这些特征参数和指标能够为故障诊断提供关键线索。

3.3 故障诊断与定位

将提取的特征参数和特征指标输入到基于多学科理论建立的故障诊断模型中。故障诊断模型可以是基于规则的专家系统，根据预先设定的故障规则对输入数据进行匹配和判断；也可以是基于机器学习的分类器，如神经网络、支持向量机等，通过对大量故障样本数据的学习，建立故障模式与特征之间的映射关系；还可以是基于物理模型的故障预测模型，通过模拟压缩机的运行过程，预测可能出现的故障。

通过模型的推理和判断，确定是否存在振动故障以及故障的类型和位置。

3.4 故障预测与评估

根据当前的故障诊断结果和设备的运行趋势，运用多学科理论对故障的发展趋势进行预测。通过材料疲劳分析和动力学仿真，预测转子裂纹的扩展速度和可能导致的后果；利用热力学分析，预测由于部件磨损或结垢导致的性能下降对振动的影响。基于预测结果，评估设备的剩余使用寿命和运行风险，为维修决策提供科学依据。

3.5 维修决策与建议

基于故障诊断和预测的结果，结合设备的运行状况、生产计划等因素，制定合理的维修决策和建议。如果故障较轻，可以通过调整运行参数、优化控制系统等方式进行在线修复；对于较为严重的故障，则需要停机进行维修，更换损坏的部件或进行设备大修。同时，根据故障原因，提出相应的预防措施，避免类似故障再次发生。

4 结论

基于多学科理论的透平压缩机振动故障诊断新范式，融合了动力学、热力学、材料科学、控制理论、信号处理与分析理论以及频谱分析理论等多学科知识，具有多维度信息融合、模型驱动与数据驱动相结合、实时性与在线监测、智能化与自动化等显著特点。通过数据采集与预处理、特征提取与分析、故障诊断与定位、故障预测与评估以及维修决策与建议等一系列实施步骤，能够全面、准确地诊断透平压缩机的振动故障，为设备的安全稳定运行提供有力保障。随着各学科技术的不断发展和融合，这种新范式将在透平压缩机故障诊断领域发挥越来越重要的作用，为工业生产的高效、可靠运行提供坚实支持。未来，还需要进一步深入研究各学科之间的交叉融合机制，不断完善故障诊断模型和算法，提高诊断的准确性和可靠性，以适应不断发展的工业需求。

参 考 文 献

[1] 沈维道，童钧耕. 工程热力学[M]. 4版. 北京：高等教育出版社.

[2] 陶文铨. 计算流体力学基础[M]. 2版. 西安：西安交通大学出版社.

[3] 刘瑞堂，刘文博，刘锦云. 材料力学性能[M]. 2版. 哈尔滨：哈尔滨工业大学出版社.

[4] 曾荣昌. 材料的腐蚀与防护[M]. 北京：化学工业出版社.

[5] 胡寿松. 自动控制原理[M]. 6版. 北京：科学出版社.

[6] 王树青. 过程控制系统[M]. 3版. 北京：化学工业出版社.

[7] 郑君里. 信号与系统[M]. 上、下册. 北京：高等教育出版社.

[8] 崔锦泰. 小波分析导论[M]. 程正兴，等译. 西安：西安交通大学出版社.

[9] 徐忠. 透平压缩机原理[M]. 西安：西安交通大学出

版社 .
[10] 沈庆根，郑水英. 设备故障诊断[M]. 北京：化学工业出版社 .
[11] 闻邦椿. 机械故障诊断学[M]. 北京：机械工业出版社，2017.
[12] 屈梁生，何正嘉. 机械故障诊断学[M]. 西安：西安交通大学出版社，2018.[13]胡爱军，唐贵基，安连锁. 基于振动监测的旋转机械故障诊断[M]. 北京：科学出版社，2019.
[14] 孙训方，方孝淑，关来泰. 材料力学[M]. 北京：高等教育出版社，2019.
[15] 周仲荣，李芾. 材料的磨损与失效分析[M]. 北京：科学出版社，2017.
[16] 李友善，李军. 自动控制原理[M]. 北京：国防工业出版社，2013.
[17] 席裕庚. 预测控制[M]. 北京：国防工业出版社，2013.
[18] 胡广书. 数字信号处理——理论、算法与实现[M]. 北京：清华大学出版社，2013.
[19] 奥本海姆. 离散时间信号处理[M]. 刘树棠，译. 西安：西安交通大学出版社，2001.
[20] 程佩青. 数字信号处理教程[M]. 北京：清华大学出版社，2016.
[21] 邱天爽. 现代信号处理技术及应用[M]. 北京：电子工业出版社，2014.

滚动轴承故障特征频率查询系统开发与应用

李　楠　宋如义　郭立峰　尚德生　徐建平　王鑫鑫

（中国石油锦西石化公司）

摘　要　为提升滚动轴承故障诊断效率，解决传统方法依赖轴承型号导致查询效率低的问题，开发了基于机泵位号的滚动轴承故障特征频率查询系统。通过整合机泵台账与轴承型号数据，构建包含1049条特征频率信息的双数据库，并运用WPS平台VBA语言开发交互界面，实现机泵编号与转速输入后自动匹配装置名称、提取轴承特征频率。实际应用中，系统结合振动频谱分析准确识别出机泵轴承损伤，实现预知性检修，诊断结果经拆解验证与理论模型高度吻合。该系统通过设备编号与转速的直接关联机制，将轴承特征频率查询时间缩短，为滚动轴承第三阶段故障的及时处置提供了技术支撑。

关键词　滚动轴承故障诊断；特征频率查询系统；振动频谱分析；预知性维护

滚动轴承故障特征频率的快速匹配是工业设备预知性维护的关键环节。传统方法依赖人工查询轴承型号特征频率，存在效率低、数据更新滞后等问题，难以满足多型号机泵的实时诊断需求。本研究针对上述痛点，通过整合机泵台账与轴承参数构建双数据库开发滚动轴承特征频率查询系统解决之一问题。

1　项目背景

滚动轴承作为机械设备中重要的旋转零件，也是转动设备重要故障源之一。统计表明：在旋转机械的故障中，大约30%是由滚动轴承引起的，感应电机的故障中因滚动轴承引起的故障约占电机故障的40%左右，齿轮箱各类故障中的轴承故障仅次于齿轮而占到20%。

振动分析法是滚动轴承状态监测和故障诊断的主要方法。相关振动分析理论认为滚动轴承故障演化分为4个阶段：

第一阶段，萌芽阶段，该阶段温度、振动、噪声正常，故障频率出现在20~60kHz；该阶段尖峰能量总量和频谱有所征兆。

第二阶段，振动速度总量略有增加，故障频率出现在500~2kHz。

第三阶段，温度略有上升，振动速度总量有大的增加，振动频谱上有明显故障特征频率及其谐波和边带，“噪声地平”明显增高。一般建议第三阶段后期予以更换轴承。

第四阶段，出现出现宽带高频“噪声地平”，振动速度总量明显增加，轴承故障到达临近损坏阶段。

因此在速度频谱上发现明显滚动轴承特征频率及其谐波和边频带是判断轴承是否需要更换的主要依据。

2　现存问题

锦西石化分公司现有高危泵588台全部安装容知泵群在线监测系统传感器并实时监测机泵运转情况。其余2000余台机泵采用日常巡检和离线状态监测相结合的方式线下监测。在轴承故障诊断方面主要是通过在容知泵群在线监测系统和法康离线振动监测仪的速度频谱、加速度频谱以及包络谱中寻找滚动轴承特征频率并结合设备现场情况来实现。当频谱中出现疑似滚动轴承特征频率时我们就需要查询设备档案、确定轴承型号、使用专门的软件来查询轴承的特征频率。

目前常用的几种查询轴承特征频率的软件有“优感轴承库”，“小卓诊断助手”等。这些软件共同特点是都需要输入轴承型号才能查询到轴承特征频率；而在实际工作中参与机泵故障诊断的人包括设备管理人员、设备巡检人员、设备监测人员等不全都掌握每台设备的轴承型号，也就无法立即查询到轴承特征频率；这就给快速诊断滚动轴承故障带来障碍。为此我们开发了一套通过机泵位号来查询轴承特征频率的《滚动轴承故障特征频率查询系统》。本系统以wps为平台运用VBA语言搭设界面；界面简洁、便于操作、易于推广。

3 技术路线和技术亮点

3.1 技术路线

3.1.1 搜集机泵台账和轴承型号信息

我们通过查询图纸资料、查看设备名牌、与维修班组沟通和设备现场实地考察等方式获得各装置转动设备信息(图 1)，建立机泵信息数据库(图 2)。

名称	修改日期	类型	大小
2022锦西石化转动设备台账（中心版）...	2024/5/20 9:58	XLSX 文件	90 KB
2022锦西石化转动设备台账（中心版）...	2023/10/20 14:20	XLSX 文件	104 KB
2022重整车间台账	2024/3/19 9:21	XLS 文件	71 KB
2023锦西石化转动设备台账（中心版联...	2024/9/10 16:51	XLSX 文件	59 KB
2024.11.8MTBE装置动设备台账	2024/11/8 13:27	XLSX 文件	43 KB
2024.11.8催化装置转动设备台账	2024/11/8 13:27	XLSX 文件	72 KB
2024锦西石化转动设备台账（中心版）...	2023/10/20 14:08	XLSX 文件	60 KB
2024锦西石化转动设备台账（中心版）...	2023/10/8 14:37	XLSX 文件	85 KB
2024年炼油四部动设备台账	2024/11/8 17:02	XLSX 文件	224 KB
20231229锦西石化转动设备台账（中心...	2023/12/21 11:43	XLSX 文件	43 KB
XX装置动设备台账模板	2024/11/4 11:27	XLSX 文件	731 KB
北蒸馏装置动设备台账	2024/11/7 15:56	XLSX 文件	725 KB
苯乙烯装置动设备台账2024.11.8	2024/11/9 8:46	XLSX 文件	71 KB
碧海公司装置动设备台账	2024/11/8 15:22	XLSX 文件	939 KB
成品装置动设备台账2024.11.06	2024/11/6 16:35	XLS 文件	67 KB
储运部东油品装置转动设备台账2024年	2024/11/8 13:16	XLSX 文件	32 KB
储运部零售装置机泵台账（2024.11）	2024/11/8 13:17	XLS 文件	52 KB
储运部调合装置动设备台账(20241108)	2024/11/9 8:44	XLSX 文件	82 KB
储运部西油品装置转动设备台账（20241...	2024/11/8 13:17	XLSX 文件	95 KB
动设备分类数据汇总	2024/11/9 8:58	XLSX 文件	22 KB
公用工程部动设备台账模板（2024.11.7）	2024/11/9 8:46	XLSX 文件	166 KB
化工一部聚丙烯装置动设备台账2024.11.7	2024/11/8 16:18	XLS 文件	114 KB
化工一部烷基化酸再生联合装置动设备台...	2024/11/9 8:45	XLSX 文件	85 KB
炼油二部（厂西）转动设备台账2024版	2024/11/9 8:46	XLS 文件	281 KB
炼油三部动设备台账(1)	2024/11/9 8:45	WinRAR ZIP 压缩...	240 KB
炼油五部加裂装置动设备台账（2024.11）	2024/11/9 8:45	XLSX 文件	729 KB
炼油五部加氢改质装置机泵台账（2024....	2024/11/7 14:15	XLS 文件	110 KB
炼油五部加氢精制装置动设备台账	2024/11/10 13:36	XLSX 文件	680 KB
炼油五部氢气回收装置动设备台账（202...	2024/11/8 15:31	XLSX 文件	33 KB
炼油五部五万制氢装置动设备台账（202...	2024/11/8 15:31	XLSX 文件	34 KB
南蒸馏装置动设备台账-2024	2024/11/9 8:46	XLSX 文件	188 KB
尿素2025年转动设备台账(1)	2024/11/8 15:54	XLSX 文件	558 KB
气分装置动设备台账模板	2024/11/7 15:47	XLSX 文件	196 KB
热电部燃化除尘装置动设备台账2024.11.5	2024/11/10 13:36	XLSX 文件	1,766 KB
热电部燃化化学装置动设备台账2024.11.5	2024/11/10 13:36	XLS 文件	104 KB
热电部燃化输煤装置动设备台账2024.11....	2024/11/10 13:36	XLS 文件	68 KB
热电部热机锅炉装置动设备台账2024.11....	2024/11/10 13:36	XLSX 文件	185 KB
热电部热机汽机装置动设备台账-2024.1...	2024/11/10 13:36	XLSX 文件	47 KB
质量升级100万吨连续重整	2024/3/19 9:23	XLSX 文件	19 KB

图 1　转动设备台账

	A	B	C	D
383	P204A	烷基化	7214BECBJ	抽出丙烷泵
384	P204B	烷基化	7214BECBJ	抽出丙烷泵
385	P205A	烷基化	7306, NU306	流出物酸洗循环泵
386	P205B	烷基化	7306, NU306	流出物酸洗循环泵
387	P206A	烷基化	7306, NU306	流出物碱洗循环泵
388	P206B	烷基化	7306, NU306	流出物碱洗循环泵
389	P207A	烷基化	7308, NU308	流出物水洗循环泵
390	P207B	烷基化	7308, NU308	流出物水洗循环泵
391	P208A	烷基化	6308, 151A. B	工艺水增压泵
392	P208B	烷基化	6308, 151A. B	工艺水增压泵
393	P209A	烷基化	7313, NU313	脱异丁烷塔回流泵
394	P209B	烷基化	7313, NU313	脱异丁烷塔回流泵
395	P210A	烷基化	7214BECBJ	脱正丁烷塔回流泵
396	P210B	烷基化	7214BECBJ	脱正丁烷塔回流泵
397	P211A	烷基化	7308, NU308	烷基化油产品泵
398	P211B	烷基化	7308, NU308	烷基化油产品泵
399	P212A	烷基化	7306, NU306	酸排放泵
400	P212B	烷基化	7306, NU306	酸排放泵
401	P213A	烷基化	7308, NU308	烃排放泵
402	P213B	烷基化	7308, NU308	烃排放泵
403	P214A	烷基化	7306, NU306	排放气碱洗塔循环泵
404	P214B	烷基化	7306, NU306	排放气碱洗塔循环泵
405	P215A	烷基化	7306, NU306	配碱泵
406	P215B	烷基化	7306, NU306	配碱泵

图 2　机泵信息数据库

我们搜集到滚动轴承型号所对应的滚动体数量、保持架、滚动体、内外圈特征频率等并进行汇总(图 3)；建立滚动轴承特征频率数据库(图 4)，共计 1049 条信息。

名称	修改日期	类型	大小
轴承库 (1)	2024/5/16 11:02	XLSX 文件	8 KB
轴承库 (2)	2024/5/16 11:03	XLSX 文件	8 KB
轴承库 (3)	2024/5/16 11:03	XLSX 文件	8 KB
轴承库 (4)	2024/5/16 11:03	XLSX 文件	8 KB
轴承库 (5)	2024/5/16 11:03	XLSX 文件	9 KB
轴承库 (6)	2024/5/16 11:03	XLSX 文件	8 KB
轴承库 (7)	2024/5/16 11:03	XLSX 文件	8 KB
轴承库 (8)	2024/5/16 11:04	XLSX 文件	8 KB
轴承库 (9)	2024/5/16 11:04	XLSX 文件	8 KB
轴承库 (10)	2024/5/16 11:04	XLSX 文件	8 KB
轴承库 (11)	2024/5/16 11:04	XLSX 文件	8 KB
轴承库 (12)	2024/5/16 16:53	XLSX 文件	11 KB
轴承库 (13)	2024/5/16 16:53	XLSX 文件	11 KB
轴承库 (14)	2024/5/16 16:53	XLSX 文件	11 KB
轴承库 (15)	2024/5/16 16:53	XLSX 文件	11 KB
轴承库 (16)	2024/5/16 16:53	XLSX 文件	11 KB
轴承库 (17)	2024/5/16 16:53	XLSX 文件	11 KB
轴承库 (18)	2024/5/16 16:53	XLSX 文件	11 KB
轴承库 (19)	2024/5/16 16:53	XLSX 文件	11 KB
轴承库 (20)	2024/5/16 16:53	XLSX 文件	11 KB
轴承库 (21)	2024/5/16 16:53	XLSX 文件	11 KB
轴承库 (22)	2024/5/16 16:53	XLSX 文件	11 KB
轴承库 (23)	2024/5/16 16:53	XLSX 文件	11 KB
轴承库 (24)	2024/5/16 16:53	XLSX 文件	11 KB
轴承库 (25)	2024/5/16 16:56	XLSX 文件	11 KB
轴承库 (26)	2024/5/16 16:56	XLSX 文件	11 KB
轴承库 (27)	2024/5/16 16:56	XLSX 文件	11 KB
轴承库 (28)	2024/5/16 16:56	XLSX 文件	11 KB
轴承库 (29)	2024/5/16 16:56	XLSX 文件	11 KB
轴承库 (30)	2024/5/16 16:56	XLSX 文件	11 KB
轴承库 (31)	2024/5/16 16:56	XLSX 文件	11 KB
轴承库 (32)	2024/5/16 16:56	XLSX 文件	11 KB
轴承库 (33)	2024/5/16 16:56	XLSX 文件	11 KB
轴承库 (34)	2024/5/16 16:56	XLSX 文件	11 KB
轴承库	2024/5/16 16:56	XLS 文件	185 KB
轴承库	2024/5/16 11:02	XLSX 文件	9 KB

图 3　滚动轴承特征频率信息

	A	B	C	D	E	F
1	轴承型号	滚动体数量	外圈特征频率	内圈特征频率	保持架频率	滚动体特征频率
2	S4217U	17	8.5	8.5	0.5	3.387
3	S3617	7	2.682	4.32	0.383	2.022
4	S22320BS	14	5.633	8.367	0.402	2.389
5	S22234BS	18	7.641	10.359	0.424	3.176
6	S22230BS	18	7.614	10.386	0.423	3.111
7	QJ311	11	4.437	6.563	0.403	2.04
8	NUBZ2363.M1	19	8.149	10.852	0.429	3.443
9	NU421	12	4.752	7.248	0.396	2.298
10	NU420	12	4.766	7.234	0.397	2.328
11	NU419	12	4.782	7.218	0.398	2.362
12	NU418	11	4.313	6.688	0.392	2.209
13	NU417	11	4.286	6.714	0.389	2.155
14	NU416	11	4.322	6.679	0.393	2.226
15	NU415	11	4.338	6.662	0.394	2.261
16	NU414	11	4.365	6.635	0.397	2.32
17	NU332E	14	5.666	8.334	0.405	2.529
18	NU330E	15	6.082	8.918	0.405	2.549
19	NU328E	14	5.675	8.325	0.405	2.547
20	NU326E	14	5.647	8.353	0.403	2.491
21	NU324E	13	5.214	7.786	0.401	2.428
22	NU322E	14	5.655	8.345	0.404	2.507
23	NU322	14	5.72	8.28	0.409	2.643

图 4　滚动轴承特征频率数据库

3.1.2 搭建查询窗口

使用 VBA 语言通过多次使用条件语句确认输入的机泵编号不为空值，转速为数字类型；输入查询条件后转入 UserForm1 窗口，具体代码如下(图 5)。

```
Private Sub CommandButton1_Click()
'TextBox3.Text = "hello"
If BOMP_NUM.Value = "" Then
MsgBox "请输入机泵编号"
Exit Sub

End If
If IsNumeric(TURN_NUM.Value) = False Then
MsgBox "设备转速请输入数字"
Exit Sub

End If
If TURN_NUM.Value = "" Then
MsgBox "请输入设备转速"
Exit Sub

End If
Worksheets(5).Range("a100").Value = BOMP_NUM.Value
Worksheets(5).Range("a101").Value = TURN_NUM.Value
UserForm1.Show vbModeless
```

图 5　部分代码

3.1.3　提取机泵编号对应的轴承型号

用 UserForm1 窗口选择装置名称；通过装置名称和机泵编号双重查询来避免机泵编号重名。通过 VBA 的“AutoFilter filed”方法将要查询机泵编号的轴承型号从机泵数据库中提取，主要代码如下(图 6)：

```
'在机泵库中选取匹配的机泵编号信息放在表6中
Set dRng_beng = Worksheets("机泵库").Range("A1").CurrentRegion
dRng_beng.AutoFilter field:=1, Criterial:="*" & Pump_num & "*", Operator:=xlOr,

dRng_beng.AutoFilter field:=2, Criterial:=ListBox1.Text
 dRng_beng.Copy Destination:=Worksheets.Add(after:=Worksheets(5)).Range("A1")
'获取装置信息并筛选出信息放在表7
Set dRng_beng6 = Worksheets(6).Range("B2").CurrentRegion
dRng_beng6.AutoFilter field:=2, Criterial:=ListBox1.Value, Operator:=xlOr

 dRng_beng6.Copy Destination:=Worksheets.Add(after:=Worksheets(6)).Range("A1")
'取出第一行的轴承型号
```

图 6　部分代码

3.1.4　对轴承型号进行处理

机泵一般安装有 2 个以上轴承，机泵信息数据库中不同型号轴承用“,”隔开。用“Split( )函数”对多个轴承型号进行分割，并存入数组中部分代码如下(图 7)：

```
zhoucheng = Replace(zhoucheng, ", ", ",")
Dim ARR() As String

ARR = Split(zhoucheng, ",")

zhoucheng_xibiao = UBound(ARR)

'FOR循环取出某台泵的轴承型号
Set dRng_2 = Worksheets("轴承库").Range("A1").CurrentRegion
For m = 0 To zhoucheng_xibiao
'取第一个数组得到第一个轴承型号
Dim ARR_1() As String
Beer_Act = ARR(m)
ARR_1() = Split(ARR(m), "/")
```

图 7　部分代码

3.1.5　提取有用的轴承特征频率信息

对提取到的多个轴承型号通过“For”循环多次使用 AutoFilter filed”方法分别匹配轴承特征频率库中的数据，部分代码如下(图 8)：

```
dRng_2.AutoFilter field:=1, Criterial:=shuju_1, Operator:=xlOr, Criteria2:=ARR_1(0)
 dRng_2.Copy Destination:=Worksheets.Add(after:=Worksheets(7)).Range("A1")
```

图 8　部分代码

因轴承特征频率与机泵转数有关，将查找到的 1Hz 轴承特征频率需要与转频关联，代码如下(图 9)：

```
Hz = Worksheets(5).Range("a101").Value / 60

Set dRng4 = Worksheets(8).Range("C2:F2")
i = 0
For Each cell In dRng4
If cell.Value <> 0 Then
cell.Value = cell.Value * Hz
cell.Value = Format(cell.Value, "0.00")
Else
cell.Value = ""
End If
Next cell
```

图 9　部分代码

最后将机泵名称，机泵型号，轴承编号和经计算过的轴承特征频率等信息传回查询界面。

3.2　技术亮点

本软件系统可以直接通过机泵位号查询轴承特征频率。避免了因不掌握轴承型号而无法搜索到轴承特征频率情况的发生。

本系统实际操作步骤如下：首先输入机泵编号和实际转数(图 10)再通过选择装置名称(图 11)就能得到该机泵轴承特征频率信息(图 12)。

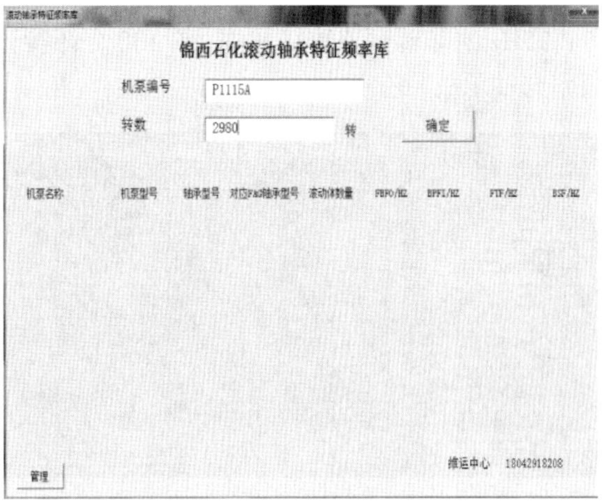

图 10　系统首界面

4　应用场景

4.1　结合容知在线机泵群系统分析机泵故障原因

2024 年 12 月 13 日某装置 P1109B 在线监测系统显示机泵驱动端水平加速度和速度偏大，振动速度达到 4.29mm/s。该机泵实际转频为 49.7Hz。机泵驱动端水平方向速度频谱存在

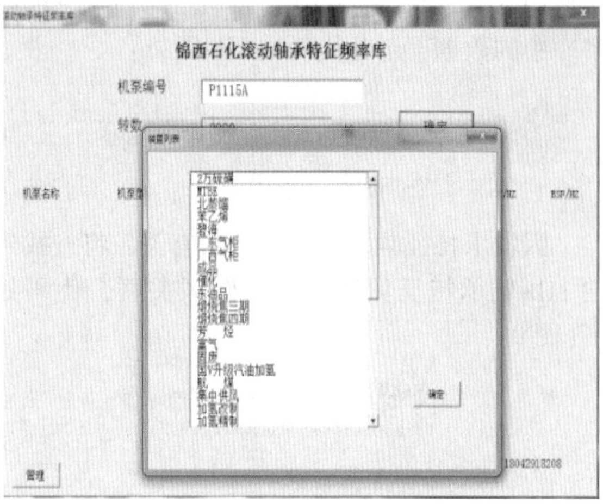

图 11　装置名称选择界面

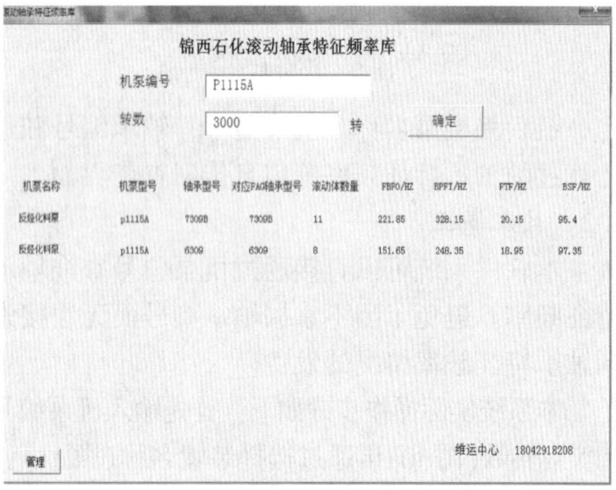

图 12　查询结果界面

171.25Hz 的非转频整数倍频率(图 13)。怀疑该频率与轴承故障有关。

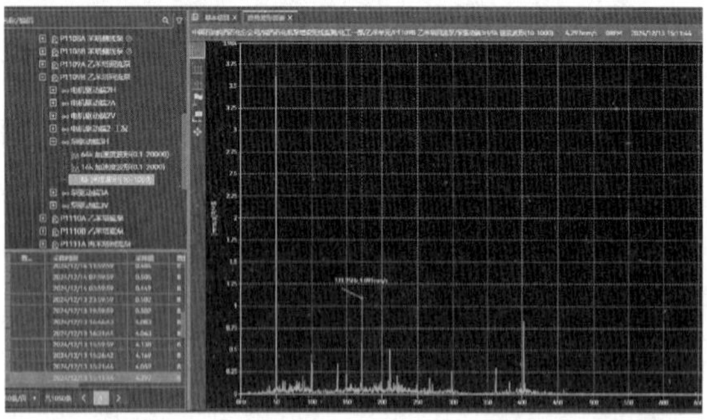

图 13　P1109B 机泵驱动端水平方向速度频谱

运用本系统直接输入输入机泵编号和转速查询到信息如下(图 14)。

根据轴承损伤理论滚动体发生第三阶段磨损时，频谱中会出现滚动体特征频率及其倍频以及以保持架特征频率为间隔的边频带；那么 171.25Hz 正好是 2 倍滚动体特征频率减去滚动体特征频率；据此可以推断 7309B 滚动体发生

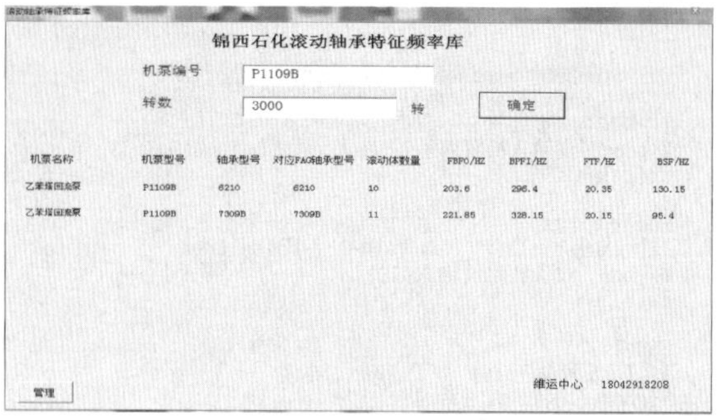

图 14　轴承特征频率显示界面

了磨损。由于 171.25Hz 谱线出现速度频谱中且振动总量较大，可以推测轴承磨损为第三阶段中期；综上建议装置尽快停机检修。

装置根据状态检测诊断结论及时切机；检修班组对机泵进行了拆解检查，发现驱动端轴承滚动体磨损严重(图 15)，从而验证了状态监测故障诊断的准确性和本查询系统的有效性。

图 15　滚动体磨损情况

4.2　本项目用于风机离线采集数据故障诊断中

2024 年 11 月 12 日机泵巡检人员发现某装置风机 C801A 非驱动端水平振值达到 4.72mmm/s 后立即通知状态监测人员进行离线监测。该机泵转速为 2980 转/分钟。现场采集风机数据并分析发现该风机非驱动端速度频谱中存在 244Hz 频率和 244Hz+n 倍转频(图 16)，怀疑非驱动端轴承可能存在磨损。

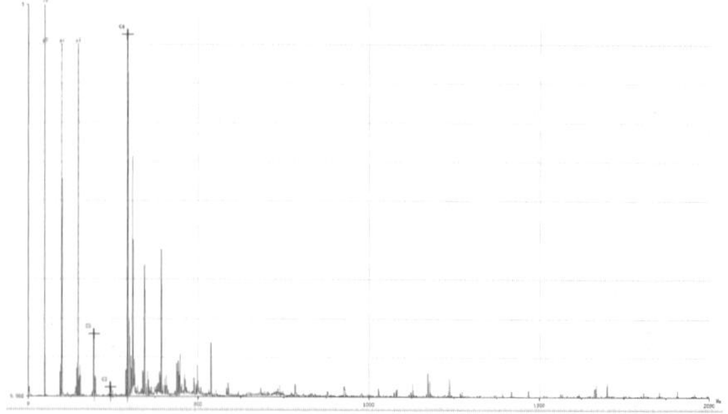

图 16　C801A 非驱动端水平方向速度频谱

查询本系统发现风机 C801A 轴承 6315 内圈

故障特征频率为 244.26Hz(图 17)。

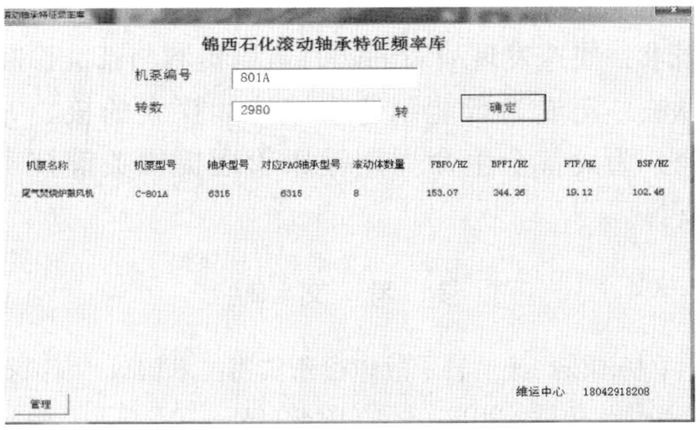

图 17　轴承特征频率显示界面

根据该机泵出现的振动异常上涨现象和现场噪音，同时结合频谱分析数据，该泵非驱动端轴承内圈磨损达到第三阶段中期。建议尽快切机检修。装置停机后班组对风机进行了拆解检查，发现非驱动端轴承内圈磨损严重(图 18)，从而验证了状态监测故障诊断的准确性和本系统的有效性。

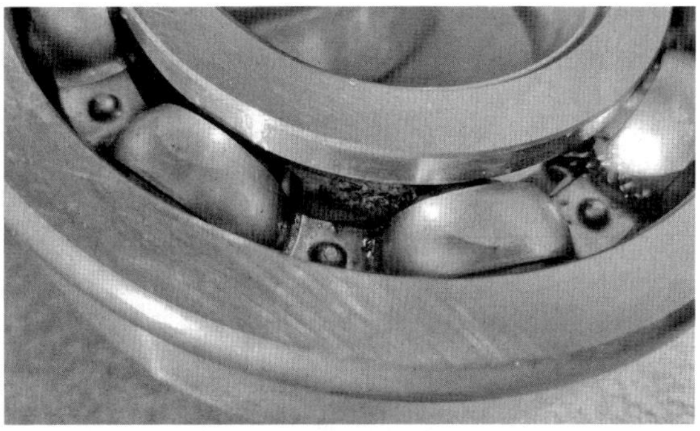

图 18　轴承内圈损伤情况

4.3　本项目用于机泵离线采集数据故障诊断中

2024 年 5 月 22 日，状态监测人员监测某装置反烃化料泵 P1115A 时，发现机泵非驱动端轴向振动达到 4.76mm/s，且伴随机泵异响和温度上升，该机泵转速为 2980r/min；现场监测到非驱动端频谱中存在 325Hz(图 19)非整数倍频率，怀疑轴承可能存在磨损。

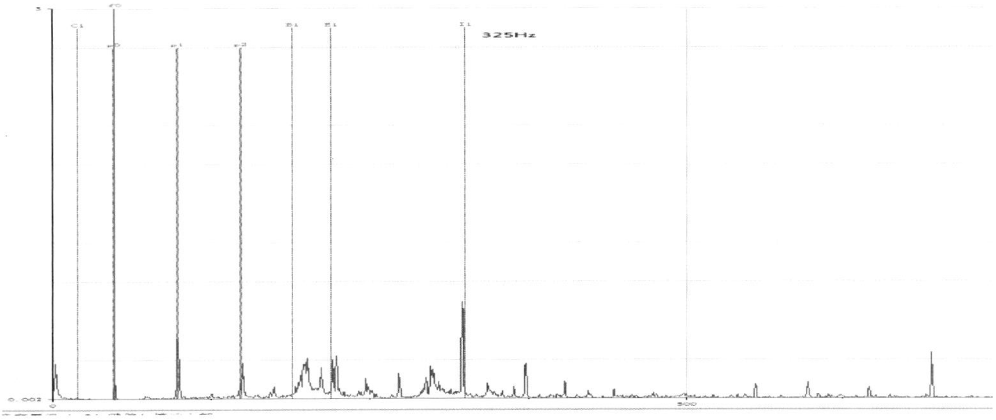

图 19　P1115A 非驱动端频谱图

查询本系统发现 P1115A 轴承 7309B 内圈故障特征频率为 325.96Hz(图 20)。

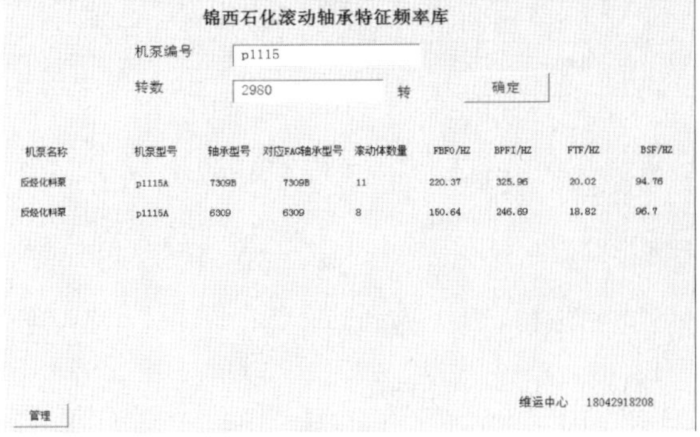

图 20　轴承特征频率显示界面图

根据该机泵出现的振动异常上涨和现场情况，同时结合频谱分析数据，该泵非驱动端轴承至少存在内圈磨损故障。建议尽快切泵停机检修。

5 月 28 日停机检修对机泵进行了拆解检查，拆解发现驱动端轴承内圈和磨损严重(图 21)，从而验证了状态监测故障诊断的准确性；从而验证了状态监测故障诊断的准确性和本查询系统的有效性。

5　应用效果

通过本系统和频谱分析相结合已诊断出公司 34 台机泵存在轴承损伤问题；其中 8 台机泵进行预知性检修。未来我们打算将本项目和机泵在线群系统相结合，在容知机泵在线群系统中直接显示滚动轴承特征频率谱线；让滚动轴承损伤识别更快捷和直观。

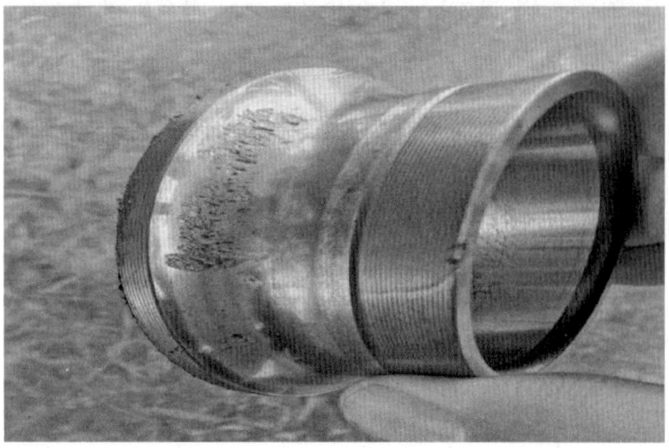

图21　轴承内圈损伤情况

滚动轴承故障诊断技术正加速向实时化、精准化、智能化方向演进。面对工业设备高可靠性需求，快速发现故障的实时监测机制与精准诊断算法，正成为智能制造领域持续探索的核心方向，为设备全生命周期健康管理提供关键技术支撑。

参考文献

[1] 杨国安．滚动轴承故障诊断实用技术[M]. 中国石化出版社，2012. 专著(图书)(M).

[2] 杨国安．滚动轴承故障诊断实用技术[M]. 中国石化出版社，2012. 专著(图书)(M).

第四篇　故障分析与处理篇

加氢改质装置离心式循环氢压缩机振动故障诊断分析

张　丰　吕　强

（中国石油锦州石化公司机电仪运维中心）

摘　要　加氢改质装置离心式循环氢压缩机振动突然增大，影响机组的长周期安全运行，应用在线监测系统进行诊断分析，结合机组工艺运行状态，给出故障诊断分析建议，并提出了针对性的解决措施。检修后该机组运转平稳，机组振动的问题得到了解决。

关键词　加氢改质；循环氢压缩机；振动；诊断分析

在大型旋转机械振动诊断中，引起机器振动故障的因素复杂多变，故障原因和信号特征之间并没有非常明显的规律可循，目前应用的大型机组振动故障诊断技术，在线监测技术的应用非常广泛，相比传统的离线监测，在线监测技术由于其监测数据的连续、及时和历史数据的可追溯性，综合考虑生产工艺条件的变化、机器的维修情况、操作运行状态等多种因素是其技术优势。本文以某公司加氢改质装置循环氢压缩机为例，说明在线监测系统在故障诊断分析中的重要作用。

1　装置概况及设备简介

1.1　装置概况

某公司柴油加氢改质装置以催化柴油、直馏柴油的混合油为原料，经过脱硫、脱氮、芳烃饱和、烯烃饱和，生产轻石脑油、重石脑油、煤油和精制柴油，流程见图1。其中轻石脑油去罐区作为全厂汽油调和组分，重石脑油去重整装置，煤油去公司产品罐区，精制柴油去公司调和罐并满足国Ⅴ车用柴油硫、氮含量及十六烷值标准，2019年装置原料变更，增加焦化汽柴油组分。

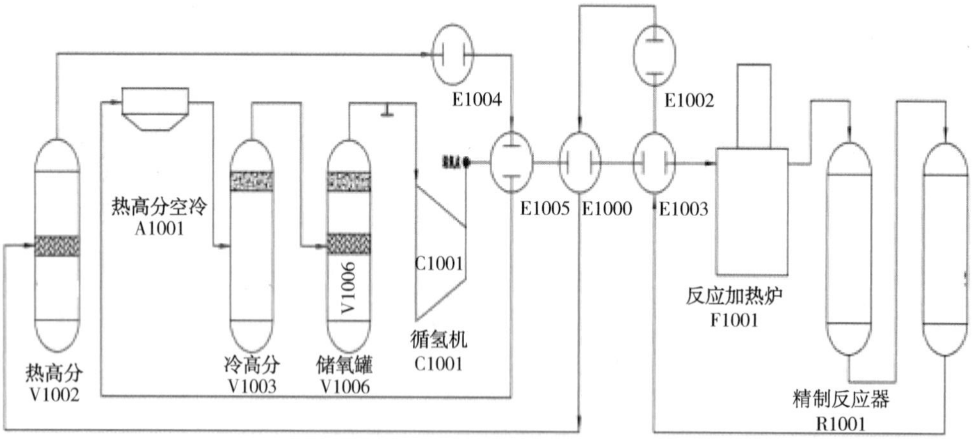

图1　循环氢流程示意图

1.2　设备简介

循环氢压缩机C1001是加氢改质装置的核心设备，它提供循环氢所需要的动力，保证反应所需要的氢油比。循环氢压缩机组是由离心式压缩机、背压式汽轮机、润滑油系统、抽汽系统、干气密封系统五大部分组成，其设备结构图如图2所示。

离心式压缩机型号为BCL407/A离心式筒型压缩机，主要是由定子（机壳，端盖，隔板，轴承和密封）和转子（轴，叶轮，隔套，平衡盘，半联轴器）组成，叶轮级数为7级，机壳为垂直剖分结构，离心式压缩机主要技术参数如表1所示。

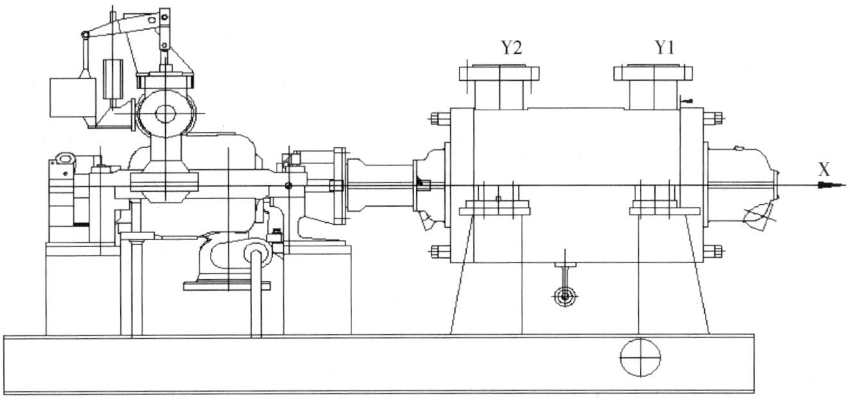

图 2　加氢改质装置循环氢压缩机 C1001 结构简图

表 1　C1001 离心式压缩机技术参数

参数	数值	参数	数值
输送介质	循环氢	正常转速	7368~11051r/min
进口温度	50℃	最大连续转速	11051r/min
出口温度	69.2℃	第一临界转速	5288.8r/min
入口压力	11.71MPaG	第二临界转速	19201.5r/min
出口压力	13.93MPaG	机械跳闸转速	12156r/min
入口流量	465000Nm^3/h	电子跳闸转速	11931r/min

1.3　机组监测系统情况介

离心机四个机身振动探头四取二参与停机联锁，其中 VSHH-7010 和 VSHH-7011 测量非驱动端振动值，VSHH-7012 和 VSHH-7013 测量驱动端振动值，其联锁条件如表 2 所示。

在线监测系统测点布置如图 3 所示。

2　机组振动故障现象及诊断分析

2.1　机组振动故障现象

2023 年 2 月 19 日 7 点 35 分，加氢改质装置离心机振动跳变后恢复正常，查阅曲线显示，离心机四块轴系仪表 VSHH7010-VSHH7013 出现波动，持续时间 5s(如图 4~图 6 所示)，轴系仪表振动变化趋势见图 7，非驱动端 4V 测点最高值为 67.37μm，驱动端 20.96μm，27.81μm。

加氢改质循环氢压缩机入口 4V(仪表位号 VSHH-7011)测点出现短暂的振动跳变，随后振动恢复正常，3H 测点同时发生较小的振动跳变且振动值最高为 19.27μm，对机组进行监护运行，密切注意各测点振动变化趋势。2023 年 3 月 21 日 9 时 17 分，离心机轴振动出现大幅度波动，其中非驱动端振动 VS7010 达到满量程 150μm，其余三块振动仪表均未超过联锁值，轴系仪表振动变化趋势见图 8，机组未联锁停车，振动波动前后循环氢流量下降 3500Nm^3/h，各振动仪表波动情况如表 3 所示。

表 2　离心机轴振动联锁条件

序号	回路名称	位号	报警值	联锁值	表决方式动作结果
1	离心机轴振动指示联锁	VSHH-7010	≥63.5μm	≥88.9μm	四取二停机
2	离心机轴振动指示联锁	VSHH-7011	≥63.5μm	≥88.9μm	
3	离心机轴振动指示联锁	VSHH-7012	≥63.5μm	≥88.9μm	
4	离心机轴振动指示联锁	VSHH-7013	≥63.5μm	≥88.9μm	

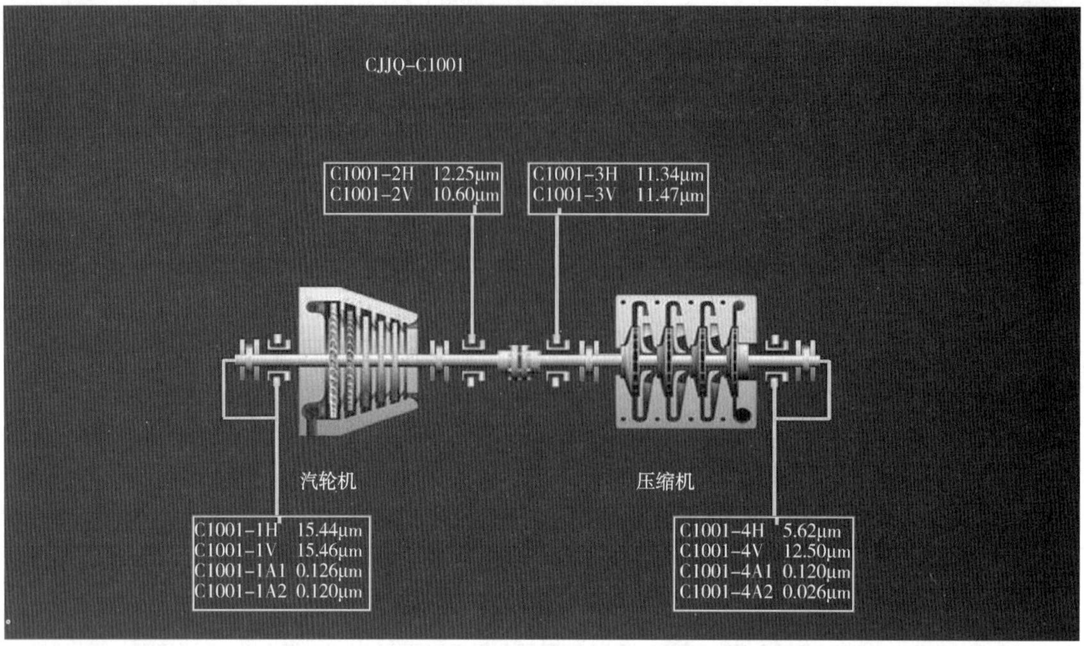

图 3　加氢改质循环氢压缩机 C1001 概貌及测点布置图

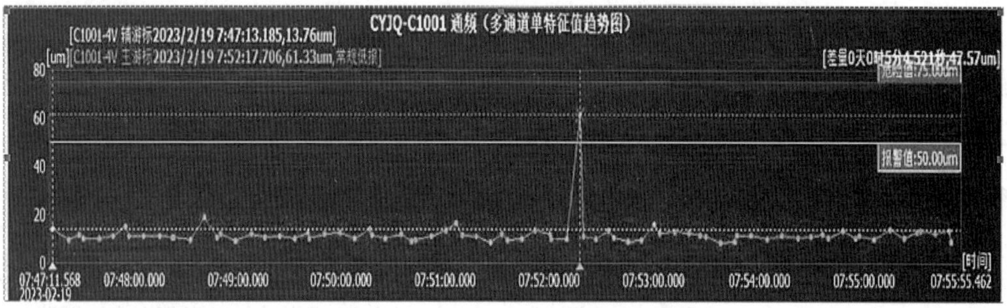

图 4　加氢改质循环氢压缩机 C1001 4V 测点趋势图

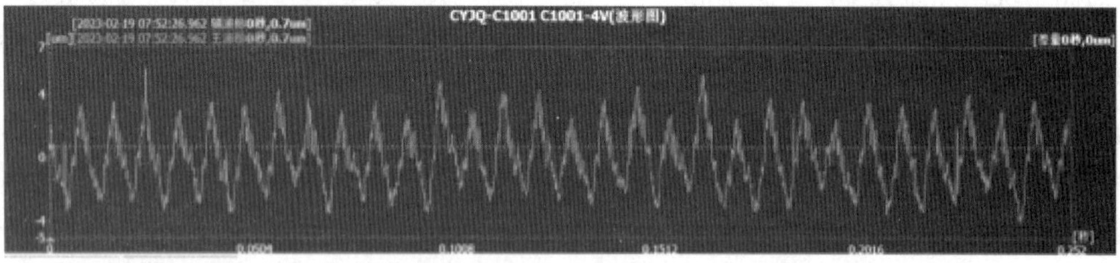

图 5　加氢改质循环氢压缩机 C1001 4V 测点波形图

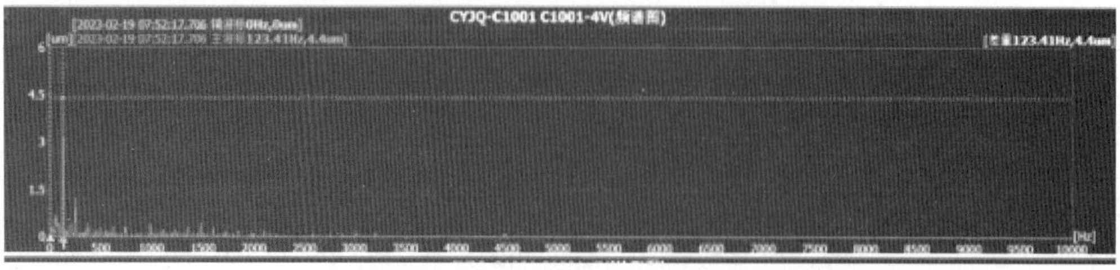

图 6　加氢改质循环氢压缩机 C1001 4V 测点频谱图

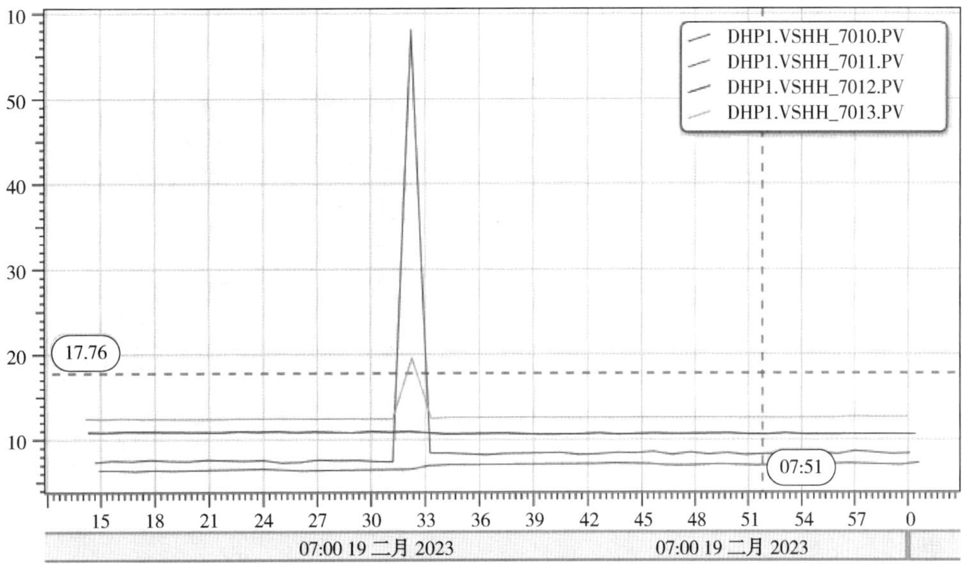

图 7　加氢改质循环氢压缩机 C1001 轴系仪表 2 月 19 日振动趋势图

表 3　离心机轴系振动仪表波动情况

位号	振动变化情况/μm	趋势变化	变化幅度/μm	备注
VSHH_7010	13.733-150	上涨	136.267	达到联锁值
VSHH_7011	18.276-70.645	上涨	52.339	未达到联锁值
VSHH_7012	9.979-39.139	上涨	29.16	未达到联锁值
VSHH_7013	12.417-65.999	上涨	53.582	未达到联锁值

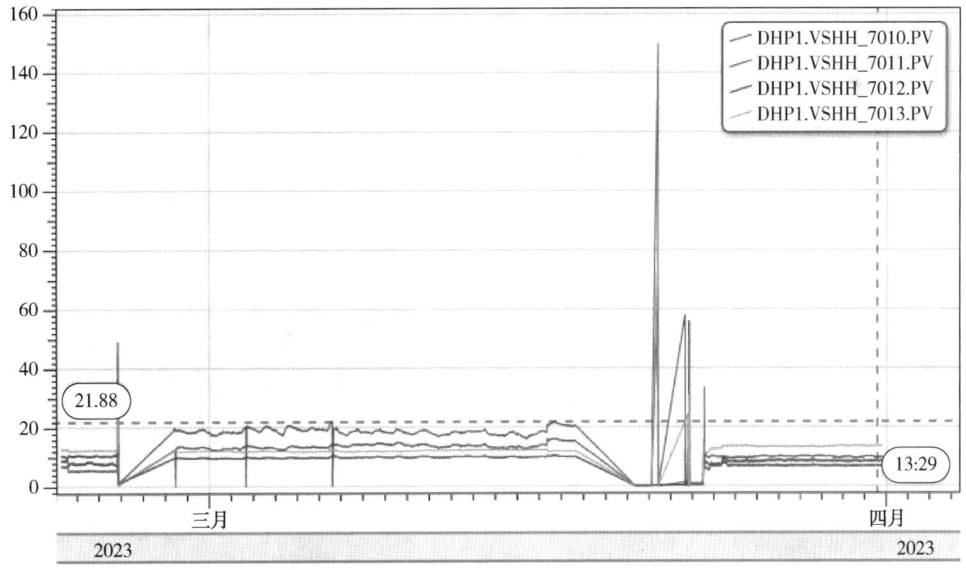

图 8　加氢改质循环氢压缩机 C1001 轴系仪表 3 月 21 日振动趋势图

2.2　诊断分析

汽轮机与离心机振动、位移轴系仪表共 12 块均在同一卡件上，卡件工作正常无报警，且在离心机振动波动期间汽轮机振动无明显波动，故排除仪表原因。

从 4V 测点的振动趋势图、频谱图、波形图来看，振动在发生跳变后恢复正常，振动运行趋势平稳，频谱图中以 1 倍频为主，伴随较小的高次谐波和低频随机振动，其中低频振动较小，结合机组运行情况可基本排除喘振及旋转失速故障。

分析振动趋势图发现压缩机振动波动后能基

本恢复到初始值，表明转子动平衡状态的变化过程极为短暂，那么就是振动跳变，因此可排除机械本体平衡故障。初步怀疑离心机振动的原因为其入口管线或叶轮上铵盐或杂质脱落导致的振动瞬间增高，另外还要确认工艺是否存在问题，尤其是介质是否带液也应关注，综合分析建议及时进行检修。

3　检修验证情况

针对加氢改质装置循环氢压缩机 C1001 振动出现大幅波动的情况，其中 VT7010 达到满量程 150μm，经公司研究决定对加氢改质装置进行停工检修，循环氢压缩机解体检修，转子返厂检修做动平衡。

3.1　联轴器、轴瓦检查情况

解体后检查轴瓦、联轴器、同心度，未发现异常，如图 9、图 10 所示。

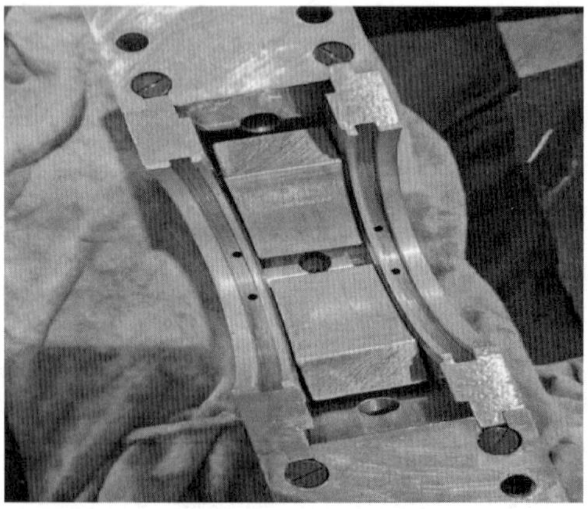

图 9　循环氢压缩机径向瓦

图 10　循环氢压缩机联轴器膜片

3.2　转子检查情况

检查发现转子上有大量结垢，筒体汽封也有大量结垢、损坏(图 11、图 12)，筒体气封全部腐蚀，从入口侧算起，第三道和第四道的叶轮和轴气封腐蚀较为严重(图 13、图 14)。

图 11　循环氢压缩机转子平衡鼓内结垢

图 12　循环氢压缩机叶轮结垢

图 13　循环氢压缩机第三道叶轮和轴气封

3.3　垢样分析

对离心机内部垢样分析全金属、灰分、硫和阴离子分析，1#样品为级间气封垢样；2#样品为平衡鼓垢样，该样品为块状物，需破碎后取样，可能存在取样不均匀情况，因此，数据仅为参考，分析结果见表 4。根据分析结果初步判断其

图 14 循环氢压缩机第四道叶轮和轴气封

成分为焦碳类杂质和部分催化剂粉末，同时包含 NH_4Cl 盐。

表 4 加氢改质循环氢压缩机内部垢样分析表

分析项目		分析结果	
		1#样品	2#样品
金属	Fe	4.011%	1915μg/g
	Na	296.7μg/g	144.7μg/g
	Ca	782.0μg/g	297.2μg/g
	Ni	46.9μg/g	7.255μg/g
	Cμ	4992μg/g	125.4μg/g
	V	17.24μg/g	6.727μg/g
	Mg	430.8μg/g	60.99μg/g
灰分		0.018%	48.87%
总硫		0.37%	4.52%

3.4 故障原因分析

离心机级间气封腐蚀，工艺介质循环氢中的氯对铝合金材质的气封，有一定的腐蚀作用，长周期运行造成气封大面积腐蚀，机组运行时气封的泄漏气流对机组的轴振动产生一定影响。

离心机转子平衡鼓和叶轮结垢较多，转子出现突发性动平衡故障，导致机组在运行时出现振动超标问题。

装置在 2019 年原料组分变更，增加焦化汽柴油组分，导致原料油自动反冲洗过滤器频繁堵塞，在稍开过滤器副线时可能会造成部分焦化汽柴油不经过过滤直接进入装置反应系统。

3.5 整改措施

优化工艺介质组成，降低离心机转子结垢风险，提高机组长周期运行的稳定性。优化装置生产条件及装置原料，降低循环氢中氯含量，避免气封产生腐蚀。提高原料品质，降低原料油中焦粉含量，避免焦化汽柴油通过原料油罐区直接进入原料油自动反冲洗过滤器，避免打开反冲洗过滤器副线阀。每个大修周期测量汽封间隙，根据数值判断是否更换汽封。增上焦化汽柴油预过滤器，进一步过滤掉焦化汽柴油中焦粉，提高原料油品质。

4 检修后开车情况

筒体检查后返厂更换汽封，转子返厂做高速动平衡，检修开车后公司对其运行状态重点关注，开车后各点振动正常：

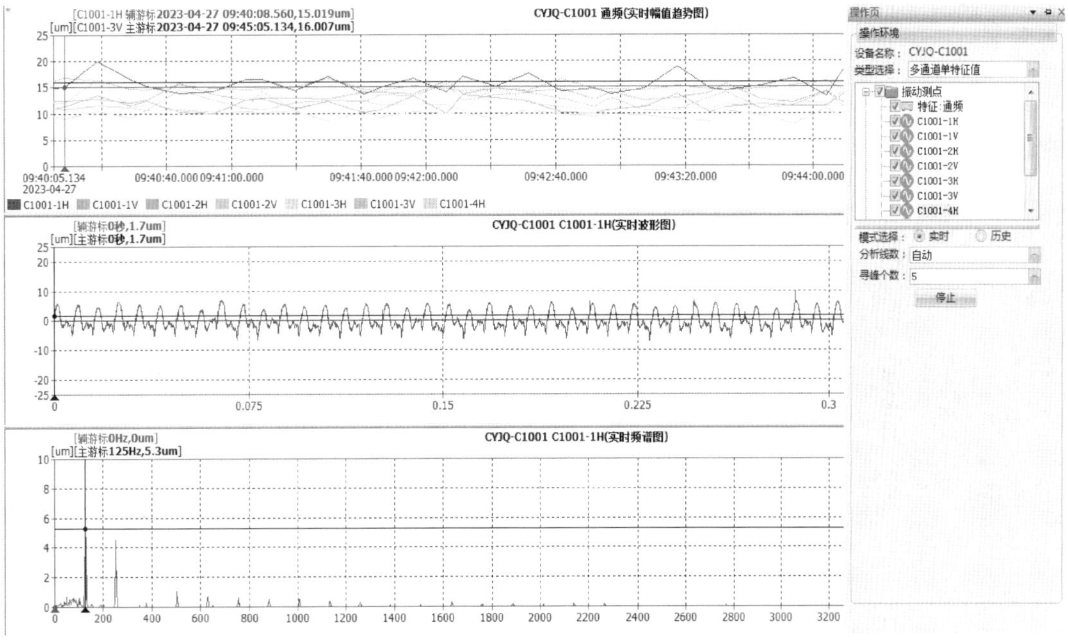

图 15 循环加氢改质循环氢压缩机检修开车后各点振动趋势图

5 结语

突发性不平衡是炼化设备大型机组的一种常见故障，其特点是机组的振动突然显著增大后稳定在一定水平上，而振动发生突发性增高又恢复正常的情况通常称之为振动跳变，离线监测由于其技术缺陷通常很难捕捉到，在线监测系统很好的解决了这一难题，尤其是监测数据的连续和历史数据的可追溯性，对大型机组的状态监测和故障诊断提供了非常重要的数据支持，是保障大机组长周期运行的重要技术手段。

参考文献

[1] 杨国安编著. 机械设备故障诊断实用技术[M]. 北京：中国石化出版社，2007：94-116.
[2] 吴震球译. 振动分析[M]. 大连恩泰克—爱迪公司，1996.

试用 TRIZ 理论解决加氢裂化装置液力透平密封泄漏

徐　凯

（中国石油锦州石化公司）

摘　要　液力透平是一种能量回收透平，可以将高温高压的液体的压力能转化为机械能加以利用。锦州石化加氢裂化装置液力透平驱动端密封频繁发生泄漏，运行周期只能为 1～3 个月，主要现象两侧密封结焦较多，通过创新分析工具建模（九屏图、因果链分析、STC 算子、金鱼法等），对该现象逐步分析，深化了解，从而解决问题。

关键词　液力透平；驱动端串联密封频繁泄漏；九屏图；因果链分析；STC 算子；金鱼法

1　引言

液力透平是一种能量回收透平，可以将高温高压的液体的压力能转化为机械能加以利用。

本液力透平由高压的热高分油驱动。热高分油在液力透平中做功释放能量并降压，与经减压阀（角阀）减压的（其余）热高分油一同进入热低分。液力透平通过超越离合器与主电机相连，并与主电机共同驱动进料泵。

当前系统的组成：透平密封是串联带压密封，密封系统形式是 plan53B＋plan62。密封包括：压盖、轴套、动环、静环、推环、弹簧、密封胶圈、定位螺钉等。

串联密封系统包括：管线、阀门、蓄能器、升压泵、压力变送器冷却器、plan62 系统等。

2　设备技术参数（表 1）

表 1

工况	初期工况	末期工况
液体介质	热高分油	热高分油
腐蚀/磨蚀成分	硫化氢含量 0.04%（W） 氢含量 0.248%（W）	硫化氢含量 0.04%（W） 氢含量 0.248%（W）
操作温度/℃	230	230
入口密度/（kg/m^3）	656.1	653.8
分子量	164.92	162.86
流量/（m^3/h）	237	232
入口压力（表）/MPa	15.98	15.98
出口压力（表）/MPa	1.9	1.9

串联密封系统 53B 压力值（表 2）：

表 2

密封腔压力/MPaG	低压报警压力/MPaG	隔离液压力/MPaG	蓄能器预充压力/MPaG
1.81	2.05	2.3	1.9

隔离液循环流量量不低于 8L/min

53B 系统换热器参数：

换热面积 0.55m^2；

盘管设计温度−159～100℃；

壳体设计温度−10～100℃；

盘管设计压力 28MPa G @　100℃；

壳体设计压力 1.5MPa G @　38℃；

盘管试验压力 35MPa G（30 minutes at least）；

壳体试验压力 1.9MPa G（30 minutes at least）。

62 系统参数：

62 冲洗背部压力，液体不得高于 0.07bar 气体不得高于 0.05bar

蒸汽（通常以 120℃为基准）的流量：轴径为 1in 时，当被密封介质的温度为 200℃时，冲洗流量为 0.5kg/h，介质温度每上升 60℃流量增加 0.5kg/h，轴径增加时，冲洗流量按轴径倍数增加。氮气（通常以 38℃为基准）的流量：轴径为 1in 时，当被密封介质的温度为 200℃时，冲洗流量为 28L/min，温度每上升 60℃，流量增加 14L/min，轴径增加时，冲洗流量按轴径倍数增加。背冷液的流量：当轴径小于 100mm 时，流量为 0.2～2L/min，当轴径大于 100mm 时，流量为0.5~3L/min。进、出口温度差应控制在3~5℃为宜。

3　事件经过及分析

加氢裂化液力透平驱动端密封频繁发生泄漏，运行周期只能为1~3个月，主要现象：

第一次检修时还发现两侧密封结焦较多，该设备采用的62辅助冲洗系统，但从投用情况看62系统并不适用于该泵，通过观察发现62系统中不时有少量水排出，由于这种不连续性，造成介质结焦，该泵输送的介质温度在230℃左右，泵运转过程中，会有少量介质通过密封面渗漏出来，遇到空气后，产生结焦。(图1~图2)

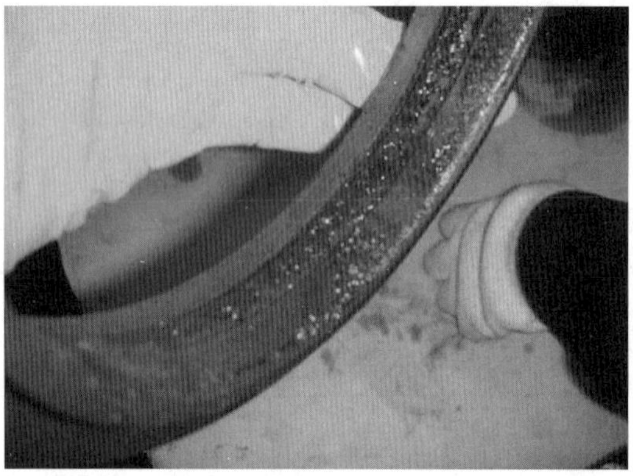

图1　密封内结焦情况

图2　密封内残留的焦状杂质

对密封进行回装。对液力透平预热，经测量预热后驱动端轴伸长量为0.8mm，壳体伸长量为0.5mm。机泵开车20分钟后，驱动端密封外漏隔离液，密封处有冒烟的现象，测得隔离液入口温度72℃，出口温度为90℃；再次对驱动端密封进行检修，解体发现大气侧密封环磨损严重(图3~图4)。

对预热状态下的液力透平进行了同心度检查，同心度满足要求。机泵运行，驱动端隔离液入口温度为62℃，出口温度为80℃，驱动端密封微漏，但隔离液温度仍然偏高，拆卸冷却器进行检查，怀疑冷却器冷却效果不好。对冷却器解体检查，未发现管层堵塞(图2，图5)，也未发现壳层内有杂质堵塞，冷却器没有问题。

图3　大气侧动环磨损严重

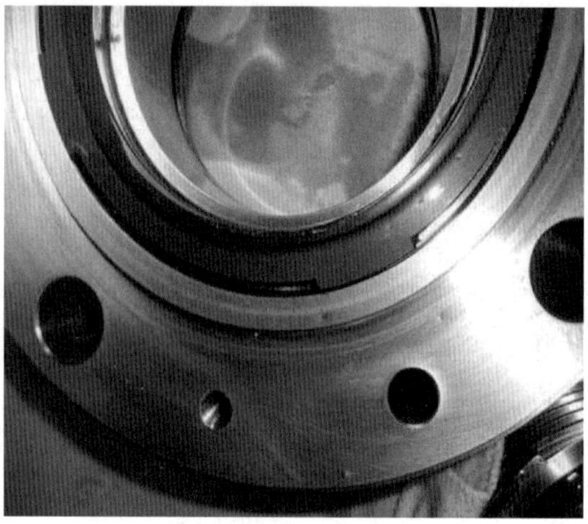

图4　大气侧静环损坏

4　分析方法

问题解决目标：解决加氢裂化液力透平密封频繁泄漏问题，延长密封运行周期。

限制条件：串联密封本体的结构尺寸不能改变，因为透平的密封腔尺寸不能改变。

使用系统分析—九屏图(图5)及因果链分析(图6)：

通过上述分析得出关键问题列表(表3)及STC算子(表4)。

想要达到的最理想解决效果(表5，图7)。

该密封的功能及结构分析(表6~表7)。

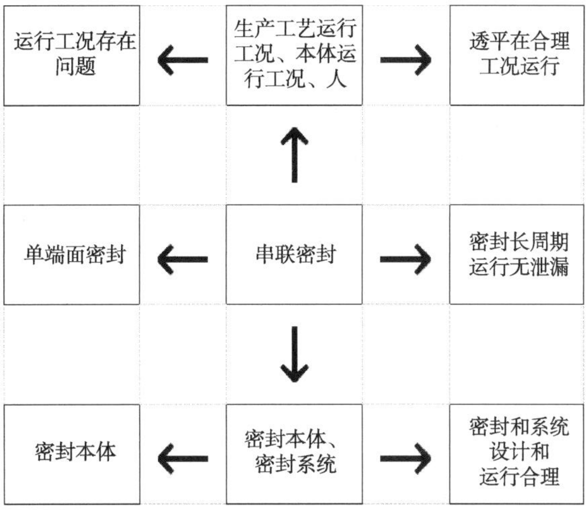

图 5　系统分析-九屏图

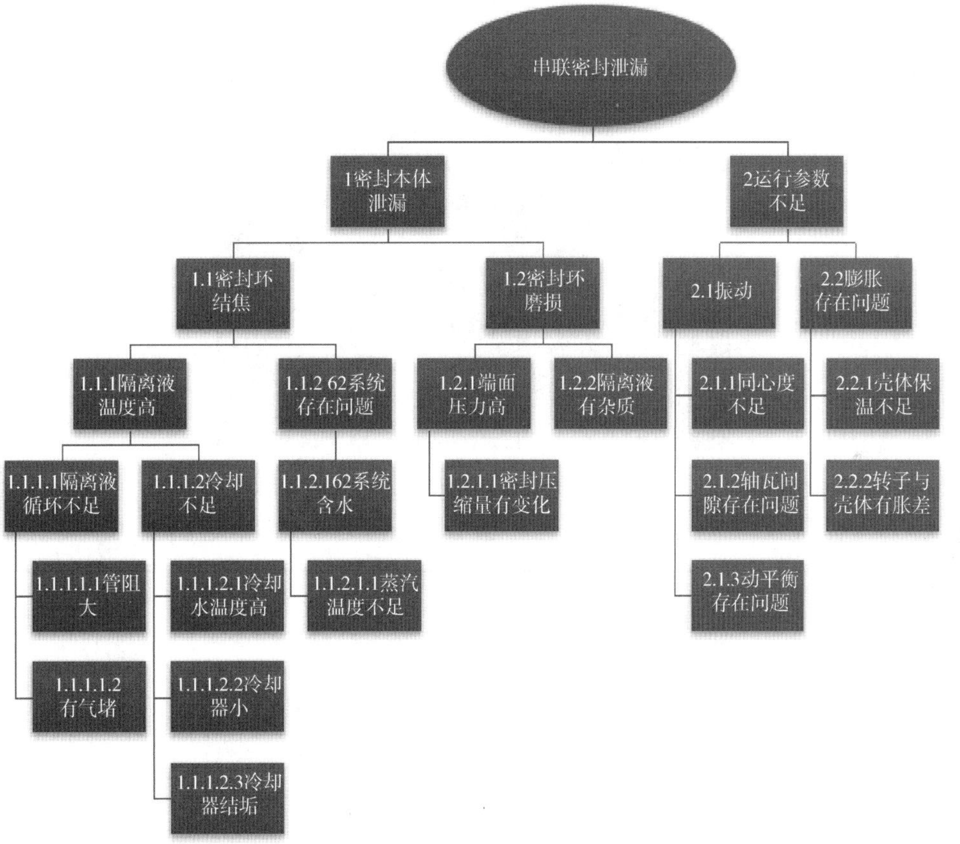

图 6　因果链分析

表 3

1. 想象研究对象的尺寸无穷大(S→∞)的解决思路；	冷却器加大，解决冷却问题
2. 想象研究对象的尺寸无穷小(S→0)的解决思路；	密封系统与密封距离减小，解决管阻
3. 想象工作过程的时间或对象运动的速度无穷大的解决思路；	提高密封配置，达到长周期运行 5 年以上
4. 想象工作过程的时间或对象运动的速度无穷小(T→0)的解决思路；	密封泄漏量减少，密封泄漏率达到每分钟小于 1 滴
5. 想象支出的成本(允许的支出)无穷大(C→∞)的解决思路；	增加密封系统泵送装置，提高隔离液循环速度
6. 想象支出的成本(允许的支出)无穷小(C→0)的解决思路。	取消 62 系统的蒸汽，降低成本

表 4

原因节点编号	关键原因	关键问题	可能方案	次生问题矛盾
1.1.1	隔离液温度高	冷却不足	改变冷却形式	管阻会变化
1.1.2	62 系统不足	含水	改变 62 系统	冷却有变化
1.2	密封环磨损	压缩量大	调整压缩量	压缩量变化
2.2	膨胀不足	温差大	改变保温形式	调整不足

表 5

1. 设计的最终目标?	密封永不泄漏
2. 最终理想解?	密封自己避免泄漏，长周期运行
3. 达到理想解的障碍是什么?	接触、零件寿命、环境
4. 出现这种障碍的原因是什么?	介质与大气压差、材质、设备运行条件
5. 不出现这种原因的条件是什么?	隔离、材质升级、设备运行可靠
6. 创造这些条件所用的资源是什么	高压的可隔离的介质、材质、设备运行

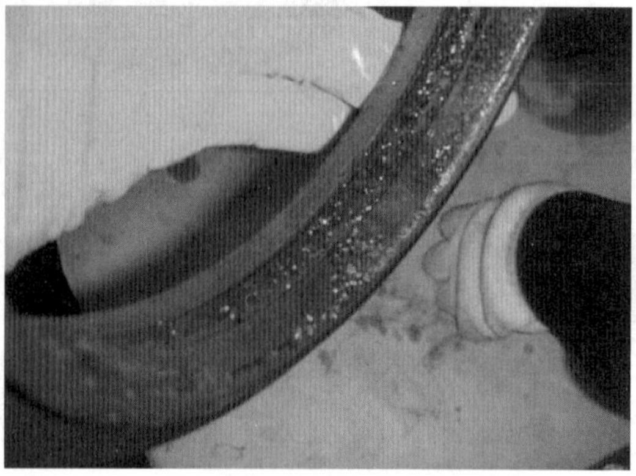

图 7　金鱼图

表 6

组件名称	介质	密封本体	蒸汽	隔离液
介质				
密封本体	+			
蒸汽		+		
隔离液		+		
空气			+	
密封 62 系统			+	
密封 53 系统				+
密封压缩量		+		

表 7

序号	功能载体	功能	功能客体	种类	级别	参数
1	密封本体	隔离	介质	有益	充分	位置
2	介质	冲蚀	密封本体	有害	Ü	形状
3	密封本体	支撑	蒸汽	有益	充分	位置

续表

序号	功能载体	功能	功能客体	种类	级别	参数
4	隔离液	冷却	密封本体	有益	不足	温度
5	密封本体	支撑	密封压缩量	有益	充分	位置
6	密封压缩量	调整	密封本体	有害		位置
7	蒸汽	隔离	空气	有益	不足	位置
8	密封 62 系统	输送	蒸汽	有益	不足	温度
9	密封 53 系统	输送	隔离液	有益	不足	流量

构建理想化的功能模型(图 8~图 11)。

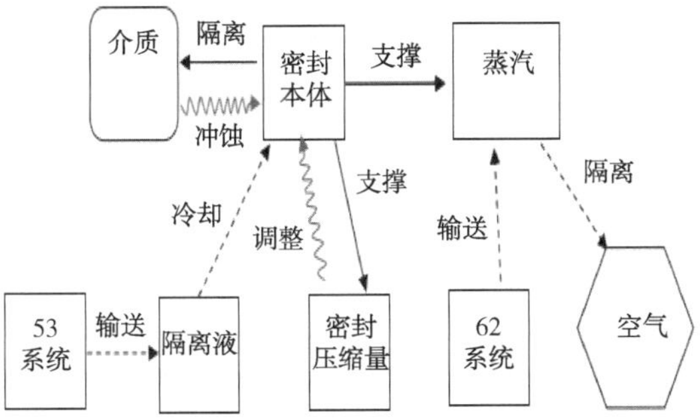

图 8　功能模型

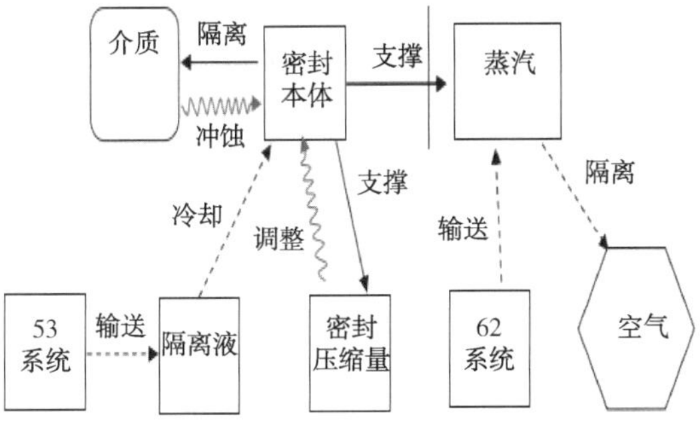

图 9　功能裁剪

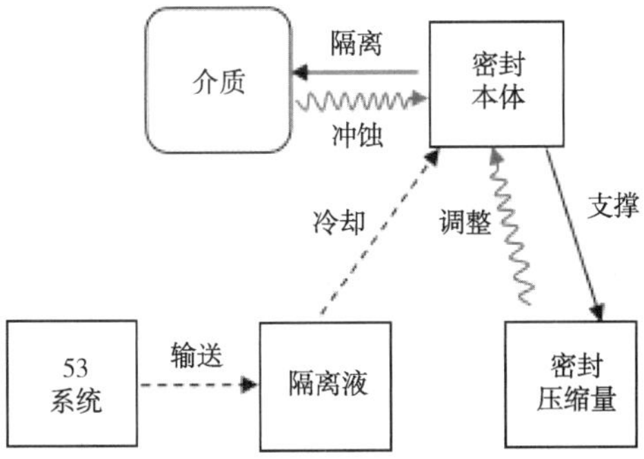

图 10　裁剪后的功能模型

运用 TRIZ 工具解决问题(图 12):

定义技术矛盾:

问题/目的: 隔离液温度高, 目的降低隔离液温度。

解决办法: 改变管阻, 缩短管线距离和减少弯头, 增加冷却器冷却面积。

图 11　不裁剪改变子系统的功能模型

缺点: 改变距离, 增加了设备的空间, 增加冷却器会增加管阻。

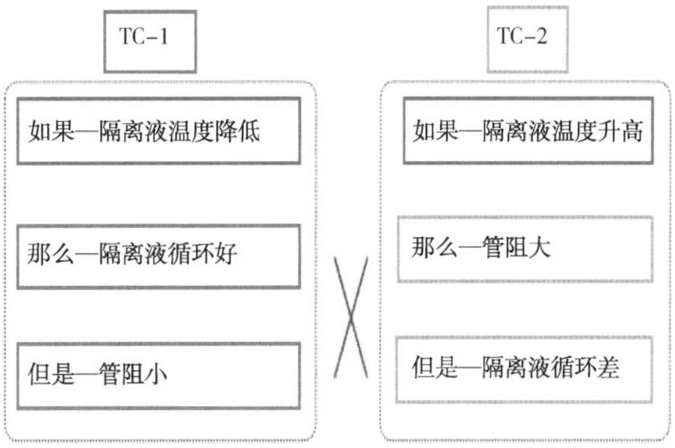

图 12　TRIZ 工具

确定要解决的技术矛盾为: 隔离液循环与管阻之间, 发生在温度变的时候。

问题模型——改善的参数: 温度(图 13~图 15)。

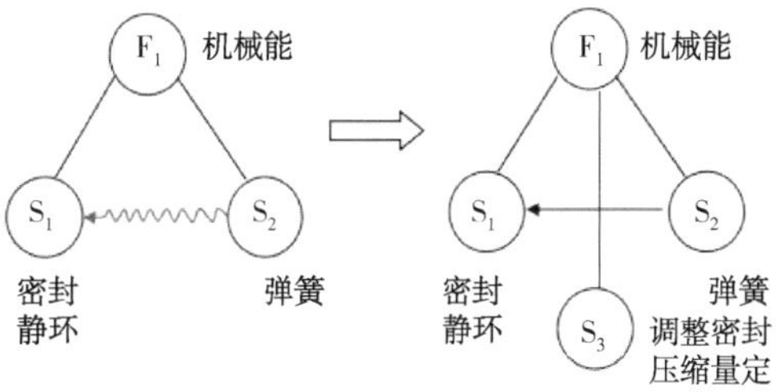

图 13　物场分析模型及解决模型

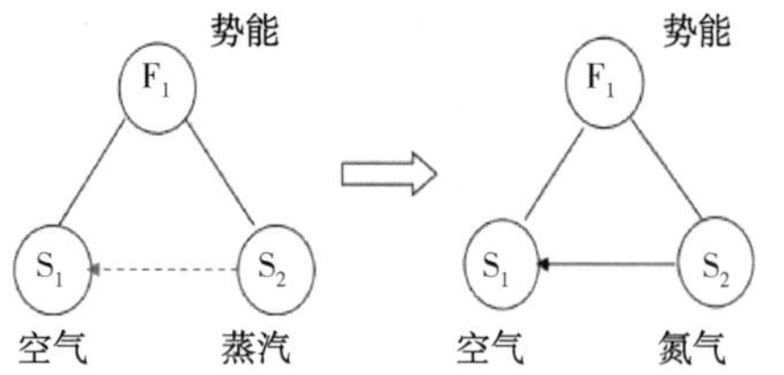

图 14　物场分析模型及解决模型

图 15　　物场分析模型及解决模型

恶化的参数：能量损失(管阻)。

解决方案模型：21/17/35/38。

快速法、多维法、性能转换法、逐级氧化法。

物理矛盾：

密封压缩量增加，密封效果增强，但密封元件易磨损，隔离液温度高；

密封压缩量减少，密封效果减少，密封元件不易磨损，隔离液温度低。

小人儿法(图 18~图 19)。

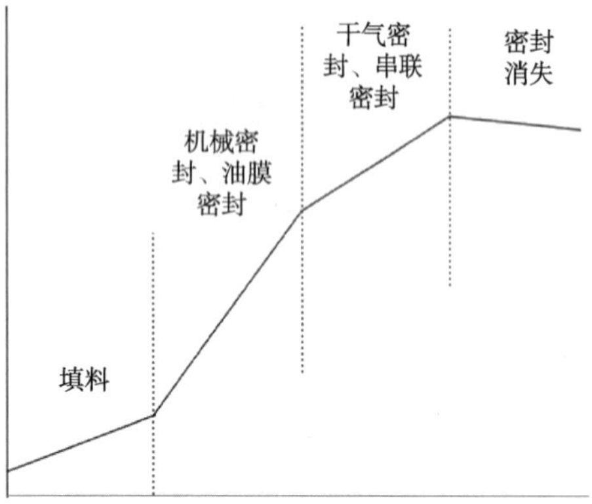

图 16　S-进化曲线

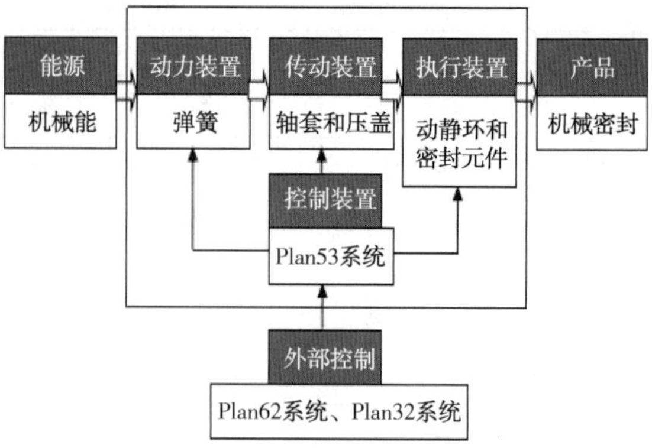

图 17　完备性进化法则

序号	组件名称	功能	小人颜色
1	密封静环面积	接触密封	红色
2	密封动环面积	接触密封	绿色
3	隔离液	密封液	黑色
4	弹簧	提供弹簧力	黄色

图 18　问题模型：密封压缩量产生热量

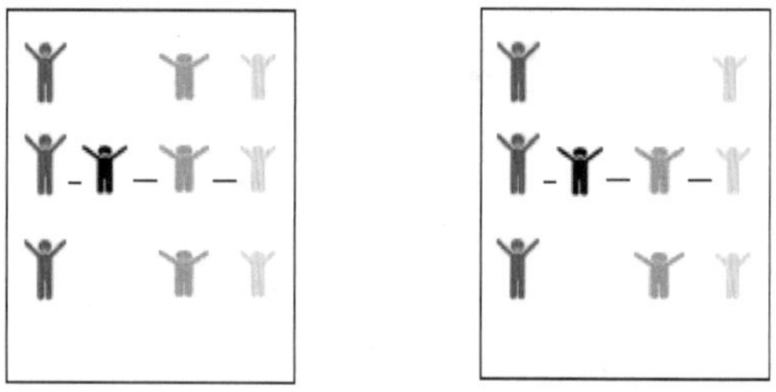

图 19　方案模型

5　技术方案整理与评价(表 8~表 9)

综上所述，得出可实施的方案见图 20~图 27。

方案一，调整密封压缩量定位环，来解决透平转子与壳体膨胀不一致的问题(已实施)；

方案二，Plan62 系统介质蒸汽改为氮气(未实施)；

方案三，取消 plan53 系统管线弯头，消除隔离液循环阻力(已实施)；

方案四，改变 plan53 系统冷却器形式，消除隔离液循环问题(已实施)；

方案六，改变 plan53 系统与密封本体距离(已实施)；

方案七，在 plan53 系统上安装管道泵，提高隔离液循环量(未实施)；

表 8

方案名称	详细说明	方案概念图	优点	缺点
1	调整密封压缩量定位环，来解决透平转子与壳体膨胀不一致的问题	物场分析图	方便解决	常温情况压缩量不合格
2	Plan62 系统介质蒸汽改为氮气	创新方法原理	方便解决	增加成本
3	取消 plan53 系统管线弯头，消除隔离液循环阻力	技术矛盾	提高隔离液循环量	不美观
4	改变 plan53 系统冷却器形式，消除隔离液循环问题	技术矛盾	消除气堵	冷却面积减少
5	改变 plan53 系统冷却器安装形式，可以提高隔离液排气功能	技术矛盾	消除气堵	增加成本
6	改变 plan53 系统与密封本体距离	技术矛盾	提高隔离液循环量	增加成本，减少了检修空间
7	在 plan53 系统上安装管道泵，提高隔离液循环量	创新方法原理	提高隔离液循环量	增加成本
8	取消 plan62 系统，消除介质蒸汽的不足	功能分析	降低成本	要求隔离液不易氧化
9	增加透平密封腔冷却，解决隔离液温度问题	九屏图	可以降低密封温度	成本大
10	增加透平壳体的保温，消除转子与壳体的膨胀不一致	物理矛盾	方便解决	不能彻底消除
11	增加壳体的膨胀机构，消除转子与壳体的膨胀不一致	物理矛盾	可以消除部分胀差	成本大，不能彻底消除
12	减少密封静环的面积和形状，降低密封的整体温度和隔离液温度	小人法	可以降低密封温度	增加成本
13	增加 plan32 系统，降低密封的整体温度	物场分析图	可以降低密封温度	增加成本
14	把离心泵的密封和轴承箱油封进行合成，达到取消密封的效果	S–进化曲线	取消密封	成本巨大
15	对 53 系统的冷却器改造，改为风冷的冷却器	技术矛盾	减少冷却水结垢问题	成本增加
16	选择设计非接触的密封	最终理想解	延长寿命	成本增加
17	改造升级密封材质，使易损件使用寿命延长	最终理想解	延长寿命	成本增加
18	增大冷却器，提高冷却效果	因果分析	可以降低温度	成本增加，管阻增加

表 9

方案	消除矛盾	产生新的危害	成本	复杂性	可行性	总分	排名
1	1	1	2	2	2	9	1
2	1	2	1	2	2	8	2
3	1	1	1	2	2	7	3
4	1	1	1	1	2	6	4
5	1	1	1	1	1	5	5
6	1	1	1	1	1	5	5

续表

方案	消除矛盾	产生新的危害	成本	复杂性	可行性	总分	排名
7	1	2	0	1	1	5	5
8	1	1	2	1	1	6	5
9	1	1	0	0	1	3	7
10	1	2	1	2	1	8	2
11	1	1	0	0	1	3	7
12	1	2	0	1	1	5	5
13	1	2	0	1	1	5	5
14	2	1	0	0	0	3	7
15	1	1	0	1	1	4	6
16	2	2	0	0	0	4	6
17	1	1	0	0	1	3	7
18	1	1	0	1	1	4	6

方案十，增加透平壳体的保温，消除转子与壳体的膨胀不一致(已实施)；

方案十二，减少密封静环的面积和形状，降低密封的整体温度和隔离液温度(未实施)；

方案十三，增加 plan32 系统，降低密封的整体温度(未实施)。

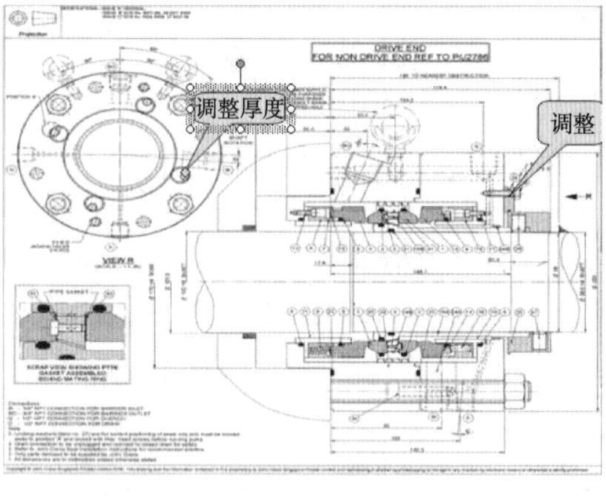

图 20　方案一

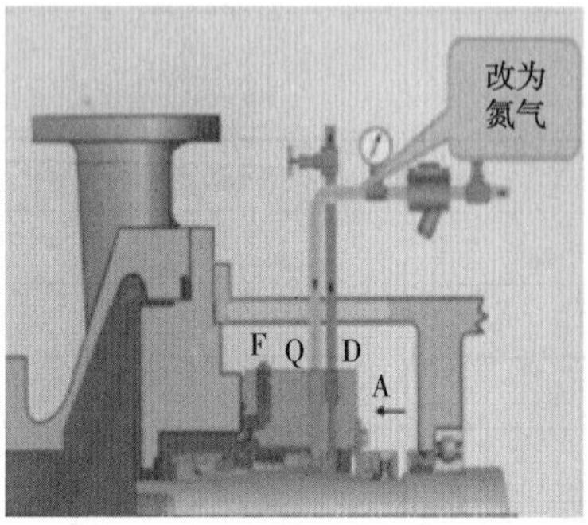

图 21　方案二

图 22　方案三

图 23　方案四

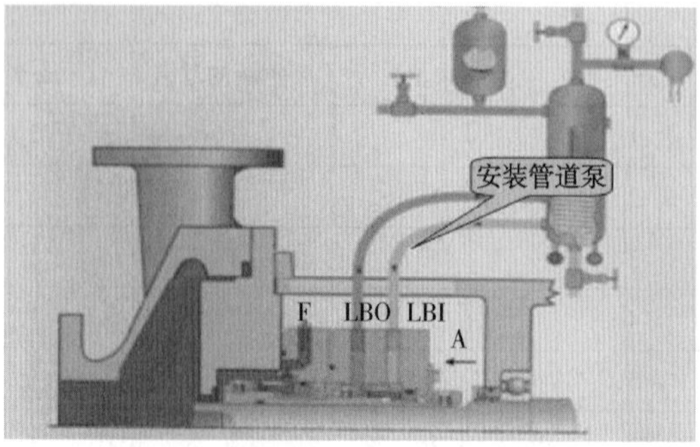

图 24　方案五

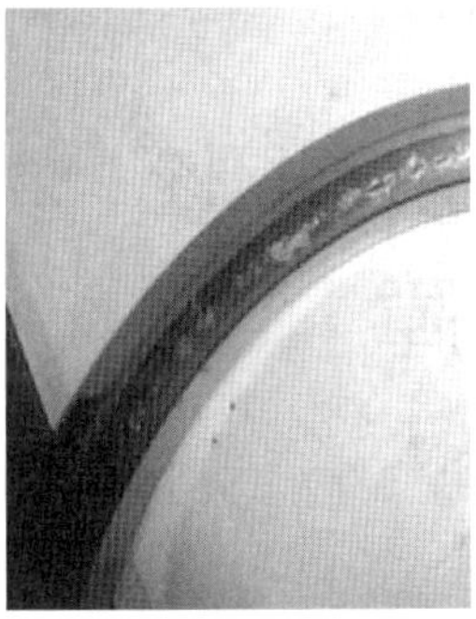

图 25　方案六

图 26　方案六

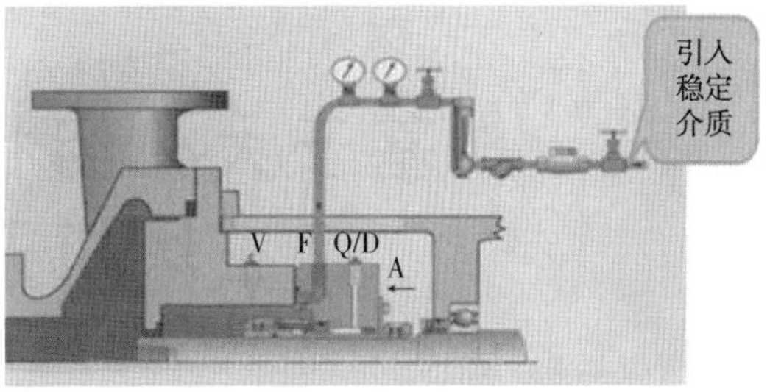

图 27　方案七

以上方案在解决透平密封泄漏的问题上可行性较高，在实践应用中可做参考。

参　考　文　献

[1] 孙玉霞，李双喜，李继和，等. 机械密封技术. 北京：化学工业出版社，2014.6.

[2] 张杰，李鲲，吴兆山，等. 石墨密封环端面压力变形的试验研究[J]. 润滑与密封：2012(10)，30-33，81.

[3] 中国石油天然气集团公司职业技能鉴定指导中心. 机泵维修钳工[M]. 东营：中国石油大学出版社，2011.11.

基于大机组状态监测解决催化主风机开机振动故障

冯　龙　周　旭　王　楠　杨文彪

（中国石油宁夏石化分公司）

摘　要　本文依托SG8000在线监测诊断系统，针对2024年宁夏石化公司炼油装置大检修后主风机组启动时振动异常升高的故障隐患展开分析。通过实时监测数据与振动信号解析，发现在机组并气均压及温度攀升过程中，机壳与排汽管组因热应力作用产生形变，引发转子胀阻效应，导致气封动静间隙最小区域发生摩擦，进而造成转子轴颈局部温升与热弯曲，最终诱发振动异常。停机检修拆解主风机缸体后，证实排气侧平衡鼓密封齿与平衡盘套存在明显蹭磨痕迹，与故障分析结论一致。通过将平衡盘密封齿间隙调整至标准上限值，并在排气竖管部位增设支撑结构，与现有管线限位装置协同作用，使管线膨胀位移由中间膨胀节有效吸收，减少对缸体的热应力传导。再次开机后，主风机组振动参数恢复正常，顺利完成并风操作，验证了故障诊断与治理措施的有效性。

关键词　主风机；SG8000；监测系统；转子胀阻；振动故障

近年来，随着石油化工行业装备制造水平工艺的提升以及设备状态监测水平的提高，大型机组的故障诊断愈发成熟，通过状态检测和诊断基本能准确判断故障并采取有效措施，避免机组损坏、装置停车等次生重大事故的发生。宁夏石化公司针对大型机组配备SG8000状态监测系统，保障机组安全平稳运行。

1　基本情况概述

宁夏石化炼油一部主风机组，设备位号1202-K-101，2011年出厂，设备组成为：烟气轮机连接轴流风机，带动齿轮箱和异步电动/发电机（图1）。

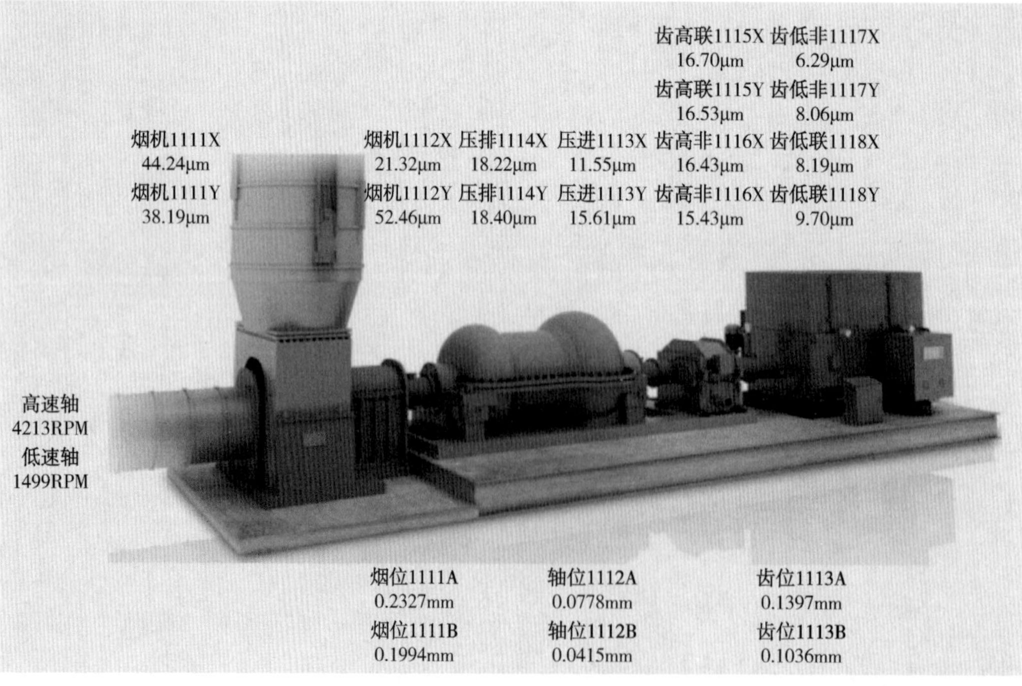

图1　主风机组总貌图

1.1 主风机组型号介绍

主风机-轴流风机，陕鼓动力股份有限公司制造，型号：AV80-14，原设计：轴功率 21485kW，工作转速 4200r/min，进口流量 5300Nm³/h，进口压力为大气压，出口压力 0.48MPa(A)。

2024 年宁夏石化公司炼油装置大检修，主风机组隐患治理及能效升级项目对主风机组进行改造，主要改造内容如下：

(1) 0~14 级静叶、叶片承缸体、调节缸全部新制；

(2) 改造利用宁夏石化公司原备件转子对动叶进行改动，新制第 1、2 级动叶、锁紧组；

(3) 主风机改造后进行现场性能测试，标定防喘振曲线，匹配新设计工况参数。

根据改造核算结果，本次主风机改造后参数为：正常进气流量轴功率 19269kW，工作转速 4200r/min，4091Nm³/min，排气压力 0.45MPa (A)，进口温度为常温，排气温度 214℃，介质为空气。径向轴承：椭圆瓦，止推轴承：金斯伯雷，密封形式：梳齿密封。

本次异常测点为轴流风进气、排气口两通道振动测点：1113X/Y、1114X/Y(图 2)。

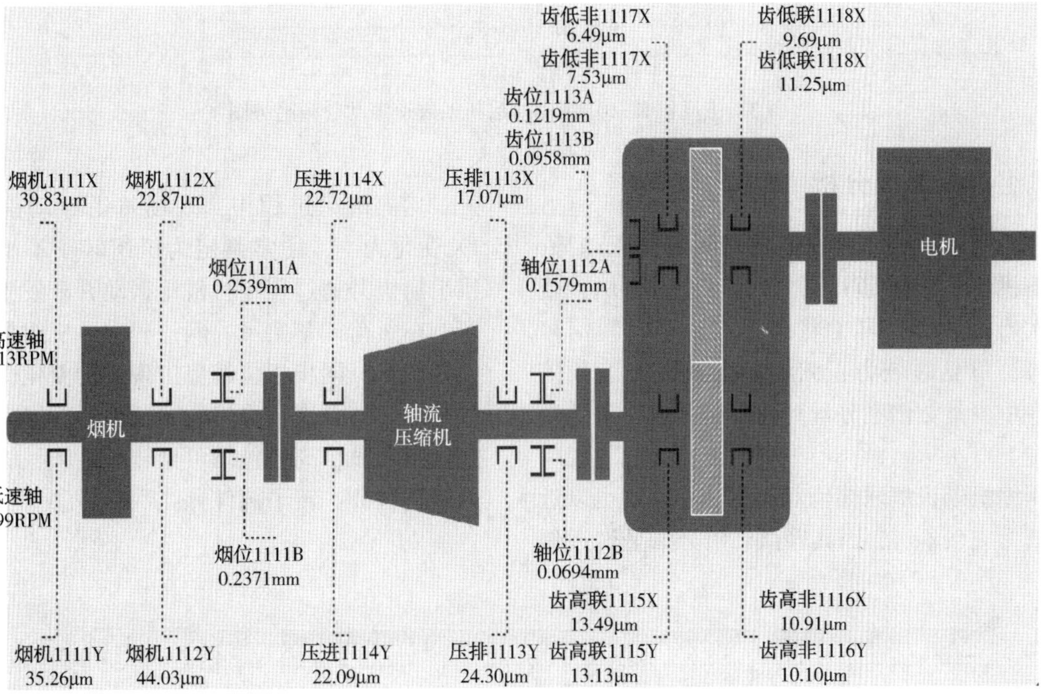

图 2 主风机组测点布置图

2 主风机振动故障概述

2024 年 9 月 1 日，主风机组具备启机条件，执行前期审批确定的防喘振试验方案，组织陕鼓厂家人员进行主风机防喘振试验。完成主风机改造后的防喘振线重新标定。

9 月 5 日 6 点 08 分，主风机组开机，烟机冲转。

9 月 5 日 11 点 06 分，催化主风机组电机工频合闸，转速 4216r/min 运行，压缩机轴瓦振动、温度参数正常；烟机入口切断阀开度 100% 调阀开度 16.9%；工艺操作主风机静叶角度 42.8°，工作点在安全区运行，防喘振阀放空观察运行。

9 月 5 日 14 点左右，主风机开始并气，15 点 05 分，主风机组并入系统。期间，14 点 19 分开始排气侧轴瓦振动数值 VT1114X/Y 逐步发生变化，其中 VT1114Y 从 7.18μm 持续上涨，最高值达到 107μm；VT1114X 从 8.15μm 上涨，最高值达到 69.13μm(图 3)。(报警值：101，联锁值：124)

相关人员对机组现场情况确认，立即通知岗位备用主风机并气、主风机退出。同时组织陕鼓厂家人员进行确认、分析异常可能原因。主风机交出，9 月 6 日至 9 月 7 日机组开盖检查。

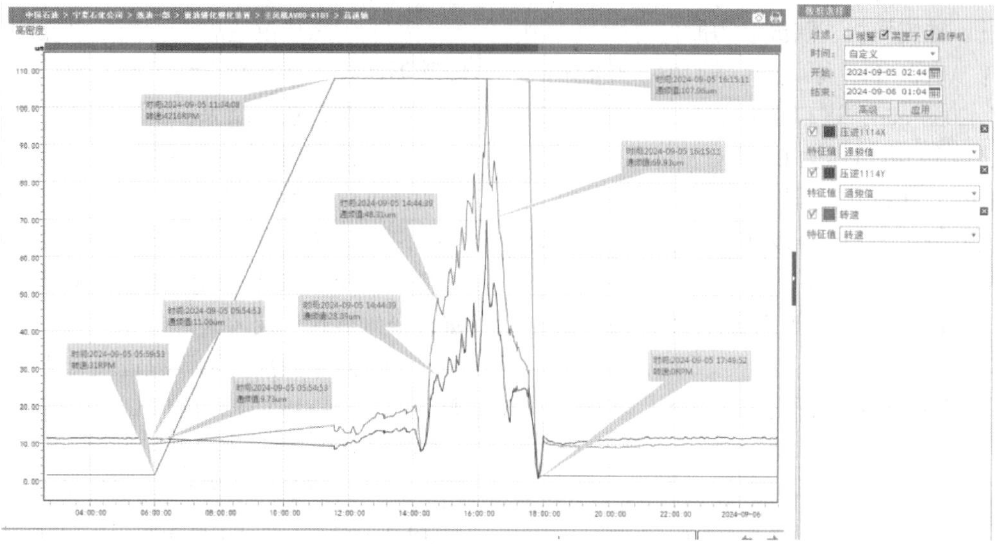

图3　主风机 K-101 第一次启机四通道振动通频趋势图

3　机组异常原因分析

查看监测系统，四通道长期间隙电压趋势，以压缩机排气口通道压排 1114Y 通道为例，查看本次启机该部位异常状态下双通道时频信号(图4)，可见时域为正弦波，频域突出工频信号，并由少量2倍频分量。前后趋势也以工频变化为主。

压缩机烟机侧联端也双通道轴心轨迹也以近似椭圆为主(图5)，因其轻微二倍分量呈现近似8字。

启停机组过程中，现场机组振动信号均以1X变化为主，通常判定为机组转子不平衡，但机组启机升速过程中，机组振动并未发生明显改变。在负荷调整主风并网过程中，机组振动发生大幅变化，同步相位趋势出现波动变化(图6)。

同时结合现场采集壳振长波形，发现频域摩擦噪带明显，高通包络可见转频谐频，综合确认为碰磨特征，转子部件存在刮蹭碰磨。

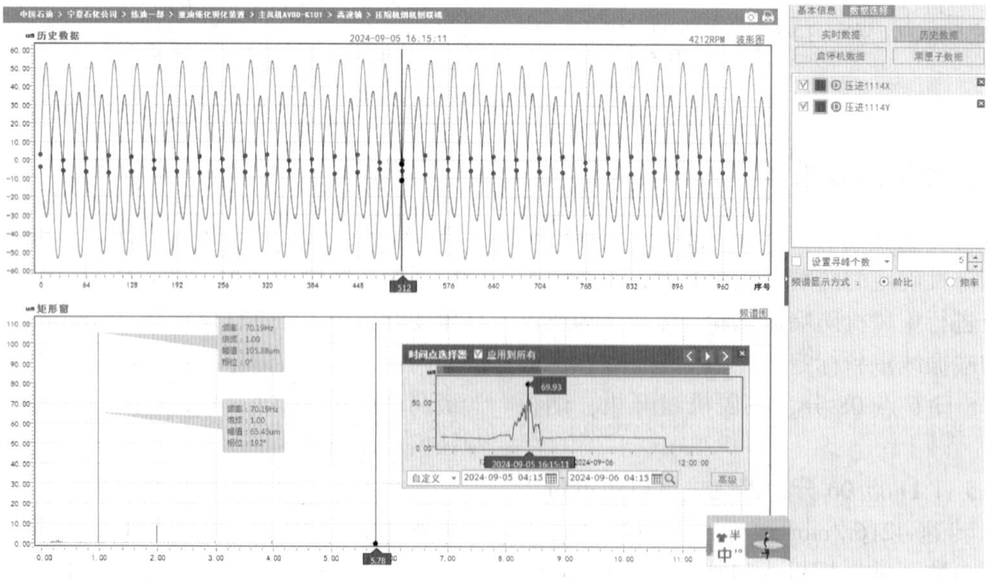

图4　第一次启机异常状态下波形频谱图

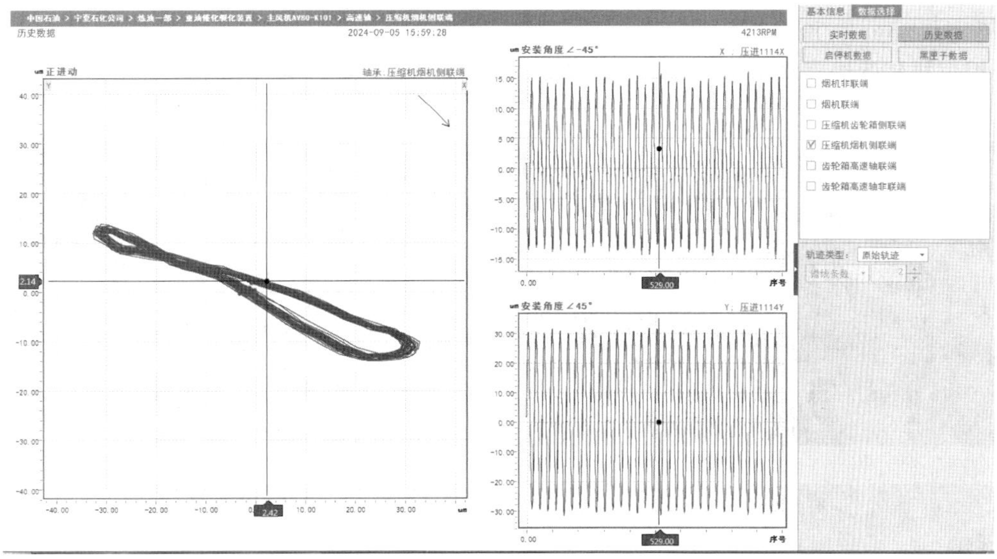

图 5　第一次启机异常状态下轴心轨迹图

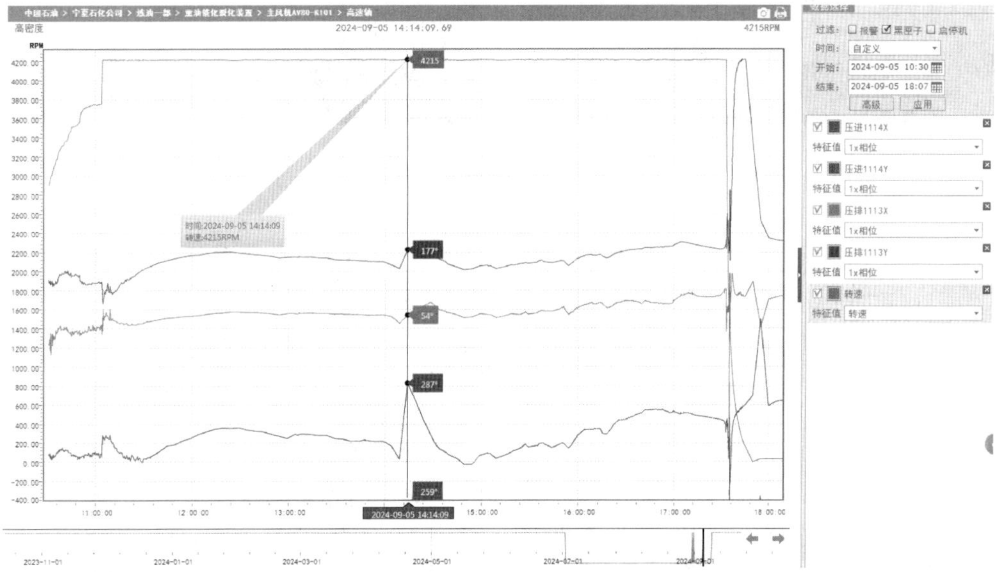

图 6　第一次启机异常状态下 1X 相位趋势图

结合以上分析及现场机组运行情况判断：主风机组并气均压、温度升高过程中，机壳及排汽管组产生热应力影响，造成转子胀阻，气封动静间隙最小部位出现磨蹭，转子轴颈局部温升，出现热弯曲造成不平衡。

建议：

（1）针对主风机改造后开工过程中反映出的问题，需联系陕鼓根据改造情况进行技术性分析总结，给出专业性结论和改进措施。

（2）优化工况稳定操作、收集参数，做好运行监测。

4　机组检修情况

9 月 6 日，主风机缸体检修折解发现主风机转子排气侧平衡鼓密封齿与平衡盘套发生蹭磨。内部动、静叶检查正常，两端轴瓦检查正常（图 7）。

组织陕鼓厂家及各技术人员进行原因分析：主风机组并气均压、温度升高过程中，机壳及排汽管组产生热应力影响，造成转子胀阻，动静间隙最小部位出现磨蹭。

解决方案：

（1）将平衡盘密封齿间隙调整到标准上限值（原安装值为0.36μm，调整为0.48μm）；

（2）根据排气管线现场情况，在排气竖管部位增加支撑与现有管线限位一起作用，管线膨胀时让中间膨胀节吸收，减少对缸体的影响（图8）。

图7　现场检修检查图

图8　现场加装支撑图

5　机组投运情况

9月9日6点，烟机冲转暖管，主风机开始启机，主风机壳体左右打表，确认热膨胀数值。

11点26分，主风机组电机合闸完成。

12点30分，主风机排气放空，开始憋压、升温，壳体排气侧膨胀测量表值不断变大，主风机排气侧轴瓦振值VT1114Y上涨。

15点，观察主风机排气侧壳体膨胀两侧表值趋于稳定（壳体膨胀数值，左侧2.1mm、右侧2.3mm），两侧表值涨差20μm。

15点30分，组织主风机组并气，15点50分左右并气结束，各主风机各项指标正常。主风机排气侧轴瓦振值VT1114Y呈下降趋势（图9）。

主风机组并风结束，检查各项运行指标正常（图10）。

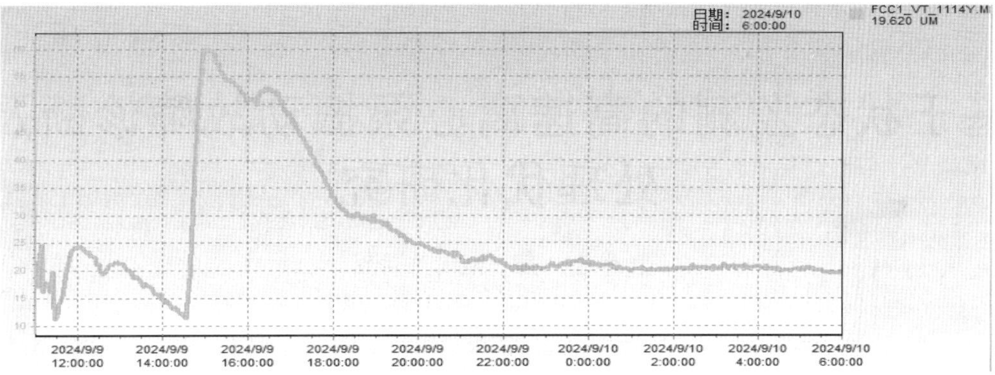

图 9　振动值趋势图

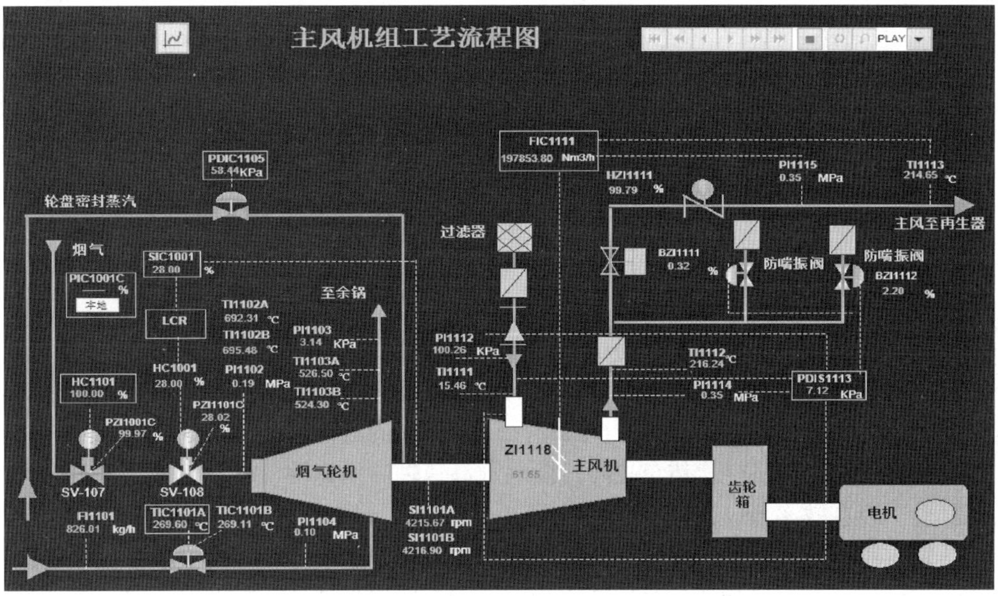

图 10　机组工艺参数图

参　考　文　献

[1] 侯曼西．工业汽轮机[M]．重庆：重庆大学出版社，1995.

[2] 姜广义，蔚夺魁，李宝凤．某燃气轮机试车中振动值渐增故障分析[J]．航空发动机，2008，34(4)：27-29.

[3] 转子热弯曲引起汽轮机振动的分析和处理[M]．华东电力，2002.

[4] 徐自力，庄贺庆．三维瞬态温度场有限单元法及200MW汽轮机汽缸瞬态温度分布[J]．汽轮机技术，1994，36(2)：91-95.

[5] 张碧波．设备状态监测与故障诊断[M]．北京：化学工业出版社，2011.4.

[6] 吴世权．主风机组防喘振曲线安全裕度技术优化研究[J]．设备管理与维修，2024，(23)：153-155.

[7] 孙宝平．催化装置主风机组预知性维修研究[J]．石油化工设备技术，2022，43(03)：29-36+5.

[8] 李文建，李艳松，齐浩，等．催化裂化装置主风机组的节能增效优化与改造[J]．四川化工，2020，23(06)：35-38.

[9] 谢红初．管道应力导致主风机组异常振动及消除措施[J]．设备管理与维修，2020，(09)：158-161.

[10] 刘爱南，宁德君．催化装置主风机组检修技术攻关[J]．通用机械，2018，(02)：28-30.

[11] 楼广治．Ⅱ催化1#主风机组齿轮箱振动原因分析及轴瓦改造[J]．石油和化工设备，2017，20(08)：69-72.

[12] 金晓航，杨宇辰，喻轩昂．改进多层自组织映射网络驱动的风电机组状态监测[J/OL]．仪器仪表学报，1 - 11[2025 - 04 - 09]．https：//doi.org/10.19650/j.cnki.cjsi.J2513714.

[13] 郭泽勇．基于孤立森林的变电站一次侧设备运行状态监测技术[J]．电气技术与经济，2025，(03)：56-58.

[14] 朱岸锋，赵前程，周凌，等．基于CNN-LSTM-Attention的风电机组状态监测与健康评估[J/OL]．振动．测试与诊断，1-8[2025-04-09]．http：//kns.cnki.net/kcms/detail/32.1361.v.20250311.2033.018.html.

[15] 贺磊，韩梅．基于振动与温度信号的振动筛状态监测与故障诊断系统[J]．信息与电脑，2025，37(05)：130-132.

基于状态监测的高速离心泵振动故障诊断及处理优化研究

吴学金　周　旭　陈占军

(中国石油宁夏石化分公司)

摘　要　高速离心泵在石油化工领域应用广泛，但其超高转速导致的振动异常问题严重威胁设备安全运行。本文以某气分装置脱乙烷塔进料泵为研究对象，基于多维度振动信号分析技术(趋势分析、时频分析、包络解调及瀑布图追踪等)，精准诊断高速轴系松动与齿轮啮合不良等故障。通过针对性维修，设备振动幅值由7.5mm/s降至1.9mm/s以下，验证了方法的有效性。研究为高速离心泵的故障预警与维护策略优化提供了理论支撑与实践范例。

关键词　状态监测；振动诊断；高速离心泵；轴系松动；频谱分析

高速离心泵凭借单级结构实现高扬程输出，在石油、化工等行业中占据重要地位。然而，其转速常达万转级，振动超标问题频发，易引发轴承损坏、密封失效甚至非计划停机。据统计，石化行业因振动导致的设备故障占比高达60%以上，直接威胁生产安全与经济性。传统故障诊断多依赖人工经验，存在效率低、误诊率高等局限性。近年来，随着智能传感技术与信号处理算法的进步，基于多域分析的振动诊断方法逐渐成为研究热点。本文结合实际案例，系统阐述振动信号的时频特征提取与故障关联机制，提出一套从数据采集到维修验证的完整解决方案。

1　研究背景

1.1　高速离心泵的结构组成与工作原理

高速离心泵是一种依靠叶轮高速旋转实现能量传递的流体输送设备，其主要结构包括泵壳、高速轴与低速轴、叶轮组件、导流装置、支撑轴承以及机械密封等核心部件(图1)。工作过程中，待输送流体沿轴向进入泵腔中心区域，在驱动装置的带动下，旋转叶轮将机械能持续转化为流体动能。当介质流经叶轮通道时，其运动速度显著提升，在叶轮出口处接近叶轮的周向线速度，这一速度增量直接反映了泵对流体所做的功。

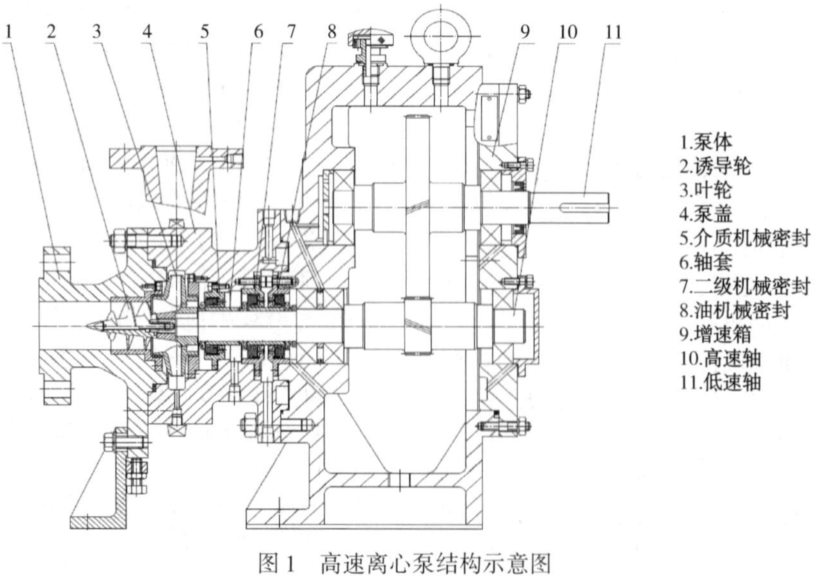

图1　高速离心泵结构示意图

获得加速的流体随后进入锥形扩散段，在此处流道截面积逐渐扩大，使得流体的动能部分转化为静压能。当压力值达到系统设定要求时，介质通过出口管路完成输送过程。由于该类泵的压头特性与叶轮外缘线速度的平方成正比，因此需要维持极高的运转转速，这也是其被归类为高速离心泵的根本原因。

1.2 高速离心泵的典型故障模式

高速离心泵的故障主要集中于轴承磨损、轴系松动、齿轮啮合异常及流体诱导振动。其中，轴系松动因安装误差或长期疲劳易引发周期性冲击，导致振动幅值非线性增长。研究表明，松动故障的特征频率通常与转频及其谐波相关，但受负载波动影响，频谱特征易被噪声掩盖。

1.3 状态监测技术的发展现状

振动诊断技术历经数十年发展，已形成以趋势、时域、频域和时频分析为核心的完整体系。近年来，包络解调技术通过提取调制信号中的故障特征，显著提升了早期故障检测能力。此外，三维瀑布图可直观展示频谱随时间的变化趋势，为动态工况下的故障追踪提供了新思路。然而，现有研究多聚焦单一分析方法，对多维度信号的联合诊断仍缺乏系统性探索。

2 问题描述

某气分装置脱乙烷塔进料泵（型号：GSB-Q-60/300）为卧室高速离心泵（表 1），其轴承配置如下：

表 1 高速离心泵关键参数

名称	型号	参数	数值
脱乙烷塔进料泵	GSB-Q-60/300	电机功率	75kW
		出口压力	3.6MPa
		低速轴转速	2980r/min
		高速轴转速	9500r/min
		流量	59.6m^3/h
		扬程	300m
		输送介质	液化气

高速轴轴承（角接触轴承）：型号 7309 ACCBM（接触角度 25°），故障特征频率为高速轴转频（163.281Hz）及其谐波；

低速轴轴承（角接触轴承）：型号 7309ACCBM（接触角度 25°），故障特征频率为低速轴转频（49.667Hz）；

齿轮啮合频率：5876.563Hz，伴随输入轴转频调频现象。

机泵运行期间增速箱水平侧振动速度持续波动并呈缓慢上升趋势，频繁触发机泵振动门限报警，最高峰值达 7.5mm/s，且振动幅值受环境温度与流量波动影响显著，威胁设备长周期运行。

3 故障诊断与信号分析

3.1 数据采集与实验设计

采用高频加速度传感器（频响范围 0.1～20000Hz）与速度传感器（频响范围 2～1000Hz）同步采集振动信号，采样频率分别为 64kHz（加速度）和 8kHz（速度）。数据采集周期覆盖设备启动、稳态运行及负载波动阶段，确保全面捕获故障特征。

3.2 多维度信号解析方法

针对此高速离心泵振速高故障问题，调看其状态监测相关频谱，该泵增速箱水平测点高频加速度总值位于 24～26m/s^2，运行趋势平稳。

3.2.1 趋势分析

查看该泵停机检修前时段内增速箱水平测点振速幅值在 1.9～6.2mm/s 区间波动，并呈缓慢上升趋势（图 2），因此需做停机检修处理。

3.2.2 时域分析

原始 64K 加速度时域波形图显示规律性冲击信号（间隔约 164Hz），冲击幅值随转速升高而增大，初步判定为轴系松动（图 3）。

3.2.3 频域分析

64K 加速度频域波形图中可见中低频段幅值较高，高速轴转频（163.281Hz）及对应高次谐波带，输入轴（低速轴）系特征不明显，判断高速轴系存在松动特征。波形图中还可见齿轮啮合频率信号（5876.563Hz）且存在 ±20Hz 调频现象，并伴随输入轴转频调频现象（如图 4），表明齿隙波动导致啮合不良。

3.2.4 瀑布图分析

查看 8K 速度频域波形，可见泵体振动信号明显来源于高速轴系（163.125Hz）及对应叶片通过频率 4X（如图 5）。8K 速度三维频谱显示增速箱水平振速的波动伴随高速轴转频特征频率及叶片通过频率 4X 的变化而变化（如图 6），结合温度与流量数据，确认松动故障随热膨胀效应加剧。

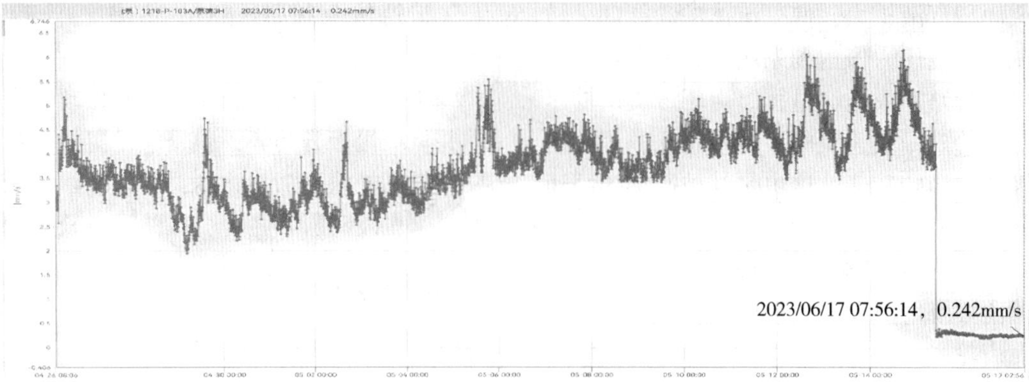

图 2　泵增速箱水平 8K 速度趋势图

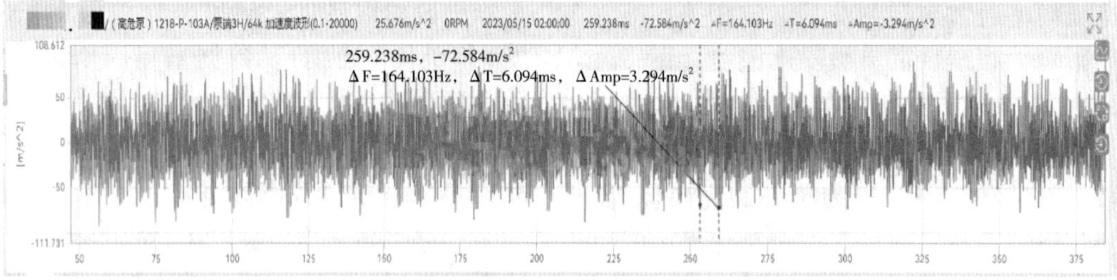

图 3　泵增速箱水平 64K 加速度时域波形图

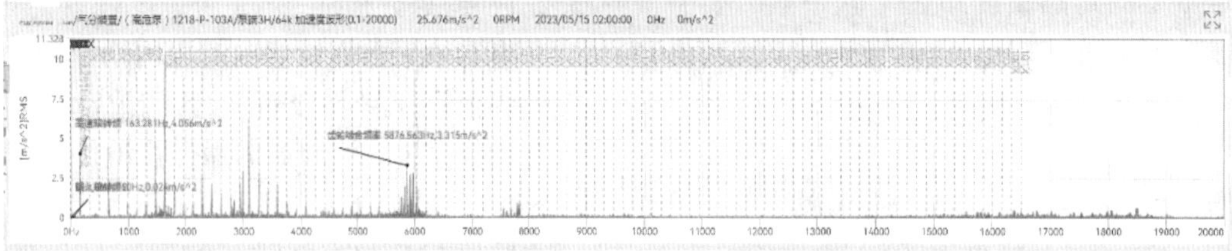

图 4　泵增速箱水平 64K 加速度频域波形图

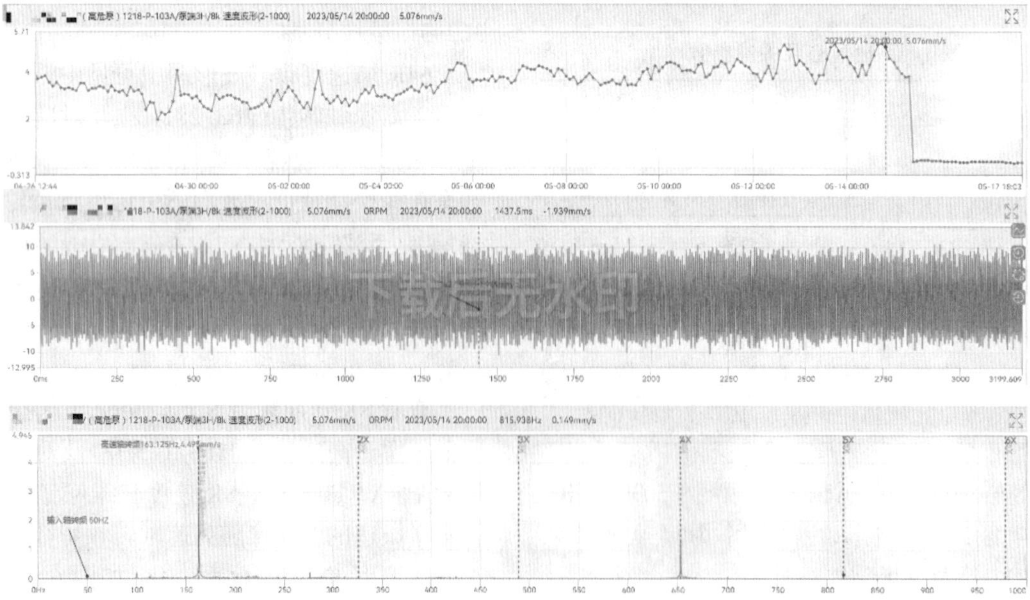

图 5　泵增速箱水平 8K 速度波形图

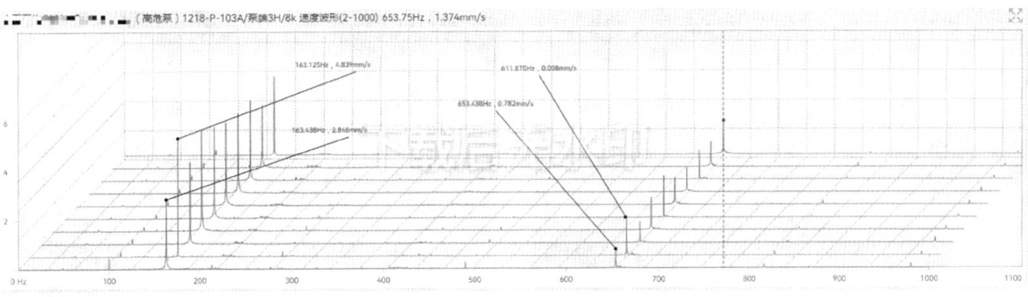

图 6　泵增速箱水 8K 速度瀑布波形图

3.3　故障定位与机理验证

泵增速箱垂直测点振动偏低(1.0~1.5mm/s)，频域中可见高、低速轴系相关特征转频，但高速轴系转频及谐波能量占比仍较多(如图 7)。水平相较于垂直测点振动明显偏大(振动幅值最大超出 4 倍)，排除泵体基础刚度因素。通过现场检修过程实测对比，验证以下机理：

3.3.1　根原因

3.3.1.1　轴承选型及配置方式不符

原轴承型号为 7309 ACCBM，接触角度 25°，承受轴向和径向载荷能力较低。拆卸发现高速端轴承配置方式为面对面(DF)，此配置方式只能满足轴向负载较小的使用需求，在高速旋转时，由于两个轴承的窄端面相对，支撑作用较弱，导致振动和噪音的增加。

3.3.1.2　装配公差超标

测量高速轴抬量 0.12mm，超过允许值 0.05mm，导致径向位移偏大，诱发叶轮与诱导轮的非对称载荷，导致设备在运行时产生异常的振动和噪音。

3.3.2　衍生后果

3.3.2.1　轴承游隙过大

高速端轴承 7309 ACCBM 初始游隙为 0.10mm，因长期运行中轴向冲击导致游隙增大至 0.13mm；低速端轴承 7309ACCBM 游隙增至 0.15mm，均超出允许范围(≤0.10mm)，轴承游隙过大会导致滚动体与内外圈接触不平稳，高速旋转时产生周期性冲击载荷，并通过增速箱传递至泵体。

3.3.2.2　齿轮啮合不良

齿隙允许值为 0.12±0.02mm，实测齿隙波动范围 0.14~0.18mm，超差引发调频现象，调频振动与泵内流体压力叠加，加剧振动能量传递至泵体，破坏诱导轮结构。

3.3.2.3　诱导轮偏磨

拆卸诱导轮发现单侧磨损深度达 0.5mm，导致增速箱轴系质量分布不均，动平衡破坏，进一步恶化流体动平衡，造成增速箱高频振动(图 8)。

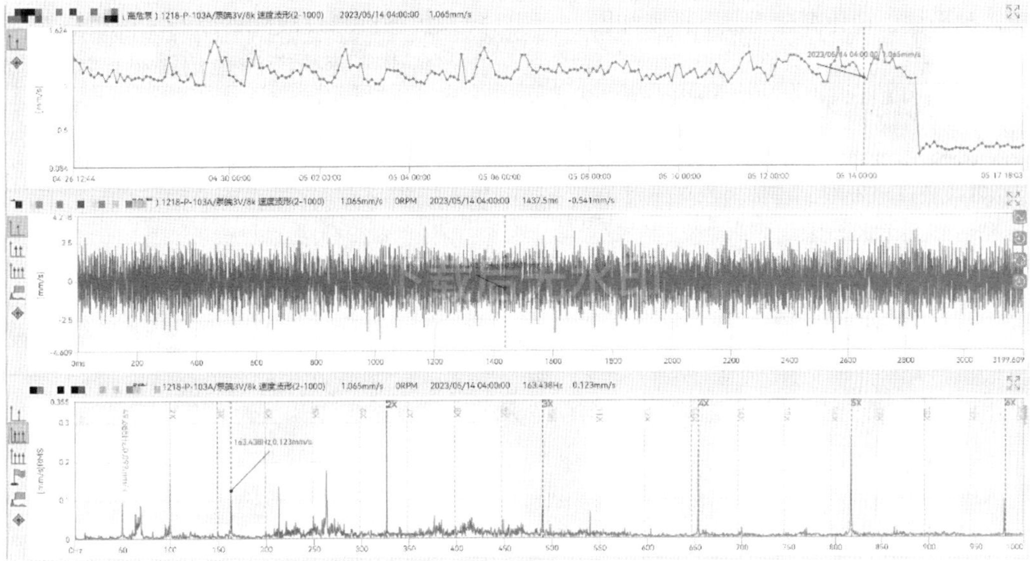

图 7　泵增速箱垂直 8K 速度波形图

图8　诱导轮偏磨情况

4　针对性维修与效果验证

4.1　维修方案优化

4.1.1　轴承选型及配置方式优化

高速端轴承更换为高精度轴承7309BDB/P5系列，低速端轴承更换为7309BEAT85SUGA，接触角度均为40°，可承受较高轴向和径向载荷能力。高速端轴承配置改为背对背配对(DB)方式，在承受轴向负载时能够形成有效的支撑，从而提高整体的承载能力，在高速旋转时具有较好的稳定性，能够有效减少振动和噪音，提高设备的运行平稳性。

4.1.2　轴承游隙调整

新更换的高速端7309BDB/P5轴承及低速端7309BEAT85SUGA轴承在安装过程中通过增加垫片厚度将游隙均调整至0.10mm(原值0.13~0.15mm)，避免高速旋转时产生周期性冲击载荷。调整依据为：游隙≤0.10mm时可确保滚动体与内外圈接触平稳，避免高速工况下振动加剧。

4.1.3　轴系调整

更换新高速轴与低速轴，采用激光对中仪对高速轴抬量进行调整和校正，确保轴抬量≤0.04mm。

4.1.4　齿轮优化

采用百分表测量齿隙，通过调整齿轮箱垫片厚度将啮合间隙控制在0.12±0.02mm范围内(原值0.14~0.18mm)。

4.2　维修后性能评估

该泵检修启机后运行平稳，增速箱水平测点振速稳定于0.9~1.9mm/s(图9)，振速下降明显，高频加速度信号中，高速轴转频谐波幅值降低约85%，齿轮啮合频率幅值下降约90%，松动特征消失(图10)。

5　结论

本次故障处理通过多维度信号分析精准定位根原因(轴承选型与装配公差)，减少诊断盲区，优化措施包括。

5.1　状态监测技术验证

状态检测及故障诊断与实际拆解结果高度吻合，高速轴转频谐波幅值降低85%，齿轮啮合故障消除。

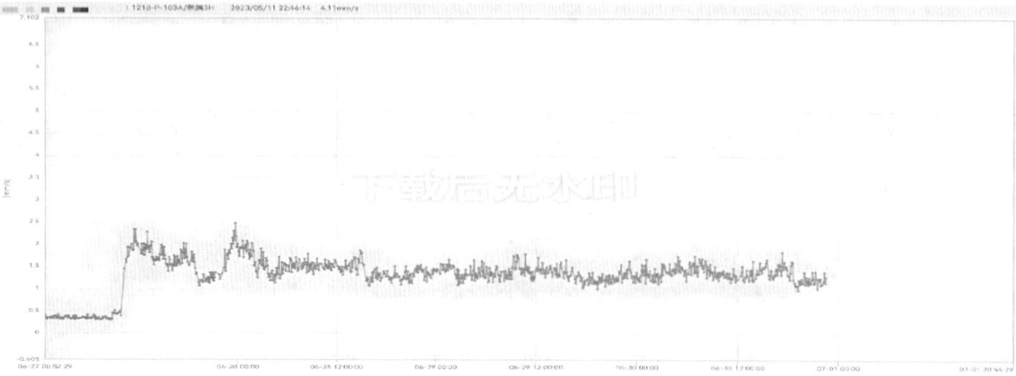

图9　检修开机后增速箱水平8K速度趋势图

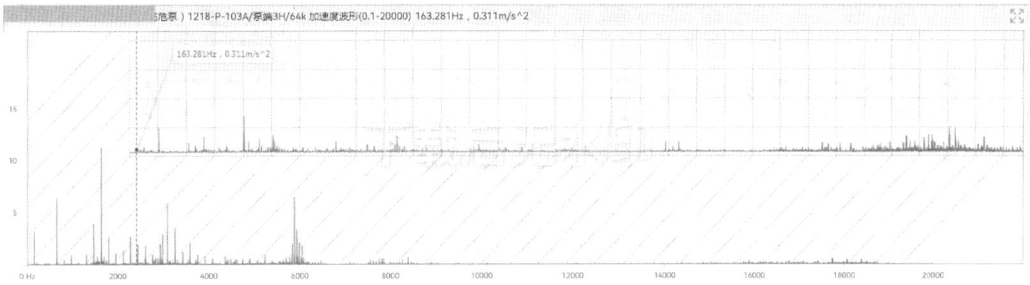

图 10　检修开机前后增速箱 64K 加速度频域波形比对图

5.2　改进措施

（1）推行高精度轴承（7309BDB/P5）与 DB 配置标准；

（2）制定装配公差动态监测流程，确保游隙 ≤0.10mm；

（3）建立齿轮啮合间隙定期校准制度。

5.3　效果评价

设备运行稳定性明显增强，维修周期延长至 18 个月，故障诊断由经验主导转为数据驱动，显著提升可靠性。建议后续引入基于机器学习的在线监测系统，通过实时分析频谱能量分布演化趋势，实现故障早期预警响应。

参　考　文　献

[1] 张伟，李志农．高速离心泵振动故障案例分析[J]．化工机械，2018，45(3)：45-48.

[2] 黄文虎，夏松波．设备故障诊断原理与技术[M]．北京：科学出版社，1996.

[3] 王华健，吴少平．高速泵轴系松动故障的诊断与处理[J]．石油化工设备，2015，44(6)：72-75.

汽轮机间歇性振动故障原因分析及处理

高江丽　周　涛　王卫军

（中国石油乌鲁木齐石化分公司检验检测中心）

摘　要　本文针对某芳烃生产部连续重整氢增压机组汽轮机在运行过程中频繁出现间歇振动问题，通过对振动数据分析和诊断，确定机组振动是由于汽轮机高压端油挡处出现积碳，当积碳达到一定厚度时与转子接触磨损轴颈出现动静摩擦，导致转子不稳定涡动。机组运行过程中，通过采取有效措施，减缓了油挡积碳速度、降低了碳化摩擦振动发生的可能性，有效降低了振动波动频次和幅度，确保机组安全平稳运行，避免非计划停机。该机组振动原因的分析、诊断以及处理过程，可以为类似故障的现场分析诊断提供参考。

关键词　汽轮机；振动；诊断；积碳；动静碰磨

振动是机组运行中常见的故障之一，引起振动的原因很多，如不平衡、不对中、油膜涡动、气流激振、热弯曲、旋转部件松动、支撑部件联接松动和碰磨等等，因此准确地判断机组振动的原因是消除振动的关键。研究表明，振动信号中含有丰富的故障信息，只有对振动信号进行时域、频谱及轴心轨迹的综合分析，才能正确诊断出振动的原因，从而为机组的稳定运行提供有针对性的解决方案。

1　机组概况

主机的排列形式为：低压缸——汽轮机——高压缸，其中汽轮机由杭州汽轮机股份有限公司生产的NKS40/36凝汽式汽轮机，该机组额定转速为8713r/min，额定功率为6230kW，进气压力为3.6MPa，排气压力为0.018MPa，汽轮机振动报警值/联锁值为50/75μm。汽轮机两端轴承为可倾瓦轴承，具有良好的稳定性，可避免油膜振荡。

该机组配套有分散式控制系统（DCS）以及BH5000C在线监测系统，可以对机组的运行情况进行实时监控，机组振动监测测点分布如图1所示。

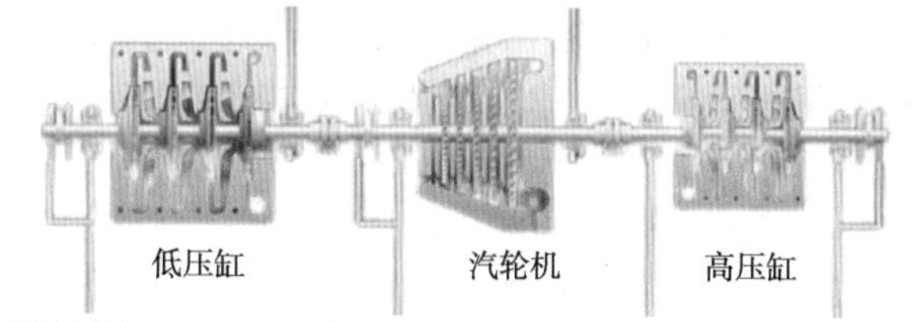

图1　机组振动监测测点分布图

2　故障现象

机组稳定运行时，汽轮机四个通道振动值均低于25μm。从2022年1月开始，汽轮机两端四个通道振值出现无规律的波动，波动过后能够完全恢复到正常状态，但随着运行时间的延长，波动频次和幅度越来越大。波动从每隔5~7天会出现一次较大幅度的振动波动现象，增加到每日出现振动波动；且波动的幅值有逐步升高的迹象，从最初的30μm至最大幅值82μm（报警值为50μm，联锁值为75μm，联锁为二取二）。每次汽轮机发生波动时，均是高压端振动波动超前于低压端，但低压端波动幅度大于高压端。

3　振动监测与分析

3.1　振动监测

从振动趋势图上看，2022年1~4月份汽轮机共发生9次较大幅度的波动（图2~图3）。汽轮机高压端测点2453，2454的振值历史最高分别为69μm、82μm（报警值为50μm，联锁值为75μm，联锁为二取二）。汽轮机振动波动前后，监测结果见表2。

3.2　振动幅值

汽轮机各测点振动幅值见表2。

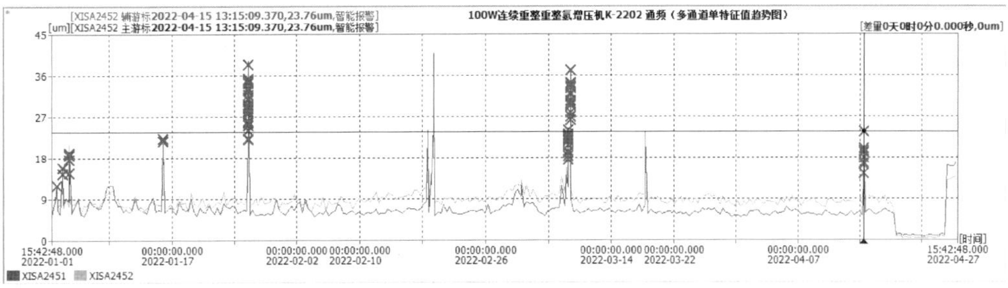

图 2　汽轮机低压端测点振动趋势图

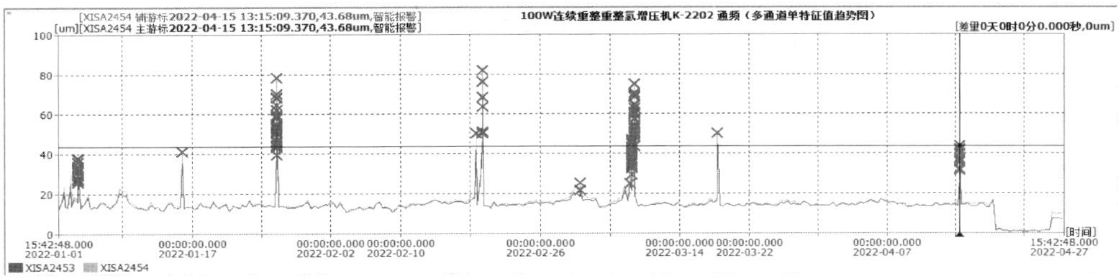

图 3　汽轮机高压端测点振动趋势图

表 2　汽轮机各测点振动幅值　　　μm

汽轮机测点	XISA2451	XISA2452	XISA2453	XISA2454
振值(平稳时)	6	8	15	16
振值(波动时)	42	43	69	82

3.3　振动分析

汽轮机振动在规定范围内的振动属于正常，不会对机组造成恶劣影响。但是当振动远远高于报警值时，就严重影响了汽轮机正常运行，需要检查机组运行中存在的安全隐患。常见的振动故障一般是持续变大的，例如：动不平衡不佳、对中不良、机组沉降等原因。

而该汽轮机实际运行过程中频繁出现间歇性振动，即不定期的振动迅速上升持续很短一段时间后迅速下降恢复至正常状态，振动波动值远远超出正常的波动范围。常见的间歇性振动故障包括：油膜振荡、油挡环积碳、振动探头假信号、工艺原因等。针对 K2202 汽轮机振动故障，需要从监测到的振动信号中提取故障信号特征，这是准确判断故障原因的关键。

3.3.1　振动故障特征

对机组振动的振幅、时域波形、频谱、轴心轨迹等测量数据分析如下：

（1）从振动趋势图中可知，透平四支测点每次波动都是随机的、无规律的短时间波动，波动过后能够完全恢复到正常状态。汽轮机测点的直流电量在波动前后均较平稳，说明振动信号真实有效。振动从开始增长到恢复至正常状态，经历的时间从几分钟至几十分钟不等。汽轮机波动时，压缩机轴振动稳定。

（2）汽轮机振动波动时刻，没有出现新的故障频率，通频幅值的变化主要由一倍频分量变化所引起，一倍频分量上升至通频的 90%。

（3）波动时汽轮机测点的时域波形近似正弦波。稳定状态下，透平轴振动频谱图中除一倍频、二倍频分量外，还存在三、四等高次谐波分量，测点 2453、2454 的时域图有削波现象(图 4~图 5)。

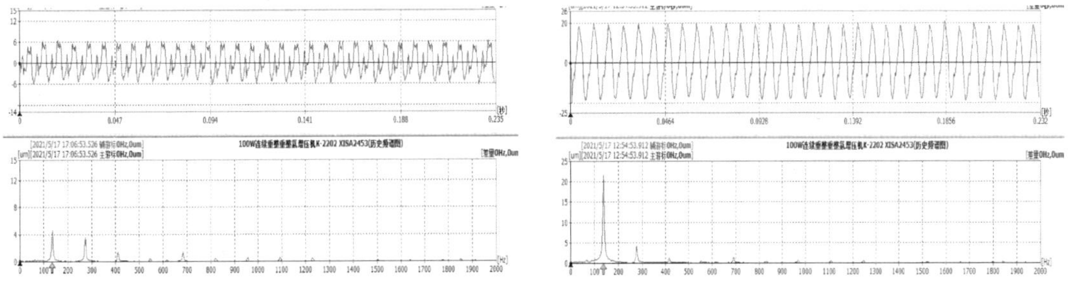

(a)波动前　　　　(b)波动后

图 4　汽轮机波动前后测点 2453 的波形频谱图

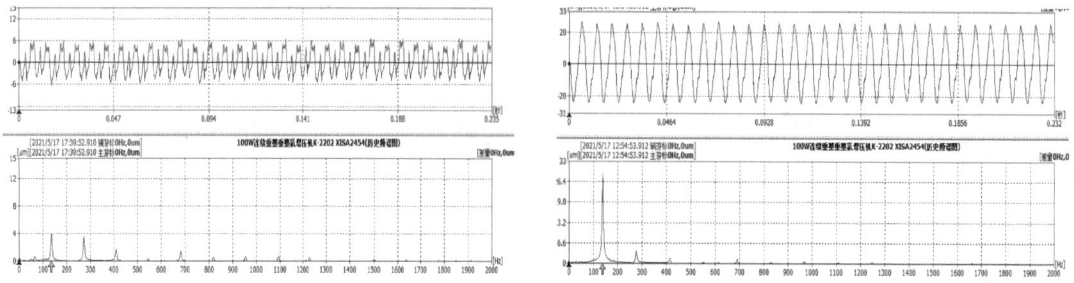

(a)波动前　　(b)波动后

图5　汽轮机波动前后测点2454的波形频谱图

（4）汽轮机波动时，调取工艺操作参数发现：转速、蒸汽流量及压力、油温、油压等各项操作指标均正常，且保持稳定；轴瓦温度平稳无明显变化，基本排除轴瓦与转子摩擦的可能。

（5）振动出现波动的时间段内，轴心轨迹由“8”字型变成有尖角的椭圆形，并出现反进动现象(见图6)。

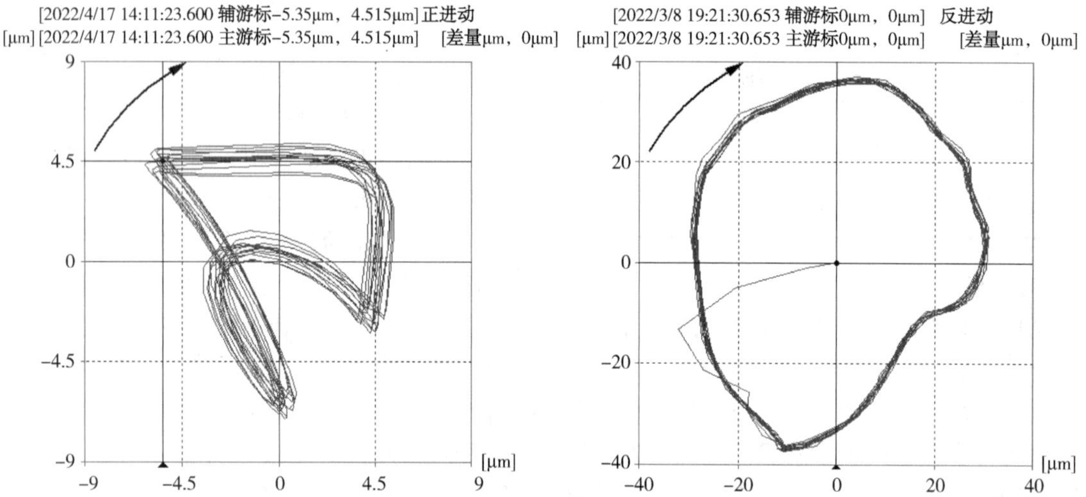

图6　汽轮机高压端振值波动时轴心轨迹对比图

3.3.2　故障分析

汽轮机振动变化特征是运行过程中频繁出现间歇性振动，从相关图谱可知，出现波动的主要原因是汽轮机转子所受激振力瞬间变化而产生的不稳定工频振动。产生这种激振力的原因有以下几种：

（1）动静碰摩，动静碰摩分两种类型：①静止部件与转动部件碰摩。转轴不是直接与静止部件碰摩，而是与转轴上的动叶片、围带等转动部件碰摩，不会造成透平转轴热弯曲，振动有时稳定，有时可能失稳，如果处于稳定状态，反映出的振动主频为工频，处于失稳状态时，则振动主频为转子的一阶临界转速频率；②转轴与静止部件的直接碰摩，达到一定的磨损量后，摩擦中断，振动降低恢复至正常，该透平振动特征频率和故障现象与此类动静碰磨故障相符合。

（2）蒸汽带液，蒸汽的品质对汽轮机振动有所影响，蒸汽带液会对叶轮产生冲击，产生激振，车间检查了管线及透平蜗壳的排凝，并根据操作参数分析排除了3.5MPa动力蒸汽带液的可能，同时根据振动渐变的性质，也可以排除其它异物进入叶轮的可能性。

经以上分析，判断引起间歇性振动的主要原因是机组发生动静碰磨。通常汽轮机动静摩擦主要有轴瓦与转子摩擦、汽封片与转子摩擦、油挡与转子摩擦。从对比轴瓦温度与振动数据中发现，在振动发生波动期间，轴瓦温度平稳无明显变化，一直稳定在79~80℃，因此排除轴瓦与转子摩擦的可能。

3.4　诊断结果

动静碰磨是汽轮机重要的振动故障之一，它能够使转子产生复杂剧烈振动，轻者使机组轴系局部出现磨损，严重的可造成转轴永久性弯曲，甚至毁坏整个轴系。转子的进动方向、时域波形及相位是判断碰磨的重要参数。发生碰磨时，时域波形存在削波现象；频域波形以工频振动(1X)为主并伴有分频成分，严重碰磨时，除了工频和分频成分外还有其它的倍频成分，如2X、3X等；碰磨故障发生时相位会发生突变，且振动对油温、压力、流量等参数不敏感。但当轻微碰磨时，时域波形可能不出现削波现象，进动方向也可能不出现反进动。随着时间的推移，碰磨材料慢慢消耗，碰磨振动会越来越小，直至消失。通过对时域波形、轴心轨迹、相位变化以及现场工艺参数调节情况的分析，可以判定机组轴振动是由动静碰磨所致。

鉴于汽轮机两端振动异常突增无规律，且振动持续一段时间后恢复正常，机组其它部位振动均无明显变化，因此分析判断汽轮机油挡处出现碰磨，且为软碰磨，怀疑存在油挡积碳。具体表现为：汽轮机高压端油档积碳厚度增加，油挡与转子间隙减小，导致与轴颈发生碰摩产生异常振动；每次汽轮机发生波动时，均是高压端波动超前于低压端，是由于高压端首先出现碰磨，造成低压端翘尾，而引起大幅波动，当顶尖处积碳被磨平后振动消失。

4 运行中控制振动的措施

4.1 油挡积碳原因分析

分析汽轮机油挡积碳的主要原因有：

(1) 油挡处润滑油渗漏。油挡与转子之间有润滑油甩出，部分润滑油附着在油挡齿周边，在高温状态下会裂解碳化，油挡外部的细小杂物也更易附着在油挡及油挡齿上，随着运行时间的增加，油挡处附着的杂物会越积越多，与油接触形成油泥，在高温作用下形成积碳，当积碳到一定程度就会与轴颈发生摩擦，引起汽轮机轴振动间隙性增大，这是造成油挡积碳导致振动增大的根本原因。

(2) 轴承座内负压、轴承座外部杂质。机组运行过程中，为使润滑油回油通畅，润滑油箱内部通常维持一定负压，不可避免使轴承座外部的杂质如灰尘、保温棉碎屑会随着空气一起被抽入轴承座，一部分会附着在油挡上，一部分会进入润滑油导致润滑油油质劣化。

(3) 轴封漏汽，油挡区域温度过高。润滑油及杂质在高温作用下会加速碳化，如果蒸汽泄露对油挡温度影响十分显著。轴封体的温度通过辐射换热直接作用在轴承座及外油挡上，使外油挡在运行期间维持一个较高温度，加剧油挡处积碳的产生。

4.2 控制振动的措施

机组运行中，通过采取一系列措施，有效减缓降低了振动的波动频次和幅度：

(1) 加强汽轮机重要参数监视，合理控制主油箱负压，如果主油箱负压过大，轴承座内部对外部空气抽吸力增大引起杂质进入油档。调整主油箱负压时要注意轴承油档是否会发生渗油，要根据轴承油档间隙和实际运行情况，分次分步骤调整。

(2) 净化周边环境，汽轮机轴承回油一般是要维持微负压，理论上有负压就可能吸入外界杂质，因此控制汽轮机周边环境卫生能有效减少污染物进入轴承油档。

(3) 增加附近通风，降低油挡处温度，以减缓油挡积碳速度、降低碳化摩擦振动发生的可能性或推迟发生积碳摩擦振动的时间。

4.3 故障验证

机组从出现故障到检修，持续运行了一年多，期间未发生一起非计划停机。该机组停机检修解体后发现，汽轮机高压端油封端面积碳，积碳结焦块十分坚硬，导致上下油封出现蹭磨，油封外侧刮蹭出一道 2.4mm × 1.5mm 的凹槽(图7)，验证了前期诊断结果。

图7 汽轮机高压端油封结焦

5　结论

结合K2202汽轮机振动异常波动案例分析，通过对油挡积碳原因分析及整治、防范措施进行总结：(1)轴承座油挡积碳会引起机组振动异常，对机组的安全运行存在风险隐患；(2)油挡积碳产生的原因主要有3个因素：高温、漏油和杂质。因此油挡积碳多发生在汽轮机高中压缸部分油挡处；(3)解决油挡积碳问题，也应从以上3个因素着手。主要有：提高轴封处保温质量，增加附近通风，降低油挡处温度；调整游荡间隙，保证回油畅通，减少油挡漏油；检修、运行中保持油挡附近环境干净、通风畅通，避免杂质积聚，另外保证主油箱负压在合适范围内，避免过多杂质吸入。

对机组进行故障诊断，首先要立足于对各类机械故障机理的了解，再通过监测获得振动信息，从中提取出故障特征，进行周密的分析。K2202汽轮机故障诊断及处理过程是通过对机组故障成因的分析和罗列，加以逐一排除，最终确定原因，采取有效措施，才能消除故障，保障机组安全运行。

参　考　文　献

[1] 杨国安．机械设备故障诊断实用技术[M]．北京：中国石化出版社，2007.

[2] 王宇飞，谢永鹏．旋转机械转子不平衡故障的诊断与分析[J]．湖南工业职业技术学院学报，2009，9(5)：6-7.

[3] 陆颂元．汽轮发电机振动[M]．北京：中国电力出版社，2000.

[4] 李素卿，杨世斌，刘卫东．300MW汽轮发电机组轴系不稳定振动原因分析及控制处理[J]．热力发电，2007，36(1)：47-50.

[5] 施维新．300MW汽轮发电机组振动及事故[M]．中国电力出版社，1991.

乙烯裂解气压缩机四段出口压力高分析及处理

王 强 张 灏

（中国石化北京燕山分公司）

摘 要 乙烯行业中裂解气压缩机四段出口压力高问题较为常见，容易造成四段排出罐安全阀起跳从而导致生产工艺运行波动。燕山石化本次运行周期开始使用裂解航煤原料，裂解气压缩机至运行末期突发出口压力、温度持续升高现象，导致压缩机五段出口流量不断降低，对装置平稳运行造成较大困扰。通过局部检修的方式，确定了压缩机高压缸内结焦严重导致平衡盘密封失效，高压段工艺气串入低压段是造成四段出口压力高的主要原因，提出了优化改进的措施，确保乙烯装置长周期平稳运行。

关键词 裂解气压缩机；四段出口压力；平衡盘；结焦；航煤

乙烯行业是我国的化工基础，炼化企业乙烯装置在整个化工生产链条起到承上启下的作用。裂解气压缩机是整个乙烯装置的心脏，为裂解反应后续的分离工艺流程提供动力，地位至关重要。燕山石化 80 万/吨乙烯装置为两头一尾设置，老区单元裂解气压缩机 GB/T-201 带动 60 万吨负荷，新区单元裂解气压缩机 GB/T-1201 带动 20 万吨负荷。其中 GB/T-1201 为背压式透平驱动离心式压缩机，采用浮环密封形式，制造厂家为日本三菱，机组主要的参数如表 1 所示。

表 1 裂解气压缩机组概况

型号		额定转数/(r/min)	额定功率/kW	额定流量/(kg/h)	入口压力/MPa	出口压力/MPa	入口温度/℃	出口温度/℃	转轴型号
压缩机一段	7H-3	7933	2353	83696	0.143	0.279	42.1	94.2	可倾瓦
压缩机二段	7H-6C		2094	79665	0.258	0.502	37.9	87.6	
压缩机三段			2236	77485	0.477	1.01	40.3	94.4	
压缩机四段	5H-8C		2134	73809	0.92	1.848	42.7	97.1	
压缩机五段			2246	76727	1.813	3.885	28.9	87.1	

燕山乙烯 2021 年 5 月完成大修，新区单元本周期开始不定期使用裂解航煤原料，装置开车至今已将近三年半的时间，到达本轮运行的末期，其中新区单元裂解气压缩机 GB/T-1201 在 2024 年 8 月份出现四段出口压力持续升高现象，压力值已接近四段出口罐 FA-1206 安全阀起跳压力，给乙烯装置平稳运行造成极大困扰。

1 裂解气压缩机 GB/T-1201 四段出口压力高情况

自 2024 年 8 月 16 日开始，新区单元裂解气压缩机 GB/T-1201 三段出口压力 PI1213 由 1.17MPa 上涨至 1.26 MPa，涨幅为 0.09MPa，如图 1 所示。四段出口压力 PI1214 设计工作压力为 1.85MPa，已由 2.15MPa 上涨至 2.26 MPa，涨幅为 0.11 MPa。同时影响一、二段出口压力随之上涨，四段出口压力上涨尤为明显，且处于持续攀升状态。

2 故障原因分析

2.1 裂解原料影响分析

本运行周期新区裂解炉不定期裂解航空煤油原料。航空煤油由 C9~C15 的链烷烃、环烷烃及芳烃组成，航煤原料更重、密度更大，裂解反应也更加困难。航煤中烷基芳烃的侧链碳键容易断裂和脱氢反应，更进一步的芳烃缩合以及生成焦的反应，更容易发生结焦现象。结焦物积聚造成裂解气压缩机段间罐及换热器垢物积聚，是可能造成四段出口压力升高的原因之一。

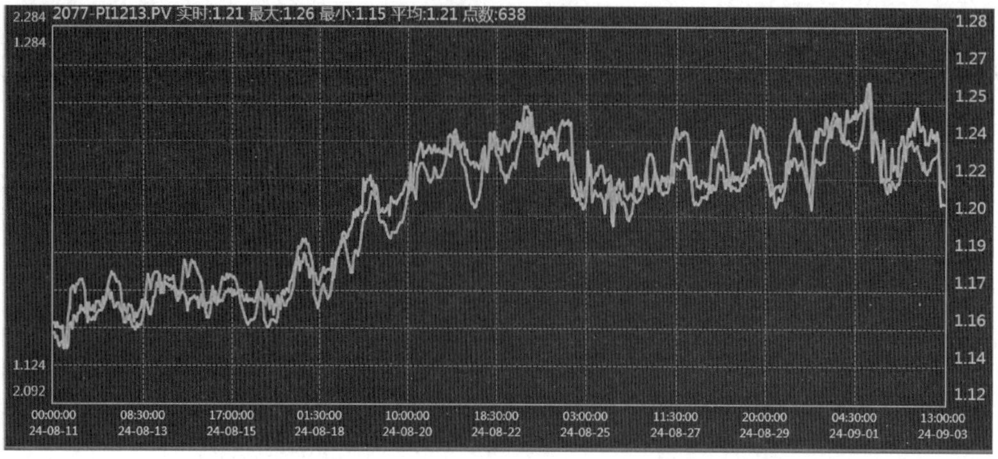

图 1　GB/T-1201 四段出口压力变化情况

2.2　压缩机注油系统影响分析

压缩机设有洗油注入系统抑制结焦。洗油注入后在压缩机流道上形成油膜，起到溶解聚合物并减轻聚合物粘附作用。机组注油系统螺杆泵通过自力式控制油站分别向五段注洗油，但螺杆泵使用时间较久出口压力低于设计值，且压缩机高压缸四、五段背压高，造成四段、五段注油效果不理想，可能会影响结焦抑制效果。

洗油中加有结焦阻聚剂，该阻聚剂有两个作用，一是能够稳定裂解气中的自由基，该组分会与自由基结合生成稳定的分子，终止聚合反应；二是起到分散清洗的作用，当裂解气压缩机内部有聚合物生成时，该组分会将聚合物进行分散后随裂解气带走，避免聚合在压缩机内累计。本周期装置长时间处于超低负荷运行，为降本增效，裂解气压缩机阻聚剂注入量减幅较大，远低于正常使用量，也可能会影响到结焦抑制效果。

2.3　压缩机附属设备阻力影响分析

对压缩机四段系统相关设备进行排查，从压差分布分析，如表 2 所示，三段出口冷却器 EA-1205 的压差约为 0.01MPa，EA-1205 至 EA-1206 的压差为 0.02 MPa，四段出口冷却器 EA-1207 的压差为 0.05 MPa，四段出口罐 FA-1206 丝网除沫器前后压差 0.01 MPa，除 EA-1207 换热器压差略高以外，压缩机系统其它设备压差并无异常，说明四段压缩系统内无明显堵塞现象。

表 2　压缩机系统相关设备排查情况

位置	压力值/MPa	压差/MPa
三段出口 DCS 值	1.23	0.01
三段出口冷却器出口实测值	1.22	
碱洗塔入口加热器出口实测值	1.20	0.02
四段出口 DCS 值	2.22	0.05
四段出口冷却器出口实测值	2.18	
五段吸入罐除沫网前实测值	2.16	0.01
五段吸入罐除沫网后实测值	2.15	

2.4　压缩机高压缸平衡盘系统分析

如图 2 所示，对压缩机高压缸平衡管、密封气管线等进行排查，五段出口高压侧密封气管线温度约为 60℃，而四段入口低压侧管线约为 30℃，机组采用浮环密封形式，压缩机出口干燥后的裂解气作为密封气，密封气总管温度应为 15℃。通过自力式调节阀后的密封气压力微高于四段入口压力，跟介质气形成气气压差，通过浮环密封保证壳体内较脏的介质气不会泄漏。密封气压力远低于五段出口压力，由此判断五段出口裂解气通过密封气管线反串至四段入口。为验证上述推断，将密封气与工艺气压差增加，由 40kPa 增加至 60kPa 后，低压侧温度明显下降。

压缩机高压缸五段出口高压侧设有平衡盘，平衡盘、汽封、平衡管组成轴向力平衡系统，机组正常运转时，通过平衡管从四段入口引一股低压物料到平衡盘外侧，汽封与平衡盘配合形成密封，将五段出口的高压物料封在平衡盘内侧，通过两侧压差来平衡掉转子的轴向力。如图3所示，平衡盘外侧压力略高于四段出口压力，密封气注入点在平衡盘外侧，正常情况下，高压介质无法通过平衡盘密封泄漏，介质气就无法通过密封气管线互串，由此推断平衡盘密封已失效，造成大量五段出口的高压介质通过平衡管、密封气管线串压至四段入口处，造成四段吸入压力升高，从而影响四段出口压力也升高，由于部分物料通过平衡管、密封气管线循环，造成四段排出温度持续升高。

图2　压缩机高压缸相关管线情况

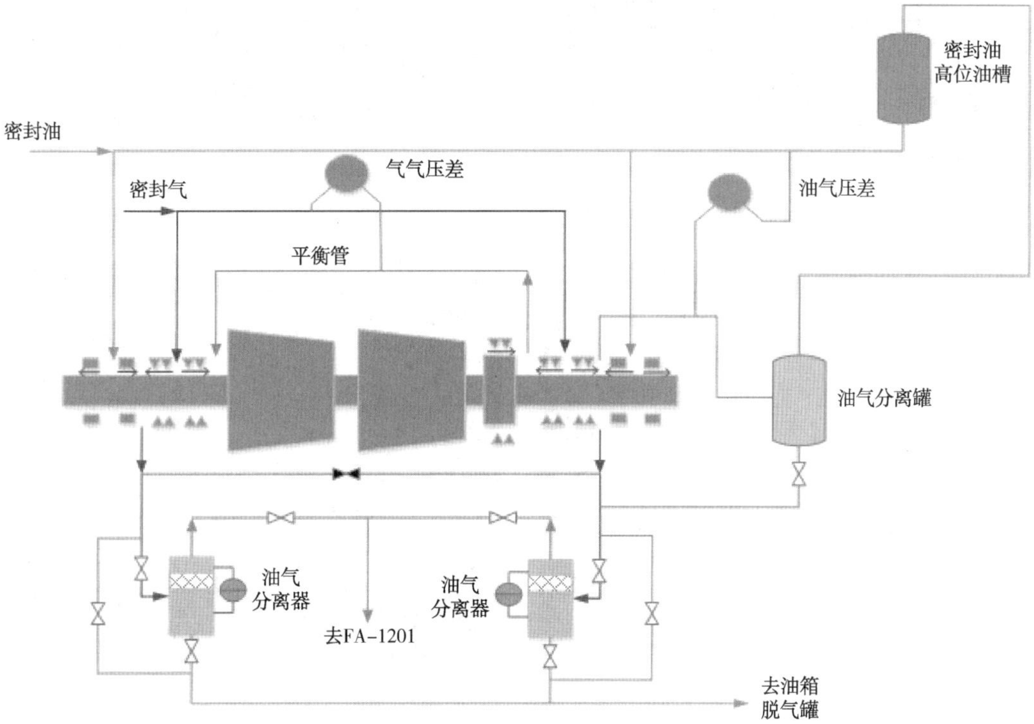

图3　压缩机高压缸系统情况

2.5　压缩机高压缸转子轴位移分析

对压缩机高压缸转子轴位移进行分析，如图4所示。8月份伴随四段出口压力的持续上涨，高压缸转子轴位移也呈增大状态，由-300μm增大至320μm。9月3号20点高压缸转子轴位移增大趋势突然变大，到9月4日17点，轴位移由-323.7μm增大至349.5μm，期间工艺负荷并无明显变化，压缩机出口压力维持不变。轴位移虽然暂时稳定，但是依然处于增大趋势。轴位移持续增大说明高压缸转子轴向力平衡系统失稳，转子向低压侧动作，也侧面验证了平衡盘密封存在失效现象。

3　裂解气压缩机GB/T-1201停机检修情况

2024年9月4日，压缩机GB/T-1201高压缸转子出现轴位移突变后，装置采取局部检修的方式对裂解气压缩机高压缸进行开盖检修。

3.1　压缩机相关系统检修情况

对压缩机系统进行检修，如图5(a)所示，压缩机四段出口冷却器EA-1207抽芯子检修，壳程管束并未发现明显结焦物，清理完后试压正常；如图5(b)所示，压缩机四段出口罐FA-1206拆人孔检查，罐里较为干净，罐顶丝网除沫器有轻微结焦物，其他未见异常；如图5(c)

所示，用内窥镜检查压缩机二段、三段、四段、五段出、入口管线，发现管壁处有轻微结焦物，其他并无异常；如图5(d)所示，检查压缩机各段间管道过滤器，滤网上有轻微结焦物，其他未见异常。

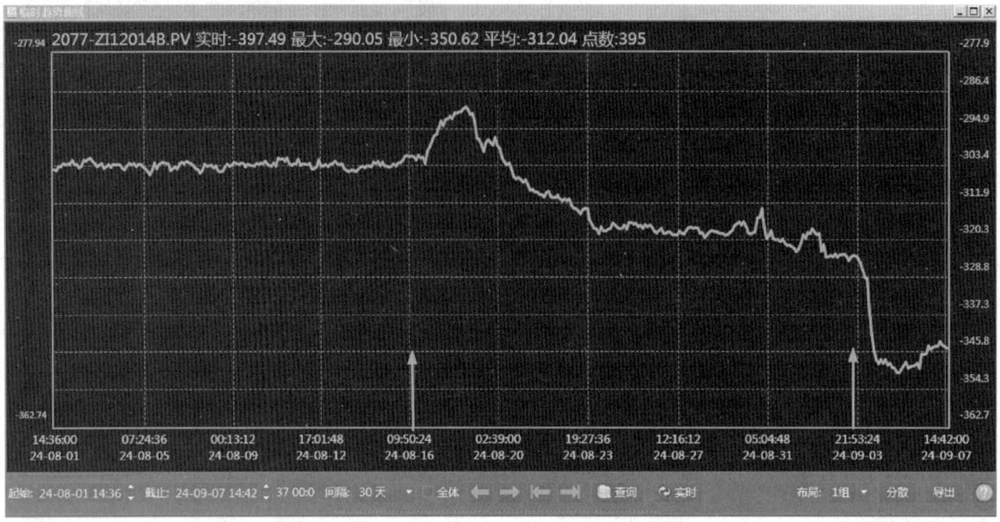

图4　高压缸转子轴位移变化情况

(a)EA-1207芯子

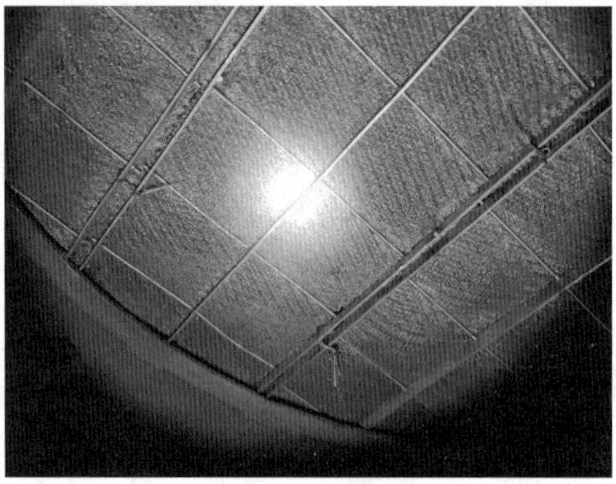

(b)FA-1206丝网除沫器

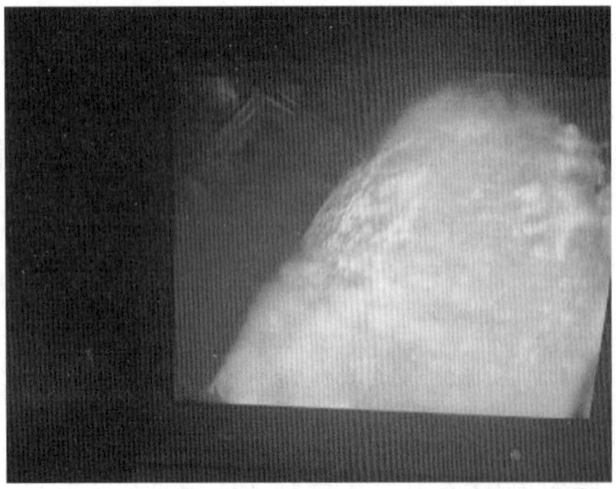

(c)段间管线

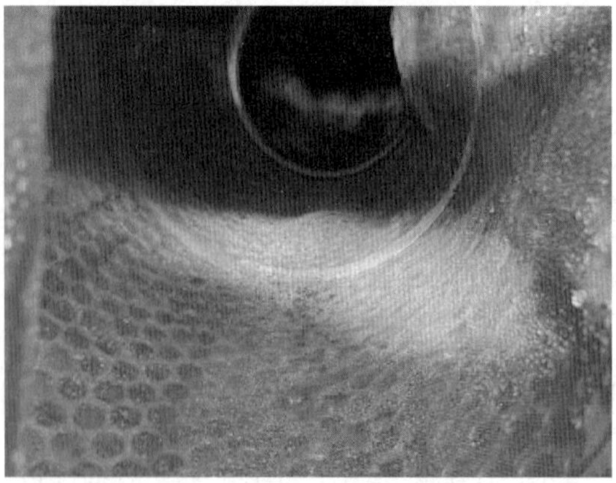

(d)段间过滤器

图5　压缩机系统检检查情况

3.2　压缩机高压缸开盖检修情况

压缩机高压缸开盖后，如图6(a)所示，发现转子平衡盘汽封处结焦异常严重，平衡盘已经磨损出超过10mm环形深沟，清理掉结焦物后，检查汽封并未发现明显磨损迹象，平衡盘与汽封的密封基本失效，与之前的推断基本吻合。同时发现转子第一、二、三、七级叶轮级间套磨损严重，如图 6(b、c)所示，磨痕已接近 6mm，清理掉结焦物后汽封未见明显磨损迹象，此处轴套与汽封的密封基本失效，造成高压缸转子级间串压，使压缩机壳体内介质温度、压力升高。

(a)平衡盘　(b)二级级间套　(c)三级级间套

图 6　高压缸转子部件磨损情况

3.3　汽封处结焦物分析

对压缩机高压缸平衡盘汽封处、叶轮级间换汽封处结焦物取样分析，如表 3 所示，通过 X 荧光元素分析结果可知，主要金属元素是 Fe、Cr、Mo 等，与机组平衡盘的材质对等。

表 3　汽封处结焦物金属元素分析结果

元素＼样品	高压缸结垢物
Fe	8.3%
S	0.121%
Cr	0.145%
Mo	209ppm
Si	235ppm
Mn	706ppm
Cu	40.5ppm
Ni	81.3ppm
Ca	/
Cl	29.7ppm
Tb	32.6ppm
As	6.16ppm

用型号 S8100 扫描电镜对结焦物试样进行物相分析，工作电压：15keV，电子束流：20mA，工作距离：15mm。对试样的 3 个不同部位进行试验，如图 7 所示。结焦物中普遍存在一定含量的 C 元素、Fe 元素、S 元素、O 元素、Cr 元素，推断为裂解气结焦物与转子碰磨产生的金属磨粒。

分析可知垢样中的有机物主要为含有苯环的二烯烃聚合物(聚苯乙烯、苯乙烯与 1，3 丁二烯共聚物、苯乙烯与碳五二烯烃的共聚物)，裂解气压缩机的结焦物为二烯烃的聚合和共聚所产生的聚合物。聚合反应是由自由基引发的，而自由基主要是由稳定分子受热分解形成的，还有部分自由基可以通过烯烃过氧化分解形成，即：

$$RH \longrightarrow R\cdot + H\cdot$$

$$RH + O_2 \longrightarrow ROOH \longrightarrow ROO\cdot + H\cdot$$

裂解气成分比较复杂，其中的不饱和烃在 85 ℃时会开始发生聚合反应，形成类似焦油的粘稠沉淀物，粘附在压缩机的构件上，比如平衡盘处汽封、叶轮级间套处汽封等，当聚合物累积过多后，就会与高速旋转的转子部件发生碰磨，碰磨掉的金属磨粒与新的聚合物结合，使混合物强度更大，加剧了碰磨现象，长此以往就会造成平衡盘、汽封等零部件出现较大磨损，从而造成密封失效。

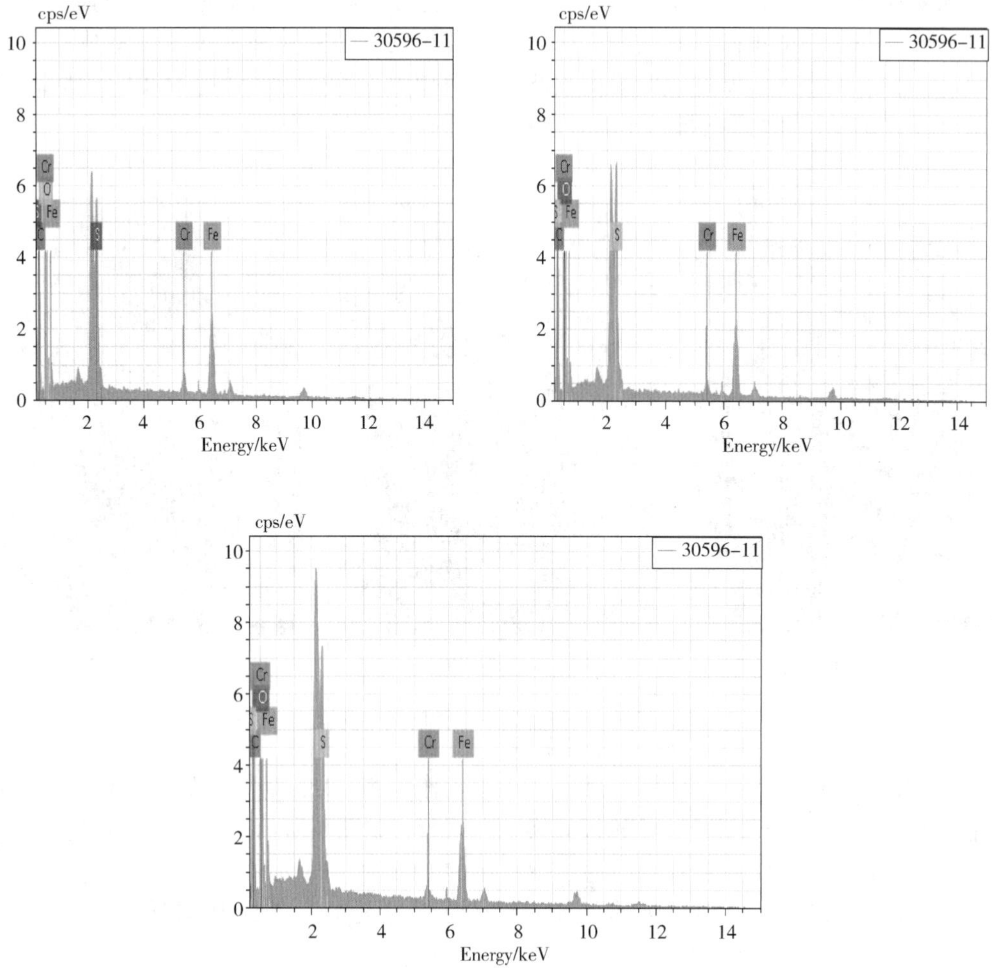

图 7　汽封处结焦物试样能谱分析结果

4　结论与改进

通过局部检修的方式确定了燕裂解气压缩机高压缸内部结焦严重，转子平衡盘与结焦物碰磨，平衡盘与汽封配合密封失效是造成四段出口压力升高的直接原因。同时部分裂解气始终在壳体内循环，造成裂解气温度升高，进一步加剧裂解气结焦，高压缸转子第一级、二级、三级、七级叶轮轴套磨损，造成级间串压。

燕山乙烯本运行周期新区原料出现较大变化，开始长时间裂解航煤原料，是造成此次裂解气高压缸结焦导致平衡盘失效的主要原因。加之碱洗塔 DA-1203 塔温控制较高、注油系统螺杆泵注油效果不佳加剧了压缩机高压缸的结焦现象，装置检修开车后，提出以下几点改进：

（1）稳定操作工况，摸索出阻聚剂的合理注入量，注入量过小会造成裂解气结焦，量大会造成物料分散；

（2）根据航煤特性，合理安排裂解炉原料，避免短时间大量裂解航煤原料；

（3）机组注油系统机泵为螺杆泵形式，螺杆泵使用时间较久，出口压力低于设计值，且压缩机高压缸四、五段背压较高，造成四段、五段注油效果不理想。现将裂解气压缩机注油系统进行改造，由螺杆泵改为往复泵，保障足够的注入压力。

（4）降低碱洗塔 DA-1203 塔顶控制温度，避免造成四段入口裂解气温度过高。

（5）增设注水系统，与注油系统配合使用，利用水汽化潜热的原理来降低裂解气的排出温度，防止不饱和烃的聚合，同时抑制结焦。

参　考　文　献

[1] 王松汉．乙烯装置技术[M]．北京：中石化出版社，1994：168-191.

[2] 郝昭．雷伟伟航煤作为乙烯裂解原料的应用[J]．化工设计，2018，28(6)：10-12.

[3] 朱柏青．乙烯裂解气压缩机段间换热器的堵塞处理

[J]. 现代化工，2020，40(S1)：276-278，283.
[4] 李吉辉．抑制裂解气压缩机结焦的技术措施[J]. 化学工业与工程技术，2010，31(4)：46-48.
[5] 张江平，谢明．裂解气压缩机的结焦与防治[J]. 乙烯工业，2024，36(02)：41-46，71.
[6] 刘贤光．裂解气压缩机长周期运行存在问题及解决对策[J]. 乙烯工业，2017，29(03)：57-60，6.
[7] 刘世平．裂解气压缩机结垢振动与处理[J]. 广州化工，2012，24(16)：159.
[8] 张平林．注洗油改为注水对裂解气压缩机组的影响[J]. 乙烯工业，2015，17(2)：47-50.
[9] 李云龙，周磊，刘嘉．裂解气压缩机结焦危害与分析[J]. 乙烯工业，2022，34(03)：36-38，65-66.
[10] 赵伟奇，高俊杰．防止裂解气压缩机结焦的对策措施[J]. 石油和化工设备，2012，15(02)：39-40，51.
[11] 单晟昱，贲涛，王仁南，等．裂解气压缩机振值变化的影响因素[J]. 炼油与化工，2024，35(03)：66-68.
[12] 马鹏飞，吴成斌，李复员．裂解气压缩机结焦原因分析及改造[J]. 化工机械，2009，36(02)：150-153.
[13] 徐宝安，宋泽辰，孙永航．裂解气压缩机透平油封结焦原因分析及对策[J]. 乙烯工业，2024，36(02)：54-56，71.
[14] 张志飞，董亚龙，张立国，等．裂解气压缩机长周期运行瓶颈问题与优化措施[J]. 乙烯工业，2023，35(04)：61-64，66.
[15] 宋成才，王长伟，王伟．裂解气压缩机高压缸振动异常原因分析及处理措施[J]. 乙烯工业，2024，36(03)：52-56，5.

乙烯裂解气压缩机转速波动分析

王　强

（中国石化北京燕山分公司）

摘　要　裂解气压缩机为蒸汽透平驱动，调速机构采用电液转化器形式，调速系统受控制油影响较大，容易出现转速波动。本文通过对裂解气压缩机驱动透平的蒸汽、控制油品质、压缩机的工艺介质、生产负荷及调速系统等影响因素进行分析，探讨了TM-25LP电液转换器的工作原理，最后确定了电液转换器故障是机组转速波动的主要原因。通过采取相应整改措施，解决了存在的问题，同时提出了改造提升建议。

关键词　裂解气；压缩机；调速系统；电液转换器；转速波动

乙烯行业是我国的化工基础，炼化企业乙烯装置的平稳运行关乎到整个生产链条，起到承上启下的作用。裂解气压缩机是整个乙烯的心脏，为后续的分离工艺流程提供动力，地位至关重要，要想实现乙烯的长周期运行，就必须做好裂解气压缩机的特护工作。燕山乙烯为两头一尾设置，老区裂解气压缩机GB/T-201带动60万t负荷，新区裂解气压缩机GB/T-1201带动20万t负荷。其中GB/T-1201为背压式透平驱动离心式压缩机，压缩机采用浮环密封形式，控制油(GO)、密封油(SO)、润滑油(LO)共用同一油箱，制造厂家为日本三菱，机组主要的参数如表1所示。

表1　机组概况

名称	型号	转速/(r/min)	功率/kW	流量/(kg/h)	入口压力/MPa	出口压力/MPa	入口温度/℃	出口温度/℃	转轴型号
新区裂解气压缩机		7933	11063						可倾瓦
一段	7H-3		2353	83696	0.143	0.279	42.1	94.2	
二段	7H-6C		2094	79665	0.258	0.502	37.9	87.6	
三段			2236	77485	0.477	1.01	40.3	94.4	
四段	5H-8C		2134	73809	0.92	1.848	42.7	97.1	
五段			2246	76727	1.813	3.885	28.9	87.1	

燕山乙烯2021年5月完成大修，一直运转良好2023年1月份突然出现转速波动现象，且在采取了一系列措施后仍无法消除，给装置运行造成极大困扰。

1　裂解气压缩机GB/T-1201转速波动情况分析

1.1　裂解气压缩机转速波动现象

2023年1月23日气温骤降，最低环境温度达到了零下17℃，凌晨3时左右，如图1所示，DCS显示压缩机转速突然出现较大波动，最大波动范围超过了300转，如图1所示，且呈现出正弦式波动趋势，转速始终无法稳定，给压缩机的工艺运行造成了极大困扰。

1.2　压缩机负荷及工艺介质影响

来自新、老区急冷单元的裂解气分两部分直接进入裂解气压缩机GB/T-201、GB/T-1201，经过五段压缩后汇合到一起送到分离单元，工艺介质完全相同。GB/T-1201压缩机转数波动期间，装置原料没有变化，进入2台压缩机前的裂解气组分及分子量相同，GB/T-201压缩机运行平稳，可以排除工艺介质变化问题引起的压缩机转速波动。

2台压缩机设计能力虽然不同，但均为五级压缩，设有2段防喘振控制。GB/T-201透平设计正常转速5520r/min，最大连续转速5920r/min，跳闸转速6775r/min，GB/T-1201透平设计正常转速6820r/min，最大连续转速7933r/min，跳闸转速8996r/min。日常运行时控制2台压缩机在正常转速以下，根据各自负荷能力的大小，保证单台压缩机不超负荷运行。压缩机GB/T-1201转速波动前，分析2台压缩机各段出入口压力、流量、防喘振阀开度等各参数记录曲线分析，无任何明显的变化。而在GB/T-1201转速波动后，由于压缩机为一段入口罐压力串级自动控制，机组转速始终无法稳定在设定转速，造成GB/T-1201部分负荷转移到GB/T-201，各段出入口压力及防喘振阀开度均有正常的波动现象，因此判断压缩机各段出入口压力的波动由于转速波动影响的结果，可以排除工艺负荷变化引起转速波动。

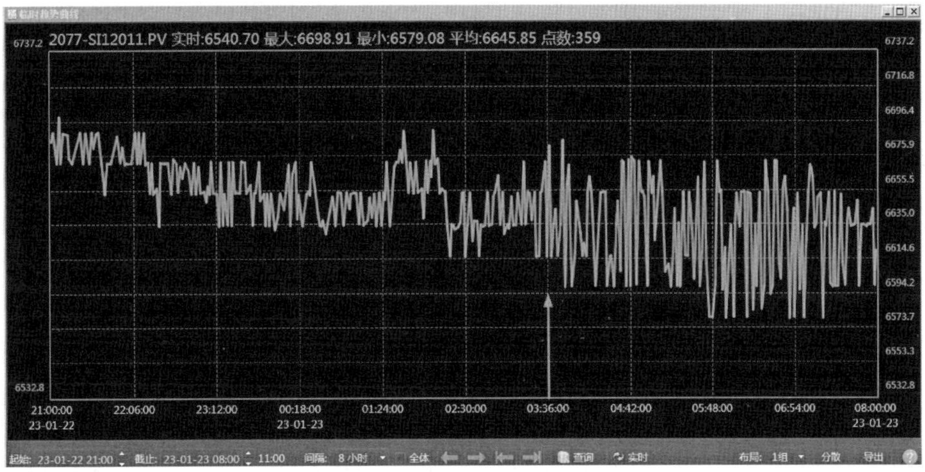

图1　转速波动情况

1.3　机组透平结垢影响

如果是透平结垢，压缩机在运行过程中通常会出现透平效率下降，蒸汽耗量增加，透平转速偏低造成负荷提不起来等现象。而在GB/T-1201压缩机转速波动时，主汽阀的开度并未出现较大变化，蒸汽耗量也并无增加，因此基本可以排除透平结垢对压缩机转速波动的影响。

1.4　调速系统电液转化器影响

GB/T-1201机组转速在设定值上下100转左右波动，出口流量、压力随动，当打手动控制时，情况会有所好转，检查机组主汽阀、调速阀并无异常。GB/T-1201机组的调速系统控制通过电液转化器、油动机、调速阀、3个转速传感器(3选2高选)形成闭环回路控制。当打到手动控制后，设定好目标转速，调速系统会根据实际转速与目标转速的偏差进行调节，通过电液转换器将控DCS输出的电信号转换成液压信号，最终液压信号转换为位移输出动作与错油门的杠杆调速系统，由于调速系统有反馈调节，保证实际转速会很快稳定于目标设定转速。

在透平转速的电子调速系统中，观察和分析压缩机GB/T-1201转速、蒸汽压力、蒸汽温度、主汽阀开度值的历史记录曲线，压缩机组转速波动时，超高压蒸汽管网的压力和温度均无任何波动。调速过程中，设定好目标转速，在转速大于目标转速时，现场主汽阀开度会变小，进入透平的蒸汽流量突然减小，导致转速下降，达到目标转速后本应立刻固定阀门开度，维持转速稳定，但是实际情况是调节无法停止，转速持续降低，这时系统检测到转速低于目标转速，调速系统会发出信号，控制电液转换器，使主汽阀开度增大。由于调速系统反应迟钝、或者调节滞后，造成转速超过设定值后，主汽阀开度依然无法立刻停止，从而造成调速系统再次发出关阀信号，当速度再次达到设定值后，主汽阀还是无法立刻停止动作，造成转速再次低于设定值，如此往复，造成机组转速波动。

机组采用浮环密封形式，润滑油、控制油、密封油共用同一油箱，这就造成了必然有一部分裂解气溶解在密封油中，随密封油从油气分离器回到油箱，裂解气容易结焦，会对油箱中的油造成污染。电液转换器对油的品质要求极高，可能会受其影响。转速波动时由于处于极寒天气，控制油无伴热、保温，造成进入电液转换器的油温不足10℃，油的黏度变大。

初步判断主要是由于以下3个原因：1)错油门内部卡涩，造成调节卡顿；2)控制油温低、粘度大影响电液转换器调节精度；3)电液转换器内部故障、油路系统堵塞、输出系统卡涩造成调节不灵敏，运行不稳定。

2　故障处理

2.1　TM-25LP电液转换器工作原理

GB/T-1201压缩机的电液转换器型号为WOODWARD公司的TM-25LP(图2)，电液转换器主要包括铝制外壳、力矩马达伺服阀、对中弹簧、双边等面伺服活塞等。力矩马达伺服阀是TM-25LP内部的第一级动作部件，在接受到电流信号后挡板会在双线圈的电磁铁的驱动下进行动作，利用双喷嘴及挡板产生不同的压力来控制第二级部件动作。对中弹簧及四边滑阀是第二级动作部件，相互配合使用，弹簧使四边滑阀处于正确位置，当内部油压变化四边滑阀将在一定范围内动作，来控制内部压力油的流向，从而驱动第三极部件动作。双边等面伺服活塞是第三级部件，也是最终位移输出部件，在控制油压力作用下，该活塞会产生一英尺的线性位移，如图所示。调速系统通过对转速探头的测量信号与内部转速设定值比较差值后，经PID运算模块分析计算后输出1个20～200mA的电流信号，由电液转换器转换成相对应的一英寸位移输出。电液转换器通过位移输出控制错油门、油动机调节主汽阀的开度控制透平进汽量，以达到控制透平压缩机转速的目的。

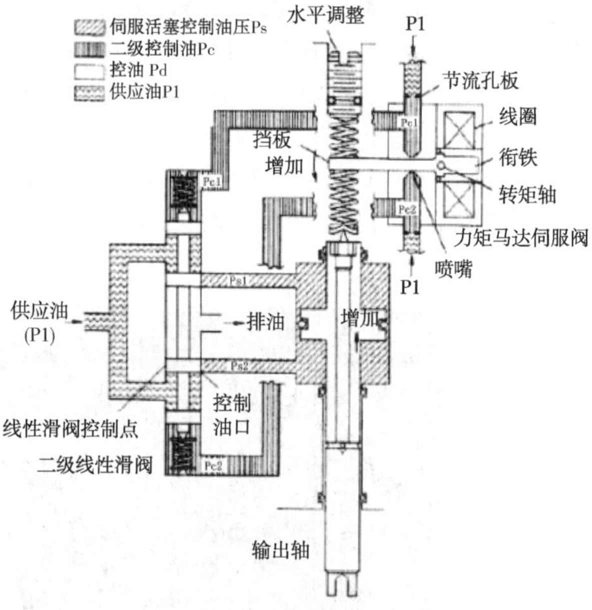

图2　TM-25LP工作原理

2.2　转速波动后采取的应对措施

GB/T-1201压缩机组出现转速波动后，现场及时采取了一系列措施：(1)机组转速由一段入口罐压力串级控制改为手动控制，避免过长的冗余逻辑；(2)对控制油管线增设伴热、保温，控制进入电液转换器的油温不低于30℃，提高控制油的黏度；(3)机头调速侧搭设风挡，避免极寒大风天气对机组造成影响；(4)置换油箱内润滑油，同时更换滤油器滤芯，保证润滑油品质。通过上述措施机组转速波动情况有所改善，最终维持在50转左右，如图3所示。

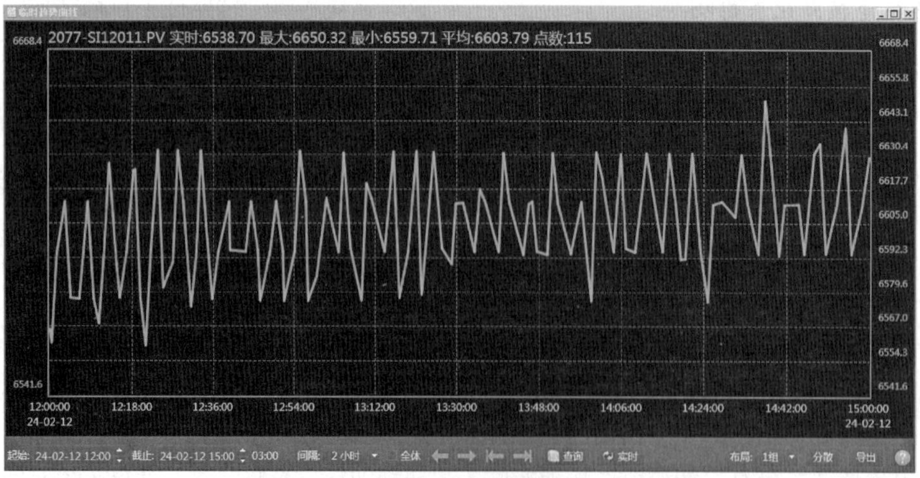

图3　转速波动情况

2.3 转速波动根本原因

根据以上情况推断转速波动是由于电液转换器故障造成，油箱内油长期被裂解气污染，使其易产生油膜、油泥，而此型号电液转换器对油品质要求极高，一旦油进出口被堵塞，将会出现执行机构对输入信号反应缓慢的现象，极寒天气造成控制油黏度下降，造成调节精度进一步迟缓，加剧了转速波动情况。

2024 年 9 月份机组进行检修，电液转换器下线检查，在试验台上进行输出试验，发现其位移输出卡顿、滞后。进一步解体检查，发现管滤器、圆片滤网严重堵塞，如图 4 所示。更换新电液转换器后机组开车正常，转速波动情况消失。

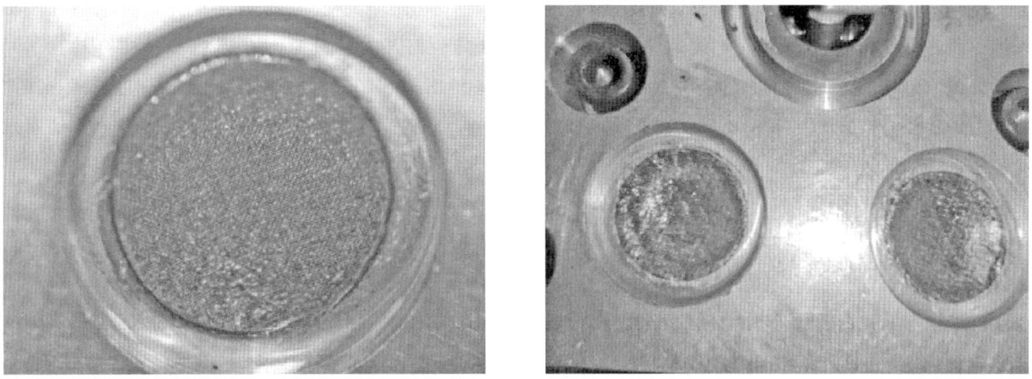

图 4　电液转换器油进出口滤网检查情况

3　结语

电液转换器是机组核心控制部件，一旦故障将直接影响乙烯三机的稳定运行，甚至造成非计划停车事故，近年来乙烯行业频繁出现电液转换器故障事件，需要引起足够的重视。必须保障电液转换器处于良好的运行环境，要监控控制油的品质，建议浮环密封压缩机改造升级为干气密封形式，或者控制油单独供油。同时要考虑对调速系统升级改造，改为一体式油动机，减少控制的中间环节，提升调速系统的可靠性。

参考文献

[1] 李胜利，张迪，孟浩．裂解气压缩机转速波动故障分析及对策[J]．乙烯工业，2016，28(02)：48-50+5.

[2] 张锡德，陈小龙，胡渔，等．汽轮机调速系统失控原因分析及对策[J]．石油化工设备技术，2019，40(03)：24-28+33+6.

[3] 张江平，谢明．裂解气压缩机的结焦与防治[J]．乙烯工业，2024，36(02)：41-46，71.

[4] 李云龙，周磊，刘嘉．裂解气压缩机结焦危害与分析[J]．乙烯工业，2022，34(03)：36-38，65-66.

[5] 方群伟，程亮．裂解气压缩机转速故障处理及优化[J]．石油化工自动化，2021，57(06)：92-94.

[6] 汪博，赵海福．TM-25LP 执行机构的工作原理及日常维护中出现的问题[J]．甘肃科技，2013，29(17)：56-59.

[7] 张锡德，张军，梁医平，等．伍德沃德电液转换器关键技术及工业应用[J]．风机技术，2023，65(S1)：87-92.

[8] 宁金亚，邵杰．汽轮机电液转换器卡涩现象及运行调节方法[J]．化学工程与装备，2022，(08)：222-223，221.

[9] 陈壮．TM-25 电/液转换器漏油研究[J]．化工设计通讯，2019，45(08)：8，21.

[10] 李征宏．采用 TRICON 控制系统实现 WOODWARD 电液转换器控制[J]．中国仪器仪表，2019，(11)：48-55.

[11] 李志峰，于丽丽，杨发义，等．乙烯裂解压缩机组调速系统故障分析[J]．化工管理，2017，(34)：156-158.

[12] 迟海清．裂解气压缩机组转速波动的原因分析及对策[J]．乙烯工业，2018，30(02)：58-61+6.

[13] 王金毅．汽轮机调速系统失控原因与处理措施[J]．机械管理开发，2021，36(08)：316-317.

[14] 王刚．汽轮机调速系统常见故障分析[J]．现代工业经济和信息化，2014，4(23)：52-53.

[15] 魏希超，侯丽娜，张梅．控制油系统对汽轮机转速的影响及处理[J]．设备管理与维修，2019，(04)：186-187.

某加氢往复压缩机注油中断故障案例分析

宋秉川

（大连西太平洋石油化工有限公司）

摘　要　本文介绍一加氢裂化装置往复压缩机两次注油中断导致的故障维修案例。故障包括压力填料高温粘连泄漏以及气缸内支撑环磨损导致的活塞杆沉降持续下降，通过维修发现一注油器少有发生的“滴而不注”的隐蔽故障问题。本文通过注油隐性中断案例，从巡检监控、故障原因、维修重点等多个角度展开分析研究。

关键词　往复压缩机；注油中断；活塞杆沉降；填料泄漏；磨损

炼油化工装置中，往复压缩机组具有操作压力高、运行振动及磨损问题突出、周期性应力决定的疲劳特性、运行维修周期偏短的特点。往复压缩机涉工艺介质的压力注油润滑油部位，即气缸及压力填料注油，对于控制机组磨损，预防泄漏以及保障机组效率至关重要，本文涉及注油的一个隐蔽故障问题。通过监控巡检、科学检维修，确保注油的可靠性、有效性，可延长各磨损部件的使用寿命，提高运行可靠度，有助于提高往复机长周期运行水平。

1　机组简介

1.1　机组概况

某石化公司150万吨/年加氢裂化装置新氢压缩机，位号K1401A/B/C，为GE Nuovo Pignone公司4HF/3型往复式压缩机，于2006年生产制造，2007年投用运行。该机型采用对称平衡结构，4列布置，3级压缩，其中有一列设平衡十字头，用于平衡往复惯性力和力矩。

压缩机采用入口阀卸荷器、余隙阀、旁路三种方式进行流量调节。

每台压缩机设独立的润滑油站，为曲轴、连杆、十字头滑道部件提供强制润滑。润滑油站的主油泵由曲轴驱动，辅泵由电机驱动，设油冷却器、双联油过滤器、温控阀、调压阀组等，全部管道、阀门、管件采用不锈钢材质。注油器由独立电机带动，共计11个注油点，其中一级气缸注油2点，填料注油1点；二级气缸注油2点，填料注油2点；三级气缸注油2点，填料注油2点。

三套压缩机设一联合水站，为气缸和填料提供冷却水。该水站按同时满足三套机组运行设计，水站采用软化水，可有效避免冷却水结垢导致的冷却不良现象。

主电机为GE CANADA公司产品，型号为TS，同步电机。功率3750kW，防爆区域划分为：CLASS1，GROUPB，DIVISION2，T3，防护等级：IP55。

图1　K1401机组现场照片

1.2　机组操作参数

介质：氢气、甲烷等

额定流量：34994Nm³/h

入口压力：2.01MPa(abs)

进口温度：42℃

分子量：2.03

出口压力：17.53MPa(abs)

1.3　机组结构参数

每级缸数：一、二、三级均为单个气缸

转速：333r/min

行程：一、二、三级均为320mm

气缸直径：一级500mm、二级350mm、三

级 250mm

活塞速度：3. 552m/s

活塞杆直径：110mm

2 故障情况

2.1 故障情况 1：2023 年 12 月加氢裂化 K1401A 三级填料温度高、活塞杆沉降值波动异常

2023 年 12 月 16 日夜间，通过 DCS 报警发现，加氢裂化装置 K1401A 三级缸填料温度测值高报警（DCS 设置高报警值为 75℃），调取填料温度曲线，有明显上升趋势，同时发现三级活塞杆沉降值出现波动。随即进行异常排查：检查曲轴箱体振动测值无变化，现场确认三级填料两个注油点视镜中上量正常，三级填料冷却水通畅，机组运行无异响，检查三级缸中体顶部放空去大气管线温度正常，三级填料泄漏密闭放火炬管线温度正常。

现场巡检持续对三级填料及缸内注油点状态、填料冷却水及填料泄漏放火炬管线测温检查监控，至 17 日夜间，三级填料温度 DCS 趋势持续上升，三级活塞杆沉降值持续波动，注油、水冷期间均无明显异常，填料泄漏放火炬管线温度有上涨趋势。至 17 日晚 22：00，三级填料温度 DCS 测值，自正常运行的 60℃逐渐上涨至 96～99℃，活塞杆沉降值波动范围最低－714μm，最高 217μm，大部分时间平均值在－300μm 到－500μm区间。现场实测填料泄漏密闭放火炬管线温度达到 120℃，随即安排机组切换，K1401A 停运备用。

16 日至 17 日填料温度和活塞杆沉降总体 DCS 趋势见图 2。

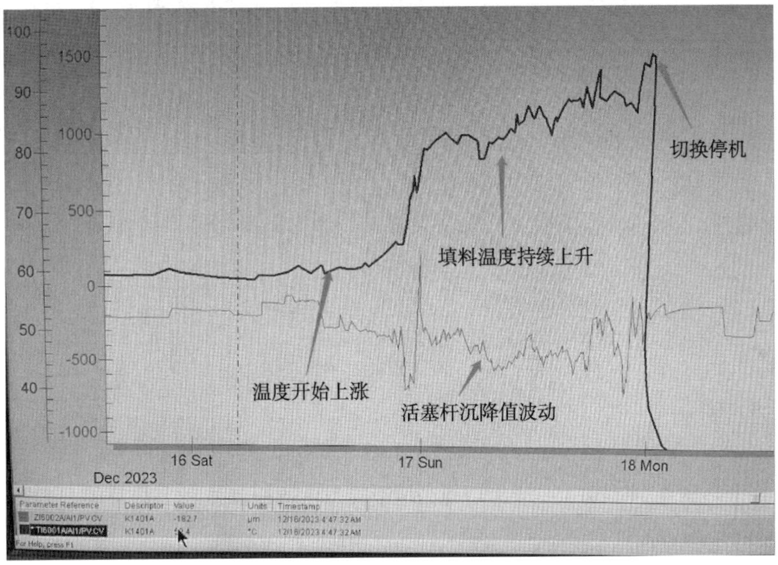

图 2　K1401A 三级填料温度上涨及活塞杆沉降波动 DCS 趋势图

2.2 故障情况 2：2025 年 1 月加氢裂化 K1401A 一级活塞杆沉降值持续下降

2.2.1　自 2025 年 1 月 2 日至 1 月 20 日，加氢裂化 K1401A 机发现运行异常情况

（1）期间现场检查一级缸有尖锐摩擦异响、间歇性发生。

（2）一级活塞杆沉降值 DCS 趋势持续下降。1 月 2 日起至 1 月 20 日上午，活塞杆沉降值从正常运行的－150μm 到－250μm，持续降低，最低降至－1250～－1300μm。一级活塞杆沉降持续下降 DCS 趋势见图 3。

（3）一级吸、排压力间歇性同步波动：一级出口压力下降，一级入口压力上涨、同时一级活塞杆沉降值跳变。出口压力下降幅度在 0. 15～0. 3MPa，一般波动时间持续在 3～7 分钟，此波动现象间歇、可逆。一级出口压力值下降与活塞杆沉降对应 DCS 趋势见图 4。

异常期间其他参数监控情况：

（1）一级缸各吸、排气阀现场检测温度正常、一致性好。

（2）DCS 一级排气温度无异常趋势。

（3）一级缸填料温度无异常趋势。

（4）曲轴箱振动无异常趋势。

（5）检查一级缸两个气缸注油点、一个填料注油点，现场确认各注油点视镜中上量正常。

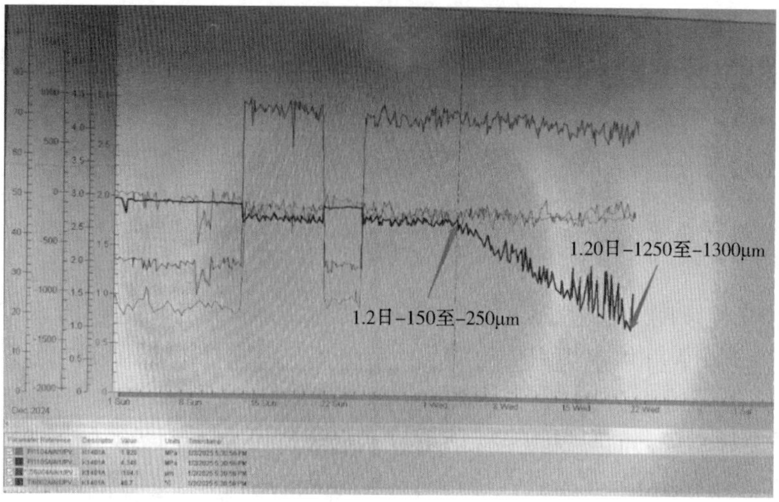

图3　K1401A 一级活塞杆沉降持续下降 DCS 趋势图

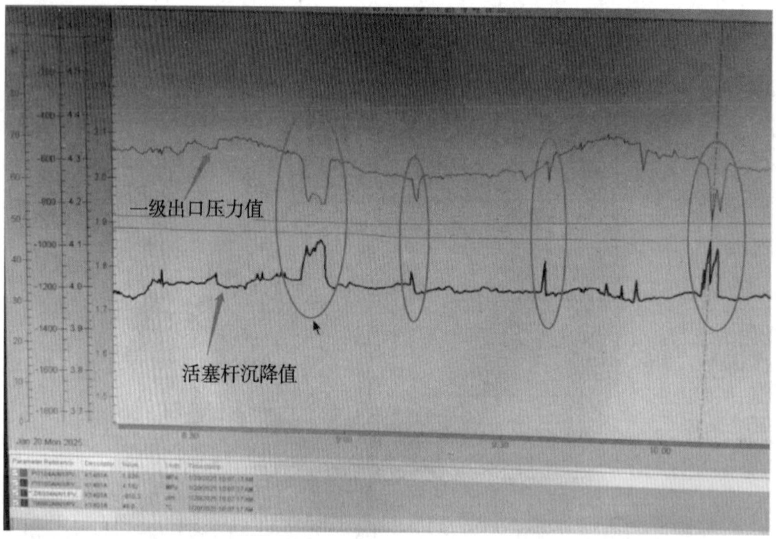

图4　K1401A 一级出口压力值下降与活塞杆沉降 DCS 趋势图

2.2.2　初步故障判断

通过以上现象可判断，支撑环、活塞环磨损导致活塞杆沉降值持续下沉、活塞杆沉降值逐步向负方向变大，且一级缸头伴随间歇摩擦异响。一级缸内因活塞环磨损密封效果变差，活塞环及支撑环在缸内状态不稳定，活塞两侧间歇性产生泄漏通道缸内窜气，导致一级缸压缩比降低，即出口压力下降的现象。

3　检修情况

3.1　针对故障情况1：2023年12月加氢裂化K1401A三级填料温度高、活塞杆沉降值波动的检修

K1401A机于2023年12月18日进行检修，拆检三级缸，检修内容：

（1）针对填料温度持续上升问题，整体更换三级填料，旧填料检查内部密封环状态，填料盒解体，取出各密封环进行检查测量。填料拆检后，发现阻流环端面有明显高温变色痕迹，填料切向环切口部位高温粘连无法抱紧（图5），且存在偏磨现象。切向环是主要密封部件，紧贴着径向环装配在低压侧，在压缩机运转过程中，切向环在弹簧力的作用下紧抱活塞杆，阻止气体泄漏。通过各密封环的径向尺寸测量对比设计值，密封环的磨损量并不大，填料磨损主要原因为：注油一段时间内可能出现中断，导致填料环出现高温粘连，无法抱紧活塞杆，从而造成介质气泄漏量增加，且摩擦热积累升高。

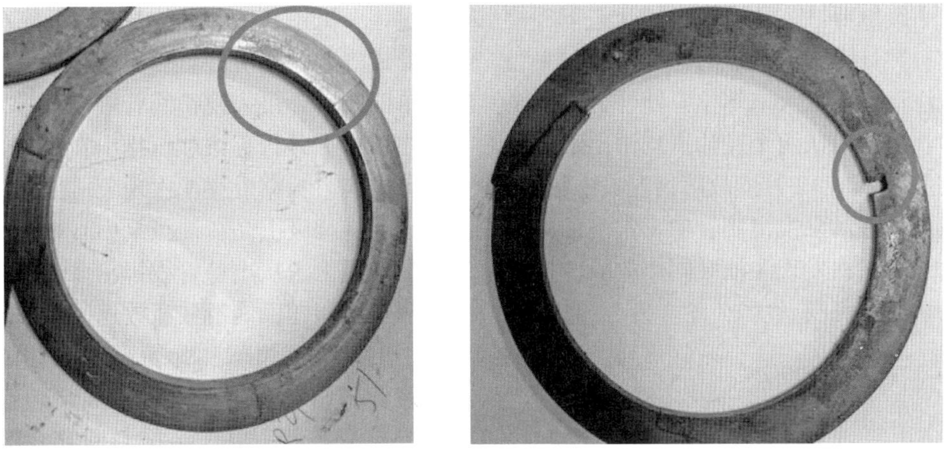

图 5　K1401A 三级填料阻流环及切向环拆检照片

（2）在三级缸开缸、活塞抽出的状态下，检查气缸及填料共计三个注油点的注油情况。启动注油器检查三级各个注油点出油情况，注油器刚启动时三点均未出油，注油泵流量较小，灌满注油泵出口至注油点的管线需要少许时间。约 3 分钟后，三级缸缸内注油点开始滴油，流量、速率正常。随后 10 多分钟，仍未见两个填料注油点滴油，此时检查该两点注油泵视镜滴管中正常滴油，速率正常，且拆卸泵出口接头发现无油冒出，判断注油泵损坏。视镜中滴油说明泵在吸程可以从油箱中抽出，但未从注油泵出口管线排出，可能润滑油在压缩过程中走短路泄漏至油箱。损坏的注油泵进行更换。

（3）针对活塞杆沉降值波动问题，检查杆沉降仪表探头安装及间隙电压无异常。检查更换活塞环、支撑环，拆卸的旧环通过尺寸测量，确认基本与设计值相同，无磨损。检查缸套内壁粗糙度良好，内径测量值正常。盘车检查活塞杆跳动值，符合标准。十字头滑履间隙检查无异常。

（4）三级活塞杆表面进行清理后，与填料接触范围内的活塞杆表面无过热迹象，活塞杆表面粗糙度状态良好，并未因填料温度上涨产生磨损，活塞杆整体渗透检测无表面缺陷，见图 6。

图 6　K1401A 三级活塞杆渗透检测照片

3.2　针对故障情况 2：2025 年 1 月加氢裂化 K1401A 一级活塞杆沉降值持续下降的检修

（1）仪表检查：一级缸活塞杆沉降探头安装固定情况及间隙电压值，无松动及异常。

（2）活塞杆跳动测量：盘车，百分表测量一级缸水平、垂直方向活塞杆跳动值无异常。

（3）十字头部位检查：检查十字头滑道无异常磨损、润滑良好，通过液压拉伸的拆卸压力值判断，十字头螺栓无松动。塞尺检查十字头体与滑履间隙无异常。

（4）开缸检查：一级缸套内壁干燥、有较多 PTFE 材质活塞环、支撑环磨损物，见图 7。缸内完成清理后，检查缸套表面粗糙度，缸套存在轴向拉痕，缸壁大多数部位表面粗糙度情况较好。

图 7　K1401A 一级缸内清理前照片

（5）在一级缸开缸、活塞抽出的状态下，检查气缸及填料共计三个注油点的注油情况。一级缸两个气缸注油点在缸头末端位置断开，在开泵后时间足够长后，确认两个注油点均不出油，见图8。与上述2023年12月的故障情况1中相同，期间检查该两点注油泵视镜滴管中正常滴油，速率正常，这是第二次发现注油泵同类故障，损坏的两个注油泵进行更换。

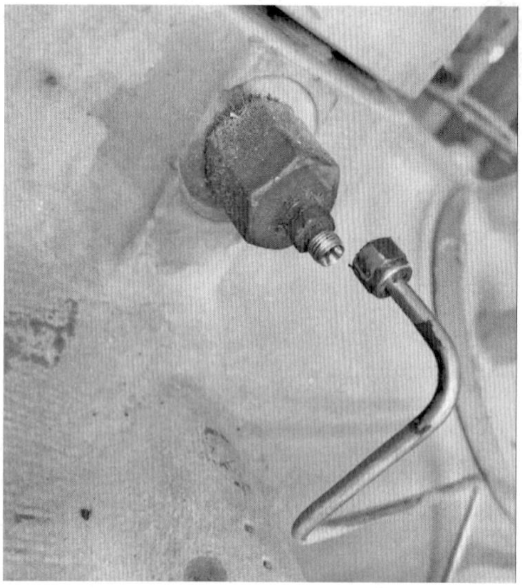

图8　K1401A一级气缸注油点开泵后不出油照片

（6）旧活塞环和支撑环测量数据尤其是径向尺寸存在较严重磨损，且支撑环严重断裂成大量碎块。按照以往检修经验，即便机组累计运行时间长，环的磨损量都非常轻微，可见注油中断对磨损的影响很大。活塞环径向厚度设计尺寸21.5mm，实测值范围在12.0mm至15.5mm，磨损量为6～9.5mm；支撑环径向厚度设计尺寸13.5mm，实测值范围在11.7mm至12.8mm，磨损量为0.7至1.8mm。

（7）气缸内径测量：内径千分尺选三个截面、测量缸内径、圆度，确认磨损、偏磨情况。内径测量值基本在ϕ500+0.25mm以内，在随机资料给出的设计磨损值范围以内，且无偏磨问题，本次注油中断导致的磨损并未对缸内径造成大的影响。

4　注油泵故障问题排查分析

4.1　结构及原理分析

从注油泵结构及工作原理来看，注油泵运行时由柱塞下方的凸轮驱动，通过柱塞升降完成注油过程，见图9。注油泵在柱塞下降行程中泵内部形成真空，润滑油自插入油箱的管中吸上，通过单向阀后，进入视镜滴管中滴下进入泵内，随后在柱塞上升行程中加压排出，排出管路同样设置单向阀。根据上述两次现象可见：注油泵运行中能够持续吸上润滑油至泵中，视镜滴管中持续滴油，但无法从出口管线排出。注油泵必然存在内漏短路问题，润滑油泄放返回至油箱。

出口单向阀球和弹簧部位存在阻力、出口管路背压相对较高，同时注油泵因存在短路漏点造成不上量。根据结构判断存在泄漏可能的点位：

（1）柱塞与定位套间磨损导致的间隙大导致泄漏。柱塞泵长期运行后，会出现部件的正常磨损情况，当检查发现柱塞磨损影响到注油效果时就要及时更换注油泵。

（2）柱塞定位套与泵体装配的部位密封效果差。

（3）吸上柱塞泵的单向球阀内漏返回至吸上管。

（4）泵体其他部位静密封点。

以上漏点导致柱塞上升行程加压过程中，润滑油从排放阻力更小的泄漏点内漏返回至油箱内，从而在注油器滴管部位看起来滴油、上油，但实则内漏返回至油箱内。

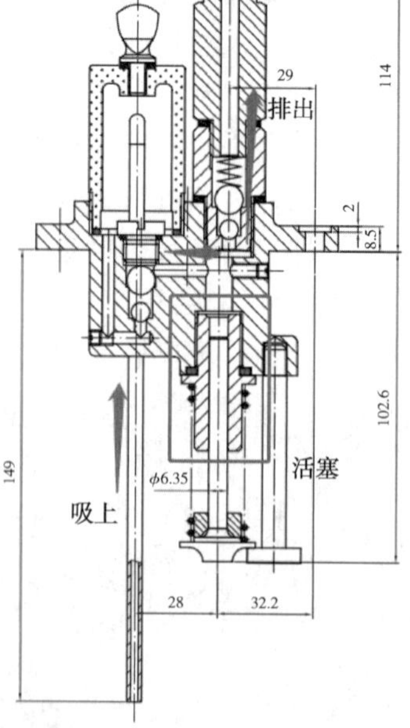

图9　注油泵图纸

4.2 试验确认漏点

为查明注油泵具体漏点位置，因现场不具备试验条件确认具体漏点位置，将检修更换确认故障的两台注油泵送至厂家，在专门的试验台上进行试漏，检查发现：

(1) 柱塞定位套与泵体连接部位松动，无法形成有效油压，导致注油失效

故障现象：柱塞定位套与泵体连接处螺纹松动，导致密封失效，无法形成有效油压。位置见图10。

原因分析：长期压力升降交变循环、受力的运行环境下，定位套螺纹松动。

解决方案：柱塞定位套打螺纹紧固胶并重新拧紧使用，出厂装配时采用螺纹紧固胶，预防螺纹松动现象发生。

图10　注油泵松动泄漏点部位1

(2) 工艺孔螺纹松动

故障现象：加工泵体内部油道的工艺孔堵头顶丝松动漏油，造成泵内部润滑油泄漏，无法有效建立排压，导致注油失效。位置见图11。

原因分析：堵头顶丝螺纹长期压力升降交变循环导致松动。

解决方案：堵头顶丝清洗或更换，重新使用螺纹紧固胶拧紧。

通过返厂试验，确认了注油泵内部的泄漏点，泄漏通道和原因明确。两个螺纹密封的静密封点，一是柱塞定位套与铸造泵体之间的螺纹连接，二是泵内部流道加工需求的工艺孔封堵堵头螺纹连接，存在松动漏油的问题。

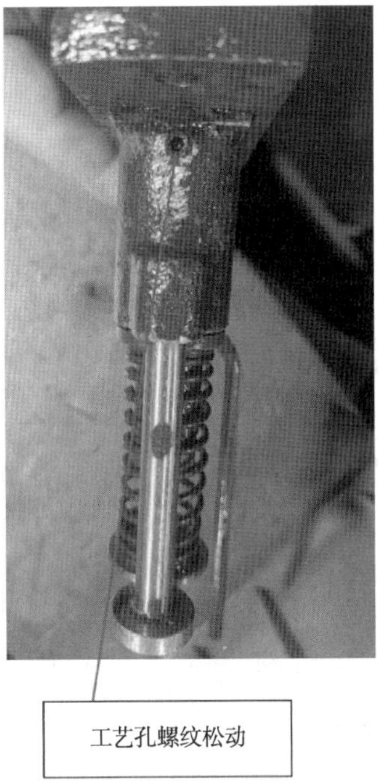

图11　注油泵松动泄漏点部位2

5　注油中断问题分析和思考

5.1 问题隐蔽性和滞后性

上述发现注油器“滴而不注”的问题隐蔽性强，机组运行期间现场巡检发现难度较大。有油润滑的往复机组，现场巡检通常非常重视各个注油点滴注情况的检查，各点是否滴油、注油量是否正常。

往复机运行中，因单向阀卡涩，气体反串至注油管路中、注油器油箱液位低抽空、注油器内负压形成不好吸不上油、行程过小、堵塞等原因导致各注油点时常会出现不滴油、不上量的情况，日常运行中时常进行处理。现场巡检时正常都会观察到视镜中不滴油、或滴速过慢，不上量的问题会反馈在滴管中，明确可见。

一般认为，滴管中只要滴油，即正常上量，在多年的运行经验中少有例外出现。

若存在“滴而不注”问题，通过巡检难以发现。注油管线管径小，流量小，管路温度低，通过手摸管路或测温方式，难以判断温度差异。通过上文两次维修，尝试通过较大幅度调整柱塞行程，增大注油量的方法，在注油泵出口管线位置(见图12)触摸管道温度，其手感温度会高于注油量小、或备用管线，因注油箱中配有电加热器，油箱中的润滑油具有一定温度。注油既从泵

出口管线送出，则可以确保排出进入注油点。

但注油量不宜过大，可能造成级间分液罐带液增多，增加缸内液击风险。冬季气温低时，气阀可能因润滑油粘连卡涩造成串气问题，且注油消耗量大不经济。短时调高单点注油量通过出口管线温度判断的方法可作为确认注油是否真实通畅的方法。

图12　注油泵出口管线温度检查部位

另注油中断，所表现出的异常现象较缓慢，具有滞后性，自中断注油开始后，磨损有发展。恶化过程，填料温度、活塞杆沉降、排气压力等参数变化发现报警或异常趋势时，注油中断已发生一定时间。

5.2　日常巡检及监控重点

往复机压力注油部位有两种：一是填料注油，填料高压或低压注油点，二是气缸注油。

（1）首先现场每次巡检都应当检查注油点正常滴注、且注油量正常，如有异常及时处理。

（2）检查注油管路是否泄漏。泵出口的卡套接头、注油管线的沿途中间接头、缸头的末端接头是否存在振动、松动、渗漏，尤其注油泵出口卡套接头拆装较频繁、缸头部位振动较大，若管路接头外漏注油，则无法保障注油点上量，同时工艺气容易反串。

（3）气缸注油：检查气缸注点末端管线温度，若温度异常高，则工艺气可能自单向阀倒回，注油未有效注入。判断气缸注油中断问题，现场主要判断气缸运行是否存在尖锐的摩擦异响，即缸内缺少润滑、活塞环及支撑环与缸壁间干磨。通过报警值的有效设定、DCS趋势调取，观察活塞杆沉降值是否存在持续变化趋势，如持续单调下降。若发展到活塞环严重磨损，还会出现该级缸内串气，出口压力偶发突降、级压缩比减小的问题。一般情况下，若非缸内持续串气，气缸注油中断磨损的现象不会体现在排气温度上，排气温度不会升高。值得注意，在缸内出现密封环磨损后，磨损物可能会造成气阀卡涩，间接导致气阀漏气、温度升高。若出现上述现场，应排查气缸注油点是否真实上量。

（4）填料注油：填料正常应配备远传测温点，若填料注油中断或冷却水不畅，可通过DCS设置合理的温度报警值监控异常上涨趋势。若可排除冷却水以及该级工艺气排气温度问题，填料温度趋势在一段时间内仍有持续上升的趋势，则有必要考虑填料环异常磨损、高温粘连的可能。现场测量填料泄漏气排放管的温度是否因填料摩擦产热或泄漏量增加而异常升高，在填料外漏量到达一定程度时中体放空管线温度是否升高。同时关注该级活塞杆沉降值是否出现异常波动或单调趋势，填料在异常发热的情况下，活塞杆表面温度升高，可能对活塞杆沉降的测量值同步产生影响。

上述情况应考虑到注油中断的可能导致的填料干磨、发热，温度升高时，注油中断，并可能已持续一段时间。检查确认后，应抓紧恢复注油供给，必要时机组切换停机，进行注油点及填料检查。

（5）单点注油可考虑参考分配器式注油方案的配置，采用泵出口管线设置压力表的方式进行监控。当注油器泵头泵油时，各泵头出口汇油块上的压力表指针从0上升到一定的值，完成注油后，指针表又回到0，其压力变化随着泵头的注油按规律变化。

5.3　检修维护重点

通过以上的故障现象及问题排查分析，总结检修维护经验如下：

（1）机组检修开缸、抽出活塞后，应检查各个注油点末端的出油情况。开启注油器，在缸套内壁的注油开孔位置、填料注油管末端确认出油，确认出油量与注油泵滴管中匹配相符。注油泵的流量很小，在开启注油器初期，需要灌满注油管路后，才能在注油点末端出油，存在一定时间差。另对于工艺气较脏的机组，对缸套内的注油口检查清理。

（2）依据随机资料制定并严格执行机组检维修策略，定期检修更换易损件，且根据检修情况、数据记录对运行情况进行评估，对检维修策略进行调整优化。检修对旧活塞环、支撑环磨损量进行测量记录，参照机组随机资料的允许磨损值对比，结合累积运行时间、注油情况对使用状态进行评估，从而对注油操作及检维修间隔时间进行有依据的调整。

以案例中的机组为例：机组设计文件中要求，对于活塞环，一般当活塞环的径向厚度值，小于等于设计尺寸的1/2时，应当更换。同时注意环向切口间隙，以及环与槽轴向间隙值，以上测量值参考随机资料中给出的数据表。

支撑环的磨损主要测量的是支撑环安装至活塞槽中时，支撑环凸起高度。将活塞置于气缸轴向中心位置，活塞完全落在气缸底部，使用塞尺测量活塞与缸壁之间的间隙，即为凸起高度值。最小的可接受凸起值，根据缸径以及支撑环材质的不同，按照图13确定。

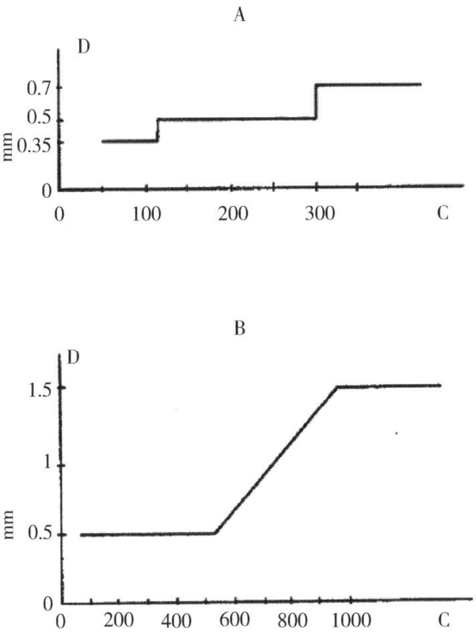

C (mm)	D (mm)
C≤525	0.5
540≤C≤950	(C/425)-0.735
C>950	1.5

图13 机组随机资料中给出支撑环磨损更换标准

对于气缸缸套的检查，缸套内径选取三个以上的截面测量内径，确定缸套的磨损量、圆度，评估长期运行缸套的磨损量。

以案例中的机组为例：磨损量允许值通过缸径计算即：允许磨损量＝2.1×缸径/1000mm。

相对磨损量：指统一轴线截面上最大内径与最小内径的差值，如轴线垂直截面中，缸径轴线从内到外测量4个内径，取最大差值。允许相对磨损量＝1×缸径/1000mm。

椭圆度：指同一径向圆截面以内，取各方向内径测量值，取最大差值。

气缸内壁表面粗糙度要求，ϕ500mm以下缸径：粗糙度为0.4～0.8μm；ϕ500mm以上缸径：粗糙度为0.8～1.6μm。

若上述测量数据，磨损量超出标准，考虑对缸内壁进行机加工处理，珩磨、镗缸修复。粗糙度过高会加速活塞环、支撑环和填料环的磨损，易造成漏气和缩短活塞环的寿命。

（3）关于活塞杆沉降值报警值的设置

活塞杆沉降报警值的确定首先参照机组原始设计资料，或咨询机组原厂家。

活塞杆沉降探头为电涡流传感器，机组检修时，检查确认探头安装有效紧固，支架刚度满足要求，防止往复机振动造成松动，或探头振动偏大导致测值波动大的问题。钳工与仪表工共同确认探头零点位置，检查探头端部与活塞杆间的安装间隙。

结合上述机组支撑环的装配数据，及径向厚度允许磨损量，以此作为参考依据，对活塞杆沉降值DCS报警值进行合理设置，避免报警范围过宽，防止支撑环过度磨损，活塞体接触缸套导致拉缸。

异常的活塞杆沉降值可能表征异常磨损。机组配备活塞杆沉降探头用于监测运行期间活塞位置变化情况，由于活塞杆沉降探头安装位置在气缸填料处，其测量值与活塞实际下沉量并不相同。DCS活塞杆沉降实际的显示值虽然静态下是瞬时值，当机组开启后，会根据往复过程沉降探头比例进行换算成平均瞬时值，即所见即为运行时的实际值。但根据检修后测量数据与实际数据比较，有一定误差通过沉降值可以间接计算支撑环磨损量。计算方式见图14。

计算公式为相似三角形原理，活塞杆固定支点在十字头位置。

$$da = dp \times (L - L1) / L$$

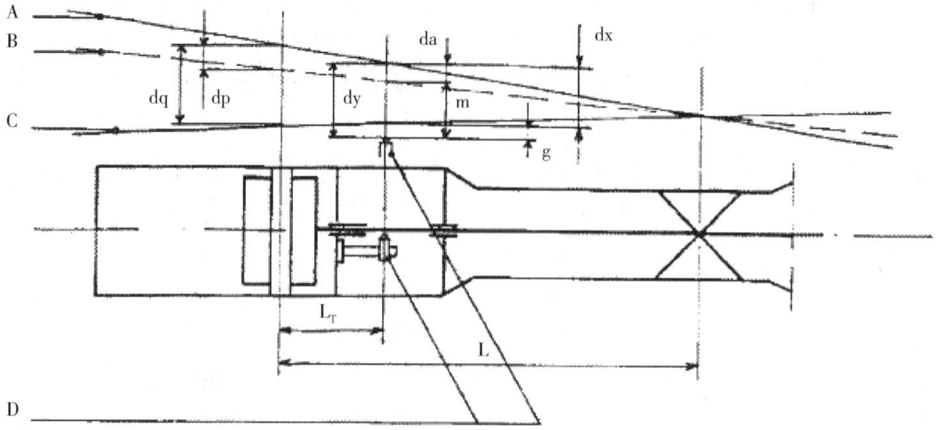

图14　通过活塞杆沉降值计算支撑环磨损量图示

式中，da 为检测的活塞杆沉降变化量；dp 为活塞所在位置的对应的磨损量；L 为活塞中心到十字头连接点的长度；$L1$ 为活塞所在位置到活塞杆沉降探头的长度。

基于最大支撑环允许磨损量 dq 的确定，可得最大活塞杆沉降量值 dx。

根据上文内容，最大支撑环允许磨损量 dq=新支撑环装配后突出高度(测量确定)-允许磨损至最小的突出高度(资料给出)。

即：

$$dx=dq\times(L-L1)/L$$

式中，dx 为活塞杆沉降探头处的最大活塞杆沉降值；dq 为最大支撑环允许磨损量。

调整确定活塞杆沉降的电涡流传感器的零点时，把活塞定位在气缸的内侧死点位置，探头端面与活塞杆的设置间距为 dy(探头位置最终确定后的测量间隙)。

$$dy=dx+g$$

式中，g 为根据最大磨损量确定了沉降量 dx 的情况下，避免活塞杆表面与沉降探头端面接触的最小预留间隙。

综上可得：

$$dp=(dy-m)\times(L-L1)/L$$

式中，dp 为运行期间计算确定的实时支撑环磨损量；dy 为探头的端面与活塞杆的设置初始间距；m 为当前活塞杆沉降 DCS 示值，即实时探头与活塞杆的间隙值。

当测值 m 与上述的预留间隙 g 相等，即 $m=g$ 时，支撑环的磨损量达到最大。

在活塞杆沉降探头的零点准确设置的情况下，m 值，即 DCS 显示的活塞杆沉降值，即为活塞杆表面与探头的剩余间隙。当剩余间隙 m 与预期的安装预留间隙 g 相等时，则支撑环达到最大磨损量。

(4) 如果气缸存在长期明确的偏磨问题，结合活塞体与缸套四个方位测量侧间隙值，活塞杆水平和垂直的跳动值共同参考，排查气缸与十字头的对中问题。API618 中对于活塞杆跳动值的测量有明确要求：车间测量的水平和垂直径向跳动应等于预测的冷态径向跳动，偏差范围在行程的±0.015%之内。在车间盘车试验期间由刻度盘指示器测量的活塞杆水平(侧向)径向跳动不应超过 0.064mm(0.0025in.)，不考虑行程长度。使用贯穿活塞杆结构时，活塞杆径向跳动应在气缸填料函法兰附近测量。在 API618 附录 C 中对于活塞杆的径向跳动进行了详细说明，活塞杆径向跳动是用来确定与气缸和十字头对中相关的水平和垂直位置活塞杆跑合对中变化的测量准则。

(5) 检修时应进行活塞内外死点的压铅测量，确认余隙值在要求范围，如有必要进行调整，减小带液撞缸的可能性。

(6) 若填料出现过热、异常磨损及注油中断，活塞杆检查表面粗糙度是否正常，同时进行渗透检测。

(7) 应用塞尺在十字头与滑道全行程的多个位置上测量间隙，均应符合随机文件中的规定。检查滑履是否存在润滑不良，异常磨损，间隙超差的问题。十字头体螺栓和活塞杆备帽的拆装液压拉伸严格执行厂家给定的压力值。十字头滑履的连接螺栓也应检查紧固，机组运行中曾出现过因螺栓松动导致振动、异响问题。

6　总结

往复机组运行中注油中断的巡检排查，需固

化日常巡检，严格执行。设备管理人员及岗位操作人员务必重视注油异常状态，机组运行声音，各参数的现场测量及趋势报警，对异常保持敏感。收集检修数据，结合随机资料及标准要求，对报警设定、检修策略等优化修订，完善硬件配置，指导运行和维护。对注油隐性中断故障，进一步研究探索有效监控手段，使隐蔽问题易于发现，同时对于现有注油泵发现的问题原因完善改进，举一反三。从巡检、运行、检修各个方面提高往复机管理水平，保障机组全生命周期运行可靠性，实现长周期运行目标。

参 考 文 献

[1] 董春玲．往复压缩机填料密封工作原理及失效机理分析[J]．设备管理与维修，2022(06上)：153.

[2] 马晓伟．往复式压缩机注油器典型故障分析及对策[J]．中国工程设备，2019(06上)：62.

[3] 马继雷，王珊珊．高压往复压缩机填料润滑断流报警故障分析[J]．化学工程与装备，2022(11)：231.

[4] 刘强．往复式活塞压缩机活塞及支撑环磨损预测及分析[J]．设备管理与维修，2020(05上)：154.

[5] 卢忠宇．往复式压缩机一级缸活塞环和支撑环磨损分析[J]．石化技术，2024(10)：42.

[6] American Petroleum Institute：API 618：Reciprocating compressors for general refinery service，Fifth Edition，2007[S].

[7] 中国石油化工集团有限公司．石油化工设备维护检修规程：通用设备(2019版)[M]．北京：中国石化出版社，2020：332.

加氢裂化注水泵柱塞杆断裂分析及改进措施

徐　勇

（大连西太平洋石油化工有限公司）

摘　要　某加氢裂化装置注水泵柱塞杆断裂引发故障停机。通过解体检修发现，柱塞末端轴肩根部呈现疲劳断裂特征，断口整齐且存在疲劳辉纹，表明交变应力与动态间隙转移是断裂主因。动态配合分析表明，止推垫与柱塞末端弧面曲率失配引发间隙转移，导致周期性冲击载荷，叠加轴肩根部几何突变处的应力集中，加速疲劳裂纹萌生。基于受力计算与断口形貌，提出严格备件质量控制、优化配合面设计、调整装配间隙、提升材质性能及加强运行管理等改进措施，以降低故障率并提升设备可靠性。

关键词　柱塞杆断裂；疲劳失效；动态间隙转移；应力集中

1　注水泵故障现象阐述

2024 年 1 月 26 日，在对加氢裂化注水泵进行例行定期维修时，发现了较为严重的故障问题。维修工作主要针对外漏量稍大的柱塞杆副填料进行更换，同时拆检液力端缸头以检查清理，目的是改善注水排量少许下降的情况。然而，在检修拆检过程中，工作人员发现南侧、中间柱塞出现断裂，如图 1 所示。断裂部位为柱塞末端与分半卡环配合的轴肩根部部位，两根柱塞分别于前段轴肩、后端轴肩处完全断裂。从断裂的形态来看，断口较为整齐，呈现出典型的疲劳断裂特征，断面上可以观察到明显的疲劳辉纹，这表明柱塞杆在长期的工作过程中受到了交变应力的作用。

在注水泵切换停运之前，运行过程中并未发现柱塞断裂的明显迹象。现场声音无明显异常，无冲击拍打异响，无异常振动，注水流量降低的量也不大，总体满足注水需求。这使得设备人员在停泵前并未意识到柱塞已经发生断裂，而是按照常规检修处理。这种情况给设备的安全运行带来了潜在的风险，如果柱塞断裂的问题未能及时发现并处理，可能会导致更严重的事故发生。

除了柱塞杆断裂故障外，与柱塞装配相关的连接松动问题也较为突出。柱塞与十字头连接的位置，在运行中经常产生止推垫及卡环的松动问题。当连接部位出现松动时，会产生轴向间隙，进而导致设备在运行过程中发出异响。这种异响与设备的转速频率吻合，呈现出明显的拍打、撞击声。通过停泵检查，进行两个相反方向的小幅度盘车，可以观察到柱塞杆从十字头连接的伸出部位存在短小的空行程，即十字头前后活动换向的小距离内，柱塞杆并未动作，这进一步证实了连接存在间隙。连接松动问题不仅会影响设备的正常运行，还会加速相关部件的磨损，降低设备的使用寿命。

图 1　注水泵柱塞杆断裂后的实物图

2　注水泵近年故障回顾

回顾近年来注水泵的运行情况，发现其总体故障及维修频率偏高，故障主要集中在液力端和传动侧。在液力端，缸内和填料是故障的高发部位。一段时期内，国产化加工的 316 材质的液力端缸头多次出现开裂现象。经分析，主要原因与材料锻造质量和加工应力集中有关。虽然注水所化验的氯离子含量并未超标，但材料本身的质量问题以及加工过程中产生的应力集中，使得缸头在承受工作压力和温度变化时，容易出现裂纹并逐渐扩展，最终导致开裂。后来将缸头材质改为碳钢 45#，有效消除了这一问题，这表明合适的材料选择和优化的加工工艺对于提高设备的可靠性至关重要。

传动侧也存在诸多问题，由于意大利贝罗尼原厂备件材料冶金夹渣的质量问题，以及累积运行时间较长等因素，主要传动机构的曲轴、连杆多次发生疲劳断裂失效。冶金夹渣会在材料内部形成缺陷，降低材料的强度和韧性，使得曲轴和连杆在长期承受交变载荷的情况下，容易在缺陷处产生疲劳裂纹，进而导致断裂。目前，两台泵的传动机构基本全部完成国产化，包括曲轴、连杆、十字头、箱体等。国产化的过程不仅解决了备件供应的问题，还通过对材料和制造工艺的优化，提高了传动机构的可靠性和稳定性。

在柱塞相关的故障中，以往较多出现的是表面耐磨合金的磨损、剥落问题。这主要是由于柱塞在工作过程中，表面与液体和其他部件频繁接触，受到摩擦、冲刷和腐蚀等多种因素的作用。耐磨合金的磨损和剥落会降低柱塞的耐磨性和密封性，影响泵的工作效率和性能。而本次出现的柱塞断裂确认为少有的失效方式，查询检修记录，仅在 2014 年 9 月 16 日发生过一次，注水泵中间柱塞端部圆头断，与本次断裂位置相同，时隔接近十年。这种间隔时间较长的故障再次发生，说明可能存在一些潜在的、尚未完全解决的问题，需要深入分析和研究。

3　注水泵柱塞杆断裂综合分析

3.1　注水泵柱塞末端基本结构形式

如图 2 所示，为柱塞与十字头的连接结构以及各部件的装配图。该图示中，左侧部分对应液力端，右侧部分则为曲轴箱传动端。

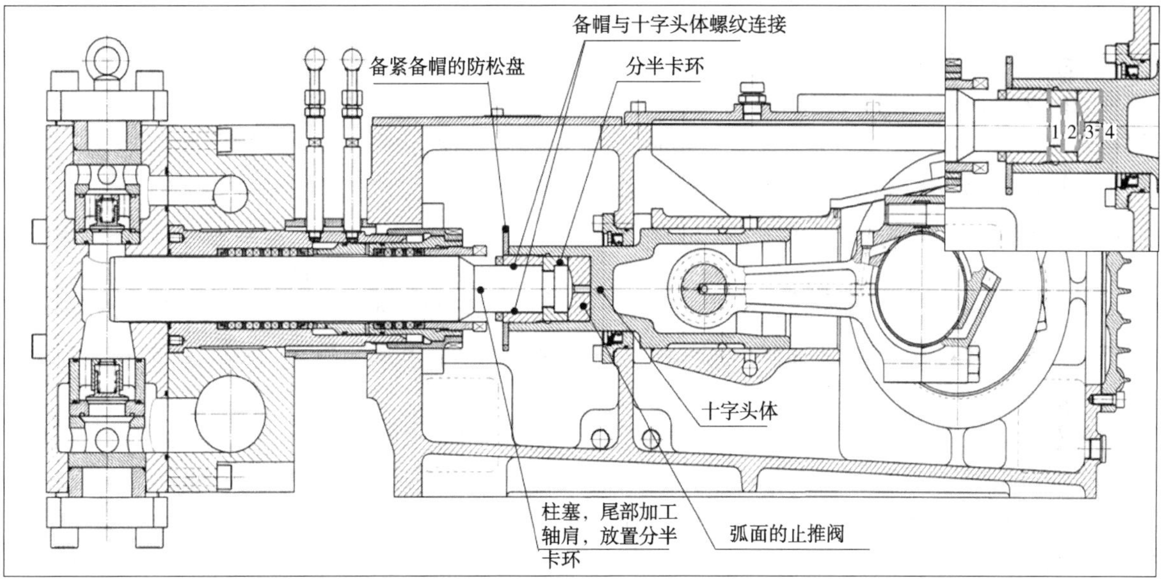

图 2　注水泵柱塞末端结构图与关键配合面

十字头与柱塞之间，借助分半卡环、止推垫以及备帽，实现如图 2 所示配合面 1、2、3、4 在轴向上的无间隙紧密装配。当螺纹备帽安装紧固后，基于螺纹锁紧机制产生微量弹性变形，从而施加一定的预紧力。此预紧力的反作用力方向沿图 2 中所示朝左，致使螺扣向左侧受压，而螺纹间隙留存于右侧。

值得特别关注的是，在正常装配状态下，止推垫与分半卡环的外圆之间需预留一定间隙。这一设计确保了止推垫能够与柱塞末端可靠接触，使得柱塞在冲程方向的受力部位精准作用于末端弧面。反之，若该间隙不合理，柱塞冲程的推力点将发生偏移。此时，止推垫会先接触并推动分半卡环，作用力继而传导至分半卡环与柱塞左侧轴肩的端面上。在此异常工况下，止推垫并非直接推动柱塞，而是通过一系列间接传递来施加推力。这一情况会使备帽的螺纹承受额外应力，大幅增加备帽与十字头螺纹之间发生疲劳失效的风险。

此外，需要明确的是，图 2 中的配合面 1 指的是备帽与分半卡环之间的接触面，并非分半卡环与左侧轴肩之间的接触面。在理想运行状态下，柱塞的冲程主要依靠配合面 3，即柱塞末端与止推垫的弧面接触来完成推动动作；而回程则主要由配合面1(备帽与分半卡环)以及配合面2(分半卡环与柱塞右侧开槽轴肩)协同作用来实现驱动。

3.2　注水泵动态配合情况及松动状态分析

在注水泵正常运行且无松动、间隙的理想状态下，柱塞-十字头连接组件的受力传递过程可分为冲程与回程两个阶段，其力学传递路径清晰且高度依赖配合面的精密接触。冲程阶段：当十字头体向左侧(液力端方向)运动时，通过配合面4(十字头体与止推垫的接触面)将推力传递至止推垫。止推垫进一步通过弧面配合面3(止推垫与柱塞末端的接触面)将载荷作用于柱塞末端，驱动柱塞完成高压介质的注入过程。回程阶段：回程动力由机械传动与液体载荷共同作用，当十字头体向右侧(传动端方向)运动时，通过备帽螺纹连接带动螺纹备帽同步右移。备帽通过配合面1(备帽与分半卡环的接触面)推动分半卡环，分半卡环再通过配合面2(分半卡环与柱塞开槽轴肩的接触面)作用于柱塞轴肩，驱动柱塞返回初始位置。与此同时，柱塞左端面受液体压力作用，推动柱塞右端弧面压紧至配合面3，通过止推垫与配合面4将反作用力传递至十字头体内端面。

上述过程表明，柱塞运动的稳定性依赖于配合面的无间隙配合与液体载荷的精准平衡：配合面3与配合面1分别主导冲程与回程的推力传递，而配合面4与配合面2则作为辅助接触面确保载荷分布的均匀性。理论状态下，各配合面的紧密接触可避免冲击载荷的产生，从而显著降低应力集中与疲劳失效风险。

然而，在实际运行过程中，诸多因素导致理想状态难以维持。加工误差、装配间隙以及材料塑性变形等因素相互交织，使得动态间隙转移效应难以完全消除，最终引发松动与磨损的累积恶化。以柱塞末端与止推垫的弧面(配合面3)为例，二者之间容易产生间隙。目前所采用的备件，在两个弧面加工后，接触配合的匹配度较低。由于弧面曲率存在差异，导致两个弧面贴合度不理想，实际接触面积较小。在同等推力条件下，接触点单位面积所承受的压强增大，材料极易因压应力产生塑性变形。随着塑性变形的发展，止推垫产生接触面形变、压扁，两弧面之间便会产生一个新的接触面。经过多次挤压变形后，止推垫与柱塞末端最终出现间隙。当配合面3因上述原因出现间隙后，柱塞连接部位在运行中呈现出新的动态。在冲程阶段，起点间隙位于配合面3，十字头体向左运动时会产生短暂的空行程。在此期间，止推垫首先消除配合面3新产生的间隙，这一过程会产生一个小行程的冲击，随后才接触柱塞末端。而在十字头体产生空行程期间，配合面3所吃掉的间隙会转移到配合面1。这是因为十字头向左运动时带着螺纹备帽同步向左，而柱塞和分半卡环未被推动，从而导致螺纹备帽与分半卡环之间出现新的间隙，且该轴向间隙与配合面3新产生的间隙相同，只是位置发生了转移。尽管如此，止推垫依然能够通过配合面3推动柱塞完成冲程到达死点。在回程阶段，十字头体向右运动时同样会产生短暂的空行程，以吃掉冲程期间配合面1的间隙。十字头带着螺纹备帽同步向右运动，备帽与卡环贴合的过程会产生一个小行程的冲击，冲击面为配合面1。在配合面1间隙闭合的同时，配合面3的间隙被拉开，轴向间隙再次完成转移。之后，分半卡环通过配合面2推动柱塞开槽部位的轴肩，完成柱塞回程。

由上述分析可见，起初因配合面3变形出现的间隙，会在冲程和回程两个方向上依次对配合面3以及配合面1产生冲击。这种冲击会导致接触面的磨损和形变，而间隙又会通过磨损和冲击进一步增大，形成一个正反馈的恶化过程。在实际运行中，操作人员听到的与转速频率吻合的拍打、撞击异响，正是由这两个配合面交替冲击所产生的。在停泵检查过程中，通常采用两个相反方向的小幅度盘车方法。仔细观察柱塞杆从十字头连接的伸出部位，若发现短小的空行程，即十字头前后活动换向的小距离内，柱塞杆并未动作，这表明连接存在间隙。此时，通过紧固备帽，备帽向内推动分半卡环，分半卡环推动柱塞向右，使柱塞端部与止推垫贴合，可临时消除间隙。同理，若是分半卡环与柱塞的轴肩之间，由于备件配合不当或是磨损导致出现较大间隙，同样会产生冲击和磨损。例如，图中卡环左侧与轴肩之间本不应作为配合面，但若因配合面1的冲击磨损产生卡环的外圈间隙，则卡环内圆与左侧轴肩之间也会出现磨损。在上述磨损和松动过程中，分半卡环及止推垫会产生周期性的轴向、径向位移和振动。磨损所产生的金属铁屑会进一步加剧磨损，甚至可能导致径向摆动，对十字头体内部产生磨损，最终出现强度断裂破坏，严重影响注水泵的正常运行和使用寿命。因此，深入研究和解决这些问题对于保障注水泵的可靠运行具有重要意义。

3.3　注水泵柱塞杆受力分析

3.3.1　单作用液力端受力特性

与双作用气缸的往复式压缩机不同，注水泵液力端采用单作用做功模式。在往复式压缩机中，活塞杆在交替压缩排气过程中承受交变的拉、压应力；而注水泵柱塞的主要做功行程中仅承受单向压应力。具体而言：

冲程阶段：柱塞推动介质升压，液力端内压力骤增，柱塞全程承受压应力；

回程阶段：液力端体积增大，缸内压力降至入口管道压力(约 0.3MPa)，吸液阀开启完成介质填充。此时，柱塞端面受入口液压力作用，仍以压应力为主。

值得注意的是，柱塞在回程阶段的外死点位置需克服往复惯性力峰值与摩擦阻力。惯性力由柱塞-连杆机构的运动特性决定，而摩擦阻力主要来源于柱塞填料。

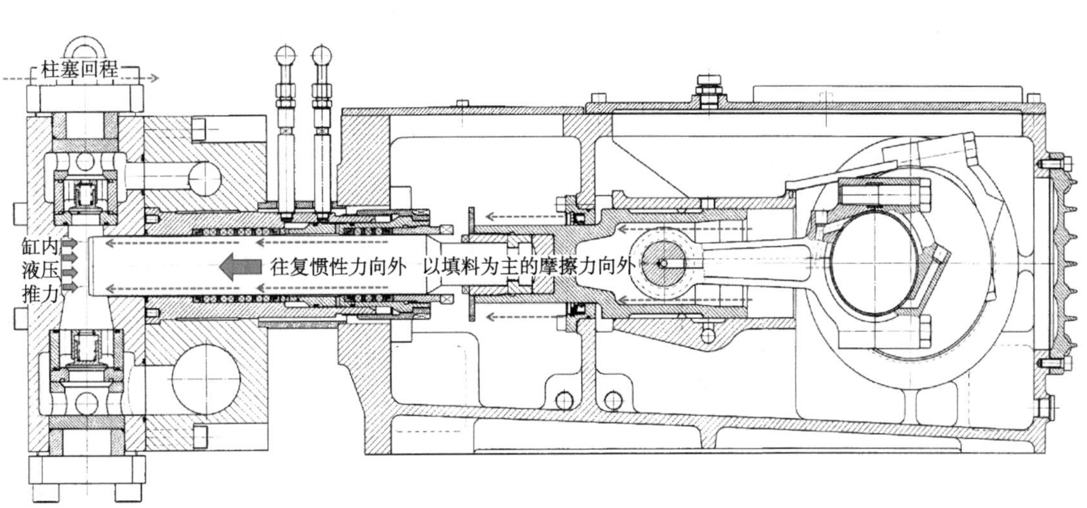

图 3　注水泵柱塞末端受力分析图

3.3.2　关键参数计算与合力分析

基于现场设备参数(柱塞质量 $m=12\text{kg}$，曲柄半径 $r=47.5\text{mm}$，连杆长度 $l=260\text{mm}$，转速 $n=204\text{r/min}$)，对柱塞受力进行量化分析：

(1) 往复惯性力计算：角速度 $\omega=\frac{2\pi n}{60}=21.35\text{rad/s}$，连杆比 $\lambda=\frac{r}{l}=0.1827$

外死点位置($\cos wt=1$)的往复惯性力最大值为：

$$F_j=-mr\omega^2\cos\omega t-m\lambda r\omega^2\cos2\omega t$$

$$=-455\text{N}-47.5\text{N}=-502.5\text{N}$$

负号表示方向与柱塞运动方向相反。

(2) 液压力计算：柱塞端面直径 $d=65\text{mm}$，截面积 $S=\frac{\pi d^2}{4}=0.003316\text{m}^2$。

入口压力 $P=0.3\text{MPa}$ 时，液压力为：

$$F_P=P\cdot S=948\text{N}$$

(3) 合力平衡分析，外死点位置的最大合力为液压力与往复惯性力的矢量和为：

$$F_{合}=F_P-|F_j|=948\text{N}-502.5\text{N}=445.5\text{N}$$

结果表明，缸内液压推力始终大于往复惯性力与摩擦阻力之和，柱塞杆全程处于受压状态，合力方向指向传动侧。

3.3.2　柱塞断裂后运行稳定性机理

在断裂工况下，两根柱塞仍可维持近似正常运行，其机理如下：冲程阶段，十字头发挥关键作用，推动断裂柱塞实现排液动作。此时，缸内的高压环境提供强大动力，足以有效克服惯性力以及摩擦阻力的影响。回程阶段，入口液压力(0.3MPa)成为柱塞回程的驱动力，促使柱塞跟随十字头顺利返回内死点，保障运行的连贯性。就动态跟随性而言，断裂端面由于塑性变形而形成局部接触状态，并未产生明显间隙。因此，在换向过程中，冲击与振动并未出现显著加剧的情况，也对注水流量产生太大影响。确保了整体运行的相对稳定性。

因此，通过检修情况来看，其中十字头体内

侧螺纹产生轻微损伤，而柱塞的端部也因断裂分离出现间隙、产生冲击，导致断裂端面产生轻微塑性变形。

4 结论与预防措施

注水泵柱塞杆断裂的直接原因为轴肩根部交变应力集中与动态间隙转移的协同作用。通过动态配合分析，柱塞末端与止推垫的弧面曲率失配导致接触面积不足，局部压应力引发塑性变形，形成初始间隙。冲程阶段，间隙转移至备帽与分半卡环接触区，产生周期性空行程冲击载荷；回程阶段，间隙反向转移并叠加往复惯性力，形成交变应力幅值波动。断裂区域位于轴肩根部几何突变处，该区域在交变压应力主导下产生高应力梯度，加速疲劳裂纹萌生。断口的疲劳辉纹及塑性变形特征表明，裂纹扩展受冲击载荷与多轴应力的双重驱动：间隙转移导致的冲击载荷周期性地提升局部应力水平，而轴肩根部的几何不连续特性进一步放大应力集中系数，最终引发低周疲劳断裂。

针对本次注水泵出现的柱塞杆断裂问题，提出以下改进措施，旨在提高注水泵运行的稳定性与可靠性，降低类似故障发生的概率：

（1）严格把控国产化柱塞备件质量：对于目前采用的国产化柱塞备件，生产厂家应严格遵循相关标准，对316材质的冶金质量及各项材质指标进行精准控制与严格检查。在棒料机加工环节，需着重关注轴肩根部的倒角过渡处理。在满足装配要求的基础上，尽可能优化设计，以降低应力集中现象，从而提高柱塞的抗断裂性能。

（2）优化止推垫与柱塞末端配合：增大止推垫与柱塞末端配合弧面的接触面积，有效减小压应力，防止因压应力导致的塑性变形。一方面，需强化两个弧面的加工精度，确保贴合度达到最佳状态；另一方面，可考虑改变结合面形状，如采用锥面或平面连接方式。通过精确控制加工平面度或锥度，在保障接触面积的同时，避免产生新的应力集中点。

（3）从备件加工角度优化装配间隙：从备件加工角度出发，合理优化装配间隙，以有效控制松动问题。具体措施如下：一是将十字头—备帽螺纹改为更细牙的螺纹，此举既能优化螺纹受力状态，又能减小螺纹配合间隙，但需对强度进行核算确认；二是在不影响安装的前提下，通过精细加工配合，尽可能减小分半卡环与柱塞开槽的轴向间隙，提高装配的紧密性。

（4）提升止推垫及柱塞末端材质性能：从材质方面考虑，提高止推垫及柱塞末端配合面的表面硬度和耐磨性。对于止推垫，可采用调质+表面氮化硬化工艺。针对近年来柱塞表面耐磨层剥落问题频发的状况，需对耐磨层材质及涂覆工艺进行深入改良，提高表面镀层的耐磨性和热稳定性。

（5）加强注水泵运行管理：根据当前注水泵运行情况，适当缩短注水泵的定期切换周期。同时，加强对松动连接部位的日常检查与紧固工作，及时发现并处理潜在问题，避免设备因磨损劣化加剧而引发故障。

参考文献

[1] 李涛，王建军，陈飞．往复泵传动机构材料冶金缺陷对疲劳寿命的影响[J]．材料工程，2019，47(3)：102-108.

[2] 姜继海，赵存然，张冠隆．航空煤油柱塞泵摩擦副涂层材料摩擦性能研究[J]．吉林大学学报(工学版)，2021，51(1)：235-241.

[3] 陈立峰，刘建平，王海洋．柱塞泵磨擦副耐磨性优化技术进展[J]．机械工程学报，2018，54(2)：192-198.

[4] 李志强，王建国．往复式注水泵动力端机械故障机理研究[J]．流体机械，2020，48(5)：45-50.

[5] 张伟，陈立峰．高压柱塞泵关键配合面接触应力优化设计[J]．机械工程学报，2021，57(12)：189-196.

[6] 刘洋，赵志刚．往复泵连接组件间隙振动特性试验研究[J]．振动与冲击，2019，38(17)：221-226.

[7] 王磊，周明．机械配合副磨损演化规律及寿命预测[J]．摩擦学学报，2022，42(3)：456-463.

[8] 张军辉．高速重载柱塞泵磨损失效机理与故障诊断研究[C]．上海交通大学砺远学术讲坛，2024.

[9] 张静，廖文博，隋蕊阳，等．基于ADAMS和Pumplinx联合仿真的柱塞泵回程盘运动受力薄弱点分析[J]．兰州理工大学学报，2021，47(3)：58-63.(研究回程盘磨损与装配间隙、材料变形的关系)

[10] 刘建国，黄志刚，郭宏伟．材料表面强化技术在柱塞抗磨损中的应用[J]．材料导报，2018，32(S1)：287-290.

[11] 张海军，李建军，王磊．基于断裂力学的往复机械部件失效分析[J]．中国机械工程，2019，30(10)：1215-1221.

[12] 黄伟，赵晓东，周明. 高压柱塞泵柱塞断裂的多尺度失效机理研究[J]. 工程力学，2020，37(5)：234-240.
[13] 赵志刚，刘红星，陈立新. 柱塞泵液力端结构优化设计[J]. 流体传动与控制，2020(2)：25-28.
[14] 周凯，李雪. 注水泵连接组件间隙检测与调整工艺优化[J]. 石油机械，2019，47(6)：101-106.
[15] 赵晓东，陈志强，周明. 基于响应面法的柱塞泵动态间隙优化设计[J]. 中国机械工程，2017，28(22)：2723-2729.

基于振动分析的循环水泵断轴故障诊断与处理

王勃森　石　超

（大连西太平洋石油化工有限公司）

摘　要　本文以某炼油厂二循供水泵 P-01-3 断轴故障为例，通过振动监测技术捕捉故障特征信号，结合频谱分析与趋势诊断，揭示了故障演化过程及根本原因。研究表明，叶片通过频率(BPF)谐波增长与转频冲击是轴系磨损与断裂的早期征兆，通过多参数协同分析可提前预警。最终提出基于状态监测的预防性维修策略，为同类设备故障诊断提供参考。

关键词　振动分析；状态监测；叶片通过频率；断轴故障；预防性维修

1　引言

循环水供水泵是炼油厂公用工程系统的关键设备，其可靠性直接影响循环水系统的生产稳定性。普通的预防性维修难以发现其转子部分的隐蔽缺陷，而状态监测技术可通过实时数据捕捉早期异常，再通过预防性维修实现对症下药。本文以某炼厂循环水给水泵 P-01-3 泵断轴故障为例，系统分析振动信号特征与故障机理，验证状态监测技术在故障预警中的有效性。

2　设备与故障概述

2.1　设备参数

设备名称：循环水给水泵

型号：28SA-10A(长沙水泵厂)

介质：循环水

温度/压力：常温/常压

扬程/转速：52m/730r/min

叶轮结构：单级 8 叶片形式

轴承型号：6326MC3(驱动端/非驱动端)

2.2　故障描述

2024 年 12 月 10 日，公用工程部二循供水泵 P-01-3，该设备按计划每月离线巡检一次，巡检时泵驱动端水平振动速度为 2mm/s，如图 1 所示，非驱端水平振动速度为 2.4mm/s，如图 2 所示，同时在线状态监测也无异常，设备整体运行平稳，无明显异常。12 月 11 日因非驱动端填料密封漏，车间主动停机调整泵非驱动端填料密封。12 月 13 日设备重新开机，开机后通过在线状态监测系统发现，泵驱动端水平振动速度有明显升高且波动较大，如图 3 所示，泵非驱端振动速度也有升高但幅度较小，如图 4 所示，加速度变化幅度均较小，电机振动速度及加速度仍然较低。但是在线监测系统在 12 月 30 日发现一次异常波动，如图 3 所示，因此决定在 12 月 31 日使用便携式在线状态监测分析仪额外加测一次。

12 月 31 日离线加测，测得泵驱动端水平振动速度为 4.8mm/s，如图 5 所示，非驱端水平振动速度为 2.8mm/s，如图 6 所示。泵驱动端轴承箱与泵壳体振动存在差异性，频谱主要为 8 倍频分量明显增长，转频及谐波成分仍然存在。泵壳体加速度频谱中存在明显的转频冲击并伴随周期性异常噪音，如图 7 所示。电流及流量无明显变化。

因状态监测分析结果存在异常，车间决定进行主动性预防性维修，在 2025 年 1 月 2 日进行解体拆检，检查叶轮、口环及内部件配合间隙，如图 8 所示。开盖后发现口环左右两侧宽度明显不一，口环存在磨损。叶轮挡套与叶轮有明显间隙(应于叶轮贴紧随叶轮旋转)，判断叶轮挡套松动或磨损，如图 9 所示。内部件确定存在问题后移至维修车间完全解体，进行详细检查。解体过程中，在加热拆解轴套及叶轮挡套时轻轻敲击了轴套位置，此时轴从键槽横截面处完全断裂，如图 10 所示。

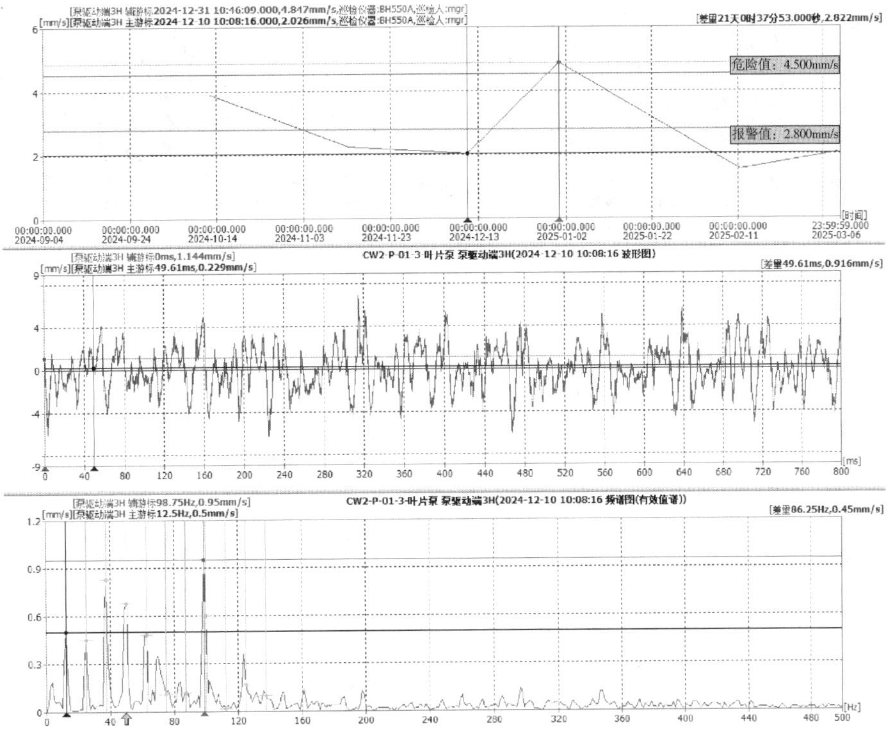

图 1　12 月 10 日泵驱动端 3Hv 速度频谱

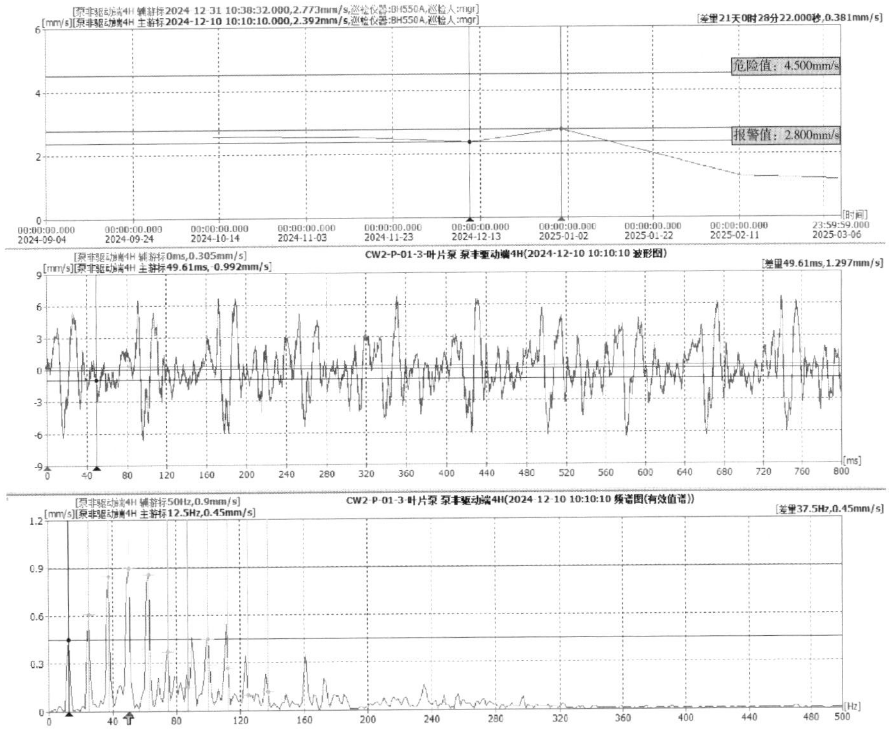

图 2　12 月 10 日泵非驱动端 4Hv 速度频谱

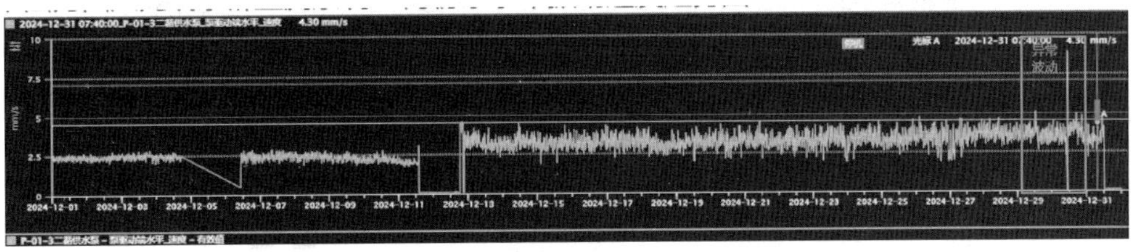

图 3　泵驱动端水平速度趋势图

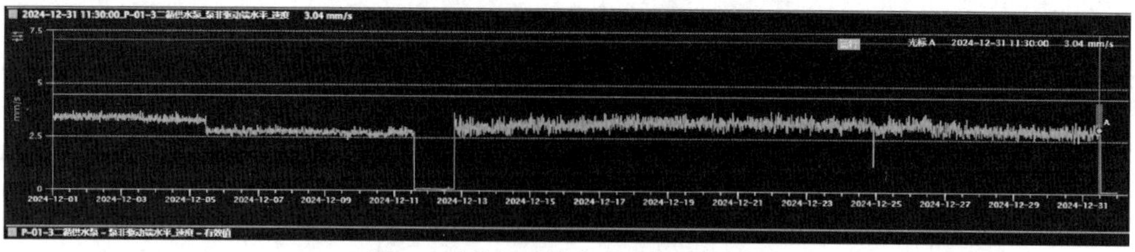

图 4　泵非驱动端水平速度趋势图

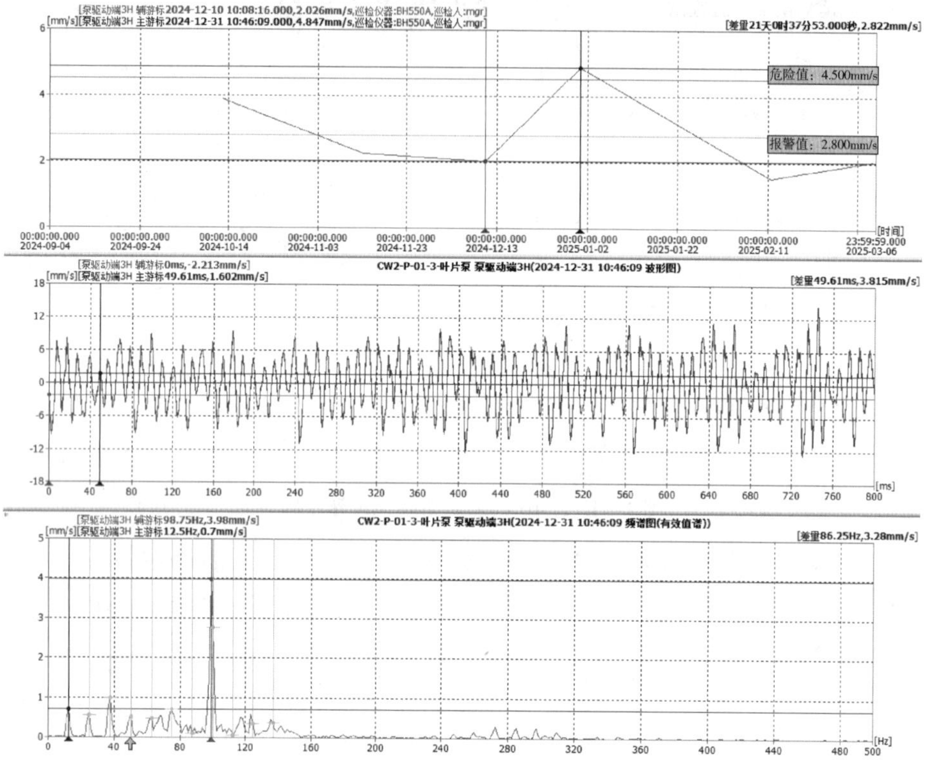

图 5　12 月 31 日泵驱动端 3Hv 速度频谱

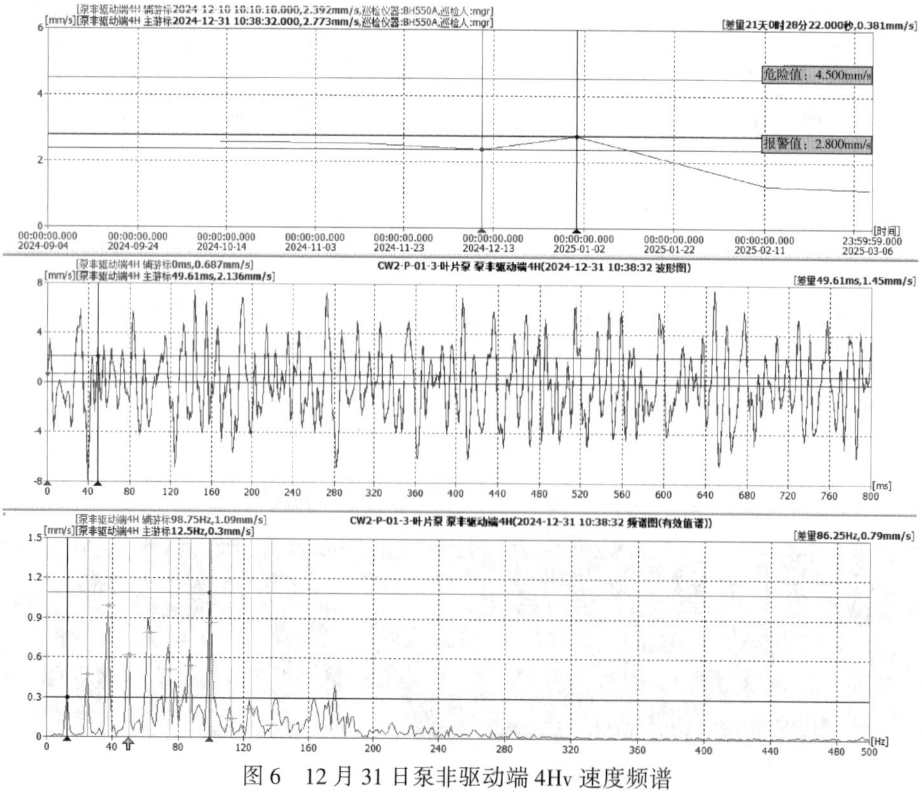

图 6　12 月 31 日泵非驱动端 4Hv 速度频谱

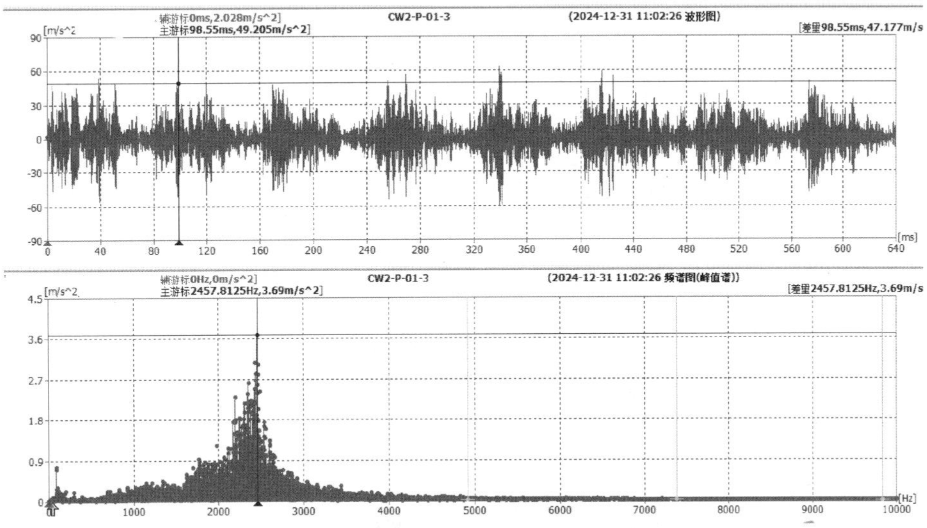

图 7　12 月 31 日泵蜗壳加速度频谱

图 8　检修照片

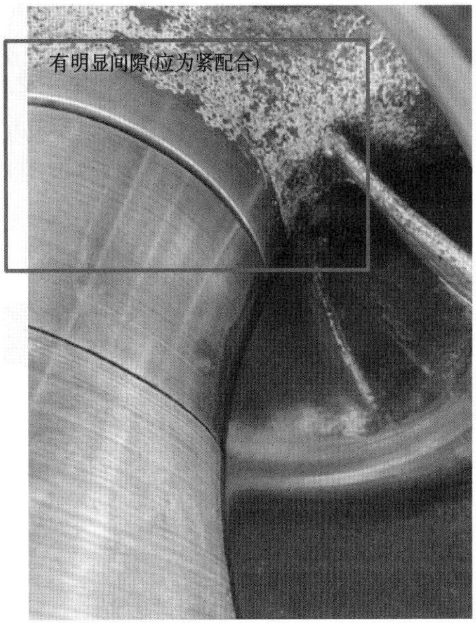

图 9　检修照片

泵解体大修更换了泵转子、叶轮、密封、轴承后在 2 月 11 日复测，泵两端振动速度值明显下降，如图 11、图 12 所示，频谱中仍以叶片通过频率为主但数值很低，转频谐波成分消失，振动数据未发现明显异常，设备正常运行。

3　振动监测与故障诊断

3.1　数据采集方法

仪器：在线泵群监测系统、便携式振动分析仪

测点：驱动端/非驱动端振动（速度/加速度）

频谱范围：10Hz～1kHz（分辨率 0.5Hz）

3.2　特征信号分析

3.2.1　事故早期异常频率

频谱分析的重要作用在于能够在事故发生的早期从复杂的振动信号中提取出具有故障特征的频率成分。在本案例中，12 月 10 日的初始检测

虽然整体振动值仍在允许范围内，但频谱中已经显示出异常的转频谐波成分，如图1所示。这些谐波的出现并非偶然，而是轴系开始出现微小缺陷的直接证据。通过对比历史频谱数据，可以清晰看到谐波能量随时间的增长趋势，这种趋势性变化为故障发展提供了量化依据。

图10　检修照片

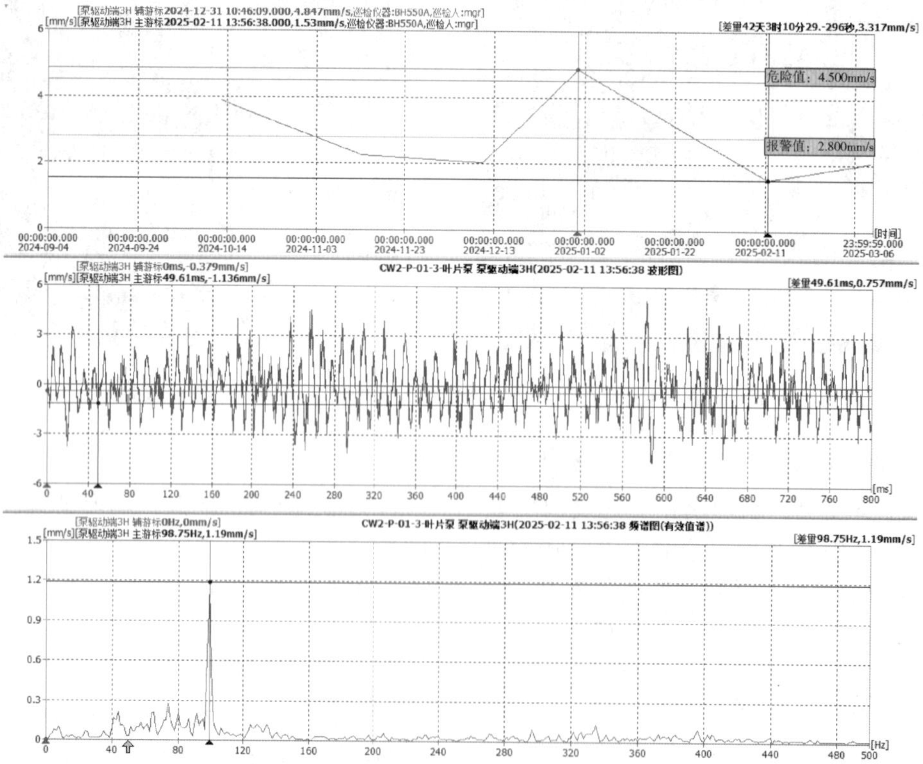

图11　2025年2月11日泵驱动端3Hv速度频谱

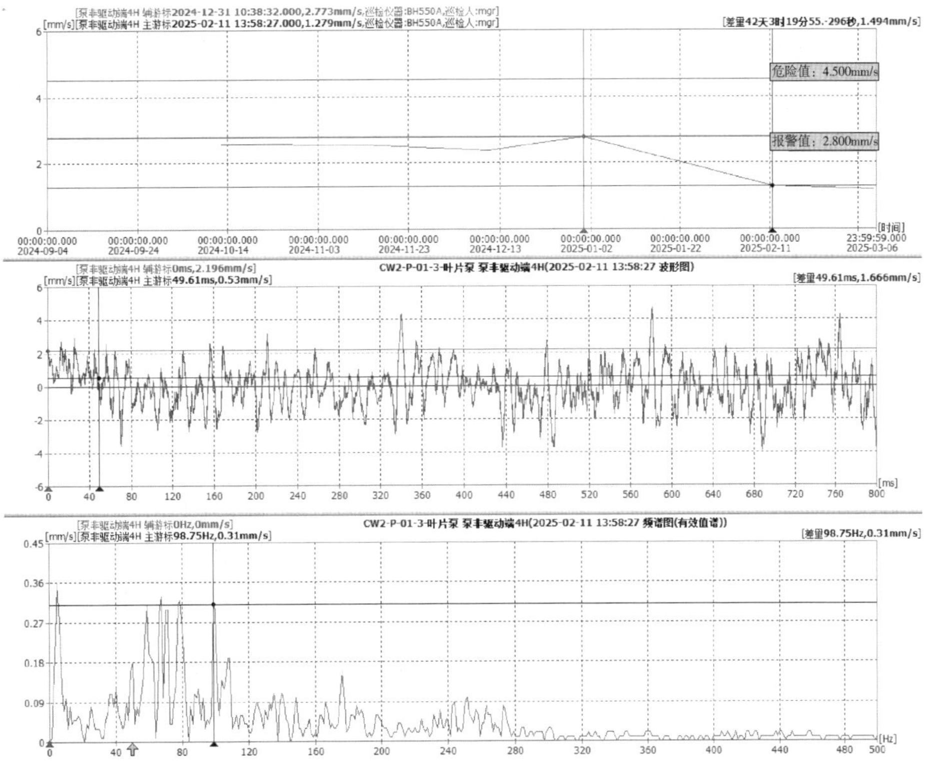

图12　2025年2月11日泵非驱动端4Hv速度频谱

3.2.2　叶轮通过频率异常

叶轮通过频率(BPF)是流体机械(如泵、风机、涡轮机等)中的一个关键振动频率，指旋转叶轮的叶片每秒钟通过固定点的次数，反映叶片周期性扫过静止部件(如蜗壳、导叶)时产生的流体脉动或压力波动频率。

公式如下：BPF = 叶片数量×转频(r/min/60)

在本案例中，BPF = 8×(730/60) = 97.3Hz

叶轮通过频率的显著增加是本次分析过程中最具有指导性的特征之一。正常情况下，叶轮通过频率的能量应该保持相对稳定。但当频谱显示叶轮通过频率及其谐波幅值出现300%的增长时，这强烈暗示着叶轮流道内发生了严重的流场畸变。叶片通过频率的异常增加，无外乎两方面原因：一是动刚度不足，即设备或与其相连管道的动刚度不足，在压力脉动作用下，出现振动放大效应，甚至共振，表现为叶片通过频率振动十分剧烈，这在现场是最为常见的；二是运行环境恶化，使得流体压力脉动的幅度增大，激发了较大的叶片通过频率振动。具体包括：(1)由于流体机械与其进出管线形成一个封闭的流动空间，如果管线设计不合理，导致流体在管线中的压力或速度产生突变，就可能激发叶片通过频率的振动。(2)叶片未在设计工况下运行。由于叶轮、导叶等过流部件均是基于最优工况而进行设计的，即在最优工况下，流体离开叶轮时的切向速度分量较小，激发的压力脉动也较小；当设备运行偏离最优工况时，叶轮出口的流速分布就含有一定的切向速度分量，这些切向速度分量可能会产生旋涡或脱流现象，而设备在该状况下运行就会产生较大的压力脉动，并可能诱发叶片通过频率的振动。(3)设备安装偏差或运行磨损将可能导致流道内的压力脉动剧烈，引发了叶片通过频率振动。因为此泵在运行期间没有经历管路改造或者流量偏离设计工况运行的现象，所以此泵属于第三种原因的可能性较大，而根据此泵构造，泵形结构较为简单，最容易产生运行磨损，且影响流体运行状态的就是叶轮口环的磨损。频谱分析不仅识别出这一异常，更重要的是通过持续监测确定了BPF增长与时间的关系，为判断故障发展速度提供了关键参数。

3.2.3　转频谐波的出现

转频谐波在本次故障诊断中提供了重要的诊断价值，其演化特征为判断轴系状态提供了关键依据。在故障初期，频谱中首先观察到2倍转频成分的出现，这一现象往往暗示着轴系存在轻微的不对中或初始松动。随着故障发展，频谱图上逐渐显现出3倍、4倍乃至更高阶的转频谐波，这种谐波阶次递增的现象具有重要的诊断意义。

从机械动力学角度分析，谐波数量的增加直接反映了轴系非线性振动特征的强化。当转轴与轴承、叶轮挡套等配合部件的间隙逐渐扩大时，转子在旋转过程中会产生更复杂的运动轨迹。这种运动在频域上表现为高次谐波成分的持续涌现，各次谐波之间的能量分布关系也发生显著变化。特别值得注意的是，3倍及以上高次谐波的出现往往标志着松动已发展到可能引发严重后果的阶段。

谐波能量占比的变化趋势同样包含重要信息。在本次案例中，后期检测发现高次谐波（如3×、4×转频）的能量占比显著提升，这种变化预示着轴系配合状态正在加速恶化。当高次谐波能量超过基频能量的30%时，通常表明机械松动已达到危险程度，可能随时引发更严重的故障。

3.2.4　高频冲击成分的预警

在故障后期，频谱中出现的1kHz宽频带冲击成分具有决定性诊断价值。高频冲击信号的出现源于旋转部件与静止部件之间发生的间歇性机械接触。当轴系配合间隙因长期磨损超过临界值时，叶轮在高速旋转过程中会与泵壳或口环发生周期性碰撞。这种碰撞过程在时域上表现为瞬态脉冲信号，其持续时间通常在毫秒级。由于冲击作用的瞬时特性，根据傅里叶变换的时频对应关系，短时冲击必然激发宽频带的振动响应。这也就是频谱中1kHz宽频能量增加的本质原因。

从故障发展过程理解，高频冲击信号的出现代表故障已从单纯的振动加剧发展为机械接触阶段。频谱分析显示，在冲击信号出现前，叶轮通过频率和转频谐波已经持续增长数周，这反映了轴系状态的渐进式恶化。而冲击信号的突然出现，则标志着系统已从量变转为质变，随时可能发生突发性的故障失效。

综上所述，此台设备的故障发展经历三个阶段，分别是初期（12月10日），出现了转频谐波（2×）和叶轮通过频率成分小幅增长，显示轴系初始松动。发展期（12月13日~12月30日），3×、4×转频谐波相继出现，叶轮通过频率幅值增长300%，表明松动加剧。临界期（12月31日），出现高频冲击，预示着机械碰撞开始产生。

3.3　维修结果验证

通过状态监测的分析结果，我们在2025年1月2日对该泵进行解体大修，拆大盖检查叶轮，检查口环及内部件配合间隙。开盖后发现口环左右两侧宽度明显不一，口环存在明显磨损痕迹。叶轮挡套与叶轮存在明显间隙，此处正常应为叶轮挡套顶住叶轮，没有间隙。在后续解体过程中，在加热拆解轴套及叶轮挡套时轻轻敲击了轴套位置，此时轴从键槽横截面处完全断裂。

维修结果从以下几方面对频谱分析结果进行了验证。首先，口环的不均匀磨损直接印证了频谱分析中叶片通过频率（BPF）异常增长的诊断结论。频谱分析曾明确显示BPF（97.3Hz）及其谐波成分在故障后期出现300%的幅值增长，这一现象的理论解释正是口环间隙不均导致的水力失衡。实际解体发现的口环左右侧宽度存在差异正好对应了这一分析，不均匀的间隙造成叶轮流道内周期性压力脉动，从而在频谱上表现为突出的BPF特征。更值得注意的是，磨损最严重部位位于口环下半周，这与频谱中显示的8倍频（对应8个叶片）能量分布特征完全吻合，证实了叶轮每旋转一周会经历八次明显的水力冲击。

其次，叶轮挡套与叶轮之间的异常间隙验证了转频谐波增长的机械根源。频谱分析中观察到的2×、3×、4×转频谐波持续增强现象，其物理本质就是轴系配合松动导致的非线性振动。解体发现的叶轮挡套松动，为这一诊断提供了直接证据。松动部件在旋转过程中产生的周期性微幅碰撞，在频域上表现为转频整数倍的谐波成分。

最后，从信号特征来看，1kHz宽频带冲击信号的出现具有特定的物理意义。这个频率成分远高于转频及其谐波所在的低频段，其宽频特性（能量分布在800Hz~1.2kHz范围）典型反映了瞬态冲击事件的频域特征。根据机械冲击理论，短时冲击的频域表现与其时域持续时间成反比关系，1kHz的频带中心频率对应约1ms的冲击持续时间，这与金属部件间机械碰撞的物理过程完全吻合。更为关键的是包络解调分析显示的80ms周期，如图13所示。这个时间间隔精确对应着泵轴每转一周所需的时间（1/12.2Hz≈80ms）如图14所示。这种严格的周期性表明：冲击事件与轴的旋转运动保持着固定的相位关系，每次冲击都发生在轴旋转到特定角度位置时。这一特征排除了随机振动或流体噪声等干扰因素，确凿地证明冲击源来自旋转部件本身。

从故障机理角度分析，这种周期性冲击的产

生直接反映了轴系损伤的进展过程。当轴系配合间隙因磨损超出临界值后，叶轮在旋转过程中会在特定位置与静止部件（如口环或泵壳）发生机械接触。由于轴的旋转运动具有严格的周期性，这种接触就表现为每隔 80ms 发生一次的规律性冲击。随着间隙进一步扩大，冲击能量不断增强，最终在应力最集中的键槽部位引发疲劳断裂。

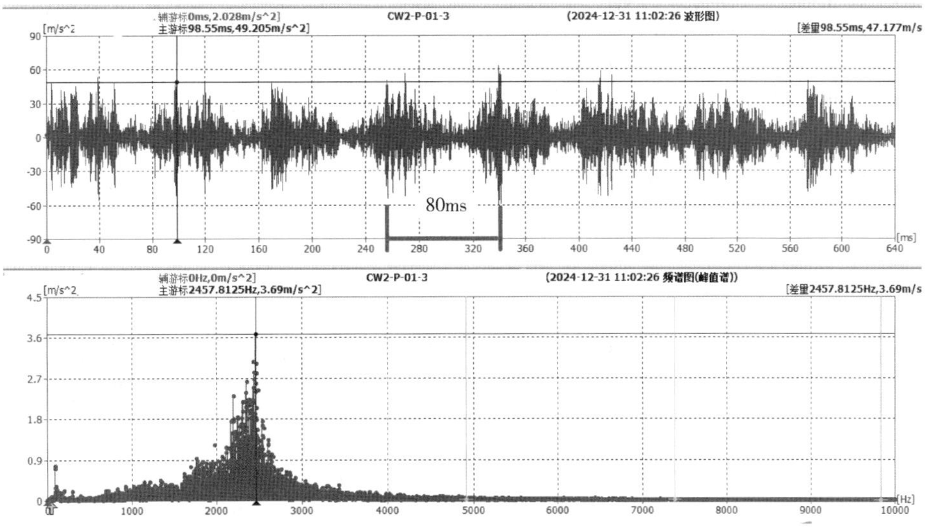

图 13　波形图

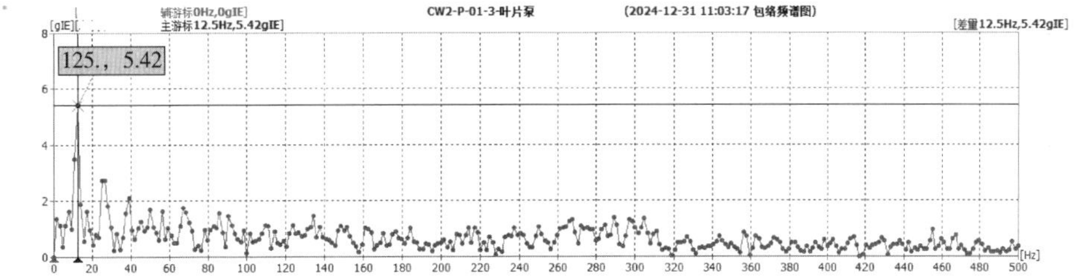

图 14　包络频谱图

在断轴后，我们外委对泵轴材质进行金相组织分析。泵轴材质 3Cr13 马氏体不锈钢，规格为 $\phi145\times2235$mm，断口如图 15 所示。

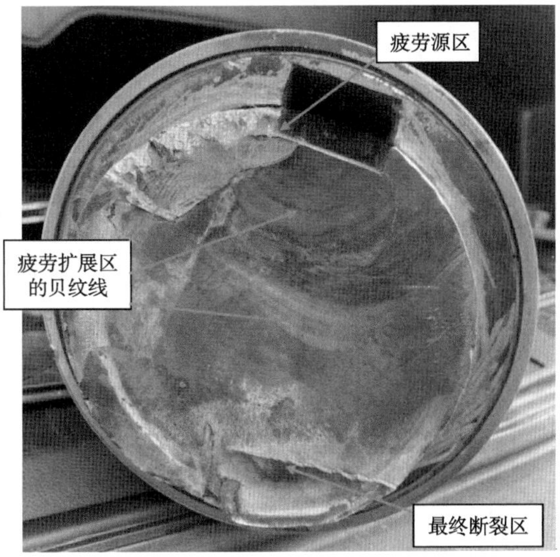

图 15　断轴图

从断口形态看，该轴是疲劳断裂，断口的宏观疲劳特征明显，疲劳源位于键槽根部。随后，我们对断轴进行了微观组织分析，如图 16 所示。同时进行了扫描电镜分析。

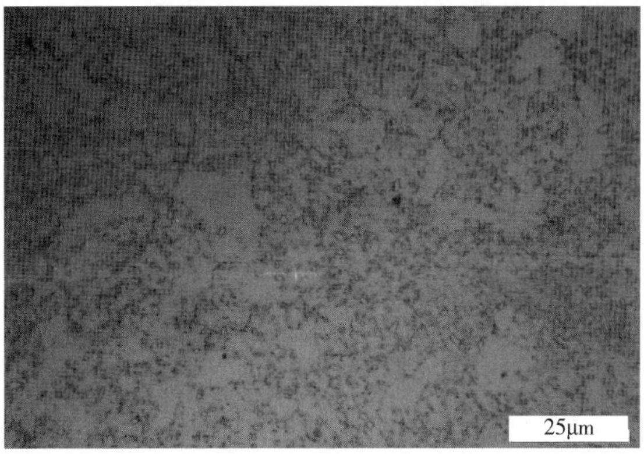

图 16　轴横截面微观形貌（×1000）腐蚀

从以上试验结果，可以判定是由于疲劳产生的断裂，造成了断轴。产生疲劳断裂的应力条件是轴的工作载荷，而产生疲劳源的位置在键槽根部应力集中区。本次发生疲劳断裂的主要原因是，轴材料本身强度不足造成的。一般轴是经调质热处理，即在微观组织回火索氏体状态使用，这个组织具有最佳的强度、韧性配合，也是疲劳抗力最佳的组织状态。3Cr13马氏体不锈钢轴通常也是这样的要求。本次送检的叶轮轴组织为粒状珠光体，球粒状碳化物均匀分布在白色铁素体基体上构成粒状珠光体组织，这样的组织一般为3Cr13钢供货状态的退火组织，其硬度较低，利于切削加工，并对后续淬火加热有利。但退火状态的3Cr13钢力学性能较差，耐腐蚀性能也不佳，这是由于大量的铬和碳形成(Cr、Fe)23C6，使基体贫铬的缘故。所以3Cr13钢一般不宜在退火状态使用，而以淬火回火状态使用。本次分析的轴是退火态，所以强度低，耐蚀性差，是不适合使用的微观组织状态，在工作载荷下，并在本次轴的键槽根部应力集中处很容易产生疲劳源，并导致疲劳裂纹持续扩展而最终断裂。

4　经验及提升措施

(1) 根据本次案例的分析过程，可以看出，断轴事件经历故障初期的2倍频谐波和叶轮通过频率的增长，这往往标志着轴系开始出现初始状态的松动，在中期，3倍频谐波、4倍频谐波陆续出现，且叶轮通过频率进一步增长，标志着轴系松动加剧，后期开始出现高频冲击信号，标志着轴系开始出现了机械碰撞。这一变化趋势可以作为在振动分析过程中判断轴系运行状态的重要依据。

(2) 泵轴材质本身未进行调质热处理(组织为回火索氏体，具有最好的疲劳抗力及耐蚀性)，而是在退火态组织(粒状珠光体，一般为原材料供货状态)下服役的，该组织力学性能低，耐蚀性差，不适合作为服役组织使用。同时各部位硬度结果也证明了该轴硬度远低于服役要求的标准。这要求我们日后在设备验收中要强化对关键部件的材质验收，必要时进行硬度和光谱检测。

(3) 预防性维修维护策略执行存在不足，对于设备不能单单依靠备件运行时间来判断是否需要进行预防性维修工作，而是要推行预测性维护(PdM)，基于振动趋势、频谱特征、工艺参数(流量、电流)综合研判，动态调整维修计划。

参　考　文　献

[1] 王笑天，李志义．金属材料学[M]．北京：冶金工业出版社，2017.

[2] 张泰昌．3Cr13马氏体不锈钢热处理工艺及性能研究[J]．热加工工艺，2016，45(8)：112-115.

[3] 李强，王建华．疲劳断裂的微观机理与预防措施[J]．机械工程材料，2019，43(3)：1-6.

[4] 高金吉．设备诊断工程[M]．北京：中国石化出版社，2015.

[5] 刘德庸，王建华．离心泵叶轮通过频率振动特性研究[J]．流体机械，2020，48(5)：1-7.

[6] 陈冠国. 工程机械故障诊断学[M]．北京：机械工程出版社，2016.

采用 FTA 和 FMEA 对迷宫压缩机停车原因分析

王健成

（大连西太平洋石油化工有限公司）

摘　要　针对某炼化公司聚丙烯装置丙烯回收单元丙烯循环压缩机自 21 年投产后出现的设备故障，采用故障树(FTA)的分析方法对可能导致设备故障的原因进行分析，并对关键零部件通过失效模式及影响分析(FMEA)提出预防措施。为炼化企业的迷宫压缩机的检维修提供经验和建议。

关键词　迷宫压缩机；FTA；FMEA；气阀；措施

在石油和化工领域中，大型关键设备的安全稳定运行意义重大，由于这些设备大都面临的是高温、高压、高速、易燃、易爆、剧毒的介质，因此一旦发生机械性故障，容易导致火灾爆炸等恶性事故，并带来大量污染物外泄，严重影响生态环境和人民生命财产安全。往复式压缩机是一种在石油和化工领域广泛应用的通用机械，可压缩氢气、天然气、乙烯、丙烯等，具有压力高、流量大等显著特点。往复式压缩机是石油化工等行业重要的生产设备之一，其运行周期长短直接影响到企业的安全及生产效益。本文采用 FTA 和 FMEA 等分析方法对某炼化聚丙烯装置的的丙烯循环往复式压缩机的常见原因进行分析并提出维修维护策略。

1　设备状况

某炼化公司聚丙烯装置的丙烯循环压缩机为三列两级立式迷宫压缩机，见图 1，全封闭结构，采用气密性设计，无任何工艺介质泄露至外部环境。一级气缸两个，二级气缸一个，气缸为双作用水冷式、无油润滑，活塞与气缸、活塞杆与填料采用无接触式迷宫密封结构。循环气压缩机型号为 3K-165MG-25.2/0.7-22 型。工艺介质为丙烯气，压缩机额定功率为 315kW，额定电流 42.5A。

2　往复式压缩机常见故障

往复式压缩机常见的故障类型可以分为机械故障、电气故障、液压系统故障以及气动系统故障。在机械方面首先是气阀方面的故障。由于受到弹簧或者是阀片的故障性影响，极易出现气阀故障。机械方面故障还包括有异响、活塞组件损坏、活塞杆的断裂。电气故障主要是电机或者电路方面的故障。液压系统故障主要是指压缩机润滑系统的故障。润滑油故障主要包括三方面的原因。第一，机械性故障。第二，润滑油状态。第三，开关本身原因。往复式压缩机常见的故障现象主要表现为运行噪音过大，运行温度异常，泄露问题。

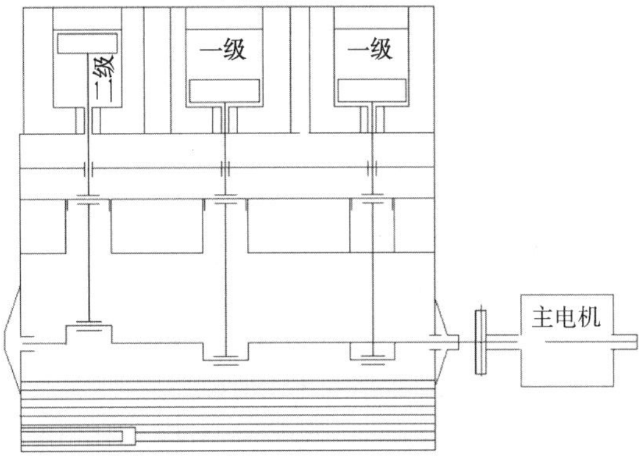

图 1　压缩机整体结构图

3　采用 FTA 对异常原因进行分析

故障树分析(Fault Tree Analysis，FTA)是通过采用逻辑分析方法，将事故因果关系形象地描述为一种有方向的“树”，把系统可能发生或已发生的事故(称为顶上事件)作为分析起点，将导致事故原因的事件按因果逻辑关系逐层列出，用树形图表示出来，构成一种逻辑模型，然后定性或定量地分析事件发生的各种可能途径及发生的概率，找出避免事故发生的各种方案并优选出最佳安全对策，见图 2。

采用故障树分析可以帮助判明潜在的的故障模式和原因；可以计算零部件发生故障的概率；

可以发现可靠性和安全性的薄弱环节，采取相应的改进措施，提高产品的可靠性和安全性；还可以用于指导故障诊断、改进运行和维修方案。

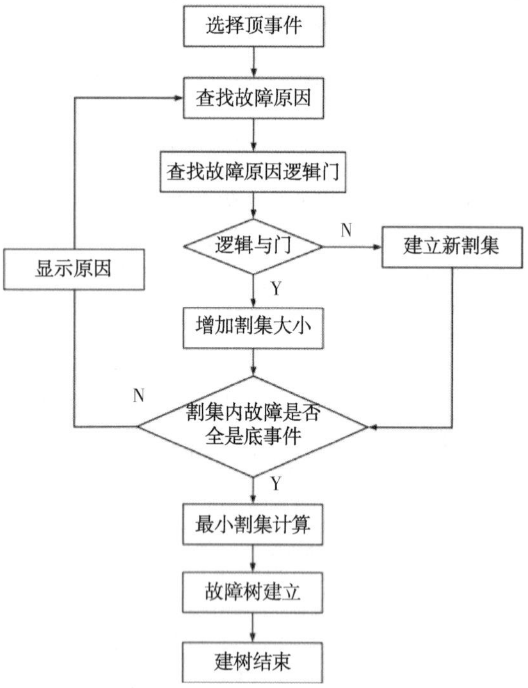

图 2　FTA 分析流程

某炼化公司聚丙烯装置丙烯循环式压缩机 PK301B 自 2021 年 10 月投入至今，共出现过 2 起异常停机事件。主要是机械原因及工艺原因导致的停机事件。

（1）采用 FTA 对往复式压缩机隔室压力异常升高事件原因分析

事件概述：PK301B 为聚丙烯装置的丙烯循环压缩机（图 3），正常工况下一级进气压力 0.056MPa，一级排气压力 0.6MPa，二级排气压力 1.8MPa，隔室压力为 0.19MPa。2023 年 6 月 18 日，内操发现 PK301B 供油总管与油池吸油管压差报警，辅助油泵有启动信号。外操现场确认隔室压力为 0.23MPa，辅助油泵运转，采取通过调节自立式调节阀调节干气密封气压力来降低隔室压力，经过几次反复操作发现调节自立式调节阀无效果，之后采取通过隔室安全阀副线泄压的方式降低隔室压力得以维持。

通过对机身油池润滑油采样分析，里面含有机械杂质和轻组分较多，怀疑是填料密封泄漏导致气缸中的高压丙烯窜到隔室，导致隔室压力高，隔室丙烯气窜到油池里，从而导致油池压力高，见图 4。

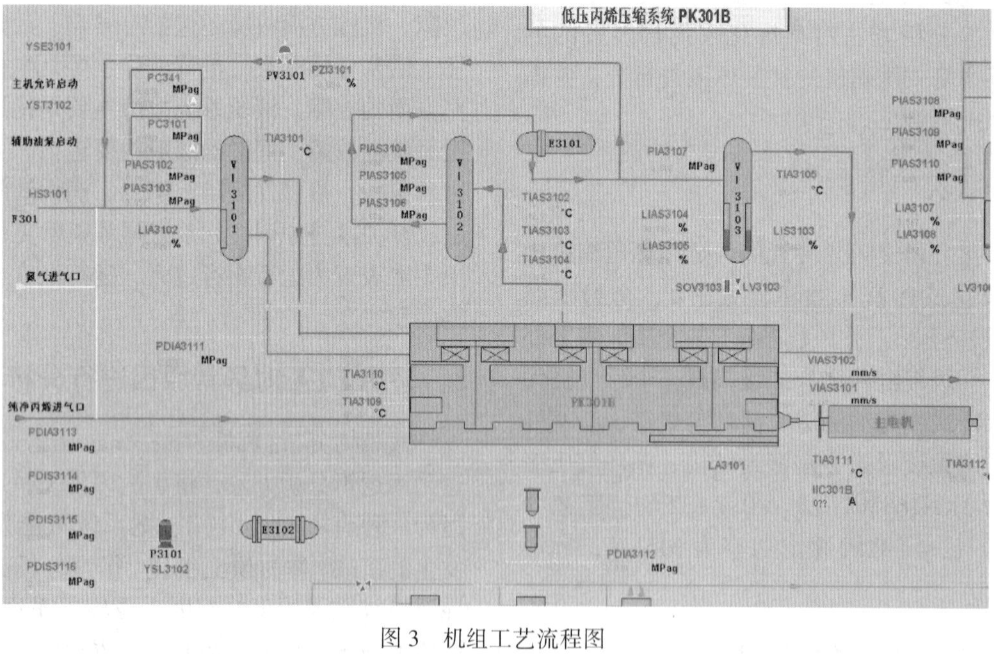

图 3　机组工艺流程图

接下来，根据活塞杆填料密封损坏而导致的 PK301B 隔室压力异常升高这个事件，选取 PK301B 隔室压力高为顶事件，采用故障树（FTA）对 PK301B 隔室压力高产生的原因及概率进行全面分析。

3.1　定性分析

割集定义为故障树基本事件的集合，顶事件发生的必要条件为这些基本事件发生。割集无法继续分割的最小集合称之为最小割集。通过采用“上行法”分析 PK301B 隔室压力高故障树得到最小割集：{X1}、{X2}、{X3}、{X4}、{X5}、{X6}、{X7}、{X8}、{X9}，见表 1。

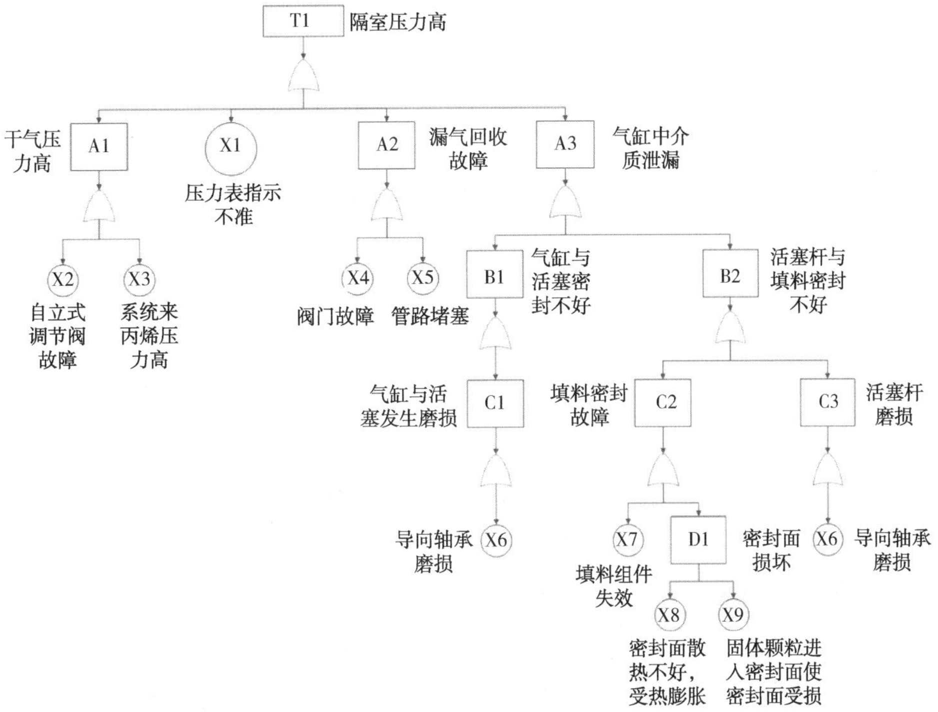

图 4　故障树建立

表 1　代号及意义

代号	事件	代号	事件	代号	事件
T1	隔室压力高	C2	填料密封故障	X5	管路堵塞
A1	干气压力高	C3	活塞杆磨损	X6	导向轴承磨损
A2	漏气回收故障	D1	密封面损坏	X7	填料组件失效
A3	气缸中介质泄漏	X1	压力表指示不准	X8	密封面散热不好，受热膨胀
B1	气缸与活塞密封不好	X2	自立式调节阀故障	×9	固体颗粒进入密封面，密封面受损
B2	活塞杆与填料密封不好	X3	系统来丙烯压力高		
C1	气缸与活塞磨损	X4	阀门故障		

PK301B 隔室压力高故障树共有 9 个最小割集，即导致 PK301B 隔室压力高的原因共 9 个。

在底事件中，X1(压力表指数不准)只是判断隔室压力的一种宏观方法，还可以通过系统报警判断，而且发生概率很低，可以排除。X2(自立式调节阀故障)、X3(系统来丙烯压力高)、X4(漏气回收阀门故障)、X5(漏气回收管路堵塞)发生的概率较低，属于 PK301B 隔室压力高的次要原因。导向轴承磨损、填料组件失效是主要原因，且导向轴承和填料组件属于易损件而且不易检查完好性，见图 5。

在对 PK301B 进行检修时发现，中间列一级活塞杆填料密封密封环损坏，当即采取的措施是更换填料密封。

(2) 对往复式压缩机过载停机事件进行原因分析

2025 年 2 月 14 日 9 时 53 分聚丙烯装置丙烯气压缩机(图 6)PK301B 突停，停机报警为：电气柜报警堵转/过载。检查压缩机机身振动值(图 7)VIAS3101、VIAS3102 自 2021 年 10 月设备投入使用至今未发生明显变化，停机前压缩机机身振动值 VIAS3101、VIAS3102 由 1.3/3.4mm/s 上涨至 5.8/14.3mm/s。停机前后 5 小时内 PK301B 入口工艺参数，PK301B 机体工艺参数，PK301B 出口工艺参数均未发生变化，无压缩机相关 DCS 报警，未触发仪表联锁(图 8)。

机组联锁见图8。

接下来，根据压缩机过载而导致的PK301B突停这个事件，选取PK301B过载停车为顶事件，采用故障树(FTA)对PK301B突停原因及概率进行全面分析。影响过载停机的原因主要包括：机械安装原因(间隙过大或过小)、电路故障、排气不畅、仪表联锁。任何一种情况发生都会导致机组过载停车。经检验得出以下内容(见图9)：

(1) 检查2024年大检修期间机组检修规程，安装尺寸符合安装要求。

(2) 电气会同仪表一并排查联锁动作记录，仪表无联锁停机信号输出；

(3) 经调取综保事件录进一步排查跳闸原因：

综保面板记录(图10)：“堵转/启动超时”灯亮，该两保护动作启动同一指示灯；综保事件记录：“运行时堵转”，综保故障电流记录：108.2A。

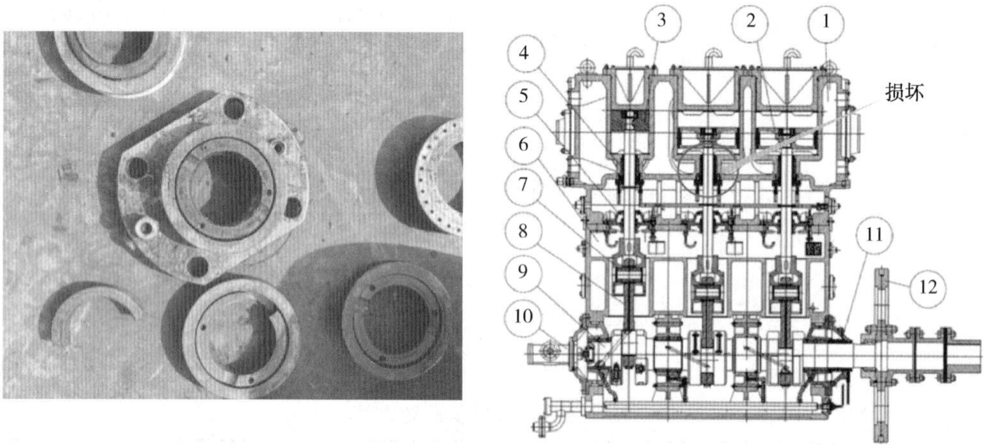

图5 现场照片与损坏部位结构图

序号	名称	单位	数值	备注
1	排气量	Nm^3/min	25.2	
2	各级吸气压力	MPa(G)	0.07/0.6	
3	各级排气压力	MPa(G)	0.6/2.2	
4	各级吸气温度	℃	45/40	
5	各级排气温度	℃	126/115	
6	冷却水进水温度(循环水)	℃	30	
7	冷却水排水温度(循环水)	℃	40	
8	进水压力(循环水)	MPa(G)	0.6	
9	回水压力(循环水)	MPa(G)	0.45	
10	润滑油压力	MPa(G)	0.35–0.4	
11	压缩机转速	r/min	594	
12	轴功率	kW	286	
13	活塞行程	mm	165	
14	气缸直径	mm	465/280	
15	噪声	dB(A)	≤85	
16	压缩机主机重量	kg	12000	
17	最大检修件重量	kg	5700	气缸
18	传动方式		膜片联轴器	
19	主机外形尺寸(长、宽、高)	mm	3400×1300×3000	
20	介质		乙烯、丙烯、丙烷等	

图6 压缩机主要参数

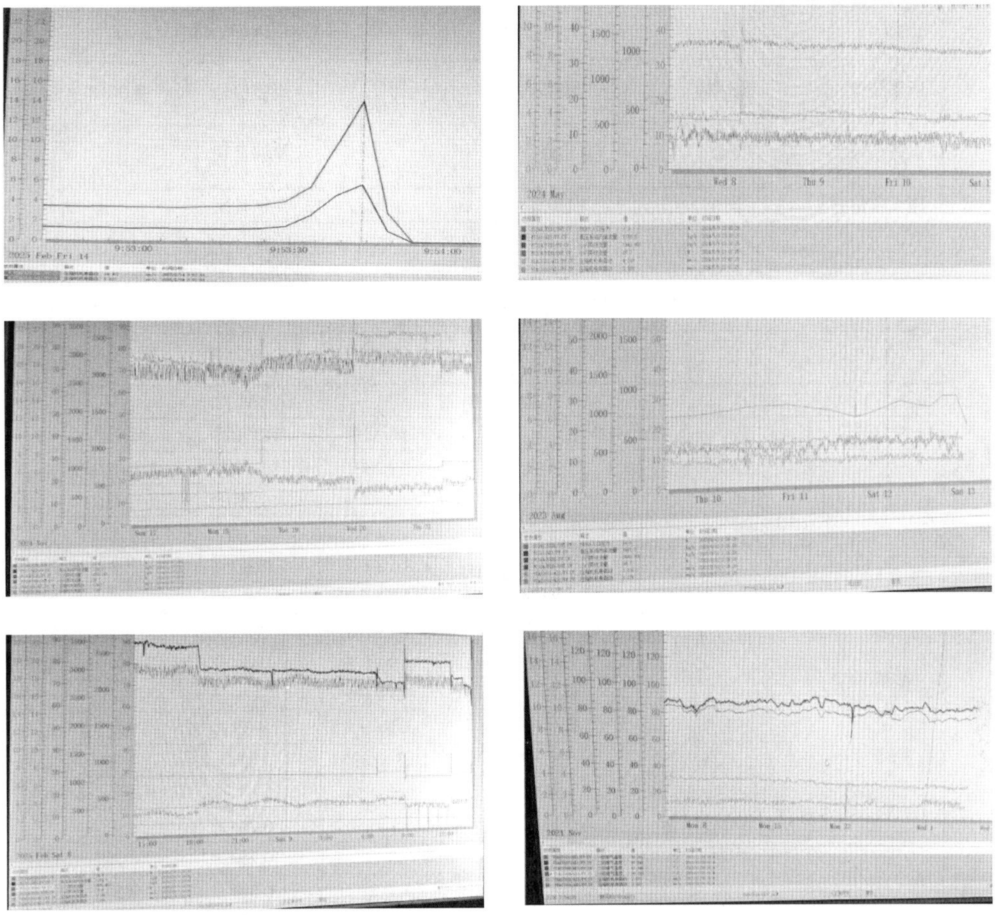

图 7　机组振动变化图

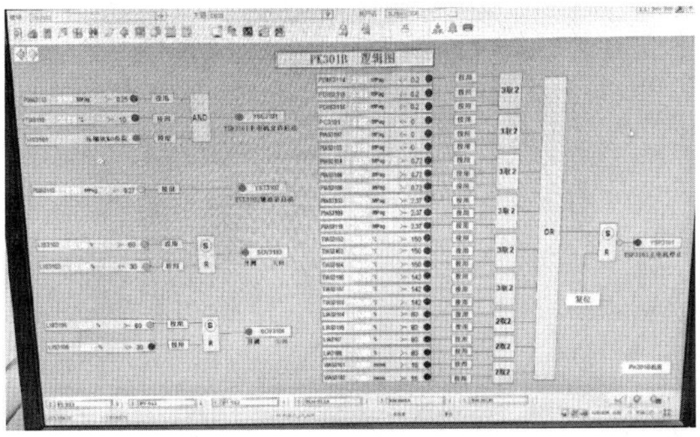

图 8　机组停车联锁

根据以上排查，综保动作时记录动作电流 108.2A，大于该保护设定动作电流 85A；且综保内部故障记录、面板报警灯记录均与该事件情况相一致，见图 10。

最终停机将压缩机解体发现问题：

(1) 压缩机解体发现二级排气气阀堵塞严重，气阀通道内堵塞充满黑色絮状物质。一级吸入气阀也有少许黑色絮状物质，化验分析主要成分为聚丙烯树脂、铁、铝、镍、钾、锰，见图 11。

(2) 压缩机 1#、2#活塞体梳齿密封磨损，2#活塞体存在坑状损坏痕迹；三个活塞体均存在黑色物质粘连附着在表面，见图 12。

(3) 压缩机一级(西侧)导向轴承有少量巴氏轴瓦脱落。

(4) 压缩机隔室至一级进气缓冲罐返回线堵塞，充满黑色物质，见图 13。

对黑色物质进行化验分析得出表 2。

从分析数据看，Al(铝)、Fe(铁)为含量较高的主要元素。

3.2　原因分析

直接原因：压缩机二级气阀排气堵塞，排气不畅导致压缩机过载停机。

间接原因：聚丙烯装置丙烯循环压缩机 C301B 在 8 月 3 日手动停机后，二级进气缓冲罐液位上涨至 94%，液相介质进入机组，压缩机运行时遇到工艺丙烯气内的少量油、粉形成黏料吸附于气阀处，随着运行周期增加黏料堵塞气阀。

附表：检修记录

工单：		检修记录		Q/SY 1564—2013	
所属装置	聚丙烯	设备名称	循环气压缩机	设备位号	PK301B
设备型号	3K-165MG-25.2/0.7-22	检修类别		检修日期	
施工单位	固德	检修负责人	王殿乙	完工日期	
检修原因					
清缺					
设备结构变动及遗留问题					
无					
检测数据					

检测部位	检测项目			标准值	拆卸值	安装值
活塞部件与气缸	气缸直径	Ⅰ列		φ280	280-0.40	280+0.00
		Ⅱ列		φ44	462.50	464+0.00
		Ⅲ列		φ464	462.60	464+0.00
	活塞止点间隙	Ⅰ列盖侧		3.5 ± 0.5	3.8	3.8
		Ⅰ列轴侧		3.5 ± 0.5	2.9	3.0
		Ⅱ列盖侧		3.5 ± 0.5	3.8	3.8
		Ⅱ列轴侧		3.5 ± 0.5	3.4	3.4
		Ⅲ列盖侧		3.5 ± 0.5	3.2	3.2
		Ⅲ列轴侧		3.5 ± 0.5	4.0	4.0
	活塞与气缸径向间隙	Ⅰ列		0.3~0.382	0.52	0.30
		Ⅱ列		0.5~0.59	0.65	0.50
		Ⅲ列		0.5~0.59	0.70	0.50
		单侧最小允许值	Ⅰ列	0.12	0.25	0.15
			Ⅱ列	0.2	0.30	0.20
			Ⅲ列	0.2	0.30	0.20

图 9　机组检维修记录

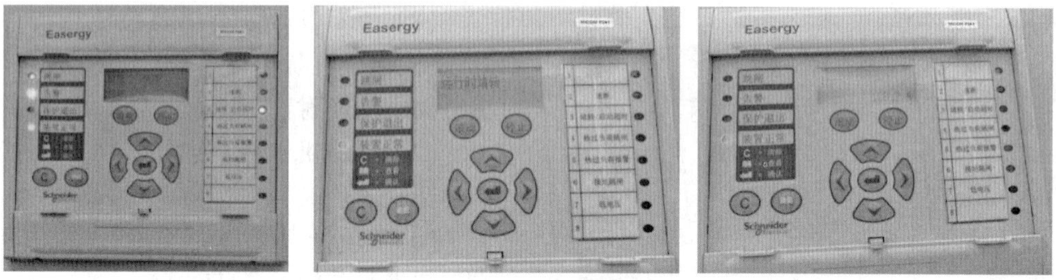

图 10　电气综保记录

图 11　二级排气气阀堵塞

图 12　1#、2#、3#活塞体现场图

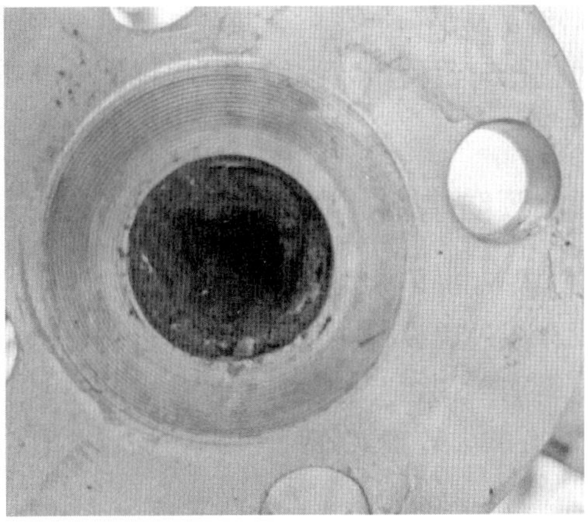

图 13　丙烯气返回线堵塞

表2　黑色物质分析结果

元素	Al	Pb	Ca	K	Cr	Fe	Ni	Cu	Mg	Mn
溶液	2250	12	21	67	47	4275	33	3	12	21

2024年7月28日聚丙烯装置开工起步，压缩机系统内的液相介质遇到工艺丙烯气内的少量油、粉等，形成黏料，初期少量浆料状聚合物，会产生吸附，随着机组运行，后续介质会陆续继续在以上部位聚结，类似于面粉加水的过程，与气阀处见黑色物质现象相符。随着聚合物的增多，导致气阀排气不畅，电气堵转停机。

检查历次停机过程参数变化发现：

(1) 2024年6月5日10时38分，聚丙烯装置停工C301B压缩机停机时二级进气气阀温度为34.3℃，二级进气缓冲罐液位为3%，12时53分，二级进气气阀温度上涨至44.8℃，二级进气缓冲罐液位19%；

(2) 2024年7月28日聚丙烯开工，开工初期8月3日10：51分，C301B压缩机二级进气缓冲罐液位上涨至60%，排液阀打开后液位不降反升至65%，车间判断V3103排液线堵塞，手动停机处理。现场检查液位属实，二级罐排液线堵塞，拆清疏通排液线。通过DCS发现停机后二级进气缓冲罐液位由64%上涨至94%，二级进气温度由35.4℃上升至64.6℃。

(3) 2025年1月8日13时10分压缩机停机，13时12分，二级进气气阀温度为25.7℃，二级进气缓冲罐液位为37%，12时53分，二级进气气阀温度上涨至34.5℃，二级进气缓冲罐液位42%。

(4) 2025年2月14日9时53分压缩机停机，9时53分，二级进气气阀温度为31.3℃，二级进气缓冲罐液位为39%，9时54分，二级进气气阀温度上涨至40.9℃，二级进气缓冲罐液位81%(10：04)，见表3。

表3　压缩机PK301B停机前后参数变化表

时间	停机时		停机后	
	二级进气阀温度 TI3105/℃	二级进气缓冲罐液位 LT3105/%	二级进气阀温度 TI3105/℃	二级进气缓冲罐液位 LT3105/%
2024.6.5	34.3	3	44.8	19
2024.8.3	35.4	64	64.6	94
2025.1.8	25.7	37	34.5	42
2025.2.14	31.3	39	40.9	81

管理原因：对压缩机停机后缓冲罐液位变化导致机组进液的风险标识不到位，导致机组进液，引起后续反应，见图14。

4　针对故障基于FMEA提出预防措施

失效模式及影响分析(FMEA：Failure Mode and Effects Analysis)是在产品设计或过程设计阶段，对构成产品、设备的部件、零件，对生产过程的各个工序逐一分析，找出所有的失效模式，并分析其可能的后果，从而预先采取必要的措施，以提高质量和可靠性的一组活动。

设备FMEA是该工具的一个细分应用方法。其基于设备使用过程数据，预测设备可能的失效模式，分析各个失效模式下后续作业的安全、可靠性、可维修性、有效性。制定合理维护策略，避免主要失效模式发生和事故原因的可能性，减低设备维护成本，见图15、表4~表7。

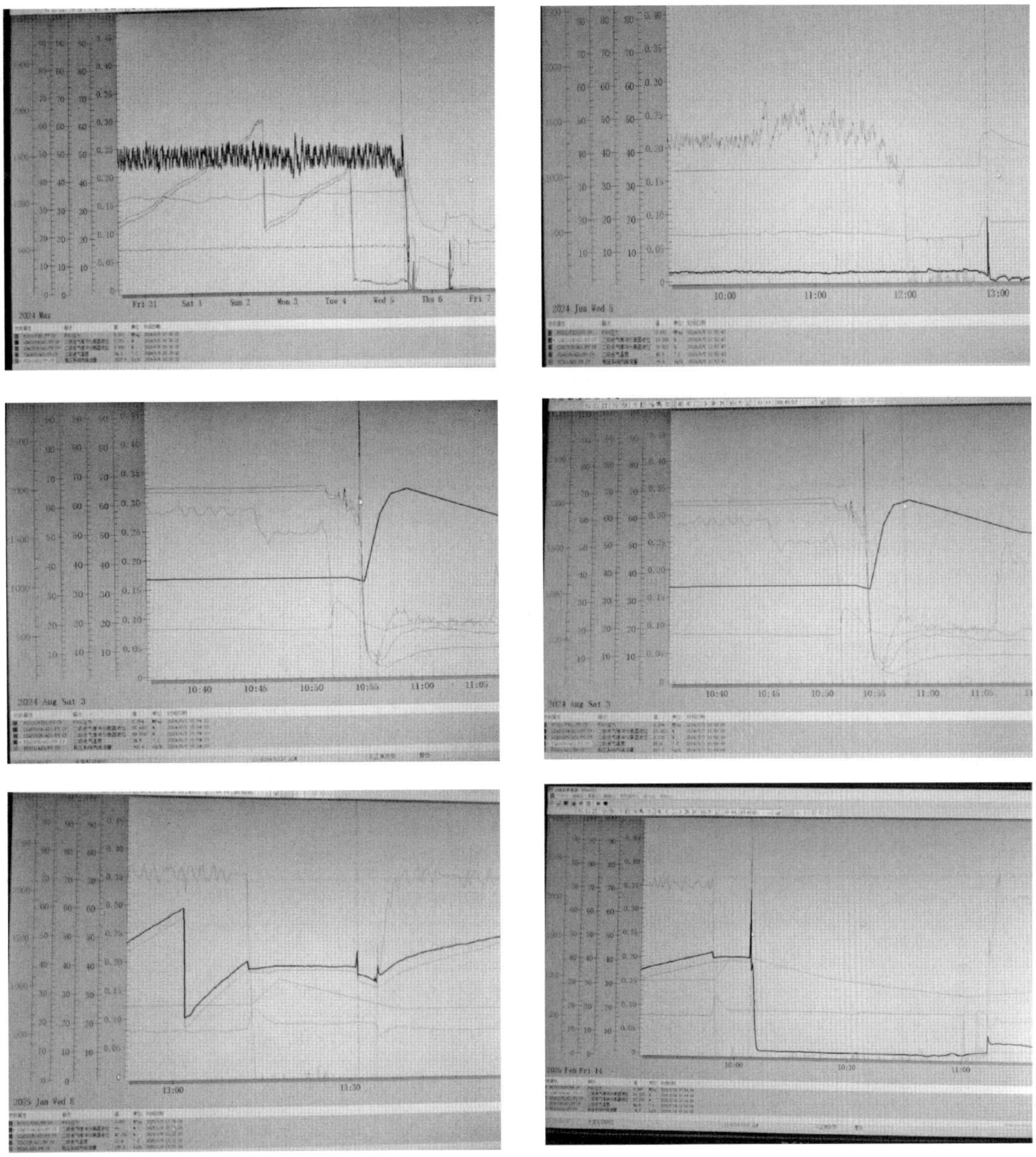

图 14　压缩机二级缓冲罐液位及二级进气温度变化

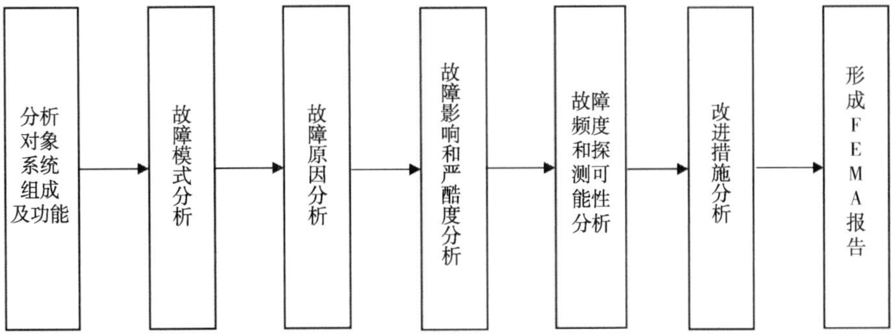

图 15　FMEA 分析方法基本分析步骤

表4　PK301B主要零件FMEA表

名称	序号	功能	故障模式	故障影响	故障原因	故障检测方法	S	O	D	RPN	预防措施
活塞杆密封填料	X7	密封气缸和活塞杆间隙，阻止气体白气缸向机身内泄漏	失效	隔室压力高，压差报警辅助油泵启动	密封面散热不好 固体颗粒进入密封面，使密封面受损 受交变载荷作用，造成应力损坏	日常巡检和系统报警	3	4	3	36	定期更换
导向轴承	X6	使活塞杆与十字头一起保持精确的线性移动，同时导向轴承还起到分隔隔离段和曲轴箱的作用	磨损或故障	机械损坏，设备停机	人员装配问题 润滑不足	日常巡检，在线监测	4	2	3	24	由厂家专业技术人员进行装配 开机前导向轴承喷油阀打开对导向轴承喷油，待运转几分钟后关闭；不要频繁开停机

表5　故障影响严酷度(S)表

严酷度(S)评分依据和细则			
类别	严酷度级别	故障影响的严重程度描述	S评分
Ⅰ	最小的影响	几乎不会对整机造成影响；导致计划性维修或修理。修复时间 T<60min	1~2
Ⅱ	轻度的影响	不足以导致人员伤害，产品轻度损失，修复时间60min≤T<480min	3~4
Ⅲ	中等程度影响	导致人员中等程度伤害，产品中等程度损坏，修复时间480min<T_1<1440min	5~6
Ⅳ	致命的影响	导致人员严重伤害或产品严重损坏，任务失败。T_1≥1440min或出现因设备精度下降产生废品	7~8
Ⅴ	灾难的影响	导致人员死亡，产品毁坏，重大财产损失和重大环境损坏	9~10

表6　故障发生频度(O)表

故障发生频度(O)评分细则			
类别	故障发生级别	故障发生的概率范围p(x)	O评分等级
Ⅰ	极低	很低：几乎不可能发生。P(x)>1/150000	1~2
Ⅱ	较低	低：很少发生，每年可能发生P(x)>1/2000	3~4
Ⅲ	中等	中：偶尔发生，每季度可能发生P(X)>1/80	5~6
Ⅳ	高	高：经常发生，每月都发生。P(X)>1/8	7~8
Ⅴ	非常高	很高：经常发生，每周都可能发生。P(X)>1/2	9~10

表 7　故障探测度(D)表

故障检测概率(D)评分细则			
类别	故障检测性级别	故障模式的可探测(检测)程度	D 评分
Ⅰ	可检测探测程度很高	现行方法找出故障原因和模式的可能性很高。(操作者可探测到)	1~2
Ⅱ	可检测探测成度高	现行找出故障原因及模式的可能性中等偏上(设备维护检修人员可探测到)	3~4
Ⅲ	检测探测程度中等	现行方法找出故障原因和模式的可能性较小(设备专业技术人员可探测到)	5~6
Ⅳ	检测探测程度很低	找出故障发生原因及模式的可能性微小(专业厂商或高精尖仪器可探测到)	7~8
Ⅴ	几乎不可能	没有办法找出故障发生及模式的原因	9~10

5　总结与完善

(1) 基于可靠性理论，以 PK301B 为研究对象，运用故障树分析对 PK301B 隔室压力高进行原因分析，建立其故障树图，确认压力高的主要影响因素，得到最小割集，进而通过故障模式及影响分析(FMEA)对 PK301B 最小割集进行可靠性分析，了解其故障模式及造成的影响，提出了相应的预防改进措施提高 PK301B 可靠性。

(2) 关于 FTA 和 FMEA 两种问题方法的侧重方式，前者针对失效模式的逻辑演化找出事件的所有可能原因，后者重点对问题的失效模式及影响进行分析找出失效情况所有后果。对于 PK301B 运行期间潜在问题的分析以及风险因素对于失效模式的重要度，若只取其中一种方法，分析过程不能做到两者兼顾，只有将 FTA 和 FMEA 结合起来，在诊断阶段，用 FTA 分析失效模式演绎过程，然后用 FMEA 对系统的失效模式及影响分析进行评价，两者互相补充，构成一个有机整体，对 PK301B 可靠性进一步提升。

针对 PK301B 隔室压力高故障原因提出可靠性措施：

(1) 填料密封环在达到密封位置后，受到气体压力及气体温度冲击的影响，受力面间产生微变形，结合面与面之间的不同蠕动产生的磨损。压缩机的每一个工作循环都会使填料密封环的贴合面处产生一次微滑动和微摩擦，久而久之就产生了磨损。微动磨损是接触表面的相对运动，此类磨损不可避免。磨损量的多少与工作时受力的大小、材料的变形量相关，与工作时间成正比。因此需要每半年或运行约 4000 小时，需要对活塞杆填料密封进行检查，视情况更换。

(2) 每年或运行约 8000 小时，需要检查导向轴承与活塞杆的径向间隙，当间隙值超出最大间隙 0.05mm 时需要更换导向轴承。

(3) 为了使活塞杆填料密封和活塞杆的密封面更好地撤热，可以适当开大通往隔室的冷却水阀门。

对于压缩机二级排气阀堵塞而导致压缩机突停提出可靠性措施：

(1) PK301B 机组检修，对压缩机活塞体、导向轴承、连杆螺栓、气阀、液位计、缓冲罐排液线等零部件检查清理、维修更换。

(2) 压缩机停机检修期间，机组分液罐使用盲法兰盖单独隔离，机体检修窗口使用塑料布封闭，常规检修控制检修时间在 7 天内完成。若需制作新活塞需较长时间，则临时封闭机体检修窗口，使用氮气密封整个压缩机系统。压缩机检修后投用前，使用氮气充分置换确保机体内无残余介质。

(3) 修订 PK301B 系统的检修方案，检修时同步检查拆清机组分液罐排液线，确保排液线畅通；在机组排液罐高报警、逻辑自动控制液位高排液的基础上，完善 MES 预警，为发现缓冲罐排液异常进一步增加监控措施。

参　考　文　献

[1] 周小恒．往复式压缩机常见故障及处理措施研究[J]. 中国设备工程，2024，(19)：164-166.

[2] 马飞．往复式压缩机常见故障分析及解决措施[J]. 氮肥与合成气，2022，50(07)：25-26+28. DOI：10.19910/j.cnki.ISSN2096-3548.2022.07.009.

[3] 付涛，郑琢，霍维斌．往复式压缩机常见故障原因与处理方法[J]. 化工设计通讯，2019，45(02)：84.

[4] 万泽君，李静雯，齐昌超．基于往复式压缩机常见故障的离线状态监测技术研究[C]//中国石油学会天然气专业委员会．第 32 届全国天然气学术年会(2020)论文集．中国石油西南油气田分公司安全环保与技术监督研究院，2020：10.

[5] 赵革．浅析往复式压缩机常见故障的判断与处理措

施[J]. 化工管理，2019，(17)：150-151.
[6] 于新功，刘炳鑫，路朝阳. 往复式压缩机润滑系统故障分析及对策[J]. 河南化工，2023，40(01)：52-53.
[7] 潘鑫. 往复式压缩机常见故障及在线监测系统的应用[J]. 中国设备工程，2021，(06)：182-183.
[8] 周辛沫. 往复式压缩机常见故障浅析[J]. 化工管理，2016，(06)：100.
[9] 曹旭峰，熊竹琴，刘巍. 一种基于FTA与FMEA的失效分析方法、系统及设备[P]，上海市：CN202311363478.6，2024-03-08.
[10] 陈俊齐，吴英明，张威，等. 基于FTA和FMEA的罩极电机可靠性分析[J]. 环境技术，2022，40(04)：177-181.
[11] 王磊. 基于FTA的电梯冲顶故障分析[J]. 西部特种设备，2023，6(02)：72-76.
[12] 陈亚亚，徐刚，袁攀科，等. 基于FTA和FMEA的隔离开关可靠性分析[J/OL]. 机电工程技术，2019，48(09)：88-90+130[2025-04-14].
[13] 赵文燕，李颖. 模糊FMEA在机械设备风险管理中的应用[J]. 现代机械，2017，(05)：47-50.

炼化企业液化气泵的故障分析及改进研究

孙溪临

（大连西太平洋石油化工有限公司）

摘　要　液化气泵作为石油化工装置的关键设备，其密封性能直接影响装置的运行安全与经济效益。本文结合某石化公司液化气泵密封失效案例，分析了密封失效的根本原因，包括密封腔压力接近介质汽化压力、液膜缺失导致的干摩擦、密封材质耐磨性不足等。在此基础上，提出了针对性的改进方向，并通过对比不同改进方案的模拟与试验数据，为同类工况下液化气泵密封技术的优化提供了理论依据与实践参考。

关键词　液化气泵；机械密封；干摩擦；动压效应；浸锑石墨

1　引言

液化气泵广泛应用于石油化工行业，其介质多为轻烃类易汽化流体，对密封系统的可靠性要求极高。然而，在高温、高压及临界饱和工况下，传统机械密封易因液膜失效导致干摩擦，引发石墨环磨损、泄漏等问题。以某石化公司为例，其液化气泵多次因密封失效造成安全隐患，甚至有非计划停车风险，直接威胁装置安全运行。

国内外研究表明，机械密封失效的根源多与工况参数偏离设计标准、材料性能不足及结构设计缺陷相关。本文通过案例分析，结合理论模拟与试验数据，系统探讨液化气泵密封的改进方向，旨在为行业提供可借鉴的技术方案。

2　问题描述与失效机理

2.1　设备基本情况

某石化公司150万吨/年CCR装置采用法国AXENS的超低压重整及Regen C2催化剂连续再生技术，处理量150万吨/年，由预处理、连续重整、催化剂再生和分馏四个部分及配套的公用工程组成。以上游装置提供的直馏石脑油和加氢裂化石脑油为原料，生产高辛烷值汽油组分、含氢气体、C6馏分、拔头油、液化气及燃料气等产品。

2.2　问题描述

2024年11月19日7时，连续重整脱丁烷塔顶运行泵的非驱动端干气密封泄漏去火炬压力突然升高，引发报警，现场检查后路去火炬管线碳粉较多，疏通限流孔板投用后仍然高报，判断密封存在一定漏量，决定切除机泵并于20日进行更换密封维修。11月25日启泵运行考核，驱动端水平振动1.7～1.9mm/s，非驱动端1.6～1.7mm/s，运行正常。

此泵型号为SBT50-220B*8，正常工况下的转速为2980r/min，入口操作压力为1.15MPa，出口压力为3.5MPa，采用的密封形式为干气密封PLAN11+72+76，流程图如下1图所示：

通过图谱分析（图2）可以看出，机泵的多倍频有小幅振动，初步分析为叶轮有结垢导致对中不良，通过拆解机泵也进行了印证。

对密封密封进行拆检，可以发现石墨环一级动环、静环（图3，图4）表面有明显的摩擦痕迹，无严重磨损，弹簧已不能补偿；二级密封无明显磨损且浮动性正常。检查密封冲洗管线，内部堵塞严重，呈浅绿色。

2.3　失效机理

2.3.1　液膜汽化与干摩擦

由于此泵的密封腔压力与介质汽化压力接近（压差仅0.88bar），端面间液膜完全汽化，形成全气相摩擦环境。干摩擦条件下，石墨环磨损速率显著增加（磨损速率>0.1mm/1000h），密封寿命预计缩短至3～6个月（如图3）。

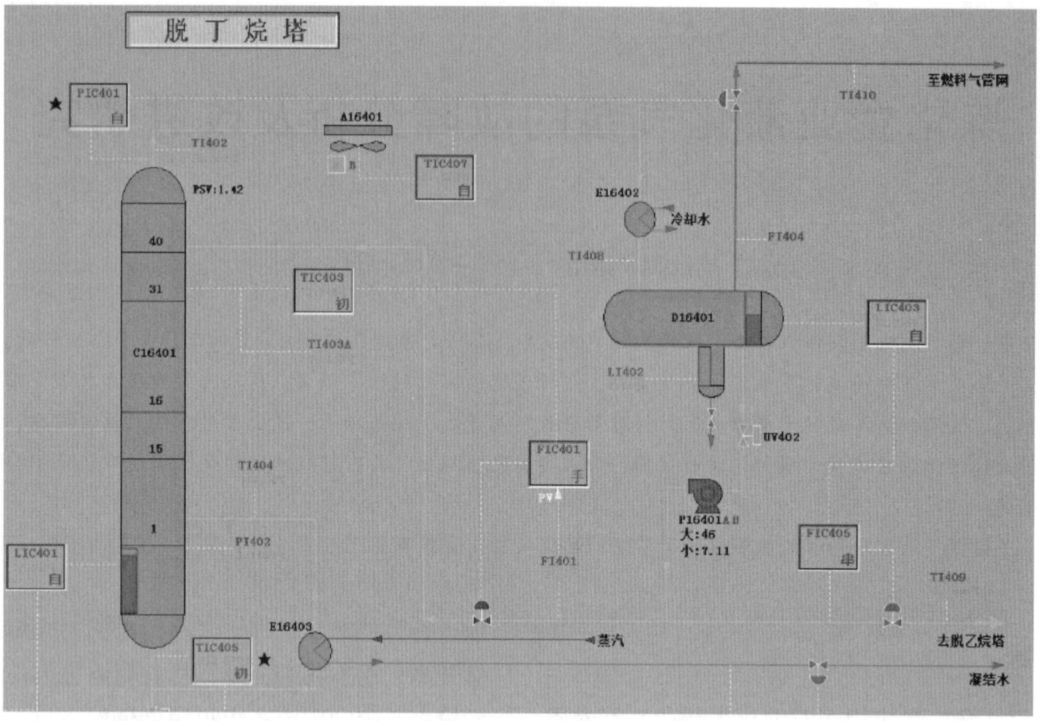

图 1　连续重整脱丁烷塔顶泵 PID 流程

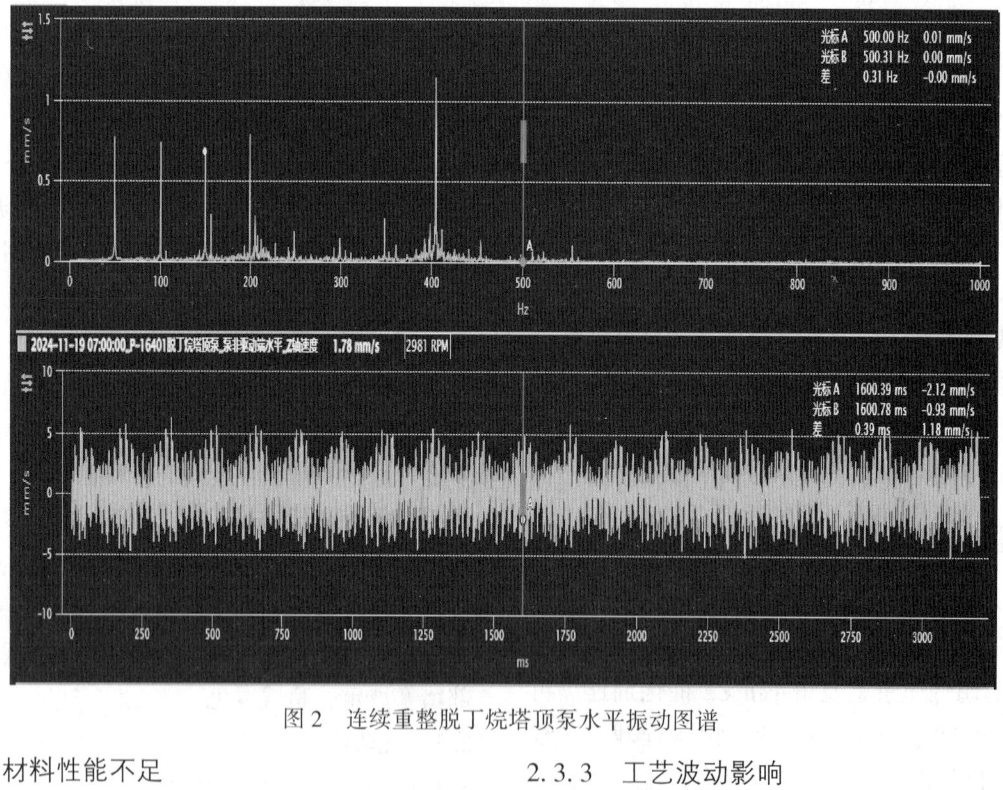

图 2　连续重整脱丁烷塔顶泵水平振动图谱

2.3.2　材料性能不足

此泵使用的传统浸树脂石墨在干摩擦工况下的硬度(HB 50~70)和耐磨性不足，磨损表面呈现脆性剥落特征，受原料性质影响，即使前路有脱氯系统，介质中仍有少量的氯离子穿透，密封表面可以明显看出呈黄绿色的氯离子腐蚀(图 4)。

2.3.3　工艺波动影响

此泵使用 11+72+76 的密封形式，氮气供应不稳定会导致的气膜厚度波动，动静环接触频率增加，加速磨损。

2.3.4　结构设计局限

此泵使用的普通非接触式密封无法适应临界饱和工况，动压效应缺失导致液膜稳定性差。

图 3　连续重整脱丁烷塔顶泵一级密封动环

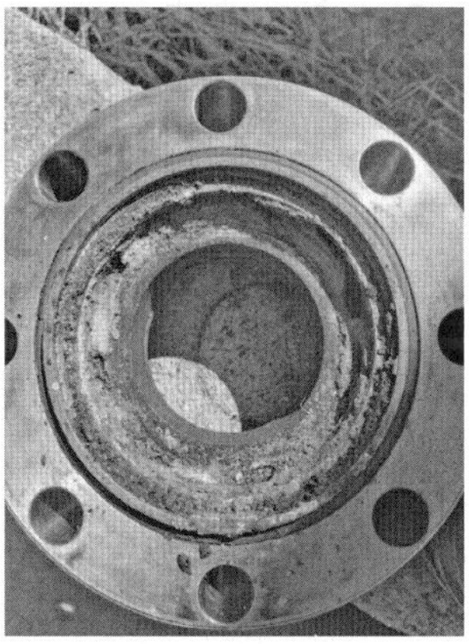

图 4　连续重整脱丁烷塔顶泵一级密封静环

通过以上分析，可以得出结论，此泵的密封自冲洗引出接口为 1 段叶轮出口，液化气本身具有易汽化的特性，经过孔板降压后，密封端面处介质压力临近其饱和蒸气压，无法形成稳定液膜，导致密封面液膜不良，造成密封面接触摩擦，密封端面摩擦生热量大，气化现象更容易发生，从而造成密封面磨损。同时分析工艺介质出现变化结晶，冲洗孔堵塞，导致密封冲洗量减少，密封端面结垢，加剧密封端面磨损，同时也影响了动环补偿弹簧能力，导致密封泄漏。

3　改进方向与技术方案

普通的轻烃泵密封要求密封腔压力要高于泵送介质汽化压力之间有百分之 30 的裕量，压差最小一般为 3.45bar，泵送温度与泵送压力下的饱和温度的最小

温差裕量为 20℃。此泵属于超出 API 682 标准的另一种工况，密封腔压力临近泵送介质饱和蒸汽压，在国际密封界中，此种工况较为苛刻，但也有针对性的解决措施。其整体解决方案都是降温或者增压。

3.1　结构优化设计

3.1.1　增压，前置迷宫节流衬套

利用前置迷宫节流衬套进行增压，多点冲洗静环冷却，更改平衡管接管位置，配合前置节流衬套，提高密封腔压力。

需要精确的流量压差计算(可采用偏心圆算法)同时需迷宫衬套又产生大量的摩擦搅拌热，示意如图 5：

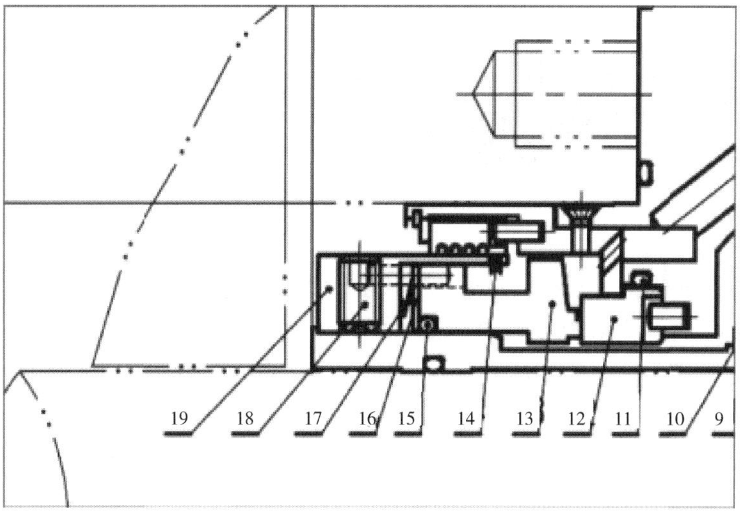

图 5　迷宫衬套增压及多点冲洗冷却结构示意图

3.1.2　降温，石墨端面开圆弧深槽，多点冲洗加静环冷却

圆弧深槽产生热流体动力楔效应，在有限元辅助下能够精确模拟端面变形等重要参数，见图 6，图 7，图 8，由于能够保证极低的泄漏量和适当的磨损，应用较为广泛，但在 2～6℃温度裕量下应用较少，全气膜磨损风险依然存在。

注：介质用丙烯模拟，压力 14barA，温度 30℃，饱和蒸汽压为 13.12barA。计算结果分析：泄漏量 360ml/h0.72g/h 功率：490W(已做模拟水试验)。

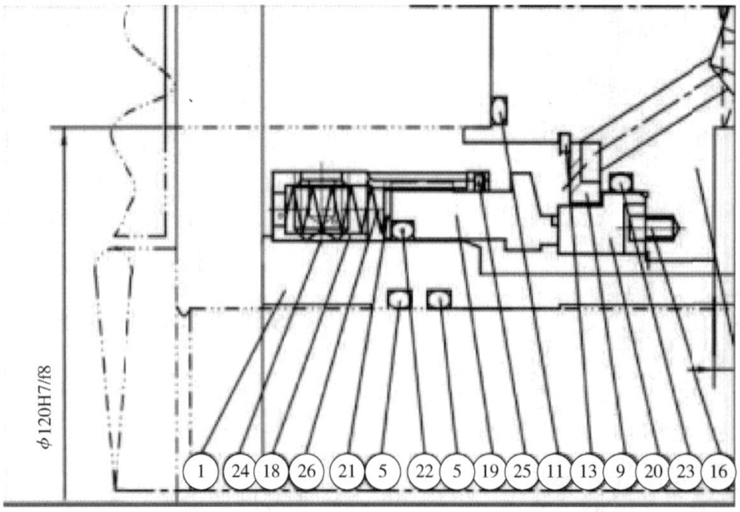

图6　圆弧深槽结构示意图

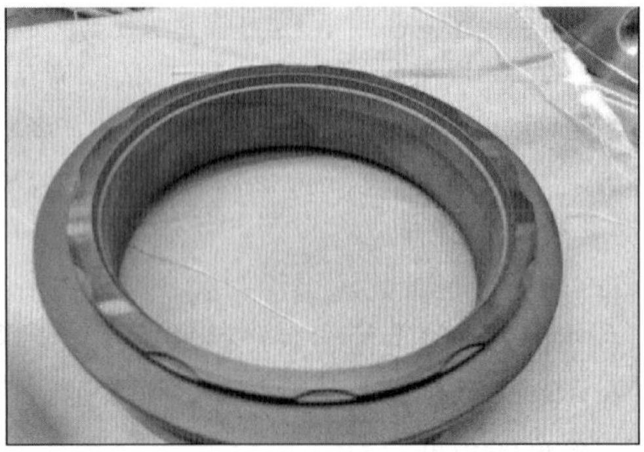

图7　圆弧深槽石墨环实物图(水试验后)

3.1.3　降温，laser face浅槽，产生动压效应，同时引导液体回流，降低泄漏量，见图9~图11。

注：计算工况与圆弧槽均相同

计算结果分析：泄漏量：≤30L/h

差异性：(1)与现场工况并不完全相同，模拟了临近饱和蒸汽压工况。

(2)没有轻烃实验条件，在公司进行了水介质试验。

(3)因此同时备用了方案2密封，防止这些差异性造成的密封使用效果有差异。

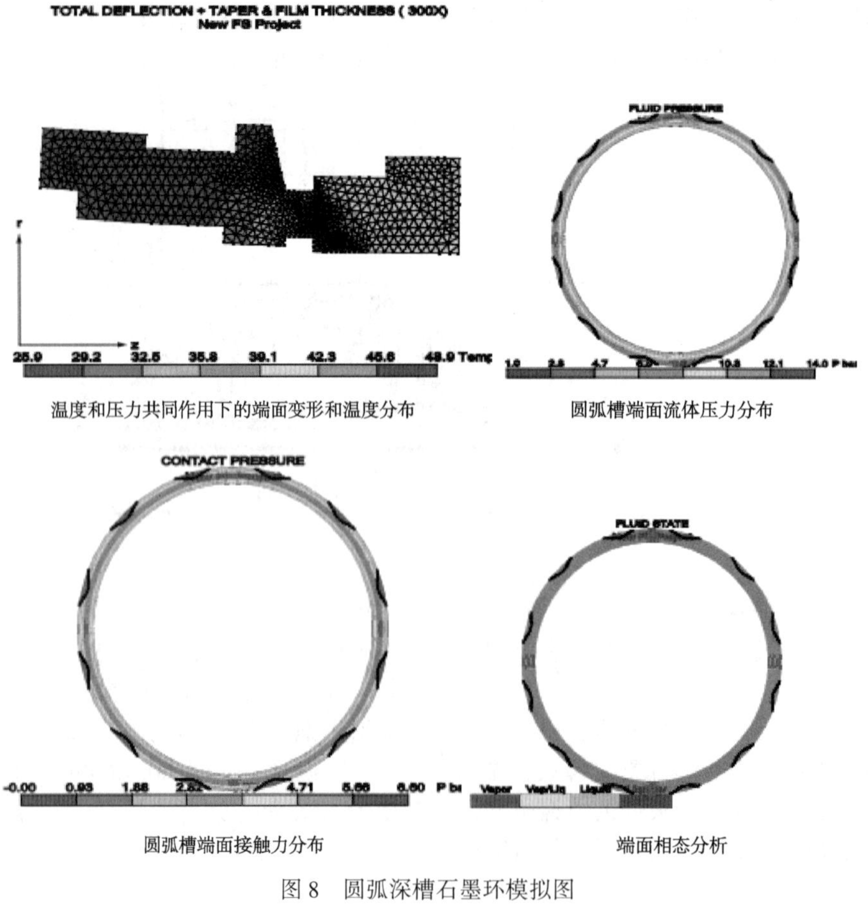

图8　圆弧深槽石墨环模拟图

3.1.4 降温，WTD 立体槽型，流体动静压混合槽型，稳定性更好(时间关系未做试验)，见图 12~图 13。

注：计算工况与圆弧槽和 laserface 槽均相同

计算结果分析：泄漏量：30L/h 功率：6.5W(没有时间做水运转实验)

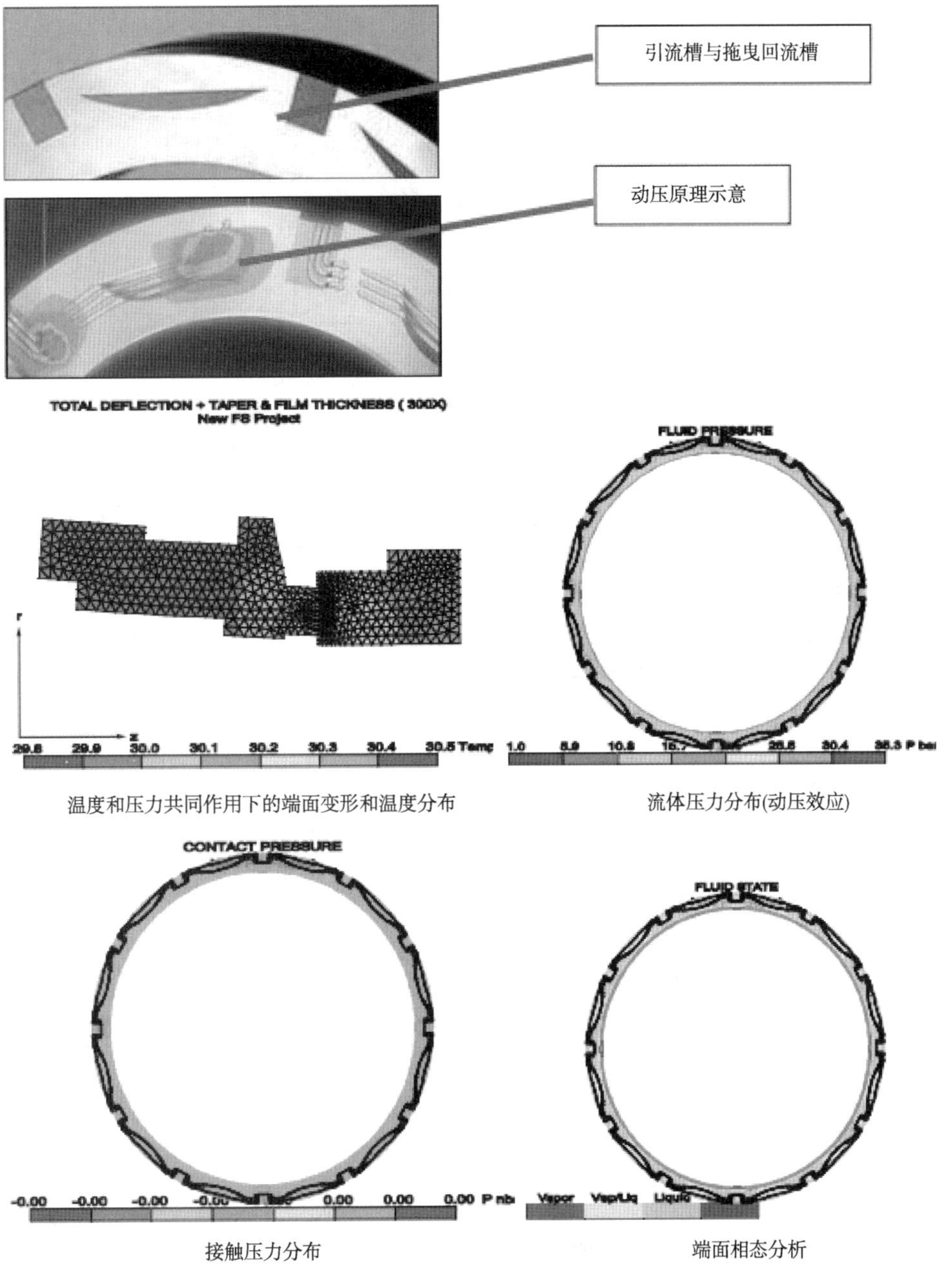

温度和压力共同作用下的端面变形和温度分布　　流体压力分布(动压效应)

接触压力分布　　端面相态分析

图 9　laser face 浅槽模拟图

图 10　水运转前静环端面

图 11　水运转后静环端面

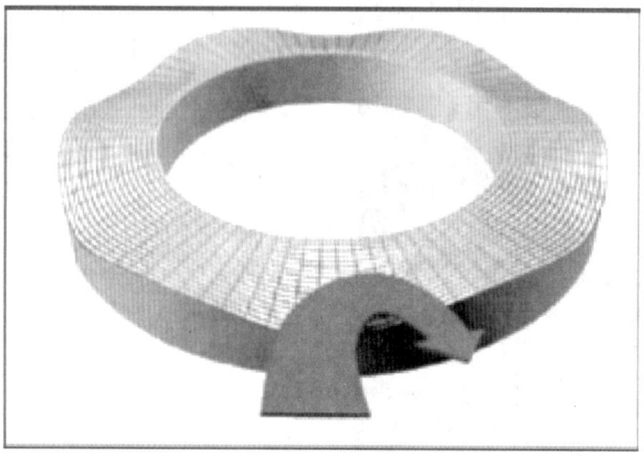

图 12　WTD 槽型示意图

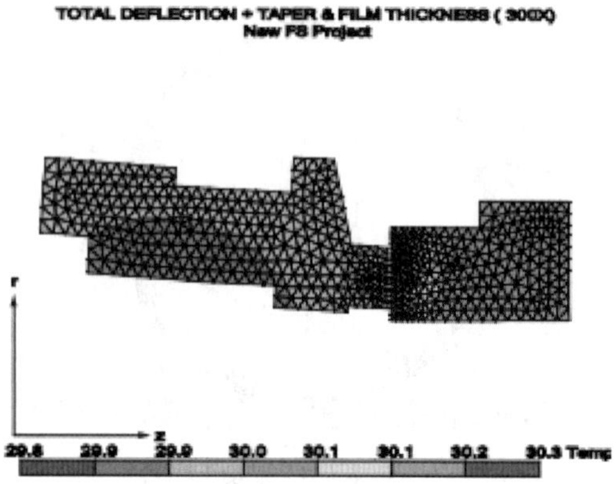

温度和压力共同作用下的端面变形和温度分布

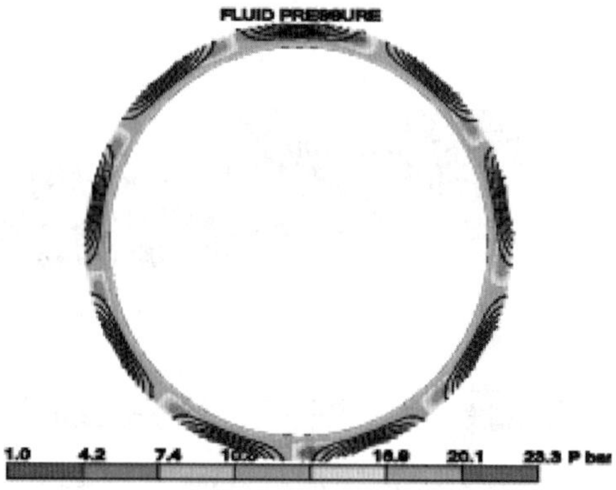

流体压力分布(动静压混合效应)

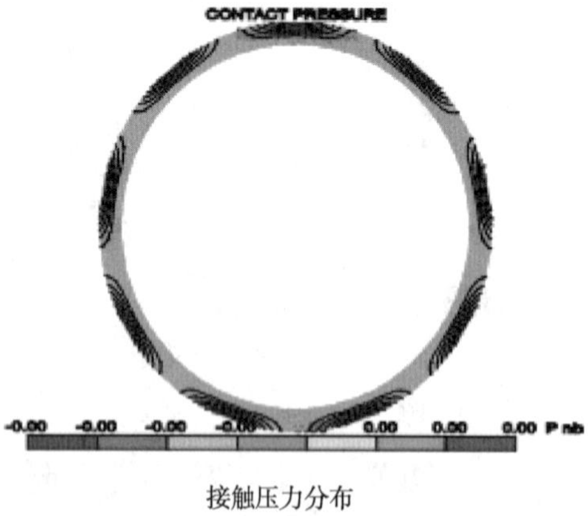

接触压力分布

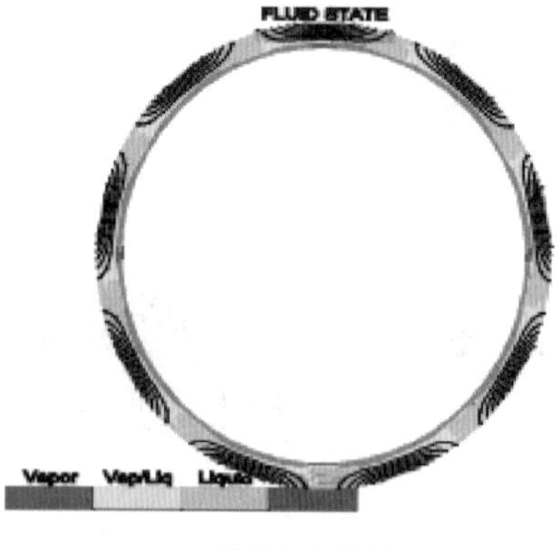

端面相态分析

图 13　WTD 槽型模拟图

3.1.5　升温，干气密封方案，螺旋槽。

采用的理念与方案 3 和 4 相反，利用迷宫螺旋产生的热量使温度升高，需要精确计算此热量带来的温升，泵送介质直接汽化成气相，采用独特设计的螺旋槽参数(与压缩机和泵用干气槽型均不相同)使端面产生小于 2μm 的间隙，此时密封端面全气相运行，见图 14。

时间关系，未做有限元计算和试验。

根据以往的经验其泄漏量：≤35L/h 功率：≤6W

计算结果分析对比表格 1：

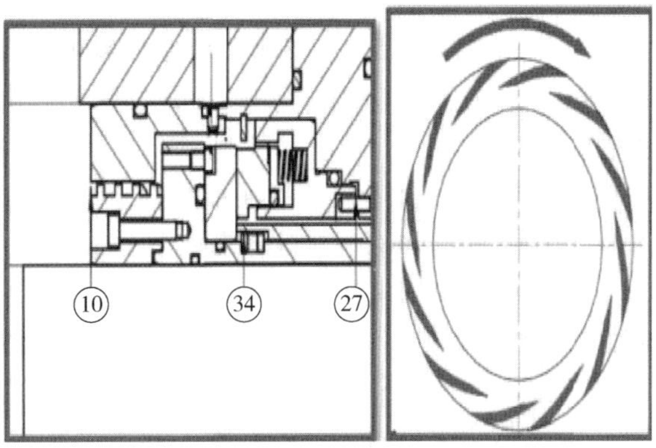

图 14　干气密封示意图

表 1　各密封槽对比示意图

方案序号	名称	接触状态	泄漏量	功率	膜厚	接触力
1	/	/	/	/	/	/
2	圆弧深槽	混合摩擦	360ml/h	490W	0.23μm	521.7N
3	Laserface	非接触	≤30L/h	12.5W	0.61	0
4	WTD	非接触	30L/h	6W	0.78	0
5	/	/	/	/	/	/

结论：选用了方案 3 作为首选方案，同时由于计算和试验的差异性选用了方案 2 作为备用方案。

3.2　材料升级

使用浸锑石墨替代浸树脂石墨，锑元素(含量 5%～10%)填充石墨微孔，硬度提升至 HB 90～110，耐磨性提高 40%，应用后，二级动环磨损速率由 0.15mm/1000h 降至 0.09mm/1000h。

3.3　工艺参数调整

3.3.1　增压措施

使用前置迷宫节流衬套是将密封腔压力提高至汽化压力以上 3.45bar(API 682 标准)，注意需配合偏心圆算法优化流量压差，避免摩擦搅拌热过高。同时对入口压力进行调整，适当调高机泵的入口压力，降低机泵密封汽化的干摩擦的风险。

3.3.2　降温措施

多点冲洗(流量≥20L/min)与静环冷却系统协同控制端面温度，维持温差裕量≥20℃。同时做好密封冲洗线的清洗排渣工作，维修机泵与使用密封前，做好冲洗孔的疏通与密封气的排渣。

3.4　运维管理强化

3.4.1　精细化操作：利用远程监控系统，如 MES、DCS 等实时监控来源氮气压力与泄漏去火炬压力，确保气膜厚度≥2μm。

3.4.2　定期维护检查：每季度清洗密封冲洗管线，防止结晶堵塞(如 P16401B 泵因管线堵塞导致泄漏量增加 50%)。

3.4.3　利用 LIMS 系统对氯离子的含量要监控分析，对于脱氯剂的使用、调整要做进一步记录、优化，减少杂质侵入。

3.5　改善机泵运行工况

3.5.1　调整轴向力平衡：定期对叶轮进行检查，清理结垢、修复或更换磨损叶轮。做好安装过程中的跟踪检查。

3.5.2　降低泵的振动：做好机泵的基础加固工作，对联轴器对中情况做好检查与调整，冬季来临，做好地脚螺栓紧固情况检查。

4　实施效果与验证

通过对该液化气泵的技术改型，其泄漏量稳定在 2ml/h 以下，满足 API682 中对于密封泄漏量的要求，同时密封寿命延长至 18 个月，较原方案提升 50%。磨损深度也由 0.8mm 降至 0.2mm，石墨碎屑量减少 70%。

5 结论与建议

5.1 推广非接触式动压密封技术

5.1.1 优先应用 Laserface 浅槽设计

其泄漏量(≤30L/h)和功耗(12.5W)综合表现最优，建议在同类液化气泵中推广。同时，对WTD立体槽型方案进行轻烃介质试验，验证其动静压混合效应的长期稳定性。

5.1.2 探索干气密封技术

尽管螺旋槽干气密封因试验数据不足未被首选，但其全气相运行理念(泄漏量≤35L/h，功率≤6W)具有潜力，可以开展有限元模拟与高温介质试验。

5.2 深化材料科学研究

5.2.1 扩大浸锑石墨应用范围

进一步优化锑元素掺杂比例(5%~10%)，研究其对石墨微孔填充效果的影响，开发适用于更高温度(>150℃)的改性石墨材料。

5.2.2 探索陶瓷与复合材料的应用

碳化硅(SiC)等陶瓷材料具有硬度高(HV 2500~3000)、耐高温(>1600℃)特性，可替代石墨作为动环材料。

5.3 实施工艺参数协同控制

5.3.1 增压与降温协同优化

结合前置迷宫衬套与静环冷却系统，通过CFD模拟优化流量分配，避免摩擦热积聚。例如，采用偏心圆算法计算节流衬套的压差，确保密封腔压力稳定高于汽化压力3.45bar。

5.3.2 动态调节入口压力

通过PLC系统实时监控介质状态，自动调整泵入口压力，避免密封腔压力接近临界值。

5.4 构建智能化运维管理体系

5.4.1 开发密封健康监测系统

集成传感器实时采集密封端面温度、振动及泄漏量数据，结合机器学习算法预测剩余寿命，实现预防性维护。

5.4.2 标准化维护流程

制定《液化气泵密封维护规程》，明确冲洗管线清洗周期(每季度一次)、氮气导淋排渣操作标准，并通过数字化平台(如微信小程序)上传维护记录，确保可追溯性。

参 考 文 献

[1] API Standard 682. Pumps—Shaft Sealing Systems for Centrifugal and Rotary Pumps. 5th ed. 2014.

[2] 周建国，吴晓东．干气密封技术及其在石化行业的应用[J]．石油化工设备，2022，51(1)：23-29.

[3] 王立新，张涛．机械密封端面液膜汽化机理研究[J]．流体机械，2018，46(3)：1-6.

[4] 李志刚，刘建军．动压型机械密封的非接触特性分析[J]．润滑与密封，2020，45(7)：89-94.

[5] 刘洋，王磊．浸锑石墨在高温密封中的应用研究[J]．材料科学与工程，2021，39(3)：112-118.

[6] Morgan Advanced Materials. Properties and Applications of Antimony-Impregnated Graphite. Technical Report, 2019.

[7] 张华，李明．液化气泵密封失效分析与改进[J]．化工机械，2019，46(2)：34-38.

[8] 陈伟，赵强．高参数机械密封技术研究进展[J]．流体工程，2020，48(4)：56-62.

烟气脱硫塔塔底泵泵轴断裂失效分析

张　硕

（大连西太平洋石油化工有限公司，辽宁 大连　116600）

摘　要　催化裂化装置烟气脱硫系统的循环碱液塔底泵运转过程中出现泵轴轴头断裂情况，本文通过对断口处的宏观形貌及泵轴的微观组织进行分析，总结得出由于断裂处为应力集中区，在工作应力下产生疲劳断裂，并通过微观组织观察发现泵轴材料中冶金杂质含量较多，分析其对轴的力学性能产生较大影响，降低了抗疲劳性等原因，最终列出改进措施。

关键词　泵轴；疲劳断裂；应力集中；失效分析

1　前言

某催化裂化装置烟气脱硫塔塔底泵采用两开一备的运行模式，该泵为 OH2 型自吸泵（型号 LCF300-365），介质为烟气脱硫塔循环碱液，泵设计流量 1657m^3/h，扬程 50.5m，出口压力 1MPa。2021 年 1 月 11 日，当天三台泵的运行状态为 A 和 C 运行，B 泵备用。午时 14 点左右，C 泵电机电流突然升高至 52A，超过预警值报警自停，同时 A 泵出口流量降低不做功，电机电流 13A。操作人员抵达现场后立即启动备泵 B 泵，后逐渐恢复正常，现场将 A 泵打开后发现泵轴在叶轮键槽处发生断裂（图 1～图 3）。该泵为 2013 年 4 月大修时更换的新轴，在本次轴断裂前检修更换过密封和轴承部件，其余未动作。

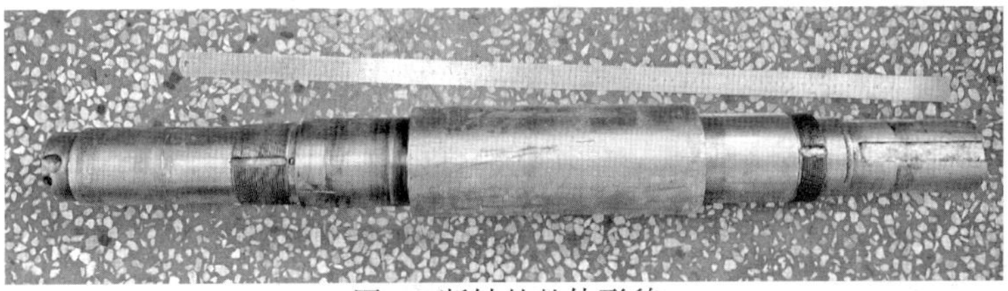

图 1　断轴的整体形貌

图 2　断轴完好的一端

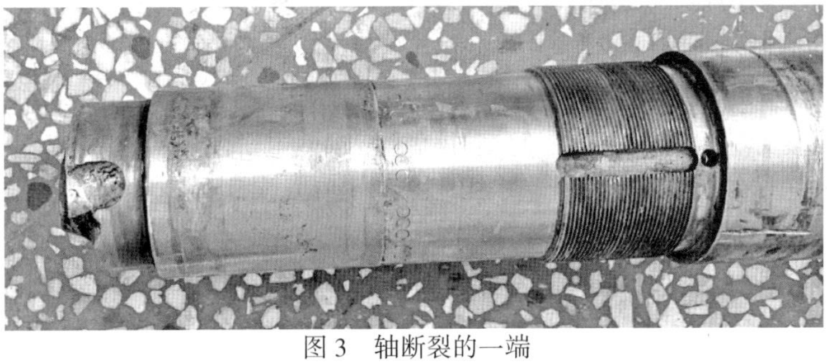

图 3　轴断裂的一端

2 泵轴的主材选择

泵轴是泵转子部件的最主要零件，主要起传递功率，承受弯曲，扭转，疲劳等复合应力的作用，一般采用中碳结构钢和合金结构钢进行调质热处理。由于烟气脱硫塔循环液碱性较强，腐蚀性比较大，故该轴的设计材质选用为316L。

316L是典型的铬镍奥氏体不锈钢，因其添加了2%~3%的Mo元素，从而具有更加优异的耐热和耐腐蚀性能。奥氏体不锈钢需要进行固溶热处理，通过固溶处理铬镍不锈钢将高温组织在室温下固定下来获得被碳过饱和的奥氏体，以改善铬镍不锈钢的耐腐蚀性，还能提高铬镍不锈钢的塑性和韧性。

3 分析方法及结果

3.1 宏观形貌分析

从断口处宏观形貌图1可以明显看出，断裂面位于轴的端部，该位置的横截面积最小，外表面有键槽，内壁有螺纹。该断口表面颜色较深，存在大量深色污染物质，表明该部位裂纹形成时间较长，而且裂纹放射线均汇聚于此，表明该部位为裂纹起裂点，即裂纹源位置。断口无明显塑性变形，断口较平齐，具有脆性断裂特征。裂纹的起始点明显位于外壁键槽根位置，整个断裂纹可以明显观察到宏观疲劳断裂贝纹线特征（图4~图6）。

图4　断裂处宏观形貌

图5　断轴掉落部分宏观形貌

轴表面的键槽由于自身成几何形状等原因，易导致应力集中，易形成疲劳裂纹源。疲劳裂纹的起始点为贝壳纹曲率半径最小的位置，该位置是泵轴实际工作中应力集中最严重的位置。该部位为键槽导角、根部键槽圆角与键槽长度方向导角的结合处。键槽根部发现的裂纹以及裂纹周围的冲击变形区、磨损变形区，说明泵轴在使用过程中，在冲击应力和扭转应力的作用下，键对键槽侧面不断的冲击、对底部的摩擦造成了该区域的变形和金属磨损，加剧了该区域的应力集中程度，该过程周而复始。

3.2 微观组织分析

微观样品取自于键槽附近区域，如图7所示。试样经磨制、抛光后，在金相显微镜下观察。为了解该样品冶金夹杂及缺陷情况，先对抛光未腐蚀的微观形貌进行观察，然后用10%草酸溶液电解腐蚀后观察。

3.2.1 未腐蚀组织分析

抛光未腐蚀微观形貌如图8~图9所示。

分析结果：

(a)部分宏观断口形貌

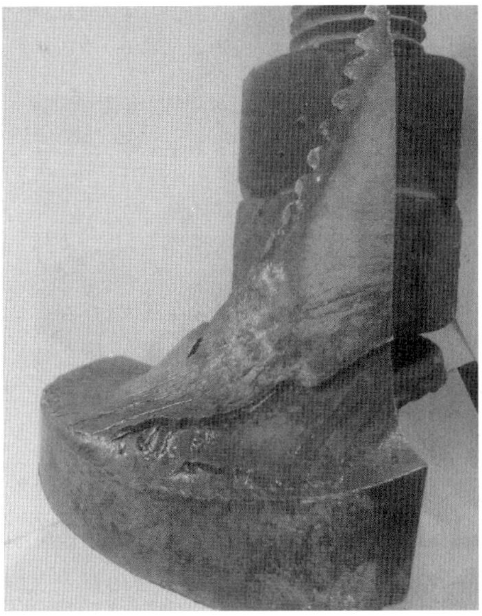

(b)部分宏观断口形貌

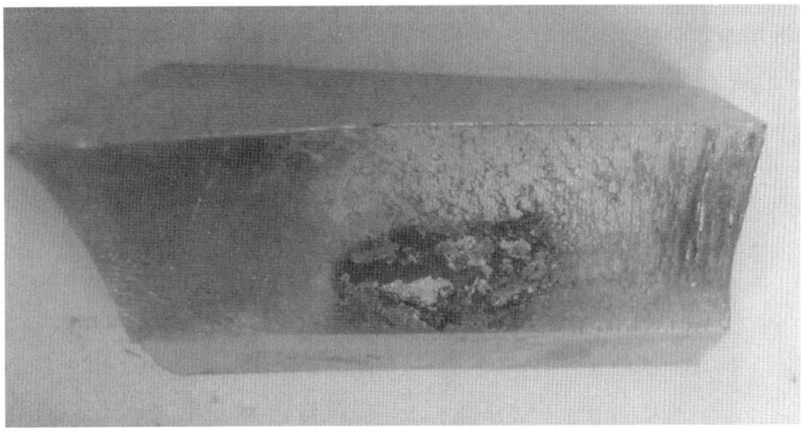

(c)部分宏观断口形貌

图 6　部分宏观断口形貌

图 7　金相样品宏观形貌

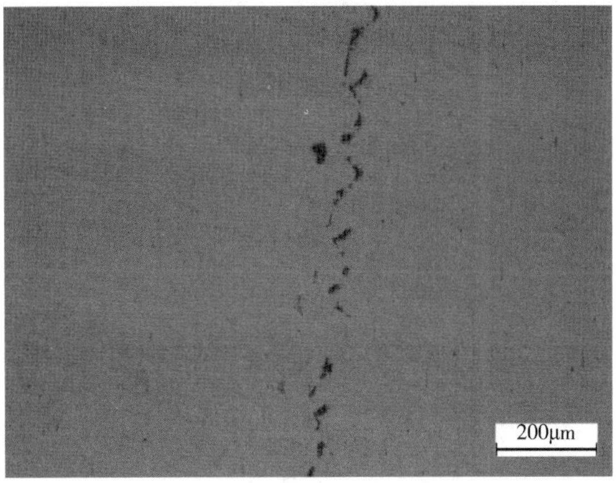

图 8　抛光未腐蚀样品中心部分微观组织(×100)

1）轴微观组织中有大量冶金夹杂，根据 GB/T 10561—2005《钢中非金属夹杂物含量的测定标准评级图显微检验法》，B 类氧化铝类夹杂评级达 3.0 级，超过标准规定的 2.0 级，属于不合格范围。B 类氧化铝类是指大多数没有变形，带角的，形态比小(一般<3)，黑色或者带蓝色

的颗粒，沿轧制方向排成一行（至少有三个颗粒）。

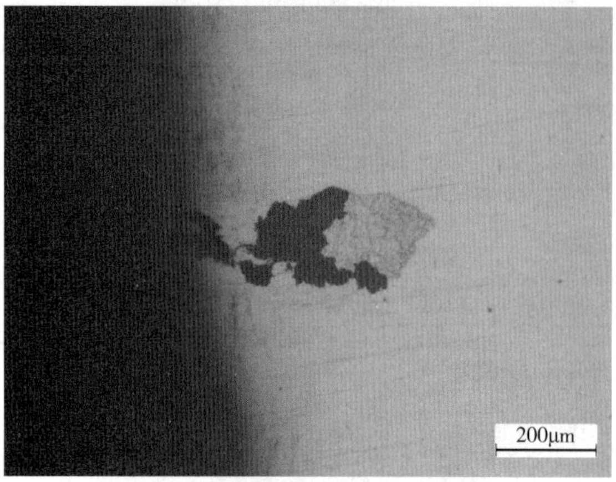

图9　抛光未腐蚀的近断裂处微观组织（×100）

2）断裂处及其附近处微观组织存在微裂纹及连续、块状夹杂物存在。

3.2.1　腐蚀后的微观组织分析

腐蚀后的微观形貌如图10~图11所示。

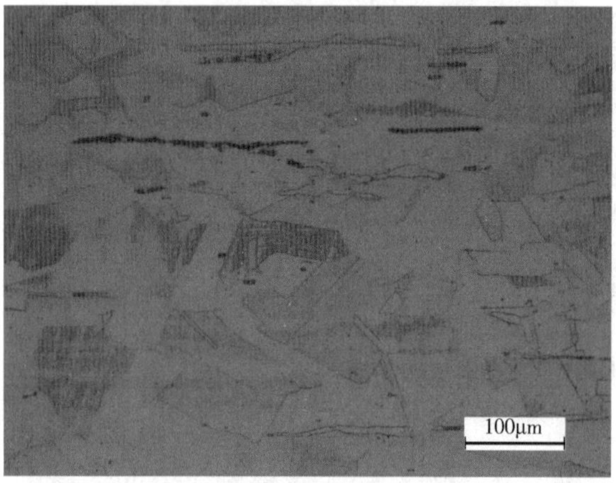

图10　样品中心部分微观组织（×200）
草酸溶液电解腐蚀

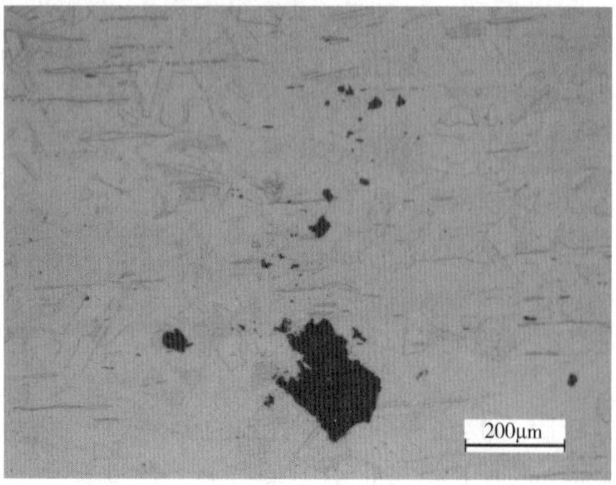

图11　样品中心部分微观组织（×100）
草酸溶液电解腐蚀

分析结果：

1）该轴中心部分微观组织为奥氏体和条状δ铁素体，根据316L不锈钢组织的特点，其正常的显微组织应为单一的奥氏体组织，不应该有第二相δ铁素体存在，因此该组织不合格。正常组织中不应存在大量板条状δ铁素体，因为条状δ铁素体的存在，一方面降低抗腐蚀能力，另一方面也降低材料的力学性能。

2）微观组织中存在微裂纹和冶金夹杂物，冶金夹杂的存在会对轴的力学性能造成很大的影响，如降低塑性、韧性和抗疲劳性能等。如若轴应力集中位置有夹杂物存在，在工作应力作用下会更加容易成为疲劳裂纹源，进而形成疲劳裂纹。

3.3　综合分析

从以上分析来看，该泵轴断裂的主要原因可以从两方面展开讨论。

一方面泵轴在工作中该位置位于应力集中最严重的部分，同时又是结合处，极易疲劳，在冲击力和扭转应力的作用下，不断遭受应力冲击，造成该区域的变形和金属磨损。

另一方面，除去应力作用原因，该泵轴的内部材质也存在问题，在轴微观组织观察中发现，轴中含有大量冶金杂质，根据GB/T 10561—2005《钢中非金属夹杂物含量的测定标准评级图显微检验法》，B类氧化铝类夹杂评级达3.0级，超过标准规定的2.0级，属于不合格范围。这就使得该泵轴的塑性、韧性和抗疲劳性能等大打折扣。同时通过对轴中心部分微观组织观察发现，轴中心部分微观组织为奥氏体+板条状δ铁素体，是固溶不合格奥氏体不锈钢组织。这使得材料的抗腐蚀能力和力学性能降低，大大增加疲劳工作后开裂、断裂的概率。

4　结论

1. 本次分析的烟气脱硫塔底泵泵轴断裂是疲劳断裂，裂纹源起源于键槽根部应力集中区，并在工作应力作用下扩展进而导致断裂。并且介质中含有固体催化剂颗粒成分，当前部反应系统对烟气中的催化剂分离效果不好时，介质中催化剂颗粒会积累出比平时更多的数量，对叶轮的旋转产生更大的阻力，导致叶轮通过键槽传递给轴的扭矩变大，随着介质中催化剂的数量变化，叶轮所受的应力也在变化，相当于产生了一个变化的载荷，传递给轴产生脆性疲劳断裂。

2. 材料中的冶金夹杂较多，杂质评级已经达到3.0级，冶金质量不合格。微观组织为奥氏体+大量条状δ铁素体，属于不合格的奥氏体不锈钢固溶组织。这些缺陷在键槽的根本应力集中区形成裂纹源。泵体在装机运行过程中，驱动力是通过键连接传递给旋转叶轮的，由于泵轴基体脆性很大，极易在扭转应力最大处(键槽)产生脆性裂纹，并逐渐疲劳扩展，最后沿键槽位置呈45°角应力释放方向疲劳断裂。

5 改进措施

此次A泵的检修对轴承，叶轮，主轴，密封进行了更换，叶轮表面出现了冲刷的现象，也印证了介质中含有较多催化剂的猜测。此次更换的新轴建议厂家在加工零件前将材料进行适当的固溶处理，使材料组织达到更高的使用要求；另外，键槽与基体的过渡处应加工为圆角，减少应力集中。同时在泵的检修回装过程中着重注意以下几点：

1. 调整泵的对中数据，考虑到泵开启后产生的水平反冲推力，在调整中心数据时，泵的位置向泵的出口方向整体平移，这样可以保证泵在运行时，泵轴对中状况处于良好状态。

2. 重新加工对中调整垫片，泵中心调整完毕后，测量计算出各底脚的垫片厚度，定制对中调整垫片，将数量调整到每处不超过3片，安装后重新校正对中数据。

3. 固定泵底座上的对中调整螺栓，在泵安装对中以后，将对中调整螺栓全部保留且全部顶紧泵基础，尽量克服泵出口管线的推力，确保泵基础不发生位移现象。

4. 对泵出口管道轴向支撑进行加固，减少泵运行中由于反冲力、管道应力引起的中心偏离。

5. 在调试开泵前确认中心数据，在调试结束后复查中心数据，防止不对中导致设备发生异常。

6. 泵投用后，要对泵基础位置进行监测，确认是否出现偏移现象。

参 考 文 献

[1] 黄自强. 泵轴的选材与技术要求[J]. 水泵技术，1998.(05).

[2] 钟群鹏，赵子华. 断口学[M]. 高等教育出版社，2006.6.

[3] 李炯辉. 金属材料金相图谱[M]. 北京：机械工业出版社，2006：358-401.

[4] 邹龙江，周全，丛丹妮，勾万强，高路斯.316L不锈钢泵轴断裂原因分析[J]. 理化检验(物理分册)，2014，50(05)：356-358.

[5] 陈海，李振杰，季华建. 离心泵用2Cr13泵轴断裂原因分析[J]. 中国设备工程，2018(17)：195-197.

自备电站发电机组振动分析与故障诊断

于长利　马宏伟

（中国石油四川石化有限责任公司设备检修部）

摘　要　本文深入探讨了XX公司公用工程部自备电站2#汽轮发电机组在2023年10月25日运行过程中出现的振动故障。通过状态监测系统的数据分析，结合现场检修反馈，精准诊断出故障原因为励磁机内部槽楔脱落导致绕组甩出并与定子碰磨，同时5#轴瓦存在轻微磨损。本文详尽介绍了故障现象、诊断过程、检修措施及结果，为类似发电机组的故障诊断与检修提供了详实的参考，着重强调了状态监测系统在设备故障早期预警中的关键作用以及及时检修对保障设备安全运行的重要性。

关键词　汽轮发电机组；振动故障；状态监测；振动分析；检修实践

1　引言

汽轮发电机组作为电力系统的核心设备，其稳定运行对整个生产流程具有决定性影响。振动故障是发电机组常见的问题之一，可能导致设备损坏、停机甚至安全事故。因此，及时准确地诊断振动故障并采取有效的检修措施，对于保障发电机组的安全运行具有重要意义。本文以XX公司公用工程部自备电站2#汽轮发电机组（740-ST0101B）为例，详细阐述了其振动故障的现象、相关故障机理以及诊断分析过程，结合检修过程，旨在为同行业提供宝贵的经验借鉴。

2　机组及故障概况

XX公司公用工程部自备电站2#汽轮发电机组（740-ST0101B）由长江动力集团制造，于2010年出厂，属于XX公司的A类关键机组。采用汽轮机-发电机-励磁机的动力传动架构，具体技术特征如下：

汽轮机系统

该汽轮机为CC50-8.83/4.3/1.5型高压单缸冲动式双抽汽凝汽机组，额定功率50MW，设计转速3000r/min。其核心参数包括：主蒸汽压力8.83MPa（最高允许9.32MPa）、主蒸汽温度535℃（运行范围525~540℃），采用双抽汽结构实现能量梯级利用，工业抽汽压力分别为4.3MPa和1.5MPa。临界转速设计为1622r/min。

发电机系统

配套QF-50-2型发电机采用无刷励磁技术，额定参数包括：有功功率50MW、视在功率62.5MVA、输出电压10.5kV、电流3437A，频率稳定性控制在50Hz±0.5%。励磁系统配置额定励磁电压185V、电流950A，通过静止可控硅实现精准磁场控制。关键保护阈值设定为轴振动报警值178μm/联锁值256μm，轴位移报警值1.2mm/联锁值1.4mm。

2023年10月25日14：19，该机组开始冲转运行，17：49达到3000r/min运行，此时振动最大4H测点为140μm。运行至21：41，机组振动出现大幅升高，4H振动从58μm迅速升高至最大359μm，超过联锁值导致联锁停机。图1为汽轮发电机结构简图及振动测点分布。机组轴系1#、2#、3#、4#轴瓦振动、温度及轴位移等测点均接入了状态监测系统，励磁机末端5#轴瓦未安装振动和温度监测传感器。

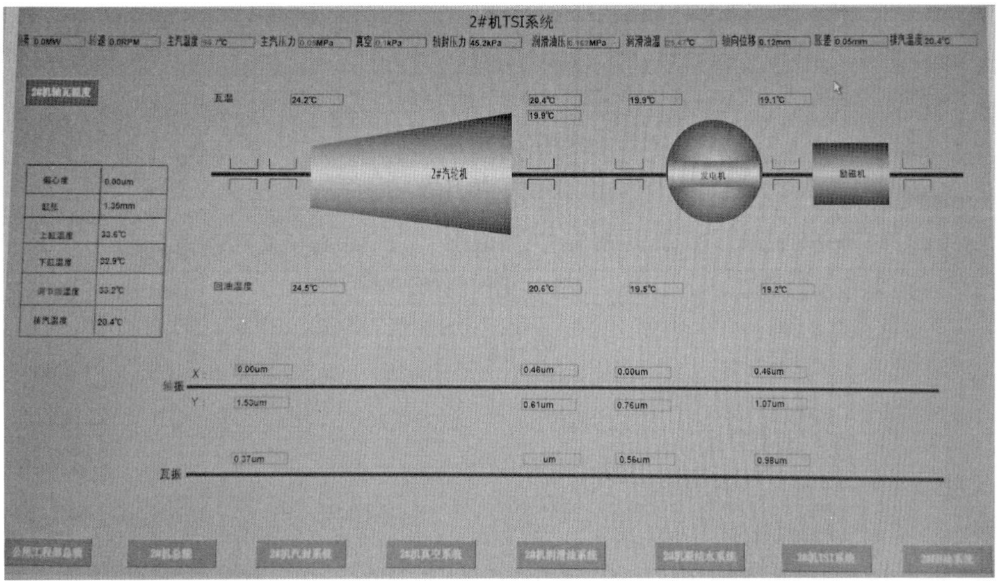

图 1 汽轮发电机组轴系图

3 发电机振动分析与诊断

3.1 振动特征及分析

通过监测系统采集的数据进行分析，可见在机组停车前振动趋势平稳，最大振动在 140μm 左右。21：41 时，4H 测点振动突然变化，从 58μm 迅速升高至 359μm 并联锁停机(图 2)，其他各测点振动也有同步升高。各测点振动信号同步变化，可以初步确认振动信号的真实性。

进一步分析发现，4H 测点振动主要成分为 1×倍频，其他谐波成分很小(图 3)。且跳车前 4H 测点趋势平稳，但振动升高时 1×倍频相位变化 26°，且直至停车时相位未恢复，变化时间仅有 0.5s(图 4)。

从轴心轨迹图结合波形图(图 5)分析，机组在振动短时间升高后，出现削峰特征，轴心轨迹进动方向也出现明显改变。

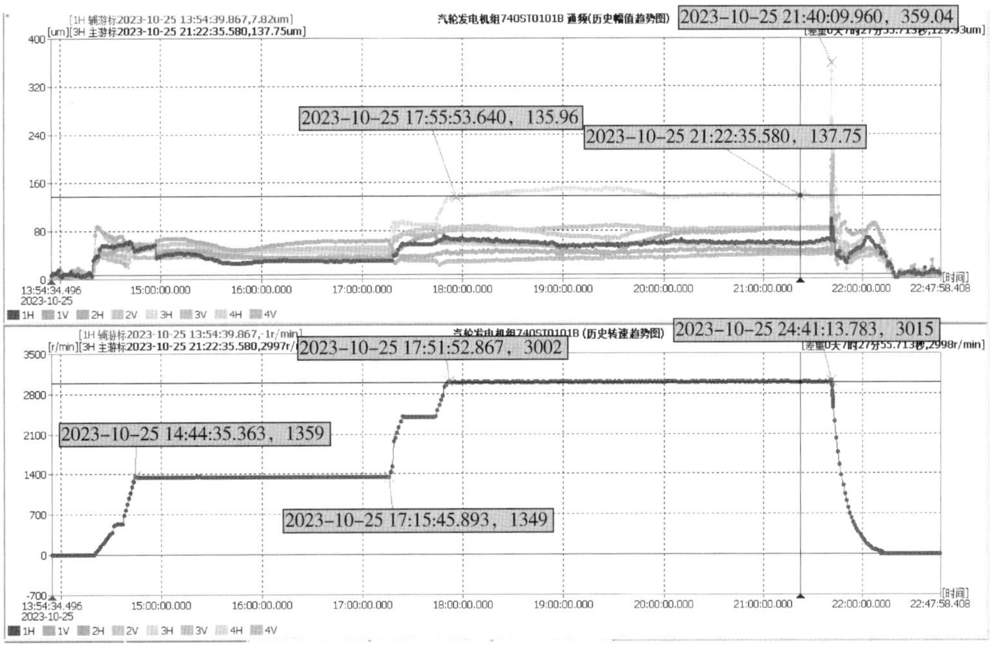

图 2 机组振动趋势及转速趋势图

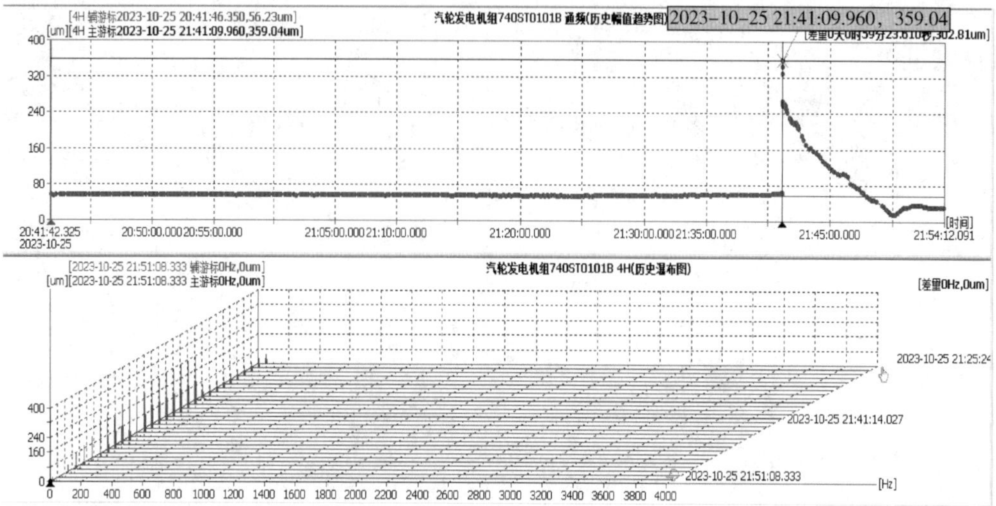

图 3　发电机 4 瓦振动测点瀑布图

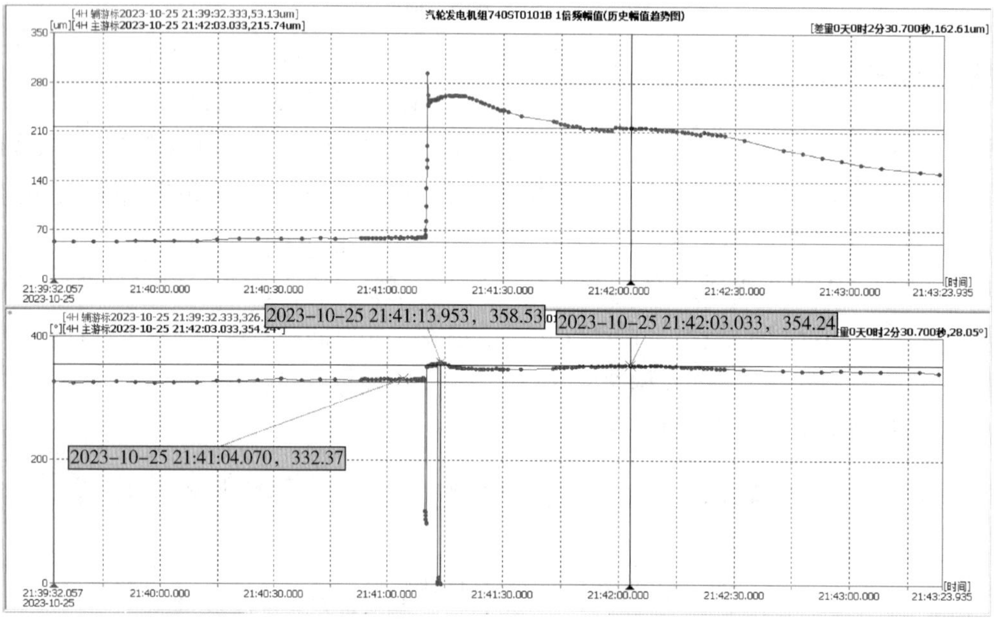

图 4　发电机 4 瓦振动测点振动一倍频及相位变化图

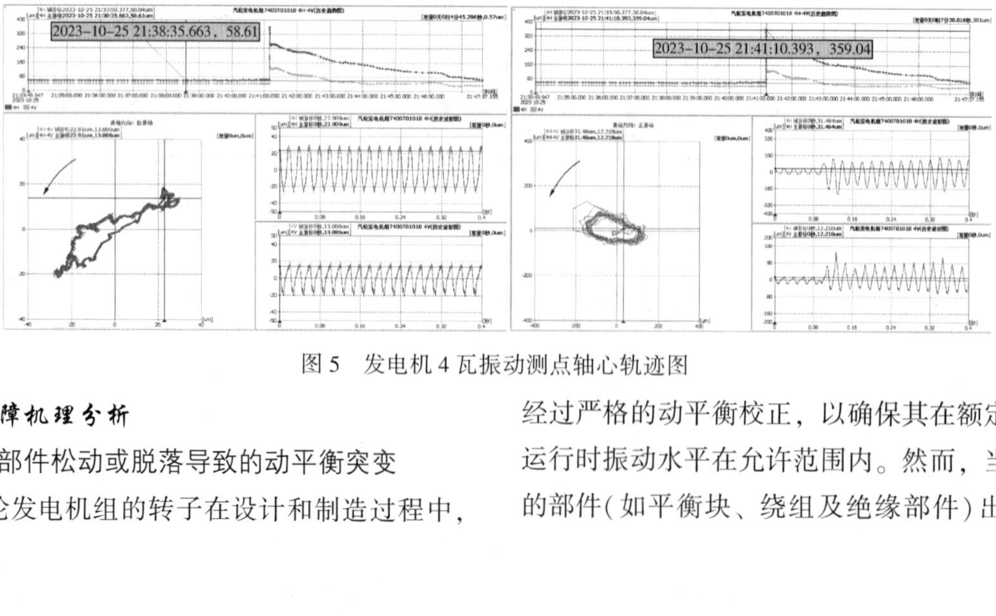

图 5　发电机 4 瓦振动测点轴心轨迹图

3.2　故障机理分析

3.2.1　部件松动或脱落导致的动平衡突变

汽轮发电机组的转子在设计和制造过程中，经过严格的动平衡校正，以确保其在额定转速下运行时振动水平在允许范围内。然而，当转子上的部件（如平衡块、绕组及绝缘部件）出现松动或脱落时，会导致转子的质量分布发生突变，从而破坏原有的动平衡状态。根据动平衡理论，转子的不平衡质量会在旋转过程中产生离心力，其大小与不平衡质量、转速的平方成正比。因此，当部件松动或脱落时，离心力的突然变化会引起振动幅值的急剧增加，同时振动相位也会发生突变。

在本次故障中，4H 测点振动从 58μm 迅速升高至最大 359μm，且一倍频及相位突变，停机过程中幅值、相位也没有恢复趋势。这表明转子的动平衡状态在短时间内发生了较大变化，符合部件松动或脱落导致的动平衡突变特征。从图 4 可以看出，跳车前 4H 测点趋势平稳，但振动升高时相位变化 26°，且直至停车时相位未恢复，变化时间仅有 0.5s。这种快速的相位变化进一步证实了转子平衡状态的突变，且变化时间极短，说明可能是某个部件瞬间脱落或松动，导致转子的不平衡质量突然增加。

进一步分析，部件松动或脱落的原因可能包括：(1)转子部件的机械连接松动，如螺栓松动或焊接点开裂；(2)长期运行过程中，转子部件受到疲劳应力的影响，导致材料性能下降；(3)外部因素(如温度变化、机械冲击等)导致部件松动或脱落。

3.2.2　动静部件碰磨现象及其机理

当转子与静止部件(如密封、轴瓦等)发生碰磨时，会产生复杂的动态响应。碰磨会导致转子的运动轨迹发生变化，同时在碰磨点产生局部的摩擦力和冲击力。这些力会进一步激励转子的振动，导致振动幅值增加，并可能改变振动的频率特性，使频谱中产生高次整数倍频甚至分数倍频。严重的干性摩擦或整周性碰摩由于其巨大的激振力，会导致轴心轨迹的进动方向发生改变。此外碰磨还会引起转子的轴向位移和径向位移变化，甚至可能导致轴瓦的磨损或损坏。

在本次故障中，联锁停机过程中 4 瓦有短暂碰磨情况。从图 5 的轴心轨迹图可以看出，机组在振动升高前后，4H-4V 轴心轨迹的进动方向出现明显变化，判断转子短时间内存在碰磨。

进一步分析，碰磨现象的发生可能与转子的动平衡突变有关。由于部件松动或脱落导致转子的不平衡增加，转子在旋转过程中可能偏离其正常运行轨迹，从而与静止部件发生碰磨。碰磨现象可能导致以下后果：(1)局部过热，导致转子弯曲变形，进一步增大振动；(2)机械磨损，导致密封、油封、轴瓦等部件损坏；(3)振动加剧，可能导致设备进一步损坏或停机。具体到此故障中，振动最高点为 4#瓦，因此 4#、5#轴瓦均有可能存在较严重的碰摩问题，此外轴瓦油封也有可能由于碰摩造成间隙增大等情况。

4　故障结论、检修验证情况

发电机 4 瓦振动测点幅值从 58μm 迅速升高至最大 359μm，一倍频及相位突变，停机过程中幅值、相位也没有恢复趋势，判断与发电机转子或励磁机转子动平衡发生突变有关，说明发电机或励磁机转子上存在部件松动或脱落导致的动平衡突变。联锁停机过程中，4#瓦、5#瓦均有可能有短暂碰磨情况，由于 5 瓦无振动监测点，不能判断 5 瓦是否存在异常。因此建议检查发电机、励磁机转子，特别是在 4 瓦附近，是否有部件(如平衡块、绕组及绝缘部件)松动、脱落等问题，同时检查发电机和励磁机轴瓦状态，检查并修复碰磨部位。

2023 年 10 月 31 日，机组进行了检修，发现励磁机内部槽楔脱落，并导致绕线甩出引起与定子发生了较为严重的碰磨，绕组损坏；同时发现 5#轴瓦存在轻微磨损，见图 6。

检修结果验证了诊断分析的准确性，励磁机内部槽楔脱落导致绕组甩出，这不仅破坏了转子的动平衡，还直接导致了绕组与定子的碰磨，进一步加剧了振动问题，引起 5#轴瓦存在轻微磨损。

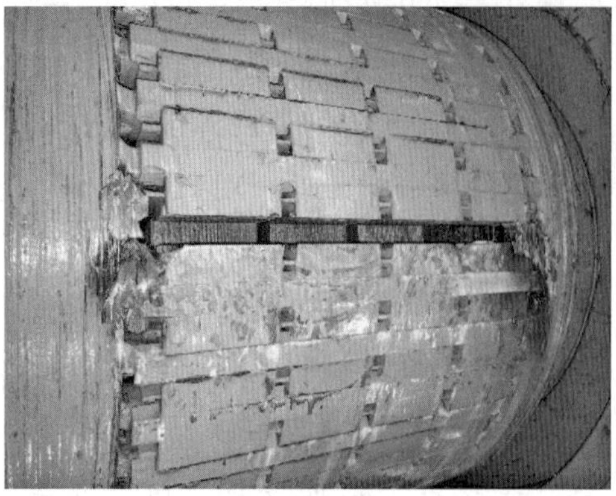

图6　励磁机转子(左)与励磁机轴瓦(右)

5　结论

状态监测系统在设备故障早期预警中发挥了重要作用，能够及时发现振动异常并提供关键数据支持故障诊断。

故障机理分析表明，部件松动或脱落导致的动平衡突变以及碰磨现象是本次振动故障的主要原因。部件松动或脱落破坏了转子的动平衡状态，导致振动幅值急剧增加和相位突变；而碰磨现象进一步加剧了振动问题，并可能导致设备的进一步损坏。此外，轴瓦磨损也可能导致转子径向支撑不稳定，进一步加剧振动问题。

详细的诊断分析结合现场检修反馈，准确地定位了故障原因，为后续的检修工作提供了明确的方向。及时的检修措施有效地解决了故障问题，保障了发电机组的安全运行。

本次实践强调了对发电机组关键部件的定期检查与维护的重要性，以及在设备运行过程中对状态监测数据的重视，为类似设备的故障诊断与检修提供了宝贵的参考经验。

参考文献

[1] 高金吉. 机器故障诊治与自愈化[M]. 北京：高等教育出版社，2012.
[2] 杨建刚. 旋转机械振动分析与工程应用[M]. 北京：中国电力出版社，2007.
[3] 盛兆顺，尹崎岭. 设备状态监测与故障诊断技术及应用[M]. 北京：化学工业出版社，2003.
[4] 沈庆根. 化工机器故障诊断技术[M]. 浙江：浙江大学出版社，1994.
[5] 杨国安. 机械设备故障诊断实用技术[M]. 北京：中国石化出版社，2007.

VCX 系列测速仪系统介绍及常见故障解析

胡宪敏　黄岐君　王英斌

（中国石油大庆炼化公司）

摘　要　大庆炼化公司二套聚丙烯装置 VCX 颗粒速率测量系统于 2012 年随装置工艺包配套引进，为 BASF 厂家生产的专利产品。目前，主要用于测量二套聚丙烯装置气相反应器 R230 中聚丙烯粉料流速，通过对流速的监测来判断反应器中物料的反应程度及反应状态。VCX 颗粒速率测量系统主要由现场部分的硬件 VCX-V3 探测器、光电转换器及室内部分的逻辑计算单元 PC 构成。

关键词　气相聚丙烯；测速仪；VCX-V3 探测器；故障解析

VCX 系列测速仪应用于大庆炼化公司二套聚丙烯装置，与一套聚丙烯装置液相反应器原理不同，二套聚丙烯装置采用的气相反应器原理，测速仪探头安装在 2R230 聚丙烯气相反应器下降段，测量气相聚丙烯聚合形成固态颗粒物在反应器中的流速。主要目的：一方面，在装置开工阶段通过监测气相反应器下降段聚丙烯颗粒流速来确定开工进度；另一方面，根据不同牌号的聚丙烯产品在反应器下降段流速不同来判断产品的性能指标。一旦出现故障，不但会影响装置正常开工，也会对产品质量、性能指标产生重大影响。

1　VCX 系列测速仪硬件构成

1.1　通用系统描述

该速度测量系统是基于一个叫做 VCX-V3 的激光探测器（安装在反应器管嘴），在它的头部由四个激光发射极和四个激光接受极组成，四个光纤构成一个测量区域。因此在 VCX-V3 中有两个独立的测量区域。

测量系统由一个叫做 FOS 的现场单元组成，它安装在 VCX-V3 附近的防爆箱 EX-p-box 中。FOS 通过光纤发射激光进入到 VCX-V3，并接受反应器内部的颗粒反射光线，它接收到的光转换成电流信号并放大。

在 FOS 和 VCX-V3 之间的光纤长度是 5m，FOS 由一个叫做 FOS-ENT 的单元供电，FOS-ENT 安装在控制室内，互相连接的两个单元由多芯电缆相连（LIYCY 6 * 0.5C 灰），电缆的长度不能超过 150m。FOS-ENT 不仅给 FOS 供电，还接收 FOS 信号，并且通过缓冲放大器与 PC 中的 A/D 转换卡连接。PC 经过特殊运算，间接得到反应器内颗粒速率。通过 D/A 转换卡，将两个测量区域的速率信号转换成相应的 4-20mA 标准模拟电流信号。

1.2　VCX-V3 探测器

VCX-V3 探测器是激光探测器，所以进行设备检查时要小心处理。

VEX-V3 在它的头部有一个宝石盘，保护光纤免受外界环境的影响（化学物质，高压 70bar，高温 180℃）。这一宝石盘非常精密，不能受到机械伤害。因此，当探测器抽出反应器时，只有当黄色的保护帽套上，才可以处理探测器。

图 1 可以看到两个测量通道。每个测量通道由 4 个光纤组成。在测量通道一（B1，E1，B2，E2）中，B1 和 B2 发射光线进入到反应器，E1 和 E2 接受颗粒的反射光。测量通道二（B3，E3，B4，E4）与测量通道一是完全独立的，它的功能与测量区域一也是一样的。

在探测器的头部和光纤分配器之间的部分，提供了检测探测器内部压力的可能性。假如探测器安装在反应器上，宝石盘有损伤，我们在这一点上可以看到反应器内部的全压。所以在这一点的压力检测能用于检查的探测器的好坏。

二套聚丙烯装置测速仪探头型号 VCX-V3-2 L440-52-09，安装在反应器器壁上。由 4 组发射接收光路及蓝宝石镜片构成，E1/B1、E2/B2、E3/B3、E4/B4。其中，E1/B1、E2/B2 构成第一路测量单元，E3/B3、E4/B4 构成第二路测量单元。两个测量单元完全独立，且功能一致。B 为激光发射端，E 为激光接收端。E1/B1、E2/B2 两组激光距离（与探头型号有关）固定，当聚丙烯粉料经过E1/B1时，该回路会检测一个激光变化信号；当该聚丙烯粉料经过E2/B2时，同样也会检测一个激光变化信号。通过计算两路激光变化的时间差，便可计算出该聚丙烯粉料的实际速度。

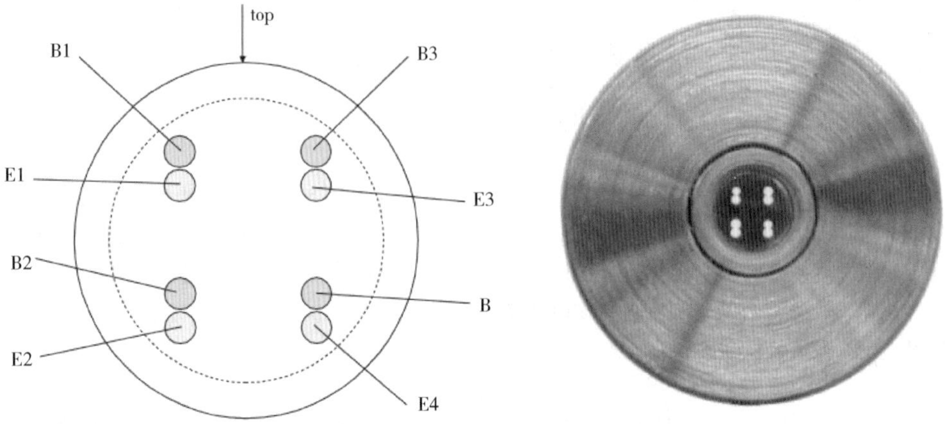

图1　传感器平面图

1.3　现场单元光电转换器FOS

FOS由一个有放大器的电路板铝箱、两个光纤连接器、一个连接FOS-ENT的插头组成。

FOS前面(图3)有两个光纤连接器槽，IN-SOCKET(E1到E4光纤)接收从VCX-V3回来的反射光，OUT-SOCKET(B1到B4光纤)经过光纤反射光线，发射激光进入到反应器内部。

对于电路连接有6个插针的电缆连接头，它把FOS和FOS-ENT连在一起。为了将电缆与硬件插头连接，插头附带一种特殊的压接工具，使用插头的引脚1-6。两个插头之间的引脚分配如下：

插针1(FOS)→插针1(FOS-ENT)

插针2(FOS)→插针2(FOS-ENT)

插针3(FOS)→插针3(FOS-ENT)

插针4(FOS)→插针4(FOS-ENT)

插针5(FOS)→插针5(FOS-ENT)

插针6(FOS)→插针6(FOS-ENT)

如图2所示，每一个光电转换器内部都有一个增益开关可以辅助调节光源发射强度(一般不做调整)。

如果一个通道的放大器增益通过增益开关被改变，相应的第二个通道的增益放大倍数也应由相同的方式而改变。如果两个相应信号之一太高，那么IR-LED的强度也应该调整，开关值-1意味着增益增加了10倍，+1意味着增益减少了10倍。

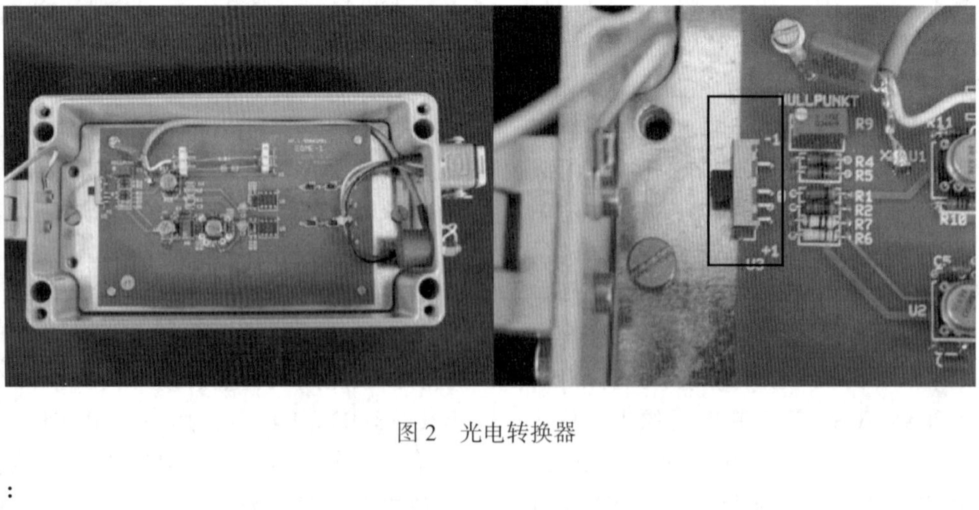

图2　光电转换器

说明：

环境温度：　　最大达到+50℃

放大的范围MA/V：　　$10e^{-6}$一直到$10e^{-14}$

不改变阻值前提下开关使用年限：　30 年
频率范围 10e-11/10e-10：　100Hz/1000Hz
从 FOS-ENT 到 FOS 最大的电缆长度：150m
插针二极管的最大功率：　50μW into 400μm glass fibre
IR-LED 的中心发射波长：　850nm
插针二极管光谱的灵敏度：　800~1100nm

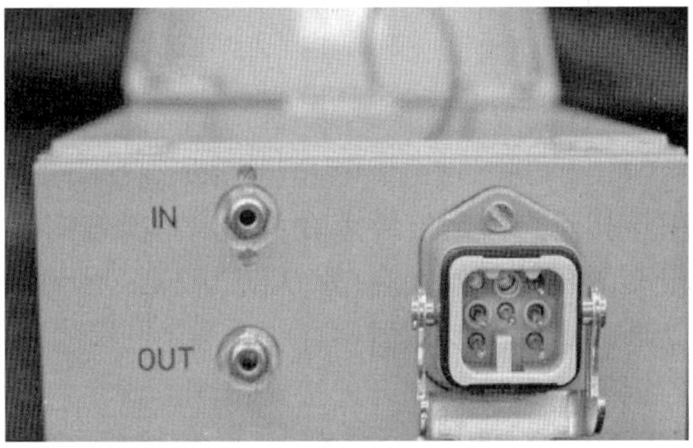

图 3　FOS

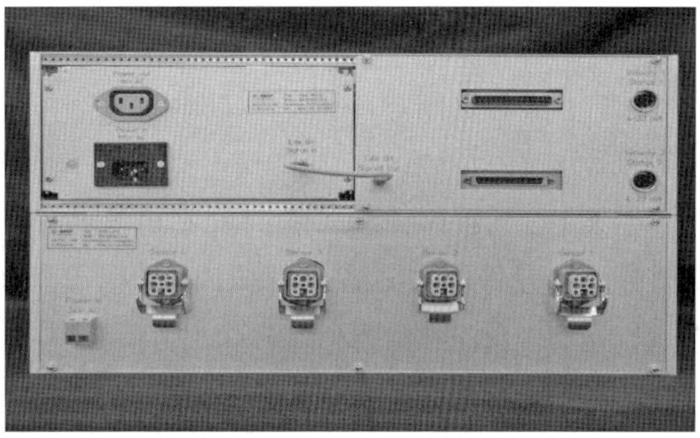

图 4　机架系统

1.4　英寸机架系统

图 4 是机架系统后视图，作用为系统提供 24VAC 电源。这些插孔被命名为传感器 1 和传感器 4，连接 FOS-ENT 与 EX-P-BOX 箱内的 FOS。

插座速度状态 1 和速度状态 2 可以连接到 DCS，每个插座可以输出一个速度信号（4~20mA）和一个状态信号（4~20mA）。状态信号 4~20mA 如下代码：

0mA→测量死区
4mA→光纤 E1 或 B1 和光纤 E2 活 B2 损坏
6mA→光纤 E2 或 B2 损坏
7mA→光纤 E1 或 B1 损坏
9mA→动态信号值太低
12mA→相互关系的质量太低
16mA→转速值是可靠的。

发送到 DCS 的状态信号有助于检查测量系统的故障原因。

1.5　FOS-ENT 和缓冲放大器

FOS-ENT 给 FOS（现场单元）供电，绿色 LED 灯显示单元启动并且运行。

缓冲放大器包括一个单独分配的蓄电池电路和 FOS 信号去 PC 内高速（1MHz）A/D 转换卡。

在 FOS-ENT 内（图 5）有变换开关（图 6）。这些开关可以设置 FOS 内的 IR-LED 强度。

图 7 显示转换开关拨码位置，% 值代表 IR-LED 灯的强度。

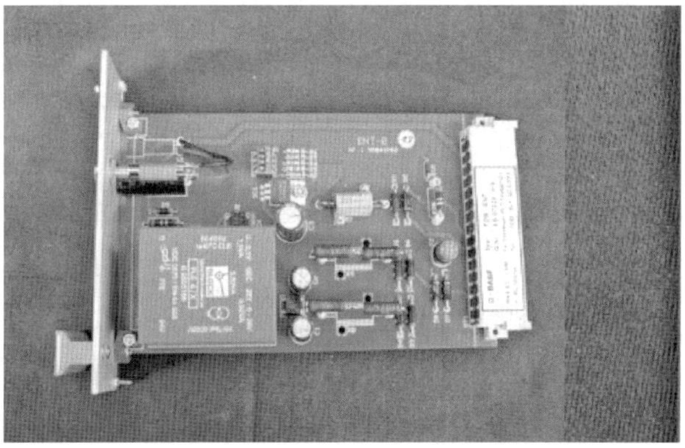

图 5　FOS-ENT

图 6　变换开关

1.6　看门狗

当钥匙在图中所示位置（图 8）看门狗不能被激活。如果钥匙逆时针转动，PC 站的测量软件可以激发。

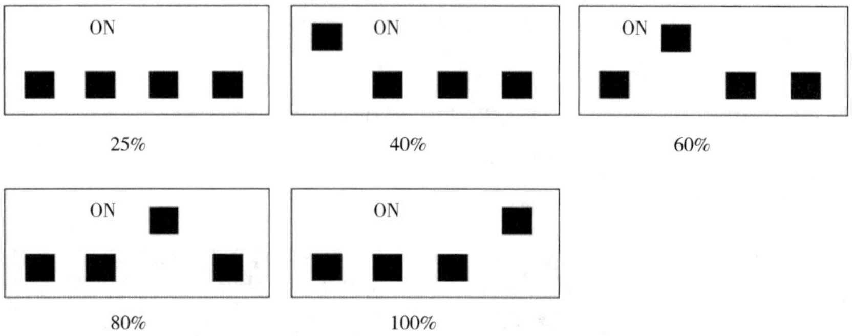

图7　拨码位置

如果PC站程序挂起，看门狗不再接收短电压信号。两分钟以后，看门狗切掉PC电源。10次间断以后，它又再一次的激发PC站。PC启动软件，测量继续进行。

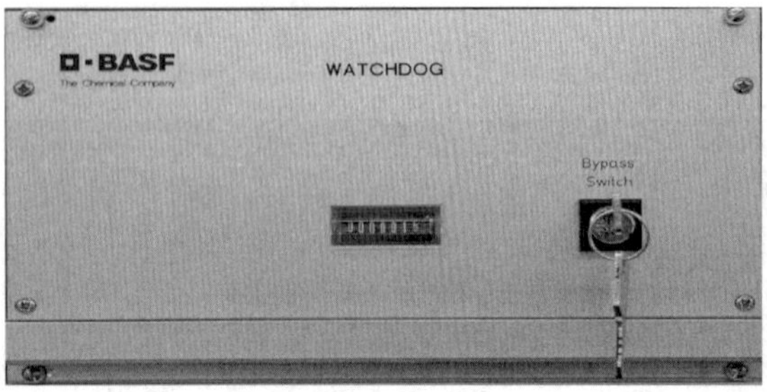

图8　看门狗

1.7　PC站

PC站是为适应粗糙的环境而特殊建立起来的工业计算机。通过PC站发布的组态和测试报告，可以得到更进一步的硬件内容信息。

光纤E1/E2之间的距离：2020μm

光纤E3/E4之间的距离：2060μm

FOS-ENT传感器1的切换开关X ON→100%

FOS-ENT传感器2的切换开关X ON→80%

FOS-ENT传感器3的切换开关X ON→80%

FOS-ENT传感器4的切换开关X ON→100%

2　VCX系列测速仪报警故障判断

2.1　警报测量副面板

这些面板帮助检测测量系统查找故障源，还能帮助找出某一故障原因。

如果测量硬件的状态信号连接至过程控制系统，操作站将得到4~20mA信号报警信息。

2.2　指示器交叉相关量低

如果如图10所示，只有这一红色指示灯点亮，表明信号质量不佳，不能可靠计算出速度。如果该指示灯接近连续点亮，则表示所选的阈值质量交叉相关性值太高(默认值为2)，反应器中流动形成紊流或反应器中探头安装不正确。另一个原因可能是玻璃光纤连接到错误位置。

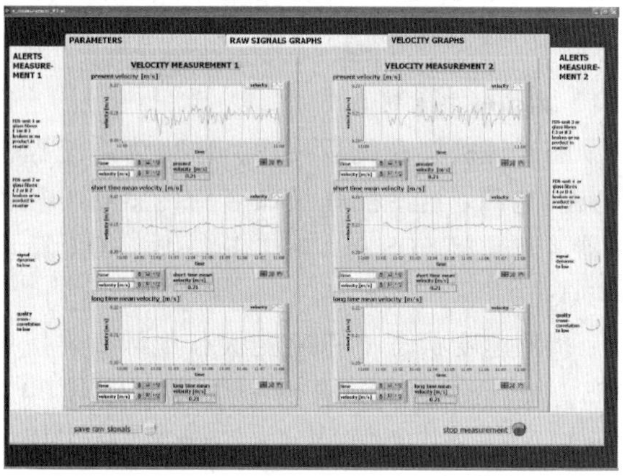

图9　系统面板

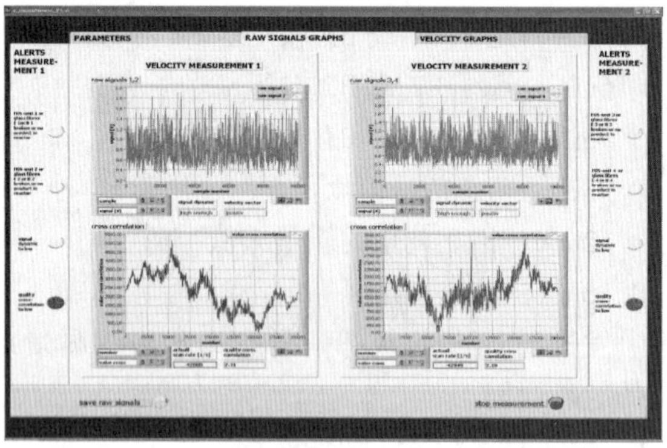

图10　系统面板

2.3　指示器信号动态低

如果如图11所示这一红色指示灯正常点亮，表明质量交叉相关性低。

如果信号的主要峰值波动，需要检查阈值信号动态信号1，信号2值(默认值为1)。

如果信号动态依次有十个测量值太低，这种情况下通常由于没有产品在探头前面流动，速度值设定为零。

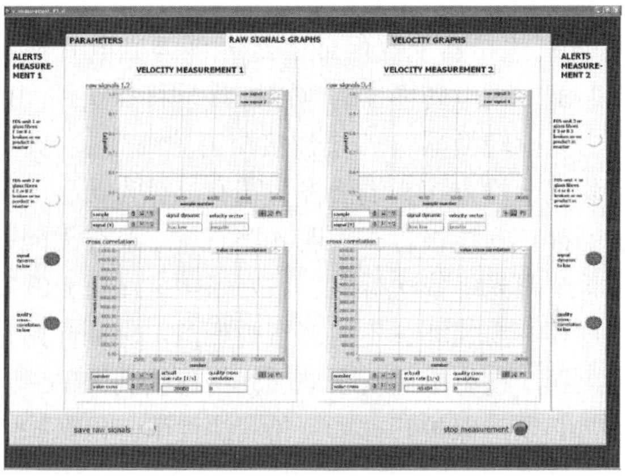

图 11　系统面板

2.4　指示器 FOS-单元 1 或玻璃光纤 E1 或 B1 破断或反应器中无产品

如果如图 12 这一红色指示灯正常点亮，表明质量交互相关性低和信号动态低。

如果依次有十次测量激活这一报警，速度设定为零。

这一报警的原因可能是 FOS-单元 1 或玻璃光纤 E1 或 B1 破断，或是反应器中无产品。

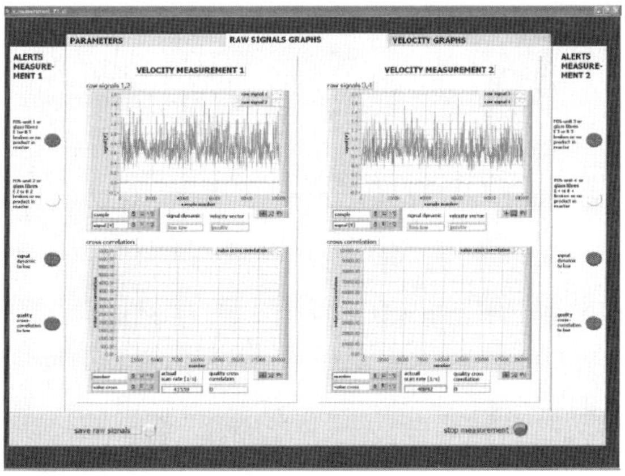

图 12　系统面板

2.5　指示器 FOS-单元 2 或玻璃光纤 E2 或 B2 破断或反应器中无产品

如果如图 13 这一红色指示灯正常点亮，表明质量交叉相关性低和信号动态低。

如果依次有十次测量激活这一报警，速度值设定为零。

报警的原因可能是 FOS-单元 2 或玻璃光纤 E2 或 B2 破断或反应器中无产品。

2.6　警报和相应状态信号（4～20mA）检验

0mA-->测量"停止"

4mA-->玻璃光纤 E1 或 B1 和玻璃光纤 E2 或 B2 破断

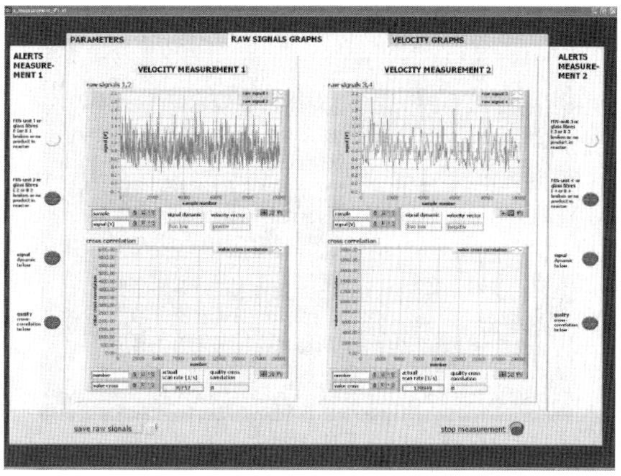

图 13　系统面板

6mA-->玻璃光纤 E2 或 B2 破断

7mA-->玻璃光纤 E1 或 B1 破断

9mA-->信号动态低

12mA-->交叉相关性质量低

16mA-->速度值可靠

3　VCX 系列测速仪探头故障处理及注意事项

如果在测速仪运行过程中，通过对报警信息的判断及设备的检查发现测速仪 VCX-V3 探头故障，就需要对故障的探头进行更换，下面简述一下测速仪 VCX-V3 探头步骤及注意事项：

（1）首先，检查新探头蓝宝石镜片是否磨损，检查无异常后，将新探头与旧探头的插入部分尺寸进行测量对比，尺寸一致。同时测量新探头附带厚垫片及原探头薄垫片尺寸(探头长度 88mm，厚垫片 14.43mm，薄垫片 9.49mm)。对反应器器壁插深进行多次测量取平均值约为 78.59mm 小于 80mm，所以默认应选择薄垫片进行安装。

（2）安装之前，将反应器器壁插口铁锈进行清理，并且用旧探头进行安装测试，当旧探头推入拉出没有问题后，对新探头进行安装，防止安装过程卡滞导致安装位置不准。

（3）将 VCX-V3 新探头锁紧激光杆锁紧螺丝，插入反应器，在插入过程中需要注意不要将垫片上的密封胶圈脱落。调整好方向后带紧固定法兰片螺栓，预留出调整间隙。同时，尽量使探头垂直度保持垂直状态或稍微向逆时针方向偏转一些，方便探头固定后进行垂直校正微调。(泄漏检测口在左侧水平位置，对中红线朝上)，如图 14 所示。

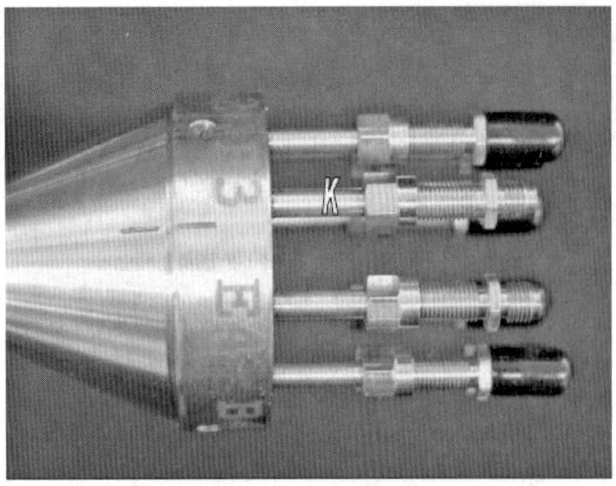

图14　探头外观

（4）探头固定后，使用重力锤进行垂直度微调，保证对中红线向上，并完全垂直状态调整完毕后拧紧法兰固定螺丝。

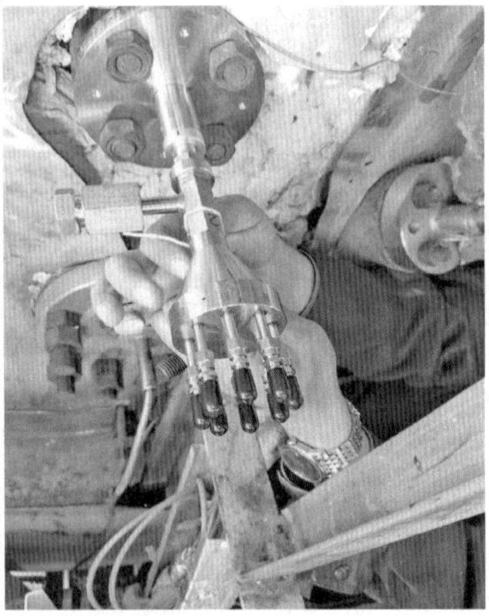

图15　现场安装图

（5）正确对中后，将玻璃光纤连接到VCX-V3光纤连接器上。保证4组光纤与光电转换器相匹配。光电转换器的"OUT"端连接探头的"B"端，光电转换器"IN"端连接探头的"E"端，并进行测试，检查探头端面发射端有红色光源，上位机不存在断线报警，说明光路正常。检查无问题后将8跟光纤依次拆除，做好保护，注意光纤安装过程不要损坏，不能有弯折死角。保证光路正确无误。在将全部八个玻璃光纤连接到VCX-V3后，必须将保护管拧紧到松套法兰上，以保护光纤连接器。

4　VCX系列测速仪硬件使用周期

（1）探头：8~10年

（2）光电转换器：8~10年

（3）逻辑计算单元：5~8年

参　考　文　献

[1] 大庆炼化公司二套聚丙烯装置BASF工艺包随机文件

[2]《石油化工仪表工程施工及验收规范》SH/T 3551—2024

加氢装置汽轮机油封结焦状故障状态诊断分析

孟庆宇　王建锃

（中国石油大庆炼化公司）

摘　要　本文针对大庆炼化公司柴油加氢装置离心压缩机组配套汽轮机出现的异常振动现象开展系统性研究，通过构建多参数在线状态监测体系，综合应用频谱分析、时域波形解耦、轴心轨迹辨识等先进诊断技术，建立了基于油封积碳故障判别准则。高温工况下密封齿间隙碳质沉积物累积引发的转子-油封非线性相互作用，是导致工频振动分量突增及次同步振荡的根本原因。本研究提出的"频谱特征-轴心轨迹-工艺参数"三维诊断模型，在工程实践中成功实现故障定位精度提升40%，为同类机组的预防性维护提供了重要理论依据和工程实践参考。

关键词　汽轮机；油封结焦；故障诊断；频谱分析；状态监测

大庆炼化公司柴油加氢装置NG25/20型背压式汽轮机（Hangzhou Turbine Co.，Ltd.，额定功率1943kW）于2023年9月完成大修后投入运行。2024年5月监测到驱动端振动突增至60μm，伴随非驱动端振动异常衰减现象。2024年9月停机检修发现非驱动端轴承箱油封存在严重碳质沉积（厚度达2mm），驱动端无明显结焦，针对两侧油封结焦的不同情况，导致的振动异常跳动，我们通过检修拆解的故障现象，结合状态监测系统的频谱特征，做出相应的故障诊断分析。

1　汽轮机振动时序演化特征

柴油加氢装置汽轮机2023年9月检修后运行平稳，机组运行初期轴振稳定在27μm（符合ISO 10816-3 Class 1要求）。2024年5月开始出现轴振波动，驱动端表现为振值突然升高（图1），非驱动端表现为振值突然下降（图2），然后恢复至正常值。7月开始轴振波动频繁，最多时24h轴振报警9次，振值最高达到63μm（报警值：42.4μm，联锁停机值72μm）。

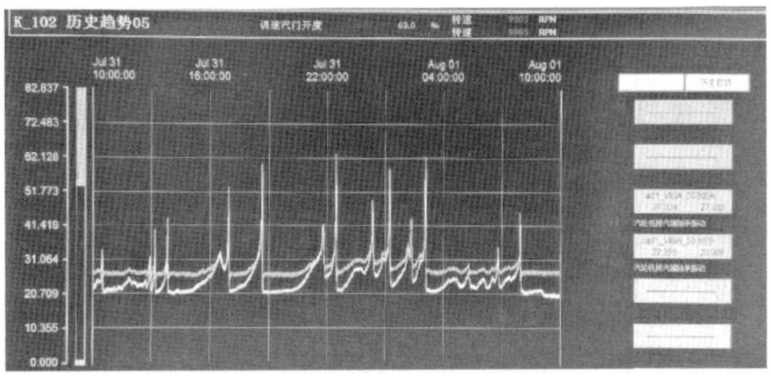

图1　驱动端振动趋势图

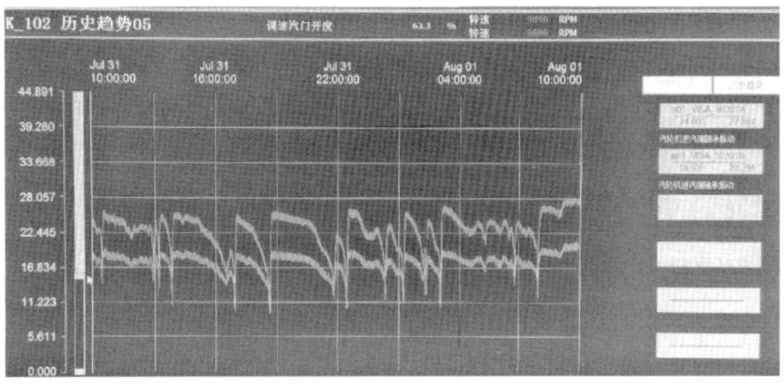

图2　非驱动端振动趋势图

2　汽轮机油封隔离气压力调整

监测显示柴油加氢装置汽轮机轴承箱油封隔离气压力（0.05MPa）处于设计上限（0.03～0.05MPa）。出现振动异常跳动后，通过扰动性调整隔离气压力，能够改变振动曲线走向，进而缓解汽轮机轴振动频繁波动。当绿色曲线和白色曲线相交时，通过调高或者调低隔离气压力，随即改变了曲线的走向，白色曲线与绿色曲线分开，阻碍白色曲线继续向上走与黄色曲线形成波峰，绿色曲线继续向下走与红色曲线形成波谷（图3）。

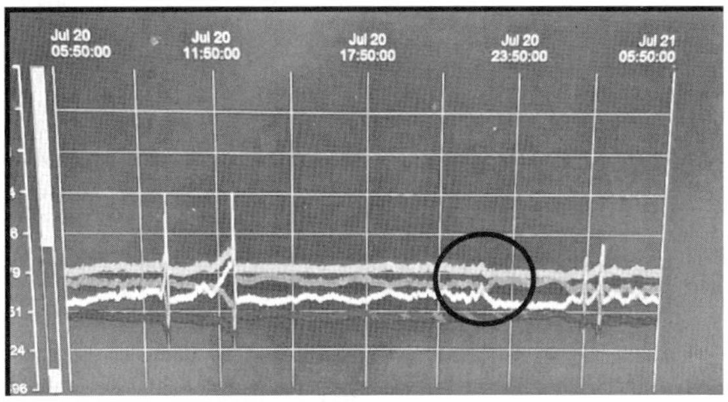

图3　驱动端与非驱动端振动趋势图

扰动试验表明：压力调整可改变振动特性。

3　汽轮机解体检修情况描述

2024年9月19日至20日，对汽轮机进行了解体检修，拆检发现非驱动端轴承箱油封外侧梳齿有明显结焦现象，驱动端轴承箱油封无结焦现象。转子、级间汽封、轴瓦、平衡活塞汽封等部位检查无异常现象。

非驱动端油封：梳齿密封间隙碳沉积物呈层状结构(图4)。

驱动端油封：未发现明显积碳，梳齿间隙保持良好

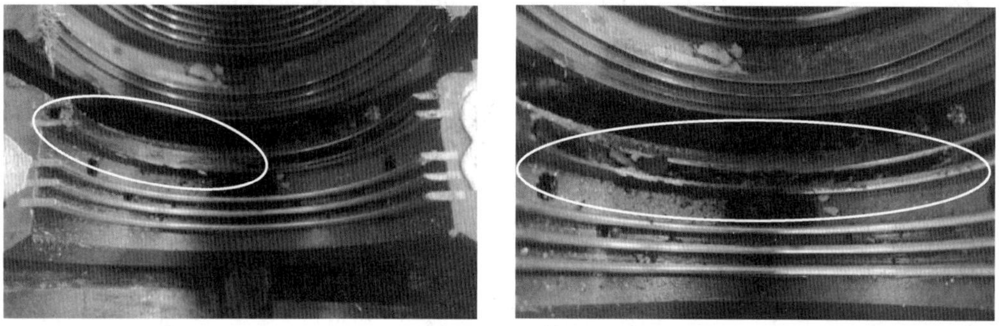

图4　驱动端油封结焦拆解图

4　状态监测系统(SG8000)的故障诊断分析

柴油加氢装置汽轮机使用的是康吉森的TRICON操作系统，SG8000的状态监测系统，系统中轴振动监测情况如下：驱动端设置50302A、50302B两个呈垂直方向的探头，非驱动端设置50301A、50301B两个呈垂直方向的探头，基于Tricon系统、SG8000监测数据，建立“频谱-轴心轨迹-工艺参数”三维诊断模型如下：

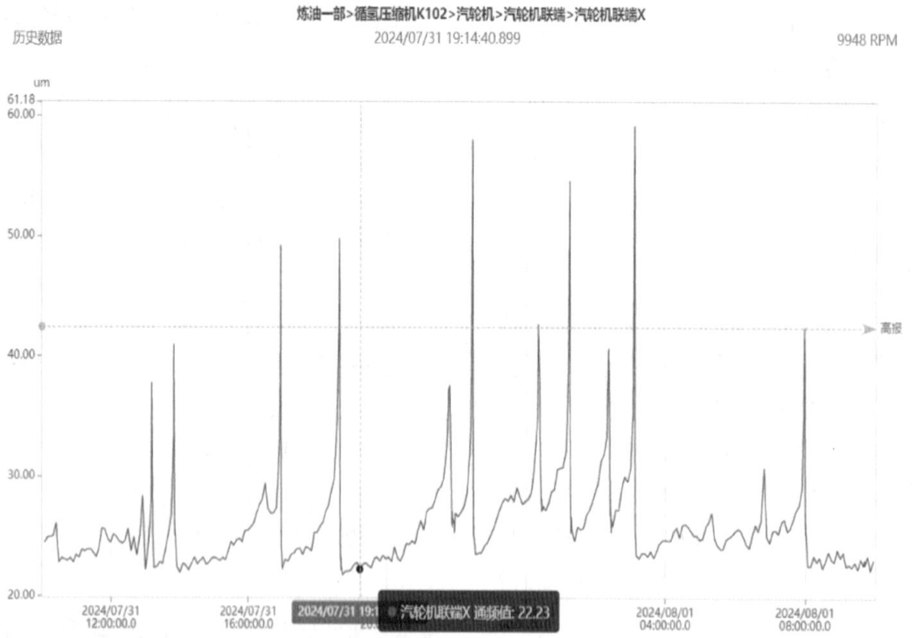

图5　驱动端振动趋势图

19：14：40汽轮机驱动端50302A轴振动值处于正常水平，在23μm左右(图5)。振动值处于正常水平的情况下，其波形成不规则的正弦波形态，频谱中主要体现为1X倍频，幅值在16.77μm左右(图6)。

22：28：47汽轮机驱动端50302A轴振动值处于波动状态，最高振动值接近60μm(图7)。振动值处于波动的情况下，其波形成较规则的等幅正弦波形态。主要表现为不平衡状态，频谱中主要体现为1X倍频，幅值增幅较大，由16.77μm涨幅至52μm(图8)。

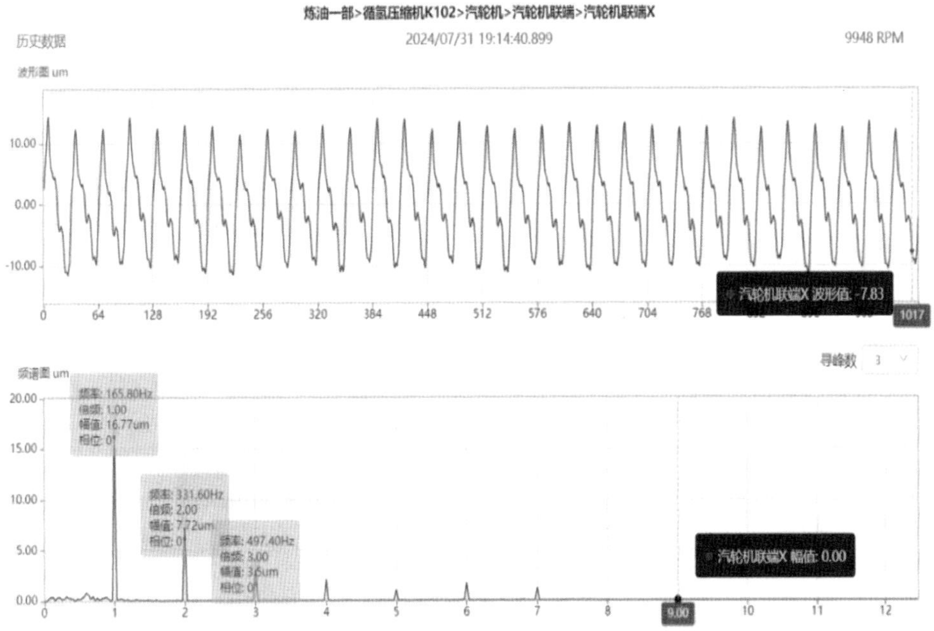

图 6　驱动端波形频谱图

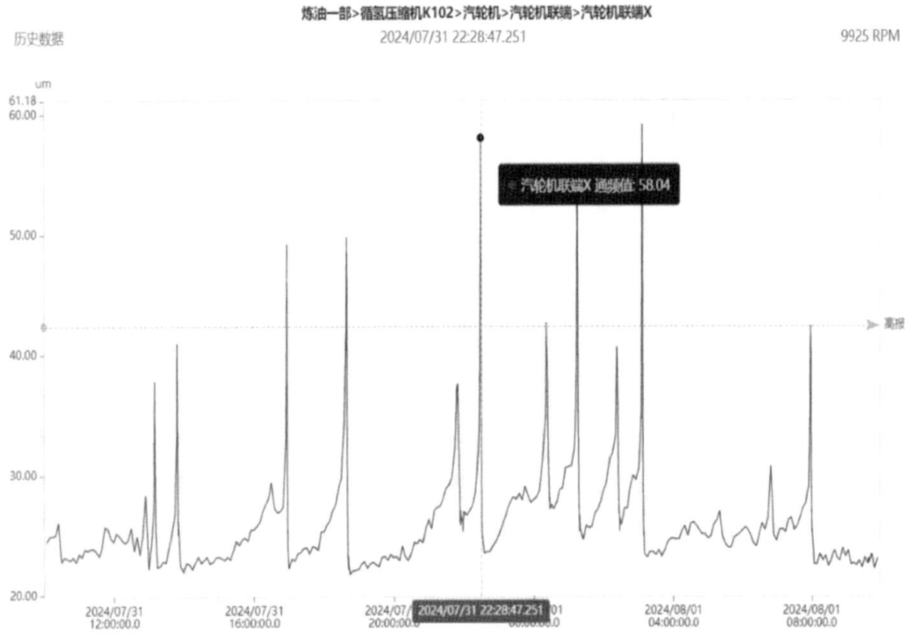

图 7　驱动端振动趋势图

从汽轮机驱动端轴振波动前、后的轴心轨迹上观察发现，由最初的“倒 8”变为了“葫芦”形状，进动方向未发生改变，始终为反进动(图 9)。

19：14：40 汽轮机非驱动端 50301A 轴振动值处于正常水平，在 22μm 左右(图 10)。振动值处于正常水平的情况下，其波形也呈现出不规则的正弦波形态，0 频谱中主要体现为 1X 倍频，幅值在 17. 19μm 左右(图 11)。

22：28：47 汽轮机非驱动端 50301A 轴振动值处于波动状态，振动值最低波动至 10μm 左右(图 12)。振动值处于波动的情况下，其波形成毛刺正弦波形态。主要表现为存在动静摩擦状态，频谱中主要体现为 1X 倍频，幅值降幅较大，由 17. 19μm 降幅至 6. 26μm(图 13)。

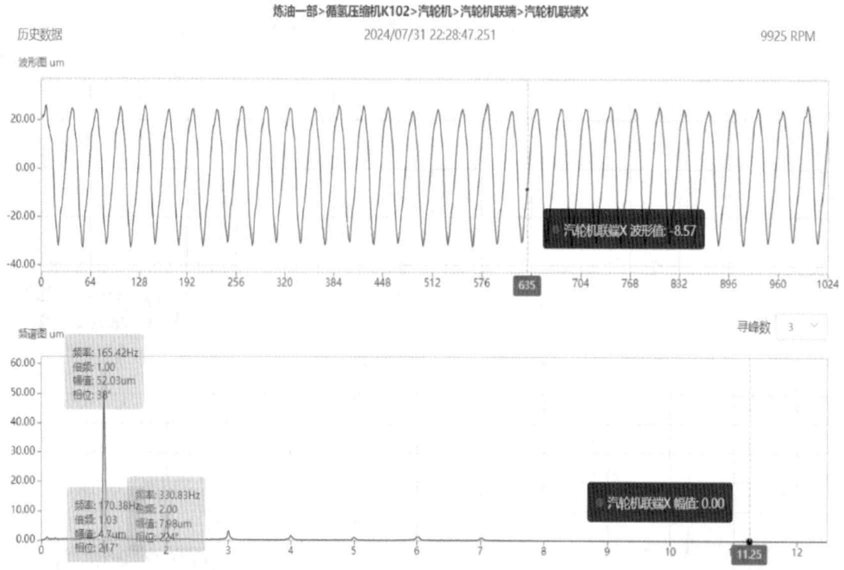

图 8　驱动端波形频谱图

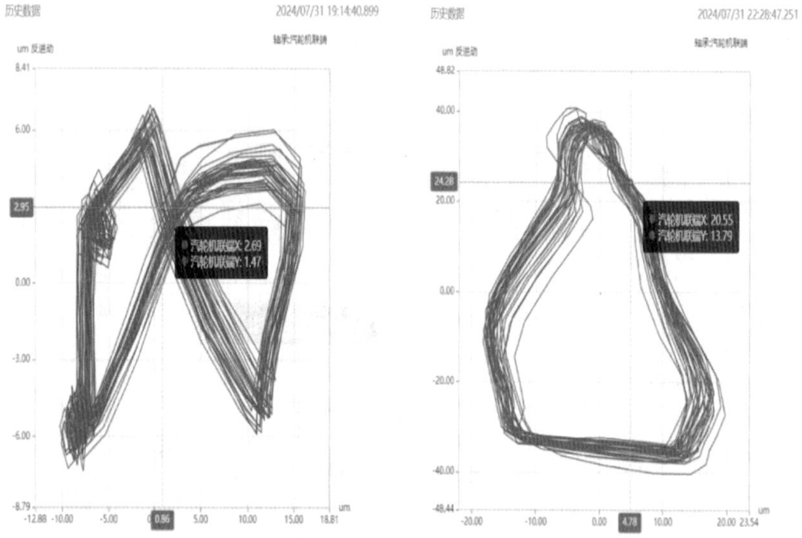

图 9　驱动端轴心轨迹波动前、后对比图

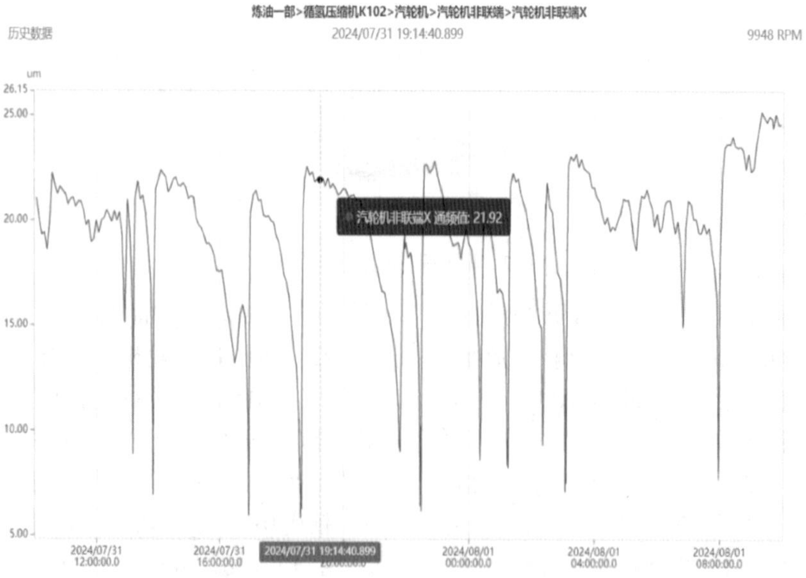

图 10　非驱动端振动趋势图

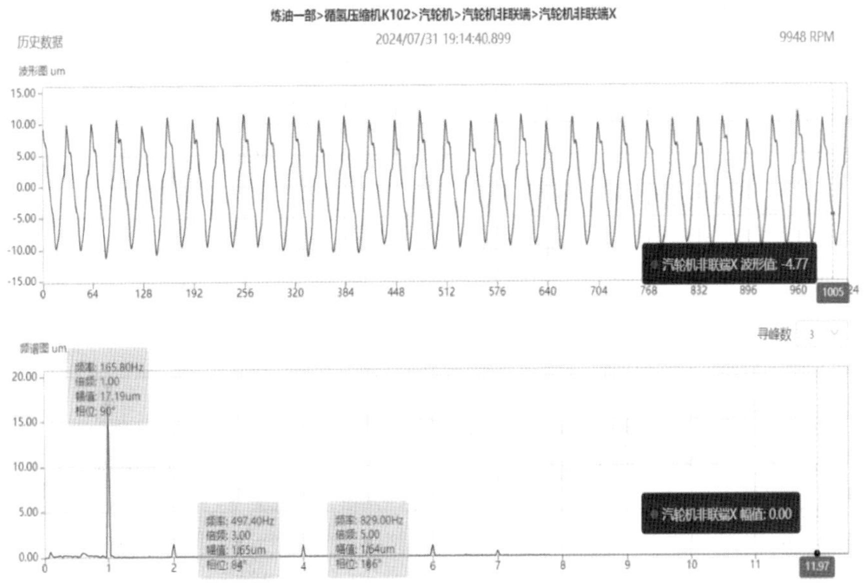

图 11　非驱动端波形频谱图

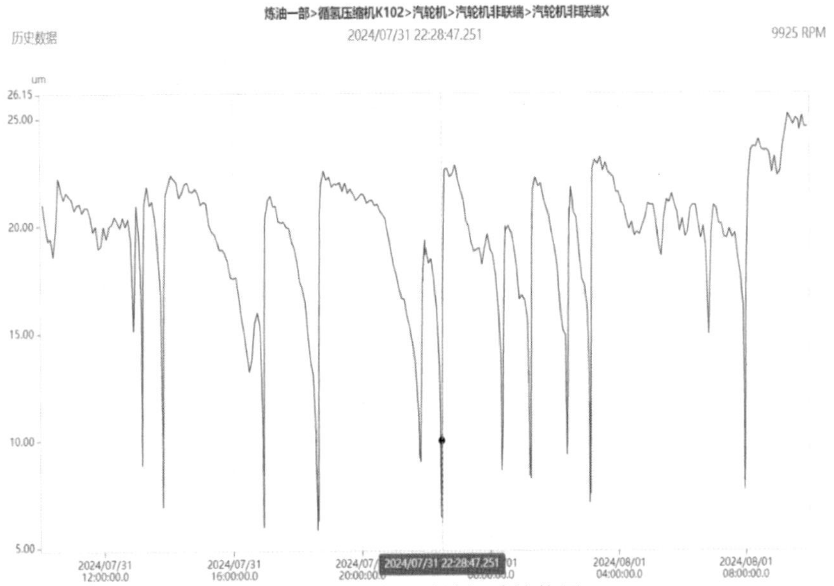

图 12　非驱动端振动趋势图

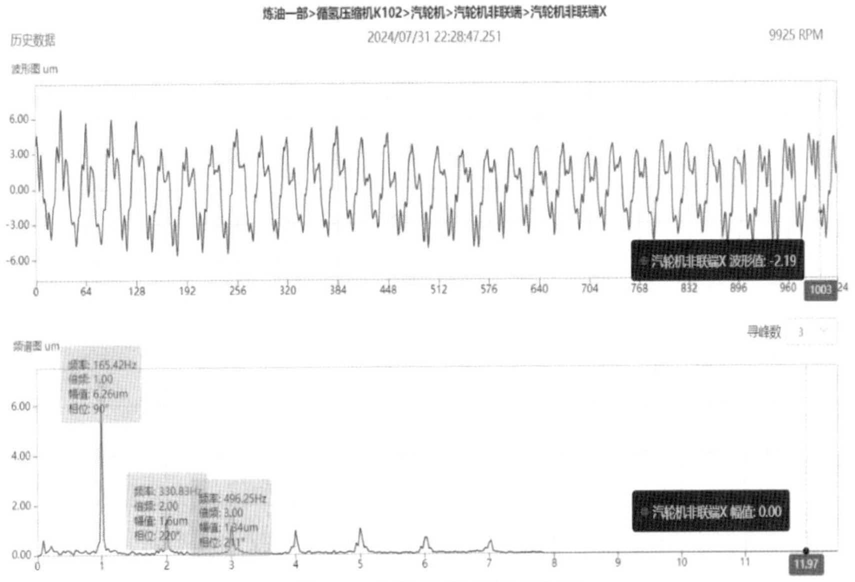

图 13　非驱动端波形频谱图

从汽轮机非驱动端轴振波动前、后的轴心轨迹上观察发现，由最初的“长方形”变为了近似“O”的形状，进动方向也发生改变，由反进动变为了正进动(图 14)。

18：37：26 汽轮机驱动端 50302A 轴振动值处于波动状态，此时振动值达到 40μm(图 15)。振动值处于波动的情况下，其波形成不稳定且出现较大的削波现象。频谱中主要体现为 0.5X 倍频，幅值增幅较大，涨幅至 25μm(图 16)。

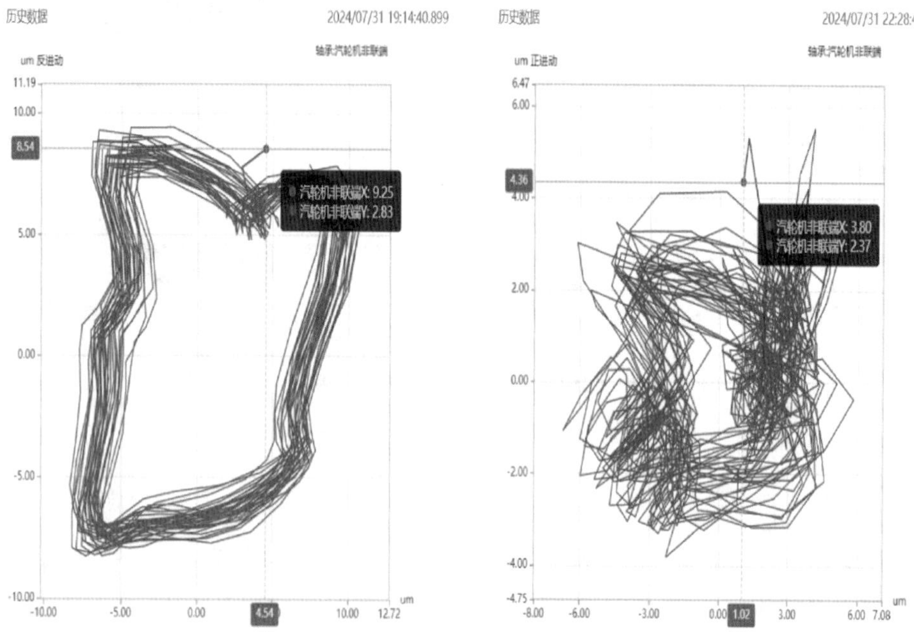

图 14　非驱动端轴心轨迹波动前、后对比图

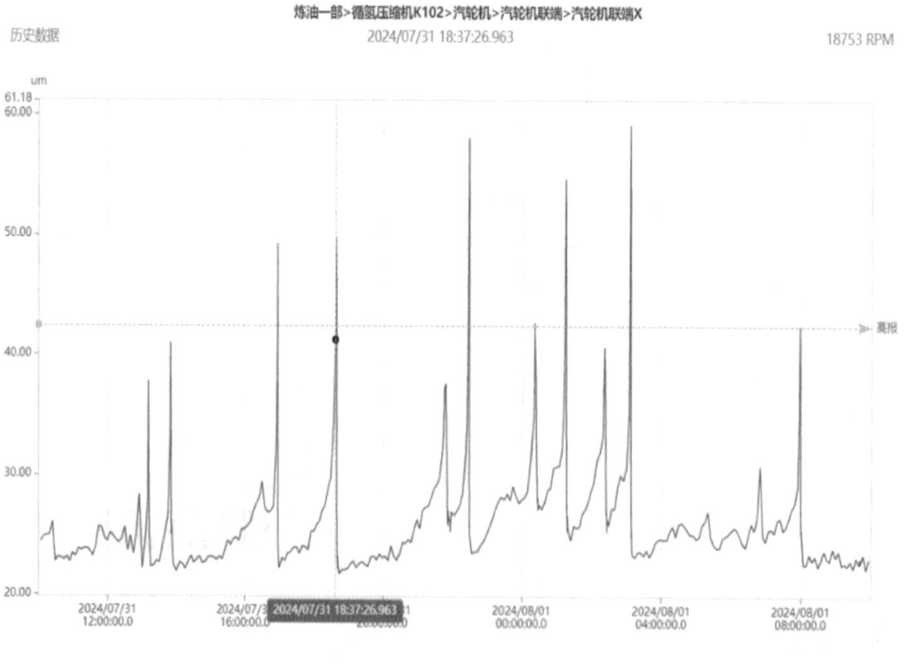

图 15　驱动端振动趋势图

18：37：26 汽轮机非驱动端 50301A 轴振动值处于波动状态，此时振动值降至 6μm 左右(见图 17)。振动值处于波动的情况下，其波形成毛糙的不规则波形形态且伴随明显的削波现象。频

谱中主要体现为分数谐波频率 0.5X、1.5X、2.5X 倍频，幅值增幅较大，最高幅值达到 1.3μm(图 18)。

频谱特征量化：

积碳初期(<0.3mm)：1X 幅值波动率>30%，符合 API 612 报警阈值。

积碳发展期(0.3~0.6mm)：出现 0.5X 次谐波(幅值比>0.25)。

临界失效期(>0.6mm)：1X 幅值突变率达 200%，伴随 2.5X 高频谐波。

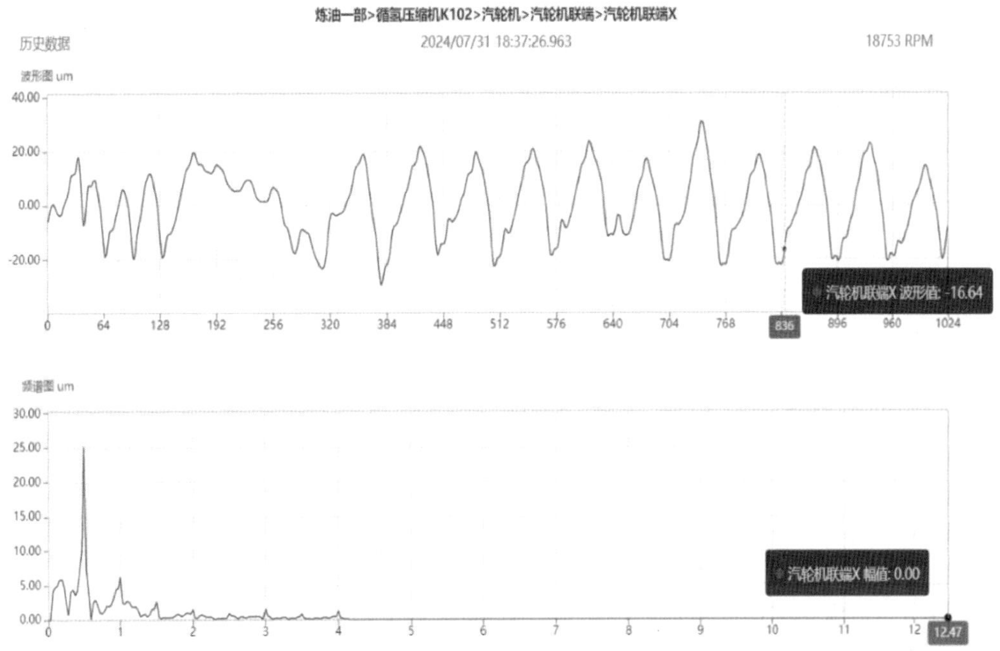

图 16　驱动端波形频谱图

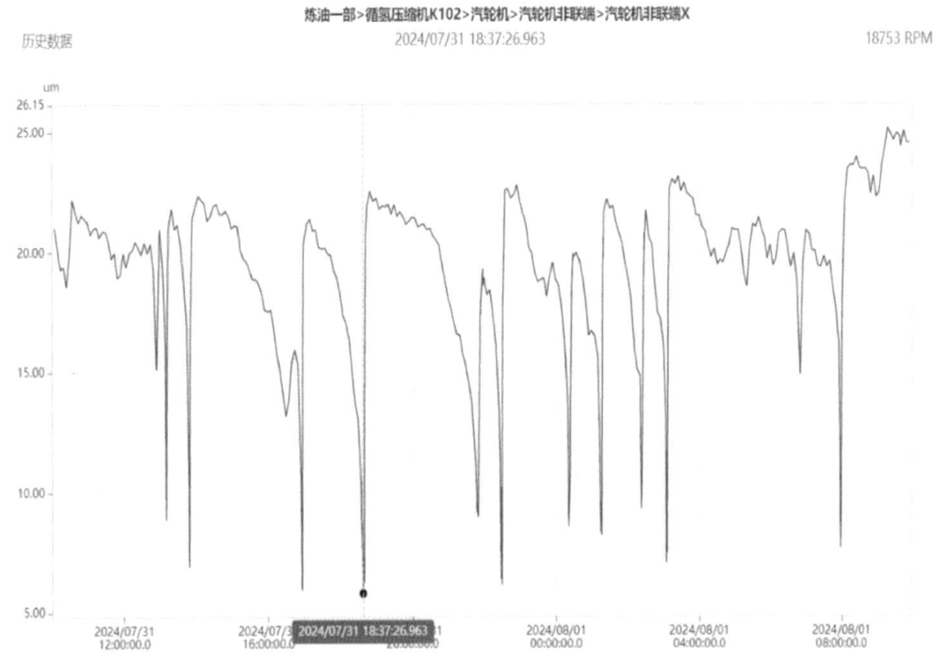

图 17　非驱动端振动趋势图

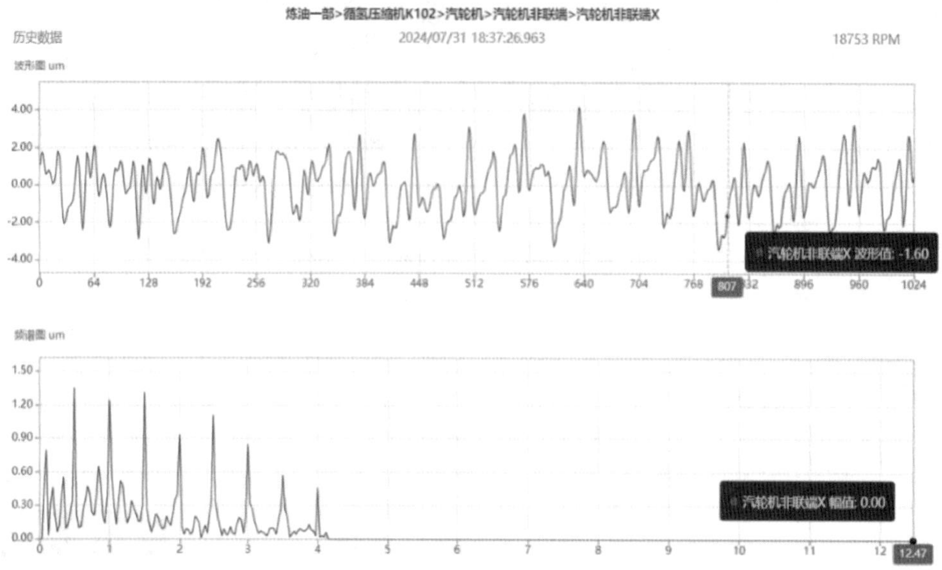

图 18　非驱动端波形频谱图

5　结论

通过状态监测系统的振动趋势、波形、频谱、轴心轨迹的特征以及油封隔离气的调整判定汽轮机轴承箱油封结焦的结论如下：

（1）轴振动趋势短时间内呈现起伏（波峰或波谷）后又能回落正常。

（2）波动时波形图呈现规则的等幅正弦波或毛刺正弦波形态或毛糙的不规则波形。

（3）主要体现为工频波动（幅值升高或降低）。

（4）部分波动点出现分数谐波频率（0.5X、1.5X、2.5X）波动且伴随着削波形态。

（5）轴心轨迹波动前、后由“倒8”形态变为“葫芦”形态且进动方向未发生改变或由“长方形”变为近似“O”的形态且进动方向发生了改变。

（6）调高或调低汽轮机轴承箱油封的隔离气压力，能够影响轴振动趋势走向。

6　整改措施

（1）润滑油升级：选择氧化安定性能更好（旋转氧弹指标2000，150℃），抗结焦能力更强的全合成汽轮机油（长城4518-46）代替原使用的昆仑KTL-46。

（2）油封结构改造：回油孔扩孔由3个独立的圆形孔洞扩通为1条长方形孔道。

（3）调高汽封抽气器负压，降低汽封向油封侧的漏气量。

（4）汽轮机油封隔离气压力由0.05MPa调整至0.08MPa（设计指标0.03~0.05MPa），根据运行情况适当调整隔离气压力，满足机组运行需求。

参　考　文　献

[1] 寇胜利．汽轮机膨胀不畅引起的振动[J]．汽轮机技术，2004，(06)：460-464.

[2] ISO 10816－3. Mechanical vibration－Evaluation of machine vibration by measurements on non－rotating parts-Part 3：Industrial machines with nominal power above 15 kW and nominal speeds between 120 r/min and 15000 r/min when measured in situ[S]．2018.

[3] 陆颂元，童小忠．汽轮机组现场动静碰磨故障的振动特征及分析诊断方法[J]．动力工程，2002，(06)：2020-2024.

[4] 苏永升，周邵萍，邹慧芬，文加强，张希．汽轮机振动分析及故障诊断[J]．能源技术，2003，(02)：50-53.

高压进料泵振动高原因分析及改进措施

崔兆钊　王瑞金　孙远飞　赵　淼

（中国石油大连石化公司）

摘　要　渣油加氢装置高压进料泵运行时振动高，更换备用转子后出现同样问题，经分析后认为振动高的主要原因是泵轴的刚度下降出现弯曲、转子动平衡精度不够、叶轮动静部件配合间隙不满足设计要求等原因造成的。重新制造新材质泵轴，提高转子动平衡精度，保证动静部件配合间隙，调整后泵运行各项参数达到标准要求。

关键词　高压进料泵；振动高；轴弯曲；动平衡；配合间隙

1　设备简介

大连石化公司300万t/y渣油加氢装置设计为Ⅰ、Ⅱ两个系列并联运行，2008年投用。P1802作为装置的高压进料泵，配置方式为两开一备。两台主泵（P1802-1/P1802-2）连续运行，一台备泵（P1802-S）为两个系列同时备用。

P1802高压进料泵的型号为6×10 1/4D-9stgHDB，结构为BB5型（图1），为日本荏原公司制造。泵的工作转速5100r/min，额定流量243.5m³/h，介质温度268℃，出口压力21.8MPa。泵轴材质为410（美标牌号，对应国标1Cr13），叶轮材质为CA6NM（美标牌号，对应国标ZG0Cr13Ni4Mo）。

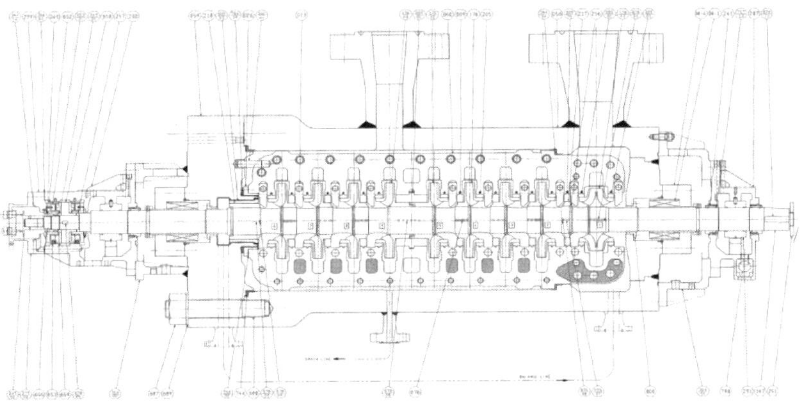

图1　高压进料泵结构图

2　故障现象

渣油加氢Ⅰ系列高压进料泵P1802-1泵，自2023年起，驱动侧绝对振动（振速）和转子的相对振动（振幅）同步上升，其振速变化趋势见图2、振幅变化见图3。通过泵的振动频谱分析为奇数级叶轮的通过频率。

该泵日常运行时实际流量为223m³/h，额定流量为243.5m³/h，实际流量为额定流量的91.6%，无偏流问题，所以初步判断叶轮内部间隙超标引起振动上升。

利用2024年装置停检期，对该泵更换了修复的备用转子（旧转子曾经检查发现弯曲并进行了冷校直）。投入运行后，P1802-1泵的振速和振幅并未降低，其振动频谱与维修前基本一致。所以又对P1802-1泵进行了第二次维修，同时

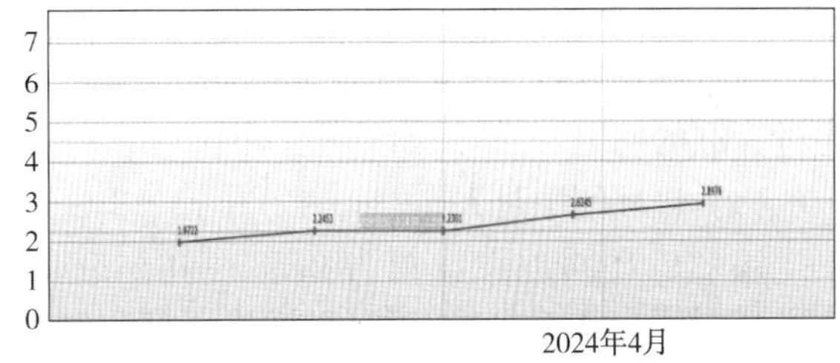

图2　振速趋势

对上次 P1802-1 维修时更换的转子一并进行了解体检查，发现两个转子的泵轴均出现了弯曲，泵轴中间位置的跳动值为 0.09mm，超过标准要求。

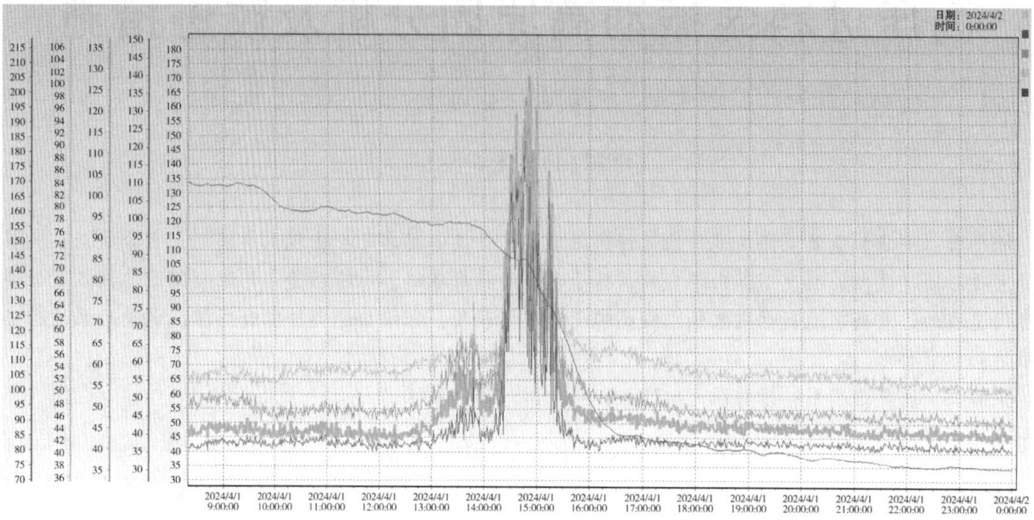

图 3　振幅变化

3　振动原因分析

3.1　泵轴弯曲不具备修复条件

该泵轴材质为 410，经过长时间的高速运行（累计运行 16 年），泵轴出现了弯曲。通过冷压校直修复的泵轴，在运行后又再次出现弯曲，说明泵轴的金相组织发生了改变，单纯靠冷校，不进行热处理，是无法获得较高的机械强度和韧性的。通常泵轴是先经过热处理，再进行二次加工，成品泵轴是无法进行热处理的。所以 P1802-1 泵振动的主要原因是泵轴弯曲造成的。

3.2　转子动平衡精度不足

P1802 泵转子进行动平衡操作时，采用精度等级为 G2.5 级的低速动平衡，而且采用整个转子动平衡，由于该泵转速 5100r/min，存在精度不足，工作转速下残余不平衡量过大的问题。

3.3　过流部件的动静配合尺寸过大

通过测量发现 3 个部位的动静部件配合间隙超过标准的问题。

（1）口环间隙过大

该泵口环间隙设计值为 0.582～0.615mm，实际装配值为 0.68mm。当时受维修工期限制且偏差量较小，未进行修复，叶轮口环处的间隙变大会造成泵内不稳定流动的发生。

（2）叶轮与轴装配公差超标

按照设计标准，该泵叶轮与泵轴的装配公差为过盈 0.035～0.05mm，而该泵实际测量为过盈 0.01～0.03mm，过盈量不足。对于高速转子，叶轮装配过盈量不足无法在低速动平衡中体现，而在额定转速后叶轮与泵轴会产生松动，直接导致转子不平衡影响振动。

（3）平衡鼓套间隙过大

该泵平衡鼓与平衡套的设计间隙值为 0.531～0.564mm，而实际测量两个转子的间隙均为 0.60mm，该处间隙增大会造成转子轴向力增大，出现轴向高频窜动，影响振动幅值。

4　改进措施

4.1　制作国产化泵轴替代

原厂家泵轴材质为 410（1Cr13），我们经过认真研究认为该材质热处理工艺复杂且不稳定，对于高速泵轴来说不是太合适，结合国内同类泵型的泵轴材质，决定泵轴材质改为 17-4PH，同时保证新制的泵轴的加工精度满足设计图纸要求，特别是沟槽倒角处（主要是 R0.8）要采用专用刀头一次加工成型，减少应力集中部位。

4.2　提高转子动平衡精度

为了降低转子的剩余不平衡量，且该转子经过动平衡后不需要再次拆卸，提高转子的动平衡精度，由原来的 G2.5 提高到 G1.0。

动平衡分五次进行（转速为 960r/min），以尽量消除低速动平衡带来的不确定性。第一次安装 5 级、6 级叶轮；第二次安装 4 级、5 级、6 级、7 级叶轮；第三次安装 3 级、4 级、5 级、6 级、7 级、8 级；第四次安装 1 级、2 级、3 级、4 级、5 级、6 级、7 级、8 级叶轮；第五次安装所有的叶轮。

4.3 全面恢复动静部件装配尺寸

对于转子的装配，要求全部装配尺寸及配合间隙必须满足原设计要求。

(1) 叶轮口环间隙修复

叶轮口环间隙按照设计值下限执行，即 0.582mm。

(2) 叶轮与轴装配尺寸修复

叶轮与轴的装配均按照原设计上限过盈量 0.05mm 执行，保证叶轮与轴有充分的过盈配合。

(3) 平衡鼓与平衡套配合间隙修复

对原有的平衡鼓进行修复，采用平衡鼓外径研磨后镀铬，再精磨恢复尺寸，平衡鼓与平衡套配合间隙按照设计值下限执行，即 0.535mm。

5 泵维修后运行状态

对新加工的泵轴进行检测，直线度、平行度、弯曲度、硬度测试等均符合要求。所有泵内部的动静部件的装配尺寸均符合设计标准。P1802-1 泵组装完成后在维修工厂试车，各项参数满足要求(表 1)。将整泵返回现场进行回装，经过运行检验，各项数据满足使用要求(表 1)，振动速度、幅值均达到运行要求。

表 1　新转子运行状态数据对比

试车位置	轴承箱体绝对振动（振速，单位 mm/s）	转子相对振动（振幅，单位 μm）
厂家实验平台	1.8	36
现场运行	1.91	32

6 总结

6.1 对于原设计标准执行不到位。

原设计资料中，明确给出了叶轮口环间隙的标准，但在维修初期并没有严格执行，存在多处间隙超过上限的问题，未认识到高压多级离心泵中各项参数的重要性。

6.2 挠性转子的弯曲校直需谨慎。

泵轴的冷压校直方案具有通用性，但也存在弊端。如果金属部件出现了塑性变形，其内部晶体组织必然出现了改变，理化性能变化，导致强度下降，不通过热处理是无法修复的。所以对轴类零件的各种校直方法如内应力松弛法、局部加热法等，都需要结合实际情况选择最合适的方案，要确保修复的泵轴达到设计的强度和韧性要求。

挤压机模板支撑断裂原因分析及对策

李　想

（中国石化湖南石油化工有限公司）

摘　要　挤压脱水机是SBS装置后处理生产线的关键设备。本文简要地介绍了挤压脱水机的使用情况以及机构特点，针对S704/705线挤压脱水机出现的模板支撑断裂问题进行了探究，确认了物料在带导流槽的筒体衬套内没有充分支撑螺杆轴，导致螺套、衬套、模板支撑磨损过快，模板支撑受到持续径向力后，疲劳断裂，影响后处理长周期稳定运行，提出了解决措施和检查更换周期，解决了模板支撑断裂问题。

关键词　挤压脱水机；模板支撑断裂；衬套；螺套

挤压脱水机是SBS装置后处理生产线的关键设备，在运行过程中多次出现模板支撑断裂故障，严重影响后处理线长周期运行和产品质量，本文从宏观观察、受力分析和工艺生产等方面进行分析，并提出了改进方案，方案实施后，频繁断模板支撑的问题得到了解决。

1　挤压脱水机结构特点

挤压脱水机计量段筒体由一个外筒体和两个衬套组合而成，衬套设有宽度为20mm、深度为5mm的24个导流槽布于衬套内壁(图1)。

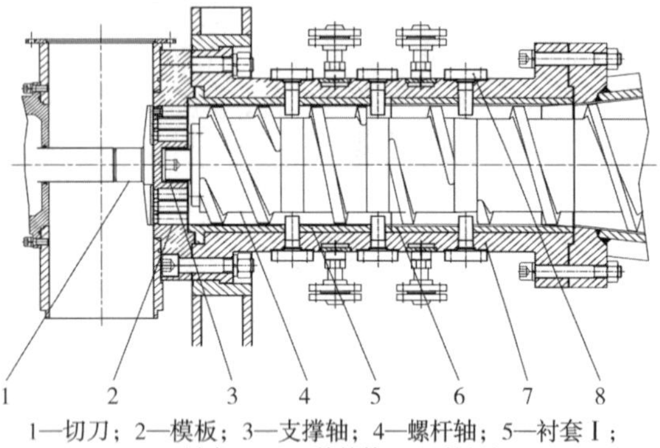

1—切刀；2—模板；3—支撑轴；4—螺杆轴；5—衬套Ⅰ；6—衬套Ⅱ；7—外筒体；8—剪切钉

图1　挤压脱水机计量段结构简图

螺杆轴采用两端支撑结构；即在螺杆轴前端设有一个直径为72mm、长度为72mm的合金耐磨支撑轴与模板中心设置的合金耐磨轴套组成前支撑，螺杆轴末端联轴器与轴承箱组成后支撑，形成前、后双支点支撑，轴承箱输出轴端采用一对高补偿性能联轴器使得螺杆轴可以随物料填充而随机浮动，可减小螺套螺棱与衬套之间的磨损。

2　故障概述

挤压机螺套、衬套磨损，模板内孔磨损，模板支撑断裂(图2)，研磨下的铁屑进入膨胀机，导致膨胀机在生产过程中模压升高至8～9MPa，胶粒切粒长，外观质量不合格，后续炒锅输送不畅，电流高，旋风分离器堵，造成非计划停车。

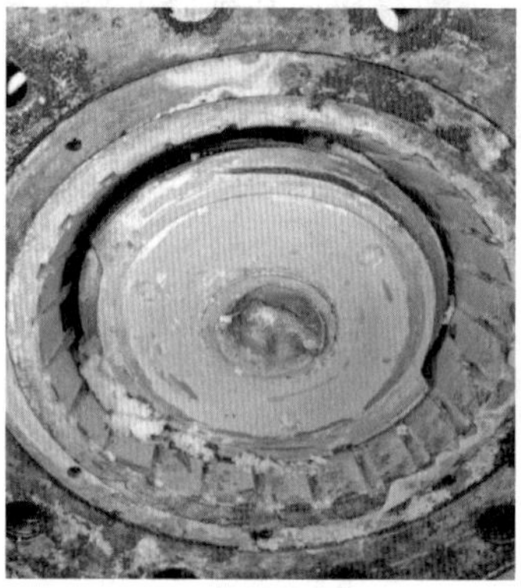

图2　模板支撑断裂

S701/704/705线挤压机均出现过模板支撑断裂的故障，2024年704因模板支撑磨损、断裂停车统计如下表1所示。

表1　停车统计

序号	日期	故障现象
1	1.23	挤压机模板支撑断裂，铁屑导致膨胀模压高，停车清理模板
2	3.30	挤压机模板支撑断裂，更换模板支撑
3	4.25	挤压机模板支撑磨损，膨胀模压高，停车清理模板
4	5.3	挤压机模板支撑磨损，铁屑导致膨胀模压高，停车清理模板

3 原因分析

3.1 宏观分析

从模板支撑轴断面的宏观形貌来看(图3),没有发生明显的塑性变形,有明显的疲劳辉纹,可观察到明显的疲劳源区、疲劳扩展区和瞬断区,这是典型的疲劳断裂

疲劳裂纹源区是疲劳裂纹萌生的发源地,是疲劳破坏的起点,多处于机件的表面,源区的断口形貌多数情况下比较平坦、光亮,且呈半圆形或半椭圆形。因为裂纹在源区内的扩展速率缓慢,裂纹表面受反复挤压、摩擦次数多,所以其断口较其他两个区更为平坦,比较光亮。在整个断口上与其他两个区相比,疲劳裂纹源区所占的面积最小。

疲劳扩展区是疲劳裂纹形成后裂纹慢速扩展形成的区域,该区是判断疲劳断裂的最重要特征区域,它是以疲劳源区为中心,与裂纹扩展方向相垂直的呈半圆形或扇形的弧形线,又称疲劳弧线。疲劳弧线是裂纹扩展过程中,其顶端的应力大小或状态发生变化时,在断裂面上留下的塑性变形的痕迹。

瞬断区的断口比疲劳区粗糙,呈现出粗糙的表面特征,对于脆性材料,瞬断区呈现为结晶状断口;而对于韧性材料,则表现为放射状或人字纹断口位置,瞬断区通常位于疲劳源的对侧,是裂纹最后失稳快速扩展所形成的区域瞬断区的形成过程与材料的力学性质密切相关。

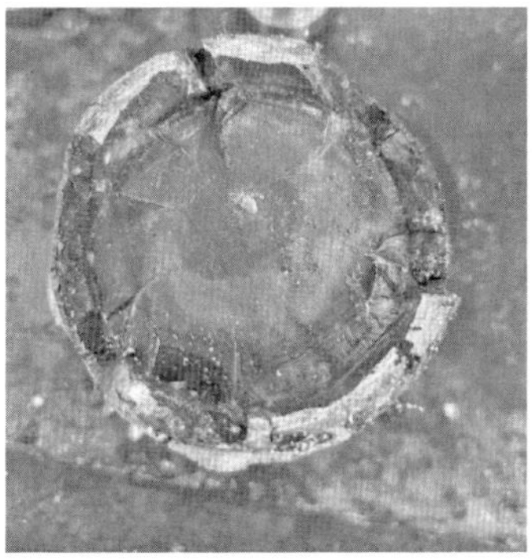

图3 模板支撑断口

3.2 受力分析

螺杆轴由轴承箱(两个支点)和模板上的滑动轴承支承,由于运行中,筒体内充满物料,螺杆轴也相当于受到一个滑动轴承支承,减少螺套与衬套磨损,所以螺杆轴受外力可以简化,如图4所示。

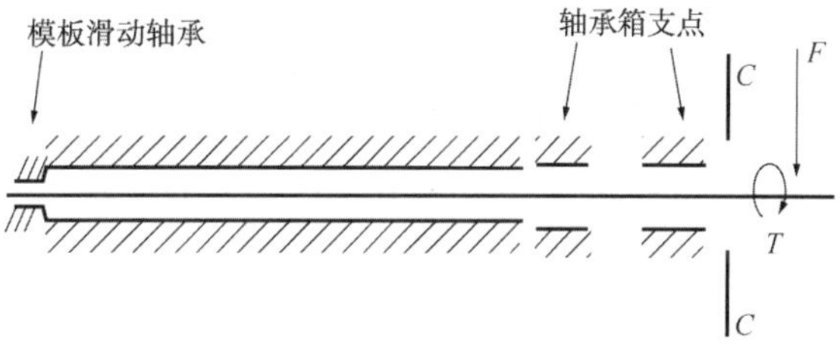

图4 螺杆受力简图

支撑轴强度计算:

根据圆截面扭转切应力公式:

$$\tau=\frac{Mn}{I\rho}P$$

式中,Mn 为横截面上的扭矩;P 为应力点到圆心的距离(支撑轴半径);$I\rho$ 为截面对圆心的极惯性矩,纯几何量,无物理意义。

实心圆截面的极惯性矩公式:

$$I\rho=\frac{\pi D^4}{32}$$

式中,D 为轴直径;

设模板支撑轴的扭转切应力为:$\tau1$

设模板支撑轴的极惯性矩为:$I\rho1$

$$I\rho1=\frac{\pi D^4}{32}=\frac{\pi 72^4}{32}$$

支撑轴的扭转切应力:

$$\tau1=\frac{Mn1}{I\rho1}P1=\frac{Mn1\times10^6\cdot\text{N}\cdot\text{mm}}{2637\times10^3\text{mm}^4}\times36\text{mm}$$

$$=13.65\times Mn1\text{MPa}$$

由上式可知,横截面上的扭矩 $Mn1$ 越大,模板支撑受到扭转切应力越大。

挤压机螺套与衬套初始单边间隙为1mm,模板支撑与模板滑动轴承初始单边检修也为1mm,模板支撑磨损严重或断裂时,螺套与衬套单边间隙已达到3~4mm,螺杆轴对胶粒的推进衬筒内压力增大且不均匀或产生气旋使螺杆轴受到径向力的作用而产生弹性变形。螺杆轴的弹性变形使得模板支撑在模板滑动内相对转动时,横截面上的扭矩 Mn 增加,使得支撑轴扭转切应力增大,支撑轴长期受到该力的作用造成疲劳断裂。

3.3 螺套、衬套磨损分析

3.3.1 牌号转换多

因装置转型,SBS装置S704线生产牌号转换频繁,2024年已生产YH792E、YH813、YH803、YH815E、YH791H、YH1801H等牌号,

在牌号转换过程中，产量不平稳，螺槽内物料填充不够，物料没有压实，失去支承螺杆轴的作用；再加上螺杆轴自重造成偏心(下垂)，因此螺杆轴工作时，螺杆轴在筒体间作偏心运动，从而造成螺套的螺棱与筒体接触形成相对磨损。

通过对磨损机理、螺杆轴结构特性和工况分析，得出螺杆轴的螺套初期磨损为粘附磨损；随着磨损加剧，堆焊在螺套上的硬质合金层磨损完，金属母材继续磨损，此时的磨损为磨料磨损，导致螺杆径向摆动大，螺套与衬套直接接触，导致磨损过快。

3.3.2　衬套导流槽对螺套磨损影响

查阅相关文献，得到4种不同沟槽深度、深度对螺杆输送物料速度影响，表明了随着沟槽深度、宽度的增加，沟槽截面容积增加，衬套内表面摩擦系数增大，根据固体输送理论可知，衬套内表面摩擦系数越大，物料的输送速度越快，导致螺槽内物料填充不够，对螺杆轴的支撑作用不够，加快磨损。

导流槽棱角未处理(图5)，比较锋利，螺杆轴在旋转过程中，导流槽棱角与螺套的螺棱之间产生相对运动，将螺套上的材料剥离下来，形成类似切屑的过程，加速螺套磨损。

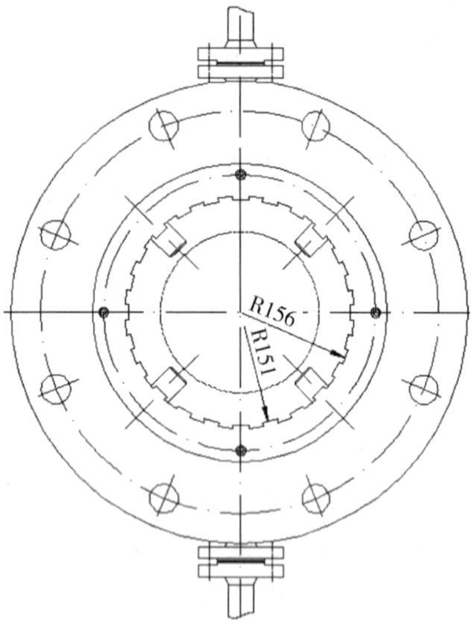

图5　有导流槽衬套

4　改进措施

4.1　更换磨损件

更换螺套与衬套，确保螺套与衬套间隙，防止螺杆轴运行过程中径向摆动大，加速设备磨损。模板支撑改为与膨胀机模板支撑尺寸相同，直径增加至92mm，增加支撑强度，模板配套更换，将滑动内径增加至94mm。模板支撑材质为2Cr13，材质不是抗拉强度最好的轴用材质，但使用其它材质易将螺杆轴与支撑轴相连接的螺纹损坏，还有物料具有一定的腐蚀性2Cr13材质的抗腐蚀性比其它抗拉强度大的材质要好很多。基于上诉因素材质无法更换。

Φ92支撑轴的扭转切应力：

$$\tau 2=\frac{Mn2}{I\rho 2}P2=\frac{Mn2\times10^6\ \cdot \mathrm{N}\cdot \mathrm{mm}}{7030\times10^3\mathrm{mm}^4}\times46\mathrm{mm}$$

$$=6.54\times Mn2\ \mathrm{MPa}$$

在扭转切应力 τ 相同时即：$\tau1=\tau2$

$$6.54\times Mn2=13.65\times Mn1$$

$$Mn2=13.65/6.54\times Mn1$$

$$Mn2\approx2.08\times Mn1$$

也就是Φ92支撑轴扭矩是Φ72支撑轴扭矩的2.08倍。

4.2　优化衬套结构

更换滑内衬套后(图6)，摩擦力降低，物料输送速率变缓，胶料能够在筒体够充分填满、压实，提高对螺杆支撑效果，使螺杆所受的径向、轴向力波动减小，弹性变形也随之可以减小，减缓螺套与衬套磨损，模板支撑径向方向受到切应力也相应的降低。增加模板支撑轴使用周期。

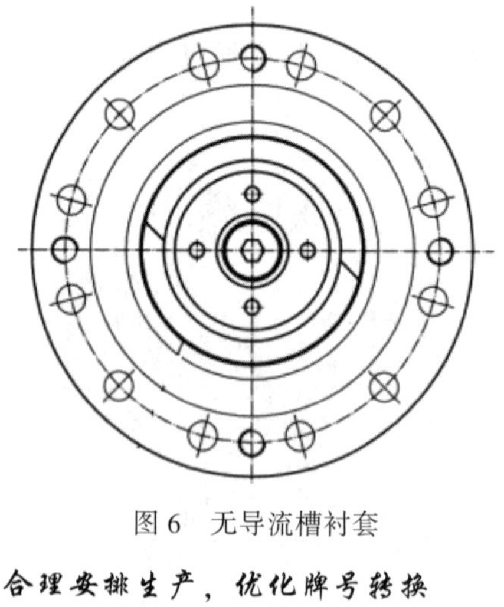

图6　无导流槽衬套

4.3　合理安排生产，优化牌号转换

在转换牌号时不倒料，胶液罐零位后，根据喷胶流量情况，喷胶时长小于半小时，换罐喷胶，使凝聚釜胶粒密度符合要求，确保后处理进料量，保证后处理洗胶罐胶粒密度，从而降低因牌号转换过程中产量低造成挤压机配件磨损。

5 改进效果

挤压机直筒体衬套采用光滑内壁，模板支撑轴径增加至92mm后，配套更换模板，优化牌号转换后，挤压机已运行7个月，挤压机运行参数满足生产要求，螺套、衬套无明显磨损，模板支撑磨损速率明显下降，未出现模板支撑断裂现象。挤压机生产情况如表2示。

表2 挤压机生产牌号统计

序号	牌号	电流/A	模压/MPa	模温/℃
1	YH791E	24~26	2.5~4	118~125
2	YH792E	35~39	3~5	125~130
3	YH813E	34~38	3~5	118~125
4	YH815E	28~32	2~4	115~120

6 结论

（1）挤压机运行中发生模板支撑断裂，采用宏观观察与分析、受力分析分析方法进行了探究。最终确认其原因为模板支撑持续受径向力作用，导致模板支撑疲劳断裂。

（2）将衬筒内壁的沟槽取消改成光滑内壁，模板支撑轴径增加，优化牌号转换后解决了模板支撑断裂问题。

参 考 文 献

[1] 吕炜帅，刘红彬．挤出机喂料段动态流场分析[J]. 轮胎工业，2015.
[2] 李成宇，吕晓龙，吕柏源，汤岷．单螺杆挤出机喂料段螺旋沟槽衬套的流场分析[J]. 橡塑技术与装备，2024.
[3] 朱复华．挤出理论及应用[M]. 北京：中国轻工业出版社，2001.

电机拍振现象的识别和处理

葛学刚　王卫军

（中国石油乌鲁木齐石化分司机电仪运维中心）

摘　要　拍振是由两个频率非常接近的激振力叠加在一起造成的，拍振不一定要处理，但两个本来不超标的振动产生拍振时，振动峰值叠加，如果超标会对设备造成损坏，具有很大的破坏性。

关键词　拍振；最大分析频率 F_{max}；线数 *LOR*

拍振直观的表现是振动偏高，很容易与其它振动故障混淆，特别是不平衡或共振，故障类型弄错了，造成重复检修，甚至会造成设备损坏。

1　什么是拍振

拍振是由两个频率非常接近的激振力叠加在一起造成的，由于频率接近，周期也接近，每过一个周期两个信号的相对相位就会有一点变化，接近同相的时候两个信号叠加，幅值变大，接近反相的时候两个信号相互抵消，幅值变小，造成波形总幅值的周期性波动，一强一弱变化就是一次拍。这两个频率到底有多接近才会发生拍振，一般认为频率差与原始频率比值≤10%会发生拍振，当然，这个10%不是一个明确的界限，它是一个渐变的过程。

举个例子，$f_1 = 100\text{Hz}$，$f_2 = 104\text{Hz}$，幅值都是5（图1）。频差计算公式如下：

$$f_\Delta = f_2 - f_1 = 104 - 100 = 4\text{Hz}$$

$4/100 = 4\% < 10\%$，这两个频率叠加在一起产生了拍振，拍振的总振幅上下波动，波动的周期为频差，拍振的最大幅值为10，最小幅值为0（图2）。

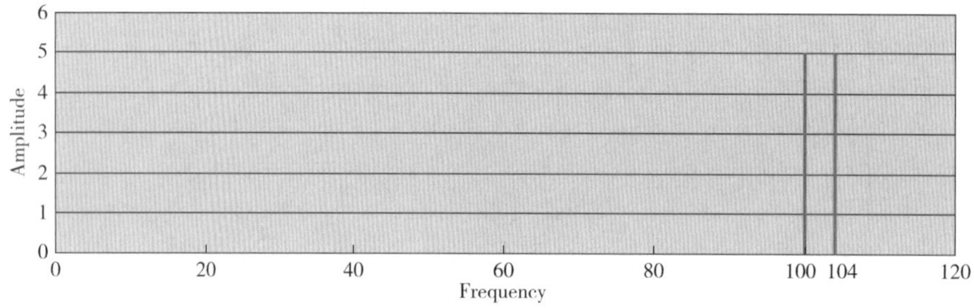

图1　频谱图

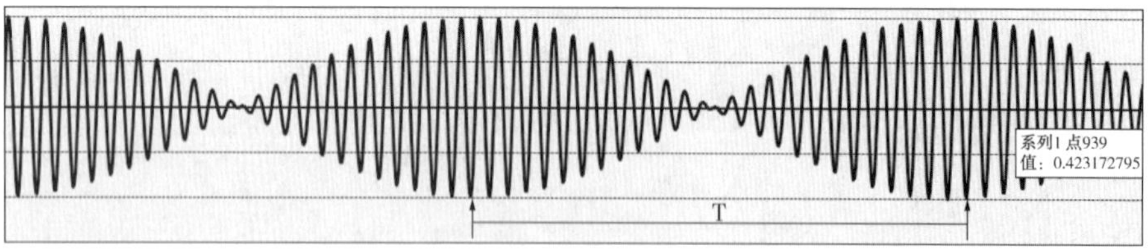

图2　时域图

2　拍振的特征

拍振在炼化装置动设备中很常见，它有几个典型的特征，通过对特征的分析、判断，来确定动设备振动偏高是否是拍振引起的。

1）拍振总幅值呈现周期性的波动，波动的周期公式如下：

$$T = \frac{1}{f_\Delta}$$

因频差很小，其波动周期相应的较长，依靠听觉或触觉，可感知振动的波动。共振或不平衡时，其波动的总幅值不会明显波动。例如一台交流异步电机产生拍振时，当两个频率相近的声波叠加，由于人耳听到的声音取决于声波的幅值，因此，当出现拍现象时，人耳听到的声音在幅值上会出现周期性的强弱变化，可听见周期性的“嗡嗡”声，凭借“嗡嗡”声的间隔，可大致估算波动周期。

2）拍振是两个频率非常接近的激振力叠加而成。任意两个激振力频率接近，且两个振动会传递到一起产生叠加，就会发生拍振。例如驱动、从动皮带轮直径差较小，变速箱输入输出轴速差较小，驱动轴和从动轴的转频差很小，较小的频差叠加在一起，就会发生拍振。这种频差较小的变速机构应用较少，不在本文中重点讨论。

炼化设备中应用较多的是两级交流异步电机。该类型电机磁极数量是 2，电机转速在 2900～2970r/min 之间，换算成频率为 48.3～49.5Hz，接近电源频率 50Hz。如果电机同时存在定子气隙不均匀和联轴器不对中时，2 倍的电源频率（以下称 2xLF）和 2 倍工频（以下称 2x）频差非常小，会产生拍振。

3）拍振很容易与共振和不平衡混淆。共振是某一频率激发了设备部件的一个固有频率产生的强烈振动，发生共振时，只有一个频率成分，例如大机组升速或降速过程中，当转速接近临界转速时（转速=临界转速±20%），振动明显上升，从频谱图中可见幅值很高的频率只有一个，即临界转速。不平衡也只有一个频率成分，即设备转频，也就是工频。而拍振有两个十分接近的频率。

4）拍振与幅值调制的时域图很像（图 3），单看时域图，分辨不出来到底是拍振还是幅值调制。幅值调制现象是调制信号去控制高频载波的幅度，使之调制信号作线性变化的过程。动设备中最常见的幅值调制是由轴承故障、齿轮故障引起的。以轴承故障为例，如果轴承内圈滚道表面有损伤，滚动体每次经过损伤点，就会产生一个冲击，振动幅值上升，这个冲击的频率就是轴承内圈故障频率 BPFI，滚动体离开损伤点，冲击消失，振动幅值下降。内圈没旋转一圈，振动幅值发生周期性的变化，轴承内圈故障频率被转动频率调制了。动设备的转动频率都是已知的，轴承故障频率（内圈故障频率、外圈故障频率、滚动体故障频率、保持架故障频率）可根据轴承型号和转频计算出来。振动诊断系统中自带了大量的轴承库，只要输入了转频和轴承型号，可自动显示出轴承的故障频率。如果系统自带的轴承库缺少某个型号的轴承，可以访问该品牌轴承的官网或其它应用软件来查询故障频率。

明确了轴承故障频率，在振动速度、加速度频谱图中查找是否存在高幅值的轴承故障频率成分，可判断是拍振还是幅值调制。

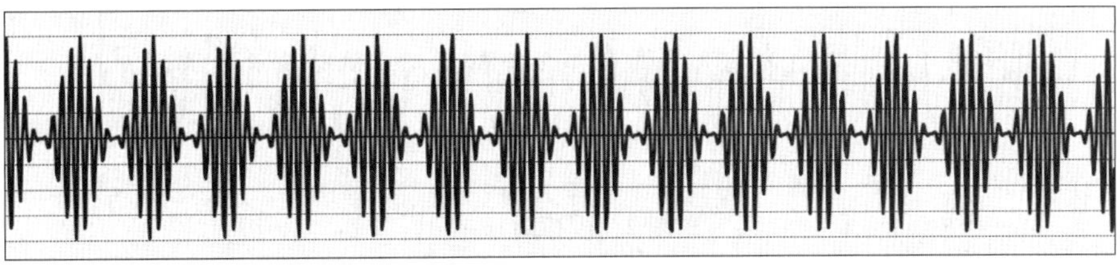

图 3　幅值调制时域图

3　拍振的识别及处理

3.1　*拍振的识别*

以下以某个案例来详细了解拍振的识别。某装置一台单级悬臂式离心泵电机振动速度未超标，但电机有明显周期性的嗡嗡声，使用振动诊断仪采集电机振动数据（图 4），2V 时域图波形总幅值周期性的波动（图 5），波动周期为 $T=955-240=715$ms，换算成频率 $f=1/T=1000/715=1.4$Hz。波动图样很像拍振，但从频谱图中看不见两个非常接近的频率，在 2V 频谱图中明显的频率为 48.75Hz 和 98.125Hz（图 6）。48.75Hz 是工频（电机的实际转速），98.125Hz 是工频的 2x 谐波。这两个频率频差比较大，不符合拍振的频谱特征，利用软件模拟这两个频率的波形，波形与图 4 完全不一样（图 7），这说明还有其它的频率成分。

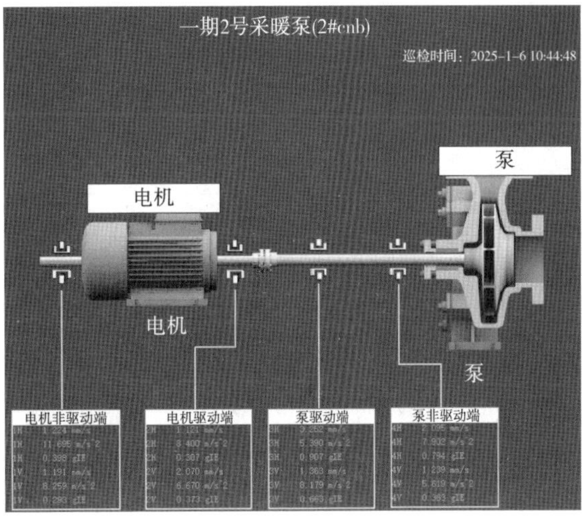

图 4　概貌图

对 2V 频谱图放大，可以看见 98.125Hz 频率旁多了一个 99.375Hz 的频率，这两个频率不是单独的两条谱线，而是分叉了(图 8)，这是振动诊断仪分辨率不足造成的。当时使用的振动诊断仪其理论分辨率最高只能达到 0.625Hz，窗函数为汉宁窗，汉宁窗的加窗因子为 1.5，根据振动理论，带宽、实际分辨率计算公式如下：

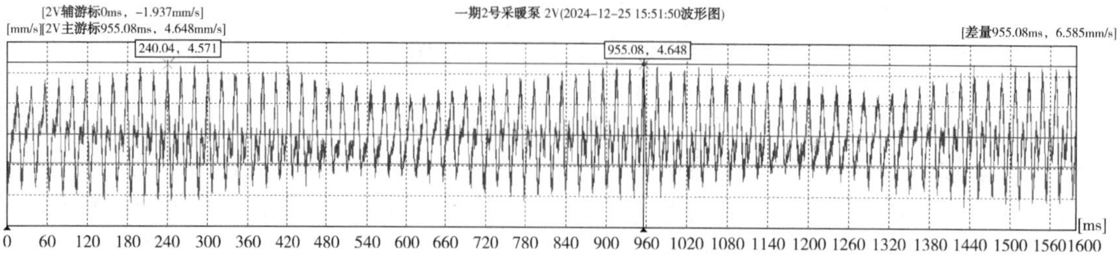

图 5　2V 振动速度时域图

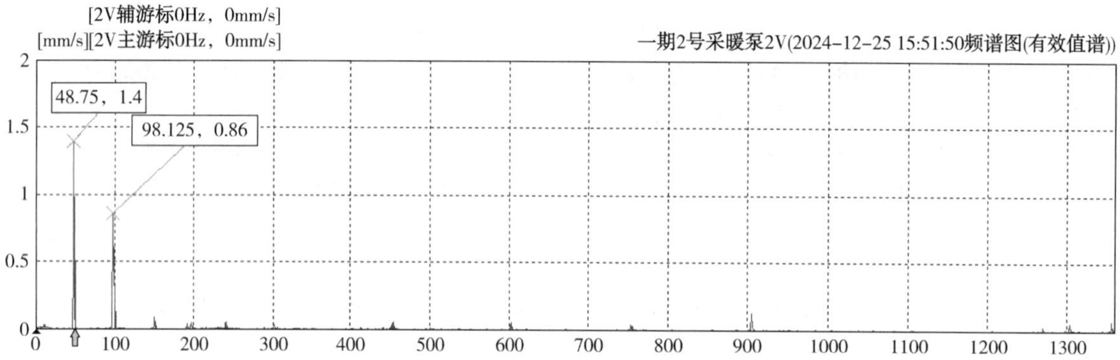

图 6　2V 振动速度频谱图

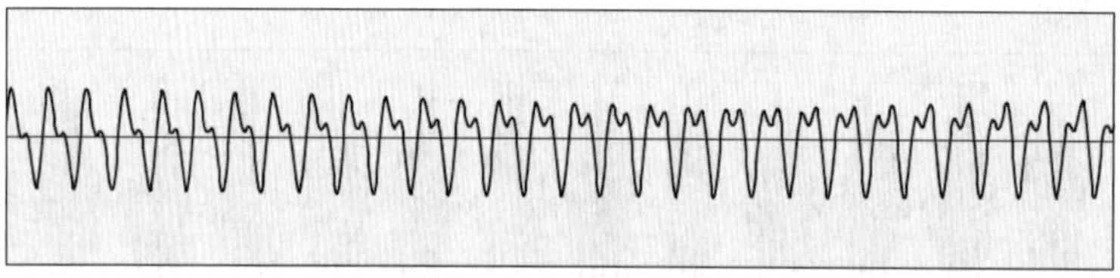

图 7　模拟时域图

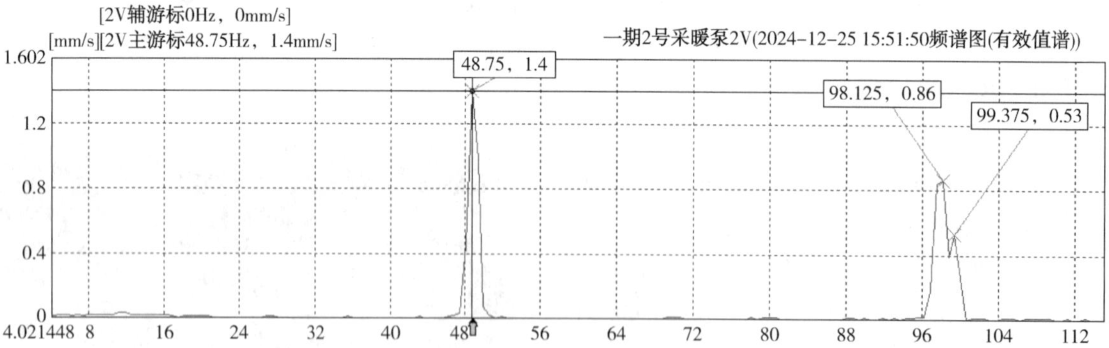

图 8　放大的 2V 振动速度频谱图

$$带宽=\frac{F_{max}}{LOR}\times 加窗因子$$

$$实际分辨率=2\times 带宽$$
$$=0.625\times 1.5\times 2$$
$$=1.874\text{Hz}$$

在频谱中区分开两个频率峰，必须满足间隔频率 SF>实际分辨率的要求，本案例中

$$SF_1=f_\Delta$$
$$=99.375-98.125$$
$$=1.25\text{Hz}$$

$SF_1<1.87$，所以频谱图中不能区分开两个单独的频率峰，出现了分叉。

2024 年年底，配发了新型振动诊断仪，该仪器最高理论分辨率可达 0.3125Hz，实际分辨率计算如下：

$$
\begin{aligned}
\text{实际分辨率} &= 2\times\text{带宽} \\
&= 2\times 0.3125\times 1.5 \\
&= 0.9375\text{Hz}
\end{aligned}
$$

$SF_1>0.9375$Hz，可以分辨出拍振的两条单独谱线，对振动诊断仪采集参数重新设置后，2V 频谱图中可见明显的两条谱线 98.125Hz 和 99.375Hz（图 9）。利用波形模拟软件模拟波形（图 10），对照仪器采集的波形（图 11），可以看出两个波形基本一致。理论上 2xLF = 100Hz，本案例中的 2xLF = 99.375Hz，产生偏差的原因主要是仪器分辨率和加窗造成的误差。

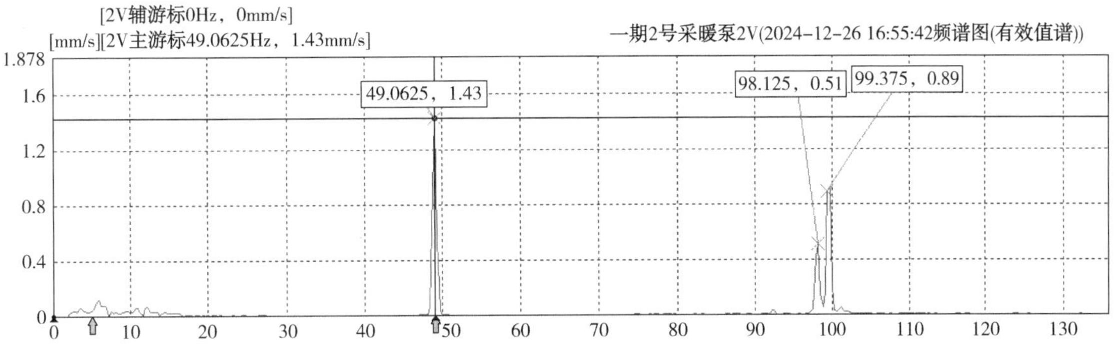

图 9　2V 振动速度频谱图

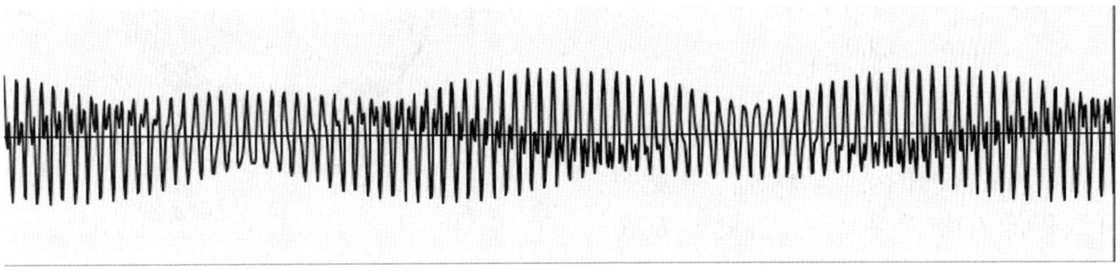

图 10　模拟时域图

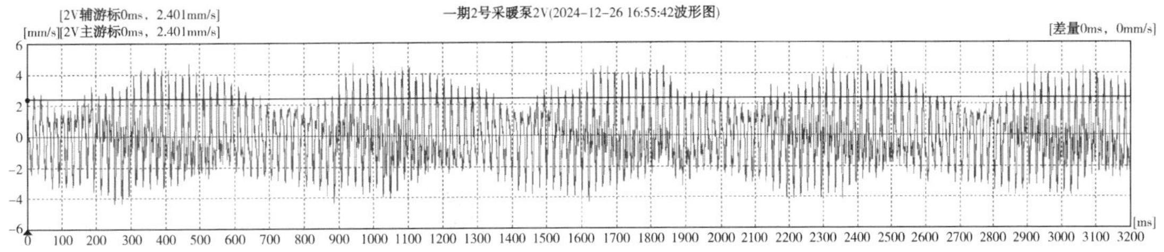

图 11　2V 振动速度时域图

查看 2H、2V 振动速度频谱图（图 12～图 13），可见并没有轴承故障频率，此振动并不是轴承故障引起的，排除幅值调制的可能性。

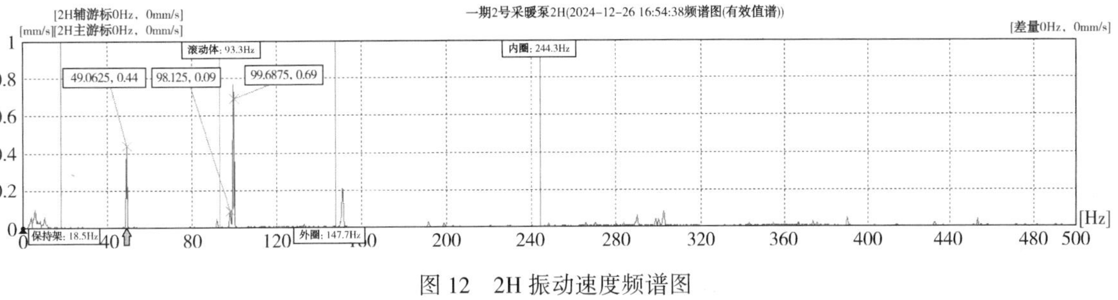

图 12　2H 振动速度频谱图

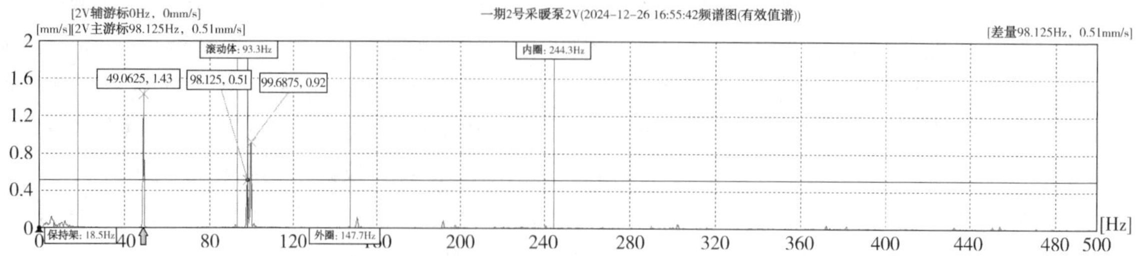

图13　2V振动速度频谱图

复查此泵的联轴器对中情况，发现端面和外径均超出作业卡标准，对中不良导致了2x的产生。

至此，此电机的确产生了拍振，为了进一步验证，对其振动速度有效值实时采集，观察是否有明显的波动。使用振动诊断仪自由采集功能采集电机实时振动速度，会发现振动速度有效值在(2.02±0.2)mm/s内波动，变化很小，不像时域图中总幅值的波动那样。这是什么原因呢？查看仪器自由采集设置，发现分析线数 $LOR=3200$ 线，$F_{max}=2000\text{Hz}$，采样时间 T_s 计算如下：

$$T_s=\frac{LOR}{F_{max}}=\frac{3200}{2000}=1.6\text{s}$$

此案例中波动周期为0.7s，采样时间相对较长，观察不到明显的振动波动现象。缩短采样时间，可以降低 LOR 或提高 F_{max}，设置 $LOR=400$ 线，$F_{max}=5000\text{Hz}$，采样时间 $T_s=0.08\text{s}$，可观察到2V振动在1.8~3.1mm/s之间波动，波动很明显。在进行敲击测试时，为了捕捉到瞬态信号，通常也是采用这种方法。

3.2　拍振的处理

产生拍振的两个激振频率明确了，消减拍振带来的影响，可从消减两个激振力振幅来入手。

我国的交流电频率是50Hz，交流电波形是正弦波，一个周期内有一个波峰、一个波谷，周期变化的交流电产生周期变化的磁场，也就意味着一个周期内磁场变强两次(波峰一次，波谷一次)，于是产生2x电源工频的频率。如果电机定子偏心，定子与转子之间的间隙不均匀(如图14)，会增强这种效应。

电机定子产生偏心原因如下：

1) 电机制造不符合规范。

2) 电机轴承跑外圈，转子下沉，导致转子与定子气隙不均匀。

3) 电机地脚软脚，紧固地脚螺栓时，导致定子变形，造成气隙不均匀。这种情况是最常见的，电机地脚软脚主要是由以下原因导致：

■ 电机地脚变形。

■ 基础台板变形、腐蚀、有高点。

■ 钳工找正时，电机地脚下部未清理干净，未将软脚垫实(图15)。

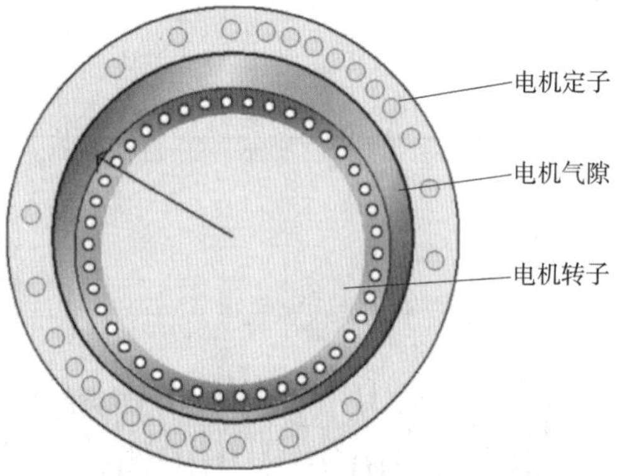

图14　气隙示意图

图15　软脚示意图

2xLF始终会存在，定子偏心会增强这种效应。消减2xLF，必须确保电机定子与转子气隙均匀，确保电机软脚≤0.05mm。

2x频率一般是对中不良导致的，消减2x频率，机泵对中一定要符合作业卡中标准。

设备检修时，发现此电机台板呈现“凸”变形，这种变形不能通过在电机地脚加减垫片的方法来很好的消减软脚，除非对基础台板研磨或更换。同理，电机地脚如果出现曲翘变形，也不能通过调整垫片来很好消除软脚，变形的台板和电机地脚也会影响机泵中心的调整。

4 总结

时域信号通过快速傅里叶变换得到频谱信号，时域是原始信号，所以拍振在时域图中很容易分辨，频谱图中是否能分辨出频率很接近的谱线，诊断仪器必须要有足够的分辨率，当然正确的设置分辨率也很重要。实际情况中，转动设备有很多部件组成，各部件有不同的频率成分，如工频、叶轮通过频率、轴承故障频率、齿轮啮合频率等。图 2 波形是由单纯的拍振形成的，图 9 多了一个 1x 频率成分，波形是由三个主要的频率形成的，造成了图 2 的时域波形与图 9 的时域波形不太一样。

振动分析是一项综合性的技能，既要理解、运用振动理论，也要熟知设备结构、工艺特性，要综合考虑各方面因素，抓住主要因素，针对主要因素采取有效措施。

参 考 文 献

[1] 谭祥军. 从这里学 NVH-噪声、振动、模态分析的入门与进阶[M]. 北京：机械工业出版社，2018. 7：113-118.

[2] 杨国安．旋转机械故障诊断实用技术[M]. 北京：中国石化出版社，2012：36-48.

[3] 杨国安．滚道轴承故障诊断实用技术[M]. 中国石化出版社，2018：42-49.

加氢装置转动设备失效分析与数字化转型实践

刘　伦

（中国石油乌鲁木齐石化公司炼油三部）

摘　要　本文以中国石油乌鲁木齐石化分公司（乌石化）150×10^4t/a蜡油加氢装置为研究对象，系统分析了其转动设备（包括离心式循环氢压缩机、往复式氢气压缩机、机泵等）的典型失效机理，并结合传统监测手段与智能监测系统的融合应用，提出了针对性的监测优化方案。通过引入三轴振动传感器、双端面机械密封、在线状态监测系统及图谱诊断技术，实现了设备运行参数的实时采集、智能预警与远程监控。实际应用表明，智能监测系统显著提升了设备运行安全性，机泵泄漏风险大大降低，压缩机故障停机率下降，同时运维人力成本减少。本文为炼化企业转动设备的数字化转型提供了技术参考与实践经验。

关键词　蜡油加氢；转动设备失效机理；监测方案；数字化转型

150×10^4t/a蜡油加氢装置是乌鲁木齐石化公司炼油升级改造项目重要装置，其通过催化加氢反应将高硫蜡油转化为加氢蜡油，为催化裂化装置提供优质原料。副产品是石脑油、轻烃、柴油、低分气及塔顶气。装置内转动设备（如压缩机、机泵等）的稳定运行直接关系到装置的长周期安全运转与经济效益。然而，传统监测手段以人工点检为主，存在监测频次不足、数据孤立、隐性故障发现滞后等问题，导致设备突发故障频发，维护成本居高不下。

近年来，随着物联网、大数据分析及人工智能技术的快速发展，智能监测系统在工业设备健康管理中的应用日益广泛。乌石化公司于2023年启动数字化转型项目，针对蜡油加氢装置转动设备引入智能监测诊断系统，逐步实现从“被动维修”向“预测性维护”的转变。本文结合装置设备的实际分布，从失效机理分析、监测方案优化及实施效果三方面展开探讨，为同类装置的智能化升级提供参考。

1　设备概述与监测需求

1.1　蜡油加氢装置转动设备组成

乌石化蜡油加氢装置于2013年10月投产，设计年加工能力150×10^4t。装置内主要转动设备包括：

（1）离心式循环氢压缩机：用于维持反应系统氢气循环，设计压力12.5MPa，正常工作转速8000r/min。

（2）往复式氢气压缩机：补充系统氢气消耗，采用四列对称平衡式结构。

（3）机泵类设备：包括离心泵、计量泵、往复泵等，用于介质输送与计量。

（4）辅助设备：如风机、冷却水泵等。

1.2　传统监测手段的局限性

装置投用初期，设备监测主要依赖人工点检与基础数据上传系统（如VM63点检仪及小神探系统）。然而，传统方法存在以下问题：

（1）数据孤立性：各设备参数独立监控，缺乏数据融合分析能力。

（2）人工依赖度高：点检质量受人员技能与工作态度影响，难以发现早期隐性故障。

（3）预判能力不足：关键机械故障（如气阀泄漏、十字头冲击）缺乏有效监测手段，故障诊断依赖经验判断。

（4）成本高昂：频繁点检导致人力投入大，且效果不显著。

2　失效机理分析与监测优化

2.1　机泵类设备失效分析与监测优化

2.1.1　典型失效机理

机械故障：轴承磨损、轴弯曲、转子不平衡导致的振动异常；润滑不良引起的温升；机械密封失效引发的介质泄漏。

密封泄漏：单端面机械密封失效后泵送流体外漏，高危介质威胁装置安全。

2.1.2　监测方案优化

（1）机械状态监测：在机泵轴承位置安装三轴传感器（$X/Y/Z$方向），实时采集振动速度、加速度及温度数据，采样频率10kHz。数据通过网络传输至云端平台，利用快速傅里叶变换(FFT)生成频谱图、包络图及趋势曲线。设定多级预警阈值(如振动速度一级固定高报、二级固定高高报，加速度智能预警，温度一级高报、二级高高报等)，报警信息通过中油即时通信APP推送至运维人员。各测点分布见图1。

图1　机泵测点分布

(2) 密封泄漏防控

对高危介质泵(如分馏塔底泵、硫化氢汽提塔顶泵、柴油泵、胺液泵等)进行密封改造，采用双端面机械密封，并严格按API682密封要求进行配置，对密封系统进行监控。

PLAN53B方案：6台机泵采用带囊式蓄能器的密封冲洗系统，控制隔离流体压力大于密封腔压力，当密封泄漏后，隔离液流向介质侧，导致密封冲洗系统压力下降。压力通过DCS系统实时监控，压力低报阈值设定如表1。

表1　PLAN53B方案压力设定值

机泵位号	密封冲洗方案	密封腔压力	密封冲洗系统压力报警低报
P301A/B	PLAN11+53B	0.25MPa	0.4MPa
P201A/B	PLAN11+53B	0.25MPa	0.4MPa
P206A/B	PLAN23+53B	0.25MPa	0.4MPa

PLAN52方案：16台机泵采用带隔离液罐的密封系统，控制隔离流体压力小于密封腔压力，当密封泄漏后，介质流向隔离液侧，导致密封油罐液位上升、压力上升。密封油罐液位及压力引入DCS，泄漏时触发远程报警。液位高、低报阈值，压力高报阈值设定如表2。

表2　PLAN53B方案压力设定值

机泵位号	密封冲洗方案	密封油罐液位高/低报警	密封冲洗系统压力低报警
P102A/B	PLAN23+52	80%/20%	0.1MPa
P101A/B	PLAN21+52	80%/20%	0.1MPa
P401	PLAN21+52	80%/20%	0.1MPa
P402	PLAN21+52	80%/20%	0.1MPa
P202A/B	PLAN21+52	80%/20%	0.1MPa
P204A/B	PLAN21+52	80%/20%	0.1MPa
P205A/B	PLAN21+52	80%/20%	0.1MPa
P207A/B	PLAN23+52	80%/20%	0.1MPa

2.2 压缩机组失效分析与监测优化

2.2.1 典型失效机理

进液撞缸：工艺气带液导致气缸内液击，引发剧烈振动与部件损坏。

气阀故障：高温工况下气阀弹簧失效或阀片断裂，导致压缩效率下降。

十字头与活塞杆磨损：润滑不良或负荷不均导致十字头瓦磨损，活塞杆偏摆量超限引发气缸拉伤。

2.2.2 监测方案优化

（1）在线状态监测系统优化

新增键相传感器与十字头振动传感器，采集曲轴相位信号与振动加速度。安装气阀温度传感器，实时监测气阀工作温度。活塞杆沉降量监测：采用激光位移传感器，超限时触发报警。

（2）图谱诊断与智能预警

通过时域波形分析识别周期性冲击信号(如十字头冲击频率与曲轴转速关联)。智能预警诊断系统覆盖了趋势、波形、角域、频域等多参数特征；可根据数据稳态变化趋势设置报警逻辑、并设置报警危险等级(常规过线报警+智能1、2、3级)，并实现了报警结果三维可视化展示，显著提升了系统的实际应用效果。建立基于机器学习的故障诊断模型，结合历史数据训练分类算法，提升故障类型识别准确率。

机组测点布局如图2所示。

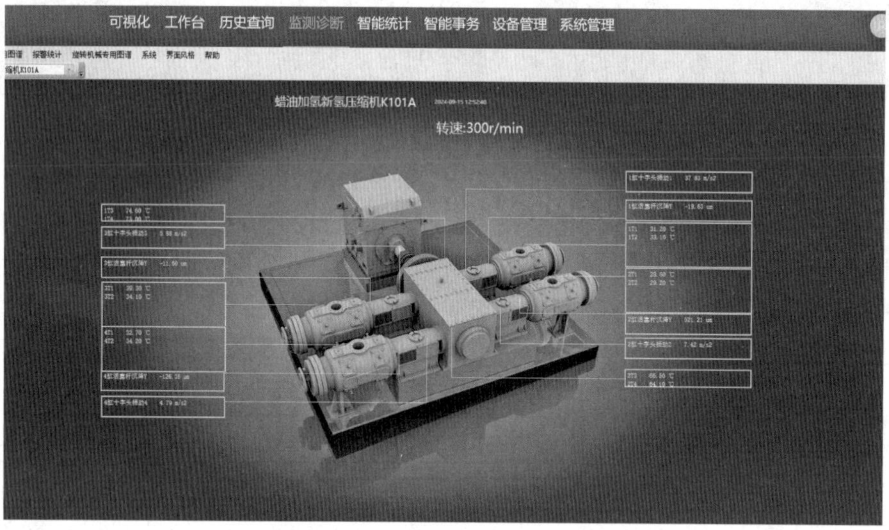

图2　机组测点分布

（3）识别机组故障因素，合理设置监控参数及控制指标。相关主要监控及控制点如表3所示。

表3　机组控制参数及设定依据

项目	单位	控制指标	制定依据
K101压缩机主电机定子温度	℃	<140	电机绝缘等级F级，许用温度155℃，温度过高，绝缘老化加剧，缩短寿命。运行中若温度极具升高，温升加大，说明电机运行故障，冷却量或者负荷过重，导致设备损坏。
K101压缩机轴承温度	℃	<75	轴承温度不得超过80℃。轴承温度超高，说明轴承载荷分布偏离设计工况、发生机械故障或润滑不良。轴瓦材质ZSnSb11Cu6，摩擦系数在有油时为0.005，最高使用温度≤100℃，高温导致烧瓦。
K101一级排气压力	MPa	0~4.5	一级排气缓冲罐设计压力5.0MPa，一级排气安全阀定压值4.51，将出口压力控制到安全阀定压值以下，防止设备超压。
二级排气压力	MPa	4.5~8.75	二级排气缓冲罐设计压力9.73MPa，二级排气安全阀定压值8.8，将出口压力控制到安全阀定压值以下，防止设备超压。 下限：监控下二级、三级气缸做功能力，压力过低，说明二级做功效果差，或者出现泄漏。

续表

项目	单位	控制指标	制定依据
101 润滑油总管压力	MPa	0. 18~0. 45	上限：来源于使用说明书，油压过高，增加油系统泄漏风险，刮油环漏油，油滤芯损坏。 下限：来源于使用说明书，0. 2MPa 报警，0. 15MPa 联锁停机。油压过低，摩擦副间不能形成良好油膜，达不到润滑效果，造成压缩机部件磨损，其次，润滑油量少，带不走摩擦热，轴承及其它部件温度高，烧坏轴承及部件
K101 润滑油冷后温度	℃	10~60	上限：来源于使用说明书，油温高，摩擦副间油膜刚度下降，承载能力降低，加速部件磨损，摩擦热不能很好的带走，造成局部超温，润滑油结焦，加速轴承损坏。 下限：来源于使用说明书，油温低，润滑油粘度高，油膜阻尼系数增大，摩擦热散热不均，轴承分布油膜出现不均，影响轴承使用寿命
K102 润滑油总管压力	MPa	0. 18~0. 35	上限：来源于使用说明书，油压过高，增加油系统泄漏风险，轴承箱进油量大，回油不及，淹瓦。 下限：来源于使用说明书，0. 2MPa 报警，0. 1MPa 联锁停机。油压过低，摩擦副间不能形成良好油膜，达不到润滑效果，造成压缩机部件磨损，其次，润滑油量少，带不走摩擦热，轴承及其它部件温度高，烧坏轴承及部件
K102 润滑油冷后温度	℃	30~60	上限：来源于使用说明书，油温高，摩擦副间油膜刚度下降，承载能力降低，加速部件磨损，摩擦热不能很好的带走，造成局部超温，润滑油结焦，加速轴承损坏。 下限：来源于使用说明书，油温低，润滑油粘度高，油膜阻尼系数增大，摩擦热散热不均，轴承分布油膜出现不均，影响轴承使用寿命。由于粘度高，流动性降低，调速系统容易出现卡死或动作不正常。
K102 汽轮机控制油压力	MPa	0. 1~1. 0	下限：油压过低，汽轮机调速系统故障，调速汽门无法有效开关，影响机组运行。 上限：油压过高，造成油路系统密封面泄漏。
K102 汽轮机速关油压力	MPa	0. 1~1. 0	下限：油压过低，机组危机保护动作，机组异常停机。 上限：油压过高，造成油路系统密封面泄漏。
K102 干气密封泄漏气流量	Nm^3/h	4~30	上限：来源于使用说明书，高报警 $16Nm^3/h$，联锁值 $32Nm^3/h$。流量过高，说明一级密封气泄漏超过允许值，干气密封故障。 下限：来源于使用说明书，干气密封泄露气一部分为二级密封气回气流量，一部分为一级密封气泄漏气流量，二级密封气流量控制在 $3-8Nm^3/h$，如果泄漏气流量过低，说明二级密封气故障。
K102 干气密封泄漏气压力	MPa	<0. 4	上限：来源于使用说明书，泄漏气压力过高，说明一级密封气泄漏超过允许值，干气密封故障
K102 汽轮机排气压力	MPa	0~0. 15	上限:：来源于使用说明书，汽轮机设计排气压力 0. 17MPa 联锁停机，排气压力过高，导致排气温度高，影响汽轮机寿命，同时随着排气压力升高，汽轮机内效率下降，功耗增加。 下限：真空度过低，导致汽轮机空冷及抽气冷凝能耗上升。
K102 干气密封一级密封气流量	Nm^3/h	180~350	下限：流量过低，无法保持密封面形成气膜，造成干气密封磨损。 上限：过高流量导致压缩机功率下降，另一方面导致干气密封流速升高，影响寿命
K102 干气密封隔离氮气压力	MPa	0. 3~1. 0	下限：压力过低，无法起到密封作用，轴承箱润滑油串入二级密封端面，造成密封失效。 上限：压力过高，造成密封面泄漏，同时增加氮气能耗
K102 一级密封气与平衡气压差	MPa	>0. 05	下限：压差过低，主密封气缺少动力源，存在密封流量中断风险，同时压差低，流速降低，密封端面及管路容易沉积杂质，造成密封失效。
K102 压缩机轴位移	mm	-0. 6~+0. 6	下限：来源于说明书，负向位移过大，机组推力轴承存在润滑不良或负荷发生异常变化或其它机械故障，需要及时调整，机组设计轴位移-0. 7mm 联锁停机。 上限：来源于说明书，正向位移过大，机组推力轴承存在润滑不良或负荷发生异常变化或其它机械故障，需要及时调整，机组设计轴位移 0. 7mm 联锁停机。

续表

项目	单位	控制指标	制定依据
K102 压缩机轴振动	μm	<65	上限：来源于说明书，轴振动过大，说明机组运行存在异常，需要结合故障特征调整负荷、转速、油温、油压等参数，过大的振动得不到控制，将加速设备部件的磨损，零件结构的疲劳破坏。机组设计轴振动 88.9μm 联锁停机。
K102 汽轮机轴位移	mm	-0.6~+0.6	下限：来源于说明书，负向位移过大，机组推力轴承存在润滑不良或负荷发生异常变化或其它机械故障，需要及时调整，机组设计轴位移-0.8mm 联锁停机。 上限：来源于说明书，正向位移过大，机组推力轴承存在润滑不良或负荷发生异常变化或其它机械故障，需要及时调整，机组设计轴位移 0.8mm 联锁停机。

3 智能监测系统实施效果

3.1 技术优势分析

（1）实时性与响应效率提升：在线监测数据上传延迟<1s，异常报警响应时间由原来人工点检每日 2 次，提升至实时推送。

（2）多维度数据融合：振动、温度、压力等多参数协同分析，支持复合故障诊断（如拉缸、轴瓦磨损、裂纹等）。

（3）运维成本优化：人工点检频次由每日 2 次降至每周 1 次，每周节约人力成本约 6 个工时。设备检修由定期维修向预知性精准维修转变，维修费用降低。

3.2 技术层面实施推广

（1）在管理、操作层面完成全员培训：对系统数据查看、趋势调取、报警处置进行培训，将平台使用推广至班组层面。

（2）明确班组人员监控职责：班组当班期间保证智能诊断平台处于登录状态，不得离线、不得关闭报警。对监测数据进行实时监控，对平台出现的报警通过现场实测和多参数综合分析，锁定故障原因。

3.3 维护保障措施

仪表可靠性管理：每季度开展红外热成像检测，每月进行现场与中控数据比对（偏差允许范围±15%），确保传感器及监测仪表的真实性。

系统冗余设计：关键传感器采用双冗余配置（如振动传感器主备通道切换时间<10ms），确保监测连续性。

4 结论与展望

通过智能监测系统的应用与多参数数据融合，乌石化蜡油加氢装置转动设备的运行安全性与运维效率显著提升：

（1）安全性提升：机泵泄漏风险降低，压缩机异常事故归零。

（2）经济效益显著：人工点检频次降低，维修成本降低，年节约运维成本超 80 万元。

（3）技术可扩展性：现有系统支持端口数据接入，为全厂设备数字化升级奠定基础。

（4）未来研究方向包括：人工智能深度应用，引入深度学习算法，实现故障图像自动识别。

（5）全生命周期管理：整合设备设计、制造、运行数据，构建数字孪生模型，支持寿命预测与优化检修策略。

（6）行业标准化推广：推动智能监测系统在炼化行业的标准化应用，形成可复制的数字化转型方案。

参考文献

[1] 乌鲁木齐石化公司 150 万吨/年蜡油加氢装置操作规程（2023 版）内部资料，2023.

[2] API 682-2014. 美国石油协会 . 2014

[3] 邢军．一种基于微型压缩机的高压配电柜智能除湿装置设计与应用[J]. 电工技术，2020，(20)：103-104+106.

连续重整装置往复式增压机气阀故障原因分析及对策

毛　锐　唐殿宝

（中国石油乌鲁木齐石化公司芳烃部）

摘　要　重整氢增压机是连续重整主要设备之一，它的稳定运行对装置及用氢下游装置都有重大影响，通过工艺流程分析、介质组分分析、气阀结构分析，解决了重整氢增压机故障率高的问题。

关键词　粉尘；气阀故障；还原氢气过滤器

重整氢增压机 K-202 是某石化 60×10^4t/a 连续重整主要设备之一，它的作用是将重整产物分离罐（D-201）罐顶一部分氢气经过压缩机入口分液罐（D-207）分液后进行两级增压压缩，压缩后的含氢气体与重整产物分离罐底来的并经泵（P-201A/B）升压后的液相重整产物相混合（见图1）。混合物经水冷、氨冷系统等冷凝、冷却后进入再接触罐。从再接触罐分出的气体为重整富氢气体产品，其中一部分作为再生提升氢外，其余大部分经脱氯处理后，一部分作为预加氢补充氢，另外一部分作为产氢出装置。

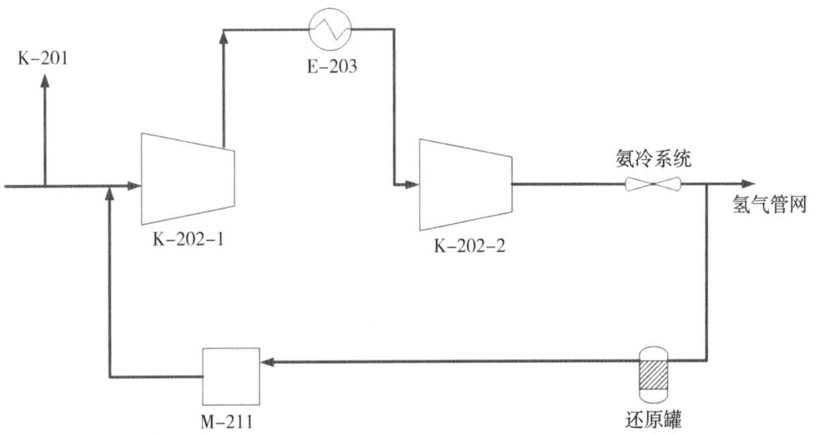

图 1

1　设备资料

K-202A/B/C 系连续重整装置重整氢增压机，机组型号为：14-2HHE-VL2，上海德莱赛兰公司制造，是 H 对置式双级压缩机，机组介质为氢气、轻烃，功率 2200kW、转速为 300r/min，活塞最大行程 355mm，见表 1。

表 1

机型	DRESSER RAND 14-2HHE-VL_ 2	
介质	H_2	
曲轴转速/（r/min）	300	
行程/mm	355.6	
级数	1	2
气缸数量	1	1
单/双作用	双作用	双作用
气缸直径/mm	1028.7	622.3
活塞杆直径/mm	127	127
气缸余隙容积百分比轴/盖侧	13.5%	12.8%
进/排气阀数量	8/8	8/8
进气压力/BarA	3.3~3.5	8.52
排气压力/BarA	8.82	23.58

2　机组运行存在的问题

（1）机组滤网堵塞频繁，机组气阀结焦程度高。根据数据统计，2019 年装置提负荷期间，2 个月运行时间内，机组清滤网的次数达到了 11 次。从检查情况看（表 2），滤网附着较多粉尘，且呈现绿色垢物（图 2），机组气缸内存在黑油泥等结焦物（图 3）。

表 2

切换日期	设备位号	切换原因
2019. 11. 22	K-202A 切 C	A 清滤网
2013. 11. 23	K-202A 切 B	A 清滤网
2013. 11. 30	K-202B 切 A	B 清滤网
2013. 12. 5	A 停机	A 清滤网
2013. 12. 18	K-202B 切 C	B 清滤网
2013. 12. 25	K-202C 切 B	C 清滤网
2014. 1. 9	K-202A 切 C	A 清滤网

图 2　滤网结垢情况

图 3　气缸油泥情况

（2）机组气阀形式为菌状阀，更换多个厂家后气阀故障率较高，根据 2019 年数据统计，三台机组因气阀温度异常问题共检修 10 次，机组切换频次几乎达到 1 个月一次，严重影响装置平稳运行，见图 4。

图 4　受损气阀蘑菇头

3　问题原因分析

（1）对机组一二段入口滤网堵塞的垢物进行分析（图 5、图 6），垢物中 C、Cl、Fe 百分占比较高，得出结论：

① 杂质中碳含量较高（平均含量在 40%），这一现象与重整催化剂碳含量较高相互印证，说明堵塞物中的碳来自催化剂，而堵塞物就是催化剂粉尘。

② 重整催化剂需要通过注硫、注氯等助剂保持催化剂活性，滤网垢物能谱分析中 S、CL 是因为催化剂注 S、CL 助剂产生的产物。垢物能谱分析中的 AL 是催化剂本身的载体，与催化剂磨损有关。

③ 能谱分析中 Fe 含量也比较高（平均在 29.25%），对此反应出在停工期间工艺管线改造更换后，残留在管线内的铁锈，并非日常运行产生的杂物。

（2）通过上述垢物分析，对工艺运行流程与多家企业连续重整装置开展调研，还原氢气是经过催化剂还原反应后，通过高精度滤芯过滤后再重新输送到机组入口，而该机组入口还原氢气线上未设置滤网（图 7），还原氢气直接进入机组，是机组入口过滤器堵塞原因。

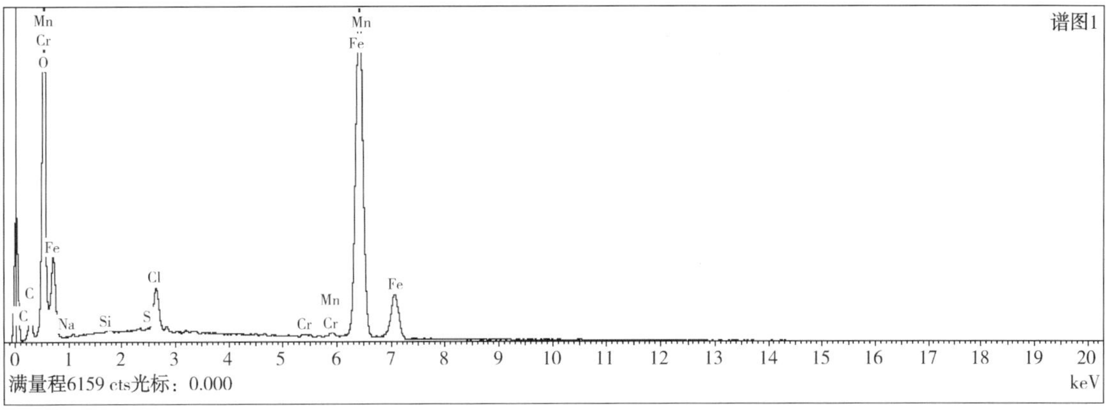

谱图	在状态	C	O	Na	Si	S	Cl	Cr	Mn	Fe	总的
谱图1	是	8.95	35.99	0.36	0.14	0.12	2.19	0.24	0.56	51.45	100.00
谱图2	是	60.02	21.13	0.11	0.17	0.25	4.85	0.20	0.04	13.23	100.00
谱图3	是	9.10	32.22	0.24	0.07	0.00	7.20	0.07	0.24	50.86	100.00
平均	–	26.02	29.78	0.23	0.13	0.12	4.74	0.17	0.28	38.51	100.00
标准偏差	–	29.44	7.72	0.12	0.05	0.13	2.51	0.09	0.27	21.90	–
最大	–	60.02	35.99	0.36	0.17	0.25	7.20	0.24	0.56	51.45	–
最小	–	8.95	21.13	0.11	0.07	0.00	2.19	0.07	0.04	13.23	–

图 5　机组一段入口滤网垢物分析

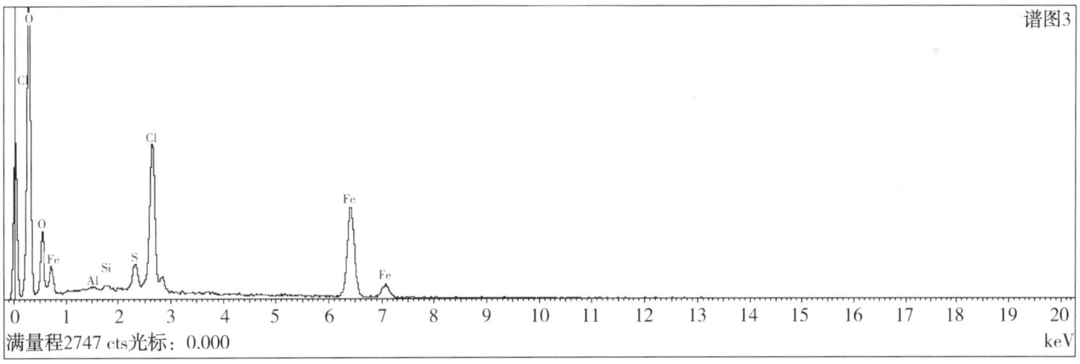

谱图	在状态	C	O	Al	Si	S	Cl	Fe	总的
谱图1	是	28.08	26.59	0.17	0.23	0.26	4.71	39.96	100.00
谱图2	是	28.01	31.47	0.11	0.18	0.08	3.76	36.39	100.00
谱图3	是	63.92	18.39	0.04	0.12	0.84	5.30	11.39	100.00
平均	–	40.00	25.48	0.10	0.18	0.40	4.59	29.25	100.00
标准偏差	–	20.71	6.61	0.07	0.06	0.40	0.78	15.57	–
最大	–	63.92	31.47	0.17	0.23	0.84	5.30	39.96	–
最小	–	28.01	18.39	0.04	0.12	0.08	3.76	11.39	–

图 6　机组二段入口滤网垢物分析

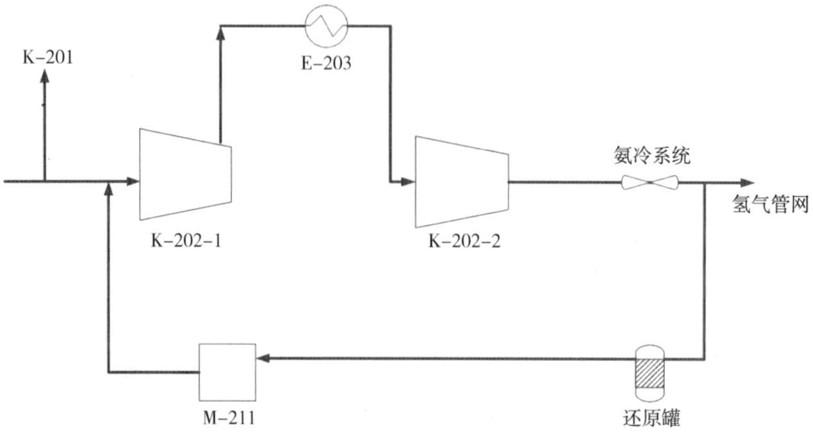

图7　还原氢气过滤器

（3）机组吸排气气阀选用菌状阀，不适用较脏的介质，造成气阀故障率高。因机组入口滤网不可能全部脱除粉尘等杂质，部分杂质进入到气缸后直接作用到机组气阀上，导致气阀面受力不均，造成气阀弹簧失效、蘑菇头受损，最终导致气阀损坏，排气温度异常。

4　机组长周期运行措施

（1）经过设计，在还原氢气工艺流程上增加精度10μm的还原氢气过滤器，配备相应的压差监控，要求压差不得高于12kPa，有效去除催化剂粉尘，提高介质清洁度。

（2）对机组一二段气阀开展提升改造，延长寿命(图8)。一级气阀采用网状型面阀CP气阀，阀片材料采用PowerPEEKTM+碳纤维的非金属材质整体注塑成型，有很高的强度，气阀抗冲击和抗高温方面增强，同时设计上又提高了气阀效率，增加了气阀抗粘滞能力。二级气阀改造，采用新型网状型面阀XP气阀，主要提升阀片运行中抗粘滞性能，降低了阀片运动时受油粘滞干扰而损坏的概率。

图8　新型CP、XP阀

（3）对催化剂比表面积、催化性能开展监控，精准开展助剂注入工作；同时定期开展再生粉尘收集器收粉尘工作，要求粉尘收集器压差不得高于5kPa，降低系统催化剂粉尘对介质的影响。

5　机组长周期运行措施

通过以上分析及措施开展，机组气阀自2021年更换后未再出现故障，同时机组一二段入口过滤网粉尘数量明显减少，机组运行时间大大延长，达到了装置长满优的结果。

参　考　文　献

［1］孙炯明．往复式压缩机技术温度(第2版)［M］．北京：中国石化出版社，2005.
［2］郝先荣，郭智慧，屈永建．影响连续重整催化剂循环的因素及优化措施［J］．山东化工，2016，45(21)：117-119.

压缩机呼气阀溢油问题剖析与解决方案

李　平　潘　强

（中国石油克拉玛依石化公司）

摘　要　本研究深入剖析压缩机呼气阀，全面探讨该呼气阀溢油问题所呈现的现象及其产生的影响。通过结合实际出现的溢油问题，深入分析背后的成因，在此基础上提出具有针对性的呼吸阀溢油问题改进方案。旨在进一步确保压缩机呼气阀运行的稳定性，保障压缩机正常运行，有效延长压缩机的使用寿命，为工业生产的持续稳定开展提供有力支撑。

关键词　压缩机顶；呼气阀；溢油问题

1　引言

呼吸阀作为一种在工业领域广泛应用的用于控制气体或液体流动的关键装置，其工作原理是通过精确调节阀门的开启和关闭动作，实现对流体进出的有效管控，以此维持系统内部的压力平衡。在压缩机系统中，压缩机呼气阀扮演着举足轻重的角色，是确保压缩机安全稳定运行的核心要素。该呼气阀能够精准控制压缩机内的空气进出量，有效稳定压缩机曲轴箱的压力状态，进而保障整个系统的稳定运行。

然而，从大量压缩机的实际运行情况来看，压缩机呼气阀溢油问题频繁出现，这给设备的正常运行带来了严重阻碍。经研究分析发现，造成这一问题的主要原因是压缩机呼气阀密封性欠佳等。此类问题不仅影响压缩机的正常运行，长期发展还可能导致压缩机关键部件受损，大幅缩短设备的使用寿命，增加企业的设备维护成本和生产运营风险。

因此，为切实保障压缩机的正常性能，确保工业生产的顺利进行，深入剖析呼吸阀溢油问题并采取有效解决方案迫在眉睫。这需要对呼气阀进行全方位改造，包括合理更换零部件、优化改造呼气阀的内部结构等。通过科学合理地选型呼气阀，为压缩机的安全稳定运行筑牢坚实基础，从根本上解决呼气阀溢油问题。

2　压缩机呼气阀概述

压缩机呼气阀主要由阀体、滤网、阀座等关键部件组成。其工作机制是通过对压缩机内部压力状态的控制，实现压缩机内部压力的动态平衡，从而确保压缩机能够在稳定的压力环境下正常运行。以直通式呼吸阀为例，其连接管道始终保持畅通无阻，这一设计特点使得它能够有效维持压缩机机体内部压力的平稳状态，避免因压力过高或过低对压缩机造成不可逆的损害。结构见图 1。

图 1　压缩机呼气阀

3　呼气阀溢油问题的现象与影响

在压缩机运行过程中，压缩机呼吸阀溢油是指顶部的呼吸阀出现油液溢出的异常现象。这一问题的出现不仅会干扰压缩机的正常运行秩序，严重时甚至可能引发更为严重的压缩机安全故障，给生产带来巨大损失。

本次研究涉及改造的压缩机呼气阀为直通式圆柱体结构。经实际观察与分析发现，该结构内部缺乏必要的阻挡或缓冲结构，这使得在压缩机运行时，容易产生较大幅度的压力波动。而频繁的压力波动正是导致溢油现象频繁发生的重要诱因之一。溢油问题的产生会进一步致使压缩机运行温度急剧升高，长期处于高温运行状态下的设备，其使用寿命将受到严重威胁。

一旦压缩机的呼气阀发生溢油现象，压缩机将被迫在缺油的恶劣工况下运行。这会导致压缩机内部各运动部件之间的润滑效果大打折扣，加剧部件之间的磨损程度。随着磨损的不断加剧，压缩能耗也会相应增加，设备的整体性能逐渐下降，最终导致设备使用寿命大幅缩短。

此外，长期的溢油现象还会对周边环境造成严重污染。油气混合物未经有效处理直接排放到大气中，不仅会破坏空气质量，还可能对周边的生态环境产生负面影响，不利于工业生产的可持续发展，阻碍了绿色环保生产理念的贯彻与落实。(图2)

图2　直通式圆柱体呼气阀改造前

4　呼气阀溢油问题成因分析

通过对压缩机呼吸阀溢油问题进行长期细致的观察与深入研究，发现导致该问题产生的因素是多方面的。

首先，直通结构的呼气阀虽然设计简单，具有进排气气流通道直接相连、气体流动路径短且阻力小等特点，但在处理含有油气的介质时，却暴露出明显的缺陷。由于其无法有效分离油气，导致油气混合物直接排出，大大增加了溢油的风险，容易出现油气直排大气的不良现象，进而引发呼气阀溢油问题。

其次，呼吸阀的密封性对溢油问题有着重要影响。在实际观察中发现，当呼吸阀的密封圈出现老化、磨损或安装不当时，会导致密封性能严重下降。此时，压缩机内部压力无法得到有效平衡，油液就会在压力差的作用下通过呼吸阀溢出，成为溢油问题的又一重要成因。

除此之外，在正压环境下，压缩机的曲轴箱会受到温度变化的显著影响。部分油雾会在温度作用下进入呼气阀，当温度降低时，油雾会在呼气阀内迅速凝结，这不仅可能造成呼气阀滤网堵塞，还会进一步破坏呼气阀的正常工作状态，最终导致溢油问题的产生。

5　呼气阀溢油问题的改进措施

通过对呼气阀密封原理的深入剖析，明确了呼气阀溢油量与密封性等因素之间存在着紧密的内在联系。鉴于直通式结构存在的缺陷是造成溢油问题的关键因素之一，本次改造决定采用增加折流板的创新方式，对呼气阀的内部结构进行全面优化，从根本上解决溢油问题。

5.1　优化呼气阀的内部结构

为显著提升压缩机的运行稳定性，本次改造基于对压缩机呼气阀运行原理的深度理解，精心制定了科学合理的改造方案。具体而言，在顶呼气阀内部增设三个折流板。这三个折流板的间距精确设定为15mm，且对称折流板的倾斜度为15度，它们均匀分布在圆柱体的内部空间，共同形成三道坚固的阻挡层。这三道阻挡层能够有效减缓油气的流动速度，极大地减少压力波动，从而显著降低溢油的风险。

同时，在每个折流板上精心设计了12处立柱，这些立柱按照品字排列，间隔为10mm，立柱规格mm：3×3×9。这种独特的设计能够大幅增大油气接触面积，从而起到高效的过滤作用。对称折流板不仅能够改变气流方向，还能有效增加气流与油分的接触时间，进而显著提高油气分离效率。而 15 度的倾斜度则能够起到液相导流的良好效果，使油液能够更加顺畅地流动。12 处按品字排列的立柱均匀分布在折流板表面，最大限度地增加了油气混合物与立柱的接触机会，进一步提高了过滤效果。

值得注意的是，折流板上 12 处立柱的分布密度需要经过精心设计，既不能过于密集，也不能过于稀疏。过于密集的立柱容易阻碍油气的正常流动，导致压力急剧增大，反而增加溢油的可能性；而过于稀疏的立柱则无法充分发挥其换热作用，无法有效降低呼吸阀呼出的油气温度。通过这种借助折流板对呼气阀内部结构的精心改造，不仅增强了呼气阀的换热效率，能够迅速将油气中的油品冷凝下来，还能有效降低压缩机的运行温度，延长设备的使用寿命，确保压缩机内部油气的顺畅流动，实现对内部空间的高效利用进行换热。具体改造方案图见图 3，改造后的实物效果图见图 4。

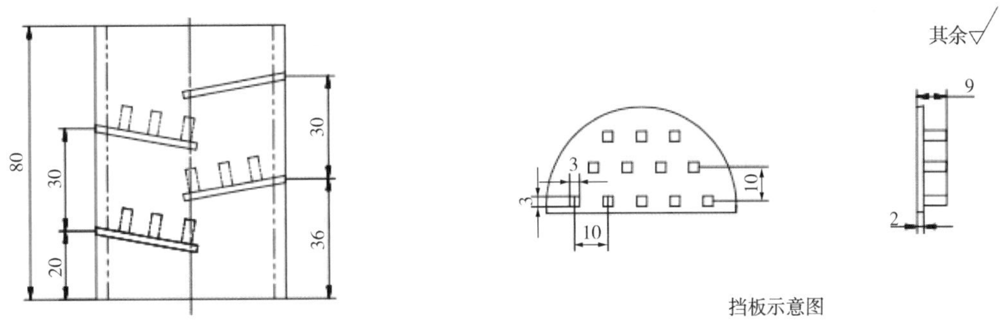

挡板示意图

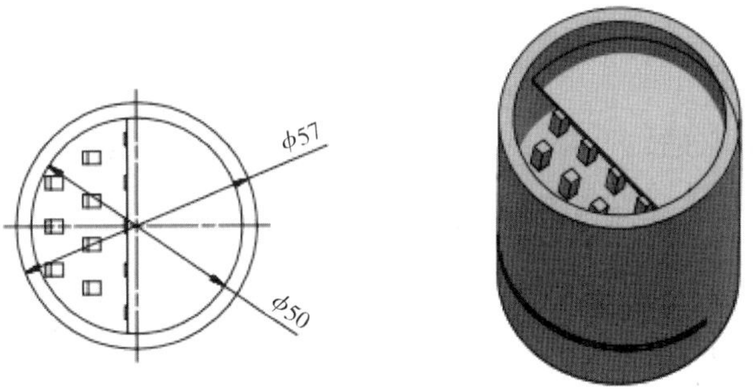

图 3　改造方案图

图 4　改造方案实物图

5.2　定期检查维护呼气阀

为确保呼气阀始终保持良好的性能状态，除了对其结构进行优化改造外，还需要建立完善的定期维护与检查机制。定期对呼气阀进行全面细致的维护与检查，能够及时发现并解决潜在的问题，确保呼气阀的密封性能始终处于良好状态，有效避免溢油等问题的再次发生。

在维护过程中，需要定期对呼气阀的性能进

行严格检验，仔细检查呼吸阀是否存在堵塞、粘结等异常情况。一旦在检查中发现呼吸阀零部件出现损坏，必须立即对呼气阀的密封件和滤芯进行详细检查与修复，及时更换老化或损坏的密封圈等关键零部件，确保其与座圈紧密贴合，恢复良好的密封性能。

此外，在维护保养过程中，还需要及时根据实际运行情况调整压缩机的工作参数，如油压和油温等。通过精准调控这些参数，能够有效消除油压过高和过热等问题，避免因参数异常引发溢油问题。同时，定期进行润滑油检测和过滤工作也至关重要，这能够有效防止污染物进入润滑系统，影响润滑效果，确保压缩机始终处于良好的润滑状态，保障设备的正常运行。

6　压缩机呼气阀改造效果分析

经过精心改造后的压缩机呼气阀，其内部结构得到了显著优化与完善，这为减少溢油问题的发生提供了有力保障，同时也有效提升了换热效率。

为了科学、准确地验证本次呼气阀改造的实际效果，在呼气阀运行过程中，采用了先进的排放物检测仪器(油气含量检测仪)对排放物中的油分含量进行实时监测，并详细记录相关数据。通过对改造前和改造后呼气阀排放物中油气含量的对比分析发现，未改进的呼气阀排放物中油气含量高达10.9%，而改进后呼气阀排放物中油气含量大幅降低至1.5%，减排效果十分显著。

在压缩机长期运行过程中，经过持续观察，未发现压缩机呼气阀有溢油迹象。实验结果充分表明，本次设计的压缩机呼气阀改造方案成效显著，不仅大幅降低了排放物中的油分含量，成功解决了溢油问题，还显著提高了压缩机运行的稳定性。

通过增加折流板，油气在通过顶呼气阀时的流动速度得到了有效控制，压力波动明显减小，使得溢油现象得到了根本性改善。这不仅大大减少了压缩机曲轴箱的加油频次，降低了设备的维护成本，还通过折流板上12处立柱的独特结构设计，增加了油气与折流板之间的接触面积，充分利用内部空间进行换热，使得换热效率大幅提升。压缩机的运行温度得到了有效控制，设备的使用寿命得以延长，整体运行效率也得到了显著提高。具体见图5：改造后压缩机运行的验证。

图5　改造后压缩机运行的验证

7　结论

综上所述，压缩机呼气阀溢油问题对压缩机的正常运行产生了诸多不利影响。为有效解决这一问题，本研究通过对压缩机呼气阀溢油现象的全面、深入分析，详细阐述了导致溢油产生的主要原因，并在此基础上成功落实了对压缩机呼气阀的优化改造方案。

在改造方案中，创新性地借助折流板优化呼气阀的内部结构，通过合理设计折流板和立柱的参数，进一步增大了油气接触面积。改造后的呼气阀在实际运行中表现出色，排放物中油气含量明显降低，从根本上解决了溢油问题，为压缩机的安全稳定运行提供了可靠保障，具有重要的工程应用价值和实际推广意义。

参考文献

[1] 汪健．往复压缩机氮气阀改造在加氢裂化装置上的应用[J]．压缩机技术，2024，(02)：50-52.

[2] 冯源，刘添．浅谈油库扩建后原配呼吸阀存在的安全隐患[J]．中国石油和化工标准与质量，2023，43(24)：10-11+14.

[3] 白海涛，王小俊，李崇军．呼吸阀改造实践与维护思路[J]．山东化工，2019，48(02)：132-133+139.

[4] 马文礼，谢翼南，王艳芝，等．加氢装置往复压缩机气阀的优化设计及改造[J]．压缩机技术，2022，(05)：62-64.

[5] 田相伟，姜世庆．进口往复式压缩机气阀组件故障原因分析及国产化改造[J]．石化技术，2022，29(04)：224-225.

[6] 胡斌．活塞式压缩机气阀故障原因分析及改造方案[J]．安徽化工，2021，47(03)：97-100.

常压顶循油泵振动分析与治理

王　超　王　建　刘　刚　刘衷铭　屈永强

（中国石油长庆石化分公司）

摘　要　某石化公司常减压装置常压顶循油泵设备型号为ZE250-5560，选用OH-2型卧式悬臂泵为端进、顶出，单级径向剖分，采用中心线支撑的流程泵，运行过程中振动超标，最大振动值超过7.5mm/s，达到D区运行区间。针对该设备的振动问题开展研究，依据设备数据表、状态监测频谱分析和日常运行监控情况通过五个方面对其进行振动分析，一是对轴承箱底部增加刚性支撑，提高垂直方向设备刚性强度；二是依据扬程不变降低流量对叶轮直径进行切割，通过流量偏离治理降低设备振动；三是对转子进行动平衡测试，消除动不平衡量来降低设备振动；四是通过核算装置有效汽蚀余量NPSHa，比对机泵必须汽蚀余量NPSHc，是否满足API610的设计规范要求，即NPSHa>[NPSH]；五是对比转速和汽蚀比转速进行计算，核算该泵是否满足API610中关于离心泵设计的要求。通过以上五个方面的分析与治理，结论表明导致机泵振动大的根本原因为汽蚀影响。

关键词　振动；设备刚度；流量偏离；转子动平衡；汽蚀；比转速；汽蚀比速

机泵作为石油化工装置中的一个重要动力设备，其工作的稳定性对能源的生产活动意义重大，在所有故障情况中，机泵的振动是一种比较常见、比较典型的故障方式。本文结合某炼化企业常减压装置常顶循油泵振动超标案例，通过现场数据收集，查找造成机体振动超标的根原因，提出解决问题的方法，消除机泵运行过程中可能造成轴承损坏、机械密封泄漏等故障的潜在风险，确保常减压装置安全平稳运行。

随着科技的发展，得益于材料领域的高速发展，材质质量的提升，机泵轴承箱的支撑形式发生了较大改变，从OH-1型逐渐发展为OH-2型，无支撑形式已完全满足设备在高速运转状态下的性能要求。从资料显示来看，转子刚度特性的研究有建立数学模型，采用有限元分析方法对基本模型进行分析，有采用初参数法，对转子刚度和支承刚度的匹配性进行研究，均得到了研究目的，解决了实际工程中遇到的问题。

在流量偏离方面，主要通过三维数字建模对其流体力学进行计算，研究泵的内部流动特性及其压力脉动特性，在不同流量偏离程度的条件下对机泵振动所产生的影响。采用更换叶轮、叶轮切割、增加诱导轮等方法进行振动治理。

刚性转子平衡受到某一速度的限制，如果实际工作转速超过这一限制转速，则已平衡的转子又会呈现不平衡的状态，因此转子按照工作转速可分为刚性转子和挠性转子，对于本文研究的转子转速在1490r/min，转速较低，可视为刚性转子，目前刚性转子动平衡法主要有平衡机法和现场动平衡法。

离心泵的必须汽蚀余量属于设备的固有特性，在设备制造完成后已然成形，并通过现场对设备进行性能测试，得出汽蚀余量数值。最新资料显示，在结合传统优化方法的基础上，提出了神经网络与遗传算法结合的智能优化方法。通过Plackett-Burman试验设计从离心泵的叶轮进出口直径、进出口安放角、叶片数、叶片包角等7个设计参数中筛选出显著影响的3个优化设计变量。运用拉丁超立方抽样方法抽取30组设计方案，分别进行数值模拟计算，得出相应的汽蚀余量值。建立神经网络模型，结合遗传算法在规定范围内进行寻优，得到最优设计变量组合及最优汽蚀余量值。取优化后的参数进行数值模拟计算，优化后的离心泵在相同工况下汽蚀余量降低了43.1%。由于现场不具备实验条件，仅对装置有效汽蚀余量进行核算。

根据API610对于离心泵汽蚀比转速的建议，汽蚀比转速限值不是原则性的规定或强制性要求，故在实际应用中对于汽蚀比转速限值规定的执行建议如下：对汽蚀比转速值的具体规定UOP规范、行业标准等各不相同，存在差异，但有一点是相同的，其中值大 约为 $S \leqslant 12780$

(m^3/h，m)，并且在石油化工行业仍以此值作为规定执行。针对纯化工流程工业对泵必需汽蚀余量NSHP3要求不高的流程泵(如ANSI或ISO泵)尽量选择低汽蚀比转速的泵，以降低购置成本与提高整个工厂运行效率，汽蚀比转速值限制在9800(m^3/h，m)以内，在石化流程工业首先必须保证泵在运转时不发生汽蚀(气穴)，即泵的必须汽蚀余量NPSH3要尽量低一些，重点考虑的是设备可靠性与低维修保养成本，原则上汽蚀比转速S≤12780(m^3/h，m)。对于NPSHa(装置有效汽蚀余量)低或抗汽蚀要求高的特殊工况泵，所选泵的汽蚀比转速可能大于12780(m^3/h，m)，但是它仍符合API610的标准，并且使用寿命及平稳性很好，有良好的使用业绩，同样可以放心选用。

1　振动原因分析与治理

1.1　设备运行分析

常压顶循油泵介质为顶循汽油，设备基本信息如表1所示，工艺流程如图1所示。实际运行中，机泵入口流量在470~530m^3/h之间，并随流量增大垂直方向振动值从4.5mm/s逐渐上升至7.5mm/s，水平方向和轴向振动值一直保持在A区运行，加速度整体稳定在5m/s^2以下，为了解决设备运行期间振动超标的问题，对机泵进行了全面检查，从简至繁，从易到难逐一开展治理工作。首先对工艺流量、抽出温度、塔顶压力及泵出口阀门开度等进行反复调整，振动有所下降；其次对联轴器对中进行复查，未发现异常，重新找对中后，振动情况依然无明显变化；再者对地脚螺栓进行检查处理，振动值依然未得到解决。

表1　设备

制造厂家	型号	转速/(r/min)	扬程/m	额定流量/(m^3/h)	叶片数量
大连苏尔寿	ZE250-5560	1490	110	681.5	5

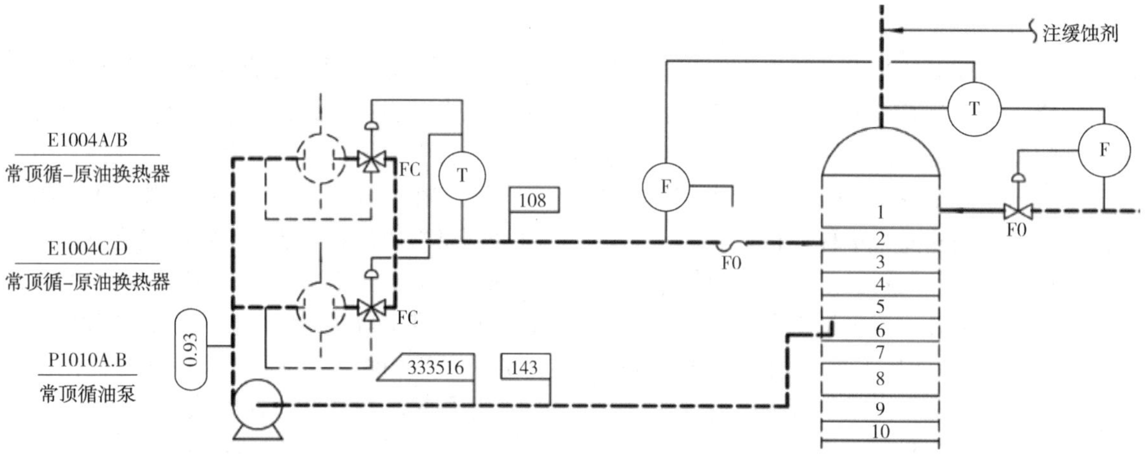

图1　流程图

1.2　结构共振所诱发的叶片通过频率振动

对该泵运行过程中的振动频谱图进行分析，如图2所示，主要频率为5倍频(5X)，考虑到该泵叶轮有5个叶片，分析该泵发生了叶片通过频率的振动故障。可能存在设备因制造刚度不足导致其叶片通过频率与泵体固有频率相近，引发了结构共振或近似共振。为此，现场对泵轴承箱底部增加了刚性支撑，相似于OH-2型变OH-1型机泵，如图3所示，一方面提高泵体固有频率，另一方面降低激振响应的灵敏度，以此来消除结构共振所诱发的叶轮通过频率振动。安装完成后启泵运行，振动值得到明显下降，由7.5mm/s下降至B区运行，但随着设备的持续运行，振动值又逐渐增大至6.5mm/s左右，振动幅值有所下降。

1.3　流量偏离引起的通过频率故障

根据API610标准：额定流量点应位于所提供叶轮最佳效率点的80%~110%区间内。该泵额定流量为681.5m^3/h，实际运行流量在470~530m^3/h，位于稳定工作区的69%~77%，有所偏离，如表2所示。

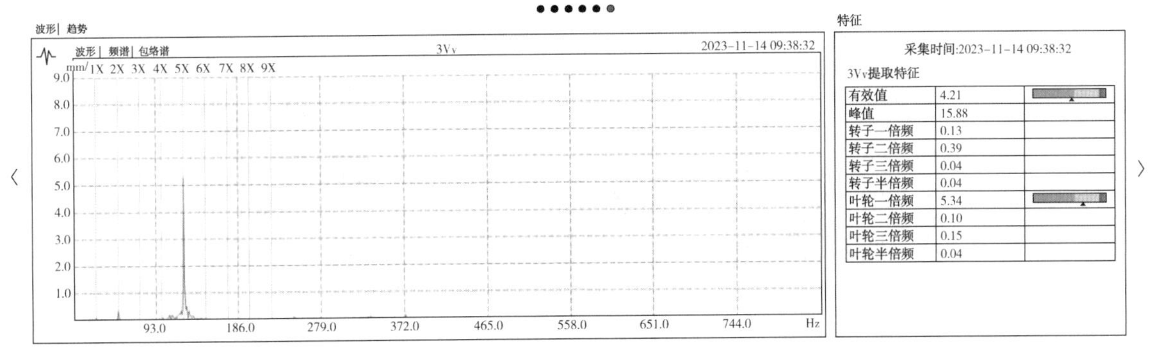

图 2　频谱图

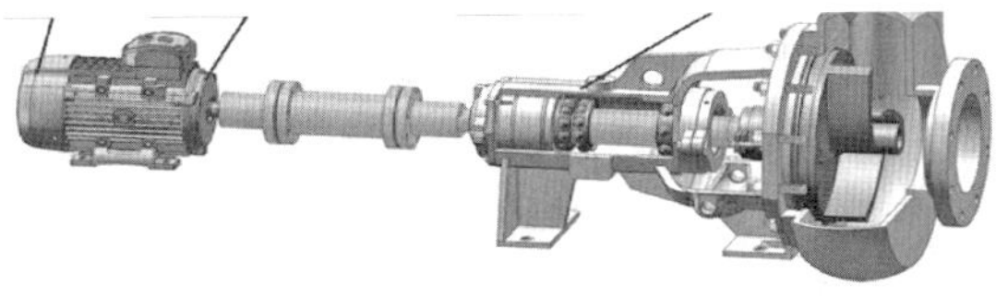

图 3　刚性支撑图

表 2

顶循设计流量/(m^3/h)	最大运行流量/(m^3/h)	最小运行流量/(m^3/h)	机泵额定流量/(m^3/h)	叶轮直径/mm
524	550	470	681.5	578

现场通过调整泵入口流量至工艺最大需求量 550m^3/h，达到稳定工作区的 81%，振动值无明显变化。

依据“机泵两治理一监控”文件要求，根据离心泵叶轮切割定律，采取扬程不变，降低流量的方式对机泵叶轮直径进行切，公式为 $H_1/H_2=(D_1/D_2)^2$，经核算，叶轮直径实际由原来的 578mm 切削为 553mm。切割后设备投用运行，振动值有明显下降，从 6.5mm/s 下降至 5.5mm/s，但随着持续运行振动值基本维持在 5.5mm/s 左右运行，再无明显下降趋势。

1.4　转子不平衡引起的通过频率故障

转子不平衡是由于转子部件质量偏心或转子部件出现缺损造成的故障。造成转子不平衡的具体原因很多，按发生不平衡的过程可分为原始不平衡、渐发性不平衡和突发性不平衡等几种情况。原始不平衡是由于转子制造误差、装配误差以及材质不均匀等原因造成的，如出厂时动平衡没有达到平衡精度要求，在投用之初，便会产生较大的振动。渐发性不平衡是由于转子上不均匀结垢，介质中粉尘的不均匀沉积，介质中颗粒对叶片及叶轮的不均匀磨损以及工作介质对转子的磨蚀等因素造成的。

通常不平衡问题体现在频谱上，表现为转频和叶轮通过频率并存，结合该泵频谱进行分析，如图 2 所示，未表现出较为明显的转动频率 1X，仅体现出叶轮通过频率 5X，表明引起该泵振动超标的具体原因并非为转子不平衡或不对中造成。为进一步验证，切割前、后对转子均进行了动平衡测试，不平衡量符合 GB/T 9239 的动平衡要求。启泵运行，振动值无明显变化，仍维持在 5.5mm/s 左右运行。

1.5　汽蚀余量不足引起的通过频率故障

实际运行中该泵遵循入口流量增大，介质温度上升，塔顶压力下降，振动值上升的关系，如图 4 所示。

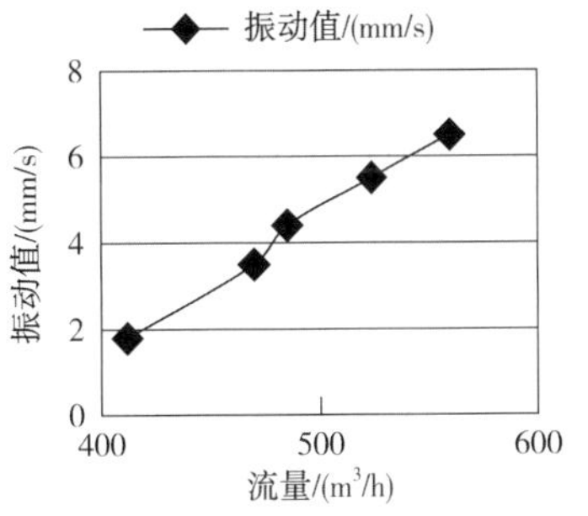

图 4　流量 Q-振动值

结合频谱分析，仅存在叶轮通过频率 5X 较大，可能存在汽蚀现象，检修过程中发现叶轮表面存在汽蚀点位，如图 5 所示。

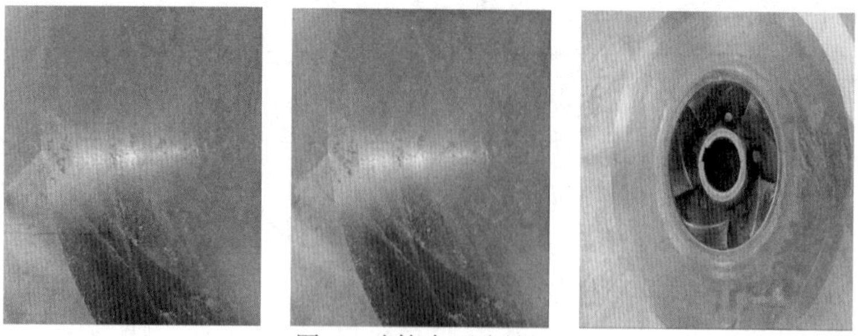

图5　叶轮表面汽蚀图

为缓解汽蚀影响，在满足工艺要求的前提下主要通过降低泵入口介质温度和流量，提高塔顶操作压力来进行控制，效果较为明显，但由于操作空间较小，经过调整振动值任然维持在4.8mm/s左右。为了进一步验证是否存在汽蚀，现场使用冷水对泵入口管线进行持续喷淋降温，可使振动值瞬间降至1.0mm/s以下，效果非常显著，如图6所示，如撤除水喷淋降温措施后，振动值会逐渐上升至4.8mm/s左右。

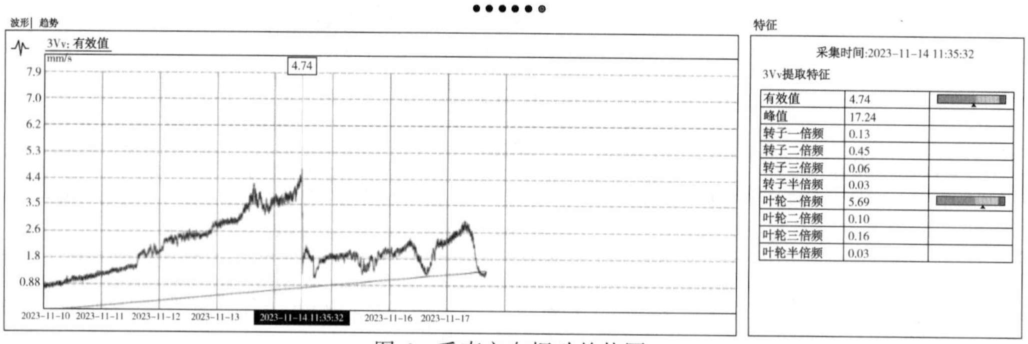

图6　垂直方向振动趋势图

因此，通过Aspen模拟在设计温度143℃、流量333.516t/h操作条件下介质的各项参，核算出有效汽蚀余量NPSHa，如图7所示，具体参数如表3、表4所示。

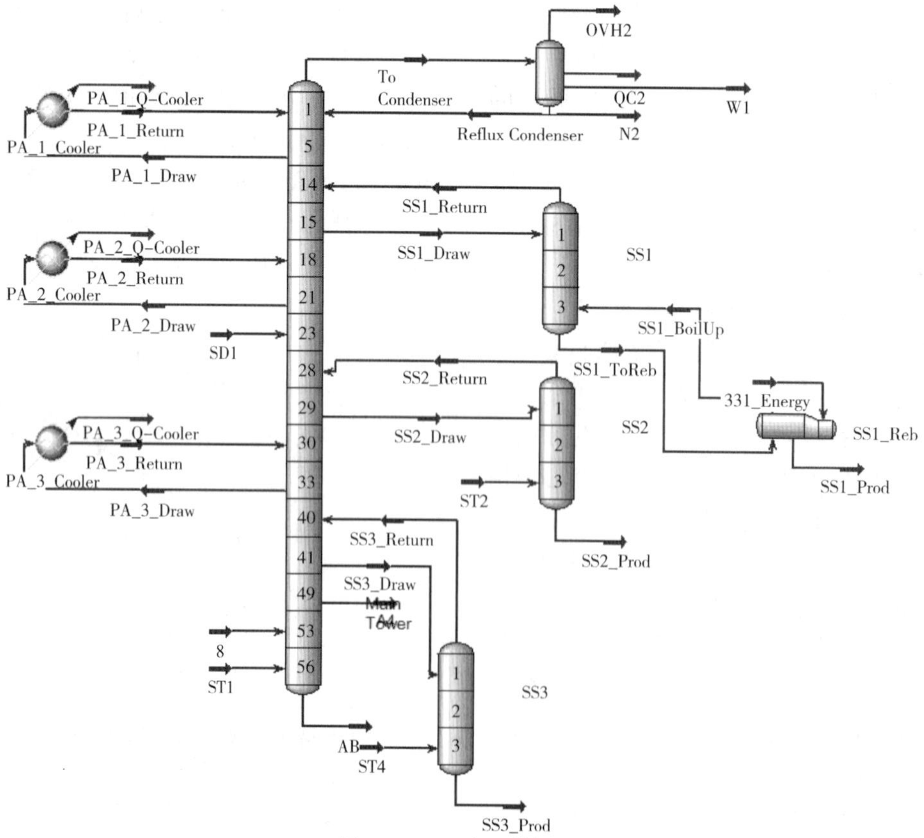

图7　Aspen流程模拟图

表 3 设计参数

参数	必须汽蚀余量/m	塔顶操作压力/(MPa·g)	设计流量/(t/h)	入口管径/mm
数据	3.5	0.06	333.516	350

表 4 设计参数

参数	饱和蒸气压/(MPa·g)	黏度/(MPa·s)	密度/(kg/m^3)	设计温度/℃
数据	0.31	0.22	636	143

流体速度：

$$u=\frac{m}{S\rho}=\frac{m}{\pi r^2\rho}=\frac{333516}{3600*3.14*\left(\frac{0.35}{2}\right)^2*636}=1.51\text{m/s}$$

雷诺准数：

$$Re=\frac{du\rho}{\mu}=\frac{0.35\times1.51\times636}{0.22\times10^{-3}}=1527845$$

$Re>4000$ 属于湍流区，选取具有轻度腐蚀的无缝钢管的绝对粗糙度 $\varepsilon=0.3\text{mm}$，$\varepsilon/d=0.3/350\approx0.00086$，依据图 8 查取 $\lambda=0.021$。

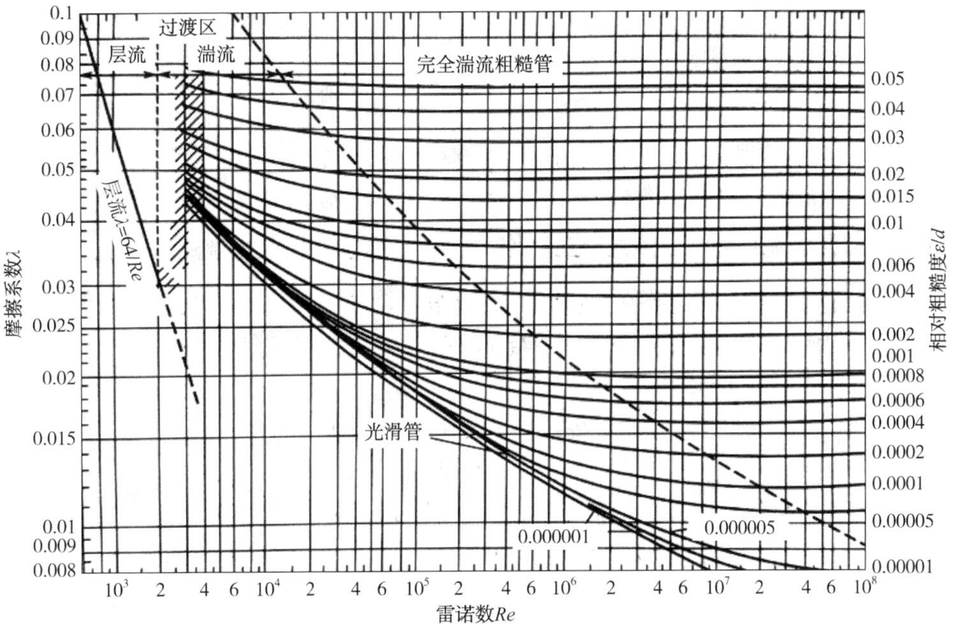

图 8 摩擦系数与雷诺准数及相对粗糙度的关系

流体自容器进入管内，选取进口阻力系数 $\xi=0.5$。阻力换算为长度，即直管阻力长度 $\sum Li=161.5\text{m}$，局部阻力换算长度 $\sum Le=153.5\text{m}$，吸入压面距离泵入口中心线的高度 $h_g=46.4\text{m}$。

$$\sum h_c=\left(\lambda\frac{\sum Li+\sum Le}{d}+\sum\xi\right)\frac{u^2}{2}$$

$$=\left(0.022\times\frac{161.5+153.5}{0.35}+0.5\right)\times\frac{1.51^2}{2}$$

$$=23\text{J/kg}$$

有效汽蚀余量 NPSHa 计算如下：

$$NPSHa=\frac{P_c}{\rho g}+h_g-h_c-\frac{P_v}{\rho g}$$

$$=\frac{0.06\times10^6}{636\times9.8}+46.4-\frac{23}{9.8}-\frac{0.31\times10^6}{636\times9.8}$$

$$=3.9\text{m}$$

通过计算，在设计条件下有效汽蚀余量 $NPSHa=3.9\text{m}$，通常取许用汽蚀余量 [$NPSH$] = (1.1-1.5) NPSHc，一般轻质油品 [$NPSH$] = 1.5×3.5 = 5.25m，$NPSHa<$ [$NPSH$]，有效汽蚀余量不足是导致机泵振动值偏高的根本原因。

1.6 比转速和汽蚀比转速的计算

比转速 n_s 是在最大直径叶轮和在给定转速下，在最佳效率点的流量时，涉及泵性能的指数。比转速用公式定义为：

$$n_s=nq^{0.5}/H^{0.75}$$

式中，n=转速，r/min；

q=泵的总流量，m^3/h；

H=每级扬程，m。

经计算：

$$\begin{aligned} n_s &= nq^{0.5}/H^{0.75} \\ &= 1490\times681.5^{0.5}/110^{0.75} \\ &= 1145 \end{aligned}$$

汽蚀比转速S是在最大直径叶轮和在给定转速下，在最佳效率点的流量时计算的，涉及泵吸性能的指数。汽蚀比转速是衡量一台泵对内回流的敏感程度的评价尺度。汽蚀比转速公式定义为：

$$S = nq^{0.5}/NPSHR_3^{0.75}$$

式中，n=转速，r/min；

q=叶轮每侧进口的流量，m^3/h，等于如下的一种：

—对单吸入叶轮，为总流量；

—对双吸入叶轮，为总流量的一半

$NPSHR_3$—必须净汽蚀余量，m。

经计算：

$$\begin{aligned} S &= nq^{0.5}/NPSHR_3^{0.75} \\ &= 1490\times681.5^{0.5}/3.5^{0.75} \\ &= 15200 \end{aligned}$$

对于选用不带诱导轮的离心泵，在"Q/SH-0700-2008""SH/T3139-2011以及SH/T3140-2011"等离心泵技术规范中明确表示：应避免选择在规定的操作条件下有可能产生回流问题的泵，其汽蚀比转速S应小于或等于12780(m^3/h，m)。明显该泵为高汽蚀比转速的离心泵。

由于泵在偏离最佳效率点运行、泵送介质发生汽化(抽空)、泵叶轮叶片太靠近蜗舌、内部回流等原因所引起。对于高汽蚀比转速的泵，当其在最高效率点附近运行时，叶轮入口处介质的流动较为稳定和均匀。而当流量不足或泵偏离最高效率点运行时，将会在叶轮的吸入口和吐出口产生内部回流、增加能量损失，导致泵的振动明显增大。同样汽蚀比转速越大，导致内部回流的流量也越大，即泵的最小连续稳定流量也越大。当泵偏离最高效率点运行时进入最小流量工况的几率大，泵振动超标的可能性就大。

2　结论

本文以某炼厂常减压装置常顶循油泵轴向振动为研究对象，对其不对中、流量偏离、不平衡及汽蚀影响方面进行理论研究和计算，并通过频谱分析和现场相关措施的实施进行验证，主要工作分为以下五个方面：离心泵刚性强度实验；流量偏离治理；转子动平衡测试；有效汽蚀余量NPSHa计算；比转速和汽蚀比转速计算。经过上述章节的理论分析和实验研究，可得出如下结论：

(1)存在设备因制造刚度不足导致其叶片通过频率与泵体固有频率相近引发的结构共振或近似共振，通过增加刚性支撑提高泵体固有频率，降低激振响应的灵敏度，消减了部分结构共振所诱发的叶轮通过频率振动，振动值从7.5mm/s下降至6.5mm/s。

(2)通过对汽蚀比转速进行计算，该泵属于高汽蚀比转速泵，对于高汽蚀比转速的泵，当流量不足或泵偏离最高效率点运行时，将会在叶轮的吸入口和吐出口产生内部回流、增加能量损失，导致泵的振动明显增大。结合频谱分析和理论计算对机泵叶轮直径进行切割，开展流量偏离治理，振动值从6.5mm/s下降至5.5mm/s，表明高的汽蚀比转速和流量偏离也是造成机泵振动值较大的原因之一。

(3)经理论计算，有效汽蚀余量NPSHa不足是导致机泵振动值偏高的根本原因。为此现场通过对机泵入口管线进行喷淋降温的方式来消除振动影响，振动值可从5.5mm/s下将至1.0mm/s以下，效果显著。

参　考　文　献

[1] 赵铁军，石修伟．新型水泵叶轮转子刚度特性与模态性能研究[J]．机械工程师，2019，(11)：8-10+13.

[2] 马文生，白危宇，李方忠，等．基于神经网络与遗传算法的离心泵汽蚀性能优化设计[J/OL]．中国农村水利水电，1-18[2023-12-11]．

[3] 姜雪江．汽蚀比转速对离心泵性能与可靠性影响的探讨[J]．科技创新与应用，2021，11(17)：76-82.

[4] 郑永强．叶片通过频率振动的分析及治理[J]．湖北电力，2017，41(03)：35-38. DOI：10.19308/j.hep.2017.03.008.

[5] 虞之日．离心泵叶轮切割量的确定[J]．流体机械，1997，(02)：43-45.

[6] 杨国安．机械设备故障诊断实用技术[M]．北京：中国石化出版社，2007：94-109.

[7] 冯开心，许浩，刘飞，等．基于Excel和Aspen的化工分离过程教学——非理想物系泡露点计算[J]．广东化工，2023，50(06)：226-228.

[8] 张琴，张慢来，谢丽芳，等．离心泵汽蚀余量计算公式推导与分析[J]．中国教育技术装备2020，(23)：96-98.

炼油二部硫酸再生装置工艺气离心风机故障浅析

赵海东

（中国石油大庆炼化公司）

摘　要　硫酸再生装置窗口检修，对工艺气体风机ⅠK9200进行计划性大修（重要独生子设备停工检修期间例行检修），拆检发现风机轴弯曲，更换新轴（非原厂加工）1根，转子做动平衡（2.5级），更换调心双排滚子轴承。开工进料时发现工艺气体风机ⅠK9200风机非驱动端轴承箱轴向轴振动超标（变频74～78%时，振动值12～15mm/s）。经各种工艺调整振动变化不大，检测中心技术人员监测分析认为轴承外圈故障。后经维修人员调整非驱动端轴承箱上盖压紧力，轴向振动恢复正常。就工艺气体风机ⅠK9200主轴弯曲和轴向振动超标进行分析，对离心风机故障判断和处理具有借鉴意义。旨在减少设备故障维修，保证检修质量，保障装置生产的安全稳定运行。

关键词　离心风机振动；轴向振动；主轴弯曲；风机故障；轴承箱设计

1　装置及设备概述

硫酸再生装置2018年12月25日正式首次投产，设计规模为3万吨/年，是30万吨/年烷基化项目的配套装置，操作弹性为50%～110%，年运转时数8400h。硫酸再生（SAR），是一种处理含硫和有机成分的废气和废液的先进工艺，由于工艺气中含有水蒸汽，也被称为湿法制酸工艺。而工艺气体风机ⅠK9200是重要独生子设备，制造厂家：湖北三峰透平装备股份有限公司，型号：RE 32-1600-Z-4-160-LG0/1952，流量：39713m³/h，出口压力：8.189kPa，输送介质：工艺过程气，温度：450～550℃，转速：1487（50Hz）～1954（65.7Hz）r/min，为离心风机。风机原生产厂家为德国Berliner Luft，2023年8月由湖北三峰透平装备股份有限公司进行改造，更换了除叶轮（叶轮型式为：闭式叶轮）、电机以外的其他所有设备配件，主要包括轴、壳体、轴承箱、基座、联轴器等，见图1。

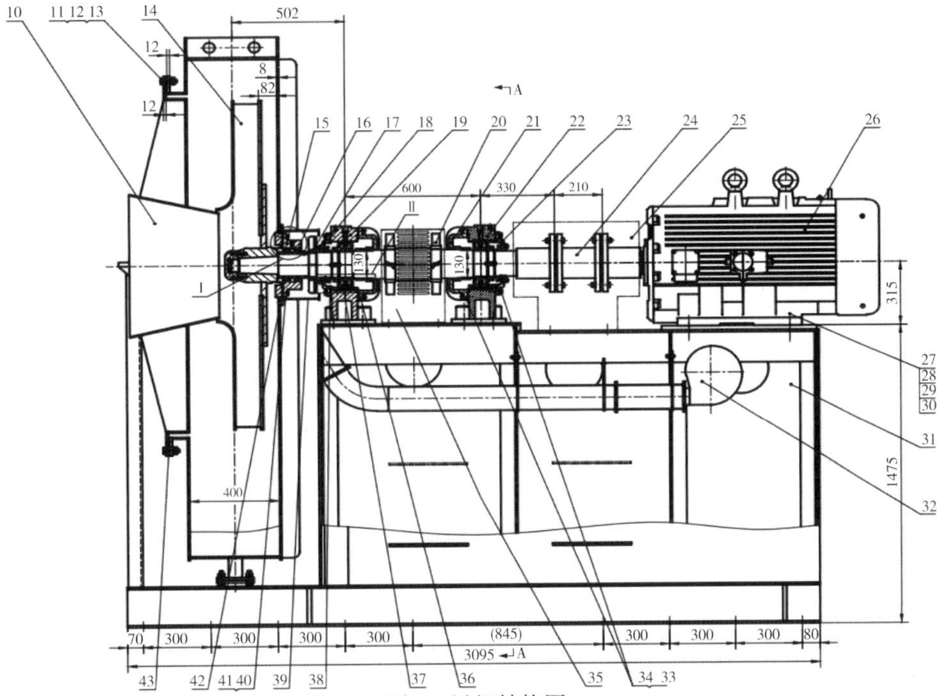

图1　风机结构图

2　故障简述

8月16日-22日，硫酸再生装置工艺气体风机K9200计划检修更换轴承，转子做动平衡G2.5级检测。拆检发现联轴器侧轴头跳动0.47mm、叶轮侧轴头跳动0.78mm，轴出现严重弯曲；加工一根材质为316的新轴替代316Ti旧轴。

8月26日，风机检修后在负荷为74%运行时，其叶轮侧轴承箱水平振动值4.90mm/s，轴向振动值13.49mm/s；且风机轴承箱壳振随转速呈线性增加。

8月30日，采用调整叶轮侧轴承紧力的方法降低轴承箱振动，在负荷为75%运行时，轴承箱水平振动值4.5mm/s，轴向振动值2.5mm/s；在负荷为78.5%运行时，轴承箱水平振动值5.90mm/s，轴向振动值4.1mm/s，满足工艺生产需求；同时侧面反应出轴承箱瓦背紧力过大，导致轴承外圈受力不均，轴承调心能力下降。

3　近期检修及运行情况

2023年8月至9月，硫酸再生装置K9200工艺风机Ⅰ因共振及壳体泄漏等原因，委托湖北三峰透平设备股份有限公司进行整机改造。改造安装后至本次检修前，该风机未再进行过检修。

自上次风机改造完成后至2024年6月中旬，在正常生产过程中，该风机运行情况良好，振动值在4.0mm/s以下(标准：≤4.5mm/s)。但自6月中旬开始，由于风机出口反应器床层堵塞造成风机出口憋压，风机运行时刻处于喘振状态，随着反应器床层堵塞情况逐渐严重，至本次装置停工检修前，在装置处理量1600kg/h(降低50%)的情况下(风机出口压力3.2kPa，设计不超2.0kPa)，振动值仍在7mm/s，稍提升装置处理量振动值增大到11mm/s。

4　原因分析

经过分析，可能导致本次工艺气体风机K9200振动故障如下：

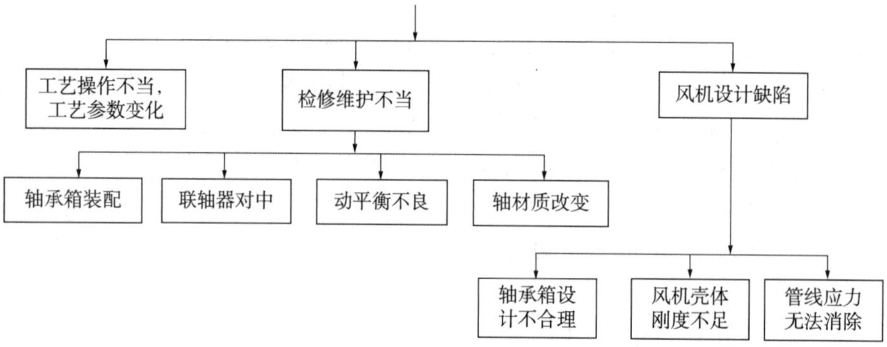

可能导致本次工艺气体风机K9200轴头弯曲的原因如下：

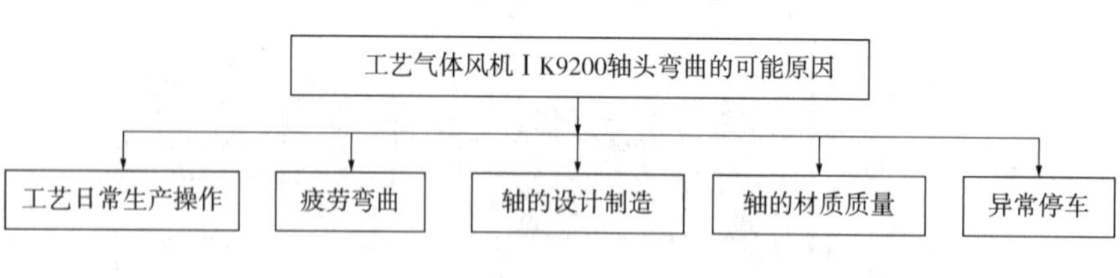

原因确定：

工艺气体风机K9200振动原因分析

(1) 工艺操作和参数

本次开工，工艺严格按照升温曲线对系统进

(2) 检修维护问题

1) 轴承箱装配问题

设备监测工程师监测分析：轴承外圈存在异常。

行升温，并且各操作参数均符合要求，且刚检修完毕风机出口无憋压现象。由此可见不是因工艺操作不当，工艺参数变化引起风机的振动增大，见图2。

风机变频为74%运行时(额定转速为1954r/min，74%变频下的实际转速1350r/min)，振动监测数据见表1：

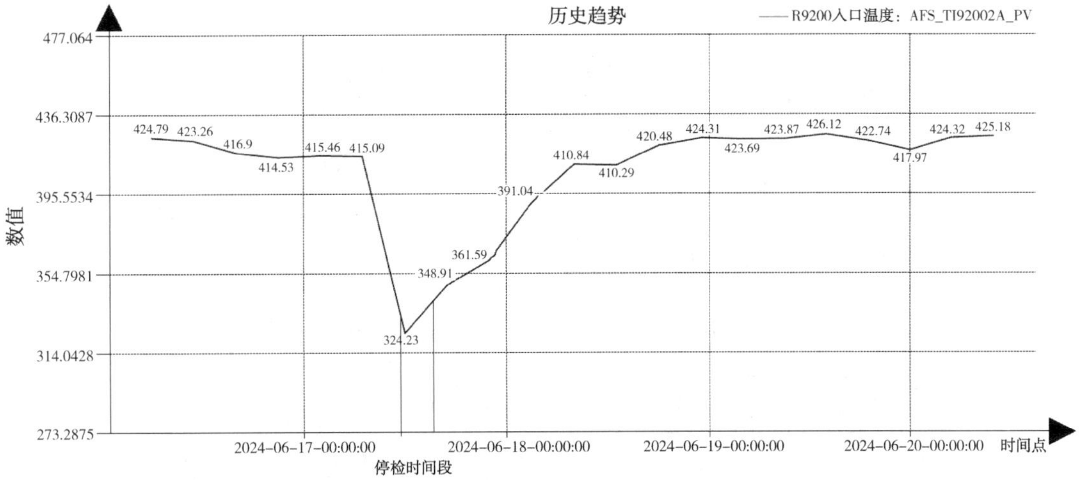

图 2　工艺操作参数历史趋势图

表 1　　mm/s

测点	速度有效值	测点	速度有效值	测点	速度有效值	测点	速度有效值
1a	1. 56	2a	1. 47	3a	4. 90	4a	13. 49
1h	1. 19	2h	0. 67	3h	2. 30	4h	3. 95
1v	2. 63	2v	2. 13	3v	1. 93	4v	3. 20

轴向振动频谱以 173. 13Hz 频率为主，173. 13Hz 与双排滚柱轴承 22226 的外圈故障频率极为接近。经分析，产生此情况的可能原因有：

① 轴承外圈存在缺陷；

② 轴承安装时轴承外圈受轴承压盖的压力不合适。

轴承缺陷特征值，单位(Hz)，见表 2。

表 2　驱动侧轴承 22226. FAG 特征频率　Hz

内圈	外圈	滚动体	保持架
233. 49	171. 51	141. 53	9. 54

8 月 29 日，维修人员通过调整轴伸端轴承箱压盖的轴承紧力，使轴向振动恢复正常。因此可以排除轴承外圈本身存在缺陷。咨询风机厂家反馈，只要求螺栓把紧即可，风机轴承箱压盖紧固螺栓并未进行定力矩紧固。故确认造成轴承外圈异常的原因是：轴承箱压盖螺栓压紧力过大或不均，致使轴承外圈受力过大或受力不均，轴承调心能力下降，造成轴向振动过大。

当然，轴承箱上盖变形也会造成轴承外圈受力过大或不均，但考虑轴承箱压盖结构，并且轴承箱未出现超温、受力等异常情况；因此，变形可能性不大，下次检修需检查确认。

2）风机与电机联轴器对中

风机检修后联轴器对中数据如表 3：

表 3

联轴器标准对照表	径向/mm	轴向/mm
（膜片）标准	0. 15	0. 08
垂直	0. 06	0. 03
水平	0. 05	0. 04

符合标准要求，排除此因素是引起的风机振动。

3）转子动平衡不良

频谱分析：风机水平与轴向振动频谱以转频主导，风机水平方向以转频且能量较高与风机转子的动平衡不良有一定关系，见图 3；

4）风机轴材质改变

加工的新轴材质为 316 不锈钢，是一种奥氏体型不锈钢，耐蚀性，可耐 1200 ~ 1300℃ 高温，能够在苛酷的条件下使用（实际工况 400℃）。316Ti 型是 316 合金的钛稳定化变体。这种含钼的奥氏体铬镍不锈钢可提高耐蚀性，提高抗点蚀氯离子溶液的能力，并在高温下提供更高的强度。其性质与合金 316 的性质相似（表 4），只是由于 316Ti 由于添加了钛而可以在升高的敏化温度下使用，改善了耐腐蚀性。

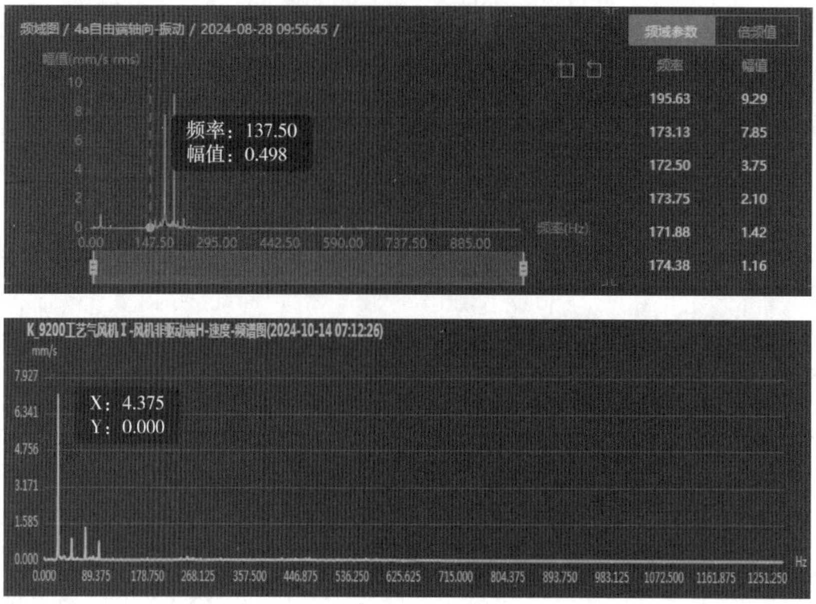

图3　风机轴向振动频谱图

表4

力学性能	不锈钢	
	316	316Ti
抗拉强度/MPa	≥520	≥520
屈服强度/MPa	≥205	≥205
伸长率/%	≥30	≥40
硬度/HB	≥190	≥187

上述可见，不是由于改变泵轴材质引起的风机振动；

（3）风机设计缺陷

1）轴承箱设计不合理

风机厂家反馈说轴承箱安装要求螺栓把紧即可，但经分析轴承箱结构并非如此。可以说风机轴承箱存在一定的设计缺陷：轴承箱两侧外沿存在3.0mm间隙，而内环为接触台阶（接触面无密封垫），并使用4条M20螺栓紧固，如果不给紧固螺栓定力矩的话，螺栓紧固力过大或两侧受力不均时，可能造成轴承箱上盖变形或歪斜，造成轴承外圈受力过大或受力不均，轴承调心能力下降，造成轴向振动过大，参见图4。

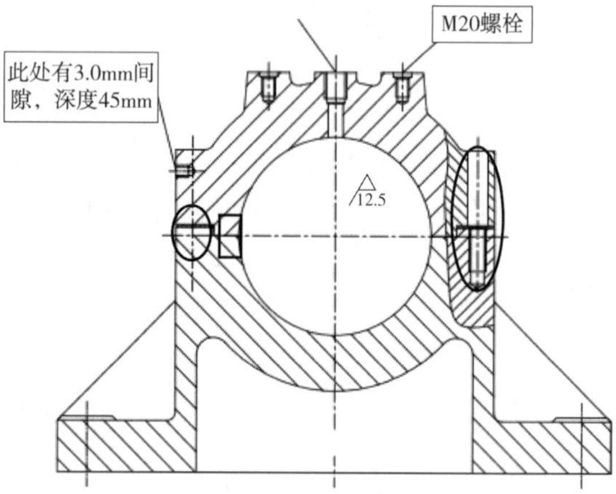

图4　轴承箱结构图

2）风机壳体强度

风机机壳（图5）受力最大的为机壳后侧板计算：

风机升压8kPa，将后侧板等通于一个直径1.2m的圆，则后侧板整个受力为：

$F=PS=P*\pi(D/2)2=8000Pa*3.14*(1.2/2)2=9043N$

窝板与侧板的焊缝承载此力，窝板厚度6mm，焊缝为全焊透焊缝。则焊缝处的应力值为：

$P=F/S=F/(\pi*D*\delta)=9043/(3.14*1.2*0.006)=400000Pa=0.4MPa$

由此计算通风机气体压力造成的力与材料的屈服强度相比基本可以忽略不计，基本不用考虑（304不锈钢：屈服强度在205~210MPa之间）。前侧板，窝板则受力更小。

3）管线热应力

管线受热膨胀可能造成壳体受力，壳体受力可能进一步影响到轴向振动异常。但经核算，该原因可以排除。具体核算如下：

管线材质：304H不锈钢，介质温度：25℃（停机时）~425℃，304H不锈钢的膨胀系数：

7.4mm/m，入口管线水平段长度约：2.5m，计算可得管线的膨胀量为：7.4 * 2.5 = 18.5mm。管线入口安装了150mm长的金属波纹管补偿器，一般来说，金属膨胀节的伸缩量正常值范围约±20%，因此该波纹管补偿器伸缩补偿量：30mm。同时风机壳体是单独支撑的，与轴承箱分开；整体底座是无固定式的，且底座下存在弹簧支撑，也可以抵消一部分管线热应力，由此可见，管线热膨胀量基本上可由补偿器抵消，因此管线热应力对风机基本无影响。

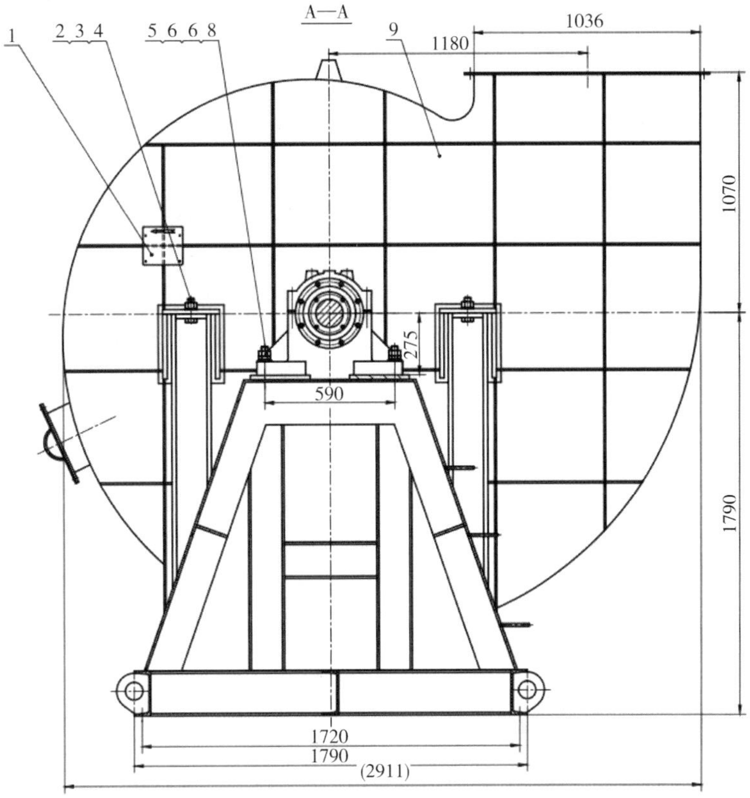

图5 风机壳体结构图

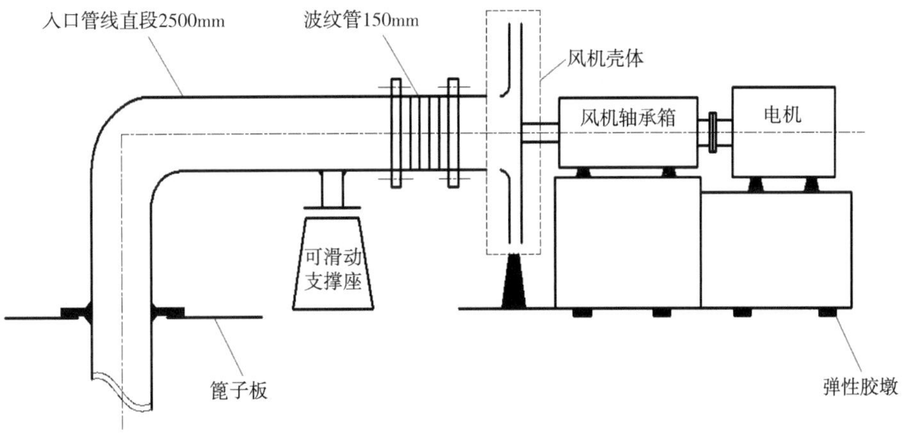

图5 风机布局示意图

自上次风机改造完成后至2024年6月中旬，在正常生产过程中，该风机运行情况良好，振动值在4.0mm/s以下(标准：≤4.5mm/s)。能反应出风机壳体强度和管线热应力不是引起风机振动振动原因。

综上所述，风机轴承箱轴向和水平振动大的原因是：

1）直接原因：

① 轴承外圈受力过大或受力不均，轴承调心能力下降，是造成风机轴向振动过大的直接原因。

② 风机转子的动平衡不良，是造成风机水

平振动过大的直接原因。

2）间接原因：

轴承箱结构设计不太合理，压盖紧固螺栓无定力矩值，轴承箱安装时紧固力过大或两侧受力不均是造成轴向振动过大的间接原因。

3）管理原因：

① 对风机结构特性认识不透彻；

② 对风机检修质量把控不严；

③ 风机投用前未做高速试车，未及时发现问题。

工艺气体风机 K9200 轴头弯曲原因分析

（1）工艺日常生产操作

日常生产中，该风机为变频自动调节，转速主要受焚烧炉 H9100 炉膛压力影响，风机变频虽调整较频繁，但调整幅度不大，2023 年 9 月至 2024 年 6 月中旬，风机运行平稳，振动值偏优。2024 年 6 月中旬后，受风机出口一级反应器 R9200 床层压降增大影响，风机出口憋压，风机振动值超标（>4.5mm/s），通过装置降量，使风机振动长时间处在 7.0mm/s 以下，虽然短时间打到过 10mm/s，但经厂家确认，对风机轴无影响。因此此原因可以排除。

（2）疲劳弯曲

风机轴使用时间还不到 1 年，此原因可以排除。

（3）轴的设计制造

风机改造后的前 9 个月风机运行正常，正常生产时，风机振动值最大不超过 4.0mm/s，并且风机随机检验报告完全合格（图 6）。此原因基本可以排除。

张家港市中铭重型锻件有限公司

锻 件 产 品 质 量 证 明 书

客户名称：湖北三峰透平装备股份有限公司　　合同号：230390#　　证书编号：20230723

合同号	工件名称	材料牌号	冶炼炉号	批（数）量	锻件级别	制造标准	表面状态
100-购-20233293	锻件主轴-316Ti	316Ti	J230612-3	1	Ⅲ	ASME SA388	粗加工

化学成分											锻造温度	锻造比	热处理状态
C	Si	Mn	S	p	Cr	Mo	Ni	Cu	Tl	N			
0.022	0.51	1.169	0.0014	0.035	16.65	2.039	10.57	0.295	0.14	0.046	1200	≥4	调质

机械性能（拉伸试样直径：10.0mm 标距：50mm 冲击试样尺寸：10×10×55mm 缺口类型：V）								序号	规格/图号	数量
温度（℃）	屈服强度 ReL/Rp0.2（MPa）	抗拉强度 Rm（MPa）	断后伸长率 A（%）	断面收缩率 Z（%）	温度（℃）	冲击 Akv2（J）	硬度值（HRC）	1	Φ168×1452	1
							155,160,170		以下空白	

低倍组织	一般疏松	中心疏松	点状偏析	白点	
	/	/	/	/	/

高倍组织	非金属夹杂物				晶粒度	显微组织
	A类	B类	C类	D类		
	/	/	/	/	/	/

外观质量	合格	超声波/磁粉探伤	合格

检验结论：该批（件）产品经检验，符合标准和双方相关协议规定，合格。　　质量检验部　印章

检验员：季春霞　　审核：钱程　　日期：2023-7.23

湖北三峰透平装备股份有限公司

Hubei Sanfeng Turbine Equipment Co., Ltd..

动平衡检验记录

Dynamic Balance Test Record

合同号 Contract №: 230390#　　采用标准 Adoption of standards: JB/T9101-2014

风机型号 Fan Model	K9200			
平衡机型号 Balancing machine	YYW-3000	最高工作转速（r/min） Maximum operating speed		2000
叶轮质量（kg） Impeller quality	/	校正半径（mm） Calibration radius	校正平面Ⅰ Calibration plane Ⅰ	80
转子组质量（kg） Rotor mass	/		校正平面Ⅱ Calibration plane Ⅱ	780
平衡品质等级 G（mm/s） Balance Quality Level	2.5	许用不平衡质量（g） Uneven quality allowed	校正平面Ⅰ Calibration plane Ⅰ	/
允许质量偏心距（μm） Allow mass eccentricity	11.9		校正平面Ⅱ Calibration plane Ⅱ	/

转子编号 Rotor №	剩余不平衡质量（g） Remaining imbalance quality		相位（°） Phase		平衡日期 Balance date	操作者 Operator	检验员 Inspector	结论 Conclusion
	校正平面Ⅰ Plane Ⅰ	校正平面Ⅱ Plane Ⅱ	校正平面Ⅰ Plane Ⅰ	校正平面Ⅱ Plane Ⅱ				
/	22	2	46	235	2023.08.30	[illegible]	[illegible]	合格

说明：平衡品质等级数值越小平衡品质等级越高。

Explain: The smaller the balance quality level value, the higher the balance quality level.

图 6　风机随机检验报

（4）轴的材质质量

主轴材质：316Ti，检测旧轴硬度为：115～160HBW，硬度最低处为叶轮安装位置，厂家认为：由于叶轮位是锥度设计(图7)，热处理后加工余量大，硬度比较低是正常状态，316Ti热处理的极限硬度一般小于187HBW，各部位直径相差比较大会导致硬度不均，调质时硬度能到160～190HBW就已经很好了，热处理后需要精加工一般确保加工后150HBW以上属于优秀。

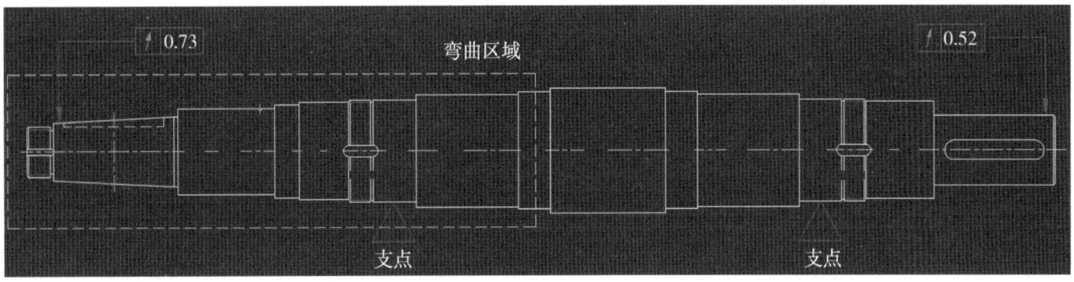

图7　风机轴示意图

现场检测的最低硬度为115HBW，而且轴两端多处在120－130HBW之间，显然硬度偏低，在高温状态下会导致轴变得更软，而且主轴弯曲的基点为两个轴承之间靠前轴承处，弯曲基点与硬度偏低位置相符。可见，轴的硬度偏低会是导致轴弯曲的一大原因。

（5）异常停车

高温风机主轴的弯曲变形一般出现在高温静止时，即高温状态下停机。2024年6月17日，因一级冷凝器的静电除雾器电极故障，装置停工更换故障电极。本次装置停工只做了初步降温（热吹不足24h），未按正常停工降温，停运K9200时风机壳体内介质温度为324℃，本次停机后，检修过程中(约5小时)，温度缓慢上升，至启风机前温度升至349℃。K9200停运后20分钟左右时操作员盘车一次(约4～5圈)，风机停运半小时左右时因静电除雾器开人孔后内部酸雾弥漫，无法施工，启运K9300风机抽酸雾，期间K9200转子被K9300带着缓慢旋转(转速约20～30r/min)，至开工前才停运K9300，期间未再盘车(图8)。厂家认为：300℃以上风机不应停机，如需紧急停机，也应持续盘车，并且尽量保证转子在50～100r/min转速下持续旋转，这才能保证轴不弯曲。综上，这次风机300℃以上停机盘车不及时、转子旋转速度不够也可能造成轴弯曲。

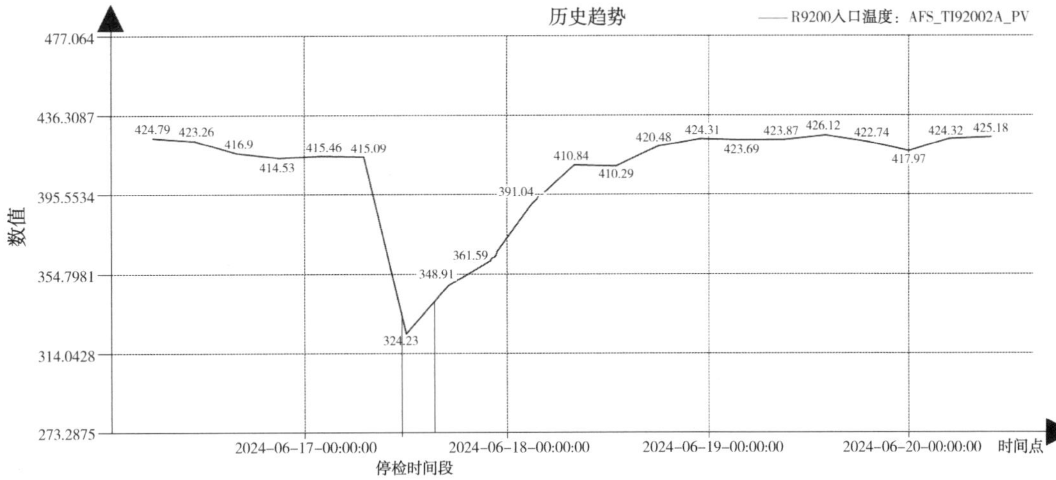

图8　工艺操作历史趋势图

综上所述，引起此次风机轴弯曲的原因如下：

1）直接原因：

轴硬度偏低及2024年6月17日的300℃以上异常停车可能是造成轴弯曲的直接原因。

2）间接原因：

2024年6月17日风机300℃以上停机后，未立即盘车(20min后盘车)，并且转子旋转速度偏低是造成轴弯曲的间接原因。

3）管理原因：

① 对316Ti材质特性认识不足，与厂家签订K9200风机改造协议时未对轴硬度提出要求；

② 对风机300℃以上停机的危害认识不足，只知道需要定时盘车，但不知道具体盘车要求。

5　处理措施及经验教训

（1）压铅丝法和量缸表法检查轴承座变形情况和瓦背紧力，并检查调整前后轴承同心度；

（2）加强检修质量把控，轴承箱螺栓要定力矩紧固：350N. M；

（3）转子做动平衡G2.5级检查；

（4）建议风机要进行空试，提前发现问题并调整，如有需要可以采用在线动平衡检测；

（5）建议改造轴承箱为整体式，避免因前后轴承同心度不良引起振动；

（6）厂家赔付1根新轴，新轴要经多次调质，保证轴硬度合格；

（7）提醒装置在操作卡中加入“严禁高温风机高于300℃停车”和“高温风机高于300℃停车相关要求”提示卡。

6　结语

硫酸再生装置工艺气体风机ⅠK9200故障处理经验，为其离心风机检修和故障判断提供思路，为今后提高此类故障的检修效率和质量夯实基础。

参　考　文　献

[1] 石油化工设备检修规程　中国石化出版社
[2] 化工机械安装于修理　化学工业出版社

汽轮机油封结焦引起振动异常波动分析

韩国良

（中国石油大庆炼化公司）

摘　要　本文针对某公司柴油加氢装置循环氢压缩机运行期间汽轮机两侧振动突然出现的非周期性波动进行原因分析，通过在线监测频谱图进行综合分析，发现主要是工频成分在振动波动前后发生较大变化。结合可能引起工频能量变化的因素进行逐项排查分析，最终准确定位为汽轮机轴承箱油封结焦。根据油封结焦成因，采取针对性措施，成功解决汽轮机振动波动问题，为大型机组长周期运行奠定了基础，也为解决机组异常振动提供了借鉴经验。

关键词　汽轮机；振动波动；频谱图；油封结焦；工频；碰磨

汽轮机是现代工业生产中常用的一种热能转换设备，其在化工领域中具有重要的地位和作用。汽轮机的基本原理是将燃料的化学能转化为热能，再将热能转化为机械能，从而推动压缩机压缩工艺气体。若其在运行中出现振动异常，会对企业的连续、平稳运行造成不利影响，严重时甚至会造成设备损坏。振动又是汽轮机运行过程中的重要特征信息，一旦设备发生异常或是故障，稳定状态被打破，转子振动就会发生改变，我们对振动特征进行分析，对故障特征识别，是发现设备故障的一种有效手段。

1　机组情况简介

某大型炼油化工公司 170 万吨/年柴油加氢装置 K102 汽轮机，背压式，设备型号：T5005 NG25/20，于 2014 年 11 月投用，累计运行 10 年；振动报警值 42μm，联锁值 62μm，本机组使用的是沈鼓测控 SG8000 监测诊断平台。

2　机组简图及测点位置

柴油加氢装置循环氢压缩机组 K102 概貌及测点布置图，如图 1 所示。

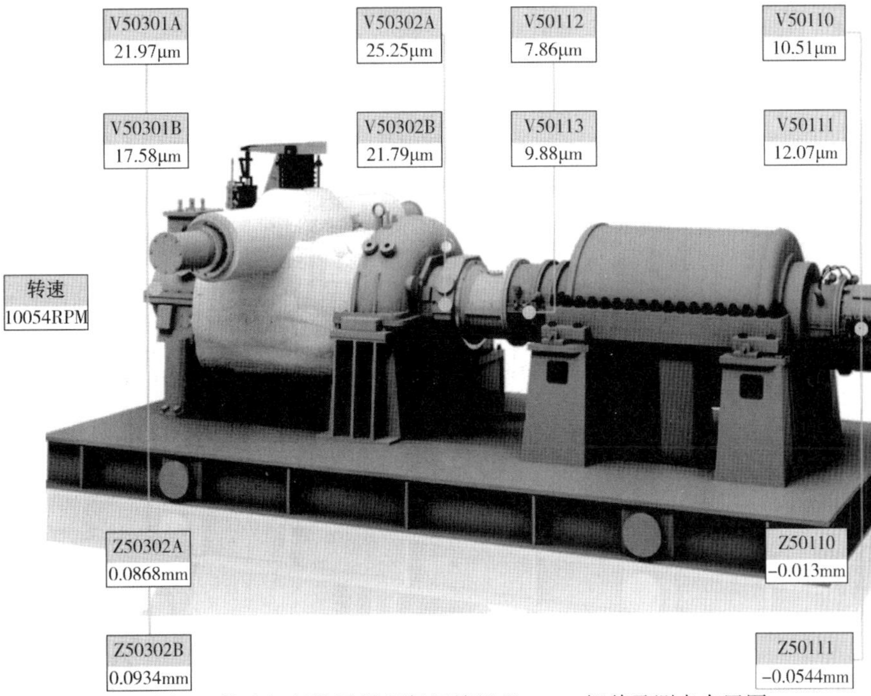

图 1　柴油加氢装置循环氢压缩机组 K102 概貌及测点布置图

3　机组监测数据分析

2024 年 7 月 1 日开始汽轮机两端四点振动频繁波动，如图 2 所示，其中汽轮机驱动端 V50302A、V50302B 正常值 23μm，波动最高值上升到 45μm，非驱动端 V50301A、V50301B 正常值 21μm，波动最低振值下降到 11μm，波动后能够恢复正常值水平，时长三分钟左右、频次没有规律，压缩机振动稳定。波动期间，波动幅度有高有低，至 7 月 14 日，V50302A、V50302B 振动最高 45μm 达到报警值，如图 3 所示。

从波动前后的趋势和频谱图上看，波动时汽轮机四个测点的能量变化汽轮机工频为主，其他频率分量能量变化很小，如图 4、图 5 所示。

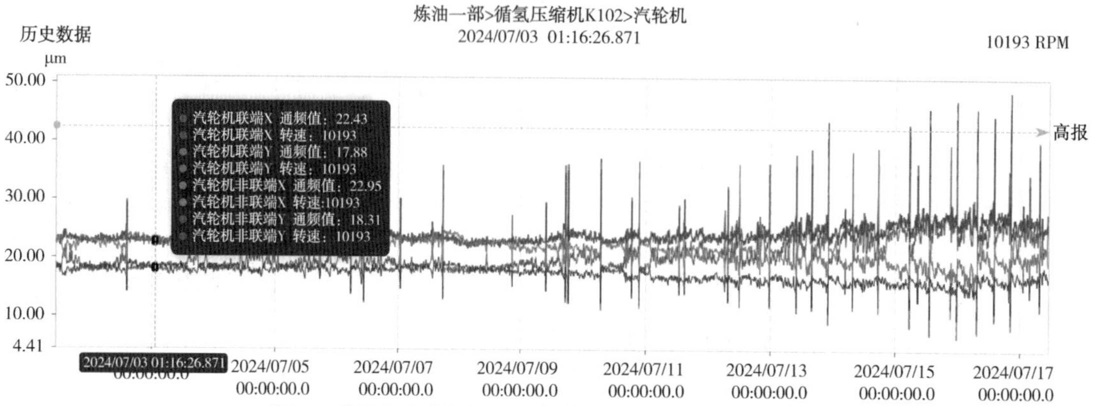

图 2　柴油加氢装置 K102 汽轮机四个测点振动趋势图

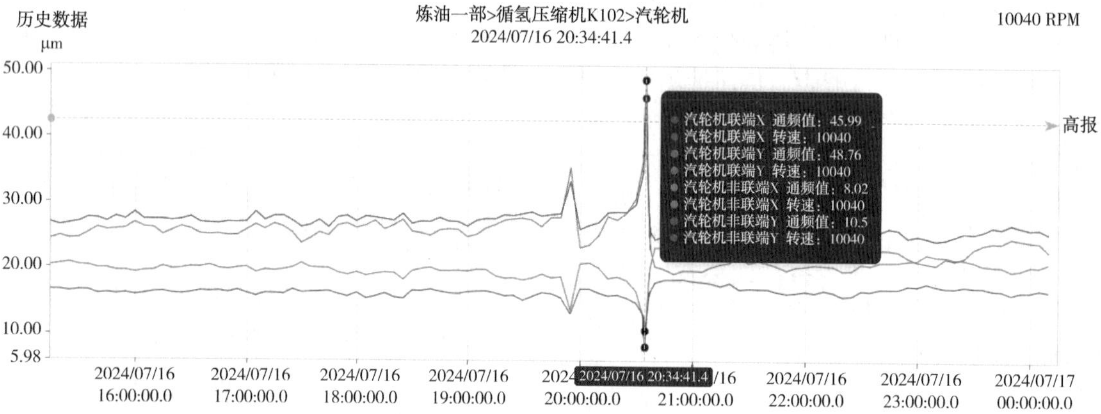

图 3　14 日柴油加氢装置 K102 汽轮机四个测点振动异常趋势图

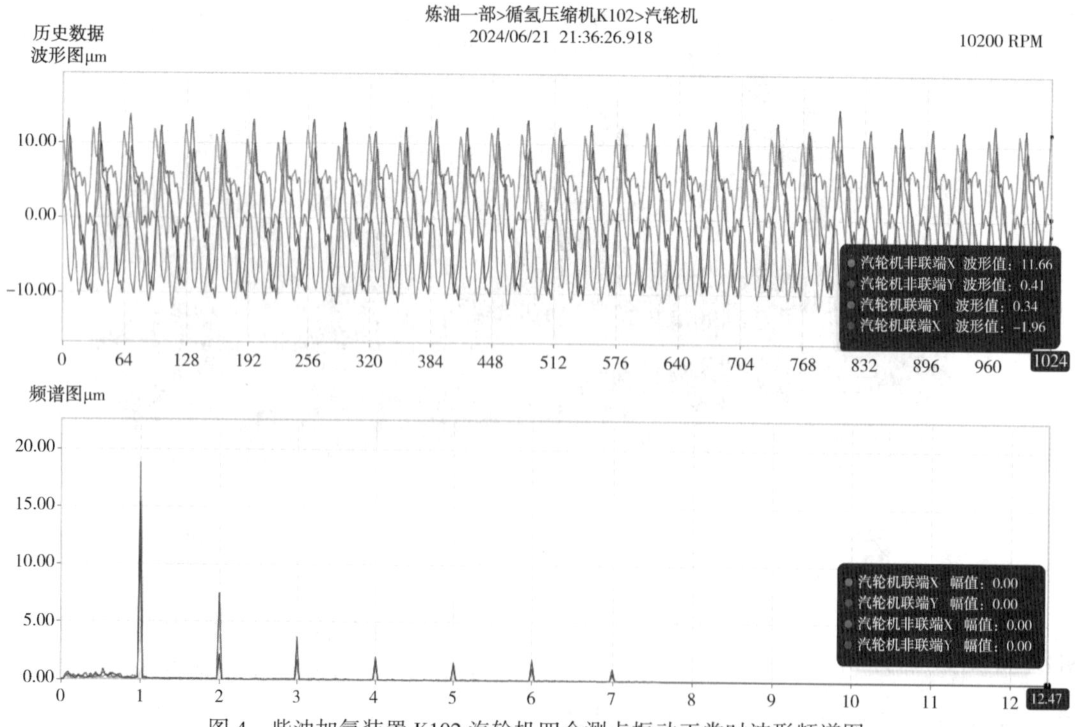

图 4　柴油加氢装置 K102 汽轮机四个测点振动正常时波形频谱图

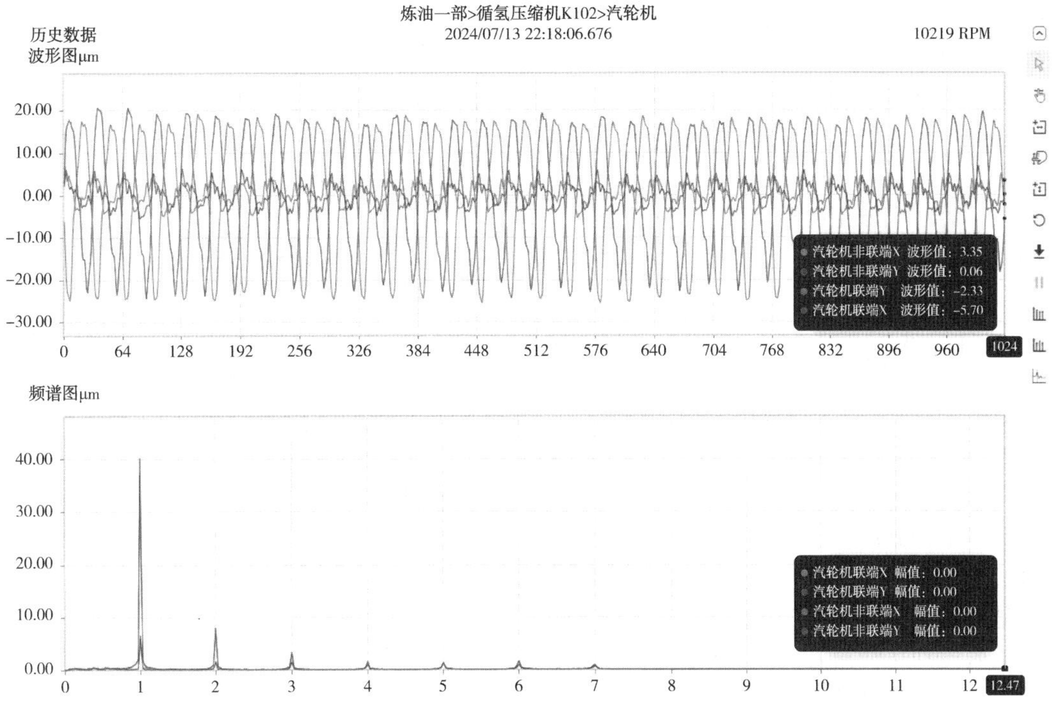

图 5　柴油加氢装置 K102 汽轮机四个测点振动异常时波形频谱图

汽轮机在振动异常时的轴心轨迹变化明显，转子涡动发生改变，但进动方向未发生变化，如图 6、图 7 所示。

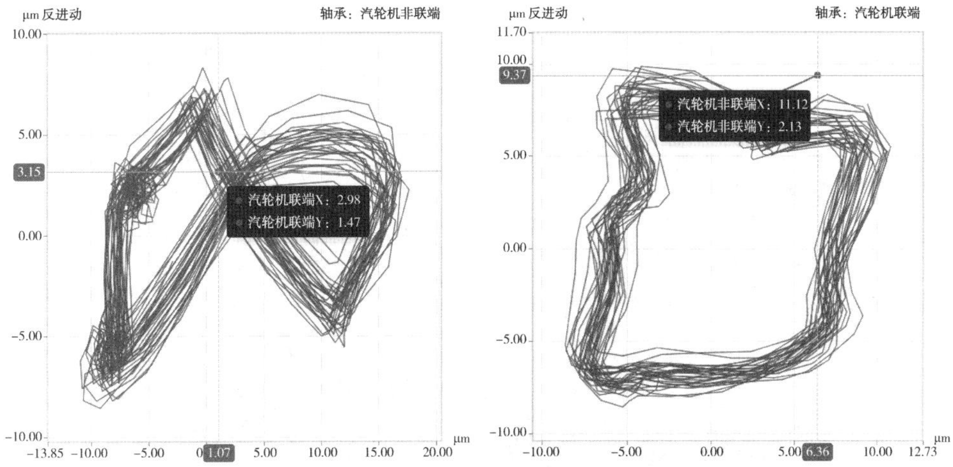

图 6　柴油加氢装置 K102 汽轮机振动正常时轴心轨迹图

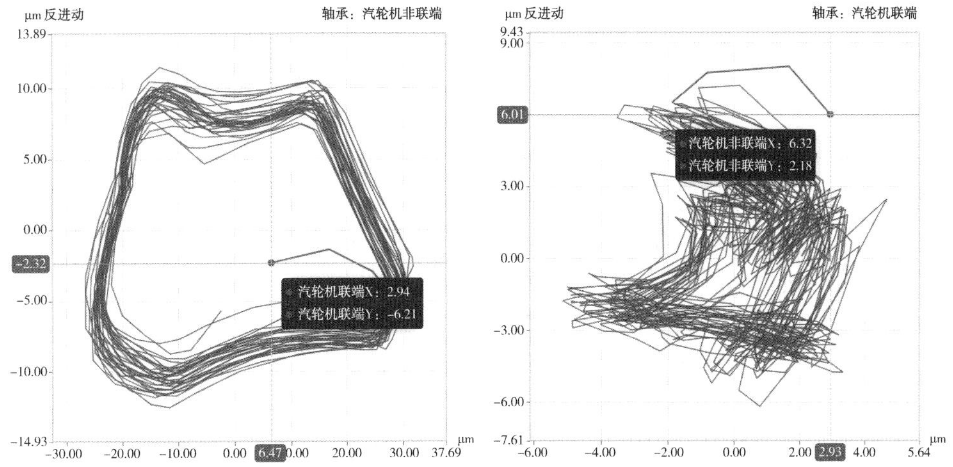

图 7　柴油加氢装置 K102 汽轮机振动波动时轴心轨迹图

振动波动期间对压缩机及工艺系统进行排查，压缩机密封气量、润滑油温度及其压力、工艺气处理流量及其组成、出入口压力及温度等参数均没有明显的异常波动和变化；检查汽封蒸汽品质，没有带液现象，检查汽封冷却器排凝情况，未堵塞、凝液也未见明显增多；查看汽轮机四测点的GAP电压趋势稳定，可排除振动探头异常情况。

4　分析意见及诊断建议

分析意见：振动以一倍频能量变化为主，在短时间内上升，又能恢复到原运行值，因此排除叶片断裂、结垢脱落的突发动平衡的可能性；此外，本周期机组检修后已运行一年，振动一直平稳，可以排除转子初始不平衡的可能。所以推断可能原因是油封运行时发生轻微磨损后，高温润滑油烟沿轴向流动在油封处与杂质聚集，经过一段时间后，在密封齿间形成积垢、碳化，积碳会对回油孔造成堵塞，加剧润滑油的积碳。当焦层达到一定厚度时，其与转子的接触面积会越来越大，转子与积垢发生接触，使转子的涡动不稳定，造成转子与油封位置出现摩擦现象。转子与轴封的接触之后，将积聚的焦层磨掉一部分，转子运行状态逐步恢复。但是随着时间推移，焦层积累到一定程度之后，将再次出现了摩擦的现象，造成振动不定周期的振动波动。

诊断建议：可以适当提高轴承箱隔离气压力，通过降低油封处转子温度，减少杂质的进入，从而达到减缓转子油封处结焦速度；若时机成熟可以停机检查汽轮机转子和油封处的结焦情况。

7月28日，将汽轮机轴承箱的隔离气压力由0.07MPa提至0.1MPa，观察运行几天后，发现汽轮机振动波动的周期由5~8h变为10~20h。隔离气压力调高后，汽轮机振动波动的周期变长了，说明汽轮机油封结焦的可能性很大，调高隔离气压力减缓了油封结焦的速度，进而延长了汽轮机振动波动周期。

5　机组检修验证情况

2024年9月20日，机组停机检修，拆检发现汽轮机非驱动端油封磨损且有润滑油碳化后的焦块，转子油封处轴径轻微磨损且有一层焦碳，如图8所示。本次抢修更换新转子和油封，并且加大了润滑油回油孔尺寸。21日机组启机运行，汽轮机振动15μm，振动趋势稳定。

图8　柴油加氢装置K102油封和转子结焦情况

6　结论

在压缩机工艺运行参数基本稳定、汽轮机驱动蒸汽品质合格的前提下，以工频为主导的汽轮机振动非周期性波动，基本可以判定为轴承箱油封结焦导致转子软碰磨进而造成转子不平衡而引起的振动。大型汽轮机长周期运行过程中，随着油封间隙变化，存在油封结焦的风险，尤其是在汽轮机进气侧，该侧温度较高，有利于焦垢的形成，因此，通过调整油封隔离气压力、扩大回油孔尺寸等措施，可以有效的减缓油封磨损结焦的风险。

参考文献

[1] 沈庆根，郑水英．设备故障诊断[M]．北京：化学工业出版社，2005.11.
[2] 张碧波．设备状态监测与故障诊断[M]．北京：化学工业出版社，2011.4.
[3] 沈鼓测控，故障诊断精选案例集

压缩机 C3201D 曲轴断裂与十字头销窜动原因分析

刘浩威　王世军　赵海东　孙　萍

（中国石油大庆炼化公司）

摘　要　催化重整装置一段压缩机 C3201D 是炼油生产一部重整装置的重要机组，是大庆炼化公司 A 类设备。2024 年 6 月 30 日 C3201D 曲轴断裂，2024 年 10 月 24 日北侧十字头销锥套发生窜动，机组解体检查，从工艺运行、设备维护、机组设计方面分析曲轴与十字头销锥套发生窜动原因，通过 CAD 绘制分布图来判定各部是否安装到位，力学分析运行中的力，来分析可能损坏的原因。

关键词　往复压缩机；曲轴断裂；十字头销；曲轴；接触面积

1　设备概述

重整装置一段压缩机 C3201D 为往复式压缩机是炼油生产一部重整装置的重要机组，是大庆炼化公司 A 类设备。型号：ITZL200，转速：327r/min，出入口压力：1.2/1.82MPa，投用日期：2002-06-24，生产厂家：德国诺尔曼．艾索。

往复压缩机是一种非常重要的设备，主要体现在以下几个方面，用于气体输送。能将各种化工原料气体（如氢气、氮气等）在管道中进行长距离运输，保证生产流程顺利衔接。

2　故障简述

2024 年 6 月 30 日 9：30 操作员测温测振 C3201D 时，发现外置轴承振动值由原来 1.3mm/s 升至 2.1mm/s，9：50 再次到现场确认发现外置轴承振动值仍在 5.5mm/s 左右，压缩机轴头泵振动值最大在 6.6mm/s 左右，正常值 4.0mm/s 左右。各部位轴瓦温度正常没有变化，润滑油压力没有变化，状态监测显示十字头振动值由 2.4mm/s 升至 3.8mm/s 左右。同时活塞杆沉降量在 169μm 和 268μm 波动，汇报设备人员，决定切换压缩机至 C3201E 运行，10：25 切换至 C3201E 运行。解体检修，发现曲轴断裂，西侧主轴瓦磨损，见图 1。

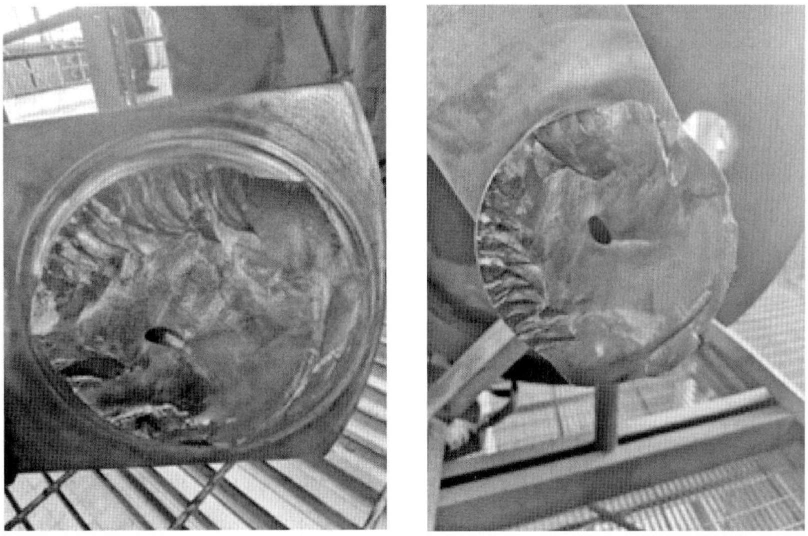

图 1　曲轴断裂情况

机组于 2024 年 9 月 24 日完成检修并投入运行，本次检修更换配件有曲轴（沈阳鼓风机制造）、大头瓦、主轴瓦、一台套填料，截至 10 月 24 日为连续运行第 30 天。

2024年10月24日15时40分，压缩机C3201D的润滑油总管压力PI1790由0.35MPa降至0.22MPa(报警值设定为0.20MPa，即辅泵自启值)。

15：45班组发现后对油压进行副线手阀手动调节至0.30MPa左右，19：40压力突然快速下降，在此期间辅助油泵自启动，泵油启动后滑油压力1分钟内停止降低，随后继续下降。拆卸检查过滤器发现过滤器含有细小铁沫，见图2。

2024年11月15日，机组解体检查

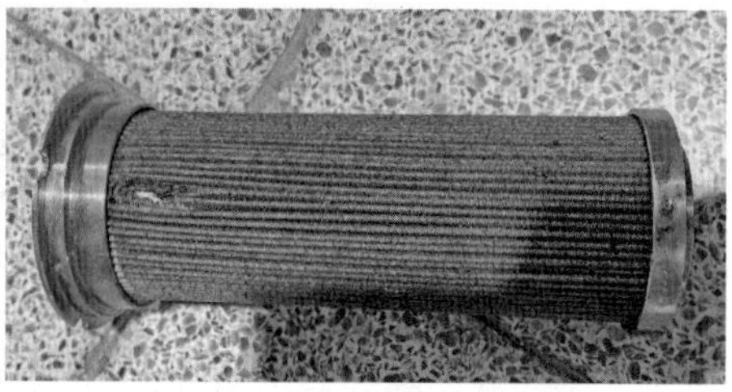

图2　过滤器堵塞情况

解体检查发现北侧十字头销子紧固螺栓断裂，压盖脱落，十字头销锥套向东窜动，并且和东侧滑道发生摩擦，过滤器中的细小铁沫为磨损的锥套和压板碎屑，见图3。

图3　锥套、螺栓、滑道损坏情况

3　故障原因分析

针对压缩机C3201D的故障现象，结合现场运行情况和检修情况，主要从以下几方面对振动原因进行排查。

3.1　曲轴断裂原因分析

3.1.1　连杆瓦间隙问题

因为连杆大头瓦出现碎裂问题，无法判断是连杆大头瓦的碎裂导致机组震动曲轴断裂，还是曲轴断裂导致的轴瓦碎裂，使用量纲表和外径千分尺测量轴瓦间隙，见图4、表1。

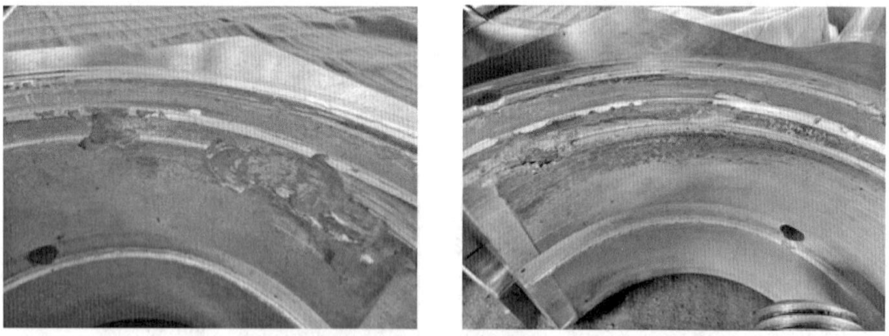

图4　主轴瓦损坏情况

表1

部位	标准值	南	北
大头瓦径向间隙	0.14~0.19	0.15	0.16
大头瓦侧间隙	0.19~0.38	0.26	0.28
小头瓦径向间隙	0.09~0.15	0.12	0.13

检查结果显示轴瓦间隙符合标准，不是曲轴断裂的主要原因

3.1.2　表面材料原因

经过资料的翻阅发现该设备2002年修复过断裂部位，有可能是因为材质的不同导致曲轴对收到的应力产生了分布不均的情况常年累计曲轴表面金属疲劳，最终导致曲轴断裂，见图5。

2002年检修修磨曲轴西侧曲柄处与本次断裂处一致，上次修复后的R角较原厂的R角小，且表面较粗糙，应力集中发生断裂；采用荧光光谱仪进行成分定性检测，结果表明，其它检测位置均为基体元素，不含镀层元素，说明仅断裂拐径表面经过涂镀处理，见图 6。

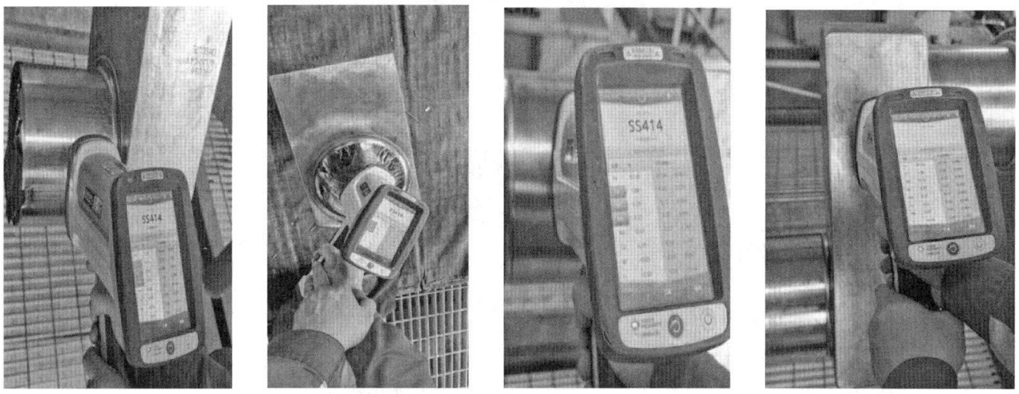

图 5　检查曲轴表面材质

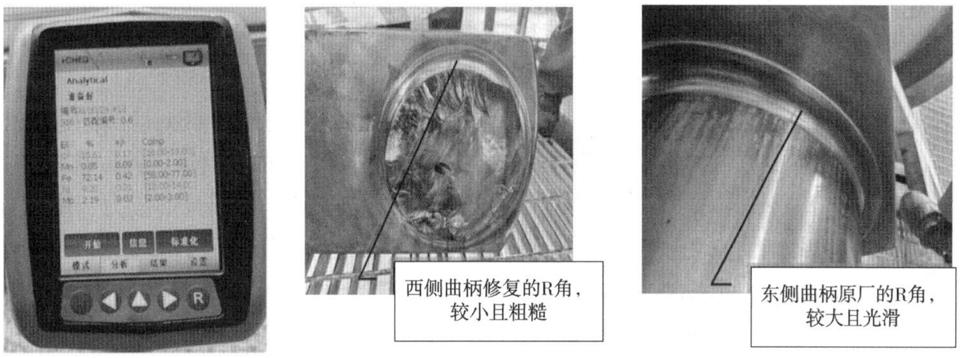

图 6　断裂表面情况

3.2　十字头销窜动原因分析

3.2.1　工艺操作原因

2024 年 10 月 24 日 15：40，压缩机 C3201D 的润滑油总管压力 PI1790 由 0.35MPa 降至 0.22MPa(报警值设定为 0.20MPa，即辅泵自启值)

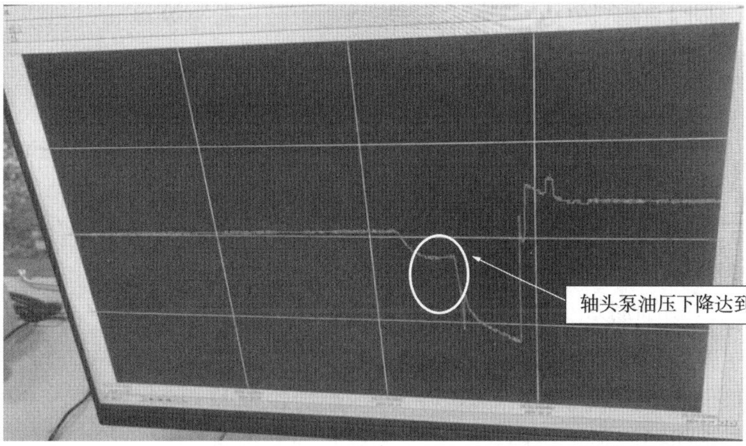

图 7　轴头泵油压下降油路图

15：45 班组发现后对油压进行副线手阀手动调节至 0.30MPa 左右，17：17 班组汇报至设备工程师后，19：40 压力突然快速下降，在此期间辅助油泵自启动，泵油启动后滑油压力 1 分钟内停止降低，随后继续下降，见图 7。

更换新过滤器后短时间油压再次下降，拆卸过滤器进行油运，机组润滑油压力正常，判断机组内部存在杂质使过滤器堵塞，排除工艺原因，11 月 15 日机组解体检修，见图 8、图 9。

图8　辅助油泵油压下降油路图

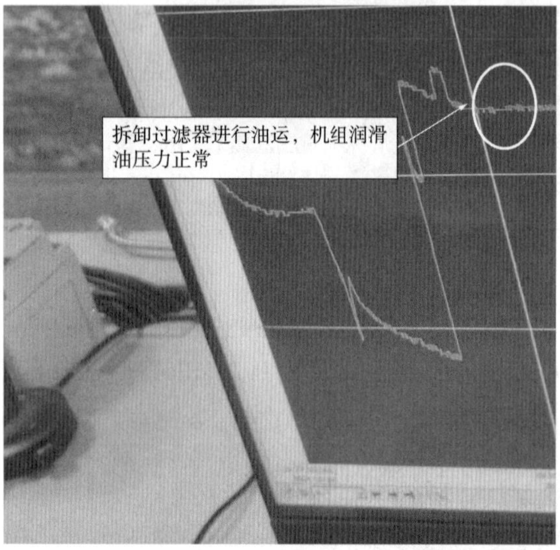

图9　拆卸过滤器后油压下降油路图

3.2.2　设计原因

锥形十字头销其外形结构为中间是圆柱形，两端为向两端外径尺寸逐渐变小的锥形结构。其工作原理是通过十字头销两端轴向螺栓紧固力，将开口锥套压向将十字头销中间移动，开口锥套受十字头内径的约束进而将十字头销抱紧，即开口锥套起到将十字头销抱紧和轴向定位作用。

一旦锥套与十字头两端锥度角出现不一致的情况，在锥套和十字头销进行配合预紧的过程中，由于锥度角度的差异，两者之间的接触状况就会发生改变。此时，其接触面积必然会小于锥套原本的锥面面积，这种接触面积的减小会直接导致锥套对十字头销所产生的抱紧力不足。而抱紧力不够将会引发一系列后续问题，例如在设备运行过程中，可能会使十字头销与锥套之间出现松动，压板螺栓收到剪切应力，螺栓断裂。

3.2.3　十字头销安装位置原因

1. 十字头销安装时轴向偏差较大，超出一定范围会导致如下情况：

（1）十字头锥套与十字头接触面积改变，进而改变锥套与十字头接触力。从而改变锥套对十字头销的抱紧力。在设备运行过程中，十字头销会因抱紧力不足与锥套产生晃动，紧固螺栓因此承受交变应力。长期处于这种恶劣工况下，螺栓的结构完整性逐渐被破坏，最终断裂；

现场测绘两端十字头锥套表面与十字头的距离。测绘发现西侧锥套进入十字头内部约3.5mm，有4.5mm的安装误差(图12)。导致东侧锥套未完全与十字头接触，但是根据带中间套的圆锥过盈连接配合最小结合压强公式。

$$[pf_{\min}]=\frac{[\delta_{\min}]-2(S_a+S_b)}{d_m\left(\frac{C_a}{E_a}+\frac{C_i}{E_i}\right)}$$

C 为表面材料系数；$\delta_{\min}$ 为最小过盈量；E 为材料弹性模量，

S 为两结合面压平量所需最小过盈量计算公式为(Rz是表面粗糙度)：

$$Sa=0.4R_{za}$$

d_m 结合面平均直径，计算公式为(d_{f1} 为结合面最小圆锥直径，lf 为结合面圆锥长度，C 为结合面锥度)：

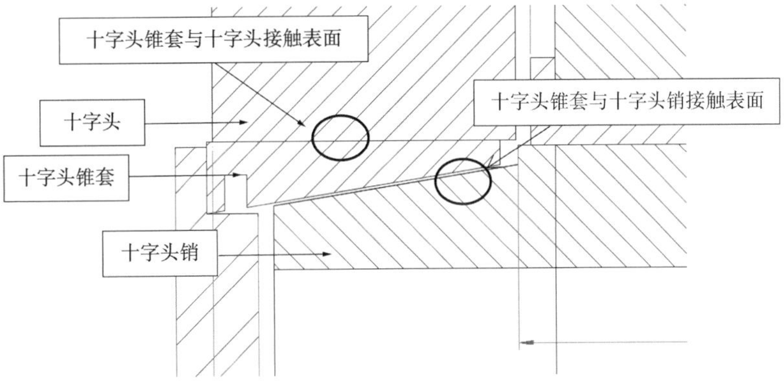

图 10　正常安装示意图

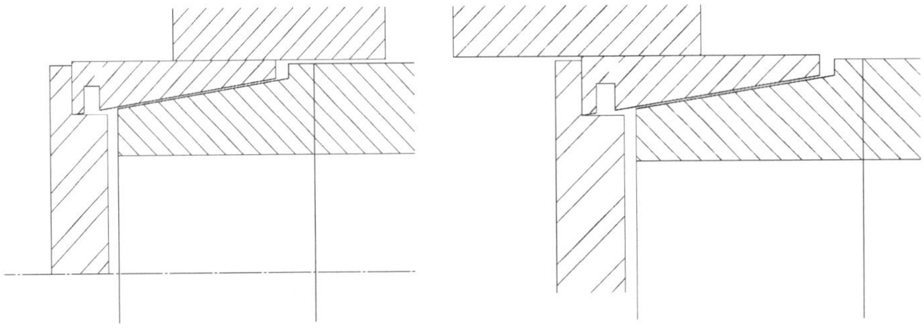

图 11　十字头销安装错误的极端情况

$$d_m = d_{f1} + \frac{Cl_f}{2}$$

在相同的平面、锥度条件下 C、E、S 均为固定值，唯一影响结合面压力的因素就是锥套与十字头销配合面的平均直径，根据下图可以得知虽然锥套与十字头接触位置没有达到设计位置，但是十字头销与锥套配合位置的结合面长度是相同的的，所以紧力是相同的，排除十字头销安装不到位十字头锥套松动的情况，如图 12～图 13 所示。

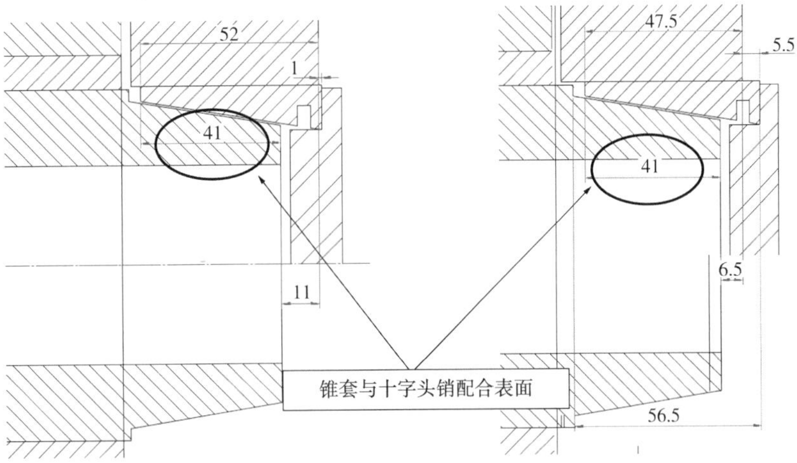

图 12　东侧标准安装尺寸　　图 13　东侧实际安装尺寸

（2）如果十字头销轴向安装偏差较大的话还有可能造成十字头锥套与连杆小头瓦轴向发生剐蹭。受此影响产生的交变应力也会导致螺栓断裂。

使用塞尺测量连杆小头瓦安装位置，测绘结果显示北侧小头瓦的工作位置如下图小头瓦西侧距离十字头内壁 3. 1mm，距离东侧十字头内壁 2. 3mm，如图 14。

虽然十字头锥套存在安装误差，十字头单侧厚度为 54. 8mm，((十字头锥套深入十字头长度+十字头锥套高度)-十字头单侧厚度)可知锥套深入十字头 1. 7mm，但锥套仍与小头瓦存在 1. 4mm

间隙，排除小头瓦和锥套剐蹭可能，如图16。

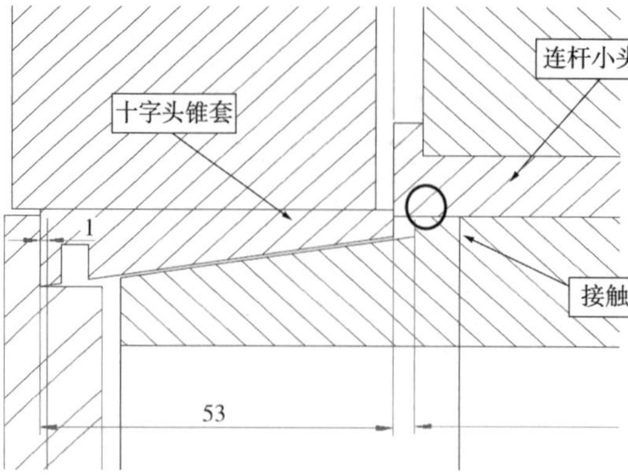

图14　十字头销如果与小头瓦剐蹭示意图

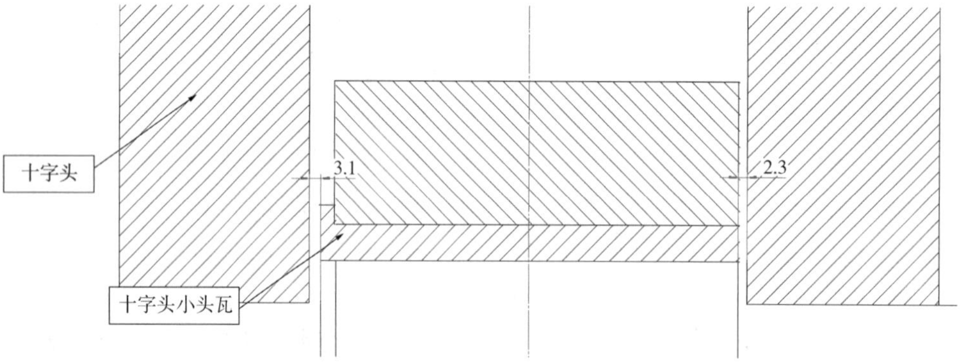

图15　十字头与连杆安装位置

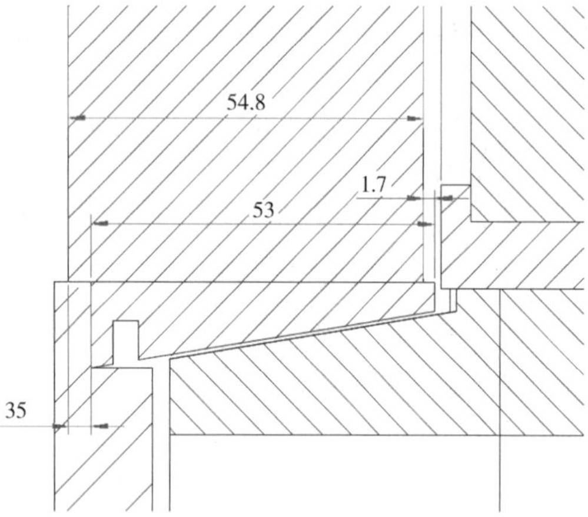

图16　锥套与小头瓦实际安装位置

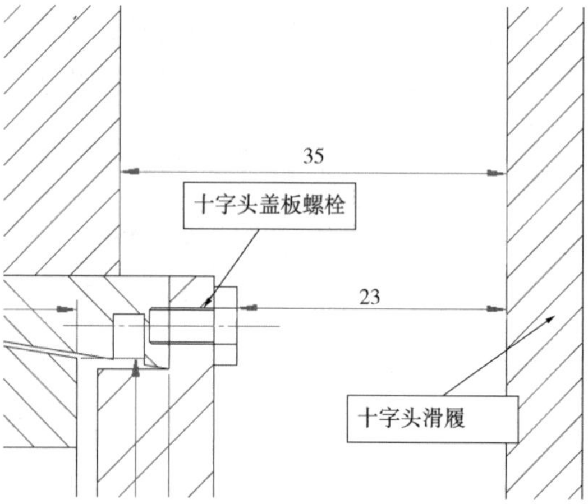

图17　滑履与十字头盖板螺栓距离

（3）十字头销压板紧固螺栓可能与十字头滑道发生直接接触，导致螺栓收到剪切应力发生断裂。

将东侧脱落的锥套和压板重新安装测量，测量结果显示即使东侧十字头安装位置存在存在误差导致锥套与压板安装位置偏移，但运行过程中压板螺栓依旧与十字头滑履存在23mm间隙，排除压板螺栓运行过程中与滑道剐蹭，导致螺栓断裂，如图17。

3.2.4　抱紧力原因分析

锥套对十字头销抱紧力不够，导致锥套运行时与十字头销发生相对晃动，对紧固螺栓产生交变应力造成断裂。而因安装原因导致锥套对十字头销抱紧力不够的原因如下：

（1）十字头销压板紧固螺栓未按紧固力矩紧固：

在安装十字头销压板时，若操作人员未能严格依照规定的紧固力矩对螺栓进行紧固操作，会使螺栓无法达到预期的紧固程度。如此一来，锥套与十字头销之间难以形成足够稳定的连接力，在设备运行过程中，锥套便容易产生晃动，而这种晃动会使紧固螺栓频繁承受大小与方向均发生周期性变化的交变应力。随着设备运行时间的增长，螺栓因持续受到这种交变应力的作用，其内部结构逐渐受损，最终引发断裂，严重威胁设备的正常运行与整体结构的稳定性。

（2）十字头销压板紧固螺栓锁片松动：

十字头销压板紧固螺栓上的锁片对于维持螺栓的紧固状态起着关键作用。当锁片发生松动时，螺栓就失去了额外的防松保障，在设备运行产生的各种力的作用下，螺栓容易发生松动。这将导致锥套与十字头销之间的连接紧密性遭到破坏，锥套开始晃动。

（3）锥套与十字头销接触面有损伤或接触面不够：

若锥套与十字头销的接触面存在损伤，比如在加工过程中表面出现划痕、磕碰伤或者在运输、存储环节遭受外力破坏而产生凹坑等缺陷，或者接触面的加工精度未能达到设计要求，导致接触面不够平整、光滑，实际接触面积小于理论值。在这种情况下，锥套与十字头销之间无法均匀、充分地传递力，抱紧力不足。

检查十字头锥形表面和十字头销接触面，拆卸十字头检查锥形表面，发现锥套与十字头销接触面均出现不同程度的磨损和锈蚀，涂抹丈丹粉进行接触面积的检查，发现接触面积小于 70%。

根据公式：

$$[pf_{\min}] = \frac{[\delta_{\min}] - 2(S_a + S_b)}{d_m\left(\frac{C_a}{E_a} + \frac{C_i}{E_i}\right)}$$

因为十字头销锥形面存在磨损，导致表面粗糙度增大，进而导致锥套预紧力减少，如图 18。

图 18　十字头锥面磨损情况

3.3　管理原因

（1）未对老旧设备及配件进行深入性检查，检查力度不够，在机组具备大修条件下未对关键部件进行深入性检查，导致没有发现曲轴应力存在集中部位；

（2）每次检修时未及时检查发现十字头销等部件的磨损运行情况。

（3）对设备可能面临的风险识别不到位。

（4）机组检修策略没有做有效针对，对曾经发生过故障的机组没有进行彻底性排查。

（5）机组运行状态掌握不够及时，机组在 6 月 28 日凌晨 5 点就有振动上涨趋势，技术人员未及时发现振动异常趋势，没有第一时间掌握机组运行状态。

4　处理措施

拆卸曲轴、连杆和十字头，与各专业开会讨论决定对，北侧十字头销进行改造，计划将十字头销由锥型结构改为平销结构，降低安装难度，如图 19～图 20。

图 19　改造后十字头销盖板

图 20　改造后十字头销

5　结束语

重整装置一段压缩机 C3201D 为往复式压缩机是炼油生产一部重整装置的重要机组。展望未来，随着工业技术的不断发展，压缩机的性能要求将越来越高。后续研究可进一步拓展对新型压缩机技术的探索，以实现压缩机的高效、可靠、智能运行。希望本论文的研究成果能够为压缩机领域的研究人员和工程技术人员提供参考，共同推动压缩机技术的不断进步与发展

参　考　文　献

[1] 成大先. 机械设计手册第八版[M]. 2016.

由于循环氢脱硫塔造成高压加氢循环氢压缩机喘振的分析与处理

徐礼贤

（中国石化扬子石油化工有限公司设备部）

摘　要　循环氢压缩机是加氢裂化装置关键设备，2022 年装置全面大修后两次开机阶段穿越临界转速升速过程中，压缩机两端轴振动均发生了异常上升，机组转速在 2s 内转速由约 5000r/min 左右降至 200r/min 以下。经频谱分析判断，压缩机动静部位发生了严重碰磨。进一步原因分析，压缩机转速进入快速升速区时，入口氢气不能及时得到补充，造成机组喘振。在紊乱气流的阻力和动静摩擦的共同作用下，导致转子失稳，快速停车。

关键词　循环氢压缩机；喘振；谐波；进动；反进动；雾沫夹带

循环氢压缩机是加氢裂化装置的关键设备，机组是否能够长周期运行，直接关系到整个装置的运行可靠性。离心式压缩机一次意外停机大修，不仅会影响到本装置，还会影响到上下游兄弟单位的加工和盈利能力，给企业带来巨大的经济损失。本文通过介绍循加氢裂化环氢压缩机两次开机过程中振动增大的故障现象，从工艺、设备、仪表、频谱分析等方面进行全专业的故障隐患排查，找到故障发生的原因，变更开车方案，循环氢压缩机第三次开机成功。通过本次的故障排查、故障分析及故障应对的过程，对于所有故障案例参与者都是一次经验的积累，留下宝贵经验财富。

1　设备基本情况

循环氢压缩机 GB101 为离心式，见图 1，由蒸汽透平 GBT101 驱动。2010 年大修期间安装由沈鼓测绘并制造的压缩机，压缩机为圆筒式结构，有 4 级叶轮，背靠背排列。径向轴承为 5 块可倾瓦式，推力轴承为米切尔。原轴封采用浮环密封，2012 年改为约翰克兰串联式干气密封。

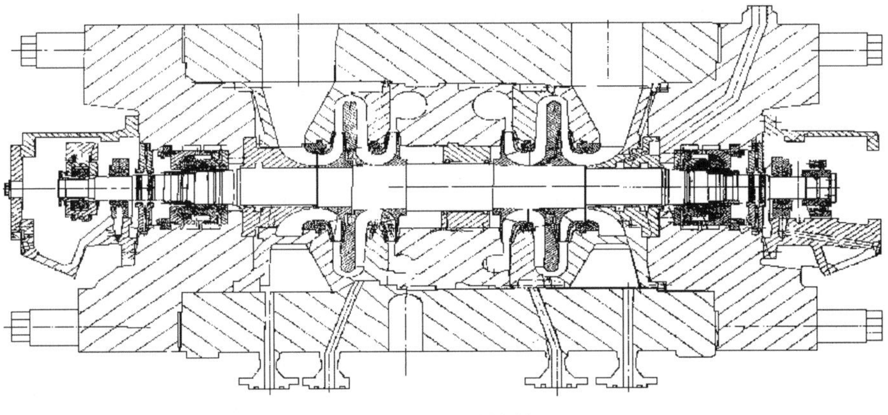

图 1　GB101 结构简图

透平 GBT101 由德国 AEG 制造，见图 2，是循环氢压缩机 GB101 的动力机，为凝汽式透平，带有一个冲动级和 14 个反动级，结构是水平剖分式。调速系统由电子调速器、串行调节阀、油动机、油过滤器等组成。保安系统由超速脱扣器、电磁三通阀、应急截止阀及其启闭控制器、滑阀等组成。

GB/GBT101 主要性能参数见表 1。

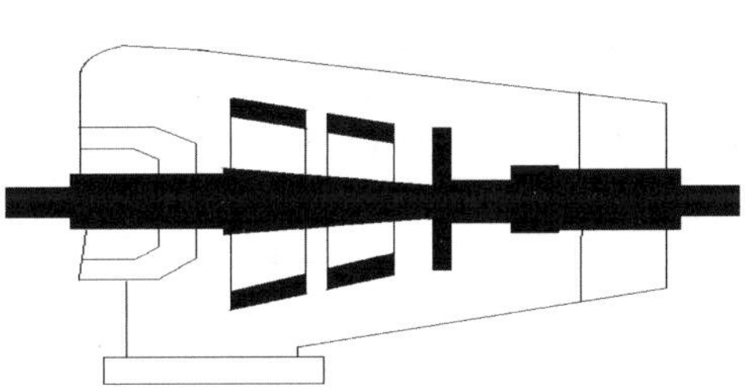

图 2　GBT101 结构简图

表1　GB/GBT101主要性能参数表

GB101		GBT101	
型号	原GC355/4，现CG9	型号	V20
工作介质	氢气	设计入口蒸汽压力	3.25MPa
吸入压力	15.59MPa	入口蒸汽温度	390℃
出口压力	17.33MPa	设计蒸汽流量	18.9
吸入 温度	43℃	设计功率	2450kW
出口温度	57℃	设计转速(100%)	11255r/min
转速	10700r/min	脱扣转速	12999r/min
输入功率	2450kW	第一临界转速	6570r/min
第一临界转速	5016(实测有偏差)	第二临界转速	12900r/min
第二临界转速	18621r/min	调速范围(气动)	6757~11818r/min

2　故障经过

2022年大修后，加氢裂化装置循环氢压缩机GB101分别于5月28日和6月9日组织了两次开机，在开机升速0~4000r/min阶段中，压缩机各项参数正常，运行平稳，但在穿越临界转速的升速过程中，均发生了2s时间内，转速由约5000r/min左右下降至200r/min以下，电调系统监测到转速迅速下降，瞬间提高阀位输出信号，见表2、表3；与此同时3个转速探头监测到转速低于200r/min，随即发出停机信号，见图3、图4，压缩机振动短时异常上升，径向轴瓦温度、推力盘温度正常，拆检径向轴瓦、推力瓦均正常，但转子与蜗壳的轴端密封、级间密封、隔离密封存在不同程度磨损。

表2　第一次试机2022.05.28相关参数数据表(SIS系统)

t(时间)/s	r/min(S1006A/B/C)	k/%(信号)	μm(S1010A)	μm(S1021A)
18：06：09	5169/5169/5169	22.21	10/8	14/30
18：06：10	5185/5185/5185	41.34	10/8	16/35
18：06：10	2549/2415/2595	41.34		
18：06：11	129/129/128	61.98	16/53	94/36
18：06：12	58/56/59	0	99/71	100/100
18：06：13	30/29/29	0	80/78	100/100
18：06：14	0	80/75	100/100	

表3　第二次试机2022.06.09相关参数数据表(SIS系统)

t(时间)/s	r/min(S1006A/B/C)	k/%(信号)	μm(S1010A)	μm(S1021A)
12：40：28	4990/4990/4990	21.34	16/19	46/38
12：40：29	4483/4481/4479	40.36	46/56	100/100
12：40：30	122/122/121	58.96	90/82	100/100
12：40：30	92/91/92	0	90/82	100/100
12：40：31	90/90/90	0	80/78	100/100

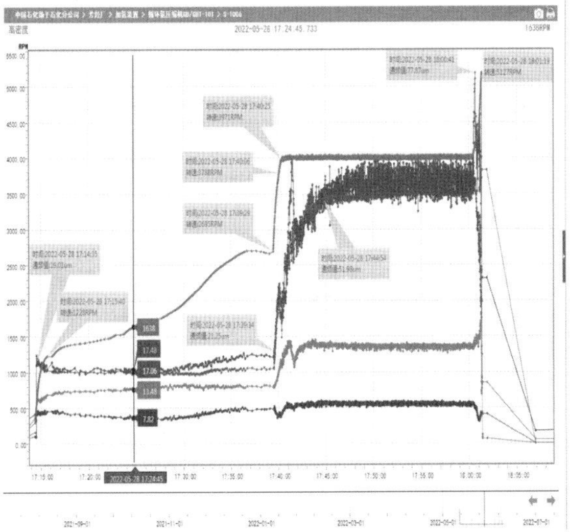

图 3　第一次试机 SG8000 图谱趋势

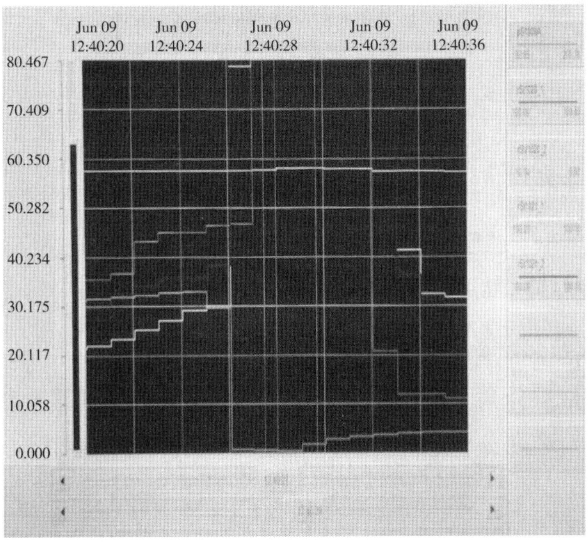

图 4　第二次试机变化趋势(SIS)

3　故障排查

3.1　工艺流程管路排查

制定循环氢工艺流程管路系统排查表单，工艺、设备、仪表专业分别检查盲板、阀门、设备、阀门、单向阀及调节阀等 40 处，通过开盖检查、内窥镜、氮气吹扫等方法排查各系统有无堵塞情况。

3.2　开机步序排查

对比历年压缩机开机步序，2012 年增设了循环氢脱硫系统设施。对比装置 2017 年开机时的操作条件，当时开车时循环氢脱硫塔旁路开度为 25.9%，本次大修后的 5 月 28 日、6 月 9 日两次开车时，循环氢脱硫塔旁路没有开，氢气进入压缩机入口前必须全部通过循环氢脱硫塔。

3.3　设备解体排查

拆 GB101 两端径向轴瓦，检查轴颈及瓦面均正常。拆检推力轴瓦及推力盘正常。机体抽芯，检查发现，压缩机转子和蜗壳相互配合的气封、级间密封、隔离密封部位严重磨损，其它正常。蒸汽透平再次单试正常。

3.4　仪表排查

仪表专业检查转速探头，GB/GBT101 有五个转速监控分布在 3 个相对独立的系统中，见图 5，在各自系统中两次开机均在 2S 内转速降至 200r/min 以下，以及第二次开机过程中现场进行摄像监控就地指示表与远传表同步等方面，基本排除转速探头故障引发机组停机；此外电仪协调康吉森专家对调速控制系统逻辑进行全面检查，未发现异常，并且从机组停机前后跟踪情况判断调速系统正常。

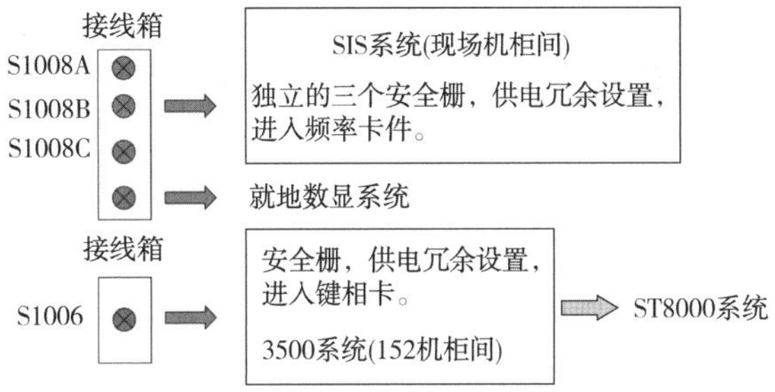

图 5　转速探头分布情况

3.5　频谱分析

通过机组配置的 SG8000 状态监测系统数据分析 5 月 28 日压缩机开机期间的振动趋势，见图 6，机组在 4000r/min 左右暖机阶段，振动主要是 1X，在停机前 18：01：15 时，进动方向为正进动，见图 7，在 18：01：17 进动方向变化为反进动，见图 8，一致持续到 18：01：23，见图 9。

在 18：01：16，出现了 7.75HZ，1X、2X、3X 出现了 7.5Hz 的边带，见图 10，发生了调制，出现谐波，频谱出现地毯值，波形图显示相位不稳定。

分析 6 月 9 日开车过程图谱，升速前振动正常，在快速升速至 5000r/min 过程中振动突然上升，见图 11。压缩机驱动端 S-1021A 测点波形频谱图显示，时域波形存在明显的幅值调制现象，频域谱图中出现以 1 倍频为主，伴随小于 15Hz 的特征频率及非常丰富的高次谐波成分。

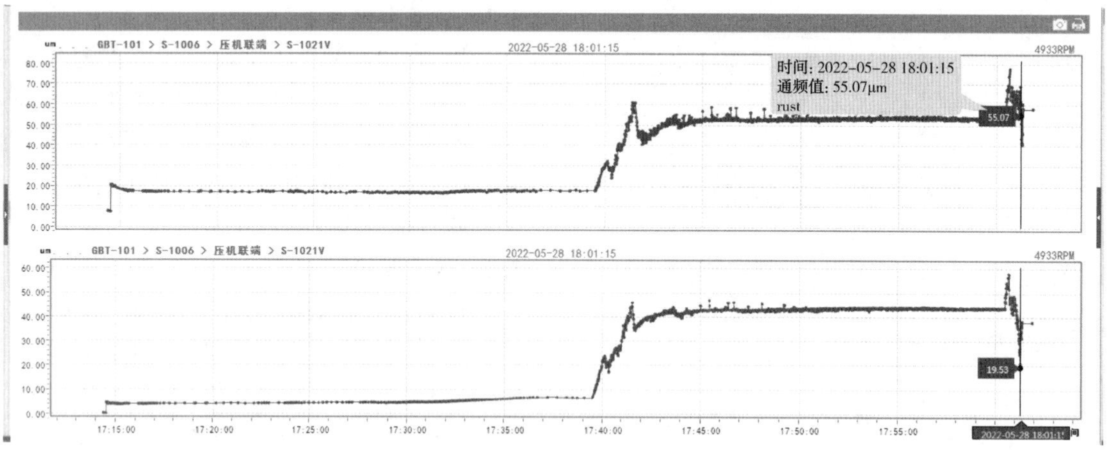

图6　压缩机振动S-1021V振动趋势

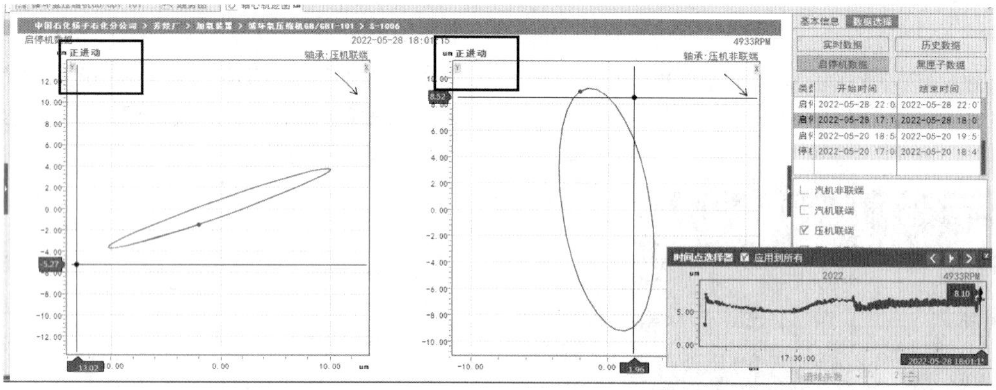

图7　18：01：15时轴心轨迹

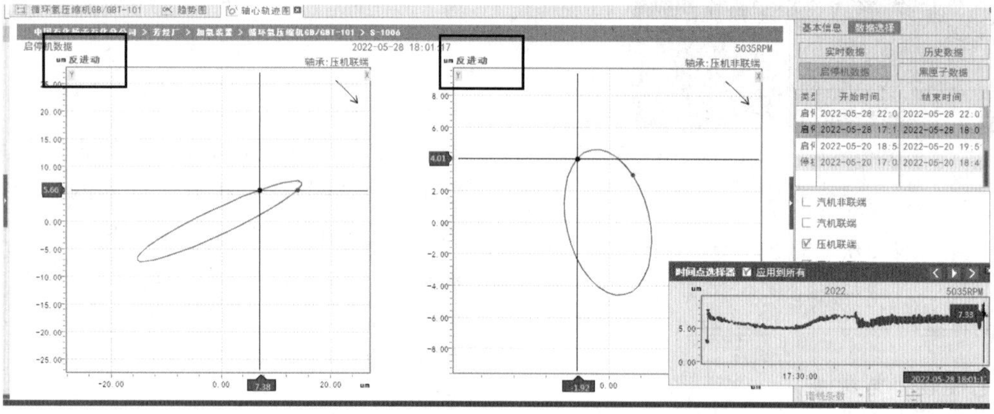

图8　18：01：17时轴心轨迹

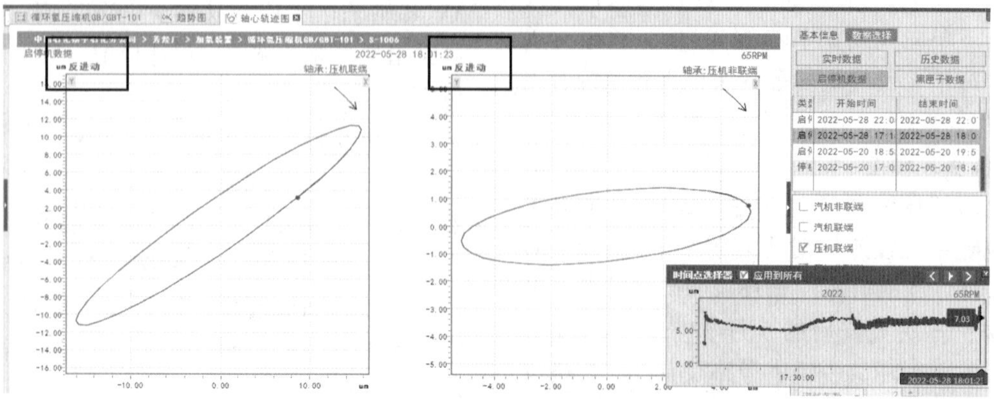

图9　18：01：23时轴心轨迹

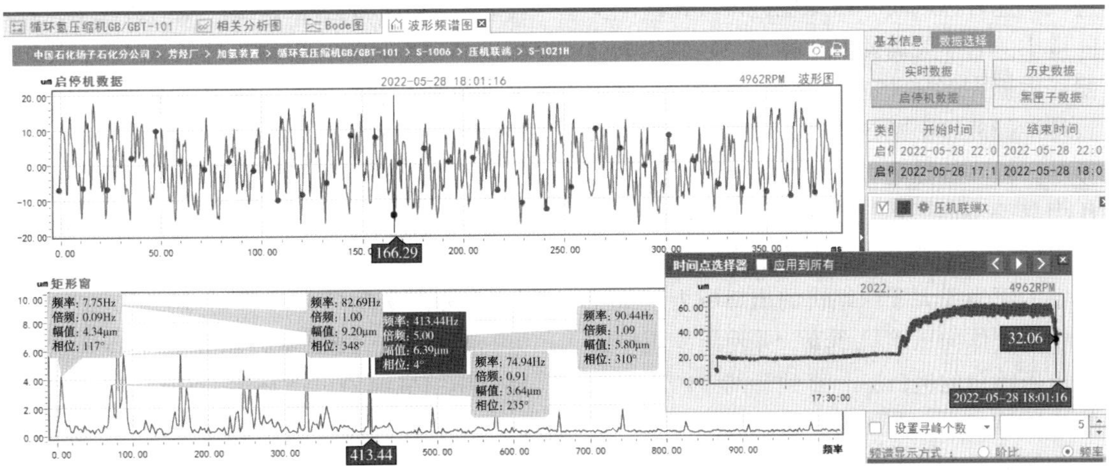

图 10　18：01：16 波形频谱图

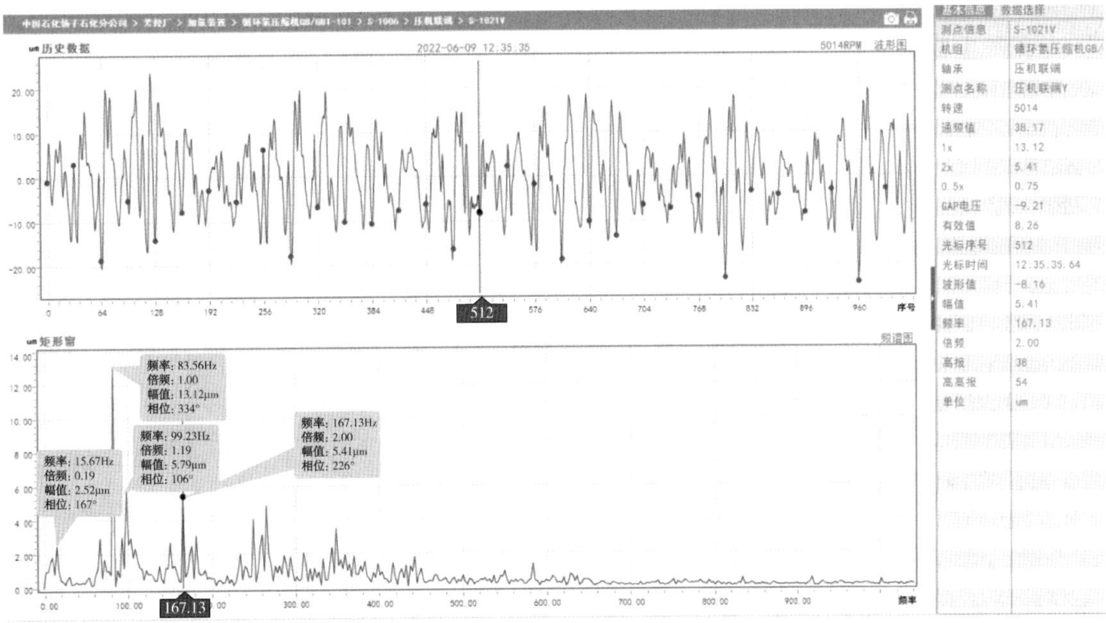

图 11　6 月 9 日开车过程波形频谱图

综合以上各图谱分析，说明在这个阶段机组发生喘振及动静碰磨。

3.6　设备检修质量回顾

离心压缩机 GB/GBT101 检修后，经历两次开机升速过程中，压缩机两端轴承振动异常上升，转速下降导致机组联锁停机。回顾两次停机前的检修质量情况，机组的各检修质量控制点数据均在合理范围内，定子、转子无损检测正常，筒体检查清理无异物，排除检修质量偏差导致的机组联锁停车。

4　原因分析

4.1　直接原因

通过两次机组停机现象、机组及停机前参数及频谱分析，两次停机过程极为相似。通过机组配置的 SG8000 状态监测系统数据分析可知，两次开机故障前，频域谱图中都出现以 1 倍频为主，伴随小于 15Hz 的特征频率，这是机组喘振基本特征频率。结合机组两次停机前都出现 8 秒左右剧烈吼叫声，这也是机组喘振时最为典型的特征，说明此时机组已经发生严重喘振。

根据 5 月 28 日压缩机开机期间的轴心轨迹图，在 18：01：17 时转子的轴心由正进动方向变化为反进动，一致持续到 18：01：23，同时出现了 1X、2X、3X 谐波，频谱出现地毯值，波形图显示相位不稳定，说明动静转子发生了非常严重的碰磨。

根据振动频谱所传达的信息可推断，压缩机

转速进入快速升速区时，压缩机进口气量瞬间受阻，叶道中的若干脱离团就会连在一起成为大的脱离团，占据大部分叶道，这时气流受到严重阻塞，致使性能曲线中断与突降。叶轮虽仍旋转对气流做功，但不能提高气体的压力，于是压缩机出口压力显著下降。由于管网具有一定的容积，故管网中的气体压力不可能很快下降，于是会出现管网中的压力反大于压缩机的出口压力，从而使管网中的气体向压缩机倒流，并使压缩机中的气体冲出压缩机的进口，一直到管网中的压力下降至等于压缩机出口的压力，这时倒流停止。气流又在旋转叶轮的作用下正向流动，提高压力，并向管网供气，随之流经压缩机的流量增大，但当管网中的压力迅速回升，流量又下降时，系统中的气流又产生倒流，如此正流、倒流反复出现，造成机组喘振。

喘振造成的后果是很严重的，它不仅使压缩机的性能恶化，压力和效率显著降低，压缩机内部气流瞬间紊乱，导致转子跳动与固定部分严重碰撞摩擦，轴振动快速上升至 100μm 以上。转子在紊乱气流和动静摩擦的共同作用下，2s 内，转速由约 5000r/min 左右下降至 200r/min 以下，机组故障停车。

4.2　间接原因

2012 年，1#加氢裂化装置循环氢系统在循环氢压缩机前增设循环氢脱硫塔，见图 12 红框区所示，使得循环氢系统容量增大、流程延长，循环氢压缩机防喘振线设置在循环氢脱硫塔前，氢气必须经过一系列反应出料调节冷却器 EA108、高压分离器 FA103、循环氢脱硫塔 DA105 后，方能进入循环氢压缩机入口。

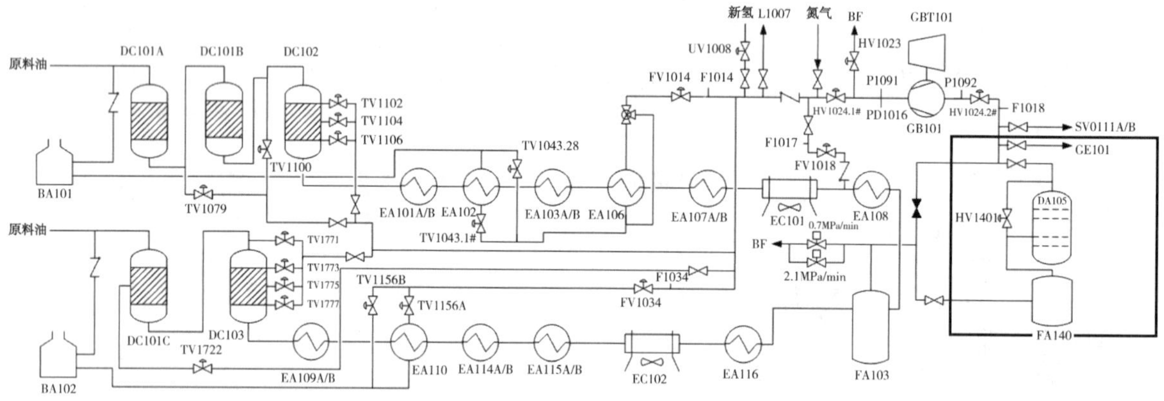

图 12　1#加氢裂化循环氢系统示意图

循环氢压缩机开机期间依据升速曲线升速，见图 13，当转子进入快速升速区时转速增加量为 3000r/min，转速由 4400r/min 升至 6600r/min 只需要 44s，这个时段所需循环氢量陡增，但此时循环脱硫塔液相进料已投用，即胺液进料量 F1402 为 39t/h。根据开机方案的流程设置，氢气进入循环氢压缩机入口前必须经过循环氢脱硫塔，但氢气由塔底向上快速补充过程中受到塔盘和液层的阻力，塔顶部区域因氢气量不能快速补充而导致压力急剧下降，塔底、塔顶压力差随之快速增大，大量的氢气在高压差的驱动下快速由塔底向塔顶部补充。气体快速通过塔盘时，塔盘受到阻力是干板阻力损失与液层阻力损失之和，公式如下：

气体通过塔板的总压降为：$h_f = h_d + h_L$

① h_d 气体通过塔盘的干板阻力损失

$h_d = 5.34(u_0)^2 \rho_v / 2g\rho_L$

ρ_v 为塔内气体密度，kg/m^3

ρ_L 为塔内液体密度，kg/m^3

u_0 为空塔气速，m/s

② h_L 气体通过板上的液层阻力损失

$h_L = \beta(h_w + h_{ow})$

h_w 溢流堰高；

h_{ow} 对板上积液高度；

β 为液层充气系数，无量纲

所以塔盘总压降为：$h_f = h_d + h_L = h_d = 5.34 (u_0)^2 \rho_v / 2g\rho_L + \beta(h_w + h_{ow})_m$

通过上述公式得出，气速增大 u_0 增大时，干板阻力 h_d 与气速平方 u_0^2 成正比，干板阻力 h_d 占比增大；当板上积液高度增加，气体通过板上的液层阻力损失也随之增加，从而总阻力损失 $h_f = h_d + h_L$ 增加，见图 14。

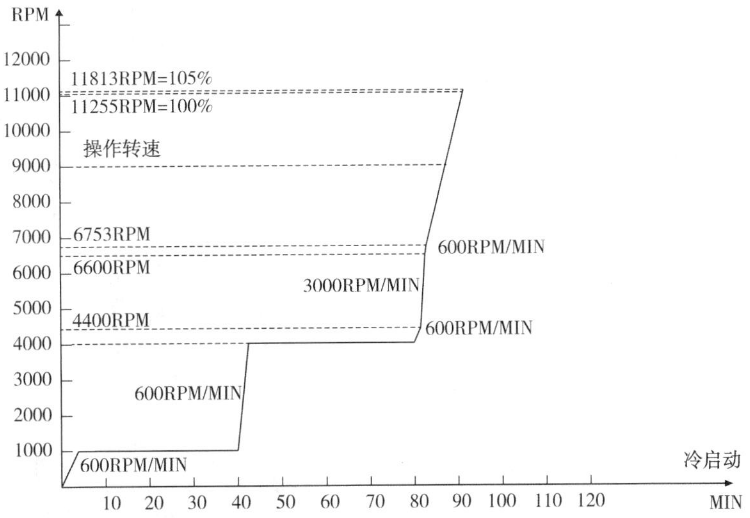

图 13 循环氢压缩机升速曲线图

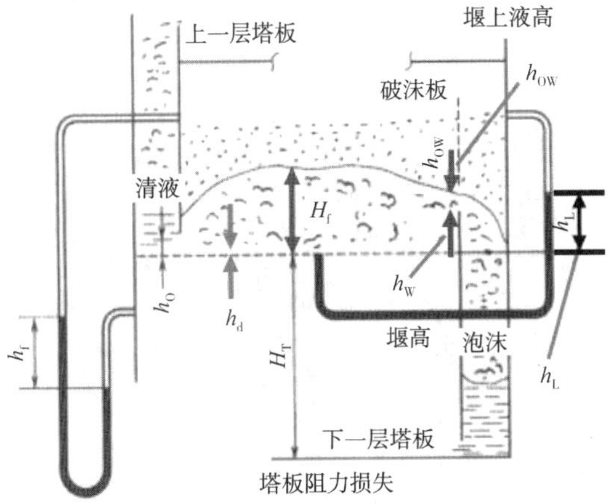

图 14 塔板阻力损失示意图

综上，当气相量过大，使得大量液滴从泡沫层中喷出到达上层塔板。过量液沫夹带到上层塔板，可使板上液层加厚，如果气体流量进一步增加，液层的加厚便显著起来(板上液体量增多，气泡加多、加大)。气流通过加厚的液层所带出的液沫又进一步加多。这种过量液沫夹带使泡沫层顶与上一层板底的距离缩小，液沫夹带持续地有增无减，大液滴易直接喷射到上一层板，泡沫也可冒到上一层板，终至全塔被液体充满，形成泛液。此现象可在工艺流程检查时，打开循环氢脱硫塔顶部大盖时得到验证，见图 15，人孔通道壁有液体下流的印记，说明雾沫夹带已达到循环氢脱硫塔顶部人孔处。

液沫夹带是一种与主流方向相反的液体流动，增大降液管负荷，增加塔板上液层高度，液沫夹带严重时会造成过量液沫夹带液泛，从而使氢气通过塔板的气相阻力增大。氢气不能及时补充至循环氢压缩机入口导致机组喘振。

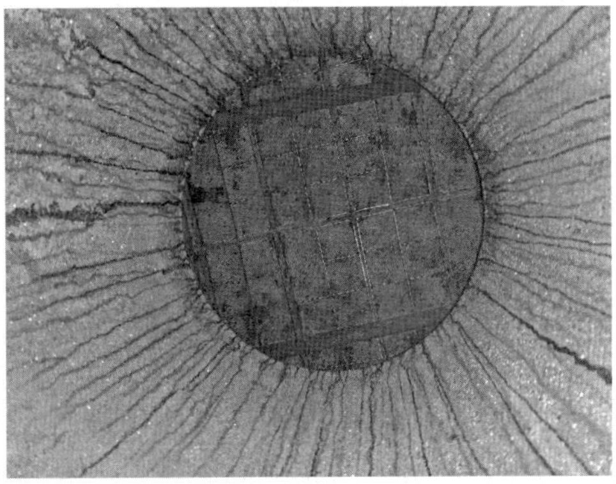

图 15 循环氢脱硫塔顶部人孔通道壁液体倒流痕迹

4.3 管理原因

4.3.1 装置改造风险辨识不足

对装置改造的全专业分析能力不足，针对装置历次改造的设计方案审查不够深入，未能识别出循环氢系统管路阻力增加后，导致压缩机运行工况的偏离风险，未提出压缩机适应性核算的审查意见。

4.3.2 专业对问题分析判断不足

在 5 月 28 日当晚发现仪表人员在中控室内关闭 DDESERVER，重启 DDESERVER，重新变更 WINDOWS 登录账户，有紧固一个 RJ45 网线水晶头的动作，造成 SIS 系统黑屏。因此，各专均怀疑仪表 SIS 系统出现了问题，但无法解释机组 5000r/min 在 2s 内降至 200r/min 以下的原因，故主观认为是仪表误动作所致，没有排查出根本原因，由此第二次开机前未变更开车方案。各专业对问题分析判断上认识不足。

4.3.3　开车方案考虑不充分

表单化开车方案考虑不充分，未能全面识别出循环氢脱硫塔投用方式对压缩机开机的影响。仅考虑了避免催化剂粉尘对压缩机干气密封的不利影响，未识别出旁路阀开度对压缩机入口管道阻力的影响，未明确循环氢脱硫塔旁路的开度要求。

5　对策措施

5.1　第三次设备检修情况

第二次故障后拆检径向瓦、推力瓦均正常，转子与蜗壳的口环密封、级间密封、隔离密封、轴端密封同样存在不同程度磨损，半联轴器与转子锥形配合面损伤。

本次将蜗壳及转子送至沈鼓检修，由于叶轮无法拆除，转子进行了破拆，制作更换了新轴，见图16。新轴与旧叶轮装配成新的转子，更换各级密封，对各部位密封间隙进行修配，密封间隙按标准上限控制，见图17。现场回装过程中，沈鼓的专家、金陵石化的检修专家全程指导，对每一步检修数据进行核对，确保检修质量。

5.2　优化开机方案

优化循环氢压缩机开机流程，循环氢压缩机组开机前贫胺液泵暂不投用，循环氢脱硫塔旁路全开，循环氢经过空的脱硫塔及其旁路管道，并且开机前系统压力由3.5MPa降至2.3MPa，降低压缩机启机负荷，系统保持全畅通循环，尽量消除循环氢管系阻力干扰因素。优化循环氢压缩机升速曲线，见图18，变更临界区升速速率，主要将机组跨临界区的升速速率由每分钟3000r/min降至1800r/min，降低快速升速对压缩机入口气量补充不足的不利影响。

图16　新轴加工

图17　新加工的转子与密封配装

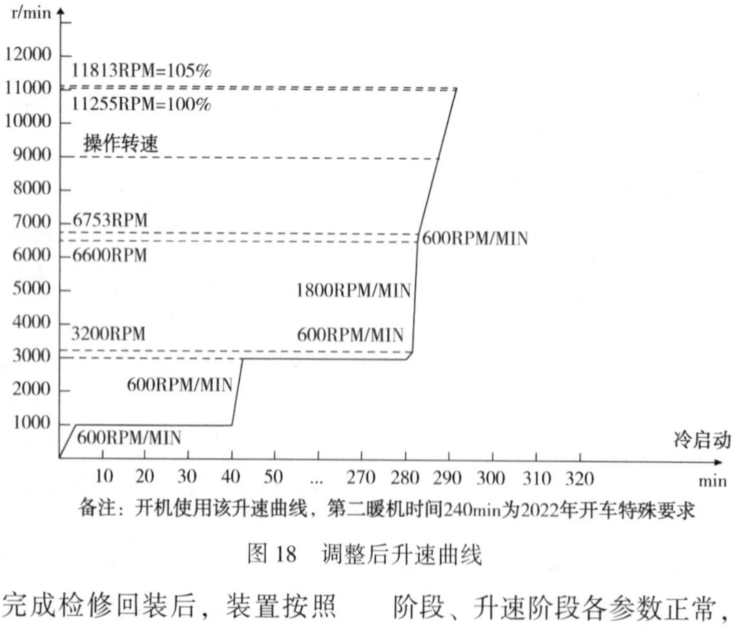

图18　调整后升速曲线

6月25日机组完成检修回装后，装置按照重新审批后开机方案和升速曲线组织开车，暖机阶段、升速阶段各参数正常，机组按升速曲线完成升速后，运行正常。

6 结语

(1) 通过工艺、设备、仪表、频谱分析等方面进行全专业的故障隐患排查，确定循环氢压缩机振动的原因为转子转速进入快速升速区时，循环氢压缩机入口氢气受阻，造成机组喘振，最终导致动静发生严重摩擦。

(2) 提出改进措施，优化循环氢压缩机开机流程、变更压缩机升速曲线，为保证入口流量循环氢压缩机组开机前贫胺液泵暂不投用，动静密封间隙按标准上限来控制，实现开机成功。

(3) 加氢裂化循环氢压缩机在开车升速期间出现的喘振现象比较罕见，已成为行业内的一个较为特殊的故障案例，对其他石油化工装置氢离心式压缩机的操作具有借鉴意义。特别是故障原因排查的过程中，工艺、设备、仪表、频谱分析等全专业、全方位联动，遇事统一调度、统一协调，留下了很多宝贵的管理经验。

参 考 文 献

[1] 戴厚良，徐钢，张涌．石油化工设备维护检修规程[M]．北京．中国石化出版社，2020.

[2] 吴海利，于月．渣油加氢循环氢压缩机振动超标[J]．压缩机技术，2019.

[3] 李云，姜培正．过程流体机械[M]．北京．化学工业出版社，2008.

[4] 徐忠．离心压缩机原理[M]．北京：机械工业出版社，1990.

[5] 陈敏恒，丛德滋，齐明斋．化工原理[M]．北京：化学工业出版社，2020.

循环水泵蒸汽透平阀杆断裂失效分析

王书磊

（中国石化扬子石油化工有限公司）

摘　要　介绍了循环水泵蒸汽透平阀杆失效情况，对断口取样检测，通过材质成分分析、金相组织分析和力学性能测试，螺栓含碳量偏高，其在拉伸载荷下抗拉强度偏低，未满足标准要求；同时其抵抗裂纹扩展能力较差。在需要长期承受交变载荷作用的工况下，螺纹边缘应力集中区域诱发裂纹，材料强度不足，最终发生断裂，断裂整体呈现脆性特征。针对透平阀杆螺纹应用压力条件，估算螺纹结构工作应力，阀杆材料可使用25Cr2Mo1V、9Cr1MoV、35CrMo三种具有高强度、高韧性、良好的耐热性和耐腐蚀性材料。同时建议改善阀杆螺纹段加工质量，在螺纹截止区域增加R角避免引起较大的应力集中。

关键词　透平；调速阀；阀杆；失效；蒸汽

1　概况

某石化循环水泵蒸汽透平阀杆发生断裂，该阀杆半年前投入使用，材质为2Cr13不锈钢。蒸汽透平阀杆的主要作用是通过螺纹段拉杆控制阀门开度，调节蒸汽流量，蒸汽工作压力4.0MPa，工作温度约360℃。在工作时，阀杆需要承受蒸汽冲刷，根据流量不同，冲刷速度存在波动；同时由于蒸汽的高速冲刷，导致阀杆在工作中存在振动，带来额外弯曲载荷。

图1为阀杆失效位置示意及取样图。断裂位置发生在透平阀杆螺纹连接处根部，从图1(b)中可以看出，阀杆从螺纹根部断裂后，螺纹段滞留在螺母内部。现场取样后，取得断端样品如图1(d)所示，从图中可以看出断口表面平整，阀杆直径18mm，螺纹段规格为M12，螺纹和阀杆过渡处为一45°倒角锥面，锥面上存在明显的加工刀痕。

(a)阀杆失效位置示意　　(b)现场拆卸后的断裂阀杆

(c)现场拆卸后的断裂阀杆(左侧为断裂螺纹)　　(d)端部取样(轴侧视图)

图1　失效阀杆

根据阀杆结构参数，估算螺纹段所受应力，经测量阀杆盘片平均直径约 74mm，阀杆直径 18mm，螺纹规格 M12×1.5。估算螺纹段拉应力，取螺纹小径约 10.5mm，则有力的平衡关系：

$$4.0\times(74^2-18^2)=\sigma\cdot 10.5^2$$

$$\Rightarrow\sigma=187.0$$

可知螺纹段工作应力约为 187.0MPa。

2　断口分析

为了解失效原因，对断口进行取样观察。断口在 SEM 下的整体形貌图如图 2 所示。

(a)断口区域标注实物图

(b)断口SEM照片

图 2　断口宏观形貌

从图中可以看出断口左侧为启裂区，中间为平整宽大的扩展区，在断口右下方为最终的瞬断区。启裂区从螺纹第一个螺纹牙开裂，沿着指向圆心方向扩展，形成了平整的扩展区，在图中右下位置扳断，可见新鲜断口，表面呈现塑性扳断的撕裂棱线。

通过扫描电镜对断口进行微观分析，断口微观形貌图如图 3 所示。图 3(a)-(b) 为启裂区局部形貌。在启裂区靠近螺纹边缘处，螺纹表面凹凸不平，存在加工刀痕和局部的缺陷，可见脆性开裂的解理台阶；在启裂区靠近芯部位置可见由于疲劳载荷引起的裂纹扩展痕迹，可对应螺纹段开裂前期，应力水平较低，扩展速度较慢，裂纹开度随着振动及阀杆动作造成缓慢的增加。

图 3(c)-(d) 为扩展区微观形貌。扩展区为启裂区向芯部区域延伸，穿过圆截面中心，向对侧方向扩展，整体呈现平整的脆性开裂的特征，可观察到密集的解理和准解理开裂台阶花样，无明显的疲劳辉纹，说明在裂纹的扩展过程中，此阶段扩展速率较快，材料在外部载荷的作用下，迅速开裂，从而形成了宽大解理平台，证明材料具有较高的脆性，对裂纹扩展的抗性较差。这一现象也和螺纹段仅在使用六个月后断裂相吻合。在扩展区和启裂区表面均能观察到高亮度颗粒状夹杂。

图 3(e)-(f) 为瞬断区微观形貌。瞬断区为裂纹扩展至临界值后发生快速断裂的区域。瞬断区在螺纹段断裂截面的右下区域(图 2b)。在瞬断区可观察到由于外部载荷造成的局部撕裂，和最终断裂区域出现塑性开裂形成的撕裂棱和韧窝状表面。说明在最后的断裂阶段，螺纹段材料经历了较大应力的作用，出现了局部的撕裂和塑性拉断。

经扫描电镜观察，断面上存在较多高亮夹杂物，如图 4 所示。为明确断面上的高亮夹杂物的具体成分，采用能谱分析仪对断口中杂质较多的区域进一步进行分析，图 5(a) 为测试区域，测试结果分别如图 5(b) 与 (c) 所示。测试结果表明断口中存在大量颗粒状夹杂，在断口上均匀分布，根据能谱结果，其中 Si、Al、O 元素较多，推测夹杂物成分主要为 SiO_2 与 Al_2O_3。2Cr13 不锈钢中出现 SiO_2 夹杂物的可能原因为熔炼过程中卷入的炉渣，或钢液暴露在空气环境下与氧反应的产物。金属材料中夹杂物的存在极易引发裂纹的萌生，降低材料塑性和韧性，增加材料的脆性，对材料的机械性能具有重要影响。

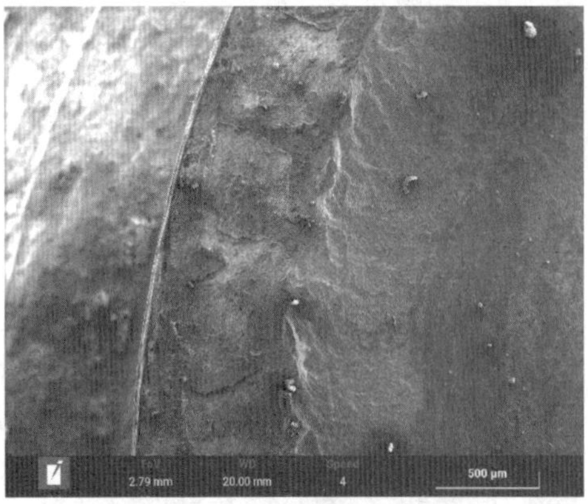

(a) × 200(启裂区)

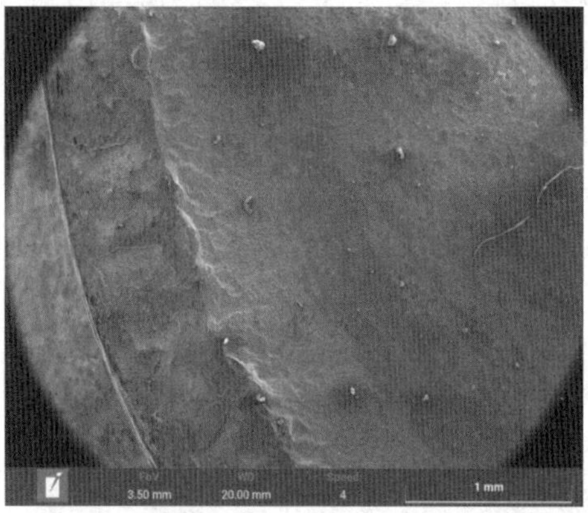

(b) × 159(启裂区)

(c) × 1000(扩展区)

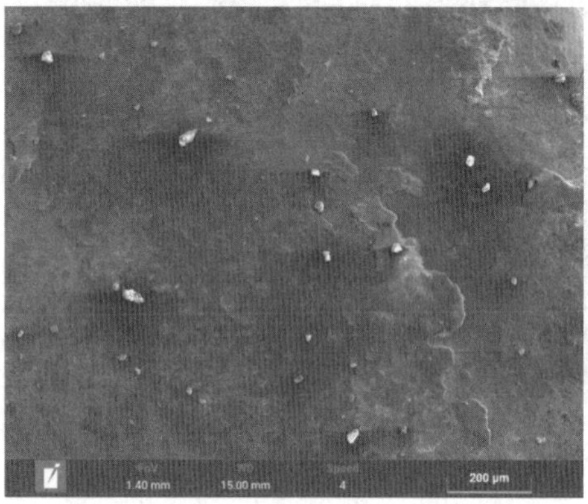

(d) × 400(扩展区)

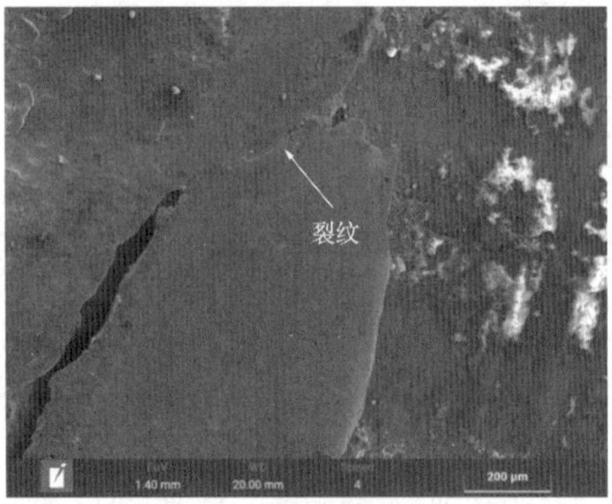

(e) × 400(瞬断区)

(f) × 159(瞬断区)

图 3　断口微观形貌

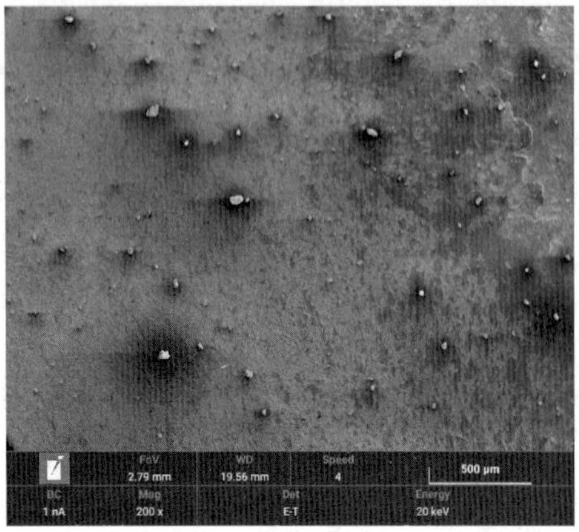

(a) × 200

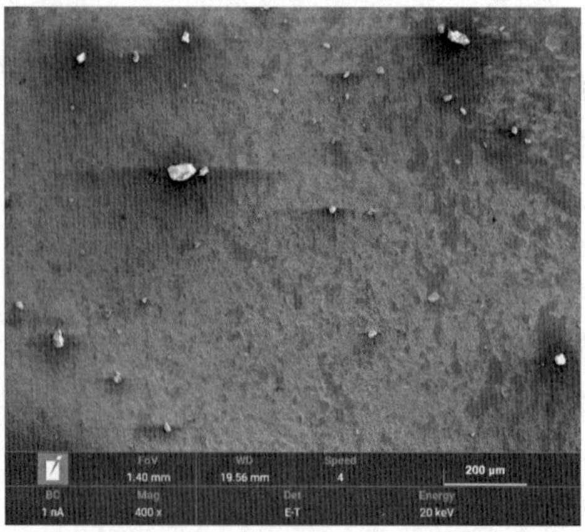

(b) × 400

图 4　断口微观形貌

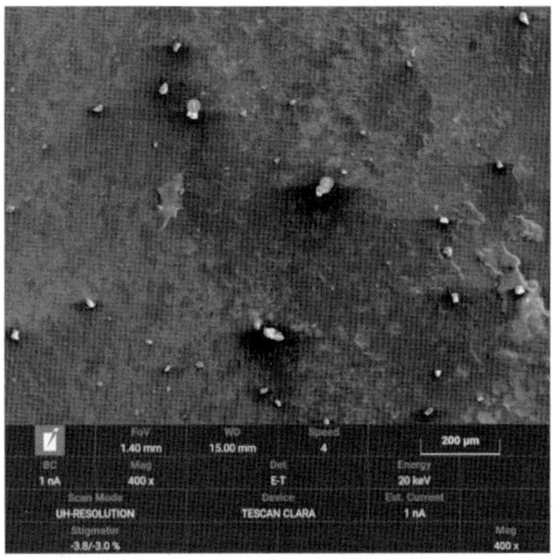

(a)测试区域

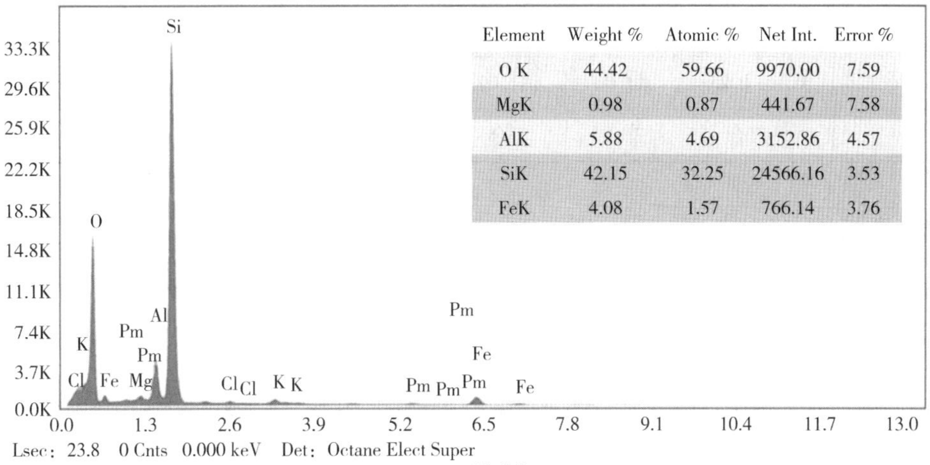

Element	Weight %	Atomic %	Net Int.	Error %
O K	44.42	59.66	9970.00	7.59
MgK	0.98	0.87	441.67	7.58
AlK	5.88	4.69	3152.86	4.57
SiK	42.15	32.25	24566.16	3.53
FeK	4.08	1.57	766.14	3.76

(b)-测试点1

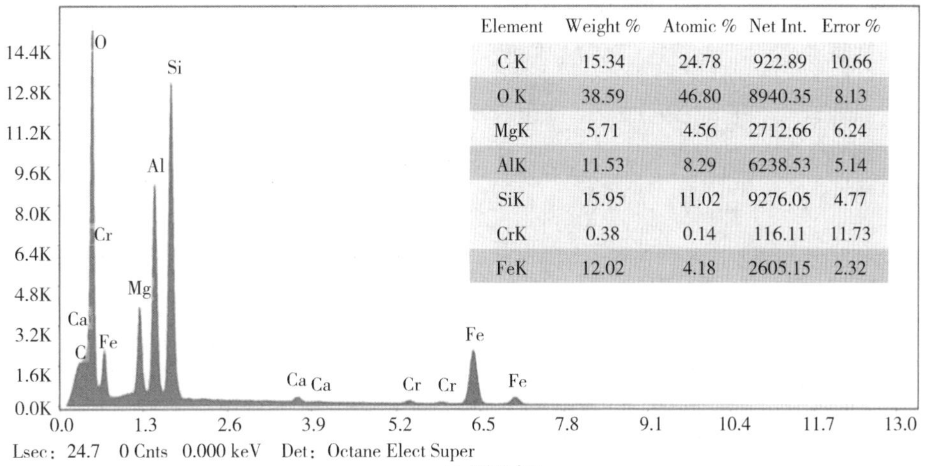

Element	Weight %	Atomic %	Net Int.	Error %
C K	15.34	24.78	922.89	10.66
O K	38.59	46.80	8940.35	8.13
MgK	5.71	4.56	2712.66	6.24
AlK	11.53	8.29	6238.53	5.14
SiK	15.95	11.02	9276.05	4.77
CrK	0.38	0.14	116.11	11.73
FeK	12.02	4.18	2605.15	2.32

(c)-测试点2

图 5　试样 2#能谱分析结果

3　材质成分分析

在透平阀杆螺栓断口附近区域取样进行成分检测，取样位置如图 6 所示。测试方法为火花放电原子发射光谱法，检测设备为日立直读光谱仪 FOUNDRY-MASTER-SMART。测试结果如表 1 所示，对比 GB/T 1220—2007《不锈钢棒》和 GB/T 20878—2024《不锈钢 牌号及化学成分》，材质碳含量偏高。碳含量成分偏高可能会使材料的硬度增加，导致位错运动受阻，容易在应力集中处产生裂纹，塑性变形能力较差，因此材料脆性也会增大。

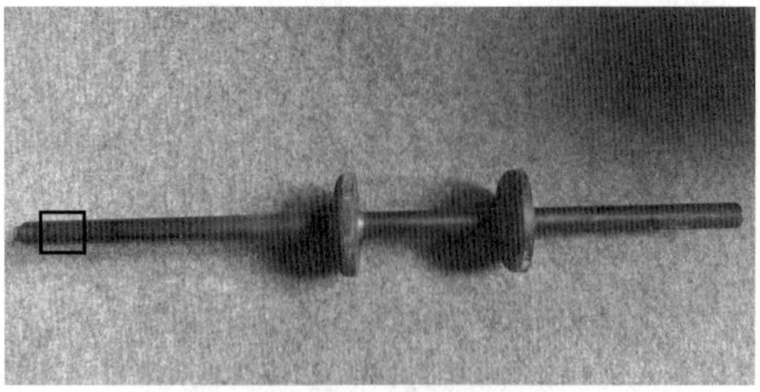

图6　金相组织及材质成分试样取样位置

表1　材质成分检测结果及标准对比

元素	C	Si	Mn	P	S	Cr	Ni
含量	0.38	0.42	0.62	0.025	0.005	13.80	0.23
GB/T 1220—2007	0.16~0.25	≤1.00	≤1.00	≤0.04	≤0.03	12.00~14.00	≤0.60
GB/T 20878—2007	0.16~0.25	≤1.00	≤1.00	≤0.04	≤0.03	12.00~14.00	≤0.60
结论	不符合	符合	符合	符合	符合	符合	符合

4　金相组织分析

对透平阀杆靠近螺纹段取样进行金相组织检测，取样位置如图6所示。采用三氯化铁盐酸水溶液对磨抛后的金相试样进行侵蚀，通过 O-LYMPUS DX510 显微镜下观察其金相组织，如图7所示。

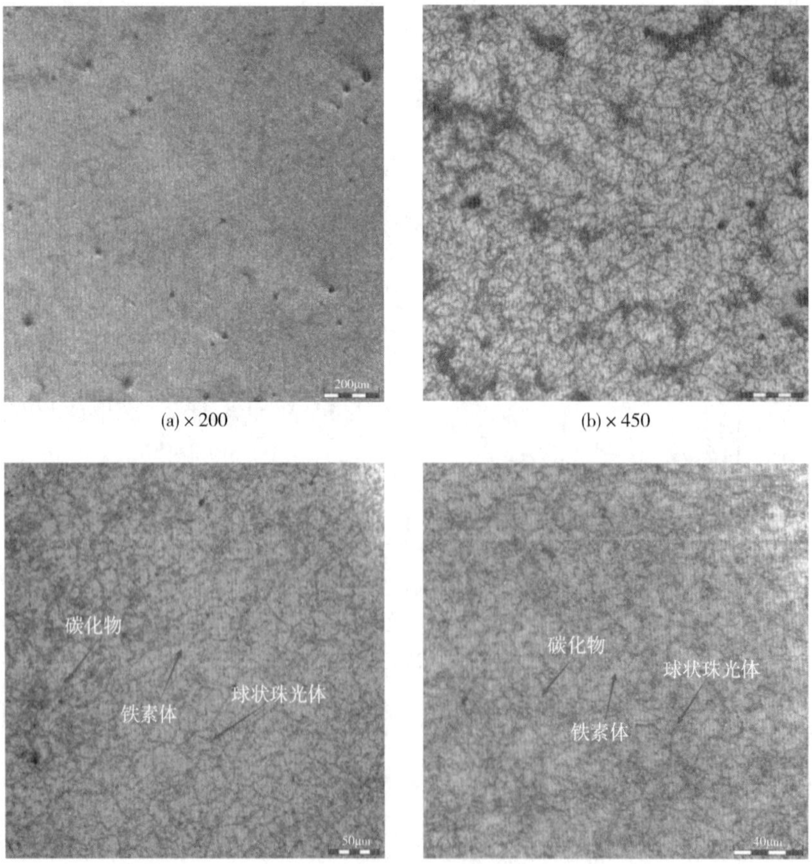

(a)×200　(b)×450

(c)×750　(d)×1250

图7　金相组织图

阀杆材质为 2Cr13 不锈钢，GB/T 1220—2007《不锈钢棒》中规定 2Cr13 钢的热处理工艺包括以下两种：①在退火处理时，进行 800~900℃缓冷或 750℃快冷；②在调质处理时，进行 920~980℃淬火油冷，之后进行 600~750℃回火快冷。在退火态时，2Cr13 金相组织为铁素体和碳化物。在调质处理后，2Cr13 金相组织应为带有马氏体位向的均匀回火索氏体。

图 7 为透平阀杆材料的金相组织图，为铁素体、黑色碳化物颗粒和球状珠光体，可以推断出透平阀杆为退火处理，未经过调质处理。球状珠光体的存在说明热处理时芯部温度不足，导致金相组织未充分转变。

5 力学性能分析

对阀杆材料进行力学性能测试样品制备，取样位置如图 8 所示。依据 GB/T 231. 1—2018《金属材料布氏硬度试验方法》、GB/T 228. 1—2021《金属材料室温拉伸试验方法》对试样进行硬度与拉伸性能的测试。

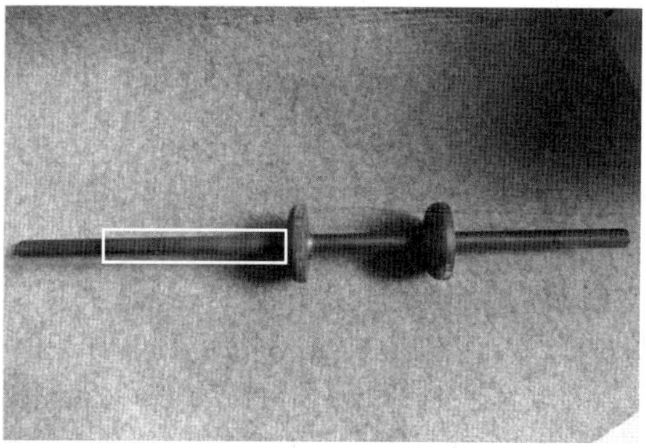

图 8　力学性能试样取样位置

5.1 硬度测试

首先对透平阀杆材料进行硬度检测，利用 TouchRock 150 Pro 触摸屏数显硬度计在所取试样上取点进行硬度测试。分别取截面端从芯部到外表面八个点和圆柱外表面两个点进行硬度测试，如图 9 所示。测量结果如表 2 所示。由测量结果可知，透平阀杆硬度的平均值为 266. 85HBW，与标准中要求的 192~223HBW 相比，硬度值明显偏高。硬度偏高往往伴随着脆性的增加，这使得连杆在受到冲击或过载时更容易发生断裂。

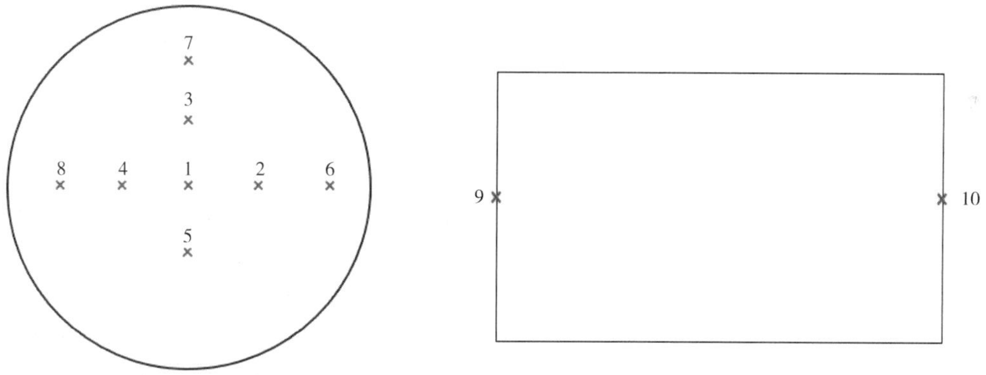

(a)断口截面打点示意图　　(b)圆柱体外表面打点示意图

图 9　打点示意图

表 2　硬度测量值(HBW)

编号	1	2	3	4	5	6	7	8	9	10	均值
硬度	254. 4	259. 1	263. 3.	263. 3	263. 9	270. 2	270. 9	270. 6	277. 3	274. 9	266. 85
标准	192~223										
结论	不符合										

5.2 拉伸性能

依据 GB/T 228. 1—2021《金属材料室温拉伸试验方法》进行拉伸试验。拉伸试样尺寸如图 10 所示。拉伸试样厚度为 3mm，标距段长度为 7mm。试验采用 MTS311. 32 万能试验机进行拉伸试验，加载速率为 2mm/min。

拉伸试样测试前如图 11 所示，拉伸试样拉断后形状如图 12 所示，拉伸试样均在标距段内断裂，数据可用。拉伸试验结果数据如表 3 所示。结果表明：拉伸试样的平均抗拉强度为

525.65MPa，平均屈服强度为464.90MPa，断裂均发生在标距段内，表明数据有效。以GB/T 1220—2007《不锈钢棒》为评价指标，标准中对2Cr13拉伸强度的最低要求为640MPa，透平阀杆材料的拉伸强度未达到标准要求，屈服强度和伸长率符合要求。拉伸试样的应力应变曲线如图12所示，没有明显的屈服平台，2个试样的曲线趋势相近。

透平阀杆材料的拉伸强度未达到标准要求，限制了材料在拉伸载荷下的承载能力，容易叠加应力集中产生表面裂纹并快速扩展，使服役寿命缩短。

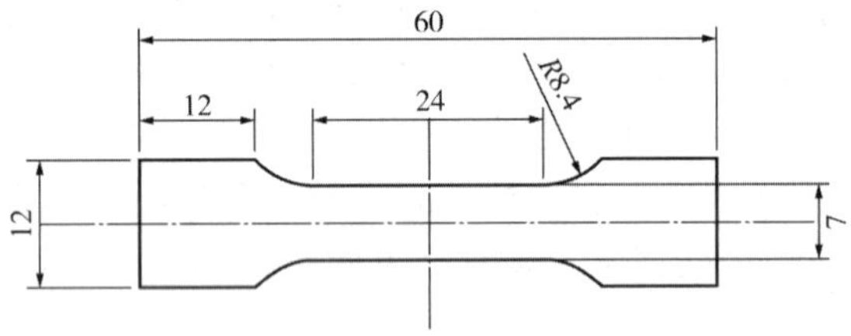

图10　拉伸试样尺寸

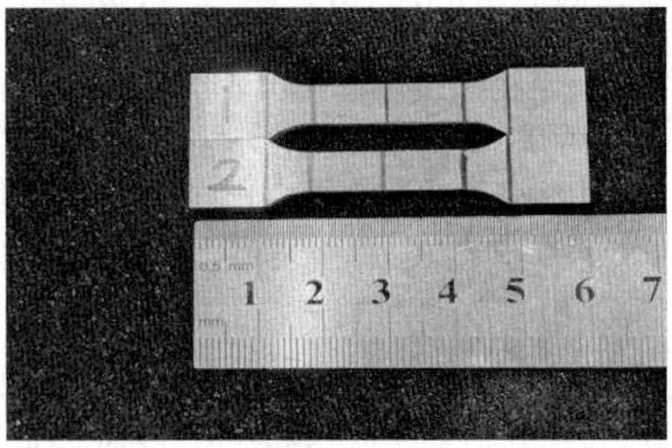

图11　拉伸试样测试前形貌图

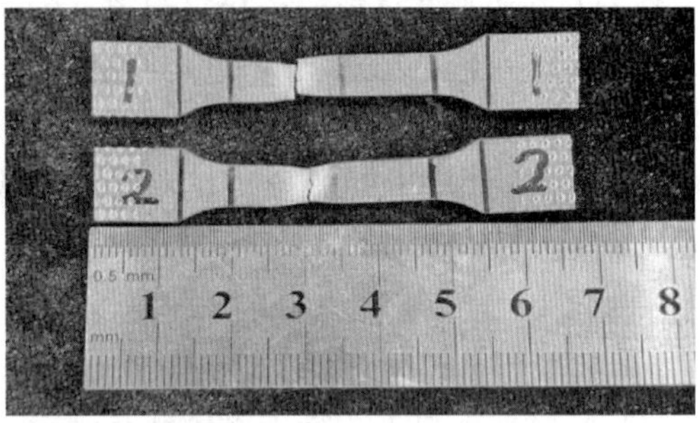

图12　拉伸试样断后形貌图

表3　拉伸实验结果

试样	厚度/mm	宽度/mm	抗拉强度/MPa	屈服强度/MPa	伸长率/%
1	3.1	7	525.72	471.10	20.83
2	3	7.1	525.59	458.70	20.41
平均值	3.05	7.05	525.65	464.90	20.62
标准	-	-	≥640	≥440	≥20
是否符合标准	-	-	否	是	是

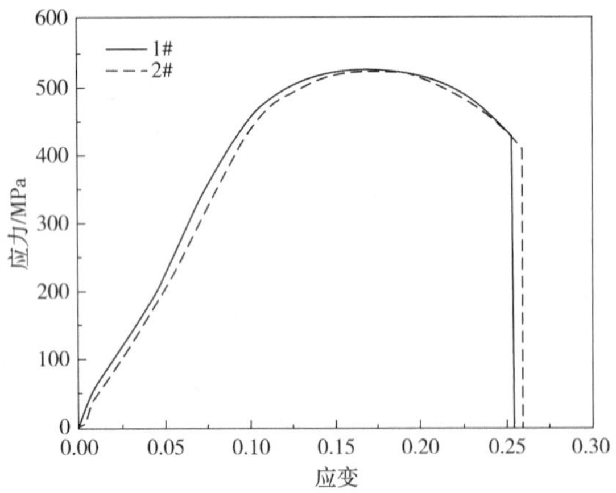

图13　应力-应变曲线图

6　结论与建议

6.1　结论

通过对蒸汽透平阀杆进行工况调查、断口分析、材质成分分析、金相组织分析和力学性能测试，主要结论如下：

（1）断口可分为启裂区、扩展区和瞬断区。启裂区边缘可见解理台阶，表明裂纹在此区域萌生，呈脆性开裂特征，启裂区局部存在疲劳扩展痕迹，推测与阀杆受冲击振动有关。扩展区呈现脆性开裂的解理、准解理特征。扩展区未见明显的疲劳条带特征，表明断裂历程较快，材料脆性较大，对裂纹扩展的抗性较差。瞬断区呈现较大应力下的扳断特征，存在局部二次裂纹、撕裂棱和韧窝表面。材料断面存在高亮夹杂物，主要成分为SiO_2和Ai_2O_3，会导致材料脆性增大。

（2）透平阀杆的材质含碳量偏高，会降低材料塑性和韧性，增加材料的脆性，对材料的机械性能具有重要影响。

（3）透平阀杆材料的金相组织为铁素体、黑色碳化物颗粒和球状珠光体，可以推断出透平阀杆为退火处理，未经过调质处理。球状珠光体的存在说明热处理时芯部温度不足，导致金相组织未充分转变。

(4) 透平阀杆材料硬度平均值为 266.85 HBW，硬度明显偏高，不符合标准；拉伸试样平均抗拉强度为 525.65MPa，平均屈服强度为 464.90MPa，平均抗拉强度不符合标准，屈服强度达到标准要求。

综上所示，透平阀杆在工作过程中出现螺栓断裂，失效原因为螺栓含碳量偏高，金相组织中存在球状珠光体，材料中存在较多 SiO_2、Al_2O_3 夹杂物，材料整体偏脆性，硬度偏高，导致其在拉伸载荷下抗拉强度偏低，未满足标准要求；同时其抵抗裂纹扩展能力较差。在需要长期承受交变载荷作用的工况下，螺纹边缘应力集中区域诱发裂纹，材料强度不足，最终发生断裂，断裂整体呈现脆性特征。

6.2 建议

针对透平阀杆螺纹断裂应用于 360℃，4.0MPa 蒸汽压力条件下，估算螺纹结构工作应力约为 187MPa，根据 GB 150—2024，在 350℃下，2Cr13 许用应力为 97MPa，屈服应力 340MPa。故而可以升级选用的材料，以更好的匹配该应用场景。

经过文献调研，阀杆材料可使用 25Cr2Mo1V、9Cr1MoV、35CrMo，这三种材料均具有高强度、高韧性、良好的耐热性和耐腐蚀性等特点，使用温度范围、抗拉强度、屈服强度、断后伸长率等力学性能参数满足运行工况，可用于蒸汽调节阀阀杆。

除了更换材质之外，建议改善阀杆螺纹段加工质量，在螺纹截止区域增加 R 角避免引起较大的应力集中；同时，应改善螺纹段及阀杆段的表面加工质量，避免存在明显的加工刀痕。

参考文献

[1] 王恒，李杨，胡志芹，等．阀门法兰连接螺栓断裂失效分析[J]．冶金与材料，2024，44(08)：55-57.

[2] 崔忠圻．金属学与热处理[M]．北京：机械工业出版社，2007.

[3] 李梦阳．某 600 MW 亚临界机组 2Cr13 钢螺栓的断裂失效分析[J]．金属热处理，2021，46(11)：250-253.

[4] 朱蕾．某汽轮机蒸汽调节阀杆断裂的原因[J]．理化检验-物理分册，2021，57(11)：27-29+44.

[5] 陆冰．高差压蒸汽调节阀阀杆断裂的修复研究[J]．化工管理，2022，(35)：121-123.

[6] 房文轩，陈浩，孙云飞，等．汽轮机调节阀阀杆断裂失效分析[J]．内蒙古电力技术，2021，039(002)：48-50，54.

[7] 鹿焕成，李玉平．9Cr1MoV 钢在电站阀门上的应用[J]．阀门，2002(5)：4.

搅拌轴机械密封泄漏的原因分析及预防措施

刘　凯　李宝恒

（中国石油兰州石化公司）

摘　要　某石化企业聚乙烯装置的主反应釜搅拌轴的密封在安装完成投用以后的短时间内就发生泄漏，无法满足长周期运行的要求。如何采取更加高效的维保策略、优化维修模式解决频繁泄漏是设备管理人员需要立即研究解决的问题。结合搅拌轴密封的结构和原理，分析非集装式机械密封的泄漏原因，并制定预防性的措施提升搅拌机械密封一次安装的成功率，达到提高检修效率保证反应釜长周期稳定运行的目的。

关键词　搅拌轴；机械密封；泄漏；预防措施

某石化企业的聚乙烯装置采用於浆法的生产工艺，在生产过程中的主反应釜内需要通过搅拌轴连续不断的搅拌来避免反应过程中的聚乙烯粉末的沉降堵塞，达到连续生产的目的。该反应釜的基本参数为：全容积为90m³，筒体直径最大4.6m，介质为己烷、乙烯、氢气等易燃易爆的危险化学品，操作液位为反应釜高度2/3处，反应釜操作参数为温度83.5~85.5℃，反应压力为0.35~0.60MPa。立式搅拌轴机械密封的更换需要在反应釜倒空置换干净的前提下实施，搅拌轴机械密封拆装前，需整体将驱动搅拌轴的电机及齿轮减速器连接部分断开，并将减速器吊落至地面，拆卸减速器与搅拌轴联轴器，取出轴承安装座。拆装作业过程中作业平台狭小、部分管线遮挡作业空间，拆装过程费时费力，需要在起重机械的配合下花费约4人＊12工时完成密封的更换。因此，该搅拌机械密封一次安装的成功率不仅省时、省工、省费用开支，还可避免运行过程中的停工造成的危险化学品的放空，不仅仅是具有经济效益，更在一定程度上有较好的环保及社会效益。

1　搅拌轴机械密封规格参数

搅拌轴与反应釜顶部轴封为非集装式双端面机械密封，两个摩擦副背靠背安装在釜顶部密封盖板以上部分。机械密封安装座与密封盖板采用螺栓连接并固定在釜顶，内部通入15#白油进行冷却及冲洗，减少机械密封动、静密封环摩擦副的磨损，保证机械密封稳定运行。现场安装实物见图1。

图1　搅拌轴机械密封

2　主要泄漏原因分析

搅拌轴机械密封泄漏的原因有很多，主要从材质的选型方面不合理（石墨环脆性断裂、O圈材质与不适应使用介质等）、操作过程中的不精细（超温超压、冲洗流量不足等）、不满足使用条件（轴向窜量大、搅拌摆动大）等多重因素的影响，由于同类型的机械密封已使用多年，以上所述的关于机械密封的材质问题、操作上的问题、搅拌本身存在的问题已进行了逐一的分析并排查，作者主要从机械密封新装及更换的安装过程中查找泄漏原因。

2.1　机械密封动环定位不准确

搅拌釜的密封为背靠背的双端面机械密封、两个静环在上下两侧，两动环在中间的型式，如图2所示。下静环（一级密封静环）在机械密封安装座底部密封盖板内轴向定位，上静环（二级密封静环）在机械密封安装座内轴向定位，两个动环在轴上定位的精度决定了机械密封的安装精度。一、二级静环之间沿轴向约 110mm 的空间为两级动环的安装空间。通过拆卸前标记动、静环拆卸前的位置确认新的安装位置是一种可行的办法，但受到动环本身的轴向结构长度加工精度、弹性元件、紧固销钉的加工精度的影响，对照原有的拆卸标记点安装仍然可能出现摩擦副密封压量不足，压量不足会造成密封比压不足，投入运行后短时间内往往导致泄漏；压量超出时，也会出现摩擦副的磨损加剧，严重时会造成动环与动环座的碰磨损坏。如何确定中间两个动环在搅拌轴上位置，使动环上的弹簧保持厂家给出的压缩量，确保上下两个摩擦副动环上弹簧的预压缩量成为安装过程中解决的主要问题。

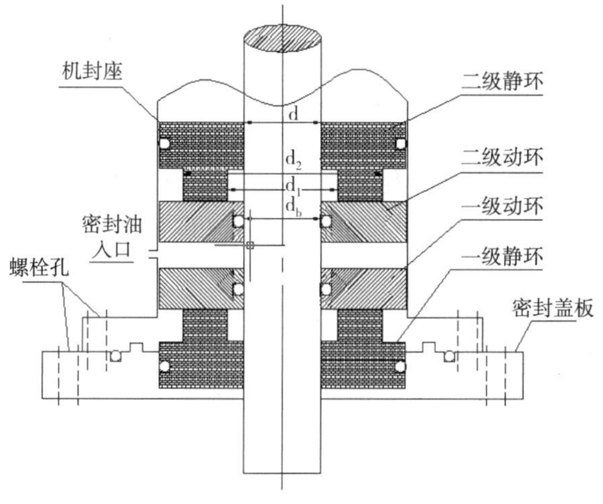

图 2　密封安装简要图

2.2　机械密封安装过程中轴位置固定不牢靠

该聚合釜为悬臂式搅拌轴，底部无支撑从上至下焊接三层桨叶，自重为 1.5t。依靠轴承安装座内的一套双列轴承承担搅拌轴全部重力。检修过程中需在吊车配合下使用吊耳从顶部轴头处将轴悬住并连同密封盖板一起从釜内拔出约 30cm，以便支撑轴的专用工具能将搅拌轴整体托住，为更换机械密封创造条件。安装过程中，在搅拌轴未完全固定的情况下若起重机械退出，会造成轴位置的整体下沉，轴上固定的传动键造成动环的撕裂损伤，损坏动环造成密封失效，如图 3 所示为轴下沉过程中连同轴上连接键对动环键槽处的撕裂，动环密封 O 圈损坏以后造成机械密封的失效。

2.3　机械密封安装结束后固定不到位

该搅拌釜机械密封座与轴承座为一体结构，为保证轴固定后不下落，使用止动垫圈和开槽圆螺母配套，使用时垫圈装在螺母开槽的那一侧，圆螺母紧固后，分别将内外耳朵扳成轴向，分别卡在轴上的键槽和圆螺母的开口处，这样圆螺母就不会由于轴的转动造成松脱而造成搅拌轴的下落，是搅拌轴能够保持轴向定位的关键。在实际安装过程中，由于对止动垫圈的安装不细致造成开槽螺母在运转过程中松动后搅拌轴下落，固定在轴上的两个动环也同步下落，发生二级摩擦副压缩量不足、一级摩擦副压缩量过大从而造成密封失效的现象时有发生，图 4 最顶部为固定开槽圆螺母。

图 3　动环与轴键连接处裂口

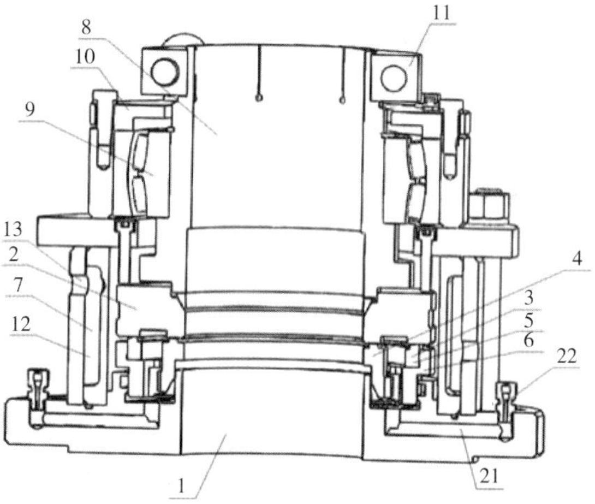

图 4　开槽螺母固定示意图

3　预防措施

3.1　通过精确测量确定动环定位位置

鉴于厂家提供的不同出厂时间的机械密封动环本身的轴向结构长度加工精度、弹性元件、紧固销钉的加工精度的差异，在机械密封安装前拟通过精确测量准确定位动环位置消除因制造误差造成的安装偏差。

3.1.1　动环弹簧压缩压缩比压核对

机械密封厂家在使用说明书中提供了摩擦副的预压缩量，通过《密封设计手册》初步核对预压缩量的准确性。该搅拌釜机械密封动环弹簧沿轴一圈均布布置共有24颗，在自由状态下长度为20.4mm，升程限制最大压缩量为9.0mm。安装机械密封时，如何确认动环弹簧的预压缩量，保证机械密封在正常工作状态下合理的压缩比亚成为首要考虑并解决的问题。

①一级机械密封所受弹簧弹力：

$$F_S=P_SA$$

式中，P_S为弹簧比压，弹性元件施加到密封环带单位面积上的压紧力，P_a；A为密封环带面积，m^2。

$$A=\pi*(d_2{}^2-d_1{}^2)/4$$

② 作用与机械密封端面的密封液介质压力：

$$F_f=P_fA_e$$

式中，P_f为密封液压力，P_a；A_e为密封液压力作用于补偿环上的有效截面积，m^2。

$$A_e=\pi*(d_2{}^2-d_b{}^2)/4$$

式中，d_b为平衡直径，即密封液在补偿环辅助密封处的有效直径Pa。

F_S和F_f都是使端面趋于闭合的力。

③ 端面液膜压力F_m：端面液膜压力包括液膜静压力和液膜动压力，他们都是力图使端面开启的力。在目前的机械密封设计计算中都是粗略的地以液膜静压力为计算依据。

$$F_m=\lambda P_fA$$

式中，λ为液膜反压系数。

④ 机械密封端面所受净闭合力$F_C=F_S+F_f-F_m$

或$F_C=P_SA+P_fA_e-\lambda P_fA$

$$P_C=P_S+P_fA_e/A-\lambda P_f \qquad (3-1)$$

$K=A_e/A=(d_2{}^2-db^2)/(d_2{}^2-d_1{}^2)$，为机械密封的载荷系数，针对该聚合釜搅拌机械密封，通过测量d_2、d_1、d_b值、计算可得$K=1.15$。带入式(3-1)

有　$$P_C=P_S+(1.15-\lambda)P_f \qquad (3-2)$$

根据机械密封手册2.23部分P_C值按照外装式釜用机械密封取0.7MPa，现场密封白油压力P_f为0.9MPa，λ按中等黏度的介质取值为0.5，带入式(3-2)可得$P_S=0.115$MPa。

3.1.2　确定动环弹簧压缩压缩量X

$$F_S=KX=\frac{Gd^4}{8nD^3}X \qquad (3-3)$$

式中① G=剪切弹性模量MPa(G值大小为：不锈钢弹簧丝7000kg/mm^2)

② d=弹簧线径mm

③ n=弹簧有效圈数

④ D=中心直径mm

⑤ K=弹簧系数g/mm

⑥ X=弹簧压缩量mm

经机械密封厂家提供相关数据：d=0.90mm、n=10、D=5.0mm代入式(3-3)

$$K=459.27\text{g/mm}$$

$$F_S=N*KX=P_SA$$

式中，N为动环弹簧数量

$$X=\frac{P_SA}{NK}=\frac{0.115\text{MPa}*4027\text{mm}^2}{24*459.27\text{g/mm}}=4.2\text{mm}$$

弹簧工作状态压缩量X小于弹簧最大压缩量9.0mm，计算值符合要求。

3.1.3　确定动环定位位置

根据密封比压确认了机械密封的弹簧压缩量后，可根据搅拌轴上定位轴肩与定位基准面的尺寸以及动环、静环的结构长度来确认两级动环在轴上的定位位置。如上图2密封安装简要图所示，定位轴肩与基准面之间的间隙为L_1，通过测量定位轴肩与二级静环下部之间尺寸大小为L_2，动环在自由状态下的结构长度A，静环的结构长度$B=30.8$mm，弹簧在工作状态的压缩量为X。$L_5=A+L_2-X$由于一级静环安装在顶部盖板安装孔内部，需要测量一级静环上部一级机械密封摩擦副位置相对于基准面的长度L_3。$L_6=L_1-L_3-A$，通过动环上沿轴分布的6颗1/8寸管螺纹顶丝压紧将一二级动环固定在轴上随轴一起旋转，使用水平仪复测动环与搅拌轴垂直度，避免安装完成运行过程中动静环的偏磨。

3.2　安装过程中注重轴位置的固定

由于悬臂式搅拌轴质量重，安装过程中先通过起重机械抬升轴，将反应釜上部密封盖板连同轴整体提升约30cm以后使用专用工具固定轴，这是轴的第一次固定，目的是便于拆除和测量；轴上动、静环固定以后，使用吊耳将轴固定，取出专用工具便于轴缓慢落下至指定位置，这是轴的第二次固定，目的是机械密封安装更换完成后相应的腔体的复位；下降量过大就会造成整个轴的重力作用到一级摩擦上，造成一级摩擦副的损坏。下达至标记处位置使用锁母固定以后，取下吊耳，轴的整个重力作用在轴承及轴承座之上，这是轴的第三次固定，目的是通过锁母锁定搅拌轴的轴向位置，避免搅拌轴无法沿轴向移动，机械密封压缩量按照测量为测量计算的指定值。这三次搅拌轴的固定非常重要，特别是第二次、第三次的固定过程中出现偏差会造成备件的损坏，整个安装复位过程前功尽弃，也是该种类型反应釜采用非集装式机械密封安装失效较多的原因。

3.3 安装过程中备件质量的完好

使用开槽螺母及止动垫圈对周进行固定时，要确保止动垫圈和开槽螺母的完好性，止动垫圈多次折弯过程中内外止动耳发生疲劳强度降低时应进行及时的更换，开槽螺母的开槽处由于在拆卸过程中的敲击会发生磨损变平现象，也应进行及时更换，避免在使用过程中的松动。开槽螺母的内丝扣损伤时容易将拧不动当做是拧到位，在复位前也应进行细致的检查，发现问题进行及时的更换。

3.4 安装过程中注重位置的标记

虽然受限于机械密封加工精度、弹性元件、紧固销钉的加工精度的差异，不能仅仅依照标记位置进行复位，但可以将标记点作为复位位置的参考。如轴上新安装的动环位置与拆卸前的位置的标记比较；专用工具去掉以后使用吊耳缓慢下降至什么位置；开槽螺母最后固定式轴肩是否与轴套接触，已达到安装位置，拆卸前的标记点都可以作为参考依据。

4 下一步改进措施

4.1 一、二级动环之间增加间隔套

通过在一、二级动环之间增加间隔套，间隔套压在两个动环之间随动环和搅拌轴一起旋转。在完成腔体与底板的定位线；动、静环的结构长度以后，在一级动环定位确定以后，可直接在一级动环的背面安装间隔套和二级动环，减少二级动环的定位测量一次，提高复位的效率；增加间隔套的形式还可以使两个背靠背的动环在实际运行过程中融为一体，增加了动环的刚度，使机械密封的运行更加稳定可靠。

4.2 改进机械密封结构，增加弹性元件的压缩量

由于搅拌轴机械密封弹性元件的压缩量不大，更换过程中的测量误差影响了动环的定位时就会造成密封的泄漏，通过改善弹性元件的刚度，增加动环弹性元件的压缩量，可以较好的避免安装过程中的测量误差及运行过程中的波动或锁母等位置的轻微的松动造成密封泄漏失效的情况，对降低安装及使用过程中的泄漏率意义较大。但在优化的过程中应统筹考虑弹性元件的刚度、弹簧线径以及密封比压的影响因素。

4.3 使用集装式机械密封

使用集装式的机械密封，由厂家根据搅拌的操作使用条件提前确认摩擦副弹性元件的压缩量，减少搅拌轴机械密封安装过程中的测量过程，可以较好的避免机械密封动环定位不准确造成的泄漏问题，同时提高了机械密封的安装效率，更换机械密封可由 4 人 * 12 工时降低至 4 人 * 8 工时。在使用集装式的机械密封之前应确保搅拌轴在拆卸前具备下落至反应釜底的条件，同时与机械密封厂家对接轴上丝扣的位置及集装式机械密封包的尺寸及重量，确保具备安装的条件，需要注意的是，由于该搅拌轴尺寸较大，相应的集装式机械密封的费用为原机械密封的 3-5 倍。

5 总结

搅拌轴采用非集装式机械密封具有一定的经济性，但对于安装更换过程来讲对安装钳工的技术要求更高，以此伴随着的安装失效、返工的概率也相对较高。随着化工企业对安全、环保的要求越来越高，通过测量的方式更加精准的对动环的位置进行定位以及在安装前对密封动、静环尺寸的校验以及复核，能够提高该种搅拌轴密封的一次安装成功率，在实际的更换过程中我们也完成并应用了在搅拌轴一、二级动环之间增加间隔套的措施，进一步提升了安装的成功率，具有较好的可行性。

参考文献

[1] 付平，常德功．密封设计手册[M]．北京：化学工业出版社，2009.4：18-26.
[2] 李果．化工反应釜密封失效分析及优化改造[J]．设备管理与维修．2023.11(上)：105-106.
[3] 王海峰，周振起，王福宝．反应釜机械密封失效分析及改造[J]．大氮肥．2018.2：46-48.
[4] 王涛．反应釜搅拌器集装式机械密封系统的改造与应用[J]．设备管理与维修．2024.4(下)：77-79.

乙烯三机油泵驱动透平轴承箱进水问题原因分析和对策

李早东　李宝龙　任运凯

（中国石油兰州石化公司）

摘　要　本论文针对兰州石化46万吨/年乙烯装置三大机组油泵驱动透平轴承箱进水问题展开深入研究。通过系统的原因分析，明确了碳环密封老化、泄漏蒸汽无收集系统以及排凝管线无密闭排放等关键因素。依据相关标准规范及经验，制定并实施了一系列针对性对策，特别地通过当前工况，计算设计了蒸汽喷射泵，将轴封密封函区域形成负压区域，并及时将泄漏蒸汽抽离，有效减少了轴承箱进水量，提升了设备运行稳定性与经济性，为同类设备问题的解决提供了可借鉴的经验与方法。

关键词　乙烯三机；碳环密封；透平轴承箱；润滑油进水；蒸汽喷射泵

1　设备基本结构及信息

兰州石化46万吨/年乙烯装置乙烯三大关键机组2006年开始投产运行，其润滑油站由机组厂商埃利奥特（日本）进行成套配置，润滑油供油系统主油泵驱动机由透平驱动，驱动蒸汽为1.4MPa@260℃等级蒸汽，结构形式为单级水平中剖背压式，轴封系统为碳环密封，无轴封泄漏汽收集系统。

2　问题现状

在石油化工生产中，乙烯装置的稳定运行至关重要。兰州石化46万吨/年乙烯装置中，乙烯三大关键机组润滑油站主油泵由透平驱动，其轴承箱频繁进水，不仅增加了设备维护成本，还严重影响了装置的安全稳定运行。因此，深入探究乙烯三机油泵驱动透平轴承箱进水问题的原因，并制定切实可行的对策，具有重要的现实意义。

3　原因分析

3.1　碳环密封因素

碳环密封作为透平轴端的关键密封部件，属于接触式密封。在长期运行过程中，其动静配合的接触面不可避免地会出现磨损老化现象。从物质能量高总是向能量低的空间流动的角度分析，透平壳体内蒸汽压力为$P=1.4$MPa，大气侧的压力至$P_0=0$MPa，泄漏能力$\Delta P=1.4$MPa大，蒸汽势必存在通过碳环密封函泄漏到大气侧的趋势，且这种趋势永远不可逆。当蒸汽泄漏到大气中后，由因此时蒸汽温度较高，遇到环境温度，迅速在轴承箱油封处冷凝成水滴，随着轴承箱油封间隙进入轴承箱，最终出现轴承箱带水的问题。

3.2　泄漏蒸汽收集系统缺失

对比乙烯装置其他透平机械，油站透平轴封系统缺少泄漏蒸汽收集装置。透平轴封设计为相对密封，允许部分蒸汽泄漏，但由于缺乏有效的收集手段，泄漏的蒸汽在轴承箱油封处遇冷冷凝成水滴，随后顺着油封间隙进入轴承箱，这是导致轴承箱进水的关键因素之一。

3.3　排凝管线设计缺陷

乙烯三机油站透平原有的暖管及排凝管线设计仅考虑了机体自身的基本排凝需求，未充分顾及环保要求。在实际运行过程中，排凝蒸汽直接排放到大气中，不仅造成了能源的浪费，还使得周围环境蒸汽弥漫，增加了轴承箱进水的风险，同时也导致现场环境脏乱差。

4　对策制定及实施

4.1　碳环密封维护与检查

依据设备运行特点与碳环密封的磨损规律，制定详细的周期性检维修计划。每周定期检查轴承箱润滑油情况，实时监测润滑油是否带液，以便及时发现碳环密封泄漏问题。每年对透平轴瓦和气封进行全面检查和更换，确保在碳环密封磨损到影响密封性能之前进行更换，从而消除因密封磨损导致的蒸汽泄漏问题，保障碳环密封的正常工作性能。

4.2 增加泄漏蒸汽收集系统

参考 SH/T 3118—2018《石油化工蒸汽喷射式抽空器设计规范》，结合油站透平的实际工况，设计并核算蒸汽喷射泵。在设计过程中，充分考虑吸入气体压力、温度、工作蒸汽压力等关键参数，通过精确计算确定蒸汽喷射泵的结构尺寸和性能参数，如喷射系数、工作蒸汽消耗量、喷嘴喉径和扩压室喉径等，如表 1 所示，是本次计算案例得工艺条件及真空泵关键尺寸计算结果，图 1 所示，为真空泵基本结构。按照设计要求加工制作蒸汽喷射泵，并在现场进行安装调试，确保其能够在碳环密封函处有效抽吸泄漏蒸汽，形成局部负压空间，将泄漏蒸汽急速冷却成凝液并及时吸走，防止蒸汽进入轴承箱。

表 1　蒸汽喷射泵工艺条件及结构计算参数

吸入气体压力 -*PH*/MPa	工作蒸汽压力 -*Pp*/MPa	排除气体压力 -*Pc*/MPa	吸入气体的总质量流量 -*GH*/(kg/h)	当地大气压/MPa
0.1	0.5	0.2	100	0.085
按照 SH/T 3118—2000《石油化工蒸汽喷射式抽空器设计规范》计算得：				
喷嘴喉径-d_0/mm	扩压室喉径-*D*/mm	吸入口直径-D_3/mm	工作蒸汽入口直径-d_3/mm	喷嘴出口直径-d_1/mm
7.8	12.7	25.9	26.5	12.7

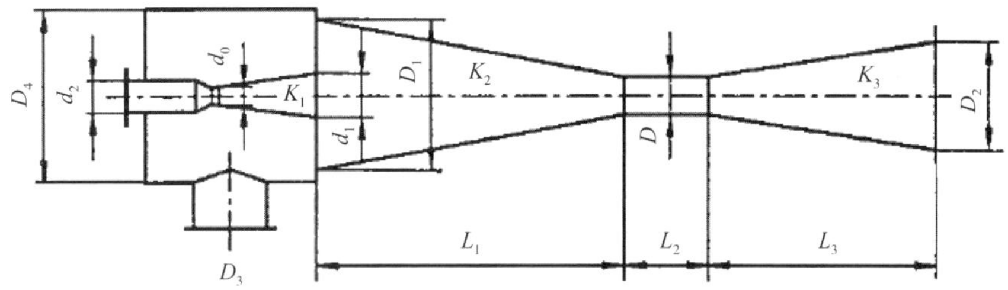

图 1　蒸汽喷射泵结构简图

4.3 完善排凝管线系统

重新设计满足暖管、暖机及排凝需求的单线图，对原有的排凝管线进行改造升级，使其具备密闭排放功能。在现场配管安装过程中，严格按照设计要求施工，确保管道连接的密封性和可靠性。安装完成后，对排凝系统进行全面的试用和投用，确保排凝蒸汽不再直排大气，有效改善现场环境，减少轴承箱进水的外部因素。

5 对策实施与效果

5.1 对策实施过程

对于碳环密封的维护与更换工作，安排专人负责每月的润滑油检查和每年的轴瓦、气封检查更换，确保各项工作按时、高质量完成。在蒸汽喷射泵的安装过程中，从设计、加工到现场安装调试，每个环节都进行严格把控，确保其性能符合设计要求。排凝管线改造过程中，组织专业施工队伍按照设计单线图进行施工，对施工质量进行全程监督，确保改造后的排凝系统能够正常运行。

5.2 实施效果

通过实施上述对策，取得了显著的效果。对 2 个油站主油泵轴承箱润滑油进行多次取样分析，结果显示润滑油含水量均小于 0.1%，达到了预期目标，同时润滑油换油周期成功从 4 次/月降低为 0.5 次/月，有效减少了设备维护工作量。从经济效益来看，预计每年 2 个油站透平各减少 1 次单台检修计划，可有效节省包括人力资源费用、机具台班费用和备品备件采购费用。此外，现场环境得到了极大改善，油站透平从原本的脏乱差转变为标准化油站，环保效益非常可观。

6 结论与展望

本论文通过对乙烯三机油泵驱动透平轴承箱进水问题进行全面深入的原因分析，并依据相关标准规范制定和实施针对性对策，成功解决了轴承箱进水问题，提高了设备运行的稳定性和经济性，验证了所采取对策的有效性和可行性，为保障乙烯装置的“安、稳、长、满、优”运行提供更有力的支持，同时也为石油化工行业同类设备问题的解决积累更多的经验。

参 考 文 献

[1] 张冬．汽轮机轴承箱进水处理方案浅析[J]．广东化工，2015，42(09)：198，202.

[2] 罗伟雄，李保林，叶凯，等．碳环密封泄漏超标的探讨及安装优化[J]．大氮肥，2024，47(02)：118-121.

[3] 林万洲，刘海泉，黄斌，等．CYR型蒸汽透平运行故障分析及处理[J]．石油化工自动化，2021，57(06)：88-91.

[4] 胡友超．汽轮机轴封漏气解决方案[J]．化工管理，2015，(09)：45+48.

[5] 李鹏．喷射式抽真空系统气体动力学设计与热力学优化分析[D]．大连理工大学，2016.

[6] 高继云．蒸汽喷射式真空泵的设计与应用[J]．有色设备，2007，(01)：27-29.

[7] 水蒸气喷射真空泵：JB/T 8540-2004[S]，2004.

[8] 石油化工蒸汽喷射式抽空器设计规范：SH/T 3118 - 2000.

[9] 方锦辉，吴坚华，郑奋怡．影响蒸汽喷射真空泵的性能因素[J]．节能与环保，2015，(09)：71-73.

[10] 杨添皓，邱振升，栗东升．汽轮机组轴封排汽疏水管道改造[J]．内蒙古电力技术，2016，34(03)：60-62，67.

混炼机水端螺旋密封失效分析及应对措施

郝文旭

（中国石油兰州石化分公司乙烯一部）

摘　要　针对混炼机水端（非负荷端）螺旋密封效果差，造成密封夹套氮气入口堵塞，空气进入而引起的密封处聚乙烯树脂氧化、结碳严重的故障进行了分析。结合影响螺旋密封能力的各种因素，提出不仅要对密封部件进行检查更换，更要从工艺操作方面着手，做好开、停车过程中的调整，严格落实工艺操作步骤，才能更好发挥设备自身功效。

关键词　混炼机；螺旋密封；故障；操作步骤

某石化公司高密度聚乙烯装置采用日本三井油化淤浆法及CX乙烯聚合生产工艺，装置造粒系统采用日本KOBELCO挤压机，机组为装置的核心设备。聚乙烯粉料和固体、液体稳定剂进入挤压机，在双螺杆混炼机中塑化成熔融状，从模头挤出的熔融聚乙烯被高速旋转的切刀切下后在颗粒冷却水中固化，从而得到固体聚乙烯颗粒。当生产一些熔融指数较低的牌号如：7100M，需混炼温度较高时，混炼机水端密封处出现“冒烟”的状况。

1　混炼机水端密封结构及作用

高密度聚乙烯装置混炼机，主体由筒体、双螺杆、螺杆支撑及密封系统组成。螺杆分为下料段、混炼段及排料段，在筒体闸阀的配合下，聚乙烯粉末在混炼段堆积，并被剪切、混合，达到均匀的熔融状态。

混炼机水端（非驱动端）密封采用粘性密封，也叫螺旋密封。其结构见图1：

螺旋密封工作原理，混炼机螺杆安装开有八头螺旋槽的螺旋套部位2，与密封夹套部位3，形成狭小的缝隙。当混炼机正常工作时，熔融的物料充斥到缝隙中，螺杆带动螺旋套高速旋转，螺旋槽对熔融物料施加一个推进力，并完成能量转换，将旋转的动能转换为熔融物料的压力能，形成泵头效应阻止物料的进一步泄漏。同时氮气通过接口6，进入螺旋密封形成氮封，阻止空气被卷入密封夹套内，避免高温熔融聚乙烯物料被氧化。

螺旋密封能力：

$$\Delta P=K_3\mu VL/C^2$$

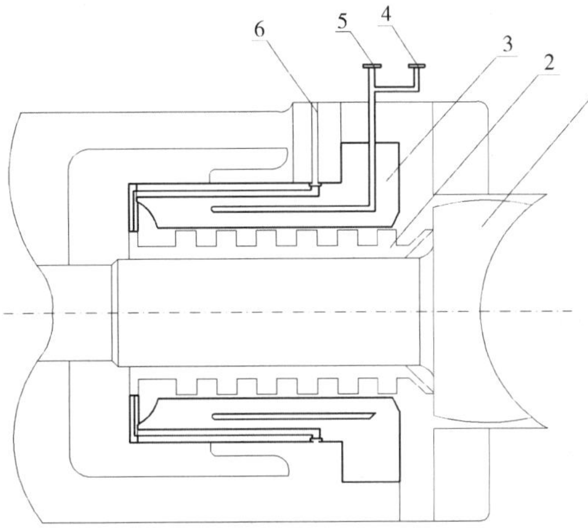

1—螺杆；2—密封螺旋套；3—密封夹套；4—夹套蒸汽入口；5—夹套水入口；6—夹套氮气入口

图1　混炼机水端螺旋密封结构示意图

其中：ΔP——螺旋密封内外压差；

K_3——密封系数，由螺旋槽结构有关；

μ——密封介质的运动粘度；

L——螺旋密封槽的长度；

V——为螺旋密封套的转速；

C——密封间隙；

有效密封长度上L，影响密封效果的因素为：

$$L=\Delta PC_2/K_3\mu V$$

混炼机正常运转时，其转速V是确定的，同时螺旋槽结构确定的情况下，密封系数K_3也是确定。因此实际运行或检修时，一般通过调整内外压差ΔP、密封间隙C及介质运动黏度μ来保证螺旋密封的密封能力。内外压差越小，密封间隙越小，介质的的运动粘度越大则螺旋密封的效果越好。

2　螺旋密封失效故障确认

检修期间挤压机解体大修，混炼机筒体抽出后发现，螺杆螺旋密封处结焦严重，表面及密封螺旋槽内布满黑色结焦物，见图2。

图2　螺旋密封套处的物料氧化结焦状况图

进一步对密封夹套进行拆解发现，密封夹套的氮气入口亦被氧化的聚乙烯物料堵塞，造成氮封失效，图3个别氮气流道已被完全堵死，大部分流道内都有黑色的粉末。

图3　夹套处氮气通道堵塞图

氮气流道被堵塞，螺旋密封末端无法形成有效的氮封，同时高速旋转的螺旋将空气卷入密封，并与熔融的聚乙烯树脂发生接触，造成高温氧化变质，形成焦炭。

检修分析认为正常操作过程中，在螺旋密封“泵送”效应的状况下，熔融的聚乙烯物不能泄漏到密封末端，并造成氮气流道的堵塞。建议进一步清理检查密封部件损坏情况，同时认为螺旋密封的的密封能力与运行过程中的操作息息相关。

3　应对措施

3.1　更换密封夹套

大修期间对密封夹套进行了清理检查，发现个别堵塞严重的氮气流道无法疏通，同时密封夹套局部有一定的磨损。密封间隙 C 越小，螺旋密封的密封效果越好，但为保证旋转过程中不发生相对碰撞，一般密封间隙 C 在 $(0.6/1000 \sim 2.6/1000)D$ 之间，为保证其整体密封间隙，对两只密封夹套进行了更换。

3.2　检查螺旋密封套损伤情况

螺旋密封套清理干净后进行了检查，八头螺旋密封槽完好，渗透检查密封套表面无裂纹，满足继续使用的要求，图4。

图4　清理后螺旋密封套

混炼机解体大检修过程中，水端密封组件除了发现密封夹套内表面有轻微的划痕外，其余部件清理，检查并未发现严重的缺陷，符合非接触式密封的特点。结合以往运行经验，分析认为造成水端密封失效的原因与设备运行过程中的调整有着很大关系，例如：水端密封冷却水线(图1中管口5)很少投用。因此在混炼机开、停车及正常运行中提出调整建议，以保证水端密封良好的密封效果。

3.3　优化开停车操作，保证螺旋密封有效运行。

3.3.1　开车过程中的调整

开车过程中聚乙烯粉末的下料量逐渐递增，混炼闸阀开度根据混炼段树脂温度及主电机电流进行调整。避免操作过程中出现过由于下料量与闸阀开度不匹配，闸阀开度过大引起聚乙烯粉料混炼不够，大量粉料进入水端密封。螺旋密封对有一定粘度的熔融物料有推进力，然而无法对粉料进行密封，必然会造成粉料的泄漏，泄漏的物料就有可能堵塞氮气流道，如图 5：

图 5　开车过程中粉末物料泄漏

3.3.2　运行过程中的调整

运行过程中，经过闸板阀混炼的聚乙烯树脂温度高达 190℃，其运动粘度 μ 较低，根据公式 $L=\Delta PC2/K3\mu V$，在其余参数不变的情况下，减小 L 值提升螺旋密封的效果，可以通过提高聚乙烯树脂在螺旋密封处的运动粘度来实现，因此正常运行过程中的密封夹套通过冷却水进行冷却，降低树脂的温度，增加其运动粘度。

3.3.3　停车时的管控

短时间停车，密封夹套由冷却改为接口 4 进行蒸汽加热。停车后聚集在螺旋密封处的树脂温度会逐渐降低，如果此时夹套仍进行冷却，树脂就会在矩形螺旋槽内凝固下来。当混炼机重新启动时，被冷却的树脂填充满的这一段螺旋密封槽形成的泵送效应减弱，螺旋密封整体效果也随之减弱，熔融的树脂就可以沿密封间隙流到密封末端，进而堵塞氮气流道。蒸汽加热始终保持螺旋密封处的树脂处于熔融状态，这样混炼机启动时，矩形螺旋槽对于树脂的推力始终存在，及时形成的泵送效应能有效阻止物料的进一步泄漏。长时间停车后，重新启动混炼机前，要对密封夹套充分进行加热，使凝聚在螺旋密封槽的树脂熔融，保证螺旋密封的推进力。

3.3.4　紧急停车后的处理

混炼机由于联锁或其他原因紧急停车后，螺旋密封停止转动后，便失去对熔融聚乙烯树脂的推进力。若不采取措施混炼机筒体内的熔融树脂，在内部压力的作用下，会继续流向螺旋密封末端。此时需要及时启动排料电机，不仅可以使使螺旋密封重新获得推进力，在齿轮泵的配合下将筒体内残存的聚乙烯树脂压力降至最低。如若发现水端密封处有聚乙烯树脂的泄漏，应及时将物料清理干净，确认氮气畅通后开车。

4　结论

“管设备要管设备运行”及机械完整性的管理要求，设备管理人员不仅需要结合设备自身结构特点，周期性的开展一系列的检验检测、维护保养等措施，保证在其运行周期内的安全、可靠。同时更应关注设备运行过程中的操作条件及运行环境，按着工艺操作规程有步骤的进行开、停，避免出现“超温、超压、超负荷”等状况，才能保证设备更好的发挥其功能、效率，为生产工艺服务。

参　考　文　献

[1] 窦存金．熔体泵轴封的故障分析和改造[J]．化工机械 2004(3) 167-170.

[2] 挤压机维护使用手册 KOBE. STEEL，LTD 2002.

催化装置锅炉给水泵轴承故障分析及对策

邝继雁　陈志锋　卢发旺

（中国石化海南炼油化工有限公司）

摘　要　本文针对某炼化厂催化装置锅炉给水泵非驱动端轴承故障展开深入研究，发现轴承故障的主要有平衡管设计不当、运行工况不佳(机泵长时间在低于最小流量工况下运行)等原因。这些因素使得轴承轴向力过大，磨损加剧，温度升高，导致轴承损坏。通过优化泵的循环回流线操作，优化运行工况；将平衡管线的升降式止回阀更换为闸阀，并优化平衡管线流程，可有效降低类似故障的发生概率，提升设备运行的可靠性和稳定性。

关键词　锅炉给水泵；轴承；轴向力；平衡鼓；平衡管

锅炉给水泵是电厂或炼油厂蒸汽供应的核心设备，作为催化装置的关键设备之一，其性能直接影响到余热锅炉及动力锅炉汽水系统的正常运行。给水泵主要由主轴、叶轮、轴承箱等组成。其中轴承箱作为机泵的关键部件，承受径向与轴向载荷，其轴承磨损、温度异常升高是常见的设备故障之一。此类故障若未及时处理，可能会导致轴承烧毁、转子卡死，严重时导致锅炉上水失败而引发汽包等受热面管束过热损坏，影响下游用汽设备运行，造成重大经济损失。国内学者从不同角度对泵的轴承故障机理、诊断方法和预防措施进行了大量研究。例如，根据泵轴承频繁出现故障的原因进行详细分析，从泵的管理因素、设备本身结构因素等方面入手，采取措施保证设备长周期运行。

1　故障情况

某炼化厂催化装置现有4台进口锅炉给水泵，设备位号分别为305-P-501A/B/C/D，型式为径向剖分式双壳多级离心泵，型号为6WXB-12B5。驱动端轴承为圆柱滚子轴承NU315，非驱动端轴承为角接触轴承7315BECBM，轴承温度不允许超过80℃。正常情况下三开一备向余热锅炉及动力锅炉汽水系统供水，维系着全厂的蒸汽管网平衡。锅炉给水泵设有循环回流线和平衡线。机泵出口通过循环回流线经降压孔板降压后返回除氧器，以保证给水泵运行的最小流量。机泵平衡管与除氧器气相位置相连，以平衡泵的轴向力。

在某次大检修结束后，由于各用户装置尚未完全运行，用汽量相对较少，因此启两台锅炉给水泵B和C向锅炉供水。5月23日-24日期间由于不及时调整泵的循环回流线连续出现了2台泵轴承故障。

现场通过对锅炉给水泵进行拆解检修，拆解发现锅炉给水泵305-P-501B的非驱动端轴承滚珠出现了发蓝现象，同时滚珠、滑道以及保持架均存在不同程度的磨损情况见图1；发现锅炉给水泵305-P-501C非驱动端轴承滚珠出现了发蓝现象，并且滚珠以及内圈滑道也存在磨损现象，见图2；进一步对泵的平衡管止回阀进行拆解检查后发现，锅炉给水泵305-P-501B/C的止回阀出现了结垢，见图3。

图1　锅炉给水泵305-P-501B滚珠发蓝，滚珠、滑道和保持架磨损

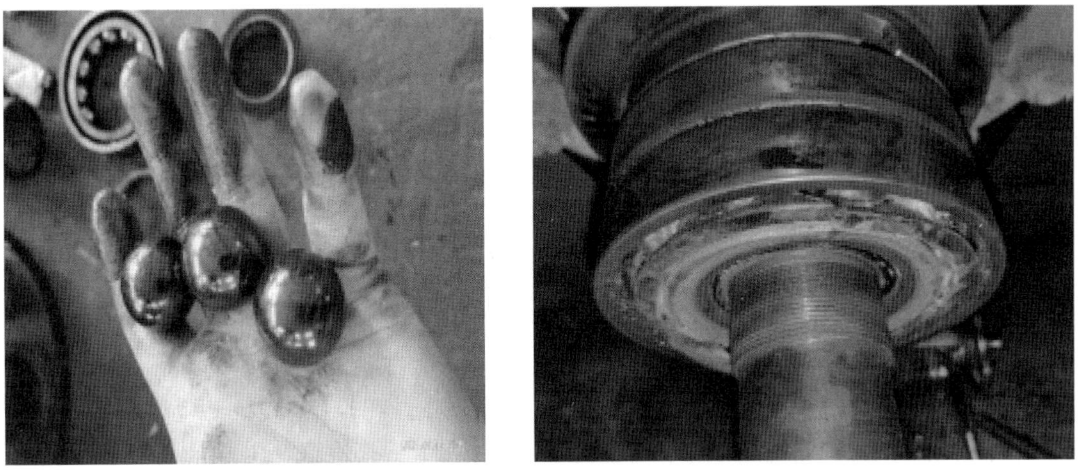

图 2　锅炉给水泵 305-P-501C 滚珠发蓝，滚珠及内圈滑道磨损

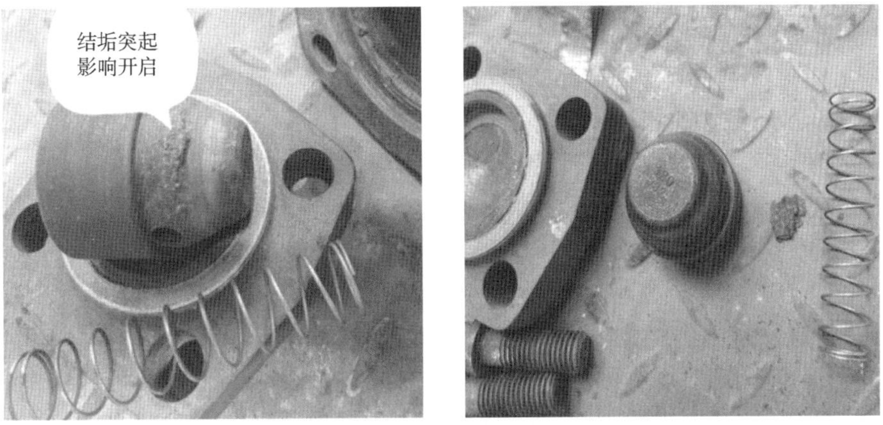

图 3　锅炉给水泵 305-P-501B/C 止回阀结垢

2　原因分析

影响锅炉给水泵轴承故障的原因有多方面，对于质量正常的轴承，大部分原因是轴承承受了过大轴向力引起的。泵的全寿命周期主要分为设计、制造、安装、运行、维护、报废等几个阶段，容易发生故障主要集中在设计、安装和运行维护等阶段，因此通过展开这几方面进行分析。

2.1　设计方面

2.1.1　平衡鼓的设计

多级给水泵一般采用平衡鼓等装置来平衡轴向力。正常情况下平衡装置设计为在额定工况下能平衡掉大部分的轴向力，剩余的和起动瞬时的轴向力以及抵消由于制造工艺(铸造或加工尺寸的偏差)所造成的小量压力差由推力轴承来承担。平衡鼓装置工作原理：在末级叶轮后装设一个平衡鼓节流，在平衡鼓前后压差产生指向右侧的压力，从而平衡转子各级叶轮前后盖板受高压水作用指向左侧的压力。

本装置锅炉给水泵主要通过内置平衡鼓和外置平衡管来平衡大部分轴向力，将轴向力减小到一定程度，然后由非驱动端配置的 2 个背对背角接触轴承来承受剩余轴向力，以提高承受轴向力和径向载荷的能力，并增强轴承系统的刚性和稳定性。平衡鼓的前端压力与泵的出口压力相等，平衡鼓后端压力通过升降式止回阀和平衡管与除氧器气相位置相连通，略大于泵入口压力。泵正常运行过程中平衡鼓产生与轴向力大致相等的平衡力，抵消后剩余的少部分轴向力则由推力轴承承担，而推力轴承一般安装在非驱动端，因此非驱动端轴承会承受残余轴向力。

平衡鼓受力分析见图 4 所示，通过图 4 可求得变负荷下平衡鼓前端压力 P3 与平衡鼓后端压力 P4 之差 ΔP，则平衡鼓平衡力计算公式为：

$$F_{平}=\Delta P\times\frac{\pi(D_{D}^{2}-D_{d}^{2})}{4}\tag{1}$$

其中：

$$\Delta P = P_3 - P_4 = \rho g[(i-1)Ht + Hp] - \rho g \frac{\omega^2}{8g} \frac{(D_D^2 - D_d^2)}{4} - \rho gh \quad (2)$$

$$Ht = \frac{H}{i\eta_s} \quad (3)$$

$$H_P = Ht\left(1 - H\frac{gH_t}{2u_2^2}\right) \quad (4)$$

式中，$F_{平}$ 为平衡鼓平衡力，Pa；D_D 为平衡鼓直径，177mm；D_d 为平衡鼓轮毂直径，70mm；ΔP 为平衡鼓前后压差，m；D_2 为末级叶轮出口直径，m；P_3 为平衡鼓前端压力，Pa；P_4 为平衡鼓后端压力，Pa；h 为平衡管阻力损失，m；Ht 为水泵每级叶轮扬程，m；H 为水泵扬程，610m；η_s 为水泵的水力效率，0.668；HP 为末级叶轮势扬程，m；u_2 为单级叶轮出口圆周速度，$u2 = \frac{\pi n D_2}{60}$；$i$ 为多级水泵叶轮个数，$i=5$；ω 为水泵叶轮角速度，$\omega = \frac{2\pi n}{60}$；$\rho$ 为给水密度，910kg/m^3。

从式(1)、(2)可知，平衡鼓平衡能力变化与水泵的转速、叶轮出口直径、平衡鼓外直径、平衡管阻力有关。当平衡管后侧压力升高时，平衡鼓所产生的轴向力会减小，泵厂家给水泵的使用说明书要求，平衡管后侧压力与吸入压力差值不得超过0.2MPa。

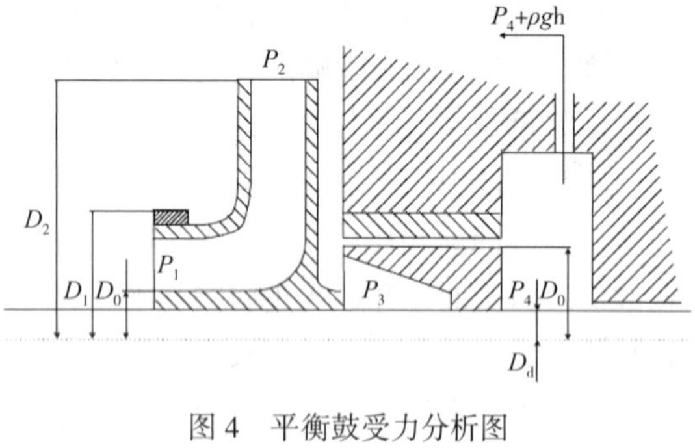

图4　平衡鼓受力分析图

2.1.2　平衡管的设计

给水泵平衡线在设计上存在不合理的地方，平衡管后侧压力容易升高，导致转子轴向力无法平衡。

一是平衡管阀门采用的是升降式止回阀。升降式止回阀通过阀瓣沿垂直管道轴线上下滑动实现单向流通。介质从进口端正向流入时，压力推动阀瓣上抬，介质顺利通过；介质流速降低或反向流动时，阀瓣在自身重力(或弹簧力)作用下回落，贴合阀座密封面，阻止介质回流，防止系统倒灌。在水泵运行初期，给水系统中还残存着部分杂质，其结构形式使通过的流体阻力损失大，使得止回阀瓣处逐渐累积杂质并结垢，如上图3所示。结垢的后果是止回阀开启更困难。当止回阀无法正常开启，平衡管后侧压力会异常升高。

二是平衡管与除氧器气相位置相连通，压力较泵入口压力高，且四台泵的平衡线共用一条总管容易出现“顶牛”现象，也会导致平衡管后侧压力异常升高。这种压力异常升高使得平衡管无法有效平衡大部分轴向力。原本由平衡管承担的轴向力，大量转移至非驱动端的角接触轴承。角接触轴承承受远超设计负荷的轴向力，内部摩擦急剧增大，产生过多热量，进而导致轴承发热损坏。

2.2　安装方面

锅炉给水泵的安装要严格按照规范进行，利用仪器调整泵的水平和对中，确保泵轴与驱动装置的轴对中，避免绕度过大。检查检修记录各轴承安装间隙均在合理范围之内。利用仪器调整好泵平衡鼓的轴向间隙在合适范围内，避免间隙过小导致平衡轴向力不明显，而引起轴承温度升高，损坏轴承。根据安装说明书得知平衡鼓轴向间隙为0.4mm，现场拆解锅炉给水泵B/C测的平衡鼓的轴向间隙为0.4mm，两者一致。综上，可得知安装方面不是导致轴承故障的原因。

2.3　运行方面

厂家对多级离心泵运行一般都规定了一个允许的最小流量值，一般为额定流量25%～30%。锅炉给水泵的流量如低于最小流量，泵内的液体会被反复加热以致出现汽化，从而使平衡装置和叶轮密封环破坏，为避免发生这种情况，必须保证泵有一定的排出流量。如果在小于这个流量以下运转，会因泵内给水摩擦所产生的热量不能全部带走，导致给水泵发生汽化，一旦发生汽化，因泵内水压的不稳定会引起平衡鼓串动，甚至与平衡座发生摩擦，严重时导致平衡鼓损坏。对于锅炉给水泵，查阅泵说明书泵最小流量为48.2t/h。

锅炉给水泵日常运行通过循环回流线调整泵出口流量，泵流量高/低时开大或关小循环回流线，确保泵处于正常的工况下。当B泵出现故障后，各泵运行时都开大循环回流线手阀至 1/3 以上，确保充分过量。查阅锅炉给水泵 B/C 运行故障前后的给水总流量的历史趋势，如表 1 所示。

表 1　锅炉给水泵运行情况

项目	时间	23 日 15：00	23 日 21：00	23 日 23：00	24 日 00：00	24 日 00：23
总流量/(t/h)	203	148	164	124	87	
B/C 单泵运行流量/(t/h)	101.5	74	82	62	43.5	
最小流量/(t/h)	48.2	48.2	48.2	48.2	48.2	
故障泵	—	—	—	—	B	

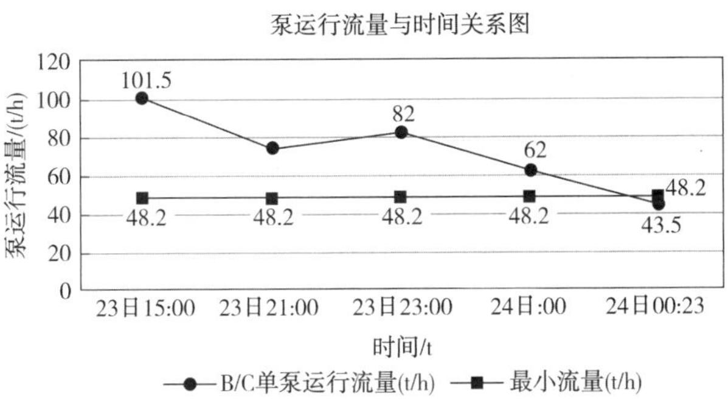

图 5　泵运行流量与时间关系图

如图 5 所示，泵运行流量一直处于波动状态，单泵运行流量最高达到 101.5t/h，最低达到 43.5t/h，这是因为各用户装置处于开工期间，用汽量极不稳定引起的。当 B 泵出现故障时，B/C 单泵运行的流量在 43.5t/h 之间，低于泵运行的最小流量。

当给水泵长时间处于最小流量运行时，一是使得平衡鼓和平衡管的回流通道流量不足，无法有效抵消轴向力；二是使叶轮受到的径向力增大，通过轴承或轴系传递为附加轴向力；三是泵内液体循环不足，导致局部过热，造成部件(如轴、平衡鼓)热膨胀变形，间隙变化，加剧轴向力；四是泵轴振动加剧，由于非驱动端轴承远离刚性支撑点(驱动端)，振动能量更易集中在非驱动端，导致轴承摩擦、磨损加速，温度升高。因此泵长时间处于小流量运行时，会导致轴向力过大，轴承摩擦力增加，使得泵非驱端轴承箱温度升高，轴承磨损加剧。

3　解决措施

根据锅炉给水泵非驱动端轴承箱出现故障的原因，结合日常操作调整，对泵平衡管、循环回流线进行改造等，采取以下措施：

3.1　优化循环回流线操作，保证不低于最小流量

(1) 规范完善锅炉给水泵操作法，在非正常工况下，锅炉负荷波动较大时，打开运行泵循环回流线的出口阀至 1/3 以上，并及时调整给水泵循环回流线，确保泵出口流量不低于最小流量运行，保证给水泵的合理运行工况。

3.2　优化平衡管线布置

(1) 对锅炉给水泵平衡管线进行优化，将平衡管出口返回线由进 14 米除氧器气相位置改为返回泵入口阀后位置，降低平衡鼓后侧流通阻力，提高平衡鼓作用。见图 6~图 7。

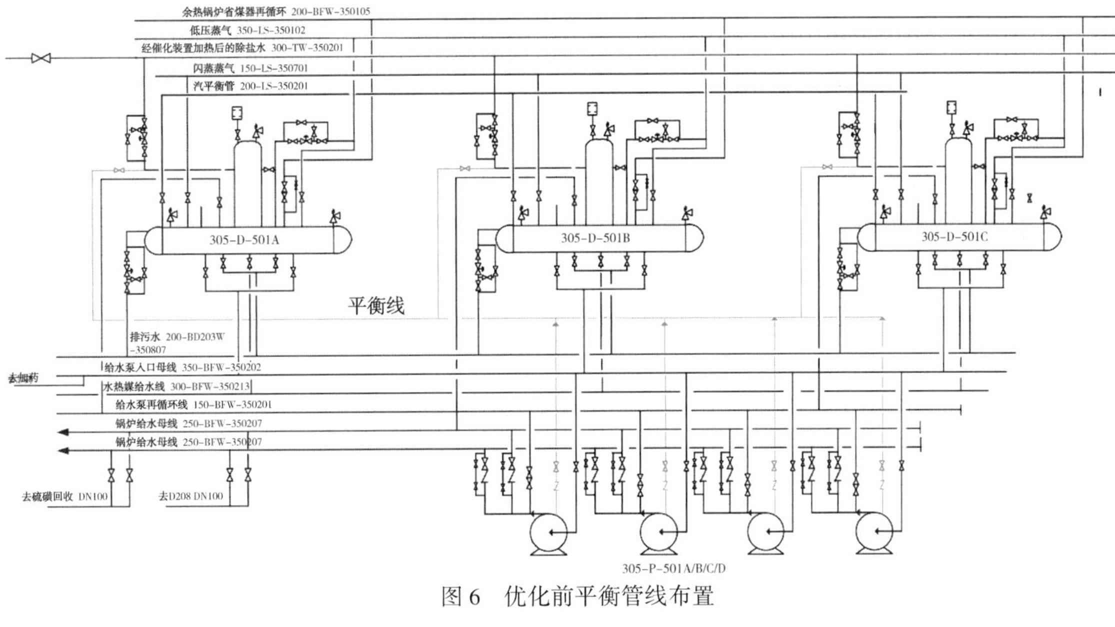

图 6　优化前平衡管线布置

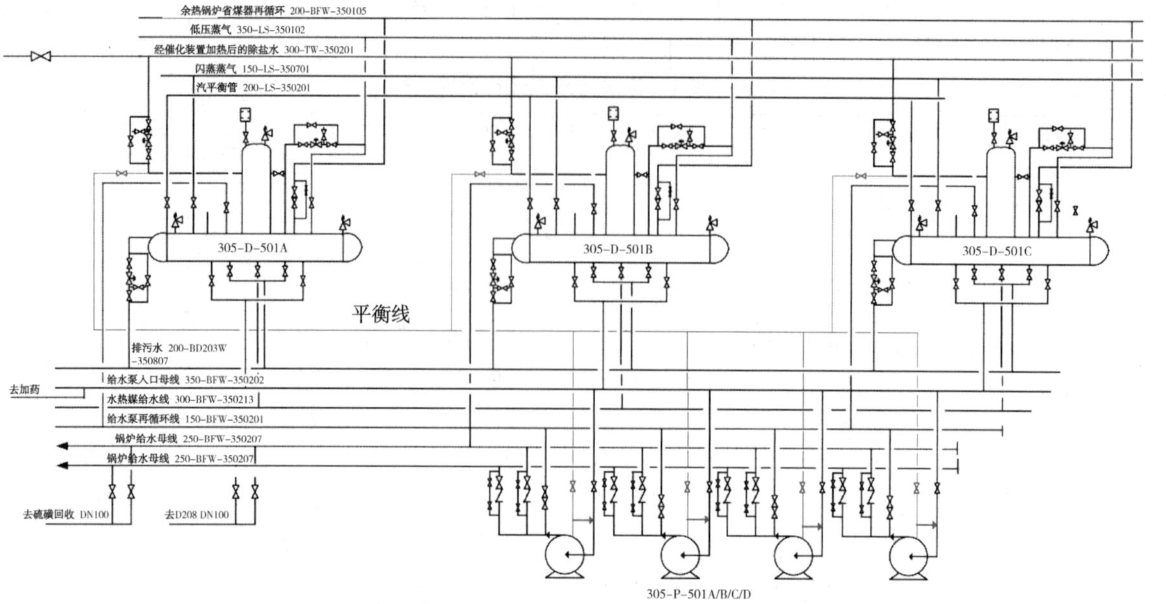

图 7　优化后平衡管线布置

(2) 将升降式止回阀更换为闸阀，并在运行过程中保持开启锁定状态，避免了因止回阀卡涩而导致泵的平衡轴向力失效的问题。

3.3　增上机泵状态检测

对锅炉给水泵安装离线状态监测“红绿灯”，系统报警信息推送，当泵轴承温度异常升高时，触发报警，及时发现机泵运行的异常情况并处理。

通过采取上述措施后，现场检测各锅炉给水泵轴承箱运行稳定，振动值均在 2.8mm/s 以下，轴承箱温度均在 65℃以下，并截至目前持续 3 年无故障运行。避免了因各装置开工期间用汽不稳定使锅炉给水泵小流量运行、给水系统有杂质使止回阀卡涩失效，而导致的非驱动端轴承箱轴承轴向力大、轴承磨损的问题，有力保障了锅炉给水泵的长期平稳运行。

4　结论

综上所述，造成锅炉给水泵非驱动端轴承箱故障的主要原因是泵处于小流量运行、平衡管线设计不当引起的，使得轴向力过大，导致非驱动端轴承温度升高、磨损故障。

通过优化锅炉给水泵循环回流线操作、对平衡管线升降式止回阀更换为闸阀并对平衡管线流程进行优化，以及安装离线状态监测装置等，有效避免了泵的非驱动端轴承故障，保障了装置的平稳运行。

参　考　文　献

[1] 炼油厂催化装置设备管理手册 .(2020). 北京：石油工业出版社 .

[2] 王迎春 . 硫回收锅炉给水泵轴承损坏原因分析与改进措施[J]. 设备管理与维修，2023，(02)：44-45.

[3] 左钧 . 锅炉给水泵轴承损坏原因分析及处理[J]. 通用机械，2014，(03)：66-68.

[4] 范海强，邱耀华 . FK6F32 型调速给水泵推力轴承超温故障诊断及处理[J]. 自动化应用，2013，(12)：24-26.

[5] 刘兴奎 . 锅炉给水泵运行中的故障及解决方法[J]. 科技视界，2012，(35)：149-150. DOI：10. 19694/j. cnki. issn2095-2457. 2012. 35. 125.

锅炉引风机振动高原因分析及对策

李　琪

（中国石化海南炼油化工有限公司炼油一部）

摘　要　本文针对某炼厂动力锅炉引风机振动高的问题，通过对该风机的结构、工作原理和所处工况展开研究，分析了导致风机振动值过高的因素。运用振动监测和数据分析等手段，对风机的振动情形进行了监测和评估。本文分析了出入口管道刚度不够是风机振动高的主要原因。针对这一原因，给出了对应的解决办法和预防措施，以确保风机能够维持正常运行状态，进而实现长周期平稳运行。

关键词　锅炉引风机；振动高；管道刚度

1　前言

某炼厂动力锅炉 2006 年 3 月投产，锅炉主体设备是采用江西锅炉厂生产的燃气锅炉，型号是 JG-75/3. 82-Q。配备两台陕鼓集团陕西骊山风机厂生产的离心式引风机 8902-K-202，型号为 Y4-73-11N018D，风量在 137580Nm^3/h，全压 2895Pa，主轴转速 960r/min，引风机入口调节门为陕鼓集团生产的花瓣式调节门，执行机构为气动执行器。锅炉引风机主要由轴承箱、风机组件、出入口管道组成，见图 1。

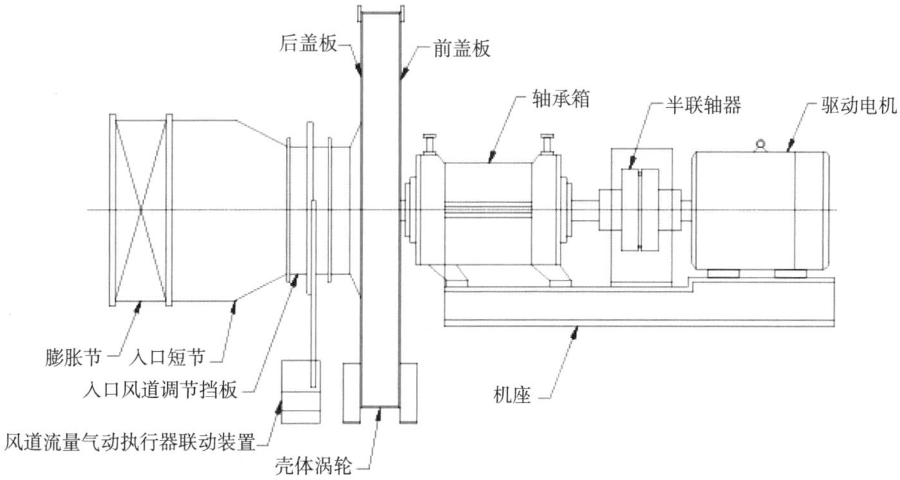

图 1　引风机结构示意图

2　风机振动高的危害

风机若出现振动偏高的情况，会在设备自身、生产运行以及操作维护人员安全等方面面引发危害。长时间处于高振动状态，风机的叶轮、轴、轴承以及联轴器等零部件会承受额外的交变应力，这会加速零部件的磨损，使其更快进入疲劳状态，甚至出现断裂，进而大幅缩短设备的使用年限。持续不断的振动还有可能致使风机的外壳、风道等结构部件产生变形，破坏设备原本的结构精度，对风机性能以及气流的正常流通产生不良影响。严重的振动情形下，风机的保护装置可能会频繁启动，致使风机意外停止运行。这不但会干扰生产的连续性，还可能在生产过程中引发其他连锁反应，使得运行风险增加，同时生产成本与维修成本也会相应提高。一旦振动导致设备部件出现松动、脱落，或者设备遭到损坏，就极有可能对周边人员造成意外伤害，存在相当大的安全隐患。

3　风机振动高的原因及对策

从 2025 年 4 月份运行数据采集结果来看，风机驱动端轴向、水平、垂直振动分别为 1. 93、0. 901、0. 422mm/s，非驱动端轴向、水平、垂直振动 4. 27、4. 15、3. 89mm/s，最大速度总振值 4. 27mm/s，如图 2 所示。风机振动较高侧处于非驱动端，以目前振动评定标准来看，振值处于B区(预警报警)，振动较大，见图2。

从以上频谱图(图3～图6)也可以看出，风机非驱动端振动较大，振动速度最大值为4.27mm/s，振动加速度最大值为0.32g，轴承损坏因子最大值为6.85。风机主要是非驱动端轴承箱水平方向振动偏大，频谱图以工频1X、3X、4X占主导，伴低幅值的工频谐波频率，速度谱中轴承内圈故障频率145.62Hz及其工频边带明显，包络谱中发现轴承外圈故障频率101.79Hz及其谐频，时域波形图未发现明显的冲击特征信号。但根据现场实际测量结果显示，风机壳体振动始终较大，振值在4.6mm/s以上，如表2所示。可见，轴承早期故障并非该风机振动大主要原因。

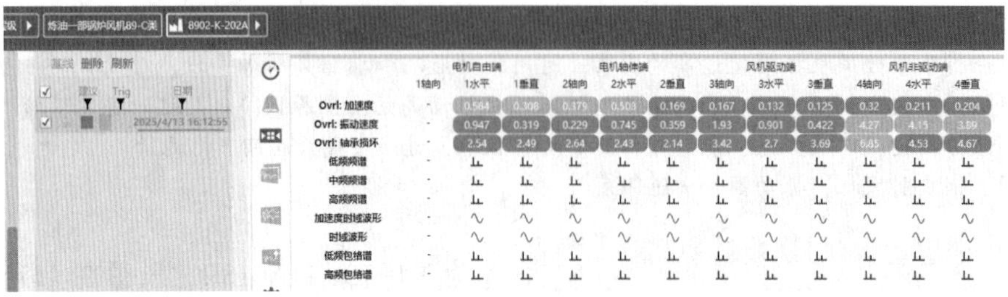

图2　锅炉引风机8902-K-202A状态监测采集数据

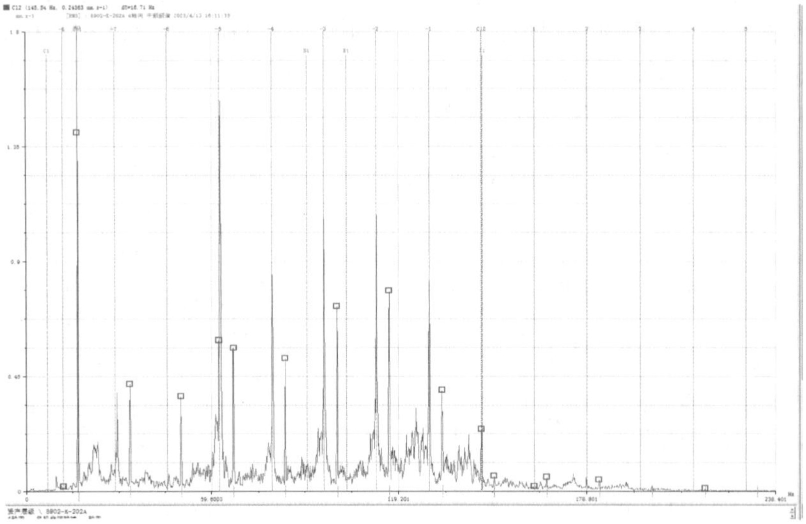

图3　风机非驱动端轴向速度频谱

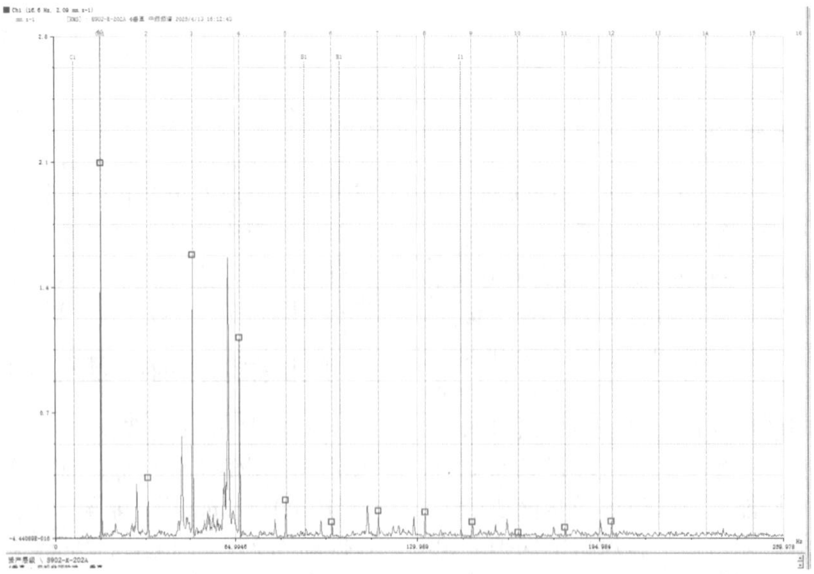

图4　风机非驱动端水平方向速度频谱

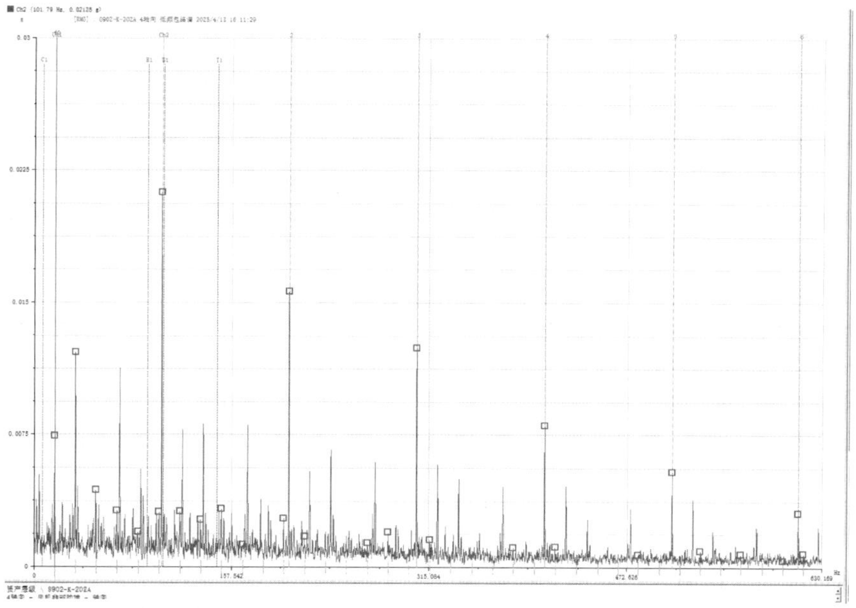

图 5　风机非驱动端垂直方向速度频谱

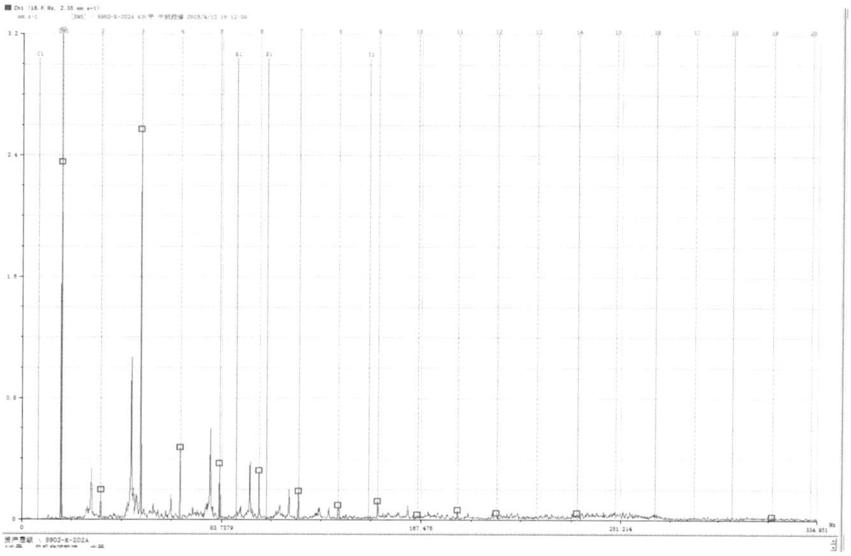

图 6　风机非驱动端轴向方向包络谱图

表 1　锅炉引风机 8902-K-202A 设计参数

位号	工作转速	轴承型号	功率	叶片数
		驱动端轴承型号：SKF/22332CC		
8902-K-202A	960r/min	非驱动端轴承型号：	200kW	12
		SKF/22332CC		

表 2　锅炉引风机 8902-K-202A 运行参数

测量部位	入口短节	壳体	出口管道
振动值 mm/s	4.63	4.78	5.26

由于风机的特殊作用，需要将燃烧后的烟气抽出，从而维持炉膛内部压力平衡。对比表 1 和表 2 数据不难看出，风机目前进口流量约为 71000m^3/h，风机效率为 16.9%，实际运行工况与设计工况偏离。流量过小时，会使气流在叶片进口处产生分离，形成涡流；流量过大时，会导致气流在叶片出口处产生冲击，造成气流不稳定，使叶片受力不均，引发振动。根据实际生产运行情况，常常需要通过调整风机入口挡板开度

来条件炉膛负压，流量变化并非风机振动大的根本原因。

如表3所示，该锅炉引风机8902-K-202A服役时间比较长，2022年以后非驱动端振动值一直较高，出入口管道及支撑逐渐老化。风机壳体与出入口管道之间连接处支撑点不足(间距大、支撑点少)，会导致管道在运行中承受自身重力和额外应力，高温环境(烟气温度约130℃左右)长期作用下出入口管道刚度降低，支撑连接部位不牢固，在引风机运行时产生的气流脉动作用下，容易发生振动。因为管道无法承受气流的冲击力和压力变化，会随气流的波动而产生变形和振动，进而引发了引风机振动偏高。

表3　锅炉引风机8902-K-202A运行参数

位号	风机名称	现风机型号	进口流量/(m^3/h)	全压/Pa	进口温度/℃	风机效率/%	轴功率/kW	电机负荷/kW
8902-K-202A	锅炉引风机	Y4-73-11 NO18D	71000	977	122	16.9	116.6	122

结合目前风机运行效率低的实际运行情况，降低风机振动的主要方法是对风机出入口管道刚度进行优化。通过增加风机出入口管道支撑数量增加刚度。在跨度较大的部位，适当增加支撑点，缩短管道的无支撑跨度，减小管道在自重和气流力作用下的挠度，提高管道刚度。在明显振动较大的部位对称布置支撑进行加固，分散管道所受应力，提高管道刚度。通过固定支架等刚性支撑有效限制管道的位移。

4　结语

总的来说，锅炉引风机8902-K-202A振动偏高主要原因是由于出入口管道刚度下降。针对这一原因，可采用增加管道支撑数量、对称布置管道支撑等办法加以应对。通过深入剖析风机振动过高的原因，探究相应解决措施，能够为炼油厂风机的维护保养与管理工作提供借鉴，保障风机平稳运行。

屏蔽泵在苯乙烯装置问题分析及解决措施

王乃志

（中国石化海南炼油化工有限公司）

摘　要　简要介绍了屏蔽泵的基本结构，叙述了苯乙烯装置在运行过程出现的问题，分析了屏蔽泵主要部件出现问题的原因及介质杂质对屏蔽泵的影响，提出了工艺操作和冲洗润滑管路堵塞等解决方案及相应的防范措施，确保装置平稳优运行。

关键词　滑动轴承；冲洗润滑；屏蔽套；转子

随着化工行业的不断发展，人们的安全意识不断增强，对各种类型的泵的使用也日益严格，依据中国石化苯乙烯装置生产管理指导意见中，高浓度苯乙烯物料的输送应选用无泄漏泵要求。催化干气制乙苯/苯乙烯装置，于2006年11月建成投产，装置建设期间部分选型为屏蔽泵，屏蔽泵运转中发生的故障多因冷却润滑系统及汽化后温升有关，滑动轴承、冲洗润滑、屏蔽套、转子之间相互关联、相互制约，其中某一部件出现问题都会导致其它部件损坏。

1　屏蔽泵基本结构及原理

屏蔽泵是一种无密封泵，泵和驱动电机都被密封在一个被泵送介质充满的压力容器内(图1)，这种结构取消了传统离心泵具有的旋转轴密封装置，故能做到完全无泄漏。屏蔽式泵将三相异步屏蔽电机的转子与泵的叶轮连接起来，再用屏蔽套将其保护起来。而电动机的定子则环绕着护罩，护罩为金属，以磁场将能量传输至转子，使整个转子处于液体中运行，端部靠法兰或焊接结构完成静密封。它通过一组金属丝来提供转动的磁场，并带动转子。

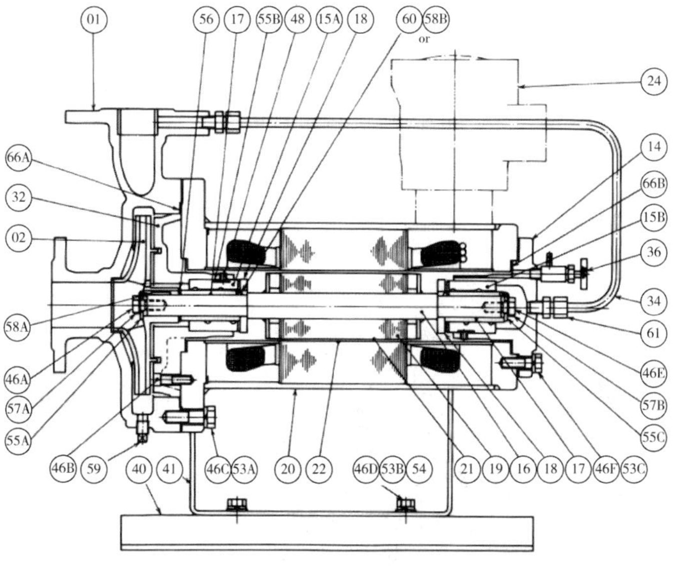

01	泵体	46C	螺栓
02	叶轮	46D	螺栓
		46E	螺栓
		46F	螺栓
14	RB端盖	48	紧定螺钉
15A	轴承(带轴向沟槽)		
15B	轴承(带轴向沟槽)	53A	弹簧垫圈
16	轴	53B	弹簧垫圈
17	轴套	53C	弹簧垫圈
18	推力盘		
19	转子	54	垫圈
20	定子	55A	垫圈
21	转子屏蔽套	55B	垫片
22	定子屏蔽套	55C	垫圈
		56	调整垫圈
24	接线盒	57A	止动垫圈
32	FB端盖	57B	止动垫圈
		58A	键
34	循环管	58B	键
		59	塞子
36	排气阀		
		60	销
40	底座	61	活接接头
41	机架		
		66A	密封垫圈
46A	螺栓	66B	密封垫圈
46B	螺栓		

图1　屏蔽泵基本结构

1.1 屏蔽泵基本结构

1.2 屏蔽泵工作原理

屏蔽泵主要构件是离心泵的叶轮、蜗壳、定子、转子等(图2)，屏蔽泵是用同一根轴将电机的转子和泵的叶轮固定在一起，然后用屏蔽套将这一组转子屏蔽住，而电机的定子围绕在屏蔽套的四周，屏蔽套是由金属制成的，因此动力可以通过磁力场传递给转子，而整个转子都在被泵送液体中运转，而屏蔽的端部靠法兰或焊接的结构实现静密封，由于泵的主体和驱动机都封闭在介质所充满的腔体内，所以屏蔽泵可以实现完全无泄漏。定子的内表面和转子的外表面装有耐腐蚀金属薄板制造的定子屏蔽套和转子屏蔽套，各自端面用耐腐蚀金属薄板焊接与被输送液体分隔，使定子绕组铁芯和转子铁芯不受浸蚀。

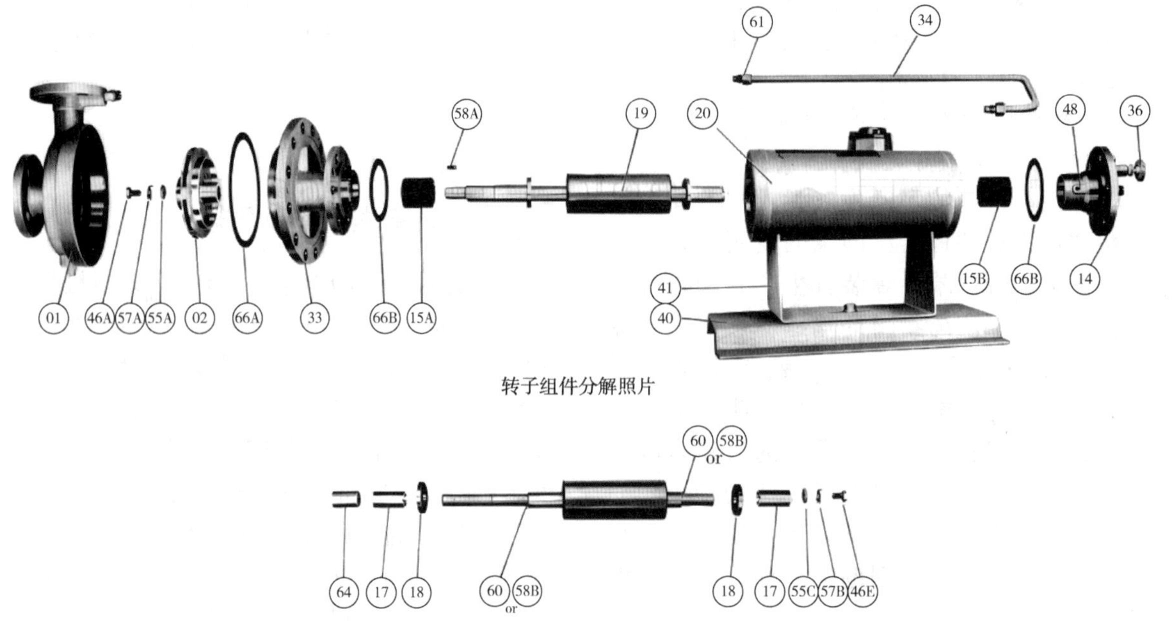

图2　屏蔽泵零件图

循环管一般是从泵排出口引入少部分被输送液体(约1%~3%总流量)，经过滤后，通过循环管，先润滑冷却轴承后，然后再通过定子屏蔽套与转子屏蔽套之间的间隙进行冷却，利用泵送液体对轴承润滑与冷却，有时也对电机冷却都起到非常重要的作用，然后再润滑冷却前轴承，最后经叶轮平衡孔回流到叶轮进口。

2　屏蔽泵在苯乙烯装置存在问题

开停工作过程中液位变化频繁存在抽空现象，造成部件损坏，其中损坏部件主要是滑动轴承、严重情况屏蔽套和转子损坏需要返厂修复(图3)，不仅维修费用高而且对装置运行造成极高的风险。

图3　轴承损坏情况

3　屏蔽泵使用问题原因分析及解决措施

3.1　滑动轴承损坏问题分析

当介质杂质进入泵体时，机泵入口过滤器的精度在60目，部分粉末随物料穿过滤网孔隙进入机泵内，而轴承与轴套的径向间隙仅为0.3~0.5mm之间，在粉末聚集增多时就会减少机泵的自身介质润滑及冲洗冷却流量。屏蔽泵冷却循环回路设计的一个难点，就是如何选择合理的循环量，循环量的确定是依据热平衡来计算的，并且应有一定的余量。热平衡计算的关键是准确计算冷却循环回路热源大小，其热源主要由三部分组成：轴承在泵轴旋转产生的发热，内磁转子在介质中的摩擦生热，隔离套的涡流发热，其中隔离套涡流发热是主要热源。机泵的冲洗回路的流量通常为泵设计流量的1%~3%左右，若冲洗冷却不充分介质温度逐步升高，隔离套内空间小加剧介质的汽化量，介质汽化无法排出泵腔内并影响轴承润滑，有时还会造成石墨滑动轴承因受热不匀达到一定程度时轴承和轴套损坏而碎裂。

3.2　屏蔽套损坏问题分析

屏蔽泵屏蔽套起到密封介质作用，将泵的动密封转化为静密封的关键部件。屏蔽套焊接在定子上，屏蔽泵的电机转子和定子部分浸没在泵送的介质中，屏蔽套(金属薄壁套管)将电机的定子绕组和转子与介质物理隔离，防止介质进入电机内部，避免腐蚀或短路(图4)。转子的旋转通过屏蔽套传递动力，而介质被限制在屏蔽套与泵体之间的封闭流道内。在设备长期运行时介质杂质的积累增多后，转子与屏蔽套的径向间隙产生相互摩擦，或滑动轴承碎块磨损，最终造成屏蔽套损坏。如果未能及时发现屏蔽套损坏，泄漏的介质进入驱动电机内，使电机绕组绝缘受到浸蚀，相间短路或匝间短路现象，从而导致电机绕组局部烧坏。

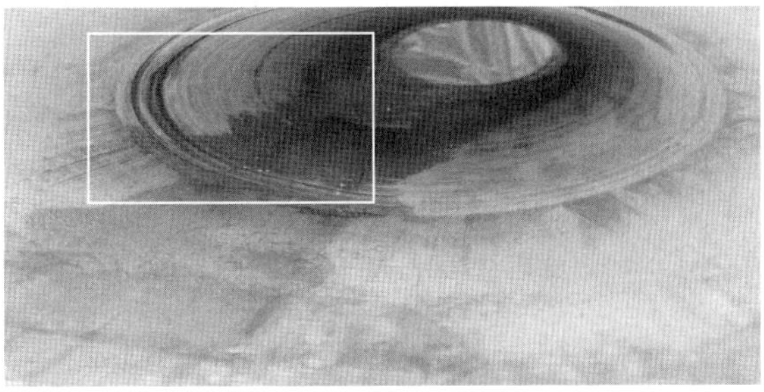

图4　屏蔽套损坏情况

3.3　转子损坏问题分析

屏蔽泵的转子是其核心运动部件之一，其设计与传统离心泵的转子有显著区别，主要因其直接浸没在被输送的介质中工作，且需与屏蔽套配合，无需传统泵的轴封(机械密封或填料密封)，通过屏蔽套与电机定子隔离，实现零泄漏(图5)。转子结构轻量化通常为薄壁结构，以减小转动惯性，降低启动力矩，同时需保证强度和动平衡。介质既是输送的流体，也是转子的冷却和润滑介质。介质通过转子与屏蔽套之间的间隙循环流动，带走电机和转子产生的热量，防止过热。转子与屏蔽套产生大量的漩涡流热，而这种涡流产生高热量不能被介质冷却降温，从而形成恶性循环，最终将导致转子薄壁结构损坏造成传动部分失效。

在实际检修时发现转子表面、屏蔽套有过热现象，而机泵内部冲洗回路是保证设备运行前提条件。滑动轴承的导流槽是屏蔽泵的冷却循环回路关键环节，导流槽保证工作介质畅通，起到强制润滑和冷却作用，泵腔内液体温度逐渐升高，同时转子热膨胀后与屏蔽套之间变小，循环液体汽化冲洗冷却系统没有排气系统，存在的气体进一步降低润滑和冲洗冷却效果，造成转子膨胀损坏。

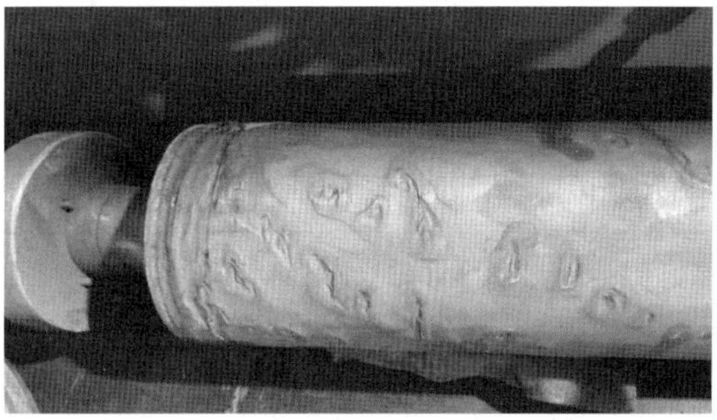

图5　转子损坏情况

4.4　屏蔽泵整改措施

(1) 增设屏蔽泵低流量保护功能，避免因流量低时轴承润滑效果差，出现冲洗冷却不畅损坏轴承。

(2) 根据苯乙烯装置工艺流程，对物料存在杂质工段制定定时性工作，90天定期切泵并清理过滤网，避免因大量杂质积累磨损轴承。

(3) 对外循环屏蔽泵电机外壳设有热交换器，高温介质通过冷却器后再供电机滑动轴承润滑，同时夹套内的冷却水也对电机起到冷却作用，定期检查循环水结垢情况及时清理，确保机泵滑动轴承温度≥65℃。

（4）加强日常巡检管理，对屏蔽泵巡回检查测泵体温度、介质温度、振动数据使机泵达到最优工况。

（5）日常巡检时特别要对TRG表监控，在红色区域，禁止运转，如图6所示 。

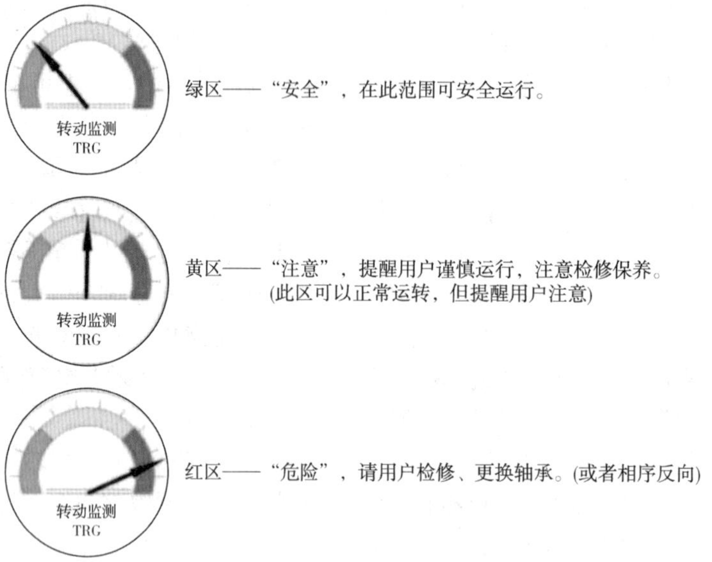

图6　TRG表运行说明

5　结论

通过上述防范措施使屏蔽泵可靠性显著提升（表1~表2），在苯乙烯装置中优先选用碳化硅轴承，高强度、耐腐蚀、耐高温等优势，适合苛刻工况长周期运行。目前屏蔽泵状态满足振动标准要求《SHS 01003—2004 石油化工旋转机械振动标准》，单台设备年维修成本降低54%，减少非计划检修，保障平稳运行。

表1　性能指标对比

指	标	优化前	优化后	变化率	标准要求
振动速度/(mm/s)	3.5(峰值)	2.6(峰值)	-25.7%	≤4.5《SHS 01003—2004》	
轴承寿命(小时)	24000	32000	+33%		

表2　经济效益对比

项	目	优化前/(万元/年)	优化后/(万元/年)	节省费用
维修成本	12.5	2.5	10	
单台	1.3	0.6	0.7	

参　考　文　献

［1］仲重州，冯永江，丁生华，屏蔽泵轴承失效原因分析及预防措施，［J］. 化工机械，2018）05-0608-03.

［2］林诗原，苯乙烯车间屏蔽泵故障分析及优化方案，［J］. 石化技术，2019，1006-0235. 2019. 06. 227.

［3］张亚雄. 无泄漏泵运行总结［J］. 通用机械，2016，1671-7139. 2016. 05. 013.

［4］迟静波. 无泄漏泵的选择与应用［J］. 化工机械，2016. 0254-6094. 2016. 01. 028.

［5］田树六. 王朋辉. 屏蔽泵常见故障及维修［J］. 聚氯乙烯，2018，2018-12-016.

［6］黄明，盛向阳. 碳化硅轴承在屏蔽电泵上的应用［J］. 防爆电机，2007，1008-7281. 2007. 06. 015.

制氢PSA程控阀阀板压圈螺栓断裂原因分析

王彦龙　吴子安

（中国石化海南炼油化工有限公司）

摘　要　某炼厂制氢PSA程控阀阀板压圈螺栓发生断裂。该PSA程控阀上游为制氢装置中变气，下游为PSA吸附塔，现场采集断裂的螺栓进行失效分析，以期找到螺栓断裂失效原因。

关键词　PSA程控阀；阀板压圈；螺栓断裂

1　概况

某炼厂制氢装置PSA程控阀为2005年制造，自2006年投运至今，2025年1月程控阀出现内漏，拆检发现程控阀阀板压圈螺栓有四颗断裂，见图1。

图1　程控阀现场照片

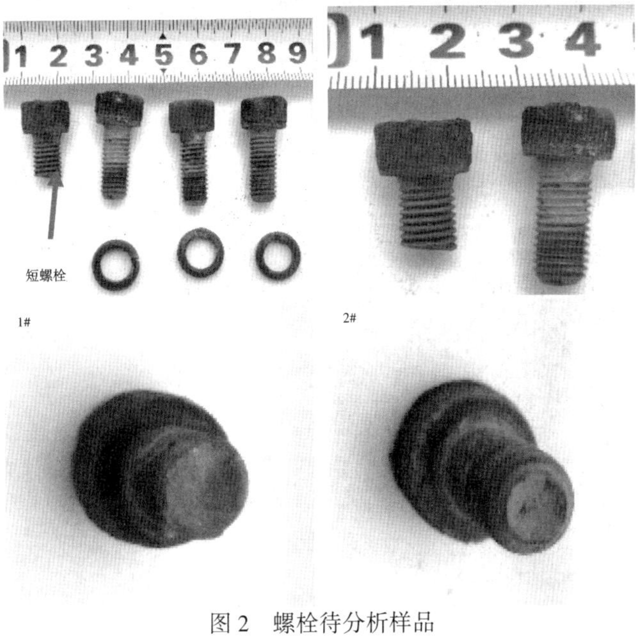

图2　螺栓待分析样品

2 螺栓断裂原因分析

2.1 宏观、低倍分析

对螺栓断口进行表观检测及宏观低倍显微分析。将1#、2#螺栓采用酒精清洗，并超声清洗5min，用体视显微镜观察断口宏观形貌。

图3为1#螺栓断口宏观显微照片。断口整体较为平整，表面有灰褐色沉积物，未见明显蚀坑及裂纹。断口边缘部位稍高于中心部位，有较为明显的沿螺纹断裂现象。在较高倍数下，靠近边缘螺纹处有少量撕裂脊。总体上螺栓断裂为脆性断裂，无明显韧窝，未见明显疲劳特征。

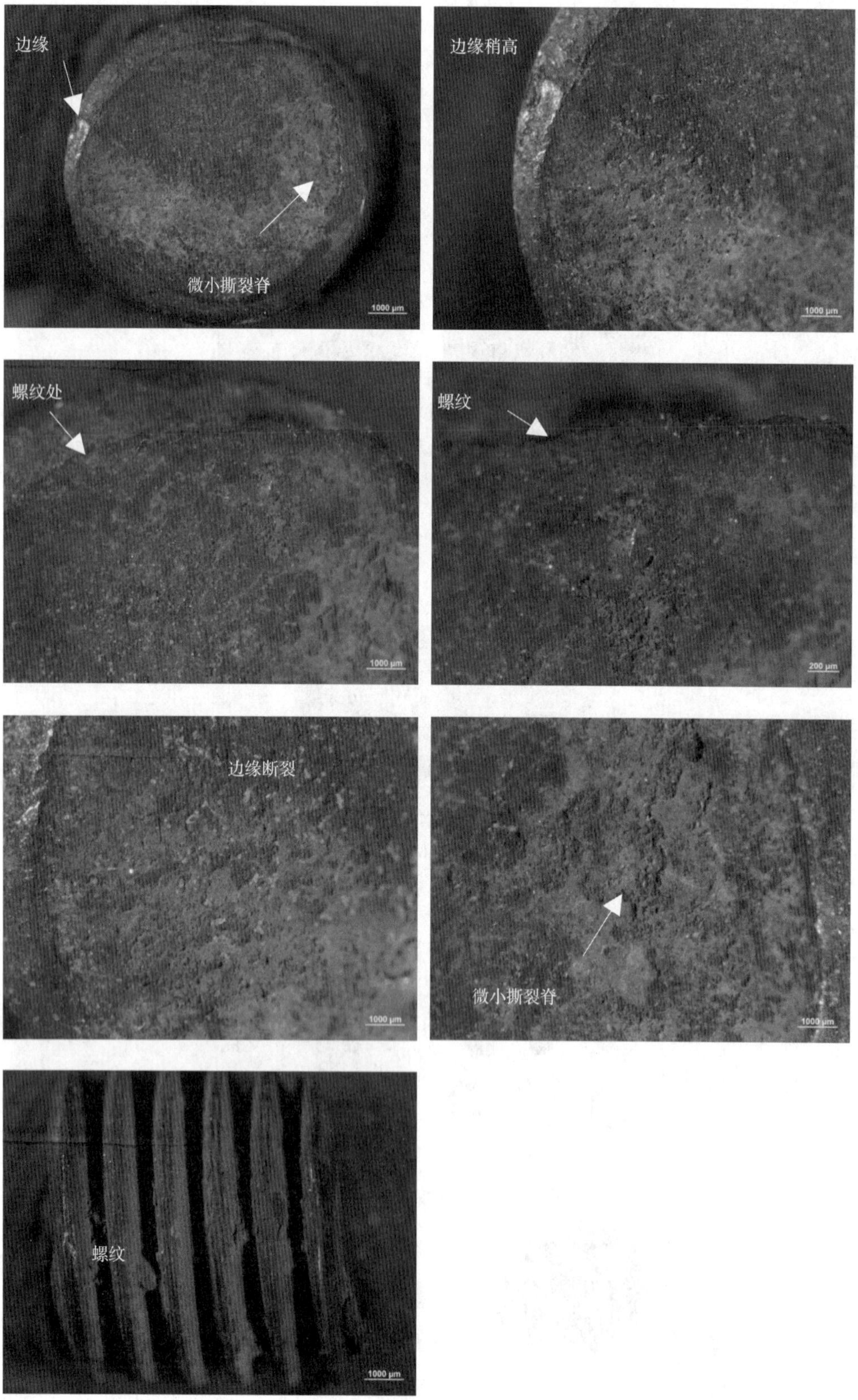

图3　1#螺栓宏观检查结果

螺栓侧面检查显示螺纹基本保持完好。螺牙底部有沉积层，螺牙顶部局部有轻微破损。

图 4 为 2#螺栓宏观形貌。2#螺栓顶端沉积物为灰白色，表面沉积层有破损。边缘靠近螺纹部位沉积层破损较为严重，沉积层底部有浅褐色锈层。2#螺栓顶端无严重腐蚀及断裂现象。

2.2 材质分析

从待检样品上切取块状样品，依据相关标准，使用光谱仪等，对其材质进行化学分析。

分析结果表明，螺栓的材质成分符合 45#钢的标准要求，见表 1。

图 4　2#螺栓宏观形貌

表 1　材质化学成分(wt%)

元素	C	Si	Mn	P	S	Cr	Ni
试样	0.46	0.25	0.80	0.02	0.02	0.14	0.13
45#	0.42~0.49	0.17~0.37	0.50~0.80	≤0.035	≤0.035	≤0.25	≤0.25

2.3 金相检验

将螺栓加工成金相试样，封装后，经预磨、抛光，采用硝酸+酒精蚀刻溶液蚀刻 5s 后在显微镜下观察，分析其金相组织形貌。图 5 为螺栓断口部位的金相照片。断口边缘部位基体组织较为平整，有 10μm 左右沉积层。沉积层下基体组织有局部破损，较为轻微。断口部位未见明显的裂纹及严重腐蚀。

靠近断口的边缘部位金相组织晶粒分布大小不一，出现扭曲现象，应该是外力作用下造成材料受力，发生金相组织改变。

图 6 为基体金相组织照片。靠近螺栓中心部位金相组织为保留马氏体位相的回火索氏体组织及少量上贝氏体相，局部有少量马氏体析出。金

相检查发现有少量的夹杂物，根据 GB/T 10561—2023《钢中非金属夹杂物含量的测定 标准评级图显微检验法》评定方法，夹杂物等级为D类1-1.5级，属于轻微夹杂。

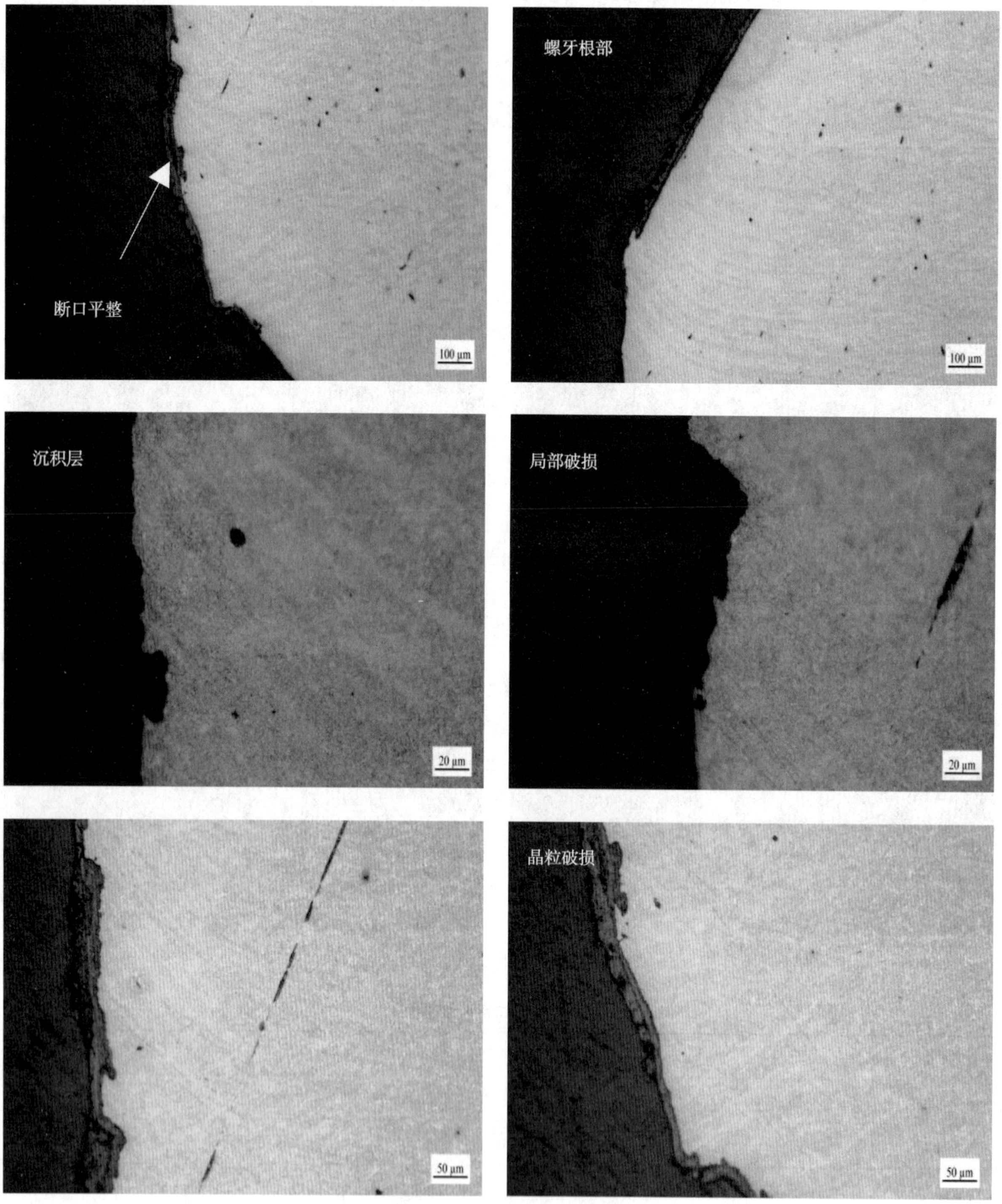

图5　螺栓断口部位的金相照片

靠近边缘部位晶粒有扭曲现象，同时出现少量针状马氏体组织。

图7为螺纹部位的金相组织照片。靠近断口部位螺纹牙顶处有明显的损伤，个别螺纹出现明显的裂纹，呈上下螺纹对称分布。螺纹牙顶处裂纹多数较为平直，以沿晶开裂为主。末端有分叉，个别螺纹末端出现弧状扩展。

2.4　硬度检测

对螺纹顶端裂纹周边、断口周边及螺栓中心正常组织部位进行显微硬度检测。载荷1kg，加载时间 15s。其结果如下表 2 所示。螺栓硬度值较高，均在 HV1kg/15s400 以上。其中边缘部位硬度稍高于中心部位硬度值。

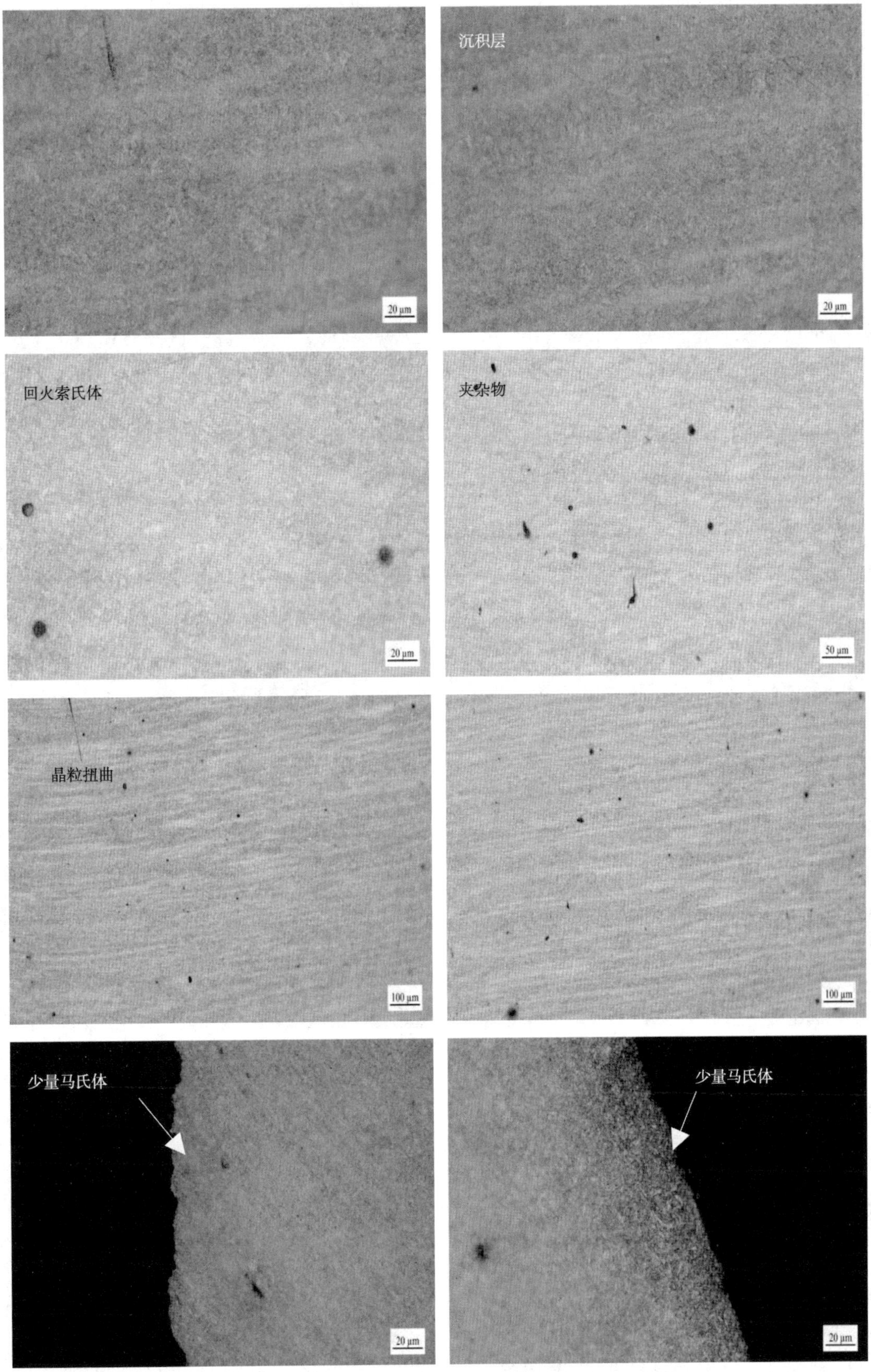

图 6　基体金相组织照片

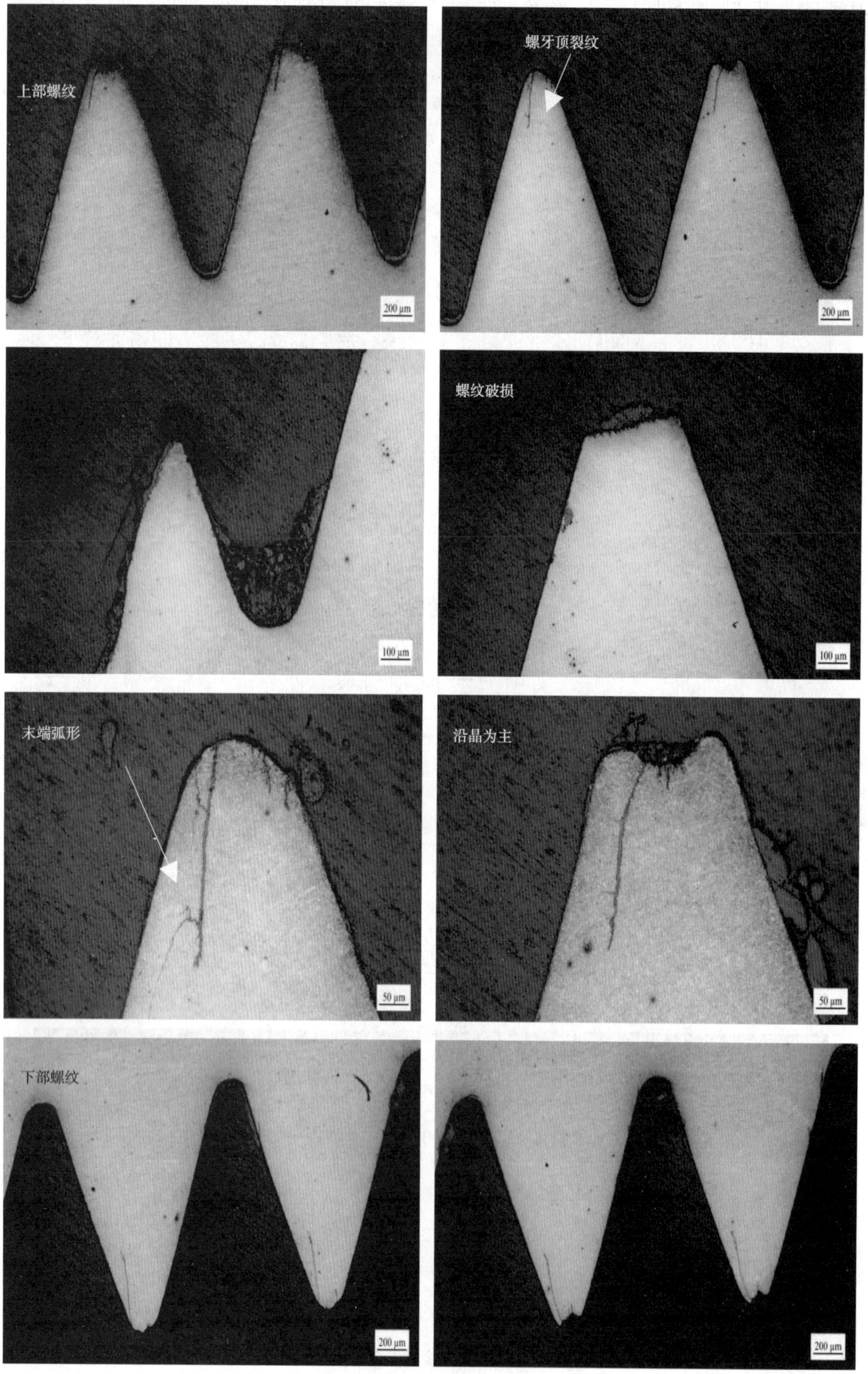

图7　螺纹部位金相组织照片

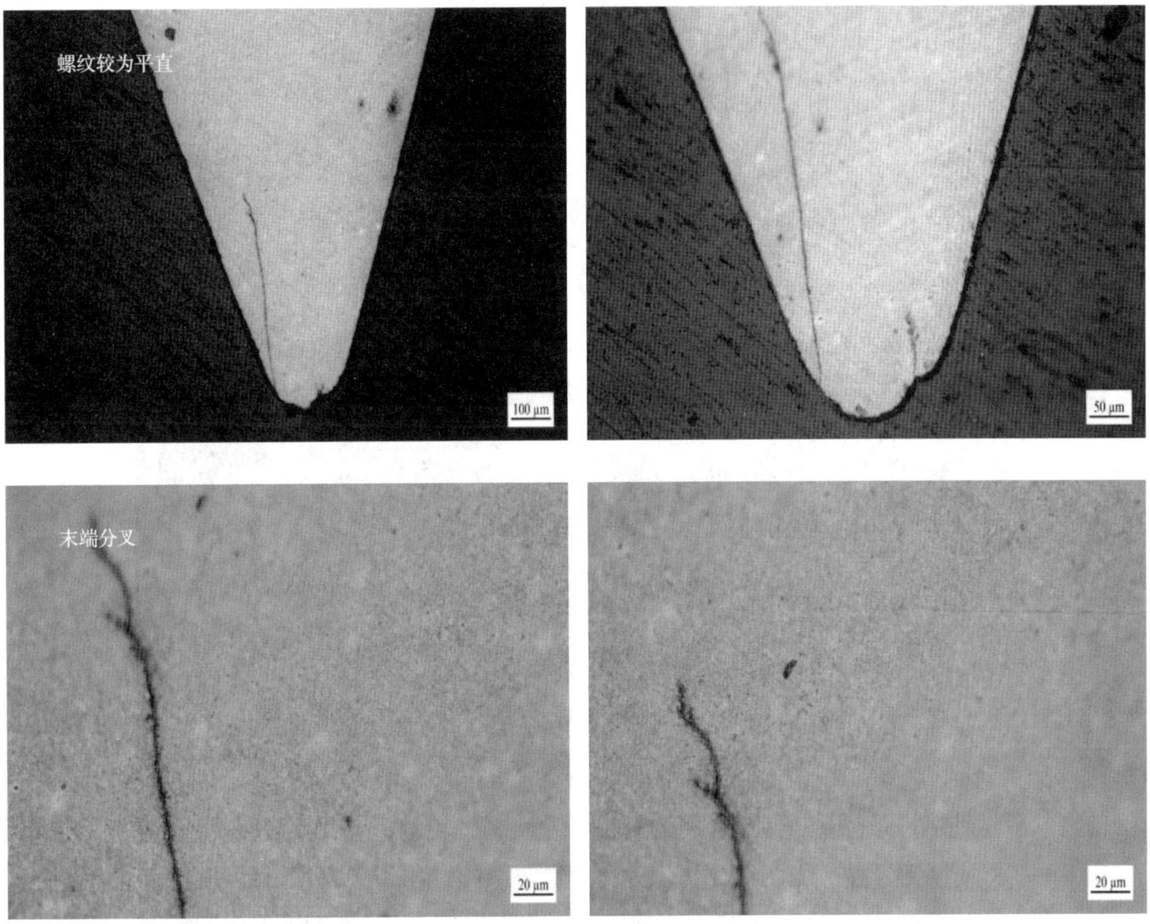

图 7　螺纹部位金相组织照片(续)

表 2　样品显微硬度测量结果

位置点	1	2	3
裂纹周边(螺纹牙顶)	447.0	432.5	473.4
断口周边	437.4	455.5	423.6
正常组织(螺栓心部)	436.6	425.2	447.9

2.5　电镜分析

将断口部位进行简单清理后，采用日本日立公司生产型号为 S-4800Ⅱ型扫描电镜对其形貌和能谱进行分析。图 8 为断口部位扫描电镜照片及能谱分析结果。断口部位较高倍数下有少量棱形撕裂脊，为螺栓扭断产生的。断口部位有少量摩擦造成的损伤，未见韧窝、辉纹及明显裂纹。能谱分析结果显示断口部位主要元素为 O、Fe、Cr、Mn、Si 等，还含有少量的 S、Cl 及 P 等元素。S、Cl、P 等可能为外界污染沉积在断口部位，断口部位沉积物为 Fe 的氧化物。

图 9 为断裂螺栓截面扫描电镜照片及能谱分析结果。较高倍数下断口截面处未发现明显裂纹，有少量腐蚀产物沉积，能谱分析其主要元素包括 Fe、O、C 及少量 Cl 元素。断口处有少量蚀坑，轻微局部腐蚀。

螺栓截面处基体组织有较多的夹杂物，能谱分析其主要元素包括 Na、Si 等，还有少量的 Cl 元素，为碱土元素夹杂，后续金相蚀刻过程中夹杂物优先腐蚀，与杂质 Cl 元素结合形成。截面裂纹处未发现腐蚀性元素。

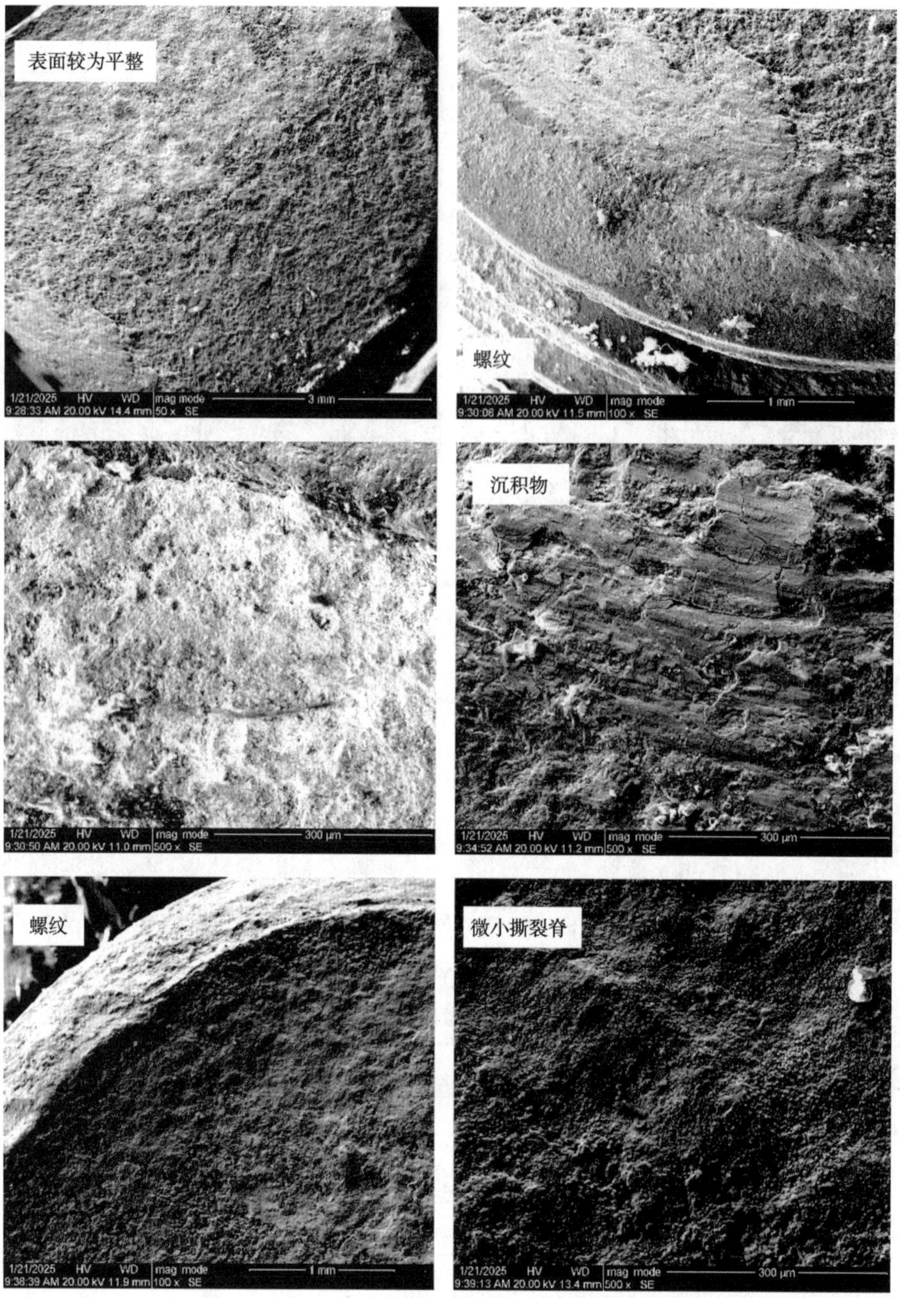

扫描电镜照片

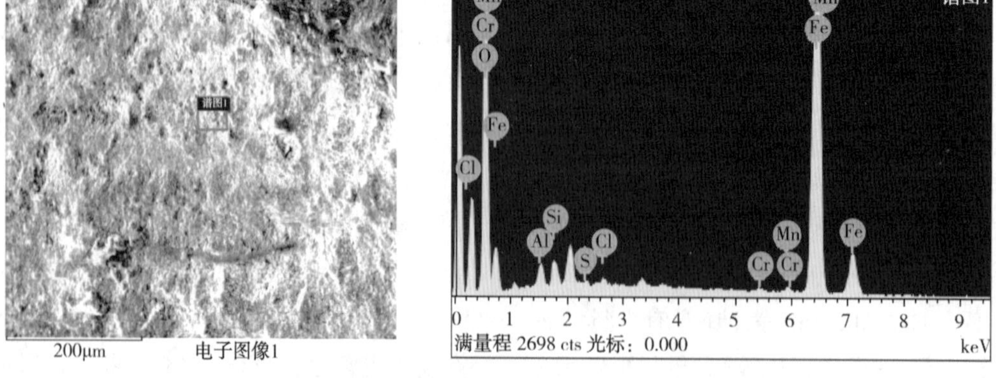

图 8　断口部位扫描电镜照片及能谱分析结果

元素	重量百分比	原子百分比
O K	30.92	59.62
Si K	1.89	2.08
S K	0.31	0.30
Cl K	0.36	0.31
Cr K	0.49	0.29
Mn K	0.66	0.37
Fe K	63.83	35.26
总量	100.00	

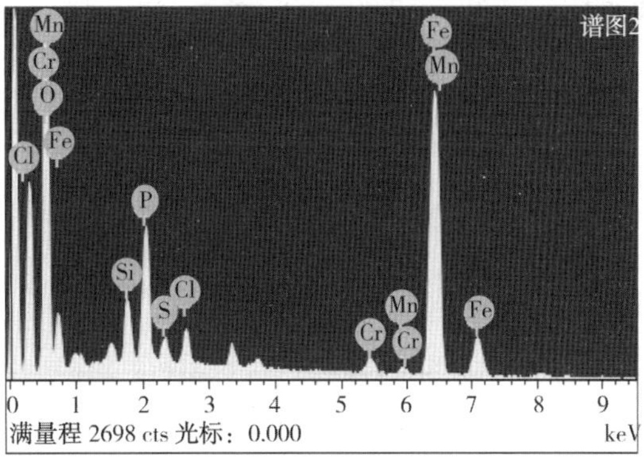

元素	重量百分比	原子百分比
O K	38.89	65.37
Si K	3.00	2.87
P K	7.18	6.23
S K	1.18	0.99
Cl K	1.89	1.43
Cr K	1.50	0.78
Mn K	0.72	0.35
Fe K	45.65	21.98
总量	100.00	

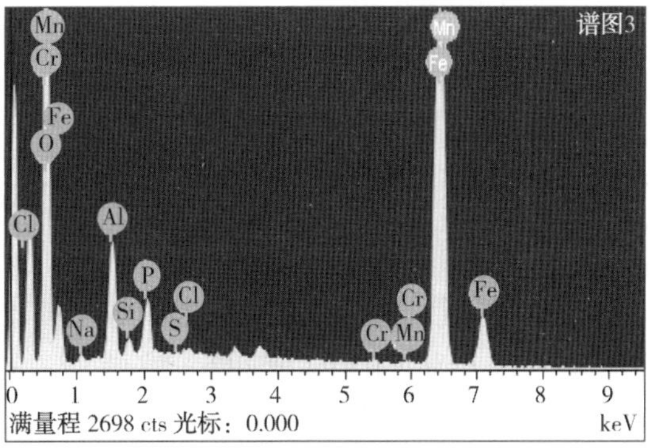

元素	重量百分比	原子百分比
O K	35.81	62.65
Na K	0.75	0.92
Si K	0.78	0.78
P K	2.64	2.39
Cl K	0.27	0.22
Cr K	0.22	0.12
Mn K	0.35	0.18
Fe K	53.38	26.75
总量	100.00	

图 8　断口部位扫描电镜照片及能谱分析结果(续)

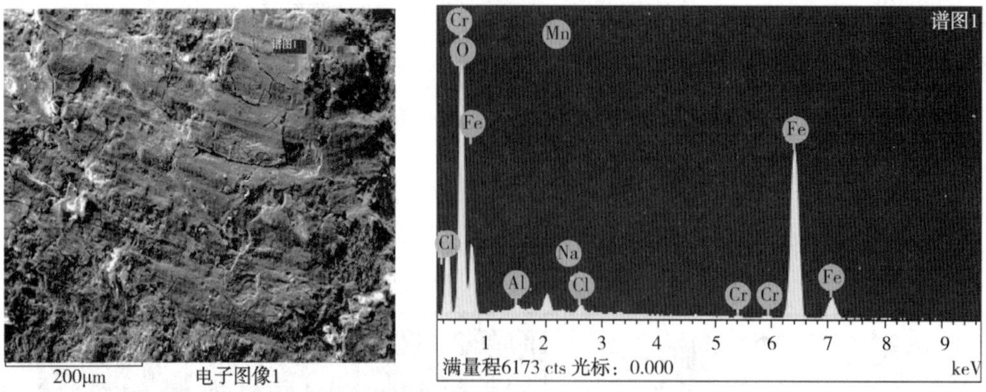

元素	重量百分比	原子百分比
O K	47.35	75.45
Cl K	0.79	0.57
Cr K	0.31	0.15
Fe K	50.94	23.26
总量	100.00	

图 8　断口部位扫描电镜照片及能谱分析结果(续)

分项条号	机械和物理性能		性能等级		
			8.8F	9.8F	10.9F
5	机械加工试件的断面收缩率 Z/%	min	52	48	48
6	头部坚固性		不得断裂		
7	维氏硬度 HV　$F\geq98$ N	min	250	290	320
		max	320	360	380
8	布氏硬度 HBW　$F=30D^2$	min	238	276	304
		max	304	342	361
9	洛氏硬度 HRC	min	22	28	32
		max	32	37	39

图 9　相关标准截图

3　分析与讨论

3.1　工艺分析

某炼厂制氢装置 PSA 程控阀阀板压圈螺栓运行温度为 40℃，压力为 2.0MPa。该螺栓安装在蝶阀内部，能谱分析表面有轻微氧化物。

3.2　材质分析

阀板压圈螺栓材质为 45#钢，材质分析显示主要成分未见异常，其中 Mn 含量相对较高，但在正常范围内。

金相组织检查发现螺栓中心正常部位的金相组织为保持马氏体相位的回火索氏体组织，局部区域有少量贝氏体及马氏体残留。靠近断口的边缘部位金相组织晶粒分布大小不一，出现扭曲现象，应该是外力作用下造成材料受力，发生金相组织改变，同时边缘部位出现少量针状马氏体组织。

螺栓金相检查发现有少量的夹杂物，根据 GB/T 10561—2023《钢中非金属夹杂物含量的测定 标准评级图显微检验法》评定方法，夹杂物等级为 D 类 1-1.5 级，属于轻微夹杂。

材质硬度检查发现螺栓硬度总体较高，维氏硬度 HV 为 400 左右，换算成洛氏硬度 HRC 超过 40。

45#钢系列材料属于优质碳素结构钢，具有良好的综合力学性能。其化学成分主要包括碳、硅、锰、磷、硫等元素，其中碳含量在 0.43%~0.48%之间，这一碳含量范围使得 45#钢在经过适当热处理后，能够获得较高的强度和良好的韧性。45#钢螺栓在正常使用条件下能够承受较大的拉伸和剪切力，适用于多种机械连接场景。该螺栓为 8.8 级，力学性能为 8.8 级和高于 8.8 级的螺栓一般都要经过调质处理，才能达到力学性能所规定的各项要求。热处理是提高 45#钢螺栓性能的关键工艺。通过淬火和回火等热处理工艺，可以显著改善螺栓的力学性能。例如，淬火可以使螺栓的硬度和强度大幅提高，但同时会降低其韧性；而回火则可以在一定程度上恢复韧性，同时保持较高的强度。

非金属夹杂物是影响螺栓性能的重要因素之一。在微观组织观察中，可以发现螺栓内部存在的非金属夹杂物，如氧化物、硫化物等。这些夹杂物会成为裂纹的萌生源，降低螺栓的强度和韧性。例如，硫化物夹杂物在螺纹根部等应力集中部位，会在交变载荷作用下引发裂纹。

3.3 综合分析

某炼厂制氢装置 PSA 程控阀阀板压圈螺栓断裂主要是金相组织中出现马氏体夹杂，导致局部硬度偏高，脆性增加。在安装紧固或拆卸过程中产生的扭力过大，导致螺纹出现残余应力，应力集中使螺栓产生裂纹，造成脆性断裂。

金相组织检查螺栓中心正常部位的金相组织为保持马氏体相位的回火索氏体组织，断裂部位及边缘部位均有少量马氏体析出。材质硬度检查发现螺栓硬度总体较高，维氏硬度 HV 为 400 左右，换算成洛氏硬度 HRC 超过 40。依据“GB/T 3098.1-2010 紧固件机械性能，细晶非调质钢螺栓、螺栓和螺柱”中规定，8.8 级螺栓及螺栓的维氏硬度不应高于 320。该断裂螺栓硬度明显高于标准。螺栓硬度增加与其热处理工艺密切相关，检查发现金相组织中有少量析出的马氏体组织，是造成螺栓硬度增加的原因，是导致螺栓断裂的材料因素。

螺栓硬度增加，相应的韧性会有所降低，因此在外力作用下更容易引发脆性断裂。检查发现螺栓的螺纹牙顶部位出现裂纹，裂纹较为平直，未见较多的分支，以沿晶开裂为主，不符合应力腐蚀开裂的特征。断口检查发现表面有较多的沉积物沉积，未发现断口部位晶界出现鸡爪纹、云纹等氢致开裂的典型特征。因此该螺栓断裂主要是由于材料硬度升高、韧性降低，在应力作用下出现的脆性断裂，外部应力是造成螺栓断裂的环境因素。

螺栓的夹杂及轻微偏析也是造成脆性断裂的可能原因。造成偏析及夹杂的的原因有两个方面：一方面是钢液在浇注过程中造成，另一方面是在轧制过程中造成的。钢锭热轧后存在的成分偏析是造成带状组织的主要因素，而成分偏析程度与浇注温度和钢的成分均有关，通常偏析越严重带状组织越明显。断裂螺栓金相检查发现有少量的夹杂物，根据 GB/T 10561—2023《钢中非金属夹杂物含量的测定 标准评级图显微检验法》评定方法，夹杂物等级为 D 类 1-1.5 级，属于轻微夹杂，一般不会形成断裂源。但局部夹杂容易造成性能大面积降低，由于螺栓已经断裂，故无法确定断裂部位的夹杂物等级，周围出现晶粒扭曲现象，不排除夹杂物局部较高造成材料断裂。

4 结论及建议

4.1 结论

某炼厂制氢装置 PSA 程控阀阀板压圈螺栓断裂主要是金相组织中出现马氏体夹杂，导致局部硬度偏高，脆性增加。在安装紧固或拆卸过程中产生的扭力过大，导致螺纹出现残余应力，应力集中使螺栓产生裂纹，造成脆性断裂。

4.2 建议

（1）严格按照标准进行调质热处理，避免出现组织异常。

（2）增加设备进场复验，硬度、韧性、力矩复核等机械检测需要满足相关要求，避免不合格零件安装。

（3）定期检查设备及螺栓完整情况。

参 考 文 献

[1] 张栋，等. 失效分析[M]. 北京：国防工业出版社，2004，197~206.

[2] 周海波. 45 钢螺栓断裂失效分析

[3] 赵美玲. 45 钢传动轴断裂原因

[4] 江国栋. 45 钢强韧化处理后的机械性能

离心式压缩机盘车异常故障分析与整改措施

杨开航

（中国石化海南炼油化工有限公司）

摘　要　本文以某炼化公司连续重整装置重整循环氢压缩机盘车异常故障事件为研究对象，详细分析盘车异常的原因，简述检修处理过程。结合离心压缩机的结构特点与运行环境，提出了针对性的整改措施与预防策略，为同类装置的设计优化、质量验收及运维管理提供参考。

关键词　离心压缩机；盘车异常；轴端密封磨损

重整循环氢压缩机是连续重整装置的核心设备，其承担着为重整反应器提供循环氢的关键任务，以改善反应器内温度分布、抑制生焦反应、使物料分布均匀。2023 年 3 月，重整循环氢压缩机定期盘车过程中发现有异响，机组被迫开盖大修，拆检发现转子与气封出现碰磨导致出现异响。本文通过系统分析此次事件，揭示设备故障的深层次原因，并提出针对性整改措施，旨在避免类似问题重复发生。

1　概述

1.1　设备简介

该压缩机组为垂直剖分锻件钢壳体筒型 5 级离心压缩机（型号 BCL1205），由沈鼓集团设计制造。机组于 2022 年 10 月完成汽轮机单试，11 月通过空负荷试车合格，12 月配合反再系统热态考核连续运行 15 天后正常停机，运行期间各项运行参数均达标。

1.2　故障现象与处理过程

2023 年 3 月机组定期盘车时，液压盘车盘不动，液压盘车过程中汽轮机驱动端轴振动高达 150μm 超量程，现场有异响。脱开联轴器后汽轮机单独盘车正常，压缩机手动盘车有明显尖锐摩擦声响，确认异响源自压缩机本体。随后组织机组抽芯大修，发现以下关键问题：

1. 非驱动端干气密封轴套防转销槽划伤（见图 1）（分析原因为防转销直径 $\phi8$、长 10mm，理论上销子应深入销孔大于 6. 5mm，露出高度小于 3. 5mm，实际上现场复测销子露出高度大于 3. 5mm，设备出厂前销孔加工深度不满足要求，导致干气密封轴套磨损，重新研磨销子后已回装）；

图 1　非驱动端干气密封轴套防转销槽划伤

2. 芯包内外壁锈蚀严重，管口处堆积锈粉；

3. 芯包抽出时发现芯包拉伤。主要原因是芯包两侧滑轮受力不均，此在芯包回装时得到佐证，芯包回装过程中，驱动端轴端密封出现密封齿碰磨情况，且芯包非驱动端侧 O 圈被外机壳入口管口刮断一小截，说明芯包滑轮受力不均，导致芯包与外机壳不同心，后又重新抽芯更换 O 圈，两侧抬轴后回装芯包才避免此情况。

4. 压缩机驱动端平衡盘气封和非驱动端轴端密封磨损严重，密封齿脱落（图 2 和图 3），平衡盘有磨损痕迹（图 4）。

5. 第四级和五级叶轮口环磨损较明显（见图 5）。

6. 驱动端轴端密封轴肩处缝隙内有 PEEK 材质填充物，且锁紧螺母轴向处有印痕（图 6）。

7. 各级叶轮气封间隙复测，发现叶轮级间气封间隙配合数据超标。

8. 转子出厂外委打径向跳动，除非驱动端侧轴头偏差 0. 015mm 外，其余部位检测均达标，可排除转子弯曲的可能性。

图 2　平衡盘气封磨损

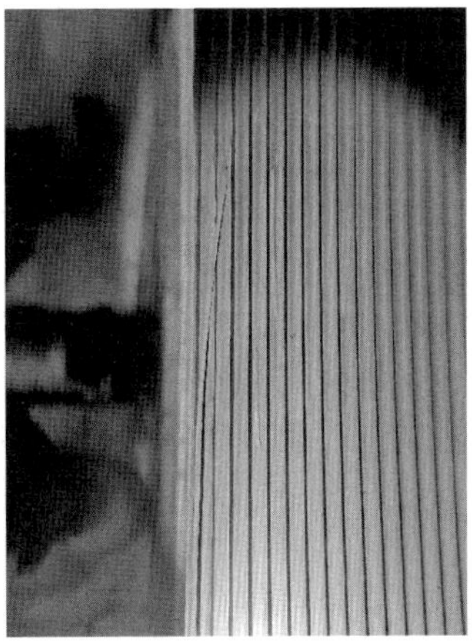

图 3　非驱动端轴端密封磨损

图 4　平衡盘磨损

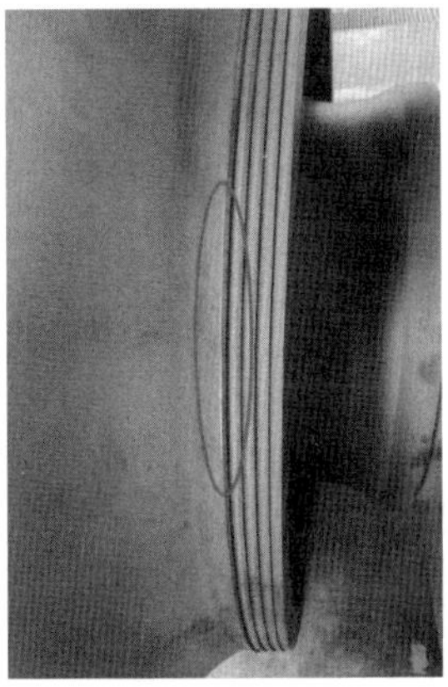

图 5　第四级和五级叶轮口环

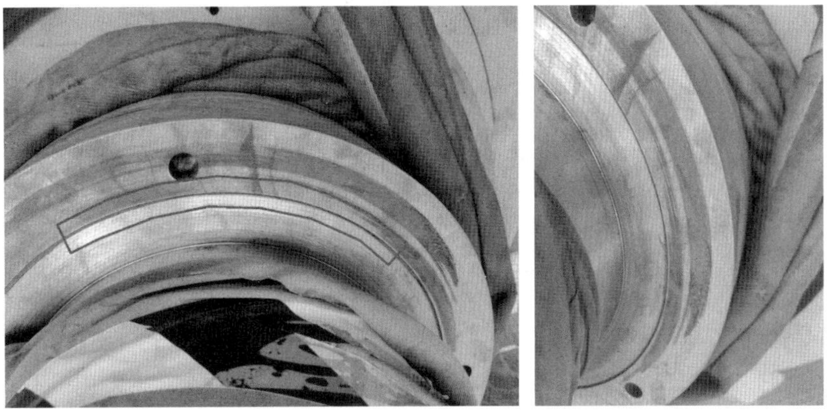

图 6　驱动端轴端密封轴肩

2　原因分析

2.1　直接原因

驱动端轴端密封密封齿存在原始缺陷，芯包回装过程中局部密封齿脱落，在驱动端锁紧螺母轴肩处进行堆积，脱落的 PEEK 材质密封齿在高速高温运转下粘结在锁紧螺母轴向处，出现发蓝高温印痕，部分 PEEK 材质填充物嵌入锁紧螺母缝隙内(图 7)，驱动端轴端密封与锁紧螺母缝隙内(图 7)的堆积物增大摩擦力。机组正常运转过程中转子偏向主推轴承方向，但冷态下机组偏向副推轴承方向，无疑是减小驱动端轴端密封与锁紧螺母间的缝隙，导致冷态下手动盘车时转子与气封碰磨发出尖锐摩擦声响。

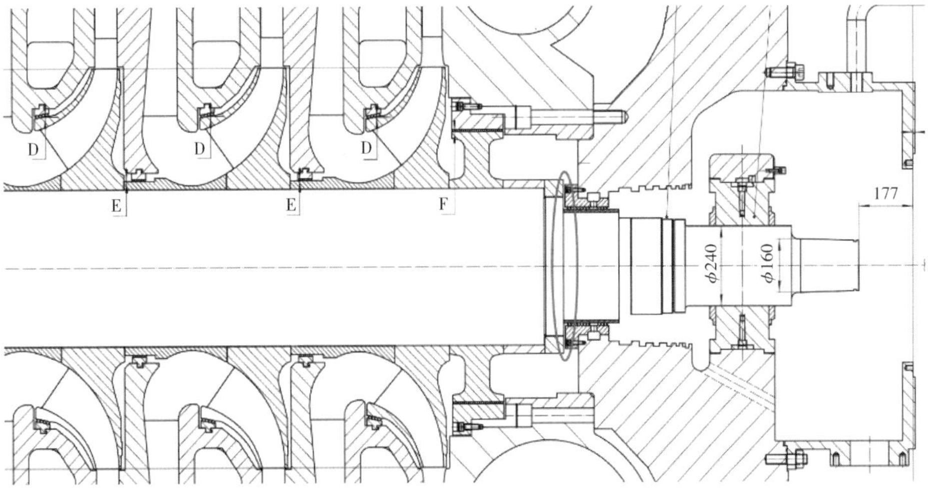

图 7　驱动端轴端密封与锁紧螺母缝隙处有堆积物

2.2 间接原因

芯包滑轮受力不均，出厂前芯包回装时局部密封齿已碰磨，尤其是驱动端平衡盘气封和非驱动端轴端密封较严重(图2~图3)。机组负荷运转过程中锈粉、残留水分等杂质带入级间、平衡盘气封和轴端密封，加剧气封密封齿和转子密封配合处各部位的损伤程度，导致密封齿等杂质脱落，在驱动端锁紧螺母轴肩处进行堆积，造成盘车出现异响。

3 整改措施

(1)管设备要管设备运行环境，机组运转过程中须关注工艺状况，避免杂质带入系统；在机组入口处设置过滤器，拦截锈粉与颗粒物；优化停机保养流程，使用干燥氮气吹扫系统，减少水分残留。

(2)设备出厂前做好质量验收工作，质量不过关不放行。

(3)芯包滑轮受力不均，芯包与外机壳不同心，建议下个检修周期更换芯包滑轮。

4 结论与建议

本次压缩机异响事件暴露出制造质量控制不严以及运维环境管理疏漏等问题。关键机组必须做好全生命周期管理工作，特别是前期管理工作，必须强化设备出厂验收质量标准，关键机组做好驻厂监造工作。另外，优化机组运行环境，密切关注机组介质组分变化情况，机组停机后充氮保护。

参考文献

[1] API 617—2014，Axial and Centrifugal Compressors and Expander-compressors.

[2] 张华．离心压缩机故障诊断与维修技术[M]．北京：机械工业出版社，2020.

[3] 海南炼化公司设备管理手册，2022年版．

往复式压缩机弹力环端面形状对密封环影响分析

张修铭

（中国石化海南炼油化工有限公司）

摘　要　本文对高压加氢装置往复式压缩机采用不同形状端面的弹力环，导致密封环异常损坏进行分析，对端面为球状和垂直切面的弹力环分别进行 UG 建模，通过 ANSYS 软件分析其形变量，并通过形变图分析两种端面的弹力环对密封环使用寿命和形变有什么影响，根据形变量分析结果合理选择能让密封环运行时间更长的弹力环；将分析结果与机组活塞环实际运行结果进行对比，结果一致：压缩机活塞密封环安装在球形端面的弹力环上比安装在垂直切面的弹力环上更耐用。

关键词　形变量；ANSYS；活塞环

往复式压缩机为高压加氢装置常见的一种压缩机，通过活塞在气缸内往复式运动压缩气体，为炼油生产提供所需的压力。某炼化工厂生产运行期间，往复式压缩机一级气缸排气温度高温报警，且温度数值呈现增大趋势，因此进行切机处理，对压缩机一级气缸开盖检查发现，一级气缸存在一定程度磨损，部分工作面粗糙度达到 1.0μm 以上（*Ra* 正常范围为 0.1-0.6μm）；且活塞环上的密封环存在断裂和破损，经对比发现破损的密封环的弹力环端面为垂直切面，没有损坏的密封环的弹力圈端面为球状。经调查发现因更换压缩机配件厂商导致压缩机一级活塞密封环的弹力环存在两种形式的端面，遂对两种形壮端面的弹力环进行进一步分析研究。

1　模型建立

两种形状端面的弹力环，一个为球状端面的弹力环，一个为垂直切面的弹力环如图 1 所示。且与球状端面的弹力环配合的密封环完好，与端面为垂直切面的弹力环配合的密封环存在不同程度的损坏。

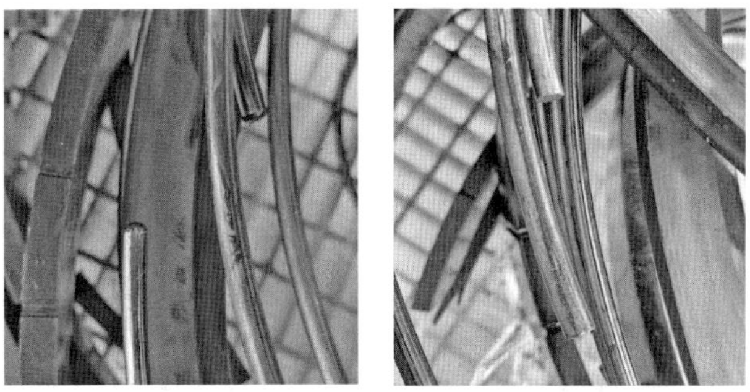

图 1　左图弹力环端面为球状实物图、右图弹力环端面为垂直切面实物图

通过 UG 软件分别压缩机端面为球形的弹力环和垂直切面的弹力环进行建模如图 2 所示，对模型进行合理简化；简化密封环为一个闭口圆环、弹力环与密封环为间隙配合。

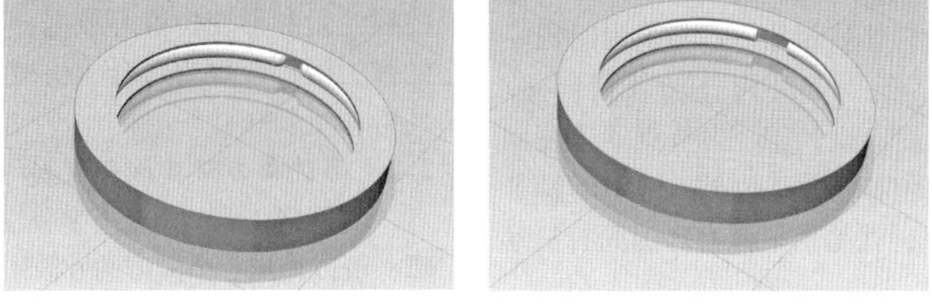

图 2　左图为弹力环端面为球状、右图为弹力环端面为垂直切面

2 有限元分析对比

2.1 ANSYS Workbench 网格划分

将模型导入 Workbench 中进行网格划分，网格划分形式采取自由划分网格的方式，出口管线改造前划分完的节点数 5317，网格数为 3516；出口管线改造后划分完的节点数为 6018，网格数为 3781；网格划分后的网格图形如图 3 所示。

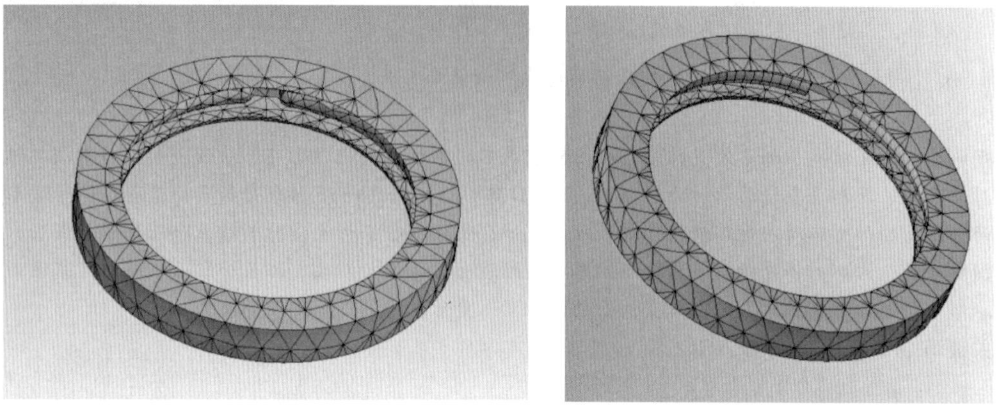

图 3　左图弹力环端面为球状弹力环网格化、右图弹力环端面为垂直切面弹力环网格化

2.2 边界条件

往复式压缩机运行中活塞环做往复式运动，与活塞环一起做往复式运动的活塞环受到水平推力，因此对活塞环平面施加作用力，模拟活塞环实际运行中受到的推力，如图 4 所示。对模型的约束尽可能达到与实际情况相同的约束形式和约束位置，使分析结果更加贴近真实情况。

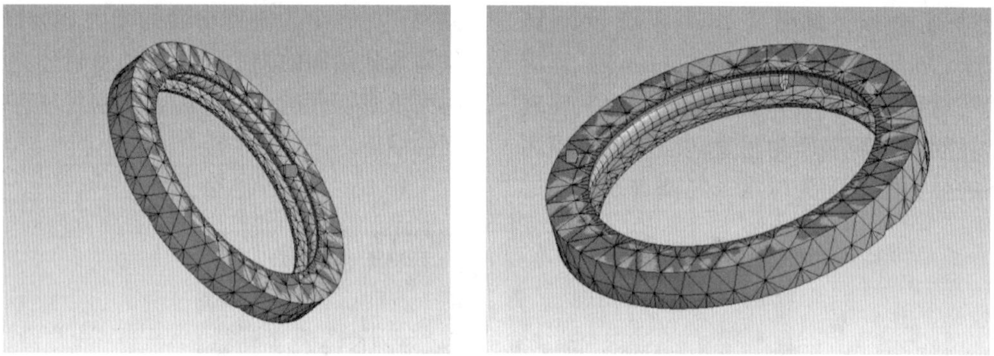

图 4　左图为弹力环端面为球状弹力环施加作用力、右图为弹力环端面为垂直切面弹力环施加作用力

2.3 谐响应分析理论基础

模态分析用于计算物体结构的固有振动频率与模态振型，是设计承受变化载荷结构的重要手段之一。在分析过程中假设一些条件，当外力为 0 时，螺杆机一级出口管线如自由振动微分方程如式(1)所示。

$$[M]\{\ddot{U}\}+[C]\{\dot{U}\}+[K]\{U\}=\{F^{a}\} \quad (1)$$

式中，$[M]$为总体质量矩阵；$[C]$为阻尼矩阵；$[K]$为刚度矩阵；$\{Fa\}$为外加载荷向量；$\{\ddot{U}\}$为节点的加速度向量；$\{\dot{U}\}$为节点的速度向量；$\{U\}$为节点的位移向量。对式(1)中的特征值和特征向量求解，就是求解弹力环的固有振动频率和振型。

3 分析结果讨论

3.1 利用 ANSYS 软件分析思路

通过 ANSYS 软件分别对端面为球形的弹力环和端面为垂直切面的弹力环进行谐响应分析，分析不同端面形状在机组运行时对密封环的影响和形变情况，通过分析对比两种弹力环 6 阶模态的形变量和形变位置等数据，得出两种形状端面的弹力圈哪个更为适合、机械稳定性更好、密封环寿命更长久。

3.2 两种弹力环各阶形变图

对网格化后的两个模型分别进行谐响应模态运算，可以得出 2 个模型的 6 阶形变图，对两个模型的前 4 阶形变图进行对比分析；左图弹力环端面为球状弹力环的4阶形变图、右图弹力环端面为垂直切面弹力环的4阶形变图，结果如图5所示。

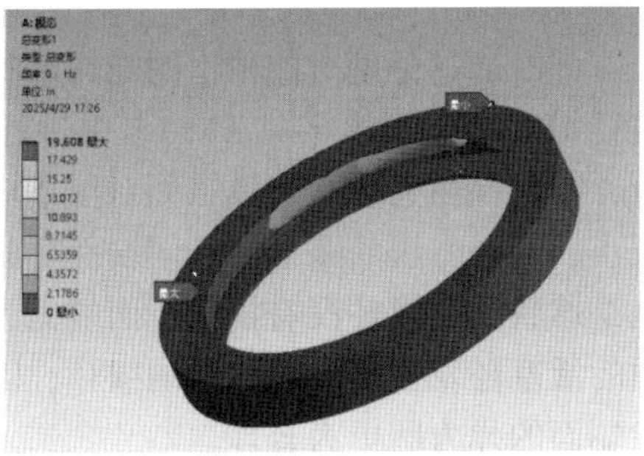

(a)端面为球状弹力环1阶形变图

(b)端面为垂直切面1阶形变图

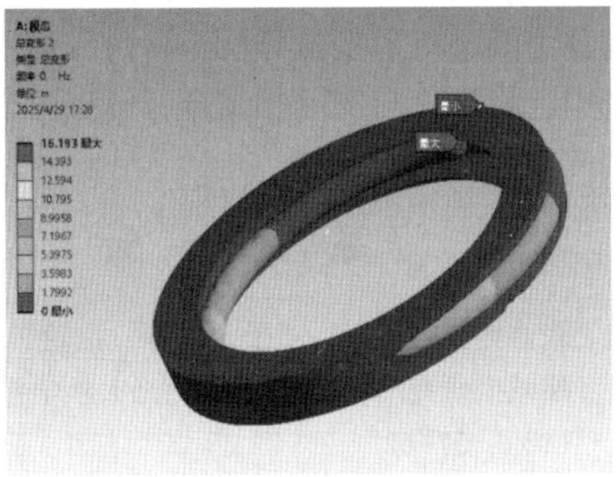

(c)端面为球状弹力环2阶形变图

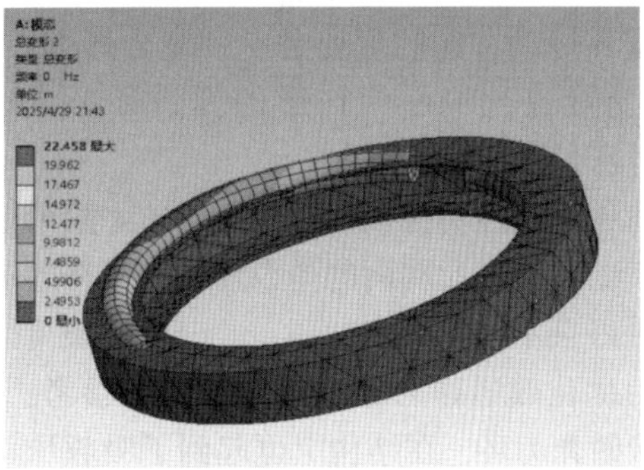

(d)端面为垂直切面21阶形变图

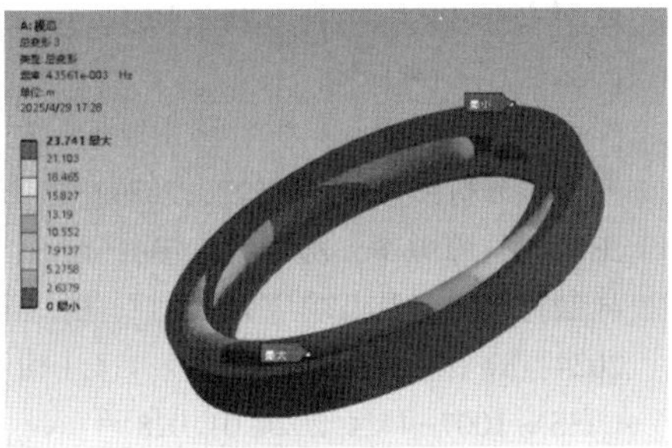

(e)端面为球状弹力环3阶形变图

(f)端面为垂直切面3阶形变图

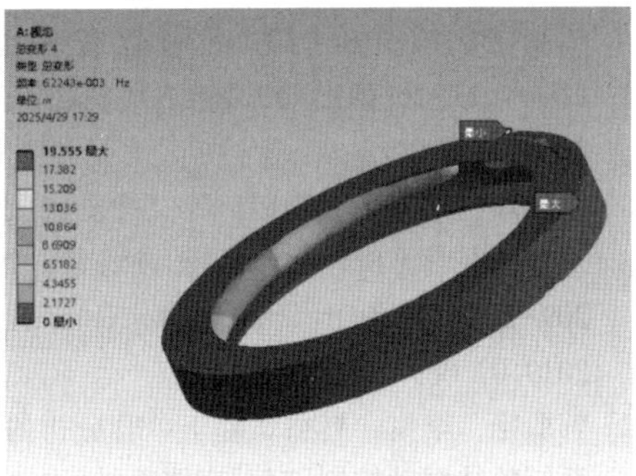

(g)端面为球状弹力环4阶形变图

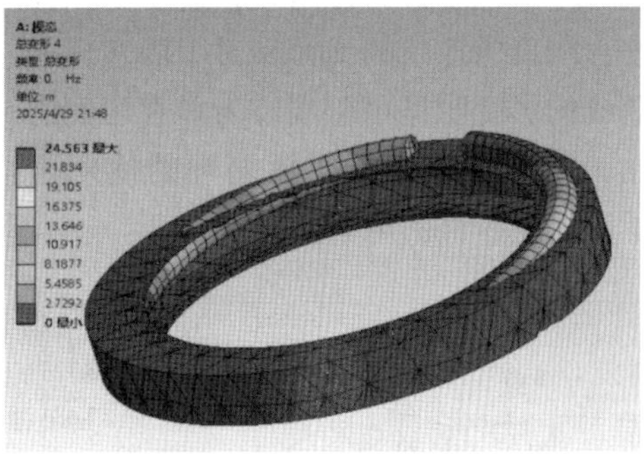

(h)端面为垂直切面4阶形变图

图5　左侧为弹力环端面为球状弹力环4阶形变图、右侧为弹力环端面为垂直切面4阶形变图

通过对8组形变图对比可以发现，前4阶振动类型大致可以分为弯曲变形和扭转变形。经过对比可以发现左侧端面为球状的弹力环形变相比于右侧端面为切面的弹力环形变要小，且1阶振动弹力环形变对密封环几乎没有什么影响。

由图(a)可以看出，端面为球状的弹力环与密封环接触的位置均为蓝色，此位置为形变最小的部位几乎没有发生形变，红色部位是形变最严重的位置，发生的形变主要为弹力环膨胀形变。端面为球状的弹力环的1阶最大形变位19.6mm。

由图(b)可以看出，端面为切面的弹力环形变位置相对图(a)改造前1阶形变面积有所增加，在沿活塞往复运动的平面形变较为明显，弹力环对密封环造成损坏，端面为切面的弹力环最大形变为23.5mm，比端面为球状的弹力环的1阶最大形变位大了3.9mm。

由图(c)和图(d)可以看出，当两种端面形式的弹力环达到2阶自身固有振动频率时，均存在不同程度的弯曲形变和扭转形变，这种混合形变在之后的多阶固有振动频率中一直存在。两种弹力环在3阶、4阶固有频率下形变对比比较明显，左侧端面为球状的弹力环的形变主要是沿弹力环膨胀方向的形变，而端面为垂直切面的弹力环形变则比较复杂，有沿弹力环膨胀方向的形变还有沿活塞环运动方向的形变是一种复合形变，且最大形变量也比端面为球形的弹力环要大6.2mm，对密封圈的损害更大。

通过对比上述经两种端面的弹力环的4阶形变图可以判断出，球形端面的弹力环对密封环的支撑效果更好且不易损坏密封环，此分析结果可以作为日后优化改造弹力环端面形状作为参考；端面为球状的弹力环，在结构上也起到了吸收压缩机运行时产生的振动，从而减少密封环的冲击。

3.3　多阶形变分析与实际运行结果分析

如图6所示，通过两种端面形状的弹力环6阶平均形变值生成的折线图，可以清晰的看出端面为球状的弹力环6阶平均形变量均小于同阶端面为垂直平面弹力圈的平均形变量，由于形变量越小，对活塞密封环的损坏越小，压缩机运行越平稳。通过6阶平均形变量的对比分析，活塞环在收到活塞的水平往复推力作用下，还要受到弹力圈的张力；端口为球状的弹力环对于活塞环的作用力和造成的形变明显小于端口为垂直切面的弹力环，在一定程度下延长了活塞环的使用寿命，减少了压缩机拉缸的风险。

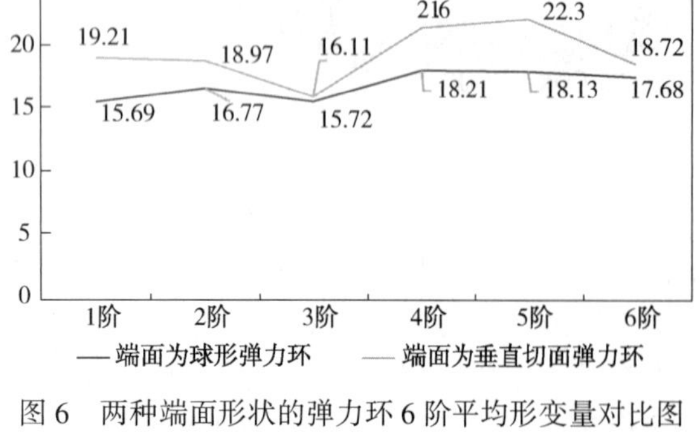

图6　两种端面形状的弹力环6阶平均形变量对比图

4　结论

（1）通过分别对两种不同端面形状的弹力圈进行UG建模，并导入ANSYS中进行形变量分析，得出端面为球状的弹力圈对活塞环的形变量更小，且同一级活塞上的不同端面形状的活塞环也是球状的活塞环没有损坏，而端面为切面弹力圈的活塞环发生了不同程度的损坏，因此采用球状端面的弹力圈更为合理。

（2）通过UG、ANSYS仿真软件对不同种类的弹力圈进行形变量分析，将仿真运用在实际生产中，将理论与实际相结合，解决生产过程中遇到的实际问题。

参　考　文　献

[1] 张修铭，陈盛军，邓子龙，等．汽轮机叶片阻尼涂层减振研究[J]．辽宁石油化工大学学报，2020，40(03)：57-62.

[2] 张修铭．汽轮机叶片表面涂层减振性能分析[D]．辽宁石油化工大学，2020. DOI：10.27023/d.cnki.gfssc.2020.000306.

[3] 毕彩霞．往复式压缩机管路系统振动的有限元仿真与模态分析[J]．内江科技，2024，45(06)：74-78.

[4] 王雪虎，谭勇军，邓阳光．基于ANSYS Workbench异型臂架模态及谐响应分析[J]．机械研究与应用，2024，37(01)：108-110+114. DOI：10.16576/j.ISSN.1007-4414.2024.01.028.

[5] 闫俏，王德利，段士伟．基于ANSYS振动盘模态分析和谐响应分析[J]．机械管理开发，2023，38(03)：23-26. DOI：10.16525/j.cnki.cn14-1134/th.2023.03.008.

[6] 张俎琛，何立东，陈钊，等．往复式压缩机管线阻尼减振技术[J]．化学工程与装备，2019，(01)：209-211+219. DOI：10.19566/j.cnki.cn35-1285/tq.2019.01.089.

[7] 韩丽艳，李爽，赵杰．基于单管分析的压缩机管线系统整体振动控制[J]．流体机械，2018，46(01)：52-55+77.

催化装置富气压缩机出口管道振动治理分析

陈　钰　马　骥　苏　宁　莫言峰

（中国石油长庆石化分公司）

摘　要　本文通过对长庆石化公司催化裂化装置富气压缩机出口管道振动位移过大进行分析，得到管线振动原因，运用阻尼减振技术，结合现场管线走向情况，在不停机且不改变管线原有结构的基础上，安装粘滞型管道阻尼器。阻尼器投用后，富气压缩机出口管道振动位移降幅达到88.4%，消除了富气压缩机出口管道振动高的安全隐患，保证了装置安全运行。

关键词　出口管道；减震；阻尼器

长庆石化公司离心式富气压缩机是催化裂化装置中最重要的设备之一，它由沈阳鼓风机厂制造的两段式压缩机和杭州汽轮机厂制造的凝汽式汽轮机组成，将分馏系统过来的富气通过高速旋转叶片的离心力作用进行压缩，压缩后的富气进入吸收稳定系统，通过多次吸收和分离后产出汽油和液化气粗产品。

离心式富气压缩机的机械系统和气柱系统存在振动问题，导致气压机出口管线产生强烈的振动。由于管线的振动，容易导致管线系统的法兰、阀门发生磨损和松动，在交变应力作用下，导致疲劳破坏，可能发生管线开裂、介质泄露等严重事故，给安全生产带来巨大风险。

常见的管线减振方法有两大类：一种是通过增加管线刚性支撑，提高管系固有频率，从而远离共振频率、降低振动的方法，该方法长庆石化公司已初步落实，气压机出口振动情况有所缓解，但并未彻底解决，现场仍存在巨大安全风险。另一种是通过设计院设计改变气压机出口管系整体结构，以解决气柱振动产生的振动问题，该方法必须装置大修期间落实，在此之前管线振动问题依然存在。经多方考察分析后，在不停机且不改变管线原有结构的基础上，可采用阻尼减振技术，在气压机出口管线关键位置安装粘滞型管道阻尼器，可有效控制压缩机出口管线振动，维持机组安全运行。

1　气压机出口管道参数及振动情况

长庆石化公司催化装置富气压缩机出口管线输送的介质为甲烷、乙烷、液化气、少量汽油等混合的富气，压缩机转速约为6100r/min，出口介质温度约为92℃，管道压力为1.1MPa。图1为催化装置富气压缩机现场。

图1　催化装置富气压缩机现场

富气压缩机出口管道公称直径为DN300，对应外径为325mm，管道壁厚为10mm，出口管道振动段总长20m左右。管道整体振动较大，最大振动幅值达到737μm，最大振动速度达到19mm/s，超过了安全标准范围。长期的剧烈振动对气压机出口管道以及附属结构造成了严重安全隐患，减振改造迫在眉睫。

2　气压机出口管道振动原因分析

催化装置富气压缩机出口管道系统产生振动的主要原因在于激振力的作用，激振力来源于机械结构系统和流体系统。管道产生振动的主要原因就是共振，当管道结构固有频率中某阶频率处于动力设备激励力频率的共振范围之内时就会发生气柱共振或者机械共振，都会使管道产生剧烈的振动。

（1）旋转失速是离心式压缩机常见故障之一。旋转失速指的是实际工况点偏离设计点时，气流在流道内发生分离，紊流流体造成设备和相连管系内气流的压力脉动现象，严重的会造成叶轮或管道的疲劳损坏进而引发喘振。

（2）富气压缩机内输送介质为富气（含甲烷、乙烷、液化气、少量汽油等），存在气液两相，产生气液两相流，气流脉动引起流体压力脉动，这种压力波在管道内传递，特别是在弯管、异径管和法兰处易发生受激振动，振动的管道也会作用于流体介质，产生复杂的流固耦合现象。

（3）富气压缩机与出口管线用法兰对接，经过变径管过渡到DN300出口管线，DN300再次变径至DN250管线，含多处90°弯头。遇到弯头和阀门时会产生流速和压力的突变，甚至产生漩涡，加剧了气流脉动，导致出口管线弯头附近剧烈振动。虽然管线存在固定支架，但由于固定支架为刚性支撑，从根源上没有将振动能量耗散，加固平台也存在振动，而且刚性支撑很有可能使能量传递回压缩机机组。

3　粘滞型阻尼减振技术

3.1　粘滞型阻尼器的减振原理

催化装置气压机出口管道拟安装的粘滞型阻尼器由缸筒、高分子阻尼材料、活塞、盖板等部件组成，通过管夹与管道保持刚性连接，安装方式如图2所示。管道振动时，管夹将振动能量传递给阻尼器，带动活塞在缸筒内往复运动，与缸筒内的阻尼材料相互摩擦、挤压、剪切，产生阻尼力，将管道的振动能量转化为热能，释放到空气中，实现控制管道振动的目的。

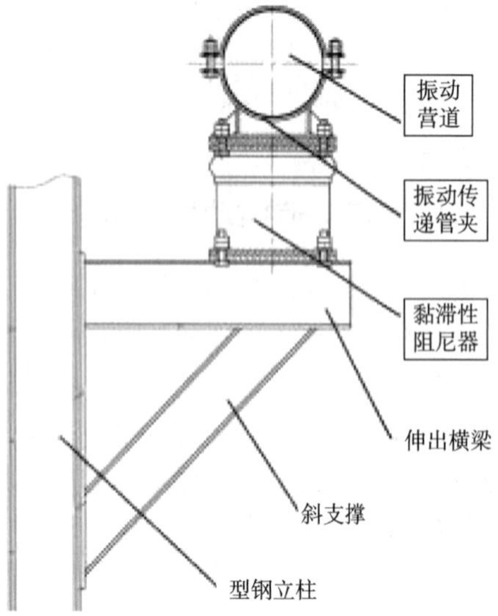

图2　阻尼器安装简图

3.2　粘滞型阻尼器的特点

粘滞型阻尼器是工程被广泛应用的减振装置，应用于航空、航天、车辆等领域的振动控制，近些年在石化设备的振动控制中也有较多的成功应用。本次采用的为专利产品粘滞型阻尼器，目前已在数十例石化设备的管道减振改造项目中有了成功应用。

与传统的活塞液压阻尼器相比，粘滞型阻尼器具有以下优点：①对于振动的响应具有即时性，没有空行程，对微小振幅的振动也能起到良好的减振效果；②可有效控制各自由度方向的振动；③没有机械磨损件，使用寿命长，阻尼材料性能稳定，密封性能好，不会发生泄漏问题，维护成本低。

4　阻尼减振安装方案及使用效果

4.1　阻尼减震安装方案的确定

通过阻尼器厂家（北京创智众和科技发展有限公司）现场监测评估，计划安装5只阻尼器。如下图3~图5为阻尼器安装位置分布示意图。

图3　管线阻尼器①②号位置图

图4　管线阻尼器③号位置图

图5　管线阻尼器④⑤号位置图

4.2 阻尼器使用效果

由长庆石化公司组织完成催化装置气压机出口管道阻尼器安装工作，并按照厂家指导进行投用。粘滞型阻尼器投用后，富气压缩机出口管道的振动明显减小。对5处阻尼器安装点位进行振动测量，得到振动位移峰值，与改造之前的振动测量数据进行对比，结果如表1所示。

表1 改造前后压缩机出口管道特征测点振动数据

阻尼器位置	投用前位移/μm	投用后位移/μm	降幅百分比
1#	204	33	83.8%
2#	411	54	86.9%
3#	525	95	81.9%
4#	747	87	88.4%
5#	252	95	62.3%

由上表数据可看出，富气压缩机出口管道减振改造前5个阻尼器点位的振动位移普遍较大，安装阻尼器后振动位移明显降低，降幅均在60%以上，最大降幅88.4%。尤其是4#阻尼器点位，之前可以肉眼观察到管线晃动，经过减振改造后，该处明显晃动降低，满足安全生产需求。

本次改造前，为降低富气压缩机出口管道振动，避开共振频率区域，生产工况采取开大反喘振流量的手段。粘滞型阻尼器安装后，反喘振阀关至零位，气压机转速由之前6100r/min降至6000r/min左右，汽轮机蒸汽流量由11t/h降至10t/h，以该工况测算，每年可节约8400吨蒸汽，节省费用151.2万元，产生较好的节能增效成果。

5 结论

综述，本次催化装置气压机出口管道阻尼减振改造前管线振动剧烈，部分管线肉眼可以观察到抖动现象，减振改造后，各处振动明显降低。管道最大振动位移由747μm降到95μm，降幅达到88.4%，保障了机组与管道的安全运行，同时改造后可将反喘振阀关闭，蒸汽用量减少。本次改造为催化裂化装置的长周期平稳运行和节能减排做出贡献。

参考文献

[1] 刘骏．浅析催化裂化富气压缩机管线振动与治理[J]．中国石油和化工标准与质量，2012.

[2] 黄文超，何立东，王晨阳等．焦炭塔进料管道振动分析及阻尼减振技术应用[J]．北京化工大学学报（自然科学版），2016.

[3] 韩省亮，张明益，陈朝晖等．压缩机管道振动的控制标准[J]．压缩机技术，2010.

[4] 张翼鹏，何立东，路凯华．石化装备振动控制方法及应用[J]．石化技术，2018(6).

催化汽轮机联轴器故障诊断与预防策略

韩鸿浩　张　涛

（中国石油辽河石化分公司）

摘　要　本文聚焦于催化四机组中汽轮机及变速器振动过大的故障问题，详细阐述了设备概述、故障现象、故障分析、结论验证、故障处理、原因剖析以及后续管控措施等方面。通过深入研究，明确故障根源，并提出有效的解决方案与预防策略，为保障催化四机组的稳定运行提供了有力依据。

关键词　催化四机组；汽轮机；变速器；振动故障；故障分析

在工业生产领域，催化四机组作为关键设备，其稳定运行对生产的连续性和效率至关重要。汽轮机与变速器作为机组的核心部件，它们的正常运转直接关系到整个系统的性能。然而，振动过大的故障时常威胁着机组的稳定运行，不仅会降低设备的使用寿命，还可能引发严重的安全事故。因此，深入分析此类故障并制定有效的解决措施具有重要的现实意义。

1　设备概述

催化四机组由电动发电机、汽轮机、轴流风机和烟机共同构成，其中汽轮机与电机借助变速器实现动力传动。汽轮机型号为NGS40/32/0，由杭州汽轮机厂生产，其额定转速达6328r/min，额定功率为3200kW；变速器型号为CP－341，同样由杭州汽轮机厂制造，额定转速为6328/1500r/min，额定功率也是3200kW。为实时监测设备运行状态，该机组配备了北化的在线监测系统（图1），测点布置科学合理，为故障诊断提供了关键数据支持。

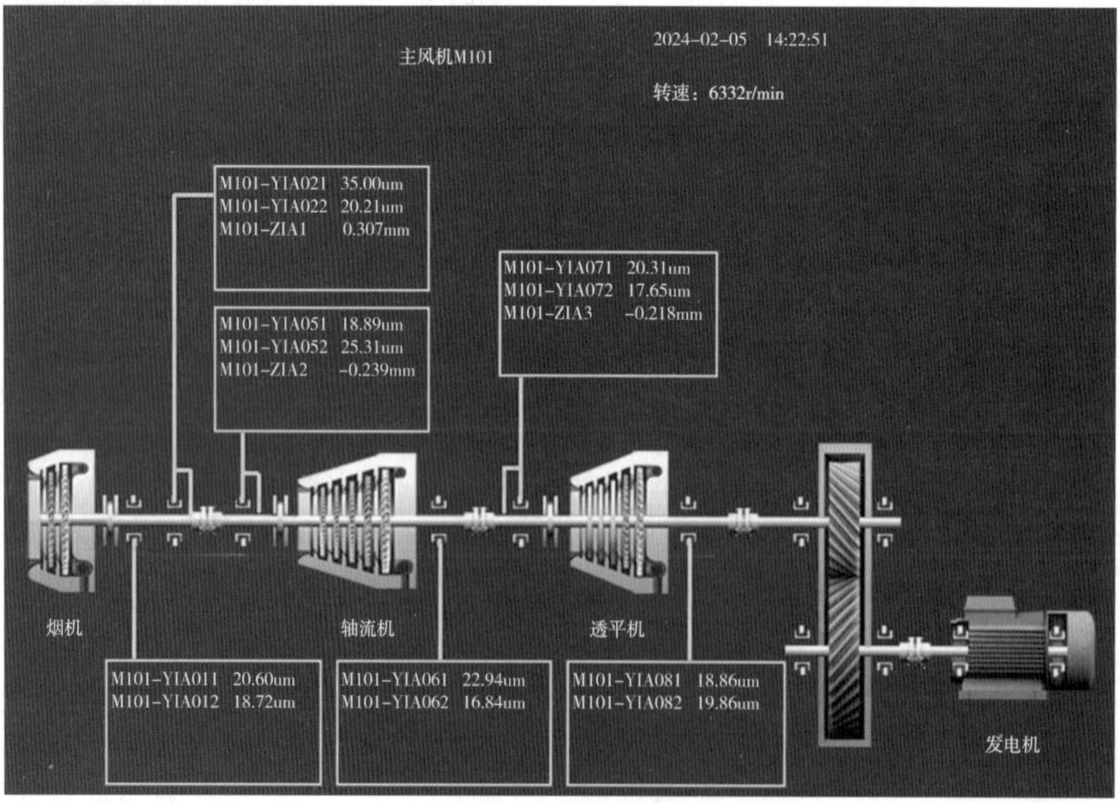

图1　汽轮机概貌图

2 故障现象

2024 年 3 月 5 日 1 点 42 分至 47 分期间，催化四机组出现异常状况。汽轮机变速器侧轴瓦 YIA082 点的振值突然急剧上升，最高达到 70μm，随后在 1 点 48 分振值有所回落，降至 29μm，并逐渐恢复到正常水平。在这一过程中，汽轮机其他测点的振值也同步升高，且变速器侧的 YIA081 和 YIA082 这两个测点振值相对较高，其中 YIA081 最高值达到 60μm。当汽轮机振值升高时，使用测振仪测量变速器，发现其振值也明显升高，最大振值为 5.8mm/s。各点振值变化呈现出一定的规律性，通过记录和分析这些变化，能够为后续的故障诊断提供重要线索。

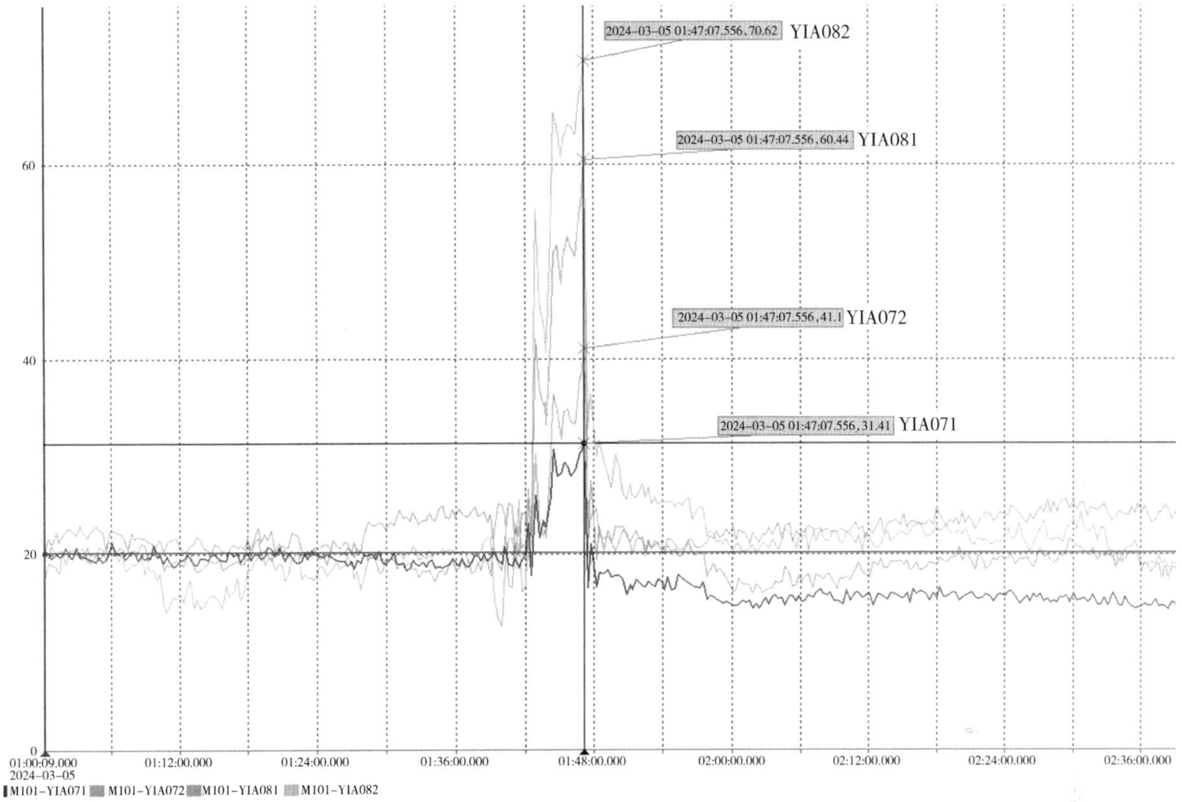

图 2 汽轮机各点振值

3 故障分析

3.1 通过 YIA082 点振值进行分析

对比 YIA082 点振值升高前和最高时的频谱图(图 3～图 4)，可以发现振值升高时，一倍频和二倍频振动幅值均大幅升高，且二倍频振动幅值大于一倍频振动幅值。这一现象表明汽轮机转子不平衡量和不对中量均有较大变化，且不对中量变化更为显著。

观察 YIA082 点振值升高前、最高时和回落时的轴心轨迹图(图 5～图 7)可知，振值升高前轨迹图形杂乱，轴心位移范围较小，存在较轻的不对中和摩擦现象；振值最高时，轨迹为不规则类 8 字型，轴心位移范围明显增大，零正方向和零负方向位移值偏差大，存在严重的不对中和碰磨现象；振值回落时，轨迹为规则类 8 字型，零正方向和零负方向位移值偏差小，仍存在不对中，但碰磨现象减轻。

3.2 通过变速器振值进行分析

对比汽轮机振值升高前和最高时变速器高速齿轮汽轮机侧轴瓦 GS2 点的频谱图(图 8 和图 9)，发现汽轮机振值升高时，GS2 点主要表现为三倍频振动幅值明显升高，从 0.3mm/s 升高到 2.4mm/s，这说明变速器存在摩擦现象。

综合对汽轮机变速器侧轴瓦 YIA082 点和变速器高速齿轮汽轮机侧轴瓦 GS2 点的分析，引起汽轮机轴瓦振值升高的主要原因很可能是联轴器发生了损坏。同时，考虑到以往曾出现因联轴器受压损坏导致变速器高速齿轮推力盘松脱的故障，且此次变速器振值也有所升高，因此不能排除变速器存在故障的可能性。

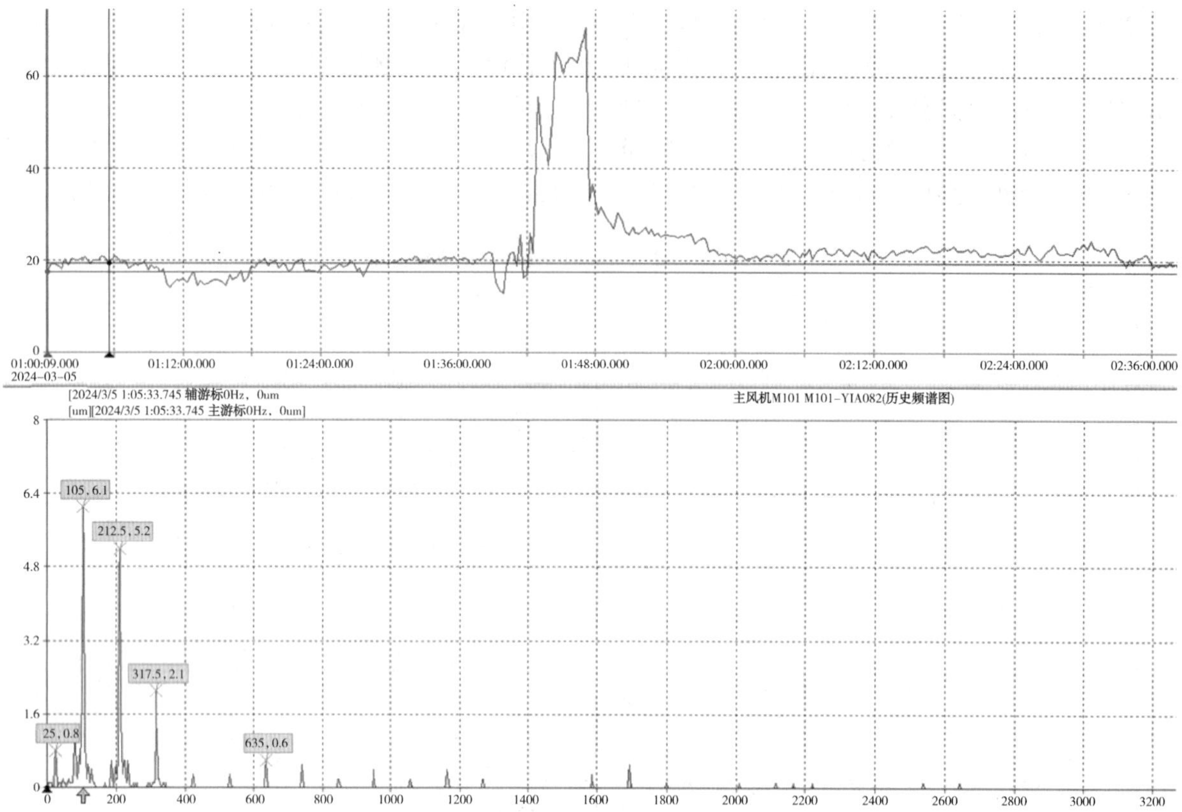

图 3　汽轮机 YIA082 振值升高前频谱图

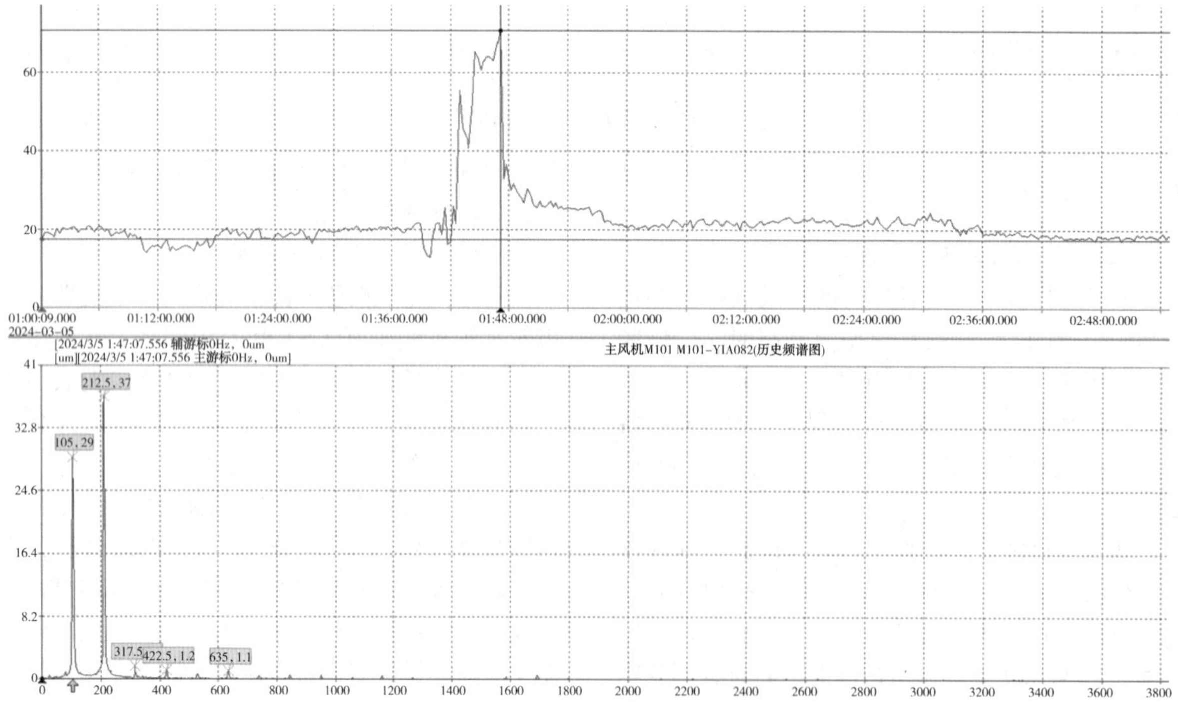

图 4　汽轮机 YIA082 振值最高时频谱图

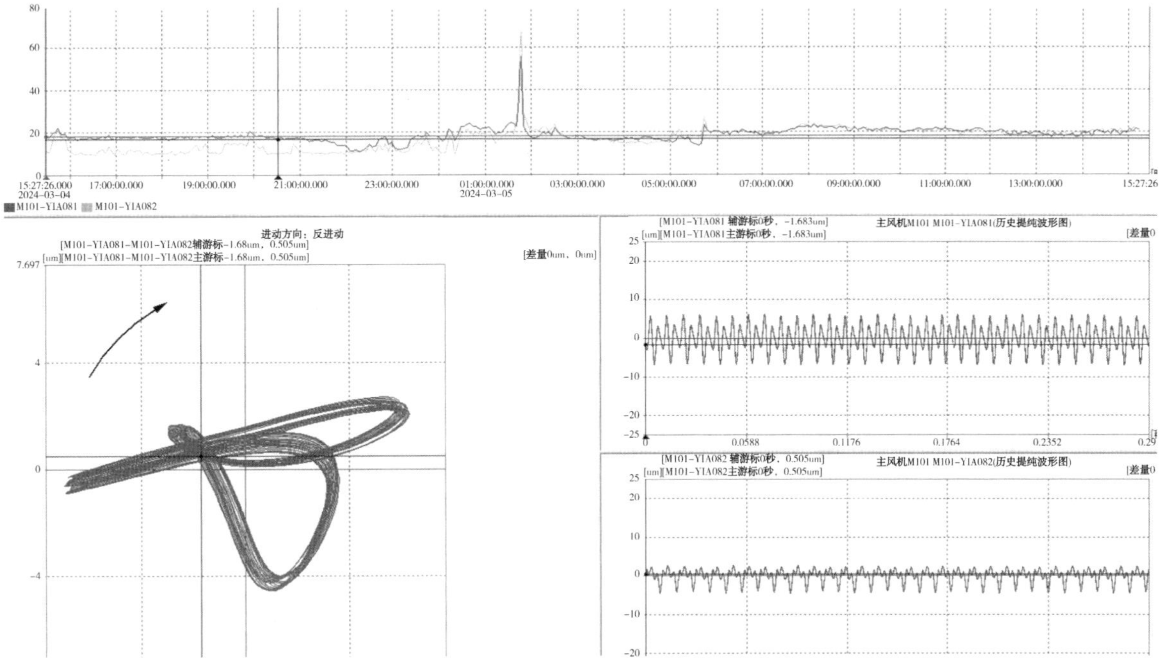

图 5　YIA082 点振值升高前轴心轨迹

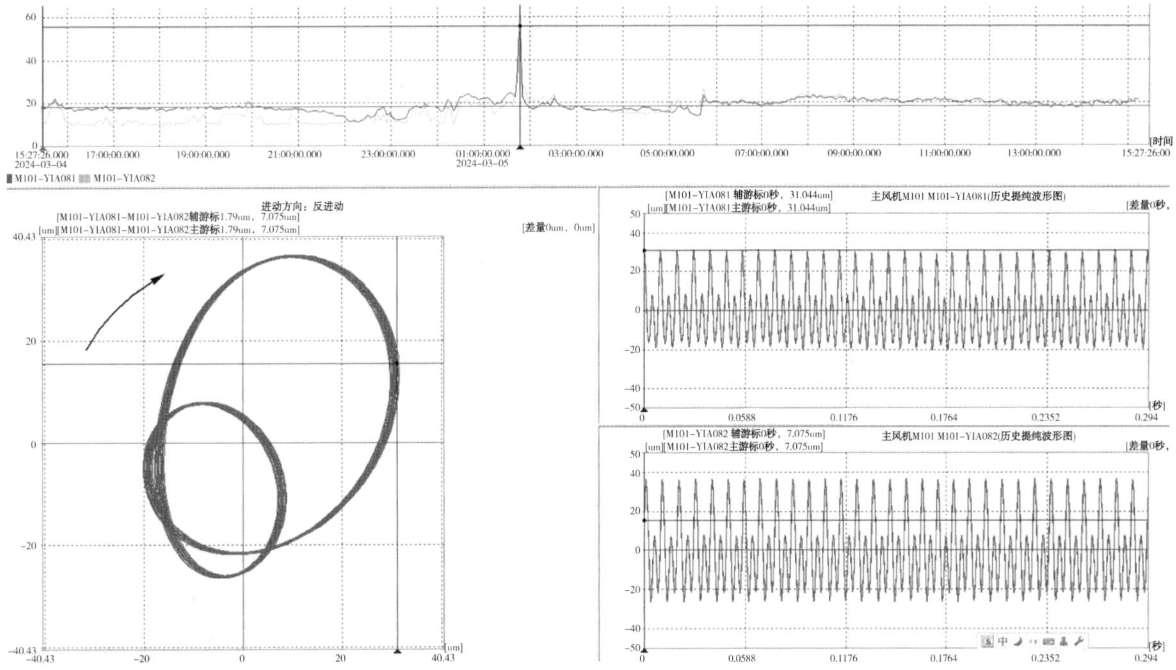

图 6　YIA082 点振值最高时轴心轨迹

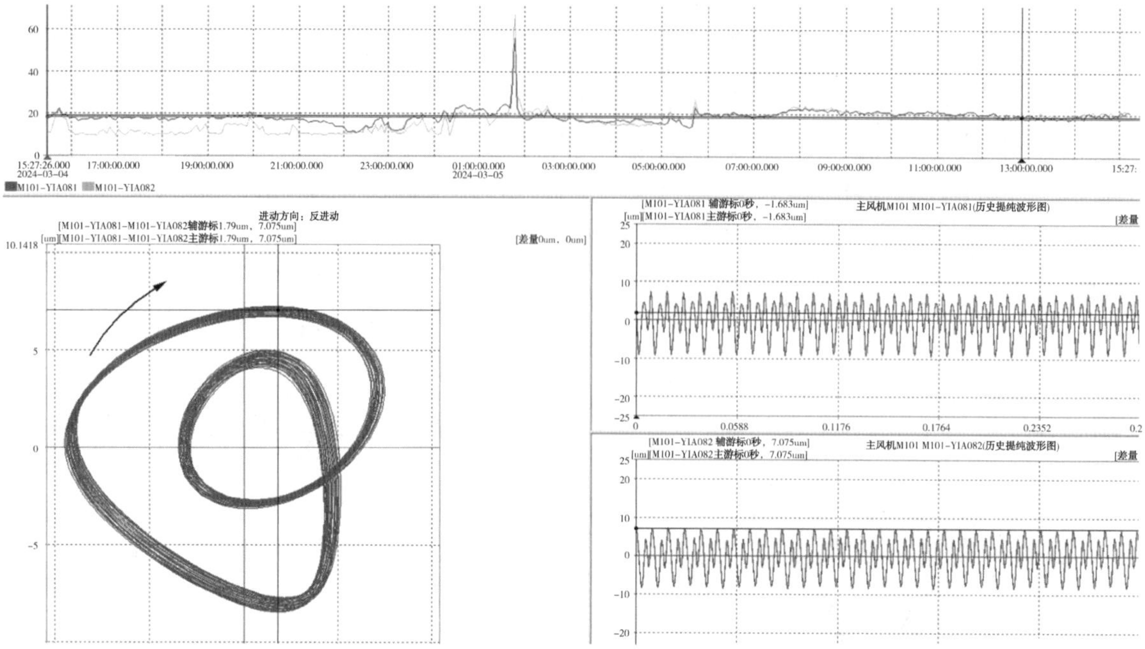

图7　YIA082点振值回落时轴心轨迹

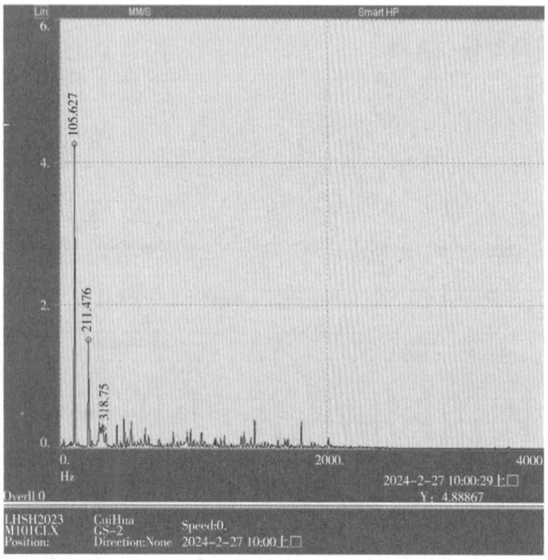

图8　汽轮机振值升高前变速器GS2点频谱图

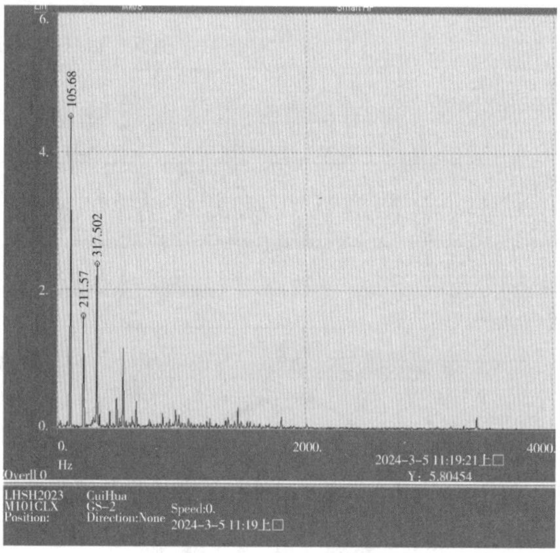

图9　汽轮机振值最高时变速器GS2点频谱图

4　结论验证

4.1　拆检发现

对相关部件进行拆检后，发现以下问题：联轴器膜片碎裂严重（图10）；联轴器螺栓磨损严重（图11）；联轴器中间节磨损严重（图12）。此外，使用三表法测量汽轮机与变速器同心度，结果显示汽轮机低0.045mm，汽轮机偏北0.06mm，下张口0.025mm，北张口0.04mm，均处于标准范围内。对变速器解体检查后，未发现明显问题。

图10　联轴器膜片碎裂严重

图 11　联轴器螺栓磨损严重

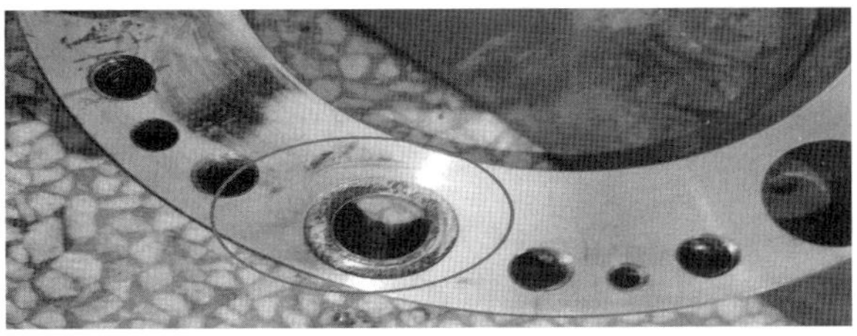

图 12　联轴器中间节磨损严重

4.2　对拆检现象分析

联轴器膜片、螺栓及中间节磨损和损坏的直接原因是机组运行时，联轴器始终处于被压缩状态，导致膜片在弯曲变形状态下运转，降低了膜片使用寿命，使其疲劳碎裂。膜片的弯曲变形运转又进一步导致联轴器螺栓磨损，同时，联轴器在被压缩状态下运转，使得中间节与膜片限位套部位发生磨损。

间接原因是现场汽轮机和变速器轴间距与联轴器长度对应关系不符合要求，导致联轴器处于被压缩状态。经现场实测，冷态汽轮机与变速器轴间距为 155.5mm，新联轴器长度为 156.9mm，冷态到热态汽轮机膨胀量为 4.1mm，经计算，联轴器在汽轮机热态运行时的被压缩量为 5.5mm。

5　故障处理

针对此次故障，采取了以下处理措施：更换新膜片 2 片和新螺栓 1 套，中间节利旧；现场测量冷态汽轮机与变速器轴间距为 155.5mm，结合冷态到热态汽轮机膨胀量 4.1mm，建议按照此数据设计制作并采购新联轴器。经过检修和试运，四机组运转恢复正常。

6　原因分析

6.1　直接原因

机组运行过程中，联轴器持续处于被压缩状态，致使膜片长期在弯曲变形状态下运转，大大缩短了膜片的使用寿命，最终导致膜片疲劳碎裂。

6.2　间接原因

现场汽轮机和变速器轴间距与联轴器长度的匹配不合理，使得联轴器在工作时始终处于被压缩状态，这是导致联轴器损坏的重要间接因素。

7　下一步管控措施

为避免类似故障再次发生，制定了以下管控措施：依据最新计算数据设计制作并采购新联轴器，确保联轴器与设备的适配性；更新四机组壳振记录制度及模板，增加汽轮机联轴器和汽轮机轴承箱位置的测振记录，以便更全面地监测设备运行状态；要求管理人员每天对四机组壳振记录进行确认，对于数据变化超过 50% 的数据，及时进行分析并上报，以便及时发现潜在问题并采取相应措施。

8　结论

通过对催化四机组汽轮机及变速器振动大故障的全面分析、处理和总结，明确了故障产生的原因，涵盖设备自身结构、安装尺寸匹配以及管理等多个方面。针对这些原因采取的更换部件、优化联轴器设计和加强管理等措施，有效解决了此次故障，并为后续设备的稳定运行提供了保障。在未来的设备管理工作中，应持续加强对关键设备的监测和维护，严格把控设备配件的质量和安装尺寸，强化管理人员的责任意识和数据分析能力，确保催化四机组能够长期稳定运行，为工业生产的顺利进行奠定坚实基础。同时，对于类似的复杂设备故障，应不断总结经验，完善故障诊断和处理方法，提高设备的可靠性和安全性。

参　考　文　献

[1] Randall R B. Vibration-Based Condition Monitoring: Industrial, Aerospace and Automotive Applications[M]. Chichester: John Wiley & Sons, 2011.

[2] ISO 10441 Petroleum, Petrochemical and Natural Gas Industries—Flexible Couplings for Mechanical Power Transmission[S]. Geneva: International Organization for Standardization, 2007.
[3] 李志远，张建华．旋转机械振动故障诊断与案例分析[M]．北京：机械工业出版社，2018.
[4] Mobley R K. Maintenance Engineering Handbook[M]. 7th ed. New York: McGraw-Hill Education, 2008.
[5] 王海涛，刘振宇．汽轮机联轴器不对中故障的动力学特性研究[J]．动力工程学报，2020，40(3)：189-195.
[6] 国家能源局．DL/T 608—2017 电力设备预防性试验规程[S]．北京：中国电力出版社，2017.

国产造粒机生产高熔指产品切粒异常原因分析

陆泽胜

（中国石化海南炼油化工有限公司）

摘　要　本文针对聚丙烯装置挤压造粒机在高熔融指数新产品开发时发生垫刀、缠刀及切粒不规则等现象，对造成造粒机停车或产品质量不合格原因进行分析，提出相应的解决措施及处理方法。

关键词　聚丙烯；造粒机；高熔指；切粒异常

1　造粒机简介

挤压造粒机是石油化工聚丙烃装置的关键大型机组，机组作用是将聚丙烯粉料与添加剂均匀混合，并经过加热、熔融、混炼、挤压和造粒过程，使之最终成为合格聚丙烯颗粒产品。

某石化厂聚丙烯装置造粒机是由国内成熟的生产企业制造的300×25型双螺杆同向旋转啮合型造粒机（表1），也是国产化不带齿轮泵的挤压造粒机。造粒机作为大型组合型机组，主要由主电机、主减速器、混炼机、开车阀、换网器、模板、切粒机等设备组合而成，与之配套的辅助系统还包括粉料及添加剂系统、润滑油系统、热油系统、筒体冷却系统、切粒水系统、液压油系统等。混炼机由双螺杆、9节筒体共同组成，筒体采用电加热器加热/冷却水撤热，从而控制保证筒体温度的恒定。切粒机由电机、刀盘、切刀、水室、小车和液压推动装置等组成。造粒机开机时，小车自动靠近模板将水室与模板锁紧，当熔融的聚丙烯熔体从模板挤出时，切刀与模板紧密贴合并高速旋转将熔体切断，切粒水对熔体颗粒进行冷却成型并输送至干燥器。干燥器利用离心力将水、料分离，切粒水过滤掉碎屑后继续使用，聚丙烯粒料通过振动筛筛分，筛除过大、过小料后送至料仓掺混均化，最后包装、出厂。

表1　300×25型造粒机主要技术参数

名称	主要参数
设计负荷	8t/h～23t/h
熔指范围	0.25～40g/10min
主电机额定功率	6000kW
螺杆中心距	261mm
螺杆长径比	25.2
螺杆转速	160/210r/min
切刀数	24把
切刀最大转速	1000r/min

2　生产高熔指产品出现切粒异常

原聚丙烯装置300×25型造粒机设计生产产品熔融指数在2.5～60g/10min之间，共有10～15种牌号。在生产低熔指（熔指22g/10min以下）时，造粒机切粒状况正常。纤维料35产品是利用可控流变降解技术，在机组进料端加入引发剂，迫使聚合物迅速降解，熔融指数由3g/10min迅速提高至35～38g/10min。挤压造粒机筒体内聚合物降解速率的不均匀和模板出料不稳定，导致生产过程极易出现切粒异常状况。该产品试生产以来，频繁出现垫刀、缠刀导致造粒机组停机，大小料、连粒料、拖尾料等粒型不规则严重影响产品质量。

2.1　垫刀、缠刀现象

造粒机最核心的技术是模板和切刀配合切粒。当熔融的聚丙烯熔体从模板孔挤出时，模孔外沿与切刀刀刃形成剪切，剪断的熔体经过切粒水冷却并迅速成型。如果切刀与模板之间缝隙过大，熔体无法被顺利切断，相连的颗粒粘在切刀上高速旋转，影响下一个模孔切粒，并随着熔指升高切粒状况恶性循环，最终造成垫刀、缠刀现象，造粒机被迫停机，严重时水室和切粒水管线全部堵塞，清理非常困难。

2.2　大、小颗粒指标

合格的聚丙烯颗粒为$\Phi 3\times 3$mm大小的圆柱

形颗粒(见图1)。目前国内推荐实施的石化标准SH/T 1541.1—2019《塑料颗粒外观试验方法》中定义的合格粒子尺寸为任意方向不大于5mm，不小于2mm。按照目前世界最大聚烯烃专利商Basell所推行的标准，大颗粒的定义为尺寸大于7.2mm的颗粒，小颗粒为尺寸小于2.5mm的颗粒。装置振动筛大颗粒网孔直径为8mm，小颗粒网孔直径为2mm。随着Q/SYDL 0082—2010《聚丙烯标准》中对产品外观更进一步的限制，聚丙烯颗粒外观将成为产品质量的重要指标。

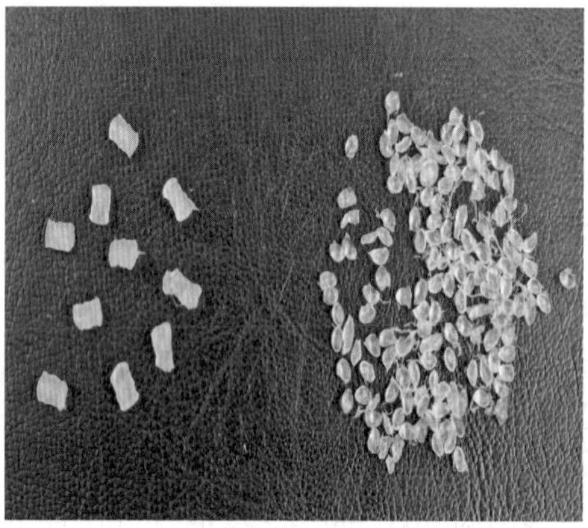

图1　大料、小料

2.3　拖尾料造成大量碎屑

拖尾料是指切粒不良产生的带锥角或带毛刺的颗粒，由熔体切断不彻底造成(图2)，在生产高熔指产品时拖尾料比例大幅上升。拖尾料在干燥器、振动筛、料仓等后处理设备中输送时相互碰撞、摩擦产生大量碎屑，导致料仓架桥和送料管线堵塞，严重影响产品掺混均化、输送和包装。

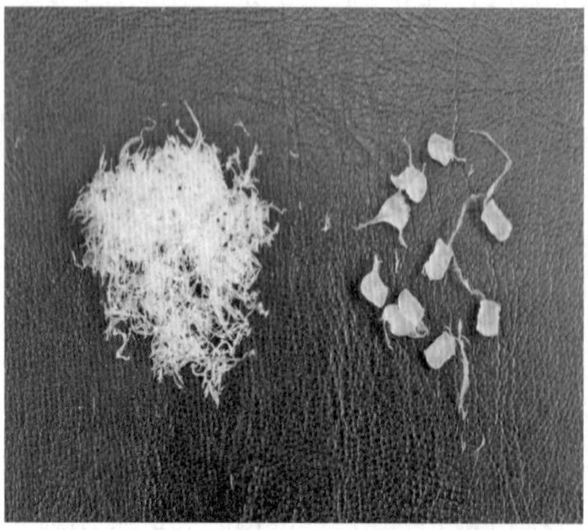

图2　碎料、拖尾料

2.4　连粒料和蛇皮料

切刀切断模孔中喷射的熔体后，粒子在急速冷却成型之前发生粘连形成连粒料(图3)，这种连粒料一般为2~5个相互粘连。切断后的颗粒粘连在一起，垫在切刀与模板之间被挤压，当粘连的颗粒增多被高速旋转的切刀甩出后，形成的一种形状不规则的不合格产品称为蛇皮料(图4)。

图3　连粒料

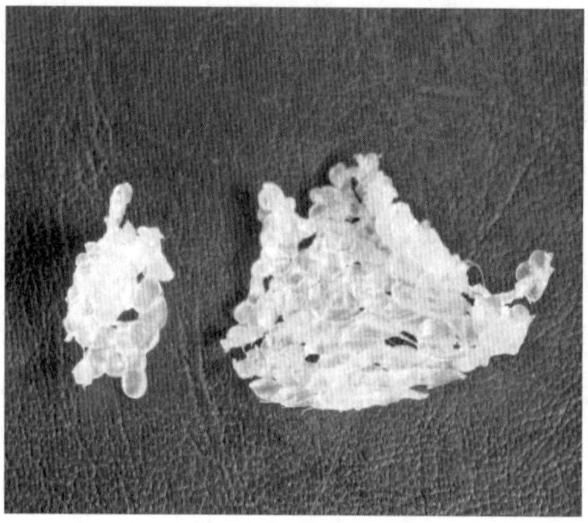

图4　蛇皮料

3　影响切粒异常的原因分析及解决措施

3.1　切刀、模板

3.1.1　切刀、模板的安装对中

切刀和模板的安装对中度直接影响着切粒粒型，为了保证对中度达到要求：首先要保证模板安装垂直度，按照设备厂家设计要求，刀轴与模板同心度必须小于0.05mm。模板与机头体是用内六角螺栓紧固相连的，螺栓分内、外两圈布置，螺栓紧固的顺序是先内圈后外圈，顺序不可颠倒，防止材料内部应力集中造成模板变形。紧固螺栓按照设计扭矩均匀上紧后，将模板升温到操作温度，再进行热态紧固；其次，刀盘与模板的对中要以模板为准，在刀盘上安装24把切刀

后，通过零级平台检测每把切刀刀刃的平面度，平面度最大偏差不能超过 0.03mm；最后，刀轴与模板的垂直度数据是模板与切刀配合的关键，为了尽可能的模拟正常生产状况，垂直度的调整必须在水室锁紧状态下进行，打开水室视窗进行打表，通过调整小车支撑螺栓保证同心度要求，调整水室锁紧螺栓保证刀轴与模板垂直小于 0.05mm。

3.1.2 切刀

切刀的锋利程度没有相应的标准，只能根据磨刀和切粒情况进行判断。目前装置使用的切刀有两种：切刀Ⅰ：3Cr13 不锈钢作为刀体材料、铁基 TiC 为刀刃材料；切刀Ⅱ：硬化不锈钢 17—4 作为刀体材料、镍基 TiC 为刀刃材料。两种切刀刀刃硬度均约 60-62HRC。安装好的切刀在使用前必须经过磨刀工作，磨刀就是在模板不出料的状态下模拟工作工况，让切刀在模板上磨合开刃，切刀的磨损状况能够直观反映出切刀的硬度、切刀与模板的贴合情况。表 2 为两种切刀的磨刀数据，由磨刀数据可以看出进口切刀硬度更大。

表 2 两种切刀磨刀参数

名称	切刀Ⅰ	切刀Ⅱ
刀轴前进压力/MPa	2.4	2.8
工作压力/MPa	2.2	2.6
磨刀耗时/h	0.5	2.5
刀轴转速/(r/min)	600	780

在生产熔指在 22g/10min 以下产品时，两种切刀切粒状况并无差异，但生产纤维料 * * 35 时，切刀Ⅰ切粒粒型明显变差，刀刃容易出现豁口和卷刃现象，垫刀和缠刀导致断刀情况时有发生。更换切刀Ⅱ后切粒粒型明显改善，无卷刃、断刀情况，使用寿命更长。

3.1.3 模板

装置主要使用的模板有 2 块，分别由进口和国产两家公司生产，参数见表 3。由于两个厂家的生产工艺的不同，模板在冷热交替的工艺条件下，表现的特点也不同。模板Ⅰ的优点是不开裂、热分布均匀、造粒机能长周期运行，缺点是镶嵌的圆柱与板材存在热膨胀差异，容易导致切刀开豁而粒型变差、碎料偏多；模板Ⅱ的优点是整体平面度好、粒型规整、拖尾粒少，缺点是热分布不均匀造成大小粒偏多、造粒带出现裂纹、造粒机容易垫刀停机，见表 3。

表 3 模板参数

名称	模板Ⅰ参数	模板Ⅱ参数
使用时间	11 个月	6 个月
硬度	73~76HRC	62~65HRC
模板造粒带结构	整体加工	扇形对接
模孔	圆柱镶嵌钻孔	板材钻孔
可研磨次数	≥3 次	≥3 次
可研磨量	2mm	2mm

模板的平面度和模孔的锋利程度也是影响切粒异常的主要因素。磨刀时切刀刀面磨损情况可以直观反映模板的平整度，如果发现模板凹凸不平或者模孔边缘的 90°棱角钝化，就需要及时对模板进行研磨修复。

3.2 模板前熔体压力

聚烯烃装置造粒机大部分都设计有齿轮泵，齿轮泵的作用是给挤压后的熔体进一步增压。作为国产化无齿轮泵的造粒机，模板前压力单纯由螺杆旋转挤压来提供。模前压力越高，熔体从模孔喷射动力越大，对切刀与模孔剪切越有利。提高模前压力有效的途径有两个：减少模孔数和提高负荷。模板Ⅰ模孔数为 1016 个，模板Ⅱ模孔数为 1080 个，生产纤维料 35 时两块模板随着造粒机负荷在 16~19t/h 之间变化，压力变化情况如图 5，由图可以看出减少模孔数量和增大造粒机负荷都能有效提高模板前压力。

高熔指聚丙烯熔体随温度的升高流动性增强，理论上降低筒体温度，能够增加模板中熔体流动阻力，达到提高模前压力目的(图 5)，但是在降低筒体温度的同时，熔体和模板低温导致切粒机振动增大，容易发生垫刀、缠刀等造粒机停机故障，综合考虑后，筒体温度保持在 240℃左右。

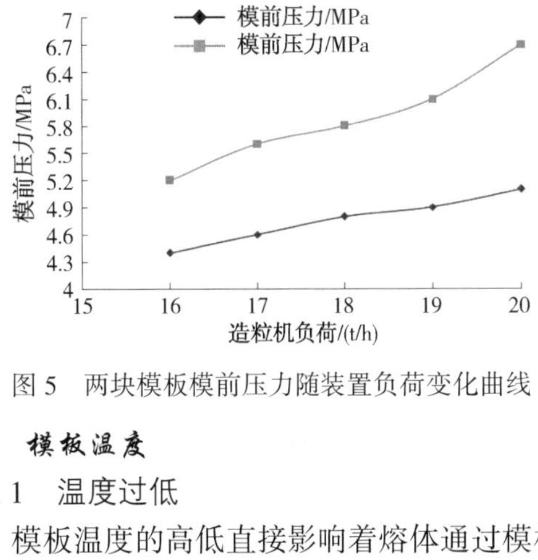

图 5 两块模板模前压力随装置负荷变化曲线

3.3 模板温度

3.3.1 温度过低

模板温度的高低直接影响着熔体通过模板的畅通性。装置使用的模板是热通道型模板，高温导热油从内部进行加热，保证熔体处于良好的熔融状态。熔体通过模孔时必须大于熔点温度，如果温度过低，熔体流动性变差容易堵塞模孔，模孔的流通面积变小，切粒出现细长粒、小粒等异常现象。因测温度位置影响，模板温度自开工以来，模板Ⅰ运行最高温度为138℃，随着模板Ⅰ使用到第8个月，最高温度降至120℃，停机检查时发现隔热板固定螺栓松动，隔热垫破碎，模板进水导致温度下降。原设计隔热板厚3mm，隔热垫材质为油浸石棉板，经过摸索改良，使用寿命更长的厚度5mm聚四氟乙烯垫代替油浸石棉板，重新安装后模板Ⅰ运行最高温度恢复到143℃左右。

3.3.2　温度分布不均匀

除了温度过低，温度分布不均匀也是造成切粒异常的原因之一。模板Ⅰ造粒带均匀分布1016个直径2.5mm的模孔，如果模板温度分布不均匀，每个模孔出料速度就会不一致，分布在每把切刀的推力也不均匀，极易出现过大、过小的不规则颗粒，严重时影响切刀和模板的使用寿命。

为了直观、准确检测模板工作时温度分布，在造粒机停机打开切粒水室的第一时间用红外热成像仪进行检测，检测结果如图6，由图可以看出模板右下侧温度相对于其他区域温度偏低，红外热成像颜色较深，左上侧温度相对于其他区域温度偏高，红外热成像颜色较浅。造成模板温度不均匀的原因有三个：一是设计原因，240℃热油在模板内部均匀的6个流道中流动，为了充满整个流道都采用低进高出的方式，首先接触到热油的区域温度就会偏高，另外切粒水在水室中由下到上流动，模板正下方接触到水温较低；二是生产维护原因，热油中的杂质、流道内壁炭化结焦物导致各流道流量分布不均匀，修复模板能够清理杂质和结焦物；三是硬件原因，隔热板隔热效果差和密封进水，加厚隔热板、垫片材质的改进能有效改善了温度不均匀情况。

3.4　切刀工作压力和切刀转速

3.4.1　切刀工作压力设定

切刀工作压力大于熔体出料推力时才能保证切刀与模板紧密贴合，切刀压力过大或过小都可能造成垫刀或缠刀事故，压力过小时退刀风险增大，压力过大时刀尖外翘。通过摸索实践，在生产纤维料35时，使用切刀Ⅱ时工作压力保持在2.6MPa，可调整区间较窄。

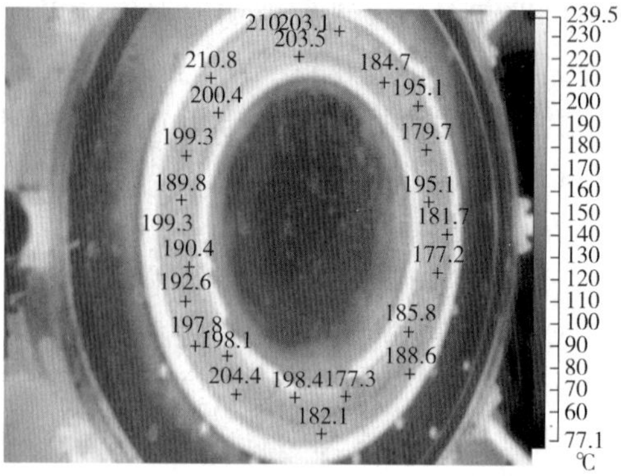

图6　造粒带红外热成像图

3.4.2　切刀转速

切刀转速直接影响颗粒大小，生产高熔指产品时要及时、准确的根据粒型调切刀转速，粒型过大时提高转速，过小时降低转速。根据切刀和刀盘设计，切刀在旋转时切粒水对切刀产生反作用力，转速越高反作用力就越大，切刀与模板的贴合更紧密。经过长期摸索实验，转速设定值随造粒机负荷在16t/h～20t/h变化如图7中所示。

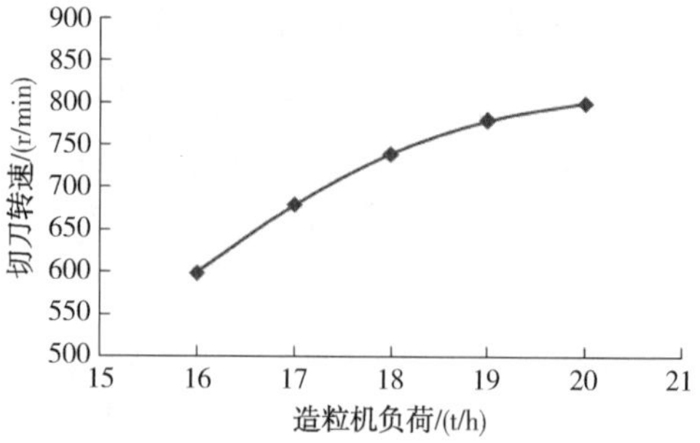

图7　造粒机负荷与切刀转速设定对应曲线

4　总结

聚丙烯装置投入生产至今，国产化造粒机生产低熔指产品的技术已经非常成熟，降解法生产高熔指产品纤维料35时，因为模板、切刀和操作参数的影响，产品中经常出现不规则颗粒，颗粒大小不均匀已经影响到产品质量和送料系统的正常运行。经过不断分析摸索、总结经验，正确选择模板与切刀，合理匹配及优化操作参数，切粒异常现象逐渐消除，纤维料35的生产也逐步由新产品开发转向批量生产。

参　考　文　献

[1] 中国石化北京燕山分公司树脂应用研究所. SH/T 1541.1—2019　塑料颗粒外观试验方法[S]. 北京：中国石化出版社，2019.

轴流泵机械密封系统失效原因分析

刘慧轩

（中国石化海南炼油化工有限公司）

摘　要　轴流泵作为聚丙烯装置环管反应器系统的重要组成部分，对环管反应器运行其中起着极为关键的作用，机械密封、轴承等辅助系统平稳运行是轴流泵长周期运行的关键前提。以某环管法聚丙烯装置为例，对其轴流泵机械密封系统进行简要阐述，并结合相关故障展开全面排查分析，对于机械密封系统失效原因、故障现象以及处理措施进行分析。案例分析结果指出，影响轴流泵机械密封、轴承等辅助系统安全平稳运行的主要因素在于轴承及机械密封整体质量、安装质量以及相关操作工艺等。

关键词　聚丙烯装置；轴承；机械密封；故障现象及原因

某炼化企业聚丙烯装置采用国产化第二代环管聚丙烯工艺技术，设计标准为聚丙烯粒料 20 万吨/年。其反应器为环管结构，预聚合环管反应器与两环管反应器串联，各反应器管脚底部均设有一台轴流式循环泵。凭借轴流泵强制循环作用，让反应器中存在的丙烯单体、聚合物粉料、载钛催化剂及其他助剂得到充分搅拌，达成聚合反应以及聚合物粉料质量均匀化的目的。

1　轴流泵系统

该聚丙烯装置环管反应器轴流泵由 Lawrence 公司生产，额定功率 500kW。主要的辅助系统为机械密封系统，出于安全考量，轴流泵密封系统采用串联式集装机械密封，密封系统由主密封与安全密封两部分组成，其密封系统简化流程如图 1 所示。

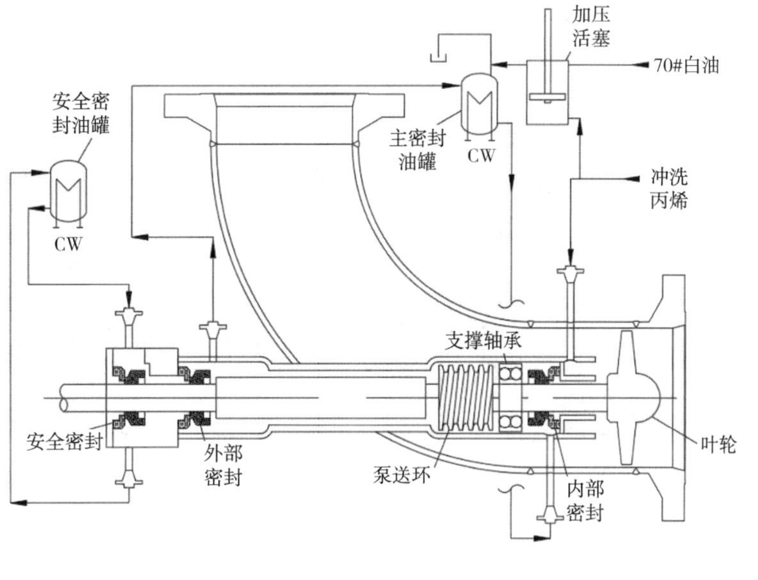

图 1　轴流泵机械密封冲洗方案流程图

主密封分为内部密封与外部密封，两组密封背靠背式排列，冲洗方案为 Plan53C + Plan32，内外冲洗介质分别为丙烯和 70#白油。内部密封安装于反应器弯管内部，内部密封前端为一种复合材质的唇型密封，后端由 1 组机械密封、支撑轴承及泵送环组成。冲洗丙烯由集装式机械密封静环侧流入，自叶轮背部流出，以 800kg/h 的流量冲洗唇型密封，避免反应器内浆液进入内部密封后对密封表面造成损伤。冲洗丙烯与平衡活塞底部相连接，通过活塞保证机械密封两侧的压差，可通过活塞位置变化判断主密封的运行情况。

外部密封为一组单端面机械密封，自泵送环流出的密封冲洗油流经外部密封后由主密封油罐中上部进入，通过循环水将主密封油罐中的冲洗油冷却，冷却后的密封油经主密封油罐底部流出进入内部密封。主密封油罐与平衡活塞上部相连，通过活塞两端的面积差保障密封油罐内部的冲洗油压始终高于唇型密封的冲洗丙烯压力10%，循环流动的冲洗油既能避免冲洗丙烯向主密封系统泄漏，又能带走主密封系统运行过程中产生的热量，还能起到润滑密封面与支撑轴承的作用。

安全密封与主密封的外部密封串联排列，位于外部密封外侧，为一组单端面机械密封，选择Plan52冲洗方案，冲洗介质使用70#白油。与安全密封相连的安全密封油罐为其提供密封冲洗油，也可以通过安全密封油罐的视窗判断安全密封的运行情况。

2　轴流泵系统故障现象及原因分析

2.1　故障1

2.1.1　故障现象

2017年03月30日，某聚丙烯装置巡检人员巡检期间按例对第二环管反应器轴流泵运行状况进行检查，发现轴流泵驱动端振动值与前期运行参数相比，在短时间内有小幅度上涨(当天运行数据如下：水平振动2mm/s、垂直振动2.9mm/s、轴向振动1.4mm/s、温度48℃；前期运行数据如下：水平振动1.5mm/s、垂直方向1.4mm/s、轴向方向1.1mm/s、温度48℃)，随即提高对轴流泵运行情况的检查频次。发现当生产高熔融指数产品、生产负荷较高时，振动数值与前期差异更为明显(运行数据如下：水平振动5.3mm/s、垂直振动4.4mm/s、轴向振动1.6mm/s、温度50℃)。

2017年06月05日，轴流泵驱动端轴承振动值持续增大，轴流泵在线监测仪表频谱显示主密封处轴承保持架磨损有恶化趋势，叶轮处有间断的异响。随即对环管反应器轴流泵检修，解体检查发现轴流泵内部主密封构件受损严重，安装于主密封内部的支撑轴承1218C3保持架断裂，泵送环流道变形、磨损严重，轴承内滚动体亦存在不同程度的磨损，叶轮叶片有明显的气蚀痕迹。集装式机械密封受损情况如图2所示。

(a)泵送环

(b)支撑轴承

图2　集装式机械密封受损情况

2.1.2　原因分析

对轴流泵主密封受损情况进行分析：为避免密封系统补充冲洗油时对密封造成冲击，在密封加压活塞入口加装有限流过滤部件，拆清过程未发现杂质，轴流泵运行前期各项参数平稳，故排除安装过程有异物进入密封系统或冲洗油中含杂质导致轴承受损。主密封油罐始终保持满液位，现场顶部排油未发现带气，加压密封活塞补油及时未有液位低报记录，冲洗油进出口温度正常，排除轴承润滑异常导致受损。轴流泵主密封系统为2013年11月整体更换，内部支撑轴承连续长周期运行3年7个月，叶轮汽蚀说明轴系长期受到冲击，进而导致轴承保持架磨损，较高的功率加速了磨损速度，进而使得保持架断裂，滚动体分布不均匀、磨损增加、轴流泵振动幅度增大；支撑轴承部分失效致使泵送环受到挤压变形，保持架断裂脱落产生的金属碎屑进一步加剧了轴承及泵送环的损坏。

2.2 故障2

2.2.1 故障现象

2022年4月，某聚丙烯装置停工检修，更换轴流泵机械密封后回装进行密封油油运操作，工艺流程打通后对机泵进行盘车，密封油罐排气。密封油罐逐步升压期间发现有密封油自密封面持续流出。随即停止油运，排空介质后对设备进行拆解，解体后发现集装式机械密封内石墨环破碎(图3)，导致机械密封失效。

2.2.2 原因分析

机械密封安装前进行过检查，未发现石墨环外观存在裂纹等明显缺陷，未见有杂质附着，但不排除内部存在制造缺陷。机械密封回装后紧进行油运操作，未投用工艺介质，排除工艺介质对设备冲击进而导致动静石墨环碰撞破坏石墨环。机械密封油运期间，先在常压状态下投用密封油盘车排气，随后逐步进行升压，不会对机械密封产生冲击。设备回装过程中曾使用橡胶棒轻振轴套，此操作可能会对机封产生小幅冲击，动静环碰撞致使石墨环破碎。

图3 机械密封石墨环破碎

2.3 故障3

2.3.1 故障现象

2022年9月，某聚丙烯装置巡检人员发现机械密封活塞上涨速度异常，日涨幅>10mm/天(正常情况下密封活塞上涨幅度在1.2-2mm/天)，判断为机械密封密封面配合不良造成密封油内漏，决定观察运行。自发现密封活塞上涨速度异常后对轴流泵进行特护，2022年11月观察泄漏量持续增大，且有密封油自活塞杆密封处渗漏外流，遂计划停工消缺，对轴流泵进行检修，设备解体后查看机械密封状况完好，密封活塞活塞头、活塞罐体有不同程度磨损(图4)。

图4 机械密封活塞受损

2.3.2 原因分析

结合密封活塞受损情况，判断有杂质进入密封活塞，附着于活塞密封面与罐体之间，随活塞动作过程中持续磨损活塞头及缸体，造成金属碎屑脱落。由于活塞速度上涨加快，密封活塞补油频率增加，高频次的动作及逐步增多的金属碎屑进一步使活塞头及罐体受损，出现恶性循环。分析杂质来源：轴流泵自2022年6月检修开工后运行平稳，前期未见密封活塞上涨速度平稳，且检修记录未发现密封活塞质量异常，排除设备本体存在缺陷产生杂质脱落。密封活塞补油流程设有两组过滤设施，拆清后未见杂质，排除密封油内混入杂质。判断活塞底部氮气充压管线有异物进入密封罐，随活塞运动产生的涡流悬浮后附于罐壁，造成密封活塞磨损。

3 轴流泵辅助系统故障处理措施

故障1停工检修期间，对第二反应器轴流泵的主密封以及安全密封进行了整体更换，同时对两组定位球轴承也进行了更换，对主密封油罐及密封腔内部进行了清洗。检修完毕，轴流泵运行4小时后：驱动端轴承垂直振动1.6mm/s，水平振动1.8mm/s，轴向振动0.8mm/s，温度51℃，主密封和安全密封无泄露，机泵无杂音，工艺参数正常。故障2停工检修期间对轴流泵的机械密封进行更换。安装期间对作业人员提出了更高的要求，机械密封安装使用拉马等工具保证机封的装配过程受力均匀平稳。保证各组件的安装精度，严格执行安装技术要求避免出现蛮横安装。回装后轴流泵油运状态正常，密封状况良好。故障3停工期间对密封活塞进行更换，清理密封罐各连接点、盲端，保证内部清洁。回装后投用密封活塞，观察密封活塞运行上涨速度正常，运行良好。

结束语：保障轴流泵系统平稳运行，避免机械密封系统失效的几点举措：

a. 投用前对主密封及安全密封系统充分排气，排气期间持续盘车，确保冲洗油充满整个密封系统。

b. 冲洗丙烯的投入量不宜一次性给入过多，避免对主密封造成冲击。

c. 如非必要不进行大幅度的工艺调整，避免轴流泵功率、负荷快速变化。

d. 加强对设备安装的过程管控，管线、设备等务必保证清洁无杂质，不能出现蛮狠施工的情况。

e. 引入在线监测系统，对轴流泵运行状况形成多方位立体监控，按周期检查其运行频谱变化。

f. 生产高熔融指数产品时时氢气加入量过大易导致叶轮侧产生气蚀，引起轴的摆动，在定位轴承预紧力不够的前提下，会造成轴承因轴向游隙过大从而窜动磨损，建议以后生产高融指产品时，可以通过观察融指变化情况，适当降低反应器氢气加入量。

结合生产运行中的轴流泵系统运行情况，保证轴流泵的安装精度、密封系统的清洁度，合理安排消缺计划均是保障轴流泵系统连续平稳运行的重要因素。工艺生产调整前及时与设备专业沟通，对设备是否具备相应生产能力做出评估。定期对轴流泵系统轴承润滑油、冲洗油的油质进行检测，运用在线检测仪表对轴流泵系统保持在线监测，强化巡检质量，更有利于及早的发现系统故障、降低故障影响以及控制维修成本，为轴流泵以及相关装置的持续平稳运行提供强有力保障。

参 考 文 献

[1] 谢朴贵，刘燕，顾兴坤．聚丙烯装置轴流泵机械密封损坏分析及处理措施[J]．石油化工设备，2020，49(6)：68-73.

[2] 姚晓燕．聚丙烯装置P201轴流泵振动故障树分析[J]．设备管理与维修，2022(11)：151-154.

[3] 梁力中，何茂盛，李文秉，等．轴流泵机械密封泄漏原因及改进措施[J]．中国设备工程，2020(4)：144-145.

[4] 赵鹏．聚丙烯装置2-P210浆料轴流泵振动偏离治理[J]．中国设备工程，2021(17)：105-107.

[5] 程航．聚丙烯轴流泵设计分析[J]．乙烯工业，2021，33(2)：33-36.

进口粒料风机轴封失效的分析及解决方案

田　鹏　彭　勇　邓春秋

（海南巴陵化工新材料有限公司）

摘　要　海南巴陵新材料公司后处理74线75线和76线装置现配备有三台套瑞士MEIDINGER AG公司进口的P-T48/280/630/2型风机，风机的参数如下：风量7150m³/h，风压6180Pa，转速2846r/min，配套电机功率55kW。该风机是热塑性弹性体生产流程中的关键设备，功用是靠气力来输送弹性体粒料至后处理装置。该风机运行状况的好坏直接影响到产能的正常发挥，因此该风机也是重点监护设备，其轴封在运行中具有至关重要的作用。其主要功能是防止介质泄露和外界杂质侵入，以确保风机的高效运行和延长使用寿命。但由于该风机机封选型设计存在一定的弊端，长时间运行容易失效，对风机轴承座平稳运行有一定的影响，另一方面就是对现场工作环境造成粉尘污染，影响员工身心健康。基于此等原因此进口风机轴封的国产化替代便显得尤为重要。

关键词　机封；失效；替代

轴封在风机的运行过程中起着至关重要的作用，风机轴封通过有效的密封措施，防止气体或液体介质从风机内部泄漏到外部环境中。避免环境污染和物料损失，还确保了生产过程的安全性，特别是在处理易燃、易爆或有毒介质时尤为重要。轴封还起到屏障作用，防止外部杂质进入风机内部，保护设备的正常运行，减少磨损和腐蚀，延长设备的使用寿命，降低维护成本。在高压高温工况下，优质的轴封能够减少能量损耗，优化设备的运行效率。综上所述，风机轴封是风机设备中不可或缺的一部分，其性能对风机的运行效率、安全性和可靠性有着深远的影响。

1　目前存在的问题

通过跟踪近两年该型风机的使用运行情况，得出的结论是：该型风机虽然输送能力不错，但风机轴封的可靠性却一直没有得到很好的解决。每台风机都是在投用之后很短周期内便出现了轴封失效的问题。轴封失效后，橡胶粒料所夹带的抗粘剂粉尘与粉末状胶粒便从轴封处飞出，部分粉尘渗透到风机轴承座内，导致轴承座内轴承保持架与滚动体剧烈摩擦升温，从而导致轴承座温度超温，轴承座外表面最高达到近200℃，致使轴承内部润滑脂炭化，影响轴承平稳运行。（轴承座拆解图片如图1）

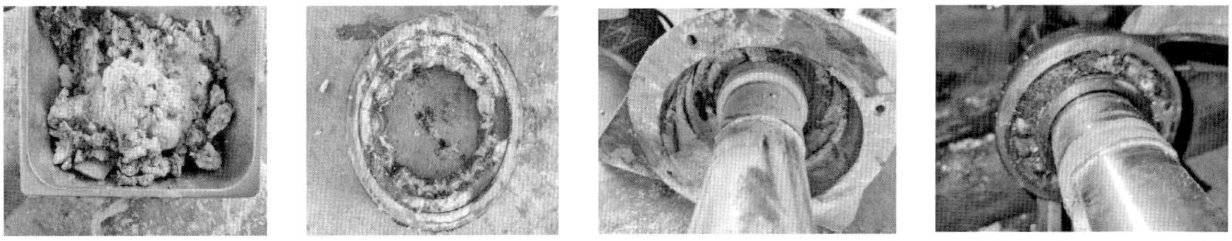

图1　轴承座拆解图

由于恢复轴封所需的进口配件价格既贵、供货周期又长、且因原设计不够合理又导致了安装和维护的极不方便，因此造成了设备经常处于带病工作的状况。（图2）如此一来，风压损失、能耗增高、产成品的浪费就成为了必然。在此同时，还导致了现场环境严重的粉尘污染。综合考虑到轴承配件成本和环境粉尘污染等问题，因此解决轴封问题便成了海南巴陵新材料公司安全保障部工作的当务之急。

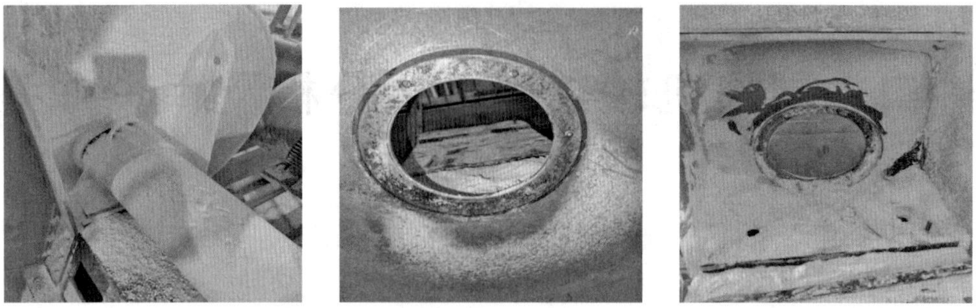

图2　风机机封失效

2　失效原因分析

由于此型高压风机是用来输送热塑性弹性体粒料产成品的(颗粒和粉状物料)，输送的物料温度经常高达70℃，因此在设计适应此工况的轴封时，就既要考虑杜绝外部环境对产成品的污染，又要考虑高速、高压、高温、物料的粘性和干磨状况下的运行可靠性的问题，同时还只能在原设备所有的零部件尺寸不作任何改动和加工的情况下、仅利用现有的安装空间来实现改造(原设备可提供给轴封安装的轴向长度仅23mm，径向空间只有195mm)。根据以往的经验：常规高压风机的轴封(机械密封)在这种相对恶劣的环境下使用时，要么密封效果欠佳、要么耐久性不行、要么配备的轴封会需要另外提供可能对产成品造成污染的润滑液或润滑脂。因此，既要适应高温、粘性粒料干磨环境，又要避免对输送介质的污染就是造成此型进口风机在原配轴封时没能从根本上解决问题的关键和难点所在。

3　解决方案的确认和实施

由于此类轴封失效的问题较为复杂且设计难度很大，考虑若采用常规采购方式购买恐既没人敢接货也难达成效果、且存在误事的可能。海南巴陵新材料公司安全保障部经过多方评估和论证，最终选择了在过去二十多年中一直为湖南石化总部的设备成功处理过很多疑难杂症、具备丰富经验的供应商作为合作攻关的对象。通过双方对相关参数和希望达成的要求进行深入的技术交流，经过供应商对现场设备状况进行详细的考证、评估、测绘，最终提出了一整套可靠的包含设计、制作、施工的改造方案。供应商仅用十余天时间便按商定的方案完成了轴封的设计、选材、制造并交付我公司，公司选择在停车检修间隙只用不到一天的时间便完成了改造轴封的安装和试运。成功的实现了进口设备国产配件的替代，极大的降低了时间成本和配件采购成本。

4　改造方案概述

本次轴封改造方案的设计充分考虑了恶劣的运行环境、狭窄的安装空间等严苛客观条件的影响，并在结构设计、材料选择上呈现出独到的思路。

(1)结构新颖：该轴封在结构型式、安装部位及安装方式上完全不同于原进口轴封。原装的单级轴封是通过紧固螺钉安装于风机背板内侧的轴孔部位与叶轮轴柄之间的，而新设计的轴封是安置在风机背板外侧轴孔部位与轴承座压盖之间。新轴封充分利用了原进口风机留下的仅23mm的轴向长度和195mm的径向孔空间(轴承座前压盖外侧和风机背板外侧形成的圆形空间)，并在这狭小空间内设置了粗、精二道密封。粗密封是将大颗粒物料挡在密封腔外侧，精密封是用于密封高压气体和粉尘状物料。为解决粗、精二级密封的静组件和动组件的定位、传动、密封和易于安装的问题，该轴封在设计思路上另辟溪径，结构形式也显得格外新颖且令人耳目一新：静组件是借助轴承座压盖的平面与风机背板外侧的平面、并通过静环体上配置的特殊密封圈来实现安装和密封，静环体的防转是借助轴承压盖的紧固螺栓来实现；动组件的力矩传动和定位则借助了原配叶轮的键槽和叶轮平键圆弧头。这种结构的设计和选用既充分利用了原风机所能提供利用的条件，同时又有效的解决了安装空间狭小而带来的常规轴封无法配置的问题。这种结构为今后同类型高压风机的轴封改造提供了一条可供借鉴的全新思路。

(2)选材独特：静环体选用的是PA6十

MoS2 十玻纤填充料，该材料既轻便又耐磨，且耐温性也不错，特别是它重量轻的特点更是为静环体浮动安装时的自动定心提供了便利。静环采用的是填充了玻纤等耐磨剂的四氟材料，它既保证了现场工艺要求的耐腐、耐磨和无污染，同时由于四氟材料本身具备的很好的润滑性也为轴封寿命的延长提供了保障。动组件采用的是耐磨不锈钢材料，材料经相应加工后具备有很优秀的耐磨性和良好的耐腐蚀性能，这也给轴封寿命的提高打下了基础。(图 3)

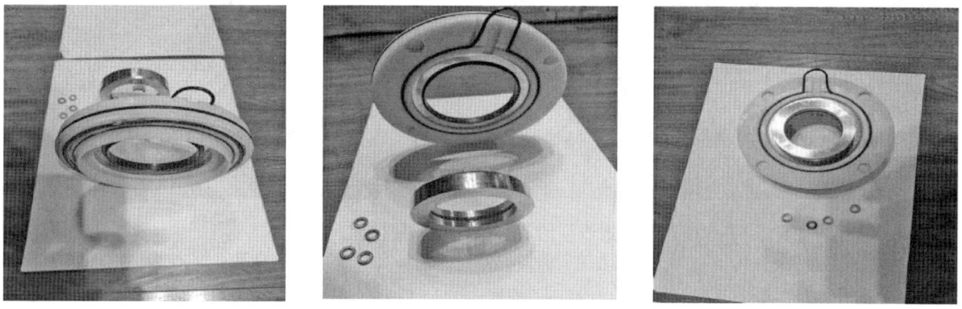

图 3　改造后轴封

5　粒料风机轴封安装步骤

(1) 在安装轴承座叶轮侧压盖上 M8 的内六角紧固螺栓时先将四件 $\phi4\times\phi14\times3.2$ 的小垫片套在螺杆上再拧紧螺栓，使装好的内六角螺栓帽头凸出轴承压盖平面约 3mm；

(2) 清洁叶轮侧轴径为 $\phi70$ 的部位并涂抹白色润滑脂，将内 $\phi70$、外径 $\phi100$ 的不锈钢动环套到轴上，装配时动环上的突起部位朝向叶轮侧并对准叶轮键槽；

(3) 将动环表面涂满白色润滑脂，将静组件内孔涂上润滑脂(在涂脂前去除静环内侧的黑色辅助衬川)，然后将静组件推套到动环上、并让静组件盖上的四个 $\phi16$ 的凹坑与轴承压盖紧固螺栓的凸起部位相配(在推入静组件时需注意让静组件上的所有 O 形圈入槽)；

(4) 完成上述装配后，将已带上轴封的轴承座总成就位至风机底座上，此时静环压盖外圈与风机后护板外侧的内径为 $\phi195$ 的环带通过 O 形圈来实现密封；

(5) 装上叶轮并锁紧叶轮锁母，再将轴承座整体朝叶轮侧推紧，装上轴承座地脚螺栓并紧固，至此便完成了轴封装配。(图 4)

图 4　轴封装配图

6　改造效果评估及总结

该改造轴封于 2025 年 1 月投入使用，至今已连续运行近四个月，通过监测现场运行情况可看到以下明显改善：设备运行平稳、设备风噪大幅下降、物料粉尘泄漏已被杜绝(图 5)，进口设备配件国产化替代。据此可初步判断：改造已达到预期效果。

图5　改造前与改造后对比

参考文献

[1] 王彩英，海淑萍．风机机械基础．—1版．中国水利水电出版社，2019. 10.

[2] 邵泽波，王海波．风机维修手册．化学工业出版社，2010. 02.

[3] 续魁昌，王洪强，盖京方．风机手册-第二版．机械工业出版社，2011，02.

[4] 阎云龙．风机及系统运行与维修问答-1版．机械工业出版社，2004，01.

[5] 喻健良，王立业，刁玉玮．化工设备机械基础．—第八版．大连理工大学出版社，2022. 11.

循环氢压缩机干气密封带液故障分析及对策

孙　泽

（中国石化海南炼油化工有限公司）

摘　要　干气密封是离心式压缩机组高效安全工作的重要部件。本文在详细介绍某55万吨/年润滑油高压加氢循环氢压缩机发生的一起干气密封带液故障的基础上，梳理了事故密封故障的原因，分析了密封系统加热单元设计的不合理，并最终提出了有效的解决措施。措施实施后，压缩机的干气密封各运行参数稳定，安全可靠运行至今。

关键词　干气密封；高压临氢；密封气带液；单向螺旋槽结构；密封气露点

干气密封是由气体润滑轴承发展而来，诞生于上世纪70年代。经过近50年的改进与发展，干气密封已经成为可靠性最高的压缩机轴封形式。干气密封是非接触式气体润滑密封，理论上运行寿命无上限。这种原理上的优势决定了干气密封的实际工作上限非常高，只要提供密封良好的工作环境，密封寿命就可以满足装置整个运行周期的要求。在日常生产中常见的干气密封故障，多是由于含固体杂质或液滴的气体与密封接触破坏气膜或者腐蚀密封件导致。下文将分析某公司55万吨/年润滑油高压加氢装置循环氢压缩机组干气密封带液故障，论述针对此故障提出的多项改进措施，展示最终取得的较好成果，以此来阐述良好的工作环境对于干气密封的重要性。

1　设备及工况简介

循环氢压缩机组是该润滑油加氢装置的核心设备。来自冷高压分离器分离出的含氢气体，经脱硫塔脱除硫化氢、分液罐分液后，再经循环氢压缩机升压，分为两路：一路与新氢混合后在混氢点与原料油混合，另一路作为急冷氢去往加氢处理反应器和加氢精制反应器。通过调节急冷氢的量可以将加氢处理反应器和加氢精制反应器床层温度控制在一定范围内，确保产品质量和收率。

压缩机主机选用沈鼓集团的BCL407/B型压缩机，驱动机为杭汽生产的NK25/20背压式汽轮机，密封选用的是FLOWSERVE的带中间迷宫密封的串联式干气密封，T型双向槽结构，如图1所示。

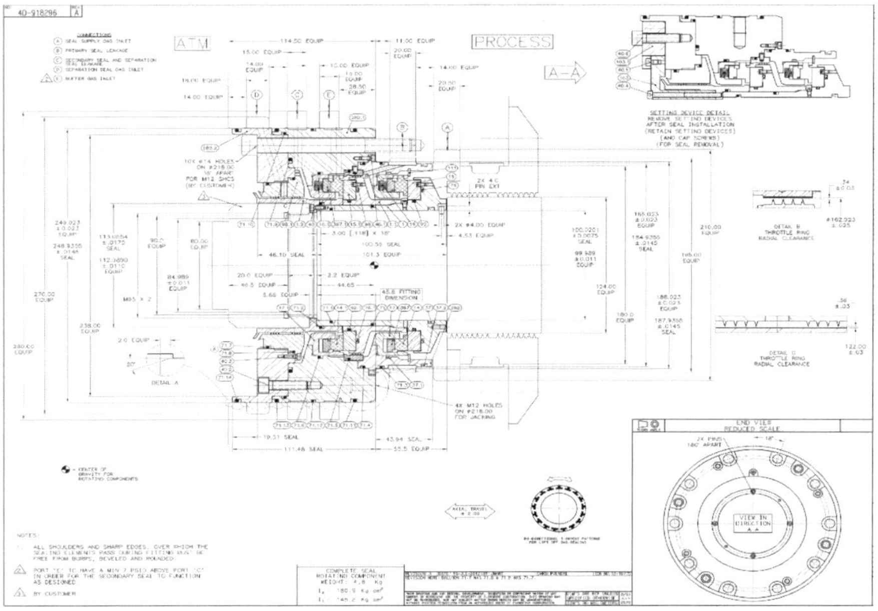

图1　干气密封剖面图

该机组属于高压临氢机组，对于干气密封的选型和操作具有较高要求。工艺介质组分中原始设计参数含水量约为0.15%，压缩机入口压力17.65MPa，出口压力20.05MPa，出口介质温度为65℃～72℃。因氢气的分子量较低，在流量、压力和温度等条件相同的情况下比大分子气体泄漏量更大，为保证密封性能，密封运行时端面间气膜的厚度要比其他介质设计的更薄。该现象会使密封的抗干扰性下降，同时对动静环和密封圈的材质提出特殊的要求。本次使用的干气密封动环采用无压烧结的SiN材质，静环采用表面喷涂特殊涂层的无压烧结SiC的形式。这种摩擦副表面硬度相当高，设计好处在于材料的弹性模量大，密封环在高压下变形小，泄漏量极小。但其对密封气体的品质要求很高，任何固体颗粒或液体侵入密封面都会加剧密封面的磨损，局部过热或高温就可能会引起密封破裂。补偿环的密封圈选用的是PTFE材质，U型环加弹簧的结构，这种材质的密封圈好处是耐压性比一般氟橡胶更强。

压缩机具体操作条件及介质组分如表1和表2所示：

表1　压缩机操作条件

	操作工况	设计工况1	设计工况2	减3线EOR	减3线SOR
1	气体腐蚀性组分	H_2S	H_2S	H_2S	H_2S
2	体积流量/(m^3/h)	1173	1126	1156	1124
3	入口压力/MPa	17.65	17.65	17.65	18.1
4	入口温度/℃	55	55	55	55
5	出口压力/MPa	20.05	20.05	20.05	19.65
6	出口温度/℃	72.3	70.2	71.3	65.6
7	转速/(r/min)	9710	7710	8880	7705
8	轴功率/kW	1091	1032	1060	701
9	效率/%	73.1	73.5	74	73.3
10	总压缩比	1.14	1.14	1.14	1.09
11	预计的喘振流量/(m^3/h)	864	695	792	677
12	操作方式	连续			
13	驱动方式	汽轮机			

表2　压缩机介质组分

	工况		减4线EOR	减4线SOR	糠精油EOR	糠精油SOR	N2工况
	组分	分子量	摩尔百分比(mol%)				
1	H2	2.02	85.2762	85.4222	85.7090	86.0511	
2	C1	16.04	8.5794	8.3320	9.1604	9.0654	
3	C2	30.07	2.6866	2.7902	1.3277	1.2767	
4	C3	44.09	2.3491	2.3226	2.6867	2.5403	
5	nC4	58.12	0.6396	0.6720	0.6812	0.6417	
6	iC4	58.12					
7	H2S	34.08	5.94ppm	5.52ppm	3.79ppm	3.6ppm	
8	NH3	17.04	0.44ppm	0.103ppm	0.0527ppm	0.0466ppm	
9	H2O	18.02	0.1573	0.1519	0.1397	0.1368	
10	nC5	72.15					
11	iC5	72.15	0.3138	0.3085	0.2950	0.2876	
12	N2	28.00					100.000

经核算，四种工况下介质的露点温度分别为：67.4℃，66.6℃，64.7℃，64.3℃，如图 2～图 5 所示。按照总部发行的《炼油企业离心压缩机干气密封管理指导意见(暂行)》中的规定，要保证密封进气温度高于露点温度 20℃。以最高的露点温度计算，需要将密封气加热到 87.4℃左右。

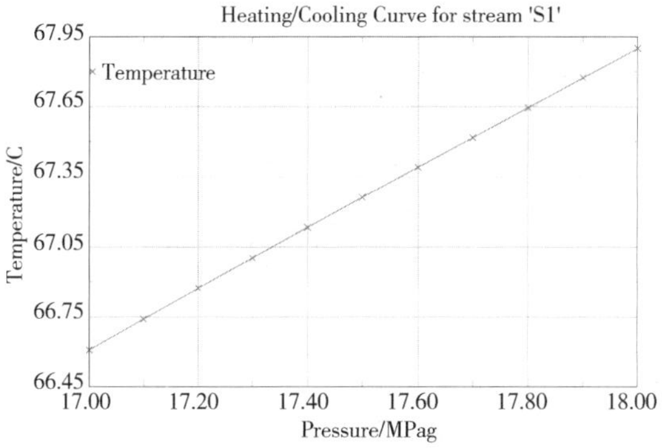

图 2　减 4 线 EOR 工况介质露点

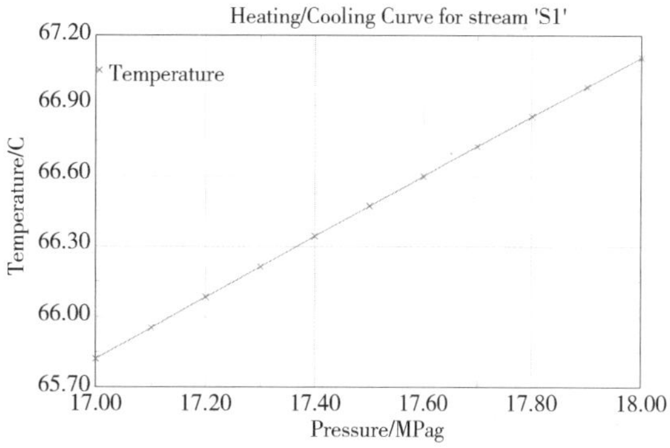

图 3　减 4 线 SOR 工况介质露点

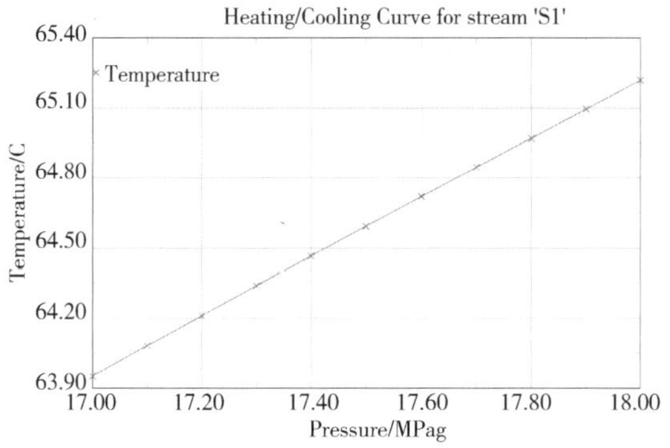

图 4　糠精油 EOR 工况介质露点

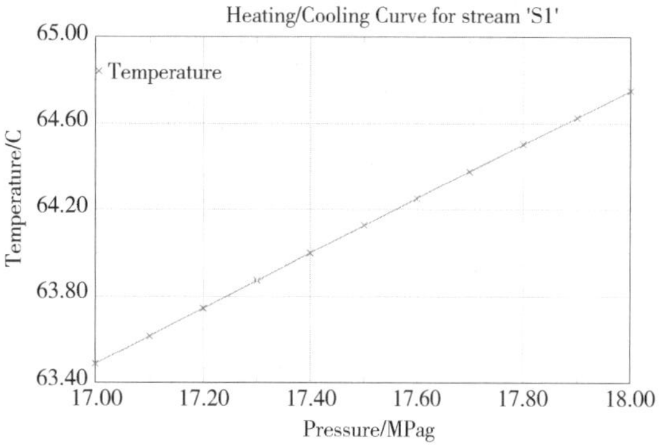

图 5　糠精油 EOR 工况介质露点

2　运行故障及原因分析

2.1　运行故障

事故装置是新建装置，2019 年 10 月进料开工，10 月 18 日循环氢压缩机开机正常，10 月 23 日装置出合格产品，25 日凌晨发生一级密封泄漏气流量突然增大导致连锁停机的事故。通过查看连锁趋势图，可发现一级泄漏气在停机前流量突增超过联锁值，密封其他参数未发生明显波动。现场检查压缩机状况，发现盘车卡涩。趋势图中未见压缩机振动、瓦温和轴位移等数据产生较大波动。考虑到压缩机停机是密封泄漏连锁导致，所以初步怀疑机组盘车卡涩是由于密封面粘连导致。事故发生当夜厂方联系生产人员紧急停工，并进行压缩机吹扫及加装盲板工作，准备对密封进行解体检查。

2.2　密封失效原因排查

密封拆卸检查时发现一级密封气过滤器中含有大量液体，密封静环破碎，动环磨损严重，密封一级排气口处存在液体痕迹，如图 6～图 8 所示。

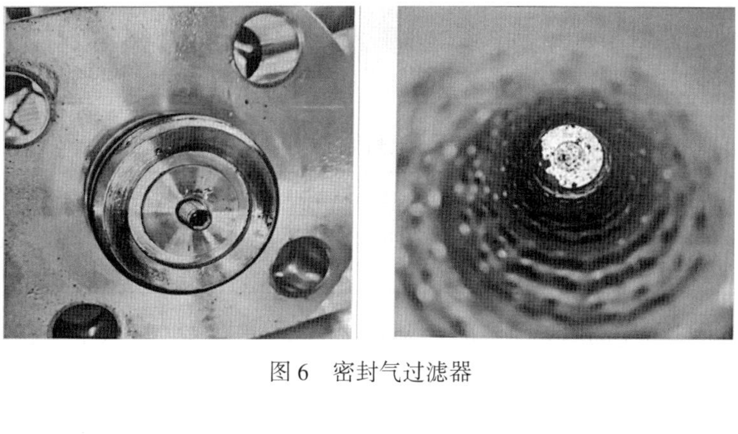

图 6　密封气过滤器

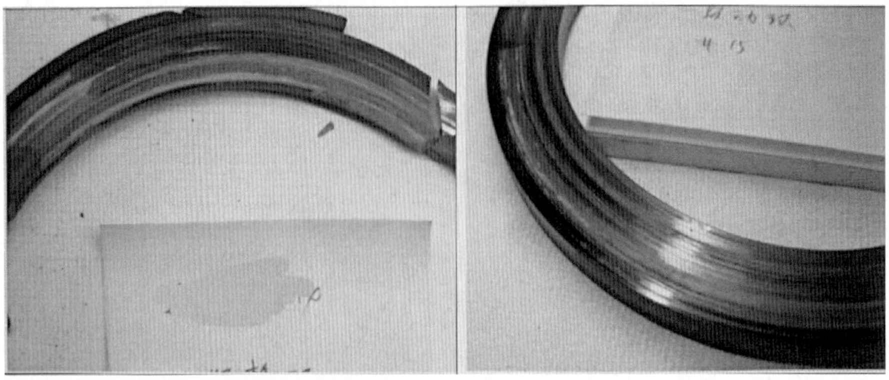

图7　动静环密封面

图8　密封泄漏气排泄口

干气密封在运行时，由于流体动压效应会在密封面之间建立一层3～5μm的气膜，将动静环分开，故干气密封是非接触式密封。气膜的建立，依赖于在密封动环表面加工出的一定数量的深度在3～10μm的动压槽。当动环旋转时，气体通过动压槽向密封中心泵送，到达动压槽根部后，由于密封坝保持贴合状态而起到截流作用，气体因此在此处压缩升压，当压力足以抵抗密封闭合力时，密封面被顶开一定间隙，气体继续通过而形成稳定的气膜。无论是气膜的厚度还是动压槽的深度，数量级都在10μm以下，当密封面之间进入液体颗粒时会破坏气膜的建立导致密封面贴合，引起密封干摩擦。现场发现过滤器及密封排气口有液体痕迹，可以确定密封失效的直接原因是主密封气带液致使密封面磨损破裂。

为了进一步确认密封气带液的原因，我们从两方面进行排查：

（1）确认工艺气体组分是否与设计工况一致，如表3所示，密封系统的过滤单元选用的聚结器凝液能力为：温度在-6.7℃～176℃范围内、压力低于34.4MPa、流量小于37.37m³/h的工况下，气体湿度小于10%时除液能力达到99%。若介质中带液量大于10%，聚结器无法过滤掉所有液体。该装置在开工时使用的是制氢装置生产的氢气，经化验其氢纯度以及碳三以上组分等指标均符合设计要求。因此，基本可以排除工艺气体组分与设计工况不一致的可能性。

表3　聚结器除液能力

	FILTRATION TYPE	EFFICIENCY	FLOW RATE(max)	DESIGN PRESS.	DESIGN TEMP.
CLEANPAC™(D)	Bulk Liquid Removal	10μparticles@99%&10% Liquid by volume	22 ACFM	5000 psi	350°F(max)～20°F(min)

（2）确认是否是介质气中的水分凝结成液滴析出，导致密封失效。一般情况下，该现象发生的原因是气体温度低于饱和温度（即露点温度），使得气体中的水分发生相变产生液滴。由前文介

绍可知，不同工况下介质气露点温度最高为67.4℃，根据要求，密封气温度需达到87.4℃。然而在检查密封系统运行参数时，我们发现密封气进气温度不仅没有达到要求，甚至远远低于露点温度，仅为37.1℃，如图9所示，该现象必然会导致密封气中有大量液体析出。

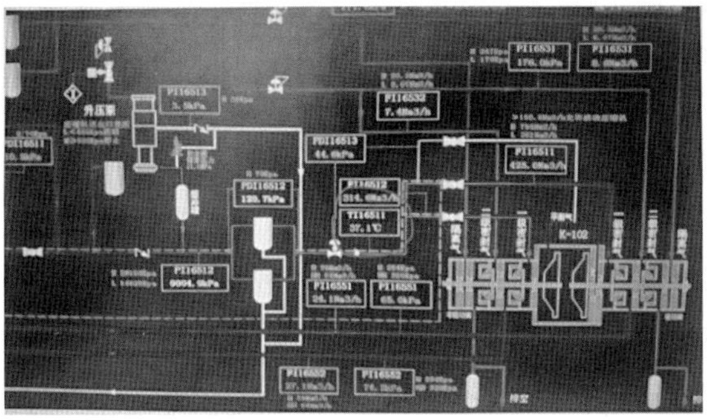

图9　密封监控图

2.3　密封失效原因分析

进一步排查后，我们最终得出以下结论：因密封盘柜安装位置距离压缩机出口管线相对较远，密封气引出后到达盘柜时温降较大，再加上盘柜之后的密封气进气管线伴热效果不良以及事发当日气温较低，所以出现了密封气进气温度极低的状况。另外，本次密封选用的是双向T型槽结构，这种结构的密封在运行时气膜厚度较小，抗干扰性较差，又是硬对硬的密封面组合，在遇到杂质干扰时极易发生崩溃性破坏。所以密封气中带有大量液滴进入密封面之间，使两个面之间微小的气膜间隙受到破坏，液体粘附到动、静环面上，摩擦产生较高热量，最终导致密封面磨损破裂。

3　整改措施及效果

3.1　整改措施

为了彻底消除隐患，我们拟从以下几方面来进行改进：

（1）增设聚结器的伴热和保温。

（2）将聚结器后的主密封气管线上的伴热从原来的蒸汽盘管改为蒸汽套筒的结构，让蒸汽直接接触密封气管线以提高伴热效果。

（3）重新对密封进行选型，将原来的双向槽结构改为单向螺旋槽结构，以增加密封的抗干扰性。同时摩擦副选用硬对软的形式，即动环采用碳化硅，静环采用重载石墨，以避免密封面出现崩溃性故障。

3.2　措施效果

整改后，密封气进气温度已接近88℃。运行1个月后，通过检查，过滤器情况良好，不存在带液现象。截至目前，压缩机已连续运行半年以上，密封状况良好。值得注意的是，该整改措施依然存在一个隐患：密封进气管线与蒸汽直接接触，一旦发生管线腐蚀，氢气会进入蒸汽管网，引发严重后果。因此，我们建议在装置停工检修时进行彻底整改：将密封气流程上的伴热恢复蒸汽盘管伴热，并在压缩机出口管线至密封盘柜之间增加冷却器和除液罐以改进除液效果，同时在除液罐出口增加一台电加热器，将密封气温度加热到90℃以后再进入盘柜系统。

4　结语

干气密封运行的稳定与否，基本取决于密封气的清洁程度，因此在干气密封的使用中，要严格管控密封气进气的温度、压力、流量以及过滤器的压差等方面的数据。一般要注意以下几点：

（1）保证进密封的干气温度高于露点温度20℃。若达不到该要求，则可以在密封气从压缩机出口引出后增设分液罐，充分除液后再进入密封腔。

（2）过滤器过滤精度要达到1~3μm，并经常检查过滤器压差，若压差过大要及时更换滤芯。

（3）建议在控制系统中设置增压泵，当密封气与平衡管压差过小时自启动增压泵，以保证密封气进气压力高于平衡管压力，防止介质气反窜。

作为一种精密零件，干气密封的正常运行依赖于符合标准的工作环境。这对厂方在使用和维护密封系统时提出了非常高的要求。厂方需要严格把控密封工作环境，定期排查，确保密封系统各项参数达标，通过对操作过程的高标准严要求，保障和实现安全生产。

参　考　文　献

[1] 李俊涛．循环氢离心压缩机干气密封失效的风险管理[J]．压缩机技术，2019(05)：39-43+34.

[2] 杨亮，寇蕊娜．循环氢压缩机干气密封存在的问题及应对措施[J]．化学工程与装备，2018(03)：189-192.

汽轮机转速突降故障分析及对策

吴　涛　晁　杨　张树华　吴建斌　张鹏飞

（中国石油辽河石化分公司）

摘　要　某石化汽轮机运行中转速突然降低发生联锁停机。现场检查调速汽阀，发现阀杆能正常前后移动，但汽轮机转速无变化。针对该问题，分析人员结合该汽轮机及调速汽阀以往大检修期间所拍的现场图，以及本次的故障现象对本次故障进行了分析，找准故障点，并通过检修调整，解决了该问题，消除了隐患。

关键词　汽轮机；联锁停机；故障分析；检修调整

1　汽轮机简介

某石化循环氢压缩机组汽轮机，日本生产，型号为EHL-116A，介质为蒸汽，流量390m^3/h，进汽压力2.83MPa，排汽压力0.9MPa，进气温度280℃，排汽温度250℃，额定转速10650r/min。

2　汽轮机运行问题

2.1　汽轮机运行故障

汽轮机转速从8900r/min迅速下降至3750r/min。现场检查调速汽阀，发现阀杆能正常前后移动，但汽轮机转速无变化。

2.2　汽轮机故障分析

2.2.1　结合往期检修现场图和本次故障现象分析

下面是该汽轮机及调速汽阀以往大检修期间所拍的现场图（图1~图5）。

结合上图，以及调速汽阀阀杆能正常前后移动，但汽轮机转速无变化的现象，推断引起该汽轮机转速突降的原因是调速汽阀阀杆从阀芯上脱出。分析具体过程是：阀杆从阀芯上脱出，导致阀芯不受控制，在机体阀套内向里移动堵塞部分进汽孔眼，引起汽轮机转速降低。

图1　汽轮机现场图

图2　调速系统现场图

图3　汽轮机下壳体现场图

图4　调速汽阀组装图

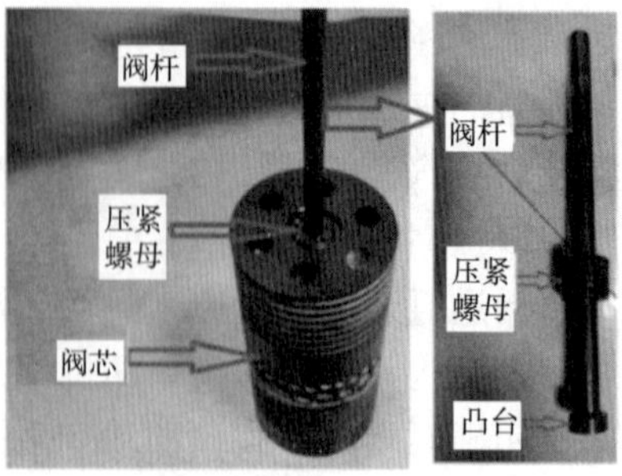

图5　调速汽阀结构图

2.2.2　结合本次拆检现象分析

现场拆检发现以下现象：

① 调速汽阀阀杆从阀芯上脱出(图6)，阀芯留在了机体阀套里(图7)。

② 调速汽阀防转销从端盖上脱出(图8)。

③ 阀芯与防转销对应的销孔有损伤，销孔有磨损且边缘孔径变大(图9)。

④ 阀杆在与阀芯连接部位有轻微磨损现象，未见有凸台；压紧螺母的沉孔内有一厚约0.4mm的环状垫和一片碎屑(图10)。

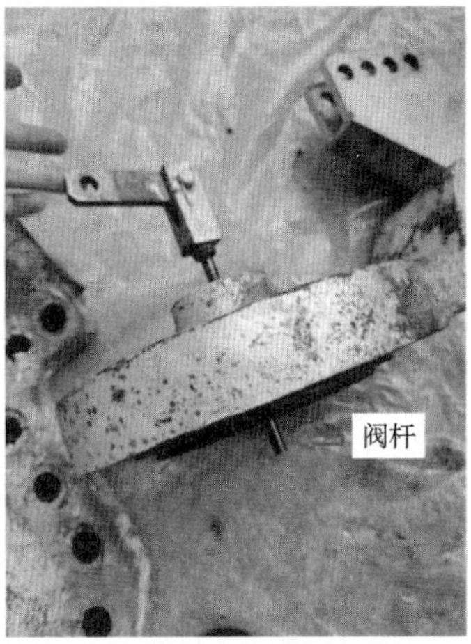

图6　调速汽阀阀杆从阀芯上脱出

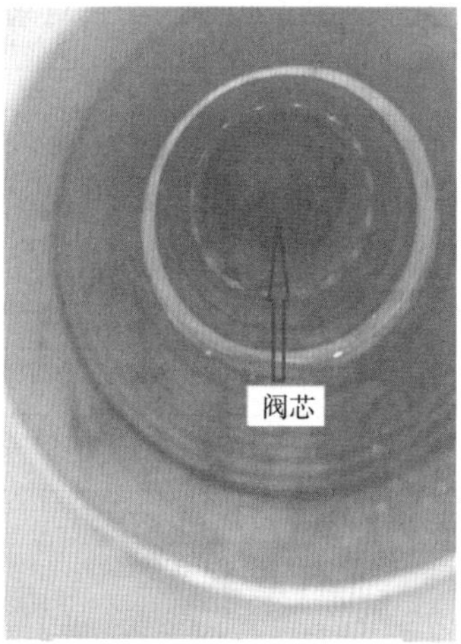

图7　阀芯留在了机体阀套里

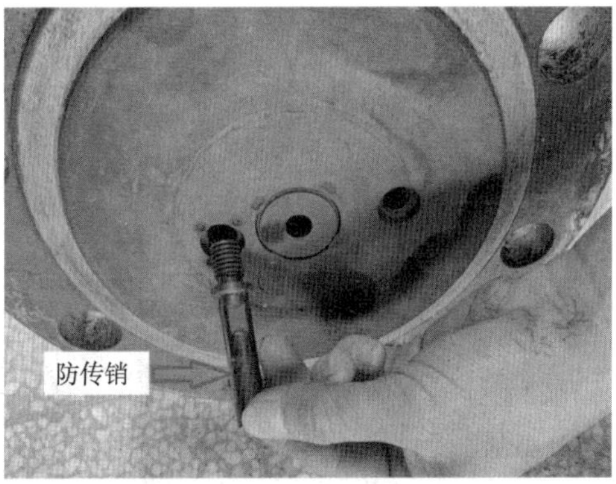

图8　调速汽阀防转销从端盖上脱出

图9　销孔有损伤

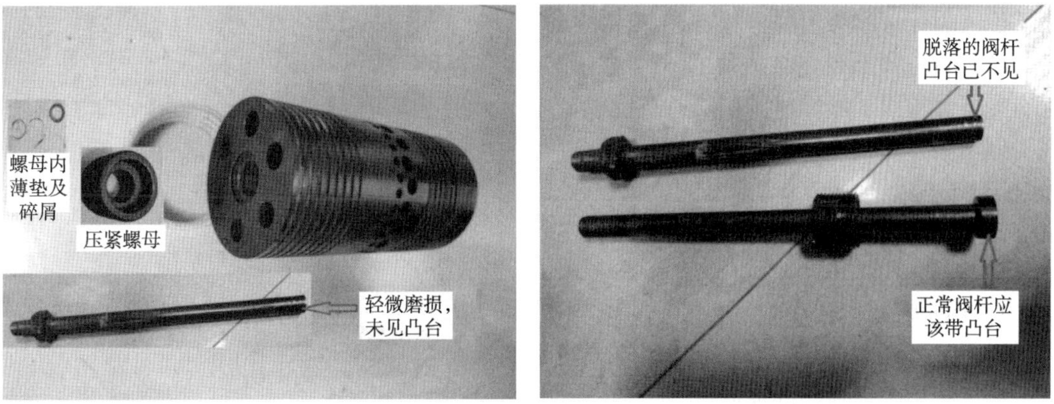

图10　阀杆与阀芯磨损情况图

对拆检现象分析：

该机从2018年开始，调速汽阀经常因蒸汽结垢发生卡涩不动作现象。为了解决这一问题，公司在2022年找到一汽轮机厂家进行整改。厂家重新设计制作了阀芯、阀套和阀杆，将阀芯与阀套径向间隙由0.15～0.25mm增大到了0.25～

0. 35mm。增大间隙的目的是尽量避免汽阀因结垢发生卡涩不动作现象。

阀芯与阀套间隙增大，导致了阀芯下沉量增大，进而导致阀芯上的销孔与防转销接触力增大。防转销在持续冲击力的作用下慢慢发生松脱。防转销松脱后引起了阀芯摆动，对阀杆与阀芯连接部位产生了影响，阀杆上的凸台脱落，导致阀杆从阀芯上脱出。

① 阀杆上凸台脱落的原因分析

在厂家给出的阀杆设计图纸上，阀杆端部有一 6mm 厚凸台(图 11)。

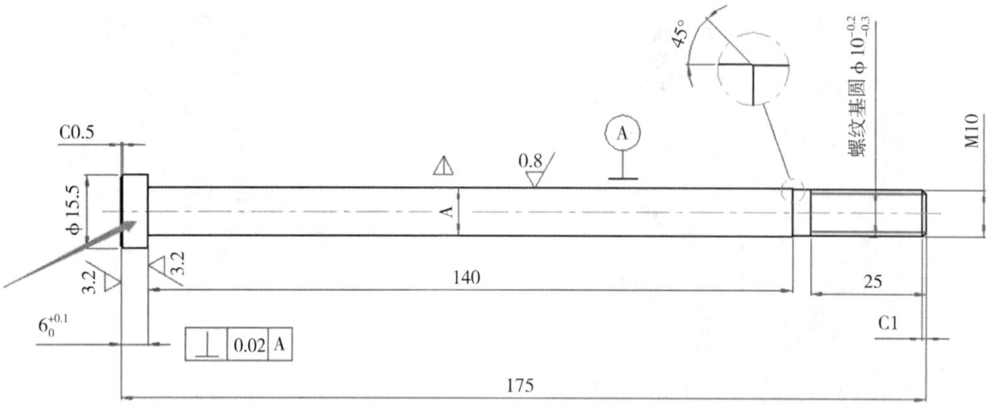

图 11

只要存在凸台，阀杆就不会从阀芯上脱落。那么这个凸台为什么不见了呢。有两种观点：

观点一：阀杆上的凸台没有按 6mm 尺寸加工。

根据凸台部位的阀杆直径无明显磨损现象，压紧螺母内端面无明显磨损现象，螺母内仅残留一环状垫，阀芯外表面无明显旋转磨损现象以及部件材质等方面进行综合分析，得出的判断是厂家加工的阀杆凸台尺寸不是 6mm，而应该是不到 1mm 的薄台。该薄台在持续受力的状态下脱离阀杆，导致阀杆从阀芯上脱出。

观点二：6mm 厚凸台是被磨掉的。

经落实凸台与压紧螺母材质相同，凸台磨掉了 6mm，而压紧螺母内端面却几乎没磨(图 12)。推出观点二不成立。

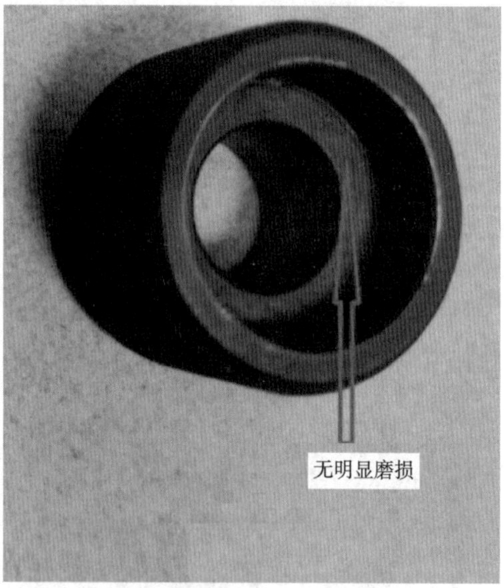

图 12

6mm 凸台如果被磨掉，会产生较多碎屑残留在压紧螺母沉孔里，但拆检仅发现一个大约 0. 4mm 的环状薄垫和一条碎屑。推出观点二不成立。6mm 凸台如果磨掉了，凸台对应位置的杆应该是有明显的不规则的磨损痕迹，但拆检发现杆仅发生较轻磨损而且还比较光滑(图 13)。推出观点二不成立。

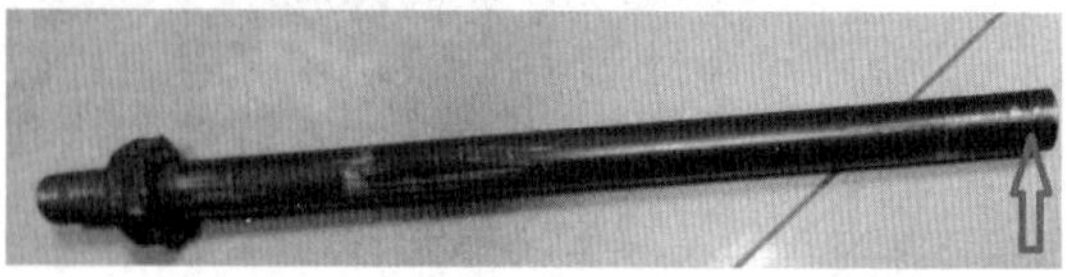

图 13　凸台部位阀杆表面较光滑无明显磨损痕迹

6mm 凸台如果主要是因为阀芯发生了旋转使之磨损，阀芯外表面应该有明显旋转磨痕。但拆检发现阀芯外表面并无明显磨痕。也很难想象阀芯在销孔里插着销子的情况下做高速旋转销子不飞出或不损坏。推出观点二不成立。

3　故障应对措施

① 将调速汽阀恢复到原尺寸，使阀芯与阀套的径向间隙与原厂一致。

② 将防转销拧紧并点焊固定，防止松脱。

③ 阀杆上的凸台尺寸严格按原厂设计图纸加工。

4　结论

4.1　汽轮机转速突降的综合分析

为了解决汽轮机调速汽阀卡涩不动作问题，厂家将阀芯与阀套径向间隙加大，导致了阀芯下沉量增大，进而导致阀芯上的销孔与防转销接触力增大。防转销在持续冲击力的作用下慢慢发生松脱。防转销松脱后引起了阀芯摆动，对阀杆与阀芯连接部位产生了影响。厂家误将阀杆端部的6mm 厚凸台加工成了大约 1mm 厚凸台，凸台较单薄，在持续受力的状态下凸台脱离阀杆，导致阀杆从阀芯上脱出，引起阀芯不受控制，在机体阀套内向里移动堵塞部分进汽孔眼，引起汽轮机转速突降。

4.2　试运情况

处理后，该机经过试运，运转正常。至今已累计运行 3 年未发生此类故障。

参　考　文　献

[1] 苏兴冶．过程装备安装与检修技术．—北京：中国石化出版社，2017. 1(2022. 1 重印)

[2] 压缩机随机资料：《EHL-116A 透平使用说明书》

[3] 王振，刘延鹤．《某汽轮机大检修作业指导》. 工课检修系列手册，2021. 1 出版

空分机组轴瓦静电腐蚀原因分析及防范措施

邢　磊

（国家能源集团宁夏煤业有限责任公司煤制油化工安装检修分公司）

摘　要　空分机组在工业生产中扮演着重要角色，其运行过程中因静电腐蚀引发的轴瓦磨损问题频发，严重影响设备的安全性和使用寿命。本文针对空分机组轴瓦静电腐蚀案例展开研究，分析了静电腐蚀的成因，为及时发现和处理静电腐蚀故障提供了科学依据。并通过综合运用设计优化、维护管理及状态监测等手段，显著降低空分机组静电腐蚀的发生率，保障机组的高效稳定运行。

关键词　空分机组；滑动轴承；静电腐蚀；状态监测

1　设备概况

某工艺厂空分装置空气压缩机组由汽轮机驱动空压机及多轴增压机做功，其中增压机为多轴式离心式压缩机，六级压缩，通过底部驱动齿驱动大齿轮旋转，将动力传递至各级小齿轮轴做功，大齿轮从动端轴承为滑动轴承，自由端为组合式推力滑动轴承。机组布置图如图1所示。

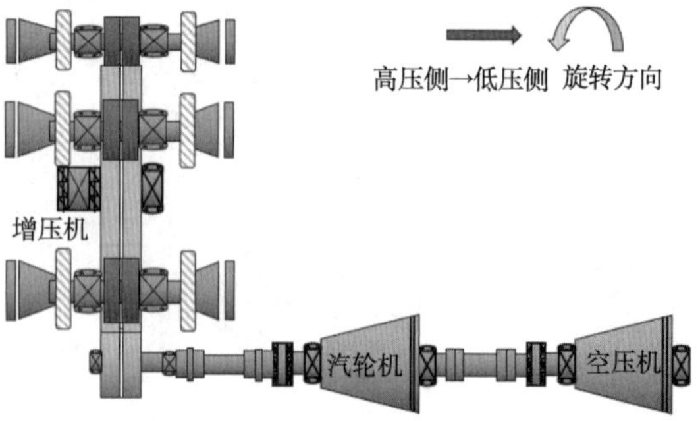

图1　机组布置图

2　状态监测异常情况分析

2024年6月13日起机组增压机大齿轮轴振动趋势多次出现15μm左右异常突变情况，从状态监测系统中发现主要变化频率成分为1X倍频，振值突变高点处，时域波形与轴心轨迹中存在尖刺状特征，突变过程中轴瓦温度并未出现明显变化。同时增压机大齿轮轴驱动侧X/Y测点直流电压自启机至今分别缓慢变化2.9V、1.2V左右，轴心位置上抬升844μm。非驱侧X/Y测点直流电压变化1.1V、2.8V左右，轴心位置向上抬升231μm。7月11日开始大齿轮两侧轴瓦温度出现缓慢上涨，同时多次出现20℃左右突变情况。机组相关状态监测图谱如下图2～图4所示。

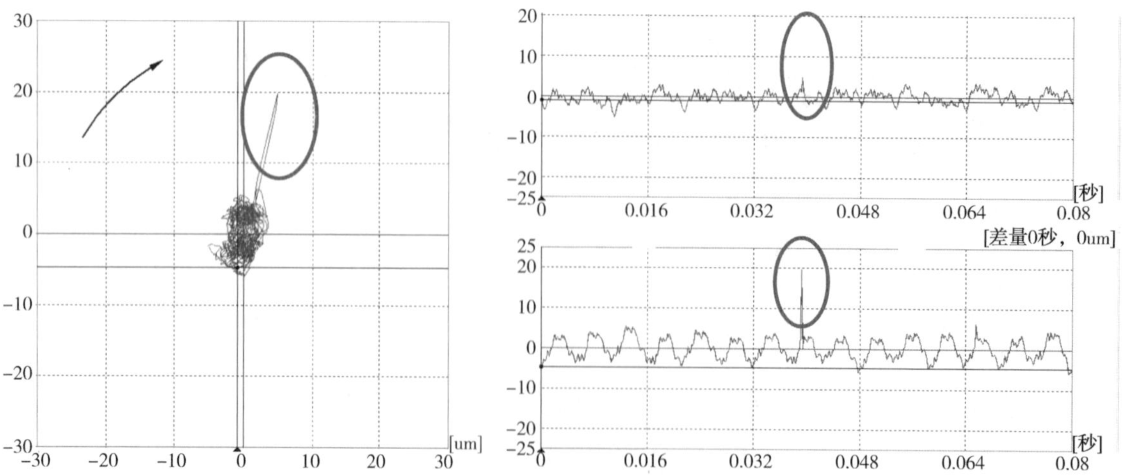

图2　大齿轮轴两侧轴心位置趋势图

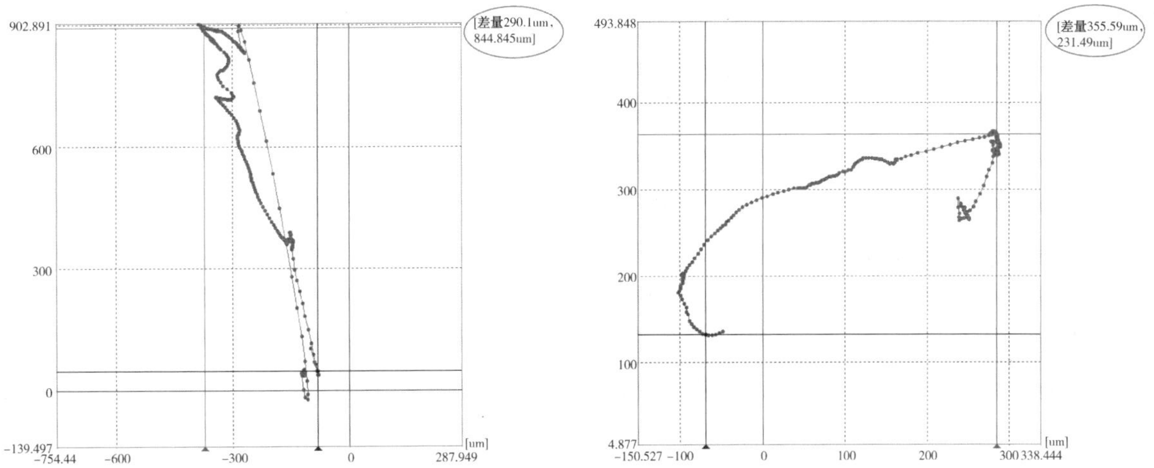

图 3　大齿轮轴两侧轴心位置趋势图

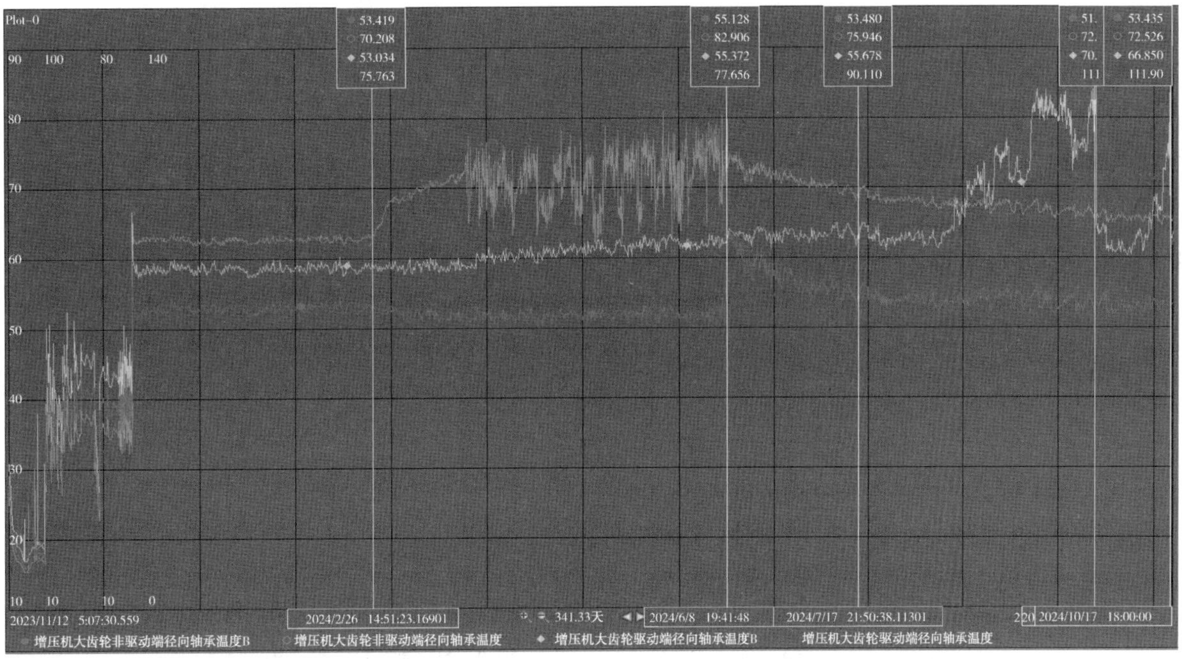

图 4　增压机大齿轮驱动侧轴温度变化趋势图

通过以上分析，结合机组增压机大齿轮轴瓦间隙要求值判断大齿轮两侧轴瓦均存在不同程度电蚀及磨损现象(轴心位置上抬距离已超过轴瓦间隙允许值)。

2024 年 11 月 18 日机组停机，拆检后发现大齿轮轴两侧上瓦均磨损，并存在电蚀情况，轴瓦磨损位置与监测系统中轴中心位置图变化趋势基本一致。如下图 5～图 6 所示。

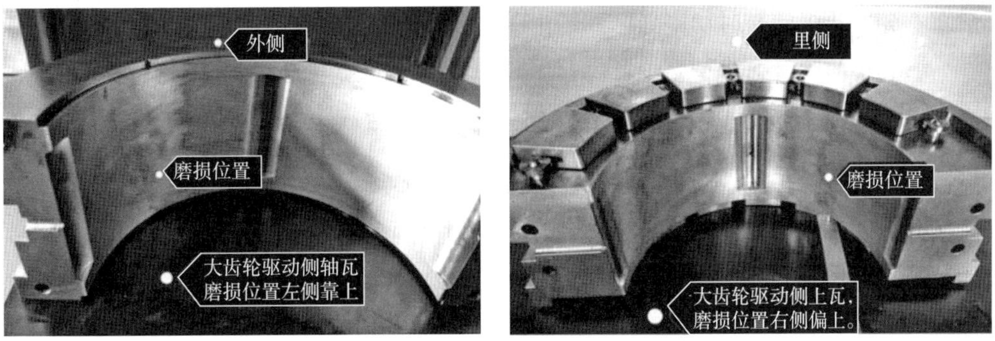

图 5　增压机大齿轮轴轴瓦磨损情况图

图 6　增压机大齿轮轴径电蚀情况图

其磨损部位主要呈现以下特征：(1)磨损表面均呈现银白色的腐蚀面状态；(2)磨损表面在强光的照射下没有明显反光；(3)磨损表面与未磨损表面相比，粗糙度明显更高；(4)轴瓦磨损表面和轴颈磨损表面相比，轴瓦磨损表面的表面粗糙度更高；(5)磨损较少的轴颈有片状麻点，大小不一。

3　空分机组静电腐蚀原因分析

3.1　静电产生途径原因分析

根据磨损特征和监测数据判断，这种磨损本质上属于静电腐蚀。空分压缩机组静电的来源有以下 2 个途径：

(1) 摩擦和碰撞。凝汽式蒸汽轮机进气温度一般在 350~400℃，排汽温度在 50~70℃，进排气温度相差较大，蒸汽冷凝后会在汽缸低压段产生大量小液滴，高速旋转的叶片与小液滴摩擦和碰撞时会产生静电效应而带电。这种方式为汽轮机转子产生静电的主要来源。

(2) 退磁不达标。在蒸汽轮机生产、加工、制造、运行及维护过程中，转子及其他部件会带磁。通常汽轮机转子在加工过程中或出厂前会进行退磁处理。退磁处理达标的转子，其任何部位的磁通量密度不会因转子旋转时切割导体而产生感应电动势。退磁不彻底是非正常状态，汽轮机转子因此而产生静电的可能性较小。

3.2　轴瓦静电腐蚀原因分析

正常情况下，凝气式汽轮机驱动的压缩机组都配备接地电刷，电刷通过接地线将汽轮机转子产生的静电荷导入大地，起到保护转子的作用。当电刷失效或接地线断开时，静电荷将从转子组导通到汽轮机转轴并在轴上不断聚积，使转子组和转轴电压越来越高。当轴电压足以击穿轴瓦与轴颈间的油膜时，产生火花放电。放电时电子流轰击轴瓦，正离子流轰击轴颈，将动能转化为热能，使轴瓦与轴颈上放电处金属微粒迅速熔化甚至汽化。这一过程极为短促，具有爆炸性质，爆炸力把熔化和汽化的金属微粒抛离放电表面，金属微粒被润滑油迅速冷却、凝固，继而从间隙中冲走。每次火花放电后，在放电表面留下很微小的小凹坑，随着放电的不断进行，无数的小凹坑将出现在放电表面上。

静电腐蚀的严重程度受压缩机组各轴承的结构、形状、尺寸、所受载荷以及润滑油温度、压力等因素影响。这些因素对轴瓦静电腐蚀最直观的影响可以通过轴瓦和轴颈间形成的油膜厚度差来表征。油膜越薄，阻尼越小，油膜越容易被击穿而产生火花放电。另外轴颈材料的熔点远比轴瓦上的巴氏合金熔点高，因此每次放电时轴颈所损失的金属量要比巴氏合金的损失少，故轴颈和轴瓦相比较，轴瓦磨损会更快，表面凹坑会更大。此分析与图 5~图 6 上看到的磨损现象是一致的。

轴承发生静电腐蚀后，轴承油膜成形不良，轴承的稳定性会因此变差，主要表现为轴承振动、进油量及温度的变化。对于不同结构形式的轴承，存在一定的差别。其中，可倾瓦轴承在振幅和进油量方面变化明显，而椭圆瓦轴承比较明显的异常则是温度变化。这与状态监测系统监测到的异常情况也是一致的。

4　预防机组静电腐蚀措施

4.1　状态监测图谱实时监测

根据空分机组在线状态监测系统图谱异常，可及早发现静电释放现象，避免更严重的损失。方法是查看转子轴心轨迹图和时基图。当转子上产生电流时，轴电流所产生的高频磁场与电涡流传感器探头产生的高频磁场相互影响，使得探头线圈的高频电流发生改变，引起轴承振动测量值发生波动，此种波动在状态监测系统转子轴心轨迹图和时基图上表现为不规律的尖峰现象。这种方法可以在轴承因静电腐蚀而出现温度和振幅波动加剧之前发现静电腐蚀并加处理。

4.2　定期专项检查

(1) 检查电流。用小量程电流表测量电刷的接地电流，如有稳定的电流显示，说明电刷工作状态良好；如无电流显示或电流值波动，则需要检查电刷是否与轴承有效接触，接地线路是否畅通。

（2）检查电刷磨损量。检查的对象主要为金属型电刷，此类电刷接线盒内一般有磨损量指示标尺，当指针指向标尺上更换字样标注的位置时，应及时更换电刷。

（3）检查接地线。接地线应尽可能短，不能绕圈，以免产生感应电动势。重点检查接地线的接头，确保无松动，接触不良情况。同时外部绝缘良好，整条接地线与机组壳体间不会形成电流回路。

（4）优化电刷安装位置。电刷的安装位置同样对消除机组静电腐蚀起着重要作用，有些机组在联轴节内增加了接地电刷，由于联轴节内润滑油影响，导电性能大大降低，未达到预期导电效果，

5　结语

凝汽式汽轮机驱动的空分压缩机组滑动轴承发生静电释放并造成腐蚀现象是机组运行过程中常见的故障，故障特征主要表现为轴承温度的上升和振动波动的增大进而导致轴承磨损。静电腐蚀对机组轴承和转子轴颈损害较大，严重危及机组的安全稳定运行，因此在机组运行时要特别注意防范，主要是加强轴承运行参数和电刷工作状态的监控及维护，并通过状态监测图谱及时发现并处理静电腐蚀故障，有效减少静电腐蚀对机组轴承的危害。

参 考 文 献

［1］汽轮机轴瓦磨损原因分析及对策［J］，柴世丰，赵青，李杰，中国新技术新产品．2012，第 005 期．

［2］一起汽轮机径向轴瓦烧瓦的分析及处理方法［J］，王锋，华电技术，2007，第 010 期．

［3］弹性金属塑料推力轴瓦磨损过快的原因分析及对策［J］，陈芬环，水电站机电技术，2012，第 003 期．

［4］1000MW 汽轮机组轴瓦振动保护误动的原因分析及对策［J］，张秋生，范永胜，史文韬，中国动力工程学会超超临界机组技术交流 2013 年会，2013.

［5］非光滑轴瓦表面对动压气体径向轴承动力特性的影响分析［A］．任晓乐，2018

［6］机械故障诊断技术［M］张健．北京：机械-F 业出版社，2008.

自备电站发电机组振动分析与故障诊断

于长利　马宏伟　赵博白

（中国石油四川石化有限责任公司设备检修部）

摘　要　本文深入探讨了××公司公用工程部自备电站2#汽轮发电机组在2023年10月25日运行过程中出现的振动故障。通过状态监测系统的数据分析，结合现场检修反馈，精准诊断出故障原因为励磁机内部槽楔脱落导致绕组甩出并与定子碰磨，同时5#轴瓦存在轻微磨损。本文详尽介绍了故障现象、诊断过程、检修措施及结果，为类似发电机组的故障诊断与检修提供了详实的参考，着重强调了状态监测系统在设备故障早期预警中的关键作用以及及时检修对保障设备安全运行的重要性。

关键词　汽轮发电机组；振动故障；状态监测；振动分析；检修实践

汽轮发电机组作为电力系统的核心设备，其稳定运行对整个生产流程具有决定性影响。振动故障是发电机组常见的问题之一，可能导致设备损坏、停机甚至安全事故。因此，及时准确地诊断振动故障并采取有效的检修措施，对于保障发电机组的安全运行具有重要意义。本文以××公司公用工程部自备电站2#汽轮发电机组（740-ST0101B）为例，详细阐述了其振动故障的现象、相关故障机理以及诊断分析过程，结合检修过程，旨在为同行业提供宝贵的经验借鉴。

1　机组及故障概况

××公司公用工程部自备电站2#汽轮发电机组（740-ST0101B）由长江动力集团制造，于2010年出厂，属于XX公司的A类关键机组。采用汽轮机-发电机-励磁机的动力传动架构，具体技术特征如下：

汽轮机系统

该汽轮机为CC50-8.83/4.3/1.5型高压单缸冲动式双抽汽凝汽机组，额定功率50MW，设计转速3000r/min。其核心参数包括：主蒸汽压力8.83MPa（最高允许9.32MPa）、主蒸汽温度535℃（运行范围525-540℃），采用双抽汽结构实现能量梯级利用，工业抽汽压力分别为4.3MPa和1.5MPa。临界转速设计为1622r/min。

发电机系统

配套QF-50-2型发电机采用无刷励磁技术，额定参数包括：有功功率50MW、视在功率62.5MVA、输出电压10.5kV、电流3437A，频率稳定性控制在50Hz±0.5%。励磁系统配置额定励磁电压185V、电流950A，通过静止可控硅实现精准磁场控制。关键保护阈值设定为轴振动报警值178μm/联锁值256μm，轴位移报警值1.2mm/联锁值1.4mm。

2023年10月25日14：19，该机组开始冲转运行，17：49达到3000r/min运行，此时振动最大4H测点为140μm。运行至21：41，机组振动出现大幅升高，4H振动从58μm迅速升高至最大359μm，超过联锁值导致联锁停机。图1为汽轮发电机结构简图及振动测点分布。机组轴系1#、2#、3#、4#轴瓦振动、温度及轴位移等测点均接入了状态监测系统，励磁机末端5#轴瓦未安装振动和温度监测传感器。

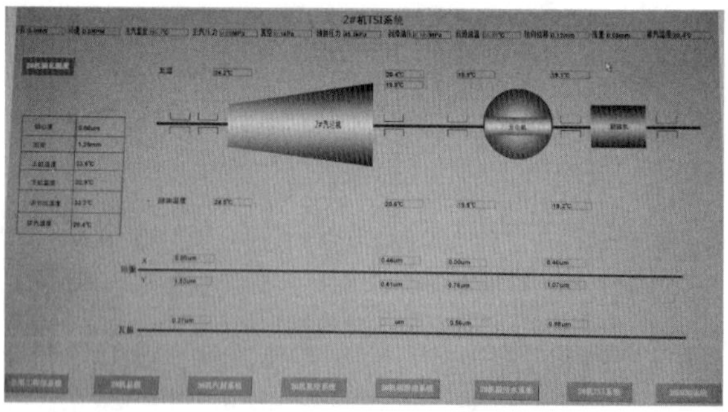

图1　汽轮发电机组轴系图

2　发电机振动分析与诊断

2.1　振动特征及分析

通过监测系统采集的数据进行分析，可见在机组停车前振动趋势平稳，最大振动在140μm左右。21：41时，4H测点振动突然变化，从58μm迅速升高至359μm并联锁停机（图2），其他各测点振动也有同步升高。各测点振动信号同步变化，可以初步确认振动信号的真实性。进一步分析发现，4H 测点振动主要成分为 1×倍频，其他谐波成分很小(图 3)。且跳车前 4H 测点趋势平稳，但振动升高时 1×倍频相位变化 26°，且直至停车时相位未恢复，变化时间仅有 0.5 秒(图 4)。

从轴心轨迹图结合波形图(图 5)分析，机组在振动短时间升高后，出现削峰特征，轴心轨迹进动方向也出现明显改变。

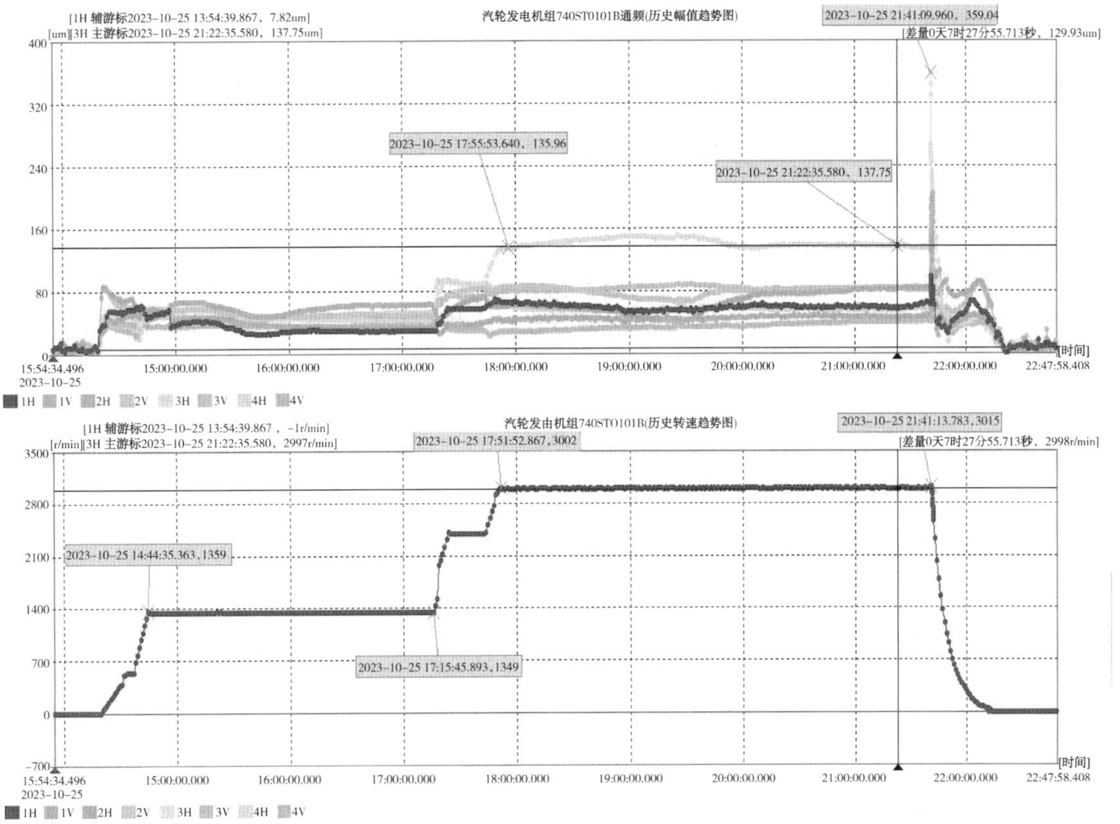

图 2　机组振动趋势及转速趋势图

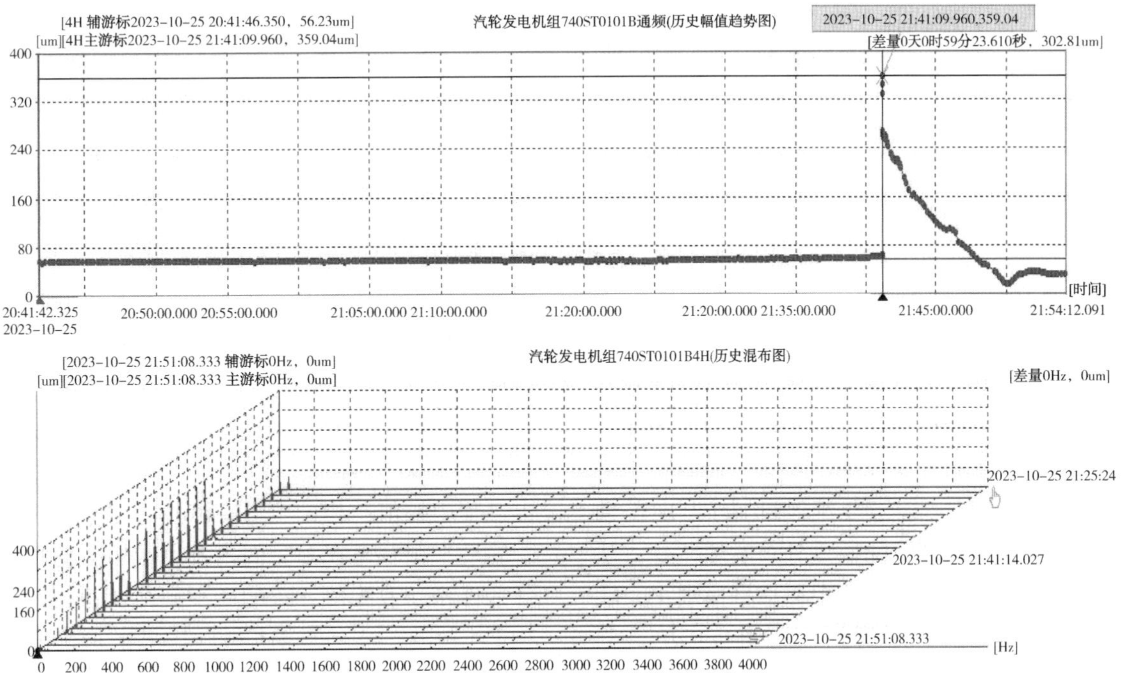

图 3　发电机 4 瓦振动测点瀑布图

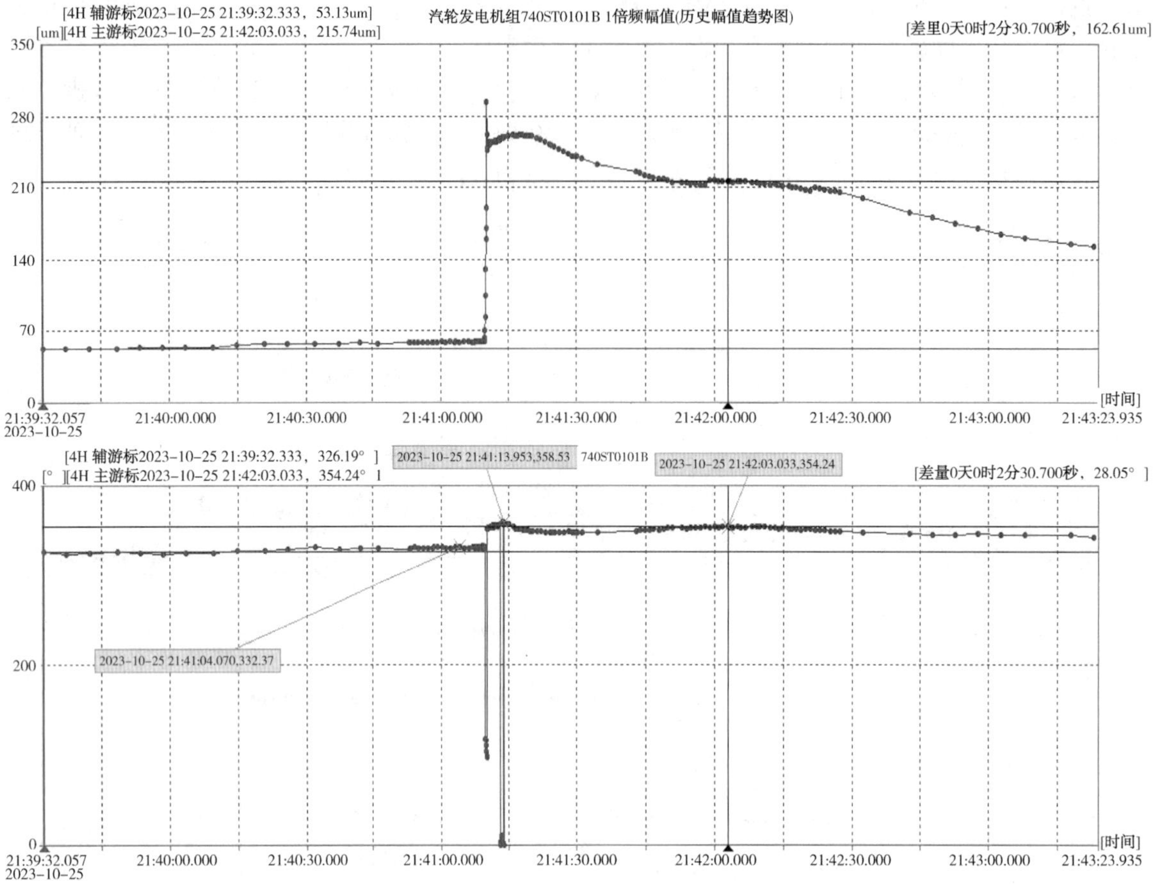

图 4　发电机 4 瓦振动测点振动一倍频及相位变化图

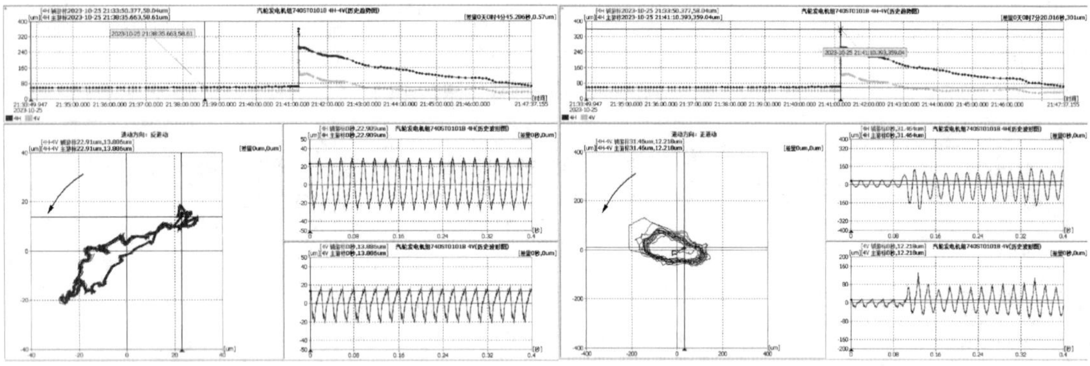

图 5　发电机 4 瓦振动测点轴心轨迹图

2.2　故障机理分析

2.2.1　部件松动或脱落导致的动平衡突变

汽轮发电机组的转子在设计和制造过程中，经过严格的动平衡校正，以确保其在额定转速下运行时振动水平在允许范围内。然而，当转子上的部件(如平衡块、绕组及绝缘部件)出现松动或脱落时，会导致转子的质量分布发生突变，从而破坏原有的动平衡状态。根据动平衡理论，转子的不平衡质量会在旋转过程中产生离心力，其大小与不平衡质量、转速的平方成正比。因此，当部件松动或脱落时，离心力的突然变化会引起振动幅值的急剧增加，同时振动相位也会发生突变。

在本次故障中，4H 测点振动从 58μm 迅速升高至最大 359μm，且一倍频及相位突变，停机过程中幅值、相位也没有恢复趋势。这表明转子的动平衡状态在短时间内发生了较大变化，符合部件松动或脱落导致的动平衡突变特征。从图 4 可以看出，跳车前 4H 测点趋势平稳，但振动升高时相位变化 26°，且直至停车时相位未恢复，变化时间仅有0.5秒。这种快速的相位变化进一步证实了转子平衡状态的突变，且变化时间极短，说明可能是某个部件瞬间脱落或松动，导致转子的不平衡质量突然增加。

进一步分析，部件松动或脱落的原因可能包括：(1)转子部件的机械连接松动，如螺栓松动或焊接点开裂；(2)长期运行过程中，转子部件受到疲劳应力的影响，导致材料性能下降；(3)外部因素(如温度变化、机械冲击等)导致部件松动或脱落。

2.2.2　动静部件碰磨现象及其机理

当转子与静止部件(如密封、轴瓦等)发生碰磨时，会产生复杂的动态响应。碰磨会导致转子的运动轨迹发生变化，同时在碰磨点产生局部的摩擦力和冲击力。这些力会进一步激励转子的振动，导致振动幅值增加，并可能改变振动的频率特性，使频谱中产生高次整数倍频甚至分数倍频。严重的干性摩擦或整周性碰摩由于其巨大的激振力，会导致轴心轨迹的进动方向发生改变。此外碰磨还会引起转子的轴向位移和径向位移变化，甚至可能导致轴瓦的磨损或损坏。

在本次故障中，联锁停机过程中4瓦有短暂碰磨情况。从图5的轴心轨迹图可以看出，机组在振动升高前后，4H-4V轴心轨迹的进动方向出现明显变化，判断转子短时间内存在碰磨。

进一步分析，碰磨现象的发生可能与转子的动平衡突变有关。由于部件松动或脱落导致转子的不平衡增加，转子在旋转过程中可能偏离其正常运行轨迹，从而与静止部件发生碰磨。碰磨现象可能导致以下后果：(1)局部过热，导致转子弯曲变形，进一步增大振动；(2)机械磨损，导致密封、油封、轴瓦等部件损坏；(3)振动加剧，可能导致设备进一步损坏或停机。具体到此故障中，振动最高点为4#瓦，因此4#、5#轴瓦均有可能存在较严重的碰摩问题，此外轴瓦油封也有可能由于碰摩造成间隙增大等情况。

3　故障结论、检修验证情况

发电机4瓦振动测点幅值从58μm迅速升高至最大359μm，一倍频及相位突变，停机过程中幅值、相位也没有恢复趋势，判断与发电机转子或励磁机转子动平衡发生突变有关，说明发电机或励磁机转子上存在部件松动或脱落导致的动平衡突变。联锁停机过程中，4#瓦、5#瓦均有可能有短暂碰磨情况，由于5瓦无振动监测点，不能判断5瓦是否存在异常。因此建议检查发电机、励磁机转子，特别是在4瓦附近，是否有部件(如平衡块、绕组及绝缘部件)松动、脱落等问题，同时检查发电机和励磁机轴瓦状态，检查并修复碰磨部位。

2023年10月31日，机组进行了检修，发现励磁机内部槽楔脱落，并导致绕线甩出引起与定子发生了较为严重的碰磨，绕组损坏；同时发现5#轴瓦存在轻微磨损，见图6。

检修结果验证了诊断分析的准确性，励磁机内部槽楔脱落导致绕组甩出，这不仅破坏了转子的动平衡，还直接导致了绕组与定子的碰磨，进一步加剧了振动

问题，引起5#轴瓦存在轻微磨损。

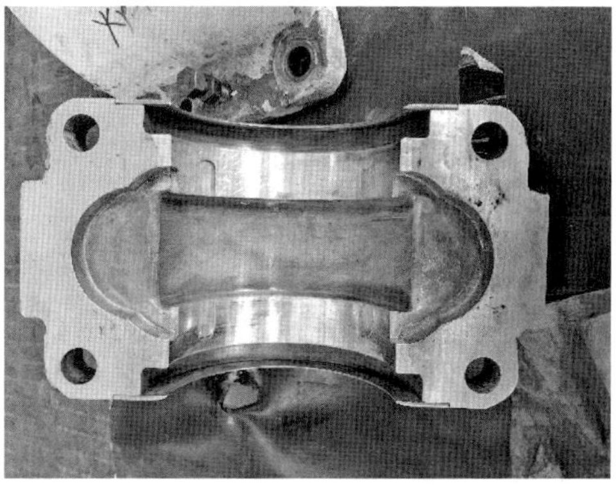

图6　励磁机转子(左)与励磁机轴瓦(右)

4　结论

状态监测系统在设备故障早期预警中发挥了重要作用，能够及时发现振动异常并提供关键数据支持故障诊断。

故障机理分析表明，部件松动或脱落导致的

动平衡突变以及碰磨现象是本次振动故障的主要原因。部件松动或脱落破坏了转子的动平衡状态，导致振动幅值急剧增加和相位突变；而碰磨现象进一步加剧了振动问题，并可能导致设备的进一步损坏。此外，轴瓦磨损也可能导致转子径向支撑不稳定，进一步加剧振动问题。

详细的诊断分析结合现场检修反馈，准确地定位了故障原因，为后续的检修工作提供了明确的方向。及时的检修措施有效地解决了故障问题，保障了发电机组的安全运行。

本次实践强调了对发电机组关键部件的定期检查与维护的重要性，以及在设备运行过程中对状态监测数据的重视，为类似设备的故障诊断与检修提供了宝贵的参考经验。

参 考 文 献

[1] 高金吉．机器故障诊治与自愈化[M]．北京：高等教育出版社，2012.

[2] 杨建刚．旋转机械振动分析与工程应用[M]．北京：中国电力出版社，2007.

[3] 盛兆顺，尹崎岭．设备状态监测与故障诊断技术及应用[M]．北京：化学工业出版社，2003.

[4] 沈庆根．化工机器故障诊断技术[M]．浙江：浙江大学出版社，1994.

[5] 杨国安．机械设备故障诊断实用技术[M]．北京：中国石化出版社，2007.

液环抽真空系统故障分析及对策

张鹏飞　张　涛　赵鹏飞　胡　杰　王启鹏

（中国石油辽河石化分公司）

摘　要　运行中发现液环真空泵声音较大伴随抽空现象，拆检后发现液环真空泵体内包括分隔板、出入口管路中存在大量结垢，机械密封冲洗用P54方案内漏的循环水随介质流入抽真空系统导致气液分离器液位上涨，减压塔塔顶负压受到影响影响操作。针对该问题，对液环真空泵进行检修和配件更换，将机封冲洗系统从循环水改为除盐水解决结垢问题，并且在工艺上做出优化调整，降低减压塔顶三级蒸汽抽真空系统蒸汽用量，调整液环真空系统的气液分离器压力，对比一年来的操作运行，减压塔塔顶负压操作稳定，抽真空系统运行正常，同时降低了蒸汽能耗。

关键词　抽真空系统；液环真空泵；故障分析；优化调整

1　减压塔抽真空系统简介

某石化润滑油高压加氢装置减压塔T-1303塔顶压力采用三级蒸汽抽真空系统控制，它是通过蒸汽调节阀调节1.0MPa蒸汽压力控制真空器，依靠这些蒸汽的高速流动在抽真空器中形成局部真空，将减压塔顶部气相抽出依次通过减压塔顶抽空水冷器E-1308A/B/C冷凝，后经减压塔顶水分罐D-1303的分离，气相通过液环真空泵P-1312抽出送出系统。

该装置液环真空泵P-1312为偏心泵，叶轮偏心地装在接近圆形的液环真空泵体内，真空泵有两个入口，其中一处是工作液从抽真空系统撬块的气液分离器底部到液环真空泵P-1312入口，介质为除盐水，通过液环真空泵转子做功在液环真空泵入口产生负压；另一处是从减压塔顶水分罐D-1303抽入液环真空泵体内与工作液混合，介质为减压塔顶不凝气，从泵出口至抽真空系统气液分离罐进行气液分离，气体从抽真空系统气液分离罐顶部排出至低压放空系统，工作液再次进入液环真空泵循环做功。液环抽真空系统流程见图1。

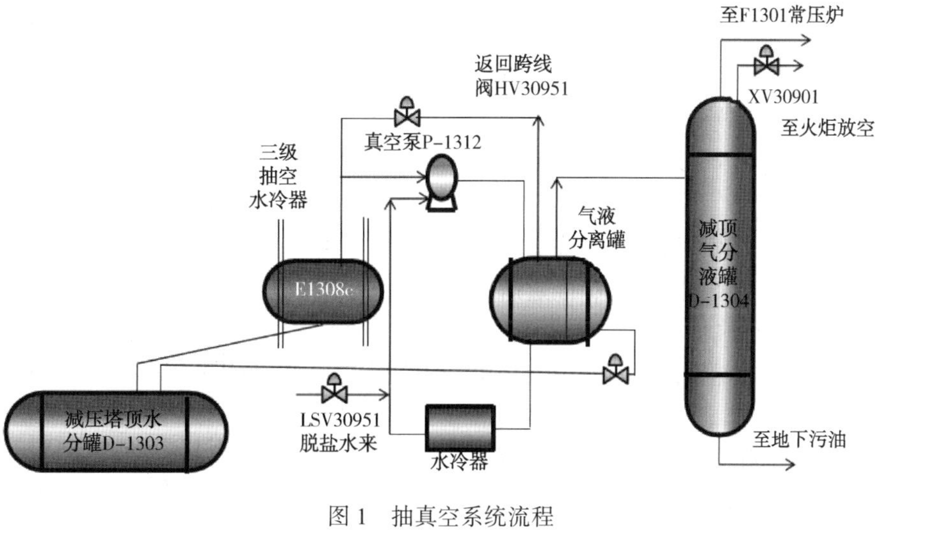

图1　抽真空系统流程

2　液环抽真空系统运行问题

2.1　*液环抽真空系统运行故障*

装置液环抽真空系统自2022年大检修开工运行以来，截至到2023年6月为止累计运行一年多，在2023年6月运行中发现两台液环真空泵P-1312A/B声音异常，振动较大，大量冷却水进入液环真空泵体内后随介质流入液环真空系统，造成气液分液罐液位上涨，两台液环真空泵P-1312A/B无法建立负压状态并伴随抽空现象，导致减压塔负压不稳，各侧线抽出温度降低，直接影响生产稳定运行。液环抽真空系统现场布局见图2。

图2　液环抽真空系统现场布局

2.2　液环抽真空系统故障分析

（1）液环真空泵P-1312A/B运行状态为一开一备，减压塔顶抽空水冷器E-1308A/B/C三级抽空水冷器均投用，蒸汽温度为185℃，蒸汽用量为5.7t左右，抽真空系统撬块的气液分离罐操作压力为2kPa，该状态操作不能保证液环真空泵的工作液压头，无法保证建立液环真空泵负压来外送塔顶不凝气，且气液分离罐2kPa状态下，由于存在高度差无法将气液分离罐内液相部分自流返回至减压塔顶水分罐D-1303内。

（2）液环真空泵P-1312A/B声音异常振动较大并伴随抽空现象，壳体温度较高接近70℃，液环抽真空系统气液分离罐顶出入口返回线调节阀位HV-30951开度在70%以上来维持液环真空泵运行，液环真空泵运行效率低，大部分塔顶不凝气在液环真空泵及系统内循环，同时气液分离罐液相经常存在高液位。

根据抽真空系统的故障和液环真空泵运行状态，对两台液环真空泵依次进行检修，经过解体检修后发现两台液环真空泵体内包括分隔板、出入口管线内部件大量结垢现象，同时发现液环真空泵P-1312B驱动端与非驱动端机械密封动静环有磨损，轴承润滑油脂发黑等问题。经过分析液环真空泵P-1312B机械密封冲洗方案P54存在机封内漏，冲洗冷却用循环水内漏进入液环真空泵体内，而循环水中钙镁离子偏高，在40℃以上温度极容易结垢，造成液环抽真空泵体内和分隔板大量结垢，进而导致液环真空泵抽空，同时内漏的循环水造成气液分离罐液相液位增高。检修发现液环抽真空泵分隔板大量结垢。见图3。

图3　为检修发现液环抽真空泵分隔板大量结垢

3　故障应对措施

3.1　设备检修

检修发现液环真空泵P-1312B机械密封损坏后，对驱动端与非驱动端机械密封组件进行更换，更换新轴承，对液环真空泵P-1312A进行检修，更换了P-1312A机械密封并清洗叶轮，对两台液环真空泵内部包括分隔板、出入口管路等进行除垢，两台液环真空泵P-1312A/B的机械密封冲洗P54方案冲洗冷却水通过检修改造，从循环水改为除盐水冲洗冷却，经过一年多的运行，目前未再发现结垢现象。

3.2　优化操作

减压塔T-1303通过控制抽空水冷器E-1308A/B/C蒸汽和运行液环真空泵P-1312系统来保持负压操作，日常蒸汽量5.7t/h左右，液环真空泵气液分离罐压力控制在0-6kPa，液环真空泵系统出口返回入口跨线阀HV-30951开度75%左右。本次工艺调整通过关小抽空水冷器E-1308A/B/C蒸汽量，投用减压塔顶水分罐D-1303压力平衡线为液环抽真空系统气液分离罐补压，蒸汽量用量控制在2.7t/h左右，液环真空泵气液分离罐维持压力在90-100kPa，液环真空泵撬块返回入口跨线阀HV-30951开度在3%-18%。调整后减压塔负压和液环真空泵运行稳定，同时节省了塔顶抽空水冷器蒸汽量，当气液分离器压力不足时用D-1303顶压力平衡线为P-1312入口控制补压(微开)。

通过本次设备检修和工艺操作优化调整，对比一年多来运行参数，蒸汽销耗量大量减少，由之前的最大用量5t/h降到现在平均2.7t/h左右，同时调整液环抽真空系统的气液分离罐压力和返回跨线阀开度，达到减压塔操作稳定抽真空系统运行正常的目的。检修和工艺操作调整相关参数前后对比见表1。

表1 检修和工艺操作调整前后对比表

	蒸汽量	蒸汽压力	气液分离罐压力	返回跨线开度
单位	t/h	MPa	kPa	%
调整前参数	5	0.68	2	75
调整后参数	2.7	0.61	100	14

4 结论

4.1 机械抽真空优化调整后

（1）减压塔顶抽空水冷器蒸汽用量从最大5t/h降到2.7t/h，气液分离罐操作压力从2kPa调整到100kPa，抽真空系统气液分离罐液位稳定。

（2）对液环真空泵机械密封P54方案冲洗用循环水改成除盐水，避免结垢。

（3）抽真空系统的气液分离罐密闭脱液根据自压操作可自流到减压塔顶水分罐D-1303中。

4.2 目前存在问题及解决措施

（1）气液分离罐目前压力调整为现场手动操作，且调整较为频繁，建议在减压塔顶水分罐D-1303至液环真空泵入口增设调节阀，实现DCS自动调节。

（2）建议增设减顶气流量表，实现抽空水冷器系统和抽真空系统精细操作负压微调，保证减压塔操作稳定。

参考文献

[1] 曹荘. 水环式真空泵工作液温度对泵出力影响的分析及对策[J]. 科技视界. 2013，第35期.

[2] 李风，王能秀. 水环真空泵的故障分析[J]. 水泵技术，1998(3)：27-31.

[3] 张瑞霞，张瑞强. 水环真空泵故障分析及处理方案[J]. 河南科技，2014，33(12)：87-87.

汽轮机油封泄漏原因分析及处理措施

赵志明

（国家能源集团宁夏煤业有限责任公司煤制油化工安装检修分公司）

摘　要　汽轮机油封设置在轴承箱前后端面，防止箱内润滑油外漏及粉尘、水蒸气等杂质进入轴承箱污染润滑油。润滑油的泄漏会导致汽轮机内部零件磨损加快，使用寿命缩短，影响汽轮机的工作状况并造成故障。通过对原料气压缩机汽轮机油封泄漏主要原因分析并提出相应的解决措施，解决汽轮机因油封泄漏导致积碳结焦造成机组振值过高而跳车的问题。

关键词　汽轮机；振值波动；油封泄漏；故障分析；结构优化

某厂某工艺压缩机组为离心压缩机，压缩机是将气体压力由2.2MPa增压至5.9MPa后供下游装置生产。压缩机采用凝气式汽轮机驱动，汽轮机型号为NKS40/56，采用压力为4.0MPa、温度为400℃的蒸汽进行驱动，汽轮机调速范围为5953-8929r/min。该汽轮机轴承箱两端油封采用非接触式迷宫密封，用于隔绝润滑油与外部环境，起到防止润滑油外泄的作用。但是汽轮机油封漏油问题在日常生产工作较为常见，随之产生的对汽轮机正常运行危害重大。因此，通过对油封泄漏主要原因的分析，解决油封漏油，延长汽轮机使用寿命，减少经济利益损失是很有必要的。

1　存在的问题

自2023年5月该压缩机组检修后振值均处于较低水平，直至2024年8月汽轮机进汽侧轴承测点0601X出现无规律波动，并呈现愈演愈烈的趋势，存在停机风险，如图1所示。

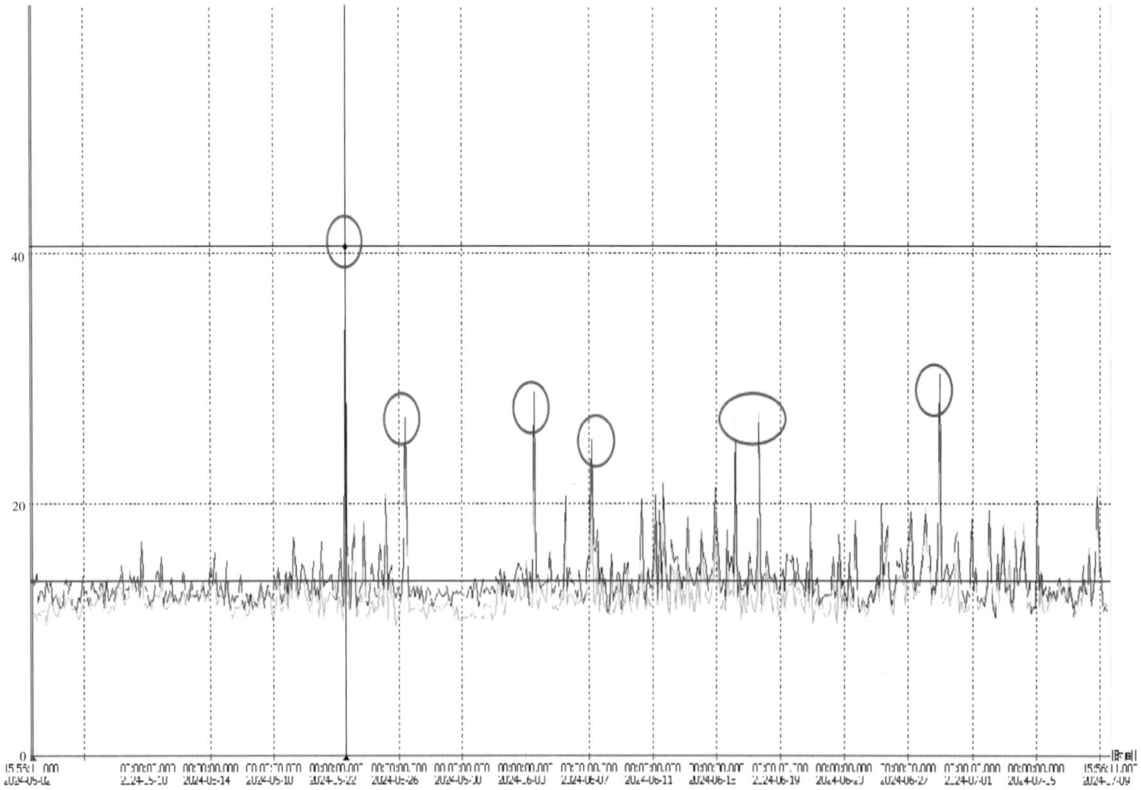

图1　汽轮机进汽侧振值波动

汽轮机振动趋势图：进汽侧最大波动幅度约 40μm，排汽侧最大波动幅度约 9μm，主要波动成份均为 1X，如图 2 所示。

汽轮机轴心轨迹图：波动期间相位同步发生变化，汽轮机轴心轨迹形态进一步扩大，汽轮机振值波动期间，轴瓦温度未发现明显变化，如图 3 所示。

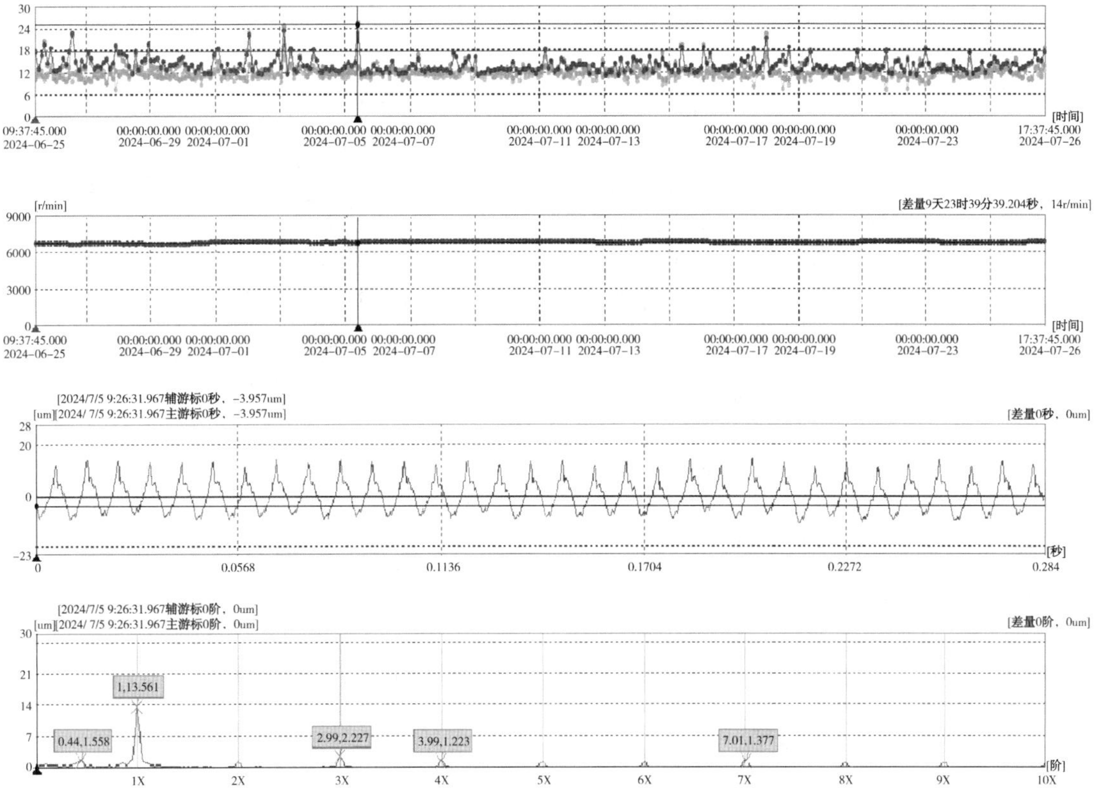

图 2　汽轮机振动趋势图

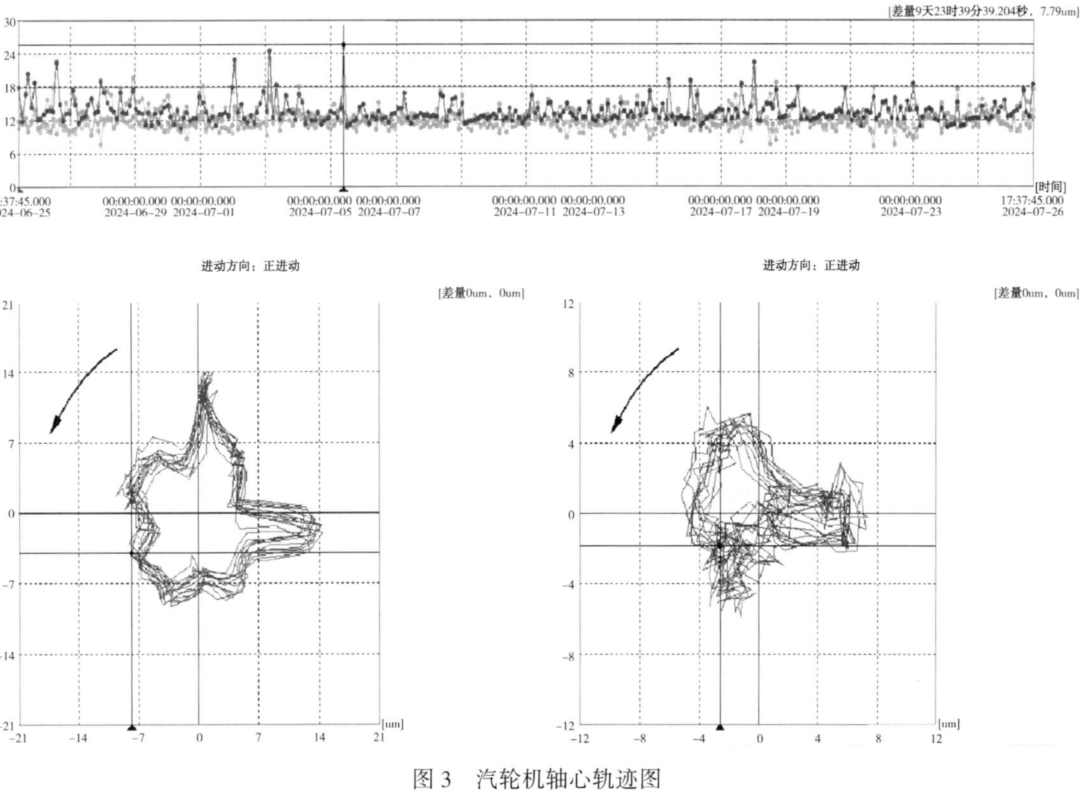

图 3　汽轮机轴心轨迹图

从机组现场观察发现：

1. 汽轮机进汽侧轴封处与轴承箱距离非常小；

2. 汽轮机轴封存在一定漏汽量，会散发大量的热量，导致轴承箱处于持续高温环境；

3. 改变机组运行工况，发现机组波动与工况没有直接关系，波动具有随机性。

初步分析判断汽轮机进汽侧油封泄漏造成结焦积碳，转子与油封存在轻碰摩。

8月对机组进行拆检，发现汽轮机进汽侧油封存在严重结焦积碳现象，如图4所示。

图4　汽轮机进汽侧油封结焦积碳

2　原因分析

为了进一步确认故障产生的原因以及故障产生的危害，现从油封结焦积碳引起摩擦振动机理以及油封结焦积碳对机组的影响进行分析。

油封结焦积碳引起摩擦振动的机理：

汽轮机油封是安装在轴承箱上，用于阻止润滑油外泄，装配时油封和轴颈留有间隙，不会发生动静接触。

在实际运行过程中，轴承箱维持在微负压状态，空气中的灰尘、汽缸保温碎屑以及粉尘等杂质会通过空气流动被带入油封内，同时轴承箱内油烟通过轴向流动在这里与杂质混合，形成油垢混合物粘结在油封各道密封齿上。由于汽轮机轴封漏汽导致轴承箱处在高温环境中，上述油垢混合物在高温作用下碳化，构成积碳。

油封结焦积碳的危害：

油垢混合物碳化后就会造成油封和汽轮机转轴动静间隙消失，发生摩擦振动，振动会反复波动或快速增大，从而导致机组振动大停机。油封结焦积碳摩擦一旦出现，总体上随着时间推移会逐步恶化。

该汽轮机转速为：8504r/min，对于高速旋转的汽轮机长期受严重结焦积炭作用会造成转子磨损、转轴弯曲，甚至轴系断裂等事故，严重威胁机组安全稳定运行。

防范及处理措施

通过对汽轮机油封产生积炭机理的分析，并结合该汽轮机实际情况，若要彻底解决该机组由于油封泄漏积炭引起摩擦振动的问题，需从二个方面考虑：

1. 避免汽轮机因轴封漏汽产生高温热辐射，加强汽轮机与轴承箱的隔热效果；

2. 防止轴承箱内油液四处飞溅。

统计以往汽轮机故障原因，见表1，通过更换新油封的方式，无法长久解决油封泄漏结焦的故障，因此结合以上两个影响因素，对现有油封结构进行改进。

表 1　汽轮机故障原因统计

时间	检修原因	检修项目
2018 年 5 月	油封泄漏积碳，振值波动	更换新油封
2023 年 5 月	计划检修，油封存在泄漏振值波动情况	更换新油封
2024 年 8 月	油封泄漏积碳，振值波动	更换新油封

（1）在油封外侧增加 1+1 形式隔热层，大大减小高温辐射热对油封的影响。考虑到该机组轴承箱轴向尺寸较小，取消油封最外侧一级梳齿（5 个梳齿变成 4 个梳齿），合理调整油封厚度，满足加装 2 层隔热层空间的需要，如图 5 所示。

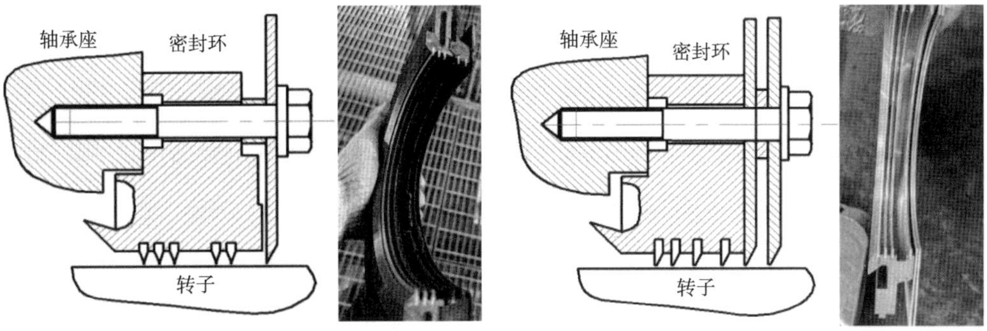

图 5　油封改造前（左）、改造后（右）

（2）适当增加油封内侧泄油孔数量、增大泄油孔的面积，保证油封上的润滑油能及时冲走油垢混合物，并顺利通过泄油孔排出，如图 6 所示。

（3）考虑该汽轮机已使用隔离气装置，为了防止隔离气体通过回油孔直接进入油室内导致油液四处飞溅加剧油垢物混合物的形成，封堵回油孔，如图 7 所示。

3　应用效果

对改造油封进行安装以及现场使用，如图 8 所示。汽轮机启机运行后，两侧振值均有大幅度的降低，如图 9 所示。

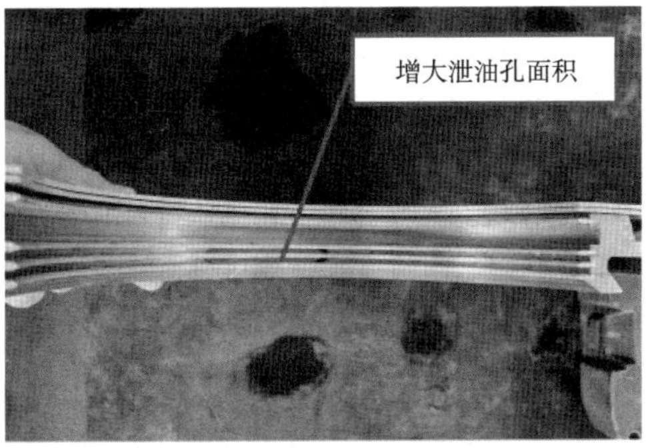

图 6　增大油封泄油孔

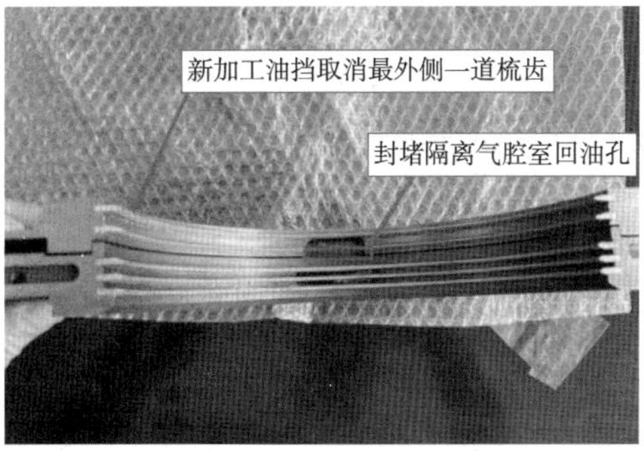

图 7　封堵油封回油孔

图 8　安装改造后油封

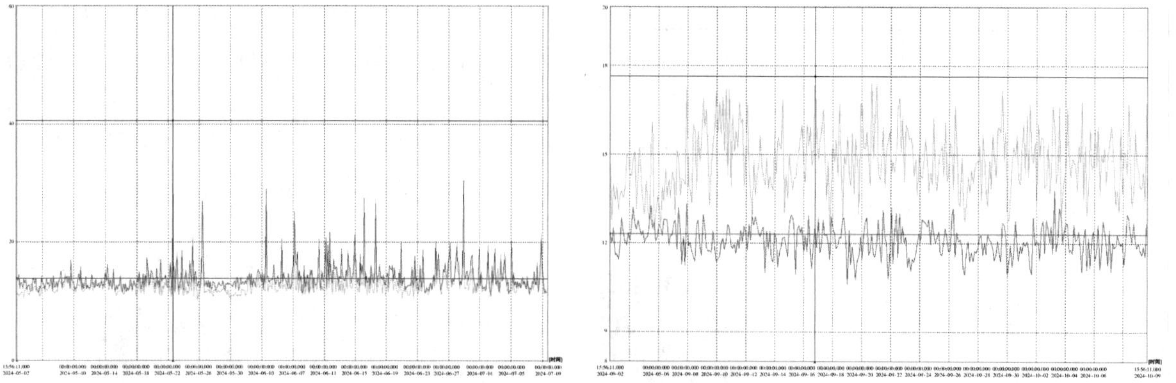

汽轮机进汽侧 0601X、0601Y 测点运行参数检修前(左)、检修后(右)

图 9　汽轮机油封改造前后振值变化

汽轮机安装改造油封前后振值对比见表 2。

表 2　汽轮机油封改造前后振值对比

位置	测点	检修前	检修后	变化	报警/跳车
进汽侧	0601X	40.5	14.3	-26.2	80/106
	0601Y	18.2	12.8	-5.4	80/106
排汽侧	0602X	13.9	11.5	-2.4	80/106
	0602Y	11.7	11.2	-0.5	80/106

4　结论

通过对汽轮机进汽侧油封结焦积碳的原因分析，合理改进油封结构，避免了因油封泄漏结焦导致机组振值波动联锁跳车故障。自 8 月对汽轮机进汽侧油封改造后，该机组再未发生过油封漏油结焦以及振值波动的故障。

此次改造从根本上解决了油封漏油的问题，延长了该机组的运行周期，保障了该装置及其下游装置的平稳运行，提高了企业的经济效益，此次油封改造也为该机组以后的顺利维护与检修提供了重要依据。

参 考 文 献

[1] 戚金业. 汽轮机油封漏油原因分析及处理[J]. 装备维修技术. 2020(1)：96.

[2] 沙辉. 汽轮机油封泄漏原因分析及处理措施[J]. 设备管理与维修. 2022(5)：8-9.

[3] 赵富贵. 氮气压缩机汽轮机油封泄漏原因分析及处理[J]. 化工设计通讯. 2014(2)：1.

[4] 汪仕男. 汽轮机油封泄漏原因分析及处理[J]. 内燃机与配件. 2013(3)：1.

[5] 蓝恒. 浅析油封及油封渗漏[J]. 汽车实用技术. 2012(10)：58-60.

碱洗塔碱循环泵机械密封失效原因分析及解决措施

于浩凯

（中国石化海南炼化公司）

摘　要　某炼化公司乙烯装置开工后，碱循环泵机械密封出现泄露情况。拆检后，发现机械密封存在辅助O型圈溶胀失效及泵轴腐蚀的现象。本文通过分析机械密封的结构、材质，结合工艺系统介质特性分析，找出了机械密封失效的原因并提出了改造方案，解决了机械密封频繁失效问题，提高了设备运行的可靠性，确保了装置安全平稳运行。

关键词　碱洗塔碱循环泵；机械密封；泄露失效；解决措施

碱洗系统是乙烯装置运行必须的工艺流程，目前国内各大乙烯装置的碱循环泵，均不同程度存在机械密封失效泄露的情况。机泵是炼化装置中不可或缺的液体输送设备，若机泵发生泄露，轻则会污染环境，重则导致装置运行的不平稳，根据泵送介质的性质，甚至有可能导致爆炸的发生。因此，机泵的运行状态是需要重点关注。

1　乙烯装置碱洗流程

碱洗系统是设置在裂解气压缩机四段出口，用于除去裂解气中的酸性气体 H_2S 和 CO_2，防止后续反应器催化剂中毒失活，分离工段的冷箱系统流道堵塞以及产品不合格。流程示意图如图1所示：

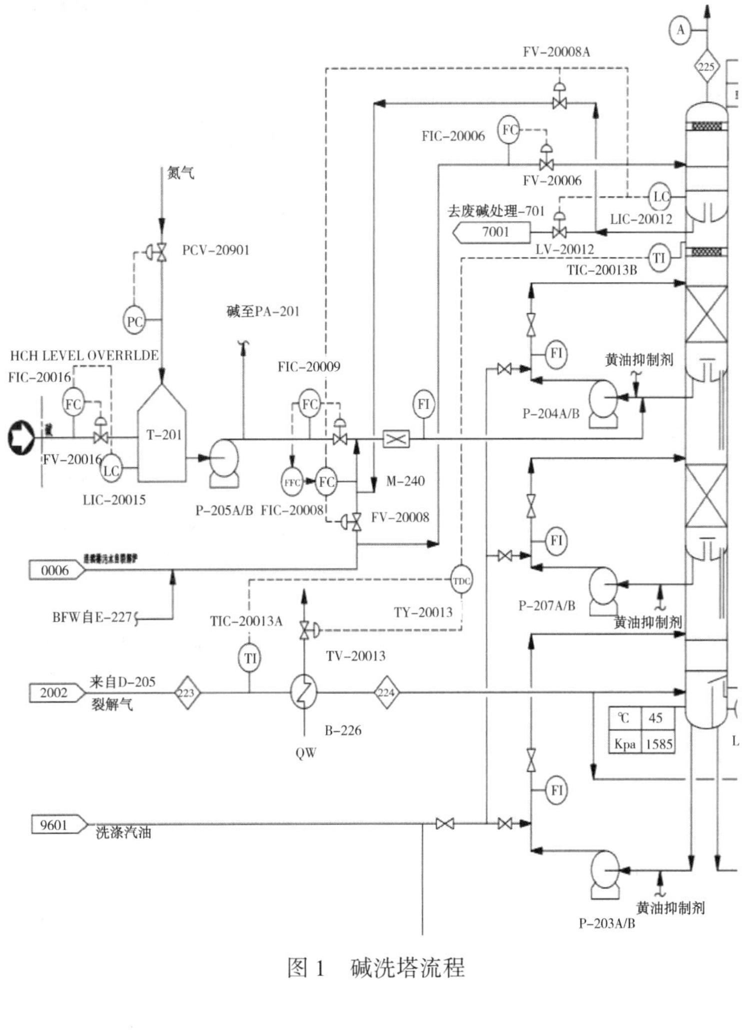

图1　碱洗塔流程

裂解气自裂解气压缩机四段压缩后，进入碱洗塔C-203底部。碱洗塔包括三段碱洗和一段水洗。裂解气从下往上经过弱、中、强三段碱洗段后，裂解气在塔顶经过水洗段的洗涤，除去多余的碱液进入后续系统。碱洗塔C-203的强、中、弱碱段的碱液循环分别通过P-203A/B、P-207A/B、P-204A/B来实现。

各个碱循环泵的入口以及出口分别设有黄油抑制剂和洗油注入管线，其目的分别为：

① 抑制裂解气中双烯烃和其他不饱和烃类在碱洗塔中发生聚合反应生成黄油。

② 冲洗管线，防止黄油聚合物堵塞设备、仪表管线。

2　碱洗塔运行情况介绍

某炼化公司烯烃部乙烯装置开工后不久，碱洗塔C-203的碱循环泵陆续出现了机械密封泄漏失效的情况，选取具有代表性的中碱循环泵P-207B进行分析。

2.1　循环碱泵运行情况

循环碱泵P-207B是乙烯装置中用于将碱洗塔C-203中碱段碱液进行循环的离心泵，中碱段碱液的浓度在3%～5%mol，碱洗塔及其管线以及泵出入口管线均为碳钢材质。P-207B在运行中，逐渐出现机械密封泄露的情况，在2023年3月6日，机械密封开始出现轻微泄露，泄漏量在4滴/分钟左右，且密封油压力下降速度加快，每3小时就需要补充一次压力。3月7日，对P-207B的机械密封的压缩量进行调整，调整后观察密封效果并不明显。调整后持续运行15天后，泄露量增大至12滴/分钟，同时机械密封有碱结晶流出，随着泵的运行，泄露情况持续恶化；影响了装置正常运行，同时泄露也会对环境造成影响，对机泵进行切换检修，并开展故障根原因分析。

2.2　设备主要性能参数及故障现象

P-207中碱循环泵的主要性能参数如表1所示：

表1　P-207中碱循环泵性能参数

参数项	参数值
介质	中碱(NaOH：3%～5%mol)
介质温度	43～45℃
介质黏度	1.13cP
流量	$240m^3/h$
扬程	27.6m
吸入压力	1.808MPa
排出压力	2.105MPa
电机转速	1475r/min
密封方案	P11+53B

两次对机械密封的检查，有以下现象：

（1）拆检后，机械密封中介质较脏，动、静环间密封间隙增大，无法密封。

（2）密封腔内存在碱结晶物。

（3）机械密封中O形圈胀开，O形圈与轴结合处有黑色痕迹，通过测量，发现黑色痕迹处直径最小为49.9mm，泵轴直径为50mm。

具体如图2、图3所示：

图2　O型圈溶胀

图3　泵轴腐蚀

2.3　碱泵助剂的性质

碱循环泵的出口设置有洗油线，防止生成的黄油聚合物堵塞管道。洗油主要由苯、苯系物以及C_6～C_8非芳烃等物质组成，洗油性质如表2所示：

表 2　洗油主要性质

组分名称	含量
苯	48%(质量分数)
甲苯	18. 86%(质量分数)
乙苯	8. 41%(质量分数)
二甲苯	5. 1%(质量分数)
C_6~C_8 非芳烃	19. 33%(质量分数)
密度	835. 6kg/m^3

根据上表可得，洗油的主要组分是由苯以及苯系物等芳烃物质组成。

3　机械密封失效原因分析

对 P-207 的机械密封结构以及冲洗方式进行分析，结合工艺实际条件，找出机械密封泄露情况的原因。

3.1　机械密封原理及结构

机械密封结构图如图 4 所示，其主要依靠弹性元件提供弹力，克服动环 O 型圈与轴之间的摩擦力，使得动环能够紧密的贴合在静环端面，形成密封端面的初始闭合力，当泵充满介质并开始工作后，可使机械密封端面产生闭合力，从而使密封端面达到一个合理的比压，从而实现流体的密封。

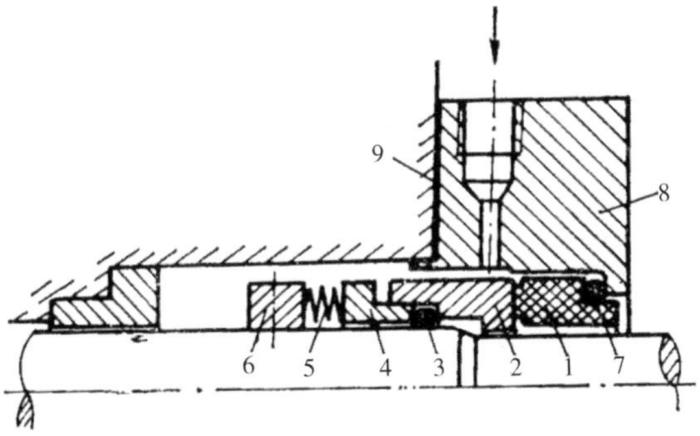

图 4　机械密封结构简图

1—静环；2—动环；3—动环密封圈；4—推环；5—弹簧；6—传动座；7—静环密封圈；8—压盖；9—垫片

机械密封主要由动环、动环 O 型圈、弹性元件、传动件、弹簧座、紧固件等组成的补偿组件，以及由静环、静环 O 型圈等组成的非补偿组件。

通过结构图，可以看出机械密封主要的泄漏点有 4 处，分别为：

（1）密封摩擦副端面处，即动静环之间，称为主密封。该处是机械密封性能和使用寿命的关键密封点，根据统计 80%以上的密封失效都是发生在此处。

（2）静环与压盖之间。

（3）动环与轴或者轴套之间以及静环与静环密封圈。此处称为机械密封的辅助密封，密封形式根据密封圈的不同可分为 O 型圈、V 型圈等。机械密封工作时，辅助密封基本无相对运动，属于静止的密封，但是动环的密封圈是机械密封的重要密封部位。

（4）密封腔与压盖之间的密封，其主要形式有：O 型圈、垫片等。

3.2　故障可能原因分析

根据工艺条件以及泵的密封形式，故障可能原因如下：

（1）机械密封安装不合适；

（2）动静环间隙不合适；

（3）机械密封辅助 O 型圈材质不合适；

（4）密封油压力低，无法有效密封；

（5）切换泵时，未按照操作法切换；

机泵在开工初期，进行了机泵单试，单试结果正常；机械密封拆卸后，动静环间隙在设定值范围内；密封油压力设有远传压力表，在机械密封泄露前，压力正常；在装置运行中，机泵的切换按照操作法操作，未出现违规操作。

3.3　故障根原因分析

在排除了故障可能原因后，对机泵和机械密封材质的性质进行分析，碱循环泵的材质与密封方式均相同，如表 3 所示：

表 3　碱循环泵材质

设备位号	设备名称	工艺介质	密封冲洗方案	密封材质	泵体/泵轴材质
P-203A/B	弱碱循环泵	弱碱液(NaOH：0. 5-1. 0%mol)	P11+53B	乙丙橡胶/石墨	S-6/42CrMo 锻
P-207A/B	中碱循环泵	碱液(NaOH：3~5%mol)	P11+53B	乙丙橡胶/石墨	S-6/42CrMo 锻
P-204A/B	强碱循环泵	强碱液(NAOH：4~6%mol)	P11+53B	乙丙橡胶/石墨	S-6/42CrMo 锻

P-207 位于碱洗塔底部，碱洗塔以及泵进出口管道均为碳钢材质，管道和塔内锈蚀物会产生堆积。同时碱洗塔 C-203 内的 NaOH 会与裂解气中的 H_2S 和 CO_2 产生反应，生成 Na_2S 和 Na_2CO_3 易结晶产物。在开工初期，P-207 经常出现不上量现象，清理后，泵入口过滤器内有许多铁锈杂

质，同时碱洗塔弱碱段和中碱段 PH 值有一定波动。P-207 采用自冲洗方式，在运行中杂质和结晶物会在密封腔中沉积，使得动环、动环座和轴套的间隙堵塞，使得动环在轴向上的移动受阻，无法实现动静环之间的动态调整，动静环之间发生微量泄露。长时间运行后，结晶物和杂质会逐渐进入动静环之间，使得密封面磨损加剧，动环在轴向的补偿失效，导致密封彻底失效。

P-207B 机械密封第二次拆检后，O 型圈与泵轴接触处，泵轴出现了腐蚀情况，同时发现机械密封内的 O 型圈全部出现胀发现象，无法起到密封作用。通过检查分析，轴套为锁紧状态，轴套与轴之间无摩擦痕。

由于碱洗系统中会生成黄油以及添加助剂洗油，介质中含有芳烃，碱循环泵在运行过程中，机封辅助 O 型圈与芳烃反应，导致 O 型圈溶胀失效，介质沿轴套外漏，机封平均使用寿命 15 天；在最近的检修过程中，发现 P207B 泵轴安装 O 型圈位置，出现了腐蚀问题，设备运行存在安全隐患。

4　解决措施

针对两次机械密封的故障，采取了不同的整改措施，具体如下：

（1）调整动静环的压缩量。

针对第一次机械密封的泄露，由于密封腔内压力下降较快，因此通过调整动静环的压缩量，但是调整后发现效果并不明显。通过拆检，动静环间的压缩量并不是失效的原因。

（2）更换机械密封辅助 O 型圈材质

机械密封动静环的材质为石墨以及无压烧结碳化硅。碳化硅材料具有密度小、强度高、摩擦因数小、耐热性和导热能力高以及耐腐蚀等优点。但同时也有脆性大、抗冲击能力低的缺点。而无压烧结碳化硅的工艺成本高有良好的耐腐蚀性，更适合用于强碱和强氧化性介质中。因此，机械密封的动静环材质可以满足工艺日常生产要求，不需更换。

机械密封的 O 型圈采用的是三元乙丙橡胶（EPDM）材质，该材质具就是其优越的耐氧化、抗臭氧和抗侵蚀等特性，但是该材质并不耐芳烃，长时间接触将会造成密封的失效。因此，将 O 型圈的材质改为全氟醚（FFKM）材质。全氟醚材质具有可耐强酸、强碱、有机溶剂、超高温蒸汽、含氮化合物等 1600 多种化学溶剂的腐蚀，耐高温可达 320℃，满足碱循环泵的机械密封使用条件。

通过上述的改进措施，P-207B 运行已 2 个月，期间未发生机械密封泄漏的情况。

5　结论

（1）通过对机械密封的拆检，总结分析出了机械密封失效的原因，同时采取了多种措施进行改进，改进后，碱循环泵运行平稳，保障了设备的安全运行，保障了工艺生产的安全和平稳。

（2）机泵在选型时，需要与工艺专业对接，对工艺系统中主要介质组分及添加的助剂的种类和性质，进行充分的识别和技术交底，以便机泵专业，能够识别出介质特性，正确的选择机机泵的材质和密封冲洗液介质，确保设计本质安全。目前通过更改 O 型圈材质，可以解决机械密封泄露的问题，后续可以通过技术改造更改泵轴材质，避免发生泵轴腐蚀的问题。

（3）在开工初期，由于碱洗塔以及泵出入口管线内存在杂质铁锈，在开工初期运行时，这些杂质会通过自冲洗管线进入泵的机械密封，使得机械密封失效。因此在开工前以及检修后，吹扫要到位，尽量将铁锈等杂质吹扫干净；机泵在后续的运行中，可以及时切泵清理泵入口过滤网，防止杂质进入机械密封，影响密封的密封性能。

参 考 文 献

[1] 邓建康，刘发，张志江．碱泵双端面机械密封泄漏原因及对策邓建康[J]．氯碱工业，2016，52(2)：41-43.

[2] 张丽霞，陈权，胡永清，等．碱洗塔及废碱氧化系统运行异常原因分析及解决措施[J]．乙烯工业，2023，35(1)：32-37，73-74.

[3] 何华，王自军，胥良辉，等．碱泵机械密封失效分析及改进何华[J]．机械，2014，41(9)：71-73.

[4] 宋国艳．碱泵的选型改进分析探讨宋国艳[J]．中国新技术新产品，2015(19)：75.

[5] 张秉仁．碱泵机械密封失效的原因分析及改进探究[J]．中国设备工程，2021，S2：114-115.

[6] 庄永福．浓碱泵机械密封失效分析及改进庄永福[J]．中国设备工程，2003(7)：56-57.

[7] 何玉杰．机械密封选用手册[M]．北京：机械工业出版社．

[8] 李天鹏．碱洗塔循环碱泵应用经验总结李天鹏[J]．聚氯乙烯，2012，40(9)：40-41，43.

三催化四循 P101 水泵超电流隐患分析与治理

戴正需　解忠喜　姬广渊

（中国石油华北石化分公司）

摘　要　三催化四循 P101 水泵超电流隐患长期存在，影响装置安全平稳运行。通过实验手段掌握水泵性能及分析超电流原因，并据此进行了水泵扬程、流量、功率等参数核算。针对扬程问题进行了改造调整，成功解决了设备隐患。同时降低了电耗，改造后年节约电量 146 万 kW·h，经济效益显著。

关键词　超电流；循环水；节能

1　背景

华北石化公司 2022 年大检修期间第四循环水场（以下简称四循）发电机组降耗消隐进行改造，四循发电机组原来是采用凝气式汽轮机驱动发电机、齿轮箱和水泵的三机组。改造后通过电机直接驱动水泵。

本次改造是因为公司千万吨改造升级后，公司中压蒸汽不足，若四循发电机组正常运行还需外购中压蒸汽，发电机组在购买中压蒸汽运行时不经济，同时机组带动水泵时由于中压蒸汽的不稳定性，使水泵运行也存在一定风险，造成循环水管网易波动，影响生产装置平稳。

改造后，四循的循环水将由 1 台电动循环水泵替代原有汽轮机组，用户不变。2022 年 8 月 20 日四循循环水泵 P101 第一次负载启动电流达到 6.4 倍额定值，跳闸停机。调整至 7 倍额定电流，15s 启动时间，以 IEC 长时反时限曲线进行保护整定，第二次启动成功。但启动后泵出口蝶阀开度达到 40%，电机电流超过额定值 383.3A，无法继续开出口阀，管网循环水流量偏小，水泵电流靠近额定值控制，监控运行，防止电机超电流跳闸。

四循 P101 水泵超电流隐患严重影响了机泵长周期运行，可能导致 1#常减压、二催化、三催化循环水波动甚至中断，同时导致电耗升高，因此查明隐患原因进行治理改造势在必行。

2　水泵的基本参数

四循循环水泵由兰州兰泵有限公司生产，2022 年 6 月出厂。电机由佳木斯电机股份有限公司生产，于 2022 年 7 月出厂。2022 年大检修期间由华油工建施工安装。具体配置见下表 1：

表 1　水泵配置参数

名称	配置参数
水泵	型号：1200S56F；流量：$Q = 11000m^3/h$；扬程 $H = 56m$；转速 590r/min
电机	型号：YXKK630 - 100WF2TH；额定功率：2240kW；额定电压：6000V；额定电流：283.3A；转速 592r/min

泵位于发电厂房基坑内（地面以下），泵入口压力 0.03MPa。

3　实验论证

由于启动后泵出口蝶阀开度小，循环水量无法调节，同时为了保证电机电流不会超过额定值，出口阀略微关小，电流降低至 270A 左右监控运行，给生产操作带来许多附加工作。2023 年 6 月，兰泵派技术专家到厂做调查分析并实验。

3.1　对泵的性能核算

兰州兰泵有限公司生产 P101 出厂前做了性能实验，其扬程、汽蚀余量、效率、功率等参数，如图 1 所示。

根据上图所示，机泵运行工况点在流量 $11000m^3/h$，扬程 56m，电机功率在 1875kW 左右。

3.2　泵的实际运行参数实验

2023 年 6 月 12 日，运行部配合厂家，做了水泵性能实验，实验数据见下表 2：

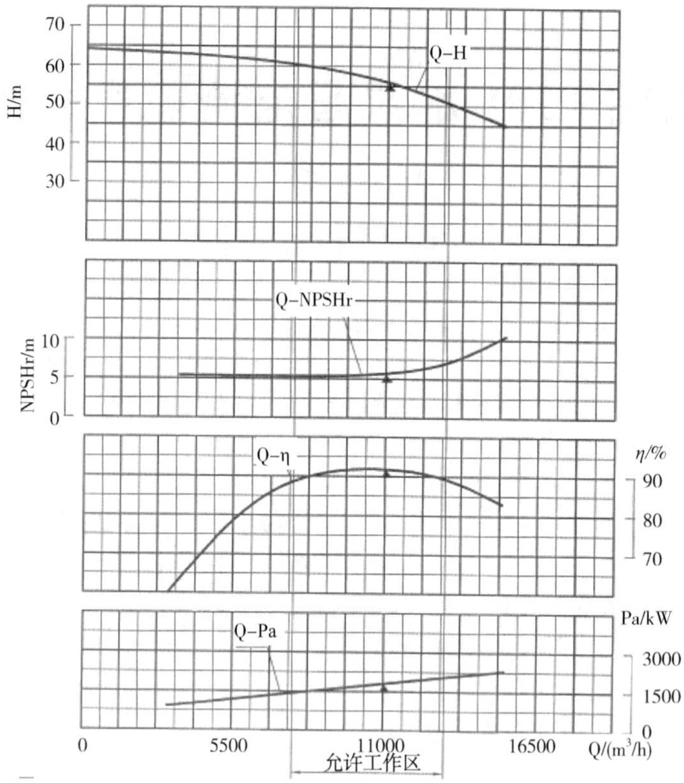

图 1　改造前水泵性能参数

表 2　实验数据表

项目	实验数据			
入口压力/MPa	0.03	0.03	0.03	0.03
出口压力/MPa	0.64	0.6	0.6	0.58
出口碟阀开度/%	42	45	45	53
电流/A	273.67	283.33	282.33	288.33

由上表可知，电机电流在额定值 283.3 以下时，泵扬程已经超过了 57m 超过了 56m。同样，电流按照第三组数据电机功率计算公式：

$$P=\sqrt{3}*V*I*\cos\phi$$

式中，P 为电机功率，kW；V 为额定电压，V；I 为额定电流，A；Cosϕ 为功率因数取 0.8。

电机功率计算公式 $P=1.732*6000*282.33*0.8=2347$kW，大于额定功率 2240kW，出厂性能曲线与实际不符，实际功率大于电机额定值，属于“小马拉大车”。经核实，设计图纸中电机功率为 2240kW 与现场铭牌一致，所以判断水泵电流高的原因是水泵扬程高。

4　泵的改造方案及效果验证

经过对实验数据的核算，泵出口阀后的系统压力在 0.5MPa 左右，但实际扬程 60m 左右，扬程偏高导致的超电流问题，厂家建议对泵型 1200S56 的叶轮进行适当切削，切削后的叶轮扬程、效率、轴功率如图 2。

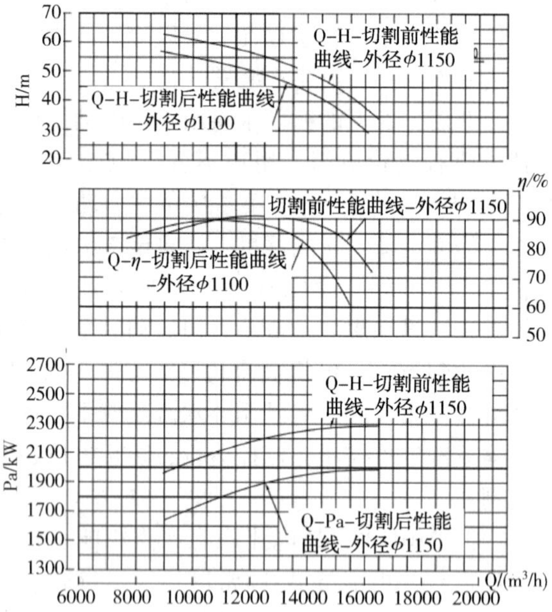

图 2　改造后水泵性能参数

冬季循环水温度低用量少，在公司统筹协调下，运行部抓住窗口期对 P101 停运并进行了切削叶轮。2024 那 2 月 26 日，P101 改造后启泵运行参数见下表 3：

表 3　实验数据表

项目	实验数据	
入口压力/MPa	0.02	0.02
出口压力/MPa	0.57	0.55
出口阀阀位/°	45	90
电流/A	241.67	244.27

由上表可知，运行电流比改造前下降约30A，出口蝶阀可全开，超电流隐患得到根本解决。同时总管压力有微涨，各用户装置水量合计增加 1000m^3/h 以上，增加了水冷器的换热效果，提高了循环水换热器的换热管水流速，对防止垢下腐蚀起到了积极作用，其中 1#常减压换热管水流速管达标率由 20%提高到 50%。

水泵改造后，电能消耗明显下降，查询公用工程电量日报统计表，日均节约电能 4000kW · h，年节约电量 146 万 kW · h，年节省电费 102 万元，经济效益显著。

5　结束语

通过现场实验，利用水泵输出的流量和压力等参数计算水功率需求，再通过电机电压、电流、功率因数、等参数计算出电机输入功率和有效功率，推算出水泵运行效率，通过水泵运行效率得出扬程高的问题，本方法计算过程简单，数据直观，对生产性企业技术人员快速判定水泵性能有借鉴意义。

通过简单的改造方式消除了设备运行隐患，保证了设备安全稳定运行。同时节约大量电能，为企业减少电费支出，降低成本，提高了企业经济效益。

参 考 文 献

[1] 高江华．水泵节能改造浅析[J]．冶金动力，2024(1)：44.

[2] 李俊，余热发电循环水系统节能改造[J].2022 第十一届水泥工业节能环保技术高峰论坛，国家建材技术图书馆 2022：35-37.

[3] 史德友，朱胜良等．某企业水泵节能改造实例浅析[J]．攀枝花学院学报，2020(5)：47-50.

汽轮机速关阀异常关闭原因分析及处理

孟庆元　韩中华　吴庆志　彭海洋

（华北石化公司天津市万全设备安装有限公司）

摘　要　本研究聚焦于某炼化企业蜡油加氢装置NG40/32/0背压式汽轮机速关阀异常关闭，以及渣油加氢NK25/28/25凝汽式汽轮机控制油、速关油压差偏大等问题。通过对速关阀异常关闭原因进行查找分析，开展润滑油控制系统静态实验，并拆卸检查油路系统各部件，最终确定了速关阀异常关闭和油压偏差大的原因，从根源上解决了汽轮机润滑油系统问题，保障了关键机组的平稳运行。该问题的处理方法可为类似故障的处理提供参考借鉴。

关键词　汽轮机；控制油；速关阀；油路静态实验；危急遮断油门；电液转换器

1　引言

循环氢压缩机组是蜡油加氢、渣油加氢装置的重要设备，一般为离心压缩机，原动机采用背压式汽轮机或凝汽式汽轮机驱动。机组能否平稳、安全运行直接影响到装置的长周期安全、平稳运行。机组润滑油系统的平稳对汽轮机组安全、平稳运行起到至关重要的作用，进而影响整个装置能否平稳运行。

2　装置及机组概况

2.1　蜡油加氢装置

装置设计加工能力290万t/y，2019年4月18日装置正式投入生产运行。循环氢压缩机（K101）由沈阳透平机械有限公司生产（BCL457/A），设计额定参数：流量682000Nm/min，压力15.909/18.766MPa（A），功率5979kW。驱动用汽轮机由杭州汽轮机股份有限公司生产（NG40/32/0）；设计额定参数：压力3.8/1.2MPa（A），功率6064kW，额定转速10400r/min。润滑油站配有蒸汽透平驱动主润滑油泵和电机驱动辅助润滑油泵，主润滑油泵小透平，从装置内中压蒸汽线同一管线引中压蒸汽作为动力。润滑油站主油泵小透平生产厂家德莱塞兰，小透平型号：RLA16E进汽压力：3.8MPa排汽压力：1.1MPa转速1450r/min最小容许转速900r/min。

2.2　渣油加氢装置

装置设计加工能力340万t/y，采用双系列，2019年5月18日装置正式投入生产运行。循环氢压缩机（K-101AB）由沈阳透平机械有限公司生产（BCL409/B）；设计额定参数：流量3333Nm/min，压力17.731/21.578MPa（A），功率2826kW。驱动用汽轮机由杭州汽轮机股份有限公司生产（NG40/32/0）；设计额定参数：压力3.8/0.02MPa（A），功率3109kW，额定转速11542r/min。润滑油站配有蒸汽透平驱动主润滑油泵和电机驱动辅助润滑油泵，主润滑油泵小透平，从装置内中压蒸汽线同一管线引中压蒸汽作为动力。润滑油站主油泵小透平生产厂家德莱塞兰，小透平型号：RLA16E进汽压力：3.8MPa，排汽压力：1.1MPa转速1450r/min最小容许转速900r/min。

3　故障现象及原因分析

3.1 故障现象

（1）2023年7月，蜡油加氢装置循环氢压缩机（K-101）正常生产运行过程中，装置进料255t/h，循环氢压缩机转速8206r/min，15：07：47循环氢压缩机控制油压0.81MPa、速关阀油压0.756MPa在1秒钟，辅助油泵自启，15：07：48控制油压上涨到0.812MPa，速关油压下降至0.503MPa，速关阀关闭，机组停机（图1和表1）。

表1　机组K-101油压变化

时间	转速	控制油压	速关油压	备注
15：07：47	8206	0.81	0.756	
15：07：48	7104	0.812	0.503	
15：07：49	5222	0.819	0.327	
15：07：50	4537	0.844	0.214	
15：07：51	3841	0.864	0.142	

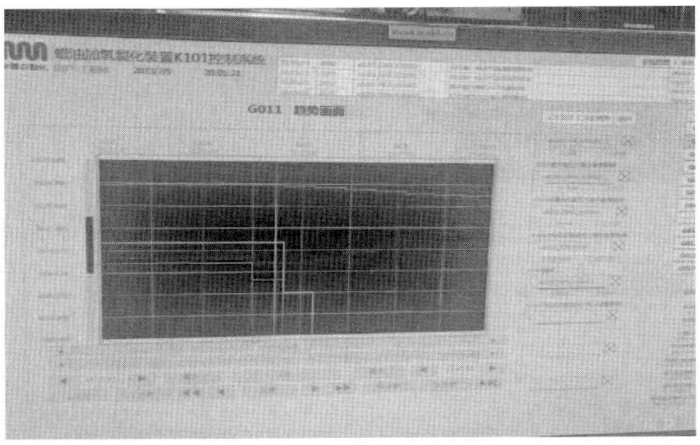

图1　机组 K-101 远传画面

（2）2024 年，渣油加氢 K-101B 汽轮机组在正常运行过程中，发现远传画面（图 2）显示控制油压为 0.911MPa，速关油压为 0.79MPa，现场核对就地压力表显示基本一致，控制油压与速关油压力相差 0.121MPa；对应机组 K-101A 远传画面显示控制油压为 0.895MPa，速关油压为 0.856MPa，现场核对就地压力表基本一致，控制油压与速关油压力相差 0.0396MPa。

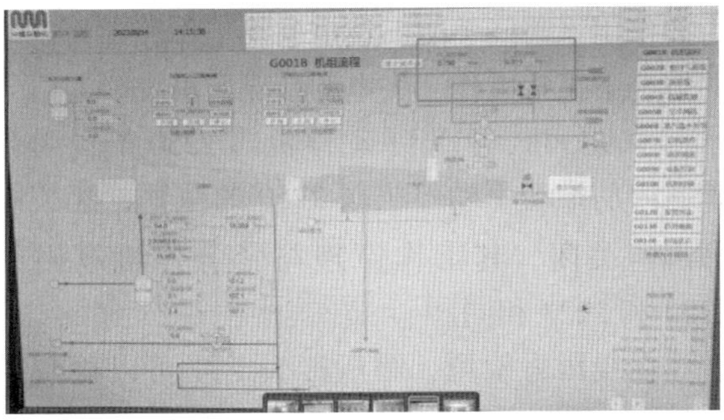

图2　机组 K-101B 远传画面

3.2　故障现象

（1）蜡油加氢装置循环氢压缩机（K-101）速关油压迅速回零，速关阀突然关闭。停机之前机组运行平稳，调取 CCS 历史趋势画面查看机组在停机前参与自保联锁的振动、位移、轴瓦温度、转速、工艺联锁等参数均正常，润滑油系统的控制油压、速关油压存在小幅变化，在现场检查中也未发现危急遮断油门手柄有动作情况。

（2）渣油加氢 K-101B 机组正常运行过程中，控制油压与速关油压力相差 0.121MPa；对比机组 K-101A 控制油压与速关油压力相差 0.0396MPa；

3.3　原因的初步分析

结合汽轮机控制油油路及控制组件的结构特点分析，引起速关油异常失压的原因可能有以下几种：

（1）SIS 信号、CCS 信号虚接故障。

（2）速关组合件的停机电磁阀动作，速关油失压。

（3）危急遮油门动作（松动、误动作）导致危机遮断油门泄放速关油，引起速关阀和调节阀快速关闭而迫使机组紧急停机。

（4）危机保安器飞锤与危急遮油门部件挂钩间隙不符合要求。

（5）控制油路上蓄能器部件的稳压补偿效果差。

（6）主油泵出口压力低、控制油压力、速关油压力波动造成速关阀的速关油失压不能克服速关阀弹簧力。

（7）速关油压力比控制油低，一般为危急遮断油门、速关组件卸荷阀、速关阀内漏导致，电液转换器阀芯磨损，导致泄漏量太大。

（8）速关油联锁停机取压点设置不合理，导致远传油压能真实显示速关油缸的实际压力。

（9）汽轮机组启机运行前，对润滑油系统排气不彻底，导致控制油系统的油路内部残留气体。

3.4　润滑油系统简析及原因分析

（1）汽轮机调节及润滑系统用油由集中油站提供。供油分两路分别接到汽轮机润滑油系统、控制油系统。润滑油系统约 0.25MPa 的润滑油由各分管路供给离心机、汽轮机前、后径向轴承、推力轴承，轴承进油管上有可调节流阀和压力表以适应各分管不同用油量的需求。控制油系统总管油压 ≥0.8MPa，为减少因用油量变化而引起的油压波动，在调节油管路上装设有一个 25L 的液压蓄能器。

（2）润滑油系统简析：控制油系统分为两路进入汽轮机速关系统；其中，一路控制油进入危急遮断油门后，再由危急遮断油门通过管线进入速关组合件 E1，再进入速关油电磁阀（1842），然后再分为三路，一路从 E2 进入速关阀部件，一路由 P04 进入现场引压仪表盘，一路进入电液转换器（图 3~图 5）。

危急遮断油门泄放速关油引发速关阀和调节汽阀快速关闭而迫使机组紧急停机。结构（图 4）：油门在正常工作状态下，压力油由接口 P 经节流孔板（11）进入油门的速关油控制腔，由于凸肩（2）的油压作用面积小于凸肩（8）的油压作用面积，使滑阀上的油压力克服弹簧（7）力，将凸肩(8)压在套筒(5)的密封面上，因此建立正常油压的速关油经接口E供至速关油路。压力油P流经节流孔板(11)，如滑阀与套筒磨损间隙增大造成内漏，有可能导致危急遮断油门的速关油压出现波动后泄压动作。

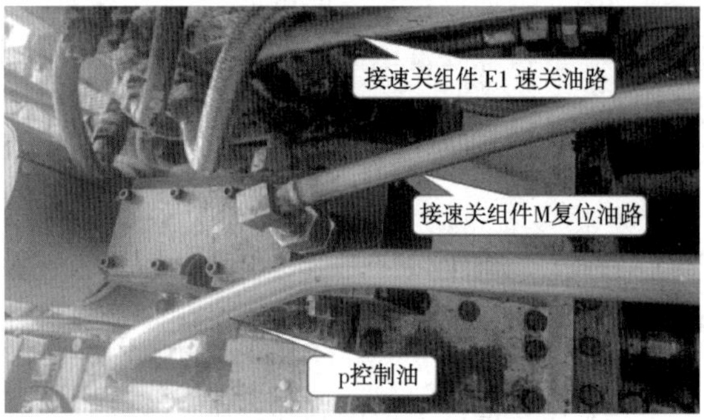

图3　危急遮断油门

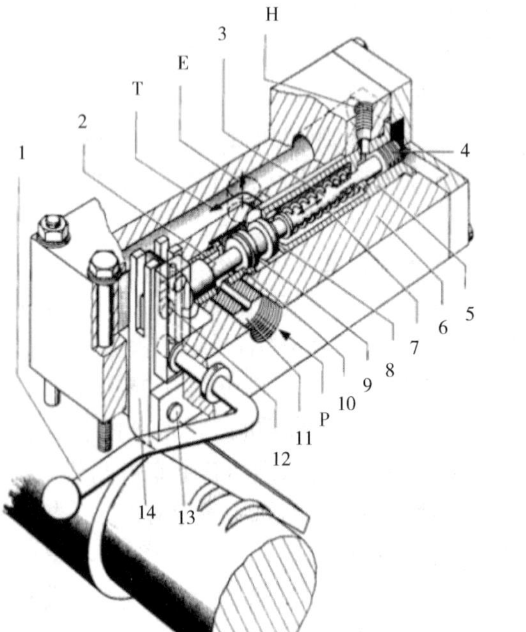

图4　危急遮断油门结构图

1—手柄；2—滑阀凸肩；3—滑阀；4—活塞；5—套筒；6—壳体；7—弹簧；8—滑阀凸肩；9—滑阀凸肩；10—套筒；11—节流孔板；12—销；13—销轴；14—挂钩；P—压力油；E—速关油；H—试验油或复位油；T—回油

另一路控制油，直接进入速关组合件，为手动停机阀(2250)、速关电磁阀(2222、2223)、启动阀(1843)服务(图5)。

遥控紧急停机，对于带电运行的电磁阀2222和2223，只要任一失电，使DG40两通插装阀上腔压力油与回油口接通，这时DG40两通插装阀在弹簧力的作用下迅速打开，速关油与回油导通，速关阀在其弹簧力的作用下瞬间关闭。

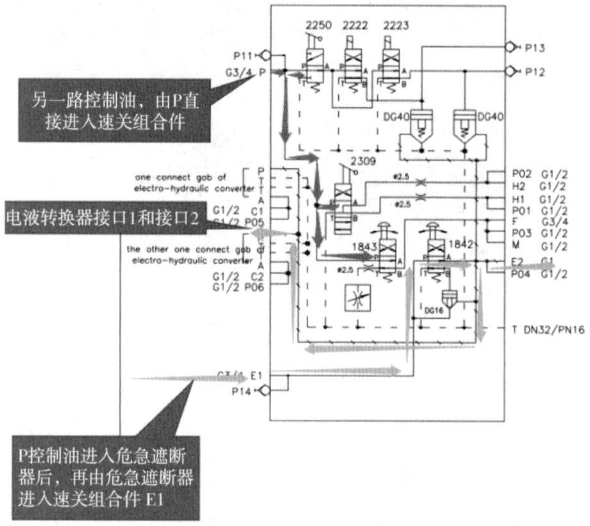

图5　速关组件油路图

对于失电运行的电磁阀2222和2223，只要任一带电，使DG40两通插装阀上腔压力油与回油口接通，这时DG40两通插装阀在弹簧力的作用下迅速打开，速关油与回油导通，速关阀在其弹簧力的作用下瞬间关闭；该电磁阀工作原理为得电的情况下正常工作，失电的情况下触发联锁。

手动停机，打开手动停机阀2250的保险装置，向前推动手动停机阀2250的手柄，速关阀即迅速关闭，其工作原理与紧急停机电磁阀2222和2223相同。

在线压力检测，测压接头P11可以检测进油口P压力；测压接头P12、P13可以检测DG40两通插装阀上腔是否有压力。如果无压力或压力过低，将无法建立速关油，即主汽阀无法打开；测压接头P14可以检测速关油E1压力。

3.4.3　原因分析

蜡油加氢装置循环氢压缩机(K-101)原因分析：基于以上的油路分析，首先对SIS系统检查，加氢裂化循氢机K101速关阀信号，信号线路和保险均正常，无虚接现象；然后对CCS系统检查：SIS信号未触发联锁时继电器R2431线圈得电，CCS信号未触发联锁时是闭合信号，超速保护器GII信号未触发联锁时是闭合信号，CCS信号和超速保护器GII信号在继电器R2431触点上串联，SIS信号、CCS信号和超速保护器GII信号同时未触发联锁时给电磁阀XSV2222送电；现场速关阀电磁阀XSV2223供电方式与XSV2222相同，检查未发现问题。

对电磁阀进行检查，发现在正常情况下电磁

阀带电，因此不会触发联锁停机；然后对速关油换向阀进行现场拆检内部无杂质，阀芯无划痕，现场未发现明显问题，为了彻底排除此项原因，现场对其整个速关组合件外部油路进行净化风吹扫，结果也没有发现明显硬质颗粒物，可以说外部油路非常洁净。

经检查 SOE 记录，未记录速关阀动作前有联锁触发信号，也无内操操作紧急停车按钮记录，排除设备运行异常及操作原因联锁停机可能性；经查看停机前后现场视频监控，速关阀动作时无人员在现场，排除现场操作急停按钮、危急遮断油门导致机组停机可能性。

现场拆卸检查危急遮断油门与转子飞锤间隙为 0.9mm，标准为：0.8-1mm，符合安装技术标准；另外对危急遮断油门部件进行静态实验，检查该部件功能正常；机组停机前转速 8200r/min 稳定运行，无超速联锁信号，排除机组超速引发危急保安器飞锤动作，造成速关阀动作。

现场检查控制油系统蓄能器皮囊压力为 0.84MPa，接近于控制油系统压力，因此，蓄能器部件对油路系统，不能够启到很好的缓冲补偿作用。

对机组速关阀进行可靠性实验(图 6)，人为缓慢降低速关油油压至 0.29MPa 时速关阀关闭，与设计速关阀切断油压 0.31MPa 对比，基本相符，证明速关阀油缸部件无异常内漏，弹簧部件工作正常，速关阀本体不存在机械性故障。

HTC	空负荷试验记录 Record No Load Test Run	0-1022-8781-00 Sheet/页38

型号: Type:	NG40/32	汽轮机代号 Turbine No:	T8781	转子编号: Rotor No:	3593	试车时间: Test Run Time:	2015.10.30

1.1	速关阀试验活塞试验 The test of stem of emergency stop valve	左 Left	3次 3 times	动作油压 action 0.63MPa	结论：合格 Conclusion：Eligibility
		右 Right	3次 3 times	动作油压 action 0.65MPa	结论：合格 Conclusion：Eligibility

2.5	切断油压 Trip at low oil pressure	3次 3 times at	0.31 MPa	0.31 MPa	0.31MPa
	其他试验				

图 6 机组速关阀可靠性实验

对控制油系统进行静态实验，发现现场速关油压力变送器和实际油压机械表反应速度有延时，在控制油为 0.836MPa 情况下，多次紧急拍停小透平，发现控制油系统的控制油 0.571MPa、速关油 0.601MPa 的情况下速关阀关闭；速关阀已经做过可靠性实验，油压低于 0.3MPa 阀门才会关闭，反推阀门关闭时实际油压已经低于 0.3MPa，变送器未能及时显示实时油压，故现场联锁报警滞后触发，备泵自启滞后，可以推测停机发生时，很有可能实际油压已经低于 0.3MPa，而变送器显示油压低报警在关阀后(图 7 和表 2)，同时反映出速关油蓄能器未启到补偿作用。

经查，现场速关油压力取压点，由速关阀本体 P04 引出，距离速关阀及速关组件位置较远，速关油压力变送器采样频率为每秒一次，存在未捕捉到真实油压变化的可能。压力变送器阻尼时间设置为 2 秒，对压力异常降低情况，存在变送器反馈不及时的情况，可能造成实际油压降到联锁值时不能及时联锁启动辅油泵。

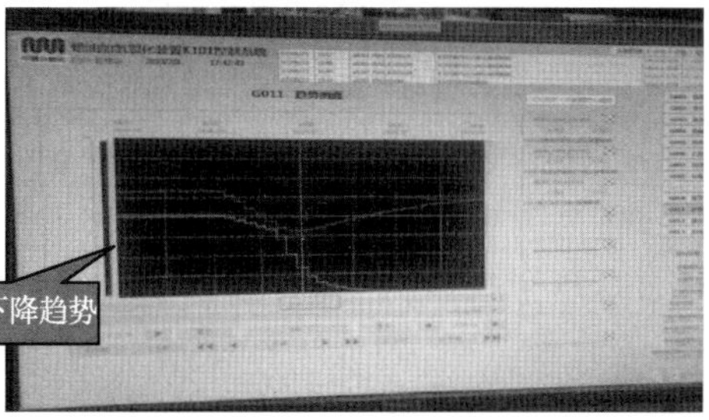

图 7 静态实验趋势图

表 2　静态实验记录表

时间	控制油压	速关油压	备注
14：06：13	0.836	0.816	
14：06：15	0.812	0.793	
14：06：19	0.678	0.666	
14：06：20	0.571	0.601	速关阀关闭，辅助油泵自启
14：06：22	0.768	0.269	

渣油加氢装置循环氢压缩机(K-101B)原因分析：加氢裂化渣油加氢装置循环氢压缩机(K-101B)在停工检修期间，对小透平在正常运行过程中静态实验，发现现场速关油压力变送器和实际油压机械表反应速度有延时，在控制油为0.962MPa情况下，多次紧急拍停小透平，发现控制油系统的控制油压力0.532MPa、速关油力0.506MPa的情况下，速关阀关闭。

查阅联锁资料，该控制油<0.6MPa时辅助油泵自启；由此判定控制油系统确实存在压力远传信号滞后问题；因辅助油泵联锁是根据压力变送器油压判断的，变送器未能及时显示实时油压，会导致联锁报警发出滞后，未能及时启动辅助油泵，同时反映出速关油蓄能器未启到补偿作用(图8及表3)。

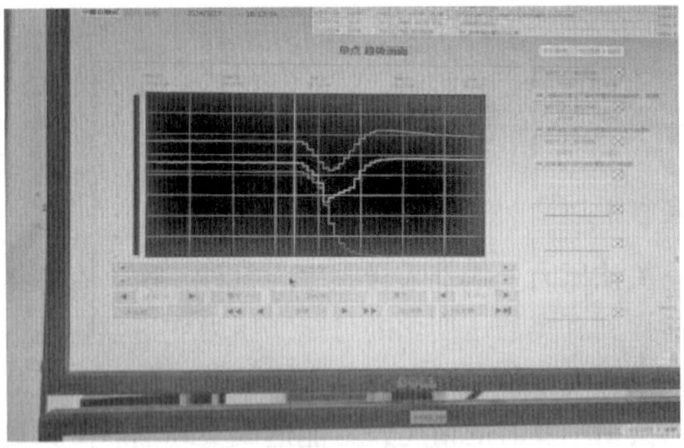

图 8　静态实验趋势图

表 3　静态实验记录表

时间	控制油压	速关油压	润滑油压	备注
15：12：44	0.962	0.830	0.283	
15：12：46	0.892	0.810	0.277	
15：12：49	0.799	0.728	0.249	
15：12：50	0.532	0.506	0.218	速关阀关闭，电泵自启
15：12：52	0.532	0.506	0.218	
15：12：54	0.608	0.204	0.218	

对现场进行了切泵和停机测试，过程中发现，速关油压力在0.506MPa的情况下，速关阀关闭，同时不排除控制油系统部件存在内漏现象，一般为危急遮断油门、速关组合件卸荷阀、速关阀油缸内漏导致，电液转换器阀芯磨损，导致泄漏量太大。

综上所述，组织拆检速关组件电液转换器部件，发现阀芯、阀室存在锈蚀现象；因此，可先解决电液转换器故障(图9)。

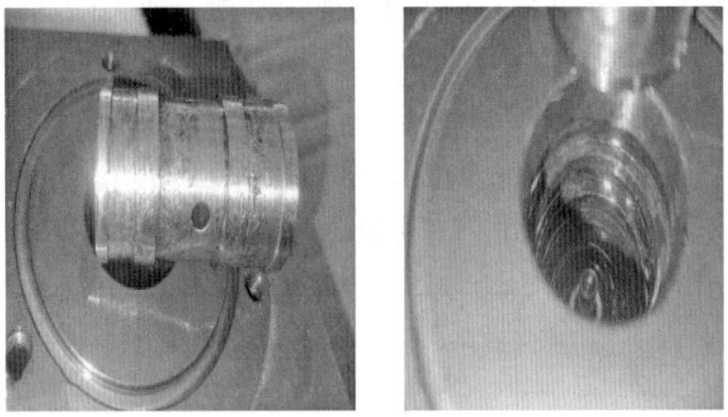

图 9　电液转换器阀芯、阀室图

4　解决措施及改进方案

4.1　蜡油加氢装置循环氢压缩机(K-101)解决措施

(1) 调整速关油蓄能器皮囊压力使其符合要求。

(2) 将速关油压力变送器阻尼时间由2s调整至0.5s，提高油压变化响应速度。

(3) 将循氢机控制油压力由0.83MPa调整至0.90MPa；控制油压力低联锁启动辅助润滑油泵联锁值由0.6MPa调整至0.7MPa；再次对控制油系统进行实验良好，控制油0.698MPa、速关油0.684MPa的情况下，备泵及时启动，保证速关油压力稳定(图10、表4)。

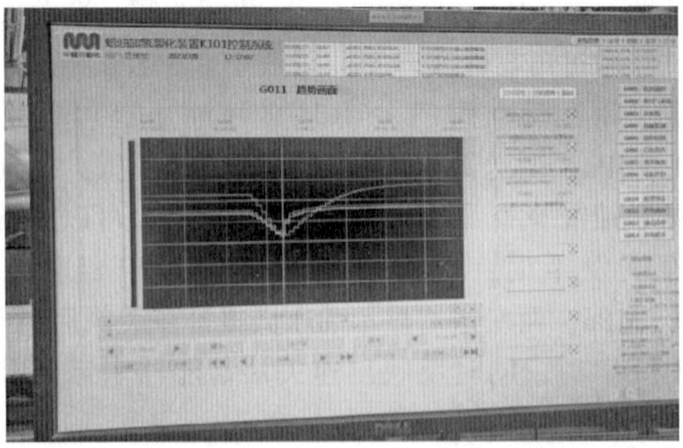

图 10　静态实验趋势图

表 4　静态实验记录表

时间	控制油压	速关油压	备注
15：56：08	0.898	0.875	
15：56：10	0.848	0.828	
15：56：12	0.773	0.756	
15：56：14	0.698	0.684	辅助油泵已自启
15：56：15	0.709	0.68	

4.2　渣油加氢装置循环氢压缩机（K-101B）解决措施

（1）调整速关油蓄能器皮囊压力使其符合要求。

（2）将速关油压力变送器阻尼时间由 2s 调整至 0.5s，提高油压变化响应速度。

（3）更换电液转换器部件，启泵试运行，控制油压力为 0.978MPa，速关油为 0.936MPa。两者之间油压相差 0.042MPa，对比更换电液转换器前，速关油压力恢复正常（表 5）。

（4）控制油压力低联锁启动辅助润滑油泵联锁值由 0.6MPa 调整至 0.7MPa；再次对控制油系统进行实验良好，控制油 0.651MPa、速关油 0.651MPa 的情况下，备泵及时启动，保证速关油压力稳定（图 11 和表 5），并且反应出控制油压降低时，速关油压在蓄能器的作用下，速关油压力先缓慢上涨后，在缓慢下降趋势。

（5）润滑油泵启泵前充分排气，并且对控制油系统进行排气处理。

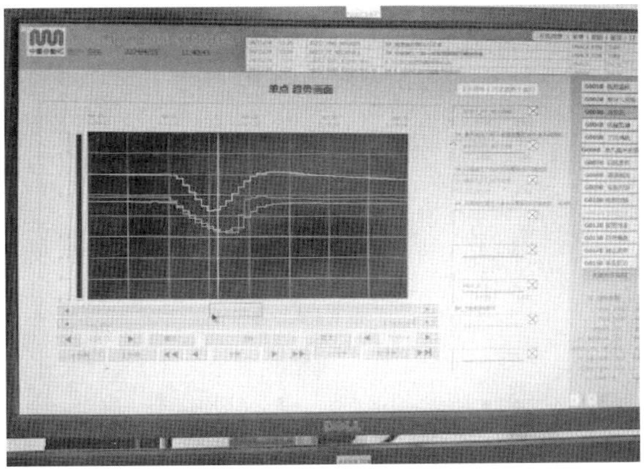

图 11　静态实验趋势图

表 5　静态实验记录表

时间	控制油压	速关油压	润滑油压	备注
11：05：26	0.978	0.936	0.300	
11：05：29	0.825	0.853	0.274	
11：05：32	0.700	0.730	0.224	
11：05：34	0.655	0.670	0.215	
11：05：35	0.651	0.651	0.224	电泵自启
11：05：38	0.814	0.689	0.270	

5　结论

本文针对炼化企业加氢裂化和渣油加氢汽轮机组所出现的故障现象展开研究，通过对机组控制油系统进行实验以及深入的分析探讨，明确了控制油、速关油与蓄能器之间的波动趋势关联。同时，验证了油压测点变送器所显示的油压存在滞后性，并且发现速关组件上电液转换器的阀芯与阀室腐蚀内漏会对控制油压和速关油的压力差产生影响。

基于上述研究成果，本文采取了规范蓄能器皮囊压力、调整变速器阻尼时间、适当提高备泵自启联锁值以及更换电液转换器部件等措施，进而确保了控制油路的稳定性，从根本上解决了相关问题。截至目前，大型机组已平稳运行近 22 个月，保障了装置长周期的安全、稳定、长满优运行。

大型离心机组的稳定运行对装置的长周期稳定生产及运行安全意义重大。汽轮机液压控制系统中的安保系统是确保机组安全运行的关键，因此严格的检查检修至关重要，应制定严格的检修标准与策略。此外，汽轮机组检修后，务必对其控制油系统进行可靠性实验，以此保障汽轮机组的安全稳定运行。

参 考 文 献

[1] 杭州汽轮机股份有限公司 .NG40/32/0 型汽轮机技术手册[M]. 杭州：杭汽轮出版社，2018.

[2] 冯仲，季明强，梁春育，刘武，唐军加氢汽轮机速关油压低问题分析及处理方法 .

[3] 王建军，李国栋. 汽轮机液压控制系统故障诊断与处理[J]. 动力工程学报，2021，41(3)：45-52.

[4] API 612-2021，Petroleum，Petrochemical and Natural Gas Industries—Steam Turbines Special-Purpose Applications[S]. Washington：American Petroleum Institute，2021.

第五篇　改造优化篇

深化节能技术创新应用
——基于ITCC智能控制系统的焦化富气压缩机组能效动态优化与集成应用实践

柯显义

（中海油舟山石化有限公司）

摘　要　本文探讨了基于ITCC（集成式透平压缩机控制）智能控制系统的焦化富气压缩机组的能效动态优化与集成应用。通过构建“转速-压力-流量”多变量协同控制模型，并创新开发智能控制策略，成功实现了汽轮机转速与防喘振阀的实时闭环控制，显著提升了压缩机组的能效和自动化控制水平。应用成果对炼油化工行业同类压缩机的能效提升和智能化改造具有重要借鉴意义。

关键词　智能控制；动态优化；节能改造

1　延迟焦化富气压缩机组的工艺瓶颈与改造背景

某公司240万t/y延迟化装置是由镇海石化工程股份有限公司设计，该装置于2006年初建，并于2008年3月正式投运。其配套的富气压缩机由沈阳透平机械股份有限公司生产制造，汽轮机由杭州中能汽轮动力有限公司生产制造。设备位号为C1201，主要技术数据如下表1、表2：

表1　富气压缩机主要规格及技术数据

富气压缩机C1201主要规格及技术数据					
输送介质	富气	流量	36508Nm³/h	介质分子量	31.57
入口压力	0.04MPa	入口温度	40℃	压缩比	10.14
出口压力	1.32MPa	出口温度	125.4℃	叶轮级数	7
额定转速	8085r/min	轴功率	4102kW	效率	78.5/74.8%
一阶临界转速	3439.8r/min	二阶临界转速	11337.7r/min	联轴节形式	叠片式
径向轴承	可倾瓦	止推轴承	金斯伯雷	单重	29350kg

表2　富气压缩机配套汽轮机主要规格及技术数据

汽轮机C1201主要规格及技术数据					
进汽压力	1.0MPa	进汽温度	220-280℃	蒸汽耗量	22.6t/h
排汽压力	0.008MPa(A)	排气温度	50℃	额定转速	8085r/min
最低连续转速	5659r/min	最大			
连续转速	8489r/min	跳闸转速			
(电子/机械)	8894/r/min				
径向轴承	椭圆瓦	止推轴承	米歇尔轴瓦	单重	10800kg
功率	4512kW	叶轮级数	7	转子重量	1500kg

富气压缩机组原设计采用汽轮机505控制器，自投运以来机组防喘振控制一直采用手动操作，操作人员需根据工况变化手动在505控制系统中调节机组的转速设定值和在DCS系统上调节防喘振阀的开度，不能投自动运行。并且因为焦炭塔周期性生产的特点，压缩机负荷变化大，

机组的稳定运行操作难度较大，为了留有操作余量，防喘振阀的开度长期保留在 10% 以上，造成了蒸汽浪费，现有的操作模式有优化节能运行的潜力。为此，我们联合浙大中控实施了富气压缩机控制系统改造。

2　改造需求：防喘振控制优化与分馏塔顶压力联动控制

2.1　节能降耗

目前受焦炭塔周期性生产特性影响，压缩机负荷波动幅度达 40% 以上，为了防止压缩机因负荷波动而喘振，通常会设置较高的入口流量，防喘振阀长期维持 10% 以上的冗余开度，导致蒸汽能耗损失显著，有较大的优化空间。

2.2　提高自动化水

传统 DCS+505 调速系统难以同时兼顾多个变量之间的相互影响，操作人员需在双系统间进行跨平台协同调节，操作频次高，难度大，对操作人员技能要求高。

2.3　增强工艺控制稳定性

现有手动操作方式控制精度差，分馏塔顶压力波动较大，工作控制稳定性差。

3　解决方案：基于 ITCC 的多变量协同控制架构设计

为解决上述核心需求，我们联合某控制系统厂家，根据需求打造多变量协同控制架构，将 ITCC(集成式透平压缩机控制)智能控制系统应用于延迟焦化装置。基于“转速-压力-流量”多维度参数耦合特性，构建包含前馈补偿、动态边界约束的协同控制模型。通过 ITCC 控制系统实现分馏塔顶压力与压缩机转速的联动控制，建立动态响应时间≤1 秒的实时闭环调节机制。需要降低分馏塔顶压力时，控制系统会首先关闭防喘振阀，而后再提升转速；需要提高分馏塔顶压力时，首先降低转速，而后再开防喘振阀。

3.1　机组防喘振控制曲线的优化方案

目前现场防喘阀手动控制，没有做性能控制，查阅预估性能曲线，经过重新计算增加性能控制以后，机组转速及防喘阀将根据分馏塔顶塔顶压力自动调节，操作工只需给定分馏塔顶压力设定值，系统将自动进行调节。性能曲线图如图 1 所示。

qr2	Rc	SLL标定	qr2	Rc	qr2	Rc
0.006877469	5.2171		0.006351138	7.62125	0.007938923	0.00000
0.007628506	4.7653		0.007577197	9.53195	0.009471496	0.00000
0.00799252	4.4643		0.009303987	11.73716	0.011629984	0.00000
0.008526784	4.0628		0.014325868	14.39490	0.017907335	0.00000
0.006351138	7.6213					
0.007424307	7.2765					
0.008472533	6.8218					
0.009475047	6.2198					
0.01029341	5.6179					
0.011270261	4.6647					
0.007577197	9.5320					
0.009247314	9.1297					
0.010899087	8.4760					
0.012487884	7.5710					
0.013837086	6.5208					
0.014608362	5.2666					
0.009303987	11.7372					
0.011395549	11.5360					
0.013975872	10.7818					
0.016139473	9.5822					
0.017512477	7.8727					
0.018618959	6.2198					
0.014325868	14.3949					
0.017982827	13.6910					
0.020426611	11.8880					
0.021447555	10.2862					
0.022230173	8.6772					
0.022582504	6.5711					

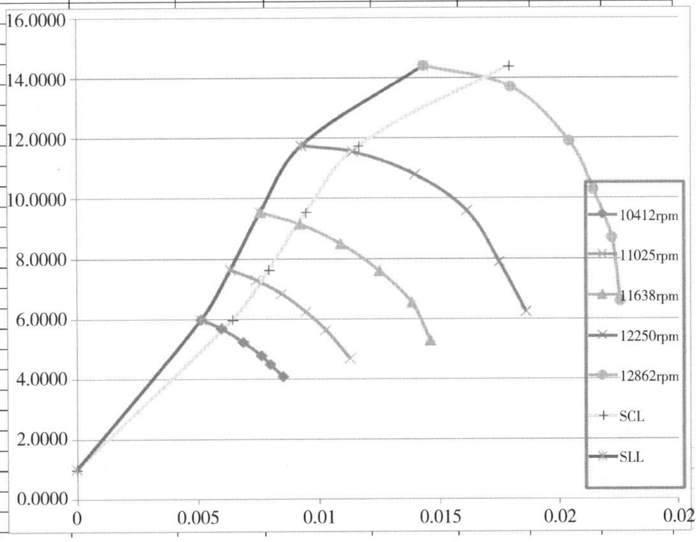

图 1　性能曲线

3.2　基于多变量耦合的压缩机负荷智能调节

在机组控制系统中，增加分馏塔顶压力与防喘阀、汽轮机转速耦合控制。控制示意图如下图 2：

3.3　增加汽轮机速度与防喘阀解耦功能的优化控制

在功能上增加防喘振控制器(UIC)和性能控制器(PIC)的解耦控制，分别为防喘振控制到性能控制器的解耦和性能控制器到防喘振控制的解耦。当压缩机防喘振控制器检测运行点越过喘振控制线 SCL 时，防喘阀控制器 PID 计算结果会打开防喘阀，而防喘阀打开会提高分馏塔压力，防喘阀动作到分馏塔压力变化再到性能控制器调整，通常会造成性能控制器的调整作用明显滞后，增加防喘振控制到性能控制的解耦，会使得防喘振控制器动作时性能控制的及时和精确。同理，增加性能控制到防喘振控制的解耦，会让性能控制器动作时防喘振控制的及时和精确。解耦控制原理图如图 3 所示。

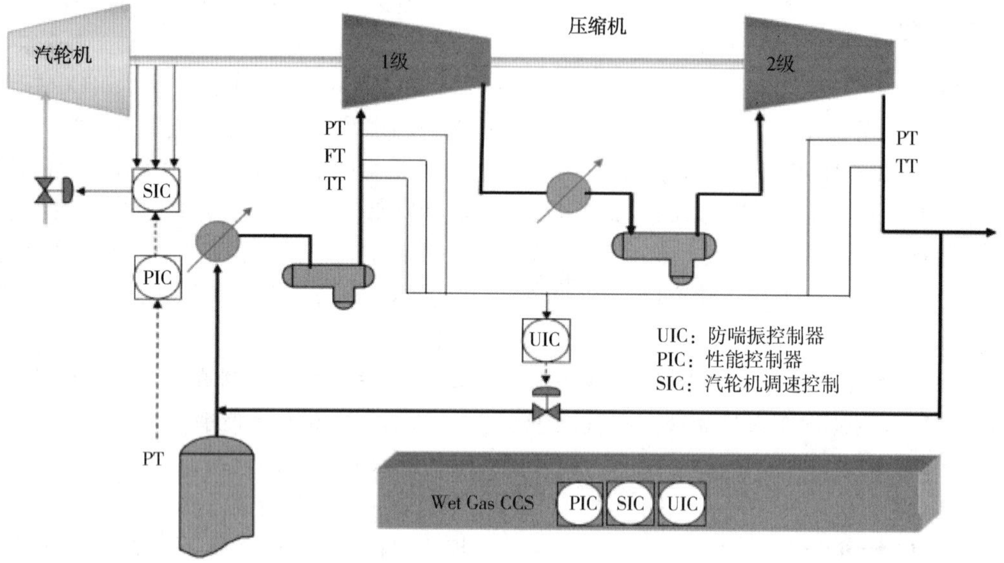

图 2　控制示意图

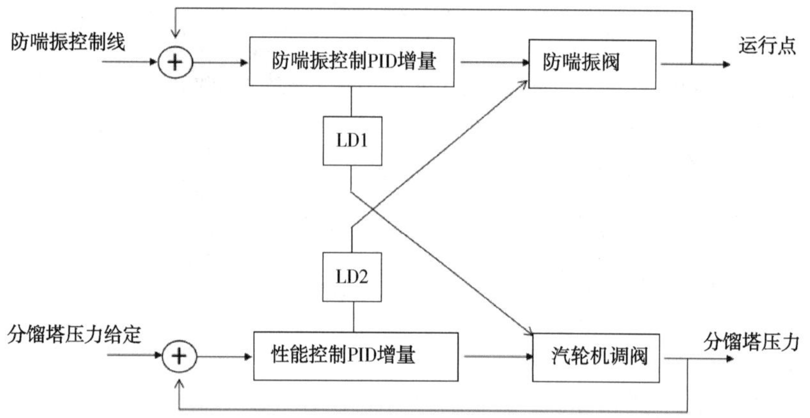

图 3　解耦控制原理图

3.4　串级控制回路与动态性能优化策略

分馏塔压力采用性能控制，根据分馏塔实际压力和设定压力进行自动调节。由性能控制 PIC 和汽轮机调速控制 SIC 组成分馏塔压力控制到转速控制的串级控制回路，保证分馏塔压力始终稳定在一个工艺要求的数值上。在性能自动控制模式中，性能控制器检测到的分馏塔压力实际值(PV)和输入的设定值(SP)自动进行 PID 计算，并将结果发送给汽轮机调速器，作为汽轮机调速器的远程转速目标值，调速器再根据实际转速值和远程转速目标值自动进行 PID 计算，保证转速稳定在目标值上，从而实现了对分馏塔压力的自动调节控制，图 4 为性能和转速串级控制示意图。

3.5　性能控制最佳工作范围

该解耦及调速模块可以将工作点控制在压缩机控制线右侧附近，以提高机组运行效率。如图 5 所示：

3.6　容错保护机制

系统增加仪表故障退守功能，一旦参与防喘振、分馏塔顶压力的任何一个参数出现仪表本体故障，则程序自动切为手动模式，不会对装置造成任何不必要的停车。增加事故自动分析功能程序，一旦机组自动联锁停车，在 HMI 中自动弹出事故分析原因和第一事故跳车信号。以便于帮助用户快速找到停车原因，恢复生产。

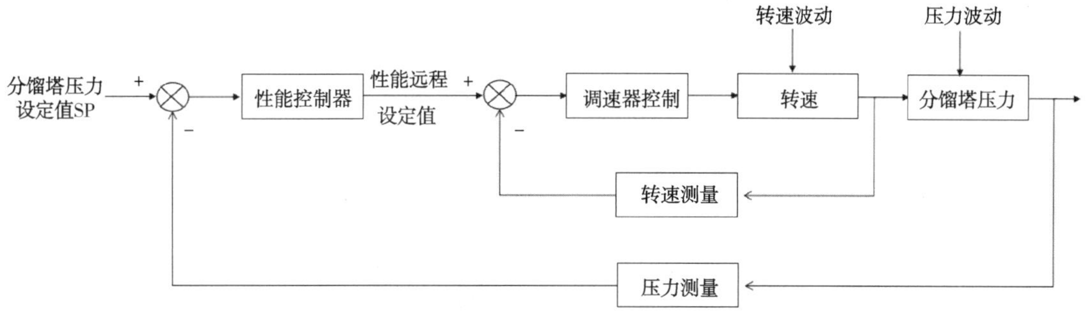

图 4　性能和转速串级控制示意图

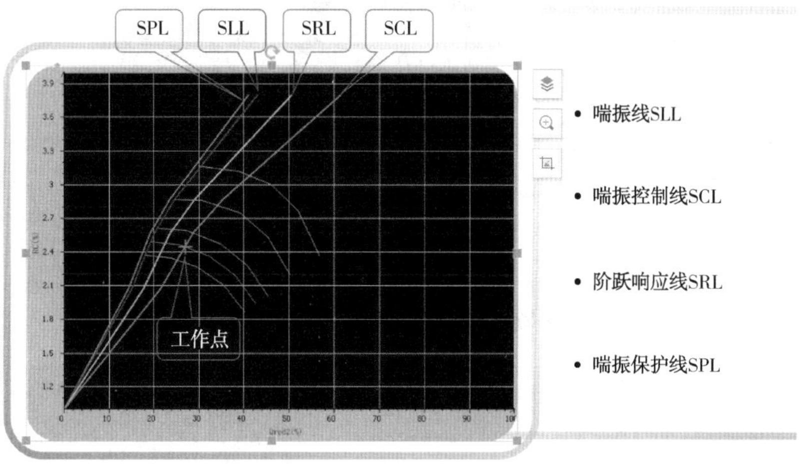

图 5　性能控制曲线

4　关键技术：核心控制算法优化与动态建模

4.1　核心控制算法优化

采用无量纲坐标系算法，消除气体组分和入口条件变化对喘振线的影响。由于本项目机组已运行了很长的周期，压缩机的性能曲线会发生微小变化，为了安全设置喘振控制参数和压缩机运行的经济性，所以对压缩机不同转速工况下进行轻度喘振测试。根据测试结果优化喘振曲线。

4.2　温度补偿

采用专用温度补偿算法 f2(T)修正由于温度变化对喘振线的影响。

4.3　前馈响应

当运行点快速向喘振控制线 SCL 移动，其移动速率(dS/dT)超过一定限制后，喘振控制的安全裕度可以动态增加，使得喘振控制线右移，PID 可以提早作出反应，防止突然快速的工艺扰动造成机组喘振。

4.4　自增益喘振保护响应

当工作点触碰 SPL 或者喘振被内部程序检测发生，系统将立刻全开防喘阀迅速制止喘振，同时向右增加一定的 SCL 的裕度(最多五次)并触发报警并锁定，直至操作人员复位。

4.5　限制控制

为保证压缩机的安全运行，每一个喘振控制器可设置三个限制控制回路，以帮助在防喘振的同时，限制相关的工艺变量。被限制的变量可以是入口压力、出口压力、压比、入口温度、出口温度等。

4.6　防喘阀的调校

为了使的控制能够及时的相应分馏塔顶压力，必须使得防喘阀不能有卡塞现象。针对焦化装置间歇性生产特点，对相关控制参数 PID 进行优化，提高防喘振阀和入口压力的控制精度。

5　ITCC 智能控制系统应用效果

针对该机组运行中的能效瓶颈问题，创新性实施了智能化控制系统改造工程。在 2022 年装置停工大检修期间，对富气压缩机控制系统进行改造，新增一套ITCC机组控制系统实现机组转速及防喘振阀的自动调节。投用前对整套系统进行了模拟测试，开车前对压缩机不同转速工况下进行轻度喘振测试，对系统可靠性进行了验证。正式投产后系统运行平稳，经过半年运行观察，控制系统运行稳定，压缩机运行状态良好，防喘振控制阀开度基本在0至15%范围内运行，进一步验证了ITCC智能控制系统的可靠性和节能效果，改造主要效益如下。

5.1 人机交互界面优化

全新的人机交互界面简单明了，开停机及日常操作简单易用，对操作人员更友好。新的ITCC系统全中文界面，简单明了，易于操作，相比原505全英文多层级操作界面更容易掌握，对操作人员更友好(图6)。

(a)改造前界面

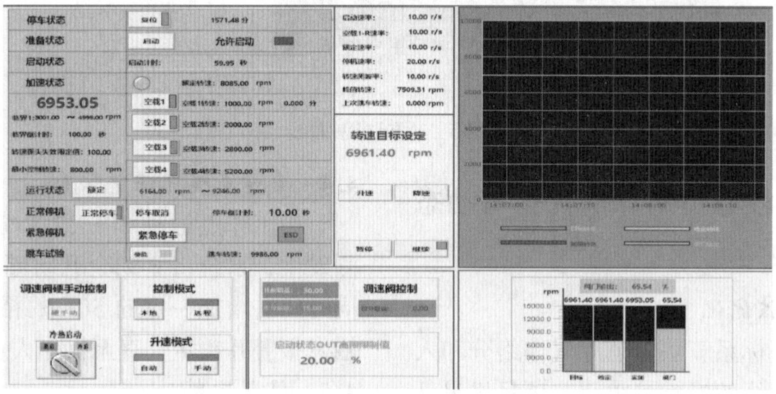

(b)改造后开机界面

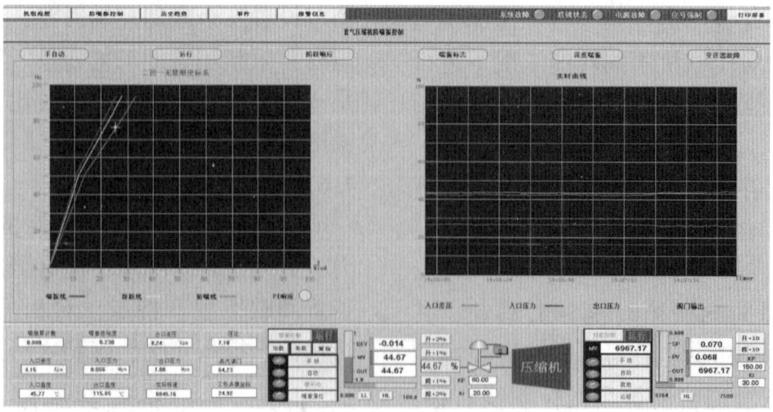

(c)改造后正常运行控制界面

图6

5.2 自动化水平提升

实现了汽轮机转速、压缩机防喘振控制和入口压力控制的全自动操作，自动化程度显著提升。实现一键自动开机，按照设定程序自动暖机、自动升速。日常运行中满足全工况下的自动调节，实现全自动控制切塔及放空，操作人员只需在 DCS 上设定分馏塔顶压力即可，系统自动完成其余调节工作，大大降低了操作人员的工作量和操作难度。

5.3 节能降耗效果明显

在保证在满足工艺生产的前提下，最大限度关小防喘振控制阀，节省蒸汽，创造可观的经济效益。根据运行数据显示，折合经济效益 156 万元/年，二氧化碳减排量达 3900t/y，投资回报周期小于 1 年。

6 ITCC 智能控制在炼化行业节能改造中的推广价值

本项目通过引入 ITCC 智能控制系统，成功解决了焦化富气压缩机组运行中的能效瓶颈问题。通过构建多变量协同控制模型和创新开发智能控制策略，实现了压缩机组的能效动态优化与集成应用。项目实施后，节能降耗效果显著，自动化水平大幅提升，技术路线契合《国家工业节能技术应用指南》要求，助力实现“双碳”目标，对行业内同类装置具有较好的借鉴意义。

参 考 文 献

[1] 张炯焱 . 压缩机控制系统中自动化技术的应用分析[J]. 设备管理与维修，2021(4).

[2] 刘步尘 . 空压机智能控制与节能策略研究[J]. 机械工程与自动化，2021(2).

[3] 王晓辉，刘涛 . 压缩机智能控制系统中的故障诊断与预测技术研究[J]. 机械工程学报 .

[4] 李明，张伟 . 集成式透平压缩机控制(ITCC)系统在石化行业的应用研究[J]. 自动化与仪器仪表 .

[5] 王秋红 . ITCC 压缩机控制系统在乙烯装置中的应用[J]. 石油化工自动化，2006(5).

离心空压机控制系统节能改造

王继文　王　宁　刘　奇　谭占斌　赵以登

（中海油东方石化有限责任公司）

摘　要　改造之前的离心式空气压缩机为防喘振设置了最小负载电流，按电流和压力设定值防止出现喘振，距离实际喘振点安全裕量较大。当机组处于最小负载模式运行时，空压机进口阀关小，旁通放空打开，通过截流和放空保证空压机的安全运行。改造后按压头 Ft 设定值防喘振，进气阀截流范围更广，距离实际喘振点安全裕量更科学合理，可以有效降低最小负载电流，达到节能目的。

关键词　空气压缩机；喘振；旁通放空阀；压头；节能

1　设备简介及改造背景

1.1　设备简介

离心式空气压缩机是速度式压缩机的一种。早期，离心式压缩机只能用于压缩空气且只适用于中、低压力及气量很大的场合。随着石油、化工生产规模的扩大和机械加工工艺的发展，从20世纪60年代开始，离心式压缩机在我国石油化工生产中的应用越来越广泛。近几年来，离心式空气压缩机已经成为石油、化工等部门用来强化生产过程的关键设备。该类型的压缩机运行稳定性好，占地面积小，风产量大，但也有能效偏低的缺点。

东方石化空压站现有3台某进口品牌离心式空气压缩机（以下简称空压机），额定功率1300kW，额定排气压力0.90MPa，最大进气量为220Nm^3/min，使用自带的Xe-145F控制系统。

每台设备都装有独立的控制柜，出口管线均安装压力变送器对运行压力进行监控。正常运行期间设备在恒压模式下运行，当系统用风量减少导致出口压力高于机组运行压力设定值时，系统首先关小进口调节阀进行调节，设备运行电流降低至喘振保护电流设定值时，进口阀不再关小，若此时出口管线压力仍高于机组运行压力设定值，将通过打开旁路阀进行放空进行压力调节以保证出口管线压力与设定值一致，从而确保机组不发生喘振现象。

1.2　改造背景

空压机于2013年服役，运行已经10年。2023年1月，公司新建丙烯腈联合装置投产后，压缩空气使用量由9000Nm^3/h左右增加至15000Nm^3/h左右，因此一台压缩机运行已经不能满足生产需求。空压站配置的3台空压机型号一致，缺少操作弹性，投用2台机组运行后富裕产能较多，而空压机现有控制系统的最小负荷调节能力有限，较多富裕产能只能选择放空排掉，即便是将设备工况调整至两台离心机均处于最小负荷下运行的最优状态，两台离心机的旁通阀仍有25%左右开度的放空量，造成较多的能源浪费，经测算每年造成的能源浪费损失在100万元以上。放空时现场还会产生较大的噪声，即便经过消音器进行了降噪处理，放空状态机组1米处的噪声仍达到105分贝左右。

空压机的运行状态除装置用风量因素外，还随着环境温度、湿度的变化而变化，处于最小负荷临界状态时每天需要多次调整压缩机设定值才能保证运行的两台机组均处于最小负荷状态。三台空压机通过各自出口管线的压力变送器对运行压力进行监控，检测值反馈至控制系统后，控制系统根据检测结果调整进气阀和旁路阀的开度，从而保证输送压力与设定值一致。因仪表自身特性、取压点位置等原因，三块仪表检测值存在少量误差，因此经常发生一台离心机最小负荷运行而另一台离心机最大负荷运行状态时，将最小负荷机组运行压力设定值提高0.01bar或将最大负荷机组运行压力设定值降低0.01bar，就会导致原最小负荷机组处于最大负荷运行，而原最大负荷运行机组转为最小负荷运行，该状态下的大幅自动调控所造成的放空浪费更多。

如图1，两台机组运行时，在外部压缩风用量没有发生变化的情况下，仅仅将压缩机C机运行压力设定值降低了0.01bar，就导致C机由进口全开，出口全关的最大负载运行状态降低至了最小负载运行状态。两台运行机组电流都稳定在 66A 运行。

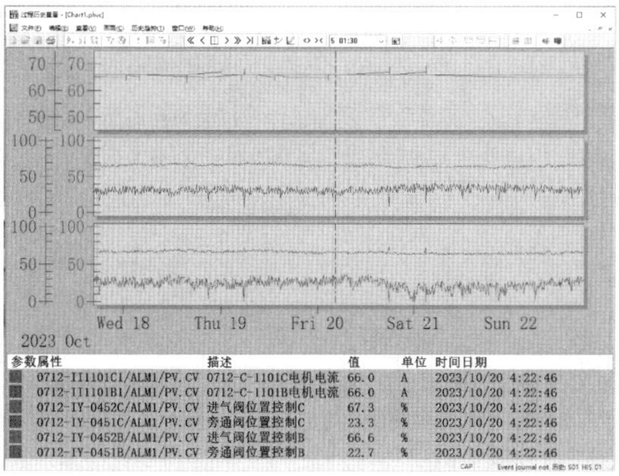

图 1　改造前运行电流、阀门开度

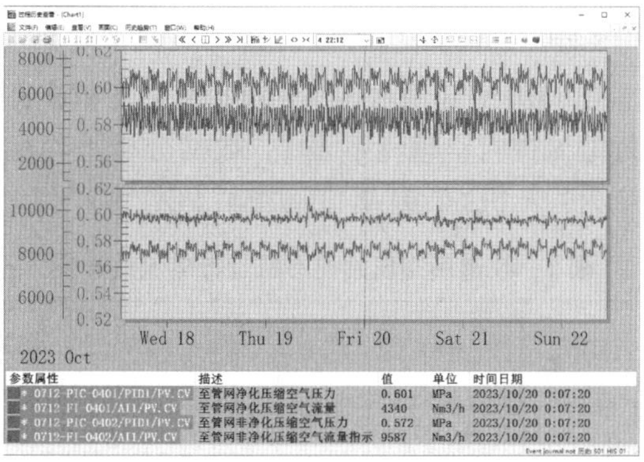

图 2　改造前管网压力、流量

2　空气压缩机控制系统节能改造方案

2.1　方案简介

空压机组 Xe－145F 控制系统可以增加 Ambient control 节能程序，通过更加有效的回路转换，调整进气阀开度，机组负载尽量接近喘振线从而增加节流控制范围，使设备运行在更小负荷下，减少放空甚至不放空，最终实现节能目的。

当下游用气量少，出口压力升高时，现设备搭载的 Xe－145F 控制器的程序，给出减小进气阀开度的动作信号，当进气阀继续减小，此时电流运行在喘振线上，放空阀直接动作，将多余的压缩空气直接排放，在该动作下电机运行电流并无任何变化。

Xe－145F 控制系统升级 Ambient control 节能程序后，在面临同样的需求变化时，控制系统系统给出信号使进气阀和旁通阀同时动作，大大缩短状态转换的时间，使电机运行在最小负荷下，尽量接近喘振线而不发生喘振，旁通阀微放空甚至不放空，能快速降低运行电流，该控制逻辑可以实现单机节能 10%～25%。

2.2　改造前后对比

2.2.1　改造前的防喘振控制方案

原方案控制方式是基于压力－电流的控制方式，通过实际喘振试验得到一个截流喘振点，在截流喘振点的基础上设置最小负载电流，俗称防喘振电流值。当机组处于最小负载状态下，控制进口阀的开度保证电流稳定在最小负载电流值，再通过旁通（放空）阀控制排气压力稳定在排气压力控制点上。离心空压机改造前设定的最小负载电流为 66A，安全裕量较大。

2.2.2　改造后的防喘振控制方案

改造后最小负载的设定不参考电流值，改为参考压头值－压力和温度的比值 ft。该值设定通过实际喘振试验得到一个截流喘振点的压头值，再把截流喘振点的压头值设进去通过计算得到一个最小负载的压头值，新的控制程序通过比对实际压头值和最小负载压头值来控制进气阀和旁通阀，改造后防喘振点可以很接近自然喘振点而不会喘振，达到节能的目的。改造后的控制方案简称 Ambient Control。

Ambient Control 算法公式：

最小负荷时控制参数：Head≈TH×P2/P1

TH：一级或二级温度中较高的一个，华氏温度 f

P2：末级排气压力，psi

P1：一级排气压力，psi

计算的压头值将替代电机电流测量值成为最小负荷控制值，电机电流只在最大负荷 PID 中使用。

2.2.3　控制逻辑、方式、目标

采用并行阀门控制逻辑，机组的运行状态决定于 PID 控制算法的输出，大大提高了控制系统的响应速度，减少机组喘振的机会。

末级压力控制。在系统不用气时将末级压力控制在略低于系统压力的状态，当系统需要气时能使机组快速向系统送气。

Ambient Control 控制目标。最小负荷控制点更加接近自然喘振点，在最小负荷时能比原控制系统节约不低于 10%的电能。最小负荷控制时，喘振控制点自动适应进气压力、环境温度、冷却水温度、空气冷却器换热效率、排气压力、电网电压波动等因素，使机组发挥最佳输出性能而又不发生喘振。

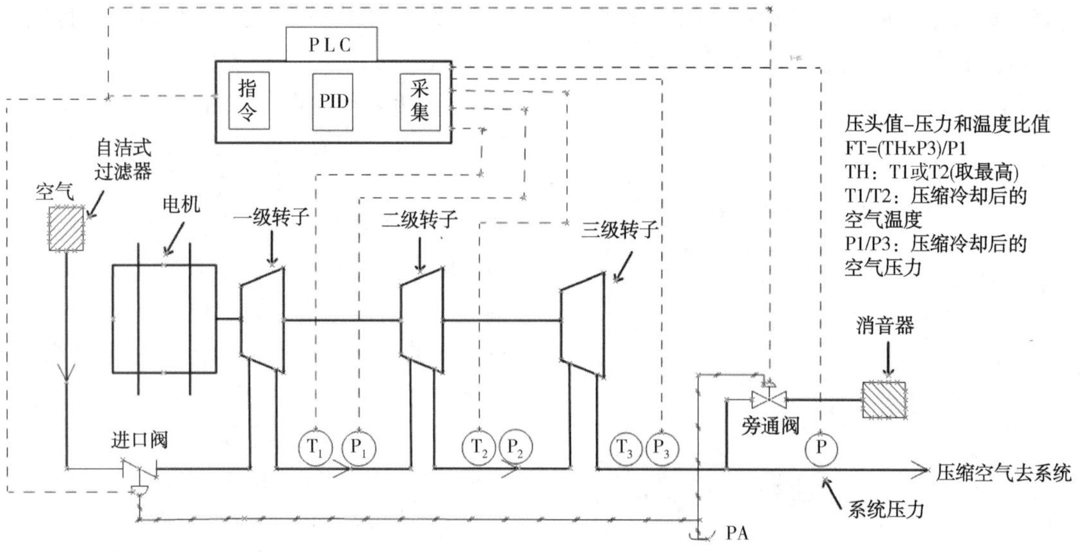

离心机控制调节逻辑原理图

图3　防喘振控制调节逻辑图

3　改造实施过程和效果跟踪

3.1　改造实施过程

2023年10月26日，由设备制造厂方售后技术人员，对2台空压机控制系统进行了改造。先是将原系统进行了升级，然后下装Ambient control节能程序，再进行喘振点调试，设立机组防喘振点，投运测试效果，合格后并网运行。

3.2　改造后节能效果

改造前，因供风量关系两台机组均处于最小负荷，运行电流均为为66A。两台压缩机出口旁路阀开度在20%至30%之间(见1.2章节图1和图2)。

升级为Ambient control节能程序后，仍是两台机组运行，外送压缩风流量和压力基本没有变化。机组出口旁通阀开度为零，不再放空；进口阀开度降低，运行电流大幅度下降。改造后空压机1米处的噪声也降为85分贝以下。见图4。

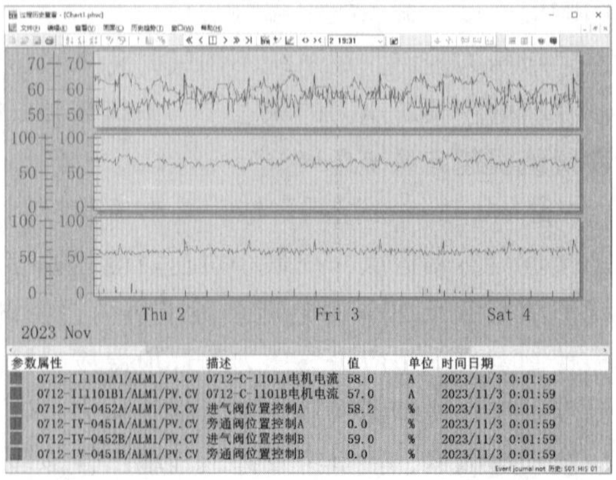

图4　改造后运行电流、进气阀和旁通阀阀门开度

对1101A/B两台改造后11月2日和3日的运行电流进行整理见下表1。数据分析平均运行电流为：A机60.91A，B机54.44A。

表1　改造后空压站离心机运行电流统计表

日期	时间	A机电流	B机电流
		A	A
11月2日	0：00	59.2	51.7
	3：00	63.3	61.2
	6：00	57.4	55.3
	9：00	59.5	51.3
	12：00	60.6	56.9
	15：00	59.5	53.0
	18：00	63.0	49.9
	21：00	60.2	57.8
11月3日	0：00	58.4	57.0
	3：00	62.7	56.6
	6：00	62.1	56.0
	9：00	58.0	55.6
	12：00	62.1	50.5
	15：00	65.2	53.1
	18：00	62.0	53.0
	21：00	61.4	52.1
平均运行电流		60.91	54.44

由上述数据可知，改造后空压机运行电流下降值为：

$$A_{节}=66\times2-60.91-54.44=16.65(A)$$

空压机电机额定电压为10kV，电机功率因数 0.92，一年运行时间为 8000h，由此计算，年节约用电 212.2 万度。

$$Q = \frac{I_{节} \times U \times \sqrt{3} \times \cos\Phi}{1000} \times 8000$$

$$= \frac{16.65 \times 10000 \times 1.732 \times 0.92}{1000} \times 8000$$

$$= 212.2 \text{ 万度}$$

电费 0.70 元/度，￥ = 212.2×0.70 = 148.5（万元）

改造后年节约电费约 148.5 万元，降低碳排放 111.2 吨，节约标准煤 259.26 吨。实际验证改造后的 2023 年 11 月份抄表统计电量：1404456（度），与 10 月份 1592277（度）相比，空压机耗电量减少 18.7 万度，与根据记录电流值的计算数据相符。

4 结束语

综上所述，本文通过对东方石化空压机控制系统节能改造案例的方案介绍、效果分析，可以看到空压机的防喘振控制方式是可以改变的，升级后的控制方式更精准。改造后最小负载状态下进气阀开度由原来的最小只能关到 70% 变为 52%～54%，旁通阀开度基本为零。年节约电量在 230 万度以上，改造后的节能效果很明显，改造后机组运行的可靠性也有足够的保证。一些成套设备的 PLC 控制要根据用户现场的使用情况进行升级和调整，以达到精准控制，可靠、节能的目的。

参 考 文 献

[1] 唐志伟．空气压缩机行业实用手册[S]．北京：电子工业出版社，2023.

[2] 徐世许等．机器自动化控制器原理与应用[M]．北京：机械工业出版社，2013.

[3] 成大先等．机械设计手册[S]．北京：化学工业出版社，2007.

屏蔽离心泵利旧改造的实践探索

冯维东　伏建华　蔡　军　郑　乾　杨永东　武淑娟

（中国石油兰州石化分公司）

摘　要　在某苯乙烯装置中屏蔽离心泵作为关键设备，其运行稳定性至关重要。本文介绍了某装置屏蔽离心泵的利旧改造方案。通过对叶轮进行切割、增设叶轮平衡孔及调整叶片背间隙等措施，有效解决了机泵超压运行及轴向力过大等问题。论文综合考虑操作工况、泵体结构及维护检修等因素，形成了成熟的屏蔽泵闭式叶轮改造方案。通过大量实践经验摸索和结论验证，改造后消除了高危泵运行风险，大大提高了设备可靠性，实现了安全平稳高效运行。

关键词　比转速；叶轮切割；平衡孔；叶片背间隙；轴向力

1　前言

乙苯加料泵（4#）是某苯乙烯装置的关键机泵，其主要作用是将中间罐区的原料乙苯输送至脱氢单元，为乙苯脱氢提供原料，该泵故障会造成乙苯脱氢系统停车。该泵为沈阳水泵厂1982年生产的离心泵，目前已使用40余年，泵体及轴承箱存在腐蚀情况，装备精度达不到最优使用要求，造成泵性能下降，同时造成该泵振动超标，长期在C区运行，故障率逐年提高，维护成本逐年增加；其次该泵采用单端面机械密封，不符合高危泵管控要求，装置拟对该泵进行改造。

2　改造方案

2023年苯乙烯装置乙苯单元退出生产序列后，装置拟利旧使用乙苯单元苯加料泵（22#）替代乙苯加料泵（4#）以满足安全年生产的需求，两台泵主要参数对比如表1。

表1　两台泵主要参数

泵位号	4#	22#
型号	离心泵	屏蔽泵
扬程	80m	125m
流量	22.5m^3/h	14.5m^3/h
转速	2900r/min	2875r/min
介质	乙苯	苯
功率	15kW	22kW

2.1　可行性分析

拟使用的22#泵为某公司生产的屏蔽泵，满足高危介质使用无泄漏机泵的要求，经过参数对比可知：

（1）装置正常负荷下乙苯加料为11.5m^3/h，装置最大负荷下乙苯加料为12.69m^3/h，因此该泵流量能满足工艺操作要求；

（2）苯的密度为0.887g/mL，乙苯的密度为0.867g/cm^3，二者相近，即该泵电机功率能满足使用要求；

（3）乙苯加料输送管线设计压力为1.2MPa，而该泵出口压力为1.25MPa，使用该泵后管线存在超压情况，泄漏风险较大，无法满足安全平稳运行要求；

由此可见，降低该泵的出口压力就能满足使用要求，最常采用的方法就是对叶轮进行切割减少叶轮叶片直径，从而减小流量和扬程，使泵的性能满足工艺使用要求。

2.2　叶轮切割

2.2.1　泵比转数

比转数又称比转速，在设计风机或水泵时，常从相似理论中引伸出一个综合性参数，即比转数。比转数较全面地反映了风机（或水泵）的特性，综合了风机（或水泵）的流量、全压、转速间的关系。比转数大，说明风机（或水泵）在同流量下，风压（或扬程）低；比转数小，说明风机（或水泵）在同流量下，风压（或扬程）高。

比转数（n_s，r/min）计算公式为：

$$n_s = 3.65\frac{n\sqrt{Q}}{H^{3/4}} \tag{1}$$

式中，n为为泵的额定转速，r/min；Q为为泵的额定流量，m^3/s；H为泵的额定扬程，m。

离心泵叶轮允许的最大切割量与比转速有关，比转速越高，允许的切割量就越小，最大的切割量与n_s的关系见表2。

表2　n_s与最大的切割量

比转速/n_s	≤60	60~120	120~200	200~250	250~350	350~450
允许的最大切割量/%	20	15	11	9	7	5

对于低比转数ns<60的离心泵叶轮，切削定律的表达式(2)~(4)；

$$Q'/Q=(D'_2/D_2)^2 \quad (2)$$

$$H'/H=(D'_2/D_2)^2 \quad (3)$$

$$N'/N=(D'_2/D_2)^4 \quad (4)$$

式中，D_2、D'_2为叶轮切削前后的外径；Q、Q'为叶轮切削前后的流量；H、H'为叶轮切削前后的扬程(单级)；N、N'为叶轮切削前后的功率；

对于中、高比转速数ns=60~120r/min的离心泵有公式(5)~(7)；

$$Q'/Q=(D'_2/D_2) \quad (5)$$

$$H'/H=(D'_2/D_2)^2 \quad (6)$$

$$N'/N=(D'_2/D_2)^3 \quad (7)$$

以上为切削定律公式，它与相似定律在本质上是完全不同的。所以在选用切削公式时，可按2种情况进行分析：①叶轮外径变小：优先选用扬程计算公式来求D'_2为最佳。②叶轮外径加长，优先选用功率计算公式来求D'_2为最佳。但公式求出的D'_2并非实际切削的外径，实际切削值尚需进行修正。

2.2.2　离心泵叶轮切削的实施方案

根据离心泵性能数据表，利用公示(1)可计算该泵的比转速为17.68。

该泵叶轮直径为295mm，将原离心泵的出口压力0.8MPa作为切割的目标值，由式(2)得到理论切割后直径为236mm，切割率为20%，为该泵允许的最大切割量，考虑到实际切割余量，切割方案不能将目标值设定为0.8MPa。根据管道设计压力，将目标值设定为1.0MPa，由式(2)得到理论切割后直径约为266mm，切割率为9.8%，小于最大切割率20%；同时将切割后直径266mm带入式(1)中得到切割后流量约为12.97m^3/h，满足工艺操作要求，因此确定最大切割量为29mm。

以上只是理论计算量，但在实际切割过程中由于叶轮切割前后容积效率、叶轮出口宽度、叶片出口角度等尺寸均发生变化，这些因素均可能导致泵效率显著降低，因此，实际切割并不能完全参照理论计算进行，应严格控制叶轮的切割量，并通过增加切割次数以确保泵的效率不会过低。该泵每次切割按照约最大切割量的10%进行，第一次切割后压力下降0.05MPa，第二次切割后压力下降0.1MPa，因此将第三次切割量由9mm减少到8mm，具体切割情况如表2。这种逐步切削的方法可以适当减少叶轮切削的风险性，在满足实际工况需求的前提下保证离心泵有良好的技术性能。

表3　离心泵叶轮逐步切削方案

切割次数	第一次	第二次	第三次
理论切割量/mm	29mm	29mm	29mm
理论切割量/%	10	20	27.6
实际切割量/mm	3mm	6mm	8mm
出口压力/MPa	1.2	1.1	0.98
流量	满足	满足	满足

3　平稳运行分析

经过三次切割后该泵扬程和压力均满足使用要求，但泵体振动显著增加，并随着使用周期的增加而增加，TRG指针从绿区上升的红区，因此该机泵不能满足长周期平稳运行使用的要求，需进一步分析改进。

3.1　检修情况分析

对该泵解体检修后发现存在下列问题：

(1)前轴承轴向有明显磨损的痕迹，经实际测量磨损量为1mm，如图1所示；

图1　前轴承

（2）后轴承轴向及径向均有轻微磨损，如图2所示；

图2　后轴承

（3）前推力盘有明显磨损的痕迹，表面有热裂纹；

（4）后轴套及推力盘有轻微磨损。

3.2　原因分析

通过检修情况判断，主要原因是泵运转过程中，轴向力较大，转子一直处于向前运动的状态，导致前轴承与推力盘配合端面发生严重的磨损，磨损后机泵轴向间隙变大，从而引起泵体振动加剧。

3.3　整改措施

选择合理的叶轮平衡孔及调整适当的叶轮背间隙可减少机泵轴向力，通过增加副线调节来稳定机泵运行流量，从而消除影响稳定运行的瓶颈因素，实现长周期运行。

3.3.1　减小轴向力

机泵运转过程中叶轮会产生同介质吸入方向相反轴向力，轴向力是一种有害的作用力，因此轴向力越小越有利于泵的运行，而在实际工作中，引起轴向力的原因千差万别，所以轴向力的平衡是一件非常困难的事，常见的轴向力计算公式如下：

$$F_1=\pi\gamma(R_2^2-R_3^2)\left[H_1-\frac{\omega^2}{8g}\left(R_2^2+\frac{R_1^2-R_3^2}{2}\right)\right] \quad (8)$$

式中，R_1为叶轮前密封环半径，m；R_2为叶轮外径，m；H_1为泵单级扬程，m；$H_1=(P_2-P_1)/\gamma$，m；P_2为叶轮出口压力，Pa；P_1为叶轮入口压力，Pa；R_3为叶轮轮毂半径，m；ω为叶轮旋转角速度，1/S；γ为水容量，N/m^2。

单级泵的叶轮开平衡孔，会导致经其平衡孔的泄漏流与进入叶轮的主液流相冲击，破坏了单级泵正常的进口流动状态；同时，泄漏量会使单级泵的容积损失增加，扬程和效率降低。通常认为叶轮前后的压力差是轴向力产生的一个重要因素，因此可通过调整平衡孔和叶轮背间隙的方法减小轴向力。

3.3.2　选择合理的叶轮平衡孔

叶轮平衡孔没有固定的计算方式，一般基于实践经验和结果验证，该泵叶轮平衡孔为5＊φ6。由泵的故障分析可知，轴向力过大是造成前轴承及推力盘磨损的主要原因，因此可通过适当增加平衡孔直径来减小轴向力。由于现场条件有限，只能通过观察不同平衡孔下泵的运行及前后轴承的磨损情况来判断开孔直径的合理性。经过实际测试可知，当平衡孔增大，前轴承磨损量逐渐减少，即证明泵的轴向力减小，同时轴承磨损量减少时，机泵负荷减小，电流也随之减小；其次额定流量为固定值，当平衡孔直径增大后，泵的容积损失增大，且平衡孔越大，容积损失越大，因此泵的出口阀开度一直在增加，由此可见平衡孔直径并不是越大越好，应满足生产需求。

综上所述，经过实际运行测试，7mm为该泵最佳平衡孔开孔直径，这主要是由于泵出厂试验介质、温度、压力与实际工况存在较大差异，且实际操作也存在较大差异性，故泵最初设计平衡孔不一定能满足实际运行需求。

3.3.3　调整适当的叶片背间隙

经过平衡孔改造，该泵轴承的使用寿命明显提高，但经过两个月后机泵振动明显增加，前轴承磨损量依旧较大，因此需进一步改进才能满足长周期运行需求。

叶轮背间隙是影响轴向力的另一个主要因素，如图3所示，当叶轮背间隙增大时，叶轮轮毂与端盖间隙变大造成泄漏量增大，轴向力也随之减小，因此可通过调整合适叶轮背间隙来平衡轴向力。

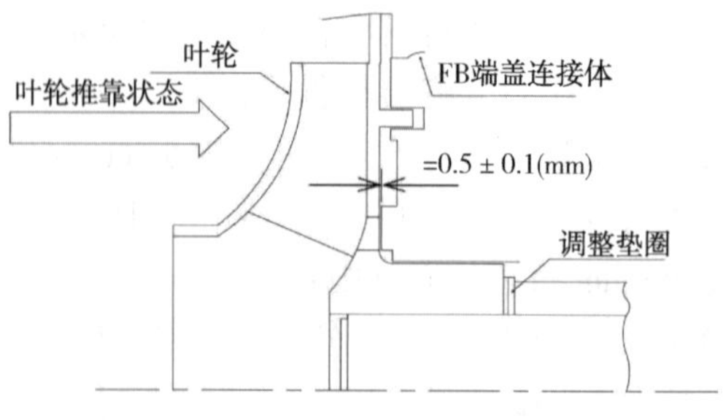

图3　叶轮背间隙示意图

该泵厂家提供的叶轮背间隙为0.5±0.1mm，因此可通过逐渐增加叶轮背间隙来测定机泵运行情况，经过实际测试可知叶轮背间隙增大，泵的运行周期增加，同时叶轮背间隙增大，泵的泄漏量增大，容积损失增大，因此泵的出口阀开度一直在增加，因此经过实际运行测试，该泵的最佳叶轮背间隙为2±0.2mm，机泵能满足长周期运行的需求。

3.3.4 优化操作控制合理的流量

屏蔽泵流量范围一般为额定流量70~120%，流量太大或太小，都容易造成轴向力变化，加速轴承等易损件磨损，因此在生产运行中应平稳操作，避免流量频繁波动，这样才能提高设备的可靠性。同时考虑到装置开停车及低负荷等异常工况，对该泵工艺流程进一步优化，增加机泵出口到储罐的循环管线，以便通过调整循环量及时调整机泵出口流量，从而达到平稳高效运行的目的。

4 改造效果

该泵从2023年装置大检修改造至今，历时一年半时间，经过不断的摸索和研究，综合考虑泵体结构及维护检修等多方面的因素，不断寻求制约平稳运行的影响因素，最后通过对叶轮切割、平衡孔的改造及优化叶轮背间隙等措施消除了制约平稳运行的瓶颈问题，大大提高了设备可靠性，满足了高危泵运行的要求，为装置安全平稳生产提供了强有力的保障。

参考文献

[1] 魏效玲．用平衡孔平衡单吸单级离心泵轴向力的分析[J]．矿山机械，2000，(02)：51-52.

[2] 孟繁华，郝连俭，郝旭林．离心泵叶轮外径切割方法的探讨[J]．机械管理开发，2002，(03)：21-22.

[3] 杨琳．离心泵叶轮切割计算公式的推导[J]．新疆农业大学学报，2003，(01)：80-83.

[4] 丁宁，董国朝．平衡孔泄漏量对离心泵轴向力的影响研究[J]．机电工程，2021，38(04)：498-502.

[5] 牟介刚，范文粲，郑水华，等．离心泵平衡孔面积对轴向力及性能影响的研究[J]．机械制造，2013，51(9)：58-61.

[6] 林玲，牟介刚，郑水华，等．叶轮背叶片与盖板的间隙对平衡轴向力的影响[J]．机械设计与制造，2013，(12)：228-230+234.

某聚丙烯装置挤压造粒机国产化改造案例分析

曹佳亮

（大连西太平洋石油化工有限公司）

摘　要　本文介绍一聚丙烯装置挤压造粒机国产化改造案例。由于原PLC控制系统程序加密，内部逻辑关系不清楚，导致很多问题无法准确判断处理，根据生产管理的需要，修改和完善逻辑也无法实现，为实现机组操作DCS功能化和现场操作的便捷化，与原聚合区DCS操作系统实现完全融合，实现造粒单元完全DCS化，现改造为艾默生DCS控制系统。某聚丙烯装置挤压造粒机于2024年完成艾默生DCS控制系统改造及关键部件国产化更换。2024年7月20日一次性开车成功，现将试运行过程中出现的问题做简单总结，为后续国产化挤压造粒机的改进、操作等提供一定的参考。

关键词　挤压造粒机；系统改造；国产化；切粒机；故障处理

炼油化工装置中，挤压造粒机是聚丙烯工艺中的关键设备，因挤压造粒机集机、电、仪高度一体化，自动化程度高，因此在机组运行过程中常会出现一些难以诊断的故障，影响装置的正常生产。本文通过对某聚丙烯装置挤压造粒机国产化改造案例的分析，探讨国产化改造过程中的关键技术难点、解决方案及实施效果，为同类设备的国产化改造提供参考。

1　机组简介

1.1　机组概况

某石化公司聚丙烯装置挤压造粒机为日本制钢生产，于1996年投入运行，2001年4月由寰球院设计完成聚丙烯装置6万t/y扩能到10万t/y，挤压机于2004年大检修期间由日本制钢完成原来的8t/h扩能为12.5t/h的改造；2011年4月份大检修期间在大连橡胶塑料机械有限公司的配合下完成了PLC控制系统的升级改造。2024年6月大检修期间完成艾默生DCS控制系统改造及切粒小车、换网器、液压站、主减速箱齿轮轴系等关键部件国产化更换。

该机组型号为CMP230X-12AW，由混炼机、熔融齿轮泵、水下切粒机、PCW系统、颗粒干燥机和振动筛等设备组成。聚丙烯粉末和添加剂掺混后通过下料料斗进入挤压机筒体内，氮气和粉尘由抽吸系统从料斗排气口排出至细粉过滤器，粉料和添加剂在筒体内混炼熔融，再由齿轮泵把熔融的树脂加压输送到模板。由高速运转的切刀把模板挤出的柱状聚合物切割成颗粒，再由切粒水固化后的颗粒输送到离心干燥机、振动筛，将非标准颗粒筛选出来，合格的粒料风送至储存料仓进行均化掺混处理，掺混合格的产品经粒料送料风机送至包装单元包装出库，如图1所示。

图1　挤压造粒机组现场照片

1.2　机组关键操作参数

机组型号：CMP230X-12AW，功率：2300kW，电压：6000V，详细操作参数见表1。

表1　挤压造粒机组关键操作参数

名称	牌号	
	Z30S(12T/H)	T30S(11.5T/H)
主电机电流/A	160	185
齿轮泵电流/A	210	340
齿轮泵转速/(r/min)	823	870
切粒机转速/(r/min)	920	900
切粒机电流/A	48	51
齿轮泵入口压力/MPa	1	1

续表

名称	牌号	
	Z30S(12T/H)	T30S(11.5T/H)
齿轮泵出口压力/MPa	9.4	15
换网器出口压力/MPa	4.6	8
换网器前后压差/MPa	3.8	7
模板温度/℃	160	160

2　挤压造粒机国产化改造情况

2.1　DCS 控制系统改造

2.1.1　完成 DCS 系统部署

完成控制柜/操作站硬件安装与网络架构搭建，敷设冗余光纤通讯电缆及屏蔽控制电缆，实施 EMC 防护措施，接地电阻≤1Ω，电缆桥架分层隔离。热油系统更换热油电加热器及控制柜。

2.1.2　逻辑编程与效果验证

完成底层停机保护联锁，进行底层联锁分级联锁设计；完成进料系统及风送系统顺控程序开发及验证。

首先完成仪表静态测试，包括通道校验，单点测试覆盖率达 100%；再完成仪表动态联校，模拟自动开停车进行联锁测试，进行 3 次重复验证。

2.2　设备优化与关键部件国产化更新

2.2.1　切粒小车自动合模系统升级

原切粒小车采用手动合模头操作，需至少 3 人协同完成。手动操作可能导致粒水室与模板间受力不均，导致切刀与模板对中偏差，加速切刀和模板磨损；合模瞬间反作用力冲击大，易损坏切粒机气缸密封件、底座支撑件及联轴器等关键部件。

升级为全自动机头锁紧系统，新增机头锁模气控装置及气液增压泵，实现一键式合模操作。操作人员减少至 1 人，人力成本降低，降低操作中的安全风险；合模过程模板与水室受力均匀，延长切刀及模板使用寿命；提升操作安全性及执行效率。

2.2.2　关键部件国产化更换与性能提升

混炼电机主减速箱服役 28 年，长期运行导致零部件疲劳失效，加之机组扩能改造后负载增加，进一步降低安全系数。万向联轴器、鼓形齿联轴器故障频发，齿轮泵转子及轴瓦磨损严重影响机组稳定性。2019 年检修发现Ⅳ轴系输出端齿轮端部齿轮折断区域扩大、2022 年故障停机检查发现Ⅳ轴系轴承保持架破损，滚动体及滚道点蚀，轴承座出现“刷圈”痕迹。

对主减速器、螺杆、齿轮泵转子、轴瓦、万向联轴器及鼓形齿联轴器等核心部件进行国产化更换，确保材料性能与工艺匹配机组需求。消除机械疲劳失效隐患，提升设备可靠性；降低非计划停机频率，保障长周期稳定运行；国产化部件性能达标，兼顾成本优化与供应链安全性。

通过自动化升级和关键部件更新，提高机组运行负载冗余，设备可靠性显著提升，为机组长周期稳定运行奠定基础。

2.2　机组改造前后关键参数对比

挤压造粒机组关键部件国产化更新后，在同种牌号、同等负荷条件下主电机电流，齿轮泵电机转速，换网器前后压力等关键参数变化不大(详见表 2)，且模板温度显著上升，机组可靠性进一步提高。

表 2　挤压造粒机组关键操作参数对比

名称	牌号：Z30S 负荷 12T/H		牌号：T30S 负荷 11.5T/H	
	改造前	改造后	改造前	改造后
主电机电流/A	160	155	185	185
齿轮泵电流/A	210	195	340	345
齿轮泵转速/(r/min)	823	811	870	835
切粒机转速/(r/min)	920	920	900	900
切粒机电流/A	48	47	51	49
齿轮泵入口压力/MPa	1	1	1	1
齿轮泵出口压力/MPa	9.4	8	15	14.8
换网器出口压力/MPa	4.6	4.9	8	9
换网器前后压差/MPa	3.8	3.1	7	6
模板温度/℃	160	195	160	198

3　机组改造更新后试运行故障案例

3.1　首次试车过程中混炼系统下料量异常分析与优化

试车启动阶段，启动电机运行电流平稳（<30A），混炼电机达到允许启动条件，混炼电机启动30s后主电机电流低于90A触发联锁停机。故障排查发现：挤压造粒机主下料秤W801电子秤下料量上升速率显著低于预期，RF805旋阀转速响应迟滞8-10s，负荷达标后出现超调振荡（波动幅度±15%），且无法在运行中手动干预修正下料参数。

针对混炼电机启动电流异常表现和进料系统W801电子秤与RF805下料旋阀异常工况进行深度分析，查找底层逻辑联锁配置发现DCS仪表信号刷新频率为1s与原PLC控制系统刷新频率50ms存在20倍时序差，造成仪表控制回路产生累计相位延迟。

在调整时优先修改RF805下料旋阀反馈信号参数，修改后进行下料均匀性测试、系统稳定性监测和数据记录对比分析，经多次下料速度试验验证，将关键控制参数仪表刷新频率优化调整为200ms，虽比原PLC控制系统50ms稍慢但仍保持良好响应性，在下料速率控制精度与机组生产负荷间取得优化平衡。

3.2　颗粒产品尺寸异常的原因分析及解决措施

在试车过程中，颗粒产品出现尺寸异常，表现为长度显著大于正常产品（如图2所示）。经分析，该问题主要发生在自动启动开车阶段，当切粒机自动锁紧后，切刀未保持至正常磨刀位置，导致切刀与模板之间存在较大间隙，从而形成长条状颗粒。进一步排查发现，熔融聚合物料自模孔挤出后，刀轴未能保持应到位置，可能的原因包括切粒机进退刀系统故障、模板挤出物料温度不足等。通过检查液压系统、仪表风系统及进退刀行程试验，排除了机械和液压油系统的因素，最终将问题锁定在自动开车程序上。

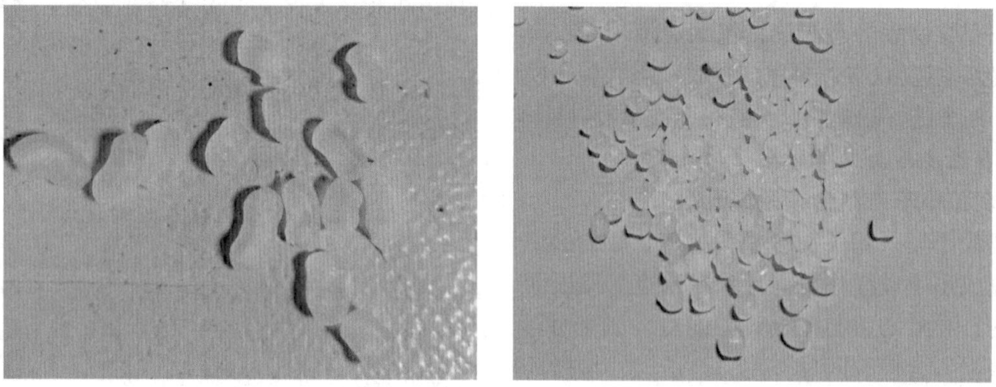

图2　自动启动程序调整前后，切粒效果对比图

此次改造采用大橡塑自动开车程序，其逻辑为：启动程序后，切粒机运行，延时5s PCW三通阀切换至水室，延时4.5s切刀前进，延时0.1s齿轮泵电机启动，齿轮泵运行后延时1s开车阀切换至直通。该程序存在关键缺陷：PCW切粒水过早进入水室，导致模板温度骤降，少量切粒水进入模板中，熔融物料挤出后迅速固化，阻碍切刀前进。切刀被固化物料顶退，形成间隙，最终导致长粒产品。因此，程序中的“三同时”步骤（切刀前进、PCW进入水室、齿轮泵启动挤出物料）时序不合理是问题的根本原因。

为解决该问题，对自动开车程序逻辑进行了调整：启动程序后，切粒机运行，延时5s切刀前进，待切刀到位后PCW三通阀切换至水室，同时延时4.5s启动齿轮泵电机，齿轮泵运行后延时1s切换开车阀至直通。优化后的程序确保了切刀先到位（改造前也是同样情况），随后切粒水与熔融物料同步到达模板，避免了模板温度骤降和物料固化问题。重新试车后，颗粒尺寸恢复正常，验证了程序调整的有效性。自动开车程序的逻辑设计对切粒质量具有关键影响，尤其是切刀、冷却水与物料挤出的时序配合。通过精准控制各环节延时，可有效避免因模板温度波动导致的切刀位置异常。该经验可为同类设备的程序优化提供参考，同时强调了试车阶段对自动化逻辑验证的重要性。

4 挤压造粒机 DCS 控制系统改造分析和思考

4.1 问题隐蔽性

挤压造粒机组仪表连锁逻辑造成的停车事件处理一直是机组运行中不可避免的难题，由于原PLC 控制系统程序加密和经过扩能和升级改造后，内部逻辑关系因各种调整后混乱不清楚，导致很多问题无法准确判断处理，机组运行时往往因为某个非确定性问题开车失败。经过此次 DCS 改造后，底层仪表联锁逻辑清晰，仪表柜及电气柜重新接线调试，各通道信号传输清除，在确定明确报警条件后，可重新经过仪表连锁校验及通道信号调试发现具体故障点位，大大提升了问题处理效率。

4.2 日常巡检及监控重点

（1）挤压造粒机组主体关键部位巡检。虽然现机组安装在线监测系统，但关键部位的参数变化在短时间内可能会发生异常停车事故，严重时会导致设备损坏。

1）检查摩擦离合器、万向联轴器、齿轮泵同步箱鼓形齿联轴器等部位是否有异声，若存在异声则很可能机组负荷较大，机组关键连接部位所承受负载已超出其能力范围，此时应注意机组运行电流和进料系统是否存在参数变化，若机组负荷发生变化应及时调整。

2）检查减速箱和螺杆运行情况是否正常，挤压造粒机组中减速箱和螺杆是承受载荷最大部位，也是关键的传动部件。减速箱油质、油位、冲洗油量、轴承温度是影响机组运行的关键参数，若发现异常应及时查找问题所在，短时间内处理不了应及时停机排查。

（2）挤压造粒机组 DCS 关键工艺参数监控。在改造成 DCS 控制系统后进行报警合理化设置，对关键工艺参数变化更是不能掉以轻心。

1）机组筒体及热油温度控制，各加热区温度（筒体、模头）是否在设定范围内，机组运行稳定是一般温度不会发生波动性变化。异常高温可能引发聚丙烯物料降解，异常低温可能导致塑化不良，设备超载停机，严重时会导致设备损坏。

2）聚丙烯熔融指数变化及颗粒质量控制，熔融指数仪指数变化会直观反映出产品参数变化，熔融指数在发生变化时要及时干预前部反应活性，避免因反应活性变化引起产品质量问题。

5 总结

挤压造粒机组作为聚丙烯装置的核心设备，其运行稳定性直接关系到整套装置的生产效率和经济效益。该机组具有联锁逻辑复杂、操作精度要求高等特点，一旦发生故障需快速响应处理。针对系统改造试运行阶段暴露的问题，本文通过深入的原因分析和对策研究，妥善的解决了试运行中发生的异常问题。这些案例分析不仅为机组常见故障的处理提供了技术依据，更显著提升了设备的运行可靠性和生产连续性，为装置长周期稳定运行奠定了坚实基础。由于笔者水平有限，文中不足之处敬请指正。

参考文献

[1] 关成志. 聚丙烯造粒机造粒不规则原因分析及对策[J]. 河南化工，2009，26(4)：32-33.

[2] 苏军龙. 挤压造粒机日常操作注意事项及故障处理技术总结[J]. 化学工程与装备，2017(6)：3.

催化裂化装置烟气轮机节能改造应用与效果

李　超　孟庆宇

（中国石油大庆炼化公司炼油一部）

摘　要　催化裂化装置烟气轮机节能改造效果明显，通过设备结构性改造和工艺系统操作优化，烟机效率大幅提高，烟机故障率大幅降低，大大降低了装置能耗，实现了主风机组长周期平稳运行，实现了装置“安、稳、长、满、优”运行。

关键词　烟气轮机；改造；动、静叶片；气动设计；发电；叶片角度

催化裂化装置是石油化工行业非常重要的二次加工装置，其能耗的高低直接影响整改生产企业的能耗水平。烟气轮机是利用催化裂化装置连续生产过程中产生的高温烟气的热焓做功，给主风机提供动能，其作为能量回收设备，是装置举足轻重的关键设备，烟机能否高效平稳长周期运行，关系着装置整体能耗高低。

100万吨/年ARGG装置的烟气轮机由中国石油渤海装备兰州机械厂于2003年生产，型号为YL10000C，采用单级悬臂结构，动、静叶叶型均为直叶片，其中静叶55片，动叶66片。设计的体积流量为2500Nm^3/min，额定回收功率10500kW，绝热效率为80%。

1　烟气轮机改造背景

2003年机组投产使用，烟气轮机能量回收功率低，主风机组电耗较高，双动滑阀开度较大，每年能量损失巨大，同时烟机结垢、叶片磨损折断等故障频发，维修频繁，机组无法实现平稳的长周期运行给安全生产也带来了较大隐患；装置为解决主风机组能耗高和故障率高等问题，自2004年开始至2020年先后对烟气轮机进行了四次结构性改进，相关情况如下：

1.1　第一次改造情况（2004年4月）

1）改造背景

双动滑阀开度较大，反再系统余热没能有效回收用于降低电耗，每年能量损失巨大。

2）改造内容

将烟机静叶片减少12片，由55片减到43片，并重新均布，增大流通面积，其他部件未改造。

3）改造效果

改造烟机投用后：双滑开度总开度由18%下降至12%。电机功率由4500kW下降至1580kW，每小时节电2920kW，年节电效益1401.6万元。

1.2　第二次改造情况（2010年8月）

1）改造背景

根据烟机实际工况进行标定，对烟机气动工况进行核算，烟机仍未达到设计点工况，可通过改造进一步提高烟机回收功率。

2）改造内容

在不改变烟机转子径高比及其他内构件结构尺寸的情况下，转子利旧，更换新型的扭曲型动叶片（叶型L5B，66片）和静叶片（叶型L5B，43片）以及静叶持环。

3）改造效果

改造烟机投用后：在相同的进料量及主风量下，电机功率降低580kW，降低电耗约304.8元/年。

1.3　第三次改造情况（2015年8月）

1）改造背景

2013年大检修期间100万吨/年ARGG装置对反再旋分和三旋进行更换、并增加了CRC再生剂冷却器和烟气脱硫系统，改造后烟机入口压力由0.325MPa（a）升高至0.337MPa（a），入口温度由656℃升高至689℃，此外烟气脱硫系统投用后，烟机出口压力由原来的0.1006MPa（a）升高至0.103MPa（a），导致双动滑阀总开度开大至7%，烟机实际运行工况与原设计存在较大偏差，烟机未能将烟气能量高效回收。

2）改造内容

2015年8月对烟气轮机进行检修改造，新

制一组动叶片、一组静叶组件及一件过渡衬环。新设计的动、静叶型采用高效弯扭复合(S03 马刀型)叶型，提高叶片的气动效率，增加叶片的做功能力。动、静叶片喷涂"长城 33 号"耐磨涂层，以提高叶片的抗冲蚀能力。新制过渡衬环和衬环，过渡衬环流道表面进行毫克能光整处理，以提高表面光洁度，延缓催化剂结垢。烟机壳体出口增设 16 块高效导流支承板，降低余速损失，最大限度的回收烟气能量，同时采用新的轮盘冷却结构，在烟机轮盘前侧增设一道端面蜂窝密封，轮盘上增设 7 个蒸汽导流孔，减少密封蒸汽耗量，消除密封蒸汽对烟机效率和催化剂结垢产生的负面影响，有效提高烟机回收功率。

3）改造效果

改造烟机投用后：在再生器压力和处理量与去年同期相同的工况下，根据 2015 年 10 月 22 日标定结果显示，烟机效率由 80.5%提高至 82%，每天大约节电 10000 度，每天可实现发电 1000 度，年节电约 365 万度，经济效益 234 万元。

1.4　第四次改造情况(2018 年 1 月至 2020 年 5 月)

1）改造背景

2015 年烟机改造取得较好效果，直至 2018 年，烟机入口蝶阀全开，双动滑阀总开度 9°左右，此时静叶角度为 32.5°。为了进一步提高烟机回收功率，经与中国石油渤海装备兰州机械厂设计部门有效沟通，确定微调静叶角度还有一定的节能空间。

2）改造内容

2018 年 1 月至 2020 年 5 月，通过不断地核算与摸索尝试，先后三次调整静叶角度，由 32.5°至 33.8°再调整至 33.1°，再到目前的 32.8°。并且应用了插片式静叶结构、高效导流锥等最新技术，双动滑阀开度在不同工况下始终维持最合理开度，即使再生器压力维持在较低水平，也可以实现能量的有效回收。

3）改造效果

在采取当下最为高效的动静叶组叶型等先进技术后，通过调整静叶角度，对烟气通过静叶组的瞬时流量及再生器压力的精准设计和操作控制是影响回收效率的最关键因素。改造后的烟机运行情况能较好的匹配装置的工况，烟机效率达到 80.7%。

2　近四年烟机运行主要情况

2020 年烟机结构先进性改造完成后，装置统计了 2021 年—2024 年四年烟机发电情况：截止目前 2024 年 12 月份，一套 ARGG 装置烟机入口蝶阀保持全开，烟机回收功较高，烟机效率达到 82%。烟机具体的节电情况如下，见表 1、2。

表 1　一套 ARGG 装置 2021-2024 年烟气轮机发电量月统计表

发电量(单位：万度)	1 月	2 月	3 月	4 月	5 月	6 月	7 月	8 月	9 月	10 月	11 月	12 月
2021 年	34.16	32.51	6.95	0.57	0	停工检修	0	0	0	0.39	2.84	6.27
2022 年	23.8	9.15	5.54	2.09	4.83	3.03	0.1	1.2	6.1	14.3	28.2	44.2
2023 年	52.4	35.2	8.2	0.4	0	0	0	停工检修	停工检修	2	13	30.2
2024 年	23	22.6	26	16.8	13.8	15.3	5	3.6	6.4(检修)	15.1	33.6	30.2

表 2　一套 ARGG 装置 2021-2024 年烟气轮机总发电量年统计表

	2021 年	2022 年	2023 年	2024 年
总发电量(单位：万度)	83.69	142.54	141.4	205

从上述两表可以看出，2021 年开始烟机做功能力处于较高水平，但由于 2021 年 3 月份开始三旋效率降低，烟机频繁结垢，烟机蝶阀开度受限，致使 2021 年全年发电量降低。2022 年至 2023 年烟机达到长周期运行期间烟机平稳高效运行，发电量稳定在 141 万度/年。

3　2024 年优化主风机组运行措施

2024 年装置在烟机已完成全部先进性改造的前提下，继续摸索低耗能的工艺操作，根据 2023 年反再系统改造后的设备运行情况，摸索优化主风用量，在高处理量的工况下降低主风用量，继续降低电耗，2024年主风机组的能耗水平达到了历史最佳状态，2024年全年烟气轮机发电量达212万度。

3.1 反再系统设备改进情况

2023年装置检修完成了反再系统改造项目，主要实施以下改造内容：

① 更换主风分布管提高分布管压降，保证床层稳定性临界压降更合理，数据见表3；

表3 2023年反再系统改造前后主风分布管压降变化

	2023年2月（月均值）	2024年2月（月均值）
主风量/(Nm^3/h)	123061	121698
主风机出口压力/MPa	0.261	0.259
主风分布管压降A/kPa	8.233	10.229
主风分布管压降B/kPa	10.989	10.121
再生器压力/MPa	0.205	0.203

② 待生催化剂分配器和外取热返回管分配器改造，提高分配器压降使返回的催化剂分配更均匀，改善床层流化和烧焦效果；

③ 增设CRC淹流斗增加淹流强度，改善床层不稳定区域的流化和烧焦效果；

④ 汽提段换型提高汽提效率，降低蒸汽消耗的同时减少焦中氢含量，降低再生器烧焦负荷。

改造后整体改善了反再系统运行性能，催化剂自然跑损降至0.50kg/t以下，烟机入口催化剂粉尘浓度小于100mg/Nm^3，确保烟机长周期运行，解决再生器稀相和小型加料投用时尾燃严重的情况。再生器床层分布更加均匀为主风量的降低提供条件。

3.2 其他设备修理

2023年检修期间主风机组更换了静叶轴承及密封圈(上次更换为2013年)，减少了内部静叶部件密封不好导致的流体损失，对机组的高效运行有一定帮助。同时检修期对余锅翅片管束高压水清洗和吹灰器改造，两项措施降低了烟机出口背压，进一步提高烟机做功能力。

3.3 工艺操作优化：

1）2022年优化操作后数据环比情况：

装置于2022年4月开始摸索优化反再系统操作，通过降压、降回炼比、床温低控等措施，在同处理量情况下降低主风负荷，主风流量月平均值环比降低约5000Nm^3/h，主风机电耗降低，2022年实现了全年发电(7月和8月属于偶尔发电状态)。数据对比如表4：

表4 2022年工艺调整前后参数对照表

	2022年4月（反再优化操作前）	2022年5月（反再优化操作后）
处理量/(t/h)	96.5	100.5
总主风量/(Nm^3/h)	128631	123056
生焦量/(kg/h)	8200	7965
耗风量/(Nm^3/kg)	15.69	15.45
再生器压力/(MPa)	0.215	0.206

2）2023年检修反再改造后数据同比情况：

2023年反再系统优化项目改造后再生器床层流化更加均匀，主风分布管两侧压降基本持平，外取热抽出口与返回口的温差降低，基本解决了再生器稀相尾燃问题，烧焦1千克的焦所需风量进一步降低，已从检修前13.15Nm^3/kg降至12.1Nm^3/kg，主风负荷与检修前同处理量的主风流量对比，月平均值低约5000Nm^3/h，主风机能耗进一步降低。数据如表5：

表5 检修前后参数对照表

	2023年6月（2023年）	2024年6月（2024年）
处理量/(t/h)	125.58	128.86
主风量/(Nm^3/h)	130541	125864
生焦量/(kg/h)	9930	10400
耗风量/(Nm^3/kg)	13.15	12.1
再生器压力/MPa	0.220	0.221

4 结束语

100万t/y ARGG装置在20年间历经的4次烟机结构性改进，应用了高效动、静叶型、高效支撑导流板、插片式静叶结构及高效导流锥等国内最先进的烟机结构，使烟机做功能力提高至历史最佳状态。在此基础之上，反再系统的优化改造和工艺操作在不断地创新和求变，在高生焦量下实现了低主风用量的最优工艺操作，大幅降低主风机耗功。设备节能改造可以打开思路，设备本身的配置加上工艺系统的优化，使100万吨/年ARGG装置的主风机组能耗达到了历史最好水平。

参 考 文 献

[1] 周旭，张弛，曲峰，催化裂化装置烟气轮机提效节能改造[B]. 设备管理与维修，2016.

[2] 曹晖，烟气轮机优化设计与改造[J]. 炼油技术与工程，2011.

[3] 潘凯，吴晓鲁，烟气轮机长周期高负荷运行的途径和方法[J]. 石油化工设计技术，2006，27(3)：16-18.

乙烯料泵轴承损坏预防及改造

王　亮　易　峰　冯虎城

（岳阳长炼机电工程技术有限公司，中国石化湖南石油分公司）

摘　要　本文综述了乙烯料泵轴承损坏的原因及其预防和改造方法。乙烯料泵作为化工生产中的重要设备，其运行稳定性和可靠性直接关系到整个流程的效率和安全。然而，在实际应用中，由于操作不当、维护不足、设计不合理等原因，乙烯料泵定位轴承31315经常出现损坏现象，严重影响了生产过程。因此研究乙烯料泵轴承损坏的预防、改造方法及监测手段具有重要的工程实践意义。

关键词　多级重载离心泵；31315轴承运行受力；轴承润滑；机械振动；油封改造

1　概述

乙烯生产、储存和运输的系统中，乙烯料泵有助于维持系统内的压力稳定。在一些高压反应过程中，需要泵提供足够的压力将乙烯输送到高压反应区域，使反应能够在特定的压力条件下进行，同时防止因压力波动引发安全事故或影响生产流程。中石化某分公司储运作业部成品区乙烯料泵为向某石化乙烯装置供料的关键路径设备。该泵为大连化工耐腐蚀泵厂公司制造BB4型两端支承式多级径向剖分离心泵，泵型号：DMC150 * 4；设计流量 $230m^3/h$；扬程：260m；轴功率：200kW。转速：1450r/min；属于重载离心泵。

2　主要故障现象及影响

自2014年投用以来，该泵支撑端水平振动为2.75mm/s左右、垂直振动为2.48mm/s左右、温度48℃左右，定位端水平振动为3.65mm/s左右、垂直振动为3.27mm/s左右、轴向振动为4.13mm/s左右、温度63℃左右。运行不到四个月定位轴承31315就会抱轴甚至断轴。初步认定为轴向力过大，在2014年至2015年底期间多次返回厂家进行轴向力消除、改造并提升转轴的强度。设备回来后现场调整支撑及各配合间隙，运行最高时振动为2.3mm/s左右、温度63℃左右，参考GB/T 6075.7—2015/ISO 10816—7：2009符合A级门限振动标准要求。运行半年左右会出现突发性轴承故障或断轴现象。因故障造成的抢修工期为12天左右，会导致某石化乙烯装置需紧急降量生产，严重时还会导致生产停滞，严重影响企业的效益。

轴承突发故障一般伴随密封泄漏，如发现处置不及时会因轴承磨损发热引发火灾爆炸事故。

3　故障原因分析

3.1　轴承失效故障分析

定位轴承为31315的组合式轴承，定位轴承箱，见图1、图2。

图1　定位轴承为31315的组合式轴承

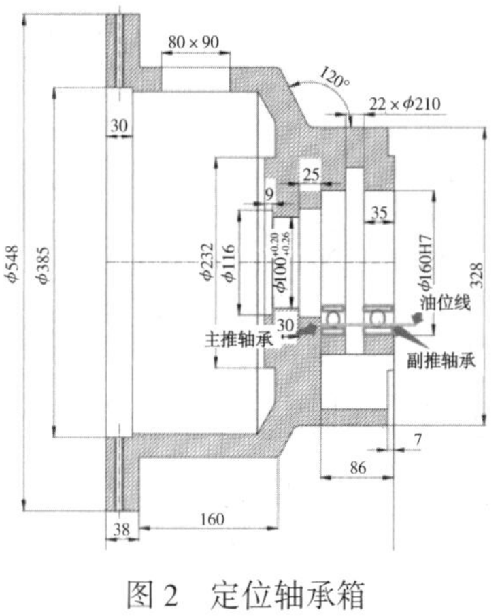

图2　定位轴承箱

该泵非驱端轴承箱为垂直剖分结构，轴承装在轴承箱内侧处、通过非驱动端轴承箱内圈图，可以看出内侧轴承外圈与调节轴承游隙的支撑环和外圈轴承形成相对封闭的组合体，见图3、图4。上述图片可以看出靠近密封的内侧轴承外圈出现了蓝色过火痕迹，可以推测出内侧轴承受损度大于外侧轴承。

图3　轴承箱实物图

图4　组合轴承的游隙调整环

根据上述图片推测可能有以下三点原因：

该定位(推力)轴承(型号：31315)为组合式轴承，组合式轴承中间的调整环来调整运行游隙。在冷态下启动时，未达到运行游隙精度，该轴承是先滑动运行，摩擦升热膨胀后，滚锥轴承才会改变为滚动运行。

轴承箱设计缺陷。通过观察，泵停下时润滑油可以从内侧轴承进油孔2(轴承箱实物图)进入到调整环底部8mm孔流入轴承滚锥底部。运行时副推力轴承(外侧)通过唯一的甩油环甩入润滑油(飞溅润滑)。主推力轴承(内侧)由于轴承外圈宽边挡住，润滑油无法从内侧轴承进油孔1(轴承箱实物图)进入，只有少量的润滑油从内侧轴承进油孔2(轴承箱实物图)进入。因迷宫油封原因，油位只能接触到轴承(滚锥)底部。所以主推力轴承(内侧)只能通过副推力轴承(外侧)运转时飞溅来的润滑油和内侧轴承进油孔2(轴承箱实物图)流入的润滑油只能起到少量润滑和降温，没有大量润滑油进入无法无法对主推力轴承(内侧)起到充足冲洗和润滑作用。

该泵是从V23和V24两个储物罐向某石化乙烯装置运输船供的乙烯原料，有船的时候就会输送，也会随着运输船的容积可能需要切换储物罐进行装船，小船一个储物罐就会装满，大船可能需要两个储物罐来装船，换储物罐装船时也需要启停泵，相对的就是启停频繁，启停时易造成轴向位置发生变动，主推力轴承(内侧)承受大量的载荷，减少轴承使用寿命(轴承使用寿命正常为三年)该定位轴承在该工况运行一年后，轴承受冲击部位容易形成应力释放造成表面磨损和脱落，因主推力轴承(内侧)润滑不足，遇到飞溅的渣子容易嵌入滚子与滚道之间，在高速运行中轴承受润滑不良及飞溅渣子会快速产生温度上升，造成轴承损伤。

3.2　断轴故障原因分析

断轴位置是锁紧平衡鼓卡环位置，该位置也靠近平衡管位置，在频繁启停运行时该位置容易产生交变载荷。

设计缺陷：在主轴长度尺寸偏中心位置，即离轴端约580mm位置，有一20mm宽，6mm深沟槽，而此处为本轴受力最复杂处，也是最薄弱处，一是理论上主轴是在理想的主轴线上转动，但实际上主轴转动是有跳动偏差，从而在运行过程中易产生挠动，因此此处易产生交变载荷，也就容易产生材料疲劳而影响材料脆断。经论证分析该轴有设计缺陷，断轴位置是锁紧平衡鼓卡环位置，该位置靠近平衡鼓的出口位置，在运行时该位置容易产生交变载荷，设计上未有给出释放（延长）应力部位，见图5。

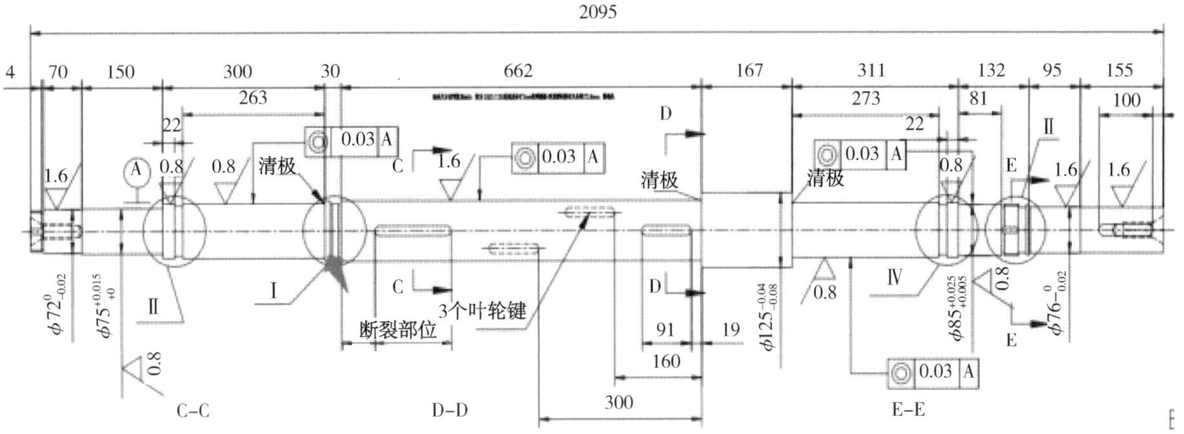

图5　转轴尺寸示意图

此处的深沟槽在长度方向上属台阶突变，台阶突变处应采用圆弧过渡处理，但深沟槽中的沟槽又有另外两处沟槽，且沟槽深度只有1mm，圆弧过渡不明显，此处易产生应力集中而至材料疲劳断裂。

该设备启停频繁最少每天启停三次，局部质量较重的平衡鼓及末级叶轮安装位置又分别在深沟槽两边离得最近，动静转换之间因局部偏重而产生的离心力也使深沟槽处受力复杂，因泵启停频繁，改变泵轴的受力为交变载荷，易产生疲劳断裂与图片中的轻微的应力集中、单向弯曲的示意图最为接近，见图6。

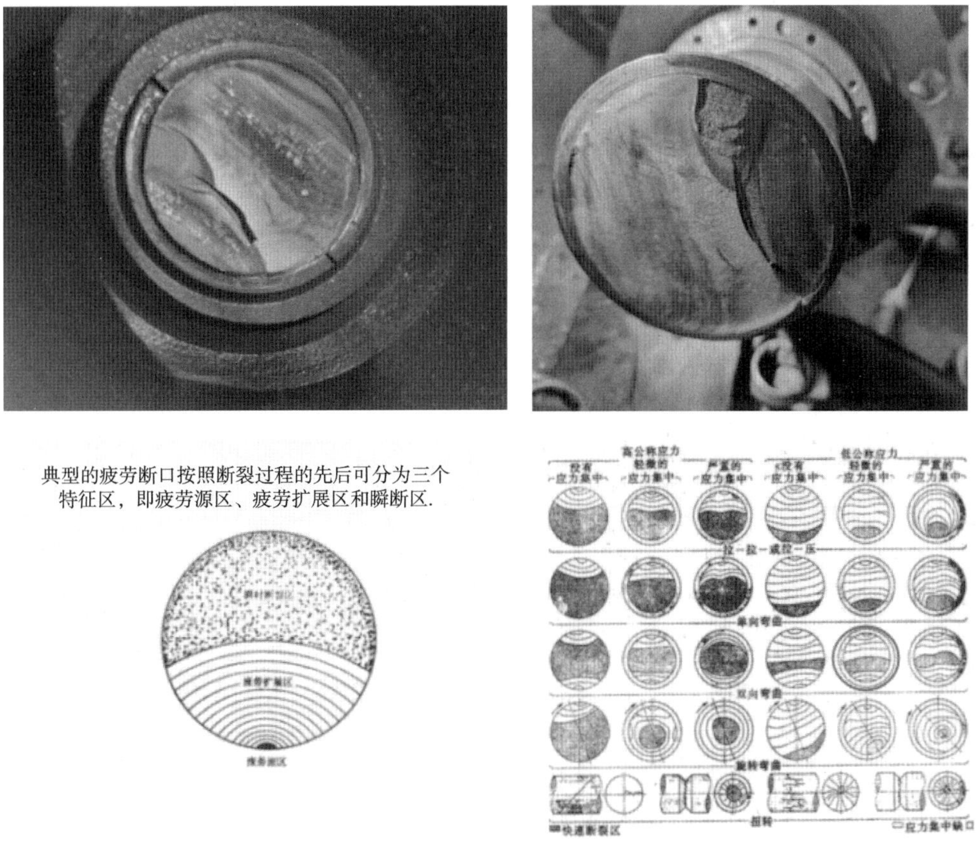

图6　轴台断裂照片

4 改造及优化运行方案

因油封设计成组合式迷宫油封，润滑油超出迷宫油封梳齿端水平线后就会产生泄漏。无法保证后端轴承箱主推力轴承（内侧）润滑油液位，经论证把迷宫油封改造成骨架油封提高轴承箱油位，从原先的飞溅润滑改变成油浴润滑加上飞溅润滑的结合方式。改善主推力轴承（内侧）少油问题。

加大断轴部位热处理细化晶核，通过机加工在处理R角时，增加R角至40°减轻应力集中，改善表面质量和外观。

结合历次故障统计设备运行周期，运用DRBPM策略拟定预防性检修。增加运行检测，做过程维修。

5 改造效果验证

该泵于2023年10月18日检修改造完，运行至2025年1月10日止，运行450天。为了预防之前最多半年就会发生轴承抱死或断轴等异常，上报给总部并与某石化乙烯装置协商，决定对该泵进行预防性大修检查与验证改造情况。

解体检修未发现各配合间隙数据异常。通过FAG噪音检测定位轴承31315完好，运行轨迹正常、无表皮脱落等温度过高点；通过磁粉探伤及着色探伤均未发现2023年10月09日断轴位置有裂纹等不合格现象。按单位要求还是更换轴承利用旧转轴运行至今。

6 结束语

通过增设骨架油封改善31315轴承润滑情况保障了泵的稳定运行。希望通过油封改造改善润滑情况，能对有类似机泵的单位起到一定的借鉴作用，从而为机泵的稳定运行贡献我们的一点力量。

参 考 文 献

[1] 中国石油化工集团公司设备设计技术中心站《石油化工常用国内外金属材料手册》
[M]. 北京：中国石化出版社，2010.

[2]《炼油厂设备检修手册》[M]. 北京：石油工业出版社.

[3]《离心泵维护检修规程》(SHS 01013—2004)

[4]《KDY1100-100×3型进料泵安装、操作和维护手册》[M]. 大连：大连化工耐腐蚀泵厂公司(内部资料)

[5] 马旭丹，吴大转，王乐勤. 多级离心泵轴向力平衡装置的设计与分析[J]. 农业工程学报，2010，26(8)：108-112.

[6] 薛自华. 多级离心泵轴向力及平衡鼓尺寸计算研究[J]. 水泵技术，2019(4)：23-25.

[7] 郭勇胜，王鹏，袁寿其，等. 基于曲面响应分析的混流式多级泵优化设计[J]. 流体机械，2022，50(8)：22-29.

[8] 张翼飞，赵任胜，宋大为. 多级离心泵滚动轴承烧毁原因分析[J]. 流体机械，1996，24(12)：39-42.

[9] 高红俐，杨继隆，叶力，等. 分段式多级离心泵的轴向力计算[J]. 水泵技术，2000(2)：8-12.

蜡油催化烟机延长运行攻关治理

刘长春　西热扎提　邓成硕　厉　智

（中国石油乌鲁木齐石化公司炼油二部）

摘　要　蜡油催化裂化装置是炼油厂的重要生产单元，而烟机作为该装置的核心设备之一，其稳定运行对装置的长周期运转、能耗控制以及经济效益提升具有至关重要的作用。近年来，随着对环保要求的日益严格以及生产效率的不断提高，延长蜡油催化裂化装置烟机运行周期成为行业内亟待解决的关键问题。烟机运行现状及问题分析在蜡油催化裂化过程中，烟机面临着诸多挑战。一方面，烟气中携带的催化剂细粉、重金属以及复杂的化学成分会对烟机叶片造成磨损、腐蚀和结垢，导致烟机效率下降，运行周期缩短。另一方面，烟机入口温度波动、再生器操作参数不稳定等因素也会对烟机的稳定运行产生不利影响。此外，随着蜡油原料的重质化和劣质化趋势加剧，烟机的运行工况变得更加复杂。攻关治理措施及成效为了延长烟机运行周期，行业内采取了一系列攻关治理措施，并取得了显著成效。

关键词　蜡油催化裂化装置；延长烟机运行

现代炼油工业中，蜡油催化裂化装置作为重要的二次加工装置，承担着将重质蜡油转化为高附加值轻质产品的关键任务。烟气轮机（烟机）作为蜡油催化裂化装置的核心设备之一，其主要功能是将高温烟气的压力能和热能转化为机械能，从而实现能量回收，降低装置能耗。然而，烟机的稳定运行常常受到诸多因素的制约，如催化剂细粉的磨损、结垢、振动等问题，导致其运行周期较短，频繁停机检修不仅增加了维护成本，还影响了装置的整体运行效率。随着炼油行业对节能降耗和环保要求的不断提高，延长烟机运行周期已成为行业内亟待解决的关键问题。近年来，企业针对烟机的长周期运行进行了广泛的研究和实践探索。例如，通过优化催化剂性能、改进烟机结构设计、加强在线监测与故障诊断技术等手段，取得了一定的成效。然而，蜡油催化裂化装置的复杂工况和多样化的运行条件，使得烟机的长周期运行仍面临诸多挑战。本研究立足于蜡油催化裂化装置的实际运行情况，深入分析影响烟机运行周期的关键因素，从技术改造、工艺优化、设备维护和管理等方面入手，提出一套综合性的烟机延长运行攻关治理方案。通过对现有烟机系统进行技术升级，优化操作参数，加强日常维护管理，并结合智能化监测手段，旨在显著延长烟机的运行周期，提高装置的运行效率和经济效益。

1　烟机运行现状及问题分析

催化裂化装置烟机机组的高效平稳运行是保证装置安全长周期运行、降低装置能耗的前提条件。100 万吨/年蜡油催化裂化装置于 2019 年 6 月 28 日开工，装置目前已累计运行五年，装置关键机组 2 号机因烟机结垢已累计停机检修 15 次，最长运行周期 6 个月，最短运行周期 1.5 个月，如表 1。

表 1

年份	停机时间	开机时间	运行时长	烟机振值/μm	备注
2019	11.7	11.15	—	40~50	烟机转子结垢，振动上升，停机检修
2020	4.7	4.11	6 个月	30~35	机组运行中催化剂不均匀结垢、脱落引起转子不平衡，振动上升。停机检修。
	9.18	9.27	5 个月	53~55	催化剂换型、烟机结垢、振值上升、停机检修
2021	1.26	1.28	4 个月	45~50	烟机结垢振值上升停机检修
	4.18	4.2	3 个月	40~50	装置高负荷生产、烟机结垢振值上升停机检修
	11.12	11.15	7 个月	45~50	机组运行中催化剂不均匀结垢或者脱落引起转子不平衡，振动上升停机检修

续表

年份	停机时间	开机时间	运行时长	烟机振值/μm	备注
2022	3.29	3.31	4个月	50~60	机组运行中催化剂不均匀结垢或者脱落引起转子不平衡，振动上升停机检修
	6.28	7.1	3个月	50~60	机组运行中催化剂不均匀结垢或者脱落引起转子不平衡，振动上升停机检修
	10.21	10.23	3个月	45~55	机组运行中催化剂不均匀结垢或者脱落引起转子不平衡，振动上升停机检修
2023	2.14	2.16	3个月	40~50	机组运行中催化剂不均匀结垢或者脱落引起转子不平衡，振动上升停机检修
	4.14	6.22	—	—	装置大检修
	7.3	9.15	2个月	45~55	机组运行中催化剂不均匀结垢或者脱落引起转子不平衡，振动上升停机检修
	9.18	9.22	—	—	2号主风机运行时入口法兰漏，停机检修消漏
	10.12	10.15	—	40~50	机组运行中催化剂不均匀结垢或者脱落引起转子不平衡，振动上升停机检修
2024	1.13	1.16	2.5个月	45~50	机组运行中催化剂不均匀结垢或者脱落引起转子不平衡，振动上升停机检修
	3.3	4.19	1.5个月	45~55	机组运行中催化剂不均匀结垢或者脱落引起转子不平衡，振动上升停机检修
	8.19	9.1	4个月	40~45	机组运行中催化剂不均匀结垢或者脱落引起转子不平衡，振动上升停机检修

烟机各次解体检修中发现，前四次烟机结垢表观均为白色软垢，主要分布在动叶和静叶根部、动叶围带。第五次结垢为质地较硬的硬垢，大部分结垢于烟机围带处，形成较厚较硬的垢物，磨损动叶顶严重。经化验分析，如图1所示垢样主要是催化剂堆积烧结而成的分布于围带处致密、坚硬、分层的白色块状硬物。如图2所示，也有部分质地较为松软的软垢，分布于叶片腹部与根部。

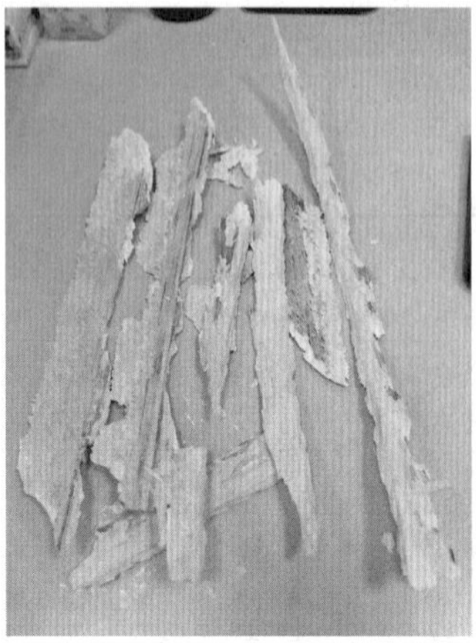

图1

图2

2.1 烟机结垢问题分析

2.1.1 结垢现象及危害

结垢位置不均匀，破坏动平衡，导致振动超标，甚至可能引发飞车事故。垢层改变叶片型线轮廓，降低烟机效率。垢层凸起使叶栅间流道变窄，减少烟气处理量。表面粗糙度增加，导致工作效率下降。

2.1.2　结垢原因

三级旋风分离器无法完全分离催化剂颗粒，细粉进入烟机。催化剂颗粒在高温下烧结、相变，形成坚硬垢层。烟机入口温度、风量、再生器操作参数等不稳定。催化剂的黏度、细粉浓度等特性影响结垢程度。

3　攻关治理措施

3.1　降低粉尘浓度

优化旋风分离器操作：提高分离效率，减少催化剂细粉进入烟机。

全面除尘：定期清理烟机内部，确保清洁。

3.2　优化催化剂性能

催化剂：减少细粉生成，提高抗结垢能力。

催化剂显微评价技术：通过微观分析优化催化剂配方。

3.3　设备改造与优化

烟机叶片升级：介绍采用新型叶片材料和设计，提高叶片的抗磨损能力和效率。

密封技术改进：应用先进的密封技术，减少烟气泄漏和催化剂细粉进入。

冷却系统优化：优化烟机轮盘冷却蒸汽系统，降低轮盘温度，减少结垢风险。

3.4　工艺优化措施

催化剂优化：开发和应用抗金属、抗磨损的催化剂，减少催化剂细粉的生成。

操作参数优化：调整再生器操作参数，稳定烟机入口温度和风量，减少操作波动。

原料优化：控制蜡油原料的性质，降低杂质含量，减少对烟机的腐蚀和磨损。

3.5　在线监测与智能管理

实时监测烟机运行状态：利用智能化技术及时发现结垢迹象。

大数据分析：通过工业大数据技术优化操作条件。

3.6　维护与管理

定期检修：建立完善的维护体系，及时清理结垢。

操作人员培训：提高对结垢问题的认识和处理能力。

4　治理措施具体实施

4.1　优化工艺操作

控制反应温度和再生器温度：严格控制烟机入口温度在650–670℃之间，防止超温。同时，将再生器温度控制在685℃以下，以减少高温对催化剂的影响，避免催化剂细粉的产生。

稳定主风量和两器压差：保持主风量、再生压力调整平稳，减少操作波动，使旋风分离器处于最佳工况，确保其分离效率，从而降低烟机入口的催化剂细粉浓度。

优化催化剂使用：对新鲜剂、平衡剂加强粒径等监控，防止产生过多催化剂细粉。控制新鲜催化剂中小于20μm组分体积分数≤3%。在满足再生烧焦的情况下，尽量降低预提升蒸汽量，减轻催化剂水热失活和破碎。催化剂分析如图3。

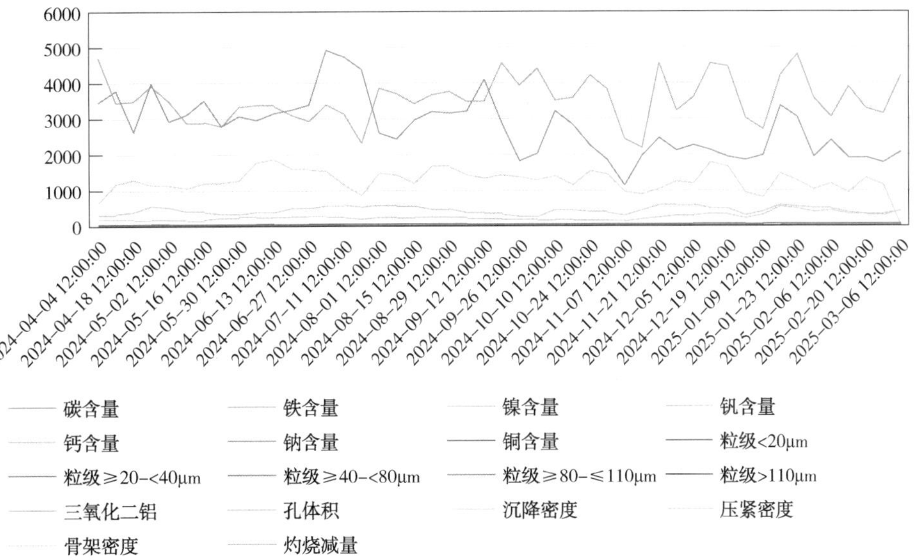

图3　催化剂分析

调整进料性质：改善催化进料原料，提高进料蜡油比例，降低原料中的硫含量，监控原料的盐含量、重金属含量等，减少催化剂的失活和破碎。蜡催原料油分析如图4。

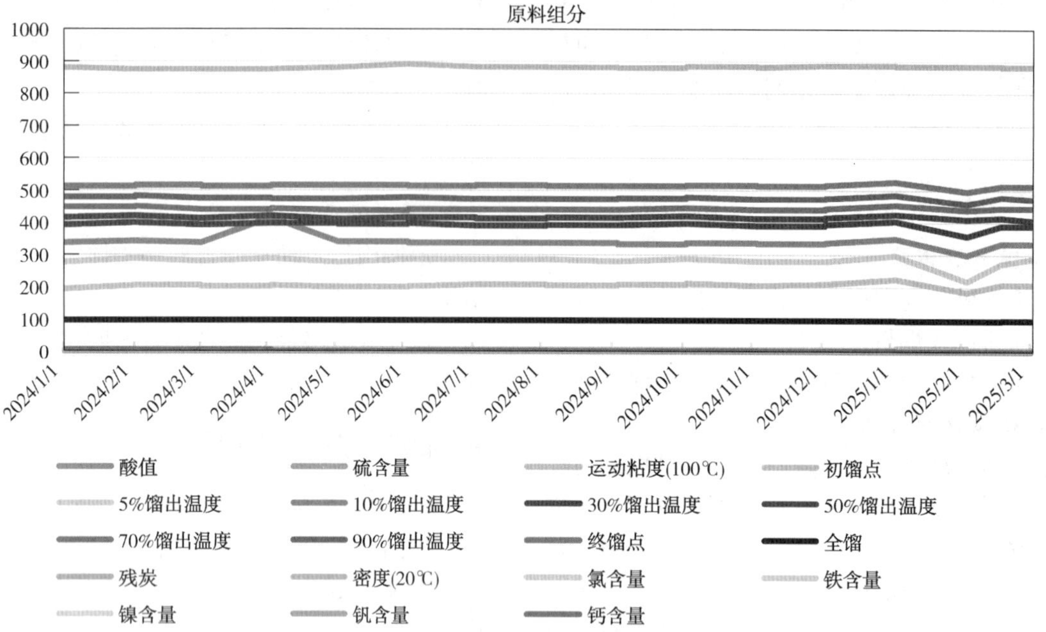

图4　原料油分析

优化旋风分离器运行：确保再生器稀相沉降段和再生器内第一、二级旋风分离器的正常运行，定期检查和维护，保证其分离效率。同时，提高三级旋风分离器的效率，回收大于10μm的细粉，减少进入烟机的粉尘浓度。三旋催化剂分析如图5。

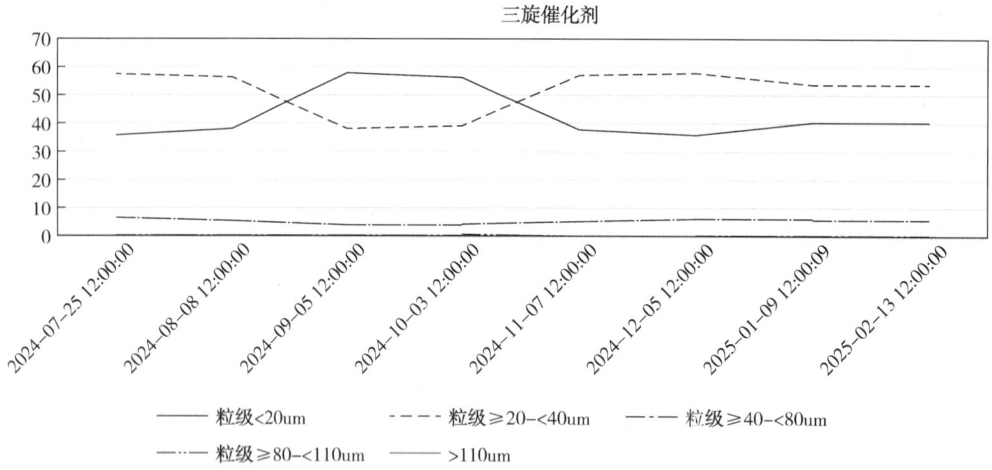

图5　三旋催化剂分析

4.2　设备改造与优化

4.2.1　优化烟机轮盘冷却蒸汽系统，降低轮盘温度，减少结垢风险

蜡催烟机轮盘冷却低压蒸汽接入从余锅蒸汽出口来的中压蒸汽，此中压蒸汽在并入烟机轮盘低压蒸汽前，在中压蒸汽线上加上限流孔板。这样为保证并入轮盘低压蒸汽压力不高于1MPa，为防止蒸汽到窜加入了单向阀。同时为了方便查看烟机轮盘冷却蒸汽并入后得温度和压力，是否符合《中国石油天然气股份有限公司炼油与化工分公司烟气轮机长周期运行指导意见》中2.14的对烟机轮盘蒸汽的要求。在轮盘蒸汽线上增加了温度计和压力表。现场改造如图6、图7、图8。

4.2.2　烟机入口管线实施内容

蜡催装置烟机入口管线更换，管线直径为$\phi1024\times12$，管线更换长度为13m。支架割除更换，高温蝶阀拆除研磨DN1000 2台，DN1000

铰链式膨胀节更换 1 台、*DN*1000 万向式膨胀节更换 1 台，弯头割除利旧 ϕ1016 * 8 1 个，其他管线及文丘里管利旧，管线及膨胀节更换新材质为 S30409 不锈钢材质、文丘里管及弯头利旧为 321 不锈钢材质。

施工工艺流程：施工准备→管线预制、支架预制→蝶阀拆除→脚手架搭设→水平管线固定→尺寸测绘→吊耳焊接→管线割除→管线吊装找正→管线焊接→弹簧吊架安装→拆除支撑→蝶阀安装→施工验收。如图 9、图 10。

图 6

图 7

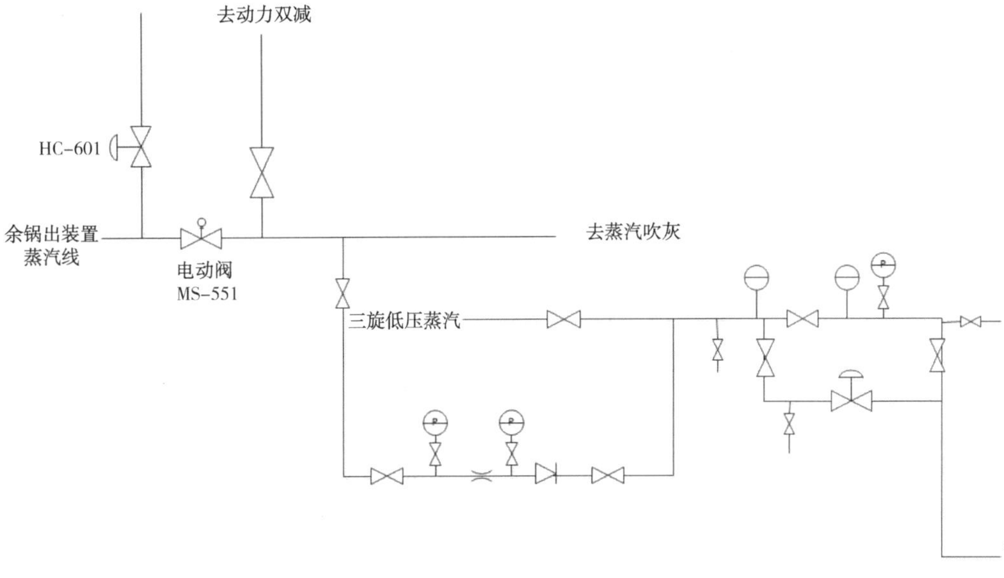

图 8

图 9

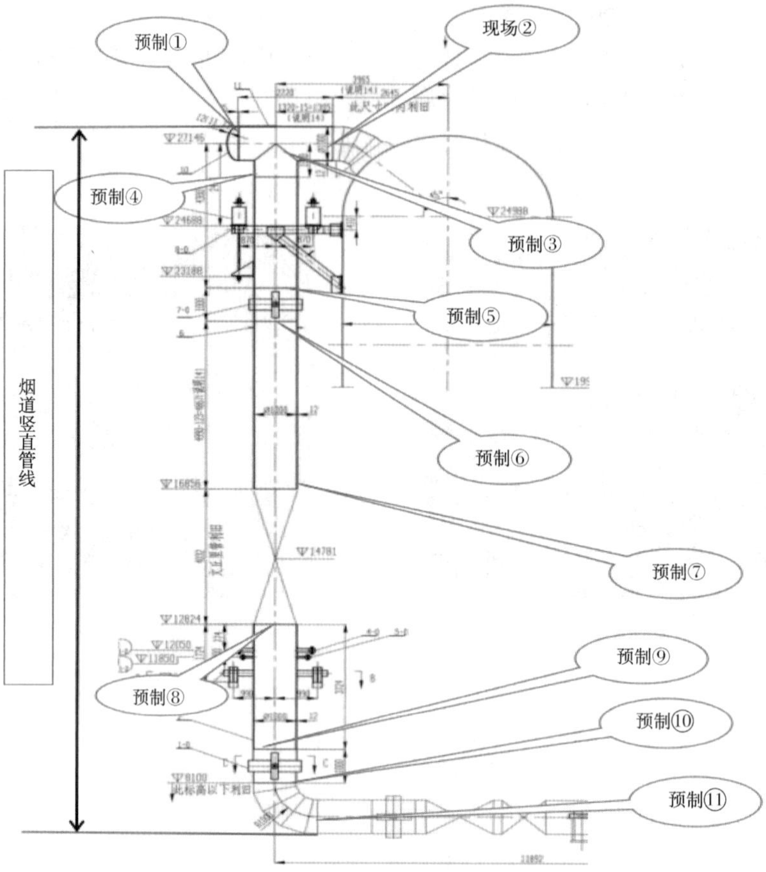

图10

4.2.4　烟机入口粉尘监测

基于梅氏散射理论的监测技术：当光束照到被认为是球体的颗粒上时，会产生光的散射及吸收现象。符合梅氏散射条件的烟气管道中的催化剂颗粒场，通过基于梅氏理论设计开发的激光监测系统，实现实时在线监测。

监测仪器的选择和维护：选用氦氖激光器（HN-L），其中光束直径为0.83mm发射功率为4MW，光束发散角小于1mrad。为保证光通路的通畅，采取分光镜、滤光片、石英玻璃、透镜组等镀膜措施，采用净化了的、流量充分的、压力足的仪表风作吹扫风。如图11。

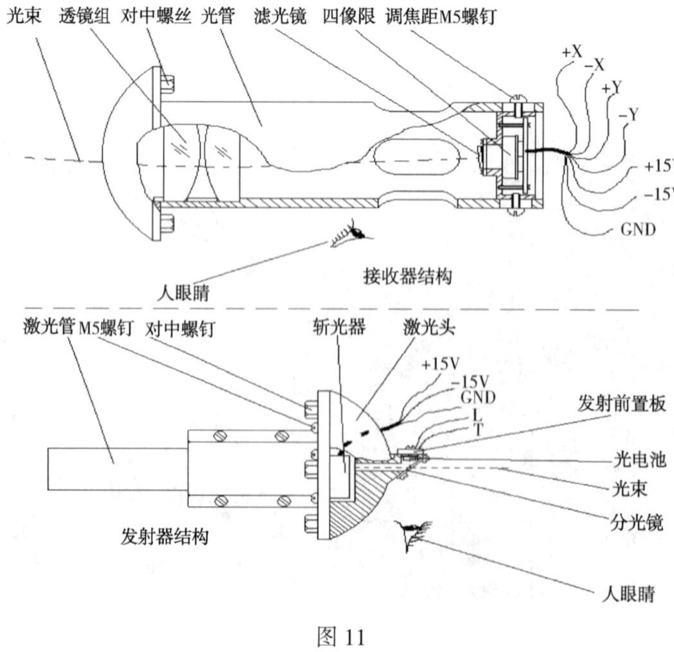

图11

4.2.5　提高对结垢问题的认识和处理能力

加强蜡油催化烟机相关人员培训是提高设备运行效率、延长运行周期、提升结垢问题处理能力的重要手段。

讲解烟机的结构、运行机制以及在催化裂化装置中的作用，帮助员工理解设备运行的物理和化学基础。深入学习烟机结垢的原因，包括催化剂细粉、金属杂质等因素对设备的影响。日常操作规范，包括烟机的启动、运行、停机等操作流程，确保员工严格遵守操作规程。教授如何通过优化操作参数(如温度、压力、流量等)减少结垢的可能性。培训员工快速识别和处理烟机常见故障，如风机不转、吸烟效果不佳、噪音过大等问题。强调在操作和维护过程中必须遵守的安全规范，避免事故发生。通过系统的培训，员工能够更好地掌握蜡油催化烟机的操作、维护和故障处理技能，从而延长设备运行周期，提高对结垢问题的处理能力。

5　结论

经过烟机轮盘蒸汽的优化改造、烟机入口管线更换以及投用烟机入口在线粉尘仪后，2 号机烟机运行周期时长明显增加，2024 年 4 月 24 日运行至 8 月 19 日，共 119 天，大大提升了设备运行的可靠性，减少烟机结垢，降低烟机检修频次，为装置长周期安全运行提供了保障。

参　考　文　献

[1] 许友好，李宁，华仲炯．催化裂化工艺技术手册，2018.

[2] 陈俊武. 催化裂化工艺与工程. 北京：中国石化出版社，2005.

[3] 炼油设备工程师手册 第二版．中国石油和石化工程研究会编著，2009.

[4] 韩柏，李玉锋，金友海. 不同流量对催化裂化烟气轮机内部气-固两相流动的影响[J]. 中国粉体技术，2014.

[5] 王瑜，邢少伟，王建军. 催化裂化烟气轮机内催化剂结垢机理的实验研究[J]. 中国粉体技术，2016.

氢提纯单元隔膜压缩机运行优化实践

王　建　王　超　陈　强　刘　刚　尹向昆　屈永强　王维华

（中国石油长庆石化分公司）

摘　要　随着氢能产业的迅速发展，氢气的压缩存储成为关键环节。隔膜压缩机以其独特的优势在氢气压缩领域得到广泛应用。本文以长庆石化公司氢气提纯单元 GD5-1100/21-220 型隔膜压缩机使用为例，详细阐述了隔膜压缩机一键自动启停程序优化及维护保养，为生产运行提供参考。

关键词　隔膜压缩机；氢能；自动启停程序；智能化；氢气提纯单元

迫于全球气候环境压力，各国对氢能的布局已经展开。根据国际氢能委员会的预计，到2050年，氢能在世界能源供给中将占18%，届时将与汽油、柴油并列。2024年6月，长庆石化公司氢气提纯项目投产，建成投运的2000Nm^3/h的氢气提纯装置及充装系统，每年可为市场提供1500吨氢燃料电池用高纯氢，可满足西安、咸阳市场氢气需求。当前，长庆石化公司正使用中鼎恒盛气体设备有限公司生产的GD5-1100/21-220型隔膜压缩机，然而，在运行过程中，该设备存在以下若干问题：

（1）当电机未正常动作时，自动启停程序会出现bug。

（2）原有启机程序中，两端排油阀门关闭后，需延时50s才能打开进排气阀门，导致缸头膜片两侧压力不平衡出现敲缸现象。

（3）对操作人员素质、技能要求高，启机过程中出现故障后无法人工介入，只能通过急停按钮停止程序，存在误操作造成安全生产事故的隐患。

针对上述问题，本文将隔膜压缩机一键自动启停程序进行优化，形成一套自动化程度高、安全高效的启停方案。

1　隔膜压缩机运行现状

1.1　隔膜压缩机及系统简介

长庆石化公司氢气提纯单元隔膜压缩机K6502A/B参数如下表1、图1所示。隔膜压缩机通过电机带动曲轴旋转，曲轴再驱动连杆使活塞做往复运动，主要由曲轴箱部件、曲轴连杆、十字头、活塞、缸体部件、冷却器及其管路、底盘、仪表盘、电动机等部分组成。

表1　隔膜压缩机技术规格

序号	技术规格	参数	
1	生产厂家	中鼎恒盛气体设备有限公司	
2	型号	GD5-1100/21-220	
3	压缩介质	氢气	
4	容积流量	1100Nm^3/h	
5	进气压力	一级	2.1MPa
		二级	5.0MPa
6	排气压力	一级	2.1MPa
		二级	20.0MPa
7	曲轴转速	420r/min	
8	排油压力	一级	5.5~7.0MPa
		二级	20.0~22.0MPa
9	电机功率	3kW	

图1　氢气提纯单元隔膜压缩机 K6502B

1.2　隔膜压缩机自动启停程序

1.2.1　自动启停程序

长庆石化公司氢气提纯单元隔膜压缩机K6502A/B设计有远程一键自动启停和就地手动

启停两种控制模式，由控制室监盘电脑可以进行切换。其中一键自动启停程序系统包括排气压力自检单元、油泵启动自检单元、压缩机启动单元以及阀门状态控制单元共五个单元（图 2），每个单元之间将控制参数及判决调节写入控制程序内，根据顺控逻辑完成启机操作。

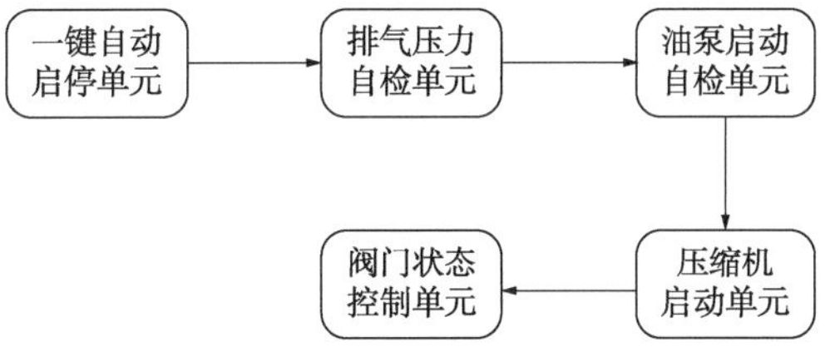

图 2　隔膜压缩机一键启停系统流程图

1.2.2　一键启机

长庆石化公司氢气提纯单元隔膜压缩机 K6502A/B 一键启机方法（图 3），包括步骤 S1，内操或外操一键启动压缩机，进入步骤 S2；步骤 S2，判断压缩机二级排气压力是否满足条件（<0.5MPa），若满足则进入步骤 S4，打开回流阀；若不满足，则进行打开放空阀进行泄压至 0.5MPa 以下，进入步骤 S3 关闭机体放空阀；步骤 S5，步骤 S4 结束后延时 5s，启动油泵；步骤 S6，系统检测到油泵运行信号后，延时 10s 机组预润滑后，启动主机；步骤 S7，压缩机进入空载运行 15s 后，进入加载程序，关闭排油阀；步骤 S8，延时 50s 后，打开进排气阀门，压缩机一键启动结束（图 4、图 5）。

2.2.3　一键停机

一键停机方法（图 6），包括步骤 S1，内操或外操一键停止压缩机，进入步骤 S2；步骤 S2，关闭进排气阀，延时 2s 后进入进入步骤 S3；步骤 S3，判断压缩机二级排气压力是否满足条件（<0.5MPa），若满足则进入步骤 S5，打开回流阀，打开排油阀；若不满足，则进行打开放空阀进行泄压至 0.5MPa 以下，关闭机体放空阀；步骤 S6，步骤 S5 结束后延时 10s，停止主机；步骤 S7，系统检测到主机停止信号后，延时 60s 机组后润滑后，停止主机；步骤 S8，油泵停止后延时 3s，进入停止复位，关闭排油阀及回流阀，压缩机一键停机结束。

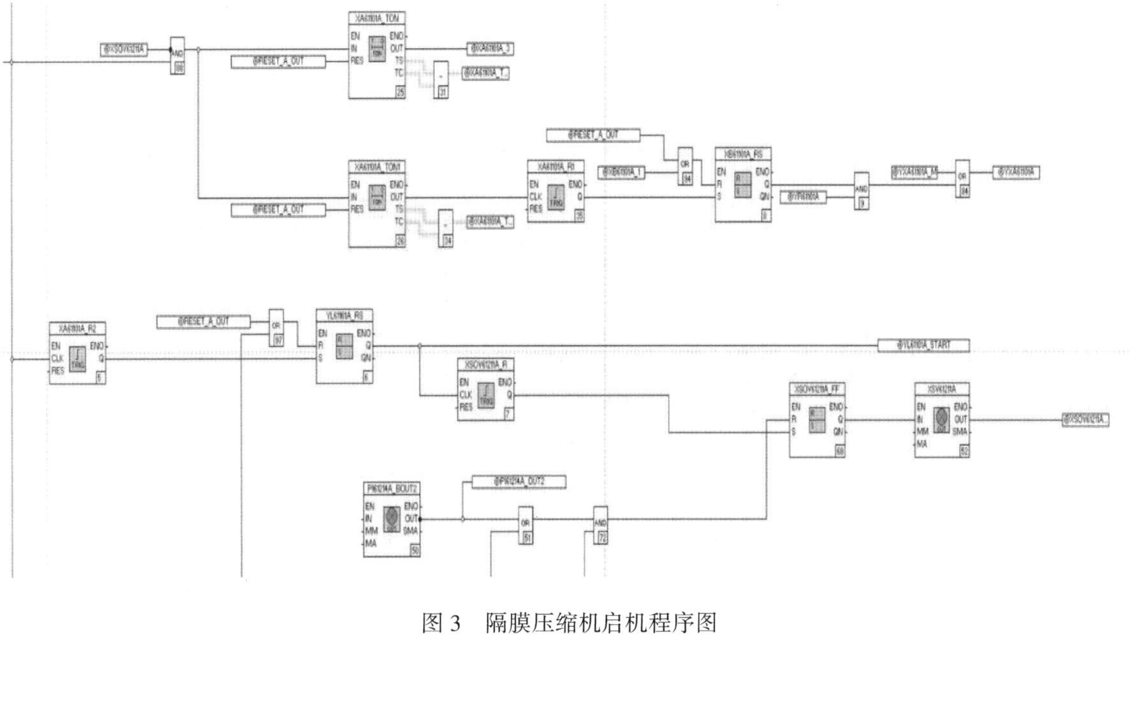

图 3　隔膜压缩机启机程序图

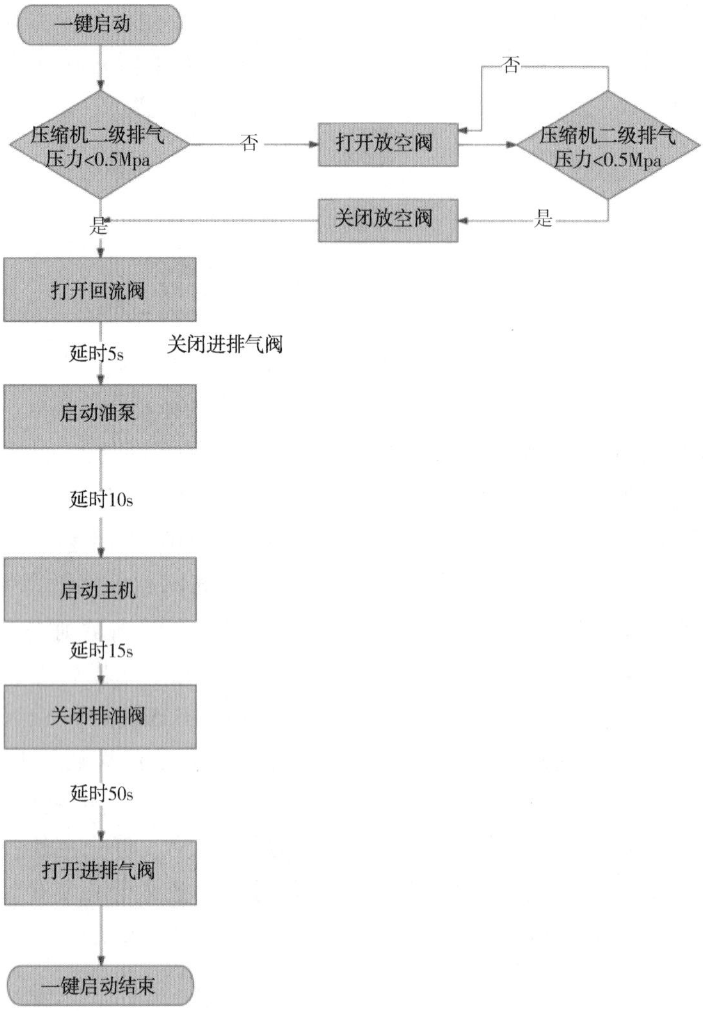

图4　隔膜压缩机一键启动总体控制流程图

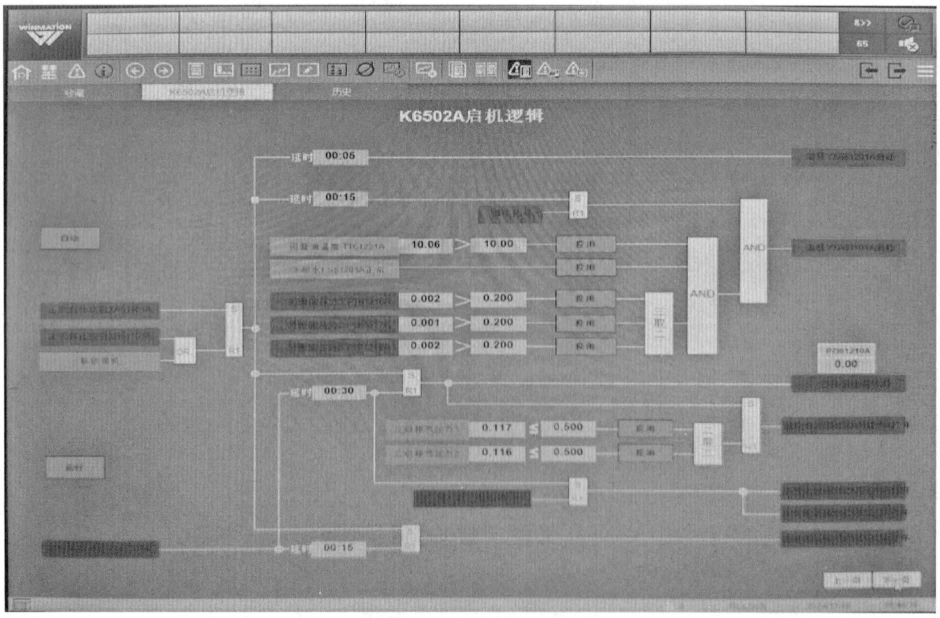

图5　隔膜压缩机DCS启机程序截图

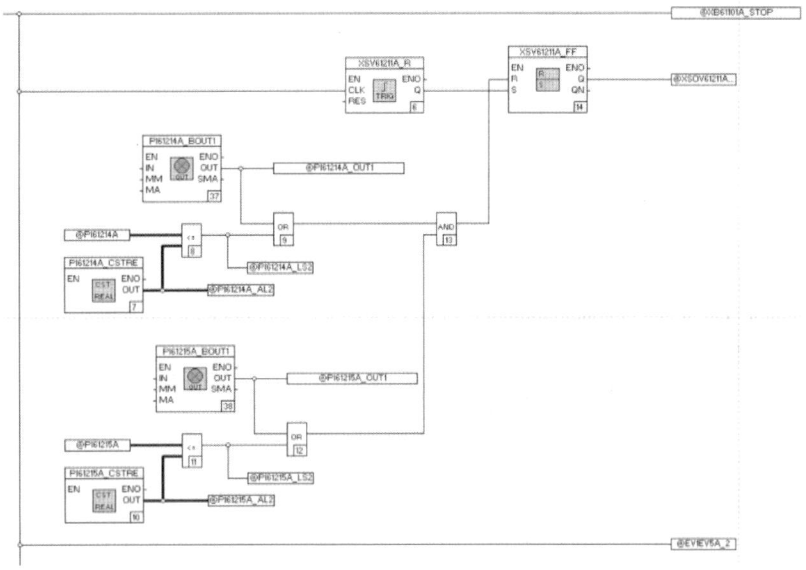

图 6　隔膜压缩机停机程序图

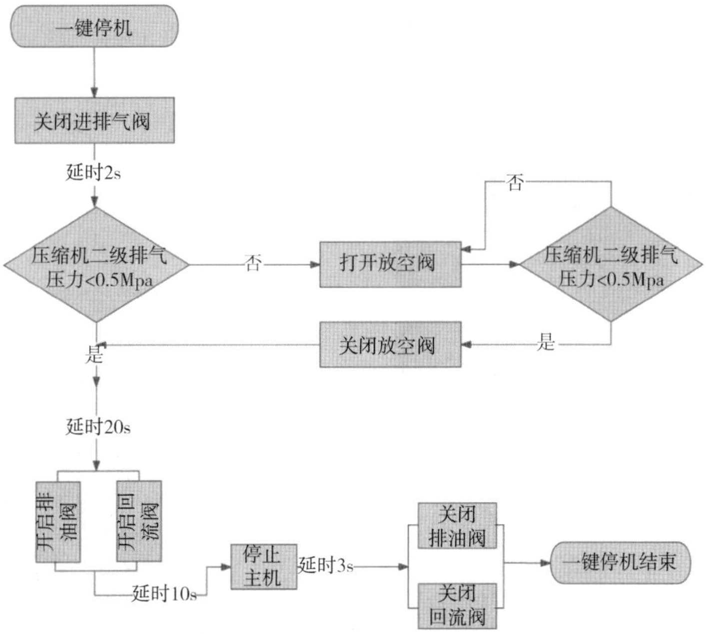

图 7　隔膜压缩机一键停机总体控制流程图

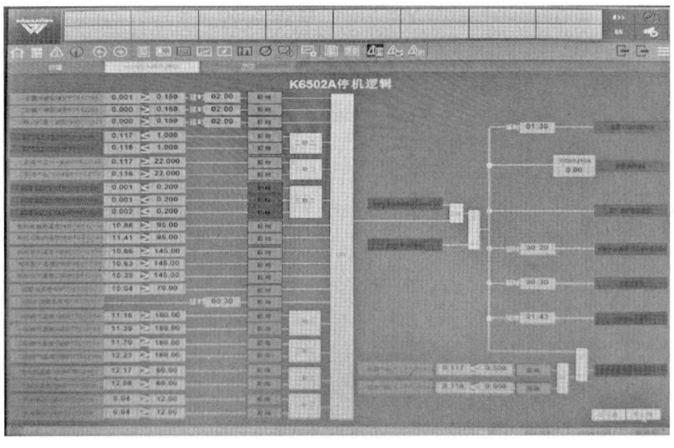

图 8　隔膜压缩机 DCS 停机程序截图

1.2.4　运行存在问题

班组人员在实际自动启停压缩机过程中，发现程序存在以下问题：

（1）当电机由于其他原因比如主电机电源跳闸、排油阀门或者进排气阀门未正常动作时，此时自动启停程序会出现 bug，如油路排油阀在 DCS 画面中出现两种状态(图 9)。

图 9　启机与停机画面油路卸荷阀两种不同状态

（2）原有启机程序中，两端排油阀门关闭后，需延时 50s 才能打开进排气阀门，导致缸头膜片两侧压力不平衡出现敲缸现象。

（3）对操作人员素质、技能要求高，启机过程中出现故障后无法人工介入，只能通过急停按钮停止程序，存在误操作造成安全生产事故的隐患。

2　隔膜压缩机运行优化措施

2.1　优化压缩机启停操作流程

针对压缩机自动启停过程中出现的阀门状态不一致的故障问题。经过与厂家技术人员的深入沟通并查阅相关设计文件，我们发现，在压缩机自动启停过程中，操作人员若擅自手动更改电磁阀状态，将引发程序混乱，导致阀门状态前后不一致。通过在 DCS 界面增设“复位”按钮，当主电机未真正启机前即压缩机未正常工作时，操作人员按下复位键，可以将所有阀门、油泵、电机状态恢复至启机前(停机后状态)，提升应急响应能力。

2.2　优化油路卸荷阀程序设定及操作流程

2.2.1　软件优化

原有启机程序中，两端排油阀门关闭后，需延时 50s 才能打开进排气阀门，导致缸头膜片两侧压力不平衡出现敲缸现象。通过后期优化进、排气阀开启时间，由原来的 50s 改为 30s，解决压缩机敲缸问题。

2.2.2　操作流程优化

隔膜压缩机油压调节的关键是通过调节油压调压阀控制油缸的油压(图 10)。通过设置调压阀的上下限，规定油缸油压即排油压力应始终高于排气压力的 5%～25%，但油气压差值不得小于 0.3MPa，也不得大于 1.5MPa(图 11)。当油压高于规定值时，可逆时针拧动调节螺钉，放松弹簧；当油压低于规定值时，可顺时针拧动调节螺钉压紧弹簧；当油压符合规定值时，用锁母将调节螺钉锁死。

图 10　隔膜压缩机油压调压阀

图 11　隔膜压缩机排油压力与排气压力

经过本次程序修改，将每个步骤重新进行整合后，隔膜压缩机自动启停程序运行正常，实现了隔膜压缩机启动和停止过程的自动化、智能化和安全化。

3 隔膜压缩机的日常维护及保养

3.1 日常维护

操作和维修人员应按规定巡检并有检查记录。

此外还应该进行如下检查：

（1）严格执行 SHS 01002—2019《石油化工设备润滑管理制度》；

（2）处理气路、油路及冷却水系统泄漏；

（3）检查主机各转动、滑动部件温度、声响、振动是否正常并作相应处理；

（4）检查主电机电流、温度运行是否正常；

（5）检查各工艺参数是否正常并作相应处理；

（6）及时清理和更换润滑油及冷却水过滤网及时清理段间冷却器和润滑油冷却器；

（7）冬季注意压缩机各缸体及润滑油冷却器的循环水管路的巡检，防止循环水管线冻凝及造成螺旋管换热器安装结合部位因冻凝导致的故障；

（8）冬季应对曲轴箱润滑油进行电加热操作，调节电加热器加热温度，保持润滑油温在一定范围便于压缩机的及时启动；

（9）压缩机各级缸体的双头夹紧螺栓也是压缩机运行中的关键部件，由于运行中要承受高的交变应力作用，材料的疲劳强度至关重要。压缩机在较长的运行时间后会出现某些夹紧螺栓的断裂，通常的断裂出现在螺纹根部，因此生产中要加以注意新安装膜片夹紧螺栓时要严格控制好螺栓的扭矩严格按照操作说明转动顺序对所有螺栓施加定力矩。

3.2 日常保养

3.2.1 油路系统维护

在隔膜压缩机调试结束进入试生产阶段时，将润滑油系统进行跑油测试，清除压缩机初次使用时在润滑油中混入的固体颗粒物，保证压缩机转动部件安全。

在隔膜压缩机运行时间升至 4000h，将压缩机曲轴箱内全部润滑油更换。

在隔膜压缩机更换润滑油时将压缩机一级、二级液压油调压阀拆卸检查、清洗、全部更换阀门 0 形密封圈。

3.2.2 气路系统维护

在隔膜压缩机运行时间升至 5000h，将压缩机一级、二级压缩膜片拆卸检查，如压缩膜片有破裂现象，立即更换压缩膜片。

在隔膜压缩机运行时间升至 8000h，将压缩机入口气体过滤器拆卸检查、清洗。

3.2.3 水路系统维护

在隔膜压缩机运行时间升至 1000h，对压缩机一级、二级气体冷却器进行反冲洗。

中鼎恒盛隔膜压缩机定期保养维修日程表 注：I 检查 R 更换

间隔／项目		按指定的运行时间或间隔时间进行保养维修（两者以先到为准）																				
	月	1	6	12	18	24	30	36	42	48	54	60	66	72	78	84	90	96	102	108	114	120
	X1000 小时	1	4	8	12	16	20	24	28	32	36	40	44	48	52	56	60	64	68	72	76	80
一类维保项目	抗磨液压油	R	R	R	R	R	R	R	R	R	R	R	R	R	R	R	R	R	R	R	R	R
	液压油粗过滤器	每次换油时清洗，表面无破损不需更换																				
	液压油精过滤器	R	R	R	R	R	R	R	R	R	R	R	R	R	R	R	R	R	R	R	R	R
	油箱底清洁	R	R	R	R	R	R	R	R	R	R	R	R	R	R	R	R	R	R	R	R	R
	油气过滤器	I	I	R	I	R	I	R	I	R	I	R	I	R	I	R	I	R	I	R	I	R
	接轴油封	I	I	R	I	R	I	R	I	R	I	R	I	R	I	R	I	R	I	R	I	R
	接轴	每次换油时检查，密封面出现磨损时更换																				
	油路单向阀	每次换油时清洗，锁紧螺母，无内漏现象不需更换																				
二类维保项目	十字头销	I		I		R		I		R		I		R		I		R		I		R
	十字头铜套	I		I		R		I		R		I		R		I		R		I		R
	十字头	I		I		R		I		R		I		R		I		R		I		R
	连杆铜套	I		I		R		I		R		I		R		I		R		I		R
	连杆瓦	I		I		R		I		R		I		R		I		R		I		R
	连杆	每次换油时检查，无变形现象不需更换																				
	主轴轴承	每次换油时检查，出现异常声响时更换																				
	偏心轴承	I		I		R		I		R		I		R		I		R		I		R
	主轴油封	每次换油时检查，出现漏油时更换																				
	曲轴	每次换油时检查，曲拐无磨损现象不需更换																				
	活塞环&密封圈	I		I		R		I		R		I		R		I		R		I		R
	补偿泵密封圈	I		I		R		I		R		I		R		I		R		I		R
三类维保项目	循环水道清洗	I	I	R	I	R	I	R	I	R	I	R	I	R	I	R	I	R	I	R	I	R
	液压油橡胶管	I	I	I	I	R	I	I	I	R	I	I	I	R	I	I	I	R	I	I	I	R
	传动皮带&弹性柱销	I	I	I	I	R	I	I	I	R	I	I	I	R	I	I	I	R	I	I	I	R
	油冷却器清洗	I	I	R	I	R	I	R	I	R	I	R	I	R	I	R	I	R	I	R	I	R
	气冷却器清洗	I	I	R	I	R	I	R	I	R	I	R	I	R	I	R	I	R	I	R	I	R
	气阀	建议每 8000 小时更换																				
	膜片	建议每 5000 小时更换																				
	膜腔曲面保养	建议每 16000 小时保养一次																				

图 12 隔膜压缩机维护保养计划

4 结论

通过对隔膜压缩机的工作原理的认识，掌握隔膜压缩机各部分结构特点，同时对各辅助系统定期进行维护保养，提高隔膜压缩机运行的可靠性同时对压缩机一键自动启停程序进行优化实现了隔膜压缩机启动和停止过程的自动化、智能化和安全化，形成一套自动化程度高、安全高效的启停方案。

参 考 文 献

[1] 何盛宝，李庆勋，王奕然，等．世界氢能产业与技术发展现状及趋势分析[J]．石油科技论坛，2020，39(03)：17-24.

[2] 杨侨明，王高峰，赵兆瑞．新型膜头环绕式冷却隔膜压缩机特性实验研究[J]．制冷学报，2024，45(02)：68-73.

[3] 李雪莹，任鹏，彭学院，等．加氢站压缩机无损监测方法与故障诊断系统[J]．机械工程学报，2023，59(22)：186-195.

[4] 刘玮，董斌琦，刘子龙，等．加氢站氢气压缩机技术装备开 ygh 发进展[J]．装备制造技术，2021，(12)：246-250.

[5] 中国石油化工集团公司，中国石油化工股份有限公司．石油化工设备维护检修规程[M]．中国石化出版社．2019.

[6] 高昭坤．加氢站隔膜压缩机膜片组分析研究及优化设计[D]．沈阳理工大学，2023.

常减压塔底泵运行优化与振动治理

王 超 王 建 刘 刚 屈永强

（中国石油长庆石化公司）

摘 要 为了解决常减压塔底泵介质温度高，在运行过程中因轴承箱容油率小，冷却不足，易造成润滑油温度过高结焦，致使润滑不良，振动值偏大的问题，2023年大检修期间对两台塔底泵进行了更换，通过对两台新泵实际运行数据进行统计分析，对比旧泵运行情况，新泵的各项性能均优于旧泵，达到了项目实施目的。

关键词 轴承箱；冷却不足；润滑油结焦；润滑不良；振动超标

1 前言

常减压塔底泵P1013、P1021于2005年装置投产运行，设备运行时间达到18年，制造厂家为大连苏尔寿，机泵型式为卧式、单级、两端支撑、径向剖分、中心支撑流程泵。设备运行过程中轴承箱冷却效果差，润滑油温度高，轴承润滑不良，振动值和加速度偏高，长期在B区和C区运行，检修频繁，设备可靠性低。为了解决设备故障率高给装置长周期运行带来的安全问题，2023年大检修对该两台机泵进行了升级更换，从本质上提升了设备的可靠性，见表1，表2。

表1 设备概况

设备位号	型号	介质	运行温度/℃	密封形式	封油	封油温度/℃
P1013	BB2	常压渣油	345	PLAN32+53B+62	蜡油	80
P1021	BB2	减压渣油	360	PLAN32+53B+62	渣油	80

表2 设备机组信息

<table>
<tr><td rowspan="3">机组信息表</td><td>用户名称：长庆石化</td><td>装置名称：常减压</td></tr>
<tr><td>设备位号：P1013/P1021</td><td>设备名称：双支离心泵</td></tr>
<tr><td>设备构成和形式：双支</td><td>制造厂家：苏尔寿</td></tr>
<tr><td>驱动级形式：电机</td><td colspan="2">联轴器形式：膜片联轴器</td></tr>
<tr><td>型号：YB450S1-2W</td><td>额定转速：2980</td><td>是否变频：否</td></tr>
<tr><td>额定电压与电流：6000V/36.6A</td><td>额定功率：315kW</td><td>润滑方式：脂润滑</td></tr>
<tr><td>非驱动端轴承：NU218/E</td><td colspan="2">驱动端轴承：6318/C3</td></tr>
<tr><td colspan="3">机泵介质：减渣油</td></tr>
<tr><td>进口压力和温度：0.4MPa/352℃</td><td>出口压力和温度：2.2MPa/352℃</td><td>设计和实际流量：203/130m³/h</td></tr>
<tr><td>叶轮级数：1 叶片数：5</td><td>密封形式：机械密封</td><td>支撑方式：双支</td></tr>
<tr><td>驱动端轴承：6215</td><td>非驱动端：7312*2</td><td>润滑方式：油浴润滑</td></tr>
</table>

2 塔底泵P1013、P1021存在的问题

2.1 流量偏离较大

旧泵在实际运行流量下偏离最佳效率点较远，常压塔底泵P1013泵实际工况流量431m^3/h时效率为70%；减压塔底泵P1021泵实际工况流量163m^3/h时效率为51%；两台机泵偏离最佳工况点较远，导致在运行过程中振动值总体偏大。

2.2 轴承箱设计缺陷

2.2.1 轴承箱容油率小

旧泵轴承箱内部容积较小，润滑油加注量

少，轴承在转动过程中润滑、冷却效果较差，轴承箱外部温度最高可达到85℃左右，内部温度更高。按照API610规范要求，采用油环润滑或油雾润滑系统，油池温度应低于82℃。

2.2.2　油环润滑缺点

轴承箱润滑方式采用油环润滑，甩油环采用四氟材质，长时间运行甩油环磨损易造成轴承润滑不良；检维修过程中，在机泵甩油环时易挤压变形导致损坏。

2.2.3　轴承箱表面积小

轴承箱表面积过小，冷却管为单翅片管，热传导能力差，设备运行过程中轴承箱内部集聚的热量在较短的时间内难于扩散，造成轴承箱内部润滑油和轴承温度过高，轴承故障率高。

2.2.4　轴承箱热传导、热辐射大

轴承箱设计位置与机封及泵壳体的距离较近，高温介质产生的热量通过热传导和热辐射的方式对轴承箱造成的高温影响较大，致使轴承箱温度过高，夏季运行过程中常使用非净化风对轴承箱进行直吹，采取物理方式降温。

2.2.5　轴承箱支撑缺点

轴承箱采用半托架形式进行轴承箱支撑和固定，刚度小，运行过程中振动值偏大。

2.3　轴承承载力小

旧泵P1013、P1021径向轴承型号为6215，推力轴承为7312，轴承型号小，承载力较差，故障率高。

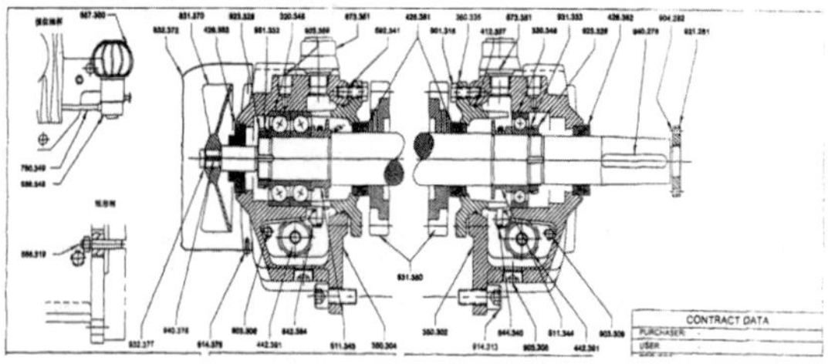

图1　旧泵结构

3　设备运行分析

2020年4月23日启机运行后，机泵振动值出现较大波动，频繁超过报警值，最大达到5.5mm/s左右，加速度值存在同步波动。清理过滤器后于5月20日开机运行，振动仍然存在异常波动。

从图2、3趋势图看，机泵振动不稳定，波动较大。振动波动时，主要为叶片通过频率及100-200Hz、400-500Hz之间的底部噪声异常升高，表现出较明显的流体激振现象。

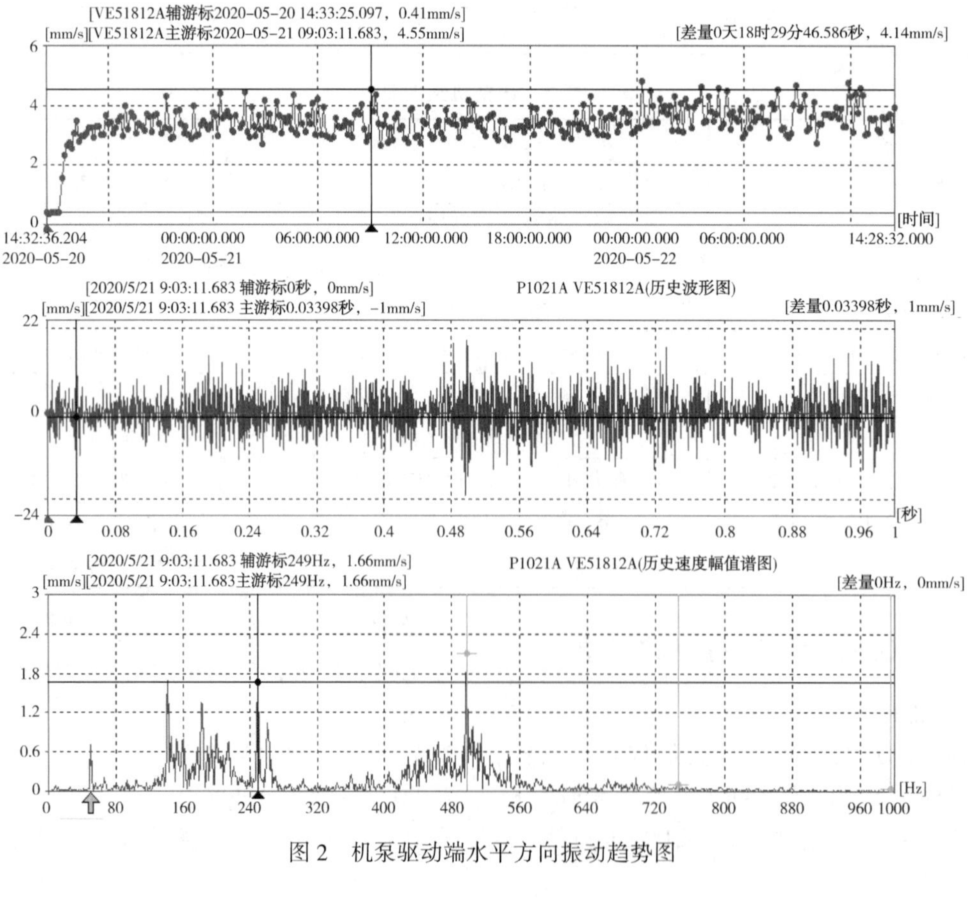

图2　机泵驱动端水平方向振动趋势图

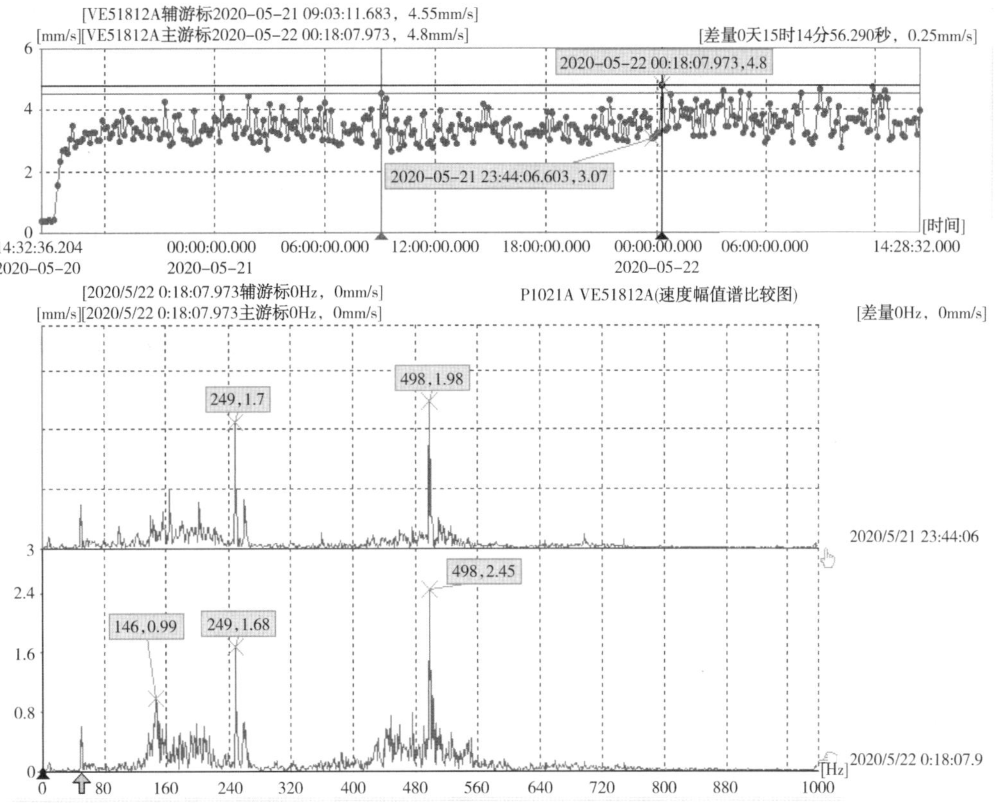

图3　机泵驱动端水平方向振动频谱对比

从图4看，机泵加速度值偏大，低频能量占主导，并伴有幅值较低的高频噪声，频谱中并无轴承异常频率成分。

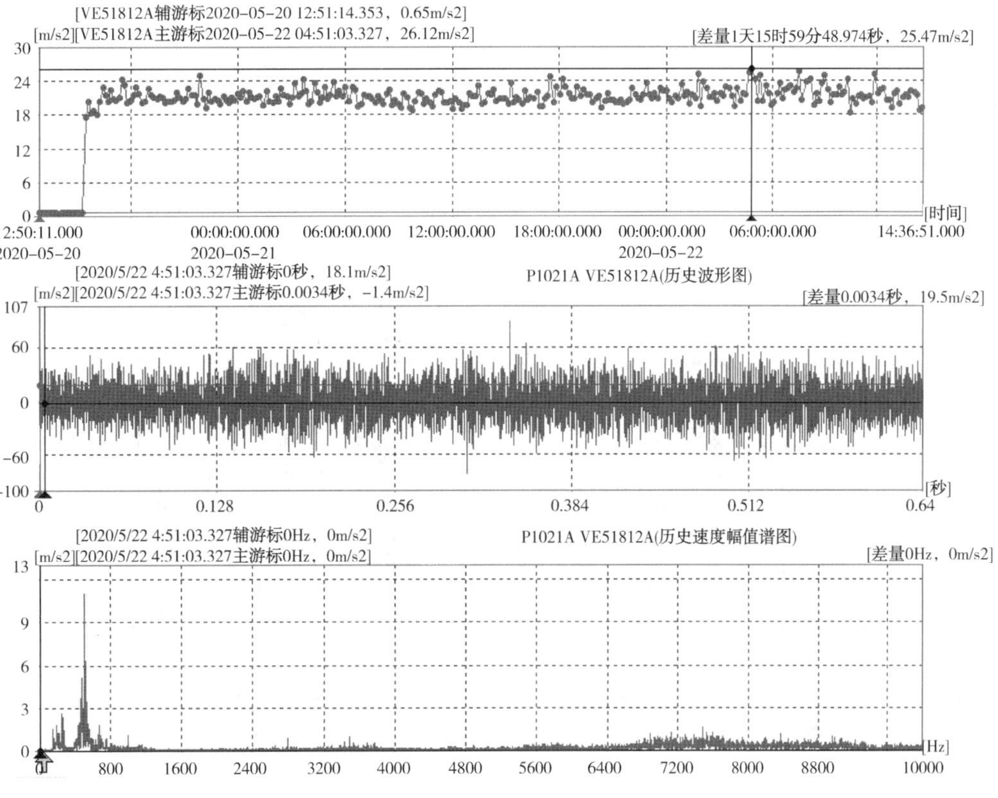

图4　机泵驱动端加速度频谱

从图5看，开机初期，机泵振动速度值较小，1小时以内振动值增大了1mm/s左右，在上涨的过程中，振动幅值出现几次异常突变，并激起了160Hz分量，可能因抽空或短时碰磨激起系统共振频率。初步判断为因流体激振，造成了抽空或汽蚀现象。

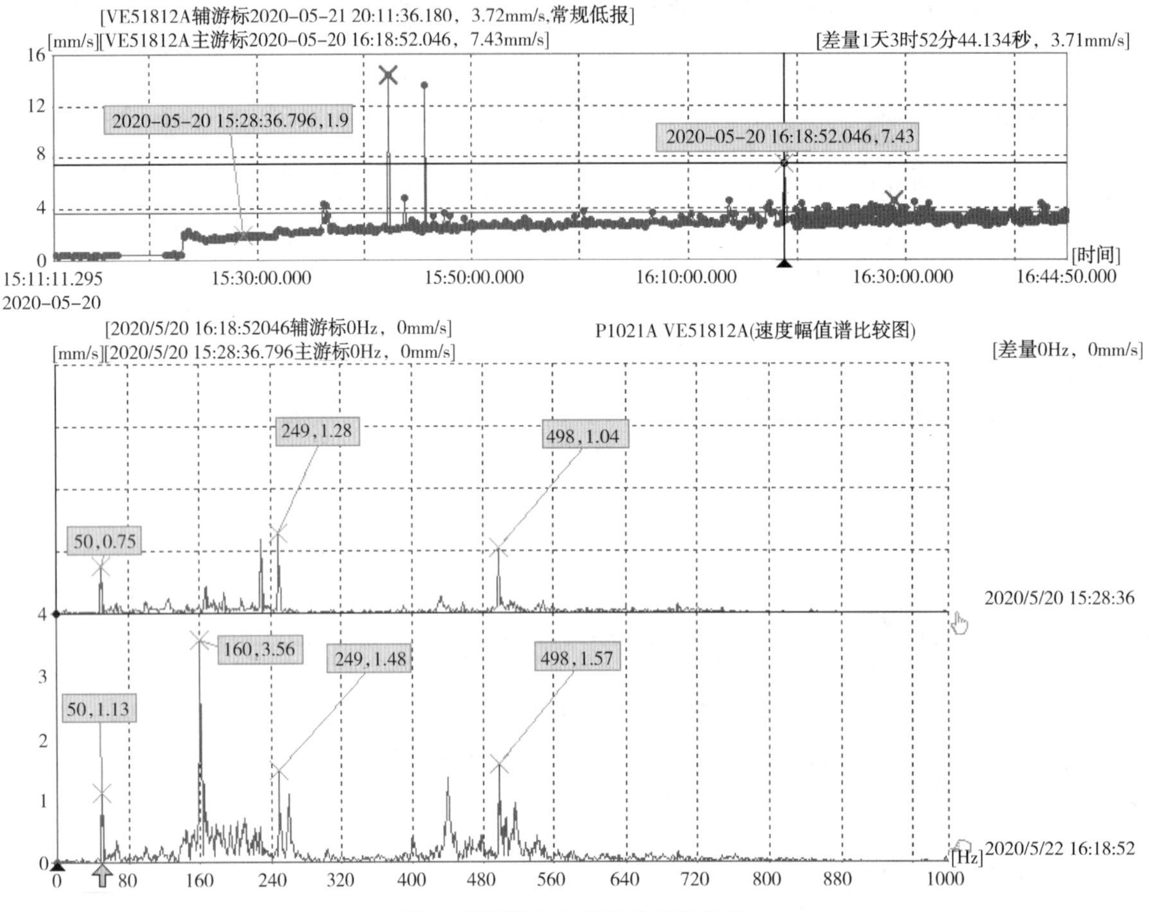

图5　刚开机时机泵振动变化趋势

通过对机泵解体检查，发现进口过滤器堵塞严重，叶轮流道结焦造成转子动平衡破坏，致使振动值进一步增大，见图6。

在设备日常运行过程中两台机泵振动值总体偏大，P1013在B区运行，P1021泵振动值尤为明显，在C区运行，见表3。

图6　叶轮流道和过滤器堵塞情况

表 3　ISO 2372 和 ISO 3945 机械振动诊断标准

振动强度		ISO 2372				ISO 3945	
分级 速度有效值/ (mm/s)		Ⅰ 级	Ⅱ 级	Ⅲ 级	Ⅳ 级	刚性 活出	柔性 活出
0.28	0.28	A	A	A	A	优	优
0.45	0.45	A	A	A	A	优	优
0.71	0.71	A	A	A	A	优	优
1.12	1.12	B	A	A	A	优	优
1.80	1.80	B	B	A	A	优	优
2.80	2.80	C	B	B	A	良	优
4.50	4.50	C	C	B	B	良	良
7.10	7.10	D	C	C	B	可	良
11.2	11.2	D	D	C	C	可	可
18	18	D	D	D	C	不可	可
28	28	D	D	D	D	不可	不可
45	45	D	D	D	D	不可	不可
71		D	D	D	D	不可	不可

4　设备检修情况

塔底泵 P1013、P1021 故障率较高，检修频繁，70%为大修，抽转子、更换轴承机封，给设备的长周期运行带来较大风险。检修过程中发现轴承箱内壁磨损较为严重，最大磨损量为 0.96mm，易造成轴承箱跑外圆现象；轴承箱定位销变形，定位效果差；止推轴承一侧轴承箱压盖调整垫片采用多层铜片作为轴串量的调整手段，实际操作过程中难度较大，且易于损坏；拆卸和安装过程中甩油环易挤压变形，造成配件利用率低。

图 7　P1013 P1021 轴承箱磨损情况

5　新泵的优点

5.1　流量偏离较小

新泵在实际运行流量下偏离最佳效率点较小，常压塔底泵 P1013 泵实际工况流量 431m^3/h 时效率为 75%；减压塔底泵 P1021 泵实际工况流量 163m^3/h 时效率为 60%；两台机泵较旧泵在实际工况下运行效率更高。

5.2　轴承箱设计更先进

5.2.1　轴承箱容油率大

新泵在轴承箱内部容积设计上更大，润滑油加注量增大，容油率提高，轴承润滑、冷却效果更好，轴承箱外部温度实测最高为 60℃ 左右，内部润滑油温度不大于 65℃，满足 API610 规定的油池温度不大于 82℃ 的规范。

5.2.2　油环润滑的改进

新泵轴承箱润滑方式采用油盘润滑，在设备运行和检维修过程中不宜磨损或损坏，可重复使用，同时甩油盘给轴承供油更顺畅充足，轴承寿命延长。

5.2.3　轴承箱表面积增大

新泵轴承箱表面积设计较大，冷却管为双翅片管，热传导能力好，设备运行过程中轴承箱内部集聚的热量扩散快，轴承转动过程中温度较低。

5.2.4　轴承箱热传导、热辐射小

新泵轴承箱设计位置与机封及泵壳体的距离较远，高温介质产生的热量通过热传导和热辐射的方式对轴承箱造成的高温影响较小，轴承箱在相同环境下温度更低。

5.2.5　轴承箱支撑优点

新泵轴承箱采用 360° 全托架形式进行轴承箱支撑和固定，刚度增大，运行过程中振动值降低。

5.3　轴承承载力大

新泵 P1013 径向轴承型号为 6312，推力轴承为 7312，P1021 径向轴承型号增大为 6314，推力轴承为 7314，轴承型号增大，承载力增大，故障率降低。

5.4　更加节能

旧泵 P1021 电机功率 315kW，更换后功率为 225kW，年节约用电量下降 78.84 万度，按照每度电平均 0.5 元计算，可节约费用 40 万元左右。

5.5　检维修费用降低

塔底泵 P1013、P1021 年平均各检修 3 次，消耗机械密封 12 套，每套机封 3.4 万元，合计 40.8 万元，消耗轴承费用 4.5 万元，总计年检修费用为 45 万元左右。更换机泵后按照 2 年检修一次计算，可节约费用 82 万元。

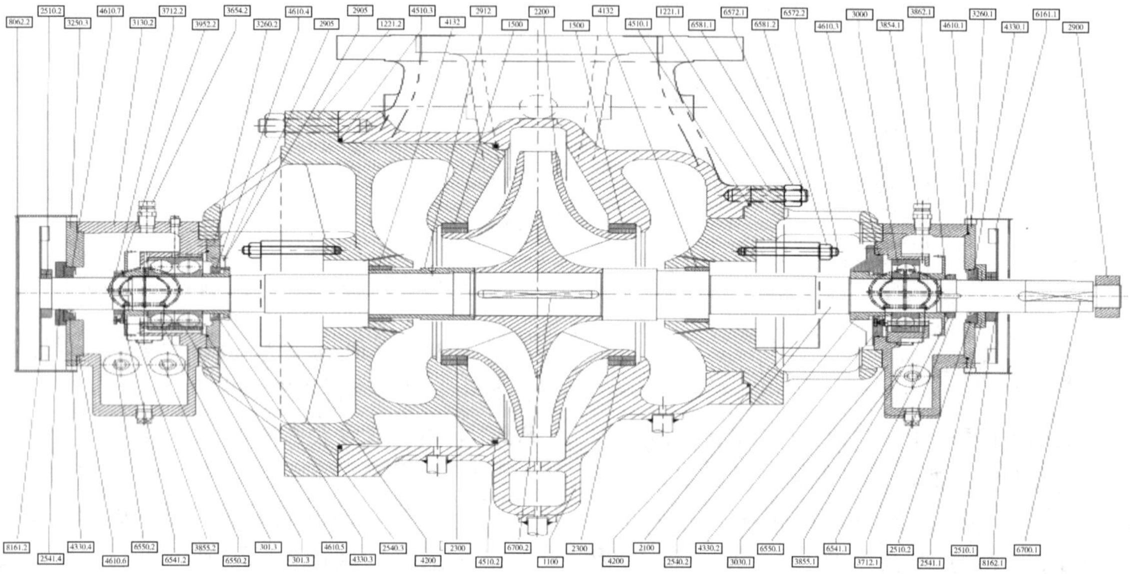

图 8　新泵结构

6　设备运行情况

机泵更换后 P1013 和 P1021 泵轴承箱振动值总体下降明显，均达到 A 区运行；轴承箱润滑、冷却效果得到改善，轴承箱温度明显下降；机泵振动趋势更加平稳，波形图更加缓和，无明显大幅波动情况发生，设备受外界影响的抗干扰能力提升，总体性能和可靠性进一步提高，见表 4。

表 4　重点设备检查记录

序号	位号	驱动端振动/(mm/s)	驱动端加速度/(m/s^2)	驱动端轴承箱温度/℃	非驱动端振动/(mm/s)	非驱动端加速度/(m/s^2)	非驱动端轴承箱温度/℃
1	P1013(旧)	4.2/4.4	22/25	68	4.3/4.5	23/25	66
2	P1013(新)	1.4/1.7	2.9/4.5	55	1.5/1.8	3.9/3.8	64
3	P1021(旧)	4.7/4.6	25/28	67	4.3/4.6	23/27	69
4	P1021(新)	1.0/0.9	3.0/2.1	53	1.0/1.0	3.7/3.9	63

7　结论

综上所述，一是常减压两台塔底泵的设备选型符合现场实际工况条件下工艺对设备的需求，达到预期目的；二是塔底泵的更换使得设备用电量和检维修费用双双降低，提质增效效果明显；三是通过设备的升级更换，设备的可靠性提高，在现有大加工量下设备运行更加平稳，装置的长周期运行得到保障。

参 考 文 献

[1] 陈进．机械设备振动监测与故障诊断[M]．上海：上海交通大学出版社，1999.

[2] 梅宏斌．滚动轴承振动监测与诊断[M]．北京：机

械工业出版社，1995.
[3] 涂善东，葛世荣，孟光，等．机械结构强度与失效，机械与制造科学学科发展战略研究报告(2006-2010年)[M]．北京：科学出版社，2006.
[4] 钟群鹏，张峥，有移亮．我国安全生产(含安全制造)的科学发展若干问题[J]．机械工程学报，2007，43(1)：7-18.
[5] 黄文虎，夏松波，刘瑞岩，等．设备故障诊断原理、技术与应用[M]．北京：科学出版社，1996.
[6] 廖卫献．小样本核机械设备可靠性寿命预测方法综述[J]．中国核科技报告，1999(S4)：305-328.

二套 ARGG 装置进料泵 P10611 轴封改造

王世军

(中国石油大庆炼化公司)

摘　要　二套 ARGG 装置进料泵 P10611 原设计轴封为大弹簧式机械密封，经过近几年运行状态观察，机泵频繁启停，易导致机械密封频繁泄漏，每次更换机械密封需将整台泵拆卸至机加厂房(空旷处)把螺杆旋出，直至将万向联轴器露出并拆除后方能进行更换机封作业，同时还需要更换两套万向十字轴承。整个工作量需要5人进行为期4天的检修作业，给检修人员增加工作量的同时也增加了维护费用。因此我们将由原大弹簧式机械密封改为填料密封，在填料腔内增加一个较长的节流套，节流套内表面设有节流槽。节流套内通入新鲜水起到密封、冷却和隔离作用，在节流套外面增加三道填料，起到主密封作用。通过改造，大大提高了作业效率，解决了机械式密封频繁泄漏的隐患，提高了机泵运行的安全系数。

关键词　螺杆泵；填料密封；轴套；改造

1　设备概述

二套 ARGG 装置进料泵 P10611，生产厂家为江苏双达泵阀有限公司，单螺杆泵，原型号为：G105-3、设计流量为 $48m^3/h$，转速为 184r/min，扬程 150m，介质为浆液，出口压力为 0.3MPa，介质温度 30℃。主要作用为将调节罐中的泥浆输送至压滤机。泥浆含水 93%—97%，压滤机将其压成泥饼后含水不超过 40%，这大大降低回收运输费用；它运行的好坏直接影响着二套 ARGG 装置回收系统的效率和环保指标。

图 1

2　故障简述

二套 ARGG 装量进料泵 P10611 原设计轴封为大弹簧式机械密封，经过近几年运行状态观察，机泵频繁启停，易导致机械密封泄漏，每次更换机械密封需将整台泵拆卸至机加厂房(空旷处)把螺杆旋出，直至将万向联轴器露出并拆除后方能进行更换机封作业，同时还需要更换两套万向十字轴承。整个工作量需要 5 人进行为期 4 天的检维修作业，给检修人员增加工作量的同时也增加了设备维护费用。

3　改进思路及方案实施

进料泵 P10611 输送介质主要为泥浆，其原厂家设计的轴封结构为大弹簧式机械密封(如图 2 所示)。

机械密封方式虽然泄漏量相当小，无需冷却水，使用周期长，一般可以达到一年以上，但是机械密封机构很复杂，又是环状零件，安装时技术要求很高，稍有偏差对泵运行影响很大；特别是安装在螺杆泵这种频繁启停，介质是固液混合状态下，极易导致机械密封泄漏。检修时必须对螺杆泵解体才能进行，使得检修工作量大为增加。这就凸显出填料密封的耐腐蚀，耐磨损，成本低廉，安装简单等优势，且完全满足螺杆泵密封要求，再者目前的大环境也要求技术改造的同时充分考虑节约成本降耗效果。

目前，市面上广泛被离心水泵和螺杆泵采用的填料密封有如下几类，一是四氟填料密封，二是芳纶填料密封，三是石墨填料密封，四是碳纤维填料密封，五是玻璃纤维填料，都是将填料装于填料函内，通过填料压盖将填料压紧在轴套的表面。由于轴套表面总有些粗糙，其与填料只能是部分贴合、部分未接触，这就形成无数个迷宫，当带压介质通过轴表面时，介质被多次节流，凭借这“迷宫效应”而达到密封。改进螺杆泵填料密封方式的方法主要针对填料填料进行改良，其原则是提高检修作业效率、降低维护费用和填料的密封性能和耐用性，增加填料的润滑性，减少摩擦，改善泵轴运转状况。我们采用填料密封，设计加工填料函组件(图 3)。主要由填料函体(腔体)、压盖、轴套和隔套及垫圈组成，同时设计加工的隔套在其外圈镶有两个 O 型圈，封住了箱壁侧的泄漏；在底套内径圆面上车有螺旋沟槽，使泄漏介质逐渐降低压力，同时降低介质温度，达到迷宫密封的效果。由于机泵出口压力较低，冲洗水压力大于介质压力，对填料密封引用干净冲洗水，而冲洗水进入泵体隔离泥浆，起到良好的密封和防腐蚀作用。

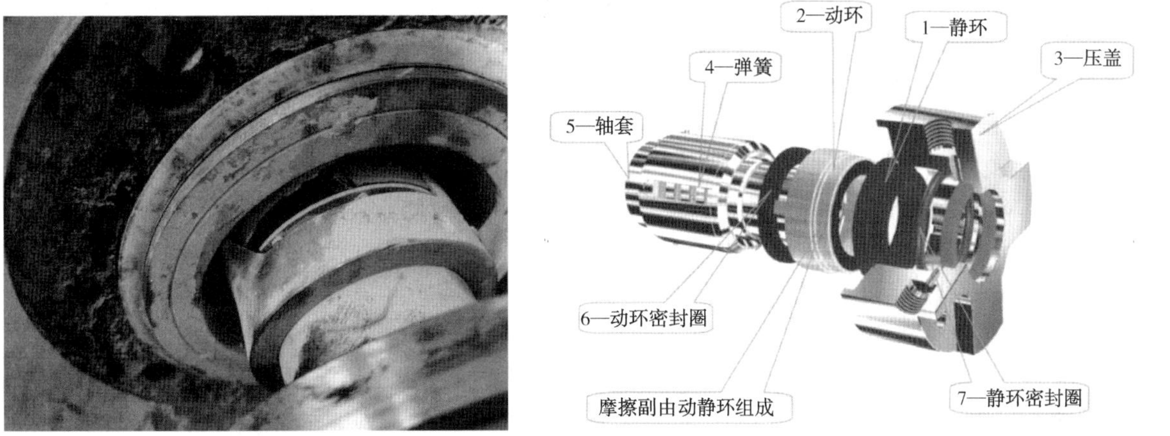

图 2　改造前的机械密封

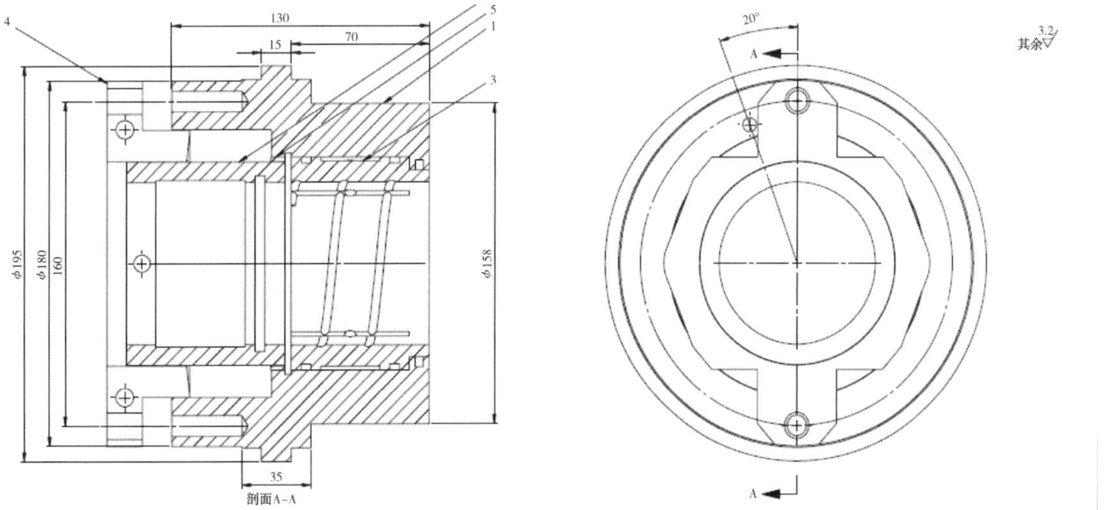

项目号	零件号	说明	数量
1	腔11	45#	1
2	轴套	45#	1
3	隔套	H62	1
4	压盖	45#	1
5	垫圈	四氟	1

图 3　改造后的填料密封组件

3.1　填料函组件设计特点

(1) 对该泵体本身结构不做任何改动；

(2) 改造后的填料函组件利用原机封腔外端面的 4 个压盖螺栓孔，以保证安装填料时填料压盖受力均匀；

(3) 在填料腔和压盖之接增加三道石墨填料和一道垫圈，确保其密封性能；

(4) 在填料腔内增加一个较长的节流套，节流套内表面设有节流槽。节流套内通入新鲜水起到密封、冷却和隔离作用，在节流套外面增加三道填料，起到主密封作用。

（5）增加外部循环管路系统，运行时作为填料腔冷却水；

进料泵 P10611 整体改造后结构图如图4：

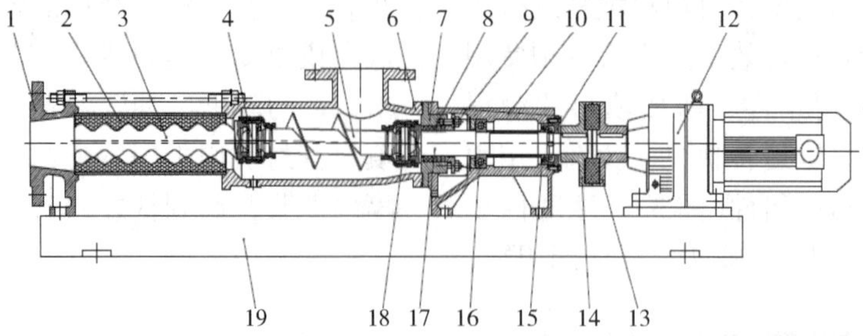

图4　改造后的螺杆泵结构图

1—出料口；2—定子；3—转子；4—万向节总成(左)；5—中间轴；6—吸入室；7—填料箱；8—填料；9—填实压盖；10—轴承箱；11—轴承压盖；12—减速电机；13—减速机联轴器；14—泵联轴器；15—后轴承；16—前轴承；17—主轴；18—万向节总成(右)；19—底板

3.3　填料函的加工

根据轴套、填料函尺寸和压盖螺栓孔中心距确定各部件形式和材质应用如下：

（1）填料压盖和轴套：材质为45#，设计图纸见图5和图6；

特点：具有较好的强度和较好的切削加工性，价格较经济；

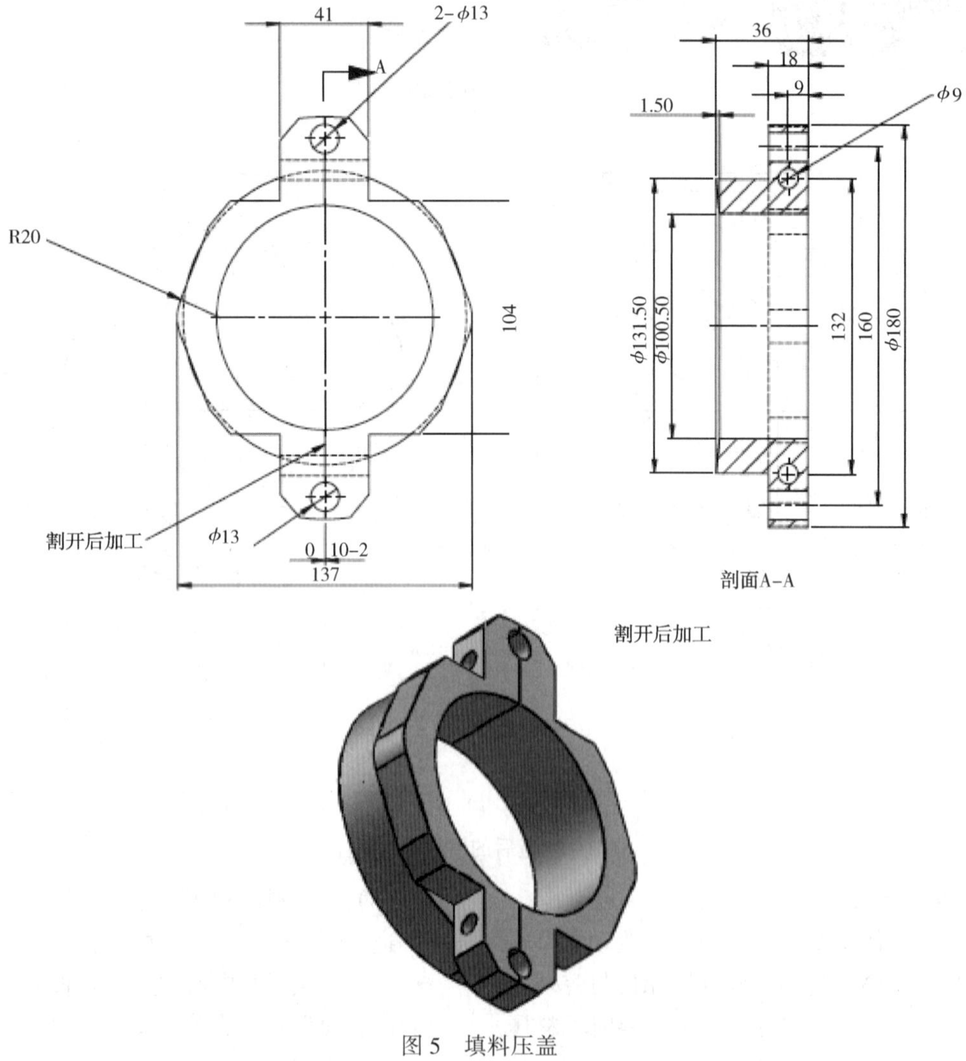

图5　填料压盖

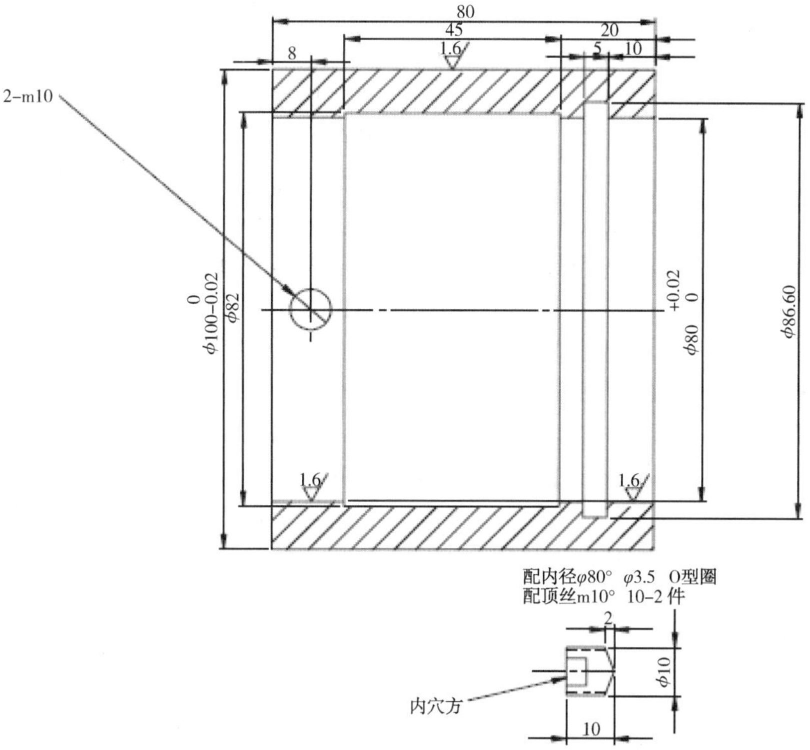

图 6　轴套

（2）填料隔套：材质为 H62 铜合金，设计图纸见图 7；

特点：具有良好的力学性能，热态下塑性好，冷态下塑性也可以，切削性好，易钎焊和焊接，耐蚀，但易产生腐蚀破裂。此外价格便宜，是应用广泛的一个普通黄铜品种。H62 铜合金在室温下 β 相较 α 相硬得多，因而可用于承受较大载荷的零件。

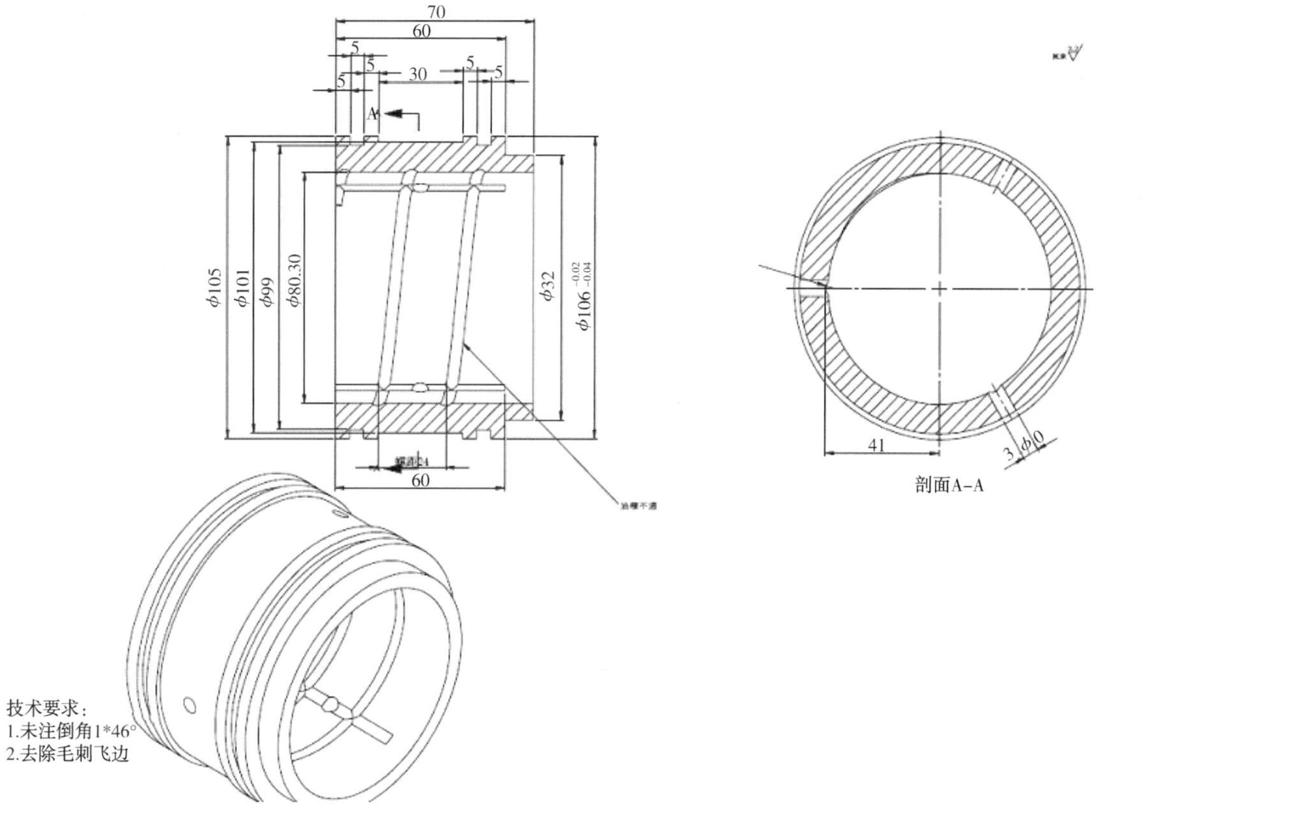

图 7　填料隔套

3.2 填料的选择

将石墨填料与其他填料做比较，得出石墨填料在螺杆泵上使用的以下优势：

（1）石墨填料同轴套表面的贴合、摩擦，类似滑动轴承，固应有足够的液体进行润滑，以保证密封有一定的寿命，即所谓的“轴承效应"。由此可见良好的填料密封，即是迷宫效应和轴承效应的综合。

（2）石墨填料对轴的压紧力通过拧紧压盖螺栓产生。由于填料是弹塑性体，当受到轴向压紧后，产生摩擦力致使压紧力沿轴向逐渐减少，同时所产生的径向压紧力使填料紧贴于轴表面而阻止介质外漏。

（3）径向压紧力的分布由外端(压盖)向内端，先是急剧递减后趋平缓，介质压力的分布由内端逐渐向外端递减，当外端介质压力为零时，则泄漏很少，小于目前泄漏.

（4）石墨填料自润滑性好，摩擦系数小并耐磨，耐温性。当摩擦发热后能承受一定的温度，拆卸方便，制造简单，价格低廉。

4 改造效果

改造后进料泵 P10611 运行使用正常，当填料泄漏时，只需在外部更换填料即可，不需大费周折的将整泵拆解，由 2 名作业人员 1 个小时即能完成当初 5 人 4 天的工作内容，大大提高了作业效率。不再会因为机械密封锈蚀而出现设备故障，设备运行安全性得以提高，解决了机械密封频繁泄漏的隐患，提高了机泵运行的安全系数；也不会因为更换机封而强制更换轴承和联轴器等配件，节约了维护费用。

5 改造经济效益核算

通过统计计算，进料泵 P10611 经过轴封改造后降低维护费用效果明显。直接降低采购费用 2.05 万元，节约包修费用的同时大幅度缩短了供货周期，也有效保障二套 ARGG 装置回收系统的效率和环保指标；填料漏时，只需在外部更换填料即可，不需大费周折的拆泵，只需 2 名作业人员 1 个小时即能完成，提高了作业效率。解决了机械式密封频繁泄漏的隐患，提高了机泵运行的安全系数。

$$投资回报率=(20500-6900/10)\div6900*100\%$$
$$=287\%$$

结语：二套 ARGG 装置进料泵 P10611 轴套改造处理经验，为其他结构类似的螺杆泵的机封泄漏改造提供了新思路，在传统的修理方法无法解决问题的情况下，可以采取改造密封方式解决机封泄漏的问题，也可以根据以上改造思路进行，不走弯路。为今后提高此类故障的检修效率夯实基础。

目前此技术已在大庆炼化公司二套 ARGG 装置螺杆泵、动力装置循环水泵及消防水泵等设备推广使用，效果良好。

参考文献

[1] 王汝美．实用机械密封技术问答．中国石化出版社，2004.

[2] 李善春．石油化工机器维护和检修技术[J]. 北京：石油工业出版社，2000. 11.

[3] 机械设计手册[M]，北京；化学工业出版社．

[4] 姜泽东，陈策．试论化工泵机械密封的泄漏分析与检修[J]. 科学技术创新，2016(26)：26.

[5] 庄文建．机械密封在螺杆泵维修中的应用研究[J]. 科技风，2017(17)：175-176.

橡胶干燥器循环风机故障原因分析与优化改造探讨

李国仓

（中国石油兰州石化公司机电仪运维中心）

摘　要　在合成橡胶生产工艺过程中，循环风机是干燥器上的重要设备，循环风机的平稳、长周期运行，直接影响橡胶在干燥后的含水量和橡胶凝聚干燥后系统的长周期运行，装置干燥器在运行过程中循环风机故障相对较多，检修频率较高。针对循环风机故障类型和表征，对故障原因进行分析探讨，并提出针对性优化、改造、调整方案，有效延长风机的检修周期，保证装置的平稳、长周期运行。

关键词　干燥器；循环风机；故障类型；原因分析；优化改造方案

带式干燥器在化工、医药等行业使用广泛，连续、密闭生产能力强，受外界干扰较小。某丁腈橡胶装置共有2条生产线2台干燥箱，干燥箱为穿流带式干燥器，由哈尔滨博实自动化设备有限责任公司设计并生产，是生产过程中的关键设备。2009年9月投产，设计台时产量4t/h。自2018年以来，干燥器循环风机故障逐渐呈上升趋势，为此我们对循环风机故障类型和原因进行分析，并制定合理的维保、优化改造方案，有效改善当前现状。设备运行参数如下：干燥箱型号：DRN，干燥箱的外形尺寸：39.366(L)×5.224(W)×4.12(H)m，干燥段长度：32.76m，链板传送宽度：3.810m，冷却段长度：2.184m，有效干燥面积：117.28m^2，冷却面积：7.82m^2，循环风机：15kW，30000m^3/h，共计15台，总排风：22kW，15000m^3/h，1台。

1　结构特点及工作原理

带式干燥器密闭连续生产，连续作业条件好，物料在干燥的过程中完全处于密闭的环境。经挤压脱水机脱水后，含水量在10%—14%的胶粒经破碎机破碎被输送至干燥箱摆动式振动布料器上，经摆动式振动布料机均匀布料在干燥箱的进料段的链板上，链板以0.7-2.1m/min的速度范围内的某一固定速度匀速地向前运动，将分布均匀的胶粒送入干燥室。干燥室共有五个室，如图1，经加热器加热的热风，被离心风机吸入，从链板下面向上透过胶层，将热量传递给胶粒，胶粒受热后水分由内向外扩散、汽化并被热风带走，将胶粒含水量降至0.5%以下，达到干燥的目的。

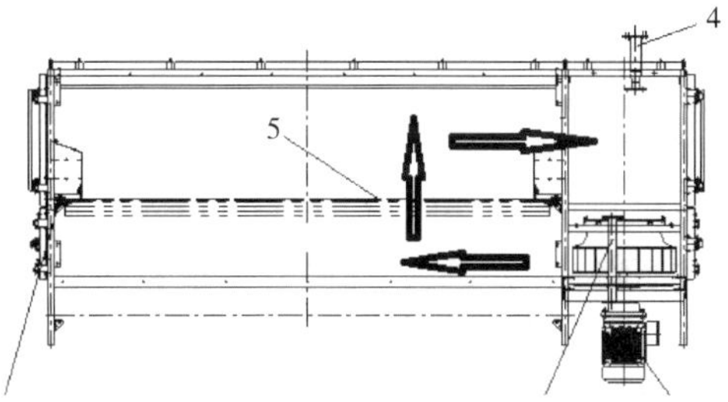

图1　干燥箱内结构及循环风示意图

1—导轨；2—换热器出口接管；3—风机装置；4—换热器进口接管；5—网板

2　常见故障类型

通过对2018年以来，带式干燥器循环风机故障现象分类，主要有以下几种情况：一是循环风机在运行中噪声和振动大、轴承散架、轴承保持架严重磨损，轴承部位温度超过70℃；二是风机机架开裂，轴承室与机架紧固螺栓断裂，轴承室与机架连接部位破裂；三是循环风机在运行过程中电机过载跳闸。下图是循环风机失效的现场图片(图2-图3)：

图2　轴承损坏

图3　轴承室与机架连接处裂开

根据检维修作业统计，2022年6月—2023年6月，A/B线干燥器30台循环风机共故障检修16次，消耗轴承20余套。

3　原因分析

3.1　转子质量偏心

风机在正常运转过程中，风机入口吸入的热风中含有细小的胶屑，在叶轮高速旋转过程中发生摩擦，产生静电吸附现象，在叶轮表面吸附，叶轮表面温度较高，在长期运行过程中产生塑化胶，牢牢附着在叶轮表面，导致循环风机转子产生质量偏心，从而导致风机在运行中噪音、振动升高，最终造成轴承损坏。

3.2　循环风机机架底板塑形变形

干燥器循环风机采用直连式安装方式，即风机部分和电机通过轴承室连接在一起，最终通过轴承室上端面与机架采用螺栓连接在一起，具体装配如图4，这样导致风机本体和电机重量以及风机运行过程中因振动产生的附加力全部由机架底板承受，单台干燥器共安装15台相同型号的循环风机，在正常开车过程中，极易产生振动能量叠加效应，导致风机机架底板承载激增，超过机架的弹性极限，使机架材质的晶粒之间滑移和错位，最终导致机架底板发生塑性变形，机架底板平面度变差，在检修安装过程中机架安装孔和风机轴的同轴度无法保证，严重影响检修质量，缩短风机轴承的使用寿命；也会导致风机导流罩与干燥器底板偏磨，产生严重的噪音，同时电机负载增大跳闸。

3.3　循环风机机架疲劳破坏

风机在运行过程中，长期受振动影响，在振动产生的交变载荷作用下，随着风机运行时间的积累，机架材质发生疲劳破坏，最终产生疲劳裂纹，裂纹的产生导致机架的刚度下降，风机在运

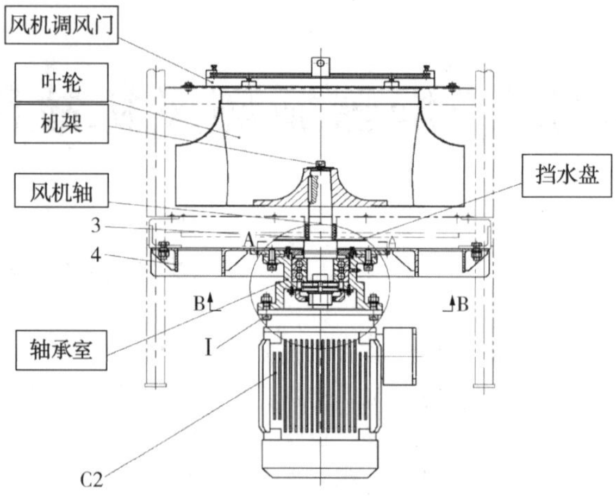

图4　风机装配图

行过程中所受的机架约束力降低，风机剧烈振动，如果发现、处理不及时最终导致风机轴承损坏，电机负载增大，出现电机跳闸。

4　优化改造措施

4.1　定期维护清理

利用凝聚后系统停车清理机会，定期开展干燥器循环维护保养，检查风机轴承室与电机、机架底板连接端的紧固螺丝是否松动，发现问题及时紧固处理；每月对风机轴承室补加1次润滑脂，保证轴承的润滑始终处于良好状态；每半年对循环风机叶轮进行一次彻底清理，彻底铲除叶轮表面塑化胶粘附；定期对风机机架底板进行检查，对变性、破裂严重的部位进行修复。

4.2　循环风机安装方式优化改造

对循环风机机架开裂严重，经多次补焊加固仍收效甚微干燥室循环风机进行优化改造，将原有的风机、电机直连式安装结构改造为皮带传动形式，改造后的机架固定在干燥器钢结构上，电机重量由钢结构承受，减轻原有机架受力；改造后的循环风机能更换的保护电机，可大幅降低风机机械故障对电机的影响，延长电机使用寿命。首台循环风机于2021年7月完成改造安装，并投入使用。截止2022年12月，丁腈橡胶装置共完成循环风机6台，并全部投入使用，截止目前一直运行状态良好。改造后的循环风机装配图如图5所示。

4.3　改变连接方式，缓解共振引起的破坏

经改造后的循环风机转速有所下降，更有助于延长轴承寿命，改造后皮带传动效率只有直连式传动效率的70%，同时循环风机的转速也有

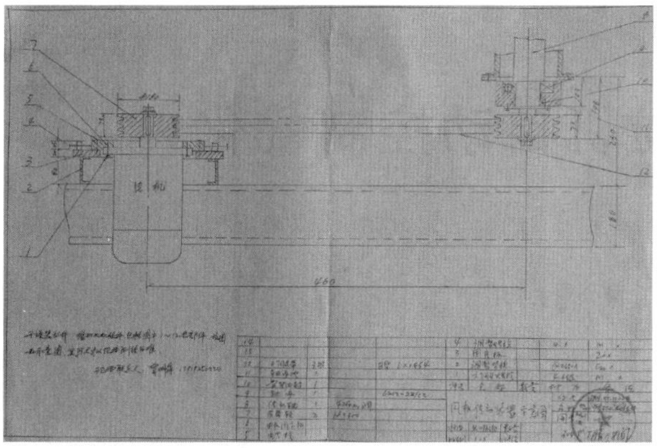

图 5　改造后循环风机装配图

所损失，改造后风机的实际转速降低，改善了原有同型号直连式风机运行时振动能量叠加对风机机架的破坏。

5　结论

通过对原有循环风机故障原因分析，最终发现风机叶轮积胶、机架塑性变形、风机运行过程中共振是导致循环风机故障的主要原因，为了延长风机运行寿命、减少风机检维修频次，最终探讨得出，可以通过定期清理保养、风机结构改造的方式有效解决。而且通过为期半年多的试运行验证，循环风机改造是行之有效的方法。2022 年 12 月至 2023 年 12 月，循环风机检维修次数为 8 次，轴承消耗为 6 套。与前一年相比，经过优化、改造后循环风机故障率明显下降，取得了较好的效果。

参 考 文 献

[1] 徐忠奇 . 干燥器引风机的改造 . 云南 . 中国井矿盐 2000. 第 31 卷第 1 期；

[2] 哈尔滨博实自动化设备有限责任公司，《5 万吨丁腈装置干燥器技术附件》，2008.

[3] 哈尔滨博实自动化设备有限责任公司，《5 万吨丁腈装置干燥器技术资料》，2008.

挤压机齿轮泵、切粒机自动控制优化

张　帅

（中国石油兰州石化公司）

摘　要　高密装置挤压机控制系统使用的是AB 1756-L55M23，其中齿轮泵转速自动控制是通过山武SCD40调节器上进行控制，切粒机转速通过日本爱模系统有限公司的STL调节器进行控制，长期以来，齿轮泵、切粒机转速控制投自动无法满足工艺的控制指标，利用停车检修期间，将控制系统更换为康吉森厂家的ITCC控制系统，从而解决了齿轮泵、切粒机无法投自动的难题。

关键词　自动控制；转速PID；齿轮泵；切粒机

高密度装置新线挤压机是A类机组，也是聚烯烃装置的核心机组，挤压机的设备构成、控制方案、联锁逻辑历来以复杂和难度大著称，挤压机联锁保护通过美国AB公司1756-L55M23型号的PLC实现。齿轮泵、切粒机又是挤压机的核心设备，齿轮泵、切粒机的转速调节均使用的是调节器控制，能否实现自动控制，对产品质量、机组长周期运行、设备检修维护成本都有较大影响。

1　挤压机工艺流程简介

粉料经计量加料器计量后进入挤压机进行混炼造粒，粉料混炼成熔融状的聚乙烯物料，经挤压机齿轮泵加压后通过模板被高速旋转的切刀割成$\phi3\times3$mm的颗粒，颗粒随循环冷却水到热水粗滤机，颗粒水返回颗粒水贮罐循环使用，颗粒送到颗粒干燥机进行干燥，干燥的颗粒在振动筛中除去过大过小的不合格粒子，合格的颗粒送入颗粒缓冲罐中，由颗粒输送风机，把聚乙烯颗粒送至颗粒料仓进行掺合，再由颗粒输送风机将掺合好的且分析合格的成品送往包装工序，如图1所示。

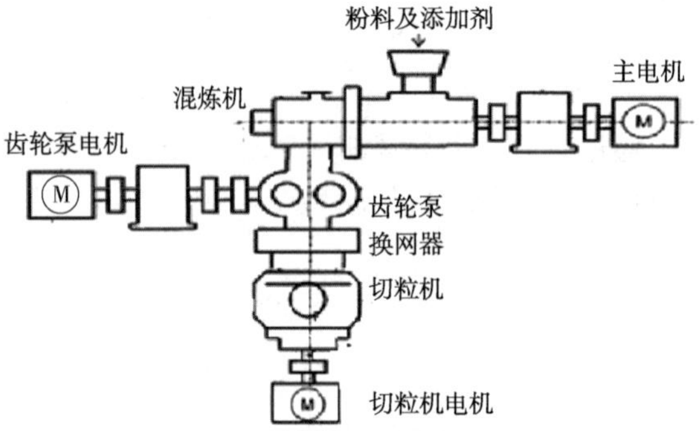

图1　挤压机组结构图

2　齿轮泵、切粒机原控制方式

挤压机齿轮泵原转速控制采用山武SCD40调节器进行控制，切粒机原转速控制采用日本爱模系统有限公司的STL调节器进行控制。调节器“手/自动”选择开关置于自动，从压力应变仪/速度测量传感器将4-20mA信号送至SCD40/STL调节器，经过调节器PID功能计算后输出4-20mA信号至变频器来控制齿轮/切粒机来控制齿轮泵/切粒机转速。调节器“手/自动”选择开关置于手动，手动设置的转速信号通过SCD40/STL调节器，经过计算后直接输出4-20mA信号至变频器来控制齿轮泵/切粒机转速。目前调节器设备老化，稳定性差，技术落后，控制系统无法建立历史趋势，不利于PID参数的调节和故障的查找，控制效果达不到工艺要求，无法投入自动控制运行，增加了设备检修维护的成本和技术难度，给挤压机组安全稳定生产带来巨大压力。

3　齿轮泵、切粒机自动控制在TRICON控制系统中的实现

本次改造利旧闲置装置ITCC控制系统硬件设备、卡件和机柜，自行完成系统改造，新控制系统更先进，功能强大，技术成熟，人机界面简洁、高效。

3.1　齿轮泵允许启动条件

排料阀直通位置或者操作模式自动；齿轮泵吸入树脂温度低低；齿轮泵排出树脂温度低低；模板入口树脂温度低低；润滑油压力低低；齿轮

泵电机轴承温度 A、D(二取二)；齿轮泵电机轴承温度 B、C(二取二)，见图 2。

图 2

3.2　齿轮泵联锁条件

紧急停车按钮；互锁开关互锁状态时，相互联锁停齿轮泵条件(切粒机运行信号、干燥器运行信号、颗粒水泵、颗粒水流量、三通阀直通)；润滑油泵停；润滑油回流泵停；齿轮泵故障信号；齿轮泵电机电流高高；齿轮泵电机绕组温度高高(三取二)；齿轮泵电机转速高高；齿轮泵电机轴承温度高高；齿轮泵排出树脂压力高高(PAHH-240330)；齿轮泵排出树脂压力高高(PAHH-240331)；模板入口树脂压力高高(PT-240337)；模板入口树脂压力高高(PT-240338)；滤网前后压差高高；润滑油压力低低；切粒机运行信号无，见图 3。

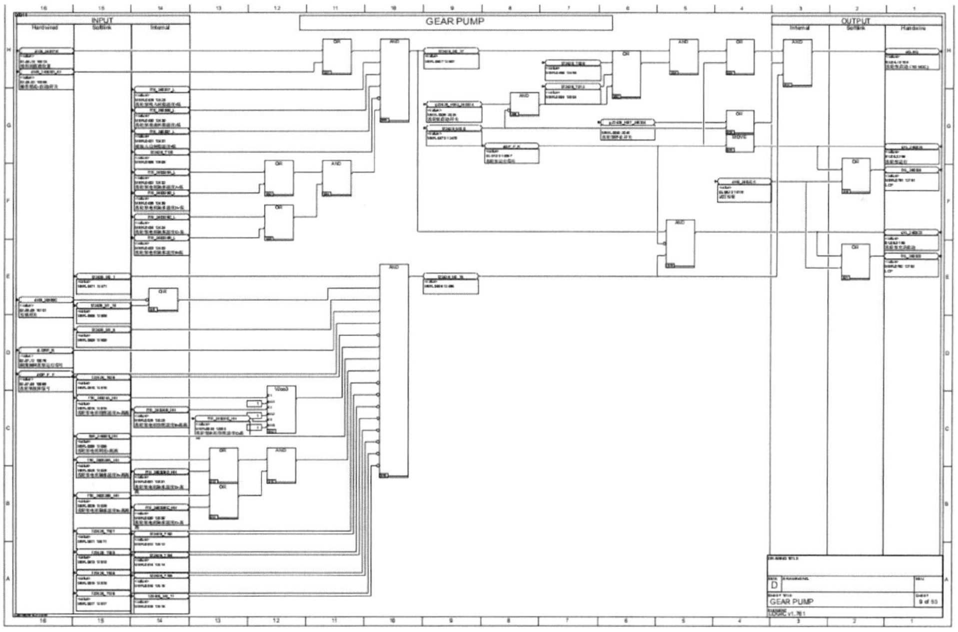

图 3　齿轮泵控制逻辑图

3.3　切粒机允许启动条件

切粒机故障信号；切粒机电机电流高高；切粒机锁环限位开关触发；切粒机车架向前限位开关；切粒机机头锁紧；切粒机锁环锁紧；切粒机紧缩压力正常，见图 4。

3.4　齿轮泵、切粒机启动形式

手动启动模式：齿轮泵允许启动条件均满足，联锁条件无触发，挤压机如在手动模式，通过齿轮泵手动启停开关，启动齿轮泵。切粒机机动步骤多、步骤操作间隔短，未设置手动启动形式。

自动启动模式：齿轮泵、切粒机允许启动条件均满足、联锁条件无触发，如自动启动条件满足时，且开车模式为自动模式(自动 1 或自动

2)，可实现自动启动。自启动条件：齿轮泵运行信号无、齿轮泵联锁条件均未触发、切粒机启动条件均满足、混炼机运行信号、干燥器运行、颗粒水泵运行、颗粒水流量正常、三通阀旁通、液压油压力正常、脱块器正常、互锁开关置于互锁位置，见图5。

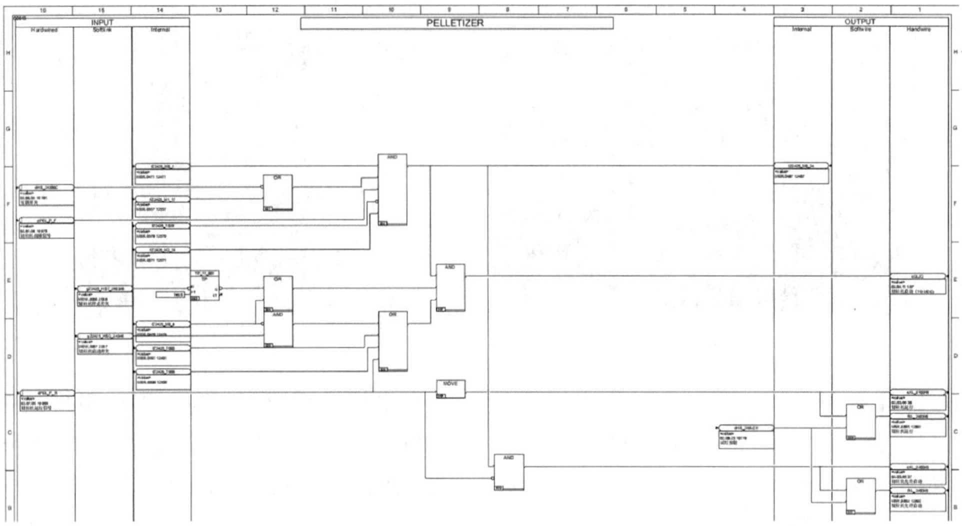

图4　切粒机控制逻辑图

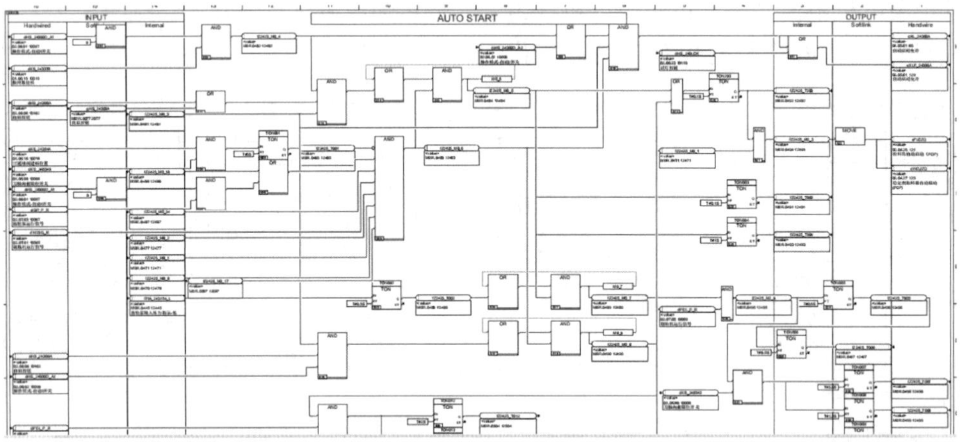

图5　自动启动逻辑图

在自动1模式下自启动方式：启动自启按钮后0.1s，进料自动启动、稳定剂加料器自动启动、粉料秤自动启动、切粒机自动启动，1s后刀头水自动启动，切粒机启动0.5s后齿轮泵自动启动，再0.5s后刀轴自动进刀，轴向前限位开关触发后，1.5s三通球阀位于进料侧，再2s换网器位于进料侧。

在自动2模式下自启动方式：启动自启按钮后0.1s，进料自动启动、稳定剂加料器自动启动、粉料秤自动启动、切粒机自动启动、刀轴进刀、排料阀直通，1s后刀头水自动启动，轴向前限位开关触发后1s三通球阀位于进料侧，再1S齿轮泵自动启动。

3.5　齿轮泵入口压力控制及切粒机转速控制

齿轮泵入口吸入压力，通过齿轮泵转速变化调节，齿轮泵入口吸入压力输入到PID控制模块后，与设定值比较，经过计算输出4-20mA信号，控制齿轮泵转速，见图6。

切粒机转速，通过TRICON系统PID模块进行调节，见图7。

由于齿轮泵入口吸入压力高高是主电机的联锁条件、齿轮泵出口压力高高作为齿轮泵联锁条件，如果齿轮泵吸入压力与设定值出现偏差，PID模块响应慢，会造成齿轮泵入口吸入压力高高联锁，PID模块响应过快，会造成齿轮泵出口压力高高联锁，挤压机原PLC系统没有故障记录、历史趋势记录，PID参数调整时没有趋势曲线参考，无法进行 PID 参数优化，也是齿轮泵无法投自动的一个原因，改造后，对齿轮泵入口压力控制回路进行了 PID 参数优化，目前投自动控制较为平稳。

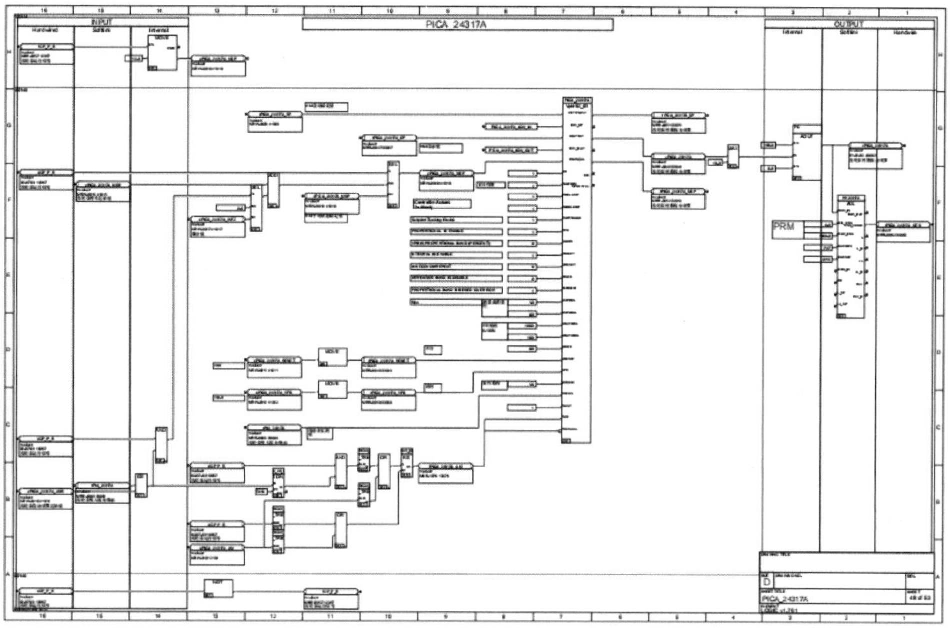

图 6　齿轮泵入口压力控制逻辑图

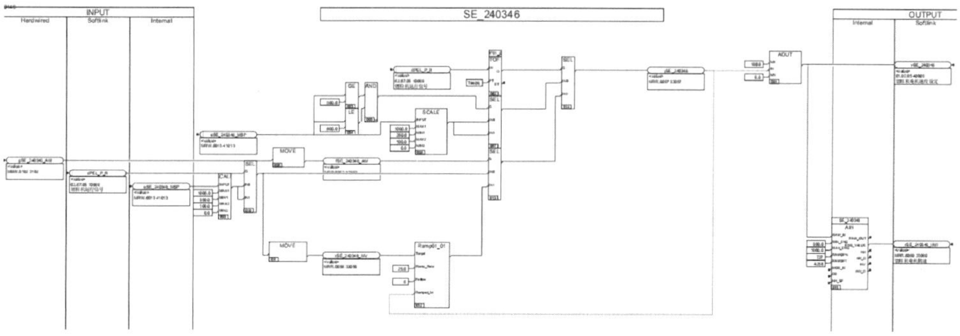

图 7　切粒机转速控制逻辑图

4　结束语

某公司高密装置新线挤压机通过改造实现自动控制后取得良好的效果，机组运行完全可达到工艺操作要求，增加 SOE 事件顺序记录功能，趋势记录更加全面，故障查找更便捷，降低劳动强度，提高产品质量，对增加企业效益有重要意义。

参 考 文 献

[1] 王健 . 关于 PP/PE 装置挤压造粒机组运行问题的分析及处理 . 工业 . 2015. 10(19)：73-78.

[2] 李孝博 . LLDPE 装置造粒机组对粒料的影响 . 工业技术(引文版)，2016，17(2)：35.

催化裂化装置回炼油泵振动高分析及优化处理

李海林

（中国石化海南炼油化工有限公司）

摘　要　催化回炼油泵是催化裂化装置的高温热油泵，其运行状态直接影响催化装置安全平稳生产。本文针对某炼厂催化回炼油装置振动超标问题，通过频谱分析、工艺参数关联及软件模拟，分析振动原因为转子运行流体激振与转子不平衡共同耦合所致。通过运行参数、软件模拟提出叶轮选型综合解决方案。实施后振动值降低至1.8mm/s以下。

关键词　催化回炼油泵；状态分析；转子平衡；叶轮改造；降低振动

某炼化企业催化裂化装置结构为高低并列式，设计规模为2.8Mt/a，采用MIP-CGP工艺，以加氢原料预处理后的常压渣油为原料，低烯烃汽油为主要产品，2006年9月建成并试车成功投入运行。催化裂化装置分三部分，即反应再生部分、分馏部分和吸收稳定部分。催化裂化回炼油泵属于分馏部分的重要机泵，介质为高温回炼油，主要作用为使轻柴油凝固点合格、回收塔内余热、提供吸收稳定系统热量、使塔内汽液相负荷均匀等。

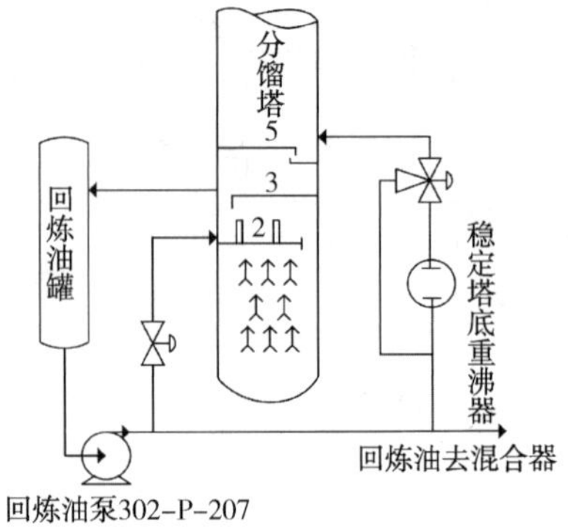

图1　回炼油泵工艺流程

1　工况简介

催化回炼油泵从分馏塔第三层塔盘自流至回炼油罐，然后用回炼油泵（P-207A/B）抽出，泵出口分三路，一路作内回流返塔，返回分馏塔二层塔盘上；一路至回炼油混合器与新鲜进料混合；另一路至吸收稳定做热源二中回流后返分馏塔五层，如图1。

2　设备概述

回炼油泵结构形式为单级悬臂式离心泵（OH2形式以下简称回炼油泵），运行介质为回炼油，密度为810kg/m^3，温度约320℃，该泵运行期间振动偏高，轴承和机封运行寿命低，且介质为高温热油，影响装置安全平稳生产。该泵原设计参数如表1。

表1　泵设备参数

设备型号	ZE250-6630Φ630	制造厂家	大连苏尔寿
轴功率/kW	241.7	输送介质	回炼油
工作转速/（r/min）	1490	介质密度/（kg/m^3）	810
驱动端轴承	SKF/7317BECBP	额定流量/（Nm^3/h）	778
非驱动端轴承	SKF/NU317ECP	正常流量/（Nm^3/h）	678
叶轮流道个数	4	最小流量/（Nm^3/h）	198
叶轮级数	1	入口压力/MPa	0.382
叶轮直径	635	出口压力/MPa	1.383
轴承润滑方式	飞溅润滑	扬程/m	126

3　运行状态及故障分析

该回炼油泵运行一直处在振动偏高，机泵振动达到5.5mm/s，按照石油化工旋转机械振动烈度评定等级为C区，运行要求为短期运行或不合格状态，无法满足生产安全平稳运行要求(振动状态如图2)。

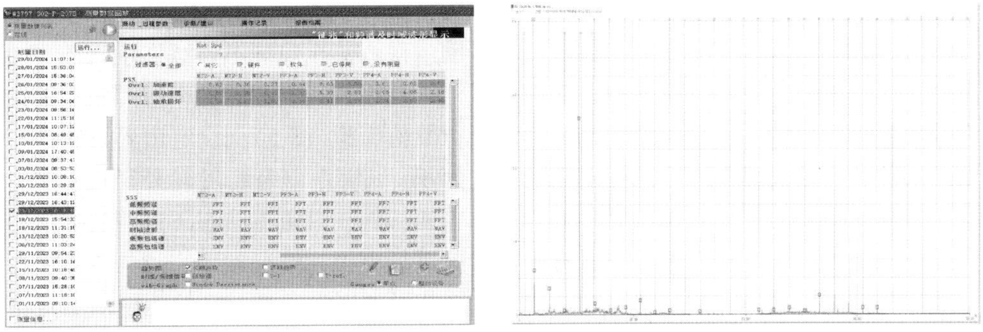

图2　泵运行振动和频谱

3.1　管道应力排查

对回炼油泵体进出口法兰进出拆解，无张口、错边情况，法兰螺栓均可自由穿梭，检查进出口管道支架，无下沉、倾斜状态。初步排除管道应力引起机泵振动高的因素。

3.2　转动部件检查

对回炼油泵进行解体检查，拆解泵轴承、机封、叶轮等转动部件，发现泵运行润滑良好，轴承无磨损、机封无泄漏、卡涩情况。对叶轮进行动平衡测试，叶轮重量为100kg，以叶轮端面为校正面(叶轮直径630mm)，标准为G6.3，叶轮允许不平衡量计算如下：

$$m_{per}=M\times G\times\frac{60}{2\pi\times r\times n}\times10^3(\mathrm{g}) \qquad (1)$$

式中，m_{per}为允许不平衡量，g；M为转子的自身重量，kg；G为转子的平衡精度等级，mm/s；r为转子的校正半径，mm；n为转子的转速，r/min。

由(1)公式计算得出，叶轮允许不平衡量为38.2g。叶轮经动平衡机检验不平衡量如图3，叶轮不平衡偏差量为2.61g<38.2g，在标准以内。排除转动部件对运行振动影响。

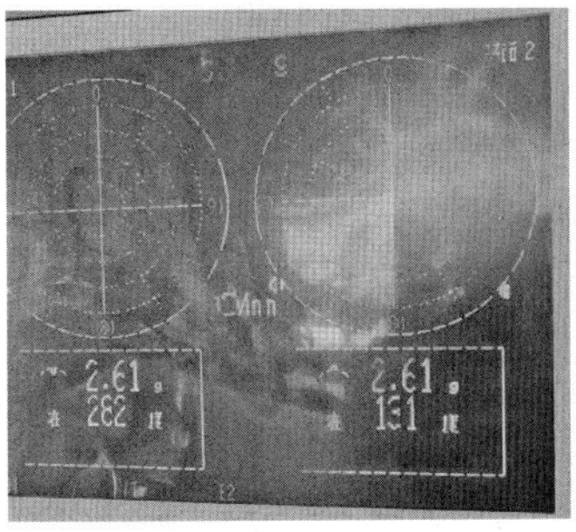

图3　叶轮动平衡检验

3.3　工艺运行分析

首先，该泵原设计工况进行分析，由于原设计是基于催化裂化原始开工及检修后开工的工艺需求，分馏塔回炼油系统需柴油置换，回炼油开路闭路循环(图4)；流量约为正常流量的1.5倍。因此回炼油泵设计流量计泵流道设计是基于非正常生产下的工况。负荷生产设计要求。

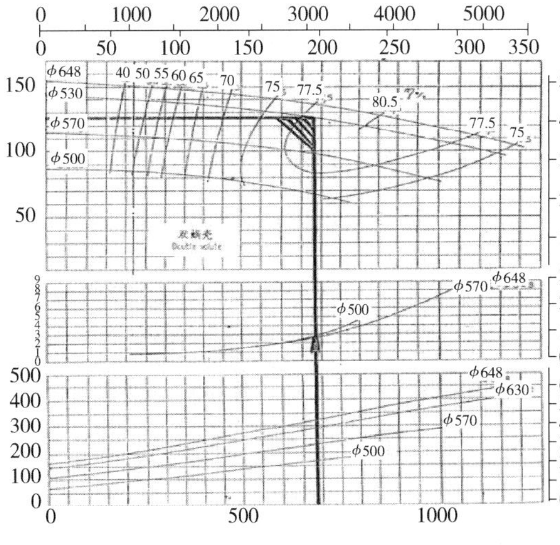

图4　回炼油泵特性曲线

其次，通过振动图谱中不难看出，该泵运行振动主要以4X振动为主，为叶轮流通频率，其他转动分频均很低，此类情况，大多是由于机泵运行流量偏离最佳工况点和流体通过叶轮流道导致激振所致。查询泵工艺运行参数可知，该泵运行长期运行流量为370Nm^3/h，约为额定流量48%，同时查该泵性能曲线可知，该泵运行偏离机泵最佳工况区较多。可判断泵叶轮运行流量或泵流道设置不合理是泵振动高的主要原因。

4　处理措施

综合上述分析可知，回流油泵振动高的主要问题就是工艺介质通过叶轮流道的激振问题和泵运行流量不匹配。处理措施如下。

4.1　叶轮流道优化

按照离心泵工作理论，泵的过流部件是按照机泵原始设计参数进行设计的，泵在设计流量下运转时，泵内液体的流动情况与过流部件的几何形状相符合，这时基本不会产生冲击损失，或介质流动的连续性和流场较均匀。而泵工作运行的冲击损失主要原因是由于过流部件形状与其介质流动情况不相适应导致的，当流量偏离设计工况时，叶轮进口处相对速度的大小和方向都发生变化。当流量大于设计流量时，液流角大于叶片角，在叶片工作面形成脱流；当流量小于设计流量时，液流角小于叶片角，在叶片背面产生脱流。偏离设计工况程度越严重，泵的冲击损失越大，同等状态下，则泵运行稳定性越差，泵振动、噪音甚至出现不连续发生汽蚀。

利用流场模拟软件，按照泵当前运行工况进行数值模拟(图5)，设定边界条件，叶轮入口截面积、流量、扬程、叶轮外径均不变，分别对叶轮四、五、六流道状态下进行流体流场和应力情况进行模拟，情况如图。可知，该机泵随着流道由四增加到六流道，叶轮运行应力逐渐增加，轴向推力增大；相反流体流场情况更加均匀，四流道时，叶轮背面存在湍流区，影响叶轮稳定运行。

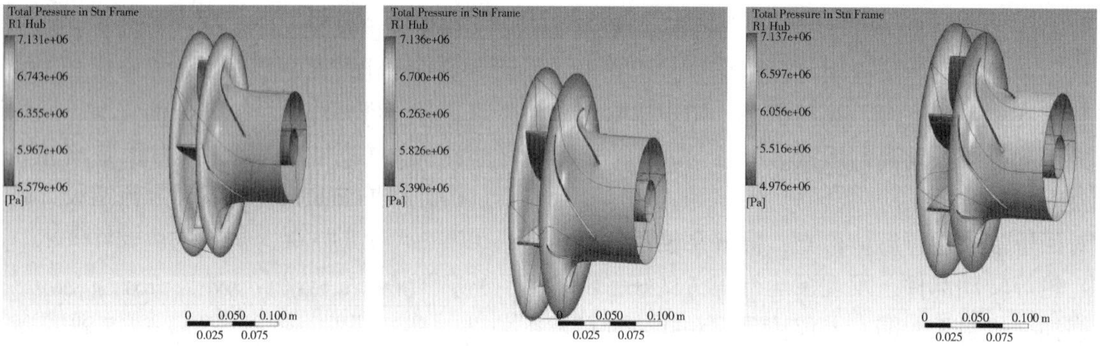

图5　叶轮流场与应力模拟

综上所述，计划对泵流道进行优化，采购新叶轮，并由四流道优化为五流道。

4.2　叶轮切割

按照该泵实际运行参数，实际运行流量约为370Nm³/h，原设计正常流量为678Nm³/h，扬程126m，叶轮直径630mm，查原叶轮性能曲线，泵运行流量为370Nm³/h，对应叶轮扬程为138m，由切割公式：

$$D_2' = D_2\sqrt{\frac{Q'}{Q}} \quad D_2' = D_2\sqrt{\frac{H'}{H}} \tag{2}$$

式中，Q为原叶轮流量，Nm³/h；H为原泵扬程，m；D_2为原叶轮直径，mm；Q'为切割后运行流量，Nm³/h；H'为切割后叶轮扬程，m；D_2'为切割后叶轮直径，mm。

由(1)公式计算可知，切割后叶轮直径约为600mm。

按照理论计算情况，对新采购叶轮直径按照600mm，五流道进行制造，新旧叶轮样貌如图6。

图6　新旧叶轮样貌

4.3 处理结果验证

综合上述处理措施，对叶轮进行更换后，重新安装，开泵运行后，机泵运行状态对比如表2：

表2 叶轮切割前后振动状态对比

监测项目	水平振动	垂直振动	加速度	轴承损坏因子
叶轮切割前	5.39	1.97	0.64	3.39
叶轮切割后	1.45	1.19	0.4	2.38

对比可知：本次处理后，机泵振动得到明显的改善；振动最大值为1.45mm/s，振动加速度最大值为0.45g，轴承损坏因子最大值为2.96。轴承箱各测点频谱图(图7)均以低幅值的5X占主导，伴1X、2X、3X等低幅值谐波频率。效果良好。

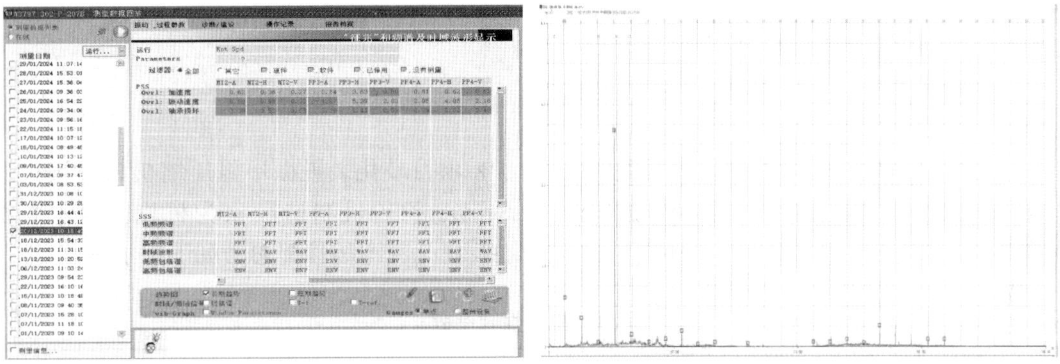

图7 更换叶轮后运行频谱

5 经验与总结

通过本次处理，优点和总结如下：

(1) 利用理论知识对机泵运行和工艺参数进行匹配性核算，从本质上改善机泵设备运行工况，提升设备运行稳定性。对同问题机泵振动优化治理，有良好借鉴意义。

(2) 优化设备长周期运行的经济性，本次回炼油泵采购新叶轮预计2万元，更换叶轮后，该泵连续整个生产周期(四年)无机封、轴承更换。原泵约1年更换一次机封、轴承总费用约5万元。计算后两台回炼油泵整生产周期降本增效约36万元。

参 考 文 献

[1] 马伯文主编．催化裂化装置技术问答(第二版)[M]．北京：中国石化出版社，2003.

[2] API 610. Centrifugal Pumps for Petroleum, Petrochemical and Natural Gas Industries[S]. 12th ed. 2021.

[3] 张强．石化旋转机械振动故障诊断技术[M]．北京：化工出版社，2018.

[4] 戴厚良，徐钢，石油化工设备维护检修规程：2019，第一册，通用设备[M]．北京：中国石化出版社，2020.

[5] 黄志坚，高立新，廖一凡，机械设备振动监测与诊断[M]．北京：化学工业出版社，2010.

[6] 关醒凡．现代泵技术手册[M]．北京：宇航出版社，1995.

[7] 关醒凡．现代泵理论与设计[M]．北京：宇航出版社，2011.

某公司汽轮机转速波动原因分析及改进措施

欧阳簪辉

（中国石化海南炼油化工有限公司）

摘　要　汽轮机转速波动是汽轮机常见问题之一，一旦出现转速波动将严重影响汽轮机安全稳定运转。“迟缓率”的变化会导致汽轮机调速系统工作异常，引起汽轮机转速大幅度波动。本文从润滑油品质、电液转换器、调速系统等可能引起转速波动的因素进行原因分析，并通过停工消缺得以验证，确认是错油门出厂时遗留的机械杂质导致滑阀卡涩，找到了引起汽轮机转速波动的根本原因。此外，为提高机组的稳定运行，还提出了相应的改进措施。

关键词　汽轮机；转速；波动；错油门；迟缓率

离心压缩机、汽轮机等是石油化工行业的关键核心设备，其运行状况直接影响着装置的安全稳定生产和长周期运行。某炼化公司60万吨/年PX项目歧化装置循环氢压缩机由凝汽式汽轮机驱动，汽轮机制造厂家为杭汽，型号为NK32/28/16。其主要性能参数如下表1：

表1　主要性能参数

功率/kW	转速/(r/min)	蒸汽入口		蒸汽出口		蒸汽流量/(t/h)
		压力/MPa	温度/℃	压力/MPa	温度/℃	
789	10155	0.4±0.05	195	0.02	50	6.72

该汽轮机调速系统主要由转速传感器、电液转换器、油动机和调节汽阀，以及转速控制系统ITCC组成。转速控制系统ITCC接收转速传感器监测的汽轮机转速信号，与转速设定值进行比较，如果不一致，输出一个执行电信号（4～20mA）至电液转换器，由电液转换器将电信号转换成对应的二次油压（0.15MPa～0.45MPa），二次油压通过错油门控制油动机的上下进油，通过机械杠杆操纵调节汽阀的开度，起到调节主蒸汽进汽量，以使转速与设定值一致，满足工艺生产需求。调速系统如图1所示。

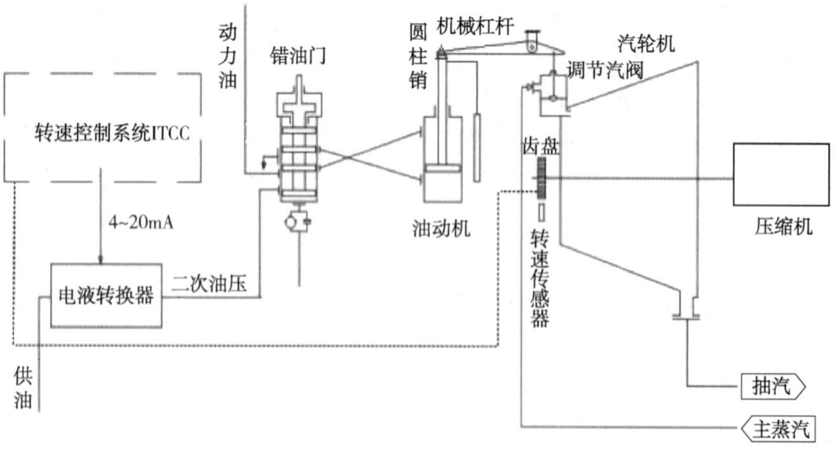

图1　调速系统

1　设备运行情况

该歧化装置于2014年12月开工后，历经2017和2022年大检修，自投产以来歧化循环机运行平稳。2023年12月29日07：16分，该循环机转速在9751r/min至10152r/min波动，二次油压、调速输出同步发生波动，08：15分再次出现相似波动，历史趋势见图2(紫色为调速输出、绿色为二次油压、蓝色为转速)。经分析，压缩机、汽轮机入口压力、温度、流量等各项工艺参数正常；压缩机、汽轮机轴系振动、温度、位移等各项运行参数稳定。在转速波动的时候现场观察油动机大幅度波动，初步分析原因为汽轮机调速系统导致的转速波动。由于装置处于满负荷运行，不满足立即停车检修条件，决定临时将油动机与机械杆杠连接圆柱销(图1)脱出，汽轮机调节气阀由机组厂房行车挂倒链拉住，并在汽阀侧增加液压千斤顶(图3)。汽轮机转速由入口蒸汽压控阀控制蒸汽量来实现。

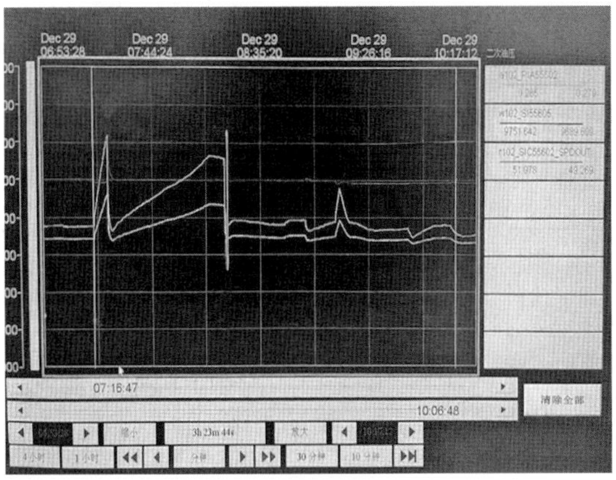

图2　历史趋势

图3　行车倒链与千斤顶

2　转速波动原因分析

结合机组运行情况，初步分析引起转速波动的原因为调速系统异常引起，其故障点多，调速系统异常引起转速波动的影响因素有以下几个方面：(1)润滑油品质；(2)电液转换器工作性能；(3)调速汽门重叠度；(4)反馈系统异常；(5)错油门滑阀体卡涩；(6)滑阀阀杆脱胶；(7)错油门轴承及弹簧组件磨损。下面就各个可能造成转速波动的影响因素加以分析：

2.1　润滑油品质

该机组由润滑油站油泵提供油压，分别为润滑油总管和控制油系统供油。润滑油总管压力为0.26MPa，用于机组轴瓦的润滑和冷却；控制油油压力为1.0MPa，用于机组调速系统和安保系统。在调速系统中，控制油一方面可对汽轮机转速调节起到提供动能和传递、放大控制信号的作用，另一方面可对各控制部件起到润滑、防腐和冷却的作用。润滑油品质劣化会有以下影响：(1)润滑油机杂等会对调速系统中的电液转换器、错油门及油动机产生影响，油中机杂会引起错油门阀芯卡涩，导致阀芯运动受阻，造成控制信号滞后甚至失控；(2)润滑油产生漆膜，会导致错油门阀芯与缸套之间间隙减小、阻力增大、阀芯运动受阻，造成控制信号滞后甚至失控，导致调速系统工作异常。2023年12月，委托中国石化润滑油有限公司茂名分公司质量检测中心化验分析该机组润滑油样，从检测结果(表2)可以发现，润滑油机杂、水分、漆膜、铁谱均正常。因此可以判定转速波动与润滑油品质无关。

表2　润滑油检测结果

油品指标/单位	检验结果	参考值	检测标准
运动黏度(40℃)/(mm^3/s)	45.62	41.1~50.6	GB/T 265
酸值/(mgKOH/g)	0.09	≤0.35	GB/T 4945
漆膜倾向性指数	—	<30	ASTM D7843
水分(质量分数)/($mg \cdot kg^{-1}$)	20	≤100	GB/T 7600
铁谱数据：			

续表

项目/单位	检测结果	参考值	检测标准
严重滑动磨损颗粒/μm	0	<10	NB/SH/T 0573
切削磨损颗粒/μm	0	<40	NB/SH/T 0573
腐蚀磨损颗粒/μm	0	<30	NB/SH/T 0573
球形颗粒/μm	1	<5	NB/SH/T 0573
暗金属-氧化物颗粒/μm	2	<10	NB/SH/T 0573
铁的红色氧化物颗粒/μm	1	<10	NB/SH/T 0573
有色金属颗粒/μm	1	<40	NB/SH/T 0573
非金属、非晶体/μm	2	<10	NB/SH/T 0573
纤维/μm	2	<80	NB/SH/T 0573
金属元素(铁、铜、镍等)/(mg/kg)	—		NB/SH/T 0865

2.2 电液转换器工作性能

该汽轮机所使用电液转换器生产厂家为VOITH，型号为DSG-B07212。调速系统的油动机和机械杠杆圆柱销脱开以后，机组转速由蒸汽入口调节阀进行控制，二次油压不再参与转速控制，故对电液转换器线性关系重新进行调试。电液转换器线性关系不好，会造成二次油压对电信号的相应滞后。静态调试见表3。

表3　静态调试

调节气阀输入值/%	油动机活塞缸行程/mm	二次油压/MPa	电液转换器工作电压/V
0%	0	0.14	24
25%	9	0.2	23.13
50%	19	0.28	22.36
75%	29	0.36	21.73
100%	40	0.45	20.56

由静态调试可以看出，调节阀输入值与现场油缸行程、二次油压均能够一一对应，电液转换器线性工作正常。且电液转换器工作电压在20.56-24V之间，满足该电液转换器使用说明书中工作电压的要求24V±15%(最小值20.4V)以上。故基本判定汽轮机转速波动与电液转换器无关。

2.3 调速汽门重叠度

该汽轮机的调速汽门为提板式，调速汽门为五阀控制，采用球形阀。由于蒸汽流量的变化与调速汽门的开度变化不是线性的关系，特别是在调速汽门开到最后阶段，流量变化非常缓慢，为了改善调速系统整个特性，设置了重叠度。特别是在调速气阀初开和到最大开度阶段不是线性变化，所以在第一阀还未开到最大时，第二阀已经开启，依次类推，到其他阀都是一样。如果汽轮机调速输出长时间处在调速汽门重叠度的区域运行，调速汽门处在“似开非开”的状态，将有可能引起汽轮机进汽流量波动，导致转速波动。

查阅该机组的调节气阀特性曲线(图4)，该机组阀梁总行程43mm，去除2mm空行程，其各汽阀开启的行程及调速输出负荷对应关系见表4。

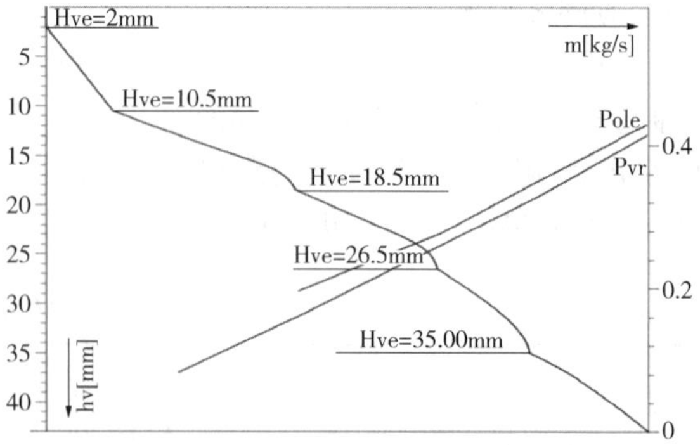

图4　特性曲线

表4　各汽阀开启对应表

汽阀阀号	开启调速输出/%	开启行程/mm
1#汽阀	0	2
2#汽阀	25.6	10.5

续表

汽阀阀号	开启调速输出/%	开启行程/mm
3#汽阀	45.1	18.5
4#汽阀	64.6	26.5
5#汽阀	85.36	35

经查历史趋势图2，本次转速波动时汽轮机的调速输出为51%，并非处于调速汽门重叠度范围，故判定本次转速波动与调速汽门重叠度无关。

2.4 反馈系统异常

反馈系统中的错油门顶部的调节螺钉、螺母松动、机械杠杆调节螺栓松动、顶针腐蚀磨损，将会影响二次油压与油动机活塞杆行程的对应关系，使转速信号与二次油压关系紊乱。经过现场对反馈系统的检查，反馈系统各部件完好。故可以排除反馈系统发生故障的可能。

2.5 错油门滑阀体卡涩

该错油门的滑阀体间隙仅有0.1mm，若有硬质颗粒等进入会造成滑阀体卡涩。滑阀体出现卡涩时，滑阀体上下运动将受阻，当汽轮机转速波动超过设定值时，转速信号就会降低电信号输出以降低二次油压，使汽轮机转速满足设定值的要求，但因为滑阀体卡涩，降低的二次油压不能及时使油动机获得使转速产生向下运行的供油，此时转速无法满足设定要求，于是转速信号继续降低电信号输出，以再次降低二次油压，当油压降到远小于弹簧力时，弹簧力克服滑阀体卡涩阻力，滑阀体将大幅度向下动作，导致油动机下部供油量加大，汽轮机转速大幅下降。此时，转速信号发现转速低于设定值，转速信号又升高电信号输出以使二次油压上升，进而油动机上部供油量加大，速度又大幅上升，这就造成速度的大幅度波动。为使错油门滑阀工作灵敏，不产生卡涩，该汽轮机采取了旋转式滑阀，滑阀中心通入动力油。由转动盘工作示意图(图5)，可以看出动力油从进油孔P进入滑阀中心腔室，进而从转动盘1(图5)的3个切向喷油孔2(图5)喷出，在油流力作用下滑阀连续旋转，滑阀的旋转速度可以使滑阀发生偏斜的歪斜力和偏压力，使错油门滑阀上、下移动灵活。

由错油门结构图(图6)，现场可以从呼吸孔目测滑阀旋转速度偏慢，通过调整部件7和9调节针型阀开度，改变进油量，错油门的振颤频率

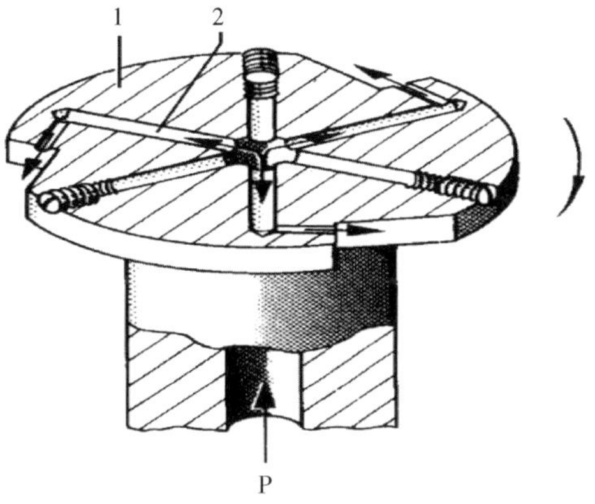

图5　旋转盘

和转速无明显变化，说明滑阀体的上下运动和转动盘的旋转运动存在异常。由于错油门11测速套筒未安装测速表，为进一步验证，在错油门上盖三个方向(图6红色箭头位置)采集错油门频谱分析，通过法国01dB-Stell公司APT2069频谱仪现场采集数据，速度频谱见图7、图8、图9，经过Oneprod软件分析，该错油门工频为6.6Hz。

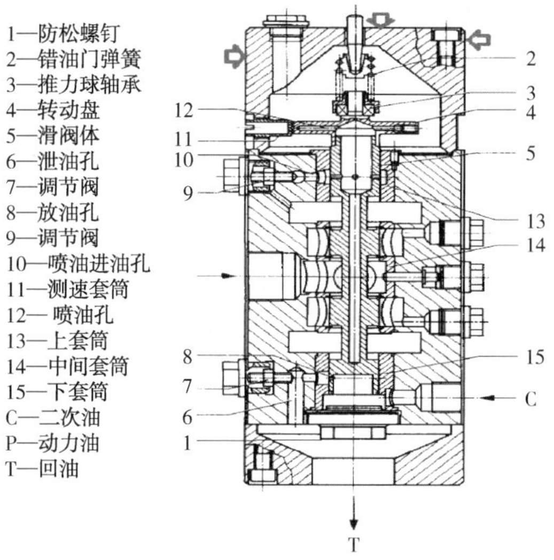

图6　错油门结构

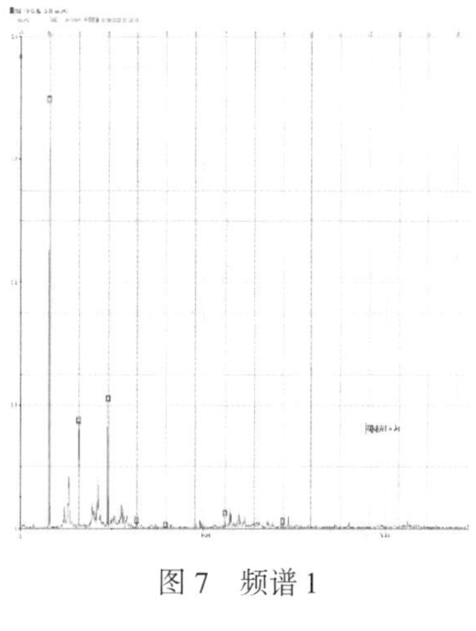

图7　频谱1

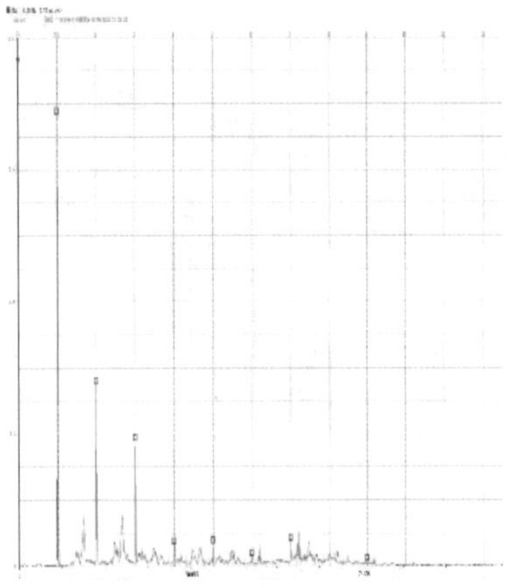

图8　频谱2

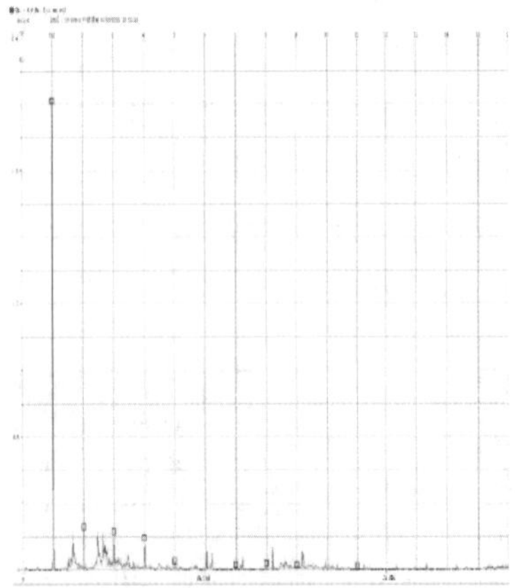

图9　频谱3

即旋转盘通过频率=6.6*60=396r/min。由公式：

旋转盘通过频率=旋转盘喷油孔数量×旋转盘转速(Hz)，代入计算为：

旋转盘转速=旋转盘通过频率/旋转盘喷油孔数量=396/3r/min=132r/min。

查阅该汽轮机使用说明书，要求旋转盘转速为300-800r/min。由以上计算结果可以得出该机组旋转盘的转速未达到使用要求，且经调整喷油量后无变化，故该异常可能导致汽轮机转速波动。

2.6　滑阀阀杆脱胶

转动盘与滑阀体为黏合剂粘连，滑阀旋转阻力矩额外增大或粘结剂强度下使得转动盘与滑阀体脱开，造成滑阀体不再转动，使得油动机不响应或产生大幅度过调动作。经过观察，转速波动发生后油动机能够回到正常运行位置，故该故障原因可以排除。

2.7　错油门轴承及弹簧组件磨损

稳定工况下，滑阀下端的二次油作用力与上端的弹簧2(图6)力相平衡，使滑阀处在中间位置。如果滚珠轴承存在磨损情况或错油门顶销与弹簧配合位置发生变化等，这将使得滑阀发生倾斜，产生偏磨，导致滑阀转速偏慢，且反馈机构无法精确达到二次油压信号所要求的状态，进一步导致转速发生波动。故该故障可能存在，只能停机检修时加以验证。

2.8　原因分析总结

经过对调速系统异常的各个影响因素的分析，初步判断转速波动的原因为滑阀转速存在问题。结合错油门现场实际运行情况，并利用频谱仪采集、分析数据，计算得出滑阀转速仅为132r/min，未达到汽轮机说明书要求的300-800转标准，且通过调节针形阀进油量后，滑阀转速未有变化，说明滑阀运转卡涩。滑阀卡涩导致调速系统“迟缓率”急剧上升，转速波动跟踪灵敏度下降，引起二次油压大幅波动，从而导致汽轮机转速波动。

3　故障处理

3.1　拆检情况

2024年6月4日，该循环氢压缩机停机交付检修。拆检发现错油门底部防松螺钉有大量机加工金属碎屑(见图10)，滑阀表面有明显划痕(见图11)，滑阀轴承及弹簧组件正常(图12)。从拆检情况，可以确定为机组错油门内部残留金属杂质导致滑阀的卡涩。金属碎屑为错油门防松螺钉配防松销机加工时遗留，在机组长周期运转过程中，随二次油进入到滑阀内部，引起滑阀卡涩、磨损，导致K501转速波动。本次检修更换新错油门备件，新错油门部件全部进行拆检，利用煤油反复浸泡冲洗，以保证新错油门的清洁度。

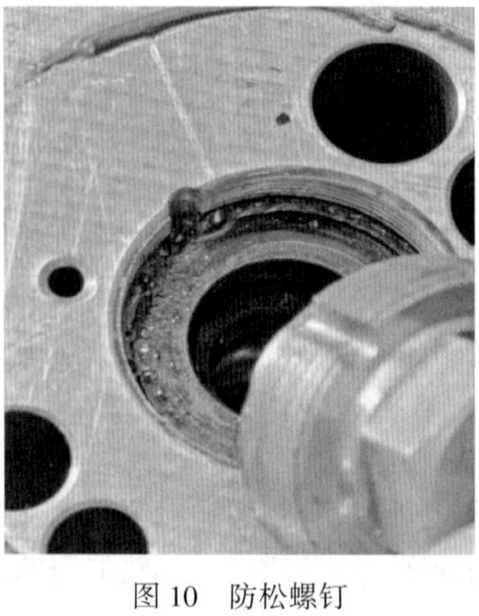

图10　防松螺钉

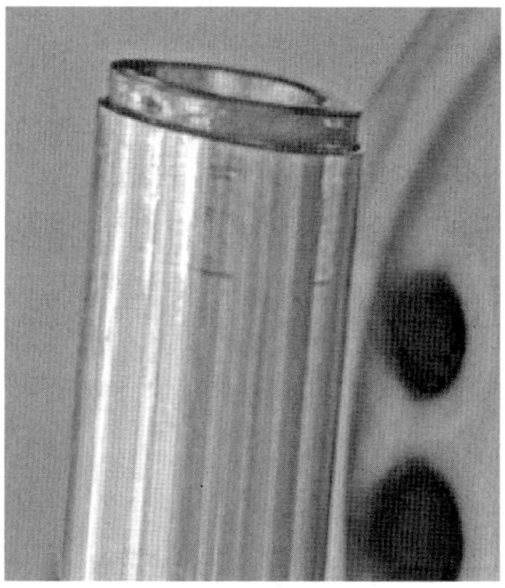

图 11　滑阀

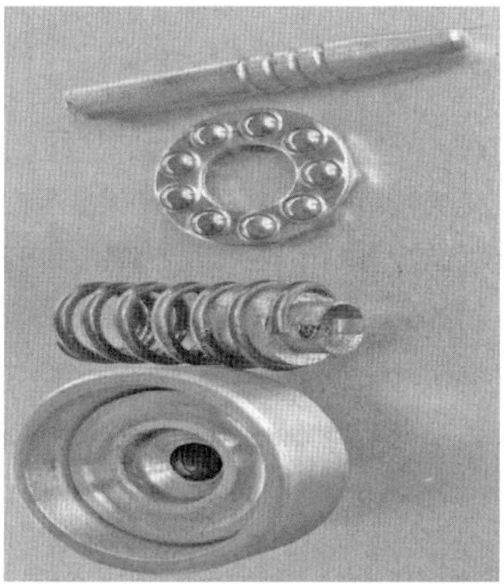

图 12　滑阀轴承及弹簧组件

3.2　开机运行情况

6 月 6 日循环氢压缩机开机正常，转速控制平稳，各参数运行正常。对错油门滑转速进行验证，在错油门上盖三个方向采集错油门频谱分析，通过法国 01dB-Stell 公司 APT2069 频谱仪频谱仪现场采集数据，经过 Oneprod 软件分析，速度频谱见图 13、图 14、图 15，该错油门工频为 36Hz，即旋转盘通过频率=36×60=2160r/min。

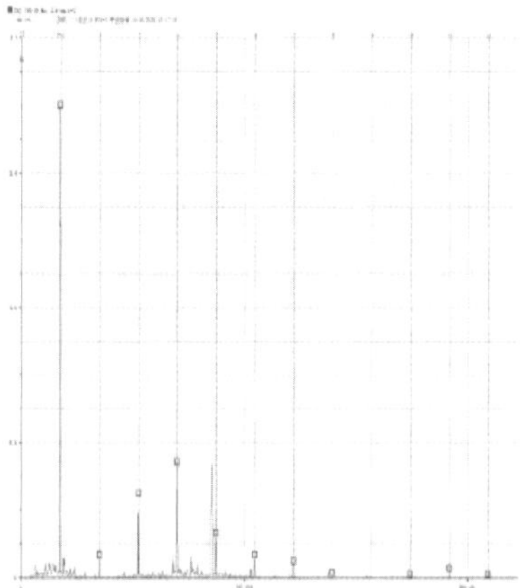

图 13　频谱 1

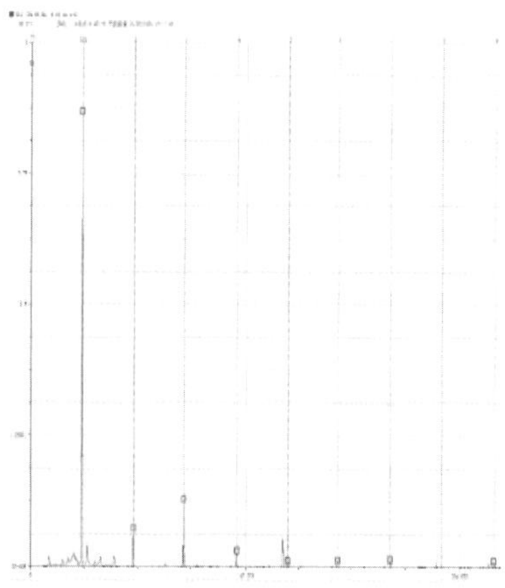

图 14　频谱 2

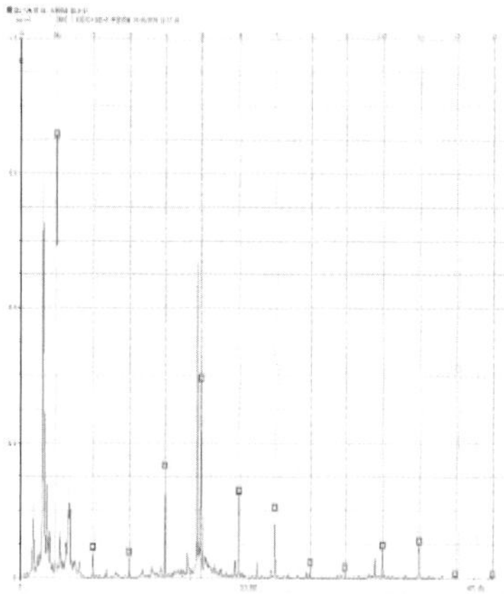

图 15　频谱 3

由公式：旋转盘通过频率=旋转盘喷油孔数量×旋转盘转速(Hz)，代入计算为：

旋转盘转速=旋转盘通过频率/旋转盘喷油孔数量=2160/3(r/min)= 720r/min

由计算结果可以看出，检修后旋转盘转速满足汽轮机说明书旋转盘转速 300-800r/min 的运行要求。

4　改进措施

4.1　已采取的措施

4.1.1　控制油油路系统的改造

由控制油油路系统(图 16)看出，控制油分两路分别给油动机(1910)和经危急遮断器(2210)、速关组合件给速关阀(2301 和 2302)供油，油动机油管支路没有设置阀门，无法单独隔离油动机支路供油。本次检修对油动机油管支路进行改造，增加不锈钢闸阀，即图 16 中红色阀门。增加阀门后可单独隔离调速系统供油，并保证速关阀供油，对类似故障可实现不停机即可在线处理。

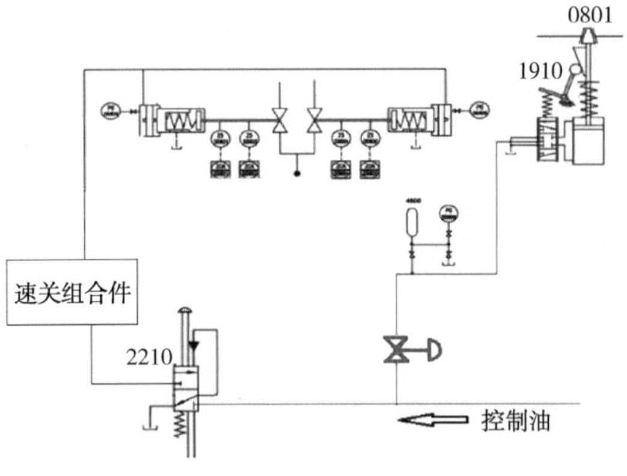

图 16　控制油油路系统

4.1.2　跟踪正常运行转速波动范围

定期观察、分析汽轮机正常转速波动范围，机组调速系统在机械试车过程中均经过 PID 整定，正常运行转速波动范围在±10 左右，通过定期跟踪，能够及时发现转速波动范围的变化，从而判断调速系统的“迟缓率”是否发生变化。

4.1.3　关注现场油动机升程指针波动幅度和频率

日常巡检增加对油动机升程指针波动幅度和频率相关内容，以间接检查错油门滑阀体的波动幅度和频率，必要时可利用频谱仪定期监测，跟踪滑阀转速变化。

4.1.4　修订机组检修策略

机组检修策略增加全面拆检错油门、油动机相关内容，并要求新备件需用煤油进行反复浸泡冲洗。检修记录增加错油门、油动机清洁度质量控制点，检修过程需联合相关职能部门进行质量验收，共同确认无残留防锈油、机械杂质等。

4.1.5　制作调速系统试验台

机组检修完成后将错油门和油动机案装于调速系统试验台。通过调整二次油压力，观察油动机动作是否灵敏，及时发现异常。

4.2　未采取的措施

4.2.1　安装转速探头

错油门结构图（图 6）11 位置安装测转速仪表探头，能够时时关注滑阀的转速变化。

4.2.2　关键配件需见证验收

针对机组整体装配供货的关键核心配件，安排专人驻厂监造，关键质量节点需见证验收。

4.2.3　改进防松措施

改变底部螺丝的防松方式，由钻孔安装防松销改为样冲，避免钻孔时残留机加工金属碎屑。

4.2.4　修订技术协议模板

修订机组采购技术协议模板，明确错油门的清洁度作为重要技术要求，并要求油动机整体组装完成后必须再进行拆检、清洗，确保无机加工碎屑残留。

4.2.5　改进运行状态

在汽轮机组运行期间，定期进行有针对性的大幅度变化负荷操作，进而使调节系统有关部件随之动作，特别是使各关节部位动作以免出现锈蚀性卡涩。

4.2.6　备件管理

新备件在入库检验时进行拆检、清洗，确保新备件清洁度。同时对于在库存放的关键配件，制定科学合理的保养策略，安排专人定期监督检查，保证在库配件完好可用。

5　结语

本文对歧化装置汽轮机转速波动的原因进行了分析，并采取了相应地改进措施。现将分析过程及改进措施中的关键点总结如下，以期能够为同类问题的处理提供借鉴：

（1）突破惯性思维。该机组已稳定运行 10 年，从未更换过错油门，在原因分析过程中，惯性思维的排除了错油门内部存在硬质颗粒的可能，从而误判错油门的轴承及弹簧组件出现问题。

（2）引起汽轮机转速波动的故障点较多，并且各故障点的联系密切。在进行故障诊断时要从各个角度、各个方面加以综合分析，同时结合现场的实际情况，并采取有效措施加以验证，才能尽快地找到故障的真正原因。

（3）“迟缓率”是引起汽轮机转速波动的最常见原因。日常运行维护需增上监护措施，及时发现“迟缓率”的变化来判断机组的运行状态。

参 考 文 献

[1] 张锡德，董泰斌，米吉龙，陈小龙，王开发．润滑油品质对汽轮机调速系统的影响及对策．石油化工设备技术，2022.

[2] VOITH TURBO GMBH & CO. KG. VOITH 电液转换器使用说明书（型号 DSG-B07212）. 2003.

[3] 张春岳．汽轮机转速波动的原因分析与诊断．技术研究．2023.

[4] 陈华梅．NK32/28/16 汽轮机使用说明书．杭州汽轮机股份有限公司，2018.

[5] 庄晓曾，黄振鸣．汽轮机调节系统检修．中国电力出版社，1997.

常压装置加热炉引风机振动波动分析及改善措施的研究

王永鹏[1]　吴学金[1]　司春旭[2]　周　旭[2]　龚　文[3]　冯　龙[3]　王　楠[3]

（中国石油宁夏石化公司）

摘　要　本文基于某炼油常压装置加热炉引风机振动波动案列，通过在线监测数据的趋势、频谱、相位等图谱的分析，并辅助现场其他手段的验证，最终诊断出风机振动异常的根本原因，提出了相应的改善措施，成功将异常波动情况进行控制。

关键词　加热炉引风机；振动波动；频谱分析；共振；改善措施

常压装置（常减压蒸馏装置）加热炉（以下简称常压炉）引风机是确保加热炉系统稳定运行的关键设备，主要负责维持炉膛负压、排出燃烧烟气和调节燃烧效率。其稳定运行对于提高生产效率、保障产品质量至关重要。然而，在实际生产中，常受叶轮腐蚀磨损、振动异常、轴承高温等故障限制，未能发挥最优效能。本文通过对常压炉引风机异常振动波动的在线监测及原因分析验证，成功将异常振动进行消除，也为其他装置治理引风机异常振动提供案例支持。

1　概述

某常压炉引风机为离心式风机（见表1），由天津鼓风机厂制造，电动机驱动，电机型号YB2-315M-6W。引风机的工作原理基于叶轮旋转产生偏流的原理。当叶轮旋转时，气体被吸入并随着叶轮的旋转而加速，从而产生向前的动量。这种动量通过气流的输送，实现对产生烟气的加热炉炉膛、烟囱等进行排烟。该常压炉引风机上次检修时间2024年8月20日，更换机械密封、轴承、电机轴承。状态监测采用无线监测方案，轴承箱表面安装加速度传感器（图1）。

2020年7月，2023年1月，将常压炉引风机工频改为变频控制，在电器机柜间新增常压炉引风机变频控制柜。常压炉引风机改造成为变频风机后，风量和烟气量实现精细调节，可确保炉膛负压波动范围小、CO控制系统运行稳定，同时可节约一部分电能消耗。

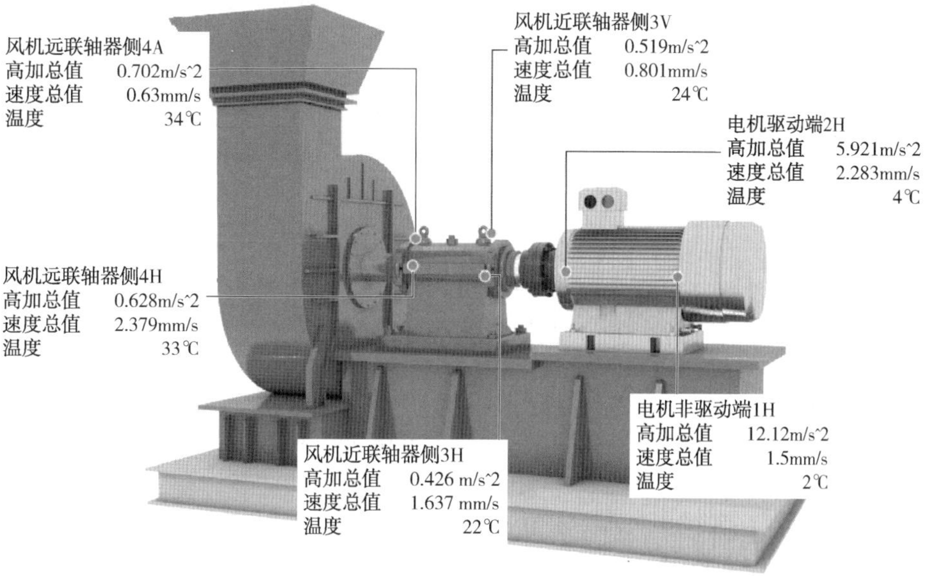

图1　风机测点位置情况图

表1　加热炉引风机参数

名称	型号	参数	数值
加热炉引风机	Y4-73No18D	功率	175kW
		入口压力	常压
		工作温度	145℃
		转速	990r/min
		出口流量	121830~137590m^3/h
		输送介质	烟气
		轴承型号	22332 E1

2　运行现状

根据现场维护记录显示，自2025年1月以来，在对该机组进行常规手动振动和温度检测时，多次发现测值超出标准限值的情况，且机组运行噪声较初始运行阶段明显增强。在线监测数据显示，各测通道整体波动范围显著扩大，其中风机联轴器远端4H测点的振动速度波动范围尤为突出，达到1.1~8.6mm/s(图2)，同时加速度值呈现相同趋势变化，波动范围为0.6~1.6m/s^2。

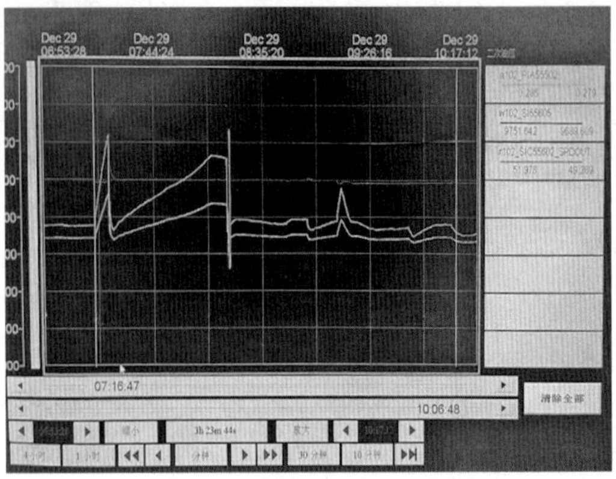

图2　风机远联端4H测点速度趋势图

3　原因分析及整改建议

3.1　在线监测分析

查看比对高低振速幅值状态下风机远联端4H测点8K振速波形频谱图，可见正常状态下，风机振动通频值较低，频域以工频为主，存在部分明显谐频信号分量(图3)。异常振速状态下，通频值上涨，时域为近似正弦波，突出单一频率，频域可见近似2X信号23.438Hz峰值为主变增量信号(图4)。

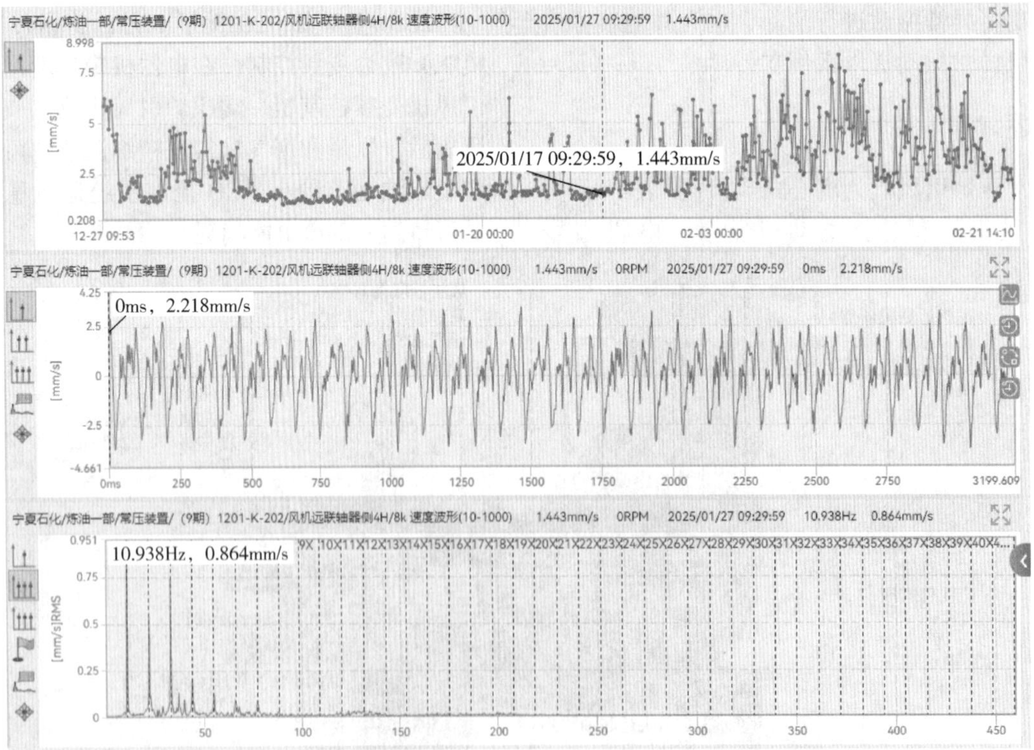

图3　风机远联端4H测点8K振速波形频谱图(正常)

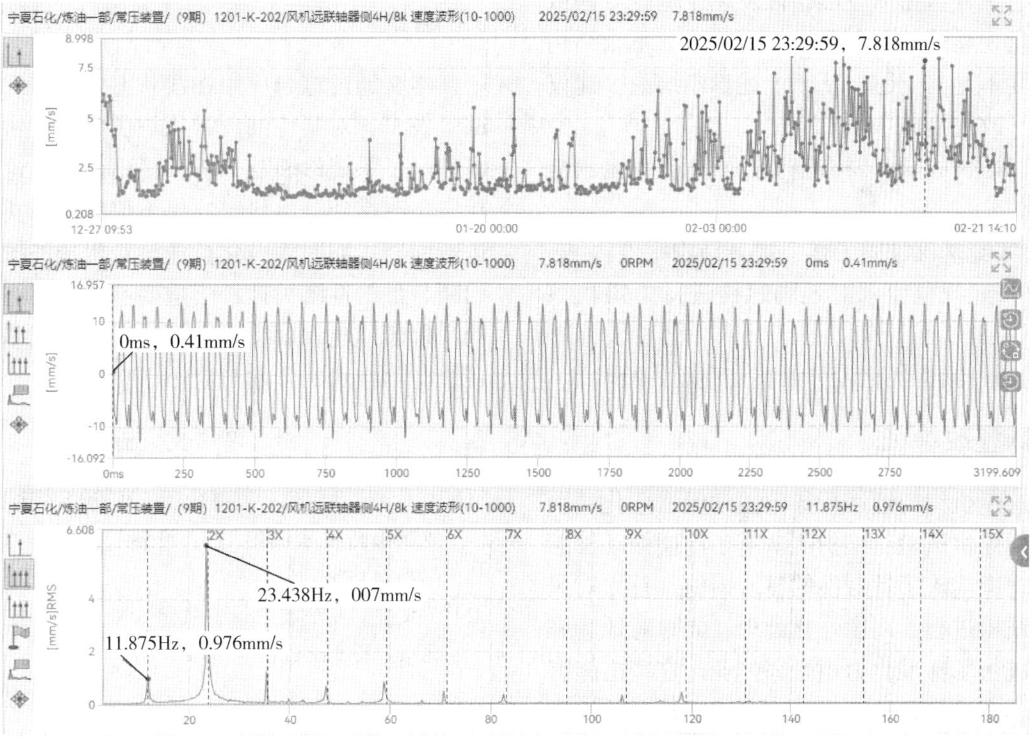

图 4　风机远联端 4H 测点 8K 振速波形频谱图(异常)

结合历史振动信号分析发现，变频转速在 690 至 715r/min 范围内(过程中基频存在轻微变化)，易诱发高幅值振动，且振动信号峰值多次为 23.438Hz，怀疑为部件共振信号，且查看相关通道波形发现，垂直侧振速时域波形对称度较差(图 5)，判断刚度原因造成振动单侧运动受限。

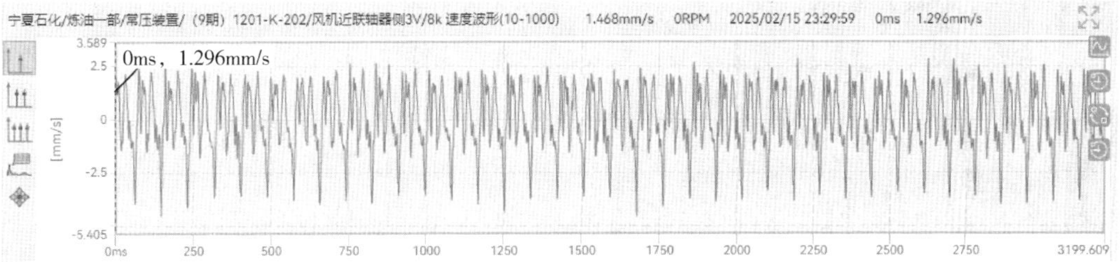

图 5　风机近联端垂直侧 3V 测点 8K 振速时域波形图

3.2　现场试验分析

基于在线监测系统的频谱分析结果表明，当风机转速处于 690-715r/min 工作区间时(运行过程中基频呈现小幅波动特性)，系统出现显著的高幅值振动现象。频谱特征显示，振动信号在 23.438Hz 频率处呈现持续峰值响应，该特征频率与结构固有频率高度吻合，表明存在潜在的共振风险。

3.3　诊断结果与建议

通过对机组运行参数的监测分析发现，当变频调速至 690-715r/min 区间时，风机系统呈现明显的共振特征。利用 AMS2140 型振动分析仪实施的锤击模态试验结果表明(图 6)，实测基座固有频率与异常工况下的特征振动频率(23.438Hz)具有高度一致性(相对误差<2%)，这一结果充分验证了共振现象的存在。

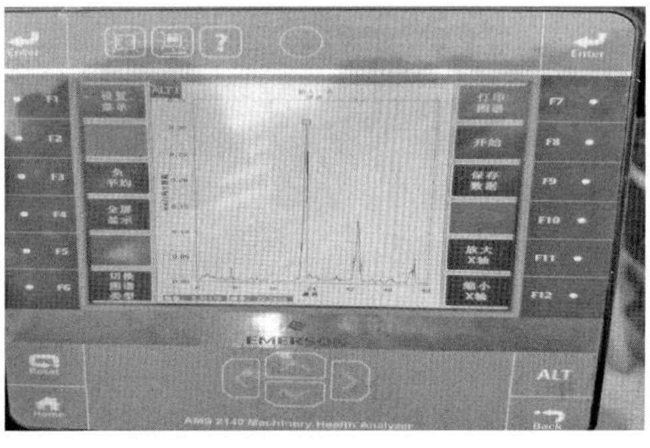

图 6　现场风机基础锤击试验信号采集图

进一步分析振动波形特征发现，垂直方向振动信号呈现显著的非对称性，表明当前基础结构存在刚度不足的问题。基于上述诊断结论，建议采取以下改进措施：

1）对风机基础结构进行全面的刚度检测与评估；

2）实施基础加固工作，提升结构刚度；

3）按照规范要求对地脚螺栓进行力矩校核与紧固；

4）通过结构优化设计调整支座动力特性。

4　现场整改验证

为避免机组持续运行导致振动问题恶化并引发非计划停机风险，维护团队基于前期振动诊断结论，立即实施了针对性的整改措施：首先对风机基础结构进行了刚度强化处理，同时对地脚螺栓系统进行了标准化力矩紧固作业。这些措施有效改变了支撑结构的动力特性，成功将系统固有频率移出工作转速区间。结果显示振速幅值下降明显，机组共振现象消失(图7)。

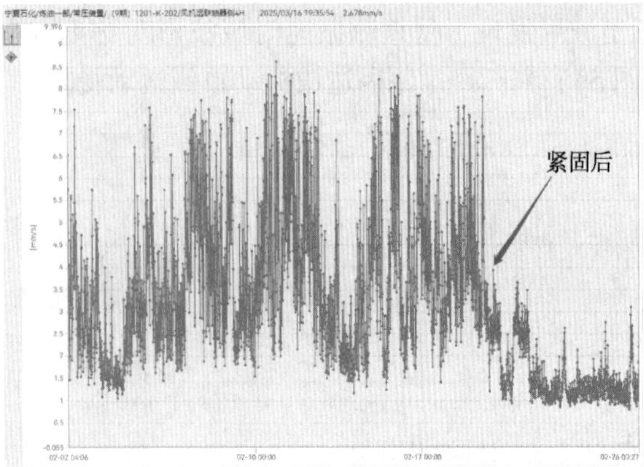

图7　风机地脚紧固后振速趋势

6　结论

本文通过综合应用在线状态监测与现场振动试验技术，对某炼油厂常压炉引风机异常振动问题进行了系统诊断与分析，得出诊断结论并提出相应整改措施。本研究成果不仅解决了实际设备运转问题，同时为石化行业旋转机械的振动故障诊断与预防性维护提供了重要参考，具有显著的应用价值，建议后续研究可进一步探索基础刚度在线监测技术的开发与应用。

参考文献

[1] 刘文才，关国伟，王德建．炼化动设备状态监测与故障诊断技术应用[J]．设备管理与维修，2021，(11)：152-155.

[2] 黄文虎，夏松波．设备故障诊断原理与技术[M]．北京：科学出版社，1996.

离心风机柔性基础模态分析与改进研究

赵志强　郎为中

（中国石油兰州石化公司机电仪运维中心）

摘　要　采用金属薄壁箱体作为底座的离心风机具有较低的系统固有频率，该频率与风机工作时的转频往往较为接近，两者易发生共振导致离心风机振动值超标。利用有限元软件对风机、电机、底座进行建模和模态分析，可以得到系统的各阶振型和固有频率。通过分析振型特征，对振幅突出的部位进行不同形式的加固和改进，并分别模拟分析，得到较为简易且有效的方案提升系统刚性和固有频率，降低风机振动值。

关键词　固有频率；振型；离心风机；状态监测；阻尼比

1　设备基本情况

某石化公司溶剂精制装置离心风机型号：9-26-No8D，电机型号：YB2 180M4THWF1，转速：1470r/min，电机重量226kg，离心风机重量505kg。该风机底座为金属薄壁箱体，见图1。

图1　离心风机

2　风机状态监测分析

该风机自安装以来振动一直偏大，其垂直方向振动速度有效值高达10.22mm/s，并且垂直方向振动远大于水平方向，见表1。从图2中可以看到振动能量主要以1X，25Hz为主。鉴于设备经过多次检修，每次检修均对风机转子进行动平衡校验，振动没有改善一直较高。怀疑该风机运行中在垂直方向存在一定程度的共振现象。

表1　风机振动值　mm/s

测点	驱动端水平	驱动端垂直	非驱端水平	非驱端垂直
风机	2.39	9.34	2.58	10.22

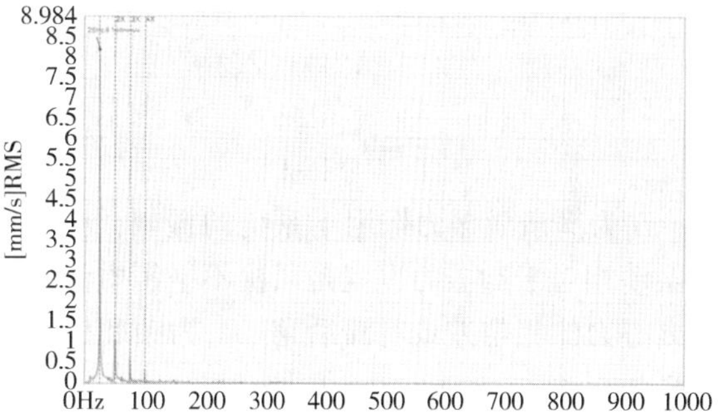

图2　振动频谱图

3　风机底座模态分析

3.1　单自由度系统固有频率和幅频响应

物体的每种结构都有它固有的振动频率，称为共振频率。该频率和特定的振动形式联系在一起。当某一结构的共振频率被激活时，将表现出一种振动的形态，称为振动模态。

对于单自由度系统其无阻尼自由振动微分方程为：

$$m\frac{d^2x}{dt^2}+kx=0 \tag{1}$$

令

$$\omega_n=\sqrt{\frac{k}{m}} \tag{2}$$

令

$$f_n=\frac{\omega_n}{2\pi_n}=\frac{1}{2\pi}\sqrt{\frac{k}{m}} \tag{3}$$

f_n 只取决于系统本身的刚度 k 和质量 m 的比值，所以将 f_n 称为系统的固有频率，单位赫兹(Hz)，ω_n 被称为固有圆频率，单位为弧度/

秒(rad/s)。

对于简谐激励下的强迫振动其运动微分方程为：

$$m\frac{d^2x}{dt^2}+c\frac{dx}{dt}+kx=P_0\sin\omega t \tag{4}$$

式中，c 为粘性阻尼系数，单位为 N・s/m；P_0 为激振力幅，在本文案例中代表离心风机转子不平衡质量产生的离心力；ω 为激振力频率，在本文案例中代表离心风机的转频 24.5Hz(1470r/min)。

式(4)的特解为一持续的等幅振动，由简谐激振力的持续作用而产生，是风机正常运行时的稳态振动，其表达式为：

$$x=B\sin(\omega t-\psi) \tag{5}$$

$$B=\frac{P_0}{k}\frac{1}{\sqrt{(1-\lambda^2)^2+(2\zeta\lambda)^2}} \tag{6}$$

$$\psi=\tan^{-1}\frac{2\zeta\lambda}{1-\lambda^2} \tag{7}$$

B 为简谐激振力作用下系统的振幅，ψ 为稳态振动相对于激振力也就是风机不平衡质量产生的离心力的相位差或者滞后角。λ 为频率比，其定义为：

$$\lambda=\frac{\omega}{\omega_n} \tag{8}$$

ζ 为相对阻尼系数，其定义为：

$$\zeta=\frac{c}{2m\omega_n} \tag{9}$$

将激振力幅静作用下的最大位移记作 B_0，其表达式为：

$$B_0=\frac{P_0}{k} \tag{10}$$

则振幅放大因子 β 的表达式为：

$$\beta=\frac{B}{B_0}=\frac{1}{\sqrt{(1-\lambda^2)^2+(2\zeta\lambda)^2}} \tag{11}$$

由式(11)和式(7)可绘制出幅频相应曲线和相频相应曲线，见图3。从图中可以看到：

(1) 当 λ 值在 1.0 附近时，也就是风机转频接近固有频率时，有较大振幅，当风机转频远超系统固有频率时振幅迅速下降；

(2) 当 λ 值在 1.0 附近时，增加系统阻尼能明显降低振幅。

现实中的结构都有无数的固有频率及相应的振动模式。振动模式的最大数量受制于自由度的数量。

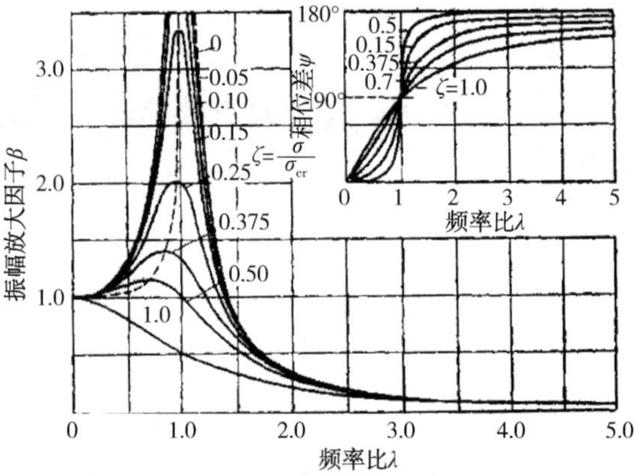

图3　幅频响应曲线和相频相应曲线

3.2　利用 solidworks 软件对风机底座进行模态分析

测量风机底座尺寸，在 solidworks 软件中对风机底座进行建模，在底座的底部施加固定约束，设置材质为普通碳钢，网格尺寸 26.7mm。

从分析结果可以看到，风机底座的一阶固有频率为 70.624Hz，频率比 λ=0.35，从图3中可以看到此时系统有低的振幅放大因子。但是根据式2，系统固有频率影响因素为 k 和 m，当系统质量增加时，固有频率将会下降，因此模态分析时应考虑电机和风机的重量。

对电机和风机进行建模，并将重量设为：电机 226kg，离心风机 505kg。由于风机和电机刚性远大于底座箱体，因此在模态分析时可不考虑风机和电机的变形，仅把它们视为质量块，作用在底座螺栓孔处。

从分析结果可以看到，考虑电机和风机重量后系统的一阶固有频率 32.732Hz，频率比 λ=0.75，固有频率更加接近风机转频。由于钢结构的相对阻尼系数 ζ 通常在 0.02~0.05，从图3中可以看到当 λ=0.75 时，振幅放大因子将会有明显增加。

4　改进措施与分析

从图3可以看出，为了降低风机和电机的振动值有两种方法：

(1) 增加系统阻尼；

(2) 降低系统频率比 λ。

增加系统阻尼比需要对系统加装阻尼器，设备高度将发生变化，需要配套改造风机出、入口管线，工程量较大。对底座进行加固可有效提升系统刚性，降低频率比。本文主要讨论提升系统刚性的方案。

从图 4 和图 6 可以看到，一阶振型的大振幅区域位于风机下部，二阶振型的大振幅区域位于电机下部。在对底座加固时，要考虑在振幅大的区域进行加固。在振幅小的区域加固将不会有显著效果。

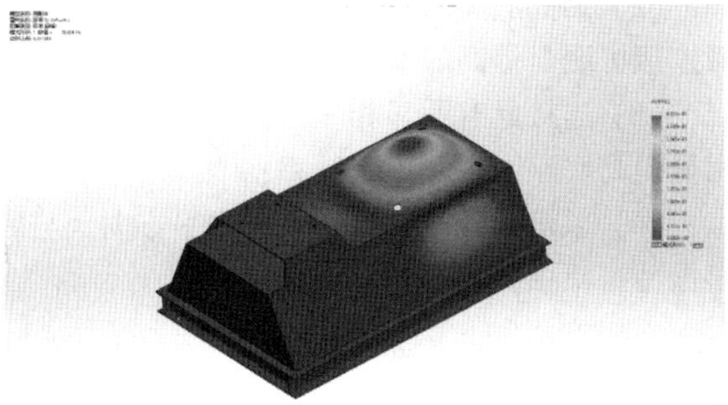

图 4　风机底座一阶振型

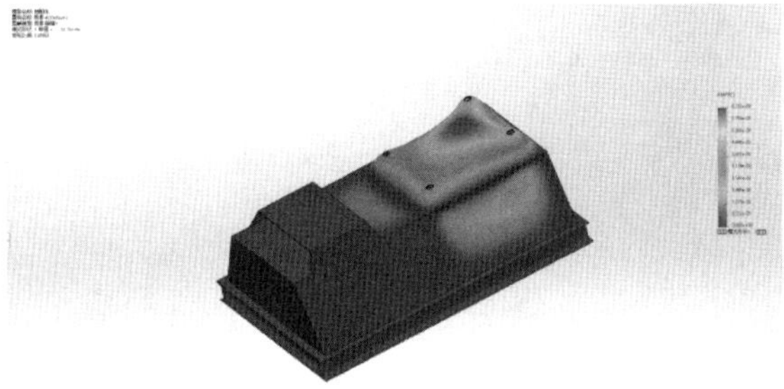

图 5　带配重的一阶振型

图 6　带配重的二阶振型

4.1　底座加固方案

方案 1：在箱体内部两段各焊接 3 对 40×40×4mm 角铁，在电机安装板下部焊接 4 对 5mm 厚加强筋板。

方案 2：在方案 1 基础上，在风机安装板下部焊接 20mm 厚加强板。

4.1.1　方案 1 分析

前 3 阶振型的振幅主要发生在风机下部，一阶振型见图 9，频率为 38.648Hz。四阶振型的大振幅区域位于电机下部，频率 55.976Hz。一阶频率由 32.732Hz 增至 38.648Hz（图 10），振幅主要发生在风机与底座连接的螺孔部位。风机前脚 2 螺孔部位具有相同的振动相位，风机后脚 2 螺孔部位也具有相同的振动相位。风机前、后脚螺孔部位的振动具有明显相位差。

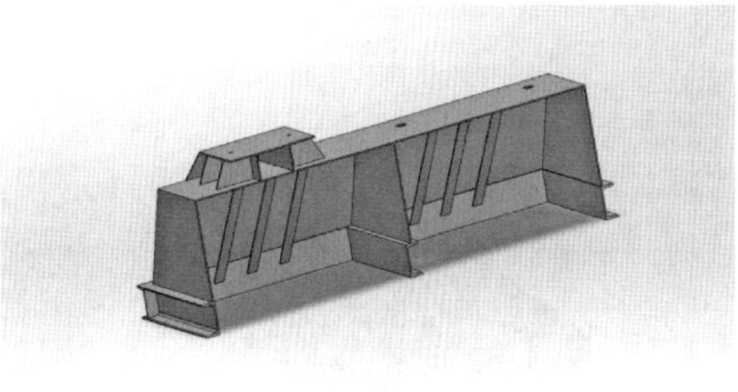

图 7　加固方案 1

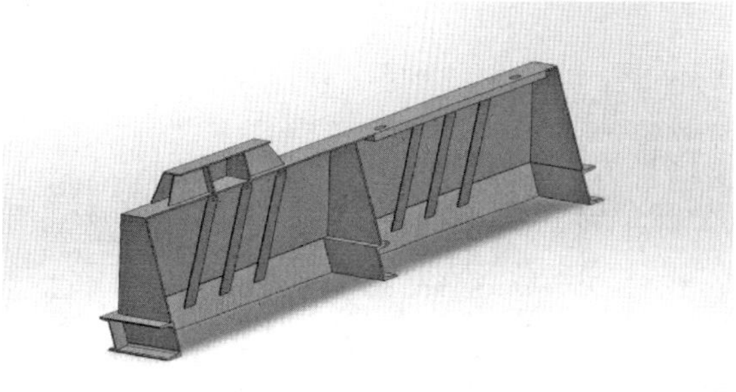

图 8　加固方案 2

图 9　方案 1 一阶振型

图 10　方案 1 四阶振型

4.1.2　方案 2 分析

前 3 阶振型的振幅主要发生在电机下方，一阶振型见图 11，固有频率 55.939Hz。四阶振型见图12，振幅主要发生在风机下方，频率为119.76Hz。由于电机下部未再增加支撑，该部位固有频率未发生明显变化。风机下部固有频率由38.648Hz增至119.76Hz，增幅非常显著，其频率比λ=0.20，远离共振区域。

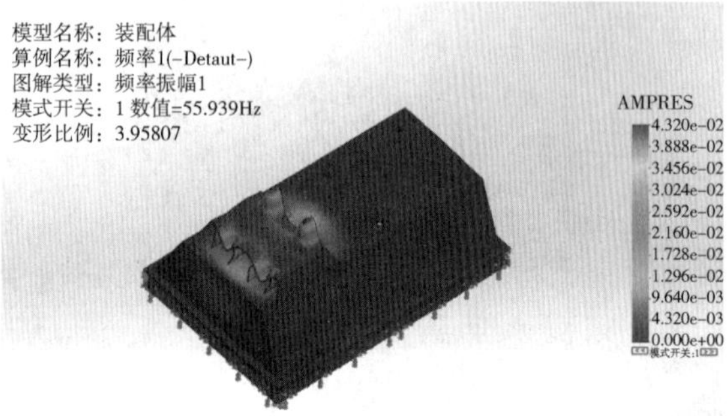

图11　方案2一阶振型

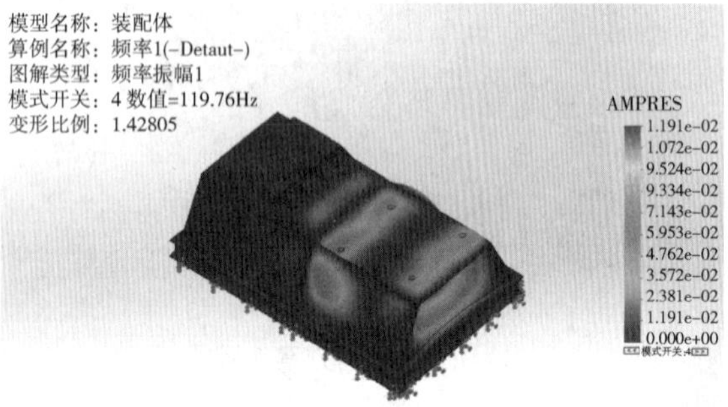

图12　方案2四阶振型

5　结论

通过利用solidworks有限元模态分析模块对柔性风机底座进行分析可以得到：

（1）风机系统固有频率与系统质量有很大关系，增加系统质量可明显降低固有频率；

（2）加固底座时，将大振幅区域与小振幅区域连接可明显提高底座刚性和固有频率；

（3）连接具有明显相位差的振动部位也可以明显提高底座刚性和固有频率；

（4）风机垂直方向振动大于水平方向，与底座振型振幅主要发生在垂直方向一致。

参　考　文　献

[1] 倪振华．振动力学．西安交通大学出版社．

[2] 戴瑞华．Solidworks Simulation高级教程．机械工业出版社．

螺杆膨胀机的动态匹配与能效优化

孟庆元　齐伟杰　刘海柱　李永健

（中国石油华北石化公司）

摘　要　华北石化公司目前拥有两台75吨/小时的动力锅炉，为维持中低压管网的压力平衡，每年都有大量中压蒸汽通过减温减压器转化为低压蒸汽，这导致了严重的能量浪费。本研究通过对蒸汽进行梯级利用，让中压蒸汽先经过螺杆膨胀机发电，之后再变为低压蒸汽，实现了能量的回收，节能效果十分显著。

关键词　中压蒸汽；梯级利用；膨胀机；减温减压器

1　前言

在华北石化分公司的生产运行中，中、低压蒸汽的平衡状况对整个公司的能耗水平有着至关重要的影响。一直以来，公司都致力于做好全厂的蒸汽平衡工作，同时尽可能地降低能耗。传统的做法是将中压蒸汽通过减温减压器变成低压蒸汽，以此来维持低压管网的压力平衡与稳定，但这种方式使得中压蒸汽的能量被大量浪费。经过深入调研发现，利用螺杆膨胀机对中压蒸汽进行减温减压处理，使其转化为低压蒸汽的同时实现发电，能够很好地实现蒸汽的梯级利用，这对于解决能量浪费问题具有重要的现实意义，也正是本研究的核心目的所在。

2　螺杆膨胀机的工作原理

2.1　基本构造

螺杆膨胀机是按照螺杆压缩机的逆原理来工作的，其主要组成部分包括相互啮合的阴阳转子、壳体、同步齿轮、轴瓦、轴端密封等螺杆膨胀机部件图(图1)。从其基本构造来看，和螺杆压缩机有相似之处，但工作过程却完全相反。

2.2　工作过程

当流体进入螺杆齿槽后，压力会推动螺杆转动，在这个过程中，齿槽容积不断增加，流体进行降压膨胀做功，从而实现能量的转换。具体工作过程如图2所示：流体介质首先进入螺杆齿槽A，然后推动阴阳两个螺杆向相反方向运动，随着螺杆的运动，齿槽A会依次旋转到B、C、D的位置。在这个行程加长的过程中，容积不断增大，介质流体降温降压并膨胀做功，最后从齿槽E排出，同时主动阳转子将功输出，进而实现发电操作。

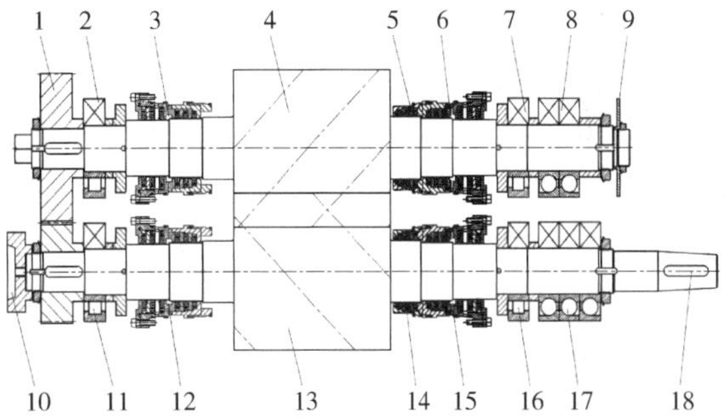

图1　螺杆膨胀机部件图

1—同步齿轮；2—排端径向轴承(阴)；3—排端主密封(阴)；4—阴转子；5—进端前置密封(阴)；6—进端主密封(阴)；7—进端径向轴承(阴)；8—进端推力轴承(阴)；9—测速组件；10—平衡活塞；11—排端径向轴承(阳)；12—排端主密封(阳)；13—阳转子

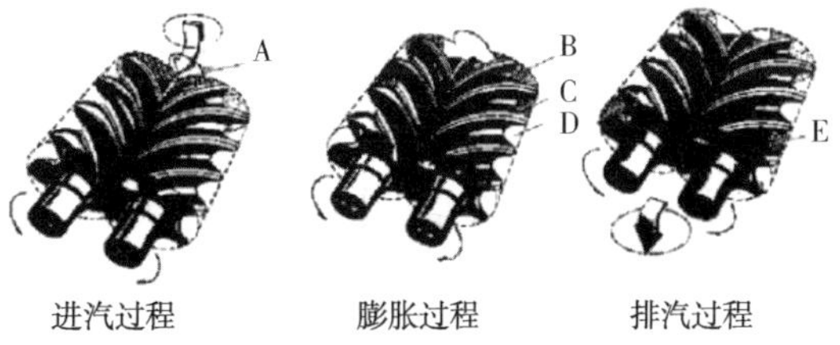

图2　工作过程图

2.3　能量转换特性

螺杆膨胀机作为一种能量转换机械，能够将热能转换为机械动力能，在热力学上，这是一个绝热膨胀焓降的过程。介质做功需要满足两个条件，即存在压差和焓降，并且焓降越大，说明单位蒸汽所具有的能量越大，做功也就越多。

2.4 性能优势

螺杆膨胀机具有结构简单、体积小的特点，属于容积式动力机械。由于构件之间的间隙较小，所以能够获得较高的内效率，相比同功率的汽轮机，其效率要高10%～15%左右。此外，它的结构与汽轮机不同，适用范围更加广泛，对介质的要求也比汽轮机低很多。同时，其结构特点还使其具有自除垢的特性。

3 设计方案及运行模式

3.1 设备参数

螺杆膨胀机的型号为LGP2000-S，机组在设计工况下的参数如下：进汽压力为3.2～3.9MPa，温度在390～450℃之间，流量为40t/h，排汽压力为1.1MPa，机组转速为3000r/min，螺杆膨胀机的输出功率在1200～1500kW之间。

3.2 流程说明

新建的2#、3#动力锅炉以及二催5#炉所产生的中压蒸汽，会与系统中的中压蒸汽管网汇合。其中一路前往螺杆膨胀机A、B进行做功，产生1.0MPa的蒸汽；少部分则经过减温减压器，作为螺杆膨胀机出现故障时的泄压及紧急调整旁路，为了保持系统的稳定，该旁路会保持8%左右的最小开度，之后经过1#或2#减温减压器并入低压系统。

3.3 设备运行历程

该设备于2018年开始施工，2019年由于蒸汽平衡以及设备自身的原因，一直未能开工。到了2020年5月，开始进行开机准备工作，在此期间，设备厂家将原机组的轴承形式改为轴瓦形式，并且增加了高位油箱。2020年11月，机组开机正常，但开机后机组出现了一些问题，主要表现为：机组功率波动偏大，开机后发电量开始波动，波动范围在300kW左右；机组振动偏大，B机开机后，现场的振动及噪音较大，检测到的振动最大值达到6mm/s左右；润滑油温度偏高，油冷器外需要喷淋冷却水，而且需要两台油泵同时运行，油冷器投在中间位时，油温一直维持在50℃左右。

4 问题整改

针对机组开机后出现的问题，机动部组织各相关单位进行了逐项排查和攻关，经过几个月的努力，所有问题都得到了解决，机组运行状况良好。

4.1 机组功率波动大问题整改

4.1.1 问题现象与原因分析

机组开机后，发电量一直存在波动，在11月16日甚至由于功率波动造成了机组逆功率停机事故。停机拆检进气调节阀时发现，调节阀的阀杆和阀芯连接处断开，这使得阀门无法正常调节，而在阀门失效之前，就一直存在波动，从而导致机组发电量波动较大。该调节阀为HCB型笼式双座调节阀，仪表厂家分析认为，阀门在高温高压的环境下运行，气流涡动会产生高频振动，再加上设计时没有考虑到低开度时容易产生振动的情况，所以导致了阀杆与阀芯脱开。拆检调节阀还发现，阀芯外圆表面有因碰摸产生的划痕，通过与正常阀芯对比，损伤情况较为明显，如图3。

图3　拆检示意图

4.1.2 整改措施

厂家首先将原HCB型调节阀更换为HCN型低噪音调节阀，对阀杆进行了加粗处理，并且在阀芯处设置了高镍铸铁环，以提高抗震能力。然而，在12月25日更换阀门后，到1月10日左右阀门又开始出现波动，发电量波动频繁，2月18日再次出现波动大逆功率停机事故。经过多次协调，由于原厂家设计的调节阀无法满足实际生产需要，于是更换了厂家，3 月 10 日新阀门到货并更换后，阀门一直运行正常，满足了生产需要。

4.2 机组水平振动偏大问题整改

4.2.1 问题现象与原因分析

机组开机后，振动偏大，现场震感明显，机组远传振动数据在 6.0mm/s 左右。虽然通过几次调整机组冷热对中数据后有所好转，但由于机组停机后出口温度下降速度快，热态找正数据无法准确测量。另外，机组在正常停机后存在盘车卡涩的现象，这给施工带来了一定难度。同时，通过对膨胀机底座观察发现，底座刚性不足，温度升高后会对机组振动产生影响。

4.2.2 整改措施

联系厂家出具施工图，对底座进行加固。加固后效果明显，开机后振动在 3mm/s 以下，当负荷大出口温度降低时，振动值下降更多，满足了生产需求，如图 4。

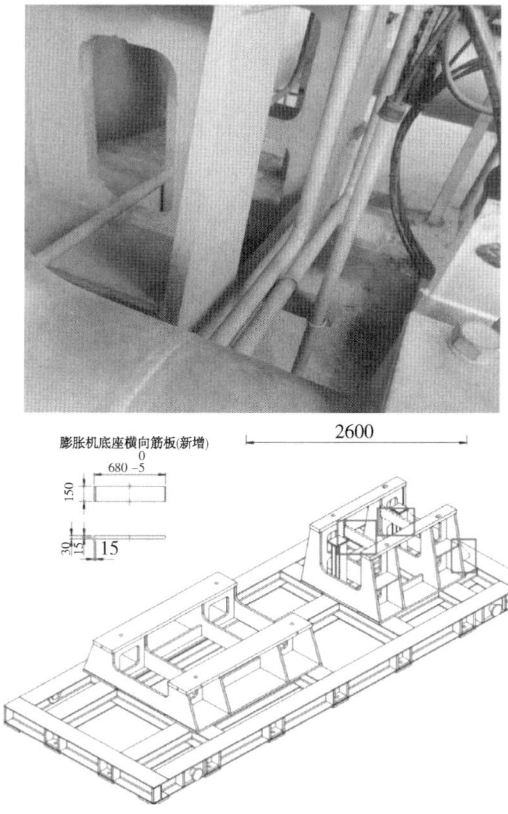

图 4　底座现场图与设计图纸示意图

4.3 润滑油温度偏高问题整改

4.3.1 问题现象与原因分析

机组开机后，润滑油温度偏高，当一台油泵运行时，由于油温高，导致油压较低，无法满足要求，因此期间一直需要两台油泵同时运行，油冷器打到中间位，并且两台油冷器同时运行，但油温始终处于高位。原膨胀机设计为轴承结构，后来厂家将其改造为轴瓦结构，同时增加了高位油箱，但在改造设计时，没有充分考虑到改造后对系统的影响。

4.3.2 整改措施

经过协调，将原泵更换包芯，其他尺寸保持不变，油冷器接口尺寸也不变，通过这种方式增大换热面积，同时尽量减少施工量。3 月份更换完毕后，油温恢复正常，满足了生产需要。

5 结束语

5.1 能效优化成果

螺杆膨胀机的应用，将中压蒸汽减温减压过程中原本未被利用的能量用于电机发电，成功实现了能源的阶梯利用。截止到 5 月份，通过梯级利用螺杆膨胀机，发电量已经超过 300 万度，节能效果显著，为公司的提质增效做出了较大贡献。

5.2 经验积累与展望

在机组开机过程中，针对出现的问题逐步进行解决，积累了一定的经验。目前，机组可以做到长周期安全运行，达到了同类设备运行的先进水平。未来，随着技术的不断进步和对设备运行的深入研究，有望进一步优化螺杆膨胀机的动态匹配性能，提高其能效，为企业的节能降耗和可持续发展提供更有力的支持。

参考文献

[1] 苏坚，胡达，朱小英，等. 螺杆膨胀机(组)安全监视装置技术规范[J]. 工程科技Ⅱ辑，2018，12(1)：1-7.

[2] 王伟，吴玉庭，马重芳. 单螺杆技术提升可再生能源利用效率[J]. 工程科技Ⅱ辑，2009，4(22)：76-77.

[3] 程立新，吴启政. 双螺杆膨胀机的热力过程和应用[J]. 工程科技Ⅱ辑，2017，12(21)：14-16+88.

[4] 袁玮玮，刁安娜，王亚洲，等. 螺杆膨胀机转子力变形分析[J]. 工程科技Ⅰ辑，2016，11(17)：48-51.

[5] 李驰，余岳峰，等. 螺杆膨胀机余热发电系统变工况优化计算与设计[J]. 工程科技Ⅱ辑，2012，11(13)：229-234.

[6] 高杰，尚羽佳．工业自动化能效优化方法[J]. 信息科技，2024，08(21)：1-4.
[7] 张海涛，吕岩，王睿，等．减温减压装置用蒸汽减压阀的流量特性研究[J]. 工程科技Ⅱ辑，2024，10(31)：1181-1185.
[8] 孙早生，叶莉．螺杆膨胀机：一个战略性新兴产业[J]．工业经济，2014，05(16)：22-23.
[9] 朱水兴，周岳．蒸汽双螺杆膨胀机工作过程模拟及实验研究[J]. 工程科技Ⅰ辑，2024，05(11)：25-33.
[10] 魏文荣，杨朋友．螺杆膨胀机在低温余热发电中的应用[D]. 工程科技Ⅰ辑，1995(09). 11-13.
[11] 达支兼子，杨庆秀．螺杆膨胀机基本性能的研究(一)[J]. 工程科技Ⅰ辑，1998，02(06)：24-27.
[12] 达支兼子，杨庆秀．螺杆膨胀机基本性能的研究(二)[J]. 工程科技Ⅰ辑，1988，03(08)：35-39.
[13] 郑娱泉．螺杆膨胀机的研究[J]. 工程科技Ⅰ辑，1999，07(11)：150-164.

第六篇　维护维修篇

离心泵轴承箱油位的标定

陈国军

（中国石油锦州石化公司）

摘　要　动设备油位的准确与否是决定轴承寿命的一个重要因素，因各装置存在设备型号不同、设备厂商不同、油标结构不同等诸多因素，油标的类型不同，每台设备的油位线也存在较大差异。如果油位线不准确，会造成现场设备出现不同的问题。这方面的管理一直缺少统一的管理标准与管理依据。这也是在动设备管理方面的一个薄弱环节。本文主要通过现场实际调研，总结归纳了一种科学实用的设备润滑油位的标定方法，建立了标准化的油位标定流程，有效解决了因油位不准确导致的轴承损坏问题。实际应用表明，该方法显著提高了油位管理的精确性和可靠性，为动设备的长周期稳定运行提供了技术保障，对提升企业设备管理水平具有重要实践价值。

关键词　设备；润滑；油位；标定

1　前言

动设备轴承润滑油油位是保证轴承寿命的一个关键因素。而面对不同型号、不同厂商、不同结构型号的油标，想做到油位精准却是非常困难的事。车间管理人员在长期的实践经验中摸索出了一种轴承油位的确定方法，可以准确无误地在现场标定出设备的轴承油位，而且让生产操作工有了更加可靠的现场加油依据，根本上解决了轴承润滑问题，确保了设备的长周期稳定运行。为公司节约了大量的资金。

2　各生产装置动设备润滑现状

各装置的动设备（离心泵居多）有不少存存在润滑油泄漏现象，大多都是因为设备油位标定存在不准确，润滑油加油过多原因造成的。出现这种漏洞现象，设备的正常运行不受影响，属于设备不完好、低标准，没有实质性危害。但是因为油位不够，造成轴承箱润滑油严重不足，就会造成轴承发热甚至烧轴承的设备事故。根据设备检修的一些案例分析，有一部分的轴承损坏都是由于轴承润滑不好产生的。设备轴承润滑问题由来已久。成为设备管理亟待解决的问题。

3　具体原因分析

油位不准确，原因如下：

3.1　油标孔加工位置偏高

油标的实际加工孔位置与设计的油孔位置相比较偏高，这时，油位未达到油标视窗的1/2即已经满足了轴承油位要求，但为了保证油位不低于油标视窗的1/2，只能增加油量，就会造成泄漏。出现这种情况只是设备润滑油位线刻度不准确、现场漏油，不影响设备运行，属于设备不完好、低标准，会给生产操作工加油带来不便。

3.2　油标孔加工位置偏低

油标的实际加工孔位置与设计的油孔位置相比较偏低，按加油刻度标准加油后，表面上轴承箱不缺油，实际上润滑油位并没有达到设计要求。这种情况势必造成轴承润滑油不足或严重缺油的事实，从而无法保证设备的正常运转。

根据设备检修一些案例分析，发现设备故障有一部分是由于润滑位偏低原因导致的。2020年初，车间做了大量调研工作，发现许多设备的实际润滑油位不是很准确，有的甚至是严重油位不足。这就导致了设备开车就有轴承抱轴现象，或者运行时间不长就发生轴承异音等故障。严重影响到设备的长周期运行，给生产带来很大隐患。

鉴于以上所述原因，设备润滑油位不准确这一问题成为设备精修管理的一个短板，解决此问题成为机泵精修管理的当务之急。

4　实施内容及采取的措施

因为现场机泵油标型号不一致，厂商的加油标准要求不统一。

4.1　现场设备常用的几种润滑油油标结构

4.1.1　猫眼结构(图1)

这种油标要求油位不低于油标视镜的1/2。

4.1.2　补偿结构(图2)

这种油标的油位要求是设定油位高度以后，保证上方补油杯有油即可。

4.1.3　柱状结构(图3)

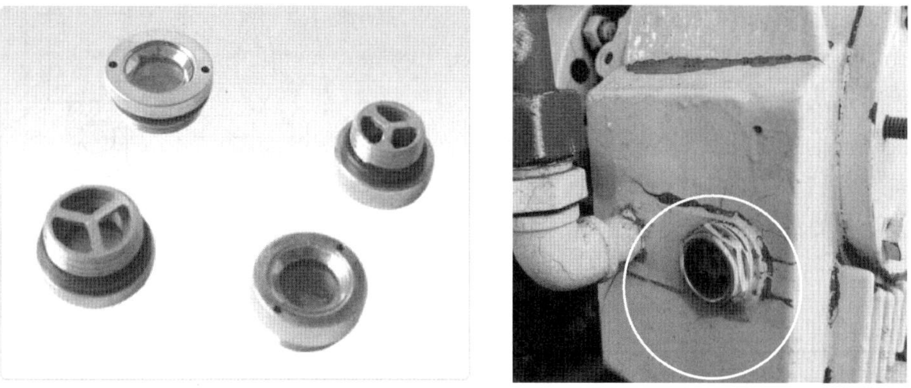

图1　猫眼结构

图2　补偿结构

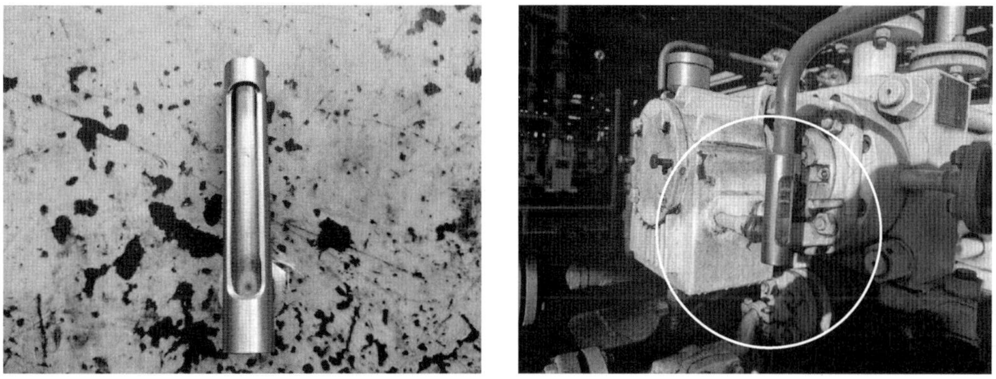

图3　柱状结构

这种油标的油位，不同设备厂商对油位线制度定制更是很随意，有的现场油标甚至没有油位刻度线。

从上面三种油标结构可以看出，油标设置在轴承箱相对位置大致相同，但由于油标结构不同的原因，油位线相差很多。这种没有统一规范的油标刻度线，随意性很大，很容易出现油位线不准确甚至是错误的现象，给设备正常运行留下很大的隐患。

4.2　正确的润滑油位及标定油位的方法

设备厂商所标定的油位因为存在油位不准确现象，出现过多起轴承损坏事故。为此，2019

年度，动设备专业人员对润滑油位进行专项整治，对全厂所有的稀油设备的润滑油位进行了专项整治，力保设备油位的准确、可靠。

图4为润滑油位线的示意图，在实际操作中，为了便于计算，把轴中心到油位线的距离H定义为油位高度。即油位理论值。

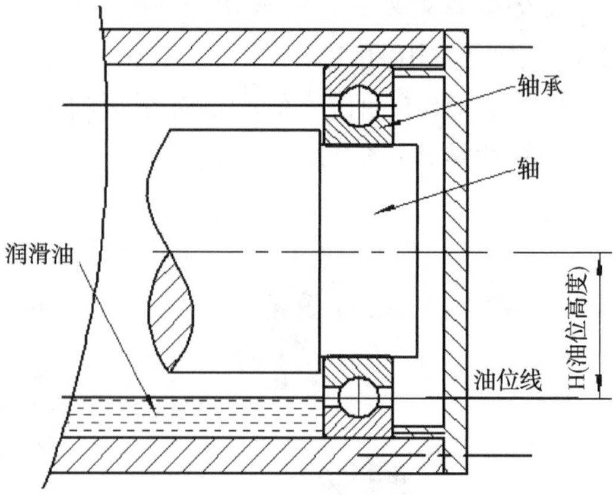

图4　润滑油位示意图

4.2.1

首先，我们先从设备的轴承型号开始着手，根据每台设备的轴承型号确定油位理论数据。以润滑油浸入面达到轴承滚动体中心线为宜。

列举部分设备的数据见表1。

表1

序号	装置名称	工艺编号	设备型号	轴承型号		油位高度/mm	
				驱动端	非驱动端	驱动端	非驱动端
1	一常	B-125A	ZHYa80-200	7308	NU208	32.5	32.5
2	一常	B-125B	ZHYa80-200	7308	NU208	32.5	32.5
3	一常	B-201A	200AYZ150	7314	6215	55	51.25
4	一常	B-201B	200AYZ150	7314	6215	55	51.25
5	一常	B-202A	200AYSG180	6214	7214	48.75	48.75
6	一常	B-202B	200AYSG180	6214	7214	48.75	48.75
7	一常	B-203A	250AYS210	6217	7314	58.75	55
8	一常	B-203B	250AYS210	6217	7314	58.75	55

表1中的所列的数据均是设备轴承的型号与油位理论高度。

4.2.2　油位高度计算公式

图5很容易计算出油位高度H

$$H=d/2+(D-d)/4=(D+d)/4$$

式中，D为轴承外圈直径；d为轴承内圈直径；H为油位高度。

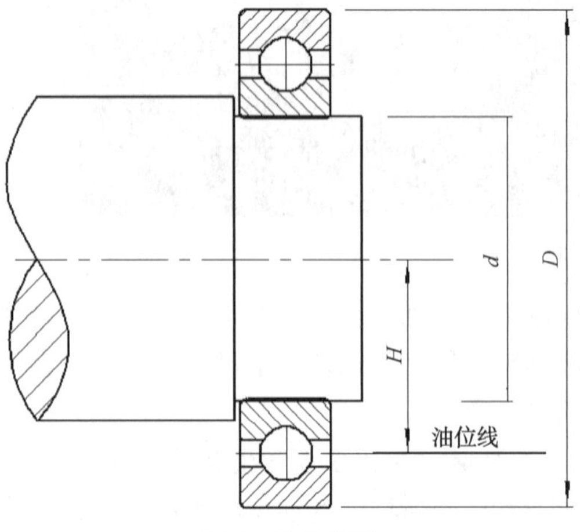

图5　油位高度

$H=(D+d)/4$，该公式表达的物理意义是，轴中心线到轴承滚动体中心的距离。即为现场确定润滑油位的理论值。动设备相关人员利用该公式和提供的轴承型号，计算出结果。该计算结果就是轴承的油位高度。

说明一点，对于悬臂结构的泵来说，因为两种结构的轴承在同一个轴承箱里，H值有两个，同一轴承箱只能满足一个H值，此时的H取值原则是：取小不取大(保证轴承外径小的轴承滚动体能浸入油面以下)。

4.2.3　现场油位确认

根据采集收集的基础数据，作业人员根据表中所计算得到出的轴承油位数值逐台进行油位设定。现场划线以理论设定值为依据，理论值允许3~5mm误差，现场油标定义为油位下，即实际油位值满足：$H-3<$实际值$<H+5$，油标的上线通常取距离下线10mm。超此数值的，以不漏油为宜。确认油位后，在油标上划出上、下油位线。

现场油位高度测量很容易出现误差，为了达到设备油位精确度，车间采用了激光校准仪，以轴中心线或电机中心线为基准，根据计算出的理论油位值，测量出实际油位线位置，很容易就可以确定出油位线。保证了每台设备油位万无一失。到目前为止，轴承型号明确的设备都给出了相应的油位，确保了现场设备润滑良好。

5 取得的效果

检修专业人员利用第一手的数据收集资料，计算出油位的实际高度值，以激光仪做为辅助手段，精准地定制出了油位的理论数据，给一线检修人员提供了确定油位的科学依据。下图(图6)是对2023年、2024年度轴承消耗量及消耗额的统计图。

从上图6可以明显看出，轴承的消耗量与消耗额都有大幅度下降。2023年的轴承消耗量为165套，较2020年的290套少消耗了125套，节约金额约18.7万元，成效还是非常可观的。经过这种激光标定轴承油位的方法，不但轴承缺油现象得到彻底地解决，轴承损坏明显减少，因缺油而发生抱轴现象再无发生，而且现场的润滑油泄漏问题也迎刃而解。为设备的长周期运行奠定了坚实的基础。

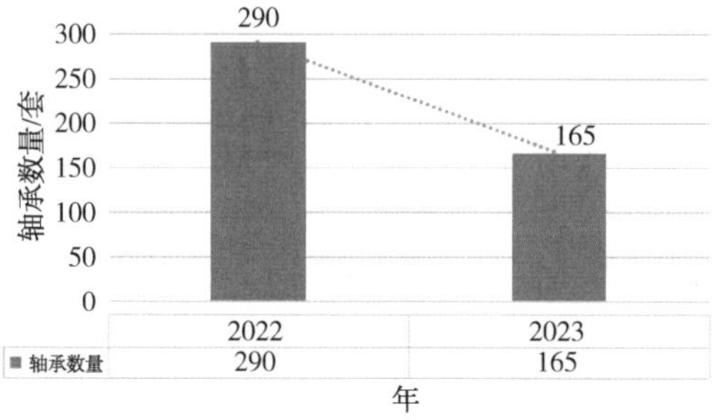

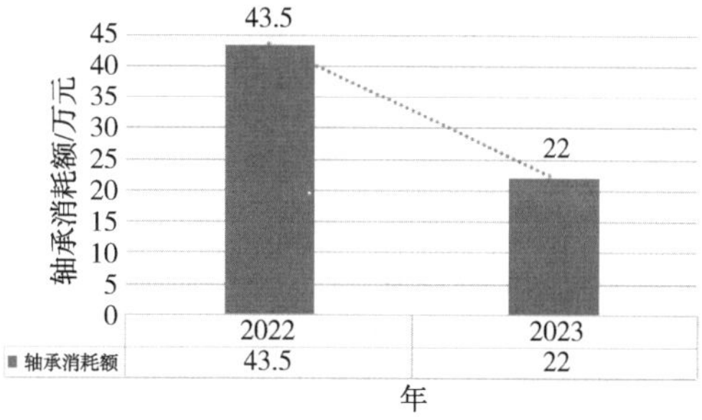

图6 统计图

6 结论

(1) 旧设备基础数据不全(轴承型号、甩油环型号缺)，油位只能采取高油位(会有漏油现象)，在以后检修过程中会加强基础数据采集。

(2) 厂内技改、大修更换设备比较多，新设备无轴承型号，公司已与设备生产方联系，尽可能提供准确轴承型号，不能提供的只能在以后检修中逐步完善。

离心泵润滑油位激光标定在公司内属于首次，收到了很好的效果，是车间机泵精修管理在的一次成功案例，是动设备管理人员的集体智慧的结晶，他们的不断摸索、研究、经验累积与传承，为公司积累了宝贵的财富。

参 考 文 献

[1] 杨国安编著．滑动轴承故障诊断实用技术．北京：中国石化出版社，2012.1.

[2] 卜炎主编．实用轴承技术手册．北京：机械工业出版社，2003.12.

[3] 中国石油天然气集团公司职业技能鉴定指导中心编．机泵维修钳工．东营：中国石油大学出版社，2011.11.

汽轮机通流部件结垢在线清洗应用研究

曹望广　李红军　赵　旭

（中国石油大港石化公司）

摘　要　近年来，伴随炼化装置大检修周期的延长以及“提质增效、节能节水”对标管理工作的持续深入推进，中压蒸汽的水汽质量和汽轮机长周期运行面临着诸多压力与挑战。汽轮机是炼化装置的核心设备，一旦发生结垢和效率下降，会直接影响装置的生产运行，甚至被迫停工抢修，给企业带来巨大的经济损失。本文介绍了大港石化公司延迟焦化装置、汽柴油加氢精制装置汽轮机通流部件结垢后，采用中压蒸汽注水“只降温不降压”，汽轮机“不停机、不降速、压缩机保持正常负荷不放火炬”在线清洗除垢的实践应用，取得了良好效果，在保证装置正常生产的前提下，恢复了汽轮机效率、降低轮室压力和蒸汽耗量，达到了提质增效的目的。

关键词　汽轮机；结垢；不停机；不降速；不放火炬；在线清洗

1　焦化汽轮机在线清洗

延迟焦化装置汽轮机为背压式汽轮机，2017年7月投用，规格型号5BL-3，由锦州新锦化机械制造有限公司制造，控制系统采用康吉森的TRICON系统，驱动蒸汽使用3.5MPa中压蒸汽（实际压力3.3MPa，温度360℃）。

1.1　结垢现象

自2024年1月开始，焦化汽轮机出现提速受阻问题，主要现象：（1）汽轮机提速受阻：汽轮机入口调速阀全开100%状态下，中压蒸汽耗量21t/h，汽轮机转速最高11270r/min，已不能满足焦化装置生产需要（额定转速12250r/min，中压蒸汽量23.4t/h）；（2）汽轮机轮室压力由1.3MPa升高至2.65MPa，超过该汽轮机轮室压力的限定值1.933MPa；（3）汽轮机轴位移轴位移逐渐上涨，由0.12mm上涨至最高0.3mm。综合以上现象，结合2023年5月汽轮机清洗的情况，判断为汽轮机通流部件再次结盐堵塞，造成提速受阻。

1.2　清洗方案

根据目前的焦化高负荷生产情况，为最大限度降低汽轮机清洗对生产的影响，本次清洗选取汽轮机组保持正常运行，中压蒸汽降温不降压，压缩机不放火炬的方案。即焦化汽轮机保持正常运行（不降速）的状态下，使用饱和湿蒸汽进行在线清洗；通过在汽轮机入口中压蒸汽线（边界外和汽轮机入口集合管前）两个导淋处向中压蒸汽注入中压除氧水降低中压蒸汽的温度，降低至高于该操作压力下的饱和蒸汽温度10℃以上的温度（控制250~260℃），实现清洗的目的；中压除氧水引自炼油二部制氢装置。中压蒸汽注水流程见图1，中压蒸汽注水点见图2。

1.2.1　清洗前准备工作

清洗前准备工作如下：（1）清洗前，提前在注水点1处安装喷头；（2）铺设自炼油二部制氢至焦化的中压除氧水管线，并完成吹扫和冲洗；（3）提前与公用工程部和质量检验中心沟通，及时做好清洗期间凝结水样分析。（4）做好人员安排和针对性培训，使操作员提前掌握清洗方案和操作。

1.3　清洗过程

2024年3月20日10：00开始中压蒸汽降温，16：20降温至320℃，夜班维持稳态运行；3月21日8：30继续降温清洗，10：55降温至271℃开始出现清洗效果，14：10继续降温至251~260℃，清洗效果明显，维持稳态持续清洗至19：00，清洗完毕、确认清洗效果满足预期，19：10开始中压蒸汽升温至310℃，夜班维持稳态运行；3月22日9：20，汽轮机入口中压蒸汽继续升温至367℃，恢复正常。汽轮机出口凝液数据分析详见表1。

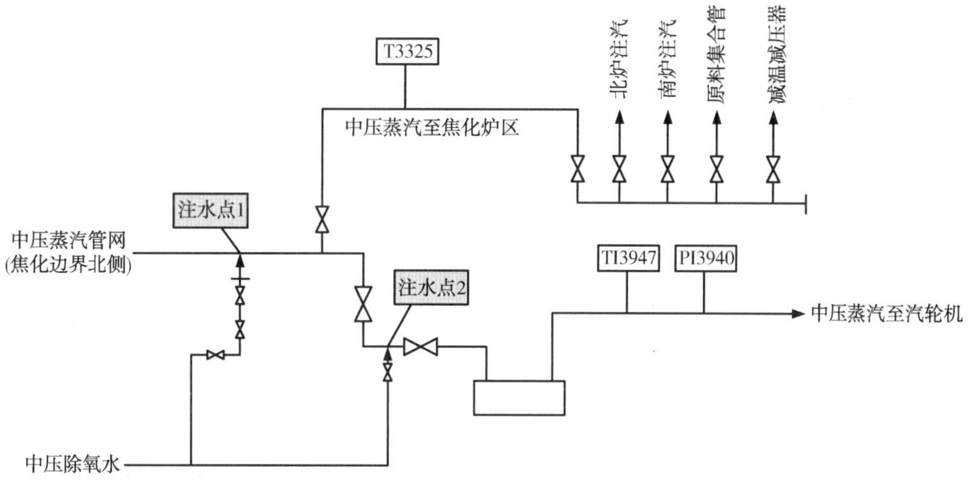

图 1　焦化汽轮机中压蒸汽注水流程

图 2　焦化汽轮机中压蒸汽注水点

表 1　汽轮机出口凝液数据分析

采样时间	电导率/(μS/cm)	Na+/(μg/L)	SiO_2/(μg/L)	Cl^-/(mg/L)
3.20 19：50	1.3	1.4	10.8	3.329
3.21 5：20	2.9	25.1	450	—
3.21 9：35	21.5	2400	4580	—
3.21 10：25	61.2	7800	33100	—
3.21 10：50	127.7	32800	—	—
3.21 11：10	133.4	—	136000	—
3.21 11：17	138.4	23400	154000	—
3.21 14：44	40.1	1940	11600	5.805
3.21 15：10	16.6	328	8110	—
3.21 15：44	16.2	579	8070	—
3.21 15：55	72.9	5171	13500	—
3.21 16：12	15.53	1330	63800	—
3.21 16：40	13.71	5060	9700	—
3.21 17：15	14.2	3280	11200	—
3.21 17：45	14.21	4480	9900	—
3.21 18：20	13.1	2820	5900	—
3.21 19：00	13.38	1200	6100	—

1.4　清洗效果

本次是大港石化公司首次汽轮机不降速在线清洗工作，在线清洗工作中方案论证充分、措施制定合理、操作控制精细，取得了宝贵的经验，清洗效果明显，焦化汽轮机提速受阻问题得到解决，汽轮机效率提升。具体表现在：(1)对汽轮机进行提速试验，在目前的生产条件下，最大转速达到12488r/min，调速阀开度67%、入口中压蒸汽量25.12t/h((额定转速12250r/min，中压蒸汽量23.4t/h)，仍有提升空间，满足生产需要；(清洗之前，调速阀开度全开100%，最大转速11270r/min，入口中压蒸汽量21t/h，转速和中压蒸汽耗量不能继续提升)；(2)汽轮机轮室压力由2.65MPa降低至1.4MPa；(3)汽轮机轴位移由0.3mm降低至0.12mm；(4)节能效果：清洗后汽轮机效率提升，维持同样正常转速的条件下，中压蒸汽耗量降低3.3t/h。清洗效果对比见表2。

表2　焦化汽轮机在线清洗前后运行参数对比表

参数指标	最大转速/(r/min)	最大转速对应调速阀开度/%	轴位移/mm	汽轮机轮室压力/MPa
清洗前	11270	100	0.3	2.65
清洗后	12488↑	67↓	0.12↓	1.4↓

2　汽柴油加氢汽轮机在线清洗

汽柴油加氢装置汽轮机为凝气式，2014年9月投用，型号为NK25/28/25，16级，由杭州汽轮机股份有限公司制造。控制系统采用沈鼓自控系统，驱动蒸汽使用3.5MPa中压蒸汽(实际压力3.3MPa，温度350℃)。

2.1　结垢现象

汽轮机内部通流部件结垢堵塞严重，主要表现为：第一阶段：自24年11月初，汽轮机轮室压力逐渐增大，目前为3.3MPa(正常约为1.6MPa)，与中压蒸汽压力(3.4MPa)压差仅为0.1MPa；第二阶段：11月15日~19日，汽轮机主汽门在65%~100%波动，19日起开度稳定在100%，转速有不断下降趋势，最低为7191r/min(转速调节范围7560~11340r/min)；第三阶段：11月22起汽轮机轴位移开始下降，离心机轴位移开始上涨。

2.2　清洗方案

为缓解汽轮机转子结垢情况，车间计划采用中压蒸汽注除氧水降温不降压，对转子进行在线清洗，清洗过程中汽轮机保持正常运行，同时做好清洗过程中造成汽轮机转子故障进行拆修的准备。主要包括：(1)通过调整汽柴加界区中压蒸汽导淋处注除氧水阀门降低中压蒸汽的温度，以中压蒸汽进装置温度TI3011为监控点，调节幅度为10分钟内温度下降5℃，观察10min后，如果汽轮机参数有变化则停止调整，待汽轮机参数稳定时再进行重复前面调整次序，控制第一阶段总降温速度≯30℃/h，最终中压蒸汽进装置温度TI3011降至250℃左右；(2)清洗过程中重点关注汽轮机转速、振动、真空度和轴位移变化情况：监控汽轮机转速，严禁转速进入临界区间，机组临界转速区为4000r/min~5500r/min，监控汽柴加汽轮机振动情况，以机组VIA5151A、VIA5151B、VIA5152A、VIA5152B为监控点，要求≯50μm。监控汽柴加汽轮机轴位移情况，以机组XIA5151A、XIA5151B为监控点，要求≯±0.56mm；(3)机组连续转动运行，进行持续清洗，每30min化验分析一次，采样位置为复水泵出口导淋，凝液持续外流，观察凝液颜色和带垢情况，分析项目为钠离子、二氧化硅和电导率；(4)汽轮机降速清洗过程中，机组所有联锁投用，保护机组。

2.2.1　清洗前准备工作

清洗前准备工作如下：(1)铺设中压除氧水注水临时线：苯抽边界中压除氧水导淋至汽柴加边界中压蒸汽导淋。引水点为苯抽边界中压除氧水导淋，注水点为汽柴加装置边界中压蒸汽边界导淋，注水点安装多孔孔板，提高注水雾化效果；(2)注水线用中压除氧水冲洗，从铺设除氧水线导淋观察管线是否冲洗干净，若有杂质继续吹扫冲洗，确保管线内无杂质，具备注水条件；(3)当班班组外操负责注水阀的调整，内操监控汽轮机入口温度和汽轮机组运行情况；(4)公用工程部负责样品分析(其中公用工程部负责电导率、二氧化硅和钠离子)，凝液样品炼油四部送至公用工程部化验分析；化验分析操作员由公用工程部安排。中压蒸汽注水流程见图3，中压蒸汽注水点见图4。

2.3　清洗过程

12月2日9:00，汽柴加汽轮机进行第一次在线清洗，清洗蒸汽温度控制280℃，短时间触底温度263~268℃，清洗后转速由7027r/min升高至7400r/min，入口调节气阀开度仍为100%，轮室压力3.3MPa，没有降低。

12月3日9：00，汽柴加汽轮机进行第二次在线清洗，清洗蒸汽温度控制260℃，短时间触底温度245～250℃，清洗后转速恢复至7560r/min，入口调节气阀开度减少到37%，轮室压力降低至1.0MPa，基本达到开工初期状态，降温过程冷凝水化验趋势见图5。

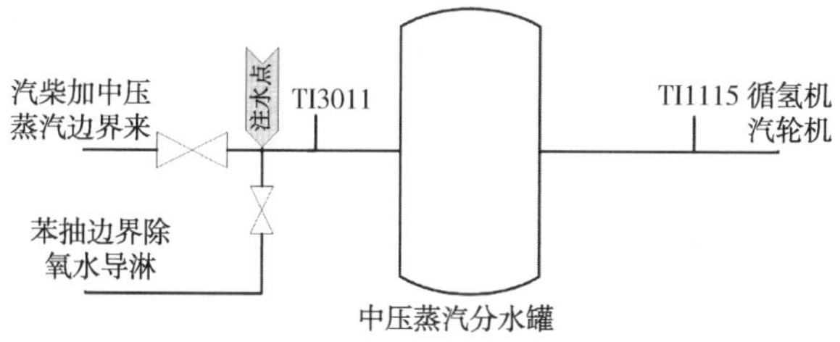

图3　柴加汽轮机中压蒸汽注水流程

图4　柴加汽轮机中压蒸汽注水点

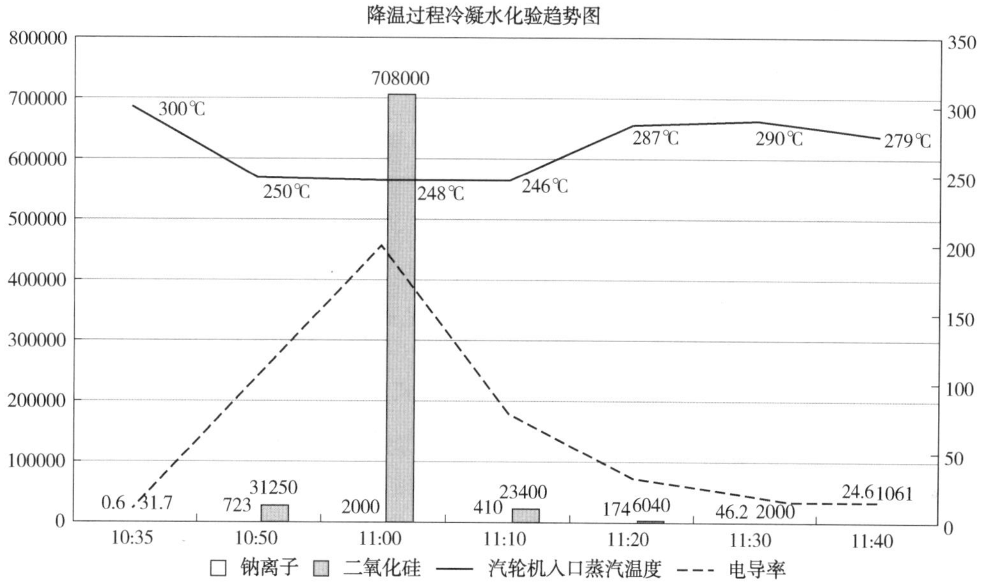

图5　降温过程冷凝水化验趋势图

汽轮机两侧振动及轴位移在入口蒸汽温度达到300℃以下时开始出现明显增长，当温度最低达到250℃以下时，汽轮机前端两点振动达到最高峰，其中最大值出现在点VIA5151A（黄线），数值为33.4mm（二取二联锁，联锁值为75mm），后随着盐垢脱落，各点振动开始出现明显下降。轴位移在250℃以下的中后期出现一次性上涨，随后保持平稳。汽轮机振动趋势见图6。

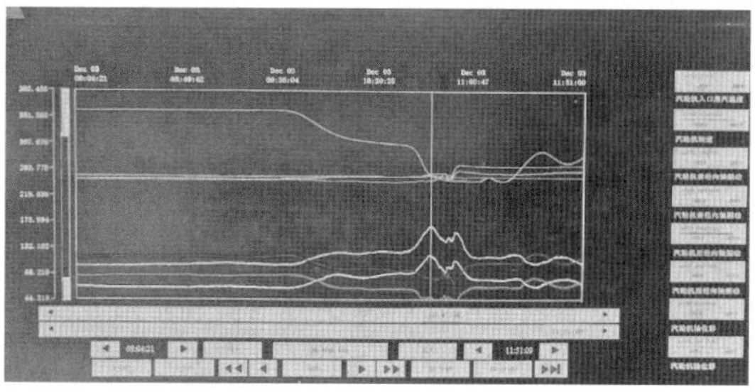

图6　汽轮机振动趋势图

判断清洗完毕后，缓慢降注水量，中压蒸汽缓慢升温，控制升温速度≯30℃/h，升温至正常温度；期间监控汽轮机运行情况，重点监控转速、振动和轴位移等参数。清洗过程监控要点见表3，公用工程消耗见表4。

表3　清洗过程监控要点

序号	项目	单位	目标工况
1	清洗中压蒸汽温度（TI3011/TI1115）	℃	250～270
2	清洗中压蒸汽压力（PI3008/PI1065）	MPa	3.3～3.4
3	汽轮机径向振动	μm	0～50
4	汽轮机轴向振动	mm	-0.56～+0.56
5	汽轮机转速	r/min	7560～11340

表4　公用工程消耗

序号	公用工程介质	单位	瞬时使用量	用途
1	中压除氧水	kg/h	500	中压蒸汽注水降温

2.4　清洗效果

本次汽轮机在线清洗后，汽轮机各参数均恢复到开工初期水平，清洗前后对比见表5和图7。

表5　汽柴加装置汽轮机在线清洗前后对比表

参数指标	转速/(r/min)	调阀开度/%	轮室压力/MPa	轴位移/mm	中压蒸汽流量/(kg/h)
2021年6月22日(开工初期)	8001	47.8	1	0.082/0.111	4663
2024年11月17日	7563	85.2	3.3	0.056/0.052	5205
2024年12月2日9：00(第一次清洗前)	7075	100	3.3	0.014/0.004	4318
2024年12月4日20：00(第二次清洗后)	7560	37	1	0.076/0.098	4398

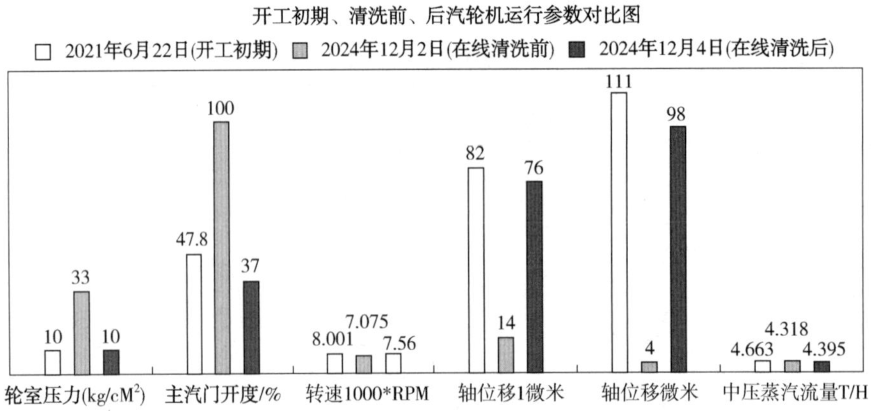

图7　开工初期、清洗前、后汽轮机运行参数对比图

3　结垢原因及清洗注意事项

结垢物质经化验分析主要成分是蒸汽中夹带的钠盐和二氧化硅，因此，汽轮机结垢根本原因是加药系统故障(如选用药剂不合理，无机磷酸三钠溶液中含有大量钠离子和二氧化硅，大港石化正在试验加注无机药剂)和排污系统故障(如定排、连排不到位等)造成的蒸汽品质下降。

汽轮机清洗过程中需要重点关注以下几点，一是蒸汽降温速度严格控制在0.5~1℃/min，避免降温过快引起转子弯曲，清洗后升温亦执行上述控制要求；二是清洗过程中严格控制汽轮机耗汽量不超过设计值，转速在可调范围内且远离临界转速，压缩机工况点远离喘振线；三是实践表明转子盐垢较易去除，静叶盐垢难于去除，因此确保蒸汽降温到位，清洗温度接近蒸汽压力下的饱和温度(过热度一般控制在饱和温度10℃以上)，并维持足够的冲洗时间，一般在4小时以上，从而确保动、静叶流道能得到良好的清洗效果；四是做好汽轮机清洗应急处置预案和检修方案。提前研判汽轮机在线清洗时可能存在的风险，如转子弯曲、叶片损坏引起的振动陡增联锁停机，做好应急抢修准备。

4　结论

实践表明，无论背压式或凝汽式汽轮机的通流部件结盐都可以通过缓慢降低蒸汽温度，使其达到饱和态，维持一定的冲洗时间，过程中做好汽轮机运行状态监控、进口切水和出口冷凝水的采样化验分析，从而实现“不停机、不降转速、不放火炬”在线清洗除盐，并能达到较好的效果，减少停机带来的经济损失。

参考文献

[1] 吴起越．蒸汽轮机高转速条件下饱和蒸汽在线清垢[J]．炼油技术与工程，2018，48(12)：44-47.
[2] 刘少林．工业汽轮机结垢在线清洗实例[J]．山东工业技术，2017，(6)：66-67.
[3] 寇刚，姚志忠，曹亦兵．汽轮机结垢不揭缸清洗技术总结[J]．中氮肥，2006(4)：46-48.
[4] 吴起越．蒸汽轮机高转速条件下饱和蒸汽在线清垢[J]．炼油技术与工程，2018，48(12)：44-47.

卧式螺旋离心机关键动密封点检修策略分析

张睿健　朱喜军

（中国石油兰州石化分公司）

摘　要　卧螺离心机因自身及处理物料特性，维修率高、难度大，需严格控制支撑轴承的选型、选材，选用高等级、高精度、耐高温轴承，以保障设备稳定运行，减少故障发生，提高生产效率。本文通过对卧式螺旋离心机关键动密封点的研究，使离心机系统运行更安全可靠，延长设备运转周期。以离心机安装质量为切入点，分析滑环密封、叠环密封和碳环密封三种动密封点的点位、原理，结合故障案例，探讨其安装、维护保养及检修策略。总结出各动密封点故障原因，如叠环密封故障常因安装尺寸不符、接触表面处理不当；滑环密封故障多因静密封 O 型圈失效等，并提出相应预防措施。同时明确了设备拆解、检修、安装的注意事项，以及日常检查与维护建议。维修保养中，检修质量和配件质量对设备使用寿命至关重要。

关键词　卧式螺旋离心机；叠环密封；滑环密封；碳环密封；检修策略

1　卧式螺旋离心机结构

卧螺离心机主要包括保护壳、转鼓、螺杆和电动机等主要部件。图 1 是离心机的主要结构示意图。

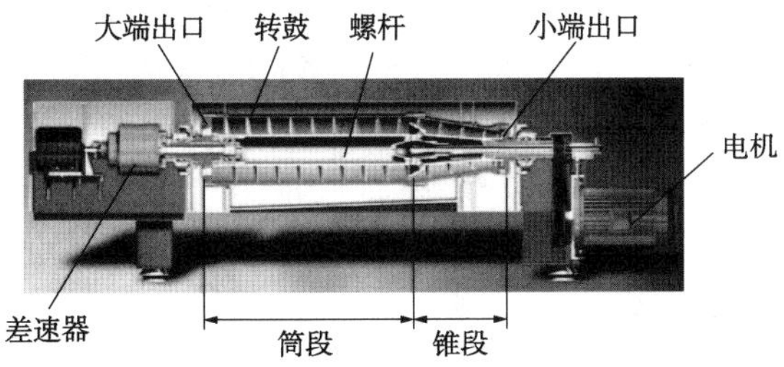

图 1

2　关键动密封点的点位、原理

2.1　滑环密封

转鼓与螺旋之间存在相对转动，转鼓与螺旋之间由三盘轴承提供支撑、定位作用。转鼓小端为固定端放置了两盘 7234B 轴承肩负定位作用见图 2，大端为自由端放置了一盘 6234 轴承主要起支撑作用见图 3。在安装轴承时，安装人员需在轴承室内填满黄油以确保润滑。滑环的作用是防止液相物质进入轴承室，避免黄油被稀释而导致轴承润滑失效事故的发生。转鼓小端的两副滑环和两盘轴承共同安装在滑环座内，构成一个整体部件。转鼓大端的 1 副滑环、1 盘轴承共同安装在滑环座内，构成一个整体部件。若滑环密封安装不当，离心机内的己烷介质可能进入轴承室，稀释润滑脂，最终导致轴承失效。

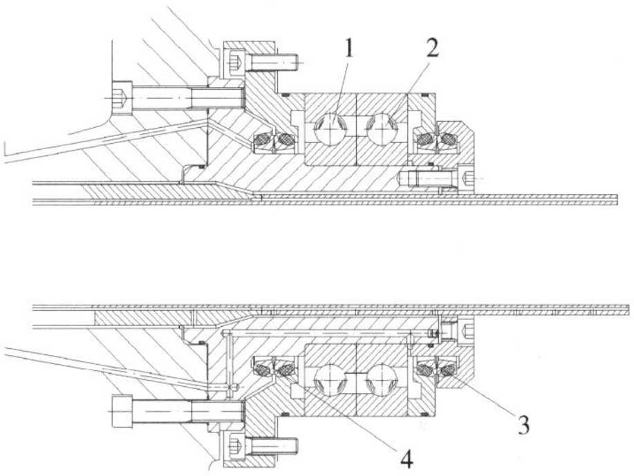

图 2　转鼓小端

1—7234B 轴承；2—7234B 轴承；3—滑环副 1；4—滑环副 2

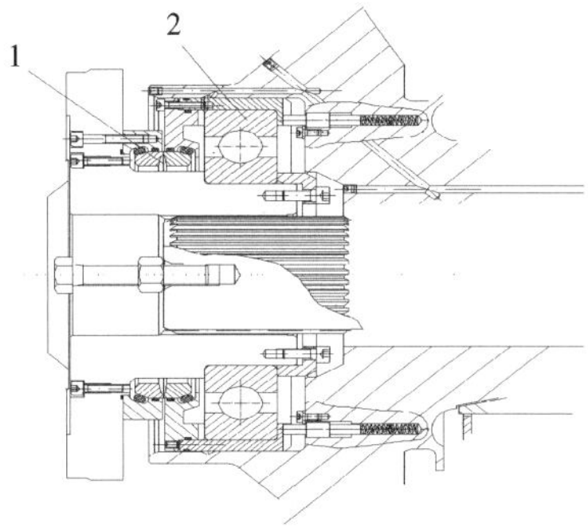

图 3　转鼓大端

1—滑环副 3；2—6234 轴承

2.1.1　基本原理

滑环式组合密封圈通过轴向密封结构有效阻隔外部杂质进入设备内部。在设备运转时，该密封圈可随轴心挠曲实现动态自适应密封。同时，在介质压力作用下，密封圈与轴体紧密贴合，形成稳定的气密腔室，从而实现可靠的密封防护。

2.1.2　组成与功能

滑环式组合密封圈由滑环、预紧元件组成。其中，滑环起到关键作用，它采用具有低摩擦系数和自润滑性而且与金属无粘着作用的材料（如聚四氟乙烯或尼龙）制成。这种设计降低了摩擦力，并克服了O形圈的起动摩擦力大和低速运动爬行的缺点的同时，滑环还能承受轴向力和径向力，增强密封效果。

密封套（如O形或异形橡胶圈）则通过其压缩量产生的反弹力和在流体作用下的自密封效应，使滑环紧贴在滑动面上，从而起到密封作用。弹簧或其他预紧元件则提供必要的弹力，确保密封套的压缩量和密封效果。

2.2　叠环密封

转鼓与基座之间由三盘轴承起支承与定位作用。转鼓小端为固定端见图4，轴承座内由一盘固定作用的16044 C3轴承和一盘起支撑作用的NU240EM1A. C3轴承。大端为自由端见图5安装有一盘起支撑作用的NU240EM1A. C3轴承。轴承润滑由外部机泵强制喷淋润滑油雾保证。密封叠环具有接触部位少、在极小的间隙内形成多重迷宫密封，因此对于油、脂润滑有特别的密封作用，防止脏物、灰尘及其他形式的杂质侵入。此外，它与相关件的接触部位小，减低了磨擦，因而极大的减少了发热及磨损的产生，所以此密封环用于高速旋转、高温、对磨擦敏感的部位是非常理想。

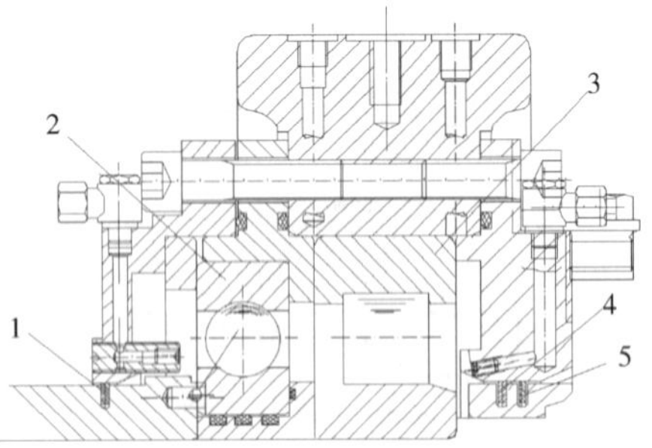

图4　转鼓小端

1—叠换密封1组；2—16044 C3轴承；3—NU240EM1A. C3；4—叠换密封1组；5—叠换密封1组

2.2.1　基本原理

叠环密封，是一种利用自身结构涨紧性达到密封目的的零件。其密封原理为密封叠环通过在转轴附近设立多个环形密封齿环，齿环与齿环之间形成一系列的节流间隙和膨胀空腔。被密封的

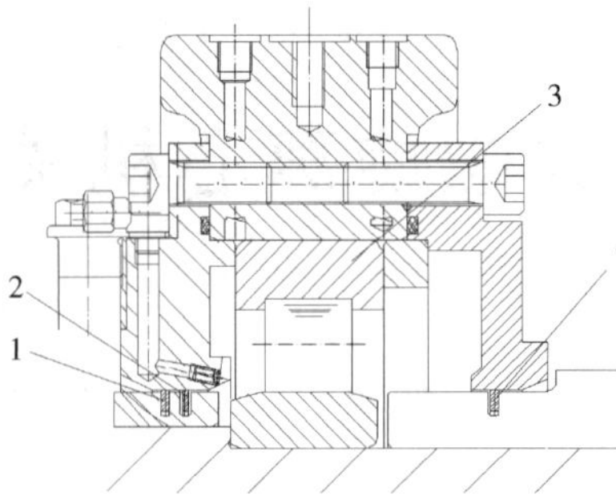

图5　转鼓大端

1—叠换密封1组；2—叠换密封1组；3—NU240EM1A. C3轴承；4—密封叠换1组

介质在通过曲折迷宫的间隙时产生节流效应，流速减慢，流量减小，从而达到阻漏的目的。金属密封叠环由多个薄的金属圆环叠加而成，每个圆环都具有一定的弹性和强度。当受到压力作用时，金属叠环会发生弹性变形，紧密贴合在密封表面上，阻止流体或气体的泄漏。密封叠环通过其独特的迷宫式密封原理和金属材料的弹性变形特性广泛应用于各种工业领域。

2.3　碳环密封

Z-92型卧螺离心机共设计有三处气封环密封。分别位于皮带轮下侧、小端罩壳前部、大段罩壳后部。每处密封由5个密封圈组成，每处分为两组，其中一部分为三个一组负责阻挡大气进入，另一部分为2个一组负责阻挡介质的外泄见图6。每个密封圈分为三瓣见图7，其外径由镯形弹簧固定，内径开有导气槽。

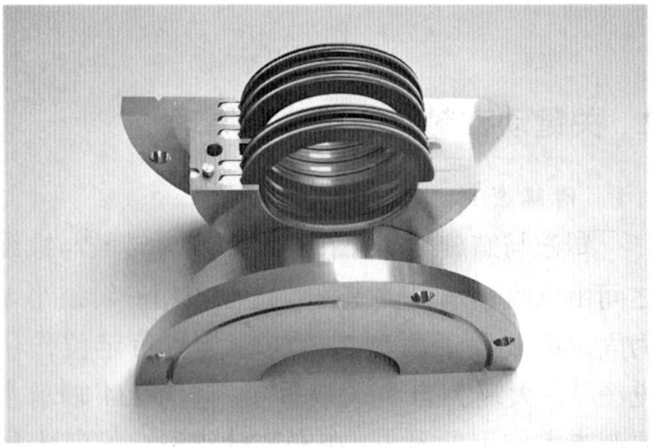

图6

2.3.1　基本原理

碳环密封由几个密封圈组成结构图见图6，将离心机内部与外部大气隔开。惰性气体通过狭窄的密封开口流入气封座内部见图7，由于转轴的旋转使得惰性气体进入每个密封圈内径处的导气槽中形成具有气膜刚度的密封腔体，上述刚度

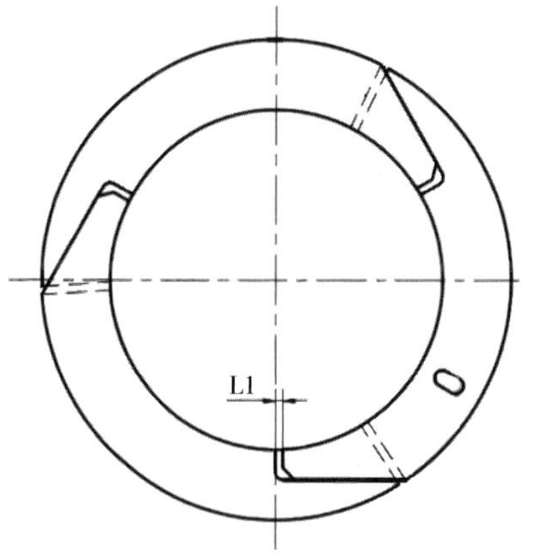

图 7

的形成必须压力高于内部和外部大气中的压力时才是可能的。每处密封的 5 个密封圈外径组成的迷宫密封又进一步减弱泄漏气体的压力，从而保证离心机内部易燃、易爆气体的外泄与大气中空气的进入。

3 关键密封点故障案例分析

3.1 叠环故障案例 1

2023 年 3 月 19 日 21：30 时，离心机进料侧轴承振动偏高，现场进料侧轴承座周围冒烟，离心机紧急停车。

3.1.1 原因分析

维修人员拆卸上盖后发现进料侧轴承座密封叠环处磨损发蓝，轴承压盖及轴套(与密封叠环配合)磨损严重。轴承未见明显损伤，追本溯源是因为在 3 月 7 日的检修只对此处叠环密封槽进行修复，未对与其配合的轴承压盖内圈进行修复处理，轴承压盖内圈高点使密封叠环涨紧时接触面积从线接触转变为点接触，接触面积下降，叠环与环槽产生滑动发生摩擦致使叠环外圈与轴承压盖内圈产生了相对运动导致密封叠环摩擦烧损，叠环被磨损直至填平密封槽。

同时在检修时发现叠环密封有效使用的重要条件是密封环尺寸要与沟槽的深度与宽度的两个尺寸符合相应的设计使用参数匹配。

3.1.2 故障预防措施

（1）金属叠环密封(本机为德国 FEY ASD FK6 型、245 * 3)是离心机转鼓轴承的重要密封部位，主要作用是防止灰尘的进入与润滑油的渗出，对其进行修复时应对照密封叠环使用参数表规定的标准沟槽外形尺寸进行修复，满足参数表要求。

（2）检修时容易忽略的轴承压盖内圈的高点打磨工作，否则会因为高点的存在，使得叠环外形尺寸涨紧时从线接触变化为点接触降低摩擦，容易受外因作用叠环外圈与轴承压盖内圈高点发生相对滑动，致使不发生相对转动的两个部件发生转动受摩擦作用损坏叠换。在正常组装开始前，一定要在运行工况下进行安装及运行试验，以检验期望的密封效果是否达到。

（3）叠环故障问题原因为在安装时安装工人对于轴承压盖及轴套(与密封叠环接触处)的表面高点处理的疏忽。技术人员在对轴套(叠环槽所在处)修复时对叠环槽宽度与深度两个尺寸不能正确掌握。

3.2 叠环密封故障案例 2

2023 年 3 月 20 日 23：50 分，离心机检修后试车，转速升至 160 转时，进料端轴承压盖处温度急剧升高，手动紧急停车后盘车不动作，连夜拆解。

3.2.1 原因分析

拆解发现由于安装密封叠环主轴轴套磨损严重丢失原始尺寸，加工的密封槽尺寸与标准尺寸不符造成密封叠环浮动效果差。轴承压盖与密封叠环产生碰磨抱死是此次故障的主要原因。

3.2.2 故障预防措施

（1）设备事故发生的根本原因若未得到彻底调查和解决，直接进行维修大概率是治标不治本，甚至可能掩盖真正的问题，使隐患继续存在。

（2）未查清设备故障原因就对设备进行维修是极其不明智的行为，可能带来严重的安全隐患、责任追究困难、经济损失扩大以及企业形象和信誉受损等后果。

3.3 滑环密封故障案例

2022 年 4 月 1 日 15 时 50 分，转子大端侧防护罩缝隙处有己烷飞溅，紧急停车，装置安全退守。

3.3.1 原因分析

4 月 1 日 21 时 30 分，拆解发现泄漏原因为滑环与滑环座静密封 3 处 O 型圈未起到有效密封作用(图 9)，滑环座在上一次检修时未对与 O 型圈配合部位整体修复。

3.3.2 故障预防措施

（1）当班组人员发现机组外有己烷被甩出机组，要立即停车，防止设备运转产生摩擦、

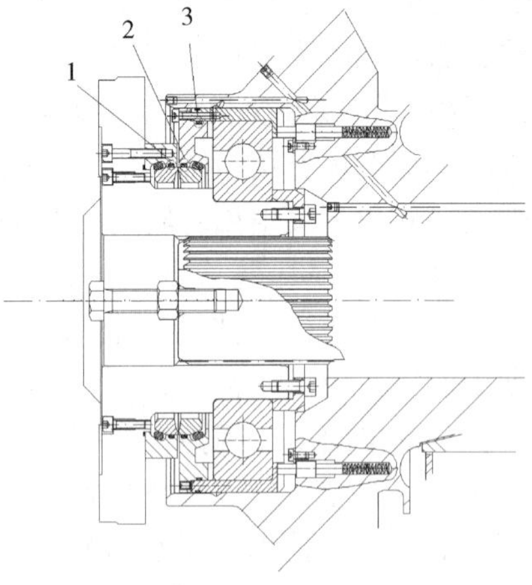

图 8

1—密封圈 1；2—密封圈 2；3—密封圈 3

静电的发生致使己烷气体发生闪爆的严重生产事故的发生。同时使用氮气、蒸汽对泄漏部位直吹降低己烷在空气中的浓度使其低于爆炸下限浓度。

（2）滑环密封失效问题表现为滑环座静密封点的“○”圈失效导致己烷沿转轴泄漏至大气环境中，造成装置处于己烷闪爆的风险中。

（3）滑环座的每一次检修不但要检查滑环本体的磨损情况，更加需要对滑环座进行解体检查，逐个对各个静密封部位的“○”圈完好性与其配合部位是否存在尺寸的磨损现象进行检查。

4　设备拆解与检修注意点

通过对上述离心机两年内检修过程的记录与经验分享，卧式螺旋离心机拆解、检修、安装要注意以下方面：

叠环安装要对照《叠环安装使用参数表》进行尺寸安装，检查叠环尺寸与叠环槽尺寸，保证叠环安装间隙质量。

使用油石打磨光滑密封叠环与轴承压盖的接触表面，保证接触面无高点限制叠环自身结构的涨紧性。

装置现场转鼓为一开一备，备用转鼓检修时必须更换滑环座静密封点处的所有“○”圈，保证“○”圈质量。

要求维保单位对采购轴承等备件进行质量确认，对所有传动机构进行检查确认，提升维护保运水平，属地设备工程师在检修时对运维中心更换的备件质量严格把关验收。

要求设备专业依据历次故障检修后的经验不断细化、总结、完善检修规程及验收质量标准，不断提高检修过程节点的质量验收与管控。

5　日常检查与维护建议

在离心机的维护管理中日常定期检查是一项重要的工作通过长期的实践总结以表 1 的内容做好离心机的日常维护工作非常重要。

维修保养中，检修质量和配件质量是设备使用寿命的关键因素，卧螺离心机的维修率是比较高的，维修难度也较大，这是由卧螺离心机设备特性和处理物料特性造成的。

表 1　日常维护与建议

运行时数	检查内容
每 24h （每日维护）	用油雾润滑系统每 30s 给离心机转鼓前后轴承加油保证轴承润滑。当班班组接班、交班前各检查一次油雾润滑油箱液位
	每日测量前后轴承振幅、机座振幅、检查离心机外表面泄漏点，并形成连续的日检查记录
每 500h （每 20d）	检查密封、动力传动装置；检查 V 型皮带的磨损状况；清扫离心机变频器的灰尘防止变频器散热不畅
每 5000h （每 6 个月）	每 5000h 用黄油枪为主轴轴承注油一次，每个加脂口用黄油枪打油 30 次，40g/次。 检查差速器齿轮箱：清理并加注变速箱润滑脂，用黄油枪打油 5 次，2g/次，检查密封及腐蚀情况。 检查转速、差速仪表探头。
每 7000h （每年）	全面检查、清洗和润滑。 螺旋检查：检查螺旋材料的磨损情况。 检查动力传动装置。 检查减震器弹性及设备结构状况。 电机：检查绝缘等情况。 差速器根据说明书每年更换一次润滑油 1 次，23L/次。

卧螺离心机的转速一般在 2000r/min 以上(转速越高，离心机分离因数越高，分离效果越好)，负载及自重相对较高，再加上卧螺离心机连续进料的不稳定性、分离物料液相中的浓度、黏度的不稳定性及固相中的颗料大小不一等原因，离心机在高速旋转中，很难保证动平衡的稳定，有时震动较大，这些对支撑轴承的冲击和磨损大大增加，所以对支撑中的主要部件的轴承的选型、选材要严格控制。高密度装置多次离心机的经验告诉我们，轴承的精度及材质的好坏直接决定了装置维修率，所以在选择轴承时，要选用高等级、高精度、耐高温的轴承。

参 考 文 献

[1] 陈冀陶．石油化工用卧式螺旋离心机故障分析及解决措施[J]．化工设计通信，2018，44(07)：79.

[2] 董晓利，马登金．卧式螺旋离心机常见机械故障分析和解决方法[J]．设备管理与维修，2020，(11)：49-52. DOI：10.16621/j.cnki.issn1001-0599.2020.06.22.

[3] 刘永科．石油化工生产常用机械密封形式及失效原因分析[J]．科学之友，2013，(08)：40-41.

[4] 李泽新，陈福增，才晓一．卧式螺旋沉降离心机的使用与维修保养[J]．机电信息，2011，(17)：64-66. DOI：10.19514/j.cnki.cn32-1628/tm.2011.17.018.

[5] 宋志佳，李艳军．基于 Fluent 的密封叠环泄漏量仿真计算[J]．机械工程师，2018，(12)：127-129.

[6] 王卫党，韩炜萍，崔敏．Z53-4/445 型沉降式卧螺离心机在高悬浮物水处理工程中的应用[J]．甘肃科技，2007，(10)：58-59+133.

[7] 于洋．卧螺离心机转鼓内基于稠密颗粒流气-液-固三相耦合运动过程机理的研究[D]．天津大学，2015.

[8] 于惠．卧式螺旋离心机相关技术改进浅析[J]．装备制造技术，2010，(11)：123-124.

[9] 张尧．卧式螺旋沉降式离心机振动失效的原因及解决实例[J]．中国氯碱，2008，(12)：22-24.

基于设备状态监测的压缩机精益化检修管理

李　新　刘云浩　尚　智

（大连西太平洋石油化工有限公司）

摘　要　本文以某炼油企业柴油加氢装置循环氢压缩机为研究对象，系统分析其振动特性与故障机理，基于沈鼓测控SG8000状态监测系统获取振动、转速、温度等关键参数，并结合频谱分析、轴心轨迹监测等技术手段，建立了基于状态检测的压缩机精益化检修策略。研究结果表明，根据状态监测精准确定检修方案，通过轴系约束优化、动平衡修正、联轴器国产化替代等具体措施，实现压缩机检修项目的精益化检修，形成了“监测-诊断-干预-验证”的闭环管理流程。该方法为石化行业压缩机全生命周期管理提供了实践参考并为大型旋转设备的智能运维提供了理论依据和工程范例。

关键词　状态监测；精益化检修；频谱分析

在石油化工行业，加氢装置循环氢压缩机作为核心设备，其运行可靠性直接影响装置的安全稳定生产。随着行业高质量发展的需求日益强烈，设备管理的核心逐渐从“故障后维修”向“状态驱动维修”转变。据统计，我国石化行业因压缩机故障导致的非计划停机占总停机时间的42%，因压缩机故障导致的炼厂非计划停车占总事故成本的18%~22%，其中转子失衡、轴承磨损、密封失效是主要诱因。传统的定期检修模式存在过度维修（检修频率过高）或维修不足（关键部件失效未及时发现）的问题，造成年均维修成本浪费达设备原值的8%~12%。本研究基于某企业柴油加氢装置循环氢压缩机为工程案例，结合机组状态监测状况，通过引入设备状态监测技术，合理确定检修方案，制定检维修计划，实现检修高效、高质量、精益管理。

1　柴油加氢循环机运行分析

1.1　机组结构及监测系统

1.1.1　设备参数

某企业柴油加氢装置循环氢压缩机（图1），由汽轮机驱动，压缩机型号：BCL307/N，汽轮机型号SCN1-2，制造商为GE-新比隆，通过膜片联轴器连接，制造日期2006年。压缩机具体操作参数及结构形式如表1所示。

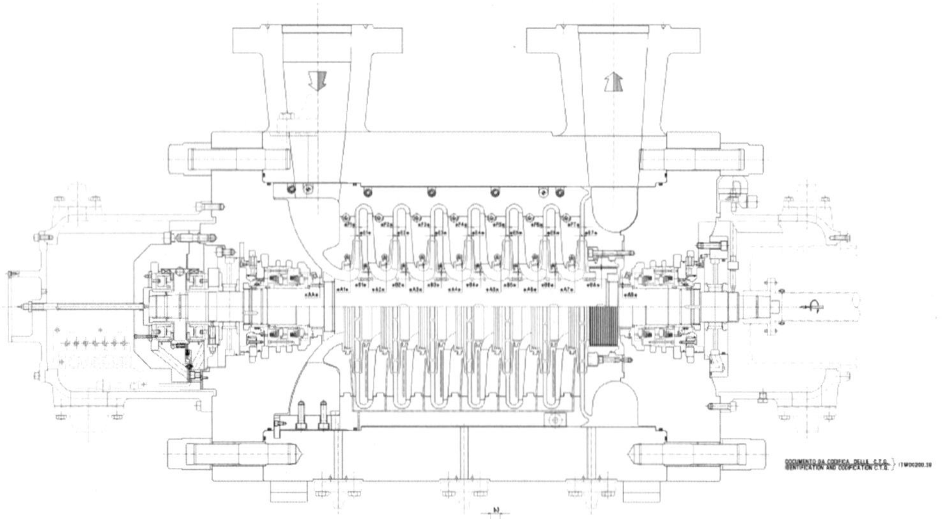

图1　柴油加氢循环机结构图

表 1　柴油加氢装置循环氢压缩机具体参数列表

项　目	参　数
设备名称	循环氢压缩机
设备位号	K15102
设备型号	BCL307/N
制造厂家	GE-新比隆
驱动级形式	汽轮机
驱动机型号	SCN1-2
联轴器形式	膜片联轴器
操作介质	循环氢
进/出口压力/MPa	8.2/10.2
进/出口温度/℃	56/82
设计/实际流量/(Nm^3/h)	150000/150000
额定/最高转速/(r/min)	11612/13172
一阶/二阶临界转速/(r/min)	5750/20750
叶轮级数	7
密封形式	干气密封

1.1.2　测点布置

机组原设计监控系统为本特利 System1，由于系统老旧，界面操作不合理等原因，于 2021 年更换监控系统为沈鼓测控 SG8000 系统。状态监测是将机组运行信息(转子振动、振幅、相位、频率、轴位置、临界转速等)以电信号的形式输入信息处理系统，故障诊断是指根据振动原理和故障分析经验，对采集到的信号进行分析，从而得出机组的具体故障，并对故障进行定量分析。

图 2 为 SG8000 监测系统传感器布置方案，采用非接触式电涡流探头(X 方向与 Y 方向±45°夹角布置)监测轴振动，速度传感器监测壳体振动。关键测点包括：压缩机 X/Y 向联轴端振动传感器(VT15061X/Y 和 VT15063X/Y)和 X/Y 向非联轴端振动传感器(VT15062X/Y 和 VT15064X/Y)、前端/后端位移传感器(ZT15601A/B 和 ZT15602A/B)和温度传感器(aTI 系列)，满足 GB/T 6075.3—2011 对高速旋转机械的监测要求。

图 2　柴油加氢循环机监测信息图

1.2　测试分析图及数据分析

柴油加氢循环氢压缩机自 2019 年 5 月 12 日开工以来，机组运行平稳，振动稳定，振动值总体低于 30μm，压缩机联轴端振动低于 30μm，压缩机非联轴端振动低于 10μm，压缩机联轴端振动值明显高于非联轴端。但 2022 年来运行发现压缩机振动随转速变化振动值存在明显变化，其中联轴端振动随着转速的升高振动值由升高趋势，联轴端 Y 通道探头最高振动变化近 10μm，非联轴端振动随着转速的升高呈现下降的趋势。

1.2.1　振动趋势分析

压缩机振动趋势及各频谱分量振动趋势见图 3，可以发现随着转速的变化，压缩机联轴端振动呈升高趋势，且变化幅值较大；非联轴端振动呈下降趋势，由于非联轴端振动值较小，下降幅度较小。下面针对转速变化导致的振动值变化，对2022年2月28日循环机提转速后振动变化进行观察并详细分析。

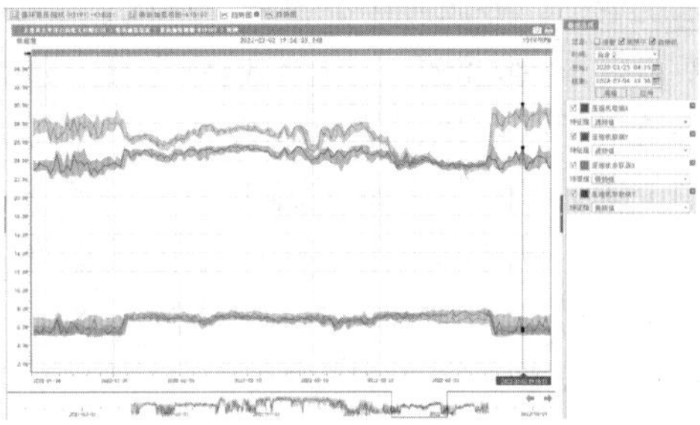

(a) 振动趋势图

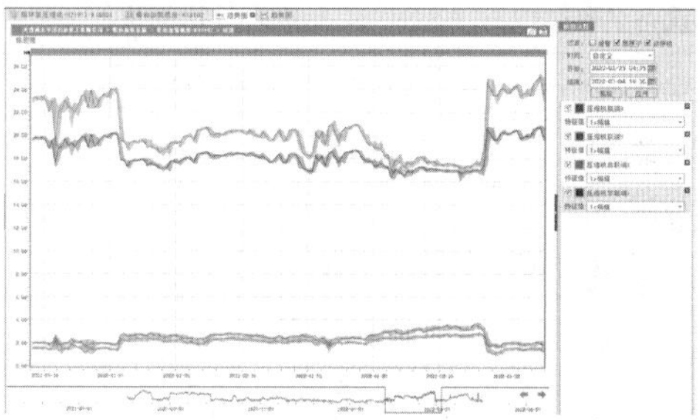

(b) 1倍频趋势图

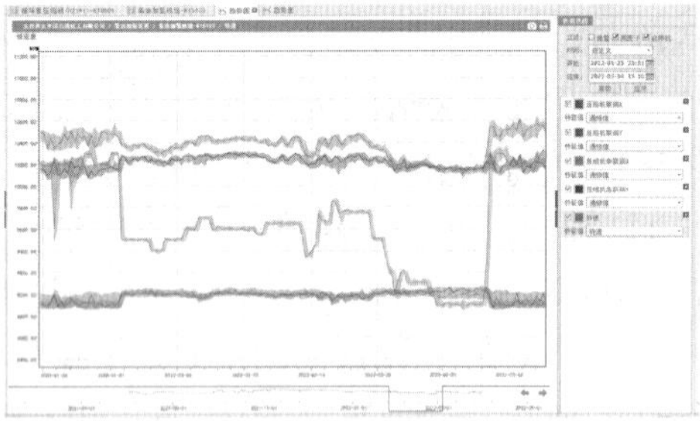

(c) 振动、转速趋势图

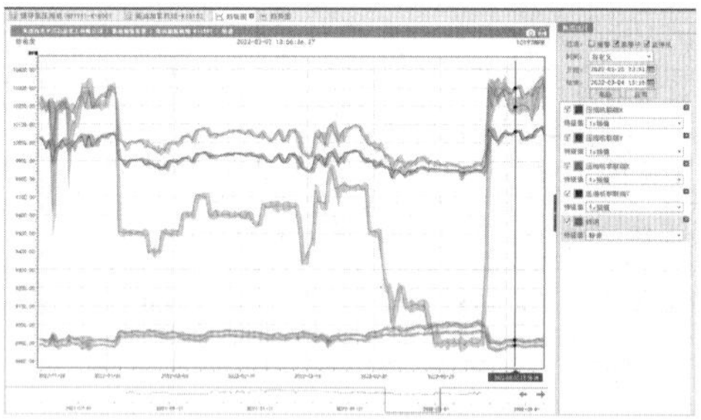

(d) 1倍频、转速幅值

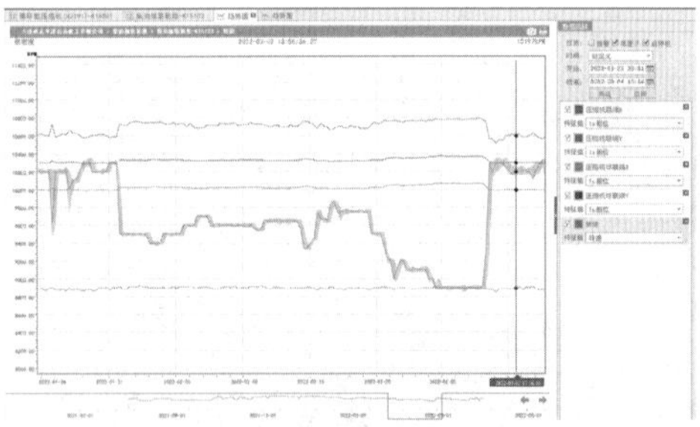

(e) 1倍频相位

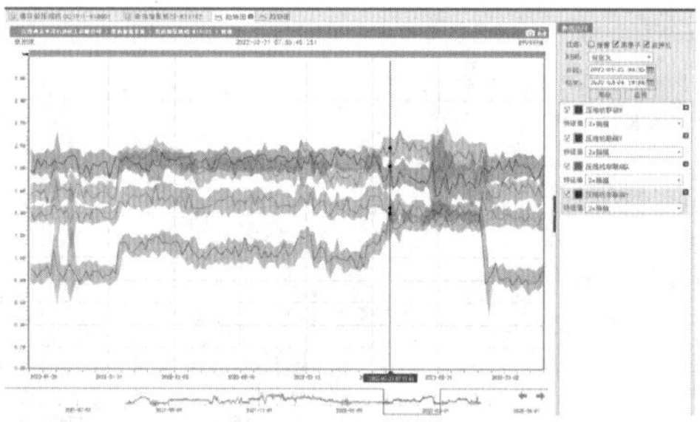

(f) 2倍频幅值

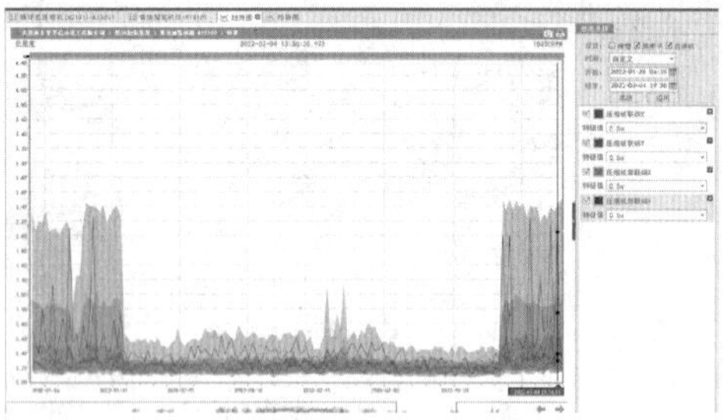

(g) 0.5倍频幅值

图3　压缩机振动趋势及各频谱分量振动趋势图

1.2.2　提高转速后振动变化

如图4a所示，循环机转速由8896r/min逐步提高至10314r/min后，联轴端振动明显升高，联轴端Y通道振动由22.3μm逐步升高至29.7μm。其变化幅值主要为1倍频，1倍频幅值由17.1μm逐步升高至24.8μm(图4b)，同时1倍频相位发生一定变化(图4c)；2倍频幅值均有轻微下降，整体幅值较低，低于2μm(图4d)；0.5倍频转速提高后由一定幅值变化，最高增加2μm(图4e)。

1.2.3　提高转速后波形变化

压缩机波形频谱图如图5，压缩机联轴端振动主要以1倍频为主，同时存在幅值较低的多倍频成分，波形接近正弦波形，重复性较好，压缩机提高转速前后波形无明显变化(图5a和图5b)；非联轴端振动也主要以1倍频为主，1倍频幅值相对较低，同时存在幅值较低的多倍频成分，波形接近正弦波形，重复性较好，压缩机提高转速前后波形无明显变化(图5c和图5d)。

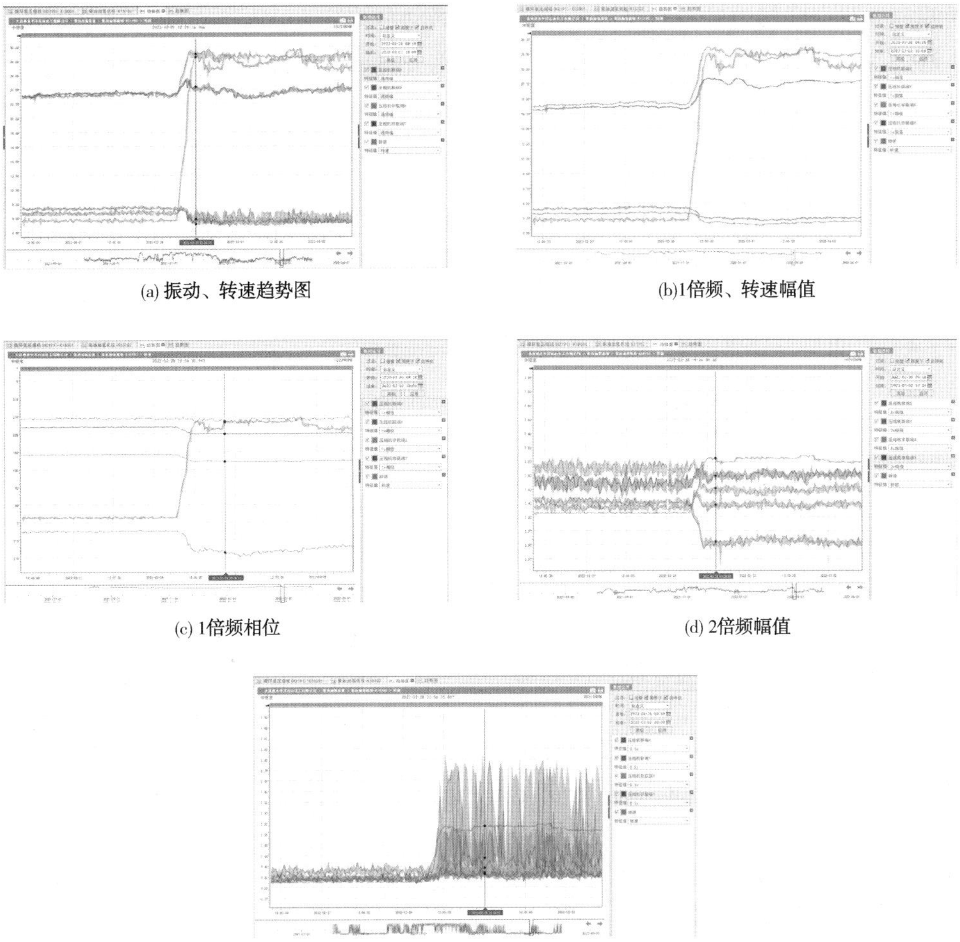

(a) 振动、转速趋势图

(b)1倍频、转速幅值

(c) 1倍频相位

(d) 2倍频幅值

(e) 0.5倍频幅值

图4　提高转速后压缩机振动变化趋势

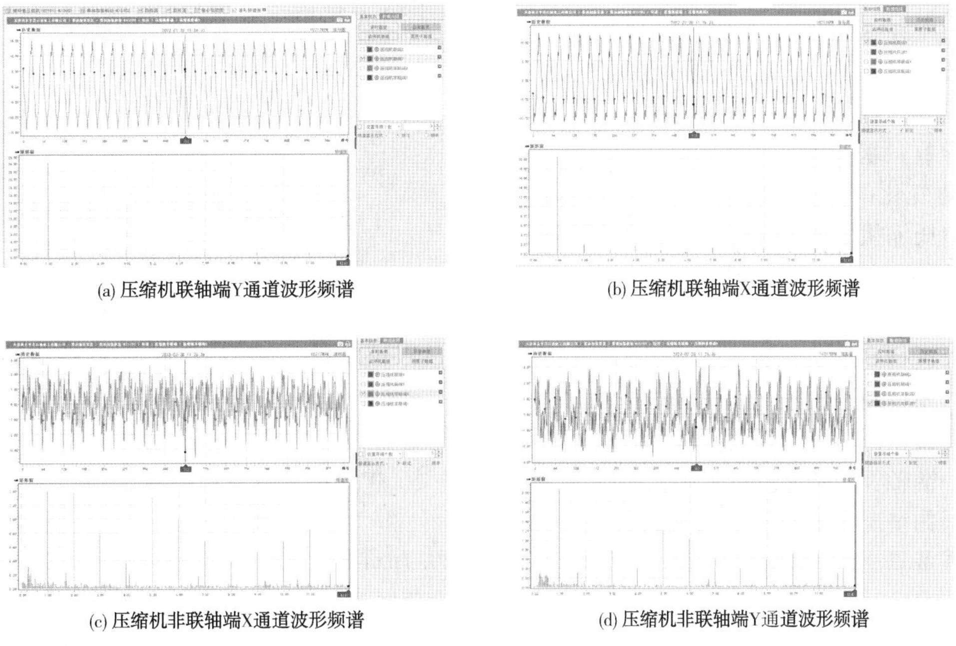

(a) 压缩机联轴端Y通道波形频谱

(b) 压缩机联轴端X通道波形频谱

(c) 压缩机非联轴端X通道波形频谱

(d) 压缩机非联轴端Y通道波形频谱

图5　提高转速后波形变化图

1.2.4 提高转速后压缩机轴心轨迹变化

压缩机轴心轨迹如图6所示，提高转速前后轴心轨迹无明显变化；联轴端轴心轨迹涡动范围较大，其轨迹呈现椭圆状涡动(长轴19.97μm)，而非联轴端轴心轨迹涡动范围较小，其轨迹接近圆形(直径6.48μm)；此外，提高转速后联轴端涡动范围变大(轨迹面积扩大32%)，非联轴端轴心轨迹涡动范围变小(缩小28%)。

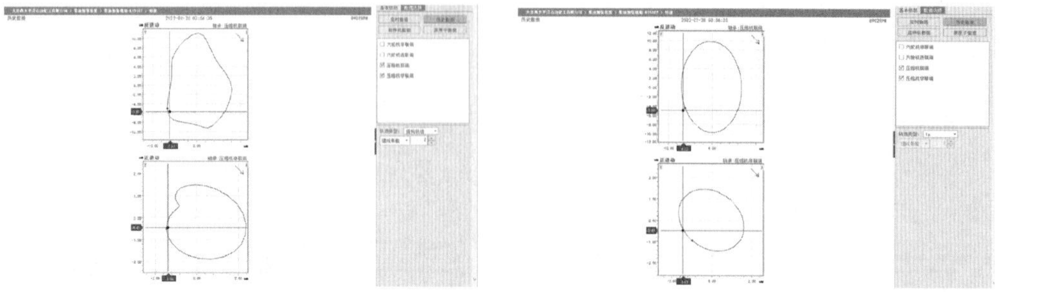

(a) 压缩机轴心轨迹　(b) 压缩机1倍频轴心轨迹

图6 提高转速后轴心轨迹变化图

1.3 监测分析意见及建议

通过对压缩机振动变化、频谱波形及轴心轨迹分析，压缩机整体振动较低，但存在明显的随转速变化引起的振动值波动，且联轴端振动随转速提高振动增加、非联轴端振动随转速提高振动降低，同时压缩机连轴端振动相比非联轴端振动明显较高，联轴端振动25μm左右，非联轴端振动7μm左右。在提高压缩机转速时，振动变化主要为1倍频变化，同时1倍频相位存在轻微的变化，且转速恢复后振动值恢复，判断振动变化为轴系平衡性引起的，两端轴承振动变化主要原因应为轴系约束不同导致，两端轴承对转子的约束不同导致振动值变化不一致。

目前压缩机振动相对稳定，最高振动值低于30μm，机组总体振动趋势平稳，运转正常；压缩机振动波动主要是由于转子平衡性故障与轴系约束不同导致，可能原因为压缩机两端轴瓦间隙相差较大导致。基于目前运行状况：(1)加强对压缩机振动变化的监控，保持压缩机负荷相对稳定，调整压缩机转速要缓慢，每次调整转速不大于100r/min，待振动相对稳定后再继续调整；(2)停机检修时，制定针对性检维修策略，检修期间对转子进行高速动平衡，同时基于联轴器运行周期，计划更新联轴器；同时在检修时对轴瓦间隙进行复查、调整，调整两端轴瓦间隙相对一致，避免一端轴瓦间隙靠标准上限、另一端间隙靠标准下限的情况；根据实际情况提前做好机组轴瓦备件准备。

2 柴油加氢循环机检修情况

根据以上监测分析的建议，对机组运行与操作进行了相应优化，并在停机检修时，对压缩机解体，根据具体情况进行了相应分析以及改造操作。

2.1 解体状况及原因分析

压缩机解体检修时发现具体现象如下：整体转子有轻微结垢，压缩机支撑瓦有轻微磨损痕迹，检测驱动非驱动两侧轴瓦间隙分别为0.12mm与0.10mm。根据API 617标准要求，当驱动端间隙达0.12mm时，模态振型偏移量超过安全阈值12.7%，需进行约束刚度匹配优化。

结合上述振动变化结果进行相应原因分析，转子轻微结垢和转子动平衡偏差大是导致振动升高的主要原因；驱动和非驱动两侧轴瓦间隙有偏差，导致两侧约束差距大，因此驱动端与非驱动端振动差距较大。

2.2 检修项目优化

针对上述问题，进行了如下检修项目调整优化。(1)轴系约束匹配：更换全部支撑瓦块修正轴瓦预紧力；(2)动平衡修正：压缩机转子做高速动平衡，并测试振动响应曲线，满足ISO 1940 G1.0级标准；(3)联轴器国产化替代：联轴器更换为国产化创明联轴器，比对试验显示其阻尼系数比原进口产品提升15%。

2.3 检修效果验证和效益分析

检修后振动幅值降低，联轴端Y通道从29.7μm降至15.5μm(图2)，下降率达47.8%，设备振动显著降低，设备运行机械状态明显优化，基于状态监测的精准维修，检修成本明显降低。

3 结论与展望

3.1 结论

本研究通过对柴油加氢装置循环氢压缩机的状态监测与故障诊断，构建了基于振动特性分析的精益化检修管理体系，取得以下核心成果。

（1）振动特性与故障机理揭示。通过SG8000监测系统获取振动、转速、温度等参数，结合频谱分析与轴心轨迹监测，发现压缩机联轴端振动随转速升高显著增加（最高达29.7μm）且驱动端与非驱动端振动差距较大，前者主要由转子轻微结垢和转子动平衡偏差大引发，后者则与驱动和非驱动两侧轴瓦约束差距大有关。研究明确了振动幅值变化与转子平衡状态、轴系约束程度的量化关系，为精准检修提供了理论依据。

（2）检修策略优化与工程验证。提出轴系约束匹配、动平衡修正及联轴器国产化替代三大关键措施，检修后振动幅值下降47.8%（联轴端Y通道从29.7μm降至15.5μm），精准化检修，验证了状态驱动检修的有效性。

（3）闭环管理体系构建。建立"监测–诊断–干预–验证"四维精益化检修闭环管理流程（图7），实现设备状态数据实时采集、智能分析、决策优化与效果评估的全流程闭环管理。该体系突破传统定期检修的盲目性，为石化行业大型旋转设备的可靠性管理提供了可复制的技术范式。

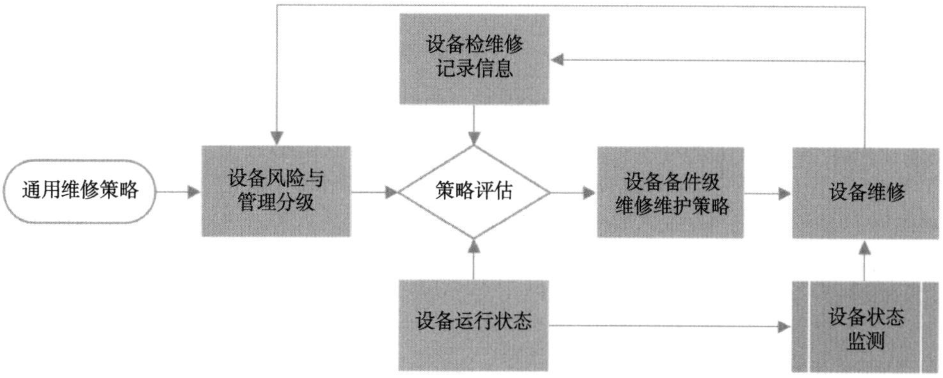

图7　压缩机四维精益化检修闭环管理流程

3.2 展望

尽管本研究取得显著成效，但仍存在以下改进空间与研究方向：

（1）多维度监测技术融合。目前监测以振动分析为主，未来需整合热力学参数（如压力脉动、温度场分布）与油液分析数据，构建多物理场耦合的健康评估模型，提升早期故障预警能力。

（2）人工智能技术深度应用。探索基于深度学习的故障诊断算法（如生成对抗网络、注意力机制模型），解决复杂工况下的微弱故障特征提取难题，实现预测性维护的智能化升级。

（3）国产化部件全生命周期管理。针对联轴器等关键部件国产化替代后的长期可靠性，需建立大数据驱动的寿命预测模型，结合加速老化试验验证材料性能衰减规律，为国产化进程提供数据支撑。

（4）环境适应性优化。本研究未涉及极端工况（如频繁启停、负荷骤变）对压缩机振动特性的影响，后续需开展多工况试验，完善环境因素敏感分析，进一步优化检修策略。

（5）标准化与行业推广。基于本研究成果，建议制定石化行业压缩机状态检修技术标准，推动"监测–诊断–维护"一体化平台的行业级应用，促进设备管理从经验驱动向数据驱动的转型。

通过持续深化状态监测技术创新与工程实践，未来有望实现压缩机全生命周期成本降低20%以上，非计划停机时间减少60%，为石化行业高质量发展提供坚实的设备保障。

参考文献

［1］中国石油化工集团公司．2020年设备管理白皮书［S］．北京：中国石化出版社，2020.

［2］王涛．聚丙烯压缩机长周期运行参数优化研究［D］．西安：西安石油大学，2015.

［3］周营．新氢压缩机电机转轴开裂失效机理及对策研究［D］．沈阳：沈阳工业大学，2023.

[4] Zhou D, Huang D, Hao J, 等. Vibration-based fault diagnosis of the natural gas compressor using adaptive stochastic resonance realized by generative adversarial networks[J]. Engineering Failure Analysis, 2020, 116: 104759.

[5] Romanssini M, De Aguirre P C C, Compassi-Severo L, 等. A review on vibration monitoring techniques for predictive maintenance of rotating machinery[J]. Eng, 2023, 4(3): 1797-1817.

[6] 于洋洋, 刘冬, 陈国栋, 等. 状态监测技术在BCL+527/A型离心压缩机故障诊断中的应用[J]. 压缩机技术, 2023, 3: 60-64.

[7] 全国机械振动与冲击标准化技术委员会. 机械振动在非旋转部件上测量评价机器的振动第3部分: 额定功率大于15kW额定转速在120r/min至15000r/min之间的在现场测量的工业机器: GB/T 6075.3—2011[S]. 北京: 中国标准出版社, 2011.

[8] 陈俊. 压缩机检修后开机联轴端振动异常分析与处理[J]. 化工管理, 2024(1): 112-115.

[9] 董芳玺. 大型离心机组运行状态监测与故障诊断应用研究[D]. 济南: 山东大学, 2015.

[10] 马斌良, 苏志忠, 于阳, 等. 状态监测技术在尾气压缩机检维修中的应用[J]. 石油化工设备技术, 2016, 37(3): 49-51, 6.

[11] 黄磊. 离心式压缩机的维护保养及检修管理探讨[J]. 中国设备工程, 2021(6): 90-91.

[12] Axial and Centrifugal Compressors and Expander-compressors(Eighth Edition): API STD 617-2014[S]. Washington D.C: American Petroleum Institute, 2014.

[13] 李晓鸣. 离心式压缩机状态监测与故障诊断技术的应用[J]. 现代制造技术与装备, 2018, 8(261): 104-105.

[14] 陈湛泓. 离心式压缩机转子结垢解决方案实践[J]. 设备管理与维修, 2013(5): 16-18.

[15] 曾跃波, 孟德强, 易柳峰. 转子动平衡对压缩机振动特性的影响[J]. 广州化工, 2014, 42(24): 139-140.

[16] 尹燕乐, 许增金, 王旭. 基于流固耦合的离心压缩机轴系振动特性分析[J]. 压缩机技术, 2023(6): 5-9.

[17] 刘孝朋. 氮气压缩机组高压缸径向轴瓦振动高原因分析及解决措施[J]. 大氮肥, 2018, 41(4): 223-226.

[18] 全国机械振动与冲击标准化技术委员会. 机械振动恒态(刚性)转子平衡品质要求 第1部分 规范与平衡允差的检验: GB/T 9239.1—2006/ISO 1940-1: 2003[S]. 北京: 中国标准出版社, 2006.

基于 RCM 与运行信息的转动设备分级维修策略

吴广昊　李　新　刘　洋

（大连西太平洋石油化工有限公司）

摘　要　目前炼化行业动设备的检维修主要是依据标准要求的预防性维修，维修策略虽较为保守安全，但对动设备零部件的运行状态风险等因素考虑不足，不能与生产运行节奏很好的结合。本文通过引入设备维修历史档案，优化和完善 RCM 技术，实现对动设备各零部件故障风险的动态评估及分级管理，并结合现场可实现的监控监测设施，制定适合炼化行业长周期运行的动设备检维修策略，从而提升设备的可靠性和维修效率。

关键词　转动设备；检维修；动态；评价；分级维修策略

转动设备作为炼化企业一类最重要的设备，其运行状态直接影响炼化企业运行的稳定性与安全性。目前我国炼化企业的转动设备维修策略已由逐步由事故维修、定期检修发展到主动按计划维修如表 1，已经在安全、降低成本等方面取得较大进步，但其不可避免的带来了“过渡维修”或“维修不足”等弊端，维修费用较高且较为盲目。因此如何结合设备历史维修策略、状态监测数据、介质运行状态、部件使用性能建立动态预知性维修策略，对炼化企业的安全平稳长周期运行具有重大意义。本文拟通过结合设备维修历史档案优化和完善 RCM 技术，实现对动设备各零部件故障风险的动态评估及分级管理，并结合现场可实现的监控监测设施，制定更具针对性的单元维修策略。

表 1　几种传统维修策略的优缺点

维修策略	优点	缺点
故障维修	节约成本	安全性较低
预防性维修	计划性较强	过渡维修
预知性维修	针对性较强	数据依赖度较高，实施周期长

1　优化的 RCM 分析技术路线

我国炼化企业目前仍采用较为传统的设备维修管理方法，思路及管理理念较为落后，主要表现在设备管理基础能力薄弱、设备维修维护数据不完整、检修时受人员经验影响较大、过渡维修、维修不足等情况。随着炼化企业安全生产要求越来越高，提升设备维修的可靠性更为重要。RCM 分析在 1980 年初进入我国，但到目前为止在炼化企业的推广及应用成熟度还未达到预期。在以往的分析中经常是采用定性的方法对故障的后果进行评价，一方面受主观影响，另一方面是未将历史数据纳入综合考虑。

在炼化企业中，气体分馏装置的转动设备对于生产的稳定运行至关重要。现以某炼化企业气体分馏装置的转动设备作为研究案例，构建“一设备一方案”的精细化管理模式。运用 RCM（以可靠性为中心的维修）理论，从其七个基本问题切入如图 1，全面展开工作。

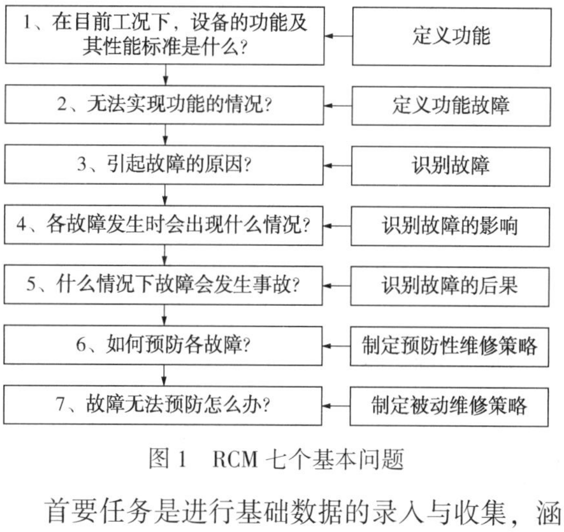

图 1　RCM 七个基本问题

首要任务是进行基础数据的录入与收集，涵盖与某炼化企业转动设备（离心泵）的各类信息。将装置细分为多个系统，梳理每个系统所包含的设备及零部件，并明确装置、系统和设备之间的相互关联。例如，对于拥有备机的设备，故障发生时备机能够自动投入运行，这类故障的影响范围通常局限于设备自身，不会对系统和装置的整体功能造成影响。而关键设备则不同，一旦出现故障，整个装置将被迫停止运行。此外，基础数据还包括设备和装置的历史监（检）测数据以及维修数据。其中，历史监（检）测数据涉及旋转设备的振动信号、轴承温度信号等；维修数据涵盖设备或零部件的更换维修记录，如更换维修的具体时间、所需成本以及重新投入运行的时间等。完成数据收集后，依据RCM理论的七个基本问题，对装置展开系统的维修策略分析。通过严谨的评估与论证，制定出科学合理的维修策略，以确保气体分馏装置转动设备的可靠性与稳定性，保障炼化生产的高效、持续进行。

将装置的基础数据，像检测数据、状态检测数据以及日常维修数据，与拟定的维修策略相融合，从而构建出动态维修策略包如图2。借助这个策略包，能够明确装置在何时需要开展何种维修工作。

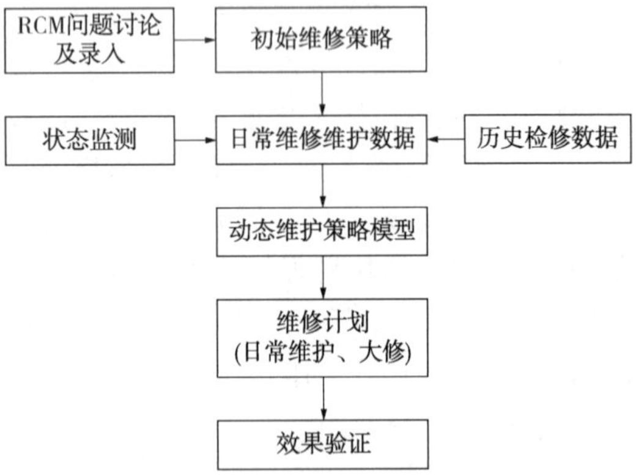

图2　基于风险与运行信息的转动设备分级维修策略

在按照维修策略完成维修工作后，需对设备的可靠性展开评估。根据评估得出的结果，对维修策略重新加以审视，进而对原有的维修策略进行修正完善，使其更贴合实际需求，保障装置设备的稳定运行。

2　风险评价矩阵

根据某炼化企业的装置特性，从安全、环境、成本、生产损失四方面风险出发建立5×5的风险评价矩阵。矩阵的纵轴表示失效发生的概率，失效发生的概率由专家小组理论分析、历史检维修记录来确认；矩阵的横轴表示故障引发的影响，可划分为安全、环境、成本、生产损失四个要素。

（1）故障概率评价规则

考虑某炼化企业的大修周期目前为5年，在每个检修周期会对部分机泵进行更新及大修，数据采集从2019年至2024年故障分析数据作为统计分析数据基础较为准确。本文RCM分析的故障概率评价规则与对应的评价见表2。

表2　故障概率评价规则与对应的评价

等级	故障发生的概率	年均故障次数
Ⅰ	几乎不	[0，1]
Ⅱ	较少	(1，2]
Ⅲ	正常	(2，3]
Ⅳ	较多	(3，4]
Ⅴ	经常	(4，正无穷)

（2）安全评价规则

参考国家标准GB 6441—86《企业员工伤亡事故的分类标准》，本文RCM分析评价与安全影响对应的评价见表3。

表3　RCM分析评价与安全影响对应的评价

等级	后　果
Ⅰ	泄漏介质温度≤50℃、无毒无害、不易燃易爆
Ⅱ	50℃<泄漏介质温度、无毒无害、不易燃易爆
Ⅲ	泄漏介质易燃不易爆、无毒无害
Ⅳ	泄漏介质易燃、有毒有害、不易爆
Ⅴ	泄漏介质易燃易爆、有毒有害

（3）环境评价规则

通过介质特性，如VOCs、有毒、腐蚀性会对环境造成较大的损害，根据装置特性本文RCM分析评价与环境影响对应的评价见表4。

表4　RCM分析评价与环境影响对应的评价

等级	后　果
Ⅰ	泄漏介质不涉及VOCs
Ⅱ	泄漏介质VOCs≤500ppm
Ⅲ	500ppm<泄漏介质VOCs≤2000ppm
Ⅳ	2000ppm<泄漏介质VOCs≤10000ppm
Ⅴ	10000ppm<泄漏介质VOCs

（4）生产损失评价规则

通过对装置的影响，根据装置特性本文RCM分析评价与环境影响对应的评价见表5。

表5　RCM分析评价与生产损失影响对应的评价

等级	后　果
Ⅰ	运行过程中故障可以处理，对生产无影响
Ⅱ	有备用设备，可以进行切换，对生产无影响

续表

等级	后　果
Ⅲ	设备故障导致改动流程，或影响加工量或产品质量
Ⅳ	设备故障导致局部停产≤1.0 天
Ⅴ	设备故障导致局部停产>1.0 天

（5）维修成本评价规则

维修成本涉及人工、备件、维修时间等多方面因素，本文以维修天数、根据装置特性建立维修成本与 RCM 分析评价见表 6。

表 6　RCM 分析评价与维修成本影响对应的评价

等级	后　果
Ⅰ	设备运行过程中可以进行故障处理，维护不产生费用，维修时间≤1.0 天
Ⅱ	设备停下后进行故障处理，维修费用≤1.0 万元，维修时间≤1.0 天
Ⅲ	设备停下后进行故障处理，维修费用≤3.0 万元，维修时间≤3.0 天
Ⅳ	设备停下后进行故障处理，维修费用≤5.0 万元，维修时间≤5.0 天
Ⅴ	设备停下后进行故障处理，维修费用>5.0 万元，维修时间>5.0 天

（6）风险矩阵

维修成本涉及人工、备件、维修时间等多方面因素，本文以维修天数、根据装置特性建立维修成本与 RCM 分析评价，RCM 将失效模式分为高、中及低风险，其风险矩阵如图 3。

（7）可探测度

某炼化依据现有监测手段能够监控离心泵转动设备的评级表如表 7，该表结合风险评价可综合给出离心泵零部件的维修策略。

表 7　可探测度

评级	描　述
Ⅰ	SIS 联锁保护、有 DCS 参数监控报警、泵群无线监测报警、ITR 检测、视频监控、人员巡检
Ⅱ	有 DCS 参数监控报警、泵群无线监测报警、ITR 检测、视频监控、人员巡检
Ⅲ	泵群无线监测报警、ITR 检测、视频监控、人员巡检
Ⅳ	视频监控、人员巡检
Ⅴ	巡检很难发现，通过检修发现

3　应用效果分析

3.1　應用效果分析(以某煉化企業液態烴離心泵爲例)

（1）故障情况的分析

故障情况的分析是指故障的表现形式，从某企业故障库内选出适合离心机泵故障描述情况，包含泵壳、转子、密封、轴承及轴承箱体、联轴器，将单体设备分解为最小的可维修单元作为“元”部件，以“元”部件为独立个体进行故障形式的分析，分析共 56 种故障描述，图 4 为离心机泵泵壳故障描述情况及原因分析。

安全影响矩阵						
可能性		故障后果				
很高	大于4次/5年	L	M	H	H	H
高	3-4次/5年	L	M	H	H	H
中	2-3次/5年	L	M	H	H	H
低	1-2次/5年	L	M	M	H	H
无	小于1次/5年	L	L	M	H	H
故障概率		无	低	中	高	很高

环境影响矩阵						
可能性		故障后果				
很高	大于4次/5年	L	M	H	H	H
高	3-4次/5年	L	M	H	H	H
中	2-3次/5年	L	M	M	H	H
低	1-2次/5年	L	L	M	H	H
无	小于1次/5年	L	L	M	H	H
故障概率		无	低	中	高	很高

生产损失影响矩阵						
可能性		故障后果				
很高	大于4次/5年	L	M	H	H	H
高	3-4次/5年	L	M	M	H	H
中	2-3次/5年	L	L	M	H	H
低	1-2次/5年	L	L	M	M	H
无	小于1次/5年	L	L	L	M	H
故障概率		无	低	中	高	很高

维修费用影响矩阵						
可能性		故障后果				
很高	大于4次/5年	M	M	H	H	H
高	3-4次/5年	L	M	M	H	H
中	2-3次/5年	L	L	M	M	H
低	1-2次/5年	L	L	L	M	H
无	小于1次/5年	L	L	L	L	M
故障概率		无	低	中	高	很高

图 3　风险矩阵

分析组件			故障模式及后果			
序号	组件名称	元部件	故障代码	故障模式	故障影响	故障后果
1	泵壳	泵体	M0104	裂纹、砂眼、变形	密封泄漏严重	液化气泄漏
2			M0103	变形	振动增大	缩短轴承使用寿命
3		泵体支脚螺栓/螺母	M0103	松动	振动增大	缩短轴承使用寿命
4		泵盖	M0103	形变	振动增大	缩短轴承使用寿命
5			M0101	定位止口磨损/间隙大	流里扬程降低	电耗增加
6		泵盖垫片	M0104	静密封失效	静密封泄漏	液化气泄漏
7		泵盖螺栓/螺母	M0103	松动	振动增大	缩短轴承使用寿命
8		泵体丝堵	M0104	松动	静密封泄漏	液化气泄漏
9		入口法兰	M0104	垫片失效	静密封泄漏	液化气泄漏
10		出口法兰	M0104	垫片失效	静密封泄漏	液化气泄漏
11		壳体密封环	M010305	脱落	泵内部摩擦	缩短轴承使用寿命
12			M0101	磨损	流量扬程降低	电耗增加

图4 离心机泵泵壳故障描述情况

（2）故障影响的分析

第二章提出来分析步骤，离心机泵转动设备故障模式效应分析应包含确定各因素、评价矩阵计算。根据分析方法将56种故障模式的影响分类如表8。

表8 故障情况分类统计表

影响等级	安全	环境	生产损失	维修成本
Ⅰ	43	55	5	7
Ⅱ	4	1	51	44
Ⅲ	0	0	0	5
Ⅳ	12	0	0	0
Ⅴ	0	0	0	0

（3）故障风险等级及维修策略推荐

第二章提出来分析步骤，离心机泵转动设备故障模式效应分析应包含确定各因素、评价矩阵计算。根据分析方法将56种故障模式的影响分类如图5，可以看出针对每一种故障形式都给出了对应的故障风险等级，同时结合表7给出可探测度。综合考虑风险等级和可探测度，给出维修策略的建议。例如密封泄漏综合故障风险等级为L，可通过MES报警、现场巡检发现问题，维修策略为预防性维修。

3.2 应用效果分析（以某炼化企业离心风机为例）

（1）故障情况的分析

故障情况的分析是指故障的表现形式，从某企业故障库内选出适合离心风机故障描述情况，包含壳体、转子、密封、轴承及轴承箱体、联轴器，将单体设备分解为最小的可维修单元作为“元”部件，以“元”部件为独立个体进行故障形式的分析，分析共45种故障描述。

（2）故障影响的分析

第二章提出来分析步骤，离心风机转动设备故障模式效应分析应包含确定各因素、评价矩阵计算。根据分析方法将45种故障模式的影响分类如表9。

表9 故障情况分类统计表

影响等级	安全	环境	生产损失	维修成本
Ⅰ	45	45	6	6
Ⅱ	0	0	38	39
Ⅲ	0	0	1	0
Ⅳ	0	0	0	0
Ⅴ	0	0	0	0

（3）故障风险等级及维修策略推荐

第二章提出来分析步骤，离心风机转动设备故障模式效应分析应包含确定各因素、评价矩阵计算。根据分析方法将45种故障模式的影响分类如图6，可以看出针对每一种故障形式都给出了对应的故障风险等级，同时结合表7给出可探测度。综合考虑风险等级和可探测度，给出维修策略的建议。

例如叶轮磨损综合故障风险等级为L，可通过MES报警、出口压力流量、工艺参数、现场异响等发现该故障，维修策略为故障维修。

3.3 应用效果分析（以某炼化企业往复注水泵为例）

（1）故障情况的分析

故障情况的分析是指故障的表现形式，从某企业故障库内选出适合往复式注水泵故障描述情况，包含液压缸体、曲轴箱、联轴器、齿轮箱，分析共50种故障描述。

分析组件			故障模式及后果				故障概率P	故障后果评价					风险等级R	探测度（五级）	有效探测方法	维修策略
序号	组件名	元部件	故障代码	故障模式	故障影响	故障后果	故障概率	从以下四个方面评价：安全	环境	生产	维修成本	故障后果评价				A预防性维修 B检测维修 C故障/事后维
1	泵壳	泵体	M0104	裂纹、砂眼、变形	密封泄漏严重	液化气泄漏	I	IV	II	II	III	IV	L	IV	巡检目测	C
2			M0103	变形	振动增大	缩短轴承使用寿命	I	I	I	II	I	II	L	V	测振及检修检查	C
3		泵体支脚螺栓/螺母	M0103	松动	振动增大	缩短轴承使用寿命	I	I	I	I	I	I	L	IV	测振及目测	C
4		泵盖	M0103	形变	振动增大	缩短轴承使用寿命	I	I	I	II	II	II	L	V	测振及检修检查	C
5			M0101	定位止口磨损/间隙大	流量扬程降低	电耗增加	II	I	I	II	II	II	L	V	检修检查	C
6		泵盖垫片	M0104	静密封失效	静密封泄漏	液化气泄漏	I	IV	I	II	II	IV	L	IV	巡检目测及测振	C
7		泵盖螺栓/螺母	M0103	松动	振动增大	缩短轴承使用寿命	I	I	I	I	II	II	L	IV	巡检目测	C
8		泵体丝堵	M0104	松动	静密封泄漏	液化气泄漏	I	IV	I	I	II	IV	L	IV	巡检目测	C
9		入口法兰	M0104	垫片失效	静密封泄漏	液化气泄漏	I	IV	I	II	II	IV	L	IV	巡检目测	C
10		出口法兰	M0104	垫片失效	静密封泄漏	液化气泄漏	I	IV	I	II	II	IV	L	IV	巡检目测	C
11		壳体密封环	M010305	脱落	泵内部摩擦	缩短轴承使用寿命	I	II	I	II	II	II	L	V	检修检查	C
12			M0101	磨损	流量扬程降低	电耗增加	II	I	I	II	II	II	L	V	检修检查	C
14	转子	泵轴	M0103	腐蚀、磨损	振动增大	缩短轴承使用寿命	II	I	I	II	II	II	L	V	测振及检修检查	C
15			M0103	弯曲、形变	静平衡差、振动增大	缩短轴承使用寿命	II	I	I	II	II	II	L	V	测振及检修检查	C
16		叶轮	M0101	腐蚀/冲蚀、磨损	流量扬程降低	电耗增加	II	I	I	II	II	II	L	V	检修检查	C
17		叶轮密封环	M0101	脱落	振动增大、流量扬程降低	缩短轴承使用寿命、电耗增	II	I	I	II	II	II	L	V	测振及检修检查	C
18			M0101	磨损	流量扬程降低	电耗增加	II	I	I	II	II	II	L	V	检修检查	C
19		密封环螺钉	M0103	松动、脱落	振动增大	缩短轴承使用寿命	I	I	I	II	III	III	L	V	测振及检修检查	C
20		叶轮螺母及垫圈	M0103	松动、脱落	振动增大	缩短轴承使用寿命、损坏密	I	I	I	II	III	III	L	V	测振及检修检查	C
21		键（叶轮）	M0103	断裂、脱落、滚键	振动增大	缩短轴承使用寿命、损坏密	II	I	I	II	III	III	M	V	测振及检修检查	C
22	密封系统	干气密封	M010402	内侧密封泄漏	密封液压力不当	隔离液泄漏至泵体内	II	I	I	II	III	III	M	II	DCS报警	A
23			M010402	外侧密封泄漏	密封液压力不当	隔离液泄漏至大气	II	IV	I	II	II	IV	M	II	DCS报警	A
24			M0104	干气密封泄漏	密封泄漏严重	液化气泄漏	I	IV	I	II	II	IV	L	II	DCS报警及巡检目测	A
25		冲洗管路、接头	M010402	接头松动	氮气压力不当	液化气泄漏	II	I	I	II	II	II	M	IV	DCS报警及巡检目测	C
26	轴承及轴承箱	圆柱滚子轴承	M0103	跑套（内圈/外圈间隙大）	振动增大	缩短轴承使用寿命	II	I	I	II	II	II	M	III	测振、ITR检测及检修检	B
27			M0103	保持架磨损	振动增大	缩短轴承使用寿命	II	IV	I	II	II	IV	M	III	测振、ITR检测及检修检	B
28				保持架断裂	电机过载跳闸、抱轴	损坏轴承、密封、丙烯泄漏	II	I	I	II	II	II	L	III	测振及检修检查	B
29			M0103	滚动体磨损	振动增大	缩短轴承使用寿命	II	I	I	II	II	II	M	III	测振、ITR检测及检修检	B
30		推力轴承	M0103	跑套（内圈/外圈间隙大）	振动增大	缩短轴承使用寿命	II	I	I	II	II	II	M	III	测振、ITR检测及检修检	B
31			M0103	保持架磨损	振动增大	缩短轴承使用寿命	I	IV	I	II	II	IV	M	III	测振、ITR检测及检修检	B
32				保持架断裂	电机过载跳闸、抱轴	损坏轴承、密封、丙烯泄漏	II	I	I	II	II	II	L	III	测振及检修检查	B
33			M0103	滚动体磨损	振动增大	缩短轴承使用寿命	I	I	I	II	II	II	L	III	测振、ITR检测及检修检	B
34		轴承支架（整体）	M0103	形变	振动增大	缩短轴承使用寿命	II	I	I	II	II	II	L	V	测振及检修检查	C
35			M0103	磨损跑套（与轴承外圈间隙大）	振动增大	缩短轴承使用寿命	II	I	I	II	II	II	L	V	测振、ITR检测及检修检	C
36			M0103	定位止口磨损/间隙大	振动增大	缩短轴承使用寿命	I	I	I	I	I	I	L	V	测振及检修检查	C
37		支架紧固螺栓/螺母	M0103	松动	振动增大	缩短轴承使用寿命	I	I	I	II	II	II	L	V	测振及检修检查	C
38		冷却水套及O型圈		腐蚀泄漏	冷却介质外漏	循环水泄漏	I	IV	I	II	II	IV	M	IV	巡检目测	C
39		甩油环	M0105	磨损、断裂	轴承温度过高	损坏轴承、密封、丙烯泄漏	I	I	I	II	II	II	L	V	测温及检修检查	B
40		轴承端盖及垫片	M0103/M010	松动、垫片静密封点泄漏	振动增大、轴承温度过高	缩短轴承使用寿命	I	IV	I	II	II	IV	L	IV	测振测温	C
41		背紧螺母、垫圈（推力轴承处）	M0103/M010	松动、脱落	振动增大、轴承温度过高	损坏轴承、密封、丙烯泄漏	II	I	I	II	II	II	L	V	测振测温及检修检查	C
42		油标	M010501	静密封点泄漏	轴承箱内油过少	润滑油补油频繁、损坏轴承	II	I	I	II	I	II	L	IV	巡检目测	C
43		真空油杯及接管	M010501	静密封点泄漏	轴承箱内油过少	润滑油补油频繁、损坏轴承	II	I	I	II	I	II	L	IV	巡检目测	C
44		丝堵/考克阀（放油用）	M010501	静密封点泄漏	轴承箱内油过少	润滑油补油频繁、损坏轴承	II	I	I	II	I	II	L	IV	巡检目测	C
45		轴承体支脚	M010501	松动、形变	振动增大	缩短轴承使用寿命	II	I	I	II	II	II	L	V	测振及巡检目测	C
46		挡圈(轴承外套处）	M0105	脱出、形变	轴承温度过高	缩短轴承使用寿命	II	I	I	I	I	I	L	IV	测温及检修检查	C
47		白钢加油杯	M010501	滤网破裂/脏	轴承箱内油过少、过多或太脏变质	缩短轴承使用寿命	II	I	I	II	II	II	L	IV	巡检目测	C
48	联轴器	半连轴节	M010203	形变	泵轴与原动机轴对中不良	缩短轴承使用寿命	II	I	I	II	II	II	L	V	测振、ITR检测及检修检查	C
49			M010406	松动（与泵轴间隙大）	转动部分平衡被破坏	缩短轴承使用寿命	II	I	I	II	II	II	L	V	测振、ITR检测及检修检查	C
50			M0103	螺栓孔磨损	振动增大	缩短轴承使用寿命	II	I	I	II	II	II	L	V	测振、ITR检测及检修检查	C
51		中间段	M0103	形变	振动增大	缩短轴承使用寿命	II	I	I	II	II	II	L	V	测振、ITR检测及检修检查	C
52			M0103	螺栓孔磨损	振动增大	缩短轴承使用寿命	I	IV	I	II	II	IV	L	V	测振、ITR检测及检修检查	C
53		键	M0103	断裂、脱落、滚键	振动增大	损坏轴承、密封、丙烯泄漏	II	I	I	II	II	II	L	IV	测振、ITR检测及检修检查	C
54		膜片组件	M0103	形变	振动增大	缩短轴承使用寿命	II	I	I	II	II	II	L	V	测振、ITR检测及检修检查	A
55			M0103	裂纹、断裂	振动增大	缩短轴承使用寿命	II	I	I	II	II	II	L	IV	测振、ITR检测及检修检查	A
56		螺栓/螺母	M0103	松动、磨损	振动增大	缩短轴承使用寿命	II	I	I	II	II	II	L	V	测振、ITR检测及检修检查	C
57		补偿垫圈	M0103	磨损	振动增大	缩短轴承使用寿命	II	I	I	II	II	II	L	V	测振、ITR检测及检修检查	C

图 5　离心泵故障风险等级及维修策略推荐

分析组件			故障模式及后果				故障概	故障后果评价					风险等级R	探测度D（五级）	有效探测方法	维修策略
序号	组件名称	元部件	故障代码	故障模式	故障影响	故障后果	故障概率	从以下四个：安全	环境	生产	设备	故障后果评				A预防性维修 B检测维修 C故障/事后维修
1	机壳	壳体	M0104	裂纹、砂眼、变形	密封泄漏严重	冷冻水渗漏	I	I	I	III	II	III	L	II	DCS报警	C
2			M0103	变形	振动增大	缩短轴承使用寿命	I	I	I	II	II	II	L	V	测振及检修检查	C
3		壳体支脚螺栓/螺母	M0103	松动	振动增大	缩短轴承使用寿命	I	I	I	I	I	I	L	IV	测振及目测	C
4		壳盖	M0103	形变	振动增大	缩短轴承使用寿命	I	I	I	I	II	II	L	V	测振及检修检查	C
5			M0101	定位止口磨损/间隙大	流量扬程降低	电耗增加	II	I	I	II	II	II	L	V	检修检查	C
6		壳盖垫片	M0104	静密封失效	静密封泄漏	冷冻水渗漏	I	I	I	II	II	III	L	IV	巡检目测及测振	C
7		壳盖螺栓/螺母	M0103	松动	振动增大	缩短轴承使用寿命	I	I	I	I	II	II	L	IV	巡检目测	C
8		壳体丝堵	M0104	松动	静密封泄漏	冷冻水渗漏	I	I	I	I	II	II	L	IV	巡检目测	C
9		入口法兰	M0104	垫片失效	静密封泄漏	冷冻水渗漏	I	I	I	II	II	II	L	IV	巡检目测	C
10		出口法兰	M0104	垫片失效	静密封泄漏	冷冻水渗漏	I	I	I	II	II	II	L	IV	巡检目测	C
11		壳体密封环	M010305	脱落	泵内部摩擦	缩短轴承使用寿命	II	I	I	II	II	II	L	V	检修检查	C
12			M0101	磨损	流量扬程降低	电耗增加	II	I	I	II	II	II	L	V	检修检查	C
13	转子	轴	M0103	腐蚀、磨损	振动增大	缩短轴承使用寿命	II	I	I	II	II	II	L	V	测振及检修检查	C
14			M0103	弯曲、形变	静平衡差、振动增大	缩短轴承使用寿命	II	I	I	II	II	II	L	V	测振及检修检查	C
15		叶轮	M0101	腐蚀/冲蚀、磨损	流量扬程降低	电耗增加	II	I	I	II	II	II	L	V	检修检查	C
16		叶轮密封环	M0101	脱落	振动增大、流量扬程降低	缩短轴承使用寿命、电耗	II	I	I	II	II	II	L	V	测振及检修检查	C
17			M0101	磨损	流量扬程降低	电耗增加	II	I	I	II	II	II	L	V	检修检查	C
18		密封环螺钉	M0103	松动、脱落	振动增大	缩短轴承使用寿命	II	I	I	II	II	II	L	V	测振及检修检查	C
19		叶轮螺母及垫圈	M0103	松动、脱落	振动增大	缩短轴承使用寿命、损坏	I	I	I	II	II	II	L	V	测振及检修检查	C
20		键（叶轮）	M0103	断裂、脱落、滚键	振动增大	缩短轴承使用寿命、损坏	I	I	I	II	II	II	L	V	测振及检修检查	C
21	轴承及轴承箱	轴承轴瓦	M0103	跑套（内圈/外圈间隙	振动增大	缩短轴承使用寿命	I	I	I	II	II	II	L	III	测振、ITR检测及检修检	B
22			M0103	保持架磨损	振动增大	缩短轴承使用寿命	I	I	I	II	II	II	L	III	测振、ITR检测及检修检	B
23				保持架断裂	电机过载跳闸、抱轴	损坏轴承、密封、冷冻水	I	I	I	II	II	II	L	III	测振及检修检查	B
24			M0103	滚动体磨损	振动增大	缩短轴承使用寿命	I	I	I	II	II	II	L	III	测振、ITR检测及检修检	B
25		支架紧固螺栓/螺母	M0103	松动	振动增大	缩短轴承使用寿命	I	I	I	I	I	I	L	V	测振及检修检查	C
26		冷却水套及O型圈		腐蚀泄漏	冷却介质外漏	循环水泄漏	I	I	I	II	II	II	L	IV	巡检目测	C
27		甩油环	M0105	磨损、断裂	轴承温度过高	损坏轴承、密封、冷冻水	II	I	I	II	II	II	L	V	测温及检修检查	B
28		轴承端盖及垫片	M0103/M0105	松动、垫片静密封点泄漏	振动增大、轴承温度过高	缩短轴承使用寿命	I	I	I	II	II	II	L	IV	测振测温	C
29		背紧螺母、垫圈（推力轴承处）	M0103/M0105	松动、脱落	振动增大、轴承温度过高	损坏轴承、密封、冷冻水泄漏	I	I	I	II	II	II	L	V	测振测温及检修检查	C
30		油标	M010501	静密封点泄漏	轴承箱内油过少	润滑油补油频繁、损坏轴	II	I	I	II	II	II	L	IV	巡检目测	C
31		真空油杯及接管	M010501	静密封点泄漏	轴承箱内油过少	润滑油补油频繁、损坏轴	I	I	I	II	I	II	L	IV	巡检目测	C
32		丝堵/考克阀（放油	M010501	静密封点泄漏	轴承箱内油过少	润滑油补油频繁、损坏轴	II	I	I	II	I	II	L	IV	巡检目测	C
33		轴承体支脚	M010501	松动、形变	振动增大	缩短轴承使用寿命	II	I	I	II	I	II	L	V	测振及巡检目测	C
34		挡圈(轴承外套处）	M0105	脱出、形变	轴承温度过高	缩短轴承使用寿命	II	I	I	II	II	II	L	IV	测温及检修检查	C
35		白钢加油杯	M010501	滤网破裂/脏	轴承箱内油过少、过多或太脏变质	缩短轴承使用寿命	III	I	I	I	I	I	L	IV	巡检目测	C
36	联轴器	连轴节	M010203	形变	泵轴与原动机轴对中不良	缩短轴承使用寿命	II	I	I	II	II	II	L	V	测振、ITR检测及检修检	C
37			M010406	松动（与泵轴间隙大）	转动部分平衡被破坏	缩短轴承使用寿命	II	I	I	II	II	II	L	V	测振、ITR检测及检修检	C
38			M0103	螺栓孔磨损	振动增大	缩短轴承使用寿命	II	I	I	II	II	II	L	V	测振、ITR检测及检修检	C
39		中间段	M0103	形变	振动增大	缩短轴承使用寿命	II	I	I	II	II	II	L	V	测振、ITR检测及检修检	C
40			M0103	螺栓孔磨损	振动增大	缩短轴承使用寿命	II	I	I	II	II	II	L	V	测振、ITR检测及检修检	C
41		键	M0103	断裂、脱落、滚键	振动增大	损坏轴承、密封、冷冻水	I	I	I	II	II	II	L	IV	测振、ITR检测及检修检	C
42		膜片组件	M0103	形变	振动增大	缩短轴承使用寿命	II	I	I	II	II	II	L	V	测振、ITR检测及检修检	A
43			M0103	裂纹、断裂	振动增大	缩短轴承使用寿命	II	I	I	II	II	II	L	IV	测振、ITR检测及检修检	A
44		螺栓/螺母	M0103	松动、磨损	振动增大	缩短轴承使用寿命	II	I	I	II	II	II	L	V	测振、ITR检测及检修检	C
45		补偿垫圈	M0103	磨损	振动增大	缩短轴承使用寿命	II	I	I	II	II	II	L	V	测振、ITR检测及检修检	C

图 6　离心风机故障风险等级及维修策略推荐

（2）故障影响的分析

第二章提出来分析步骤，往复式注水泵转动设备故障模式效应分析应包含确定各因素、评价矩阵计算。根据分析方法将50种故障模式的影响分类，见表10。

表10　故障情况分类统计表

影响等级	安全	环境	生产损失	维修成本
Ⅰ	50	50	1	3
Ⅱ	0	0	49	43
Ⅲ	0	0	1	4
Ⅳ	0	0	0	0
Ⅴ	0	0	0	0

（3）故障风险等级及维修策略推荐

第二章提出来分析步骤，往复式注水泵转动设备故障模式效应分析应包含确定各因素、评价矩阵计算。根据分析方法将50种故障模式的影响分类如图7，可以看出针对每一种故障形式都给出了对应的故障风险等级，同时结合表7给出可探测度。综合考虑风险等级和可探测度，给出维修策略的建议。

例如液压缸缸体发生裂纹的综合故障风险等级为M，可通过现场检查发现该故障，维修策略为故障维修。

分析组件			故障模式及后果				故障概率	故障后果评价					风险等级R	探测度D	有效探测方法	维修策略
序号	组件名称	元部件	故障代码	故障模式	故障影响	故障后果		安全	环保	生产	设备	故障后果				A预防性维修 B检测维修 C故障/事后维修
1	液压缸	入口法兰	S010103	垫片失效	工艺介质泄漏	除盐水外漏	Ⅰ	Ⅰ	Ⅰ	Ⅱ	Ⅰ	Ⅱ	L	Ⅳ	巡检目测	C
2		吸入阀阀盖及O型	TY-0306	O型圈失效	工艺介质泄漏	除盐水外漏	Ⅱ	Ⅰ	Ⅰ	Ⅱ	Ⅱ	Ⅱ	L	Ⅳ	巡检目测	C
3		吸入阀限位	M060201	锈蚀、磨损	振动增大、撞击声音明显	损坏吸入阀弹簧、注水量降低	Ⅰ	Ⅰ	Ⅰ	Ⅱ	Ⅱ	Ⅱ	L	Ⅳ	巡检测振及检修检查	C
4		吸入阀阀座	M060201	磨损、碎裂	振动增大、撞击声音明显	损坏吸入阀及弹簧、注水量降	Ⅲ	Ⅰ	Ⅰ	Ⅱ	Ⅱ	Ⅱ	M	Ⅳ	巡检测振及检修检查	C
5		吸入阀	M060201	磨损、碎裂	振动增大、撞击声音明显	损坏吸入阀弹簧、注水量降低	Ⅲ	Ⅰ	Ⅰ	Ⅱ	Ⅱ	Ⅱ	M	Ⅳ	巡检测振及检修检查	C
6		吸入阀弹簧	M050501	断裂	振动增大、撞击声音明显、电流波动	注水量降低	Ⅳ	Ⅰ	Ⅰ	Ⅱ	Ⅱ	Ⅱ	M	Ⅱ	巡检测振、检查电流及注水	C
7		柱塞杆	M060603	磨损	填料泄漏变大	填料冷却水渗漏	Ⅱ	Ⅰ	Ⅰ	Ⅱ	Ⅱ	Ⅱ	L	Ⅴ	检修检查	C
8		排出阀弹簧	M050501	断裂	振动增大、撞击声音明显、电流波动	注水量降低	Ⅳ	Ⅰ	Ⅰ	Ⅱ	Ⅱ	Ⅱ	M	Ⅱ	巡检测振、检查电流及注水	C
9		排出阀	M060201	磨损、碎裂	振动增大、撞击声音明显	损坏吸入阀弹簧、注水量降低	Ⅲ	Ⅰ	Ⅰ	Ⅱ	Ⅱ	Ⅱ	M	Ⅳ	巡检测振及检修检查	C
10		排出阀阀座	M060201	磨损、碎裂	振动增大、撞击声音明显	损坏吸入阀及弹簧、注水量降	Ⅲ	Ⅰ	Ⅰ	Ⅱ	Ⅱ	Ⅱ	M	Ⅳ	巡检测振及检修检查	C
11		排出阀阀盖及O型	TY-0306	O型圈失效	工艺介质泄漏	除盐水外漏	Ⅱ	Ⅰ	Ⅰ	Ⅱ	Ⅱ	Ⅱ	L	Ⅳ	巡检目测	C
12		缸头压盖及垫片	TY-0306	垫片失效	工艺介质泄漏	除盐水外漏	Ⅱ	Ⅰ	Ⅰ	Ⅱ	Ⅱ	Ⅱ	L	Ⅳ	巡检目测	C
13		缸体	TY-0306	裂纹	工艺介质泄漏	除盐水外漏	Ⅱ	Ⅰ	Ⅰ	Ⅱ	Ⅲ	Ⅲ	M	Ⅳ	巡检目测及检修检查	C
14		出口法兰	TY-0306	垫片失效	工艺介质泄漏	除盐水外漏	Ⅰ	Ⅰ	Ⅰ	Ⅱ	Ⅰ	Ⅱ	L	Ⅳ	巡检目测	C
15		填料主密封函	M050401	锈蚀、间隙大	填料泄漏变大	填料冷却水渗漏	Ⅲ	Ⅰ	Ⅰ	Ⅱ	Ⅱ	Ⅱ	M	Ⅳ	巡检目测及检修检查	C
16		填料付密封函	M050401	锈蚀、间隙大	填料泄漏变大	填料冷却水渗漏	Ⅲ	Ⅰ	Ⅰ	Ⅱ	Ⅱ	Ⅱ	M	Ⅳ	巡检目测及检修检查	C
17		填料函压帽	M050402	松动	填料泄漏变大	填料冷却水渗漏	Ⅰ	Ⅰ	Ⅰ	Ⅱ	Ⅱ	Ⅱ	L	Ⅳ	巡检目测及检修检查	C
18		导向套	M050401	磨损	填料泄漏变大	填料冷却水渗漏	Ⅲ	Ⅰ	Ⅰ	Ⅱ	Ⅱ	Ⅱ	M	Ⅴ	检修检查	C
19		填料	M050401	磨损	填料泄漏变大	填料冷却水渗漏	Ⅳ	Ⅰ	Ⅰ	Ⅱ	Ⅰ	Ⅱ	M	Ⅳ	检修检查	C
20		填料冷却水线	S0103	接头或焊缝泄漏	填料冷却效果差、发热	填料磨损快	Ⅱ	Ⅰ	Ⅰ	Ⅰ	Ⅱ	Ⅱ	L	Ⅳ	巡检目测	C
21	曲轴箱	活塞杆卡环	M0604	冲击碎裂	振动增大、撞击声音明显	缩短轴承使用寿命	Ⅲ	Ⅰ	Ⅰ	Ⅱ	Ⅱ	Ⅱ	M	Ⅳ	巡检测振及检修检查	C
22		活塞杆锁紧螺母	M0604	松动	振动增大、撞击声音明显	缩短轴承使用寿命	Ⅲ	Ⅰ	Ⅰ	Ⅱ	Ⅱ	Ⅱ	M	Ⅳ	巡检目测	C
23		骨架油封	M0606	磨损	润滑油外漏、补油频繁	损坏轴承或轴瓦	Ⅲ	Ⅰ	Ⅰ	Ⅱ	Ⅱ	Ⅱ	M	Ⅳ	检修检查	C
24		十字头	M0604	磨损	振动增大、撞击声音明显	注水量波动	Ⅰ	Ⅰ	Ⅰ	Ⅱ	Ⅱ	Ⅱ	L	Ⅴ	巡检测振及检修检查	C
25		十字头销	M0604	磨损	振动增大、撞击声音明显	注水量波动	Ⅰ	Ⅰ	Ⅰ	Ⅱ	Ⅱ	Ⅱ	L	Ⅴ	巡检测振及检修检查	C
26		小头瓦	M060403	磨损	振动增大、撞击声音明显	注水量波动	Ⅱ	Ⅰ	Ⅰ	Ⅱ	Ⅱ	Ⅱ	L	Ⅴ	巡检测振及检修检查	C
27		连杆	M0604	断裂、松动	振动增大、撞击声音明显	注水量降低	Ⅰ	Ⅰ	Ⅰ	Ⅱ	Ⅱ	Ⅱ	L	Ⅱ	巡检测振及检修检查	C
28		大头瓦	M060403	磨损	振动增大、撞击声音明显	注水量波动	Ⅱ	Ⅰ	Ⅰ	Ⅱ	Ⅱ	Ⅱ	L	Ⅴ	巡检测振及检修检查	C
29		曲轴	M060403	磨损	振动增大、撞击声音明显	注水量波动	Ⅱ	Ⅰ	Ⅰ	Ⅱ	Ⅲ	Ⅲ	M	Ⅴ	巡检测振及检修检查	C
30				断裂	振动增大、撞击声音明显	注水量降低	Ⅰ	Ⅰ	Ⅰ	Ⅱ	Ⅲ	Ⅲ	L	Ⅱ	巡检测振、检查电流及注水	C
31		连接螺栓		断裂	振动增大、撞击声音明显	注水量降低	Ⅰ	Ⅰ	Ⅰ	Ⅱ	Ⅱ	Ⅱ	L	Ⅱ	巡检测振、检查电流及注水	C
32		支撑轴承	M0604	保持架磨损	振动增大	缩短轴承使用寿命	Ⅱ	Ⅰ	Ⅰ	Ⅱ	Ⅱ	Ⅱ	L	Ⅲ	巡检测振及检修检查	C
33			M0604	滚动体磨损	振动增大	缩短轴承使用寿命	Ⅱ	Ⅰ	Ⅰ	Ⅱ	Ⅱ	Ⅱ	L	Ⅲ	巡检测振及检修检查	C
34			M0604	保持架碎裂	振动增大、撞击声音明显	注水量降低	Ⅰ	Ⅰ	Ⅰ	Ⅱ	Ⅱ	Ⅱ	L	Ⅱ	巡检测振、检查电流及注水	C
35		轴承螺母	M0604	松动	振动增大、撞击声音明显	缩短轴承使用寿命	Ⅰ	Ⅰ	Ⅰ	Ⅱ	Ⅱ	Ⅱ	L	Ⅴ	巡检目测	C
36		油位视镜	M0606	碎裂或丝口泄漏	润滑油外漏、补油频繁	损坏轴承或轴瓦	Ⅱ	Ⅰ	Ⅰ	Ⅱ	Ⅱ	Ⅱ	L	Ⅳ	巡检目测	C
37		曲轴油封	M0606	磨损	润滑油外漏、补油频繁	损坏轴承或轴瓦	Ⅱ	Ⅰ	Ⅰ	Ⅱ	Ⅱ	Ⅱ	L	Ⅴ	巡检目测及检修检查	C
38	联轴器	半连轴节	M060504	形变	泵轴与原动机轴对中不良	缩短轴承使用寿命	Ⅰ	Ⅰ	Ⅰ	Ⅱ	Ⅱ	Ⅱ	L	Ⅴ	巡检测振及检修检查	C
39			M060504	松动（与泵轴间隙大）	振动增大	缩短轴承使用寿命	Ⅰ	Ⅰ	Ⅰ	Ⅱ	Ⅱ	Ⅱ	L	Ⅴ	巡检测振及检修检查	C
40			M060504	螺栓孔磨损	振动增大	缩短轴承使用寿命	Ⅱ	Ⅰ	Ⅰ	Ⅱ	Ⅱ	Ⅱ	L	Ⅴ	巡检测振及检修检查	C
41		中间段	M060504	形变	振动增大	缩短轴承使用寿命	Ⅰ	Ⅰ	Ⅰ	Ⅱ	Ⅱ	Ⅱ	L	Ⅴ	巡检测振及检修检查	C
42			M060504	螺栓孔磨损	振动增大	缩短轴承使用寿命	Ⅱ	Ⅰ	Ⅰ	Ⅱ	Ⅱ	Ⅱ	L	Ⅴ	巡检测振及检修检查	C
43		键	TY-0304	断裂、脱落、滚键	振动增大、注水量降低、电流降低	损坏轴承或轴瓦	Ⅰ	Ⅰ	Ⅰ	Ⅱ	Ⅱ	Ⅱ	L	Ⅲ	巡检测振、检查电流及注水	C
44		膜片组件	TY-0304	形变、裂纹	振动增大	缩短轴承使用寿命	Ⅱ	Ⅰ	Ⅰ	Ⅱ	Ⅱ	Ⅱ	L	Ⅳ	巡检测振及检修检查	A
45	齿轮箱	主动轴	TY-0304	磨损	振动增大	缩短轴承使用寿命	Ⅰ	Ⅰ	Ⅰ	Ⅱ	Ⅱ	Ⅱ	L	Ⅴ	巡检测振及检修检查	C
46		从动轴	TY-0304	磨损	振动增大	缩短轴承使用寿命	Ⅰ	Ⅰ	Ⅰ	Ⅱ	Ⅱ	Ⅱ	L	Ⅴ	检修检查	C
47		齿轮	TY-0304	磨损	振动增大、传动效率下降	注水量降低	Ⅰ	Ⅰ	Ⅰ	Ⅱ	Ⅲ	Ⅲ	L	Ⅴ	检修检查	C
48		轴承	M060403	保持架磨损	振动增大	缩短轴承使用寿命	Ⅱ	Ⅰ	Ⅰ	Ⅱ	Ⅱ	Ⅱ	L	Ⅴ	巡检测振及检修检查	C
49			M060403	滚动体磨损	振动增大	缩短轴承使用寿命	Ⅱ	Ⅰ	Ⅰ	Ⅱ	Ⅱ	Ⅱ	L	Ⅴ	巡检测振及检修检查	C
50		油封	TY-0306	磨损	润滑油外漏、补油频繁	损坏轴承或轴瓦	Ⅱ	Ⅰ	Ⅰ	Ⅱ	Ⅱ	Ⅱ	L	Ⅴ	巡检目测及检修检查	C

图7　往复式注水泵故障风险等级及维修策略推荐

采取本文介绍的动设备维修策略，某炼化公司炼油 X 部 2024 年利用日常巡检监控发现问题隐患 529 次，2024 年较 2023 年减少故障性维修 18 次，2024 年较 2023 年减少引起装置波动的故障性维修、预防性维修向检验检测性维修共降低成本约 26.4%，设备的运行时间提高约 14.3%。

4　数字化平台实施方案的讨论与结语

4.1　数字化平台实施方案的讨论

某炼化企业已建立了设备综合管理平台，涉及本文研究内容的功能有转动设备台账及基础数据、转动设备状态检测、ITR 检测问题反馈、日常巡检监测数据、转动设备检维修记录及规程。

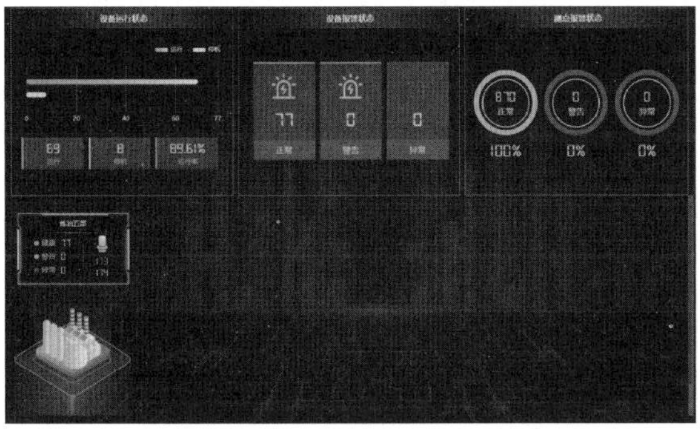

图 8　转动设备在线监测预警平台

数字化平台实施方案为分级维修策略档案的建立与导入、设备运行信息监测、形成检维修计划、效果验证、动态更新档案及策略。

分级维修策略档案的建立与导入：基于建立的 RCM 与运行信息的转动设备分级维修策略对每台设备分别建立维修策略档案并录入系统。

设备运行信息监测：成转动设备状态检测系统是无线传感器安装在转动设备上采集运行状态数据，无线采集网关进行数据处理及传至机柜间服务器，最后通过客户端监测转动设备实时状态数据、历史数据、预警系统等，并在显示终端对数据进行分析；ITR 检测是通过定期离线检测转动设备的运行数据，通过频谱分析等手段进行预知性检测转动设备运行问题；日常巡检检测是通过人员定时巡检发现转动设备的机械参数、工艺参数等运行问题。进而形成维修计划，并不断根据经济性、稳定性、安全性的角度不断动态更新策略档案。

4.2　结语

本文以提升转动设备维修策略为切入点，利用 RCM 决策模型结合日常转动历史维护信息分级评估转动设备各“元”部件的故障风险及维护策略。收集设备历史检维修数据及运行数据，划分故障描述，以某炼化企业气体分馏装置的离心泵、离心风机、往复式注水泵为例，对应给出故障模型，每一种故障模式对应一种后果，根据风险评估矩阵对每一种故障进行风险等级的划分，根据划分结果结合该种故障的可检测方法的难易程度给出最终的维护策略。RCM 也提倡分类分级后进行维护的策略，可在减低维护成本约 26.4%的基础上，使得设备的运行时间提高约 14.3%。通过 RCM 分析，通过定性、定量评价，可提高炼化企业安全环保管理意识，提高维修针对性，更好的提高企业的经济效益，有效有针对性的完成设备维护维修工作，提升人员工作效率。

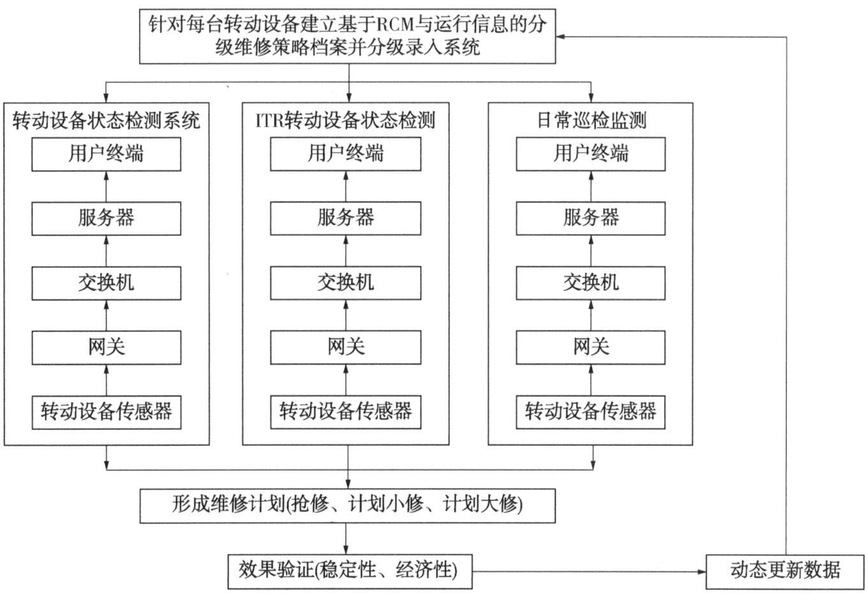

图 9　数字化平台实施方案

动设备健康状况处于动态变化中，所以转动设备完整性管理是一个与时俱进的持续进程。随着设备维修性与可靠性数据不断积累，基础数据库需要持续更新，同时，要定期针对转动设备开展基于风险的 RCM 评估。在转动设备运行维修阶段的完整性管理方面，像是日常使用操作、数据整理，以及基于风险制定检维修策略和检修管理等工作，涉及大量完整性管理数据的整理与归纳提升任务。为提升完整性管理数据处理效率，应尽快构建一套与管理体系相融合的 RCM 动态管理系统平台。

参 考 文 献

[1] 刘强．基于 RCM 理论的动设备维修策略优化研究[C]//中国管理现代化研究会，复旦管理学奖励基金会．第十五届(2020)中国管理学年会论文集．成都艾尔普气体产品有限企业;，2020：470-475.

[2] 杜佳峻．化工企业机泵预防性维修策略分析[J]．技术与市场，2019，26(11)：204-205.

[3] 孙萍．试析炼化企业机泵预防性维修策略[J]．化工管理，2019，(30)：137-138.

[4] 严利烽．炼化企业机泵预防性维修策略分析[J]．化工管理，2019，(13)：160-161.

[5] 李清林．炼化企业机泵预防性维修策略[J]．化学工程与装备，2018，(05)：253-254.

[6] 刘纯婧．基于 RCM 的石化装置动设备维修方案优化研究[D]．中国石油大学(华东)，2019.

[7] 郑庆元．基于 RCM 的石化装置动设备维修策略研究[D]．常州大学，2015.

[8] 贾照庆．基于 RCM 的石油化工设备可靠性维修管理研究[D]．华中科技大学，2014.

[9] 陈玲玲．烟气轮机部件级 RCM 分析研究[D]．北京化工大学，2013.

[10] 高维娜．研究以可靠性为中心的维护(RCM)技术在炼厂重催装置的应用[D]．兰州大学，2011.

[11] 刘真真．石化企业设备可靠性数据库建立方法研究[D]．中国石油大学(华东)，2020.

[12] 刘纯婧．基于 RCM 的石化装置动设备维修方案优化研究[D]．中国石油大学(华东)，2019.

[13] 杨淮．海上油气生产平台动设备基于 RCM 的维修策略研究[D]．西南石油大学，2017.

[14] 杜萌萌．风险评估方法在石化企业过程安全管理(PSM)中的应用技术研究[D]．中国石油大学(华东)，2016.

[15] 孔令峰．基于风险的炼化设备完整性管理体系研究[D]．中国石油大学(华东)，2015.

创新高效维保策略与维修模式

刘福强

（中国石油大庆炼化公司储运部设备组）

摘　要　设备的稳定运行对于提升产品质量和生产效率密切相关，随着设备复杂性的升级，智能化设备的引入，传统的维保形式已经无法适应企业发展的实际需求，设备故障不仅会影响企业正常生产，还会增加生产成本，降低企业的市场竞争力，所以必须创新高效的维保方式和维修模式，以不断提升企业设备管理质量，本文分析了传统维保中存在的问题，不断创新高效维保策略和维修方式，以期提升设备运行稳定性和可靠性。

关键词　创新；高效维保；策略；维修模式；智能化升级

自动化发展中，设备属于企业生产的核心，设备的稳定运行十分关键，传统维保效应慢，成本高，效率低下，创新高效维保策略与维修模式是现代企业提升设备管理水平、保障生产连续性的重要途径。

1　创新高效维保策略与维修模式的重要性

1.1　提升企业经济效益

在商业竞争日益激烈的背景下，企业只有不断提升经济效益，才能够在市场中可持续发展。通过创新高效维保策略和维修模式，首先，可以减少非计划停机风险，以油液分析、热成像监测、振动分析等各种预测性维护技术，分析设备运行中早期存在的异常信号，预测性维护可以极大程度缩减故障停机时间，缩短区间在30%～60%之间。其次，有利于优化企业资源的利用，可以基于历史设备故障数据、设备应用寿命周期和供应链动态，建立动态库存模型，提升库存周转率，还可以与企业合作伙伴共同建立共享备件库，实现跨行业与跨区域的机械配件调拨，也可以借助智能库存与共享模式，推动供应链的协同效用，降低关键元器件缺货风险，降低生产波动发生率。最后，创新高效维保策略与维修模式可以贯彻设备全生命周期成本控制计划，整合各项设备的运行数据和维护记录，还能够建立环境和设备健康度的评估模型，基于数据驱动形式下开展设备的维护，方便企业平衡初期投资，稳定运维成本，通过持续监测与数据分析，企业可提前规划设备升级或改造。

1.2　增强企业竞争力

在经济全球化发展的背景下，竞争与技术的迭代速度不断加快，企业的竞争核心已经从单一性的成本控制转变为技术创新、效率和敏捷性的对比，维保策略和模式作为企业稳定运行的关键环节，创新与生产的连续性，技术壁垒的形成和响应速度的提升密切相关，所以有利于增强企业竞争力。首先，可以远程监控并协作，实现企业的高效化生产，借助数字孪生技术与AR远程指导技术，实现设备运行状态的可视化研究，实现专家远程支持，实时性的监控并预测性的维护，最大程度提升设备的可用性，还可以延伸至供应链的协同作用。其次，通过物联网与边缘计算加速故障闭环，实现实时收集与本地分析设备数据的作用，故障诊断的速度可以提升50%～70%，实现快速诊断与精准维修的结合，借助敏捷化的响应能力，支持生产资源的动态化优化。最后，可以借助自修复功能，提升设备修复效率，发挥智能决策作用，AI驱动自主维护系统可以自动检测并修复设备，还能够缩短新产品的导入周期，加速技术迭代和产品的创新。

1.3　推动数字化与智能化升级

在工业4.0及数字化经济深度融合发展的背景下，企业开始步入数字化转型阶段，维保策略和模式作为设备全生命周期管理的关键，智能化的升级不仅与运维效率密切相关，也与工业优化，产能预测和柔性生产密切相关。首先，通过建立统一化的工业互联网平台企业可以采集并整合设备的运行数据、维护数据和维护数据，以数据为保障，不断改进工艺，优化企业产能的预测，形成数据驱动闭环，建立数据收集、分析、决策与反馈机制，提升机械的管理效率。其次，建立设备数字孪生体，模拟机械设备故障现场，提升维修人员素养并优化运维方案，以区块链技术的不可篡改特性，辅助设备的全生命周期管理，还可以将边缘计算技术与5G技术整合应用，实现设备数据的低延时处理。最后，智能维保系统通过预测性维护确保设备在高频切换生产模式时的稳定性，提升设备可靠性，开展定制化生产，并实现设备状态、供应链数据和生产进度的联动。

1.4　实现企业可持续发展

在全球气候危机的背景下，资源约束日益加剧，可持续发展已经成为企业发展的关键，维保策略与维保模式的绿色化和循环转型与提升企业环境责任密切相关。首先，实现节能减排，绿色维保技术的应用，以无水清洗、生物降解润滑剂等作为维保技术，减少维修环节的碳排放，通过预测性维护与能效分析形式，精准性的识别设备低效化和空转的运行状态。其次，借助电刷镀和激光熔覆的再造技术，修复被磨损的零部件，延长部件的使用寿命，还能够建立旧件回收、再制造和再利用的链条体系，提升设备的循环利用率。

2　传统维保策略与维修模式存在的问题

2.1　被动式维保

传统运维体系中，被动式维护为主要维护方式，维护中遵循故障发生后响应维修，但是这一维修模式与现代化生产不相匹配，极易延长停机时间，损害生产连续性，甚至会增加维修成本。首先，被动式维保模式主要以事后维修占据主导地位，依赖事后维修，极易在设备突发故障后，影响生产线的正常生产，加剧企业经济损失，影响订单的正常交付，且紧急维修可能导致非计划停机，由于维修人员无法立即到达现场，或者存在部件缺货问题，严重降低生产效率。其次，维修成本较高，被动式维保主要在设备性能丧失后维修，设备采购费用较高，还可能涉及加班费用和外包费用等，为应对紧急抢修，企业不得不储备大量高价值备件，也会增加运维成本。最后，设备故障极易导致生产安全事故的发生，威胁员工生命安全，且并未及时维护设备将导致企业违反相关规定，增加法律诉讼风险，还会降低客户满意度，导致生产延误，降低产品质量。

2.2　资源效率低下

传统维保策略和模式在资源利用中存在严重的资源浪费问题。首先，传统维保依赖大量人工进行设备的巡检，消耗时间较长，且效率低下，人工巡检中，还极易受到人员经验和疲劳等因素的影响，极易导致设备安全隐患问题，加之维护人员专业技术素养不足，无法维系高效化的维修任务，维修中极易由于专业技能不足重复作业，延长设备维修时间。其次，由于缺少科学合理的设备库存管理方法，备件的采购量大，大量备件闲置，备件占用企业流动资金的大半，增加库存成本，若是部件采购量过小的情况下，将导致紧急维修中缺货，增加停机时长，甚至导致生产线停工。最后，传统维保工作中，过量应用润滑油和清洗剂，这些非环保材料的应用极易加剧资源浪费，无法精准性的控制加剧材料消耗，影响企业实际需求，此外，维修过程中设备长时间空转，消耗大量电能，老旧设备工作效率不足，能源消耗量增加。最后，传统维保中缺少预防性维护手段，设备长期在恶劣条件下高负荷运行，老化速度加快，缺少统筹管理，人员和设备冲突问题频发，加剧资源冲突。

2.3　技术手段落后

首先，传统维保主要依赖人工设备巡检方式，消耗时间较长，且极易受到人为因素的影响，人工巡检工作无法覆盖设备的全部细节，导致设备的漏检率在10%~20%之间，依赖人工判定故障，无法及时发现设备的潜在问题，且故障发生后，依然需要人工排查故障，进一步延长维修时间。其次，传统维保缺乏实时监测设备，无法获取设备运行状态数据，由于没有实时数据的支撑，导致设备故障预警和预防性维护措施无法有效落实，加之各个部门之间数据不能有效共享，信息完整度不足，影响维保决策。再次，大量设备运行数据的记录主要以纸质文件记录方式为主，数字化管理和分析难度较高，不同部门和系统之间应用独立的数据库，数据无法联系和互通，且各部门数据不共享，导致信息孤岛，影响整体决策效率，加之：分散的数据无法整合分析，难以发现潜在问题和优化机会。最后，老旧的机械设备并未与智能化系统相联系，仅有少部分设备引入了loT传感器设备，并不能实时性的监测设备的运行状态，且设备实时收集困难，无法满足智能制造对实时性、精准性和自动化的要求。

2.4 组织管理僵化

首先，企业中的部门协同性交叉，职能分裂导致传统组织架构中生产部门、采购部门和维修部门之间并未形成垂直的管理体系，跨部门协作中需要层层审批，信息传递的链条较长，传递过程中极易出现失真问题，且设备的全生命周期管理所涉及的部门较多，需要采购部门采购备件，生产部门调度设备，维修部门执行维保，但是由于缺少统一协调的机制，极易导致预防性维保与生产排期冲突，导致配件库存脱节，且各部门使用独立信息系统（如生产用 MES、维修用 CMMS），数据标准不统一，无法形成设备状态、故障记录、维护历史的整合视图，阻碍协同决策。此外，不同部门拥有不同的 KPI，生产部门为提升设备利用率，增加产品产量，维修部门为提升故障修复率，控制成本，采购部门为优化采购成本，提升库存周转率，资源分配出现矛盾，导致各个部门之间目标冲突问题。其次，不同设备的维护流程存在差异性，实际维护中，维保人员仅依据个人经验开展维保，并未严格执行比非标准化作业指导书，影响维护质量，且设备的备件清单、维护手册和技术图纸等均存于个人电脑，控制缺失，设备改造后，文档更新之后，维护流程欠缺同步性，新旧规范之间存在冲突，操作人员无法有效维护。最后，传统设备维保工作开展中，主要以经验传承的师徒制为主，知识传递局限于技术路径或者特定设备，维修人员也缺少对新技术和类型设备的了解程度，难以落地实时各项新技术开展有效运维，从而影响运维质量，此外，企业未建立多技能认证体系，维修人员缺乏学习新技术的动力，技能水平长期停滞，且维保人员缺少数据分析和项目管理等综合能力，影响维保模式的创新。

2.5 可持续性不足

首先，传统模式依赖经验预测备件需求，导致关键备件积压（占用资金、增加仓储成本）与非关键备件短缺，所拆除的废旧备件也直接报废，并未构建再制造或者回收制度，加剧资源的消耗量，加剧环境污染，加之传统维修过程中，会消耗大量的能源与材料，并未建立对应的精益维护管理方法，导致无效能耗增加。其次，设备运行数据分散且未结构化，无法通过分析优化维护策略，导致过度维护或维护不足，维修中，采用高污染材料，并未广泛推广生物降解润滑剂或者水性涂料，导致碳排放居高不下。最后，维修过程中产生的废油、废液、废气处理不当，违反环保法规，部分企业维修后含重金属或有害物质的备件未按规定回收，导致土壤与水体污染。

3 创新高效维保策略与维修模式

3.1 创新高效维保策略

3.1.1 改变被动式维修方式

首先，以预测性维护方式替代事后维护，在关键设备中加装压力传感器、温度传感器和振动传感器，实时性的收集运行数据，以边缘计算方式实现异常报警，比如电机轴承温度超标提示报警，以降低非计划停机风险，还可以建立设备健康评估模型，基于历史数据和实时参数预测设备的剩余寿命，实现精准维护，建立设备虚拟模型，模拟工况不同状态下设备的运行状态，及时调整润滑周期，预测部件的磨损速度。其次，建立全生命周期运维体系，制定覆盖设备全生命周期的维护规范，明确预防性、预测性、纠正性维护的触发条件及具体的执行标准，并采用 ABC 分类法优化备件库存，准时采购 A 类关键部件，并与供应商建立长期的管理库存合作模式，并成立设备可靠性委员会，整合生产、维修、采购部门数据，实现维护计划与生产计划联动（如基于设备状态动态调整排产）。最后，渗透机械维保安全文化，推行“零故障、零事故”目标，以安全演练形式，及时排查安全隐患，以增强员工的风险观念，借助移动化 CMMS 系统，支持扫码巡检、工单自动派发、维修记录云端存储，提升信息传递效率。

3.1.2 优化资源的分配利用

首先，标准化维修流程，明确设备的拆解、检测及维修等全流程标准，降低重复作业的风险，可以将设备故障案例、维修方案等，建立知识库，方便维修人员快速学习与检索，并借助 AR 技术，辅助维修，以智能眼镜实时显示操作指南，并加强成本管理，综合分析设备的初始成本、运维成本和能耗成本等，选择成本低廉且有效的运维方案，及时淘汰高能耗，高故障率的老化设备。其次，构建技能升级与协同机制，要求维修人员掌握基本的数据分析技能，建立内部技能等级认证，使其与薪酬相挂钩，并整合生产、维修、采购部门，建立统一设备管理平台，实现数据互通与决策联动。最后，分段推进运维管理工作，短期部署关键设备传感器，并建立备件库存模型，中期推广预测性维护，实现能源与材料消耗的管控，长期于企业内部建立智能运维生态系统，提升设备综合运行效率。

3.1.3 引进先进的技术手段

首先，引入智能巡检系统，借助移动设备巡检，上传数据，降低纸质记录低效化和错误问题的发生，系统预设标准化巡检流程及标准化的检查项目，保障巡检可以按照规定推进，降低漏检和错检的概率，若是巡检任务存在高危性和重复性特点，需要以巡检机器人替代人工，不断提升巡检的安全性。其次，于关键设备安装传感器，包括温度、压力和振动传感器，实时采集运行数据，奠定设备故障预警的数据基础，将不同部门和系统数据设备在相同的平台上整合，以实现数据之间的互联和互通，打破信息孤岛。再次，以数字化形式记录设备运行数据，便于后续分析和应用数据，并借助云计算与大数据技术，深度挖掘海量数据，分析潜在问题，为优化运维奠定基础，还可以制定数据管理的标准和流程，保障数据质量和数据安全，提升数据的合规性，以数据标准和规范化方式，实现不同部门之间的数据协作与共享。最后，对老旧设备进行智能化改造，引入更先进的控制算法和优化控制策略，提升设备的运行效率和稳定性，基于实时监测数据和历史故障数据，建立设备健康度评估模型，预测设备剩余使用寿命(RUL)，制定精准的维护计划。

3.1.4 优化组织管理模式

首先，加强部门之间的协调与统一，由生产、采购与维修等部门相结合，选派协作小组，定期组织会议，分析设备维保的问题，并制定统一化的设备维保目标和计划，保障各个部门能够在设备维保中形成合力，还需要引入信息系统，包括计算机化维护管理系统和制造执行系统，实现数据的集中化管理和共享，简化不同部门之中的审批流程，以减少信息传递层次，提升信息的传递效率。其次，依据部门原本工作指标，制定共同的设备维保指标，包括设备应用综合效益，设备故障停机时间等，将其纳入部门绩效考核体系之中，以辅助各个部门之间形成维保合力，构建资源分配协调制度，依据设备维保需求和不同部门的工作情况，优化资源分配。最后，依据不同的设备类型，拟定标准化的作业指导书，明确设备的维护流程、操作步骤及质量标准，确保维保人员可以严格依据标准化作业指导书内容执行维保任务，提升维保质量，还需要建立统一性的文档管理系统，集中管理技术图纸和维保手册，并同步更新，减少新旧内容冲突问题。

3.1.5 注重可持续性发展

首先，基于设备运行状态数据和预测性维护技术，制定精准的维护计划，避免过度维护或维护不足，减少无效能耗和材料消耗，并通过分析设备的运行数据，识别设备的故障模式和维修策略，优化设备的维护流程和步骤，提升设备维护效率。其次，在维修过程中，推广使用生物降解润滑剂和水性涂料等环保材料，减少高污染材料的使用，降低碳排放。最后，维修中的废弃物，应建立规范化的处理程序，确保其符合环保规定，维修后含有重金属的备件，需要建立回收制度，按规定回收和处理。

3.2 创新维修模式

近些年来，各大企业对成本支出控制和主辅业务分离的重视程度不断加强，积极推进检修体系的创新优化，开始引入专业维修公司负责生产线设备的维护和保养，利用这一模式在资源调配、成本控制、维修质量等方面的优势，为企业健康发展提供保障。当前，设备外围维修的形式主要包括三种，分别是整体外包、零散外包、分区块外包。

3.2.1 整体外包

这一模式主要是将核心技术装备以外的设备全部委托给其他承包商，企业设备维修的主要执行主体依然是设备维修管理部门，各个车间内结合实际情况配备管理人员和专业骨干，具体负责设备维保计划的申报、大修计划的制定、备品备件采购的申请等工作，并与外委承包商共同制定维修项目，由技术人员负责维修方案的实施和质量的控制，由设备管理人员负责维修过程的控制和结果的上报。

3.2.2 分区块外包

在这一模式中，企业需要对维修资源进行全面整合，强化维保队伍培训，将高水平的维修队伍安排到核心技术生产线或者对员工综合素质较高的生产线上，而针对不关键的业务产线或者对于员工素质要求不高的生产线，可以将维保业务进行外包。这一模式能够将关键技术和设备控制在企业手中，能够保留一支可以完成自主维修的高水平维保队伍，有利于企业结合自身实际情况对维保策略进行动态调整。

3.2.3　零散外包

这一模式主要是将重要程度不高或者专业性不强业务模块的维护和保养工作承包给具有专业优势的维修商，不采用长期外包的模式，按照不同项目实际情况进行单独结算。通常来说，零散外包的策划组织主要由设备管理部门负责，其他基层车间发挥辅助作用。比如，天车、空压机等通用设备的外委直接由设备管理部门负责，而专业设备的外委工作由基层车间综合考虑成本、质量、效率等因素进行灵活选择。

相较于传统的设备管理模式，设备外委模式在理念、技术、方式等方面具有较大的优势，也存在着许多的问题，比如，外委承包商综合素质参差不齐，技能水平存在较大差异，可能出现责任推诿、维修质量较差、成本支出过高等，在具体推广中容易出现各种问题的风险，所以，企业要结合自身实际情况进行不同模式的灵活选择。

3.2.4　结束语

综上所述，创新高效维保策略和维保模式，可以通过改变被动式维修方式、优化资源的分配利用、引进先进的技术手段、优化组织管理模式、注重可持续性发展等方式入手，引入外包模式，不断提升维保质量。

参 考 文 献

[1] 何佳凝，赵宗达，李毅，等．基于人机联动的卷烟制丝设备维修管理模式探索[J]．设备管理与维修，2024(1)：11-13.

[2] 吴歆悦，周文斌，周海燕．运维一体化模式下的污水厂智慧运营经验[J]．净水技术，2024，43(S02)：331-338.

[3] 杜广林，孙晓慧．地铁设备维修保养模式研究与探索[J]．设备管理与维修，2024(8)：12-14.

[4] 胡秩栋．AR 可视化技术助推装卸机械维修新模式[J]．中国港口，2023(S1)：64-66.

[5] 广林，孙晓慧．地铁设备维修保养模式研究与探索[J]．设备管理与维修，2024(8)：12-14.

[6] 张强，王介，周红良．设备管理"1124"新模式[J]．企业管理，2024，000(6)：4.

[7] 红，刘畅．电梯安全管理存在的主要问题及多元共治模式探讨[J]．中国电梯，2024，35(4)：54-55，59.

[8] 乐天晗，丛日出，王亚平．基于均衡修模式的地铁车辆基地设计创新研究[J]．科技创新与应用，2024，14(32)：135-137，1.

多级屏蔽泵跳车原因剖析及对策

李永宁　赵高升　刘旭朗

（中国石油兰州石化公司机电仪运维中心）

摘　要　白土塔进料泵是某化工公司芳烃抽提装置中整个系统的重要核心设备，负责将C6-C8芳烃介质输送至关键塔段。该泵选用多级屏蔽泵，由于其结构特殊，具有耐高温、高压的优点，能够在恶劣环境下保持稳定运转。采用无密封设计，通过屏蔽套管隔离电机和流体，能够有效防止介质泄漏。在上周期装置大检修后，该泵在开车阶段发生跳车并无法启动。本文主要对其跳车故障的成因进行具体分析，确定根本原因，并根据技术资料要求逐步完成回装，最终试车成功，使设备恢复良好的运行状态。

关键词　屏蔽泵；跳车；磨损；摩擦；轴承

白土塔进料泵是芳烃抽提装置关键设备，为B2类设备，其作用是输送C6-C8介质，该泵由国内某公司制造，设备型号为F83-716J4EM-1012TM6-F，流量57.7m^3/h，出口压力2.24MPa，为6级屏蔽泵。

1　设备故障过程概述

2023年8月1日上午11时45分，装置操作人员启动白土塔进料泵后发生跳车现象，后续再无法启动。经过初步检查，机泵电路未发现问题，随后对屏蔽泵的RB端盖进行拆卸检查。在拆解过程中，发现后石墨轴承出现明显磨损，并伴有裂纹和高温烧损痕迹，这表明泵在之前的运行过程中已受到较大的摩擦损耗。进一步解体后，发现转子与定子之间堆积了大量石墨杂质，前石墨轴承的磨损更为严重，由于前轴套温度过高，导致前、后轴套及推力盘与转子抱死，无法拆卸。尽管如此，叶轮检查完好，未受损坏，说明跳车主要源于轴承和轴套的磨损及高温导致的粘结，而非叶轮或其他关键部件的问题。这一故障现象揭示了该设备在高负荷条件下运行过程存在潜在隐患。图1~图4为解体检查照片。

图1　后石墨轴承磨损、裂纹

图2　后推力盘磨损、裂纹

图3　前石墨轴承碎裂

2　故障原因分析

根据以上拆解的零部件故障现象可以判断出机泵跳车根本原因是由于轴承与轴套因高温黏合损坏造成，对轴承与轴套黏合原因从以下几方面进行分析：

图 4　前轴套高温损坏

2.1　备件质量检查

设备发生故障前，操作人员每天都会巡检并记录 P-201A 屏蔽泵的运行状态，尤其关注 TRG 表指针的移动情况。监测数据显示，指针一直稳定在绿区，未出现任何异常波动。同时，状态监测人员还对该泵进行每日振动检测，其振动值最大为 1.5mm/s，且一直保持稳定，这表明设备在故障前运行平稳，无明显异常(见图 5)。进一步检查所使用的备件，包括更换的石墨轴承和推力盘，发现均为原厂生产且合格证齐全。因此，设备运行的备件质量得到了验证，排除了因备件质量问题引发跳车的可能性。

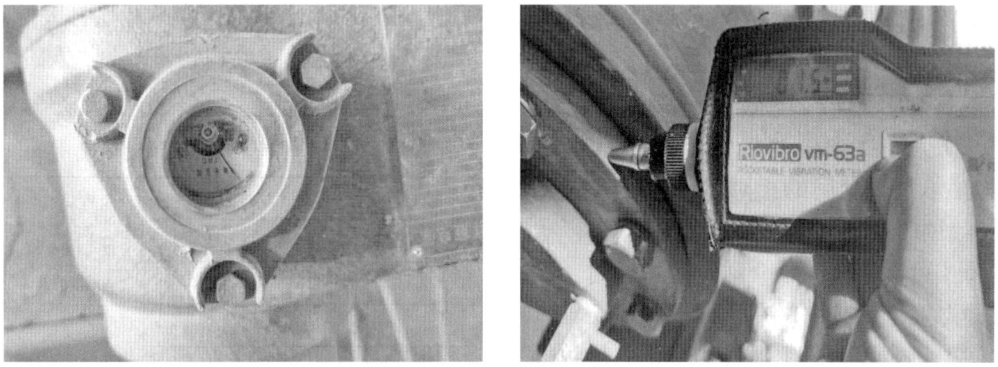

图 5　机泵振动监测

2.2　平衡管检查

为进一步排查可能的故障源，操作人员拆卸了平衡管，并用水流进行检查，确保管道通畅。测试表明，平衡管未见堵塞，也没有杂质沉积。平衡管在屏蔽泵的运转过程中起着至关重要的作用，负责均衡泵内的压力差，确保液体能够顺利流经各轴承部位，完成润滑和冷却工作。通过这次检查，可以排除因平衡管堵塞导致的润滑不良，轴承受损的可能性。

2.3　工艺操作

根据拆解后的分析结果，怀疑跳车原因可能与液体循环系统的工艺设计有关。该泵为 F 基本型，液体的循环路径非常重要。如图 6 所示：

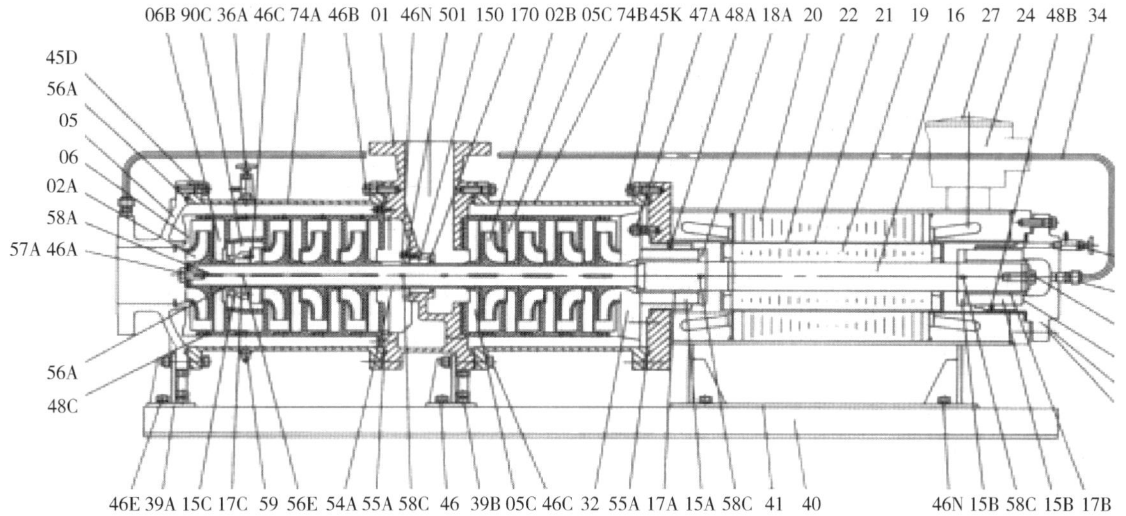

图 6　液体循环系统

该泵的液体循环路径如下：

输送液体的一部分从FB端盖(32)的小孔进入，首先流入前侧轴承(15A)与前侧轴套(17A)之间的间隙，随后液体流经定子屏蔽套(22)与转子屏蔽套(21)之间的间隙，继续进入后侧轴承(15B)与后侧轴套(17B)之间的间隙。经过这些关键部位后，液体通过RB端盖(14)进入循环管(34)，最终到达泵盖(05)。整个液体循环系统负责对前侧轴承(15A)和后侧轴承(15B)的润滑与冷却工作。此液体循环确保轴承在高速运转中始终保持适当的温度和润滑，避免干摩擦。如果由于某种原因导致介质断料，液体循环中断，轴承与轴套之间将失去润滑并迅速升温，最终造成严重的摩擦损伤和设备跳车故障。根据摩擦热量公式：

$$Q=F\times v\times t$$

式中，Q为摩擦产生的热量，J；F为摩擦力N；v为轴承与轴套间的相对滑动速度，m/s；t为摩擦持续的时间，s。

通过公式可以计算，当介质供应中断时，摩擦力导致的温度上升速率。在这种情况下，轴承与轴套之间的干摩擦会产生大量的热量，导致轴承温度迅速升高。如果假设摩擦力F为100N，滑动速度v为0.1m/s，摩擦时间t为600s(10分钟)，则摩擦产生的热量为：

$$Q=100\times0.1\times600=6000\text{J}$$

该热量会传递给轴承材料，从而导致温度升高。使用温度变化公式：

$$\Delta T=\frac{Q}{m\cdot c}$$

其中，ΔT为温度上升量,℃；m为轴承材料的质量，kg；c为材料的比热容[例如石墨轴承的比热容为700J/(kg·℃)]。假设石墨轴承的质量为0.5kg，则温度上升量为：

$$\Delta T=\frac{6000}{0.5\times700}\approx17.44$$

根据计算得知，摩擦热的累积会导致温度在短时间内迅速上升。当温度超过石墨轴承的耐热极限(一般为约350~450℃)时，石墨轴承的材料性能会急剧下降，表现为轴承和轴套的膨胀和黏合。因此润滑不足导致轴承温度快速升高，超过了材料的耐受极限，最终导致轴承与轴套黏合，泵跳车无法继续运行。

进一步拆解发现，前轴套和推力盘的高温损坏痕迹与石墨碎片的沉积印证了设备因介质断料引发润滑冷却失效的判断。综合这些现象可以表明，介质断料直接导致了轴承温度过高，使轴承与轴套之间产生了不可逆的黏合现象，最终引发设备跳车故障。

3 改进措施及解决方案

3.1 拆卸轴套、推力盘

由于前后轴套、推力盘与转子抱死，无法通过常规手段拆卸。因此，维修人员采用了车削方式小心地将轴套与推力盘分离。车削过程需要非常精确，既要避免对转子造成额外损伤，又要确保拆卸后的表面仍具备使用条件。在车削拆卸后，立即对转子的各部位进行了打表检查，以确保其在高速运转时的稳定性。通过测量得出的转子跳动值如表1：

表1 转子跳动值

测量部位	测量值	
叶轮处	0.03	标准值(≤0.05mm)
前轴承处	0.04	
后轴承处	0.05	
辅轴承处	0.04	

打表检查后确认转子的跳动值均在标准范围内，证明转子完好，具备继续使用的条件。打表检查对于设备高速旋转部件的检测至关重要，可以有效避免设备在运行过程中产生额外的振动或噪音。

3.2 核对新备件尺寸

在设备的检修和重新装配过程中，准确核对新备件的尺寸尤为重要，确保新轴承、轴套和推力盘等部件能够无缝替换。根据设备技术标准，维修人员逐一核对了石墨轴承、轴套、推力盘以及辅轴承的尺寸。具体核对结果如表2：

表2 备件规格尺寸统计

名 称	规 格	单位	数量
石墨轴承	ϕ80.20×ϕ130×120	套	2
轴套	ϕ80×ϕ66.30×126	件	2
推力盘	ϕ132×ϕ66×15	件	2
辅轴承(端面带销槽)	φ58.06×φ80×43.10	套	1
长辅轴套	ϕ57.80×ϕ48.20×118.10	件	1
辅轴承(端面带半圆槽)	φ58.06×φ80×39.10	套	1
短辅轴套	ϕ57.80×ϕ48.20×54.10	件	1

通过核对尺寸，确保所有更换的零部件符合技术要求。备件尺寸的准确性直接影响到设备的正常运行，因此，尺寸核对不仅需要精确测量，还要结合设备的技术资料进行比对，确保装配的零部件能够紧密配合。

3.3 调整轴向窜量

在完成拆卸和备件核对后，组装过程中的关键一步是调整轴向窜量。轴向窜量是设备运行时转子沿轴向移动的范围，调整不当会导致转子在运转过程中与定子产生摩擦，甚至引发设备故障。根据技术要求，P-201A 屏蔽泵的轴向窜量调整范围应在 0.7~1.3mm 之间，如下表：

轴向窜量的调整通过以下公式进行计算：

$$\Delta x=\frac{F}{k}$$

式中，Δx 为轴向窜量，mm，即轴承在轴向方向上的移动范围；F 为通过实际测量得到的作用在转子上的轴向力，N。该力可以通过力矩平衡法结合设备运行中的推力进行测定。如可以使用推力测量装置测得实际运行中的推力；k 是轴承的刚度系数，N/mm，该参数通常通过制造商提供的设备资料获得或通过材料测试获得。

在实际测量中轴向力 $F=500$N，根据制造商提供的轴承材料的刚度系数 $k=500$N/mm，则轴向窜量 Δx 为：

$$\Delta x=\frac{500}{500}=1.0\text{mm}$$

经过调整，维修人员将轴向窜量调整至 1.0mm，确保其处于标准范围内（0.7mm 至 1.3mm）见表 3）。该项调整能够保证设备在运行过程中不会出现转子和定子的过度接触或摩擦，从而避免了额外磨损。

表 3 轴向窜量

	调整值	标准值
轴向窜量	1.0mm	0.7~1.3mm

3.3 调整 g 值

在机泵重新组装过程中，g 值和 g' 值的调整至关重要。g 值代表的是设备中关键部件之间的径向间隙，而 g' 值则表示轴向间隙，直接影响泵的稳定性和效率。每一级的 g 值和 g' 值都必须按照制造商提供的技术资料进行调整，确保设备运行时没有振动或部件干扰。测量 g 值和 g' 值时，使用千分尺测量径向间隙（g 值），塞尺测量轴向间隙（g' 值），并根据结果进行多次调整。如图所示，制造商提供了标准范围以供参考。制造商规定 g 值范围为 4mm 至 4.5mm，g' 值范围为 41mm 至 41.5mm。

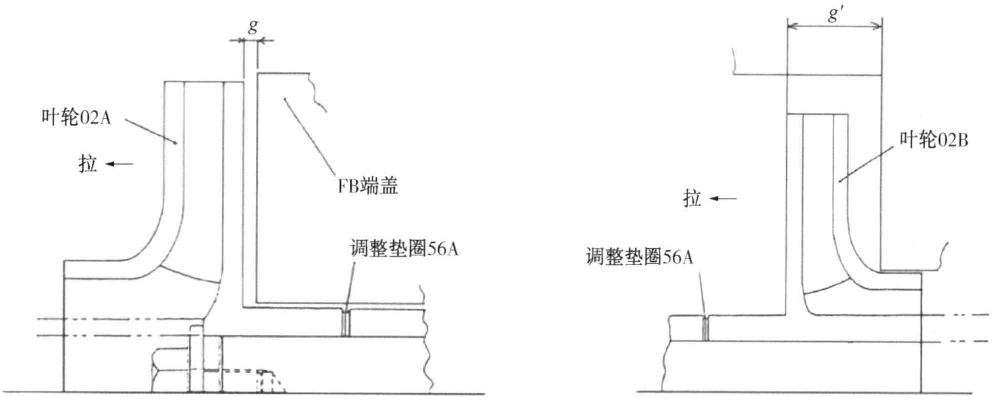

mm

泵型式	g	g'
0405RM	$3.5^{0}_{-0.5}$	$16.5^{0}_{-0.5}$
0608SM	$4.5^{0}_{-0.5}$	$20.5^{0}_{-0.5}$
0810TM	$3.5^{0}_{-0.5}$	$24.5^{0}_{-0.5}$
1012TM	$4.5^{0}_{-0.5}$	$41.5^{0}_{-0.5}$

图 7 技术资料

根据资料规定，最终调整各级的 g 值和 g′值如下(见表4)：

表4　g 值和 g′值

测量部位	g 值	g′值
1级	4.3	
2级	4.2	
3级	4.2	
4级		41.5
5级		41.3
6级		41.3

4　运行效果验证

机泵试车后运行效果良好，各项关键参数均表现稳定。振动值测得为1.4mm/s，低于设备标准要求的2.0mm/s，表明设备在运转时保持平稳。TRG检测表指针始终处于绿区，反映设备的电流和温度参数处于正常范围，电流稳定且无波动现象。同时，压力和流量检测结果表明，机泵输出压力保持在2.2MPa，流量稳定在57.7m^3/h，符合设计标准。通过这些监测数据的综合分析，验证了此次修复和调整措施的有效性，保证了设备的长期稳定运行，且无噪音和其他异常现象，见图8。

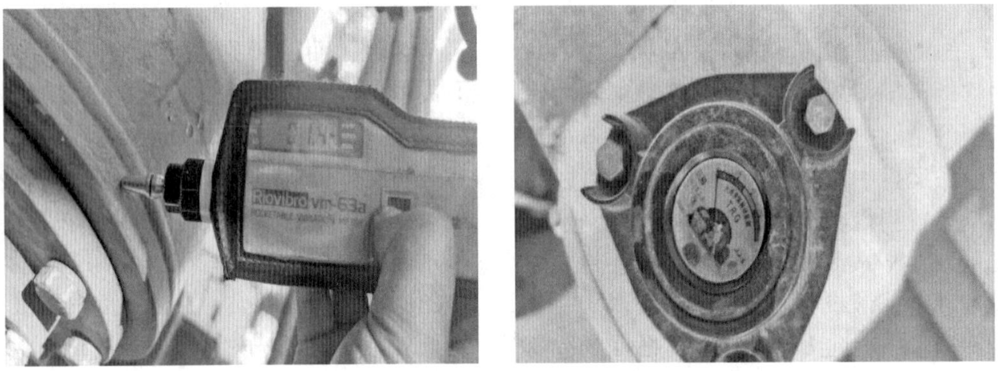

图8　机泵运行监测

5　结论

对于单级或多级屏蔽泵，保证物料的润滑和冷却是设备正常运行的关键。在此次跳车故障分析中，发现润滑失效导致了设备的高温黏合问题，通过及时采取有效的改进措施，成功解决了跳车故障，确保了设备的平稳运行。未来在屏蔽泵的维护过程中，建议进一步加强流量监测系统，确保断流时能快速做出反应，并引入更灵敏的温度控制装置，当热量达到一般石墨轴承的耐热极限时温控装置立即报警。此外，定期维护和检修是防止类似问题的关键手段，能够有效降低设备故障的发生率，延长设备使用寿命。

参考文献

[1] 李家民等《炼化设备手册》兰州大学出版社，2008.
[2] 王志魁《化工原理》化学工业出版社(第三版)2004.
[3] 黄希贤等《泵操作与维修技术问答》中国石化出版社(第二版)2005.9.
[4] 李彩艳，楚艳民.《屏蔽泵在醋酐系统中的应用及故障分析》[J]. 氮肥与合成气，2018.
[5] 冯存涛.《浅谈屏蔽泵的维修》[J]. 广州化工，2011.
[6] 周兆亮.《屏蔽泵特点及使用研究》[J]. 山东化工职业学院，2021.
[7] 颜昕.《屏蔽泵常见故障与处理措施分析》[J]. 信息周刊，2019.

催化烟机振动异常诊断与检修实践

马　骥　尚鸿昊　赵虎子　魏　玮

（中石油长庆石化分公司）

摘　要　针对长庆石化140万吨/年催化装置烟机在改造后出现的振动异常问题，通过三次系统性检修与调整，结合状态监测、频谱分析，逐步解决了后轴振动偏高、轴心轨迹异常等技术难题。本文详细阐述了三次检修中轴瓦间隙调整、支管油压控制等关键措施的实施效果，分析了转子翘头现象与可倾瓦轴承的敏感性关联，提出了针对烟机长周期运行的管控要点。实践表明，通过精准维保策略与动态参数调整，烟机振动值稳定降低至安全范围，为同类设备故障诊断与检修优化提供了参考。

关键词　烟机；振动分析；轴瓦间隙；可倾瓦轴承

催化烟机是炼化企业催化裂化装置的核心动设备，其运行稳定性直接影响装置长周期效益。长庆石化140万吨/年催化装置烟机于2023年完成技术改造，投用运行一年后振动值逐步升高，后轴振动达到报警值。为保障设备安全运行，通过三次系统性检修，结合智能化诊断技术，逐步解决了振动异常问题。本文总结此次检修的技术路线与实践经验，旨在为催化装置烟机检修提供案例支持。

1　烟机改造与运行情况

1.1　烟机技术改造要点

2023年催化装置大检修主要对原烟机流通部分进行了改造，更换新制部件包括：静叶组件、围带、转子组件、挠性过渡衬环、进气锥组件，更换新型YLBZ节油型径向可倾瓦轴承。轮盘较之前加厚18mm，叶片高度增加了8mm，同时增加了轮盘蜂窝密封，增加了排气导流板等。

机组技术参数（改造后）：

进气温度：$T_1=665℃$　进气压力：$P_1=0.3129MPa(a)$

排气压力：$P_2=0.108MPa(a)$　进口流量：$V_1=3080Nm^3/min$

工作转速：$n=5380r/min$　输出功率：$N_e=13300kW$

1.2　烟机运行情况

1.2.1　改造后烟机运行工况

2023年6月烟机改造后投用运行总体平稳，烟机轮盘温度及冷却蒸汽温度和流量稳定，蒸汽量改造前2.8~3t/h，改造后2.0t/h，最大下降约1t/h；烟机四支振动YI52471/2/3/4分别为19/17/30/45μm。装置开工初期催化剂细粉含量较高，6~8月份催化剂单耗均大于1kg/t，见图1，致使开工三个月后烟机叶片出现结垢情况，振动出现上升。后期通过采用MIP专用催化剂，加大循环置换，降低了催化剂的破损，烟机运行工况大幅改善，自9月份起，催化剂单耗逐渐降低至0.8kg/t以下，烟机结垢情况缓解，直至运行至2024年10月停机检修，烟机运行周期为16~17个月。

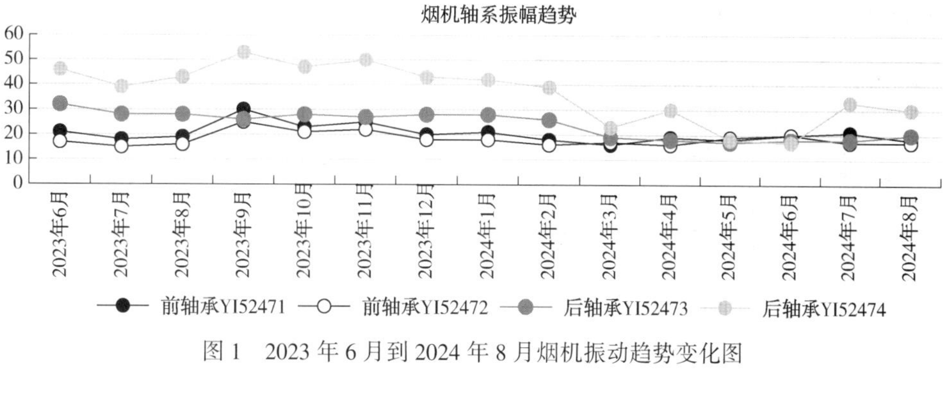

图1　2023年6月到2024年8月烟机振动趋势变化图

1.2.2　2024 年 9-10 月烟机运行情况

2024 年 9 月中旬开始，烟机除后轴 YI52473 外，其余 3 个各测点均出现阶梯式升高趋势，其中后轴（对轮侧）YI52474 最大达到 69.3μm，升幅达到 50%以上。烟机后轴频谱图以 1X 频为主导，相位保持平稳，轴心轨迹呈变椭圆形。轴心轨迹在 9 月份多次出现正、反进动切换现象，见表 1、图 2~图 3。

表 1　烟机 2024 年 9~10 月振动数据统计表　μm

监测点＼日期	9.15	9.18	9.22	9.24	10.11	10.12
前轴 YI52471	23.93	30.69	35.69	39.44	36.96	46.92
前轴 YI52472	21.11	26.42	29.76	35.17	36.76	40.97
后轴 YI52473	20.92	21.13	23.04	25.22	18.54	21.92
后轴 YI52474	35.45	45.59	50.13	56.52	60.83	69.3

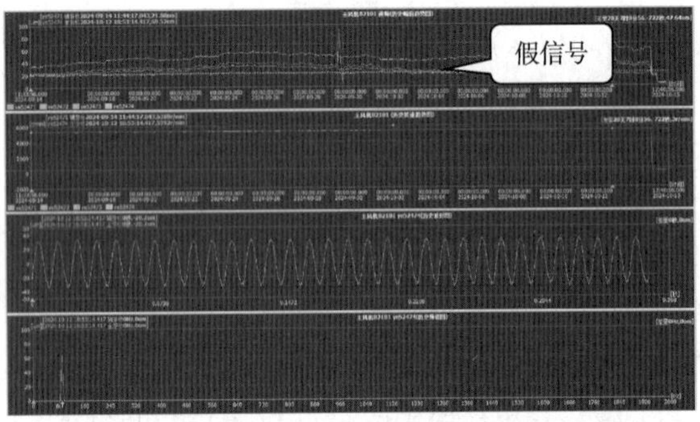

图 2　2023.9.14~10.15 烟机振动趋势及频谱图

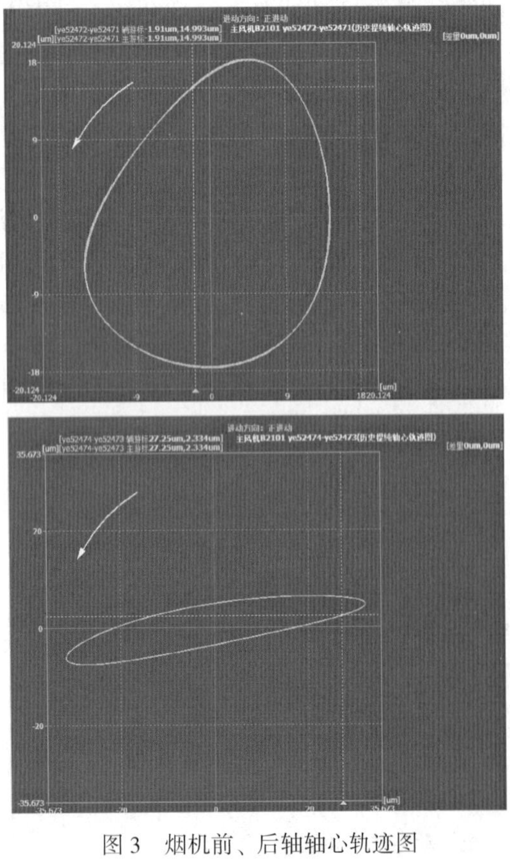

图 3　烟机前、后轴轴心轨迹图

2　烟机检修及试运情况

2.1　第一次检修及运行情况

2.1.1　停机检查情况

解体烟机发现动叶、静叶表面结垢 2~3mm 左右，垢层为易脱落浮垢，动叶片尖角处和外圆的 30%~70% 出均出现磨损，磨损量 2~3mm。前、后径向轴承及止推轴承瓦块表面巴氏合金无损伤，见图 4~图 6。

图 4　动叶片结垢情况

2.1.2　第一次检修主要调整内容

本次检修更换备用新转子，对称更换 4 个磨损严重的联轴器螺栓，各更换 2 块主、副推力瓦块，确保厚度差≯0.02mm。按照设计参数调整前轴承瓦顶间隙至 0.13mm、后轴承瓦顶间隙至 0.10mm。同步将预拉量由 3.5mm 调整至 6mm。

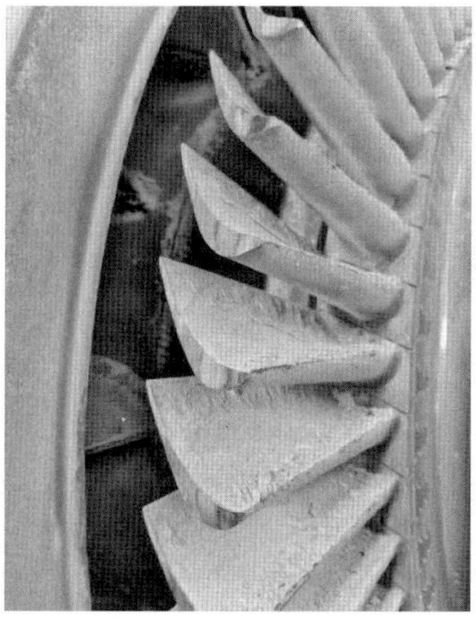

图 5 动叶片叶顶磨损情况

图 6 静叶结垢情况

2.1.3 烟机检修后试运行情况

烟机检修完成后逐步投运时，烟机前轴承振动基本保持稳定，但后轴承振动存在上升趋势，随即计划开展第二次停机检查。具体轴系振动值见表 2。

其中后轴承 YI52474 振幅升高较大，频谱图以 1X 频为主，且随着烟机负荷的增加逐步升高。期间 YI52473/4 相位差接近 0°，轴心轨迹呈直线状，见图 7。

2.2 第二次检修及运行情况

2.2.1 停机检查情况

检查发现叶片本体完好，叶片表现存在轻微浮灰。

2.2.2 第二次检修主要调整内容

（1）将前轴间隙适当增加，调整前径向轴承轴瓦与轴径半径间隙至 0.145mm；

（2）调整联轴器垫片，使预拉量恢复至检修前的 3.5mm；

（3）检查主风机-齿轮箱对中情况，对烟机-主风机重新进行找正，确保对中值在标准范围内。

2.2.3 烟机检修后试运行情况

烟机第二次检修后试车，前轴振动较第一次检修基本保持稳定，后轴 YI52474 仍存在明显上升趋势，频谱图以 1X 频为主，轴心轨迹呈 8 字形。具体轴系振动值见表 3、图 8。

表 2 烟机第一次试运行阶段轴系振动数据 μm

试运行阶段	前轴承		后轴承	
	YI52471	YI52472	YI52473	YI52474
主风机启机	22.95	16.19	26.46	48.62
主风机加载	28.69	17.07	34.24	68.09
烟机入口蝶阀 13%	30.32	16.84	45.15	71.87

烟机振动在负荷上升仍存在运行不稳定情况，但相比第一次检修完成后负荷可以加大 20%以上，说明问题仍未完全解决，需要进一步解体检修进行分析。

2.3 第三次检修及运行情况

2.3.1 第三次检修方案

结合开机运行情况、油温对振动的敏感度和状态监测频谱情况，分析烟机后轴振动高的原因主要包括：

（1）烟机后轴瓦刚性不足，轴瓦间隙过大。

（2）后瓦瓦背预紧力过大，过盈量 0.1mm，偏上限，易造成轴瓦变形。

（3）轴瓦各瓦块圆度较差，轴承内孔可能存在变形情况。

基于以上分析，确定本次检修重点是对烟机后轴瓦进行现场的全面检测，对轴瓦间隙、瓦背预紧力等关键质量控制点进行调整，更换后轴瓦瓦块，其余检修工序不变，具体如下：

（1）后轴瓦更换备用瓦块，采用专用测量工装对支撑瓦间隙进行检查。其中后轴瓦间隙由 0.22mm 调整至 0.16mm，并通过修瓦保证轴瓦圆度，瓦口间隙 0.3~0.5mm。

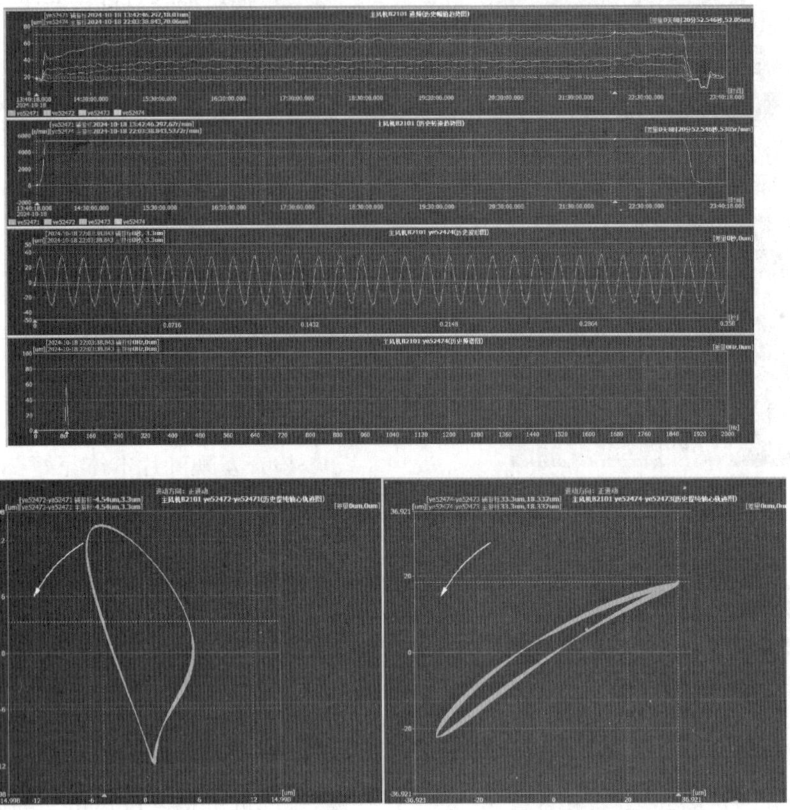

图7　第一次烟机检修试运行振动频谱及轴心轨迹图

表3　两次检修前后启机振动数据对比　　μm

试运行阶段	前轴承		后轴承	
	YI52471	YI52472	YI52473	YI52474
主风机启机	24. 81	18. 14	35. 29	45. 87
主风机加载	28. 35	19. 22	47. 28	44. 15
烟机入口蝶阀 39%	35. 46	19. 31	40. 65	58. 78

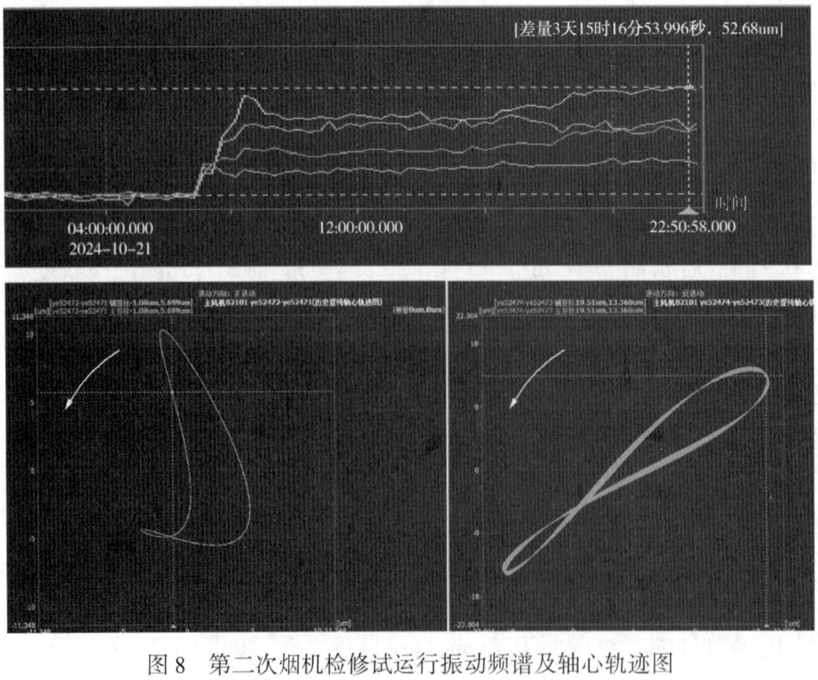

图8　第二次烟机检修试运行振动频谱及轴心轨迹图

(2) 采用四点法，用百分表检查烟机后轴承座内孔变形情况。

(3) 后支撑轴承的瓦背过盈值降低至 0.04mm。

(4) 烟机整体回装找正，找正时用打表法和激光对中仪同时进行检查。

检修关键质量控制点：

(1) 确保瓦块厚度偏差值≤0.02mm。

(2) 确保后支撑轴瓦安装间隙值符合 0.16～0.20mm。

(3) 确保后支撑轴承紧力在-0.02～-0.04mm。

(4) 可倾瓦各瓦块装配后能自由摆动。

2.3.2 检修主要调整内容

(1) 瓦块厚度测量情况

使用专用工装对烟机前、后可倾瓦瓦块进行测量，对超差的瓦块进行调整，确保瓦块厚度偏差小于 0.02mm，具体调整情况如表 4 所示：

表 4 轴瓦厚度调整数据

	瓦块	1号	2号	3号	4号	5号
前瓦	原厚度/mm	33.90	33.94	33.84	33.85	33.85
	调整后厚度/mm	33.85	33.86	33.84	33.85	33.85
后瓦	原厚度/mm	33.46	33.44	33.45	33.45	33.46
	调整后厚度/mm	33.44	33.44	33.45	33.45	33.45

(2) 后支撑轴承瓦座安装尺寸复测调整情况

在对后轴瓦支撑座圆度进行检查时发现其定位销出现错位情况，瓦座圆度较差，内孔圆度 0.10mm，大于标准值 0.01mm，经外送将销孔重新加工后，安装定位销后复测圆度 0.01mm，符合标准值，见图 9。

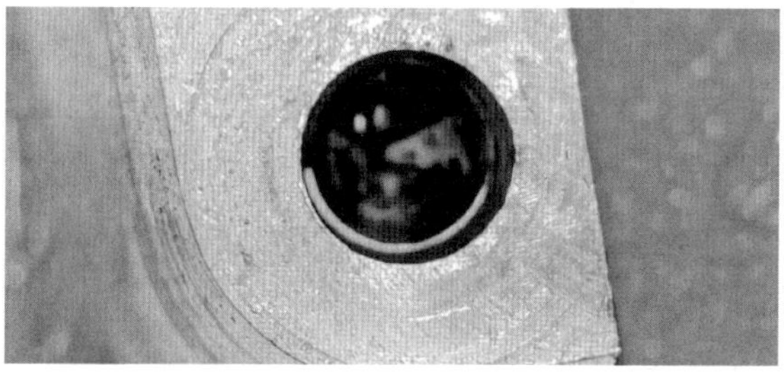

图 9 烟机后轴瓦定位销孔错位情况

(3) 后支撑轴承紧力调整情况

将后瓦背紧过盈量由 0.08mm 调整为 0.04mm。

(4) 转子动平衡试验情况

对运行转子送厂家做动平衡。动平衡精度 G1.0。

(5) 烟风联轴器对中调整情况

对机组对中情况进行复测：烟机高 0.21mm，烟机偏北 0.09mm，烟－风上张口 0.04mm，北张口 0.02mm。烟机径向对中超差，轴向对中属于正常范围。

2.3.3 机组启机运行情况

主风机启机后空载状态烟机轴系 YI52471/2/3/4 振动值分别为 16/15/25/8μm，随后后轴两只振动出现上下波动，其中 YI52473 波动幅度较大，波动范围在 24～47μm 之间，YI52474 波动范围在 8～25μm 范围之间波动，同时后轴瓦温偏低，为 57℃。状态监测频谱上显示为 1X 分量起主导，见图 10。

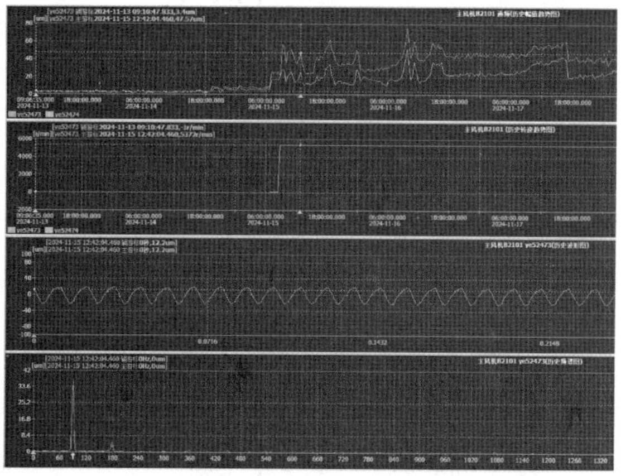

图 10 第三次烟机检修后运行振动频谱

烟机暖机合格后，随着入口蝶阀的开大，负荷增加，烟机后轴振动开始上升，其中 YI52473 上升幅度较大，最大上升至 64μm，YI52474 上升至 34μm。状态监测频谱上显示为 1X 分量起主导，呈逐渐上升。

蝶阀开度为 30% 时，后轴开始出现下降，最低分别降至 35/11μm。其后 YI52473 上升幅度较大，最大上升至 51μm，YI52474 上升至 28μm，而后在最高点时又开始出现下降，体现出较高的同步和一致性，烟机轴系振动状态不稳定。状态监测频谱上显示为 1X 分量起主导，呈逐渐上升。

后期继续随着烟机蝶阀开度增大，后轴振动逐步开始上升，YI52473 上升幅度较大，见表 5。

表 5　碟阀开度增大后轴振动数据　　μm

蝶阀开度	YI52473	YI52474
30%	35~51	11~28
38%	55	38
43%	61	43

3　原因剖析及思考

（1）烟机后轴瓦设计核算间隙值不合理，转子存在翘头现象。

2023 年大检修烟机改造后，目前运行转子较改造前的转子在轮盘侧重量增加约 400kg，后轴瓦间隙偏大的情况下转子易发生翘头现象，随着负荷的增加，翘头现象有放大情况，造成负荷增加时后轴振动偏高。

（2）可倾瓦对支管油压敏感性高，调节功能受限。

当机组运行中轴承支管油压偏大时，由于可倾瓦的结构因素，作用在轴瓦瓦面上的压强会相应增强，此时可倾瓦瓦块的摆动会受限，同时较大的油压也可能会导致轴瓦与座孔贴合不紧密，造成轴瓦松动，增加了转子的活动空间，降低了可倾瓦的调节作用，从而对转子形成了机械松动和强制振动共同叠加的激振力，进而加剧了转子振动。

（3）支撑刚度变化引发转子系统共振。

通过状态监测显示 1X 上升情况，排除转子不平衡、机械松动、轴弯曲等原因，分析为轴瓦因刚性不足，在提高烟机负荷致使转子系统固有频率偏移引发系统共振。

4　采用的调整措施及效果

4.1　调整措施

根据烟机三次检修后出现的烟机振动不稳定情况，结合智能化监测系统，通过采取降低支管油压，调整瓦块摆动等措施，烟机后轴振动逐步趋于稳定，见表 6。

表 6　支管油压降低后轴振动数据　　μm

后轴支管油压	YI52473	YI52474
0. 15MPa 降至 0. 12MPa	45	23
0. 12MPa 降至 0. 10MPa	38	27

4.2　实现效果

继续提烟机负荷，烟机蝶阀逐步由 43% 开至 50%，烟机入口压力为 0. 19MPa，入口温度 665℃，再生器压力 0. 265MPa，双动滑阀开度平均为 2. 5%，主电机电流为 165A，主风机静叶开度范围为 50~54%。此时烟机前、后轴振动基本稳定，YI52471/2/3/4 分别为 21/16/38/22μm，再未发生波动情况，见图 11。

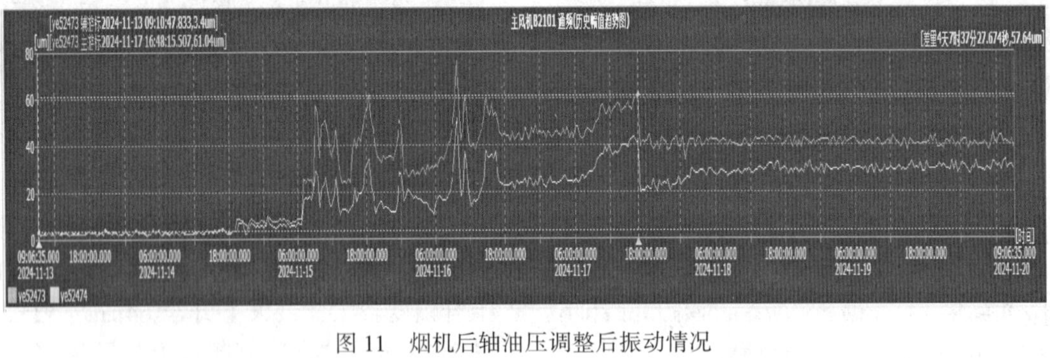

图 11　烟机后轴油压调整后振动情况

5　烟机后续管控措施

经过对烟机三次检修前后的运行数据进行分析，结合检修调整、更换内容，形成今后烟机检修、运行要点如下：

一是细化后轴承座圆度的检查方案，今后的烟机检修采用将轴承座返回制造厂或者现场采用制造厂专用工装的方法，提高检修精度。

二是进一步关注支管油压的变化对可倾瓦轴承起到的作用，确定烟机前、后支管油压调节范围，尤其是后轴支管油压要求控制在 0. 08 ~ 0. 10MPa 之间，尽可能控制在下限运行。

参　考　文　献

[1] SH/T 3516—2012 催化裂化装置轴流压缩机-烟气轮机能量回收机组施工及验收规范 .

[2] YL15000L 型烟气轮机说明书 .

[3] 设备状态监测与故障诊断技术及应用[J]. 化学工业出版社，2003. 1.

运行数据赋能，推动化工设备维保转型

魏耀平

（陕西神木化学工业有限公司）

摘　要　本文针对化工企业设备运维痛点，深入剖析传统定期维护模式的弊端，系统阐述基于设备运行数据和故障历时的精准维保策略。通过搭建多元数据采集监测体系、构建智能故障预测模型、制定适配性维保计划，并辅以全方位实施保障措施，实现从定期维护向精准维护的转型，有效提升化工企业设备维保效能，降低运维成本，增强企业核心竞争力。

关键词　化工企业；设备维保；精准维护；设备运行数据；故障预测

化工行业作为国民经济的支柱产业，其生产过程具有高温、高压、易燃易爆及连续性强的特点，对设备的可靠性和稳定性要求极高。设备一旦发生故障，不仅会导致生产中断，造成直接经济损失，还可能引发严重的安全事故，带来不可估量的社会影响。传统的定期维护模式凭借固定的时间周期开展设备检修，难以契合设备的实际运行状态，在工业互联网、大数据、人工智能等新兴技术蓬勃发展的背景下，构建基于设备运行数据和故障历时的精准维保模式，成为化工企业提升设备管理水平，实现降本增效和高质量发展的必然选择。

1　传统定期维护模式的弊端

1.1　过度维护致使成本攀升

在定期维护模式下，设备维护工作依据预先设定的时间周期执行，而忽视了设备个体在实际运行中的差异。大量运行状态良好、性能稳定的设备被周期性拆解、检测与维护，这不仅消耗了大量的人力、物力资源，还增加了设备因频繁拆装而受损的风险。以某大型化工企业的大型反应釜为例，其运行状态实时监测数据显示，在长达半年的时间内，各项性能指标均稳定在正常范围内，但按照既定的季度全面检修计划，仍需每季度开展一次全面检修，每次检修费用高达 50 万元，其中约 60%的费用用于不必要的维护项目，造成了企业运营成本的显著增加。

1.2　维修不足引发故障频发

化工设备在实际运行过程中，由于工作环境、负载条件等因素的影响，不同设备的磨损和老化速度存在较大差异。定期维护模式无法对设备的实时健康状况进行动态监测与评估，难以在故障萌芽阶段及时发现并处理潜在问题。例如，某化工生产线的输送泵在定期维护周期内，因未能及时检测到轴承的轻微磨损，随着磨损程度的加剧，最终导致轴承在运行过程中突然失效，引发输送泵故障，造成生产线停工 5 天，直接经济损失高达 800 万元，同时还因产品交付延迟产生了大量的间接损失。

2　基于设备数据的精准维保策略

2.1　构建多维度设备数据采集与监测系统

精准维保作为化工企业设备管理领域的创新变革，其核心要义在于构建一个能够获取全面、准确且具备实时性的设备运行数据体系。在化工生产过程中，设备工况极为复杂，这就要求化工企业部署种类丰富、性能先进的传感器，实现对设备的温度、压力、振动、转速等关键参数的高精度、实时采集。传统监测方案往往仅关注常见参数，难以满足精准维保的要求。为进一步提升监测的全面性，企业可引入声学传感器。这类传感器能敏锐捕捉设备运行时发出的细微异常声音，将其转化为电信号并进行分析。不同类型的故障，如部件松动、摩擦加剧等，会产生具有独特特征的声音信号，为故障诊断提供了更为丰富、直观的信息维度。

与此同时，为确保数据的高效传输，化工企业需借助 5G、工业以太网等高速通信技术。以 5G 技术为例，其具备低时延、高带宽、广连接的特性，可在瞬间将海量设备运行数据快速、稳定地传输至数据中心。这不仅避免了数据传输过程中的延迟和丢失，还为实时监测和及时响应提供了有力保障。在数据中心，需搭建一套功能完善的设备故障数据库。该数据库不仅要详细记录设备的故障类型、发生时间、维修措施及维修效果等信息，还应具备强大的检索、分析和数据挖掘功能，为后续的数据分析和故障预测模型训练提供坚实的数据基础。

以大型压缩机这类化工企业的关键设备为例，通过在其外壳、轴承、电机等关键部位安装振动传感器、温度传感器和声学传感器，构建全方位的设备监测体系。这些传感器持续收集压缩机运行过程中的各项参数，并实时上传至监测系统。系统内置了基于大数据分析和机器学习算法的智能诊断模型，能够依据预先设定的正常运行参数范围，对实时数据进行对比和分析。一旦设备运行参数超出预设范围，系统将立即触发预警机制，通过短信、邮件、即时通信软件等多种方式，将预警信息推送至设备管理人员的终端设备，提醒其及时处理潜在的设备故障隐患。

2.2　运用先进算法开展数据分析与故障预测

在工业数字化转型的大背景下，化工企业设备管理逐步向智能化迈进，借助大数据分析技术与机器学习算法对设备运行数据及故障历史数据展开深度挖掘，构建高度精准的设备故障预测模型，已然成为提升设备运维效率的关键路径。传统的设备故障诊断方法多依赖人工经验与简单的阈值判断，难以应对化工设备复杂多变的运行工况。而大数据与机器学习技术的有机融合，为解决这一难题提供了全新的思路。

大数据分析技术凭借其强大的数据处理能力，能够对海量的设备运行数据和故障历史数据进行清洗、整合与存储。这些数据涵盖设备的实时运行参数、环境参数、操作记录以及历次故障信息等，构成了故障预测模型训练的坚实数据基础。机器学习算法作为数据挖掘的核心工具，通过对这些数据的学习与分析，提取其中隐藏的规律与特征，进而构建设备故障预测模型。在模型构建过程中，常用的深度学习算法，如卷积神经网络（CNN）、循环神经网络（RNN）及其变体长短期记忆网络（LSTM）等，凭借其强大的非线性建模能力，在设备故障预测领域取得了显著成效。然而，随着化工设备的日益复杂以及对故障预测精度要求的不断提高，传统算法在处理高维度、大规模数据时逐渐显露出局限性。

为进一步提升模型的预测精度与效率，可引入基于量子计算原理的算法。量子计算基于量子力学原理，利用量子比特的叠加和纠缠特性，能够实现并行计算，极大地提高计算速度。将量子计算原理与机器学习算法相结合，形成量子神经网络等新型算法模型，能够有效突破传统算法的瓶颈，在更短的时间内处理更复杂的数据，挖掘出更深层次的规律。

以某化工企业的换热器设备为例，该企业采用基于量子神经网络的故障预测模型对换热器的运行数据进行实时分析。换热器作为化工生产过程中的重要设备，其管道结垢问题严重影响传热效率，进而威胁生产的连续性。通过在换热器上部署温度传感器、压力传感器和流量传感器，实时采集设备的运行数据，并将这些数据传输至量子神经网络模型进行分析。模型通过对设备运行数据的趋势分析，捕捉传热效率的变化趋势；通过异常检测，识别数据中的异常波动；通过关联分析，挖掘不同参数之间的潜在联系。经过对大量历史数据的学习与训练，该模型成功提前7天预测到换热器管道结垢导致的传热效率下降问题。企业在收到预警后，及时安排维护人员对换热器进行清洗和保养，有效避免了结垢严重引发的设备故障，保障了生产的连续性，大幅降低了因设备故障造成的经济损失。这一案例充分展示了基于量子计算原理的算法在化工设备故障预测领域的巨大潜力与应用价值。

2.3　制定适配性个性化维保计划

在化工企业设备管理中，基于设备故障预测结果以及设备的实际运行状况，量身定制个性化的维保计划，是提升设备管理效能，实现降本增效的重要举措。设备故障预测系统通过对设备运行数据的持续监测与分析，能够准确判断设备的健康状态，为维保计划的制定提供科学依据。而运筹学中的优化算法，为合理配置维保资源，平衡维保成本与设备可用性提供了高效的解决方案。

在实际操作中，依据设备故障预测模型生成的风险评估报告，以及设备实时运行参数反馈的实际状况，将设备划分为不同的类别。对于运行稳定、各项参数均在正常范围内，且经故障预测模型评估无故障隐患的设备，适当延长其维护周期。这样既能减少不必要的维护工作，降低维保成本，又不会影响设备的正常运行。相反，对于存在潜在故障风险的设备，尤其是故障预测模型显示即将出现故障的设备，需立即启动针对性的维保行动。

以电机设备为例，当故障预测模型发出电机即将出现故障的预警时，借助运筹学中的优化算法，对维修备件的采购与调配进行提前规划。算法会综合考虑备件的库存情况、采购周期、运输成本，以及维修人员的技能水平、工作负荷等因素，制定出最优的备件采购和人员调配方案。一方面，确保在电机故障发生前，所需的维修备件能够及时到位，避免因备件短缺导致维修延误；另一方面，合理安排经验丰富的维修人员，充分发挥其专业技能，提高维修效率，确保设备在故障发生前得到及时修复。

通过这样的优化，不仅有效降低了因设备故障导致的生产中断风险，保障了生产的连续性，还通过合理配置维保资源，避免了资源的浪费，降低了维修成本。同时，借助数字化手段对设备维保进行精细化管理，极大地提升了化工企业设备管理的整体水平，增强了企业的市场竞争力，助力化工企业在激烈的市场竞争中实现可持续发展。

3 精准维保的实施与保障

3.1 优化组织架构与强化人员培训

为全方位保障精准维保策略落地实施，化工企业必须对现有的组织架构进行系统性的优化与重构，搭建起一套适应数字化、智能化设备管理需求的组织体系。精准维保高度依赖设备运行数据的高效采集、深入分析，以及对设备故障的精准诊断与预测，这就要求企业组建专门的设备数据管理团队和故障诊断小组。

设备数据管理团队作为设备运行数据的核心处理单元，承担着数据全生命周期管理的重任。在数据采集阶段，团队成员需要依据设备的类型、运行特点，合理规划传感器的部署方案，确保能够获取全面、准确的设备运行数据。同时，要实时监测数据采集系统的运行状态，及时处理数据传输过程中出现的异常问题，保障数据采集的稳定性和连续性。在数据整理环节，团队成员运用专业的数据清洗工具和算法，对采集到的原始数据进行去噪、筛选和标准化处理，去除数据中的错误和冗余信息，将其转化为可供分析的高质量数据。在数据分析阶段，团队成员借助大数据分析平台和机器学习工具，对设备运行数据进行多维度、深层次的挖掘，提取设备运行的规律和特征，为设备故障诊断和预测提供数据支撑。

故障诊断小组由一批具备深厚专业知识和丰富实践经验的技术人员组成，他们运用专业知识和先进的技术手段，对设备故障进行诊断和预测。在日常工作中，小组成员通过对设备运行数据的实时监测和分析，及时发现设备运行中的异常信号，并运用故障树分析、神经网络等技术，对设备故障的类型、原因和严重程度进行深入分析和判断。一旦发现设备存在潜在故障风险，小组成员立即制定相应的故障处理预案，为设备维修提供技术指导。

为使设备管理人员、维修人员能够熟练运用精准维保技术和工具，企业需制定一套系统、全面的培训计划。在培训师资方面，邀请行业内知名专家、技术骨干进行授课，他们不仅能够传授最新的理论知识和技术方法，还能分享丰富的实践经验和案例。在培训内容上，涵盖设备运行数据采集、数据分析、故障诊断等多个方面，既有理论知识的讲解，也有实际案例的分析。在培训方式上，采用理论培训、案例分析和实操演练相结合的方式。理论培训通过课堂教学的方式，帮助学员系统掌握精准维保的理论知识；案例分析选取实际生产中的典型案例，引导学员运用所学知识进行分析和解决，提高学员的实际问题解决能力；实操演练让学员在模拟的工作环境中，亲自动手操作设备和工具，熟悉精准维保技术和工具的使用方法，提升学员的实践操作技能。

通过优化组织架构和开展系统培训，化工企业能够打造一支高素质、专业化的设备管理和维修团队，为精准维保策略的顺利实施提供坚实的人才保障和组织保障，推动企业设备管理水平的提升，助力企业实现高质量发展。

3.2 建立科学合理的绩效考核机制

建立一套科学、全面且极具针对性的绩效考核机制，是推动化工企业精准维保工作落地生根，显著提升设备维保效率与质量的重要驱动力。在设计这一机制时，需将设备故障率、维修及时率、维修成本、设备可用性等与设备维保成效紧密相关的关键指标，系统地纳入考核体系之中，借助量化评估，清晰衡量员工在精准维保工作中的贡献与不足。

设备故障率，直观反映了设备在一定时期内发生故障的频率，是衡量设备运行稳定性和维保工作成效的关键指标。通过统计和分析设备故障率，不仅能够判断设备的整体健康状况，还能发现设备维保过程中存在的潜在问题。将其纳入考核体系，促使维保人员更加关注设备的日常维护和巡检工作，及时发现并解决设备隐患，降低设备故障率。

维修及时率体现了维保团队在设备出现故障时的响应速度和维修效率。化工生产具有连续性强的特点，设备故障一旦发生，若不能及时修复，将对生产造成严重影响。因此，设定明确的维修及时率考核标准，要求维保人员在规定时间内完成设备维修任务，能够有效减少设备故障停机时间，保障生产的顺利进行。

维修成本也是考核体系中不可或缺的一环。通过对维修过程中所消耗的人力、物力、财力进行核算，评估维保工作的经济性。将维修成本纳入考核，促使维保人员在保证维修质量的前提下，合理选择维修方案，优化备件采购和使用，降低维修成本。

设备可用性反映了设备在需要运行时能够正常工作的时间比例，综合体现了设备的可靠性和维保工作的有效性。提高设备可用性，不仅能够增加生产时间，提高生产效率，还能降低设备因故障停机带来的间接损失。将设备可用性纳入考核，激励维保人员从设备全生命周期的角度出发，做好设备的维护、保养和维修工作，确保设备始终处于良好的运行状态。

在考核实施过程中，对在精准维保工作中表现突出的团队和个人，企业应给予及时的表彰和物质奖励。表彰形式可以多样化，如颁发荣誉证书、在企业内部宣传平台进行宣传报道等，增强员工的荣誉感和归属感。物质奖励则可以包括奖金、晋升机会、培训机会等，切实提高员工的工作积极性。而对于未能达到考核要求的团队和个人，要进行严肃问责，深入分析原因，制定针对性的整改措施。通过持续跟踪整改效果，确保问题得到有效解决，不断提升精准维保工作的整体水平。

借助绩效考核机制的正向激励和反向约束作用，能够充分激发员工参与精准维保工作的热情，促使他们主动学习和掌握先进的维保技术，提高自身的业务能力和综合素质，进而显著提升化工企业设备维保的效率和质量，为企业的稳定生产和可持续发展提供有力保障。

3.3 深化与供应商的战略合作

化工企业要想让精准维保工作取得理想效果，和设备供应商构建紧密且长期稳定的战略合作关系至关重要。在工业4.0的大背景下，设备的技术复杂度持续攀升，设备供应商凭借其在研发、生产领域的专业知识和技术优势，能为化工企业提供多维度的支持，助力企业提升设备维保的整体效能。

双方共同开展设备故障诊断和维修技术研究，是合作的重要内容。化工企业拥有丰富的设备实际运行数据，这些数据反映了设备在复杂工业环境下的真实运行状况。设备供应商则具备深厚的技术研发实力，能够基于这些数据，运用先进的算法和模型，开发出更精准的故障诊断工具。例如，双方可以利用大数据分析技术，对设备的历史故障数据和实时运行参数进行挖掘，建立设备故障预测模型。通过对设备运行状态的实时监测，提前发现潜在的故障隐患，实现设备的预防性维护。在维修技术研究方面，针对化工设备维修过程中遇到的难题，如特殊零部件的更换、复杂系统的调试等，双方技术人员组成联合研发团队，开展专项研究，共同探索更高效、更可靠的维修方法。

技术成果和经验共享，是推动双方合作深入发展的关键。设备供应商在产品研发和技术创新过程中积累了大量的技术成果和宝贵经验，通过与化工企业共享，能帮助企业快速提升设备维保技术水平。化工企业则可以将设备在实际运行过程中发现的问题、总结的维修经验反馈给供应商，为供应商改进产品设计、优化生产工艺提供参考。这种双向的信息交流和经验共享，不仅有助于解决当下设备维保过程中遇到的问题，还能为设备的升级换代和技术创新提供方向。

设备供应商为化工企业提供全方位的支持，对提升企业设备维保能力起着重要作用。在设备技术参数方面，供应商提供详细、准确的技术资料，帮助企业维保人员深入了解设备的工作原理、性能特点和运行要求，为设备的日常维护和故障诊断提供依据。维修手册则为维保人员提供了标准化的维修流程和操作规范，确保维修工作的质量和安全性。在备品备件供应方面，供应商建立高效的供应链管理体系，确保企业能够及时获取所需的备品备件。当企业遇到紧急设备故障时，供应商能够迅速响应，优先保障关键备件的供应，缩短设备故障停机时间。此外，当企业在设备维保过程中遇到技术难题时，供应商及时派遣技术专家到现场提供技术指导，协助企业解决问题，提高设备的可维护性和可靠性。

通过与设备供应商开展深度合作，化工企业能够充分借助外部专业力量，弥补自身在技术和资源方面的不足，提升设备维保的技术水平和管理能力，为企业的安全生产和稳定运营奠定坚实的基础。与此同时，这种合作模式也为设备供应商提供了了解市场需求、改进产品和服务的机会，实现双方的互利共赢和协同发展。

4 精准维保的效益分析

4.1 显著降低维修成本

通过精准维保，减少了不必要的定期维护工作，降低了设备的过度维修成本。同时，提前预测和处理设备故障，避免了因突发故障导致的高额维修费用和生产损失。某化工企业实施精准维保后，设备维修成本降低了 40%，因设备故障导致的生产损失减少了 60%。

4.2 大幅提高生产效率

精准维保有效减少了设备故障停机时间，提高了设备的可用性和生产的连续性。某化工生产线实施精准维保后，设备故障率降低了 60%，年生产时间增加了 300 小时，生产效率提升了 30%。

4.3 全面增强企业竞争力

精准维保提升了设备的运行可靠性和稳定性，保障了产品质量的一致性，降低了生产成本，增强了企业的市场竞争力。同时，精准维保模式的应用体现了企业在数字化、智能化管理方面的领先水平，有助于提升企业的品牌形象，吸引更多的客户和合作伙伴。

5 结论

从传统的定期维护向基于设备运行数据和故障历时的精准维护转变，是化工企业提升设备维保效率和质量的必由之路。通过构建多维度设备数据采集与监测系统、运用先进算法开展数据分析与故障预测、制定适配性个性化维保计划，并辅以优化组织架构、建立绩效考核机制和深化供应商合作等保障措施，化工企业能够实现设备维保的智能化、精准化，降低维修成本，提高生产效率，为企业的可持续发展奠定坚实基础。未来，化工企业应持续探索新兴技术（如数字孪生），进一步提升设备管理水平，适应行业发展的新要求。

参 考 文 献

[1] 王凯，张建华．化工设备智能维护与可靠性管理[M]．北京：化学工业出版社，2020.

[2] 中国石油和化学工业联合会．石化行业智能工厂建设指南[R]．北京，2021.

[3] 李志强，张伟，王磊．基于 LSTM 的离心压缩机故障预测模型研究[J]．化工学报，2019，70(3)：1023-1032.

[4] 李峰，周明，吴涛．5G 通信技术在工业设备远程监控中的实践[J]．通信技术，2020，53(8)：1895-1900.

[5] 徐鑫．化工机械设备维修保养管理与技术[J]．中国设备工程，2021(27)：196-197.

[6] 高泽伟．化工设备全生命周期管理中的数字化转型路径[J]．现代化工，2021，41(6)：12-15.

[7] 陈伟，刘洋．工业物联网在化工设备状态监测中的应用研究[J]．自动化仪表，2022，43(5)：45-50.

[8] 赵立军，王鹏．基于随机森林的化工设备故障分类方法[J]．化工机械，2021，48(3)：321-326.

[9] 马强，等．面向化工设备健康管理的数字孪生技术研究进展[J]．计算机集成制造系统，2023，29(2)：345-356.

[10] 周晓琳，王振华．化工企业设备维护资源优化配置模型研究[J]．系统工程理论与实践，2021，41(4)：987-995.

[11] 胡志勇，陈立．化工企业设备管理绩效考核指标体系构建[J]．管理工程学报，2022，36(S1)：45-52.

[12] 黄敏，周涛．化工设备振动分析与故障诊断技术[M]．北京：机械工业出版社，2020.

[13] 德勤中国．化工行业数字化转型白皮书[R]．上海，2023.

[14] 郑浩然，刘晓东．基于深度学习的化工设备异常检测系统设计[J]．仪器仪表学报，2022，43(9)：112-120.

[15] 中国工业互联网研究院．工业大数据驱动的设备预测性维护技术规范[S]．北京，2022.

[16] 中国智能制造发展联盟．流程工业智能运维发展报告(2023)[R]．北京，2023.

三孔同轴度调整及应用

都业辉　尚德生　李　琦　李　楠　高红帅　李增强

（中国石油锦西石化分公司）

摘　要　通过苯乙烯装置C001双螺杆压缩机检修，设计一套"孔-孔"对中的专用工具。彻底解决了螺杆机不返厂，轴承箱同轴度无法检测的关键问题，形成了一种螺杆机检修工艺。通过三孔同轴技术推广固化，完善了同轴度检测体系，衍生出"多孔"同轴检测，应用于4M80压缩机对接机身的"四孔"同轴检测技术，以及往复机气缸与十字头滑道"孔-孔"同轴度检测，对石油化工类机泵维修具有指导作用。

关键词　螺杆；往复机；同轴度；三孔；多孔

形位公差分为形状公差和位置公差，而本文讨论的同轴度属于位置公差类的定位公差。同轴度公差用于限制被测实际轴线对基准轴线的同轴位置误差，也称同心度，用符号"◎"表示。转动机械检修的核心问题就是控制转动部件与固定件的间隙，而保证转子与定子间隙就会涉及到同轴度检测问题。三孔及以上同轴度检测技术成果打破了我们传统意义上的同轴度调整，即"轴-轴"对中(例如：机泵联轴器对中)、"轴-孔"对中(例如：烟机转子与静叶同轴对中、悬臂泵轴与轴承箱同轴对中)等。提出了一个全新的名词"孔-孔"对中，该技术提出使转动设备维修在同轴度检测上得以实现，并完善了同轴度检测技术体系，最具代表意义的应用就是在苯乙烯螺杆压缩机自主修复上的应用。

该技术通过2根及以上芯轴同轴度调整，保证螺杆机转子与机体的径向间隙、螺杆啮合部位径向间隙，并达到安装及使用要求。通过该技术设计制造的专用工具应用于："苯乙烯螺杆压缩机修复"，"4M80压缩机气缸与十字头滑道同轴度检测"取得里程碑式的成果。该技术以螺杆两点同轴为基础，将芯轴上任意配合部位达到同轴，操作简单便捷，可靠性高，工装制作成本低，具有良好的互换性。目前，三孔同轴度调整及应用，于2025年3月申请了专利，专利号：202510099070.5，初步审查合格。

1　设备概况

（1）中国石油锦西石化分公司是一家燃料型炼厂，螺杆泵、螺杆机、罗茨风机等相同结构设备总数50余台，每年检修外委近百万，本次利用化工一部苯乙烯装置干气无油螺杆压缩机故障，开展技术攻关，发明一种检测装置，改进一项检修施工工艺，满足检修需求，实现自主检修，节约修理成本。

该压缩机于2005年安装运行，型号：LG24/0.4-1.1-15(B)-001，由中国船舶重工集团公司第711研究所生产。螺杆压缩机采用垂直剖分结构，内部喷软化水冷却工艺，保证压缩机出口温度≤85℃。轴封系统采用迷宫密封+机械密封的组合密封形式。径向和推力轴承均采用滚动轴承。是最重要生产装置，装置长周期运行一直是重要科技攻关课题。

（2）压缩机主要参数见表1：

表1　螺杆压缩机性能参数

型号	LG24/0.4-1.11	吸气量(入口状态)	$24m^3/min$
吸入压力/吸入温度	0.4MPa(A)/40℃	转子直径	255mm
排气压力/排气温度	1.11MPa(A)/≤85℃	转子长径比	1.1
转子型线	SRM单边非对称	压缩机轴功率	300kW
电机功率	355kW	压缩机转速	1488r/min
驱动方式	电机驱动	轴封形式	迷宫密封+机械密封

续表

型号	LG24/0.4-1.11	吸气量(入口状态)	$24m^3/min$
径向与止推轴承型式	滚动轴承		
材料	壳体　1Cr13	转子　2Cr13	同步齿轮　42CrMo

2　设计内容

2.1　设计理念

公司在螺杆机泵检修上一直处于空白，矛盾在于螺杆三种间隙无法测量。以该螺杆压缩机组为例，机壳采用垂直剖分结构，转子与机壳径向间隙、转子啮合间隙及端面间隙等核心检修指标无法实现测量，以专利技术为要求返厂维修，经过交流厂家采用切割1/4的真转子进行检测，在现场我们很难实现，所以一直无法实现自主检修。

设计理念：该技术通过2根及以上芯轴同轴度调整，保证螺杆机阴阳转子与机体的轴向间隙、螺杆啮合部位径向间隙，通过检测外部轴承箱与芯轴同轴度，最终达到安装及使用要求。

案例：2023年5月苯乙烯螺杆机LG24/0.4-1.1-15(B)停机后转子与出口端盖研磨，如果返厂维修，费用多、时间长，并有可能影响装置运行。通过自主研发，设计制作了一整套“孔-孔”对中专用工具，彻底解决了机组维修同轴度无法检测的重大问题。即在保证出入口轴承箱内孔同轴度的情况下保证螺杆压缩机转子与机体的轴向间隙、螺杆啮合部位径向间隙，并达到安装及使用要求。

螺杆机检修关键点(图1)：

- 阴阳转子径向跳动，必要时进行动平衡校正
- 阴阳转子与壳体径向间隙
- 转子吸、排气端面与吸、排气端座间隙
- 阴阳转子啮合间隙
- 阴转子平衡盘间隙
- 滚动轴承游隙

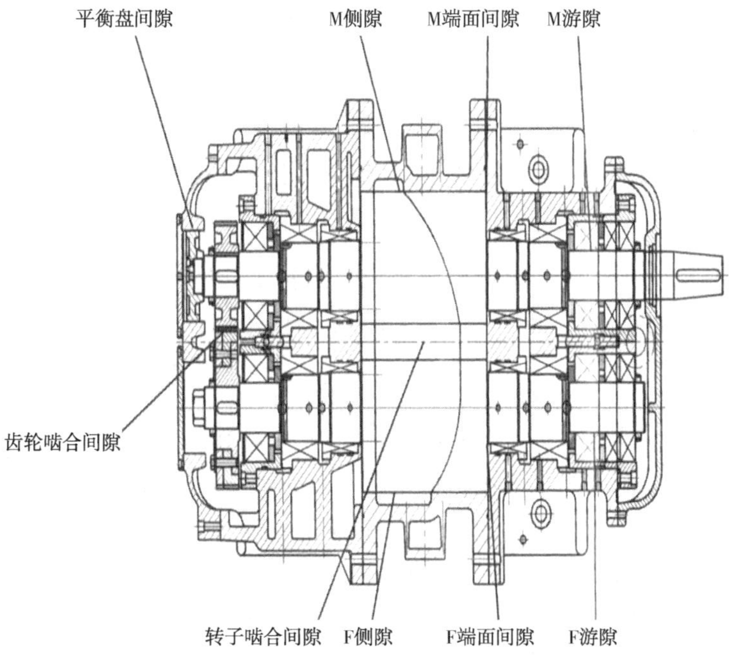

被测处	要求间隙	实测值	检验
平衡盘间隙	0.05~0.06	0.05	
M侧隙(单)	0.12~0.14	0.14	
M端面间隙	0.1~0.12	0.12	
M游隙	0.01~0.03	0.01	
F游隙	0.01~0.03	0.025	
F端面间隙	0.1~0.12	0.115	
F侧隙(单)	0.12~0.14	0.14	
齿轮间隙	0.03~0.05	0.03	
转子啮合	0.26~0.30	0.30	

图1　螺杆机装配图

2.2　专用工具设计原理及设计图

设计原理：由于该机组机壳采用垂直剖分结构，转子与机壳径向间隙、转子啮合间隙及端面间隙等检修指标无法实现，我们设计了一组专用芯轴(图2)，通过机壳内出入口各自安装一个定位盘，实现芯轴定位，检测两端轴承箱，实现三孔同轴度调整，间隙通过机加工预留。

芯轴加工工艺：

步骤一：按照图2规格尺寸设计加工芯轴，实物图3。

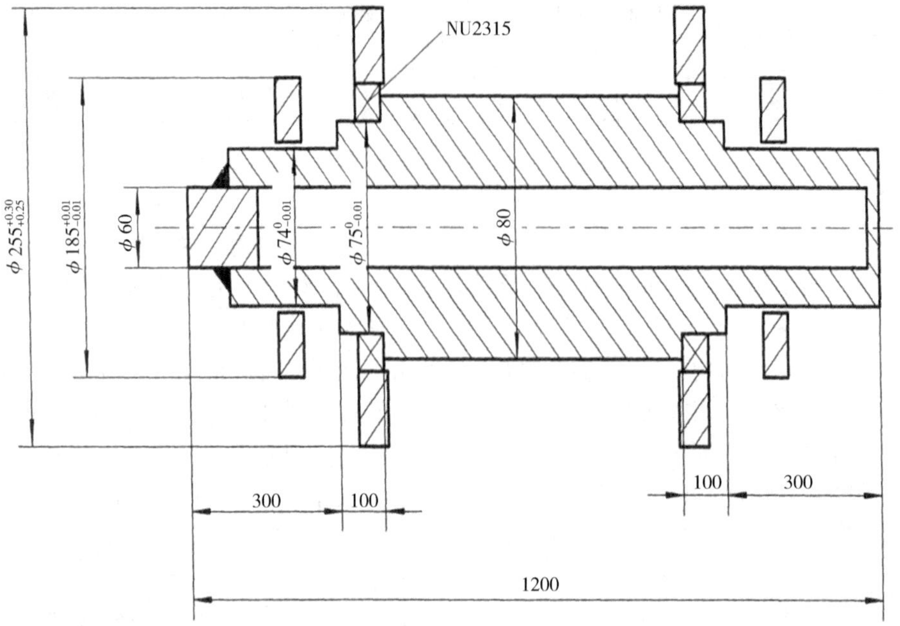

图2　苯乙烯螺杆机工艺芯轴

图3　加工实物图

芯轴要留有足够检测外径和减重。选用空心厚壁管材两端安装端头并焊接牢固或采取铸铝材质芯轴降低整体重量；芯轴与检测轴承体配合部位，是检测部位，要求采用精车，表面粗糙度Ra≤3.2；芯轴与滚动轴承配合部位，精车后需要进行磨削，表面粗糙度Ra≤0.8。

步骤二：芯轴安装；首先，将滚动轴承的内外圈分别安装在芯轴和定位盘上，对中间机体16(图4)的内壁进行清理，将定位盘安装在中间机体16的内壁，芯轴穿入定位盘，调整滚动轴承接触，使芯轴旋转自如；检测芯轴两端跳动，将表架吸附在中间机体16上，用百分表检测芯轴跳动，数值≤0.02mm；其次，检测合格安装入口轴承箱15和出口轴承箱17；再次，将检测轴承体平稳推进入口轴承箱15和出口轴承箱17，完成检测前安装。

解决关键问题：实现螺杆机轴承箱-机壳-轴承箱三孔同轴度偏差≤0.03mm目标，并实现检修规程阴阳螺杆的端面0.10~0.14、径向0.10~0.14、啮合0.26~0.30三者间隙一次检测可控。解决了螺杆式压缩机检修技术瓶颈和厂家技术垄断，为进口设备自主检修提供了解决方案。

3　三孔同轴度检测工艺

检测原理：该设计是通过在中间壳体里安装四块外径尺寸为阴阳转子外径Φ254.99mm，加侧间隙0.12~0.14mm的定位盘，定位盘与芯轴间安装NU2315轴承，保证芯轴(图3)可转动并且方便拆装，安装出入口两侧轴承箱(螺栓不紧固)。在轴承箱内安装与轴承箱相配的四套检测轴承体，采用塞规对间隙c和间隙d进行测量，调整间隙c和间隙d一致后，紧固入口轴承箱15和出口轴承箱17与中间机体16连接螺栓，复测数据是否发生变化，如合格，紧固轴承箱螺栓，用M16(1：50)铰刀加工轴承箱与机体定位孔。安装定位销，检测完成。

注意两点：定位盘的外径尺寸等于螺套外径尺寸与间隙a的尺寸和；另外断面间隙b可以通过基础数据测量，在结合面加减垫来进行调整。

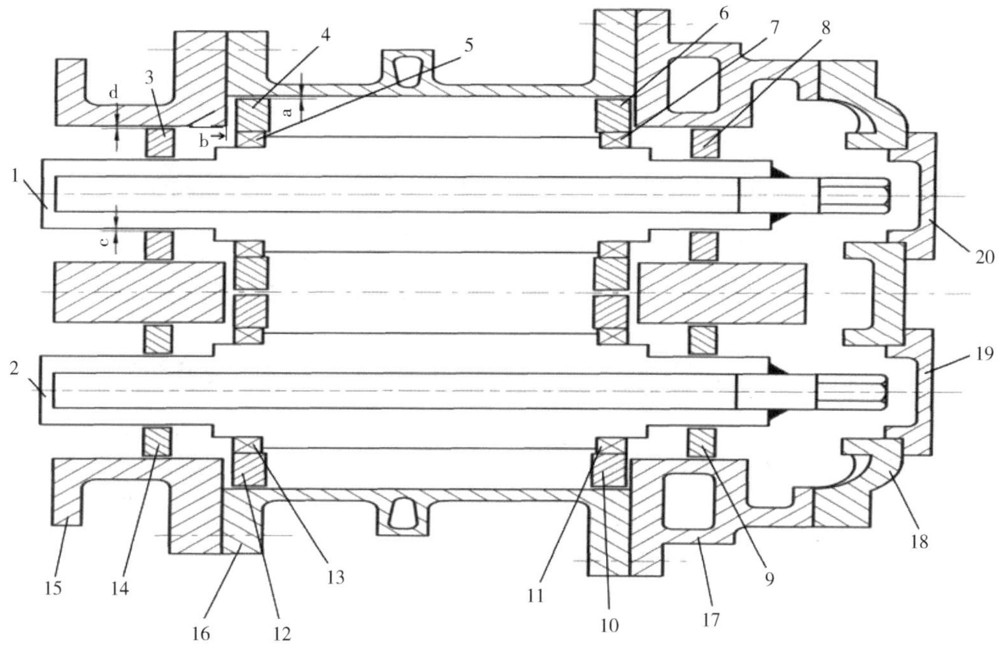

图 4　装配图

1—芯轴一；2—芯轴二；3—检测轴承体一；4—定位盘一；5—滚动轴承一；6—定位盘二；7—滚动轴承二；8—检测轴承体二；9—检测轴承体三；10—定位盘三；11—滚动轴承三；12—定位盘四；13—滚动轴承四；14—检测轴承体四；15—入口轴承箱；16—中间机体；17—出口轴承箱；18—轴承箱托架；19—端盖一；20—端盖二

图 5 为螺杆机实物安装图，蓝色为检测轴承体，芯轴出口加工四方方便检测盘动芯轴。

图 5　出口装配实物

4　三孔同轴技术推广及应用

4.1　双螺杆罗茨风机应用

2024 年 5 月对催化烟气脱硫装置配套的长沙鼓风机厂罗茨风机进行修复，该风机为 2013 年环保项目选用设备，为双螺杆结构，应用该技术后，确保检修质量，使得设备一次开车成功(图 7)。

4.2　往复式压缩机应用

将该技术应用于 4M80 往复压缩机对接式曲轴箱四瓦同轴检测和十字头滑道与缸体同轴度检测，开创了设备安装检修新方法，不但改进了老式方法，还提高了精度等级，使设备检修后更加可靠。(图 8、图 9)

图 6　入口装配实物

5　结束语

2023 年以来，公司采用三孔同轴技术，实现了螺杆机自主检修，设备稳定运行超过 12 个月。螺杆压缩机的成功修复，直接经济效益巨大，单台检修节约成本 8 万。按照目前设备运行 4 年一修标准，全公司 65 台螺杆机，每年检修数量 16 台，每年最少节约 100 万元。通过该技术应用，完善了同轴度检测技术体系，使螺杆机同轴度检测都有了理论及实践基础，后续技术衍生的四孔、多孔对中技术，对检维修人员素质提高，成本节约发挥巨大作用。

图7　罗茨风机检修

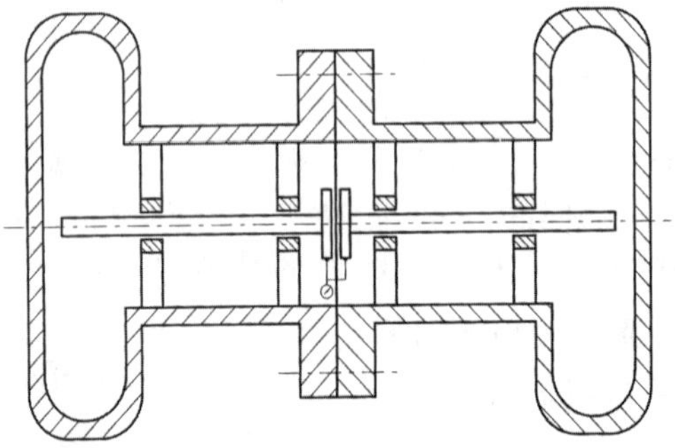

二加氢4M80机壳对中示意图

图8

图9　往复机气缸与滑道同轴检测

参　考　文　献

[1] 苟占超主编．公差配合与测量技术．第2版．机械工业出版社．

[2] 成大先主编．机械设计手册第五版第二卷．化学工业出版社，2008年．

[3] 炼油设备工程师手册．中国石化出版社，2003年．

干式螺杆压缩机常见故障及检修关键控制点浅析

韩宝比

（中国石化海南炼油化工有限公司）

摘　要　介绍干式螺杆压缩机的基本结构、工作原理，对机组振动、润滑油温及排气温度过高等故障现象进行分析，并针对检修安装关键控制点如转子啮合间隙和端面间隙的调整给出了合理化建议。

关键词　干式螺杆压缩机；结构；原理；常见故障；啮合间隙

某炼油厂20万/吨聚丙烯装置由中国石化工程建设公司(SEI)设计，采用国产化第二代环管液相本体聚合工艺，粉料输送设备选用德国AERZEN干式螺杆压缩机，压缩机型号为VML95。本文结合干式螺杆压缩机结构特点就常见故障及检修关键控制点做一些分析和探讨。VML95主要参数见表1。

表1　螺杆压缩机运行参数

项目	流量	吸/排气压力	吸/排气温度	电机转速	转子转速(阴/阳)	轴功率	运行电压
单位	m^3/min	bar	℃	r/min	r/min	KW	V
数值	75.52	0.07/0.65	50/110	2980	3952/5269	157	6000

1　在装置中的主要应用

干式螺杆压缩机具有很多的优点，主要有结构简单、操作方便、运转平稳、易损件少、工作可靠、操作简单等。并且压缩机腔和转子之间不需要油润滑，这样能够有效保证压缩气体的洁净，非常适用于对压缩气体洁净程度要求较高的场合。且由于阴阳转子之间留有间隙，因此不仅可以承受液体的压力，而且还可输送带有粉尘的气体，广泛应用于聚乙烯及聚丙烯装置中的粉粒料输送系统中，承担着衔接聚合单元和造粒单元的输送纽带，是装置中核心的转动设备之一。

2　干式螺杆压缩机的主要结构及工作原理

2.1　主要结构：

压缩机主机为单级，在“∞”字形的机壳中平行配置两个按一定传动比反向旋转又相互啮合的带有3个齿(阳转子)和4个齿(阴转子)的螺旋形转子。干式螺杆压缩机阴阳转子间存在一定间隙，并不直接接触，因此转子相互间无摩擦损耗(图1)。转子齿顶加工有密封棱边，以保证转子与壳体之间的微小间隙，尽可能减少泄漏量。阳转子通过同步齿轮带动阴转子高速旋转，阴阳转子之间的间隙通过定位轴承和同步齿轮来保证。

转子两端以碳环作为气封，具有梳齿结构的油封环作为油封，两者相互配合达到封油阻气的效果。经过碳环节流后仍会有少量气体泄漏，从转子吸气端泄漏的气体进入齿轮箱后被抽吸风机抽走排向大气；从转子排气端泄漏的气体通过一根回流线返回压缩机入口侧。被梳齿结构层层节流后的润滑油则通过机壳上的回油孔流回油箱。

转子前后都装有圆柱滚子轴承使转子实现径向定位，并承受压缩机的径向力。阴阳转子排气端各装有一组角接触轴承实现转子的轴向定位，并承受运行时产生的轴向力。

2.2　主要工作原理

双螺杆压缩机是通过工作容积的逐渐减少来达到气体压缩的目的，工作容积由一对相互平行放置且相互啮合的螺旋形转子的齿槽与包容这一对转子的机壳所组成。在机器运转时两转子的齿互相侵入对方齿槽，一个齿槽被与之相啮合的对方齿插入后，形成了两个被齿隔开的空间，靠近吸气端的齿槽为吸气容积，与排气端相近的为压缩容积。随着压缩机的运转，互相啮合的齿向排气端移动，使吸气容积不断扩大，压缩容积不断

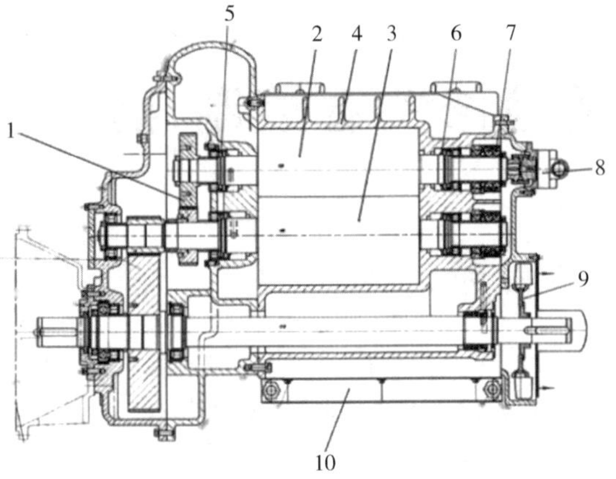

图1　干式螺杆压缩机基本结构

1—同步齿轮；2—阴转子；3—阳转子；4—压缩机壳体；5—吸气端轴承及密封组件；6—排气端密封组件；7—排气端轴承组件；8—轴头泵；9—冷却扇叶；10—油冷器

缩小，从而实现了在每个齿槽的吸气压缩过程。当压缩气体在齿槽中气体压力达到所要求的排气压力时，这齿槽正好与排气孔口相通，开始了排气过程。随着螺旋形转子的连续运转，吸气容积和压缩容积的变化是周而复始的，就这样使压缩机能连续的吸气、压缩和排气。

3　干式螺杆压缩机常见故障分析

3.1　机组振动大

振动值是判断螺杆压缩机运行状况的重要依据之一，机组振动过大会造成零部件过早损坏，缩短压缩机使用寿命，严重时会造成转子碰磨甚至抱死等严重后果。

振动是能量的反映，引起压缩机振动的原因有很多种，也可以是多种原因共同作用导致产生异常振动。可能存在轴承安装间隙或者预紧力不当，导致系统内部应力集中或是转子发生碰磨导致振动增大；或是螺杆压缩机机组对中不良，造成一系列有害于设备的动态效应，如引起联轴器偏转、轴承损坏、油膜失稳、轴弯曲变形等，导致机器发生异常振动；螺杆压缩机依靠同步齿轮传递扭矩，如果同步齿轮啮合不良，同样会直接导致机组振动增大。

综上所述，导致机组振动大的因素主要有以下几点：

（1）检修安装过程中未严格把控好如轴承安装间隙、转子之间啮合间隙、转子与吸排气端面之间间隙的分配等关键步骤；

（2）驱动机轴与压缩机轴找正对中不良；

（3）压缩机或驱动机地脚螺栓松动；

（4）压缩机出入口管线存在应力；

（5）同步齿轮侧隙过大、啮合接触面过少或是轮齿损坏失效。

3.2　排气温度高

一般在排气温度小于100℃的情况下，机体并不需要专门的冷却装置，但VML95压缩机压缩的气体为密闭系统内的循环氮气，且氮气输送的聚丙烯粉料自身有一定温度，故在工艺流程上设置压缩机入口冷却器和出口冷却器，对循环的氮气进行降温，若冷却器换热效果差则会导致系统内氮气温度升高。排气温度过高会导致转子热膨胀量增大，机体及转子的几何尺寸发生变化，严重时会导致转子碰磨。

3.3　润滑油温度过高

根据粘温方程

$$\log(\eta+0.6)=A-B\log T \qquad (1)$$

式中，η 为介质工作环境下运动黏度，mm^2/s；A、B 为常数，根据不同牌号油品黏度关系计算可知；T 为运行温度，℃。

可知，润滑油过高，黏度会降低。会导致油膜强度下降，加速零部件磨损。且转动部件的热量无法有效撤走，部件温度升高，运行工况恶化，降低运行寿命。

该压缩机使用美孚多威力1号5W-40润滑油，其粘温对应关系如表2所示。

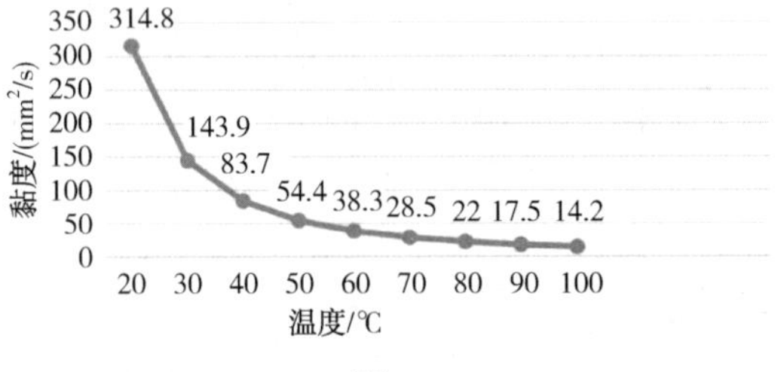

图2

结合表2数据，再根据回转式压缩机润滑油换油标准，黏度变化超过15%即进行换油处理，以正常工况运行润滑油油温度60℃反推计算，日常运行中润滑油温度控制最好不超过67℃。

导致润滑油温度过高可能存在以下两种情况：

（1）油冷器堵塞：VML95干式螺杆压缩机润滑油冷却器为翅片式风冷器，靠压缩机后端由1号轴驱动的冷却扇叶提供冷却风，对油冷器进行降温。运行一段时间后，翅片表面被油泥、灰尘等杂质堵塞，换热面积降低，导致换热能力下降，引起润滑油温度升高。

（2）油冷器旁路温控阀故障：轴头泵出来的润滑油先经过一个温度控制阀，若油温低于50℃则润滑油通过温控阀走油冷器旁路，不进入油冷器进行冷却。如果温控阀故障，有可能导致润滑油超高却无法进入油冷器进行冷却。

3.4 入口管线存在异物

由于干式螺杆压缩机是靠阴阳转子相互啮合来压缩输送气体，如果有尺寸超过转子啮合间隙的异物如过滤器龙骨等进入压缩腔，有可能对转子啮合面、转子齿缘密封棱边等部位造成不同程度的损伤，轻则影响压缩效率，重则导致转子咬死，无法正常运行。

4 干式螺杆压缩机常见故障的相应处理措施

4.1 机组振动大

（1）对压缩机进行检修，复核转子、端面等关键部位间隙，按标准进行调整。间隙调整的关键控制点在下文中做简要论述；

（2）对压缩机重新找正对中，尤其当机组因为超压跳停后，应重新对压缩机对中数据进行复核，避免出现因压差过大导致转子定位发生改变，在未发现的情况下贸然重启后发生次生事故；

（3）重新紧定地脚螺栓，有条件的情况下对压缩机对中数据进行复核；

（4）压缩机出入口管线均配置有波纹管膨胀节，一般不会出现存在应力的情况，但也可通过松开管线法兰重新把紧的方法尝试消除可能存在的管线应力；

（5）对于损坏的同步齿轮，可采取齿轮堆焊、镶齿法、镶环法进行修复，但从修复后同步齿轮的硬度、传动精度及费用等多方面综合考虑，最好的方法是更换新齿轮。

4.2 排气温度高

定期监测冷却器循环水流速和进回水温差，保证换热效果。若系统氮气温度过高，可采取如下两个措施：

（1）开大系统各低点导淋阀，增大氮气补入量，对系统氮气进行置换；

（2）检查冷却器换热管束是否存在结垢、堵塞的情况，及时清理。

4.3 润滑油温度过高

（1）运行每4000小时或油温高于70℃时清理油冷器；

（2）检查更换油路温度控制阀。

4.4 入口管线存在异物

每次检修后对工艺管线进行彻底的吹扫，仔细检查压缩气体流程上过滤器滤芯状态。尤其是压缩机入口锥型过滤器，如果存在破损必须立即更换，存在锈蚀的，必须清理干净浮锈，锈蚀严重的也需进行更换。

5 干式螺杆压缩机检修要点

由于干式螺杆压缩机主机内没有起密封作用的液体存在，气体通过泄漏三角形、接触线、转子齿顶和排气端面的泄漏都较为严重，容积效率较低。因此为达到良好的密封效果，势必要将转子转速控制得很高。而在高转速的工况下，往往事故在瞬间发生，因此压缩机内各部件的间隙控制便显得尤为重要，而干式螺杆压缩机常见故障大部分也与间隙的控制有着相当大的联系，以下围绕螺杆压缩机检修间隙调整要点作简要论述。

5.1 螺杆压缩机检修的一般注意事项

正常检修的螺杆压缩机检修流程就是对压缩机进行整机拆解，对包括油路管线在内的所有零部件进行清洗，并更换易损件。由于螺杆压缩机组装精度要求高，故建议尽量在整洁无尘的环境进行检修作业。拆解过程需要对各部件位置进行详细的测量记录，尤其是记录好关键的转子啮合间隙、端面间隙和齿顶间隙等参数；同样记录好定位轴承、齿轮等关键零部件相对选取的测量基准点的位置，便于组装时判断是否安装到位。

5.2 螺杆压缩机间隙的调整

螺杆压缩机间隙调整是检修的最关键步骤。由于齿顶间隙已由压缩机压缩腔和转子尺寸决定，若无事故造成压缩腔或转子发生明显形变，则不需再进行调整，只需在组装时进行测量核对即可。以下简述啮合间隙和端面间隙调整的注意事项。

5.2.1 啮合间隙的调整

螺杆压缩机中转子啮合间隙占了整个泄漏损失的绝大部分，据文献介绍，一般情况下，啮合间隙每增大0.01mm，容积效率就要下降1%～3%。转子啮合间隙主要由同步齿轮的定位来实现，在压缩机运行时，齿腔内的气体压力随着阴阳转子的旋转啮合不断升高，我们可以把与阳转子旋转方向同向的啮合面称为工作面，与阳转子旋转方向相反的面称为非工作面，如图2所示。由于齿轮侧隙的变化与转子间隙的变化近似为同一数值，所以运行过程中转子的扭转变形和同步齿轮的磨损，会导致工作面间隙 δa 逐渐缩小，相对应的非工作面间隙 δb 会逐渐增大。所以为保证螺杆压缩机的长周期运行，在调整转子间隙时，可以将工作面间隙调大一些，非工作面间隙控制得小一些，$\delta a/\delta b$ 的比值可控制在1.0~1.2之间。由于该螺杆压缩机所用的同步齿轮为不可调式，所以对于转子啮合间隙和同步齿轮的相位需反复进行调校，并逐个测量到每个齿对应的啮合间隙(阳转子为3齿，每个齿序号对应1、2、3；阴转子为4齿，每个齿序号对应a、b、c、d；需分别测量出1-a、2-b、3-c、1-d、2-a、3-b、1-c、2-d、3-a、1-b、2-c、3-d共12个啮合位置的间隙)，直到确认好每个齿的啮合间隙都符合要求为止。

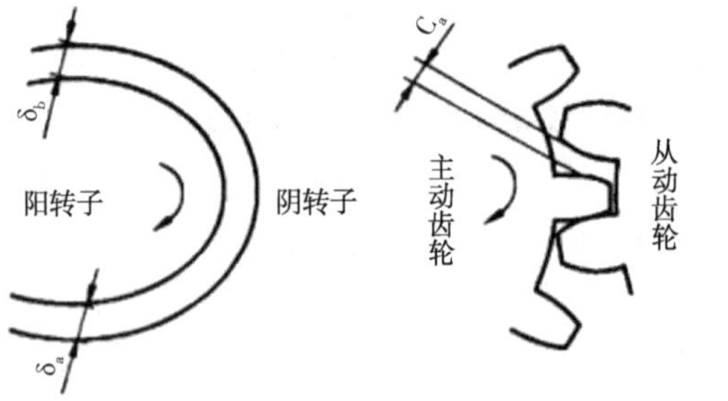

图3　转子啮合间隙与齿轮侧隙

5.2.2　端面间隙的调整

由于在压缩机排气端存在着排气压力与进气压力的压力差，为使气体泄漏量最小，并避免端面磨损，一般将定位轴承设计在排气端，以保证排气端有不变的最小间隙值，而进气端留出较大的间隙值，使转子能够往进气方向自由膨胀。在安装定位轴承后要用塞尺复核端面间隙，保证排气端间隙要大于定位轴承的轴向游隙至少0.05~0.06mm，以避免启动瞬间转子与端面相互接触、擦伤甚至抱死的情况。

6　结语

本文主要阐述了干式螺杆压缩机的主要结构和工作原理，分析了干式螺杆压缩机的常见故障并提出相应处理措施，同时针对螺杆压缩机检修关键控制点进行了重点分析介绍，虽然无法面面俱到，但仍通过上述措施有效延长了干式螺杆压缩机的稳定运行周期。在实际生产中我们发现除了会发生常见故障外，还会出现其他意想不到的故障，只有不断总结、举一反三，才能提高干式螺杆压缩机管理、维护水平，保证压缩机能够在最佳工况下运行，为干式螺杆压缩机的长周期运行提供有效保障。

参 考 文 献

[1] 邢子文．螺杆压缩机—理论、设计及应用[M]．北京：机械工业出版社，2000.7-45.

[2] 陈壮志，何海峰，刘志学，等白珊珊．双螺杆压缩机转子间隙比率的调整[J]．石油化工设备技术，2007(04)：38-41+5-6.

高压电机低电压保护现场应用分析及对策

马国峰

（中国石油大连石化分公司）

摘　要　本文通过介绍高压电机的低电压保护原理及技术要求，对比分析我公司不同型号、不同厂家的高压电机保护装置中低电压保护的动作条件、使用现状，并且对现场存在的技术缺陷提出合理建议，对保障电力系统的稳定运行具有指导意义。

关键词　低电压保护原理；动作条件；缺陷；合理建议

高压电机一般用于驱动各种不同机械设备，在矿山、机械工业、石油化工工业上作为原动机发挥着巨大作用。高压电机装设低电压保护对其安全稳定运行至关重要。当供电母线电压降低时，电机要维持电磁力矩与机械制动力矩的平衡，必须增大电流，造成电机过电流甚至堵转运行，对电机绝缘有损伤，严重时会烧毁电机。在母线电压短时间内下降或者电压短时中断又恢复的情况下，大量的电动机会自启动，其启动电流往往是额定电流的好几倍，将造成供电母线的压降增加，致使母线电压恢复时间延长。为了确保母线电压恢复时重要电机的自启动，需要将母线上不太重要的电机从系统中切除，因此为部分电动机装设低电压保护的意义重大。

1　高压电机低电压保护的技术要求

1.1　高压电机低电压保护的配置要求

根据GB/T 14285—2023《继电保护和安全自动装置技术规程》中第5.2.7.5.1规定下列电动机应装设低电压保护，保护应动作于跳闸：

（1）当电源电压短时降低或短时中断后又恢复时，为保证重要电动机自启动而需要主动断开的次要电动机；

（2）当电源电压短时降低或短时中断后又恢复时，不允许或不需要自启动的电动机；

（3）当电源电压中断后又恢复时需要自启动，但在电源电压长时间消失后存在人身和设备安全风险需自动断开的电动机；

（4）属I类负荷并装有自动投入装置的备用机械的电动机。

1.2　高压电机低电压保护定值的整定

根据《工业与民用供配电设计手册》第四版中规定：

（1）当电源电压短时降低或短时中断又恢复时，为保证重要电动机自启动而需要断开的次要电机，保护装置的电压整定值一般为额定电压的60%～70%，时限一般为0.5s；

（2）需要自启动，但为保证人身和设备安全，在电源电压长时间消失后，需从电网中自动断开的电动机，电压整定值一般为额定电压的40%～50%，时限一般为5～10s。

1.3　高压电机低电压保护的基本要求

（1）当电压互感器发生一次侧一相和两相断线或者二次侧发生各种断线时，保护装置均不应误动作，只需发出PT断线信号。但在电压回路发生断线故障期间，若母线上电压真正消失或降低到规定值时，低电压保护应正确动作；

（2）当电压互感器一次侧隔离开关因误操作被断开时，保护装置不应动作，并应发出PT断线信号。

2　高压电机低电压保护的应用现状及问题分析

在我公司，高压电机的保护有常规继电器保护和微机型保护装置。它们的保护动作原理基本一致，但是在二次回路接线以及逻辑判据上存在差异。

2.1　常规继电器保护的应用现状及问题分析

常规继电器保护在我公司部分配电室仍在使用。那么常规继电器是如何实现低电压保护的呢。根据电机常规继电器的低电压保护原理图（图1～图2）分析：当电压互感器某相断线后，该相的电压继电器YJ失电，其常闭接点闭合，其他相的电压继电器YJ一直得电，其常开接点闭合，使3ZJ中间继电器动作得电，发出PT断线告警信号，同时串在低电压保护跳闸回路的3ZJ常闭接点打开，保证低电压保护不会误动作；当系统出现故障电压降低时，1YJ、2YJ、3YJ电压继电器失电，则相应的常开接点打开，常闭节点闭合，3ZJ中间继电器失电，其常闭接点闭合，则低电压延时出口动作跳闸。

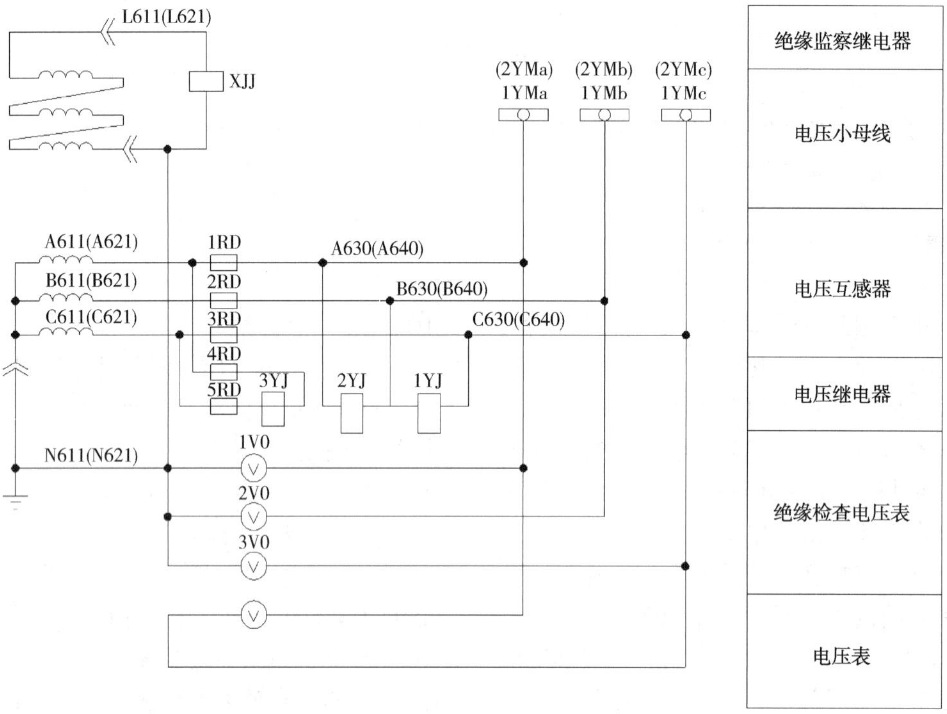

图1　电压互感器交流回路接线图

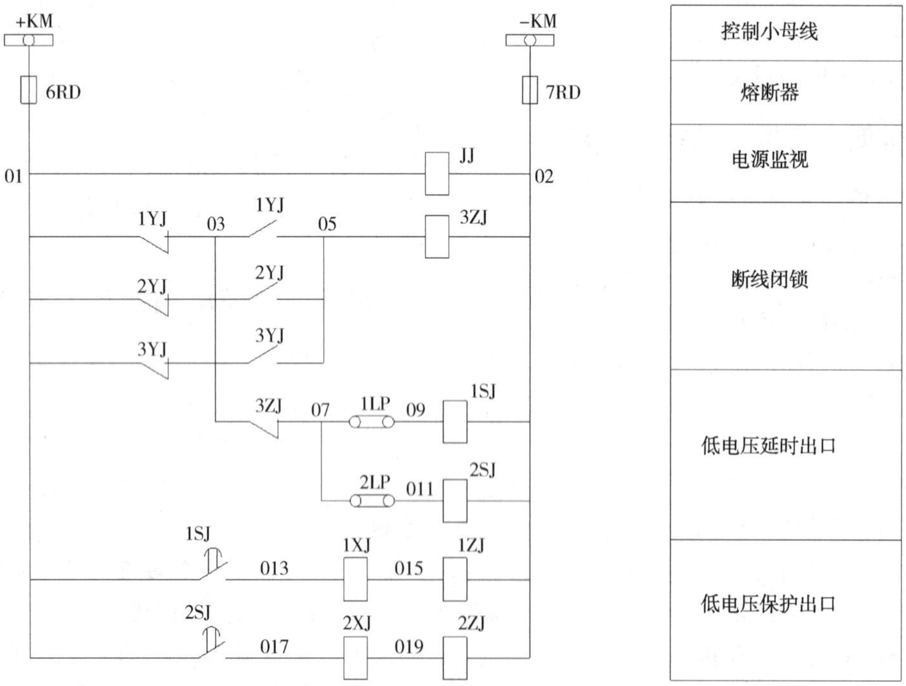

图2　常规继电器低电压保护动作原理图

但是常规继电器的低电压保护二次回路接线复杂，通常由电压继电器、时间继电器、中间继电器、信号继电器等组合而成，采用的继电器触点多，缺少灵活性，大大降低了保护的灵敏度和可靠性，一旦继电器出现问题，可能造成保护误动；这种常规继电器的设计也有缺陷，当电压互感器三相熔断器都熔断时，无法闭锁低电压保护，低电压保护会误动作。所以建议使用微机型保护装置，这样低电压保护会更安全可靠。

2.2 微机型保护装置的应用现状及问题分析

在我公司高压电机的微机型保护装置品牌型号众多，有南瑞保护装置、西门子保护装置、阿尔斯通保护装置、施耐德保护装置、四方保护装置等。其中南瑞保护装置使用的较多。现就每个厂家关于电机低电压保护的应用进行分析，并针对相关问题提出改进措施。

2.2.1 南瑞保护装置低电压保护的应用分析

南瑞保护装置在厂内电动机的保护使用中有早期的 RCS-9641B、RCS-9641CS 型号，也有最新的 PCS-9626CS、PCS-9626D 等。在南瑞的保护装置里，当低电压保护投入时，三个线电压均小于低电压保护定值，时间超过整定时间时，低电压保护动作；低电压保护经 TWJ 位置闭锁。其动作逻辑框图如图 3 所示：

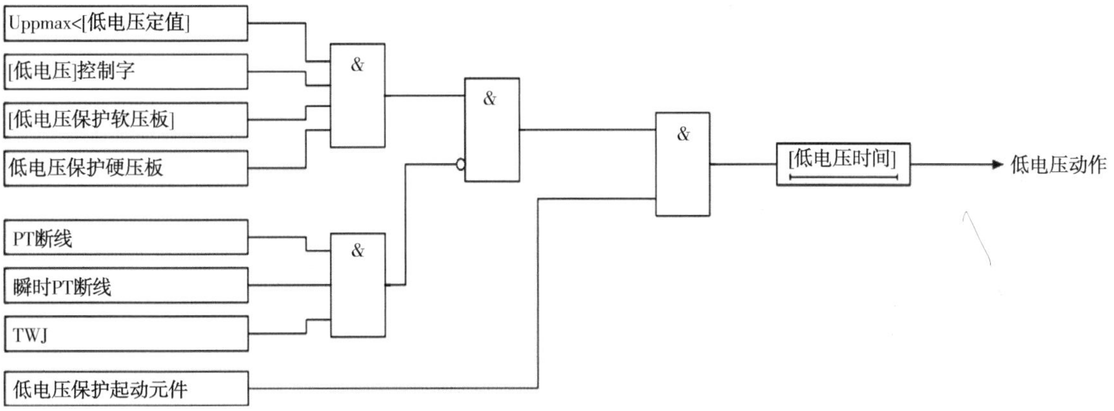

图 3　南瑞保护装置低电压动作逻辑图

当保护装置检测到“PT 断线”时，保护装置会自动立即闭锁低电压保护。PT 断线判据如下：

（1）正序电压小于 30V(0.3 倍 PT 额定二次值)，且线路有流；

（2）负序电压大于 8V(0.08 倍 PT 额定二次值)。

南瑞保护装置最主要的是引入了电流检测，当三相电压都低时，要检测电流，如果有电流，认为是“PT 断线”，避免了当熔断器全部熔断或电压小空开跳闸时，保护误动作。南瑞保护装置保护逻辑简单，而且稳定可靠，在我公司使用比较广泛。

2.2.2 西门子保护装置低电压保护的应用分析

在我公司高压电机所使用的西门子保护装置主要是 7SJ62 这个型号。西门子 7SJ62 保护装置的低电压保护动作条件是：

（1）电压互感器无闭锁信号(闭锁信号是指电压互感器二次开关辅助接点跳开或断开)；

（2）保护装置无“PT 断线”信号；

（3）三相电压小于动作值。

我公司高压电机所使用的西门子 7SJ62 保护装置中，其 PT 断线闭锁没有采用西门子 7SJ62 保护装置内的逻辑判据，而是在 6kV 的 PT 柜里通过 PT 断线继电器和中间继电器来实现 PT 断线闭锁功能。结合下图(图 4、图 5、图 6)综合分析，当 PT 出现断线故障时，PT 断线继电器 LB-1A 动作，那么串联在电压互感器二次回路中的常开接点 16、14 闭合，此时断线闭锁中间继电器 KA6 线圈得电，串联在高压电机低电压保护二次回路的常闭接点 KA6 断开，低电压保护不会误动作。同时从图中也可以看出，如果运行人员拉开 PT 柜里的电压二次空开 QF5，则中间继电器 KA6 线圈也会得电，同样低电压保护不会误动作。

但是，这种微机保护装置和继电器组合使用，二次接线相对繁琐，而且电机二次控制回路中来自 PT 柜的低电压闭锁接点 KA6，长时间运行可能造成接点拒动，PT 三相断线会引起电机误跳闸。解决办法：

1）可以不用常规继电器配合，单纯使用西门子 7SJ62 保护装置。在该类西门子综保里加入“三相电压低+PT 断线是否有流”判别程序，与低电压保护联系起来，要求程序逻辑运行没有漏洞，响应时间也满足条件。该方法要求较高，实现起来比较困难。不建议采用这种方法，如果思路不清晰，逻辑考虑不周全，依然会有漏洞存在，可能出现某种情况下保护不动作的情况。

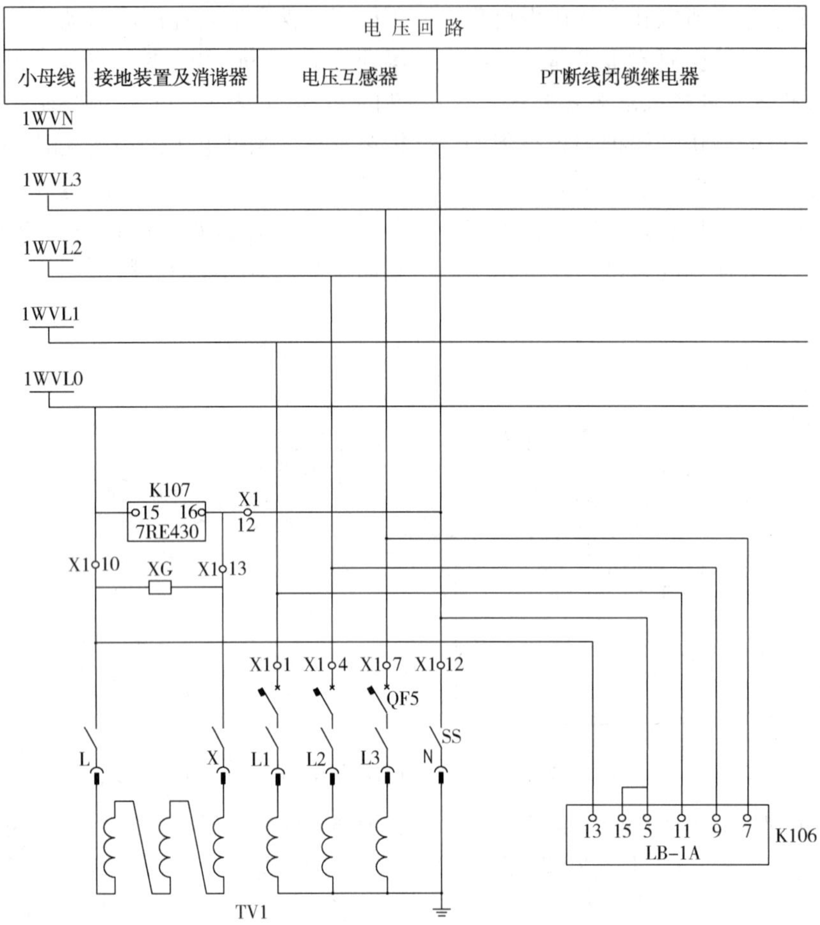

图4　电压互感器交流电压回路接线图

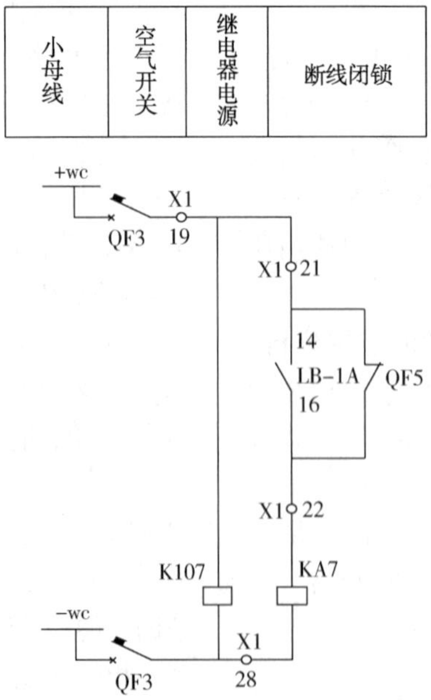

图5　电压互感器二次控制回路接线图

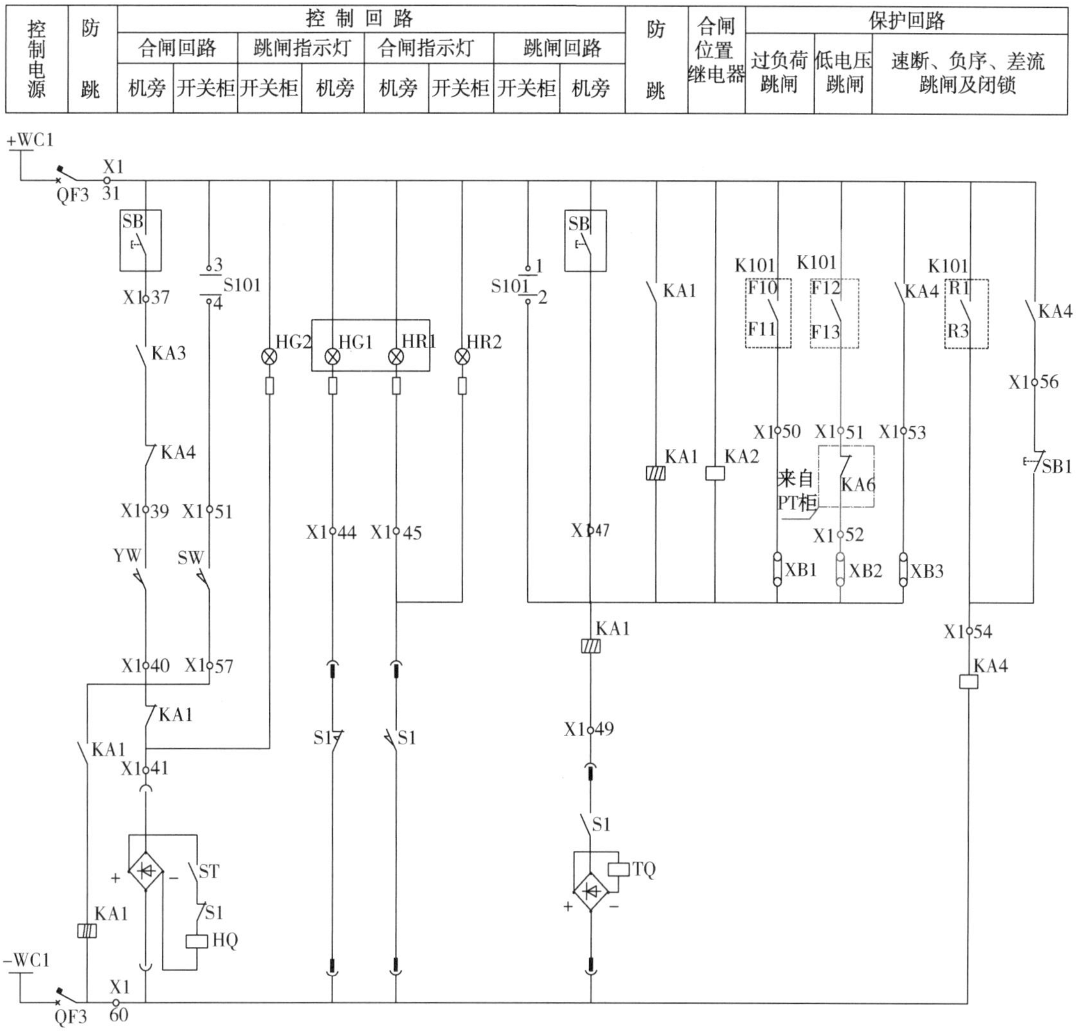

图 6　高压电动机二次控制回路接线图

2）由于该类综保已使用了 10~15 年，基本到了使用年限，在更新改造时，可考虑将这些综保更换为南瑞的保护装置，这种方法更可靠稳定。

2.2.3　阿尔斯通保护装置低电压保护的应用分析

我公司高压电机所使用的阿尔斯通保护装置型号为 P220。该保护装置在高压电机本柜上没有低电压保护，而是在 PT 柜上有专门的阿尔斯通电压/频率保护装置 P922。

阿尔斯通电压/频率保护装置 P922 中的每个电压元件都有其单独的延时。装置为检查所有各相没有电压，对低电压功能进行组态：

（1）三相中的一相欠压，要为所考虑的段选择 OR；

（2）三相均欠压，要为所考虑的段选择 AND。

电压继电器将根据第一段的反时限或定时限特性曲线进行跳闸，且根据第二段和第三段时限的定时限特性曲线进行跳闸。

选取某配电室高压电机阿尔斯通保护装置的低电压保护进行动作原理分析。其动作原理为：当供电母线电压降低到低电压保护定值及以下时，6kV PT 柜上的阿尔斯通保护装置延时 9 秒后 RL2 出口动作（RL1 出口为一段时限，未用），KA2 中间继电器动作，KA2 中间继电器的常开接点闭合，该常开接点串接到 6kV 电动机柜上（下图 9 电机回路图纸上标为 KA），在 6kV 电动机柜上经过低电压跳闸保护压板 XB2 到本柜的综合跳闸中间继电器 KA2，综合跳闸中间继电器 KA2 线圈得电后，接在电机跳闸回路的 KA2 常开接点闭合，则跳闸回路中分闸线圈得电，开关跳闸。具体原理如图 7~图 9 所示：

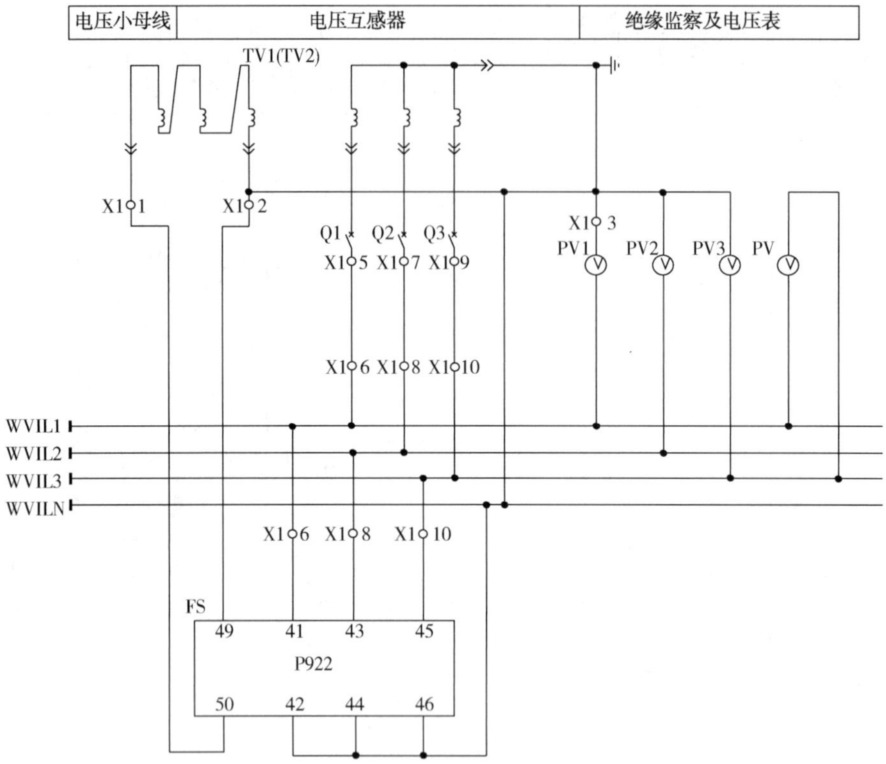

图 7　电压互感器交流电压回路接线图

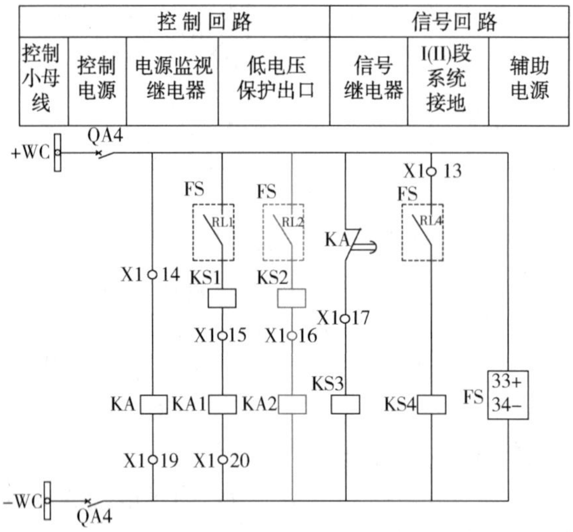

图 8　电压互感器二次控制回路接线图

从以上原理图分析知，PT 柜的低电压保护动作后，启动 PT 柜内的中间继电器，每个电机回路配置一副中间继电器的常开出口接点，经过电缆接到各个电机回路，再经过跳闸压板直接去跳闸。如果这一段母线电压降低，导致电机低电压保护动作跳闸，可以从 PT 柜电压/频率保护装置 P922 上看到低电压动作信号。那么在电压断线有流闭锁上电压/频率保护装置 P922 是如何实现的呢？

电压/频率保护装置 P922 中的有流闭锁，通过下游继电器(P220 或 P122)使用起动接点，下游继电器要接在上游继电器(P921 或 P922)的闭锁输入上。对于 Micom P921 或 P922，“BLOCKING LOG 1t(逻辑闭锁 1)”以及“BLOCKING LOG 2t(逻辑闭锁 2)”子菜单允许用户选择闭锁信息，而该信息将由一个专用的逻辑输入闭锁。例如，我们用逻辑输入 No. 2 激励，需要闭锁欠电压第一段，那么逻辑定值可以作如下设置：

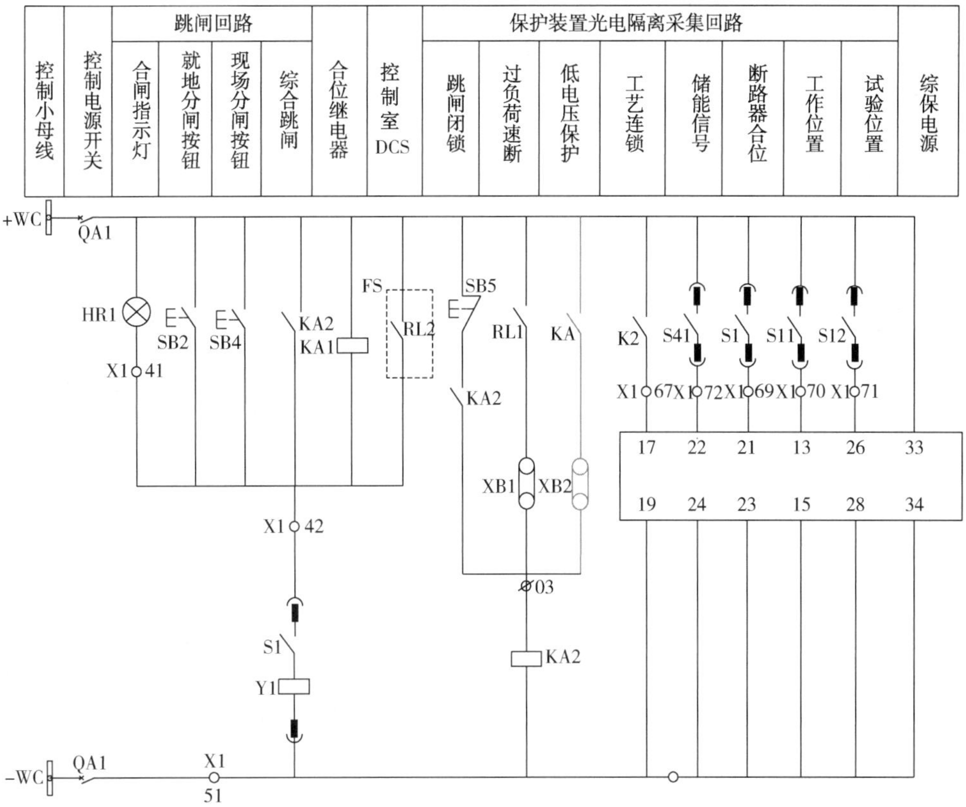

图 9　电动机跳闸回路及保护开入回路接线图

（1）在“BLOCKING LOG 1t(逻辑闭锁 1)”菜单中的 BLOCK 1tV<=选择“YES”；

（2）在“INPUTS”子菜单中选择逻辑输入 No. 2，且将信息“BLK LOG 1”分配给该输入 IH-NPUT2，如下所示：

INPUT2 =

Blk LOG 1

但是该配电室 PT 回路中的电压/频率保护装置 P922 并没有使用逻辑闭锁功能，现场“BLOCKING LOG”选择“NO”。所以说，该配电室高压电机在 PT 断线有流闭锁上有缺陷，当三相 PT 均断线时，低电压保护有误动风险，所以建议按照上述所说的方法进行逻辑配置修改，并进行相关试验验证。

2. 2. 4　施耐德保护装置低电压保护的应用分析

电动机保护中，施耐德保护有 40 系列和 80 系列。其低电压保护功能是三相的，并可按相或线电压参数整定值运行。具体动作特点如下所示：

（1）如果三相中一相或线电压下降到低于 Us/Vs 设定点，保护装置动作；

（2）它包括一个定时限延时 T；

（3）在相电压运行时，它指示有故障的相及相关故障报警。

具体动作逻辑框图如下图 10 所示：

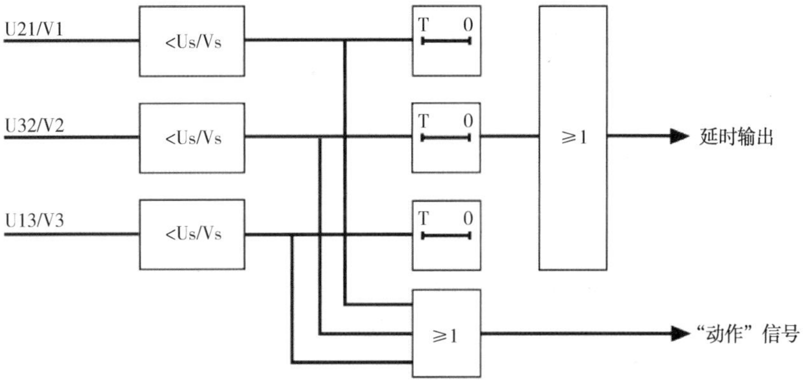

图 10　施耐德低电压保护动作逻辑图

但是其低电压保护逻辑中未引入有流闭锁判据。现场电机保护装置中的具体逻辑方程如下所示：

LATCH(VL1)

VL1 = I101　AND　P27_1_3

V1 = VL1

V_TRIPCB = VL1

其中，I101 为断路器合位；

P27_1_3 指低电压继电器的第一个继电器延时输出。

从上述逻辑方程中，可以看出，该高压电机仅采用了开关合位闭锁，并未引入有流闭锁。通过对施耐德保护装置功能、原理的研究分析，我们可以根据其内置的语句代码，经逻辑编程来实现高压电动机低电压保护功能。建议对原逻辑方程增加如下语句：

P27_1_113 = P50/51-3-1；

其中，P50/51-3 指过流速断中的第三个继电器；

P50/51-3-1 指输出变量瞬时输出；

P27_1_113 指低电压继电器中的第一个继电器禁止输出。

P27_1_113 = P50/51-3-1 指当 P50/51-3-1 与实际值进行比较条件满足时闭锁低电压继电器，禁止其跳闸。更改逻辑方程后的低电压保护动作原理分析如下：

当电网电压由于短时波动降低至高压电机低电压设定值时，微机综合保护装置根据编写的 CFC 逻辑方程式，在电动机运行过程中实时检测其运行电流，当至少有一相电流达到逻辑设定值(一般电动机在正常运行时三相电流是平衡的，否则将由其他保护动作而跳闸)，即保护装置判断为有流(电流不能突变)，电动机有功率输出，说明电网未发生长时间的低电压或失压，电动机不应由于短时电压波动而停止运行，此时保护装置执行逻辑方程式，逻辑输出为 1，闭锁低电压保护跳闸命令，高压电机继续运转。

当 PT 发生全相或其中一(两)相断线时，微机保护装置采集到的电压降至为 0 或者负序电压(V2)升高到设定值，而电动机运行电流不变，其值高于设定门槛值，此时逻辑输出执行逻辑方程式，逻辑输出为 1，闭锁低电压保护跳闸命令，高压电机继续运转。

而当电网电压降到高压电机低电压设定值时，同时高压电机电流也降低到闭锁门槛值，则说明电网真正发生低电压，为了将一部分为了将一部分不重要的电动机及按生产过程要求不容许或不需要自启动的电动机从电网中切除，以保证重要电动机的自启动和加速电网电压的恢复，此时保护装置不再执行逻辑方程式，逻辑输出为 0，电动机经延时后动作跳闸。

2.2.5　四方保护装置低电压保护的应用分析

我公司高压电机所使用的四方保护装置型号为 CSC-237A。当测量线电压 U 电压值都低于定值时，开关或接触器处于合位时，且有下降沿时，低电压保护动作。为防止 PT 断线误切电动机，本保护设置了当单相、两相或三相 PT 断线时闭锁低电压保护。具体逻辑框图如图 11 所示：

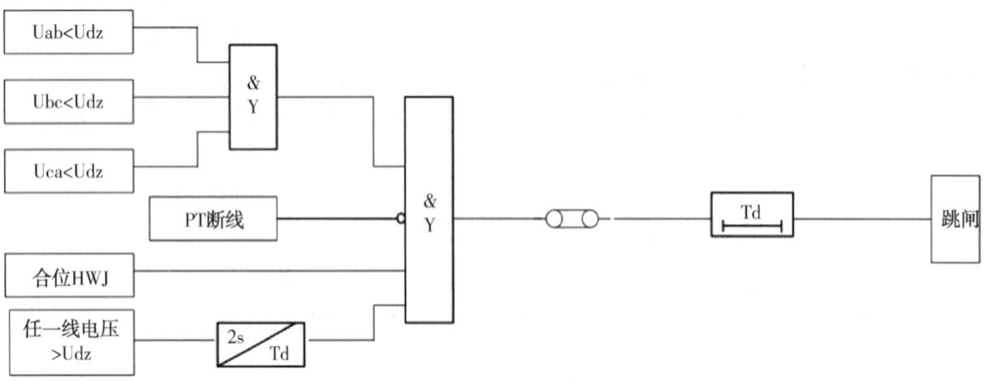

图 11　四方低电压保护逻辑框图

针对四方保护装置，PT 回路监视用以检测 PT 回路单相断线、两相断线和三相失压故障。在下面三个条件之一得到满足的时候，装置报告“PT 断线或失压”事件并驱动相应信号节点和 LED 指示灯。

(1) 三相电压均小于 8V，某相(a 相或 c

相)电流大于0.25A，判为三相失压；

(2) 三相电压和大于8V，最小线电压小于16V，判为两相PT断线；

(3) 三相电压和大于8V，最大线电压与最小线电压差大于16V，判为单相PT断线。

四方保护装置在处理“PT断线”上也引入了电流检测，当三相电压都低时，要检测电流，如果有电流，认为是“PT断线”，避免了当熔断器全部熔断或电压小空开跳闸时，保护误动作。

通过以上五种型号的微机保护装置关于低电压保护动作的条件看，共同点是：三个线电压都要低于整定值，动作时间大于整定值，保护动作。每个保护装置里的低电压保护功能其实没问题，问题就是“PT断线”判别是否完全。尤其是当熔断器全部熔断时，要能有效、可靠检测识别。

其中南瑞保护、四方保护装置在PT断线时加入了有流闭锁，西门子保护装置7SI62是通过装置本身的逻辑判据加上外部PT柜上的PT断线继电器来进行判别“PT断线”问题，而我们使用的阿尔斯通保护装置P220采用PT柜上的低电压保护装置阿尔斯通P922的保护开入点来进行低电压跳闸，而且阿尔斯通P922电压保护装置里对PT断线没有引入有流闭锁判据。同样施耐德保护装置在PT断线上也没有引入有流闭锁判据，在低电压保护稳定上有待提高，建议对这两种型号的低电压保护进行有流闭锁逻辑上的更改，或者更换成南瑞保护装置。

3 结束语

由于每个厂家对微机型高压电机保护装置低电压保护动作条件不尽一致，有的保护装置对条件的说明也不完整，但是不管怎样，我们在现场试验时必须符合实际要求，符合规程要求，使低电压保护可靠动作跳闸，满足电力系统的运行方式，保证电力系统稳定运行。

参 考 文 献

[1] 刘屏周，卞铠生，任元会. 工业与民用供配电设计手册(第四版). 北京：中国电力出版社，2016.

[2] 贺家李，李水丽，董新洲，等. 电力系统继电保护原理[M](第五版). 北京：中国电力出版社，2018.

[3] 南瑞继保 PCS-9626D_X_说明书_国内中文_国内标准版_X_R2.30_(ZL_DYBH5443.1309).

[4] 南瑞继保 PCS-9627CS_X_说明书_国内中文_特殊版本_ECKF170786_R3.02.

[5] 南瑞继保 RCS-9600CS 系列工业电气保护测控装置技术说明书(ZL_DYBH0312.0911).

[6] 南瑞继保 RCS-9000 系列 B 型电动机保护部分技术和使用.

[7] 西门子 7SJ62_63_64_Manual_1.1cn 保护说明书.

[8] 阿尔斯通 P220 电动机保护说明书.

[9] 阿尔斯通 P922 电压/频率保护说明书.

[10] 施耐德 80/40 系列保护测量说明书.

[11] 四方 CSC-237A 电动机保护说明书.

现场动平衡技术在消除风机不平衡故障上的应用

张忠信　王　华

（中国石油兰州石化公司机电仪运维中心）

摘　要　本文根据现场动平衡与平衡机动平衡两种技术的特点，说明了现场动平衡技术的优缺点。并应用振动监测的频谱、相位等分析手段，分析风机振动原因，通过现场动平衡技术在短时间内解决风机振动故障，总结了现场动平衡技术在解决设备振动故障时需要注意和掌握关键技术点。体现了现场动平衡技术在缩短检修时间、减少停机损失、降低劳动强度和维修费用等方面的优越性。

关键词　现场动平衡；振动分析；风机；方法；诊断

转子不平衡是旋转机械中最普遍存在的故障，作为旋转机械的四大故障之一，据统计，有70%的故障与转子不平衡有关。引起转子不平衡的原因是多方面的，如转子的结构设计不合理、机械加工质量偏差、装配误差、材质不均匀、动平衡精度差、转子部件缺损，介质不均匀结垢等。运行中的转子出现不平衡是必然的，转子不平衡会激起共振、加剧松动、对轴承和密封部件施加应力，造成设备的二次损伤。因此解决转子不平衡故障是消除设备振动的一项重要措施，可通过检修上平衡机校验转子平衡或进行现场动平衡校验来实现。

1　现场动平衡概述

1.1　现场动平衡总论

现场动平衡的基本理论与在平衡机动平衡一样，需要有测振传感器和相应的仪器，检测出测点振动信号中与转速同频成分的幅值和相对于基准信号的相位角。现场动平衡是对旋转机械（或部件）在其工作状态或接近工作状态下的振动进行检测和分析，推断出它在平衡平面上的等效不平衡量大小和位置。利用影响系数法计算出需要平衡原始不平衡的质量和相位角，以便采取措施，减小由于不平衡所引起的振动。

1.2　现场动平衡的优缺点

在动平衡机上进行平衡，需要拆解设备、运输转子、平衡校验、回装设备等工序。需要的检修时间长，工序复杂，费用高，对大型转子尤其困难；并且会因为检修而造成轴承等零部件的浪费。而现场动平衡，在平衡过程中最大限度地接近设备正常的运行工况，因此，平衡效果和精度更加直观准确。不需要对设备进行拆解等工作，只需一至两名技术人员利用现场动平衡仪或具有平衡功能的振动分析仪，就可在短时间（一天甚至几小时）内完成，可缩短检修时间、减少停机损失、降低劳动强度和维修费用。

但现场动平衡的缺点是：需要作业人员具有较高的振动分析水平和维修专业技能，能将现场的复杂问题分析清楚并解决。

2　催化剂厂一套分子筛装置引风机B1101振动故障分析

2.1　故障现象

催化剂厂一套分子筛装置引风机B1101具体参数如下：风机型号：Y9-12-11No15.6D，结构：悬臂式离心通风机；介质：含尘尾气；温度：110℃；流量：22184m^3/h；转速：1490r/min；转子重量：约350kg，叶轮半径：780mm；叶轮叶片共计20片。电机型号：YE3-315M-4；电压：380V；电流：238A；功率：132kW。在巡检时发现风机振动增大，已经严重超标，随时会发生设备故障，引起生产波动。

2.2　振动分析

2.2.1　振动分析数据采集参数设置

由于风机振动严重超标，需采集振动波形及频谱，对风机进行一次全面的振动分析。为了使采集的振动波形频谱包含风机所有容易发生故障部件的故障振动特征频率信息。即包含转子旋转频率、叶片通过频率、轴承故障特征频率、基础框架固有频率等信息。因为该风机转速为1490r/min，因此旋转频率X为：

$$1490 \div 60 = 24.83 (\mathrm{Hz})$$

该风机各部件的故障特征频率最高为叶片通过频率：20X，采集的振动频谱只需包含3倍的叶片通过频率即可进行准确分析。其次是轴承各部件的故障特征频率<15X，采集的振动频谱只需包含3倍的轴承故障特征频率即可进行准确分析。各部件产生的振动故障特征频率与旋转频率X的关系见表1。

表1 风机B1101各部件故障特征频率

序号	部件	故障特征频率	故障特征频率需分析频率	最高分析频率/Hz
1	叶片	20X	60X	1488
2	轴承	<15X	<45X	<1116
3	基础及框架	X	10X	248

为了能更清楚地对最高分析频率1488Hz进行分析，将最高分析频率设定为2000Hz，足以满足该风机各种故障分析需要。为了更容易分析各类故障，需要分辨率R小于1，但振动信号采集及处理过程中需要增加汉宁窗函数，会导致分辨率缩小1.5倍，根据公式(1)计算出谱线数Lines。

$$分辨率\ R=\frac{F_{max}}{Lines}\times 1.5<1 \tag{1}$$

谱线数Lines必须$>1.5\times F_{max}=2000\times 1.5=3000$。因此，在振动采集仪上选择设置谱线数为3200线。

根据奈奎斯特定理，为了避免出现采集的振动波形混叠，采样频率F_s必须以$>2F_{max}$进行采样。但在实际上，振动分析仪内置为$F_s=2.56\times F_{max}$。因此，可根据公式(2)计算出采样时间T。

$$T=T_S\times N=\frac{N}{F_S}=\frac{N}{2.56\times F_{max}}=\frac{Lines}{F_{max}} \tag{2}$$

式中，T为采样时间；T_s为采样周期；N为样本数；F_{max}为最大分析频率；$Lines$为谱线数。

$$T=\frac{Lines}{F_{max}}=\frac{3200}{2000}=1.6(s)$$

因此，振动波形采集参数设置为：最高分析频率：2000Hz，谱线数：3200，采样时间：1.6秒。

2.2.2 振动数据分析

对轴承箱两端轴承分别采集水平、垂直、轴向的振动波形频谱，以及轴承的PEAKVUE(滚动轴承分析专用技术)波形频谱进行分析，各测点振动值见表2。由表2中的数据可以看出，轴承箱叶轮端的振动相比这台风机设置的振动标准(小于7.1mm/s)，严重超标。

表2 风机轴承箱各测点振动值

	水平/(mm/s)	垂直/(mm/s)	轴向/(mm/s)	peakvue/g
风机联轴器端	7.74	6.61	5.86	3.75
风机叶轮端	18.43	12.71	13.34	4.38

从振动频谱上分析，实际测试的1X旋转频率为24.96Hz，见图1。振动分量主要集中在1X的旋转频率处，且水平方向振动大于垂直方向振动，以及轴向存在大的1X旋转频率振动，可判断存在转子不平衡故障。轴向方向出现较高的1X旋转振动分量是因为该风机为单级悬臂支撑结构，转子不平衡在轴上产生了一个弯矩，在轴上产生了陀螺效应，将整个转子在轴向方向上来回拉扯。水平方向的振动大于垂直方向的振动，主要因为风机在水平方向的刚度较弱，抑制振动比垂直方向弱造成的。

根据PEAKVUE值及频谱上未见轴承故障特征频率，可以排除轴承故障。也未见叶片通过频率可排除因工艺运、设备变形及管线等原因造成的振动，见图1。

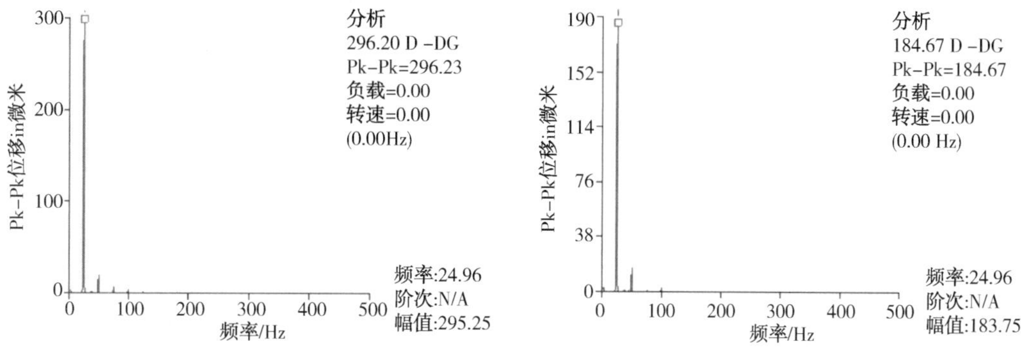

图1 B1101轴承箱叶轮端水平和垂直振动频谱

通过以上分析，再结合该风机的介质中含有硬质固体颗粒，容易对叶轮流道造成冲刷腐蚀，可以确定振动大的原因就是转子不平衡。需要要尽快处理，避免因为振动对设备造成二次伤害，损伤轴承及密封部件，造成更大的损失。

3 现场动平衡

3.1 确定现场动平衡方案

通常，解决转子不平衡故障，需要对风机进行解体，拆除轴承等部件，在动平衡机上对转子进行平衡校验。但由于生产任务重、停机处理时间较短，时间上不能满足检修需要。而且该风机在四层平台，检修时需要吊车配合，因检修而拆除的轴承不会再使用，检修成本较高。因此，决定对该风机进行现场动平衡校验。

对该风机进行启停机振动测试，见图2，该风机在开机升速过程中，采集幅值相位图分析发现：随着转速的升高，轴承座上水平和垂直方向上1X旋转频率的振动位移和相位均基本平滑上升，没有出现大的波动和变化，水平和垂直方向的相位差一直稳定在90度左右。说明转子为刚性转子，可对转子进行单面平衡校验，即可解决振动问题。

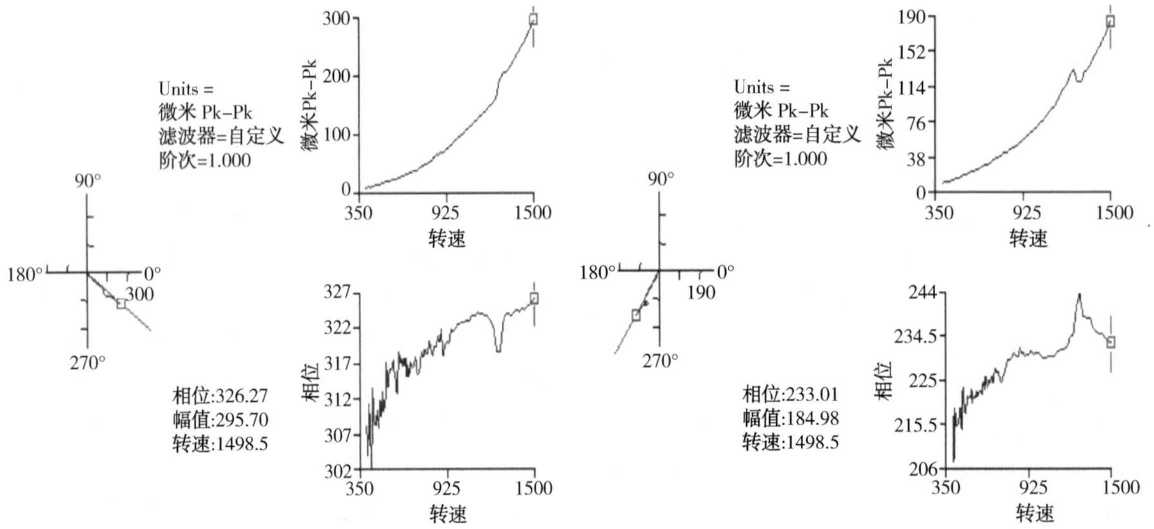

图2 B1101轴承箱叶轮端水平和垂直振动幅值相位图

3.2 现场动平衡校验

3.2.1 现场动平衡校验准备

现场动平衡校验前，在准备好现场动平衡仪器和工具后，还要逐条检查确保"风机可以数次启动与停止、叶轮上由能够增加配重的位置及测试数据必须稳定"等条件。根据公式(3)计算试重块的质量，准备好试重块及多种规格的配重块。

$$W_t = 56375\times\frac{W_R}{R\times N^2} \quad (3)$$

式中，W_t 为试重(盎司)；W_R 为转子重量(磅)；N 为转子的转速(r/min)；R 为试加重的半径(英寸)。

$$W_t = 56375\times\frac{350\times2.2}{780\div25.4\times1490^2} = 0.6367(oz)$$

$$= 18.38(g)$$

公式(3)是为柔性转子制定的，对于刚性转子，可以安全地使用该质量的2~3倍，因此，我们准备一块50g的试重块，完全满足现场动平衡校验需求。

3.2.2 现场动平衡校验

如图3所示，安装好激光测速计、反光标贴，连接好振动传感器、激光测速计和振动分析以后，按如下步骤进行现场动平衡校验：

(1) 启动风机，提速至额定转速后，测量原始状态下的1X振动位移值和相位。

(2) 停机，在转子上加试重块。位置：沿叶轮外圆，即叶轮的半径边缘(试重、配重均加在该半径处)；角度：步骤1测量的相位加180°；重量：50g。

(3) 启动风机，测量加试重后状态下的1X振动位移值和相位。

(4) 停机。振动分析仪程序计算出需要加配重的质量和角度；取下试重块，按照计算结果在相对应的角度进行配重。

（5）启动风机，测量配重后状态下的1X振动位移值和相位，检验动平衡的效果。

（6）根据程序计算结果可进一步配重，直至达到预期结果。

风机B1101现场动平衡具体的实际步骤及数据见表3所示。

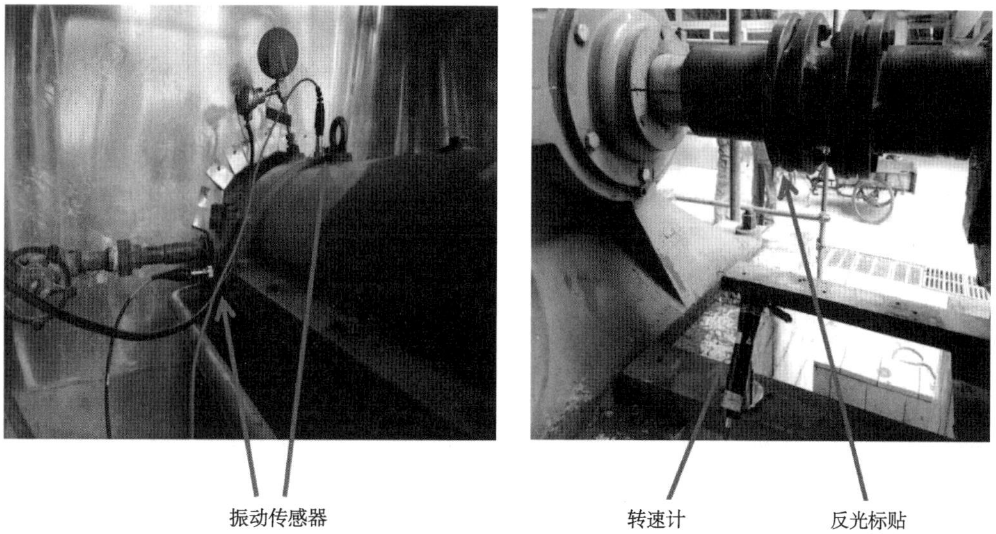

图3 现场动平衡校验仪器安装图

表3 B1101动平衡过程数据

转速		1490r/min	
序号	步骤	轴承座叶轮端水平（测点1）	轴承座叶轮端垂直（测点2）
1	原始振动	298μm∠326°	187μm∠233°
2	加试重	50g∠144°	
3	加试重后的振动	277μm∠325°	172μm∠233°
4	计算出需要加重的质量和角度（去除试重）	671g∠133°	
5	第一次配重	650g∠135°	
6	试车振动	17.6μm∠333°	18.6μm∠244°
7	平衡前后振动降低百分比	94%	90%

从表3可以看出，经过现场动平衡校验，风机的1X振动分量由最大298μm下降到17.6μm，降幅达到了94%。位移频谱如图4所示。

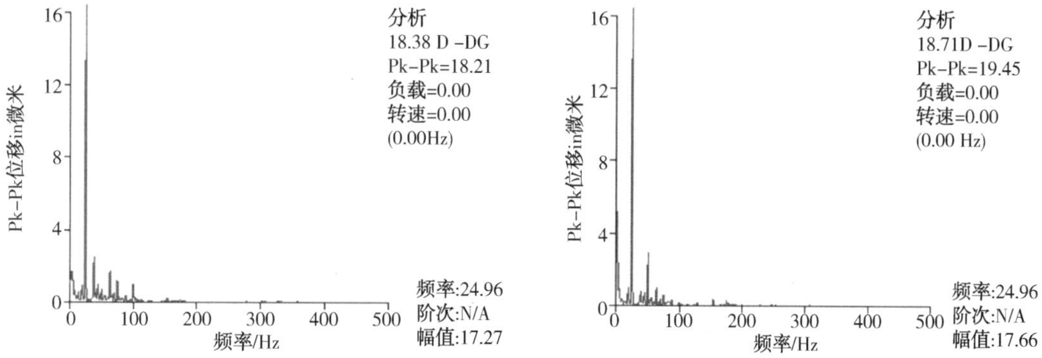

图4 B1101轴承箱叶轮端水平和垂直振动频谱

4.3 现场动平衡后振动监测

对风机轴承箱的振动进行测量，各测点的振动值如表4所示，振动幅值大幅下降，现场动平衡效果良好。

表4　风机B1101现场动平衡后轴承箱各测点振动值

	水平/(mm/s)	垂直/(mm/s)	轴向/(mm/s)	peakvue/g
风机联轴器端	1.14	0.91	0.87	0.77
风机叶轮端	1.32	1.07	1.14	2.37

5 总结

综上所述，利用现场动平衡技术解决催化剂厂一套分子筛风机B1101转子不平衡故障，仅仅用了4个小时，因为在进行现场动平衡时，每次测试时间仅需要3~5分钟，充分说明了现场动平衡技术在缩短检修时间、减少停机损失、降低劳动强度和维修费用等方面具有不可替代的优势。也充分体现了现场动平衡技术需要较高的振动分析水平和维修技能。在利用现场动平衡技术解决设备振动问题时，需要重点关注以下几个技术点：

(1) 一定要分析清楚设备振动的根本原因。首先要根据设备参数及结构，计算设置正确的振动分析采集参数，才能获取准确有用的分析数据；其次，尽可能的应用多种分析手段，如频谱分析、相位分析、启停机测试及已有的设备故障数据库，综合分析、相互印证；最后，振动原因分析最好在故障恶化前或设备停机前完成，如不能完成，尽可能多地收集与故障相关的信息，再根据检修情况进行分析。

(2) 在进行现场动平衡前，对转子的动力性能要了解，才能做出有效的有针对性的现场动平衡方案。选择合适的试重、配重半径，一旦确定，不能半途更改，否则会造成程序计算错误。

(3) 在现场动平衡时，试重质量的计算和试重角的选择至关重要。试重质量太小时，不能引起转子振动状态明显的变化，会造成程序计算配重结果误差较大，增加平衡次数；试重质量太大时，可能会造成转子剧烈振动，发生设备事故。合适的角度能迅速降低设备振动，而不合适的角度同样会造成设备(转子)剧烈振动。一般情况，试重质量根据经验公式计算，试重角度一般选择初始不平衡角度的对角，有可能会一次试重就完成动平衡校验。

(4) 现场动平衡校验完成后，需对设备进行一次全面的振动分析，并将分析数据保留，作为设备后续运行中振动分析的参考基准。

参考文献

[1] 李国华，张永忠．机械故障诊断．化学工业出版社，2011.

[2] 安胜利，杨黎明．转子现场动平衡技术．国防工业出版社，2007.

[3] 杨国安．机械设备故障诊断实用技术丛书：转子动平衡实用技术．中国石化出版社，2012.1.

第七篇　附属设施及系统优化篇

无刷同步电动机的励磁系统保护优化

张振华　于　航

（中国石油大连石化分公司）

摘　要　在石油炼化企业，同步电动机已经在很多生产装置得到了广泛的使用，其转速稳定，运行效率高，在满足工艺要求的同时，节能降耗也非常可观，还可以提高电网功率因数，但在运行过程中，也时常因某种故障导致停机。本文介绍了某炼化企业无刷同步电动机运行时发生的励磁故障跳闸，结合 WKLF-400 系列的无刷同步电动机微机控制励磁系统的控制原理和结构，分析故障原因，并提出相应的处理措施及维保改进方向。**关键词**　无刷励磁；同步电动机；励磁系统；旋转整流器；故障分析处理与改进

国内某 2050 万吨/年加工量炼化企业现有 29 台大型压缩机组，配套的同步电动机均选用了 WKLF-400 系列微机控制无刷同步电动机励磁系统，励磁系统故障跳闸会造成同步电动机停止运行，会对现场安全生产造成极大影响，因此需要通过对励磁系统典型故障分析，配置合理的保护，避免意外停机影响装置安全平稳运行。本文着重探讨无刷同步电动机旋转励磁系统出现缺相运行时，对于输出到同步电动机转子侧的励磁电流是否会产生不良影响，从而对无刷同步电动机励磁系统的保护进行优化配置。

1　无刷同步电动机的励磁系统

1.1　励磁系统组成

无刷励磁同步电动机由主电机、交流励磁机、旋转整流器和静态励磁装置 4 部分组成，其中静态励磁部分主要是由励磁调节器、励磁变压器、功率单元等组成的静态励磁柜，其中旋转励磁部分安装在主电机轴上，每套旋转励磁器包括 1 个主控模块、3 个整流功率模块（三相半控整流桥）、1 个启动功率模块和 8 个灭磁电阻模块，其电气原理如图 1 所示。

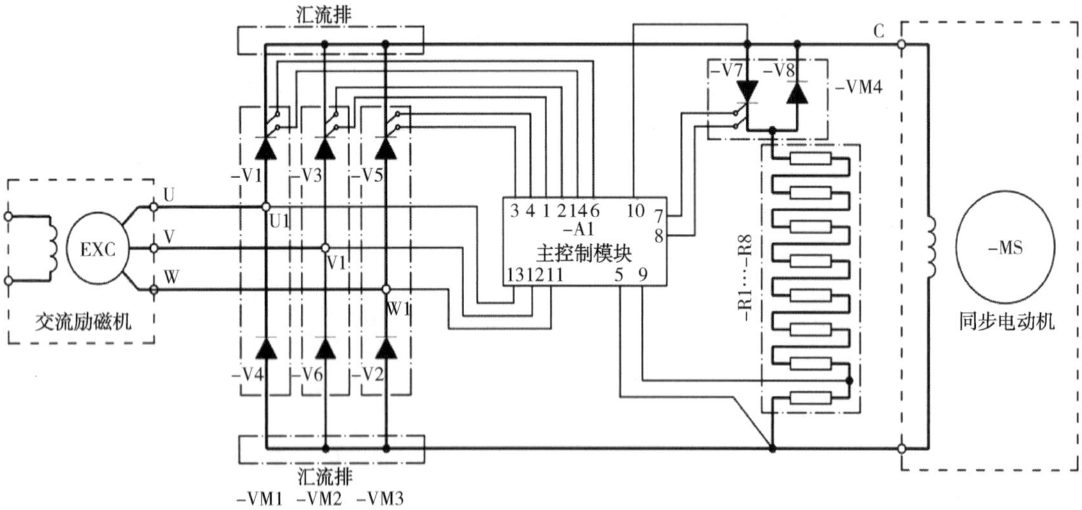

图 1　无刷同步电动机励磁系统电气原理图

各单元模块具体作用如下：

（1）主控模块（控制模块）是整流器的核心控制元件，完成投励（灭磁），输出触发脉冲，开通功率模块，并控制启动模块对启动电阻的投入与切出。

（2）整流功率模块是整流器件，将交流励磁机发出的交流电经整流后向同步电动机转子绕组提供直流电流。

（3）启动功率模块在同步电动机异步启动后，迁入同步运行过程中起着关键作用。启动电阻投用

后，同步电动机的启动转矩特性得到改善，进而使同步电动机平稳、迅速进入同步运行状态，并在控制模块的作用下对灭磁电阻进行投切。

（4）励磁绕组启动电阻模块：为减少同步电动机异步转动力矩，实现同步电动机的平稳启动无脉振，使转速逐步达到亚同步。

1.2 静态励磁屏装置及保护原理

Excitrol-400 微机励磁调节器是控制无刷同步电动机励磁装置的核心控制和保护单元，为无刷同步电动机中的交流励磁发电机提供励磁电源，可在 0.2~1.3Ue 之间调节励磁电流，实现自动恒功率因数调节。如图 2 所示。

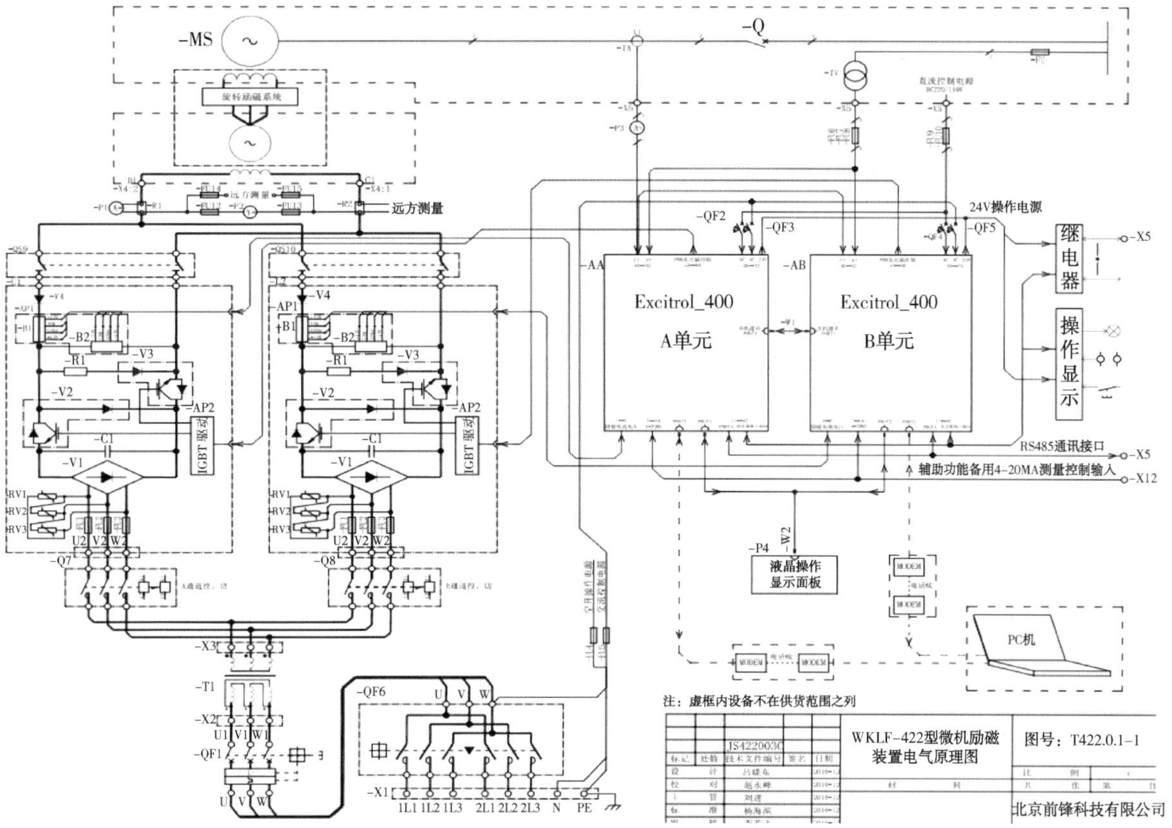

图 2　微机控制无刷同步电动机励磁装置电气原理图

1）旋转励磁故障保护

“旋转励磁故障”是对同步电动机旋转励磁系统的保护，旋转励磁系统为无刷励磁，各部件均随主机转子一同旋转，运行数据检测方式受限，只能通过检测励磁电流的特征谐波电流来实现对同步电动机旋转励磁系统保护。正常运行时特征谐波电流为 0，当现场旋转励磁系统发生故障时会产生特征谐波电流，谐波分量达到 0.05 倍额定励磁电流、持续 5s 后，励磁系统发出故障跳闸指令。

2）外环失效保护

当旋转励磁系统出现故障导致电机转子侧励磁电势缺失时，静态励磁装置会增大励磁电流输出，试图弥补缺失的励磁电势，当持续时间达到外环调节器限制失效保护时间还未使转子侧励磁电势恢复，外环失效保护动作。

3）反时限强励限制

反时限强励限制为励磁输出的上限限制保护，与机组允许的热容量值有关，目的在于防止交流发电机励磁绕组过热。

1.3 旋转励磁工作原理

交流励磁发电机与同步电动机安装在同一个主轴上，该励磁发电机与一般交流发电机比较，定子绕组励磁，转子绕组发电。经静态励磁屏输出给定子励磁绕组直流电压，与主轴一起旋转的“EXC 电枢绕组”（转子绕组）感应并发出三相交流电，经整流模块 V1-V6 整流后转换成直流电压，最终向同步电动机的转子绕组提供励磁电流，实现无刷励磁，满足了生产一线防爆要求，如图 3 所示。调节交流励磁机定子绕组的励磁电流，可改变同步电动机转子绕组的励磁电流，当旋转励磁系统的控制模块检测到主电机滑差小于整定值的5%时，控制旋转可控硅V3持续导通，主电机转子投励，最终平稳牵入同步转速运行。

图3　交流励磁机和旋转整流装置

2　故障经过

某日夜间，制氢同步电动机自停，检查发现同步电动机电源保护回路综合保护装置“非电量2”(励磁故障)跳闸，静态励磁装置故障指示灯闪烁，屏幕显示“励磁系统故障”，如图4、图5所示。

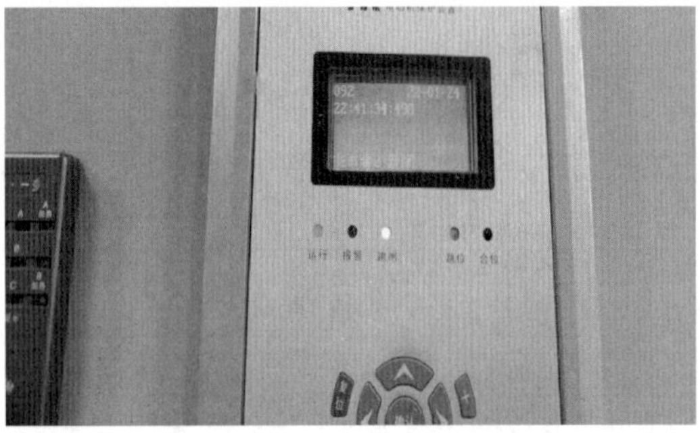

图4　综合保护装置故障指示

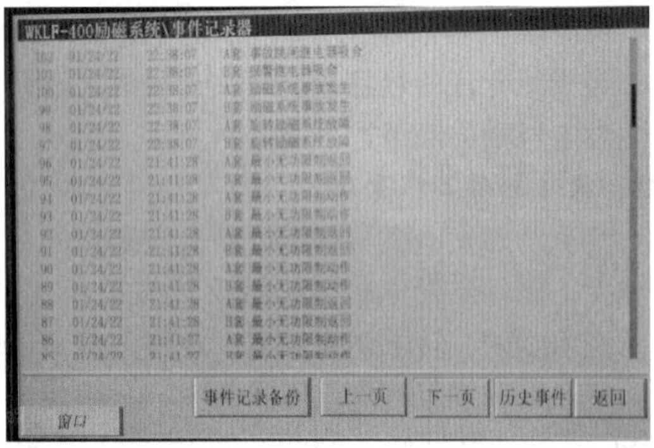

图5　励磁装置故障指示

3　故障诊断分析

3.1　故障现象与描述

查看调节器内置录波器运行数据历史趋势记录，故障发生前静态励磁电流8.2A、励磁电压51.4V、定子电流170A、功率因数0.902，同步电动机各项运行数据平稳，如图6所示。

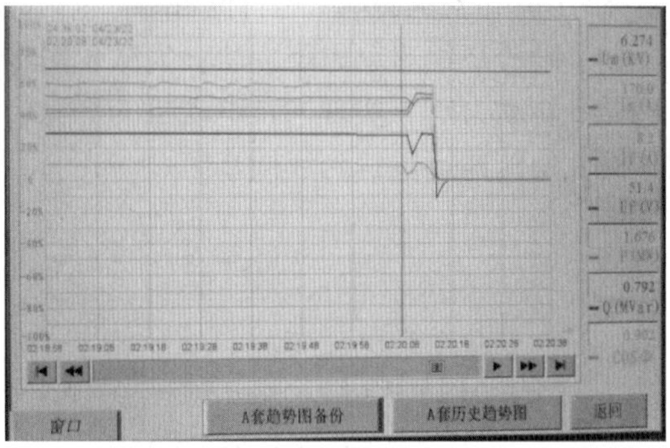

图6　故障前录波器波形/数据

故障发生时定子电流下降至160.1A、功率因数增至0.947，静态励磁调节器增加励磁输出，静态励磁电流、励磁电压分别升至9.3A、59.9V，如图7所示。

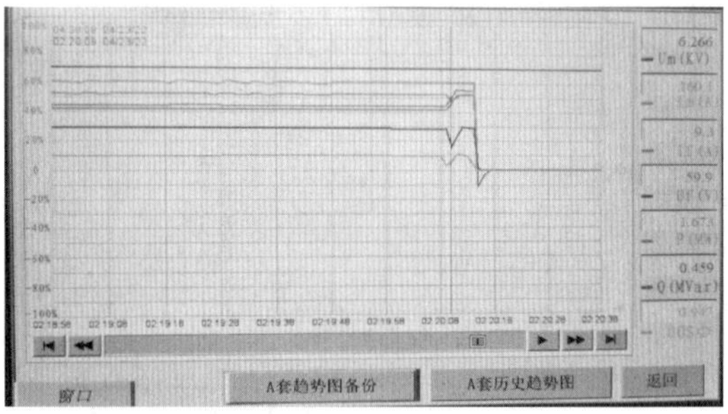

图7　故障发生时录波器数据

3.2　故障原因分析

1）打开旋转整流盘后，检查主回路及控制回路接线无松动，整流盘内无异味、各模块外观完好无过热迹象；测量励磁机转子三相直阻平衡(32.27mΩ、32.29mΩ、32.24mΩ)，各模块、转子及定子绝缘均大于200MΩ，主控模块各接线端子间阻值在标准范围内(详见表1)；模块拆下后，测量其中一块整流模块可控硅冷态下反向电阻2.7kΩ左右(其他模块为47kΩ)，继续测量其他数据均正常。

表1　主控模块电阻参考值及测量

序号	万用表档位	红表笔	黑表笔	参考值	测量值
1	电阻档	ZK42-7	ZK42-8	15～30Ω	24.1Ω
2	电阻档	ZK42-14	ZK42-6	15～30Ω	16.6Ω
3	电阻档	ZK42-1	ZK42-2	15～30Ω	16Ω
4	电阻档	ZK42-3	ZK42-4	15～30Ω	18.6Ω
5	电阻档	ZK42-5	ZK42-8	3Ω	2.7Ω
6	电阻档	ZK42-5	2#母排	0	0

续表

序号	万用表档位	红表笔	黑表笔	参考值	测量值
7	电阻档	ZK42-10	1#母排	0	0
8	电阻档	ZK42-11	ZK42-12	0	0
9	电阻档	ZK42-11	ZK42-13	0	0
10	电阻档	ZK42-12	ZK42-13	0	0

图 8　故障的旋转整流模块

2）初步怀疑此整流模块可控硅在运行过程中击穿，造成三相不对称运行；此外，由图 7 可看出，故障发生瞬间，电机定子电流下降，而静态励磁电流、静态励磁电压值升高，其弥补了因旋转励磁系统出现故障导致主电机转子侧励磁电势缺失，所以在旋转励磁故障跳闸前 5 秒，主电机定子电流及功率因数恢复至平稳运行，也与旋转励磁系统缺相运行情况相吻合（通过提升静态励磁柜的输出来保证主机转子上的励磁电流平稳）。

3）进一步确认故障原因：拆除励磁模块进行静态模拟试验时，发现主控模块存在间歇性触发脉冲丢失的情况，如图 9 所示。

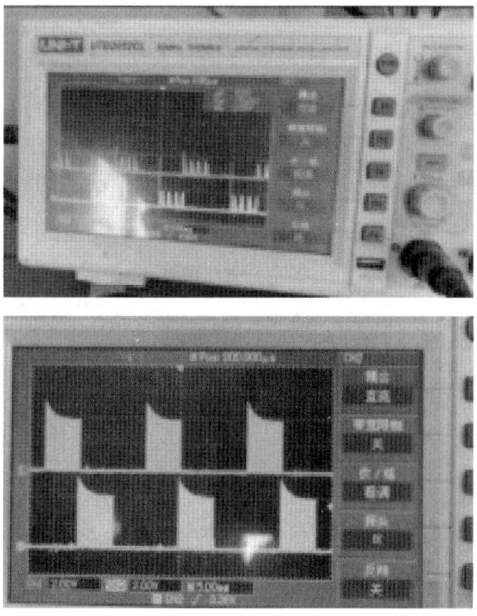

图 9　异常脉冲波形与正常脉冲波形

4）同步机励磁装置调节器具有特征谐波电流测量功能模块，通常以检测励磁电流中感生的交流特征谐波电流幅值大小为原理进行间接监测。当旋转励磁系统正常运行时，交流励磁机电枢绕组三相对称运行，在励磁电流中不会感应出特征频率的交流分量；但故障时通常会导致交流励磁机的电枢处于缺相（不对称）运行状态，在电枢绕组中产生零序及负序电流，并在励磁绕组电流中感应出频率为交流励磁机电枢电压频率的基波及 2 次谐波的特征谐波电流。而触发脉冲丢失会造成三相整流电路缺相运行，在励磁绕组中感应出特征谐波电流，励磁调节器的“旋转励磁故障”保护是通过检测特征谐波电流，进而当达到保护动作条件（0.05 倍励磁电流）时，持续 5 秒后发出相应的故障停机指令。

本次励磁故障跳闸的同步电动机，于同年进行过励磁检查作业，对励磁机功率模块、启动模块及主控模块进行整组更换，更换完毕后测试各项数值均在标准范围内且单机试运正常。此次故障的整流模块仅更换不到 3 个月，开机后累计运行时长不超过 10 天，施工更换过程测量各模块阻值均在标准范围内（包括本次故障模块），判断故障原因为产品质量问题。

4　故障处理

1）更换备用旋转整流模块；

2）更换完毕后检查整流盘内各模块参数均在标准范围内；

3）配电室进行励磁机静态调试，无特征谐波电流，试验正常；

4）转工作位置正常开机，负载逐步提升，观察各阶段运行状态无异常。

5　提出维保改进措施

5.1　调查全公司同步机故障原因

整理近年发生的同步机励磁故障共发生 12 起，其中因“旋转励磁故障”造成的停机 7 起，占比 58%，进行溯源分析均为单块或两块旋转整流模块故障导致的缺相运行引起造成跳闸停机的。

5.2　进行旋转整流装置试验

5.2.1　正常试验

使用相关仪器试验，三相桥式半控整流电路正常时，在 20ms 时间内励磁电压共有 6 个波头，励磁电流波形平稳，如图10所示。

5.2.2 缺相试验

三相桥式半控整流电路缺相时，在20ms时间内励磁电压共有4个波头，励磁电流波形大致平稳，没有出现很大的波动，如图11所示。

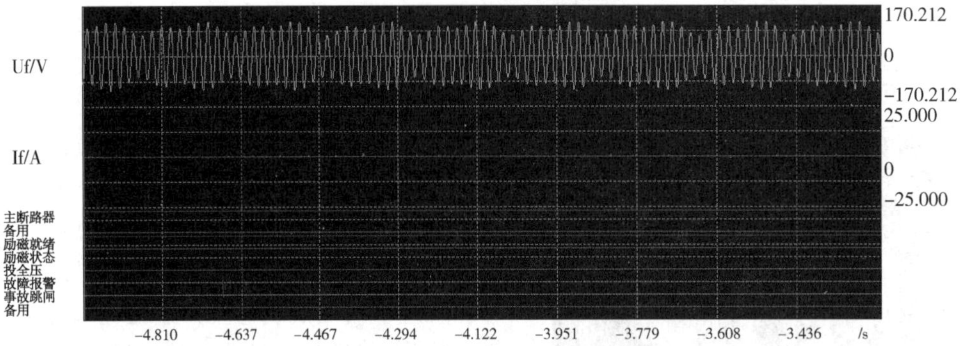

图10 三相半控桥式整流电路正常输出波形

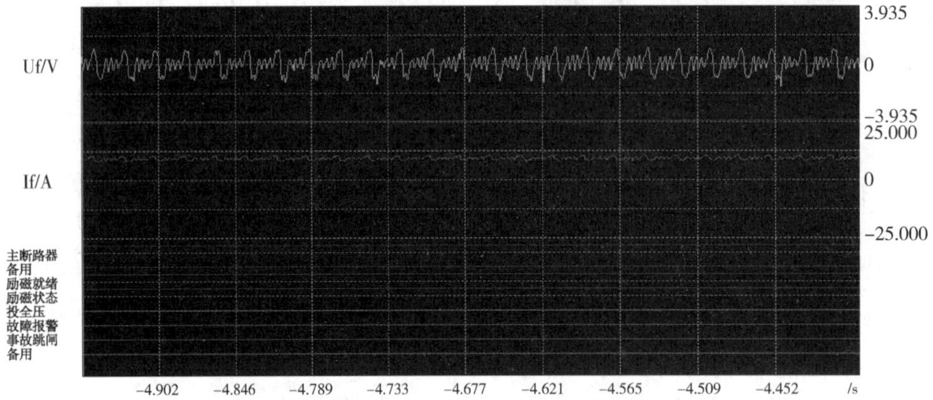

图11 三相半控桥式整流电路缺相输出波形

综上试验论证后，三相桥式半控整流电路中，缺相运行时仍然能够整流输出，通过增大静态励磁输出能够弥补缺失的励磁电势，对同步机的运行不会造成影响。

5.3 励磁系统保护配置优化方案

5.3.1 保护功能验证

旋转励磁系统故障分短路故障及断路故障两类：

1）短路故障电流大，易造成设备严重损坏，保护功能需可靠动作，尽快切除故障。

2）断路故障由控制模块触发信号丢失或功率引线断裂造成，多数情况会导致旋转励磁系统整流回路缺相运行。

进行保护配置优化，需对新配置下同步机旋转励磁系统的保护功能进行验证，分析各类电气故障情况保护功能是否能够可靠动作。

5.3.1.1 短路故障

旋转励磁系统内部出现线路短接故障，较大的故障电流会击穿整流功率模块的二极管及可控硅，旋转励磁无输出，造成同步机失步，此时励磁装置“失磁失步”保护将会动作跳闸。考虑现场实际运行工况有时可能会处于轻载运行，此时如果旋转系统出现短路，短路电流较小未造成元件击穿故障，定子电流又可能达不到保护定值，采用“外环失效”保护可作为后备保护，动作于跳闸。

5.3.1.2 断路故障

旋转励磁系统内部采用三相桥式半控整流电路，从该电路的电气工作原理分析，当缺单相运行时，如果另两相输出相应增大，可保证电路的输出电流不会有较大影响，从5.2的试验结果来看，验证了该理论分析的准确性。

1）缺单相运行，静态励磁输出增大，励磁机转子绕组及另两相整流功率模块电流增大、温度升高，励磁系统的“反时限强励限制”保护会限制静态励磁输出，不会造成励磁机长期过载运行烧毁，因此短时间内可以继续运行。

2）缺两相运行，电机转子侧励磁电势缺失

(未失磁)，静态励磁装置会增大励磁电流输出，试图弥补缺失的励磁电势，如果此时轻载运行，可通过强励运行满足主机转子励磁需求；如满载运行，因“反时限强励限制”保护，输出电流无法满足主机转子励磁需求，“失磁失步”保护或“外环失效”保护动作于跳闸。

3）缺三相或输入输出引线等断相时，旋转励磁系统无输出(失磁)，电机失步，此时励磁系统的“失磁失步”保护动作跳闸。

5.3.2　保护配置优化

将“旋转励磁故障”保护动作方式由跳闸改为报警，“外环失效”保护动作方式由报警改为跳闸。区分旋转励磁系统故障类型，当内部发生缺相故障时，通过励磁调节器的输出调节，保证励磁系统正常工作，但需发出报警提示，将报警信号接至 DCS 系统，发生报警时生产值班人员能够及时切机、电气维护人员能够及时处理；当内部发生短路故障时，“外环失效”保护(后备保护)需可靠动作于跳闸，避免同步电动机带病运行造成故障扩大。

6　保护配置优化后应用案例

二重整装置“内操”监盘发现 K2101B 同步电动机旋转励磁故障报警，通知电气维护人员到配电室确认，同时立即组织进行机组切机，整个过程 30 分钟之内完成，未对生产造成影响。机组切换完毕后，对 K2101B 旋转励磁机开盖检查，发现励磁机内部汇流排与整流模块间连接铜排断裂，如图 12 所示。

图 12　旋转励磁机内部断裂铜排

在对励磁机各模块及内部其他元件检查、测量均未发现问题后，结合励磁调节器故障录波器分析，判断本次旋转励磁故障报警的原因为连接铜排断裂，导致励磁机三相桥式半控整流电路中的一相输出回路缺相，在励磁机定子侧感应产生特征谐波电流，进而发出故障报警。

从“内操”发现报警至机组切换的 30 分钟内，同步电动机运行平稳，表明保护配置优化行之有效，成功避免了一次压缩机组异常停机事件。

7　结束语

励磁系统是同步电动机的重要组成部分，其对于同步电动机的运行起着非常重要的作用。通过对励磁系统典型故障的研究与剖析，在保证同步电动机稳定运行、保护功能安全可靠的前提下，提出了科学有效的改进措施，为同行业同步电动机的维保提供了借鉴与帮助。

参考文献

[1] WKLF-400 无刷同步电动机微机励磁装置使用手册[Z]，2012.

[2] 郭瑞平．同步电动机系统运行中存在的问题及其解决方法[J]．机电一体化，2015(3)：73-74.

[3] 王兆安．电力电子技术[M]．北京：机械工业出版社，2015：49.

[4] 骆皓．双馈风力发电机交流励磁控制技术[M]．南京：东南大学出版社，2018：51-52.

[5] 陈云梅．同步电机转子励磁绕组故障分析与处理[J]．中国新技术新产品，2013(23)：26-27.

[6] 范国伟．同步电机原理及应用技术[M]．北京：人民邮电出版社，2014：21-25.

[7] 陈红岑．基于蚁群算法的同步电机励磁系统节能优化研究[D]．湖南：湖南大学，2018：1-7.

[8] 刘取．电力系统稳定性及发电机励磁控制[M]．北京：中国电力出版社，2007：31.

往复式压缩机气阀故障分析与优化方法

王　浩

（大连西太平洋石油化工有限公司）

摘　要　往复式压缩机在工业生产中扮演着关键角色，而气阀故障是影响其运行效率和可靠性的重要因素之一。本文通过分析实际案例，探讨气阀故障的原因、监测方法及优化策略，旨在为往复式压缩机的维护管理提供理论依据和实践指导，以提高设备的运行稳定性和使用寿命。最后结合当前 AI 行业发展趋势，提出 AI 在压缩机状态监测与故障诊断中的应用场景。

关键词　往复式压缩机；气阀故障；原因分析；监测方法；优化策略

往复式压缩机广泛应用于石油化工、天然气处理等领域，其核心部件之一的气阀对压缩机的性能和可靠性起着至关重要的作用。气阀故障不仅会导致压缩机效率下降，还可能引发设备停机，造成经济损失。因此，深入研究气阀故障的原因、监测方法及优化策略具有重要的实际意义。

1　气阀故障案例分析

1.1　案例概述

本文收集了某炼油厂重油加氢装置近几年多起往复式压缩机气阀故障案例，涉及新氢压缩机和酸性气压缩机等设备。以下是部分典型案例的简要描述：

案例 1：2021 年 3 月 5 日：新氢压缩机 CP-02B 因二级吸气阀温度高，切换至备用机后发现二级内侧吸气阀垫片损坏。（图 1）

图 1　损坏的气阀垫

案例 2：2021 年 12 月 21 日：膜分离原料气压缩机 4-CP-02 二级异响，经过排查发现二级吸气阀顶丝存在松动。

案例 3：2022 年 8 月 21 日：酸性气压缩机 3-CP-01B 二级气阀处异响，停机检查发现二级西侧吸气阀顶丝松动。

案例 4：2022 年 11 月 21 日：酸性气压缩机 3-CP-01A 二级吸气阀阀片、弹簧等存在断裂。深入分析确定为新换的厂家材料选择未考虑高硫化氢工况，选材不当。（图 2）

图 2　损坏的气阀阀片

案例 5：2023 年 5 月 30 日：新氢压缩机 CP-02C 开机过程中二级出口压力不足，停机检修发现二级吸气阀压阀罩损坏。

案例 6：2024 年 8 月 24 日：重油加氢装置新氢压缩机 CP-02A 一级吸气阀压阀罩损坏，经分析确认材质为灰铸铁 HT250，该材质强度较差，且使用时间过长存在材质劣化。（见图 3）

案例 7：2025 年 5 月 13 日，重油加氢酸性

图 3　损坏的压阀罩

气压缩机 3-CP-01A 开机过程中，压缩机排量不足，一级出口压力高，安全阀起跳。经过排查，发现二级吸气阀温度异常高。检修发现二级排气阀被大量杂质堵塞。（图 4）

图 4　堵塞的气阀及杂质

1.2　故障原因分析

通过对上述案例的分析，气阀故障的原因可以归纳为以下几个方面：

1.2.1　冲击与磨损

液击效应：气体中夹带冷凝液导致瞬时冲击力达正常载荷的 5～10 倍。如：气液分离器故障或工艺介质带液，会引起气阀液击。气缸注油过多在气阀内形成油粘滞，导致阀片启闭不正常，加剧冲击。

阀片撞击：高频启闭（>300 次/分钟）产生交变应力，引发疲劳裂纹，例如案例 4 中，阀片在使用过程中发生损坏。

磨粒磨损：管道锈蚀颗粒或积碳颗粒在阀片与阀座间形成磨损，例如案例 7 中，固体杂质颗粒聚集堵塞气阀通路，还可导致气阀零部件卡涩或损坏。

1.2.2　安装与装配

自身安装偏差：对中偏差，阀座与阀片平行度误差>0.05mm 时，局部接触应力增加 3 倍。预紧力不当，弹簧压缩量偏差±10%会导致阀片启闭延迟 0.5～1ms，加剧冲击。

异物残留：装配时遗留密封胶或工具碎屑，引发阀片卡死。

顶丝安装不当：案例 2、3 中，顶丝在运行过程中发生松动，气阀随气流在工作位置撞击产生异响，同时因为回窜气体导致气缸排量不足。在实际应用中，顶丝紧固不足会造成异响及振动；顶丝紧固力矩过大，会损坏压阀罩，继而引发异响及振动。

1.2.3　运行工况异常

压力波动：喘振工况下压力波动幅度达±20%，阀片撞击速度提升 15%。例如：来气流程异常，入口压力急剧降低等工况。

超负荷运行：流量超设计值 20%时，阀片运动速度增加 25%，磨损速率呈指数上升。

1.2.4　材质问题

材料不匹配：304 不锈钢阀片用于含氯介质（Cl^->100ppm），点蚀速率达 0.8mm/年。含硫气体等超过设计指标，导致阀片硫化腐蚀，表面硬度下降 30%。例如案例 4 中阀片、弹簧选材不适合高硫化氢工况，在使用中发生硫化氢应力腐蚀；案例 5、6 中，老旧设备中使用的灰铸铁 HT250 材质压阀罩，屈服强度低、延伸率差，长期在氢气环境中发生材质劣化，已不适合压缩机工况。

热处理缺陷：阀片硬度偏差±5HRC 时，疲劳寿命下降 60%。例如案例 1 中，紫铜材质的气阀垫，厂家在制作时未能满足退火要求，垫片硬度大，在运行中易发生断裂。

2　气阀故障监测方法

2.1　阀盖温度监测

对阀盖进行周期性检查，记录其表面温度变化。结合设备运行参数，可分析气阀的运行状况，预测使用寿命。温度监测不仅可以发现气阀的异常发热，还可以通过温度变化趋势预测潜在的故障。例如，当气阀垫片损坏或阀片断裂时，局部温度会显著升高，通过实时监测可以及时发现这些问题。

2.2 气阀运行声音监测

通过监听气阀运动时发出的声音，并与其他正常气阀进行比较，可及时发现异常工作气阀。声音监测是一种简单而有效的监测方法，尤其适用于现场快速诊断。当气阀出现松动、磨损或泄漏时，其运行声音会发生明显变化，通过经验丰富的操作人员或声音传感器可以捕捉到这些异常。

2.3 工艺参数变化分析

气阀泄漏会引起工艺参数变化，如排气压力、温度等。通过分析这些参数的变化，可判断故障气阀的位置。工艺参数的变化是气阀故障的直接反映。例如，当气阀泄漏时，会导致排气压力下降、吸气压力升高，同时可能会引起温度变化。通过对这些参数的实时监测和分析，可以准确定位故障气阀，并及时采取措施。

2.4 振动信号监测

振动信号是气阀运行状态的重要指标。通过缸头的振动传感器、飞轮上面的相位传感器，可追溯振动时域波形中存在明显振动冲击的相位，通过判断该相位是哪个气阀的工作相位，来判断故障气阀位置。

3 气阀故障优化策略

3.1 形式优化

当前压缩机行业中气阀技术已相对成熟，针对不同的温度、压力、流量、介质特性工况，可选择适合的气阀形式。具体的形式特征、优缺点、典型故障信息见表1。

表1　行业常用气阀形式及优缺点

气阀形式	典型特征	主要优点	主要缺点	典型故障影响
环状阀	阀片为同心圆环，弹簧布置在外缘	结构简单、成本低；流通面积大	阀片易疲劳断裂；弹簧易失效；积碳易卡阻	阀片断裂导致泄漏；弹簧失效导致密封不严
网状阀	阀片为整体网状，弹簧置于中心	启闭迅速；密封性好	阀片易变形；中心弹簧易疲劳；密封面磨损快	阀片变形导致漏气；弹簧断裂导致动作失效
条状阀	阀片为多条平行条状，独立弹簧支撑	抗杂质能力强；易清理	阀片易错位；多条弹簧同步失效风险高	阀片错位导致密封失效；弹簧松弛导致漏气
碟状阀	阀片为整体圆盘，弹簧布置在背面	密封面积大；耐高压	阀片易翘曲；弹簧易疲劳；积碳结焦严重	阀片翘曲导致密封失效；积碳导致动作卡滞
组合式阀	集成环状阀+网状阀，分阶段排气	排气效率高；降低冲击	结构复杂；维护难度大；成本高	多部件协同失效概率高；维护不当导致性能下降

3.2 材料优化

根据工艺介质和工况条件，选择抗腐蚀、抗冲击性能更好的材料，目前主流压缩机阀片种类见表2：

表2　目前主流压缩机阀片种类

材质类型	典型牌号/成分	核心优势	适用工况	行业渗透率
碳纤维增强 PEEK	PEEK 450CA30	抗疲劳寿命高；冲击小；耐酸碱/油类；缺口不敏感	≤22.5MPa，≤250℃（化工/制冷）	60%+
不锈钢	3Cr13/304/316L	高强度；耐高温；成本低、易加工	高压（>22.5MPa）/高温	0.25
钛合金	TC4	轻量化；耐海水/酸性气体腐蚀；寿命高	腐蚀性气体（如 H_2S/Cl^-）	0.1
高强度合金钢	30CrMnSiA	高疲劳强度；材料成本低	高频冲击工况（需镀层防腐）	0.03
陶瓷复合材料	Al_2O_3/Si_3N_4	耐磨；耐高温	干燥、无液击的超高温气体	0.02

气阀材料的选择对往复式压缩机的性能和寿命有着重要影响，在选择气阀材料时，需要综合考虑成本、性能、环境适应性和可加工性等因素，以确保压缩机在各种工作条件下的稳定运行。

气阀垫作为气阀静密封点，对于保证气阀正常工作也有十分重要的作用。根据笔者单位自身统计，气阀垫损坏导致压缩机停机检修的比例高达40%以上。垫片材质也应根据实际工况做好选型，腐蚀性介质：优先选用 PTFE 垫或石墨垫。例如高压高温工况，金属垫是首选，常用紫铜垫片，铝垫或奥氏体不锈钢垫片也有一定的应用；对于食品医药行业，则必须使用 PTFE 或 EPDM 垫，避免橡胶石棉垫。

此外，还应加强材质验收，比如紫铜阀垫的技术要求，退火后硬度达到60至80HV，才允许使用。因垫片的厚度较薄，无法使用便携式硬度检测仪检测硬度，可通过以下方法进行检查：退火良好的紫铜垫片，表面呈现紫色；稍用力弯即可产生塑性形变。

3.3 安装优化

（1）严格控制安装质量：在安装前对密封面、垫片、螺栓进行全面清理检查。确认密封面上没有以前碰磨、气流冲击留下的凹凸痕迹，垫片没有划伤。否则安装后会遗留气流通路，加快垫片的损坏。螺栓按照定力矩管理的要求进行清洗、润滑与紧固。

（2）气阀的紧固方式：气阀的安装紧固有以下两种方式：

图5中结构为顶丝紧固的安装方式，气阀垫通过气阀-压阀罩-顶丝-阀盖-阀盖密封垫-缸体进行定位、紧固。安装时需要将顶丝完全退出，阀盖安装紧固合格后再进行顶丝的紧固。

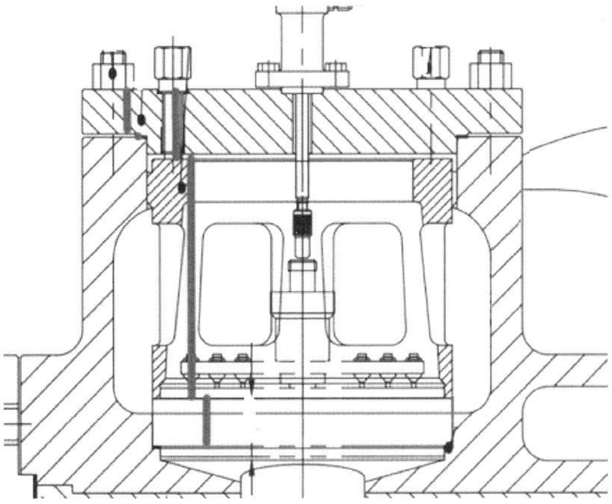

图5　顶丝紧固的气阀结构

图6中结构为非顶丝紧固的安装方式，与上面不同之处在于气阀盖通过O型圈与缸体密封，气阀盖可与压阀罩直接接触，不需要顶丝。定位紧固方式为气阀-压阀罩-阀盖。

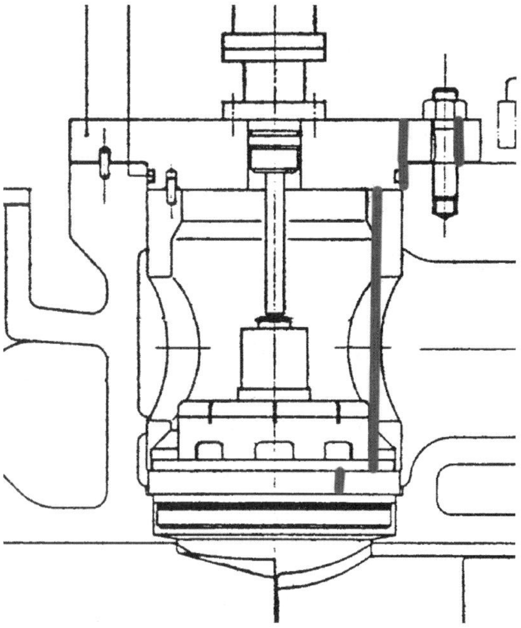

图6　非顶丝紧固的气阀结构

（3）气阀安装要点：

1）气阀试漏(有一定争议，厂家常做气压实验，无连续气泡；现场常用煤油试漏，要求中低压每分钟不超过20滴，高压是10滴。但是实际经历上，国产新气阀个别的也存在明显渗漏的情况，安装投用后在工况条件下没有发现泄漏的迹象。)

2）气阀安装前垫片和密封面的检查，保证垫片的密封效果。在这里也强调一下垫片的退火工艺要落实，在交变载荷下硬度过大的垫片容易出现断裂的故障。

3）气阀盖、顶丝均使用定力矩紧固(尤其是顶丝结构的，要保证阀盖紧固到位，再紧固顶丝)。

4）气阀盖顶丝孔使用丝锥清理，保证紧固力矩。可适当使用螺栓防松剂。

5）O型圈密封的阀盖，在紧固后要检查确认阀盖与缸体之间留有间隙。

3.4 工艺优化

（1）优化工艺条件，减少工况波动：在装置开工和设备启动时，注意慢引气、勤排液，避免压缩机带液。我厂采用膜分离法将富氢等介质提纯氢气，然后补充到官网。提纯的氢气中含有部分烃类物质。氢气压缩机压缩后分别在4MPa，8MPa压力下产生液相组分，对压缩机运行造成影响。类似工况在压缩机开机、切换前后一定要对管道、设备进行排液，防止造成液击损坏设备。

(2) 优化注油条件：气缸注油润滑广泛应用在压缩机行业，是保证活塞长周期运行的重要方法之一，但是实际运行过程中，不同的用户对注油效果的关注参差不一，注油对气阀运行影响的认知也有存在不足。

注油过量易造成气阀液击损伤、积碳卡阻、弹簧腐蚀、能效下降；注油不足则易造成气阀干磨损伤、密封失效、高温变形。

“精准注油”是气阀长周期运行的核心保障——过量注油危害远大于不足，智能注油系统(如共轨电控注油)已成为高压往复压缩机标配，可将气阀故障率降低70%以上。建议定期监测注油均匀性、油质及积碳情况，作为预防性维护的关键指标。

对于无油润滑的压缩机，由于传统气阀依赖润滑油形成油膜减摩、散热和密封的特殊性，需要对气阀进行自润滑化、结构简化和耐高温/腐蚀的特殊设计，如：使用自润滑阀片材料，采用整体式环状阀结构，取消传统导杆结构、进行低升程优化、选用耐高温/腐蚀材料等。以达到保障压缩机可靠性、能效和寿命的目的。

3.5 维护优化

(1) 定期检查与更换：执行检维修策略，对易损件定期进行检查、更换；对一些未注明寿命的零部件，应进行定期检查，明确报废标准。如上文所说的压阀罩，铸铁材质的压阀罩，在氢气环境中长期使用，材质发生劣化，于今年大规模发生损坏，影响设备备用，应提早辨识及更换。

(2) 状态监测与预警：对压缩机进行状态监控系统改造，现在各厂家的标准配置是键相、十字头振动、缸体振动、活塞杆沉降、各气阀温度。实现对压缩机运行状态的实时监控、故障诊断、预测性维护和性能优化。

4 基于AI的压缩机状态监测与故障诊断系统

随着工业物联网(IIoT)和人工智能(AI)技术的快速发展，压缩机的状态监测与故障诊断系统正朝着智能化、自动化方向发展。基于AI的压缩机状态监测与故障诊断系统能够实时采集设备运行数据，通过智能算法进行数据分析和故障预测，从而提高设备的运行效率和可靠性，降低维护成本。

通过安装在压缩机上的各类传感器(如压力传感器、温度传感器、振动传感器等)，实时采集设备的运行参数。数据系统对采集到的原始数据进行预处理，包括数据清洗、特征提取等。利用AI算法(如机器学习、深度学习等)对处理后的数据进行分析，识别设备的运行状态，判断是否存在故障。根据故障诊断结果，提供相应的决策支持。发出警报，提醒维护人员及时采取措施，避免故障进一步扩大。

目前各大炼厂已相继推广应用了状态监测系统，有专业人员进行日常检查与故障判断。随着数据的积累与AI技术的不断发展，基于AI的压缩机状态监测与故障诊断系统将朝着更加智能化、精细化的方向发展：进一步整合多源数据，自动剔除无效数据，结合深度学习算法，提高故障诊断的准确性和可靠性。开发能够根据实时数据自动调整的优化策略，实现压缩机的自适应运行和智能控制。推动相关技术的标准化和规范化，促进不同系统之间的兼容性和互操作性，为工业设备的智能化管理提供更有力的支持。(见图7)

总之，基于AI的压缩机状态监测与故障诊断系统在提高设备运行效率、降低维护成本、保障安全生产等方面具有重要意义。未来，随着技术的不断进步和应用的不断深入，该系统将在工业领域发挥更大的作用。

本文通过对往复式压缩机气阀故障案例的分析，探讨了气阀故障的原因、监测方法及优化策略。研究表明，气阀故障的成因复杂，涉及机械、工艺和环境等多个方面。通过优化材料选择、安装质量、工艺条件和维护管理，可有效降低气阀故障的发生率，提高往复式压缩机的运行稳定性和使用寿命。未来，随着监测技术的不断发展和应用，有望进一步提升气阀故障的预警和处理能力，为工业生产的稳定运行提供更有力的保障。

5 总结

本文通过对往复式压缩机气阀故障案例的分析，探讨了气阀故障的原因、监测方法及优化策略。研究表明，气阀故障的成因复杂，涉及机械、工艺和环境等多个方面。通过优化材料选择、安装质量、工艺条件和维护管理，可有效降低气阀故障的发生率，提高往复式压缩机的运行稳定性和使用寿命。未来，随着监测技术的不断发展和应用，有望进一步提升气阀故障的预警和处理能力，为工业生产的稳定运行提供更有力的保障。

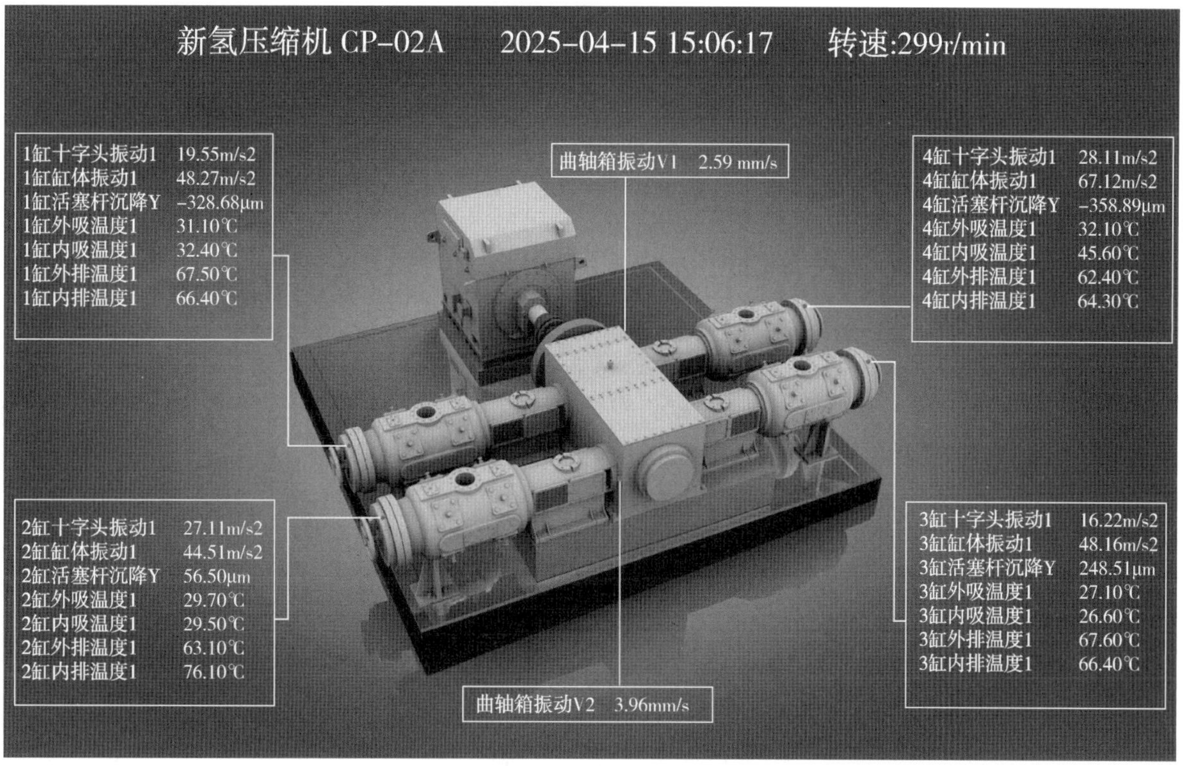

图 7　某厂压缩机状态监测系统界面

参　考　文　献

[1] 贾亚平．往复式压缩机气阀故障判断及排除后运行效果探讨[J]．科技创新与应用，2017(2)．

[2] 陈志刚，压缩机气阀故障诊断与预防[M]．化工设备创新基地，2020．

[3] 吴先吉，注油器在活塞式压缩机中的应用[J]．梅山科技．2010．

[4] 科技创新与应用，2017(2)．黄迅迪，庞雄文．基于深度学习的智能设备故障诊断研究综述[J]．计算机科学，2023，50(5)：93-102．

[5] 刘华敏，吕倩，余小玲，等．基于人工智能的往复式压缩机故障诊断研究综述[J]．流体机械，2020，48(9)：65-70，82．

聚丙烯制冷机控制系统技术创新

黄岐君　胡　祯　胡宪敏

(中国石油大庆炼化公司电仪运行中心)

摘　要　本文阐述了大庆炼化公司聚丙烯装置制冷机组(冰机)控制系统由原昆腾单板机更换为西门子S7-1500系列PLC系统的应用解析，重点介绍了西门子S7-1500系列PLC系统在聚丙烯装置的应用情况和改造后的优势亮点，以及对原联锁程序的优化。

关键词　制冷机；昆腾单板机；S7-1500；程序优化

一套30万吨/年聚丙烯工程是国家振兴东北老工业基地大庆地区五个重点项目之一，采用BASELL(巴塞尔)公司Ⅱ代工艺技术，2005年8月1日建成投产。二套30万吨/年聚丙烯工程是炼化公司可持续发展战略的重要组成部分，同时已列入黑龙江省300个重点产业项目之一，这套工程采用Basell公司最先进的Spherizone生产工艺，于2012年8月30日建成投产。两套聚丙烯冷冻单元制冷机组选用的是约克RWF222E双螺杆工业压缩机，控制系统为安装在撬装式现场就地盘内的昆腾单板机。

1　制冷机在聚丙烯装置中的作用

聚丙烯装置由9个工艺单元组成，本文讲述系统改造的机组在其冷冻单元。冰机的主要作用是通过压缩机入口压力或冷冻水出口温度调节滑阀滑块位置的相对变化，从而实现控制负荷增减载，同时使压缩比和容积比尽量稳定在理想的状态，以达到最好的节能效果。通过丙烯的冷凝蒸发原理来为装置提供冷冻水，为催化剂的配制和计量单元、预接触罐冷却、预聚合反应器撤热、气蒸器尾气冷却以及在废油处理时候进行温度控制。冰机停机，会导致冷冻水温度升高，从而导致预聚合反应器温度升高，当大于30℃，预聚合反应器进料流量调节阀关闭，装置联锁停工。

2　系统改造的必要性

两套制冷机组分别于2005年和2012年投运至今已累计运行18年和11年，据约克总部技术资料表明，制冷机组运行超过8年出现故障的几率会有所增加，为避免影响装置生产，需要对机

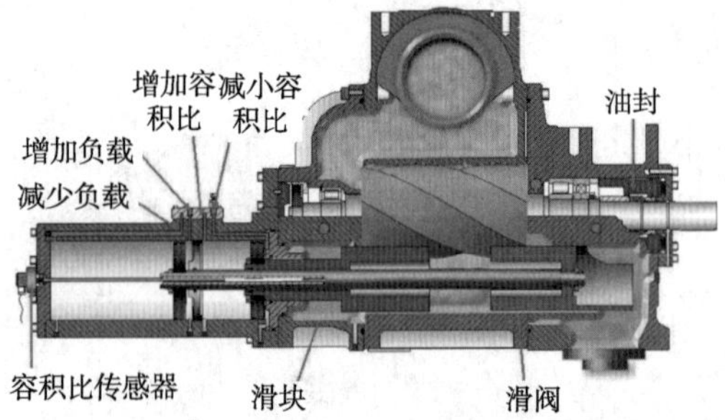

图1　制冷机原理图

组整体进行预知性检查维修，2015年对一套聚丙烯制冷机组进行过预知性维修，到目前已经到第二个预知性维修周期。目前昆腾单板机系统技术落后且采购不到原型号配件，无法满足备品备件储备要求；系统功能不全面，无法实现机组报警集中管理；无法读取到组态程序，不便于用户对控制方案细节的掌握。2023年大检修期间公司立项《大机组机泵隐患治理项目》，将冰机控制系统更换为西门子S7-1500系列PLC系统。

3　西门子S7-1500系列PLC系统介绍

西门子S7-1500系列PLC是西门子产品家族的旗舰产品，本次改造控制系统整体更换为S7-1500系列PLC系统，新增1块CPU、3块AI卡、2块DI卡、1块DO卡、1块AO卡、1块通信模块，及其配套电源箱、安全栅、继电器等系统配件若干。CPU配置为CPU1511-1型号，用户不需要编写程序即可在下位机软件中读取系统诊断信息，通过CPU诊断缓冲区可以读取定位到一个通道的报警信息，以及系统事件的记录，如模块故障、插拔模块、传感器短路等。下位机软件为TIA博途V17，软件将全部自动化组态设计工具完美地整合在一个开发环境之中，

用户不仅可以将组态和程序编辑应用于控制器，还可以将组态应用于可视化的 WinCC 等人机界面操作系统中，操作模式类似高度集成的 DCS 系统，易操作性强，便于技术人员修改软硬件组态内容。

4　S7-1500 系列 PLC 在聚丙烯制冷机控制系统上的应用创新

4.1　滑阀、滑块的控制方式和标定方式的优化应用

滑阀、滑块现场传感器为滑动变阻器式电位计，现场变送器为三线制仪表，将 0～1000Ω 阻值信号转换为对应的 4～20mA 标准信号传至控制系统。滑阀、滑块分别根据吸气压力和压力比（排气压力比吸气压力）与设定值的比较，运用 CONT_S 功能块实现对加减载以 3s 启停周期控制增减载 DO 输出，达到滑阀、滑块自动控制，增减载继电器采用的是 SIL3 等级固态继电器，使用寿命是正常继电器的 10 倍。通过电机电流、排气压力、排期温度、吸气压力、冷冻水温度限制条件实现对滑阀、滑块的停止加载和强制卸载控制，已达到保护机组的作用。当滑阀、滑块传感器更换维修后，必须对滑阀滑块进行标定，新系统完善了标定的界面和方法，使标定环节更加简洁方便。

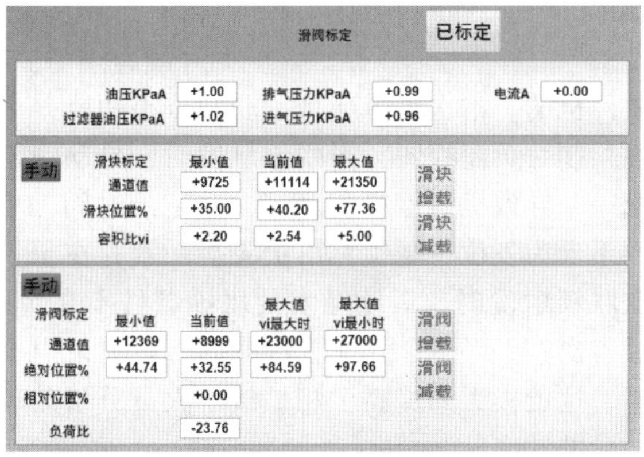

图 2　滑阀、滑块标定界面

4.2　液击联锁的优化应用

液击指的是压缩机循环管路泄漏造成冷媒泄漏或者压缩机工况异常导致出口压力低造成冷媒倒流而对机组产生的危害。反映的指标是排气温度 5s 范围内快速下降，下降值超过设定值 5.6℃ 报警，超过设定值 11.1℃ 机组联锁停机。本次改造优化为以矩阵方式组态，设 6 个变量 d_0—d_5，将排气温度 TE402 的值以 1s 周期向 6 个变量依次传递，第 1s 传递给 d_0，第 2sTE402 重新赋值给 d_0，上 1sd_0 的值赋值 d_1，第 3s 前边变量依次赋值，d_1 值赋给 d_2，以此类推。将 d_1—d_5 这 5 个变量分别减 d_0，即判断出排气温度在 5s 范围内下降多少度，从而实现液击的报警和联锁停机。报警和联锁消失后必要按复位按钮才能恢复正常。

4.3　机组紧急停机的优化应用

机组紧急停机按钮来自主控室辅操台，当发生紧急情况，按下紧急按钮，常闭点断开，进入系统的信号由高电平变为低电平，系统内组态点为常闭点，由断开状态闭合驱动停机 DO 输出，停机继电器为常开点，闭合机组停车。为避免控制系统失电而无法紧急停机，对停机方式进行优化，增加一路常闭点继电器与停机继电器并联，当联锁条件都正常时，该继电器触点断开，当联锁条件触发时或者控制系统失电情况下继电器动作，机组自动停机。避免极端情况下无法停机的情况发生。

4.4　与 DCS 通信

PLC 与 DCS 通过 CM PtP 通信模块以 RS485 串行通信接口进行通信，本次改造除了将原有的机组测量数据通信到 DCS 之外，还将系统报警和 24VDC 电源箱报警通信到 DCS。系统报警在 PLC 内组态的变量采用的是 CPU 自带的控制面板上的报警灯变量，只要发生系统报警，报警灯会以与各类系统报警相对应的频率闪烁并变红灯，系统报警变量发生反转通信至 DCS，DCS 内组态的机组报警通过 MES 系统传至有专人监管的报警响应中心，对发生的报警及时响应、及时处理，避免发生生产波动。

5　系统改造亮点

5.1　取消现场就地控制盘

原机组控制系统所有设备均安装在撬装式现场就底盘内，机组控制需要在现场就地盘内操作，为实现正压防爆，就地盘内常年需要用净化风保持正压。大庆地区四季温差大，冬季还需加热器保持盘内温度恒定。不但人为操作费事，也加快了盘内设备的老化程度。本次改造取消现场就地盘，将上位机移至主控室内，CPU、卡件等系统设备移位至一套聚丙烯仪表机柜间内。操作人员在主控室内可以实现机组的启停机控制和日常监盘操作，实现设备人员和工艺人员的密切配

合，加快故障处理反应速度，降低生产波动风险。技术人员可以在工程师站查看、编辑组态程序和故障诊断信息，在机柜间内维护保养系统配件，提高分析处理故障的效率。

5.2 人机操作界面清晰简洁

依据工艺操作人员和设备管理人员的有关要求和操作习惯，完全重新设计上位机操作画面。画面主要分为7大部分，主界面：现场设备与气体循环流程相结合，在各取源点位置显示对应参数，直观且易于理解，机组的启停机和滑阀滑块的增减载控制也在主界面。量程设定界面：所有参数的量程设定统一到一个界面，如果量程设置不正确会有红色标志报警。滑阀滑块标定界面：直观的标定过程，便于操作。PID设置界面：机组控制模式的选择，容积比、压缩比控制的PID参数设置。压缩机联锁：直观的启停机条件，配合色变可以清晰看出启停机条件是否满足。负载保护界面：直观的看出增减载的限制条件。还有报警记录画面、趋势画面、联锁首出画面，便于监盘人员对机组运行状况的掌握。

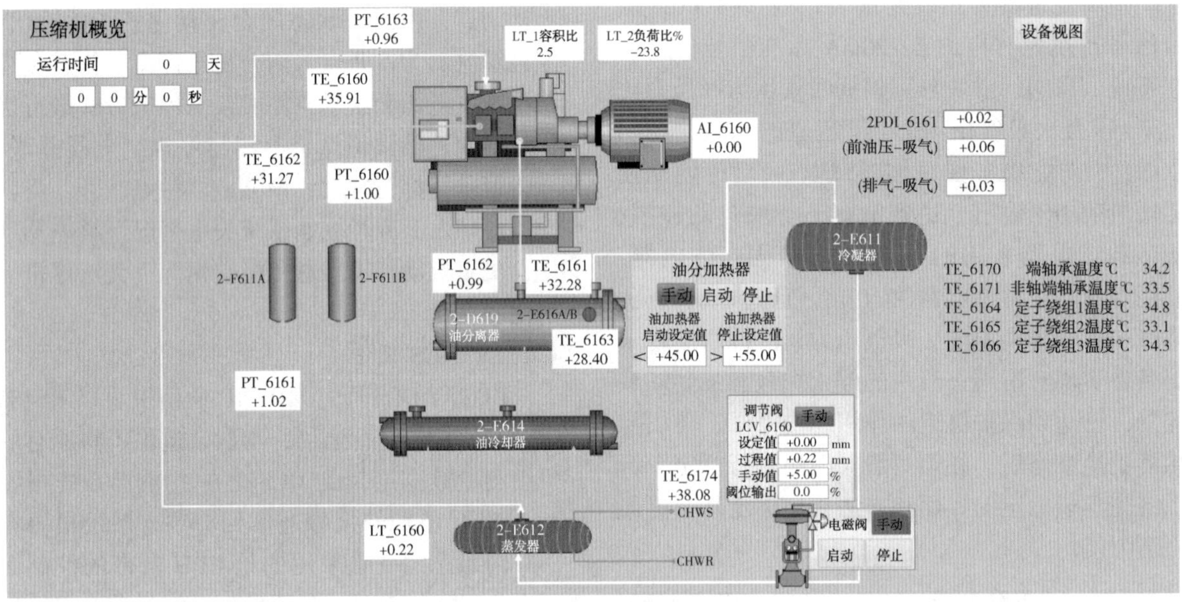

图3　人机操作界面

5.3 联锁自动切除

原机组联锁条件有传感器故障联锁，如果现场仪表出现故障，控制系统检测到仪表信号超出正常值范围机组就联锁停机，大大增加了机组非计划停机的概率，严重影响特护机组安全平稳运行指标。通过本次改造，对传感器联锁进行优化，控制程序通过SCALE功能块对现场仪表的通道值进行判断，超过0-27648就判断该表工况异常，该表所参与的联锁自动摘除并报警提示，技术人员处理完故障，通道值恢复正常后，联锁自动投用，极大的降低装置波动的风险。

5.4 联锁首出

当机组工况异常或电仪设备发生故障等情况发生，会触发联锁自保停机组。在极短时间内往往会伴随着多个联锁共同触发，这样容易混淆技术人员判断，到底是因为哪一条联锁触发停机的。本次改造新增了联锁首出功能并单独绘制一页流程图，当联锁触发时，自动锁定第一条导致机组停机的联锁，并记录时间，只要不人为复位，联锁首出记录会一直存在至下次联锁触发时。后续触发的联锁条件不在“联锁首出”界面查看，只能到报警历史记录内查看，这就极大的提高了相关技术人员分析处理故障的效率。

6 结语

经过多方技术人员的密切配合和共同努力，更换控制系统后的制冷机组实现一次性开车成功，并且运行至今工况良好。聚丙烯制冷机的成功开工标志着《大机组机泵隐患治理项目》向成功迈出坚实一步，同时也为公司其他装置的系统改造总结不足，积累经验，进一步实现装置、特护机组长周期安全平稳运行。

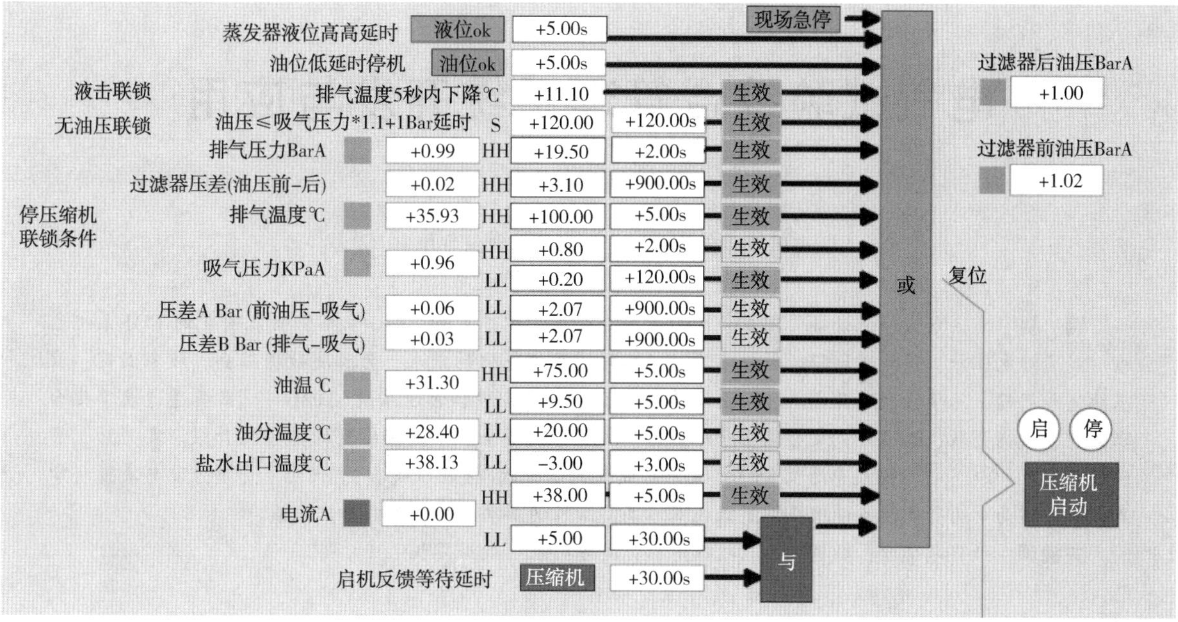

图 4　联锁画面

参　考　文　献

[1] 崔坚，赵欣 . SIMATIC S7-1500 与 TIA 博途软件使用指南[M]. 北京：机械工业出版社，2020.

电气试验综合管理系统开发与应用

幸建华　王卫军

（中国石油乌鲁木齐石化公司机电仪运维中心）

摘　要　随着电力行业设备管理复杂性的增加，传统管理手段如Excel表格和功能固化的EIM系统已难以满足继电保护、预防性试验等数据实时性、协同性及规范化的需求。为解决数据孤岛、版本混乱、权限缺失等问题，基于低代码开发平台，设计并实现了电气试验综合管理系统（TPM+）。系统通过表单化台账管理、数据关联、权限分级及智能化分析功能，实现了设备全生命周期管理的数字化升级。实施后，管理效率提升40%，数据错误率降低85%，且开发成本显著降低（接近零成本），优化了资源分配与决策科学性。本应用为电力行业设备管理提供了低成本、高灵活性的解决方案，具备推广价值。

关键词　低代码平台；数据孤岛；数据中台；魔方网表；数据关联

1　实施背景

机电仪运维中心是对公司生产装置进行检（维）修及检维修业务（设备、电气、计控）进行专业化服务的二级单位，负责维保的设备种类涉及化工行业61类。主要有机械设备73719（台套），电气设备23165（台套），计控设备50010（台套）。中心管辖区域变电站8座、高压配电室45个，其电气试验专业主要负责区域内电力系统及电气设备的继电保护装置校验、预防性试验、蓄电池维护，年均作业1000余台次。近年来，随着中石油推行各装置电气化、智能化升级，面对设备管理复杂度高、数据分散的特点，传统管理手段在数据一致性、流程合规性等方面的短板日益凸显。作为关键环节，中心电气试验专业面临三大核心挑战：

（1）设备类型多：涵盖电磁型、微机型、数字型三代继电保护装置，技术标准差异大；

（2）作业频次高：预防性试验周期最短为1年，蓄电池活化周期仅6个月，数据更新频繁；

（3）安全要求严：继电保护误动、拒动可能导致全厂停电，对数据准确性要求极高。

在此背景下，中心电气试验专业致力于通过信息化手段提升管理效能，以“数字化转型”为战略目标，通过低代码技术重构电气试验管理体系，推动设备管理从经验驱动向数据驱动转型。

1.1　管理痛点：传统模式的系统性缺陷

1.1.1　数据治理碎片化

继电保护装置台账、电气试验记录等分散于纸质版、电子版文件，版本冲突、更新延迟问题突出。设备台账依赖Excel表格，存在版本冲突、数据覆盖风险，且无统一权限管控。

1.1.2　功能局限性

企业现有EIM系统功能固化，无法定制电气试验专项管理模块（如试验记录生成、生命周期分析）难以满足专业领域动态需求。

1.1.3　协同效率低

跨部门数据共享困难，年均发生数据格式不兼容问题100余次，导致作业工单返工率达15%。导致计划执行滞后、信息孤岛现象严重。试验计划编制需人工汇总多部门数据，耗时7天/月；故障追溯依赖纸质记录，平均定位时间达40分钟。

1.1.4　决策支持乏力

试验数据与设备状态关联性弱，试验数据与设备台账割裂，无法通过历史试验数据预测设备老化趋势。

报表价值有限：手工统计的年度分析报告仅包含基础数据汇总，缺乏设备健康度评估、校验周期优化等深度分析，难以支撑检修策略制定。

1.2　外部驱动：行业变革与政策要求

1.2.1　政策合规压力

国家能源局《电力安全生产条例》明确要求“重要设备全生命周期数据可追溯”。

1.2.2　市场竞争倒逼

随着第三方运维企业崛起，市场竞争加剧，公司自身人力资源严重不足，倒逼管理效率提升与成本优化，亟需通过管理创新降本增效。

1.3 技术趋势：低代码平台的颠覆性价值

低代码技术作为一种实现数字应用快速开发和集成技术，以其可视化开发工具链及平台化的集成能力，使企业基于低代码平台整合企业内部数字资源，构建数字应用创新生态，以降低企业数字化转型难度，加速企业数字创新步伐成为可能。低代码开发平台以其灵活配置、快速迭代的特性，成为企业数字化转型的重要工具，市场规模年增长率超 30%。对比传统开发模式，低代码平台具备三大技术优势：

1.3.1 提高开发效率

这是低代码平台的核心优势之一。通过可视化设计工具、预制组件库和工作流引擎，低代码平台可以显著缩短应用开发周期，减少编码、测试和调试的时间。例如，使用低代码平台开发一个简单的企业管理系统可能只需几周时间，而传统开发方式可能需要数月。此外，低代码平台还支持模块化设计和拖放操作，使得开发者能够专注于业务逻辑的实现，而无需处理底层技术细节。

1.3.2 降低技术门槛

这使得非专业开发人员也能参与到应用构建中。低代码平台提供用户友好的图形化界面和丰富的教程资源，使得业务人员、项目经理甚至普通员工都能通过学习掌握应用开发技能。这种特性不仅扩大了参与开发的人员范围，还降低了对专业开发人员的依赖。

1.3.3 灵活定制与扩展

这是低代码平台的另一个重要优势。尽管以“低代码”为核心，低代码平台仍支持高级用户或专业开发者通过脚本、API 等方式进行深度定制。大多数平台都拥有丰富的集成市场，提供众多第三方应用和插件，方便用户将平台与现有业务系统进行对接，实现数据同步与流程自动化。

2 主要做法：基于 TPM 的管理体系重构

2.1 技术选型：魔方网表的适配性分析

通过对比明道云、简道云、钉钉宜搭等 4 款低代码平台，最终选定魔方网表，核心依据见表 1：

表 1 低代码平台对比

维度	魔方网表	竞品对比	适配优势
数据关联	支持多级表间引用	仅支持单表关联	满足复杂关联需求
公式计算	兼容 Excel 函数	自定义语法学习成本高	快速迁移现有 Excel
权限体系	字段级权限控制	仅支持角色级权限	满足敏感字段的精细管控
部署方式	支持本地化部署	多为 SaaS 模式	符合企业数据安全合规要求

魔方网表本质上是一套 Web 化的数据库软件，同时融入了 Excel 公式的强大计算能力，数据库的强大数据管理能力。只要安装好服务器，其他用户可以通过浏览器从网络内的任何一台可以联网的地方访问，客户端不需要安装任何软件。魔方网表和 Excel 一样，是通用的、灵活的、可定制的。不过 Excel 是单机版，而魔方网表是网络版，可以多人同时使用，同时具备完善的权限体系。笔者将所在的单位的办公电脑当服务器架设在内网系统中，即在公司办公网络上的终端都能通过浏览器访问到该系统。

魔方网表可以做为数据中台。数据中台是一种全新的数据体系架构，以“数据汇聚”为手段，以“服务共享”为目标，通过数据技术，对海量数据进行采集、计算、存储、加工，同时统一标准和口径，形成大数据资产层，对后期的各类系统提供高效服务。例如南方电网公司将数据中台能力体系与应用需求相结合，建设数据中台服务组件，以平台服务组件的方式供业务应用按需调用，并在此基础上开展运营规范和运营平台建设，有效推动服务组件的高效供给。

魔方网表其自带 H2 数据库，无需任何配置即可使用，还支持 SQL Server，Oracle 或 MySQL 数据库。使用账号数不限，50 并发以下全功能永久免费，够 100~200 人使用。

2.2 数据底座构建：从分散台账到数字孪生

2.2.1 标准化表单建模

将继电保护装置、蓄电池、变压器等 8 类 Excel 台账导入系统，建立结构化表单，规范数据字段(如设备编码、检修记录)，实现“一设备一档案”管理，见表 2。构建“设备台账-试验管理-作业管理-报表分析-试验记录”五大核心模块，覆盖设备全生命周期管理。

表2　表单字段

字段分类	字段名	数据类型	约束条件	业务价值
基础信息	设备编码	文本	唯一标识	数据交互的“数字身份证”
技术参数	变比	数字	[-10000, 10000]	保护定值计算的核心依据
状态信息	投用时间	日期	YYYY-MM-DD	自动计算设备服役年限
关联信息	被保护设备ID	引用字段	关联电动机台账	一键追溯设备间逻辑关系

数据导入过程中解决两大难题：

- 格式统一：通过批量清洗历史数据，修正1200余条格式错误记录；
- 冗余消除：合并重复设备条目，设备台账数量从23000余条精简至15000余条；

2.2.2　动态关联引擎

构建“设备-试验-作业”三级数据网络，设计表间引用关系，通过引用字段及嵌入字段实现多表单联动，继电保护装置台账通过“设备编码”关联预防性试验记录、定值调整记录，形成全生命周期档案；电动机台账与电缆台账通过“回路编号”关联，设备参数变更时自动触发关联表单更新，减少70%的重复录入工作量。

2.3　功能模块开发：全业务流程数字化

2.3.1　权限分层与流程管控

设置“查看-编辑-审批”三级权限，如班长可修改数据，专工负责审核。限制敏感数据访问范围，并通过流程引擎实现检修计划在线审批，提升合规性。见表3。

表3　角色权限

角色	查看权限	编辑权限	审批权限	敏感操作
管理员	全部	全部	全部	数据备份、权限分配
技术专工	全部	保护定值、试验数据	计划审批	定值单签发
班组长	本班组数据	试验记录	作业验收	工单提交
操作员	本人录入数据	现场数据修改	无	移动端数据录入
访客	公开数据	无	无	无

2.3.2　智能分析与决策支持

内置统计模块，自动生成设备故障率、检修周期等维度的可视化图表，为管理层提供数据驱动的决策依据。

智能校验：设置公式=DATEDIF(投用时间，TODAY()，“Y”)自动计算投用年数，超12年设备标红预警。设置公式自动计算“投用年数”、“校验周期”，提示超期设备。

流程管控：通过“三定计划”模块实现试验任务派发、执行、验收闭环管理。

可视化分析：生成“年度计划完成率”、“设备寿命周期分布”等图表，辅助决策。见图1、图2。

三定计划（继电保护试验）完成统计　(2024-12-31)

分厂	月计划数量	实际完成计划内	实际完成计划外	月计划完成率	年计划数量	累计完成计划内	累计完成计划外	年度计划完成率
炼油厂	0	7	0	700%	208	182	59	87.5%
原油办	0	0	0	0%	2	2	0	100%
化肥厂	0	0	0	0%	84	69	14	82.1%
化纤厂	0	0	0	0%	3	2	0	66.7%
供排水厂	0	0	0	0%	1	1	0	100%
合计	0	7	0	除数为零	298	256	73	85.9%

三定计划（蓄电池试验）完成统计　(2024-12-31)

分厂	月计划数量	实际完成计划内	实际完成计划外	月计划完成率	年计划数量	累计完成计划内	累计完成计划外	年计划完成率	电池更换(节)
炼油厂	9	0	1	0%	105	95	17	90.5%	386
原料处	0	1	0	100%	4	1	0	25%	0
化肥厂	2	1	0	50%	44	5	4	11.4%	108
化纤厂	0	0	0	0%	15	1	0	6.7%	0
供排水厂	1	0	0	0%	11	0	0	0%	0
合计	12	2	1	16.7%	179	102	21	57%	494

三定计划（预防性试验）完成统计　(2024-12-31)

分厂	月计划数量	实际完成计划内	实际完成计划外	月计划完成率	年计划数量	累计完成计划内	累计完成计划外	年度计划完成率
炼油厂	1	14	0	1400%	221	177	52	80.1%
原油办	0	0	0	0%	0	0	2	
化肥厂	1	1	1	100%	44	47	44	106.8%
化纤厂	0	0	0	0%	4	4	3	100%
供排水厂	0	0	0	0%	0	0	0	
合计	2	15	1	750%	269	228	101	84.8%

继电保护装置生命周期统计　(2024-12-31)

分厂	全部保护装置	投用12年	投用13年	投用14年	投用15年	投用16年	投用17年	投用18年	投用19年	投用20年以上	12年以上总计	12年以上占比
炼油厂	698	8	22	1	5	0	0	0	2	7	45	6.4%
化肥厂	237	48	0	0	0	3	0	14	0	3	68	28.7%
化纤厂	62	0	0	0	0	0	0	0	0	0	0	0%
供排水厂	12	0	0	0	0	1	0	0	0	0	1	8.3%
原油办	8	0	0	0	0	0	0	0	0	0	0	0%
合计	1017	56	22	1	5	4	0	14	2	10	114	11.2%

图1　三定计划及继电保护装置生命周期一览表

年计划完成率统计																	
统计月	蓄电池试验					继电保护检验					预防性试验				合计完成率	一车间完成率	二车间完成率
	计划数量	计划内完成	计划外完成	月完成率年占比	蓄电池更换	计划数量	计划内完成	计划外完成	月完成率年占比	保护器更换	计划数量	计划内完成	计划外完成	月完成率年占比			
01	13	0	0	0%	0	0	0	0	0%	0	0	4	2	1.5%	0.5%	0.3%	0.7%
02	19	0	0	0%	0	2	3	0	1%	0	2	4	1	1.5%	0.9%	0.9%	0%
03	20	18	1	10.1%	30	4	58	15	19.5%	4	1	53	28	19.7%	17.2%	7.8%	24.6%
04	28	23	1	12.8%	18	62	36	6	12.1%	1	45	24	20	8.9%	11%	7.9%	7.9%
05	2	29	4	16.2%	126	146	27	33	9.1%	7	103	25	12	9.3%	10.8%	9.8%	1.8%
06	7	8	3	4.5%	66	28	20	3	6.7%	5	10	19	7	7.1%	6.3%	5.3%	2.1%
07	15	7	8	3.9%	178	5	18	6	6%	5	1	24	5	8.9%	6.5%	6.2%	0.4%
08	14	12	4	6.7%	96	23	16	2	5.4%	2	14	15	3	5.6%	5.7%	5%	1.4%
09	12	15	1	8.4%	0	4	19	4	6.4%	0	0	10	8	3.7%	5.9%	4.9%	2.1%
10	5	2	0	1.1%	0	3	29	1	9.7%	0	0	18	8	6.7%	6.5%	4.8%	4.3%
11	16	5	2	2.8%	64	16	23	5	7.7%	0	7	17	6	6.3%	6%	3.1%	7.5%
12	12	3	2	1.7%	58	0	7	0	2.3%	1	0	15	1	5.6%	3.3%	2.7%	1.4%
累计	163	122	26	68.2%	636	293	256	75	85.9%	25	183	228	101	84.8%	80.6%	58.7%	54.3%

图 2　年度计划完成率

2.4　安全与合规体系建设

2.4.1　操作审计与追溯

操作审计，日志留存功能可记录数据增删改查操作，包括时间、用户、IP 地址、操作前后值，支持版本追溯。

2.4.2　本地化部署策略

进行本地部署，与互联网物理隔离，仅允许内部 IP 访问数据在内部流转，不存在企业敏感信息泄露风险。每日自动备份数据，确保故障时 4 小时内恢复。

2.4.3　TPM 管理核心

TPM 其全称为 Total Productive Maintenance，解释为“全员生产维护”，电气试验专业将继电保护装置做为核心，通过团队全员参与的预防性维护，最大化设备综合效率，降低故障率，并通过持续改进，实现生产系统的高效稳定运行。它强调从“事后维修”转向“预防性维护”，通过提前发现和解决设备潜在问题，减少停机时间。在数字化时代，其与工业互联网的结合将进一步放大价值，成为智能工厂关键支撑。

3　实施效果

3.1　管理效能实现跨越式提升

此系统不仅将继电保护方面的计划制定、检定记录、异常信息、定值管理、统计报表纳入了实时管理，还进行了功能扩展，将电气预防性试验、蓄电池活化、电气微机监控系统维保、继电保护装置寿命周期管理、电气一票证纳入其中。实现了设备的 TPM 管理及信息资源的有效利用。

3.1.1　数据质量全面优化

台账准确率从 75% 提升至 99.8%，版本冲突问题归零；试验数据实时性从 T+7 天缩短至 T+4 小时，为故障快速定位提供支撑。

3.1.2　作业流程显著精简

试验计划编制效率提升 71%（7 天→2 天），异常响应速度提升 60%；

纸质报表使用量下降 80%，年均节约打印成本 1 万元，减少耗材浪费。

3.1.3　决策支持更加科学

基于设备寿命周期分析，将 12% 的超期服役设备纳入年度更换计划；

通过试验数据趋势分析，优化 20% 设备的试验周期（如将运行状态良好的电动机预防性试验及保护校验周期从 3 年延长至 4 年）。

3.2　经济效益与社会效益双丰收

3.2.1　成本节约成效显著

开发成本：利用魔方网表免费版及内部技术力量，零代码开发节省外包费用约 80 万元；

人力成本：年节约人工统计时间 500 工时，折合人民币约 120 万元；

3.2.2　行业影响力持续扩大

系统中的继电保护管理功能获 2021 年度公司级管理创新成果及基层站队建设推进提升成果（基层管理创新成果），系成为公司内首个通过低代码实现设备管理数字化的典型案例。

3.3　组织能力与文化重塑

3.3.1　全员数字化素养提升

开展低代码应用培训，培养“业务+技术”复合型人才5名，自主配置简单表单能力达100%；

激发员工参与数字化改造的积极性，累计收到系统优化建议50余条，采纳率达40%。

3.3.2　跨部门协作更加顺畅

通过统一数据平台，运行、检修、试验实现数据共享，跨部门沟通成本下降30%；解决长期存在的“信息孤岛”问题。

4　结论与展望

4.1　结论

本次开发构建的TPM系统突破了传统电气试验管理的三大瓶颈：

（1）技术层面：通过低代码平台实现快速数字化转型，解决了传统IT开发周期长、成本高的问题；

（2）管理层面：建立设备全生命周期数据中心，实现“数据一个源、管理一张网”；

（3）战略层面：为流程工业提供了可复制的数字化转型路径，验证了低代码技术在垂直领域的深度应用价值。

4.2　未来展望

（1）智能化升级：引入机器学习算法，构建设备剩余寿命预测模型，将故障预防从“定期检修”转向“状态检修”；

（2）生态化扩展：与SCADA系统、物联网平台对接，实现试验数据与实时运行数据的深度融合分析；

（3）标准化输出：将系统功能模块化、组件化，形成可复用的行业解决方案，推动电力设备管理向“平台化、服务化”演进。

参　考　文　献

[1] 张建波．以低代码技术加速推动企业数字创新[J]．中国信息化，2023，(07)：102-104.

[2] 南方电网公司．《南方电网公司电力数据应用实践白皮书》. 2023.

[3] 魔方网表用户手册 V4. 4. 09. (2022).

石油化工大机组润滑系统漆膜问题诊断与处理实践

李学勇

(中国石化扬子石化分公司设备部)

摘　要　石油化工大机组在运行中轴瓦温度异常是常见故障，通过对乙烯裂解气压缩机、合成气二氧化碳压缩机润滑油漆膜指数监控分析和处理，介绍了形成漆膜的成因及减少漆膜生成的措施，成功消除了轴温波动的隐患，制订了公司润滑油监控措施。

关键词　压缩机；润滑油；漆膜分析；措施

石油化工大机组中的压缩机、蒸汽透平在运行中轴承轴瓦温度异常是常见故障，如轴瓦温度上升和波动问题，影响机组的正常稳定运行，在分析过程中往往很难找到具体原因，严重时发生跳机故障。随着技术的发展，认识到轴温波动原因是在用润滑油品质劣化，氧化产物在轴瓦表面形成漆膜是一项重要原因。针对现场发生的轴瓦温度波动问题，通过除漆膜滤油机对润滑油净化，移除了润滑油中氧化产物，成功消除了轴瓦温度波动的隐患。

1　漆膜的形成

润滑油主要由正烷烃、异烷烃、环烷烃、芳香烃，基础油中也含有硫、氧、氮、金属化合物，抗磨剂、清净剂、抗氧化剂等添加剂。烃类在常温和较低的温度下性质比较稳定。但如果受高温或者光照，某些(哪怕数量极少)烃分子会发生氧化反应，其他烃分子也就会跟着发生链锁反应，这是烃类链锁反应的特点。

油液在使用过程中总要与空气和金属材料接触并处于一定的温度条件。研究表明，温度、水、空气和金属催化剂是加速润滑油氧化变质的根本原因，润滑油中某些添加剂在一定条件下也会降解，生成油泥类物质。润滑油对这基础的氧化产物(漆膜前驱物)有一定的溶解力。润滑油氧化前期氧化产物还比较少，能够完全溶解润滑油中。因此，漆膜形成的第一步是润滑油氧化形成少量能溶解于润滑油的氧化产物这是一个化学过程。直观上，在轴瓦看到薄膜层，颜色为金黄或棕色，严重时有黑色沉积物，硬度较大。其中75%是小于1μm的软污染颗粒，见图1。

图1　轴瓦上漆膜和颜色

轴瓦上的漆膜刚开始比较薄，是黄色的，随着量的累积(厚度增加)，会逐渐加深颜色，变为棕色，深棕色，当厚度增加至足够厚时，就会让轴瓦和轴颈干接触，干接触的瞬间漆膜会被磨掉一些，轴温会瞬间上升后再下降，但总体是波浪式上升的状态。漆膜形成的主要原因：

1.1　油品自身氧化

烃类油品氧化遵循自由基链反应机制，氧化

后生成羧酸、脂、醇等过氧化物。热、水及金属磨损颗粒加速氧化生成醛、酮、酸性物质、聚合物油品高温降解：绝热压缩和微柴化：油中空气泡在高压下破裂放出高热(500℃多)，引起微柴化，继而引发热降解。相比较而言，漆膜生成温度高一些，而低温更有利于油泥的生成。统计部分机组油膜形成的情况，95℃以上时更容易在轴瓦处产生漆膜。

1.2　静电弧

油分子内部摩擦产生电荷，流经过滤器或金属表面产生静电，导致高温。

1.3　添加剂的降解

烃类油品氧化遵循自由基链反应机制，氧化后生成羧酸、酯、醇等过氧化物。这些过氧化物进一步缩聚反应生成高分子量的聚合物，如漆膜和油泥。

2　消除轴温波动的措施

2.1　引进清洁润滑油技术

通过除漆膜和油泥专用净油机进行在线过滤，利用合适极性的特种树脂过滤器和静电技术，对润滑油降解物的特殊分子片断进行物理和化学螯合，可以清除溶解态氧化产物。

静电吸附式净化原理，除污速度快，精度高(可清除0.02μm大小的污染物)，并通过带静电的油液颗粒物流动，将油箱、管壁及元器件上附着的油泥杂质、氧化物全部冲刷吸附带出，主动除掉系统内表面上粘附结的油泥，漆膜和胶状污垢，⑴利用吸附剂活性位与带电离子、粒子或极性分子之间的范德华作用和库伦作用，选择性地捕抓对油液有害的离子、粒子或分子，实现油液纯化再生的目的。离子阱吸附再生不仅可以清除溶解于油液中的劣化物质，还可以快速恢复油液的理化指标，大大延长油液的使用寿命。

⑵采用全进口高性能离子交换树脂，并采用防膨胀技术使得内装的离子交换树脂充分安全地吸附系统中的劣化物质而不用担心内芯爆破，并最大程度地去除系统内的溶解性漆膜。

2.2　润滑油在线置换

通过在线置换，轴温波动的趋势趋于缓和，但轴温波动的隐患未彻底消除。分析原因认为：润滑油的深度氧化产物，对金属表面有良好的吸附性，因此不仅是吸附在轴瓦上面，在管道、换热器以及油箱内壁也有大量的沉积。通过检修可清除附着在轴瓦和轴承箱内的氧化产物，但无法清除管道、换热器以及油箱内壁的氧化产物。当氧化产物积累到一定程度，因新润滑油对氧化产物有一定的溶解性，新加注的润滑油会以较快的速度发生品质劣化现象，将对设备运行产生明显影响。

3　轴瓦温度异常处置实践

3.1　某二氧化碳压缩机径向瓦温度波动

(1)某阿特拉斯二氧化碳压缩机，由电机驱动的三段五级的多轴离心式压缩机，采用阿特拉斯V46专用透平润滑油设计制造。

主要性能参数如下：

压缩机低轴转速1480r/min，

压缩机一段高速轴转速13717r/min，

压缩机二段高速轴转速16985r/min，

压缩机三段高速轴转速26421r/min，

径向轴承型式为5油楔可倾瓦轴承，止推轴承型式为金丝伯雷轴承。

(2)轴温波动情况简介

2019年4月30日按规程进行大修后，5月4日开车后发现2、3级轴瓦温度开始出现剧烈跳动，5月12日2级瓦温TI157117由88℃上升到109℃，5月14日3级TI157115由110℃在1分钟内降低到89℃，3级轴承温度TI157117最高达到121℃，联锁值设定值125℃，期间轴瓦振动值未发生明显波动，调节润滑油进油温度对瓦温没有影响。

5月4日至5月14日TI157115波动趋势如图2所示，通过图中可以看出，轴瓦温度上下波动并且波动幅度越来越大，见图2。

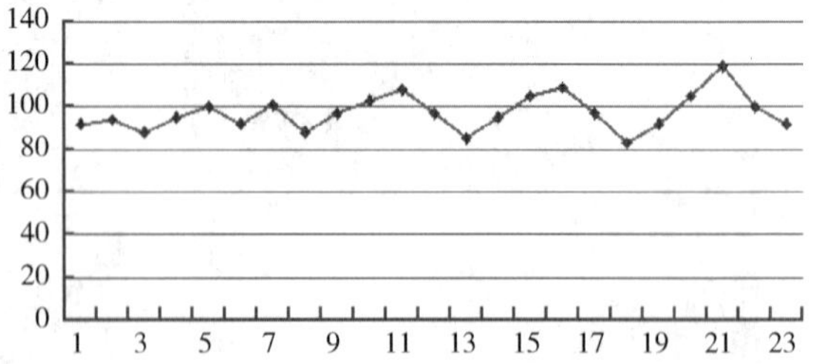

图2　TI157115波动趋势

5月21日对润滑油采用除漆膜滤油机进行滤，5月23日轴瓦温度开始下降，至5月30日温度下降至88℃左右平稳运行，这时分析润滑油漆膜指数值由高点时7.8降低至2.4，见图3。

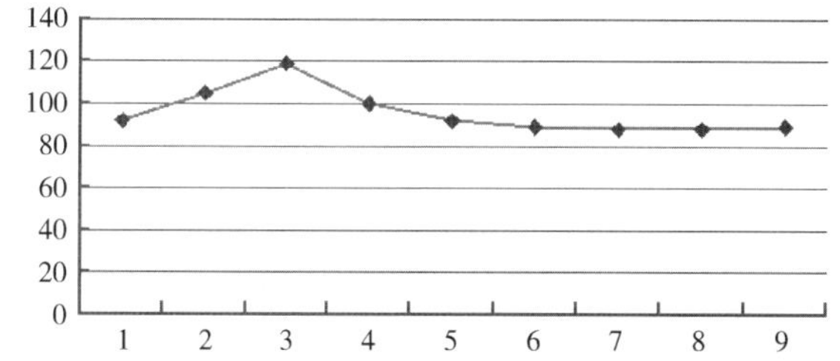

图 3　TI157115 润滑油处理后波动趋势

3.2　某乙烯冷剂压缩机透平推力瓦温度波动

某乙烯冷剂压缩机机止推轴承温度检修前一直都很高，一直在 105℃左右之间。通过使用脱漆膜净油机开始滤油，在投入运行 37 天，其温度逐渐降低，由之前的最高 106℃降低到 90℃左右，而且是三个温度传感器显示温度同步降低，表明脱漆膜净油机作用效果显著。从下面的止推轴承温度趋势图可以看出明显的变化，见图 4。

通过对润滑分析，漆膜指数值有明显下降，与轴承温度变化趋势一致，见下表 1。

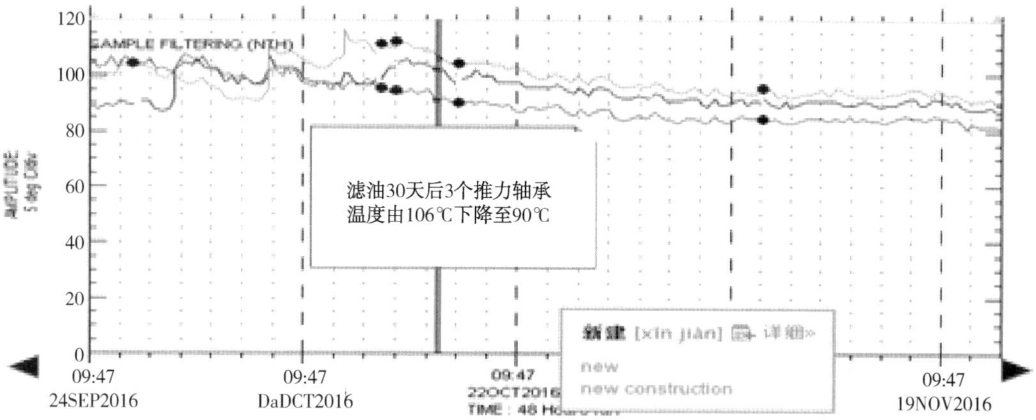

图 4　使用净油机使用前后止推轴承温度趋势

表 1　使用净油机使用前后润滑油相关指数变化情况

项目	总酸值/(mg KOH/g)	黏度/(mm^2/S)	水分/PPM	PQ 指数(WPI)	MPC(⊿E)
滤油之前	0.08	32.7	27	5	5.9
滤油 30 天后	0.04	33.3	26	4	1.2

从上面表格中的数据比较及轴瓦温度变化情况可看出，使用脱漆膜净油机后润滑油的漆膜指数(MPC)大幅降低，从 5.9 降低到 1.2，表明油液中的漆膜产物清除明显。

3.3　某 PTA 装置空压机组膨胀机径向瓦温度波动

某 PTA 装置空压机组，膨胀机主要用来回收氧化反应器尾气的能量，为空气压缩机做功。2019 年 1 月 6 日开车后低压端非叶轮侧轴承温度，在使用过程中一直存在缓慢上升趋势，到达 110℃后开始出现波动，且波动的幅度逐渐变大，低点逐渐变低，高点逐渐增高，波动的时间间隔逐渐变长，温度波动的高点已触及 120℃高高报警值，其振动值和机组的其他轴承温度和振动均保持行正常。通过调整膨胀机低压端出口管线支撑，开车后该轴承温度从 95℃左右开始慢慢上升。4 月 19 日至 25 日，复查对膨胀机低压侧转子轴心对中情况、轴承安装情况、啮合情况等进行检查，并更换新油后运行，轴承温度仍从 83℃左右上升至 92.3℃，说明所采取的措施没有效果，最后使用脱漆膜净油机才把问题处理完成。

4　关于漆膜指数应用的思考

(1) 轴瓦温度异常特征

根据轴瓦温度波动的处理经验，波动明显的周期性，波动的周期不固定，基本具有上涨阶段时间比较长，达到局部高点后，温度急剧下降。轴瓦温度大于 90℃时容易发生。

(2) 漆膜指数值，一般的标准是小于 15 是正常的，但通过上述案例，分别在 7.8 和 5.9 时已发生了温度高问题，这时标准值会对判断分析产生影响。

5　结论

（1）静电净化装置不仅能有效去除油液中的漆膜不溶物，而且可冲洗已沉积在金属表面上的漆膜，确保设备的安全运行，延长油品的使用寿命。消除了轴温波动的隐患，保证了压缩机的平稳运行。

（2）漆膜危害极大，已引起工业界高度关注。

（3）对透平驱动机组，建议每6个月开展一次油液漆膜倾向分析，跟踪变化趋势。

（4）每台机组应在投用初期就配备相应的润油净化设施。

参 考 文 献

[1] 汪德涛．润滑技术手册[M]．北京：机械工业出版社，1998：51.
[2] 黄素华，等．燃气轮机润滑油系统的漆膜问题[J]．电力与能源．2016. 第37卷第5期：629.
[3] 周文新．工业润滑油应用中的漆膜问题[J]．润滑与密封．2007 No8：40.
[4] 润滑油品质对压缩机的影响和消除措施．乙烯工业．2018，30(2)：62-64.

基于复杂工况裂解炉引风机轴承热态膨胀补偿实践研究

马玉良　李早东

（中国石油兰州石化分公司）

摘　要　2024 年 7 月乙烯裂解炉引风机非驱动端突发轴向振动异常，频谱分析确认为轴承外圈中期故障。更换非原厂轴承后，8 月 2 日烧焦升温期间引风机驱动端轴承温度超限至 126℃，振动达 3.9mm/s。解体检查发现轴承轴向膨胀受限导致侧磨，经计算轴承热态补偿量，调整非驱动端轴承安装间隙后，系统恢复正常运行。本研究表明轴承座孔结构间隙控制对设备热态膨胀补偿具有关键作用，为同类复杂工况下设备失效分析及处理措施提供了重要参考。

关键词　引风机；轴承；间隙；热态补偿；优化

乙烯裂解炉是乙烯生产装置的核心设备，在乙烯生产过程中，裂解炉炉顶引风机抽送裂解炉炉底燃烧器燃烧后产生的烟气，保持炉腔负压、保障燃料正常燃烧起着极其重要的作用，引风机运行状况直接影响乙烯装置的生产安全和产品质量。某乙烯装置 SC-1 型裂解炉在烧焦工况下引风机轴承系统出现抱死失效现象。本研究表明：在周期性烧焦工况切换过程中，转子系统受非稳态热载荷作用产生轴向热膨胀形变，非原厂轴承采用过盈配合导致轴承安装间隙不足，引发热态膨胀受阻形成机械应力集中，表现为轴承温度异常升至 126℃（报警阈值 80℃）、振动幅值达 3.9mm/s（正常范围 2.8mm/s）的典型故障特征。创新性提出将轴承座孔配合公差调整为间隙配合，成功消除热膨胀约束效应。经 72 小时特护运行验证，引风机系统运行稳定。本实践研究突破进口轴承技术壁垒，开发出基于国产化替代的通用型轴承安装工艺体系，实现备件采购周期长、特殊型号轴承缺少的跨系列适配应用，特别适用于紧急复工场景下的设备快速恢复运行。

1　故障现象与诊断

1.1　初始故障特征

2024 年 7 月 24 日引风机非驱动端轴向振动异常波动，在裂解炉负荷未调整的情况下振动波动突然增大，约在 1.5～4.6mm/s 之间波动（图 1）。通过频谱进行分析（图 2），判断轴承外圈中期故障，判断无法继续运行。

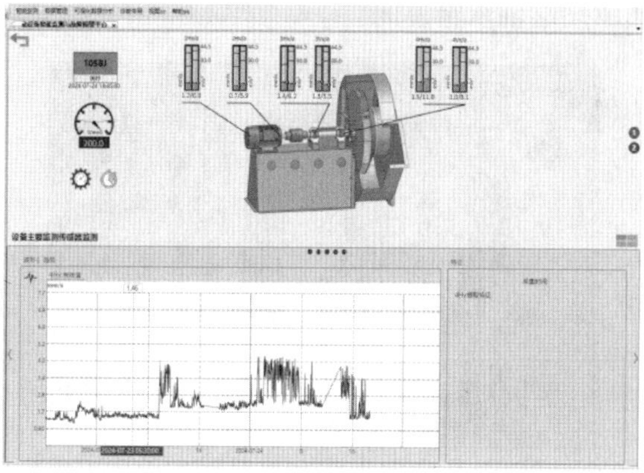

图 1

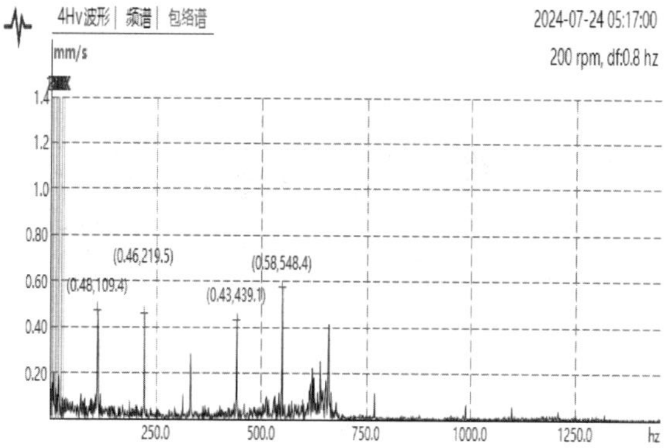

图 2

原非驱动端轴承为单列滚子轴承，因原厂该部位轴承比某厂轴承价格昂贵且需进口生产周期长，某厂书面声明其生产的双列滚子轴承可以完全替代原厂轴承，所以此次检修更换轴承为某厂生产的双列滚子轴承。

1.2 二次故障特征

8月2日裂解炉检修更换某厂双列滚子轴承后，在烧焦升温期间，DCS系统显示引风机驱动侧轴承箱温度表报警(大于80℃)，现经场确认温度存在持续升高迹象，驱动端轴承箱温度高达126℃，驱动端振动达到3.9mm/s，温度梯度与振动相位变化成正比关系，裂解炉紧急停炉退守。

2 失效机理分析

2.1 解体检查分析

• 非驱动端轴承箱解体检查发现，支撑轴承未发生自由移动(图3)，由于转子随温度上升发生轴向膨胀，但膨胀量无法得到释放，致使驱动端和非驱动端轴承(支撑轴承)发生轴向位移，轴承内外圈与滚子发生侧磨(图4)，引起引风机两侧轴承箱温度均升高，驱动端轴承箱温度大于非驱动端轴承箱温度。

图3

图4

• 转子在烧焦工况下烟气温度达300℃以上，转子轴向膨胀，但轴承箱内孔与轴承外圈配合间隙小(0.03mm)，轴承外圈与轴承孔抱死，轴承未能完全补偿转子轴向热膨胀，导致驱动端止推轴承受力过大、轴承摩擦生热量大。

• 非驱动端原轴承为单圆柱滚子轴承(C2238/C3)，容许最大轴向位移达22.5mm；新安装轴承(22238-BE-XL-C3)为双列滚动体，轴向游隙相对单列滚动体轴承较小，无法满足烧焦工况下转子热膨胀后轴向移动的需求。

3 改进措施与验证

3.1 轴承箱结构优化

• 通过线性膨胀公式：

$$\alpha_t=(L_t-L_0)/L_0$$

式中，α_t 为线膨胀系数；$\alpha_t=11.7\times10^{-6}$；$L_t$ 为物体在温度 t 时的长度；$t=300$℃；L_0 为物体在初始温度时的长度。$L_0=2500$mm。

可得：L_t = 11.7 * 10－6 * 2500mm * 300℃ = 8.78mm

通过线性膨胀公式得知，在裂解炉排烟温度达到300℃时，轴在轴向位移量最大为8.78mm，为了满足轴能在轴向方向自由膨胀且保留一定余量，轴承箱内孔沿轴向车削1.6mm，加上轴承外圈与内孔本身存在的8.4mm距离，保证转子轴向膨胀空间10mm。

• 经测量确定轴承箱中分面为加工基准面(图5)：

① 将上轴承箱中分面找平0.30mm；

② 将下轴承箱中分面找平0.40mm；

③ 下轴承箱底座面车削0.45mm；

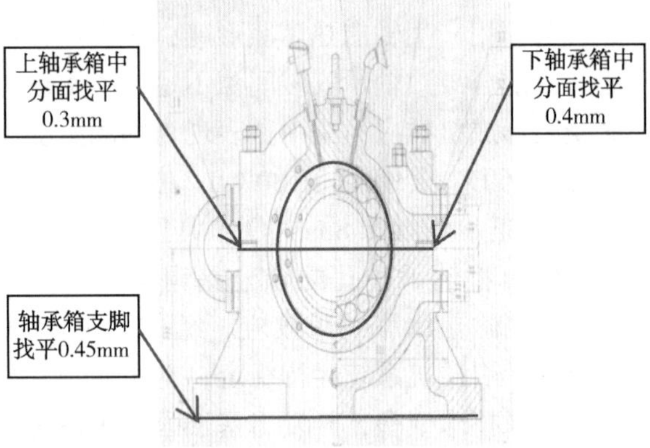

图5

• 轴承箱加工(图6)

① 进行镗床加工，确保轴承座内孔与轴承外圈配合间隙为0.08~0.10mm；

② 将内孔定位面端面延轴向车削掉1.6mm，保证转子轴向膨胀空间10mm；

③ 轴承箱内孔加工表面Ra=3.2(镗床加工工艺达不到Ra=1.6)；

④ 保证圆柱度偏差≤0.015mm；

⑤ 在上下轴承箱中分面上加工2个M8定位销；

⑥ 保证同轴度偏差≤0.03mm；

⑦ 将轴承箱侧盖螺栓孔由 13. 5mm 扩大至 14. 5mm。

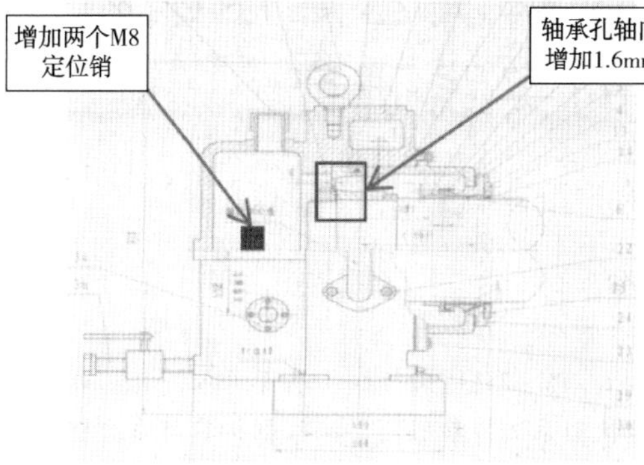

图 6

3.2 现场回装

① 轴承箱底部增加 0. 5mm 垫片，保证转子水平度；

② 上轴承盖与轴承外圈之间通过压铅法，测得数据轴承外圈顶部 0. 12mm，轴承外圈东侧 0. 09mm，轴承外圈西侧 0. 10mm，数据合格；

③ 驱动端和非驱动端轴跳动值为 0，02mm，验证得知引风机故障未对轴弯曲度造成影响；

④ 轴承外圈涂抹红丹粉后加入轴承箱内，轴承外圈接触面积占下轴承箱面积的 80%，符合要求；

⑤ 轴承外圈手动在轴承箱加工面内轴向移动良好；

⑥ 对两侧轴承箱进行清理，验收合格；

⑦ 对非驱动端油封轴颈处标记白色作为记号，在引风机正常运行时，观察轴向位移情况；

⑧ 通过水平仪检测，非驱动侧轴承箱安装高低位置合格，轴的水平度符合要求。

3.3 运行验证

检修完毕后，引风机运转 72 小时特护期间轴承箱温度(图 7)、各点振动(图 8)运行达标，达到预期检修目标。

4 结论与建议

• 裂解炉引风机运行中，轴承箱安装间隙不足会导致转子热态膨胀受阻，引发轴向位移和侧磨现象。本研究中非驱动端轴承因间隙不当导致驱动端温度超限(126℃)和振动加剧(3. 9mm/s)，通过优化间隙后恢复正常。采用动态间隙计算模型，结合材料热膨胀系数和运行温度梯度，实现间隙参数的精准设计，验证了热膨胀补偿机制对

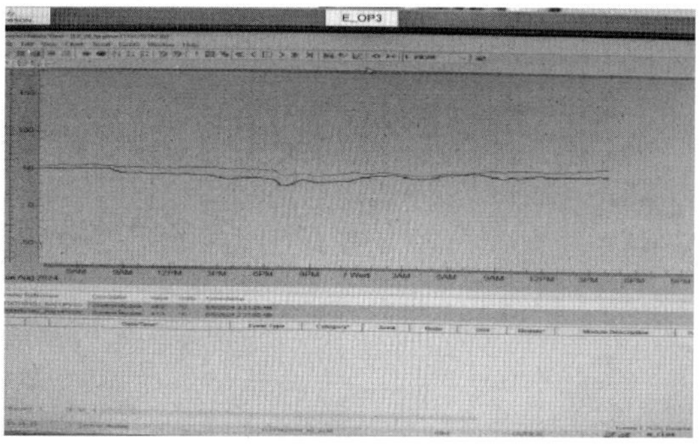

图 7

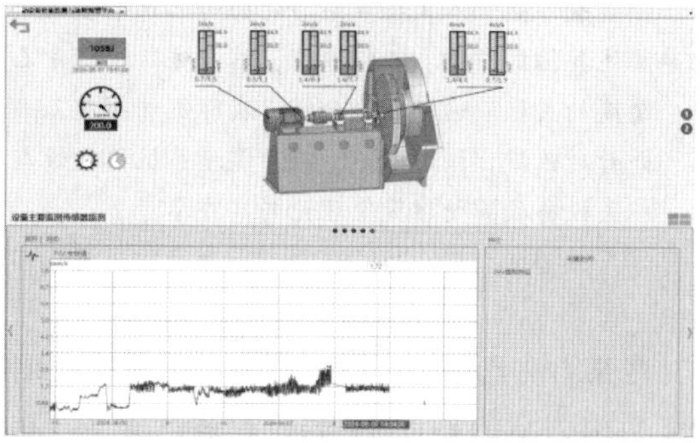

图 8

设备稳定性的核心作用。

• 非原厂轴承与设备热态特性的适配缺陷是二次故障的主因。原厂轴承的尺寸公差、游隙标准与设备热膨胀特性高度匹配，而非原厂轴承的设计偏差会导致轴向约束风险。

建议制定以下改造规范：

① 匹配性验证：通过热态仿真模拟验证非原厂轴承的轴向位移裕度；

② 精度控制：明确轴承安装面加工公差和轴向游隙允许范围。

参 考 文 献

[1] 张锡德，李俊庆，米吉龙，等．乙烯裂解炉引风机运行异常原因分析及解决措施．化工设备与管道 . 2022(03).

[2] 王艳丽，刘明红．水泥厂离心通风机滚动轴承发热原因浅析[J]. 新世纪水泥导报，2015(2)：44-48.

[3] 杨思炫．机械零件热膨胀规律影响研究．合肥工业大学 . 2017.

[4] 王奉涛．苏文胜．滚动轴承故障诊断与寿命预测．北京：科学出版社，2018. 8.

[5] 丁德江，刘光成，韩金瑞．杨海侠轴承故障状态监测诊断技术实践应用．石油和化工设备，2021(09).

[6] 宋学让．压缩与膨胀热力学：热力学的另一半．中国水利水电出版社出版 . 2024.

基于优化控制系统阻尼刚度解决乙烯压缩机调速系统抖动故障的实践研究

张晓刚　李早东

（中国石油兰州石化分公司）

摘　要　本文聚焦某石化公司乙烯装置乙烯压缩机调速系统TM-25LP执行机构展开深入探究。详细阐述其组成结构、工作原理，结合运行过程中乙烯压缩机调速控制系统抖动案例，深入剖析其与系统阻尼刚度的关联。通过理论分析、实际案例探究及现场验证，明确优化阻尼刚度对解决抖动故障的关键作用，并针对性提出预防措施，提升调速系统稳定性与可靠性，为机组安全稳定运行提供有力支撑，为石化行业相关设备故障处理提供理论与实践参考。

关键词　TM-25LP；抖动；弹簧；阻尼

在某石化乙烯生产过程里，乙烯制冷压缩机501J机组为双缸四段12级，制造厂家为Elliott Ebara，设备型号为38M8-6+25M6，高低压缸水平剖分，其中驱动透平为水平中剖式、全凝式汽轮机，采用次高压蒸汽驱动。主要作用是与乙烯分离系统构成一个完整的开式制冷回路，将高纯度气相乙烯进行逐段压缩成各压力等级的冷剂，与各温度等级的冷剂用户进行热量交换，实现开式热泵等工艺生产需求，并且为后系统乙烯的聚合提供工艺所需压力等级的产品。作为乙烯装置的核心设备，其汽轮机TM-25LP调速系统的稳定运行对装置生产起着决定性作用，精准把控蒸汽透平蒸汽阀定位与转速调节。深入研究该执行机构工作原理及案例处理方法，对确保乙烯装置机组平稳生产、提高生产效率和经济效益意义重大。

1　调速系统工作原理

1.1　实际控制原理简述

在乙烯压缩机转速控制中，转速设定值SP由操作人员或工艺系统预先设定，是期望压缩机达到的转速。实际转速通过检测与变送环节（如转速传感器及相关变送装置）测量并反馈，作为过程变量反馈值PV，两者在ITCC中进行比较，得出转速偏差，ITCC系统充当控制器的角色，它根据转速偏差，按照内部设定的控制逻辑和算法进行运算，运算后，ITCC向电液伺服执行机构TM-25LP输出控制信号，TM-25LP接收来自ITCC的控制信号，通过内部的机械、液压或电气机制，调节与乙烯压缩机转速相关的参数，在调节过程中，压缩机转速会发生变化，检测与变送环节实时监测转速并反馈给ITCC，由于实际运行中，TM-25LP和转速环节会受到如机械振动、蒸汽压力波动、负载变化等干扰，ITCC需不断根据反馈调整输出信号，使压缩机转速稳定在设定值附近，实现对乙烯压缩机转速的闭环控制，详细逻辑见图1。

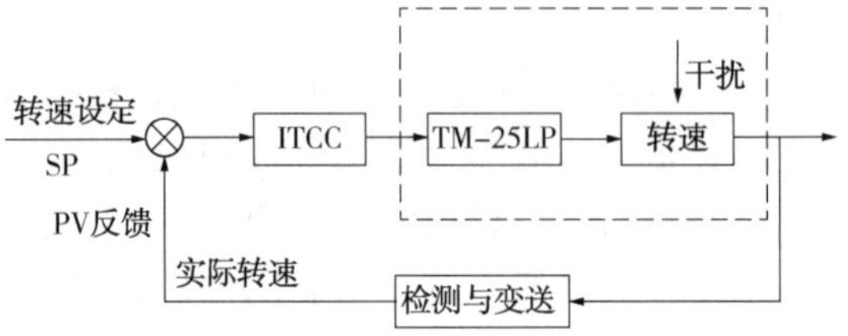

图1　控制原理逻辑图

1.2　调速系统部件作用简述

调速系统包含调速器、错油门、油动机、调速阀及杠杆机构，结构详见图2。调速器是一种电液比例执行器，在执行机构内部，共分为三级部件，并且逐级放大；错油门改变油动机油路，稳定工况下滑阀位置固定，阻断油缸进出油路；油动机将二次油信号转换为机械动作，操纵调节汽阀，保障汽轮机转速和负荷精准调节与机组安全。501J汽轮机调速系统工作时，实际转速围绕设定转速调节，转速偏差会使调速器输出相应电流，经力矩杠杆作用于错油门，改变油动机活塞两侧压力，带动阀杆动作，调整调速阀开度，使转速趋于设定值。

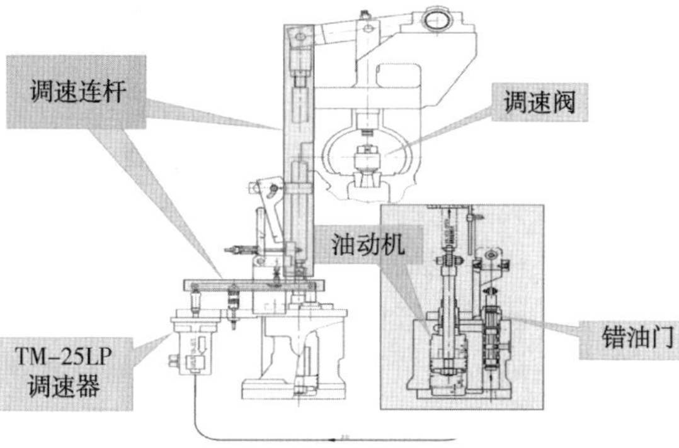

图 2 汽轮机调速系统部件结构图

2 TM-25LP 执行机构组成结构与工作原理

2.1 组成结构

TM-25LP 执行机构由铝制外壳与不锈钢内部元件构成。内部含三级部件，首部件为力矩马达伺服阀，由双线圈电磁铁和挡板组成，接收电流信号后，挡板在电磁铁驱动下动作，两线圈各承载 50%电流。第二级是对中弹簧及四边滑阀，对中弹簧用于校准四边滑阀位置，油压变化时，四边滑阀动作控制压力油流向，驱动后续部件。第三级双边等面积伺服活塞在压力油控制下，输出轴产生线性位移，带动透平机组主蒸汽阀定位。

2.2 工作原理

力矩马达伺服阀利用双喷嘴及挡板产生不同压力控制第二级滑阀位移。接收到直流输入电信号后，磁铁单侧得电，挡板转动，改变喷嘴节流效果，使四边滑阀两侧压力变化，滑阀移动，进而控制伺服活塞上下的压力油，驱动伺服活塞产生位移，实现执行机构输出轴动作。伺服活塞位移还会产生反馈，当各作用力矩平衡时，滑阀重新对中，伺服活塞位移保持稳定。电流信号变化时，执行机构反向动作，维持系统稳定调节。

3 501J 乙烯压缩机 GV 阀异常抖动分析

3.1 故障经过

乙烯装置机组 ITCC 画面乙烯压缩机 501J 实际转速从 7650r/min 降至 7510r/min，实际转速与设定转速偏差达 140r/min，波动趋势详见图 3，现场检查，发现 501J 乙烯压缩机 GV 阀阀杆出现上、下高频抖动，控制油压力和控制油过滤器压差指示波动，同时发现 ITCC 系统卡件出现报警。

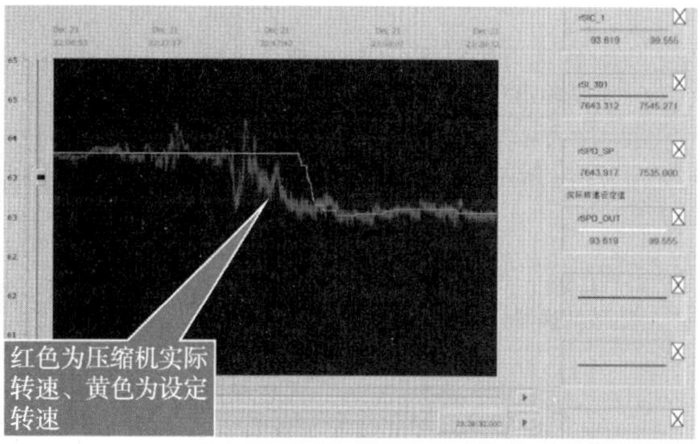

图 3 制冷压缩机 501J 转速趋势图

3.2 处理过程

3.2.1 排查控制油供油系统的完好性

岗位操作人员首先将控制油自立式调节阀切至副线调整后控制油压力正常，GV 阀持续波动未恢复正常，随后切换 501J 控制油过滤器至备用台后压差未变化，GV 阀持续波动仍未恢复正常。管理技术人员根据润滑油黏度受温度影响大的因素，排查控制油毛细管温度，控制油温度处于 30℃，判断并非黏度偏大，流动性减弱引起 GV 阀抖动。

3.2.2 排查 TM-25LP 及控制回路完好性

仪表专业技术人员首先检查调速系统现场接线牢靠无问题，随后排查 ITCC 报警情况，发现是控制系统该信息表决标志不匹配，造成不匹配的原因可能是负载不匹配问题、电源供电不足，于是仪表专业技术人员决定调整调速器 TM-25LP 电压由原来的 24.2V 分别调整到 25V/25.5V/26V，调整期间 501J 乙烯压缩机 GV 阀的阀杆出现了 10S 的短暂稳定随后又出现之前的抖动现象。

3.2.3 排查调速系统杠杆机构的阻尼作用

501J 乙烯压缩机 GV 阀发生抖动现象以来，通过排查供油系统和 TM-25LP 控制回路，均处于完好状态，经过多方专业人员分析，通过调整 TM25-LP 和 GV 阀错油门杠杆上的弹簧阻尼刚度，杠杆上的弹簧详见图 4，501J 乙烯压缩机 GV 阀阀杆抖动现象得到抑制，501J 控制油油压、控制油过滤器压差指示恢复平稳，501J 乙烯压缩机 ITCC 设定转速与实际转速也基本实现匹配，501J 乙烯压缩机 GV 阀恢复正常操作调整。此后 GV 阀又出现了抖动现象，均是通过调节弹簧阻尼刚度的方式消除抖动。

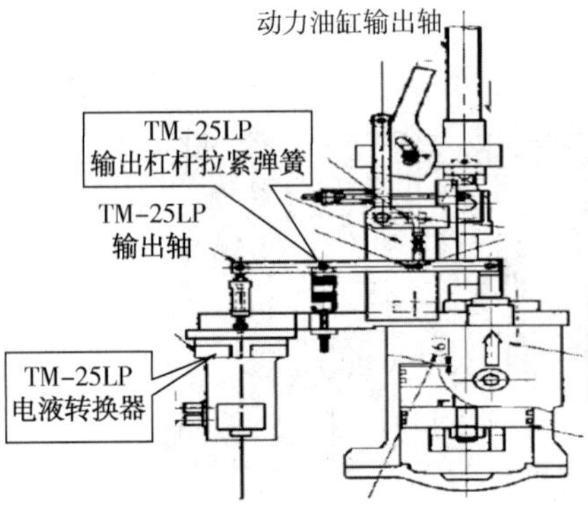

图4　汽轮机调速系统结构详图

3.3　原因分析

TM25-LP 和 GV 阀错油门杠杆上的弹簧主要作用提供实际阻尼，克服或者减少系统的振动，阻尼比它是衡量二阶系统阻尼程度的无量纲量，决定了二阶系统的动态特性，表示系统中实际阻尼和临界阻尼之比，即：

$$\zeta=\frac{\text{实际阻尼}}{\text{临界阻尼}} \tag{1}$$

根据控制系统二阶系统响应与阻尼比(ζ)的关系图(图5)可以看出，基于阻尼比划分的控制系统有四种情况，实际运行中 GV 阀不抖动时整个控制系统是处于稳定的，此时的弹簧阻尼比理论上是介于 0~1 之间，且更接近 1，属于临界阻尼或者稍微欠阻尼的状态，依据图 5，系统的阶跃响应无振荡，能最快地达到稳态值，它在保证快速响应的同时，避免了振荡现象。

近年乙烯装置负荷全年处在历史最高水平，乙烯压缩机负荷也处于较高水平，GV 阀开度长期处于 95%~100%之间，若调速器抖动增加，系统临界阻尼增大，但实际阻尼并没有变化，根据式(1)，则此时阻尼比会无限接近于 0，控制系统处于欠阻尼或者甚至无阻尼的状态，依据图5，系统的阶跃响应是衰减振荡形式，系统受到阶跃输入后，会以一个频率振荡，该频率低于无阻尼自然频率，同时振荡幅度随时间按指数规律衰减，最终趋于稳态值，则 GV 阀会出现抖动。

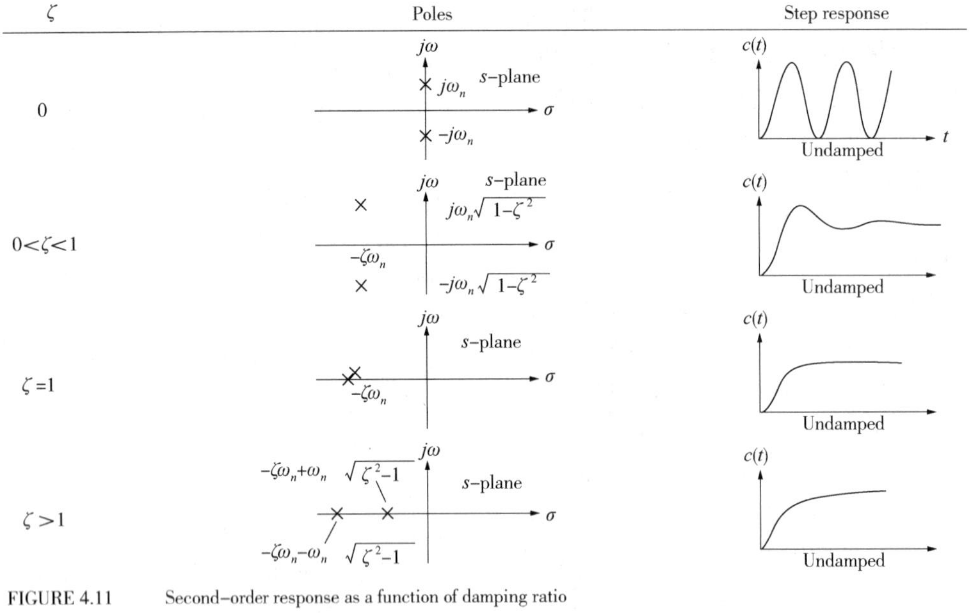

图5　控制系统二阶系统响应与阻尼比(ζ)的关系图

3.4　基于弹簧阻尼的故障解决策略

根据系统动力学原理，合理调整弹簧的刚度和阻尼系数，可改变系统的阻尼比，使系统处于更稳定的工作状态。在乙烯压缩机调速系统实际操作中，根据现场情况逐步调整弹簧拉伸量，实时监测 GV 阀的抖动情况、控制油压力和过滤器压差等参数，以确定最佳的弹簧拉伸长度，增加系统实际阻尼，抵消 TM-25LP 产生的抖动和震荡，降低外界干扰对控制回路系统的影响。在后续的运行过程中，控制油压力和控制油过滤器压差稳定，ITCC 设定转速与实际转速匹配良好，乙烯压缩机机组能够稳定运行，保障了乙烯装置的正常生产，再次证明了优化弹簧阻尼刚度方案的有效性。

3.5　预防措施

日常检查机组调速系统工作情况及调速系统回路工作状态，管理技术人员针对调速系统实际阻尼小的问题增加系统阻尼，将杠杆上增加调速系统阻尼的弹簧增大拉伸长度，使系统实际的高阻尼抵消 TM-25LP 产生的抖动和震荡，降低控制回路系统外界干扰对稳定控制的影响，落实好备品备件储备，生产专业做好乙烯压缩机 501J 机组因转速波动无法正常生产的退守方案的编制和下发执行，确保每个岗位熟知应急退守要求，熟练掌握应急退守操作。

4 结论

本文通过对 TM-25LP 执行机构工作原理的深入阐述和调速系统抖动故障的深入研究，明确了系统阻尼刚度与抖动故障的关系，基于弹簧阻尼优化系统阻尼刚度的方案有效解决了抖动故障，总结出有效的故障处理方法和预防措施。各专业协同合作，加强设备维护管理、严格控制工艺参数，能显著提升调速系统稳定性与可靠性，确保机组长周期安全稳定运行，为化工生产提供坚实保障，也为同类设备故障处理提供参考范例。

参 考 文 献

[1] 蒋小平. 自动控制原理[M]. 徐州：中国矿业大学出版社，2017.

[2] 杨林. 汽轮机调节汽阀油动机故障处理[J]. 化肥设计，2019，57(2)：59-61.

[3] 李运华. 电液伺服阀力矩马达电磁设计与特性分析[J]. 液压与气动，2013.

[4] 葛庆. 汽轮机调速系统常见故障及维修[J]. 安徽电气工程职业技术学院学报，2018，23(3)：97-99.

[5] 李志峰，于丽丽，杨发义，等. 乙烯制冷压缩机组防喘振控制系统的改进. 化工自动化及仪表，2015.

[6] 袁冠威. 两种阶跃响应辨识算法的应用对比与实现[J]. 化工自动化及仪表，2013，40(10)：1288-1291.

[7] 刘党辉. 系统辨识方法及应用[M]. 北京：国防工业出版社，2016.

高桥石化循环机干气密封改造及智能监测创新研究

刘思岐　张　洪　张　弛

（中国石化上海高桥石油化工有限公司）

摘　要　本文以中国石化上海高桥石油化工股份有限公司连续重整循环机密封系统改造工程为研究对象，针对原浮环密封存在的泄漏率高（$0.8Nm^3/h$）、维护周期短（MTBF<8000h）等技术痛点，进行了干气密封改造，并提出基于物联网技术的干气密封智能监测解决方案，构建了融合声发射传感、多源数据融合与深度学习的干气密封智能监测系统（"SIMS"Seal Intelligent Monitoring System）。通过构建包含声发射传感、温度场监测、数据融合分析的数字化系统，部署ISR30型宽频声发射传感器（300kHz）与PT100温度传感器阵列，结合异构计算架构（i.MX8+FPGA）实现1MHz高频信号实时采集。采用改进型CEEMDAN-WPD联合降噪算法与SVM故障分类模型，开发了具备端面摩擦状态识别等功能的全生命周期健康管理系统，摩擦状态识别准确率92.7%、气膜稳定性评估分辨率0.05μm、设备可用率提升至99.6%。工程验证表明，系统使密封故障预警时间提前72小时，年维护成本降低42%，实现了密封端面接触状态实时感知与健康度评估。为石化行业关键机组智能运维提供了可复制的技术范式何创新模式。

关键词　干气密封；状态监测；工业物联网；故障预测；健康管理

1　引言

1.1　研究背景

在石油石化生产装置中，连续重整循环机组作为核心动设备，其密封可靠性直接影响装置运行安全性。高桥石化连续重整装置循环氢压缩机K-201原采用浮环密封作为轴端密封，长期运行下来存在以下几项技术问题：

泄漏率高达$0.8Nm^3/h$，造成氢气资源浪费；

维护依赖定期解体检查，非计划停机损失达120万元/次；

能耗指标较同类机组高18%；

常用的密封形式主要有浮环密封、机械密封、干气密封。对比分析以上主要密封技术参数，见表1：

表1　各类密封技术参数

密封类型	泄漏率	维护周期	能耗指标	智能化潜力
浮环密封	高	3个月	1.18	低
机械密封	中等	6个月	1.05	中
干气密封	低	24个月	0.92	高

1.2　干气密封

干气密封（Dry Gas Seal，DGS）作为一种先进的无接触式密封技术，因其高可靠性、低泄漏率和智能化潜力，在石化行业高速旋转设备中逐步取代传统密封形式（如浮环密封、机械密封）。其核心特点可归纳如下：

1.2.1　非接触式运行与极低泄漏率

气膜润滑原理：通过动静环端面间的微米级螺旋槽（通常槽深0.5~5μm）形成稳定气膜（厚度约3~10μm），实现非接触运行，摩擦损耗近乎为零。

泄漏控制：泄漏量仅为传统浮环密封的1%~5%（通常<$1Nm^3/h$），显著降低工艺气逸散风险。本项目改造后，循环氢压缩机密封泄漏率从18L/h降至0.5L/h。

1.2.2　长周期运行与低维护需求

寿命优势：无机械磨损设计使平均无故障时间（Mean Time Betweer Failure，MTBF）可达3~5年，维护周期延长至传统密封的4~8倍。

环境适应性：可在高速（≥10000r/min）、高压（≤20MPa）、高温（-100℃~400℃）等极端工况下稳定运行，尤其适用于氢气、甲烷等易燃易爆介质。

1.2.3　节能降耗特性

零辅助系统依赖：无需密封油系统，相比浮环密封减少90%以上辅助设备能耗。例如，某项目能耗指标从1.18降至0.94。

压差自平衡能力：通过多级密封布置（如主密封+二级密封+隔离气系统），自动平衡轴向力，降低轴功率损耗约 15%～25%。

1.2.4 智能化集成潜力

实时状态感知：可集成温度、压力、振动、微位移等多参数传感器，实时监测气膜厚度（精度±0.1μm）、端面接触状态等关键指标。

预测性维护支持：结合 PHM（预测与健康管理）算法，实现故障预警（如通过频谱分析捕捉 1.2 倍频异常振动）和剩余寿命评估（误差<10%）。

1.2.5 安全与环保优势

本质安全设计：双端面密封结构+阻塞气系统，形成多重隔离屏障，杜绝可燃介质泄漏引发燃爆风险。

环境友好性：消除密封油污染，减少 VOCs 排放，符合 GB 31570—2015 等环保标准要求。

1.2.6 经济效益显著

全生命周期成本低：虽然初期投资较高（约比浮环密封高 30%～50%），但运维成本降低 60%～80%。本项目测算显示，5 年周期内节约费用达 437 万元。

减少非计划停机损失：通过智能预警系统，可避免因密封失效导致的突发停机，干气密封通过非接触运行、智能监测集成和长周期性能，已成为石化行业高端装备密封技术升级的核心方向。随着数字孪生、边缘计算等技术的深度融合，其健康管理能力将进一步提升，推动设备管理从“计划维修”向“预测性维护”的全面转型。

2 SIMS 系统架构设计

2.1 SIMS 系统设计背景

离心式压缩机干气密封控制系统是离心式压缩机非常重要的辅助系统，干气密封可靠、稳定、长寿命运行是确保机组安、稳、长、满、优运行的关键。近年来，中石化各企业也曾出现过干气密封故障失效的情况，如后置隔离密封失效，外侧密封被污染；单向槽反转；低速工况长时间运行；开停车处理不当，密封污染；正常运行时，过滤系统失效，密封污染等均会导致干气密封失效，从而影响机组正常运行，直接关系到装置正常生产运行。

中石化总部对于干气密封运行提出如下建议，推进精细化管理：

加强工艺气组分管理，不允许工艺气组分超设计范围，特别是对露点温度影响较大时，要及时提出并改正；准确管理一次气露点温度，把实时组分发给权威露点检测单位，确保露点温度准确检测；按要求定期、准确、科学排液。不允许排液阀常开，反对通过加大分液罐、聚结器常排等手段代替日常管理和定期工作，聚结器、过滤器滤芯定期更换；加强密封运行波动工况管理，避免待出现报警时，再去关注密封运行工况，日常运行期间要加强密封参数波动分析。

而智能监测手段可第一时间发现密封参数波动及劣化趋势，在密封端面发生过度磨损或气膜厚度过大时发出预警信息，为设备运维人员提供数据支撑以便采取最佳维修方式，最大限度防止因干气密封故障而引起机组非计划停工。

2.2 SIMS 技术路线

干气密封故障诊断与寿命预测项目技术方案主要包含密封本体内部传感器安装及部署、传感器信号的采集、数据的整合、边缘数据处理、数据特征提取、模型识别、故障诊断、寿命预测、建立规则等几个关键环节（图 1）。

利用原有 DCS 系统中与干气密封在线状态监测相关数据，新增运行过程中动静环端面间隙及接触状态数据构成干气密封在线状态监测。完成如下过程：

传感器（声发射传感器、温度传感器），配采集器、信号发射器、信号接收器等设备，将采集信号发送至干气密封在线状态监测服务器；

数据融合→两部分数据采集传输至干气密封在线状态监测服务器进行数据融合。（数据点位标定、时钟同步、时间戳标记、异常数据清洗、缺失数据插值等）。

数据分析→需在服务器上安装“干气密封在线状态监测及健康管理系统（SIMS）”软件，软件系统对数据进行 24 小时不间断分析处理。

结果输出→数据分析结果会通过网页形式在局域网内展示，产生设备月度监测报告。

2.3 硬件拓扑结构

2.3.1 系统采用“边缘计算+云端分析”的混合架构

硬件拓扑的整体结构图图 2。

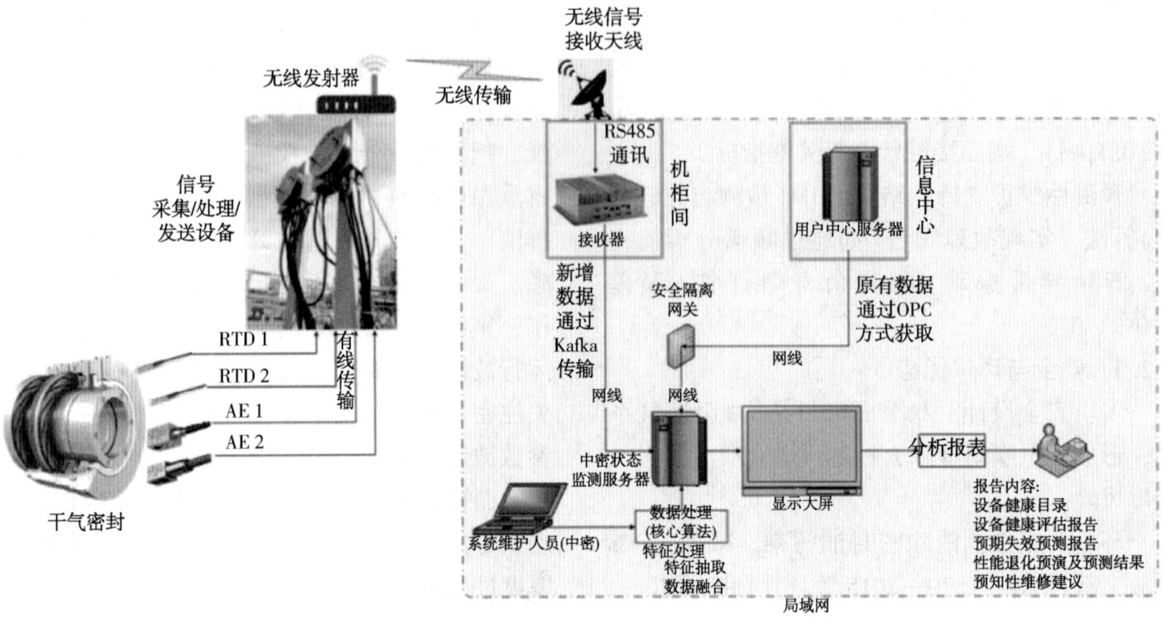

图1　SIMS 技术路线

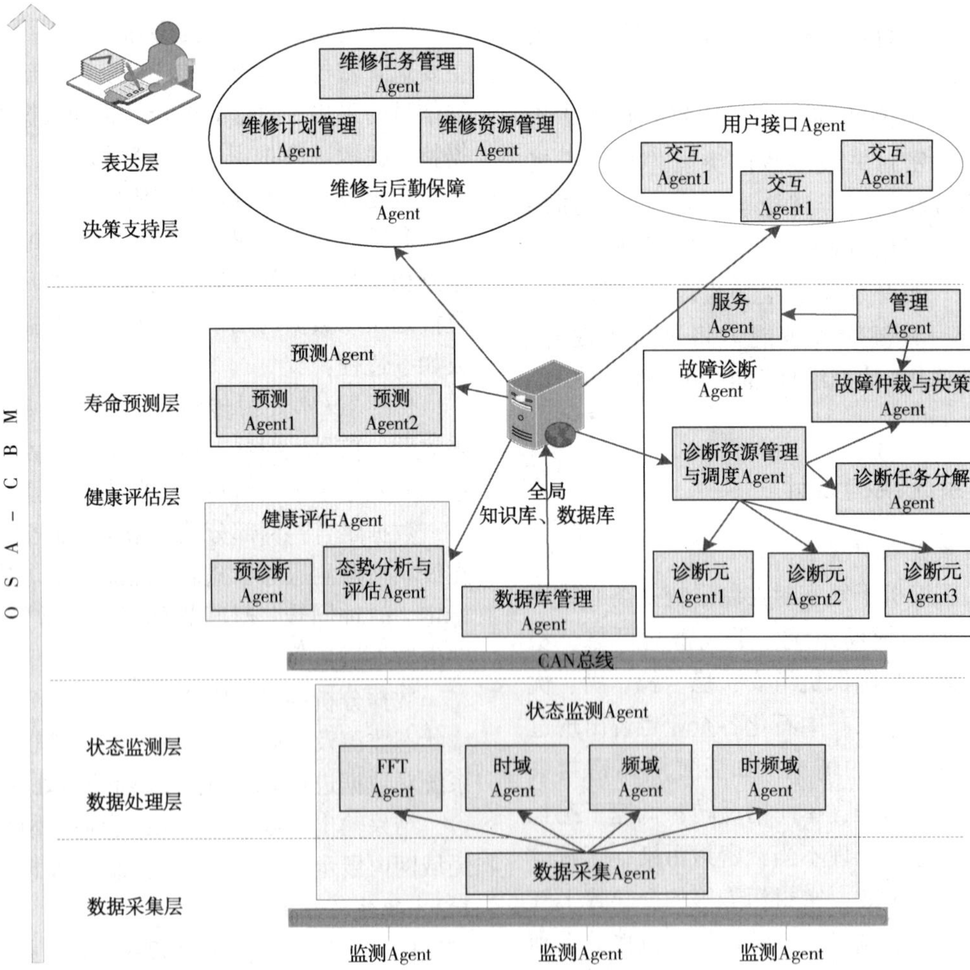

图2　硬件拓扑结构

2.3.2　三层架构：传感层→边缘层→云端

传感器层→边缘采集器→安全网关→SIMS服务器(FPGA预处理)

2.3.3　关键硬件配置

声发射传感器：ISR30型宽频传感器(300kHz)，分辨率0.05mV

2.3.4　传感器选型与布局

声发射传感器：ISR30参数优化(式1)

$$\Delta f = v^2 d \times 1 + (hd)^2 \Delta f = 2dv \times 1 + (dh)^2 \quad (1)$$

式中，v为波速；d为探头间距；h为端面厚度

2.3.5　安装工艺规范

温度传感器：二级静环金属座热传导补偿模型

防爆箱体：GB 3836.1—2010标准验证

异构计算单元：i.MX8四核处理器+Altera EP4C FPGA，实现1MHz高频信号实时处理

防爆设计：ExdIICT6认证，满足Zone 1危险区域要求

2.4　软件算法体系

SIMS系统采用三层分析模型：

数据层：时间序列数据库(采样率1MHz)

分析层：小波包分解(WPD)+支持向量机(SVM)

决策层：基于ISO 13374标准的故障树推理引擎

特征提取流程：

原始信号→降噪处理(CEEMDAN算法)→特征参数计算(RMS、Kurtosis)→健康度评分；

软件体系数据流：采集→清洗→特征提取→诊断→可视化；

安全机制：SM4国密算法传输加密。

3　关键技术创新

3.1　端面摩擦状态识别

通过声发射信号时频分析，建立特征参数与磨损状态的映射关系(表2)：

表2　特征参数与磨损状态的映射关系

磨损阶段	特征频率带	峰值因子
正常	80~120kHz	3.2~4.1
轻微磨损	150~180kHz	5.8~7.3
严重磨损	200~300kHz	>9.5

实验表明，该模型对端面异常接触的识别准确率达92.7%。

3.2　多源数据融合

采用改进卡尔曼滤波算法实现三类数据同步：

DCS工艺数据(30s级)+温度数据(30s级)+声发射数据(1μs级)。专用时钟同步模块，将时间偏差控制在±50μs以内。

多源异构数据同步，改进型卡尔曼滤波，时间戳精度：±50μs。

特征工程：

声发射特征集：RMS。

温度场重构：基于Kriging插值法。

3.3　SIMS系统架构

3.3.1　软件模块划分(图3)

数据采集模块：Java接口开发；

故障诊断引擎：ISO 13374标准兼容。

3.4　核心算法实现

3.4.1　端面磨损状态识别

WPD-SVM联合模型、实时频谱分析。

3.4.2　剩余寿命预测

基于Wiener过程的退化建模(式2)

$$L(T) = L_0 + \int 0Ta(t)\,\mathrm{d}t + \sigma W(T) L(T)$$

$$= L_0 + \int 0T\alpha(t)\,\mathrm{d}t + \sigma W(T) \quad (2)$$

3.5　可视化界面设计

Web端看板：B/S架构；

报警阈值设定：3σ原则与自适应调整。

4　工业应用验证

4.1　实施效果

某石化在2024年7月-2025年4月的运行周期内(厂家数据)：

成功预警3次密封异常事件，避免非计划停机；振动值降低37%(从4.5mm/s降至2.8mm/s)；端面磨损量减少56%(SEM检测结果)。

改造前后运行数据对比(表3)：

表3　某石化改造前后运行数据对比表

指标	改造前(浮环)	改造后(干气密封)	改善率
密封泄漏率	18L/h	0.5L/h	97.2%
MTBF	4200h	12500h	197.6%
年维护成本	86万元	32万元	62.8%
能耗指标	1.18	0.94	20.3%

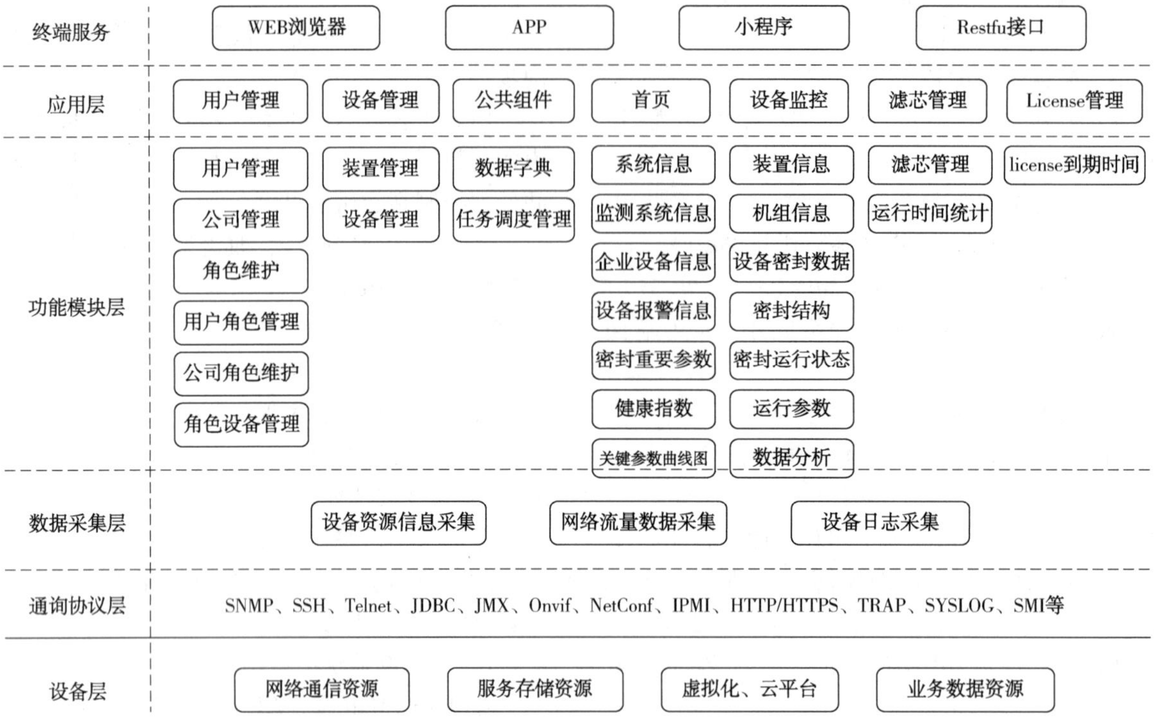

图 3　软件模块划分

4.2　运行效能评估

2023 年 7 月监测系统提前 72 小时预警#2 密封端面异常磨损，经拆解发现：

动环表面粗糙度 Ra 从 0.05μm 升至 0.12μm，静环端面出现 3 处微裂纹，通过及时更换避免非计划停机，估算减少损失约 280 万元（表 4）。

表 4　运行效能评估数据

指标	目标值	实测值
预警准确率	≥85%	89.3%
数据延迟	≤100ms	47ms

5　结论与展望

（1）本研究构建的干气密封智能监测系统实现了三个突破：

故障预警准确率提升至 89.3%；

全生命周期管理数字化；

构建了覆盖“感知–诊断–决策”的完整技术体系。

（2）未来研究方向包括：

数字孪生模型构建：多物理场耦合仿真；

基于深度学习的剩余寿命预测；

区块链技术在设备健康档案中的应用；

自主学习系统：在线模型更新机制。

（3）目前国内就干气密封行业而言，对于 PHM 技术的研究与应用尚处于起步认识阶段，针对干气密封状态监测系统也仅局限于对其运行状态的监测，远未上升到剩余寿命预测及预知性维修的阶段。因此，构建干气密封预测与健康管理系统体系，需集结信号检测、故障诊断、状态监测、寿命预测、健康管理与维护等部分。而关键技术主要包括状态监测与诊断技术、预测技术、健康管理、人工智能、融合技术技术等融合实现干气密封 PHM 系统各个模块的算法。

目前，随着物联网、云计算及大数据等技术的发展，密封的状态监测有可能从以前单点、独立固化的监测方式转变为多点、互联开放的监测方式，期望能够对所有的密封运行状态进行监测，让所有的监测数据可以共享。有了密封设备的运行状态数据，便可对它的性能、健康状况、剩余寿命做出相对准确的判断。从而实现在设备出故障之前进行预知性维修，提高产品的利用率，在设备彻底失效之前，安排更换产品的生产，最大程度减少配件库存、降低成本。

参 考 文 献

[1] Huang, W. F., Lin, Y. B., Gao, Z., etal.: An acoustic emission study on the starting and stopping processes of a dry gas seal for pumps. Tribol. Lett. 49 (2), 379-384(2013).

[2] ISO 13374-1,《机器状态监测与诊断数据处理、通信与表示　第 1 部分：一般指南》(Condition monitoring and diagnostics of diagnostics of machines-Data processing, communication and presentation-Part 1: General guidelines).

[3] API 692—2018,《用于轴向、离心和旋转螺杆压缩机和膨胀机的干气密封系统(第一版)》.

[4] 李明，等. 基于声发射的机械密封端面接触状态识别[J]. 机械工程学报，2022，58(3)：1-9.

[5] Lingard, S., Yu, C. W., Yau, C. F.: Sliding wear studies using acoustic emission. Wear 162, 597-604 (1993).

[6] Miettinen, J., Siekkinen, V.: Acoustic emission in monitoring sliding contact behavior. Wear 181-183, 897-900(1995).